U0386759

工商管理优秀教材译丛

管理学系列

运筹学导论

翻译版·第 11 版

[美] 弗雷德里克·希利尔（Frederick S. Hillier）
杰拉尔德·利伯曼（Gerald J. Lieberman） 著

胡运权 麦强 等 译

Introduction to Operations Research (Eleventh Edition)

清华大学出版社
北 京

北京市版权局著作权合同登记号 图字：01-2020-4258
Frederick S. Hillier，Gerald J. Lieberman
Introduction to Operations Research，11th Ed.
EISBN：978-1-259-87299-0

图书在版编目(CIP)数据

运筹学导论：翻译版：第 11 版/(美)弗雷德里克·希利尔(Frederick S. Hillier)，(美)杰拉尔德·利伯曼(Gerald J. Lieberman)著；胡运权等译. —北京：清华大学出版社，2022. 1(2024. 2 重印)
(工商管理优秀教材译丛. 管理学系列)
书名原文：Introduction to Operations Research
ISBN 978-7-302-59104-7

Ⅰ. ①运… Ⅱ. ①弗… ②杰… ③胡… Ⅲ. ①运筹学—高等学校—教材 Ⅳ. ①O22

中国版本图书馆 CIP 数据核字(2021)第 182115 号

责任编辑：王 青
封面设计：何凤霞
责任校对：王凤芝
责任印制：丛怀宇

出版发行：清华大学出版社
网　　址：https://www.tup.com.cn，https://www.wqxuetang.com
地　　址：北京清华大学学研大厦 A 座　**邮　　编**：100084
社 总 机：010-83470000　**邮　　购**：010-62786544
投稿与读者服务：010-62776969，c-service@tup.tsinghua.edu.cn
质量反馈：010-62772015，zhiliang@tup.tsinghua.edu.cn
印 装 者：三河市龙大印装有限公司
经　　销：全国新华书店
开　　本：185mm×260mm　**印　张**：39.5　**插　页**：2　**字　数**：960 千字
版　　次：2022 年 1 月第 1 版　**印　次**：2024 年 2 月第2 次印刷
定　　价：99.00 元

产品编号：087916-01

关于作者

弗雷德里克·希利尔(Frederick S. Hillier)在美国华盛顿州的阿伯丁出生和成长,曾在全州高中的写作、数学、辩论和音乐比赛中获奖。作为斯坦福大学的本科生,他在300多名学生的工程学班级中名列第一。他还曾获技能写作McKinsey奖、大二学生杰出辩论奖,参加过斯坦福大学木管五重奏小组的演出,并因在工程学和人文社会科学两个专业的优异成绩获汉密尔顿奖。他在大学毕业并获工业工程学理学学士学位后,获得了三项国家奖学金(国家科学基金奖学金、陶·贝塔·派奖学金和丹福斯奖学金)用于在斯坦福大学运筹学专业的研究生学习。在三年研究生学习期间,除硕士和博士学位要求的课程外,他还学习了数学、统计学、经济学等课程,讲授了两门课程(包括运筹学导论)。获博士学位后,他留在斯坦福大学任教,并开始本书第1版的写作。他于28岁时获该校终身教职,32岁时被聘为正教授。他还获得过康奈尔大学、卡内基·梅隆大学、丹麦技术大学、新西兰坎特布里大学、英国剑桥大学的访问邀请。在斯坦福大学任教35年后,他于1996年提前退休以便集中精力从事专著的写作,现为斯坦福大学运筹学系名誉教授。

希利尔博士的研究涉及很多领域,包括整数规划、排队论及其应用、统计质量管理以及将运筹学应用于资金预算与生产系统设计。他的论著领域广泛,其论文至少10次被收录入有关专著。他是由美国管理科学研究所(TIMS)和美国海军研究署资助的"互相关联项目资金预算"研究竞赛的首位获奖者。他和杰拉尔德·利伯曼博士还因本书第6版获美国运筹学和管理科学学会(INFORMS)1995年度的兰切斯特(Lanchester)奖的荣誉提名奖,该奖项是各类运筹学英语出版物的最高奖。此外,因本书第8版,他2004年荣获INFORMS杰出写作奖。

希利尔博士在他所在领域的专业协会中担任过很多领导职务,如曾任美国运筹学会(ORSA)的司库、TIMS会议的副主席、1989年在日本大阪举行的TIMS国际会议的合作总主持人、TIMS出版委员会主席、美国运筹学会运筹学选题编委会主席、美国运筹学会资源计划委员会主席、美国运筹学会和美国管理科学研究所联合会议委员会主席、美国运筹学和管理科学研究会John von Neumann理论奖评选委员会主席。他一直担任斯普林格(Springer)运筹学与管理科学国际系列丛书的主编,这是他1993年创建的著名的图书系列。

除了《运筹学导论》及其他两本配套出版物——《数学规划导论》(第2版)和《运筹学随机模型导论》外,他的著作还有《风险关联的投资评估》、《排队论的表和图》及《管理科学导论:运用电子表格的建模与案例研究方法》。

杰拉尔德·利伯曼(Gerald J. Lieberman)于1999年去世,曾任斯坦福大学运筹学和统计学的名誉教授,是该校运筹学系的创建者和系主任。他同时拥有工程和运筹统计的背景(拥有库伯大学机械工程学学士学位、哥伦比亚大学数理统计学硕士学位和斯坦福大学统计学博士学位)。

利伯曼博士是斯坦福大学近几十年来最著名的领导人之一。继出任运筹学系主任之后,他历任人文和理学院副院长、副教务长和研究主任、副教务长和研究生部主任、教职员评议会主席、大学顾问委员会成员和百年校庆委员会主席,在斯坦福三任校长任职期间任教务长或代理教务长。

在担任大学领导期间,他仍然积极从事教学研究。他的研究领域主要是运筹学的随机部分,主要是应用概率和统计学的交叉界面,出版物涉及可靠性与质量管理、复合系统建模、资源有限条件下的优化设计等广泛的领域。

作为运筹学领域深受尊敬的资深元老,利伯曼博士担任过一系列领导职务,包括被选为管理科学研究所的主席。他的专业荣誉包括被选为国家工程院士,获美国质量管理协会的Shewart奖,因在斯坦福大学和在行为科学高级研究中心任研究员期间做出的卓越贡献获Cuthberston奖。1996年INFORMS因利伯曼在运筹学和管理科学方面的杰出贡献授予他具有极高声誉的Kimball奖章。

除《运筹学导论》和其他两本配套出版物——《数学规划导论》(第2版)和《运筹学随机模型导论》外,他的著作还有《工业统计手册》、《非中心t分布表》、《超几何分布表》等。

关于案例作者

卡尔·斯凯梅德(Karl Schmedders)是瑞士苏黎世大学数量商务管理教授和美国西北大学凯洛格(Kellogg)管理研究生院访问副教授,讲授管理决策数量方法课程。他的研究兴趣包括运筹学在经济理论中的应用、不完全市场的一般平衡理论、资产定价和计算经济学。斯凯梅德在斯坦福大学获得运筹学博士学位。他在该校为本科生及研究生讲授运筹学,包括一门运筹学的案例研究课。他曾被邀请在一个由INFORMS发起的会议上分享开设案例课的成功经验。在斯坦福大学他多次获教学奖,包括该校知名的Walter J. Gores教学奖。在凯洛格管理学院时他被任命为L. G. Lavengood教授。

莫莉·斯蒂芬斯(Molly Stephens)是美国昆毅律师事务所洛杉矶分所的合伙人。她毕业于斯坦福大学,获工业工程学学士学位和运筹学硕士学位。斯蒂芬斯曾在斯坦福大学工程学院讲授公共演讲课,并担任运筹学案例研究课的助教。作为助教,她分析了现实世界中的运筹学问题,并将其转化成课堂教学的案例。她的研究工作得到了回报,她获得了一项本科研究的资助,并应邀在IFORMS会议上分享课堂案例教学的成功经验。毕业后再次进入奥斯汀得克萨斯法学院攻读法学博士学位(荣誉性)之前,斯蒂芬斯在安达信咨询公司担任系统集成员,从内部亲历了很多真实的案例。

译者序

运筹学导论

Introduction to Operations Research

由美国斯坦福大学弗雷德里克·希利尔和杰拉尔德·利伯曼(已故)编著的《运筹学导论》是国际上权威的运筹学经典著作。本书初版于1967年，1980年我们有幸得到其第2版，这是由斯坦福大学到哈尔滨工业大学访问的代表团赠送的。本书的内容叙述和体系安排曾对1982年由清华大学出版社出版的《运筹学》及国内随后出版的同类教材产生过重大影响。鉴于本书在世界范围内对运筹学发展做出的贡献，1995年出版的第6版获得了该年度兰切斯特奖的荣誉提名奖，该奖项是运筹学英语出版物的最高奖项。2006年以来清华大学出版社陆续影印了本书英文原版的删减版，并组织出版了第8版和第9版的中译本。

正如作者在前言中指出的，运筹学的发展十分迅速。经营分析已经成为运筹学的重要补充。因此，本书第11版中增加了运筹学与经营分析、应用描述性分析和预测来分析大数据、单纯形法和内点算法执行中相关影响因素的最新信息、多准则的决策分析、行为排队论等。为了强调实际应用，书中还增加了很多应用案例以及介绍世界上一些大公司应用运筹学的成功案例。

此外，本书还设置了一个专用的网站(www.mhhe.com/hillier11e)，从中可以找到链接的刊物、论文、补充内容及供选择的软件资源。

考虑到此前曾出版了本书第8、9版的中译本，并考虑到我国大学运筹学教学内容和要求，第11版的中译本略去了原书第13～15章和第18～20章的内容，并顺改了章序。

第11版的翻译工作由哈尔滨工业大学的胡运权、麦强、韩伟一、刘松崧和陈莹完成。由于译者水平有限，书中难免有翻译不当、不正确之处，欢迎广大读者批评指正。

清华大学出版社为本书的出版付出了辛勤的劳动，哈尔滨工业大学管理学院的领导给予了译者很多支持和鼓励，在此一并表示感谢。

译　者

2021年4月于哈尔滨

前　言　运筹学导论

Introduction to Operations Research

当杰里·利伯曼和我着手编写本书的第1版时，我们的目标是写一本有开创性的参考书，它将有助于明确运筹学这一新兴领域的未来教育方向。本书出版后，我们一直不清楚这个目标的实现程度，但有一点是肯定的，对本书的需求量远超出我们的预料。我们谁也无法想象随着时间的推移，世界范围内这样的高需求能否持续。

这本书前10版所受到的热烈追捧非常令人喜悦。特别兴奋的是本书第6版获得了INFORMS（运筹学界最高的职业学会）的兰切斯特奖的荣誉提名（该奖项用于奖励当年运筹学领域最优秀的英语出版物）。

在第8版刚出版后，我们很高兴地收到了对本书具有很高评价的论著写作奖，包括下面的褒奖函：

> 37年来本书的各个版本已引领了超过50万大学生熟悉运筹学，并吸引了更多的人进入这个领域就职和从事科学活动。很多运筹学领域的领军人物及教师就是通过本书首次进入这个领域的。本书国际版的广泛应用和翻译的15种其他语言的文本，为运筹学在世界范围内的扩展做出了贡献。本书在出版37年后仍然保持超群的地位。虽然第8版刚发行，其第7版在该类图书市场上的占有率高达46%，在麦格劳-希尔工程类出版物的国际销售量中名列第二。
>
> 这些成就的特征可概述为：第一，从学生的角度来看，本书有很强的引导力、清晰而直观的解释、用于职业训练的精选案例、有条理的材料、非常实用的软件支持、适度的数学知识；第二，从教师的角度来看，其吸引力在于生动的材料以及十分清晰易懂的语言表达，例如在第8版中新增加的元启发一章。

当我们着手编写本书的第1版时，杰里已经是运筹学领域的杰出成员、一位有成就的作者和斯坦福大学运筹学系的主任，而我则是刚开始职业生涯的年轻助理教授。我很荣幸有机会同他一起工作并向他学习，我永远感激杰里给我的这个机会。

现在杰里永远离开了我们，1999年他因病去世时，我就决定用高标准继续本书后续各版的编写，用以纪念杰里。所以我从斯坦福大学提前退休，以便全力完成本书的写作，使我有更多的时间准备每一个新的版本，同时也使我能更好地掌握运筹学的发展和新的趋势，使新版本的内容及时得到更新，并据此确定了下面列出的一些主要修订。

运筹学的发展十分迅速，经营分析已成为运筹学的重要补充，在编写本版时作者特别着力于将本书带入21世纪。新版中的主要补充内容如下所述。

本版的新内容

- 增加新的1.3节：经营分析与运筹学的关系。
- 增加新的1.5节：进一步介绍运筹学未来影响的一些趋势。

- 增加新的 2.2 节:收集和组织相关数据。
- 增加新的 2.3 节:应用描述性分析来分析大数据。
- 增加新的 2.4 节:应用预测性分析来分析大数据。
- 增加新的 4.6 节:(为将单纯形法用于非标准形式)分成三个小节。
- 4.10 节:增加影响单纯形法计算速度的各因素的最新信息。
- 4.11 节:增加单纯形法和内点算法执行中相关影响因素的最新信息。
- 对 12.3 节进行修改压缩:应用二元变量处理固定费用。
- 对 12.4 节进行修改压缩:对一般的整数变量进行二元表达。
- 增加新的 16.7 节:多准则的决策分析,含目标规划。
- 增加新的 17.11 节:行为排队论。

删减并为新的补充内容提供空间

- 删减了 Analytic Solver for Education。
- 删减了 3.4 节过多的线性规划建模的例子(删除了 6 个比较复杂的例子中的 3 个)。
- 将 6.2 节(对偶的经济解释)移至网站的补充内容中。
- 将 9.2 节中运输单纯形法构建初始基本可行解的一般过程移至网站。
- 将 12.3 节(二元变量在建模中的创新应用) 和 12.4 节(一些建模例子)的大部分内容移至网站,只保留更为基本的内容。
- 删除了 17.3 节中的一个小节,内容为较陈旧的排队论研究获奖的成果。
- 删除了 14 个较陈旧的应用案例,但同时增加了 11 个新的案例。

本书的其他特点

- 强调实际应用。运筹学的各个领域正在继续对全球众多公司和组织的成功发挥重大影响。所以本书的目标之一是清晰地讲述这些故事,并由此鼓励学生了解他们所学课程同上述成功事迹的重要关系。实现这个目标的一个方法是在本书网站各章末插入很多实际的案例。另一个方法是在书中包括大量应用实例,在有些节中描述了运筹学的一些实际得奖的应用如何对公司或组织产生重大影响。除第 1 章外,对每个应用案例在每章习题中均列入一道题目,要求学生阅读描述案例应用的全文,并回答相关问题。
- 网站上补充章节的价值。本书的支持网站提供了大量的补充材料,共包含 8 个完整的章及对各章内容的补充。各章的补充内容包括习题和参考文献。当学生感到缺少材料时,教师应向他们提供这些补充内容。
- 可找到很多补充例子。本书网站对学习的一个重要帮助是为本书几乎每一章提供相当多求解的例子。我们相信大多数学生感到书中的例子完全合适,部分人感到还需寻找补充的例子。网站上已求解的例子可以为学习有些吃力的学生提供帮助,但不会打断不需要补充例子的大多数学生的课程进度。很多学生在准备考试时可能需要寻找补充的例子,教师可以告诉这些学生应重点学习的内容。
- 学习重点的很大灵活性 。我们发现教师对哪些是运筹学导论课程的重点内容的看法存在很大差异。有些人强调运筹学的数学和算法，有些人强调建模，较少讲授求解的算法。还有人强调运筹学在管理决策中的应用。有些教师主要讲授运筹学的确定性模型，有些人则将重点放在随机模型上，在软件选取上也存在差别，我们相信本书已为不同教师的需求提供了足够的材料。

可选用软件资源的丰富性

可供选择的软件资源见本书网站(www. mhhe. com/hillier)，现概述如下。

- Excel 电子表格：标准的 Excel Solver 可求解所有这些例子。
- 一些 Excel 的补充：包括用于教学的 Premium Solver(基本 Excel Solver 的扩展)、TreePlan(用于决策分析)、Senslt(用于概率的敏感性分析)、RiskSim(用于模拟)和 Solver Table(用于敏感性分析)。
- 很多用于求解基本模型的 Excel 模板。
- LINDO(一种传统的优化软件)和 LINGO(一种普及的代数建模语言)的学生版，应用于全书有关例子的建模与求解。
- MPL(一种居于领先地位的代数建模语言)及其初级的 Solver CPLEX(当今应用最广泛的优化软件)的学生版。有关教学及 MPL/CPLEX 构模和求解见书中的有关例子。
- 某些补充的 MPL 的 Solver：包括 CONOPT(用于凸规划)、LGO(用于全局优化)、LINDO(用于数学规划)、CoinMP(用于线性和整数规划)和 BendX(用于某些随机模型)的学生版。
- 排队模拟器(可用于模拟排队系统)。
- 用于讲解不同算法的 OR Tutor。
- IOR。用于学习和执行相互交叉的程序，通过 Java2 在独立平台上实现。

很多学生发现，OR Tutor 和 IOR Tutor 对学习运筹学算法十分有用。当转移至下阶段自动求解 OR 模型时，研究发现教师教会学生应用软件通常采用下列方法之一：①Excel 电子表格，包括 Excel Solver 及其他附加软件；②方便的传统软件(LINDO 或 LINGO)；③尖端的运筹学软件(MPL 和精选的求解器)。所以本版仍采用前几版的做法，对上述三种方法都给予充分介绍，并在本书网站中对每种方法提供充分支持。

补充的在线资源

- 本书每章有一个专用词汇表。
- 对各个例子均有数据文件，以保证学生集中精力作分析，而不必输入大量数据。
- 一个具有适当难度的测试题库。该题库的内容覆盖全书，可用于检验学生对课程掌握的程度。题库中的大多数习题作者均测试过。
- 教师还可获得习题答案和电子课件。

本书的使用

所有修改方面的努力都是为了使本书能更好地满足大学生的需求，更适合作为能反映当代运筹学实践的现代课程的教材。软件的应用与运筹学的实践活动整合在一起,书中介绍了多种软件方案,为教师选择学生使用的软件提供了很大的灵活性。本书提供的所有教学资源进一步扩大了学习的范围。所以本书适用的课程教学是教师希望学生手中的课本能支持和补充课堂教学中遇到的各种问题。

麦格劳-希尔的编辑团队和我认为,这次修改的努力已使本版更适合用作大学教材——清晰、有趣,组织有序的案例和解释,易于寻找到重要的材料和有意思的家庭作业,没有过多的概念、术语和数学。我们确信大多数使用过本书以前版本的教师将会同意这是迄今为止最好的版本。

应用本书作为教材的前提要求我们做慎重考虑。同前面几版一样,数学保持在相对初等的水平,第1~15章中的大部分(导论、线性规划和数学规划)要求的数学不超出高中的代数,微积分仅在第13章(非线性规划)和第11章(动态规划)的一个例子中用到。矩阵的概念用于第5章(单纯形法理论)、第6章(对偶理论)、第7章(敏感性分析)和8.4节(内点算法),但用到的仅限于附录1中的内容。

本书的主要读者对象为本科高年级学生(包括有很好基础的二年级学生)及一年级的研究生。本书内容组合上有很大的灵活性,可以有多个方案来组合一门课程。

本书的网站(www.mhhe.com/hillier11e)提供本书不断更新的内容,包括勘误表。

弗雷德里克·希利尔

斯坦福大学 (fhillier @ stanford.edu)

目 录 运筹学导论

Introduction to Operations Research

Introduction to Operations Research

第1章 绪论

1.1 运筹学的起源

产业革命以来,组织的规模和复杂性都有了显著的增长。早期的小作坊已经发展成大公司。结果是显而易见的,这一革命性变化的一个结果是这些组织的劳动和管理职能有了巨大的发展。然而,在发展中产生了新的问题,而且是在许多组织中存在的问题。其中一个问题是组织的各个部门都有发展成具有自己目标和评价系统的、相对独立的部门的趋势,因而各个部门的行动和目标有可能与组织的整体目标相矛盾。对一个部门最好的做法对另一个部门常常是有害的,因此各个部门的目标可能会发生冲突。另一个问题是,随着组织的复杂性和专业化程度的增加,对于组织来说,如何最有效地给不同部门分配资源将变得越来越困难。对于这些问题需要寻找更好的方法来解决。在这样的需求环境下,产生了**运筹学**(operations research,OR)这一学科。

现代运筹学的起源可以追溯到几十年前在某些组织的管理中最先试用科学手段的时期[①]。然而,现在人们普遍认为,运筹学的真正活动是从二战初期的军事任务开始的。当时迫切需要把各项稀少的资源以更有效的方式分配给各种不同的军事作业及在每一作业内的各项活动,所以英国和美国的军事管理当局都号召大批科学家运用科学手段来处理战略与战术问题。这实际上是要求他们对各种(军事)作业进行研究,这些科学家团队就是最早的运筹学团队(简称 OR 团队)。这些团队创造的有效使用雷达的新方法,对英国空军在战役中取胜发挥了重要作用。通过研究如何更好地管理护航和反潜作业,这些团队在北大西洋舰队反潜战及之后的太平洋岛屿战役中都发挥了重要的作用。

战争结束后,运筹学在战争中的成功应用也引起了人们在军事行业之外的其他行业应用运筹学的兴趣。二战结束后的工业复苏时期,由于组织内与日俱增的复杂性和专业化所引起的问题,包括在战争期间与运筹学团队一起工作的商业顾问在内的越来越多的人认识

---

① 本章的参考文献 7 提供了一段可追溯到 1564 年的运筹学历史,描述了 1564—2004 年影响运筹学发展的大量科学贡献。有关这段历史的更多细节,请参见参考文献 1 和 6。例如,参考文献 1 中的第 10 章讲述了 1939 年俄罗斯数学家和经济学家莱昂尼德·康托洛维奇(Leonid Kantoravich)以俄语发表的一篇非常重要的运筹学论文"组织和规划生产的数学方法"。康托洛维奇在 1975 年被授予诺贝尔经济学奖,主要就是因为这项工作。

到这些问题与战争中所面临的问题基本类似,只是现实环境发生了变化,运筹学就这样被引入工商企业和政府部门,在20世纪50年代以后得到了广泛的应用。(本章的参考文献1通过介绍43名运筹学先驱者的生活和贡献叙述了运筹学研究的发展情况。)

此外,至少还有两个因素对运筹学的飞速发展起到了重要作用。一是在改进运筹学方法方面取得了实质性的进步。战后许多参加过运筹学团队或听说过这项工作的科学家都主动从事与该领域有关的研究,这直接推动了运筹学方法在技术上的巨大进步。1947年,乔治·丹齐格(George Dantzig)提出了用单纯形法求解线性规划问题的一般数学模型。20世纪50年代末,运筹学的许多基本理论的工具都已成形,如线性规划、动态规划、排队论和存储论。(尽管对这些工具及许多新的运筹学技术的广泛研究一直持续到今天。)

计算机革命的冲击是推动这一领域发展的第二个因素。运筹学中的复杂问题通常需要有效地处理大量的计算工作,手工完成这项工作往往是不可能的。借助计算机的能力完成数学计算要比手工计算快几千倍甚至几百万倍,因而计算机的发展对运筹学研究起到了极大的促进作用。20世纪80年代个人计算机及相关软件的快速普及推动了运筹学的进一步发展,这都使运筹学更易于被人们大量地使用,而且运筹学技术在20世纪90年代和21世纪进一步加速发展。例如,广泛使用的Microsoft Excel提供了一个解决各种运筹学问题的求解器。今天,有数百万人使用运筹学软件,包括大型计算机在内的大量的计算机被用来求解运筹学问题。

到目前为止,加速发展的计算机能力在不断促进运筹学的发展。现如今的运筹学远远比一二十年前的运筹学方法更为先进。例如,1.3节描述了一个令人兴奋的故事,即运筹学如何将强大的新分析学科(有时称为数据科学)作为一种决策方法,在很大程度上进一步丰富了运筹学方法。但是直到2006年,分析学仍处于起步阶段。1.4节介绍了近年来运筹学的一些戏剧性应用,包括消灭脊髓灰质炎、增加世界粮食产量和治疗癌症等非传统方面的应用。1.5节描述了运筹学方法对未来产生进一步影响的一些趋势。

1.2 运筹学的性质

正如它的名字,运筹学包含了运作研究的意思。因而,运筹学主要应用于引导和调整一个组织内的工作。事实上,运筹学已广泛应用于制造业、运输业、建筑业、通信业、金融业、卫生保健、军事和公共服务业等领域。运筹学的应用是非常广泛的。

运筹学的第一个特征是它运用的研究方法类似于已有的科学领域所采用的科学方法。在相当程度上,科学方法被用于对所关注的问题进行调查(事实上,管理科学一词有时被当作运筹学的同义词)。运筹学的运算开始于仔细地观察和阐明问题,包括收集所有相关数据,并利用这些数据更好地理解问题;接下来构建一个可以概括真正问题的本质的数学模型;然后假设该模型可以充分精确地反映问题的本质特征,并且从模型中得到的结论对于实际问题也是有效的;最后用适当的案例来验证这种假设,并根据需求调整,最终证明这种假设是正确的(这个步骤通常被称为模型的验证)。因而,从某种意义上说,运筹学包括对业务的基本特性进行创造性的科学研究。然而,运筹学所涉及的内容远不止这些,运筹学还参与组织的实际管理。因而,运筹学也必须为决策者提供他们所需要的正确的、易于理解的结论。

运筹学的第二个特征是它的广泛视野。正如上一节所述，运筹学着眼于组织整体的利益。因此，运筹学试图用一种方法解决组织中各成员利益的冲突以实现整个组织的最优。这不仅意味着每个问题的研究都要清楚地考虑组织的所有部分，而且所要实现的目标必须与组织的整体利益保持一致。

运筹学的第三个特征是它常常会考虑寻求问题模型的最佳解决方案（称为最优解）。需要注意的是，最佳解决方案可能有多个。这么做的目的是确定最可行的运作过程，而不是简单地改善现状。尽管必须根据管理的实际需要详细地予以解释，但在运筹学中寻求最优解是一个重要的主题。

上述特征很自然地引出另一个特征。众所周知，没有人能成为运筹学所有方面的专家，因此需要一群具有不同背景和技能的人才。在进行一个新问题的运筹学研究时，采用团队的方式通常是十分必要的。这样一个运筹学团队通常需要包括接受过以下高级培训的人才：数学、统计学、概率论、数据科学、经济学、工商管理、计算机科学、工程学、物理学、行为科学及运筹学的专业技巧。这些团队也需要拥有必要的经验和技能。

1.3　经营分析与运筹学之间的关系

近年来，整个商业界都在谈论一种被称为分析学（或商业分析）的东西，以及将分析学应用于管理决策的重要性。这一热潮的主要推动力是托马斯·达文波特（Thomas H. Davenport）的一系列文章和书籍。达文波特是一位著名的思想领袖，曾帮助全球数百家公司重振雄风。他最初在2006年1月的《哈佛商业评论》（*Harvard Business Review*）中引入了分析的概念，并发表了《分析的竞争》（*Competing on Analytics*）一文。该文现已被评为该杂志90年历史上的10篇必读文章之一。在这篇文章之后，他很快出版了两本畅销书：《分析的竞争：制胜之道和分析的新科学》《明智的决策，更好的结果》（参见本章的参考文献2和3，前者是2007年里程碑式书籍的新版本，首次将商业领袖的概念引入分析学）。

那么什么是分析学？与运筹学相比，分析学不是一门有自己明确定义的技术体系学科，相反，分析学包括所有定量决策科学。传统类型的定量决策科学包括数学、统计学、计算机科学和运筹学，但其他类型的定量决策科学也出现在信息技术、商业分析、工业工程、管理科学等领域。分析学的另一个主要组成部分是现在所说的数据科学。

分析学的任何应用都会借助定量决策科学，这些科学可以帮助分析给定的问题。因此，公司的分析团队可能包括数学家、统计学家、计算机科学家、数据科学家、信息技术专家、商业分析师、工业工程师、管理科学家和运筹学分析师等成员。

关于这一点，运筹学研究团队的成员可能会反对，说他们的运筹学研究通常也借鉴了其他定量决策科学。这通常是正确的，但许多分析的应用也确实主要来自其他定量决策科学，而不是运筹学。当我们要解决的问题是试图从所有可用的数据中获得信息时，这种情况经常发生，因此数据科学和统计学成为关键的定量决策科学。

在过去十年中，分析学越来越流行，主要是因为我们进入了大数据时代，许多企业和组织都可以获得大量数据（伴随着大量的计算能力），以帮助指导管理决策。当前的数据激增是由复杂的计算机系统跟踪发货、销售、供应商和客户，以及电子邮件、网络流量、社交网络、图像和视频所收集的数据形成的。分析学的一个重点是如何最有效地利用这些数据。

分析学的应用可以分为三个有重叠的类别。这些类别的传统名称和简要说明如下。

第一类：描述性分析(分析数据，以创建对过去或现在发生的事情的信息描述)。

第二类：预测性分析(使用模型来预测未来可能发生的事情)。

第三类：规范性分析(使用包括优化模型在内的决策模型，创建管理决策或在管理决策方面提出建议)。

描述性分析需要处理大量的数据。信息技术用于存储和访问过去发生的事情的数据，以及记录现在发生的事情。描述性分析使用创新的技术来定位相关数据，并识别有趣的模式和总结数据，以便更好地描述和理解过去或现在发生的事情。数据挖掘是一项重要的技术，可用来分析数据(并且更广泛地用于执行预测性分析)。第一类(有时也包括第二类)的另一个名称是商业智能。(我们将在2.3节进一步介绍描述性分析如何处理大数据。)

预测性分析是指应用统计模型来预测未来的事件或趋势。除了数据挖掘之外，其他各种基于数据的重要技术也被用来预测未来的事件或趋势。一些专门研究这些技术的训练有素的分析人员被称为数据学家(我们将在2.4节进一步描述这些技术)。由于某些预测分析方法非常复杂，因此该类别往往比第一类更为先进。

规范性分析是最后(也是最先进的)的一类。它涉及对数据应用决策模型，以规定将来应该做什么。在本书的许多章节中描述的运筹学的强大技术(包括各种各样的决策模型和寻找最佳解决方案的算法)通常用于规范性分析，目的是指导管理决策。

在介绍了一些基本的传统分析术语(描述性、预测性和规范性分析，数据科学，数据科学家等)之后，我们应该指出，由于创新和大量市场活动，这个新兴领域的术语仍在快速变化。例如，现在的分析学有时被称为数据科学，未来可能还会有更多的术语变化。

运筹学分析师通常负责处理上述三类分析。运筹学分析师需要执行描述性分析来获得对数据的一些理解，他们还经常需要进行一些预测性分析，可能是通过使用标准统计技术(如预测方法)或标准运筹学技术(如模拟)来获得对未来可能发生的事情的了解。运筹学分析师在运用强大的技术进行规范性分析方面拥有特殊的专业知识。

运筹学分析师与专业分析人员的区别在于：专业分析人员通常在描述性分析领域拥有更多的专业知识，在数据准备和预测性分析方面，他们还有一个更大的工具箱，尽管运筹学分析师在这些领域通常也有一些专业知识；运筹学分析师通常在执行规范性分析时起主导作用。因此，在进行一项需要执行所有三种类型分析的全面研究时，一个理想的团队应该包括专业分析人员、数据科学家和运筹学分析师。

虽然分析最初是作为一个主要用于商业机构的关键工具引入的，但它在其他环境中也可以是一个强大的工具。例如，分析学(包括运筹学)在2012年美国总统大选中发挥了关键作用。奥巴马的竞选团队聘请了一支由统计学家、预测建模者、数据挖掘专家、数学家、软件程序员和运筹学分析师组成的多学科团队，最终形成了一个完整的分析部门，人数是奥巴马2008年竞选活动时的5倍。奥巴马竞选团队发起了一场全方位的活动，利用来自各种来源的大量数据，直接向潜在选民和捐助者发送有针对性的信息。这次选举原本预计将是势均力敌的，但是在描述性分析和预测性分析的推动下，奥巴马大获全胜。

由于分析学对2012年民主党总统竞选的重要贡献，随后几年美国的主要政治竞选活动继续大量使用分析学。2016年的民主党总统竞选无疑也是如此。不过，这次共和党在分析学方面的使用可能显得更有效。

《点球成金》(*Moneyball*)一书(请参阅参考文献10)及2011年根据该书改编的同名电影中介绍了另一种著名的分析应用程序。书和电影都是基于一个真实事件:尽管奥克兰棒球队是大联盟中预算最少的球队之一,但它使用各种非传统数据(称为"测度法")来更好地评估通过交易或选秀获得的球员的潜力,从而取得了巨大的成功。尽管这些评估通常是基于棒球知识的,但是描述性分析和预测性分析都被用来识别那些可以极大地帮助球队却不受重视的球员。目睹了分析的影响之后,大联盟的所有职业棒球队都雇用了专业分析人员,而且分析学的应用也正在扩展到小联盟。

事实上,体育分析的实质性应用也已经传播到其他各种运动队。体育分析领域的一个特别成功的案例是关于2014—2015赛季NBA(全美篮球协会)最成功的职业篮球队金州勇士队(Golden State Warriors)的。引领此次成功的,是由名叫柯克·拉科布(球队总经理之子)的斯坦福大学年轻毕业生主持的一项开创性的项目。他将分析学(包括机器学习和数据科学)引入篮球场,用来指导人事决定和战术选择。在赢得2015年NBA总冠军几个月后,金州勇士队在2016年3月麻省理工学院斯隆体育分析大会上获得最佳分析组织奖。随后出版的《贝塔贝尔:硅谷和科学如何打造史上最伟大的篮球队之一》(见参考文献12)一书从更宏观的视角讲述了这个极度成功的故事。

NFL(美国国家橄榄球联盟)的职业橄榄球队也在采用分析学。例如,费城老鹰队在赢得2018年超级杯的过程中大量使用了分析技术。

除了在政治和体育界使用分析技术之外,分析学在医疗保健、打击犯罪和财务分析等其他许多领域也产生了巨大的影响。但是,到目前为止,分析最大的用途是在商业领域。分析有时被称为商业分析,就是因为其商业应用是非常普遍的。

在缓慢的起步之后,许多商业组织的高层管理人员意识到分析的重要性。早在2011年,著名的管理咨询公司麦肯锡公司(McKinsey&Company)旗下的麦肯锡全球研究所(McKinsey Global Institute)的一份报告(参考文献13)就有相关预测:第一,到2018年,美国拥有较高分析技能的人才可能会短缺14万~19万人;第二,将缺乏150万名具有经验和专业知识,能够利用大数据分析作出高效决策的管理人员和分析师。麦肯锡全球研究所2016年12月的一份后续报告(参考文献9)指出,此类短缺确实在发生,报告还强调了一个预测,即快速增长的需求可能导致约25万名数据科学家的短缺。

大学正在响应这一巨大的需求,美国及其他国家有数百所学校已经或即将推出本科和研究生阶段的课程。

这为STEM(科学、技术、工程和数学)专业的学生创造了绝佳的机会。用托马斯·达文波特的话说,专业分析人员的工作有望成为"21世纪最热门的工作"。2016年、2017年和2018年,Glassdoor工作网站还将数据科学家评为美国最佳职业。(数据科学家通常是指非常有才华和多才多艺的专业人士,他们擅长应用数据科学的各个方面,从数据的清理和准备到编写分析软件,然后执行各种算法进行分析,尤其是预测性分析。)

想成为运筹学分析师的STEM专业学生也有类似的机会。《美国新闻与世界报道》每年都会根据薪资和工作满意度等多种因素公布美国最佳职业的名单。2016—2018年美国的顶级商业职位名单中一直将运筹学分析师(以及统计学家和数学家)排在前10位,事实上,运筹学分析师在2016年的榜单上名列第二。此外,这一职业的女性比例很高(与男性相似)。例如,2016年1月12日的《今日美国》报道,在美国工作的所有运筹学分析师中,女性占55.4%。此外,这一领域对人才的需求继续迅速增长。根据美国劳工统计局2018年6月的数据,预计2016—2026年,美国运筹学分析师的就业增长率将"远高于所有职业的平均水平"。2017年5月,美国运筹学分析师的年薪平均为81 390美元。

在通过本节描述分析学与运筹学之间的关系时,我们已经指出了一些差异。然而,随着时间的推移,这些差异应该会减弱,分析学与运筹学将相互完善,这种逐渐的合并应该特别有利于运筹学这一领域。

有相当多的证据表明,分析学与运筹学之间的密切合作关系正在继续加深。例如,世界上最大的学术、专业人士和学生专业协会——运筹学与管理科学学会(INFORMS)除了组织面向运筹学和分析领域专业人士的年度会议之外,每年还会举办一次出席率很高的业务分析会议。INFORMS在运营研究和分析的各个领域出版16种著名期刊,最受欢迎的一份期刊是《INFORMS应用分析期刊》[在2019年之前的刊名是《接口》(*Interface*)]。INFORMS的另一份期刊是双月刊《分析杂志》(*Analytics Magazine*),重点关注分析界的重要发展。此外,INFORMS还管理认证专业分析人员(CAP)计划,该计划仅在专业分析人员满足一定的经验和教育要求之后,再通过严格的测试,才能对其进行认证(通过测试的合格入门级专业分析人员也可获得助理认证的专业分析称号)。这个享有盛誉的运筹学协会已将分析视为传统运筹学工具的重要补充。

分析学发展的势头确实在继续迅速增长。由于运筹学是高级分析的核心,本书中介绍的运筹学技术的使用也将继续迅速增长。然而,正如下一节所述,即使不展望未来,运筹学过去几年的影响也令人印象深刻。

1.4　运筹学的影响

运筹学对于提高全球许多组织的效率都有很大影响,同时,运筹学在提高各国的生产率方面也起到了重要作用。国际运筹学联合会(IFORS)目前有几十个成员国,每个成员国也有自己的运筹学会。亚、欧两洲都有自己的运筹学联合会,分别举办国际会议和出版国际学刊。

为了更好地了解运筹学的广泛应用,我们在表1.1中列出了在《INFORMS应用期刊》中描述的一些实际应用例子。其中许多应用是由INFORMS主办的用于表彰当年最重要的或最具影响力的运筹学应用的国际知名比赛的获奖应用或入围决赛的应用(现在的奖项名称是Franz Edelman奖,以表彰高级分析、运营研究和管理科学领域的杰出成就)。表1.1的前两列显示了组织和应用的多样性,第3列为对应的应用案例所在章节。案例提供了该项目的一个简短描述,在其参考文献的相关文章中还将提供详细的研究内容,最后一列指出这些应用带来的每年成百万美元的节约额。需要指出的是,很多附加的收益未在表中列出(如对顾客服务的改进和管理的改善),并且需要考虑比财务节省更重要的事(习题1.4-1和习题1.4-2将启发你考虑这些不能明显看到的收益)。有关这些应用的详细描述的文章可以从本书网站(www.mhhe.com/hillier11e)中找到。

表 1.1　在应用案例中描述的运筹学的应用

组　织	应用的领域	所在节	每年的节约额/百万美元
通用汽车公司	各种应用	1.4	未估算
英格拉姆公司	数据驱动的营销活动	2.4	收入增加 350
大陆航空公司	当原有计划安排被打乱时重新分配航班的机组人员	2.5	40
Swift 公司	提升销售与制造业绩	3.1	12
纪念斯隆·凯特琳癌症研究中心	放射治疗的设计	3.4	459
雪佛龙	优化炼油厂业务	3.4	1 000
INDEVAL	在墨西哥结清所有证券交易	3.6	150
三星电子	减少制造时间和库存水平	4.3	收入增加 200
Swedish Forest Industry	优化运输服务路线	10.3	40～120
惠普	产品组合管理	10.5	180
挪威公司	最大限度地利用天然气通过近海管道网络	10.5	140
CSX 运输	向客户分配空轨车	10.6	51
MISO	管理 13 个州的电力传输	12.2	700
荷兰铁路公司	优化铁路网运营	12.2	105
废品管理(Waste Management)	建立一个废品收集与处理的日常管理系统	12.7	100
Hapoalim 银行集团	为投资顾问开发决策支持系统	13.1	收入增加 31
DHL	优化营销资源的使用	13.10	22
联合包裹服务	优化送货路线	14.3	350
英特尔公司	设计和调度产品线	14.4	未估算
CDC	全球消除小儿麻痹症	16.4	收入 45 000
Key Corp	提高银行柜员的服务效率	17.6	20
通用汽车公司	提高生产线效率	17.9	90

虽然运筹学的大部分日常研究提供的收益比表 1.1 中的应用要少得多,但表 1.1 最后一列正确地反映了计划完善的大型运筹学研究有可能带来的重要影响。

应用案例

通用汽车是世界上最大、最成功的公司之一。这一巨大成功的一个主要原因是,通用汽车是全球最早使用分析学和运筹学的用户之一。鉴于这些技术的应用对公司的成功产生了巨大影响,通用汽车获得了 2016 年 INFORMS 奖。

INFORMS 每年只将 INFORDS 奖授予一个组织,以表彰其在整个组织中应用分析学和运筹学/管理科学(OR/MS)方面的非凡成就。获奖者必须以开拓性、多样性、新颖性和持久性的方式反复运用这些方法。以下是通用汽车赢得 2016 年度大奖的颁奖词:

"2016 年 INFORMS 奖授予通用汽车,表彰其在创新和有影响力地应用运筹学和先进分析方面长期的优异表现。

通用汽车在全球拥有数百名运筹学、管理科学从业人员,他们在从设计、制造、销售和维修车辆到采购、物流和质量等各方面都发挥着至关重要的作用。该团队不断开发新的业务模式,并关注着新出现的机会。

通用汽车开发了新的市场调查和分析技术,以了解客户最需要的产品和功能,确定经销商库存的理想车辆,并确定可以采取哪些步骤来实现通用汽车创造终身客户的目标。

通用汽车还通过使用数据科学和先进的分析技术在给客户带来不便之前预测汽车零部件和系统的故障。通用汽车的行业首创的前瞻性警报信息通过其 OnStar 系统通知客户可能出现的故障,将潜在的紧急修复转变为常规计划维护。"

通用汽车全球研发实验室执行总监加里·斯迈思(Gary Smyth)说:"在过去的 70 年里,运筹学/管理科学技术被用于提高我们对每件事情的理解,从交通科学和供应链物流到制造业生产力、产品开发、车辆远程信息处理和预测。这些解决问题的方法几乎渗透到我们做的每件事中。"

2007 年,通用汽车成立了一个运营研究专业中心,以推广最佳实践和实现新技术转化。从那时起,它已经扩展成为包括产品开发、供应链、金融、信息技术及其他职能部门的合作伙伴团队。

资料来源:"General Motors: Past Awards 2016 INFORMS Prize: Winner(s),"*Informs*. Accessed March 25, 2019, https://www. informs. org/.

1.5 进一步增加运筹学未来影响的一些趋势

上一节描述了迄今为止运筹学的巨大影响。然而,也有一些重要的趋势表明,这种影响今后会进一步增强。接下来简要介绍一下这些趋势。

(1) 分析学的兴起。1.3 节和 2.2～2.4 节描述了运筹学学科当前最重要的发展趋势,即分析学与运筹学的兴起。人们日益认识到,分析学的使用是各类组织成功的关键之一,分析学需要应用运筹学中的一些相关技术,这些技术能够更有效地处理组织中可以应用的大量数据。这些相关技术的应用进一步扩展了运筹学分析师的实践经验,而分析学的成功应用也进一步提高了人们对运筹学作用的认识。分析学和运筹学的广泛应用似乎将持续多年。

(2) 人工智能和机器学习的普及。人们早就认识到人工智能(机器中的模拟智能,这些机器被设计得像人一样"思考",模仿人的行为方式)和机器学习(一种数据分析方法,通过使用统计技术使计算机系统能够"学习"而无须明确编程),这将成为运筹学中非常重要的工具。

(3) 运筹学在运输物流方面的大量应用。如今运输技术领域随处可见运筹学的应用。例如,优步(Uber)和来福车(Lyft)如何能够以如此低的成本高效地管理其车队的物流？主要的原因是,管理此类物流属于运筹学的掌控范围。总的来说,运筹学是最适合应对我们在交通领域开始看到的前所未有的创新和投资浪潮背后的技术与经济力量。

(4) 亚马逊在运筹学方面的应用。亚马逊是运筹学应用的另一个成功案例,运筹学在帮助该公司处理和交付订单时实现巨大效率方面发挥着基础性作用。亚马逊有一个庞大的建模和优化团队,其团队一直在引进运筹学分析师。任何试图与亚马逊竞争的公司,都必须重视运筹学团队的作用。

(5) 求解大型运筹学模型。另一个持续发展的趋势是求解大型运筹学模型的能力不断提高。例如,现在正在求解的一些线性规划模型有上千万个函数约束和决策变量。

(6) 将网络优化模型用于公益。网络优化模型(见第10章)长期以来一直是运营搜索最重要的工具之一。然而,将优化和网络用于公共利益的趋势日益增长。例如,一些研究集中在血液、医用核材料、食品和救灾等非常规供应链上,在避免产品的易腐性方面也有应用。

(7) 医疗保健中运筹学的大量应用。过去几十年来,医疗保健一直是运筹学的众多应用领域之一。例如,斯坦福大学运筹学博士埃尔文·罗斯(Alvin E. Roth)因研究出以三种方式匹配器官捐赠者与患者、居民和医院的算法,获得了2012年诺贝尔经济学奖。当前的一个主要趋势是日益重视运筹学在医疗保健中的应用,如在手术计划和调度、优化癌症治疗的放化疗、患者流控制、支持功能的优化、医疗决策和公共医疗政策等方面的应用。目前,数百名运筹学研究人员正在这一领域从事研究,越来越多的运筹学分析师加入了各大医院和医疗中心的团队。

(8) 行为排队论的兴起。排队论的一个重要发展是引入行为排队论来考虑行为因素对排队系统性能的影响,我们的目标是利用人工服务器和顾客的实际典型行为来获得更准确的性能测量值,而不是简单地假设人工服务器和顾客将始终像机器人一样运行以满足这些假设。

(9) 良好的工作前景。运筹学分析师的工作前景非常乐观。美国劳工统计局2018年年末称:“运筹学分析师的就业增长预计将远高于所有职业的平均水平。”该局还提到,技术进步以及寻求效率和成本节约的公司也支持这一预测,还有许多其他趋势可以进一步增加运筹学的未来影响。

1.6 算法和运筹学课程软件

本书用了很大篇幅讲述运筹学的主要算法,以解决一定类型的问题。有些算法是非常有效率的,一般可处理含数百或数千个(甚至数百万个)变量的问题。书中将介绍如何使用算法工作,并使它们更有效率。然后,你将通过计算机使用这些算法来解决不同的问题。本书网站(www.mhhe.com/hillier11e)上提供的运筹学课程软件是完成上述工作的一个重要工具。

运筹学课程软件还包括一个名为IOR Tutorial的用Java语言编写的专用软件包。你可以集中精力学习和运用算法的逻辑性,而由计算机完成全部的常规计算。IOR Tutorial还包括其他很多有用的程序、一些自动执行算法的程序及一些提出如何解决随问题数据变化的算法的图解展示程序。

实际上,算法通常由商业软件包执行。这些软件包将会帮助你有效地求解书中几乎全部的运筹学模型。由于书中有几个原有的软件包不适用的案例,我们还在IOR Tutorial中增加了自己的自动运算程序。

可以用Microsoft Excel电子表格建立小的运筹学模型。Excel Solver(Frontline Systems公司的产品)被用来求解模型。每章提出一个使用Excel求解问题的案例,该章的Excel文档给出了完整的电子制表软件规范和解决方案,并对书中的许多模型提供了一个包括求解模型的所有必要方程的 Excel 模板。

虽然已经过了许多年,LINDO 和 LINGO 仍然是受欢迎的运筹学软件包,LINDO 求解器引擎具有广泛的功能,包括线性规划、整数规划和非线性规划(第 3~10 章和第 12 章)。学生版本的 LINDO 和 LINGO 可以从网上免费下载。

在处理大型且有挑战性的运筹学问题时,通常使用一个建模系统来有效表达数学模型,然后将其输入计算机。MPL 是一个用户界面友好的建模系统,包含大量的精英求解器,可以非常有效地解决此类问题。这些求解器包括用于线性规划和整数规划的 CPLEX、GUROBI 和 CoinMP(第 3~10 章和第 12 章),以及用于凸规划的 CONOPT 和用于全局优化的 LGO(上一段中描述的 LINDO 求解器引擎也可用作 MPL 求解器)。MPL 的学生版和学生版的求解器可以在 www.maximalsoftware.com 免费下载。我们将在后面进一步描述这些软件包以及如何使用它们(特别是在第 3 章和第 4 章末尾)。

参考文献

1. Assad, A. A., and S. I. Gass (eds.): *Profiles in Operations Research: Pioneers and Innovators*, Springer, New York, 2011.
2. Davenport, T. H., and J. G. Harris: *Competing on Analytics: The New Science of Winning*, 2nd ed., Harvard Business School Press, Cambridge, MA, 2017. (This is a new edition of the landmark 2007 book.).
3. Davenport, T. H., J. G. Harris, and R. Morison: *Analytics at Work: Smarter Decisions, Better Results*, Harvard Business School Press, Cambridge, MA, 2010.
4. Fry, M. J., and J. W. Ohlmann (eds.): Special Issue on Analytics in Sports, Part I: General Sports Applications, *Interfaces*, 42(2), March-April 2012.
5. Fry, M. J., and J. W. Ohlmann (eds.): Special Issue on Analytics in Sports: Part II: Sports Scheduling Applications, *Interfaces*, 42(3), May-June 2012.
6. Gass, S. I.: "Model World: On the Evolution of Operations Research," *Interfaces*, 41(4): 389-393, July-August 2011.
7. Gass, S. I., and A. A. Assad: *An Annotated Timeline of Operations Research: An Informal History*, Kluwer Academic Publishers (now Springer), Boston, 2005.
8. Gass, S. I., and M. Fu (eds.): *Encyclopedia of Operations Research and Management Science*, 3rd ed., Springer, New York, 2014.
9. Henke, N., et al.: "The Age of Analytics: Competing in a Data-Driven World," *McKinsey Global Institute Report*, December 2016.
10. Lewis, M.: Moneyball: *The Art of Winning an Unfair Game*, W. W. Norton & Company, New York, 2003.
11. Liberatore, M. J., and W. Luo: "The Analytics Movement: Implications for Operations Research," *Interfaces*, 40(4): 313-324, July-August 2010.
12. Malinowski, E.: Betaball: *How Silicon Valley and Science Built One of the Greatet Basketball Teams in History*, Atria Books, New York, 2017.
13. Manyika, J., et al.: "Big Data: The Next Frontier for Innovation, Competition, and Productivity," *McKinsey Global Institute Report*, May 2011.

14. Minton, R.: Sports Math: *An Introductory Course in the Mathematics of Sports Science and Sports Analytics*, CRC Press, Boca Raton, FL, 2016.

15. Wein, L. M. (ed.): "50th Anniversary Issue," *Operations Research* (a special issue featuring personalized accounts of some of the key early theoretical and practical developments in the field), 50(1), January-February 2002.

习题

1.4-1　从表 1.1 中选择一个应用运筹学的例子(通用汽车的例子除外,因为它没有附带的文章)。阅读表中第 3 列所示章节的应用案例中提到的文章(www.mhhe.com/hillier11e 网站上提供了所有这些文章的链接)。然后写一篇应用运筹学及其好处(包括非财务收益)的总结(篇幅为两页)。

1.4-2　从表 1.1 中选择三个应用运筹学的例子(通用汽车公司的例子除外,因为它没有附带的文章),仔细阅读表中第 3 列给出的应用案例中提到的应用运筹学研究的文章。然后针对这三个例子分别写一篇应用运筹学及其好处(包括非财务收益)的总结(篇幅为一页)。

第2章

运筹学分析师协同专业分析人员分析问题的概述

本书的大部分篇幅被用来阐述运筹学的数学方法,包括使用算法来寻找各种数学模型的最优解。然而,这并不意味着实际的运筹学研究主要是数学练习。事实上,数学分析通常只代表研究总工作量相对较小的一部分。在能够确定一个合适的数学模型和算法之前,需要在其他任务上花费大量的时间,然后其他工作也需要遵循这样的方式。因此,本章对常见的大型的运筹学研究的主要阶段进行了相当简短的概述。我们在1.3曾描述了在大数据时代发展起来的分析学与运筹学的密切关系。运筹学研究通常会花相当长的时间进行三个阶段的分析(描述性分析、预测性分析和规范性分析)。运筹学长久以来的巨大优势在于规范性分析(规定未来应当做什么),同时也对某些类型的预测性分析(预测未来事件)有一定的优势,但在描述性分析(准确描述过去和当前的绩效)方面的优势非常小。为了填补这一空白,许多组织雇用专业分析人员(有时称为数据科学家),他们专门进行描述性分析和预测性分析。因此,专业分析人员和运筹学分析师处于密切相关的专业,互补性极强。因此,大型运筹学研究团队通常同时包括运筹学分析师和专业分析人员(或许还有其他专家)。

作为运筹学研究的延伸,分析学的地位越来越突出,这也使描述性分析和预测性分析在运筹学研究中的使用越来越普遍。以下是概括运筹学研究常见(且相互重叠的)阶段的一种方式。

(1) 定义感兴趣的问题。

(2) 收集整理相关数据。

(3) 使用描述性分析来分析大数据。

(4) 使用预测性分析来分析大数据。

(5) 构建表示数学问题的数学模型。

(6) 学习如何从模型中求解。

(7) 检验模型。

(8) 准备应用模型。

(9) 实施。

以下各节将依次讨论上述各阶段。

2.1　定义问题

与教科书中的例子相反，运筹学团队遇到的大部分实际问题最初是以模糊的、不精确的方式描述出来的。因此，首先要做的是研究相关系统，并使被研究的问题得到明确说明。具体而言，包括确定合适的目标、实际操作的约束、被研究领域与组织的其他领域间的相互关系、其他可能的行动路线、制定决策的时间限制等。问题定义过程是至关重要的，因为它对研究结论有重大影响。从“错误”的问题中很难得出“正确”的答案。

首先要认识到，运筹学团队通常扮演顾问的角色。并没有一个现成的问题在那里等着团队成员，然后让他们用某一种方法来解决它。相反，团队为管理层提供建议（通常是向某个关键的决策者）。团队对问题进行详细的技术分析，然后向管理层提出建议。向管理层提供的报告通常包含多个候选方案，在不同的假设条件下或者在一些只能由管理层来评价的政策参数（如成本与收益之间的折中）值的不同范围上颇具吸引力。管理层评价该研究以及基于该研究提出的建议，考虑各种无形因素，基于最佳判断作出最终决策。因此，团队与管理层步调一致是非常重要的，包括从管理层的角度确定“合适”的问题，并且使研究的方向得到管理层的支持。

确定合适的目标是问题定义一个非常重要的方面。为了做到这一点，首先需要确定真正对所研究的系统作出决策的管理层成员，然后查明该管理人员对相关目标的想法（从一开始就让决策者参与进来，对于获得他对实施这项研究的支持也是很重要的）。

由于运筹学的特点，它关心的是整个组织而不仅是其特定部分的福利。运筹学寻求对整个组织最优的解决方案，而不是那些只对部分最好的次优方案。因此，理想的目标应该是整个组织的目标。然而，这并不总是可行的。很多问题只涉及组织的一部分，因此如果表述的目标太宽泛或者考虑到对组织其他部分的所有副作用，那么分析将变得不实用。相反，用于研究的目标应该尽可能明确，而且它们仍能够包含决策者的主要目标并且与组织更高层次的目标保持一定程度的一致性。

对于营利性组织，避免局部最优化的可行方法是将长期收益最大化作为唯一的目标（考虑到货币的时间价值）。“长期”一词表明这个目标具有灵活性，以考虑那些不能马上带来收益但是最终值得做的项目（如研发项目）。这种方法的优点很明显：这样的目标充分明确，能够被方便地使用，而且看起来也足够宽泛，能够涵盖营利性组织的基本目标。事实上，有人相信，其他所有合理目标都能够被转换成这个目标。

然而，真实的情况是很多组织并不使用这种方法。针对美国企业的大量研究发现，管理层倾向于采用满意利润目标与其他目标相结合的方式来代替长期收益最大化。其他目标通常包括维持稳定收益、增加（或者维持）市场份额、实现产品多样化、维持稳定价格、提高员工士气、维持对企业的家族控制、提高企业声誉等。实现这些目标有可能实现长期收益最大化，但是这些关系是非常不明显的，可能很难将它们融入单一的目标。

此外，存在包含与营利动机不相吻合的社会责任的其他考虑。只在一个国家经营的企业一般涉及五方：①所有者（股东等），期望盈利（分红、股票增值等）；②员工，期望合理工资水平上的稳定雇用；③客户，期望以合理价格获得可靠的产品；④供应商，期望企业守信并且自己的产品能以合理的价格出售；⑤政府（也就是国家），期望合理的税收和顾及国家利益。所有五方都对企业做出重大贡献,企业不应该被看成任何一方剥削其他方的专有工具。出于同样的原因,跨国企业负有采用对社会负责任的方式经营的额外责任。因此,尽管我们承认管理层的主要责任是盈利(最终所有五方都获利),我们注意到其更广泛的社会责任也必须被承认。因为运筹学研究对组织的绩效产生了重大影响,这些研究必须既有竞争力又符合道德。因此,该领域非常重视达到高道德标准,例如,INFORMS发布了详细的道德准则。

2.2 收集和组织相关数据

收集和组织合理的、准确相关的数据的能力是进行完整的运筹学研究的关键。现有数据可以表明正在考虑的问题。然后,需要将这些数据中的一些纳入模型中,用于表示和研究所考虑的问题。因此,为研究这些问题而收集的数据需要足够完整和准确,才能准确地表述问题。

分析方法的普及进一步强调了数据在研究问题中的基本作用。分析方法的每个阶段(描述性分析、预测性分析和规范性分析)侧重分析数据。一些专业分析人员被称为数据学家,因为他们是训练有素的专业人士,专门应用"数据科学"或"数据分析"来研究并解决问题,其他通过组织数据来帮助数据学家的人可能被称为数据工程师。

20世纪后期,运筹学团队通常需要花费大量的时间收集与问题相关的数据,相关的工作人员也常常花费巨大的努力来协助完成这项工作。随着大数据时代的到来,海量数据已经几乎可以用来研究任何问题。数据激增是对组织所有内部事务进行复杂计算跟踪的结果,数据也可能是从诸如网络流量、社交网络、各种类型的传感器以及音频和视频录制的捕获等来源得到的。因此,在收集数据时经常遇到的问题是,数据量太大,必须搜索、组织和分析数据,以确定哪些数据与当前研究相关。

对于数据的处理面临两个问题。第一个问题是在这个新的大数据时代,应该如何保留和组织海量的数据,使这些数据可以根据需要随时被访问。以前,数据通常存储在交易数据库中,这些数据库提供特定类型的单个交易的详细信息(例如,发送或支付的单个发票)。然而,随着各种类型数据的大量涌入,使用能够接收有关客户、供应商、产品和活动历史的大量数据的数据仓库变得越来越普遍。这些数据仓库还包括有助于决策的数据摘要,以及描述数据组织和含义的元数据。

第二个问题是如何进一步组织数据,以便识别和检索与数据有关的内容,然后根据需要进行操作,以帮助分析正在考虑的问题。任何大型组织通常都会有一个信息技术(IT)部门,专门负责找出最有效地完成这项工作的方法。大数据时代,信息技术取得了很大的进步。

以上两个问题是关于保持存储数据的完整性、访问相关数据来分析当前情况的问题。很难避免存储不正确、不完整、格式不正确甚至重复的数据,但依然要避免这种情况,这很重要。数据科学家和数据工程师(无论是在IT部门内部还是外部工作)经常被要求使用数据清理的方法来修改或删除错误数据。近年来,在开发各种数据清理工具(包括算法)方面取得了相当大的进展,这些工具能够纠正数据中的一些特定类型的错误。

在这个阶段也可以使用**数据争用**(data wrangling)。数据争用过程是将数据从其原始形式转换为另一种格式,以便进行分析。

分析的三个阶段（描述性分析、预测性分析和规范性分析）都是由相关数据的可用性驱动的。一旦所有需要的数据按上述方式存储、清理、整理、组织和访问，一个可能包括运筹学分析师和专业分析人员的团队就准备好进入下一阶段了，即下一节中介绍的描述性分析。

2.3　应用描述性分析来分析大数据

如 1.3 节所述，描述性分析是最常用、最容易理解的分析类型，因为它涉及使用数据描述业务的常见任务。进入大数据时代后，描述性分析已经成为几乎所有主要公司（偶尔也包括其他组织）分析大量相关数据并报告重要结论的关键工具。有必要让原始数据可以被管理者、投资者及其他利益相关者所理解。

描述性分析的目标是更好地实时了解过去发生的事情和现在正在发生的事情，然后做出报告，以最有助于广大受众的方式描述这些事情。描述性分析提供了对商业绩效的重要见解，并使用户能够更好地监控和管理其业务流程。因此，描述性分析通常是预测性分析或规范性分析后续成功应用的第一步（将在下两节讨论）。

描述性分析的一个重点是以易于理解的格式呈现其结论，以利于管理者，或许也有利于股东。例如，常常将这些结论放入股东报告中，对公司的运营、销售、财务状况和客户进行历史性的回顾。

描述性分析的许多应用都是通过商业智能软件或电子表格工具实现的。然而，描述性分析通常也依赖于对数据的人工审查，可能包括对一些额外的被清理掉的数据的审查。这些数据是在收集和组织来自数据仓库与数据库的数据的过程中被忽略的。

我们将在下一节描述数据挖掘是如何广泛用于执行预测性分析的。不过，数据挖掘有时也被用来帮助执行描述性分析。数据挖掘首先提取和组织大量数据，以识别模式和关系。数据挖掘可以将数据转换为更有用的分析形式，并计算平均值和生成其他数据摘要。在流程中，数据挖掘可能执行描述任务，以描述所分析数据的属性。

描述性分析的一个关键工具是数据可视化。数据可视化的目标是通过可视化图形向管理者及其他用户清晰有效地传达信息。还有许多其他方法可以图形化地显示数据，如折线图、条形图、散点图、直方图和饼图。也可以用颜色来更好地凸显关键数据。数据可视化既是一门艺术，也是一门科学。优秀的专业分析人员既有科学知识，又掌握了大幅改进数据图形表示的方法。

2.4　使用预测性分析来分析大数据

使用描述性分析帮助组织更好地理解迄今为止发生的事情是非常重要的，但更好地了解未来可能发生的事情也很重要。在这方面，预测性分析可以发挥关键作用，因为它的重点是使用大数据来预测未来的事件、趋势或行为。如 1.3 节所述，基本方法是使用预测模型分析历史数据，包括识别趋势和关系，以便推断未来。数据科学家在执行预测性分析方面起着核心作用，运筹学分析师和统计学家也经常扮演此类角色。

几乎任何类型的企业都有意向使用预测性分析，尤其是在解决营销领域常见的某些问题时。例如，企业通常希望根据各种产品的历史销售数据，对今后的销售情况作出最佳预测,以指导未来的生产计划。同样,营销部门在开展营销活动时通常希望根据所掌握的客户信息,吸引这些客户并促进未来的销售。除了企业外,预测性分析的最大用户是专门从事精算、保险、医疗保健、金融服务和信用评级等的组织。

预测性分析使用统计学、数据挖掘和机器学习中的许多技术来分析当前数据,从而对未来作出预测,并承担其他相关任务。接下来简单介绍这些类型的技术。

2.4.1 统计预测方法

几十年来,统计领域提供了一些强大的统计预测方法。一种是时间序列预测法,它使用时间序列来预测未来的观测值。另一种流行的统计预测方法是线性回归,它通过找到感兴趣的变量与其他一个或多个变量的相互依赖的关系,对感兴趣的变量进行预测。还有一种基于统计原理的预测方法是应用模拟,即让模拟基于历史数据运行,然后再用它来预测未来。这些特殊的预测方法几十年来一直是运筹学工具包的重要组成部分,因此无论是数据科学家、统计学家还是运筹学分析师都可能会首选这些方法。

大多数统计预测方法都是一种相对简单的预测分析方法,因为它们涉及预测一种与构成历史数据的事件类型相同的未来事件类型。当预测的未来数据点必须基于某种程度上不同的历史数据(仅与预测的数据相关)时,就出现了一种更具挑战性的预测分析类型。数据科学家在这方面具有特殊的专业知识。

应用案例

英格拉姆(Ingram Micro)是全球最大的科技产品分销商,公司总部位于加利福尼亚州欧文市,通过向约1 400家供应商(包括世界上最大的技术公司)购买这些产品,然后将其销售给全球超过20万名客户(解决方案提供商和增值转售商),再由其把这些产品卖给终端用户(零售公司)。该公司的年业务量超过1 000万笔,订单量超过1亿笔,属于全球财富100强企业。

由于其产品组合的广泛性,英格拉姆无疑拥有信息技术分销和制造业领域最大量的交易数据。为了处理和利用这些数据,该公司拥有最先进的信息技术和分析部门。该部门被冠以全球商业智能和分析(GBIA)卓越中心的称号,到2015年,已拥有超过40名分析师、数据科学家和其他工程师。

GBIA开发了一个先进的数据基础设施,为英格拉姆的运营提供基础。这个基础设施包括一个集中的数据仓库,还包括提取相关数据的过程以及执行数据挖掘等分析任务的算法。

这一数据基础设施最先推动了预测性分析的精确应用,以指导英格拉姆在北美的营销,并打算将试点项目推广到世界其他地区。对庞大的产品组合获得相对准确的需求预测对于这些营销方式是至关重要的。这些预测基于两个来源:一是公司数据中存在大量来自公司客户的购买信号;更具挑战性的来源是来自产品终端用户的购买意向信号,这些信号是通过终端用户的在线活动获得的。英格拉姆平均每天收集700万条记录,这些记录为终端用户的预期行为和意图提供了宝贵的信息。这些预测为数据驱动的营销活动提供了基础。

这些及相关的大数据和分析的使用对英格拉姆的盈利能力产生了巨大的影响。在本文发表时，这种方法在北美实施后，每年产生大约3.5亿美元的产品增量收入和1 000万美元的增量毛利润。

资料来源：R. Mookherjee，J. Mukherjee，J. Martineau，L. Xu，M. Gullo，K. Zhou，A. Hazlewood，et. al.：“End-to-End Predictive Analytics and Optimization in Ingram Micro's Two-Tier Distribution Business.” *Interfaces* (now INFORMS Journal on Applied Analytics) 46(1)：49-73，Jan.-Feb. 2016.

2.4.2 数据挖掘

数据挖掘为预测性分析提供了一个特别重要的工具。我们在上一节提到，数据挖掘有助于描述性分析，但它的主要用途是进行预测性分析。

尽管数据挖掘一词直到20世纪90年代才被提出来，但在大数据时代它却已经成为热词。它之所以如此有价值，是因为它的自动或半自动方法能够组织大量的数据，从而能够识别在其他情况下不可见的模式和关系。它的基础包括三个有交叉的学科：统计学、人工智能和机器学习。数据挖掘如今被广泛应用于商业、天文学、遗传学、医疗保健、教育等领域。除了传统的数据来源，它还可以处理来自网络、电子邮件、社交网络甚至音频或视频文件的数据。数据挖掘软件现在可以从许多供应商那里获得，在数据科学家的指导下执行几乎整个数据挖掘过程。

在从数据仓库中提取相关数据时，数据挖掘首先对数据进行清理，以消除多余的数据并更正错误。提取的数据也可能需要转换成适合被挖掘的形式。由于数据通常来自各种异构源，因此需要以逻辑方式集成数据。聚类算法用于将记录划分为多个段，每个段的成员具有相似的质量，然后使用监督归纳法(也称为分类法)自动生成一个模型。该模型可以预测任何区段内的未来行为。这个归纳模型包括对实验数据集记录的归纳。下一步是确定哪个数据段最适合当前所预测的未来的数据点。然后，归纳模型使用该段中的数据来预测未来的数据点。

为了说明这种基于现有数据点的推论对新数据点进行预测的技术，可以考虑信用评分的例子。个人的信用评分是介于300和850之间的一个数字(其中850分是完美的)，用来反映个人的信用程度。该分数基于由信用机构提供的个人信用记录中的广泛数据(支付历史、欠款总额、信用历史长度、信用类型等)。贷款人在决定是否发放贷款之前，会利用信用评分来评估个人偿还债务的可能性。

怎样才能得出一个有意义的信用评分？答案是，信用评分公司在应用数据挖掘的同时，广泛使用预测性分析。尽管这些公司尚未公布其方法的细节，但很明显，其方法必然是基于聚类算法。简单地说，它们显然汇编了数以百万计的个人信用记录，然后将这些个人分为许多同质的部分，其中特定部分的所有个人都有非常相似的信用记录。下一步是根据该类别成员的实际信用历史(包括任何贷款违约)，为每个细分市场分配一个信用评分。当根据一个人当前的信用记录评估其应该获得什么信用评分时，这个人被放在与该信用记录最相似的部分，作为一个起点。该段的信用评分将分配给此人。然后，根据这部分成员的更完整的历史来推断其未来的行为。在这个信用评分上做一些小的调整，这些微小的调整就完成了分配信用评分的过程。

当以各种方式使用数据挖掘来应用预测性分析时,关键任务之一通常是制定和应用预测模型。例如,在使用聚类算法时,仍然需要在聚类工作完成后进行预测。经验丰富的运筹学团队成员是制定、测试和应用模型的专家。因此,运筹学分析师和专业分析人员可能正在合作,并相互学习,共同研究当前的问题。

2.4.3 机器学习

预测性分析偶尔会用到其他工具,其中之一就是计算机科学领域的机器学习。机器学习是一种数据分析方法,使用统计技术使计算机系统能够"学习"(例如,逐步提高完成特定任务的性能),而无须显式编程,从而使分析模型的构建自动化。这是通过探索模型与算法的研究和构建来实现的,这些模型与算法可以从数据的历史关系和趋势中学习,从而作出数据驱动的预测。

在完成分析当前问题的预测性分析阶段之后,接下来会发生什么?这一切都取决于2.1节中描述的分析问题、定义问题的第一阶段。在该阶段要求分析问题的管理者从管理的角度确定研究的适当目标。可能是他们在获得了对未来前景的可靠预测后,不想再进一步研究了。在这种情况下,这项研究在向管理层汇报之后就结束了。然而,为了指导决策,管理者通常也希望研究进入规范性分析阶段,重点分析如何改进决策,确定未来应该做什么。下一阶段涉及应用运筹学的强大技术(包括许多决策模型和算法,以获得这些模型的最佳解决方案),这在本书的许多章节中都有描述。下一阶段的基本步骤是:①建立一个数学模型,应用分析方法;②学习如何从模型中得出解决方案;③测试模型;④准备应用模型;⑤实施。本章接下来的五节将概述这些应用规范性分析从而完成运筹学研究的基本步骤。

2.5 数学建模,并开始描述性分析

如1.3节所述,规范性分析是分析方法的一个阶段,使用规范性模型和优化模型来改进管理层的决策。专业分析人员很擅长这方面的工作。第一步是对决策者的问题进行定义,然后用便于分析的形式重新描述该问题。传统的运筹学方法主要是建立表示问题实质的数学模型。在讨论怎样建立这类模型之前,我们首先对模型性质做一个普遍性的探讨,并对数学模型的性质进行具体的探讨。

模型或理想化表示是日常生活的一个组成部分。常见的例子包括模型飞机、地球仪等。类似地,模型在科学和商业领域起到了重要作用。例如,原子模型、遗传结构模型、描述物理运动定律或者化学反应的数学等式、地图、组织图以及工业会计系统等。这些模型在抽象问题本质、表明相互关系及促进分析等方面的价值是无法估量的。

数学模型也是理想化的表示,但是它们采用数学符号和表达式来表示。物理定律,如$F=ma$和$E=mc^2$是常见的例子。类似地,商业问题的数学模型是描述问题实质的等式和相关数学表达式的系统。因此,如果要制订n个相关的可量化的决策,可以将它们表示成**决策变量**(decision variables)($x_1,x_2,\cdots,x_n$),其中各个变量值需要被确定。效果(如收益)的合理度量被表示成这些决策变量的数学函数(如$P=3x_1+2x_2+\cdots+5x_n$)。这个函数被称为**目标函数**(objective function)。对决策变量值的约束也都能用数学方法表示,一般是通过等式或者不等式(如$x_1+3x_1x_2+2x_2\leqslant 10$)。这些用于限制的数学表达式通常被称为**约束**(constraints)。约束和目标函数中的常数(系数和右端项)被称为模型的**参数**(parameters)。因此,数学模型可能指出,问题是在特定约束下选择最大化目标函数的决策变量值。这类模型及其轻微变体代表了运筹学中常用的模型。

确定模型参数的合适赋值(一个参数一个值)是模型构建过程中重要的也是具有挑战性的部分。与教科书中参数值被预先给定的问题相反,确定现实问题的参数值需要收集相关数据。正如2.2节所讨论的,收集准确的数据通常比较困难,需要做额外的工作通过把数据转换成模型参数的值来将数据集成到模型中。因此,分配给参数的值通常只是一个粗略的估计。由于参数真实性的不确定性,分析模型解怎样随着参数值的变化而变化是很重要的。这个过程通常被称为**敏感性分析**(sensitivity analysis),将在下一节(以及第7章)进一步讨论。

虽然我们所说的是商业问题的数学模型,但是现实问题通常不只有单一的"正确"模型。2.7节将描述验证模型的过程怎样产生一连串的模型,提供对问题越来越好的表示,甚至有可能建立两个或两个以上完全不同类型的模型,帮助分析相同的问题。

在接下来的几章中,所研究的一类特别重要的模型是**线性规划模型**(linear programming model),该模型中的目标函数和约束都是线性函数。在第3章中建立的线性规划模型适合以下各类问题:①最大化收益的产品组合的确定;②放射性疗法的设计,在有效杀死肿瘤的同时最小化对周围健康组织的影响;③最大化整体纯收益的农作物面积的分配;④以最低成本实现空气质量标准的污染消除方法的组合。

数学模型与对问题的口头描述相比,具有很多优势。其中之一就是数学模型以更为准确的方式描述了问题。这使问题的整体结构更为全面,并且有助于揭示重要的因果关系。这样一来,模型更清楚地表明了什么样的数据与分析相关,有助于以整体方式处理问题,以及同时考虑所有的相互依赖关系。最后,数学模型架起了高性能数学技术与用于分析问题的计算机之间的桥梁。可用于个人计算机和大型计算机的软件包已经被广泛地用于求解很多数学模型。

然而,在使用数学模型时需要避免一些错误。模型是问题的理想化抽象。因此,要想使问题能够被求解,一般需要进行近似和简化假设。必须注意确保模型是对问题的有效表示。判断模型有效性的正确准则是模型是否以充分的准确度预测候选行动的相对效果并允许合理地决策。所以没有必要包括对所有的候选行动具有大致相同影响的不重要的细节或因素。只要效果度量的相对值(它们值之间的差)充分准确,甚至没有必要在各种可能路线中要求它们的绝对大小大致正确。因此,所需的是模型的预测与现实世界真实发生的情况具有高度的相关性。为了确认这个需求是否被满足,有必要进行合适的检验并对模型进行调整,这将在2.7节进行讨论。虽然这个检验阶段被放在本章的后面,但是模型验证的大部分工作实际上是在模型构建的过程中完成的,帮助引导数学模型的建立。

在建立模型时,一个好方法是从非常简单的模型开始,然后以演化的方式逐渐产生更为精炼、更为近似地反映现实问题复杂性的模型。只要保持模型能够被求解,就可以不断地对模型进行完善,但需要不断考虑模型准确性与模型可求解性之间的折中。

构建运筹模型的一个关键步骤是建立目标函数。这需要相对于问题被定义时确定的每个决策者的最终目标建立效果的定量度量。如果具有多个目标,那么它们各自的度量通常被转换并结合成组合度量,即**效果的整体度量**(overall measure of performance)。这个整体度量相对于组织更高层次的目标可能是有形的(如收益),也可能是抽象的(如效用)。在后面的例子中,建立这种度量的任务通常是复杂的,需要详细地比较目标以及它们的相对重要性。在效果的整体度量被创建之后,目标函数将以决策变量数学函数的形式表示这种度量。

应用案例

在2012年与联合航空公司合并之前,大陆航空公司(Continental Airlines)的业务范围包括客运、货运和邮递。大陆航空公司每天要处理2 000架次以上的飞机起降,其中,国内航线超过100个,国外航线将近100个。

像大陆航空公司这样的公司每天都面临会引起航空时刻表被打乱的紧急事件,原因包括恶劣的天气、机械故障及员工的无效工作。造成的结果是员工可能无法到岗为其他正常航班提供服务。航空公司必须重新安排员工以满足航班的需求并将被打乱的时刻表恢复正常。该过程既要考虑成本的节约,又要遵守所有的政府规定、合同义务并保证基本生活条件需求。

为了解决该问题,大陆航空公司的运筹学团队开发了一个数学模型,一旦发生紧急情况,应用该模型可以很快将员工分配给需要的航班。由于航空公司有数千名员工,每日的航班也有数千个,因此该模型需要考虑到所有可能的机组人员和航班匹配。该模型有数百万个决策变量、几千个约束条件。在投入应用的第一年(主要是2001年),该模型被应用了4次,拯救了航空时刻表被打乱的危急情况(两次暴风雪、一次洪水及"9·11"事件)。该模型节约了近4 000万美元。随后的应用被扩展到了许多日常性的小型紧急事件中。

尽管其他航空公司随后也开始应用运筹学来解决类似的问题,但是大陆航空公司的模型较其他航空公司的模型能够更快地使被打乱的时刻表恢复正常,并且延迟和取消的航班也比较少。这种优势使大陆航空公司在21世纪最初几年整个航空业艰苦时期的竞争中保持了相对较为有利的地位。由于在该领域的创新,大陆航空公司于2002年获得了表彰运筹学和管理学成就的Franz Edelman奖一等奖。

资料来源:G. Yu, M. Arguello, G. Song, S. M. McCowan, and A. White:"A New Era for Crew Recovery at Continental Airlines." *Interfaces* (now *INFORMS Journal on Applied Analytics*), 33(1): 5-22, Jan.-Feb. 2003.(以下网址提供本文的链接:www.mhhe.com/hillier11e.)

2.6 学习如何从模型中推导求解

在所考虑问题的数学模型被建立之后,运筹学研究的下一阶段是开发程序(通常是基于计算机的程序),以从该模型中导出问题的解决方案。你可能认为这肯定是研究的主要部分,但事实上在大多数实例中并非如此。有时,它是一个相对简单的步骤,是运筹学标准算法之一(系统的求解过程),在装有大量软件包的计算机上运行。对于经验丰富的运筹学从业者来说,求解是有趣的工作。而真正的工作在于先前和以后的阶段,包括本节后面讨论的优化后分析。

由于本书的大部分内容都是在讨论如何获得各种重要数学模型的解，所以在这里就不赘述了，不过，我们确实需要讨论这些解的特点。

运筹学的一个共同主题是搜索**最优解**(optimal solution)或者最好的解。确实，很多程序已经被建立，并在书中列出，以找出特定类型问题的解。然而，需要认识到这些解仅仅对所使用的模型来讲是最优的。由于模型是理想化的而不是问题的真实表达，所以不能不切实际地认为模型的最优解是对现实问题能够实施的最好可能解。现实问题有太多无法估量的因素和不确定性。然而，如果模型被很好地定义和检验，那么产生的解应该是对现实问题理想行动的良好近似。因此，不要沉浸在不可能性里，而应该检验运筹学的现实成果能否比其他方式提供对行动更好的引导。

杰出的管理科学家、诺贝尔经济学奖获得者赫伯特·西蒙(Herbert Simon)指出满意(satisficing)比最优化在现实应用中更切合实际。西蒙描述了管理者在处理手头问题时寻求"足够好的"解决方案的趋势。更为实用的方法可能被采用，而不试图建立效果的整体度量以最优地处理各种期望目标之间的冲突。在各个领域内可以基于效果的过去水平或者竞争者正在达成的水平将目标设定成效果的最低满足水平。如果能够找出使所有的目标均被满足的解，那么该解可以直接被采纳。这就是满意的本质。

最优与满意之间的区别反映了将理论应用到现实时经常面对的理论与实际之间的差异。正如英国著名运筹学家塞缪尔·艾伦(Samuel Eilon)所说："优化是最终的科学，满意是可行的艺术。"①

运筹学团队试图将尽可能多的"终极科学"运用到决策过程中。然而，成功的团队会意识到决策者压倒性的需求，在合理的时间内获得对行动的满意指导。因此，运筹学研究的目标应该是以最优的方式进行调查和研究，而不管能否发现模型的最优解。因此，除了追求最终的科学，运筹学团队还应考虑研究的成本和延迟完成研究的不利因素，确保从研究中产生的纯收益最大化。按照这个理念，运筹学团队有时会采用**启发式程序**(heuristic procedures)(不能保证最优解的直觉设计的程序)来找到一个好的**次优解**(suboptimal solution)。这种方法常常用于对问题的模型找出最优解所需的时间或成本非常大的情况。近年来，大量研究建立了有效的**元启发**(metaheuristics)，为设计适合特定类型问题的启发式程序提供了一般结构和策略指导。元启发的使用正在进一步扩大。

迄今为止的讨论表明，运筹学研究旨在找出唯一解，它可能是最佳的也可能不是。事实上，通常并非如此。原模型的最优解可能与现实问题的理想解相距甚远，所以需要进行附加的分析。因此，**优化后分析**(postoptimality analysis)(在找到最优解之后进行的分析)是大多数运筹学研究的一个非常重要的部分。这种分析有时也被称为 what-if 分析，因为它包含解决一些有关在将来情形的不同假设下最优解将发生什么变化的问题。这些问题通常由决策者而不是运筹学团队提出。

电子表格软件的出现使电子表格在优化后分析中经常起到核心作用。电子表格的一个最大优点是任何人(包括管理人员)都可以轻松地使用电子表格，可以方便地查看当模型发生变化时最优解将会发生什么变化。针对模型变化的实验过程也有助于理解模型的行为并

---

① S. Eilon, "Goals and Constraints in Decision-making," *Operational Research Quarterly*, 23: 3-15, 1972. Address given at the 1971 annual conference of the Canadian Operational Research Society.

增加对其有效性的信心。

优化后分析包括进行敏感性分析,确定求解时哪些模型参数是最重要的(敏感性参数)。对于所有参数具有给定值的数学模型,模型的**敏感性参数**(sensitive parameters)是指那些参数值的变化引起最优解变化的参数。确定敏感性参数是很重要的,确定这些参数的赋值时需要尽量避免破坏模型的输出。

参数只是对一些数量(如单位利润)的估计,只有在模型实施后,才能知道其确切值。因此,在识别出敏感性参数后,应特别注意更为接近地估计每个值或者至少是可能值的范围。要寻找那些对敏感性参数可能值的各种组合都充分好的解。

如果模型解不断得到实施,那么随后敏感性参数值的任何变化都意味着需要立即更改解决方案。

在某些情况下,模型的特定参数代表了策略决策(如资源分配)。这些参数的赋值通常具有一定的灵活性,可能通过降低另一些参数来增加其中的一些参数。

与2.7节讨论的研究阶段一样,优化后分析也包括获得一系列的解,组成了对理想行动过程不断改进的估计。因此,初始解的明显缺点都会在对模型、其输入数据以及可能的求解过程中得到改进,然后得到一个新的解,并重复这个循环。这一过程将持续到后续解的改进太小而不能继续下去。即便如此,大量的候选解(也许是对模型的几个合理版本之一以及它的输入数据最优的解)被提供给管理层作出最终选择。如2.1节所述,候选解经常被提出,无论什么时候在这些候选解中的最终选择都应该留给管理层去判断。

2.7 检验模型

建立大量的数学模型在某种程度上类似于开发大量的计算机程序。当计算机程序的第一个版本被完成时,不可避免地会存在很多错误。程序必须被完全检验并尽可能地找出和纠正这些错误。最终,经过对程序的连续改进之后,编程者(或编程小组)认为现在的程序一般能够得出合理的和有效的结果。虽然一些小的错误显然仍然会隐藏在程序中(很多从未被检测到),但是主要的错误已经被充分地排除,程序已经能够被可靠地使用。

类似的,大规模数学模型的第一个版本不可避免地包含很多缺陷。一些相关因素或相互关系还未结合入模型中,一些参数还没有被正确地估计。联想到交流和理解复杂运筹学问题所有方面和细节的困难以及收集可靠数据的困难,这是不可避免的。因此,在使用模型之前,模型必须被完全地检验以尽量找出和纠正尽可能多的缺陷。最终,在对模型进行了一连串的改进后,运筹学团队得出结论:当前的模型能够给出合理有效的结果。虽然一些小的缺陷仍然隐藏在模型中(很多从未被发现),但主要的缺陷已经被解决,模型已经能够被可靠地使用。

为了增加模型有效性而进行的检验和改进模型的过程通常被称为**模型审核**(model validation)。

很难描述模型审核是怎样进行的,因为这个过程取决于被考虑的问题及所使用的模型。我们将给出一些一般性建议,然后再给出一些例子(参考文献4中有详细的讨论)。

由于运筹学团队可能花费数月的时间建立模型的所有细节部分,很容易"只见树木,不见森林",因此,在模型初始版本的细节("树木")被完成后,开始模型审核的一个好办法是从全新的角度看待整个模型（“森林”）以检验明显的错误或疏忽。团队在进行这项工作时最好至少有一个人没有参与过模型的构建。重新检验模型的定义并与模型相比较有助于查找错误。确保所有数学表达式在使用的单位内维度一致也是有用的。其他对模型有效性的验证有时能够通过改变参数值或者（以及）决策变量检验模型的输出是否合理来获得，尤其是观察参数或者变量达到其极大值或极小值时的情况。

检验模型更为系统的方法是使用**回溯检验**（retrospective）。当该检验适用时，使用历史数据重现过去，然后确定应用该模型和导出的解与实际情况的吻合程度，比较假定执行该模型时的有效性，如应用该模型使现实情况得到改善等。它也表明了模型的哪个部分存在缺点需要改进。另外，通过使用模型的候选解以及估计它们假定的历史效果，能够收集相当多的证据，这些证据反映了模型预测候选行动相对结果的有效性。

另外，回溯检验的缺点在于它使用了用于建模的数据。重要问题在于它的过去能否真实地代表将来。如果不能，那么模型在未来的执行情况与过去可能非常不同。

为了克服回溯检验的这个缺点，有时暂时维持现状是有用的。这提供了当模型建立时还不存在的新数据。这些数据以在这里说明的相同方式被用于评价模型。

记录模型审核过程是重要的。它有助于提高后续用户对模型的信任。此外，如果将来出现有关模型的问题，这些记录可以帮助诊断问题出在哪里。

2.8　准备应用模型

在检验阶段已经完成并且可接受模型已经建立之后会发生什么呢？如果模型被重复使用，那么接下来将按管理层的要求安装应用模型的系统。这个系统包括模型、求解程序（包括优化后分析）以及用于实施的操作程序。即使人员发生变化，系统仍会定期提供特定的数值解。

系统通常是基于计算机的。事实上，大量的计算机程序需要被使用和集成。数据库和管理信息系统可以为模型提供每次使用的最新输入，因此需要接口程序。当求解程序（另一个程序）被应用到模型之后，其他计算机程序可以自动触发结果的实施。在其他情况下，交互式计算机系统，又称**决策支持系统**（decision support system），被用于辅助管理者使用数据和模型，支持（而不是代替）他们的决策。另一个程序可以生成管理报告（采用管理语言），解释模型输出及其应用含义。

在重要的运筹学研究中，需要几个月（甚至更长）的时间建立、检验和安装这个计算机系统。其中包括建立和实施在其未来使用中维护系统的过程。当条件随着时间发生变化时，应该相应地调整计算机系统（包括模型）。

2.9　实施

在应用模型的系统被建立之后，运筹学研究的最后阶段是按管理层的指示实施该系统。这个阶段是重要的，因为只有这样研究才能有所收获。因此，运筹学团队应参与发起这个阶段，并确保模型的解能够被准确地转换成操作程序并且修正任何被发现的缺陷。

实施阶段的成功依赖于大量来自高级管理层及运作管理层的支持。如果在整个研究阶段,运筹学团队能够与管理层保持很好的联系并鼓励管理层的主动引导,则有可能获得更多的支持。好的交流能够确保研究满足管理层的需求,也能够给管理层带来对这项研究的主人翁感,鼓励他们对实施的支持。

实施阶段包括很多步骤。首先,运筹学团队为运作管理层提供新系统的详细解释以及它怎样与实际运作相联系。接下来,双方分担系统实施过程中的责任。运作管理层中的相关人员将得到具体培训,新的行动过程才得以启动。如果成功,新系统将在以后多年中使用。秉承这一目标,运筹学团队通过这个行动过程获得初始经验并确定未来应该进行的任何改动。

在新系统被使用的整个周期内,必须持续获得系统的运作情况以及模型假设是否继续被满足的反馈信息。当发生对原假设的重要偏离时,应该重新检验模型以确定是否需要对系统进行一些改动。前面(2.6节)介绍的优化后分析可用于引导这个复核过程。

研究的最后,运筹学团队应清楚而准确地记录所使用的方法,从而确保这项工作能够被重复。可重复性应该是运筹学研究者专业道德标准的一部分。当研究有争议的公共政策问题时这个条件尤为重要。

2.10 结论

虽然本书的大部分篇幅主要集中在构建和求解数学模型上,但本章我们已经尽量强调这只是典型运筹学研究整个过程的一个组成部分。这里所描述的其他阶段(包括一些结合了分析学和运筹学的技术)也会决定研究的成败。学习后续章节时要尽量记住模型和求解过程在整个过程中的作用。在获得对数学模型更加深入的了解后,应复习本章的内容,以进一步强化这个观点。

在结束对运筹学主要阶段的讨论之前,有必要强调本章提到的"规则"有很多例外情况。由于这一性质,运筹学需要独创性和革新。因此,不可能写下运筹学团队应该总是遵从的任何标准过程。更确切地说,当前的描述可以被看成是一个模型,粗略地表示了成功的运筹学研究应该是怎样开展的。

参考文献

1. Bertsimas, D., A. K. O'Hare, and W. R. *Pulleyblank*: *The Analytics Edge*, Dynamic Ideas LLC, Belmont, MA, 2016.
2. Brown, G. G., and R. E. Rosenthal: "Optimization Tradecraft: Hard-Won Insights from Real- World Decision Support," *Interfaces*, 38(5): 356-366, September-October 2008.
3. Camm, J. D., M. J. Fry, and J. Shaffer: "A Practitioner's Guide to Best Practices in Data Visualization," *Interfaces*, 47(6): 473-488, November-December 2017.
4. Gass, S. I.: "Decision-Aiding Models: Validation, Assessment, and Related Issues for Policy Analysis," *Operations Research*, 31: 603-631, 1983.
5. Howard, R. A.: "The Ethical OR/MS Professional," *Interfaces*, 31(6): 69-82, November- December 2001.
6. Maheshwari, A.: *Analytics Made Accessible*, 2nd ed., Amazon Digital Services LLC, 2018.

7. Menon, S., and R. Sharda: "Data Mining," pp. 359-362 in Gass, S., and M. C. Fu (eds.), *Encyclopedia of Operations Research and Management Science*, 3rd ed., Springer, New York, 2013.

8. Murphy, F. H.: "ASP, The Art and Science of Practice: Elements of the Practice of Operations Research: A Framework," *Interfaces*, 35(2): 154-163, March-April 2005.

9. Murty, K. G.: *Case Studies in Operations Research: Realistic Applications of Optimal Decision Making*, Springer, New York, 2014.

10. Pidd, M.: "Just Modeling Through: A Rough Guide to Modeling," *Interfaces*, 29(2): 118-132, March-April 1999.

11. Pochiraju, B., and S. Seshadri (eds.): *Essentials of Business Analytics: An Introduction to the Methodology and its Applications*, Springer, New York, 2019.

12. Siegel, E.: *Predictive Analytics: The Power to Predict Who Will Click, Buy, Lie, or Die*, 2nd ed., Wiley, Hoboken, NJ, 2016.

13. Tan, P.-N., M. Steinbach, A. Karpatne, and V. Kumar: *Introduction to Data Mining*, 2nd ed., Pearson, London, 2019.

14. Turaga, D. (Special Issue Editor): "Special Issue on Applications of Analytics and Operations Research in Big Data Analysis," *Interfaces*, 48(2): 93-175, March-April 2018.

习题

2.4-1 阅读全面描述了英格拉姆公司运筹学研究的参考文章，该研究总结于 2.4 节的应用案例中。简要描述预测性分析在该研究中的应用，然后列出该研究所产生的各种财务和非财务收益。

2.5-1 阅读全面描述了大陆航空公司运筹学研究的参考文章，该研究总结于 2.5 节的应用案例中。简述数学模型在该研究中的应用，然后列出该研究所产生的各种财务和非财务收益。

第3章

线性规划导论

线性规划理论的发展被认为是20世纪中叶最重要的科学进步之一。从1950年起，线性规划就产生了非常大的影响。今天，它成为一个标准工具，已经为世界上许多工业化国家中具有相当规模的企业节省了数千或数百万美元，并越来越多地在社会其他领域发挥作用。在计算机上进行的科学计算的很大一部分都是线性规划的应用。迄今为止，已经出版了许多关于线性规划的教科书，发表了数以百计的描述线性规划重要应用的文章。

这个了不起的工具的本质是什么？它能够解决什么类型的问题？当你学习了一系列例子之后，你将了解这方面的知识。然而，一个简单概括有助于我们了解线性规划。简单地说，线性规划中最普遍应用的问题类型是在竞争性活动中以最佳的可能方式（如最优化）分配有限资源的问题。更准确地说，该问题涉及选择相关活动的级别，这些活动需要争夺必需的稀缺资源以确保运作的执行。活动级别的选择就是规定每一种活动所消耗的每一种资源的数量。这一描述所适用的具体情况是多种多样的。实际上，范围包括从生产设施的分配到国家资源和家庭必需品的分配，从部长职位的选举到海运模式的选择，从农业生产计划到放射性治疗等。然而在每一种情况下，通过选择特定活动的级别来确定活动的资源分配这一步骤是必需的。

线性规划使用数学模型描述相关问题。形容词“线性的”意味着模型中所有的数学函数都是线性函数。“规划”一词，在此不是指计算机程序，它实质上是“计划”的同义词。因此，线性规划涉及获得最优结果的活动计划，如达到一个在所有的可行方案中最好（根据数学模型）的特定目标。

尽管给活动分配资源是最普遍的应用，线性规划也有许许多多其他重要的应用。事实上，数学模型符合线性规划一般形式的任何问题都是线性规划问题（因此，线性规划问题及其模型通常简称线性规划，或直接写为LP）。此外，被称为**单纯形法**（simplex method）的一种非常有效的求解方法，可用来求解大规模的线性规划问题，这也是近年来线性规划产生巨大影响的原因。

由于线性规划的重要性，本章和后面的七章将专门论述线性规划。在本章介绍线性规划的一般特征之后，第4章与第5章集中论述单纯形法，第6章和第7章在单纯形法已经初步应用后，再对线性规划问题做进一步分析。第8章给出了单纯形法更广泛的应用范围，介绍了能够处理比单纯形法更大规模的线性规划问题的内点算法。第 9 章和第 10 章考虑了几种特殊的线性规划问题，其重要性值得单独研究。除此之外，你还能在此后各章看到线性规划在运筹学其他领域的应用。

本章以一个小的线性规划的典型例子开始。这个问题小到可以直接用图解法求解。3.2 节和 3.3 节提出了一般线性规划模型及其基本假设。3.4 节给出了一些线性规划应用的补充例子，3.5 节描述了怎样在数据表上列出和求解适度规模的线性规划模型。由于实践中某些线性规划的模型的规模很大，3.6 节描述了一个大型模型的由来，以及如何借助专门的构模语言如 MPL 或 LINGO 来完成建模。

同本章相关的内容还可参见本书网站 www.mhhe.com/hillier11e。本章补充 1 介绍了 LINGO 建模语言，补充 2 包括 3.6 节中大型模型的 LINGO 构建。此外，网站还提供了有关 MPL 和 LINGO 的 Tutorial。

3.1　原形范例

Wyndor Glass 公司生产高质量的玻璃门窗。该公司拥有 3 个工厂。铝框架和硬件在工厂 1 制造，木质框架在工厂 2 制造，玻璃生产和产品组装在工厂 3 完成。

由于收入下滑，高层管理者决定调整公司的生产线。不盈利的产品将停产，而将生产能力转移到有较大销售潜力的两种新产品。

产品 1：具有铝框架的 8 英尺[①]玻璃门。

产品 2：具有双悬木质框架的 4×6 英尺窗。

产品 1 需要工厂 1 和工厂 3 的生产能力，而不需要工厂 2 的生产能力。产品 2 需要工厂 2 和工厂 3 的生产能力。进行市场细分研究后得出结论：公司能够销售工厂所能生产的全部产品。然而，由于两种产品都要使用工厂 3 的生产能力，不清楚如何确定两种产品的组合可以实现利润最大化，因此组织了一个运筹小组来研究这个问题。

运筹小组首先与高层管理者讨论，以明确该研究的管理目标。经过讨论之后明确了下面的问题。

决定两种产品生产率的依据应该是总利润最大化。限制条件是三个工厂有限的生产能力(每种产品将以 20 个为一批进行生产，因此生产率定义为每周生产该产品的批数。生产率可以是整数，也可以是非整数)。满足这些限定条件的任何生产率的组合都是可行的，包括一种产品产量为零，其他产品产量尽量多的生产情况。

运筹小组还明确了需要收集的数据：

(1) 每周每个工厂能为生产这些新产品提供的生产时间的小时数(这些工厂的大部分时间都用来生产现有的产品，用来生产新产品的时间是十分有限的)。

(2) 每个工厂生产一个批次新产品所消耗的小时数。

(3) 每生产一批新产品的盈利(小组得出结论：每额外增加一批新产品的盈利与生产该产品的总批数大体上是无关的，因此可以用生产每批该产品的盈利来进行适当的度量，同时由于开始该新产品的生产和市场营销不产生实质的初始成本，所以来自每一种产品的总

---

① 1 英尺＝0.304 8 米。

利润大概是每一批产品的利润乘以生产的批数)。

应用案例

Swift公司是总部位于科罗拉多州格里利市的一家从事多种经营的蛋白质生产商。牛肉及其相关产品的年销售额超过80亿美元,是该公司迄今为止最大的业务部门。

为了提高公司的销售额及产量,高级管理层认为有必要实现三个主要的目标。第一个目标是保证公司的客服代表能够与他们超过8 000位的顾客讨论有关现在和未来库存的正确信息,同时考虑交付日期及交付时产品的生产时间。第二个目标是为每个工厂制订一个28天内有效员工轮岗时刻表。第三个目标是在给定牛的存栏数及工厂处理能力的限制下,正确地决定一个工厂能否根据要求的日期和时间运送规定数量的订货。

为了实现这三个目标,运筹小组基于三种模型构建方式开发了一个由45个线性模型组成的集成系统,该系统能够在接到订单的同时在5个工厂制订动态的牛肉加工计划。在运行该系统的第一年,实现的总账面收益为1 274万美元,其中的1 200万美元收益是由于优化生产计划获得的。其他的收益包括减少订单损失、降低价格折扣和提高按时递送率。

资料来源:A. Bixby, B. Downs, and M. Self:"A Scheduling and Capable-to-Promise Application for Swift & Company," *Interfaces*, 36(1): 39-50, Jan.-Feb. 2006.(以下网址提供了本文的链接:www.mhhe.com/hillier11e)

为了证明获得这些数据的合理性,需要得到公司各部门关键人员的帮助。制造车间的员工提供了上面的第一类数据。第二类数据需要由制造工程师分析新产品的设计过程。通过分析来自工程师和营销部门的成本数据,以及来自营销部门的价格决策,会计部门可以对第三类数据进行评估。

表3.1概括了收集的数据。

表3.1 Wyndor Glass公司问题的数据

工厂	每批的生产时间/小时		每周可用的生产时间/小时
	产品1	产品2	
1	1	0	4
2	0	2	12
3	3	2	18
每批的利润/美元	3 000	5 000	

运筹小组立即意识到这是一个典型的**生产组合**(product mix)型的线性规划问题,并着手建立了相应的数学模型。

3.1.1 线性规划模型构建

上述问题的定义表明,所要做的决定是每周要生产的相应产品的批次数,以使总利润最大化。这个问题的线性规划数学模型构建如下,令

$$x_1 = \text{每周生产的产品 1 的批数}$$
$$x_2 = \text{每周生产的产品 2 的批数}$$
$$Z = \text{每周生产的两种产品的总利润}$$

因此,x_1 和 x_2 是模型中的决策变量,使用表 3.1 最底下的一行,得到

$$Z = 3x_1 + 5x_2$$

目标是选择 x_1 和 x_2 的值以使 $Z=3x_1+5x_2$ 的值最大,它们的值受到三个工厂可用的有限的生产能力的限制。表 3.1 表明生产产品 1 的数量为 1 批/周时,消耗工厂 1 的生产能力为 1 小时/周。然而工厂 1 每周仅有 4 小时的生产能力。这个限制条件用数学不等式表示为 $x_1 \leqslant 4$。与此相似,工厂 2 的限制条件是 $2x_2 \leqslant 12$。通过选择新产品 x_1 和 x_2 的生产率,工厂 3 每周所使用的生产时间的时数确定为 $3x_1+2x_2$。因此,工厂 3 的限制条件的数学描述是 $3x_1+2x_2 \leqslant 18$。最后,由于生产率不能为负,必须限定决策变量为非负,即 $x_1 \geqslant 0$,$x_2 \geqslant 0$。

用数学语言概括该问题的线性规划模型,即选择 x_1 和 x_2 的值,使

$$\begin{aligned}
\max \quad & Z = 3x_1 + 5x_2 \\
\text{s.t.} \quad & x_1 \leqslant 4 \\
& 2x_2 \leqslant 12 \\
& 3x_1 + 2x_2 \leqslant 18 \\
\text{且} \quad & x_1 \geqslant 0, \quad x_2 \geqslant 0
\end{aligned}$$

(注意线性规划模型中 x_1 和 x_2 的系数的确定是如何表达表 3.1 中概括的信息的。)

这是一个资源分配问题的典型例子,属线性规划问题最常用的类型。资源分配问题的重要特征是其大部分或全部的函数约束是资源约束。资源约束的右端是某些资源的总可用数量,其左端为这些资源的总使用量。所以左端必须≤右端。产品组合问题是资源分配问题的一种类型,在 3.4 节中你将会看到其他类型的问题。

3.1.2 图解法

这个小型问题有两个变量,仅仅是二维的,因此能够使用图解法来求解。这个过程需要用 x_1 和 x_2 作为坐标轴构建一个二维图形。第一步通过划定限制条件允许的取值范围的边界线,确定限制条件允许的(x_1,x_2)的取值。首先,明确非负的限制条件 $x_1 \geqslant 0$ 与 $x_2 \geqslant 0$,要求(x_1,x_2)取值位于坐标轴的正面(恰好包括坐标轴在内),即在第一象限。接下来,考虑到限制条件 $x_1 \leqslant 4$,意味着 x_1 的取值不能位于直线 $x_1=4$ 的右边,结果见图 3.1,图中阴影部分包含可行的(x_1,x_2)的取值。

使用同样的方法,限制条件 $2x_2 \leqslant 12$($x_2 \leqslant 6$),意味着直线 $2x_2=12$ 应该被增加为可行域的边界。最后的限制条件 $3x_1+2x_2 \leqslant 18$,要求(x_1,x_2)受满足条件 $3x_1+2x_2=18$(另一条直线)所有点的边界约束(注:满足限制条件 $3x_1+2x_2 \leqslant 18$ 的所有点在直线 $3x_1+2x_2=18$ 上或者在它的下方,因此约束线以上的点不能满足不等式)。(x_1,x_2)的所有允许取值区域被称为**可行域**(feasible region),如图 3.2 所示。

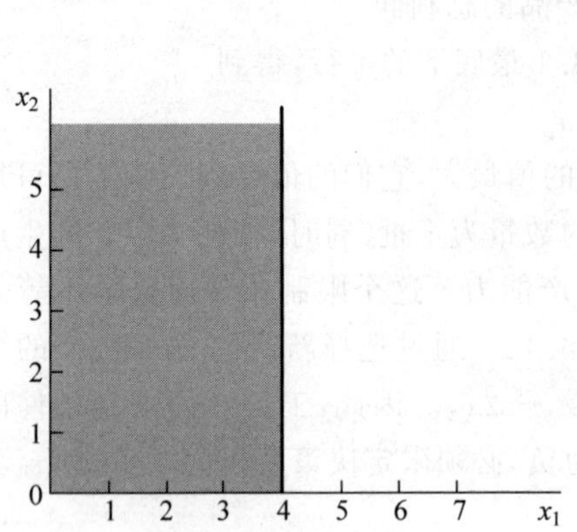

图 3.1 阴影部分的面积显示了(x_1,x_2)的值,$x_1 \geqslant 0, x_2 \geqslant 0, x_1 \leqslant 4$

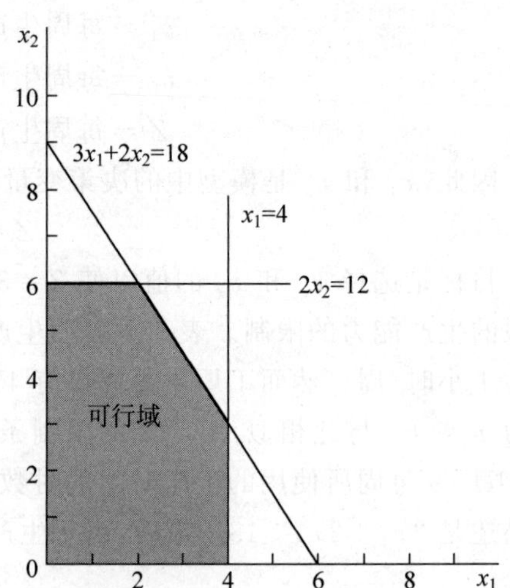

图 3.2 阴影部分的面积显示了(x_1,x_2)的允许值,称为可行域

最后的步骤是在可行域中选择使目标函数 $Z=3x_1+5x_2$ 取最大值的点。为了有效地完成这一步骤,可通过反复实验,如实验 $Z=10=3x_1+5x_2$,看在可行域内是否存在任意的(x_1,x_2)使 Z 的取值达到 10。通过画出直线 $3x_1+5x_2=10$(见图 3.3),可以看到在可行域内有许多点满足这一条件。通过选择任意的直线 $Z=10$,获得了一些信息,接下来应该选择更大的任意的 Z 值,如 $Z=20=3x_1+5x_2$。图 3.3 表明直线 $3x_1+5x_2=20$ 的一部分也在可行域内,因此 Z 的最大可行值至少是 20。

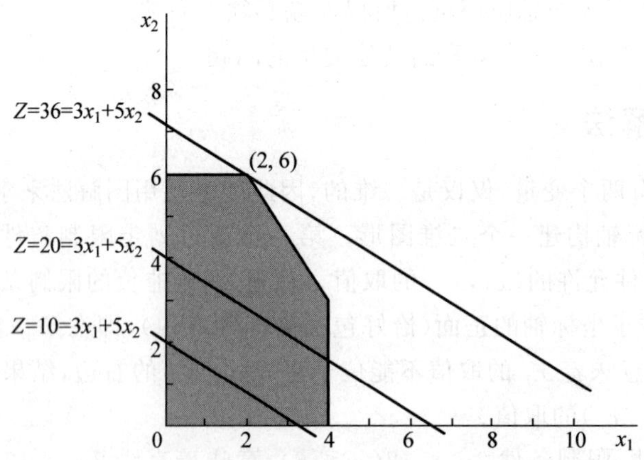

图 3.3 (x_1,x_2)使函数 $3x_1+5x_2$ 达到最大值的值是(2,6)

现在,注意在图 3.3 中建立的两条斜线恰好是平行的。这不是巧合,任何以这种方式构建的直线,对于选定的 Z 值都有 $Z=3x_1+5x_2$,这意味着 $5x_2=-3x_1+Z$,或者

$$x_2=-\frac{3}{5}x_1+\frac{1}{5}Z$$

最后的等式被称为目标函数的**斜截式**(slope-intercept form),表明直线的**斜率**是 $-\frac{3}{5}$ $\left(x_1\text{ 每增加一个单位},x_2\text{ 变化}-\frac{3}{5}\text{个单位}\right)$,同时直线在 x_2 轴上的截距是 $\frac{1}{5}Z$ $\left(\text{因为当 }x_1=0\text{ 时},x_2=\frac{1}{5}Z\right)$。事实上,斜率是固定的 $\left(-\frac{3}{5}\right)$,这意味着以这种方式绘制的所有直线都是平行的。

比较图 3.3 中的直线 $3x_1+5x_2=10$ 与 $3x_1+5x_2=20$,可以看到被赋予较大 Z 值($Z=20$)的直线与其他直线($Z=10$)相比远离原点。这一事实还可以通过目标函数的斜截式反映出来,这说明 x_1 轴的截距 $\left(\frac{1}{5}Z\right)$ 增加,被选择的 Z 值也随之增加。

这个结果意味着我们在图 3.3 中构建直线的反复实验过程中,画出一簇至少包含可行域中一个点的平行线,选择 Z 取得最大值所对应的直线。图 3.3 表明这样的直线通过点(2,6),意味着最优解是 $x_1=2,x_2=6$。这条直线的等式是:$3x_1+5x_2=3\times2+5\times6=36=Z$,显示了 Z 的最优值是 $Z=36$。点(2,6)是直线 $2x_2=12$ 与 $3x_1+2x_2=18$ 的交点(见图 3.2),因此代数上该点是两个等式的公共解。

看过了发现最优点(2,6)的反复实验过程,现在可以用这个方法求解其他问题了。除了画几条平行线外,还可以使用尺子来建立斜率,形成单个直线。在可行域内,沿着 Z 增加的方向,以固定的斜率移动尺子(当目标函数为极小化 Z 时,沿 Z 减小的方向移动)。当连续通过了可行域内的最后一点时,停止移动,此时该点就是期望的最优解。

这个过程通常被称为线性规划的**图解法**(graphical method)。使用它可以解决具有两个变量的任何线性规划问题。在增加一些难度的情况下,可以对它进行扩展来解决三个变量的问题(下一章我们将研究用单纯形法解决更大规模的问题)。

3.1.3 结论

运筹小组使用这个方法找到了最优解 $x_1=2,x_2=6$,此时目标函数 $Z=36$。这个结果表明 Wyndor Glass 公司生产产品 1 和产品 2 的速度分别是 2 批/周和 6 批/周,带来的总利润是每周 36 000 美元。根据这个模型,两种产品生产的其他组合都没有这种组合的盈利多。

然而,我们曾在第 2 章强调过,一个良好的运筹学研究并不意味着为最初建立的模型找到一个解就结束了。在第 2 章描述的六个阶段都十分重要,包括全面的模型测试(见 2.7 节)和优化后分析(见 2.6 节)。

充分认识了实际情况之后,运筹小组现在准备进行更关键的模型的有效性评价(见 3.3 节);对评价效果进行敏感性分析,这不同于表 3.1 的不精确的分析、环境变化的分析等(见 7.2 节)。

应用运筹学课程软件的继续学习过程

这是应用本书网站中的运筹学课程软件的第一个地方,你会发现这些应用都很有用。这个课程软件的最关键部分是一个被称为 OR Tutor 的程序。该程序包括本书中介绍的图解法的一个完整例子的讲解。讲解先是引入问题、构建线性规划模型,然后应用图解法逐步求解模型。类似于本书其他节中的例子,计算机的讲解侧重那些难以用文字说明和表达的概念。

假如你希望了解更多的例子,可以访问本书网站的**工作例子**(Worked Examples)部分。该部分包含少量例子的完整求解过程,这些例子包含在本书几乎每一章中,作为对本书和 OR Tutor 中例子的补充。本章中的工作例子的一开始是一个相对浅显的例子,包括构建一个小型的线性规划模型,然后用图解法求解。随后的例子逐渐变得具有挑战性。

运筹学课程软件的另一关键部分是一个被称为 IOR Tutorial 的程序。该程序的特征是交互执行不同的求解方法,它保证让计算机来进行运算,而你则可以专心学习和研究各种方法的逻辑。程序中还包含应用图解法于线性规划问题时的交互过程。在安装了这个程序后,接下来的步骤将帮助你很快地应用图解法进行对问题数据修订的影响的敏感性分析。然后你可以打印家庭作业的结果。与 IOR Tutorial 中的其他过程一样,这个过程是专门设计用来为你提供完成家庭作业过程中的有效而愉快的学习体验。

在建立一个含有两个以上决策变量的线性规划模型时(图解法无法应用),第 4 章中讲述的单纯形法将保证你很快找到一个最优解。同样需要对这个解进行有效性检验。如果找出的最优解无意义,则说明建立的模型有错误。

在 1.6 节中曾提到运筹学课程软件介绍了用于求解各类运筹学问题的三个特别普及的商业软件包——Excel Solver, LINGO/LINDO 和 MPL/Solvers,所有这三个软件包都包含求解线性规划模型的单纯形法。3.5 节描述了如何应用 Excel 用数据表格形式建立和求解线性规划模型,3.6 节描述了其他软件包(MPL 和 LINGO)的应用。运筹学课程软件还包含 Excel 文档、LINGO/LINDO 文档和 MPL/Solver 文档,上述各类代表性软件包可用于求解本章所有的例子。

3.2 线性规划模型

Wyndor Glass 公司问题是为了解释典型的线性规划问题(微型版本)。然而,线性规划包含的方面太多以至于不能通过一个简单的例子完全说明其特征。本节将讨论线性规划的一般特征,包括线性规划数学模型的各种正规形式。

让我们从一些基本的概念和术语开始。表 3.2 的第一列概括了 Wyndor Glass 公司问题的各个组成部分,第二列介绍了适合大量线性规划问题组成部分的更普遍的形式。关键词是资源和活动。m 表示能使用的不同种类的资源的数量,n 表示被考虑的活动的数量。一些典型的资源包括资金、机器、设备、工具和人员。活动的例子包括特定项目的投资、特定媒体的广告、从特定的出发点到特定目的地的货物运输。在线性规划的任何应用中,所有的活动可能是一般类型的(如这三个例子中的任何一个),单独的活动可能是一般类别内的特定事物。

正如本章引言中描述的一样,线性规划最常见的应用包括将资源分配给活动。每一种可用资源的数量是有限的,所以要将资源慎重地分配给活动。分配的确定问题包括选择活动的级别,从而达到总体绩效考核的最优值。

表 3.2 线性规划的常用术语

原型范例	一般问题
工厂的生产能力	资源
3 家工厂	m 种资源
产品的生产	活动
2 种产品	n 种活动
产品 j 的生产率,x_j	活动 j 的级别,x_j
利润 Z	所有 Z 的衡量

通常使用特定的符号来表示线性规划模型的不同组成部分。下面列出了这些符号,并给出了为活动分配资源等一般问题的相应解释。

Z=总体绩效考核值。

x_j=活动的级别($j=1,2,\cdots,n$)。

c_j=每单位活动级别 j 的增加引起的 Z 的增加。

b_i=可分配给所有活动的资源 i 的数量($i=1,2,\cdots,m$)。

a_{ij}=每单位活动 j 所消耗的资源 i 的数量。

模型解决的问题是对活动的级别作出决策,因此 $x_1,x_2,\cdots,x_n$ 被称为**决策变量**(decision variables)。正如在表 3.3 中所概括的那样,c_j,b_i,a_{ij}($i=1,2,\cdots,m,j=1,2,\cdots,n$)是模型的输入常量,因此 c_j,b_i,a_{ij} 被称为模型参数。

表 3.3 线性规划模型中资源对活动的分配所需数据

资源	每个活动单元的资源用量				可获得资源的数量
	活动				
	1	2	…	n	
1	a_{11}	a_{12}	…	a_{1n}	b_1
2	a_{21}	a_{22}	…	a_{2n}	b_2
⋮	⋮	⋮		⋮	⋮
m	a_{m1}	a_{m2}	…	a_{mn}	b_m
每个活动单元对 Z 的贡献	c_1	c_2	…	c_n	

注意表 3.3 中与表 3.1 对应的部分。

3.2.1 模型的标准形式

在解决 Wyndor Glass 公司问题的过程中,我们能够建立为活动分配资源这个一般问题的数学模型。特定地,该模型是确定 $x_1,x_2,\cdots,x_n$ 的值,目的是

$$
\begin{aligned}
\max \quad & Z=c_1x_1+c_2x_2+\cdots+c_nx_n \\
\text{s.t.} \quad & a_{11}x_1+a_{12}x_2+\cdots+a_{1n}x_n \leqslant b_1 \\
& a_{21}x_1+a_{22}x_2+\cdots+a_{2n}x_n \leqslant b_2 \\
& \vdots \\
& a_{m1}x_1+a_{m2}x_2+\cdots+a_{mn}x_n \leqslant b_m \\
\text{且} \quad & x_1 \geqslant 0,\quad x_2 \geqslant 0,\quad \cdots,\quad x_n \geqslant 0
\end{aligned}
$$

我们也假设,对于所有的 $i=1,2,\cdots,n,b_i\geqslant 0$。

我们称该线性规划问题为我们的标准形式。[①] 任何满足该模型的数学公式的问题都是线性规划问题。

注意 Wyndor Glass 公司的问题满足我们的标准形式,且 $m=3,n=2$。

现在可以概括线性规划模型的通用术语了。最大化的函数 $c_1x_1+c_2x_2+\cdots+c_nx_n$,称为**目标函数**(objective function)。限制条件被称为**约束**(constraints)。第一个 m 约束(在左边的包括所有变量的函数 $a_{i1}x_1+a_{i2}x_2+\cdots+a_{in}x_n$)有时被称为**约束函数**(functional constraints)(或者结构化约束)。相似地,$x_j\geqslant 0$ 约束条件被称为**非负约束**(nonnegativity constraints)(或者非负条件)。

3.2.2 其他形式

现在我们马上增加一些不是完全满足模型标准形式的线性规划问题,其他合理的形式如下:

(1) 目标函数最小化而不是最大化:$\min Z=c_1x_1+c_2x_2+\cdots+c_nx_n$。

(2) 含有大于等于不等式的某些约束函数:对某些 i 值,$a_{i1}x_1+a_{i2}x_2+\cdots+a_{in}x_n\geqslant b_i$。

(3) 某些约束函数是等式形式:对某些 i 值,$a_{i1}x_1+a_{i2}x_2+\cdots+a_{in}x_n=b_i$。

(4) 某些决策变量没有非负条件的限制:当 j 为某些值时,x_j 在符号上没有限制。

任何混合以上某些形式,而保留前面标准模型其他部分的问题仍然是线性规划问题。我们将有限的资源分配给竞争性活动的解释可能不再适用;如果忽略含义与上下文的关系,所需的只是满足允许形式的数学描述。由此一个线性规划问题的规范定义是模型的每个组成部分或符合标准形式,或符合上面列出的其他合法形式之一。

3.2.3 模型解的术语

你可能用词语"解"来表示问题的最终答案,但在线性规划(及其扩展)中的常用语却有所不同。这里,决策变量$(x_1,x_2,\cdots,x_n)$的任何特定值都被称为一个**解**(solution),而不管它是不是一个期望的或者允许的取值。通过使用不同的形容词来识别不同类型的解。

可行解(feasible solution)就是满足所有约束条件的解。

非可行解(infeasible solution)就是至少一个约束条件不被满足的解。

例如,在图 3.2 中点(2,3)和点(4,1)是可行解,点(−1,3)和点(4,4)是非可行解。

可行域(feasible region)是所有可行解的集合。例如在图 3.2 中,全部的阴影区域就是可行域。

一个问题可能**没有可行解**。在本例中,如果新产品要求达到每周 50 000 美元的净利润,相关的约束为$3x_1+5x_2\geqslant 50$,加上该约束后,将没有可行域。因此,没有新产品的组合将优于当前。此时的情况见图 3.4。

只要存在可行域,线性规划的目标就是根据模型中的目标函数值找到最优可行解。

最优解就是目标函数取得最有利值的可行解。

当目标函数取极大值时,最有利值就是极大值。如果目标函数取极小值,最有利值就是极小值。

---

① 称之为"我们的标准形式"而非标准形式是因为其他教科书可能采用其他形式。

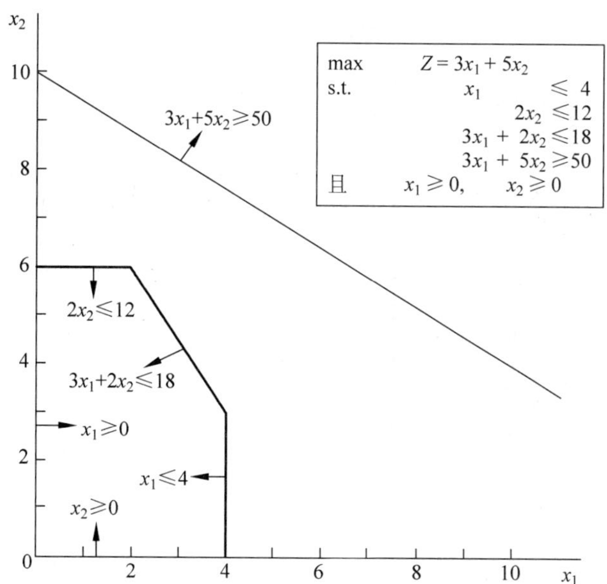

图 3.4 Wyndor Glass 公司问题中如果约束条件加上 $3x_1+5x_2 \geqslant 50$，则没有可行解

大多数问题仅有一个最优解。然而，有时可能多于一个。例如，当每批产品 2 的利润变为 2 000 美元时，目标函数变为 $Z=3x_1+2x_2$，使连接点(2,6)与点(4,3)的线段上所有的点都是最优的。这种情况见图 3.5。与在这种情况下一样，任何有**多个最优解**(multiple optimal solutions)的问题将有无穷多解，每一个解都有相同的目标函数值。

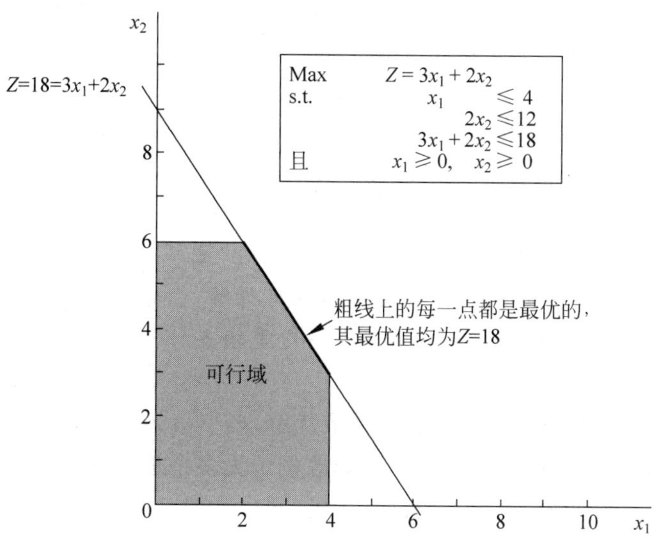

图 3.5 Wyndor Glass 公司问题中，如果目标函数变为 $Z=3x_1+2x_2$，则会有多个最优解

另一种可能是一个问题没有最优解，这发生在：①没有可行解；②约束条件不能阻止目标函数值在有利的方向上(正的或负的)增长。后一种情况称为有**极大的 Z**(unbounded Z)或者极大的目标。为了说明这种情况，将后两个约束条件从例子中删除，如图 3.6 所示。

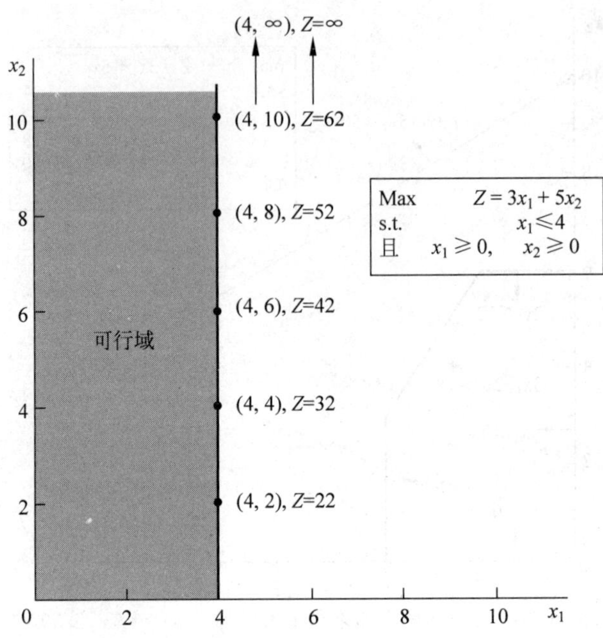

图 3.6 在 Wyndor Glass 公司问题中,如果只有约束条件 $x_1 \leqslant 4$,则没有最优解,因为目标函数值在可行域内无限增长,永远达不到 $Z=3x_1+5x_2$ 的最大值

下面介绍一种特殊的可行解,当用单纯形法求解最优解时它起重要的作用。

顶点可行(corner-point feasible,CPF)解是位于可行域顶点的解。CPF 解通常也被称为极点,但我们更愿称其为顶点。图 3.7 中标注了 5 个顶点可行解。

4.1 节与 5.1 节将研究任意规模的问题的顶点可行解的各种有用的性质,包括它与最优解的关系。

顶点可行解与最优解的关系:任意具有可行解与有界可行域的线性规划问题,一定具有顶点可行解和至少一个最优解。而且,最优的顶点可行解一定是最优解。因此,如果一个问题恰有一个最优解,它一定是顶点可行解。如果一个问题有多个最优解,其中至少有两个一定是顶点可行解。

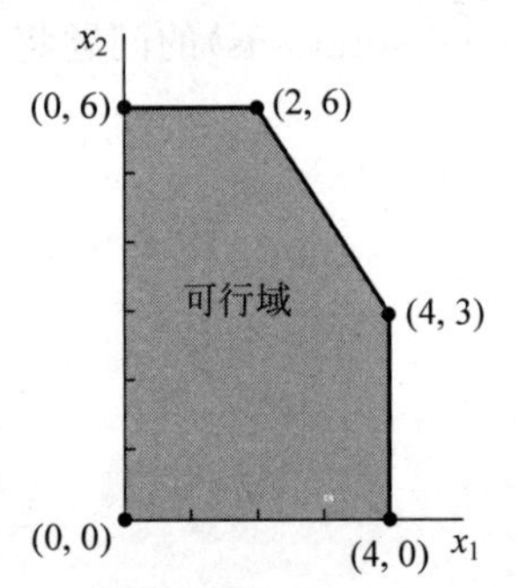

图 3.7 这 5 个点是 Wyndor Glass 公司的 5 个顶点可行解

Wyndor Glass 公司的例子中,恰有一个最优解,$(x_1, x_2)=(2,6)$ 是顶点可行解(思考图解法怎样由顶点可行解找到最优解)。当修改例子为多个最优解时(见图 3.5),这些最优解中,点(2,6)和点(4,3)是顶点可行解。

3.3 有关线性规划的假设

3.2 节所给的模型表达式恰恰包含了线性规划的所有假设条件。特别地,从数学的角度,假设条件简单地说就是模型必须有一个满足线性约束的线性目标函数。然而,从模型的角度看,线性规划模型的这些数学性质暗含着这样的假设:问题的活动和数据必须被模型

化，并包含活动的级别变化所带来的影响。强调这些假设是有好处的，你可以比较容易地评估线性规划问题应用于任何给定问题的效果。此外，我们仍然需要了解为什么 Wyndor Glass 公司问题的运筹小组得出了下面的结论：一个线性规划模型为这个问题提供了满意的表示方法。

3.3.1 比例性

比例性是针对目标函数和约束函数的假设，概括如下。

比例性假设（proportionality assumption）：*每一个活动对于目标函数值 Z 的贡献是与活动级别 x_j 成比例的，在目标函数中通过 c_jx_j 表示。与此相似，每一个活动对于约束函数左边式子的作用也是与活动级别 x_j 成比例的，在约束中通过 $a_{ij}x_j$ 表示。结果，此假设可以得到除了 1 以外线性规划模型中的任何函数的任意项中变量的任何解释（不管是目标函数还是约束函数左边的式子）。*[①]

为了解释这一假设，考虑 Wyndor Glass 公司问题的目标函数 $Z=3x_1+5x_2$ 的第一项 $3x_1$，这一项表达了每周以 x_1 的速度生产产品 1 所产生的利润。表 3.4 中比例性满足列显示了 3.1 节假设的情况，利润实际上是与 x_1 成比例的，$3x_1$ 是目标函数中的相关项。相比之下，另外三列表达了不满足比例性假设的不同情况。

首先考虑表 3.4 情形 1 的列的情况。如果初始的成本与产品 1 的生产启动有关联，这种情况就会出现。例如，可能会有建立生产设施的成本，也可能有安排新产品销售的成本。这些是一次性成本，因为它们需要按周进行摊销，以使 Z（每周数千美元的利润）在同一基础上进行度量。假设进行分摊并且总初始成本使 Z 减少 1，而没有考虑初始成本的利润是 $3x_1$。这意味着产品 1 对于利润 Z 的贡献是 $3x_1-1$，且 $x_1>0$。然而，当 $x_1=0$ 时，贡献 $3x_1$ 应等于 0（没有初始成本）。图 3.8 中实线表示的利润函数肯定不是与 x_1 成比例的。[②]

表 3.4 满足和违反比例性的案例

x_1	产品 1 的利润（每周）			
	满足比例性	违反比例性		
		情形 1	情形 2	情形 3
0	0	0	0	0
1	3	2	3	3
2	6	5	7	5
3	9	8	12	6
4	12	11	18	6

初看起来，表 3.4 中情形 2 可能与情形 1 相似，但事实上它与情形 1 完全不同。这里不再有初始成本，将每周产品 1 的第一个单位利润为 3 作为原始假设。然而，**边际利润是增加**

---

① 当函数包括交叉乘积项时，比例性应该被解释为，假定其他变量为定值，函数值的改变与每一个变量 X_j 的变化独立成比例。因此，当每一个变量指数为 1 时，交叉乘积项满足比例性假设（任何交叉乘积项不满足可加性假设的情况将随后讨论）。

② 对于所有的 $x_1\geqslant 0$，包括 $x=0$，如果产品 1 对于利润 Z 的贡献是 $3x_1-1$，常数 -1 能够从目标函数中删除而不改变最优解，比例性也将被保持。然而，在这里不可行，因为当 $x_1=0$ 时常数 -1 不适用。

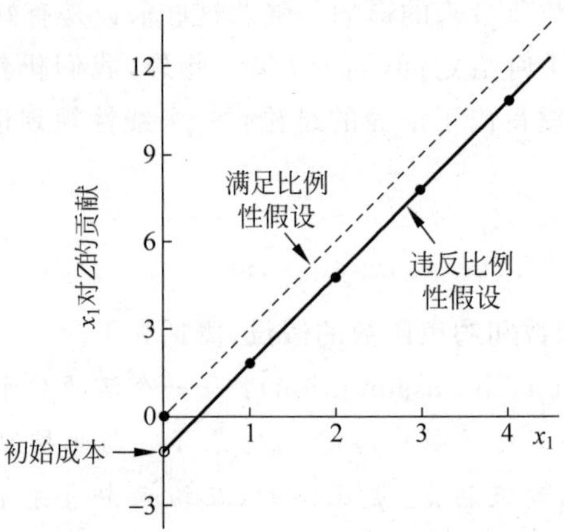

图 3.8　图中实线违反了比例性,因为 x_1 从 0 开始增加时具有初始成本。图中各点的值来自表 3.4 中情形 1 的列

的,如产品 1 的**利润函数的斜率**(见图 3.9 中的实线)是随着 x_1 的增加而增加的。这种违反比例性的情况可能发生,因为在较高的生产水平上,有时会获得规模经济,如使用效率更高的机器、更高的生产水平、大量购买原材料的数量折扣、学习曲线的作用(工人因特定的生产模式而获得的经验使工作效率提高)等。随着边际成本的下降,边际收益会上升(假定边际收入为常数)。

再参考表 3.4,情形 3 与情形 2 的情况相反,其边际收益是递减的。在这种情况下,产品 1 的利润函数的斜率(如图 3.10 中的实线所示)随着 x_1 的减少而下降。可能发生不符合比例性的情况的原因是为了使销量增加,营销费用也可能成比例上涨。例如,不做广告的情况下产品 1 可能每周销售 1 单位($x_1=1$),然而为了使销量上涨为 2($x_1=2$),可能需要做适量的广告。当 $x_1=3$ 时,可能必须进行激烈的广告竞争;当 $x_1=4$ 时,可能需要降低价格。

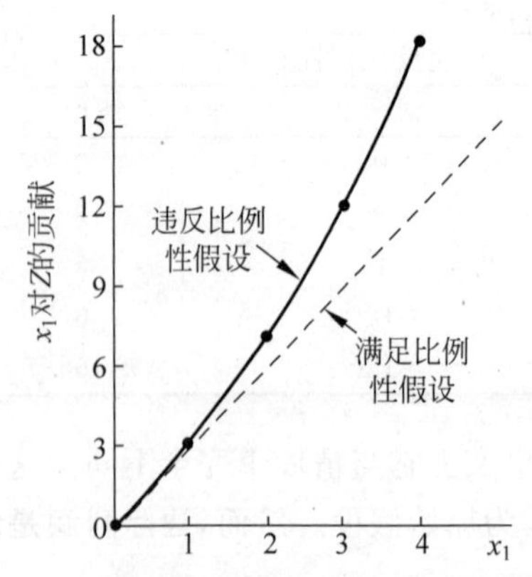

图 3.9　实线违反了比例性假设,因为随着 x_1 的增加,其斜率(来自产品 1 的边际收入)增大。图中各点的值来自表 3.4 中情形 2 的列

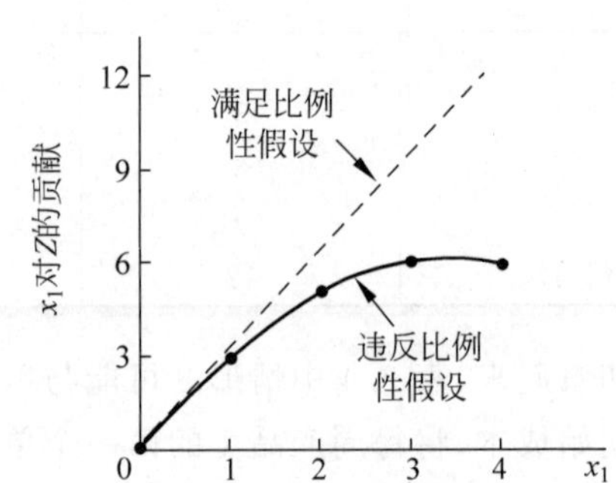

图 3.10　实线违反了比例性假设,因为随着 x_1 的增加,其斜率(来自产品 1 的边际收入)下降。图中各点的值来自表 3.4 中情形 3 的列

所有三种情形都是不符合比例性假设的例子。真实情况如何？来自产品 1(或者其他产品)的真实利润等于销售收入减去各种直接和间接成本。不可避免地，这些成本中的一些不是与生产率严格成比例的，这可能成为上面情况的一个解释。然而，实际的问题是，是否利润的所有组成部分被计算后，比例性会近似接近实际的建模目的。对于 Wyndor Glass 公司问题，运筹小组检查了目标函数和约束函数，得出的结论是：假设比例性没有严重地歪曲事实。

对于其他问题，当比例性或近似比例性假设不成立时，会发生什么？大多数情况下，这意味着你必须使用**非线性规划**来代替线性规划。如果仅因为初始成本的增加而不满足比例性假设，可以使用扩展的线性规划(混合整数规划)。整数规划问题将在 12.3 节研究。

3.3.2　可加性

尽管比例性假设排除了除 1 以外的指数，但没有禁止交叉乘积项(两个或更多变量的乘积)。可加性假设规划了后一种可能性。

可加性假设(additivity assumption)：线性规划模型中的每一个函数(目标函数或者约束函数左边的函数)是各自活动的单独贡献的总和。

为了精确给出定义和澄清我们为什么考虑这样的假设，让我们来看一些例子。表 3.5 给出了 Wyndor Glass 公司问题的目标函数的一些可能情况。在每一种情况下，产品的贡献与 3.1 节的假设一样，即产品 1 是 $3x_1$，产品 2 是 $5x_2$。差别在于最后一行，给出了当两产品联合生产时 Z 的函数值。满足可加性列反映了这样的情况：函数值通过前两列简单相加获得($3+5=8$)，如前假设从而使 $Z=3x_1+5x_2$。接下来的两列则给出了不符合可加性假设(而不是比例性假设)时的假设情况。

看一下表 3.5 中情形 1 的列，这种情况对应 $Z=3x_1+5x_2+x_1x_2$ 的目标函数，对于 $(x_1,x_2)=(1,1)$，$Z=3+5+1=9$，因此不符合可加性假设 $Z=3+5$(比例性假设仍然满足，因为在一个变量的值固定后，另一个变量的变化是与 Z 的增加成比例的)。如果两种产品在使利润增加的途径上是互补的，这种情况将会出现。例如，假设市场或者新产品生产本身需要打广告战，但是同一个广告能同时有效地提高两种产品的利润，在此假设两种产品一起生产。因为节省了两种产品的很大一部分成本，它们的联合利润将高于各自独立生产时各自利润的总和。

表 3.5　目标函数中满足或违反可加性的例子

(x_1,x_2)	Z 的值		
	满足可加性	违反可加性	
		情形 1	情形 2
(1,0)	3	3	3
(0,1)	5	5	5
(1,1)	8	9	7

表3.5的情形2也不符合可加性假设,因为在对应的目标函数 $Z=3x_1+5x_2-x_1x_2$ 中存在额外项。对于 $(x_1,x_2)=(1,1)$,$Z=3+5-1=7$。与第一种情形相反,当两种产品的生产具有竞争性时,将减少两种产品的联合利润,从而会出现第二种情形。例如,假设两种产品的生产使用同样的机器和设备。如果产品单独生产,机器和设备将单独使用。但是,生产两种产品将需要来回地转换生产过程,涉及开始一种产品的生产与结束另一种产品的生产的时间和成本问题。因为大量的额外成本,它们的联合利润比每一种产品单独生产时的总利润要少。

同样的活动之间的交互能够影响约束函数的可加性。例如,考虑 Wyndor Glass 公司问题的第三个约束函数 $3x_1+2x_2\leqslant 18$(这是涉及两种产品的唯一约束)。这个约束是关于工厂3的生产能力的,每周两种产品的生产时间是18小时。$3x_1+2x_2$ 表示每周将被用于生产这些产品的生产时间的小时数。表3.6的满足可加性列反映了这种情形,后两列给出了函数包含乘积项,不满足可加性的情形。对于这三列,使用工厂3的生产能力的产品的各自贡献与以前的假设一样,即产品1为 $3x_1$,产品2为 $5x_2$。当 $x_1=2$ 时,$3\times 2=6$;当 $x_2=3$ 时,$2\times 3=6$。这与表3.5的情况一样,不同的是最后一行给出了两种产品联合生产时总的函数值。

表3.6 函数约束满足或违反可加性的例子

(x_1,x_2)	资源使用的数量		
	满足可加性	违反可加性	
		情形3	情形4
(2,0)	6	6	6
(0,3)	6	6	6
(2,3)	12	15	10.8

对于情形3(见表3.6),两种产品的生产时间通过函数 $3x_1+5x_2+0.5x_1x_2$ 给出,因此当 $(x_1,x_2)=(2,3)$ 时,总的函数值是 $6+6+3=15$,不满足可加性假设的值 $6+6=12$。在与表3.5中的情形2同样的情形下,将会出现这种情况,即额外的时间被浪费在两种产品之间来回的生产转换过程。交叉乘积项 $0.5x_1x_2$ 给出了时间浪费的方式(注意到总的函数被用于计算总的生产时间时,在两种产品之间来回转换生产过程浪费的时间导致正的交叉乘积项;在情形2中,总的函数是计算利润,将导致负的交叉乘积项)。

在表3.6的情形4中,生产时间的函数是 $3x_1+2x_2-0.1x_1^2x_2$,因此当 $(x_1,x_2)=(2,3)$ 时,函数值是 $6+6-1.2=10.8$。这种情况以下面的方式发生:与情形3一样,假设两种产品生产需要同一种机器和设备,但假设从一种产品生产转换为另一种产品生产的时间相对很少。因为每一种产品的生产需要一系列的生产运作,用于生产该产品的生产设施将偶然有空闲时间。在空闲时间,这些设施将可以用于生产其他产品。结果,两个产品联合生产的时间(包括空闲时间)将少于各自单独生产的时间总和。

在分析了上述情况给出的两种产品之间各种可能的交互情况后,运筹小组得出结论:Wyndor Glass 公司问题不存在起决定作用的因素。因此,可加性假设作为一个合理的近似情况仍可以被采用。

对于其他问题,如果可加性假设不是一个合理近似情况,模型中所有的或一些数学函数需要表示为非线性的(因为交叉乘积项),此时可以利用非线性规划领域的知识。

3.3.3 可分割性

下面的假设是关于决策变量可取的值。

可分割性假设(divisibility assumption):在线性规划模型中决策变量可取满足函数和非负性约束的任意值,包括非整数值。因此,这些变量并不严格要求都是整数值。由于每一个决策变量代表了一些活动的级别,假设活动能够以小数方式表示。

对于 Wyndor Glass 公司问题,决策变量是生产率(一种产品每周生产的批数)。由于在可行域内这些生产率有小数值,可分割性假设成立。

在一定情况下,可能由于所有的或某些决策变量严格要求取整数值,可分割性假设不成立,具有这种限制的数学模型被称为整数规划,并将在第 12 章研究。

3.3.4 确定性

我们最后的假设是关于模型参数的,即目标函数中的系数 c_j、约束函数中的系数 a_{ij} 和约束函数等式的右端项 b_i。

确定性假设(certainty assumption):被赋予线性规划模型的每一个参数的值被假设为已知常数。

在实际应用中,确定性假设很少完全满足,线性规划模型通常为了选择一些将来的行为过程而建立。因此,被使用的参数值是将来条件的一种预期,不可避免地带有一定程度的不确定性。

出于这一原因,在假设的参数下确定的最优解被找到后,通常要进行**敏感性分析**(sensitivity analysis)。正像在 2.6 节讨论的那样,目的之一是识别敏感性参数(该参数的改变必然导致最优解的变化),因为敏感性参数值的变化需要立即改变正在使用的解。

在分析 Wyndor Glass 公司问题时,敏感性分析起一个重要的作用,这一点你可以在 7.2 节看到。然而,在此之前,你必须获得一些背景资料。

某些时候因参数的不确定性太大而不能通过修改来进行敏感性分析。7.4～7.6 节给出了线性规划在不确定情况下的其他方法。

3.3.5 前景假设

在 2.5 节我们强调了数学模型仅仅是实际问题的一个理想化表达。通常需要近似和假设简化,目的在于使模型易于处理。加入太多的细节和精确度将使模型范围过于宽泛而无法对问题进行有效分析。实际上要求在模型的预测与实际发生的问题之间建立高度关联性。

对线性规划这一建议一定是有用的。在实际的线性规划应用中,四个假设几乎没有一个被完全满足。除了分割性假设,几乎都不能完全满足,尤其是确定性假设。因此,敏感性分析是对违反假设的必要弥补。

然而,非常重要的是运筹小组测试了问题的四个假设,分析了假设与现实之间的差距。如果某个假设不满足,那么可以采用许多有用的替代模型,正如在本书后面章节描述的那样。其他模型的缺陷在于求解它们的算法不像线性规划那样强大,但是在一些情况下,这种差距已经被弥补。在一些应用中,线性规划方法用于初始分析,深入分析将使用更复杂的模型。

通过学习3.4节的例子,你将发现对于分析线性规划四个假设如何应用,这是一个非常好的实践。(习题3.4-3和3.4-4将涉及上述应用。)

3.4 补充例子

Wyndor Glass公司问题是一个线性规划问题的典型实例:它涉及在竞争性的活动中分配有限的资源,其模型满足我们的标准形式,它的背景是一种传统的商务计划改进。然而线性规划的应用范围更广泛。本节我们将开阔视野。当你研究下面的例子时,应该注意的是这些例子的数学模型基础而不是这些例子使其具有线性规划问题的特征。然后考虑怎样在其他背景下,只改变活动的名称就可以适用同样的线性规划数学模型。

这些例子是实际应用的浓缩版本。与Wyndor Glass公司问题及OR Tutor中的图解法演示一样,案例中的第一个例子只有两个变量,能够通过图解法求解。新的特征表现为它是一个最小问题并有一个约束函数的混合形式(这个例子在放射治疗的设计方面对实际情境做了极大的简化,不过本节中的第一个应用案例介绍了运筹学在该领域带来的令人惊喜的影响)。接下来的例子的决策变量远远多于两个,因此建模难度也大为增加。尽管我们将提到通过单纯形法获得最优解,这里关注的仍然是如何建立较大的问题的线性规划模型。接下来一节和下一章我们将回到求解此类问题的软件工具和算法的问题(单纯形法)上。

3.4.1 放射治疗的设计

玛丽被诊断为晚期癌症。尤其严重的是,她的膀胱长了一个很大的恶性肿瘤(膀胱机能受到严重影响)。

她将接受最先进的医学治疗,包括大量的放射性治疗。

放射性治疗涉及使用外部光束治疗仪透过患者的身体进行离子放射,来杀伤癌细胞和健康的组织。通常几束光束在一个二维的平面上从不同的角度进行精确照射。由于光束衰减,射入点附近的组织会比射出点附近的组织接收更多的放射。发散性还可能导致光束方向以外的组织受到放射。由于肿瘤细胞通常是在健康细胞中微量分散的,通过肿瘤区的放射量需要足够大才能杀死恶性细胞,它们有些轻微的放射性敏感,而要求尽量少地涉及健康细胞。同时,被集结于关键组织的放射量一定不能超过已经建立的容忍水平,目的是防止造成比疾病本身更严重的伤害。同样的原因,对于整个健康组织的放射量应该是最小的。

因为要仔细地对这些因素进行平衡,放射性治疗的设计是一个非常精细的过程,设计的目标是选择合适的光束组合和光束强度,以产生最佳的放射分布量(身体里任何点的放射量用“千德拉”度量)。完成治疗设计后,就将分成几个疗程,跨度达几个星期。

在玛丽的案例里,肿瘤的尺寸和位置使她的治疗设计需要更加精细。图3.11中肿瘤的交叉部位图几乎避开了所有的关键组织。将削弱放射性的部位包括关键的组织(如直肠)、骨结构(如大腿骨和骨盆)。本例中只考虑了有两束射线的进入点和方向可被用于治疗的安全情况(在这一点上,我们进行了简化,因为通常必须考虑几十个可能的放射束)。

对于任何给定强度的放射束，对身体不同部位的放射吸收结果进行分析是一个复杂的过程。简单地说，在仔细解剖分析的基础上，在组织的二维交叉部位范围内的能量分布可以在等剂量图上表示出来。图 3.11 上的等高线表示了进入点剂量强度的百分比。能够计算每一种组织的单位面积吸收放射剂量的总和以及肿瘤、健康组织、关键组织等吸收的平均剂量。多于一束射线时，放射量是会叠加的。

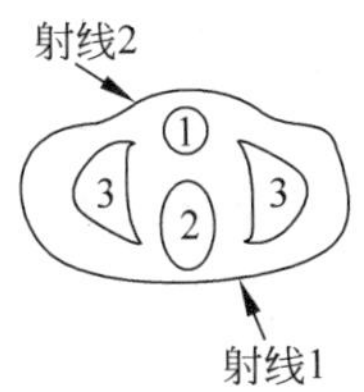

图 3.11　玛丽的肿瘤的交叉部分，位于鉴定组织的周围，射线被应用到：①气泡和肿瘤；②直肠、尾骨等；③盆骨的一部分等。

进行了这种类型的分析以后，医疗小组仔细地验证了玛丽治疗方案的数据，见表 3.7。第一列列出了被考虑的身体的区域，中间两列给出了进入点被各自区域吸收的放射束平均放射剂量。例如，如果一束放射线在进入点的剂量水平是 1 千德拉/单位，那么在二维平面上健康的解剖组织将平均吸收 0.4 千德拉/单位的放射量，附近的关键组织将吸收 0.3 千德拉/单位，肿瘤的各个部分将吸收 0.5 千德拉/单位，肿瘤的中心部分将吸收 0.6 千德拉/单位。最后一列给出了被身体各个部位平均吸收两个放射束的总放射剂量的约束限制。尤其是，健康的解剖组织的平均吸收量必须尽可能小，关键组织不能超过 2.7 千德拉，整个肿瘤平均必须为 6 千德拉，肿瘤的中心至少为 6 千德拉。

表 3.7　玛丽放射治疗方案的数据设计

部　　位	吸收药剂的部分(平均)		总体平均剂量的约束/千德拉
	射线 1	射线 2	
健康的组织	0.4	0.5	最小
鉴定的组织	0.3	0.1	≤2.7
肿瘤区域	0.5	0.5	=6
肿瘤的中心	0.6	0.4	≥6

应用案例

前列腺癌是男性常患的一种癌症。2007 年，估计仅在美国就有 22 万例新的患者。与其他癌症类似，放疗是治疗前列腺癌的常用方法，该方法对肿瘤区域给予足够充分的放射线剂量以杀死癌细胞，同时尽量减少对肿瘤区附近健康组织的放射线照射。这种治疗分为外部波束放射治疗或短距离放射治疗——该方法在肿瘤区放置大约 100 个放射性的“种子”。这种方法的困难在于决定最有效的三维几何模式以放置这些种子。

位于纽约市的纪念斯隆-凯瑟琳癌症中心(MSKCC)是全球最早的私人癌症中心。来自佐治亚理工学院的医疗和健康运筹学中心的一个运筹团队与 MSKCC 的医生合作开发了一种非常尖端的优化方法，用来优化短距离放射治疗方法以更好地治疗癌症。所采用的模型与线性规划模型的结构一致，其中仅有一个模型是例外。除了具有与线性规划模型一致的普通连续变量外，该模型还有一些二元变量(变量取值为 0 或 1)(对线性规划模型的这种扩展称为混合整数规划,将在第12章重点讨论)。开始向患者体内植入这些种子时,通过一个自动化的计算机规划系统,优化过程可以在几分钟内完成,而且医务人员可以很容易地操作该系统。

由于这套系统非常有效而且能够极大地减少副作用,优化短距离放射治疗去除癌变组织的突破对于降低医疗成本和改善治愈病人的生活质量均有着重要的影响。如果所有的美国医疗中心均采用这种方法,由于没有必要举行预处理计划会议和术后CT扫描,据估计每年可以节约近5亿美元,而且能够提高手术成功率、减少术后并发症。可以预期的是,这种方法还能扩展到其他疾病的短距离放射治疗中,如乳腺、子宫颈、食道、胆管、胰腺、头部、脖子和眼睛等部位的疾病。

该线性规划方法及其扩展的应用使该运筹团队于2007年荣获表彰运筹学和管理学成就的Franz Edelman奖一等奖。

资料来源:E. K. Lee and M. Zaider, "Operations Research Advances Cancer Therapeutics," *Interfaces*, 38(1): 5-25, Jan.-Feb. 2008.(以下网址提供本文的链接:www.mhhe.com/hillier11e.)

线性规划问题的建模

需要做的决策是射入两个进入点的剂量,因此两个决策变量 x_1、x_2 分别表示放射束1和放射束2的射入点的放射量(千德拉)。因为到达健康组织的放射量应该最小化,用目标函数 Z 来表示。使用表3.7中的数据可以直接建立下面的线性规划模型[①]:

$$
\begin{aligned}
\min \quad & Z = 0.4x_1 + 0.5x_2 \\
\text{s.t.} \quad & 0.3x_1 + 0.1x_2 \leqslant 2.7 \\
& 0.5x_1 + 0.5x_2 = 6 \\
& 0.6x_1 + 0.4x_2 \geqslant 6 \\
\text{且} \quad & x_1 \geqslant 0, \quad x_2 \geqslant 0
\end{aligned}
$$

注意这个模型与3.1节Wyndor Glass公司问题的模型不同,后者是目标函数最大化,所有的约束函数都是小于等于形式。这个模型不满足同样的标准形式,但是它符合3.2节描述的三种其他合理形式,即最小化 Z,约束函数是等于和大于等于形式。

由于两个模型都仅有两个变量,因此这个问题也能通过3.1节描述的图解法解决。图3.12给出了图解法求解的图示。在点(6,6)和点(7.4,4.5)之间的粗线段组成可行域,因为在该线段上的点是唯一满足所有约束的点(注意等式约束将可行域限制为该线段所在的直线,其他两个约束决定了该线段的端点)。虚线是目标函数线,通过最优解(7.5,4.5)时,$Z=5.25$。这一点比点(6,6)优,因为向原点($Z=0$)移动目标函数线得到减少的 Z(Z 为正值)。对于点(7.5,4.5),$Z=5.25$;对于点(6,6),$Z=5.4$。

① 这个模型较之实际应用的模型要小得多。为了得到最好的结果,实际的模型可能需要包含几万个决策变量和约束。例如,见 H. E. Romeijn, R. K. Ahuja, J. F. Dempsey and A. Kumar, "A New Linear Programming Approah to Radiation Therapy Treatment Planning Problems," *Operations Research*, 54(2). 201-216, March-April 2006. 作为一种替代方法是将线性规划同其他运筹学方法结合(例如,见本节的第一个案例),也可见 G. J. Lim, M. C. Ferris, S. J. Wright, D. M. Shepard and M. A. Earl, "An Optimization Framework for Comformal Radiation Treatment Planning," *INFORMS Journal on Computing*, 19(3):366-380, Fummer 2007.

因此，最优的设计是使用在射入点放射束 1 用 7.5 千德拉，放射束 2 用 4.5 千德拉的放射量。

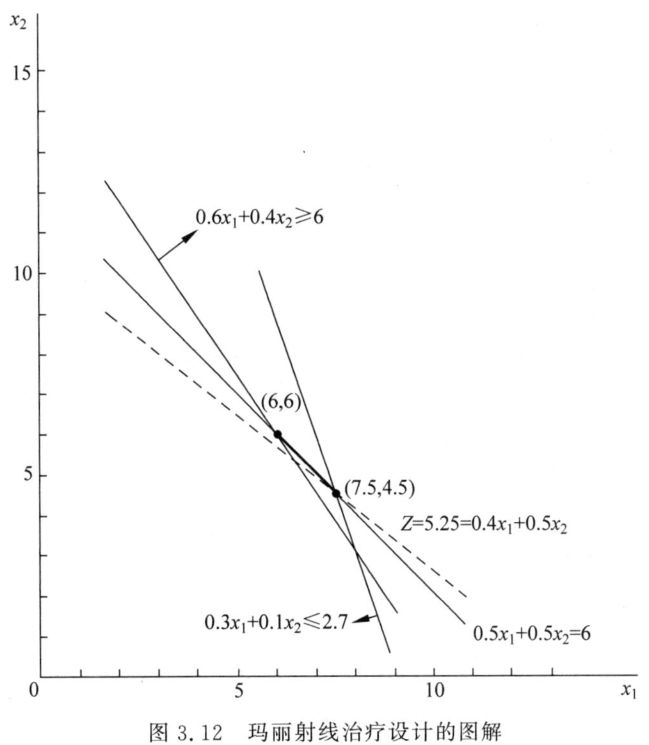

图 3.12 玛丽射线治疗设计的图解

与 Wyndor Glass 公司问题不同，这不是一个资源分配问题，而是归入成本收益权衡一类的线性规划问题。这类问题的特点是寻找成本与收益之间的最佳平衡。在这个特例中，成本是人体组织的损坏，收益为放射线到达肿瘤的中心。模型中第三个函数约束是效用约束，该约束的右端项代表可接受的最低收益水平，左端项为可获得的收益。这是最重要的约束，但其他两个约束包含了附加的约束(后面你还将看到有关成本收益权衡的另一个例子)。

3.4.2 空气污染控制

Nori&Leets 公司是世界主要钢厂之一，位于 Steeltown 市，是该市唯一的大雇主。Steeltown 市随着公司的成长而繁荣，公司雇用了 5 万名当地居民作雇员。因此，Steeltown 市居民的态度很明确：对公司有利的事情就是对 Steeltown 市有利的。然而，这样的态度正在变化，公司熔炉造成的严重空气污染正在毁坏城市的面貌和损害员工的健康。

最近，股东选出了公司新的董事会，这些董事决定担负起社会责任。他们与 Steeltown 市政府官员和居民一起研究怎样控制空气污染，并且共同制订了严格的 Steeltown 市空气质量标准。

在空气中三种主要的污染物是微粒、硫氧化物和碳氢化合物。新的标准要求公司降低这些污染物的年排放量(见表 3.8)。公司董事会指示工程技术人员怎样以最经济的方式减少污染量。

单位：百万磅

表 3.8 Nori&Leets 公司清洁空气的标准

污染物	要达到的排放率的年缩减量
微粒	60
硫氧化物	150
碳氢化合物	125

钢厂的主要污染源是制造生铁的高炉和将铁炼成钢的平炉。对于这两种熔炉，工程师认为最有效的污染消除方法是：①增加烟囱的高度；②使用过滤装置(包括在烟囱上安装气体过滤器)；③在熔炉燃料中加入高级清洁材料。每一种方法都存在技术限制，即应该使用多少(如烟囱高度的最大可增加量)，但是在使用这些方法的技术限制上也有一定的灵活性。

表 3.9 给出了在技术限制下使用每一种消除污染方法时高炉和平炉所能消除的排放量(百万磅/年)。出于分析的目的，假设表中所示的每一种方法减少的排放量只占很小一部分，而且这一部分对于高炉和平炉是不同的。对每一种类型的熔炉来说，是否同时使用其他方法不会影响该方法可以实现的排放减少量。

单位：百万磅/年

表 3.9 Nori&Leets 公司使用最大可用污染消除方法的排放量降低

污染物质	更高的烟囱		加装过滤装置		更好的燃料	
	高炉	平炉	高炉	平炉	高炉	平炉
微粒	12	9	25	20	17	13
硫氧化物	35	42	18	31	56	49
碳氢化合物	37	53	28	24	29	20

获得这些数据后，一方面，很清楚没有单独的方法能够达到要求的排放量；另一方面，在两种熔炉的全部生产能力内结合使用以上三种污染消除方法(如果公司希望产品价格具有竞争性，这种方式太过昂贵)已经足够了。因此，工程师得出结论：他们将不得不使用组合方法，可能基于相对成本仅使用部分生产能力。而且，两种类型的熔炉可能不应该使用相同的组合。

分析得出了污染消除方法带来的每一年的总成本。每一种方法的年成本包括运行与维修成本，也包括使用该方法造成生产过程的效率损失所带来的收益损失。其他主要成本是该方法的初始成本(初始资本费用)，计算每年支出的货币的时间价值(在该方法的生命周期内)的初始成本。

这些分析得到的使用这些方法的全部除污能力的年总成本(百万美元)如表 3.10 所示。

单位：百万美元

表 3.10 Nori&Leets 公司使用最大可用消除方法的年总成本

消除方法	高炉	平炉
更高的烟囱	8	10
加装过滤装置	7	6
更好的燃料	11	9

接下来建立公司污染消除方法计划的总体框架，这个计划说明了高炉和平炉所使用的除污方法与除污能力的比例。鉴于满足需求的最小成本计划问题的组合本质，建立运筹小组来解决问题。运筹小组采用了线性规划方法，建立的模型概括如下。

线性规划问题的建模

这个问题有六个决策变量，$x_j(j=1,2,\cdots,6)$，每一个表示三种除污方法对应两种熔炉的使用，用除污能力的百分比表示(因此 x_j 不能超过1)。这些变量的排列见表3.11。

表3.11　Nori&Leets公司的决策变量(使用最大可用消除方法的部分)

消除方法	高炉	平炉
更高的烟囱	x_1	x_2
加装过滤装置	x_3	x_4
更好的燃料	x_5	x_6

因为当满足排放量减少的要求时，目标是总成本最小化。用表3.8～表3.10中的数据建立下面的模型：

$$\min \quad Z=8x_1+10x_2+7x_3+6x_4+11x_5+9x_6$$

受限于下面的约束：

1. 排放量约束

$$12x_1+9x_2+25x_3+20x_4+17x_5+13x_6\geqslant 60$$
$$35x_1+42x_2+18x_3+31x_4+56x_5+49x_6\geqslant 150$$
$$37x_1+53x_2+28x_3+24x_4+29x_5+20x_6\geqslant 125$$

2. 技术限制

$$x_j\leqslant 1,\quad j=1,2,\cdots,6$$

3. 非负约束

$$x_j\geqslant 0,\quad j=1,2,\cdots,6$$

运筹小组使用该运筹学模型得到了最小的成本计划①：

$$(x_1,x_2,x_3,x_4,x_5,x_6)=(1,0.623,0.343,1,0.048,1)$$

$Z=32.16$(年总成本是32.16万美元)。然后对表3.8中的新空气标准可能产生的影响进行敏感性分析，并分析表3.10给出的成本数据的不精确性造成的影响(案例7.1给出了这个例子的后续)。下面进行详细的计划和管理评价。不久，公司执行了控制空气污染的项目，Steeltown市的空气更加清洁。

类似于放射治疗的设计，这也属于成本收益权衡问题。本例中成本为货币成本，收益为不同类型污染的减少。每种类型污染收益的约束是左右端均可允许值的总和。本章求解的例子可参见本书网站提供的成本收益权衡的另一个补充例子。

3.4.3　通过分销网络分配物资

问题　Distribution公司将在两个工厂生产同样的新产品，然后产品必须被运往两个仓库。产品可从工厂运往任一仓库。可用运输产品的运输网络如图3.13所示。其中F1和

① 一种等价的模型可通过除污方法以每一自然单位表示的决策变量来表达，如 x_1、x_2 表示烟囱增加的高度。

F2 是两个工厂,W1 和 W2 是两个仓库。DC 是一个分配中心。从 F1 和 F2 运出的产品数量在它的左侧表示,W1 和 W2 接受的数量在它的右侧表示。每一个带箭头的线段代表一条运输路线,因此从 F1 运输到 W2 有三条可行的路线(F1→DC→W2,F1→F2→DC→W2,F1→W1→W2);工厂 F2 仅有一条路线到 W2(F2→DC→W2),也仅有一条路线到 W1(F2→DC→W2→W1)。每一条路线运输的单位成本在线段箭头处给出,在线段 F1→F2 与 DC→W2 箭头处还给出了这些路线的最大运输量。其他路线有足够的运输能力来运输两个工厂生产的产品。

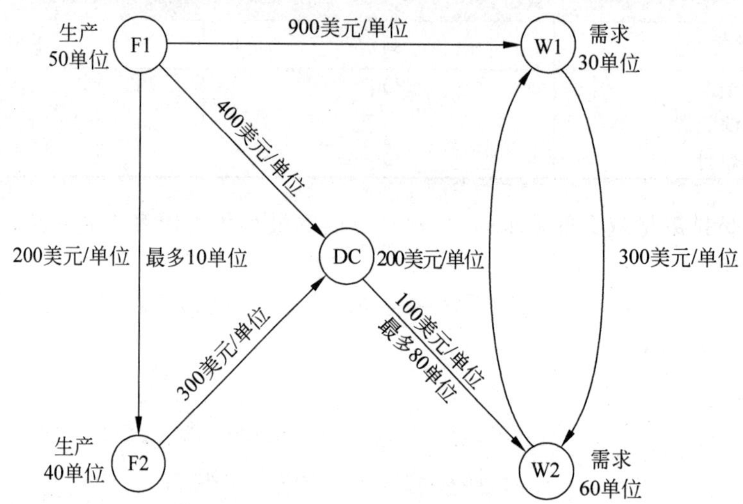

图 3.13 Distribution 公司的配送网络

需要制订的决策是关于每一条路线应该运输多少,目标是运输总成本最小化。

线性规划问题的建模

有七条运输路线,我们需要七个决策变量:(x_{F1-F2},x_{F1-DC},x_{F1-W1},x_{F2-DC},x_{DC-W2},x_{W1-W2},x_{W2-W1})表示通过各路线的运输量。

关于这些变量的值有一些约束,除了非负约束外,有两个上限约束 $x_{F1-F2} \leqslant 10$,$x_{DC-W2} \leqslant 80$,是对应于两条路线 F1→F2 与 DC→W2 的运输能力限制。其他全部的约束来自五个位置的五个网络流约束,这些约束有下面的形式:

每一个位置的网络流约束:运出量 − 运入量 = 需求量

如图 3.13 所示,这些需求量分别是 F1 为 50,F2 为 40,W1 为 −30,W2 为 −60。

DC 的需求量是多少?工厂生产的所有产品是仓库的最终需求。因此,从分销中心运输到仓库的产品总量,应该等于从工厂运输到分销中心的数量。换句话说,这两个运输量(网络流量约束的需求量)的差应该是零。

由于目标是最小化总的运输成本,目标函数的参数直接来自图 3.13 给出的单位运输成本。因此通过使用 100 美元/单位作为货币单位,完成的线性规划模型为

$$\begin{aligned}\min \quad Z = & 2x_{F1-F2} + 4x_{F1-DC} + 9x_{F1-W1} + 3x_{F2-DC} + x_{DC-W2} \\ & + 3x_{W1-W2} + 2x_{W2-W1}\end{aligned}$$

受限于下列约束:

1. 网络流约束

$$
\begin{aligned}
x_{F1-F2} + x_{F1-DC} + x_{F1-W1} &= 50\ (\text{工厂 }1)\\
-x_{F1-F2} + x_{F2-DC} &= 40\ (\text{工厂 }2)\\
-x_{F1-DC} - x_{F2-DC} + x_{DC-W2} &= 0\ (\text{分销中心})\\
-x_{F1-W1} + x_{W1-W2} - x_{W2-W1} &= -30\ (\text{仓库 }1)\\
-x_{DC-W2} - x_{W1-W2} + x_{W2-W1} &= -60\ (\text{仓库 }2)
\end{aligned}
$$

2. 上限约束

$$x_{F1-F2} \leqslant 10,\quad x_{DC-W2} \leqslant 80$$

3. 非负约束

$$x_{F1-F2} \geqslant 0,\quad x_{F1-DC} \geqslant 0,\quad x_{F1-W1} \geqslant 0,\quad x_{F2-DC} \geqslant 0,\quad x_{DC-W2} \geqslant 0,$$
$$x_{W1-W2} \geqslant 0,\quad x_{W2-W1} \geqslant 0$$

你将在10.6节再次看到这一问题，我们将在该节讲解这类线性规划问题(称为最小成本流问题)，在10.7节，我们将求出最优解：

$$x_{F1-F2} = 0,\quad x_{F1-DC} = 40,\quad x_{F1-W1} = 10,\quad x_{F2-DC} = 40,$$
$$x_{DC-W2} = 40,\quad x_{W1-W2} = 0,\quad x_{W2-W1} = 20$$

总的运输成本是49 000美元。

这个问题到目前为止还没有归入线性规划问题的任何类别，这是一类固定需求的问题，因为其主要约束(净流量约束)是固定需求约束。因为它们是等式约束，这些约束的每一个强制要求有固定需求。第9章和第10章将集中研究具有固定需求的线性规划的新的类别。

假如你需要了解线性规划模型的补充例子，你可以在本书网站上本章的Solved Example这一节找到两个类似的例子(包括另一个固定需求的问题)。

应用案例

雪佛龙公司(Chevron)是世界领先的集成能源公司之一。它在世界范围内广泛地钻探石油和天然气，每天生产近200万桶石油和差不多数量的天然气，并利用其炼油装置每天向市场提供近300万桶燃料用油、化工品和润滑油。

自1947年线性规划被创建不久，雪佛龙公司很快成为这项新技术的重要的应用者。其最初的应用面临如下的混合配料问题。因为任何品牌的汽油都需要3～10种成分混合组成(加工原油的不同形式)，没有一种单一的成分能满足不同品牌汽油的质量要求。但不同成分的组合可满足此要求。一次提炼可将20种不同成分产出4种以上含不同辛烷值的汽油提供市场。线性规划可为上述或所有混合配料问题提供巨大的节约。

随着时间的推移和计算能力的进步，雪佛龙公司不断扩展线性规划的应用。其一是优化炼制品(汽油、航空汽油、内燃机油)的组合使总利润最大。其二是周期性的优化。当原油价格变化时，可提供原材料、产品价格、设备能力等变动时的决策等。线性规划的另一应用为随着生产进程需要对炼制系统增添新装置的资金优化使用。

对线性规划的上述应用，归结为使成本最低或利润最大，这些都极大影响了雪佛龙公司的决策上层，估计对雪佛龙公司带来的收益估计已接近每年10亿美元。在确认上述相关工作后,运筹学和管理科学研究会(INFORMS)2015年颁给雪佛龙公司INFORMS奖,以奖励该公司在应用运筹学和先进分析方法方面的创造性成就。

资料来源:Kutz. To,M. Davis,R. Creek,N. Kenaston. C. Stenstrom,and M. Connor:"Optimizing Chevron's Retineries."Intertaces,(INFORMS Journal on Applied Analytics),Vol. 44,no. 1(2014):Jan-Fed. 39-54.(同本文的相关链接见网站:www. mhhe/hillier11e)

3.5 通过电子表格建立并求解线性规划模型

Excel及其Solver等电子表格软件是分析和求解简单线性规划模型的常见工具。线性规划模型的所有参数特征均可以很容易地输入电子表格。电子表格软件不但能够显示数据,而且可以利用额外的信息来快速分析可行解。例如,它可以检查一个潜在的解决方案是否可行以及Z值(利润或成本)是多少。电子表格的强大之处就是对于解决方案中作出的任何改变所导致的结果它都能及时显示出来。

除此之外,Solver可以运用单纯形法来快速寻找模型的最优解。我们将在本节的后半部分讲述如何做到这一点。

为了说明在电子表格中建立并求解线性规划模型的过程,我们再次使用3.1节中介绍的Wyndor Glass公司问题示例。

3.5.1 在电子表格上构建模型

图3.14通过将数据从表3.1传输到电子表格来展示Wyndor Glass公司问题(保留E列和F列用于描述后面的条目)。我们将显示数据的单元格称为数据单元格,给这些单元格施加阴影,用以区别电子表格中的其他单元格。[①]

	A	B	C	D	E	F	G
1		Wyndor Glass公司产品组合问题					
2							
3			门	窗			
4		每批的利润($000)	3	5			
5							可用
6			每批生产所需时间				时长
7		工厂1	1	0			4
8		工厂2	0	2			12
9		工厂3	3	2			18

图3.14 将数据从表3.1传输到数据单元格后Wyndor Glass公司问题的初始电子表格

接下来你将看到,电子表格通过使用域名而变得更加易于解释。域名是一个描述性的名称,它可以给出一个单元块,该单元块可以立即识别存在的内容。因此,Wyndor Glass公司问题中的数据单元被赋予域名:每批的利润(C4:D4)、每批生产所需时间(C7:D9)和可用时长(G7:G9)。注意:域名中不允许出现空格。要想输入域名,首先要选择单元格区域,然后单击电子表格上方编辑栏左侧的"名称"框并键入名称。

① 使用格式工具栏中的边界按钮与颜色按钮来添加边界和单元格或者通过从格式菜单中选择边界标签与模型标签来选择。

在开始使用电子表格建立并求解线性规划模型的过程中，需要回答以下三个问题：

(1) 要做的决策是什么？对于这个问题，必要的决策是保证两个新产品的生产率(每周生产的批数)。

(2) 这些决策的制约因素是什么？这里的限制条件是：两种产品在各自工厂每周的生产时间不能超过可用的小时数。

(3) 这些决策的总体绩效衡量标准是什么？Wyndor Glass 公司问题对性能的总体衡量是每周从这两种产品中获得的总利润，因此目标是使这一数量最大化。

图 3.15 显示了如何将这些答案合并到电子表格中。根据第一个答案，将两种产品的生产率放在单元格 C12 和 D12 中，以便将它们放在数据单元格下方这些产品的列中。由于不知道其生产率应该是多少，所以此时它们只作为零输入(实际上，可以输入任何试用方案，尽管应该将较低的生产率排除在外)。稍后，在寻求最佳生产率组合时，这些数字将发生变化。因此，这些包含决策的单元格被称为"变化单元格"，为了凸显变化中的单元格，在图 3.15 中对其进行加阴影处理并加边框。(在 OR Courseware 包含的电子表格文件中，更改的单元格在颜色监视器上以亮黄色显示。)更改单元格的域名为生产的批数(C12:D12)。

	A	B	C	D	E	F	G
1		Wyndor Glass公司产品组合问题					
2							
3			门	窗			
4		每批的利润($000)	3	5			
5					所用		可用
6			每批生产所需时间		时长		时长
7		工厂1	1	0	0	<=	4
8		工厂2	0	2	0	<=	12
9		工厂3	3	2	0	<=	18
10							
11			门	窗			总利润($000)
12		生产的批数	0	0			0

图 3.15 将初始方案(两种生产率均等于零)输入变化单元格(C12 和 D12)的 Wyndor Glass 公司问题的完整电子表格

使用"主页"选项卡上的"边框"菜单按钮和"填充颜色"菜单按钮，可以添加边框和单元格阴影。

应用问题 2 的求解结果，两种产品在各自工厂每周的总生产时间输入单元格 E7、E8 和 E9 中，放在相应数据单元格的右侧。这三个单元格的 Excel 公式如下：

$$E7 = C7 * C12 + D7 * D12$$

$$E8 = C8 * C12 + D8 * D12$$

$$E9 = C9 * C12 + D9 * D12$$

其中，星号代表乘号。由于每个单元格提供的输出取决于变化单元格(C12 和 D12)，所以它们被称为输出单元格。

请注意，输出单元格的每个公式都包含两个乘积的和。Excel 中有一个名为 SUMPRODUCT 的函数，当两个单元格区域的行数和列数相同时，该函数将两个单元格区域中每个项的乘积相加。求和的每个乘积是第一个域中的项与第二个域中相应位置中的项的乘积。例如，考虑两个域 C7:D7 和 C12:D12，这样每个域都有一行两列。在这种情况下，

SUMPRODUCT(C7:D7,C12:D12)获取域 C7:D7 中的每个单独项,将它们乘以域 C12:D12 中的对应项,然后将这些单独项相加,如上面第一个等式所示。使用域名称生产的批数(C12:D12),公式变为 SUMPRODUCT(C7:D7,生产的批数)。有了这个短公式函数作为选择,可以有效简化长公式的输入。

接下来,在单元格 F7、F8 和 F9 中输入≤符号,以指示其左侧的每个总值不能超过 G 列中相应的数值。电子表格允许输入违反≤符号的测试解。然而,这些标志提醒人们,如果 G 列中的数值没有变化,则需要拒绝相应的测试解。

最后,由于第三个问题绩效的总体衡量标准是两种产品的总利润,因此这个利润(每周)输入 G12 单元格,就像 E 栏中的数值一样,它是产品的总和:

G12 = SUMPRODUCT (C4:D4, C12:D12)

利用总利润(G12)、每批的利润(C4:D4)和生产的批数(C12:D12)的域名,此公式变为

总利润 = SUMPRODUCT (每批的利润,生产的批数)

这是一个使用域名可以更容易解释求解结果的好例子。它不需要查看电子表格中单元格 G12、C4:D4 和 C12:D12 中的内容,仅靠域名即可揭示公式表达的内容。

总利润(G12)是一类特殊的输出单元格,在作出关于生产率的决策时,这类特殊单元格可以使目标尽可能地大。因此,总利润(G12)被称为目标单元格。目标单元格的阴影比变化单元格更暗,并在图 3.15 中通过加粗的边框进一步区分。(在 OR Courseware 包含的电子表格文件中,这种单元格在彩色监视器上显示为橙色)。

图 3.16 的底部列出了在所用时长列和总利润单元格中需要键入的所有公式,还列出了各种域名及相应的单元格地址。

	A	B	C	D	E	F	G
1		Wyndor Glass公司产品组合问题					
2							
3			门	窗			
4		每批的利润($000)	3	5			
5					所用		可用
6			每批生产所需时间		时长		时长
7		工厂1	1	0	0	<=	4
8		工厂2	0	2	0	<=	12
9		工厂3	3	2	0	<=	18
10							
11			门	窗			总利润($000)
12		生产的批数	0	0			0

域名	单元格
生产的批数	C12:D12
可用时长	G7:G9
所用时长	E7:E9
每批生产所用时间	C7:D9
每批的利润	C4:D4
总利润	G12

	E
5	所用
6	时长
7	=SUMPRODUCT(C7:D7,生产的批数)
8	=SUMPRODUCT(C8:D8,生产的批数)
9	=SUMPRODUCT(C9:D9,生产的批数)

	G
11	总利润
12	=SUMPRODUCT(每批的利润, 生产的批数)

图 3.16 Wyndor Glass 公司问题的电子表格模型,包括目标单元格总利润(G12)和 E 列中其他输出单元格的公式,其中目标是最大化目标单元

这就完成了 Wyndor Glass 公司问题电子表格模型的建立。

应用这个公式，可以很容易地分析出任何生产率的测试解。每次在单元格 C12 和 D12 中输入生产率时，Excel 会立即在输出单元格中计算出所用时长和总利润。不过，根本没有必要使用试错的方法来求解。接下来我们将描述如何使用 Solver 快速找到最优解。

3.5.2 使用 Solver 求解模型

Excel 包含一个名为 Solver 的工具，它使用单纯形法来寻找最优解。首次使用标准 Solver 需要先安装。在 Windows 版本的 Excel 中，从“文件”菜单中选择“Excel 选项”，然后单击窗口左侧的“加载项”，选择窗口底部的“管理 Excel 加载项”，然后按“转到”按钮，确保在“加载项”对话框中选择了 Solver，然后它将显示在“数据”选项卡上。对于 Mac 版本的 Excel，从“工具”菜单中选择“加载项”，并确保选中 Solver，然后单击“确定”，Solver 就会出现在“数据”的选项卡上。

首先，在图 3.16 中输入一个任意测试解，在变化单元格中键入零。然后，Solver 会在求解后把这些值更改为最佳值。

这一过程通过单击“数据”选项卡上的 Solver 按钮开始，Solver 对话框如图 3.17 所示。

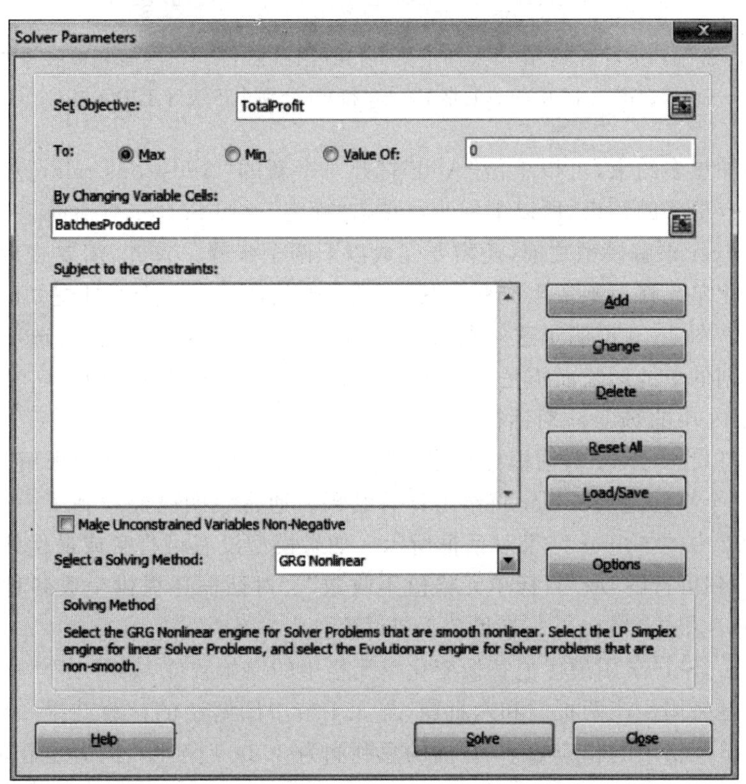

图 3.17 该 Solver 对话框指定图 3.16 中的目标单元格和变化单元格，表示目标单元要最大化

在 Solver 开始工作之前，它需要确切地知道模型的每个组件在电子表格中的位置。Solver 对话框用于输入此信息，你可以选择键入域名、单元格地址或单击电子表格中的单

元格。① 图3.17显示了使用首选项的结果,这样一来在目标单元中输入的就是总利润而不是G12,在变化单元格中输入的是生产的批数而不是域C12:D12。既然目标是使目标单元格最大化,因此选择了Max。

接下来,需要指定包含函数约束的单元格。这可以通过单击Solver对话框上的"添加"按钮来完成,这项操作将打开添加约束对话框,如图3.18所示。图3.16中单元格F7、F8和F9中<=符号要求使用时长单元格(E7:E9)都需要小于或等于可用时长单元格(G7:G9)。通过在"添加约束"对话框的左方输入所用时长(或E7:E9),在右方输入可用时长(G7:G9),可以为Solver指定这些约束。对于这两边所采用的符号,有一个菜单可以在<=(小于或等于)、=或>=(大于或等于)之间进行选择,因此选择了<=。即使以前在电子表格的F列中已经输入了<=符号,仍然需要选择此选项,因为Solver仅在"添加约束"对话框中指定函数约束。

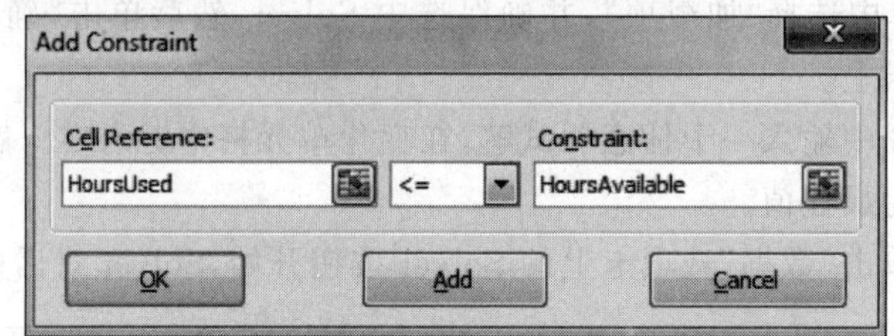

图3.18 添加约束对话框,在输入约束集"所用时长(E7:E9)<=可用时长(G7:G9)"后,指定图3.16中的单元格E7、E8和E9分别小于或等于单元格G7、G8和G9

如果要添加更多约束,可以单击"Add"打开一个新的"Add Constraint"对话框。但是,由于本例中没有更多的约束,所以下一步可单击"确定"返回Solver对话框。

在使用Solver求解模型之前,还需要完成以下两个步骤。首先,需要告诉Solver,非负约束是需要变化单元格拒绝负生产率。其次,还需要说明这是一个线性规划问题,因此可以使用单纯形法。图3.19说明了这一点,并确认了"使无约束变量非负"的选项,选择的求解方法是线性规划的单纯形法而不是用于解决非线性问题的非线性GRG(广义简化梯度)或其改进。图3.19中的Solver对话框概括了完整的模型。

接下来,可以在Solver对话框中单击"求解",意味着将在后台开始求解过程。几分之一秒后(对于一个小问题),Solver将给出计算结果。通常表明已经找到了一个最优的解决方案,如图3.20中的Solver结果对话框所示。如果模型没有可行解或最优解,对话框将弹出"Solver找不到可行解"或"目标单元格值不收敛"。对话框还提供生成各种报告的选项,其中之一(敏感性报告)将在4.9节和7.3节讨论。

求解模型后,Solver用最优值替换变化单元格中的原始数值,如图3.21所示。因此,最佳的解决方案是每周生产两批门和六批窗,与3.1节中图解法的计算结果一致。电子表格还显示了目标单元格中的相应数字(每周的总利润为36 000美元),同时也在输出单元格中显示了使用时长(E7:E9)。

---

① 假如你通过点击选择单元格,它们将首先出现在对话框内,并给出单元格的地址和美元符号(＄C＄9:5D＄9),你可以忽略元的符号。Solver最终将用相应的域名替换单元格地址和美元符号(如果已为给定单元格地址定义了域名),仅在添加约束或重新打开Solver对话框之后才进行此项操作。

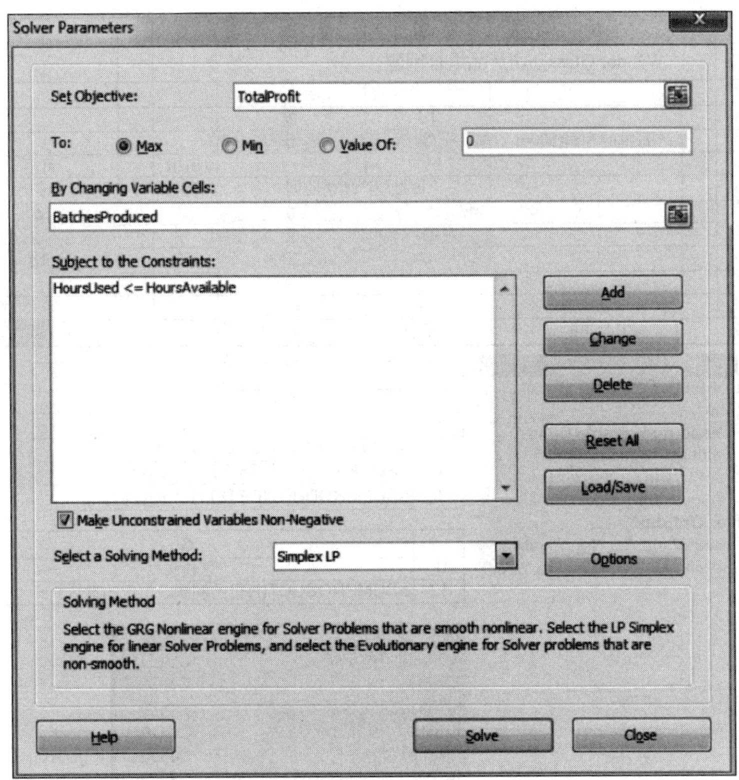

图 3.19 在电子表格中明确整个模型后的 Solver 对话框

Solver Results
Solver found a solution. All Constraints and optimality conditions are satisfied.
Keep Solver Solution
Restore Original Values
Reports
Answer
Sensitivity
Limits
Return to Solver Parameters Dialog
Outline Reports
OK
Cancel
Save Scenario...
Solver found a solution. All Constraints and optimality conditions are satisfied.
When the GRG engine is used, Solver has found at least a local optimal solution. When Simplex LP is used, this means Solver has found a global optimal solution.

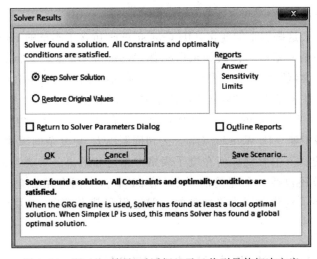

图 3.20 "Solver 结果"对话框显示已找到最佳解决方案

此时,需要检查如果将数据单元格中的任何数值更改为其他可能的值,最佳解决方案会发生什么变化。这很容易做到,因为在保存文件时,Solver 会保存目标单元格、更改单元格、约束等的所有地址。只需在数据单元格中进行更改,然后再次单击 Solver 对话框中的 Solve。(4.9 节和 7.3 节将重点讨论这类敏感性分析,包括如何使用 Solver 的敏感性报告

	A	B	C	D	E	F	G
1		Wyndor Glass公司产品组合问题					
2							
3			门	窗			
4		每批的利润($000)	3	5			
5					所用		可用
6			每批生产所需时间		时长		时长
7		工厂1	1	0	2	<=	4
8		工厂2	0	2	12	<=	12
9		工厂3	3	2	18	<=	18
10							
11			门	窗			总利润($000)
12		生产的批数	2	6			36

Solver参数
Set Objective Cell: TotalProfit
To: Max
By Changing Variable Cells:
BatchesProduced
Subject to the Constraints:
HoursUsed<= HoursAvailable
Solver Options:
Make Variables Nonnegative
Solving Method: Simplex LP

	E
5	所用
6	时长
7	=SUMPRODUCT(C7:D7, 生产的批数)
8	=SUMPRODUCT(C8:D8, 生产的批数)
9	=SUMPRODUCT(C9:D9, 生产的批数)

	G
11	总利润
12	=SUMPRODUCT(每批的利润，生产的批数)

域名	单元格
生产的批数	C12:D12
可用时长	G7:G9
所用时长	E7:E9
每批生产所用时间	C7:D9
每批的利润	C4:D4
总利润	G12

图 3.21　解决 Wyndor Glass 公司问题后的电子表格

来优化这类假设分析。)

为了帮助你体会这些类型的变化，OR Courseware 包含了本章的 Excel 文件(以及其他文件)，这些文件提供了完整的公式和求解示例(Wyndor Glass 公司问题和 3.4 节中的示例)。我们鼓励你“尝试”这些例子，看看不同的数据、不同的解决方案会产生什么样的后果。你可能还会发现这些电子表格可以作为解决家庭作业问题的模板。

此外，我们建议使用本章的 Excel 文件查看 3.4 节中一些示例的电子表格公式，这将演示如何在电子表格中建立比 Wyndor Glass 公司问题更大、更复杂的线性规划模型。

你将在后面的章节中看到如何在电子表格中指定和解决各种类型的其他示例。本书网站上的补充章节还包括一个完整的章节(第 21 章)，专门介绍在电子表格中建模的艺术。该章详细描述了构建电子表格模型的一般过程和基本准则，以及调试这些模型的相关技术。

3.6　构建非常大的线性规划模型

线性规划模型有不同的规模。例如 3.1 节到 3.4 节模型的规模从 3 个函数约束和 2 个变量(Wyndor Glass 公司问题和放射治疗设计问题)到 7 个约束和 7 个变量(Nori & Leets 公司问题)。后面的例子看起来规模更大，要花费更多的时间来写出这种规模的问题。但是实际问题中，规模小的例子只占很小的一部分。例如，在本章中一些应用例子的模型要大得多。

在实际应用中大规模的模型是较普遍的，实践中线性规划模型通常具有几百至几千个函数约束，有时甚至有上百万个函数约束，其决策变量数通常多于约束函数个数，有时甚至达到百万个。事实上，少量具有千万个约束和千万个决策变量的大型问题目前已能成功求解。

构建这类惊人的巨大模型是令人沮丧的任务，即使一个具有上千个约束函数和上千个决策变量的模型具有超过百万参数，要为这类模型写出代数式和填写电子表格中的参数也是不现实的。

为在实际中建立这样大规模的模型，需要使用建模语言。

3.6.1　建模语言

数学建模的语言是一种软件，专门用于有效地构建大型数学模型，包括线性规划模型。即使拥有百万个函数约束，它们通常使用相对很少的类型。类似地决策遵循相同的类别，因此使用数据库中的大量数据，建模语言可以同时建立同一类型的所有约束并同时处理每一个类型的变量。随后我们将解释这一过程。

除了有效建立大规模的模型外，建模语言将加速大量模型的管理任务，包括数据连结、数据转换或模型参数、随时修改模型参数、分析模型的解等。它还可以生成决策制定者内部的总结报告和模型环境的文本。

在过去的几十年里，已经开发了多种优秀的建模语言，包括 AMPL、MPL、GAMS 和 LINGO。

学生版 MPL(Mathematical Programming Language)在本书网站上提供并给出了广泛的教学资料。最新的学生版可以从 maximalsoftware. com 下载。MPL 是 Maximal Software 公司的产品，其特征是在 MPL 中广泛支持 Excel，包括从 MPL 中输入和输出 Excel，同样对 Excel VBA 宏观语言以及不同的规划语言(包括 OptMax Component Library)提供完全支持，后者现已包含在 MPL 中。上述特征允许用户将 MPL 模型完全同 Excel 结合，并得到强有力的求解器 MPL 的支持。

LINGO 是 LINDO Systems 公司的一种产品，它同样应用电子表格加上称为 What's Best! 的优化器。它设计应用于大型的工业问题以及被称为 LINDO API 的子程序图书馆。LINGO 软件及作为子集合的 LINDO 已被广泛引入线性规划。LINGO 的学生版和 LINDO 的学生版作为软件的一部分包含于本书网站。包含所有 LINDO 系统产品的学生版可以从 www. lindo. com 下载。与 MPL 类似，LINGO 也是一种强大的多目的建模语言。LINGO 的一个重要特征是除了线性规划外，对各类运筹学问题应用时的灵活性。例如，涉及高度非线性规划模型时，它包含一个全面优化器用于找出全局最优解。本版最新的 LINGO 建立了一种兼容的程序语言，使在求解不同优化问题时可分别作为一次运行的一个部分，这对进行敏感性分析特别有用(见 4.9 节和 8.2 节的描述)。此外，LINGO 还具有求解随机规划的特殊能力(见 7.6 节)，包括各类概率分布和图像。

本书网站包含 MPL、LNIGO 和 LINDO 对书中每个例子的建模和求解，这些建模语言和优化器基本上均可使用。

接下来让我们看一个解释怎样生成大规模的线性规划模型的简单的例子。

应用案例

一个国家金融基础设施的关键部分是其证券市场。通过允许各种金融机构及其客户交易股票、债券和其他金融证券,证券市场可以为公共和私人计划提供资金。因此,证券市场的高效运作对国家经济增长起着至关重要的作用。

每个中央证券存管机构及其快速结算证券交易系统是证券市场运作的支柱,是金融系统稳定的关键组成部分。在墨西哥,一家名为INDEVAL的机构为整个国家提供中央证券存管和证券结算系统。这种证券结算系统使用电子账簿分录,为交易各方修改现金和证券余额。

INDEVAL平均每日结算的证券交易总值超过2 500亿美元,是墨西哥整个金融部门的主要流动性渠道。因此,INDEVAL的证券交易清算系统可以说是一个非常有效的系统,可以最大限度地提高交易后几乎可以瞬时交付的现金量。INDEVAL董事会对该系统并不满意,2005年下令对其进行了重大改革。

经过12 000多个工时的重新设计,新系统于2008年11月成功启动。新系统的核心是一个庞大的线性规划模型,它每天运行多次以从数千笔未决交易中选出那些亟须处置的交易。线性规划非常契合这种应用的相关要求,在考虑各种相关约束的情况下,线性规划可以快速求解大型模型,实现已结算交易价值的最大化。

线性规划的这类应用使墨西哥的每日流动性需求减少了1 300亿美元,大大增强了墨西哥的金融基础设施。它还使市场参与者的日常融资成本每年减少1.5亿美元以上。这一应用使INDEVAL在2010年荣膺负有盛名的Franz-Edelman奖一等奖,该奖项用以表彰在运筹学和管理科学领域取得卓越成就的社会应用。

资料来源:D. F. Muñoz, M. de Lascurain, O. Romero-Hernandez, F. Solis, L. de los Santos, A. Palacios-Brun, F. J. Herrería, et. al. "INDEVAL Develops a New Operating and Settlement System Using Operations Research." *Interfaces* (now *INFORMS Journal on Applied Analytics*), 41(1): 8-17, Jan.-Feb. 2011. (A link to this article is provided on our website, www.mhhe.com/hillier11e.)

3.6.2 一个拥有巨大模型的问题实例

Worldwide公司的管理层需要解决一个产品组合问题,这是比3.1节介绍的Wyndor Glass公司产品组合问题大得多的复杂问题。Worldwide公司在世界各地有10家工厂,每家工厂生产10种产品,然后在各自区域销售。未来的10个月对每家工厂每种产品的需求(销售潜力)是已知的。尽管在指定的月份一家工厂销售的产品数量不能超过需求,但生产的数量可以很大,需超过库存中存储的供下月销售的数量(每月一定的存储成本)。在库存中每单位的一种产品占据同样的库存空间,每家工厂存储的单位数量有一个上限(库存能力)。

每家工厂有10个生产线(我们将它称之为机器),每个生产线生产10种产品中的一种。每一种产品的单位生产成本和产品的生产率(每天生产产品的数量)取决于所涉及的工厂和机器的结合(但不是本月)。工作天数的数量(可用生产天数)在月与月之间有所变化。

由于一些工厂和机器能够比其他工厂和机器以更低的成本或更快的速度生产，有时候值得将一些产品从一家工厂运到另一家工厂销售。对于运出产品和运入产品的工厂组合，每单位产品的运输成本是固定的，单位运输成本对于所有的产品是相同的。

管理层现在需要决策每月每家工厂每种产品在每种机器上应该生产多少，每月每家工厂每种产品应该销售多少，每月每家工厂每种产品应该运输多少到其他工厂。考虑到世界范围内的价格，目标是找出总利润最大化时最可行的计划（总的销售收入减去产品生产成本、库存成本和运输成本的总和）。

我们应该再次注意到这是一个在许多方面做了简化的例子。我们已经假设工厂、机器、产品、月份都正好为10。在大部分实际情况中，产品数可能远远大于10，计划期限可能比10个月长，而机器的数目可能少于10（生产过程的类型）。我们也假设每一家工厂有所有的同样类型的机器（生产过程），每一种机器类型能生产每一种产品。实际上，工厂在机器的类型及其所能生产的产品能力上可能存在不同。最后的结果是，一些公司的相应模型可能比这个例子的规模小，一些公司的相应模型则可能比这个例子的规模大得多（可能是巨大的）。

3.6.3 结果模型的结构

由于库存成本和有限的库存能力，必须对每月每家工厂每种产品的库存数量保持追踪记录。因此，所建线性规划模型必须有四个决策变量：生产数量、库存数量、销售数量和运输数量。10家工厂、10种机器、10种产品、10个月，这样就共有21 000个决策变量，如下所列。

决策变量

10 000个产品变量，每一个对应一个月一家工厂的一台机器生产的一个产品的组合。

1 000个库存变量：每一个对应一个月一家工厂生产的一个产品的组合。

1 000个销售变量：每一个对应一个月一家工厂销售的一个产品的组合。

9 000个运输变量：每一个对应一个月一家工厂生产的一个产品运往其他工厂的组合。

决策变量中的每一个乘以对应的单位成本或者单位收入，然后加总，计算目标函数如下。

目标函数

$$\max \text{利润} = \text{总销售收入} - \text{总成本}$$

其中

$$\text{总成本} = \text{总生产成本} + \text{总库存成本} + \text{总运输成本}$$

在最大化目标函数的时候，21 000个决策变量需要满足非负约束和四种类型的约束函数——生产能力约束、工厂平衡约束（相对库存变量的均等比例值）、最大库存量约束、最大销售量约束，总共有3 100个约束函数，但每一种约束遵循下面的模式。

约束函数

1 000个生产能力约束（每一个对应月、工厂和机器组合）：

$$\text{使用的生产天数} \leqslant \text{可用的生产天数}$$

式子的左边是10个部分的和，每一个部分对应一种产品，每一个部分是产品的产量（一个决策变量）除以产品的生产速度（一个给定的常量）。

1 000 个工厂平衡约束(对应月、工厂和产品的组合):

生产数量＋上个月库存＋运入数量＝销售量＋当前库存＋运出量

其中,生产数量代表产量的决策变量之和,运入量对应从其他工厂运来的数量的决策变量之和,运出量对应运往其他工厂的数量的决策变量之和。

100 个最大库存量约束(对应工厂和月份的组合):

总库存≤库存能力

式子左边代表每一种产品库存量的决策变量之和。

1 000 个最大销售约束(对应工厂、产品和月份的组合):

销售量≤需求

下面看一看 MPL 建模语言可以怎样非常简洁地建立这个巨大规模的模型。

3.6.4 使用 MPL 建立模型

建模工具开始赋予模型一个名称,列出了问题每一个实体的索引。如下:

```
TITLE
  Production_Planning;

INDEX
  product    := (A1, A2, A3, A4, A5, A6, A7, A8, A9, A10);
  month      := (Jan, Feb, Mar, Apr, May, Jun, Jul, Aug, Sep, Oct);
  plant      := (p1, p2, p3, p4, p5, p6, p7, p8, p9, p10);
  fromplant  := plant;
  toplant    := plant;
  machine    := (m1, m2, m3, m4, m5, m6, m7, m8, m9, m10);
```

除了月份以外,右边的输入对应各自产品、工厂和机器的任意的标签,数据文件中使用同样的标签。注意在输入名称后有一个冒号、在结尾有一个分号(一个描述定义可以多于一行)。

收集和组织不同类型的数据到数据文件是建立大规模规划模型的一个重大工作。数据文件可能是密集式也可能是稀疏式的。在密集式中,数据文件包含每一个可能的索引组合的输入。例如,数据文件中包括在不同工厂用不同的机器(生产过程)生产不同的产品的生产率。密集式中,文件包括工厂、机器、产品的每一种组合输入。然而,输入的大部分组合可能是0,因为特定的工厂没有特定的机器,即使有,特定的工厂特定的机器可能不生产特定的产品。密集式情况中非零输入的百分比是指数据集的密度。实际上,大的数据集低于5%的密度是很普通的,经常低于1%。拥有如此低密度的数据集称为稀疏的。在此情况下,以稀疏式使用数据文件是更有效的。这种格式,只有非零值(索引值的识别)才能输入数据文件。通常,稀疏式数据从文本文件或者公共数据库中读取。有效处理稀疏数据集的能力是成功建立和求解大规模线性规划模型的关键。MPL 能够使用密集式和稀疏式两种数据。

在 Worldwide 公司的例子中,需要建立产品价格、需求、产品成本、生产率、可用生产天数、库存成本、库存能力、运输成本 8 个数据文件。假设这 8 个数据文件是稀疏式的。下一步是给每一个文件赋予一个简短的建议名,来识别(方括号内)该类数据的索引,如下:

```
DATA
Price[product]     := SPARSEFILE("Price.dat");
Demand[plant, product, month]     := SPARSEFILE("Demand.dat");
ProdCost[plant, machine, product]:= SPARSEFILE("Produce.dat", 4);
ProdRate[plant, machine, product]:= SPARSEFILE("Produce.dat", 5);
ProdDaysAvail[month]       := SPARSEFILE("ProdDays.dat");
InvtCost[plant, product]   := SPARSEFILE("InvtCost.dat");
InvtCapacity[plant]        := SPARSEFILE("InvtCap.dat");
ShipCost[fromplant, toplant]      := SPARSEFILE ("ShipCost.dat");
```

为了描述这些数据文件的内容，考虑生产成本和生产率已知的情形。下面是一个稀疏文件产生数据的5个输入的例子：

```
!
  ! Produce.dat - Production Cost and Rate
  !
  ! ProdCost[plant, machine, product]:
  ! ProdRate[plant, machine, product]:
  !
     p1, m11, A1, 73.30, 500,
     p1, m11, A2, 52.90, 450,
     p1, m12, A3, 65.40, 550,
     p1, m13, A3, 47.60, 350,
```

接下来，建模工具给出每一种类型的决策变量的简短名称。下面方括号内的名称是下标脚本运行的索引。

```
VARIABLES
  Produce[plant, machine, product, month]         -> Prod;
  Inventory[plant, product, month]                -> Invt;
  Sales[plant, product, month]                    -> Sale;
  Ship[product, month, fromplant, toplant]
     WHERE (fromplant <> toplant);
```

在决策变量的长度多于4个字母的时候，右边的指向4个字母缩写的箭头满足许多求解工具的长度限制。最后一行表示下标脚本 fromplant 和 toplant 不允许有相同的值。

写下模型前，有一个额外的步骤需要做，即为了使模型易读，有必要引入宏来表示目标函数的和。

```
MACROS
  Total Revenue  := SUM(plant, product, month: Price*Sales);
  TotalProdCost  := SUM(plant, machine, product, month:
                    ProdCost*Produce);
  TotalInvtCost  := SUM(plant, product, month:
                    InvtCost*Inventory);
  TotalShipCost  := SUM(product, month, fromplant, toplant:
                    ShipCost*Ship);
  TotalCost      := TotalProdCost + TotalInvtCost + TotalShipCost;
```

前4个宏使用 MPL 关键词 SUM 执行求和。接下来的每一个 SUM 关键词(包括参数)是索引或者求和运行的索引。再之后(冒号后)是记录可应用的数据向量(4种类型决策变量之一)的向量产品(数据文件之一)。

现在这个有3 100个约束函数和21 000个决策变量的模型可以用下面的紧凑形式书写：

```
MODEL

  MAX Profit = TotalRevenue - TotalCost;

SUBJECT TO
  ProdCapacity[plant, machine, month] -> PCap:
    SUM(product: Produce/ProdRate) <= ProdDaysAvail;
  PlantBal[plant, product, month] -> PBal:
      SUM(machine: Produce) + Inventory [month - 1]
    + SUM(fromplant: Ship[fromplant, toplant: = plant])
  =
      Sales + Inventory
    + SUM(toplant: Ship[from plant: = plant, toplant]);

  MaxInventory [plant, month] -> MaxI:
    SUM(product: Inventory) <= InvtCapacity;

BOUNDS
  Sales <= Demand;

END
```

对于这四种类型的约束,第一行给出了类型的名称。名称后方括号内的索引值的组合有一个类型约束。括号的右边,指向求解工具可用四个字母名称简写。第一行下面,类型约束的通用形式使用 SUM 运算显示。

对于每一个生产能力约束,将决策变量(某月某工厂某机器上某种产品的产量)组成的求和项除以相应的生产率,得到了使用的生产天数。求和后得到某月某工厂某机器生产天数的总和,因此这个数不能超过可使用的生产天数。

工厂平衡约束的目的是给出当前库存变量的正确值,给出包括当月库存水平的其他所有决策变量的值。这些约束中 SUM 运算包括决策变量的和,而不是向量。这种情况也适合最大库存约束的 SUM 运算。相比之下,最大销售约束的左边恰恰是 1 000 家工厂、产品和月份组合的单个决策变量的和(将这些单个决策变量的上限约束从通用的约束函数中分离出来是有利的,因为通过使用 8.3 节描述的上限约束技术能够获得计算效率)。这里没有下限约束,因为 MPL 自动假设 21 000 个决策变量有非负约束,除非非零的下限约束被定义。对于 3 100 个约束函数中的每个约束函数,决策变量的左边是线性函数,右边是一个从适当的数据文件中读取的常量。因此,目标函数也是决策变量的线性函数,这个模型是一个线性规划模型。

为了求解这个模型,MPL 支持各种不同的**求解工具**(solvers)(求解线性规划和其他模型的软件包),可以被安装在 MPL 中。正如 1.6 节所讨论的,这些求解工具包括 CPLEX、GUROBI 和 CoinMP,它们均能有效求解大规模线性规划问题。运筹学课程软件中已安装了它们的学习版。

上面对 MPL 的简要介绍,说明应用该建模语言可以比较容易地通过清晰规范的方法建立大型线性规划模型。为帮助你使用 MPL,本书网站包含一个 MPL Tutorial。这个教学软件通过建立一个小型的生产计划模型的例子进行详细介绍。你还可以在本书网站看到本章及随后各章的所有线性规划例子都采用 MPL 建模,并用 CPLEX 求解。

3.6.5 LINGO 建模语言

LINGO 是本书描述的另一个广泛应用的建模语言,编写 LINGO 的 LINDO Systems

公司因其便于使用的优化工具 LINDO 而知名，LINDO 是 LINGO 软件的子集。LINDO Systems 公司同时生产数据表格求解器 What's Best！和一种被称为求解器图书馆的产品 LINDO API。LINGO 的学生版由本书网站提供(上述软件的最新试用版本可从 www.lindo.com 下载)。LINDO 和 What's Best！均可用 LINDO API 作为求解引擎。LINDO API 有基于单纯形法和内点/障碍的求解器(见 4.11 节和 8.4 节的讨论)，还包括对机会约束的模型(见 7.5 节)、随机模型(见 7.6 节)和求解非线性规划问题，以及非凸规划的全局求解。

与 MPL 类似，LINGO 能够使建模者将数据同模型清晰分离开，从而有效地建立大规模线性规划模型。这种分离意味着当描述问题的数据需要每天(甚至每分钟)都发生变化时，使用者仅仅需要变化数据，而不需要重建模型。你可以用较少的数据建立模型，然后在模型中输入大的数据集，模型的式子将随新数据集自动调整。

LINGO 将集合作为基本概念。例如，在 Worldwide 公司生产计划问题中关心的单一或原始的集合为产品、厂房、机器和月份。一个集合的每个组成部分可以有一个或多个与其结合的属性，如产品的价格、厂房的存储能力、机器的生产率、一个月内的生产天数。这些属性的一部分是输入数据，其他如生产和运输量是决策变量，也可以定义由其他集合组合而成的导出集合。与 MPL 一样，SUM 算子通常用于书写紧缩形式的目标函数和约束条件。

LINGO 有一个硬复制的菜单，整个菜单可在 LINGO 中通过 Help 命令直接使用，并可通过各种方法搜索。

本书网站在本章的附件中对 LINGO 作了进一步描述，并应用几个小例子进行解释。另一附件则阐述了 LINGO 如何应用于 Worldwide 公司生产计划的建模。网站上对 LINGO 的教学提供了用建模语言进行基本建模的详细情况。附录 4.1 提供了应用 LINDO 或 LINGO 的介绍，特别是网站上的 LINGO Tutorial 给出了应用该建模语言构建模型的详细过程。

3.7　结论

线性规划是一种将有限资源分配给竞争性活动的强有力的方法，也用于解决其他具有相似数学公式的问题。它已经成为许多商业和工业组织的重要标准工具。而且，几乎所有的社会组织在一定情形下都与分配资源有关，关于这一技术的广泛应用正得到人们越来越多的认同。

然而，并非所有将有限资源分配给竞争性活动的问题都适合用线性规划模型求解。当一个或者更多的线性规划模型的假设不成立时，可应用其他数学规划模型——整数规划模型(第 12 章)或者非线性规划模型。

参考文献

1. Baker, K. R.: *Optimization Modeling with Spreadsheets*, 3rd ed., Wiley, New York, 2016.
2. Cottle, R. W., and M. N. Thapa: *Linear and Nonlinear Optimization*, Springer, New York, 2017, chap. 1.

3. Denardo, E. V.: *Linear Programming and Generalizations: A Problem-based Introduction with Spreadsheets*, Springer, New York, 2011, chap. 7.

4. Hillier, F. S., and M. S. Hillier: *Introduction to Management Science: A Modeling and Case Studies Approach with Spreadsheets*, 6th ed., McGraw-Hill, New York, 2019, chaps. 2, 3.

5. *LINGO User's Guide*, LINDO Systems, Inc., Chicago, IL, 2020.

6. *MPL Modeling System (Release 5.0)* manual, Maximal Software, Inc., Arlington, VA, e-mail: info@maximalsoftware.com, 2020.

7. Murty, K. G.: *Optimization for Decision Making: Linear and Quadratic Models*, Springer, New York, 2010, chap. 3.

8. Schrage, L.: *Optimization Modeling with LINGO*, LINDO Systems Press, Chicago, IL, 2020.

9. Williams, H. P.: *Model Building in Mathematical Programming*, 5th ed., Wiley, New York, 2013.

习题

一些习题序号(或其部分)左边的符号的含义如下：

D：可以参考本书网站中给出的演示例子。

I：建议你使用 IOR Tutorial 中给出的相应的交互程序(打印出你工作的记录)。

C：用单纯形法使用计算机求解问题。可供选择的软件包括 Excel Solver、Premium Solver(3.5 节)、MPL/CPLEX(3.6 节)、LINGO(本书网站中本章的附件 1 和 2 及附录 4.1)和 LINDO(附录 4.1),接受你的老师给予你的关于这些软件选择的指导。

带有星号的习题在书后至少给出了部分答案。

3.1-1 阅读 3.1 节应用案例中给出概述及在其参考文献中全面描述运筹学应用的文章,简要叙述线性规划是如何在该项研究中应用的,然后列出该项研究带来的财务与非财务收益。

D**3.1-2*** 对于下面的每一个约束,画出一个单独的图形给出满足这些约束的非负解。

(**a**) $x_1+3x_2\leqslant 6$

(**b**) $4x_1+3x_2\leqslant 12$

(**c**) $4x_1+x_2\leqslant 8$

(**d**) 在单独图形中结合这些约束给出加上非负约束的全部约束函数的可行域。

D**3.1-3** 考虑下面的线性规划模型的目标函数：

$$\max \quad Z=2x_1+3x_2$$

(**a**) 画出与 $Z=6$、$Z=12$ 和 $Z=18$ 相应的目标函数线。

(**b**) 找到这三个目标函数线的斜截式,比较三条线的斜率,比较在 x_2 轴上的截距。

3.1-4 考虑下面的直线方程：

$$20x_1+40x_2=400$$

(**a**) 给出等式的斜截式。

(**b**) 使用这个式子给出斜率和在 x_2 轴上的截距。

(**c**) 利用(b)中的信息,画出这条直线的图形。

D,I **3.1-5**[*]　使用图解法求解问题：

$$\begin{aligned} \max \quad & Z=2x_1+x_2 \\ \text{s.t.} \quad & x_2 \leqslant 10 \\ & 2x_1+5x_2 \leqslant 60 \\ & x_1+x_2 \leqslant 18 \\ & 3x_1+x_2 \leqslant 44 \\ \text{且} \quad & x_1\geqslant 0,\quad x_2\geqslant 0 \end{aligned}$$

D,I**3.1-6**　使用图解法求解问题：

$$\begin{aligned} \max \quad & Z=10x_1+20x_2, \\ \text{s.t.} \quad & -x_1+2x_2 \leqslant 15 \\ & x_1+x_2 \leqslant 12 \\ & 5x_1+3x_2 \leqslant 45 \\ \text{且} \quad & x_1\geqslant 0,\quad x_2\geqslant 0 \end{aligned}$$

D,I**3.1-7**　用图解法求解：

$$\begin{aligned} \min \quad & Z=15x_1+20x_2 \\ \text{s.t.} \quad & x_1+2x_2 \geqslant 10 \\ & 2x_1-3x_2 \leqslant 6 \\ & x_1+x_2 \geqslant 6 \\ \text{且} \quad & x_1\geqslant 0,\quad x_2\geqslant 0 \end{aligned}$$

D,I**3.1-8**　用图解法求解：

$$\begin{aligned} \min \quad & Z=3x_1+2x_2 \\ \text{s.t.} \quad & x_1+2x_2 \leqslant 12 \\ & 2x_1+3x_2 = 12 \\ & 2x_1+x_2 \geqslant 8 \\ \text{且} \quad & x_1\geqslant 0,\quad x_2\geqslant 0 \end{aligned}$$

3.1-9　Whitt Window 公司是一家有 3 名雇员的生产两种类型手工艺窗户的公司。窗户一种是木框架的、一种是铝框架的。木框架窗每个可挣 300 美元的利润，铝框架窗每个可挣 150 美元的利润。Doug 制作木框架窗，每天做 6 个；Linda 制作铝框架窗，每天做 4 个；Bob 制作和切割玻璃，每天制作 48 平方英尺的玻璃。每一个木框架窗使用 6 平方英尺的玻璃，每一个铝框架窗使用 8 平方英尺的玻璃。

公司希望确定每天生产多少个木框架窗和多少个铝框架窗可使总的利润最大。

(**a**) 说明此问题与 3.1 节 Wyndor Glass 公司问题的相似之处。然后为此问题建立和填写一张类似表 3.1 的表格，并标出活动和资源。

(**b**) 建立此问题的线性规划模型。

D,I(**c**) 使用图形法求解该模型。

I(**d**) 一个新的竞争者也开始生产木框架窗。这可能迫使公司降低产品价格，从而降低每个木框架窗的利润。如果每个木框架窗的利润从 300 美元降到 200 美元，或者从 300 美元降到 100 美元，最优解将如何变化？（可使用 IOR Tutorial 中的图形分析和敏感性分析程序。)

I(e) Doug正在考虑减少工作时间,这会减少每天木框架窗的产量。如果每天生产5个木框架窗,最优解会如何变化?(可使用IOR Tutorial中的图形分析和敏感性分析程序。)

3.1-10 World Light公司生产两种光设备(产品1和产品2),需要金属框架和电组件。管理层想确定每种产品应该生产多少才能使利润最大化。每单位产品1需要1单位框架和2单位电组件。每单位产品2需要3单位框架和2单位电组件。公司有200单位的框架和300单位的电组件。每单位产品1的利润是1美元,总产量少于60单位的每单位产品2的利润是2美元。超过60单位总产量的每单位产品2的利润是0,因此不能超出60单位。

(**a**) 建立此问题的线性规划模型。

D,I(**b**) 使用图解法求解模型,最终的总利润是多少?

3.1-11 Primo保险公司正在引入两个新的险种:专门险和抵押险。每单位专门险的利润为100美元,每单位抵押险的利润为40美元。

管理层希望为新的险种建立销售限额,以达到收益最大化。工作要求如下:

部门	单位工时/小时		可用工时/小时
	专门险	抵押险	
销售	3	2	2 400
行政	0	1	800
理赔	2	0	1 200

(**a**) 建立这个问题的线性规划模型。

D,I(**b**) 使用图解法求解模型。

(**c**) 通过求解相关等式的代数解来验证你通过(b)得到的最优解。

3.1-12 Weenies and Buns是生产热狗面包所用的面包和法兰克福熏肠的食品加工厂,每周为生产热狗碾碎最大量达200磅的面粉。每个热狗面包需要0.1磅面粉。该厂与Pigland有限公司达成协议,规定每周一运输800磅的猪肉。每个热狗需要0.25磅的猪肉。所有热狗和热狗面包的其他成分是充足供应的。Weenies and Buns有5名全职雇员(每周工作40个小时)。每个热狗需要一个人力的3分钟,每个热狗面包需要一个人力的2分钟。每个热狗产生0.88美元利润,每个热狗面包产生0.33美元的利润。

Weenies and Buns想知道每周应该生产多少热狗和热狗面包以达到最大可能的利润。

(**a**) 建立这个问题的线性规划模型。

D,I(**b**) 使用图解法求解该模型。

3.1-13* Omega制造公司停止了不盈利的产品生产线。这种做法产生了一些剩余生产能力。管理层考虑将这些生产能力转用于生产产品1、产品2和产品3中的一个或者几个。机器上可用的可能限制产量的生产能力见左表,每单位产品的生产需要的小时数见右表:

单位：小时

机器类型	可用工时（每周机器小时数）
铣床	500
车床	350
磨床	150

单位：小时

机器类型	生产单位产品的工作量		
	产品 1	产品 2	产品 3
铣床	9	3	5
车床	5	4	0
磨床	3	0	2

销售部门显示产品 1 和产品 2 的销售潜力超过最大生产速度，产品 3 的销售潜力是每周 20 个单位。每单位产品 1、产品 2 和产品 3 的利润分别是 50 美元、20 美元和 25 美元。规划目标是决定每一种产品应该各生产多少以产生最大的利润。

(a) 建立这个问题的线性规划模型。

C(b) 利用计算机通过单纯形法求解模型。

D3.1-14　考虑下面的问题，其中 c_1 的值仍然是未确定的。

$$\begin{aligned} \max \quad & Z = c_1x_1 + x_2 \\ \text{s.t.} \quad & x_1 + x_2 \leqslant 6 \\ & x_1 + 2x_2 \leqslant 10 \\ \text{且} \quad & x_1 \geqslant 0, \quad x_2 \geqslant 0 \end{aligned}$$

使用图解法找出对应所有不同 $c_1(-\infty < c_1 < \infty)$ 值的 (x_1, x_2) 最优解。

D3.1-15　考虑如下问题，式中 k 的值尚未确定。

$$\begin{aligned} \max \quad & Z = x_1 + 2x_2 \\ \text{s.t.} \quad & -x_1 + x_2 \leqslant 2 \\ & x_2 \leqslant 3 \\ & kx_1 + x_2 \leqslant 2k + 3, \quad \text{其中 } k \geqslant 0 \\ \text{且} \quad & x_1 \geqslant 0, \quad x_2 \geqslant 0 \end{aligned}$$

已知其解为 $x_1=2, x_2=3$，应用图解法确定 k 的值，使上述解确为最优解。

D3.1-16　考虑下述问题，其中 c_1 的值尚未确定。

$$\begin{aligned} \max \quad & Z = c_1x_1 + 2x_2 \\ \text{s.t.} \quad & 4x_1 + x_2 \leqslant 12 \\ & x_1 - x_2 \geqslant 2 \\ \text{且} \quad & x_1 \geqslant 0, \quad x_2 \geqslant 0 \end{aligned}$$

使用图解法找到对应所有可能的 c_1 值的最优解。

D3.1-17　考虑下述模型。

$$\begin{aligned} \min \quad & Z = 40x_1 + 50x_2 \\ \text{s.t.} \quad & 2x_1 + 3x_2 \geqslant 30 \\ & x_1 + x_2 \geqslant 12 \\ & 2x_1 + x_2 \geqslant 20 \\ \text{且} \quad & x_1 \geqslant 20, \quad x_2 \geqslant 0 \end{aligned}$$

(a) 用图解法求解该模型。

(b) 假如目标函数变为 $Z=40x_1+70x_2$,最优解如何变化?(可以应用图解法和 IOR 教学软件的敏感性分析方法。)

(c)假如上述第 3 个函数约束变为 $2x_1+x_2\geqslant 15$,最优解如何变化?(可以应用图解法或 IOR 教学软件中的敏感性分析方法。)

D3.1-18 考虑下述问题,其中 c_1 和 c_2 值尚待确定。

$$\max \quad Z=c_1x_1+c_2x_2$$

$$\text{s.t.} \quad 2x_1+x_2\leqslant 11$$

$$x_1+2x_2\leqslant 2$$

$$\text{且} \quad x_1\geqslant 0,\quad x_2\geqslant 0$$

用图解法确定 c_1 和 c_2 取不同可能值时的最优解(提示:将问题分解为 $c_2=0$,$c_2>0$ 和 $c_2<0$ 的不同情况,对后两种情况再考虑 c_1,对 c_2 之比。)

3.2-1 下表概括了产品 A 和 B 以及生产它们的资源 Q、R、S。

资源	生产单位产品所需资源		可用的资源数
	产品 A	产品 B	
Q	2	1	2
R	1	2	2
S	3	3	4
单位产品利润	3	2	

线性规划模型的所有假设都成立。

(a) 建立这个问题的线性规划模型。

D,I(b) 用图解法求解该模型。

(c) 通过求解相关等式的代数解来验证你通过(b)得到的最优解。

3.2-2 下图的阴影部分表示一个目标函数最大化的线性规划模型的可行域。

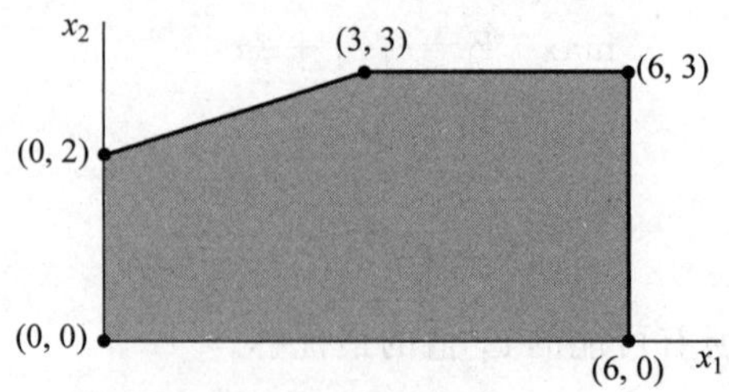

基于上面的图形判断下列描述的真假。在每一种情况下,给出一个解释你答案的目标函数的例子。

(a) 如果点(3,3)的目标函数值比点(0,2)和点(6,3)大,那么点(3,3)一定是最优解。

(b) 如果点(3,3)是最优解,且有多个最优解,那么点(0,2)和点(6,3)也是最优解。

(c) 点(0,0)不可能是最优解。

3.2-3[*]　这是幸运的一天，你刚刚赢得了 20 000 美元的奖金。你决定使用 8 000 美元交税和举办聚会，剩余的 12 000 美元投资。现在听一下这个消息，你的两个朋友各自计划向你提供一个初创企业的投资机会。两种情况下，你都需要花费这个夏天的时间和你的现金。如果成为第一个朋友的合作者，你将需要花费 10 000 美元和 400 小时，你预计获得的利润将是 9 000 美元（忽略货币的时间价值）。如果成为第二个朋友的合作者，你将需要花费 8 000 美元和 500 小时，你预计获得的利润也将是 9 000 美元。不过这两个朋友都很灵活，允许你就全部合伙投资的一部分分开进行投资。如果你选择分开进行部分投资，那么上面相应的数值（金钱投资、时间投资、利润）都要乘以它们相应的比值。

你正在寻找一个有意义的夏季工作（最多 600 小时），并决定参与这两种投资中的一个或者都投资，并最大化自己的利润，因此你需要解决最优组合的问题。

(**a**) 描述此问题与 3.1 节 Wyndor Glass 公司问题的相似之处。然后为此问题建立和填写一张类似表 3.1 的表格，并标出活动和资源。

(**b**) 建立这个问题的线性规划模型。

D,I(**c**) 使用图解法求解这个模型。你的总的估计利润是多少？

D,I **3.2-4**　使用图解法求解下列模型的所有最优解：

$$
\begin{aligned}
\max\quad & Z=500x_1+300x_2\\
\text{s.t.}\quad & 15x_1+5x_2\leqslant 300\\
& 10x_1+6x_2\leqslant 240\\
& 8x_1+12x_2\leqslant 450\\
\text{且}\quad & x_1\geqslant 0,\quad x_2\geqslant 0
\end{aligned}
$$

D**3.2-5**　使用图解法证明下列模型没有最优解。

$$
\begin{aligned}
\max\quad & Z=5x_1+7x_2\\
\text{s.t.}\quad & 2x_1-x_2\leqslant -1\\
& -x_1+2x_2\leqslant -1\\
\text{且}\quad & x_1\geqslant 0,\quad x_2\geqslant 0
\end{aligned}
$$

D**3.2-6**　假设下面的约束是一个线性规划模型的约束：

$$
\begin{aligned}
& -x_1+3x_2\leqslant 30\\
& -3x_1+x_2\leqslant 30\\
\text{且}\quad & x_1\geqslant 0,\quad x_2\geqslant 0
\end{aligned}
$$

(**a**) 证明可行域是无界的。

(**b**) 如果目标是最大化 $Z=-x_1+x_2$，那么模型有最优解吗？如果有，求出它；如果没有，为什么？

(**c**) 如果目标是最大化 $Z=x_1-x_2$，重复(b)。

(**d**) 没有最优解的模型的目标函数是否意味着根据模型没有好的解？请解释。当建模时，可能产生什么错误？

3.3-1　再考虑习题 3.2-3。为什么线性规划的四个假设（3.3 节）中的每一个看起来对这个问题都合理地被满足？有一个假设比其他假设不可靠吗？如果有，要把它纳入考虑应该做什么?

3.3-2 考虑有两个决策变量 x_1 和 x_2 分别代表活动1和活动2的问题。对于每一个变量,许可值为0、1、2。各种约束决定了两个变量的各种可行值的组合。目标是 Z 表示的各种执行措施最大化。对于可能的(x_1,x_2)值,Z 的值如下表所示:

x_1	x_2		
	0	1	2
0	0	4	8
1	3	8	13
2	6	12	18

根据上述信息,判断这个问题是否完全满足线性规划模型的四个假设。试证明你的判断。

3.4-1 阅读3.4节第一个应用案例中概述并在其参考文献中深入讨论的运筹学研究的文章。简要叙述线性规划在该研究中的应用,然后列出该研究带来的财务与非财务收益。

3.4-2 阅读3.4节第二个应用案例中概述并在其参考文献中深入讨论的运筹学研究的文章。简要叙述线性规划在该研究中的应用,然后列出该研究带来的财务与非财务收益。

3.4-3* 对于3.3节线性规划模型的四个假设中的每一个,写出一段你对于它们应用于3.4节例子的分析。

(**a**) 放射治疗的设计(玛丽)。

(**b**) 控制空气污染(Nori& Leets 有限公司)。

3.4-4 对于3.3节线性规划模型的四个假设中的每一个,写出一段你对于它们应用于3.4节例子的分析:通过分配网络分配货物(Distribution Unlimited 公司)。

3.4-5 Ralph Edmund 喜欢牛排和马铃薯,因此他决定只吃这两种食物(加上某些饮料和维生素)以控制体重。Ralph 知道这不是最健康的饮食,因此他想确定两种食物的正确摄入量以满足自己关键的营养需求。他已经获得了下表中列出的营养和成本信息。

Ralph 希望决定以最低成本满足这些需求的牛排和马铃薯的每天供应量(可能为分数)。

营养成分	每一份的营养成分/克		每天的需求量/克
	牛排	马铃薯	
碳水化合物	5	15	≥50
蛋白质	20	5	≥40
脂肪	15	2	≤60
每份的价格/美元	8	4	

(**a**) 建立这个问题的线性规划模型。

D,I(**b**) 使用图解法求解模型。

C(**c**) 使用计算机用单纯形法求解这个模型。

3.4-6　以色列南方Kibbutzim联盟由三个Kibbutzim(农业合作社)组成。该联盟的总体计划由它的联合技术处执行。该机构正在计划下一年的农业生产。

每个Kibbutzim的农业产出受到可灌溉的土地和政府机构允许灌溉用水量的限制,这些数据见下表。

Kibbutzim	可灌溉土地/公顷	分配水量/公顷英尺
1	400	600
2	600	800
3	300	370

适合在该区域播种的作物包括甜菜、棉花和高粱。这些是下一季要考虑播种的。这些作物的期望收入及用水量均不同。此外,农业部门还给出了上述作物在南方Kibbutzim联盟的最大播种面积,见下表。

作　物	最高播种量/公顷	用水量/(公顷英尺/公顷)	净收益/(美元/公顷)
甜菜	600	3	1 000
棉花	500	2	750
高粱	325	1	250

由于灌溉用水的限制,南方Kibbutzim联盟下一季度不可能利用所有可灌溉的土地种植作物。为了做到在三个Kibbutzim之间的公平,它打算让三个Kibbutzim种植相同比例的可灌溉的土地,如Kibbutzim 1在可灌溉的400公顷土地种植了200公顷,则Kibbutzim 2将在可灌溉的600公顷中种植300公顷,Kibbutzim 3将在可灌溉的300公顷土地中种植150公顷。至于具体作物的组合在每个Kibbutzim可以不一样。对联盟总体的技术部门来说,应当计划每个Kibbutzim各种作物的播种面积,既满足用水量、最多播种面积等要求,又使联盟总收益最大。

(**a**) 对此问题建立线性规划模型;

C(**b**) 在计算机上用单纯形法求解此问题。

3.4-7　Web Mercantile通过在线目录销售多种家用产品。公司需要充足的仓库空间来存储货物。现在正在制订下5个月释放仓库空间的计划。这些月所需的空间是已知的。然而,由于这些空间需求是不同的,以每个月的空间需求为基础来租用空间可能是最经济的。此外,其他月份租用空间的成本比第一个月少,因此为今后5个月租用最大的所需空间可能并不很昂贵。另一个选择是改变租用空间总数量的方法(通过添加新的租用空间或者维持旧的租期),至少改变一次,但不是每月都改变。

空间需求和不同租期的成本如下:

月份	需要的空间/平方英尺
1	30 000
2	20 000
3	40 000
4	10 000
5	50 000

租期/月	租用成本/(美元/平方英尺)
1	65
2	100
3	135
4	160
5	190

目标是求满足需求且租用成本最低。

(a) 建立问题的线性规划模型。

C(b) 用单纯形法求解模型。

3.4-8 Larry Edison 是 Buckly 大学计算机中心的主任。他现在需要制订中心的人事工作安排计划。中心从上午 8 点到午夜开放。Larry 对中心每天不同时段的使用情况做了监控,并得到下面的计算机咨询者需求的数量:

时　间	需要顾问的最小数量/人
8:00—12:00	4
12:01—16:00	8
16:01—20:00	10
20:01—24:00	6

可以雇用两种类型的计算机咨询员:全职的和兼职的。全职的咨询员工作连续 8 小时:8:00—16:00,或 12:01—20:00 或 16:01—24:00。全职咨询员的报酬是每小时 40 美元。

兼职的咨询员能够以上面所列的四班轮换中的任何一种方式工作,兼职报酬为每小时 30 美元。

附加的要求是在每个工作时段内,必须至少有两名全职咨询员值班。

Larry 想确定多少全职和兼职工作人员应该在每一班工作,才能在满足上面的需求时使成本最低。

(a) 建立这个问题的线性规划模型。

C(b) 用单纯形法求解模型。

3.4-9* Medequip 公司在两家工厂生产精密医疗诊断设备。三个客户订购了本月的产品。下表列出了从每家工厂运送给上述客户的单位运输成本。表中也给出了每家工厂生产的产品单位数和每个客户订购的设备单位数。

	单位运输成本/美元			产量/台
	客户 1	客户 2	客户 3	
工厂 1	600	800	700	400
工厂 2	400	900	600	500
订购数/台	300	200	400	

需要制订的决策是从工厂到客户的运输数量计划。

(a) 建立这个问题的线性规划模型。

C(b) 用单纯形法求解模型。

3.4-10 联合航空公司正在增加进出枢纽机场的航班,所以需要有更多的顾客服务职员,但不清楚到底需要多少。管理层认识到在达到服务顾客的满意水平的同时还需要控制成本。因此运筹小组研究如何用最低的人员费用来安排职员提供满意的服务。

基于新的飞行计划安排，对每天不同时间提供满意服务水平的最少顾客服务计划做了分析。分析给出了下表中的数据。

时间区间	班次覆盖的区间					所需最少职员数
	1	2	3	4	5	
6:01—8:00	√					48
8:01—10:00	√	√				79
10:01—12:00	√	√				65
12:01—14:00	√	√	√			87
14:01—16:00		√	√			64
16:01—18:00			√	√		73
18:01—20:00			√	√		82
20:01—22:00				√		43
22:01—24:00				√	√	52
24:01—6:00					√	15
日人均成本/美元	170	160	175	180	195	

表最后一列为第一列给出的时间区间所需的职员数，其他列为公司与顾客服务职员所属工会达成的协议，合同条款为每个职员每周工作 5 天、每天工作 8 小时，班次安排为：

第 1 班：6:01—14:00

第 2 班：8:01—16:00

第 3 班：12:01—20:00

第 4 班：16:01—24:00

第 5 班：22:01—6:00

因为有些班次不太受欢迎，所以合同规定对不同班次给予不同报酬，见表的最后一行。问题是决定每个班次每天要安排多少职员以满足需求，并使总的人员费用为最低。

(a) 建立问题的线性规划模型。

C(b) 用单纯形法求解模型。

3.4-11* Al Ferris 有 60 000 美元用于投资，以便能够在 5 年内积累资金用于购买退休养老金。理财专家提供了四种类型的固定收入投资，我们标记为 A、B、C、D。

投资 A 和投资 B 在未来 5 年(称为年 1 到年 5)的每一年年初开始投资，1 美元的投资 A 在 2 年后(在紧接的投资时间)的年初得到回报 1.40 美元(0.40 美元利润)。1 美元的投资 B 在 3 年后的年初得到回报 1.70 美元。

投资 C 和投资 D 在未来一次性使用。在第 2 年年初 1 美元的投资 C 在第 5 年年末得到回报 1.90 美元。在第 5 年年初 1 美元的投资 D 在第 5 年年末得到回报 1.30 美元。

Al 希望知道哪一种投资计划能够在第 6 年年初得到最多的积累资金。

(a) 这个问题的所有约束函数都是等式约束。为了做到这一点，令 A_t、B_t、C_t、D_t 表示投资 A、投资 B、投资 C、投资 D 的资金量。在第 t 年开始投资时，到其后第 5 年年末得到投资收益。令 R_t 为可用的不在第 t 年年初投资的美元的数量(从而可用于后来年份的投资)。这样,在第 t 年年初的投资加上 R_t 等于此时可用的投资金额。根据上面5年每年年初的相关变量写出等式得到这个问题的5个约束函数。

(b) 为这个问题建立完整的线性规划模型。

C(c) 用单纯形法求解模型。

3.4-12 Metalco公司希望制造一种新的合金:其中锡40%、锌35%、铅25%。合成合金的属性如下:

性质	合金				
	1	2	3	4	5
锡含量/%	60	25	45	20	50
锌含量/%	10	15	45	50	40
铅含量/%	30	60	10	30	10
成本/(美元/磅)	22	20	35	54	27

目标是决定这些被混合的合金的比例,以最低成本生产新的合金。

(a) 建立这个问题的线性规划模型。

C(b) 用单纯形法求解模型。

3.4-13* 一架货运飞机有三个存储货物的部位:前、中、后。这些部位有重量和空间的能力限制。概括如下:

储物箱	重量容量/吨	空间容量/立方英尺
前	12	7 000
中	18	9 000
后	10	5 000

而且,为了维持飞机的平衡,各部位货物的重量必须与各部位的载重能力成比例。在下一班次飞行时要运输的四种货物如下:

货物	重量/吨	体积/(立方英尺/吨)	利润/(美元/吨)
1	20	500	320
2	16	700	400
3	25	600	360
4	13	400	290

所有货物的任何比例都是可接受的。目标是确定每种货物运输多少、怎样分配于飞机的不同部分,使飞行的总利润最大。

(a) 建立这个问题的线性规划模型。

C(b) 用单纯形法求解模型,找到多个最优解中的一个。

3.4-14 Oxbridge大学有一台供教职人员、博士研究生和研究合作者研究使用的主机。在工作时间,要有一名工作人员运行和维护计算机,提供一些编程服务。计算机系主任Beryl Ingram负责监督。

秋季学期伊始，Beryl 需要给不同的操作者分配不同的工作时间，因为所有的操作者都受雇于该大学，他们每天的工作时间如下表所示：

操作者	时薪/美元	最多工时数/小时				
		周一	周二	周三	周四	周五
K. C.	25	6	0	6	0	6
D. H.	26	0	6	0	6	0
H. B.	24	4	8	4	0	4
S. C.	23	5	5	5	0	5
K. S.	28	3	0	3	8	0
N. K.	30	0	0	0	6	2

有六名操作者（四名大学生和两名研究生），他们领取的工资不同，因为他们的计算机经验和编程能力不同。上表给出了他们的时薪和每天能够工作的最多小时数。

每一名操作者每周要满足一定的工作时长。大学生是每周 8 小时（K. C.，D. H.，H. B. 和 S. C.），研究生是每周 7 小时（K. S. 和 N. K.）。

计算机在上午 8 点至晚上 10 点是开放的，在周一至周五的时间内由一名操作者值班。在周六和周日计算机由其他职员操作。

由于预算紧缩，Beryl 不得不最小化成本。她希望确定每一名操作者每天工作的时间。

(**a**) 建立这个问题的线性规划模型。

C(**b**) 用单纯形法求解模型。

3.4-15 Joyce 和 Marvin 开办了一个全天照看学前儿童的托管班。他们必须决定给这些孩子吃什么午餐。他们需要降低成本，但要保证这些孩子的营养需求。他们已经确定了食物种类是花生酱与果酱三明治、全麦饼干、牛奶和橘子汁。每一种食物成分的营养和成本如下表所示：

食　　物	脂肪热量值/卡路里	总热量值/卡路里	维生素 C/毫克	蛋白质/克	成本/美元
面包（一片）	10	70	0	3	5
花生酱（一汤匙）	75	100	0	4	4
草莓酱（一汤匙）	0	50	3	0	7
全麦饼干（一块）	20	60	0	1	8
牛奶（一杯）	70	150	2	8	15
橘子汁（一杯）	0	100	120	1	35

营养需求如下。每个孩子应该摄入 400～600 卡路里。来自脂肪的卡路里总数不超过总数的 30%。每个孩子应该摄入 60 毫克的维生素 C 和 12 克的蛋白质。而且，由于实际原因，每个孩子需要 2 片面包（制作三明治），至少两倍于面包的花生酱和草莓酱，至少一杯牛奶和/或橘子汁。

Joyce 和 Marvin 将选择每一个孩子的食物组合，在满足其营养需求的情况下，使成本最低。

(**a**) 建立这个问题的线性规划模型。

C(**b**) 用单纯形法求解模型。

3.5-1* 给定下列线性规划模型的数据,目标函数是最大化分配三种资源到两个非负活动的利润。

资　源	每项活动每单位的资源用量		可获得的资源数量
	活动 1	活动 2	
1	2	1	10
2	3	3	20
3	2	4	20
每单位的贡献/美元	20	30	

单位贡献=活动的单位利润。

(**a**) 建立这个问题的线性规划模型。

D,I(**b**) 使用图解法求解模型。

(**c**) 在 Excel 电子表格中列出模型。

(**d**) 使用电子表格检查下面的解:$(x_1,x_2)=(2,2),(3,3),(2,4),(4,2),(3,4),(4,3)$。这些解中哪些是可行的?这些可行解中哪一个使目标函数值最大?

C(**e**) 使用 Excel Solver 通过单纯形法求解模型。

3.5-2 Ed Butler 是 Bilco 公司的产品管理者,公司生产三种类型的汽车备用件,每一种备用件均需经过两台机器(1,2)加工,所需的时间(小时)如下表所示:

机　器	备件(A,B,C)加工时间/小时		
	A	B	C
1	0.02	0.03	0.05
2	0.05	0.02	0.04

每一台机器每个月可用时间为 40 小时。制造每一种备件产生的利润如下表所示:

单位:美元

备件利润		
A	B	C
50	40	30

Ed 想确定备用件的生产组合,以最大化公司的利润。

(**a**) 建立这个问题的线性规划模型。

(**b**) 在 Excel 电子表格中列出模型。

(**c**) 列出你选择的最优解的三种猜测。使用电子表格检查每一种猜测的可行性。如果可行,找到目标函数值。可行的猜测有最大的目标函数值吗?

C(**d**) 使用 Excel Solver 通过单纯形法求解模型。

3.5-3 给定下列线性规划模型的数据,最小化操作非负活动的成本,目的是实现不低于最低水平的三个收益。

利　润	每项活动每单位的利润贡献		可接受的最低水平
	活动1	活动2	
1	5	3	60
2	2	2	30
3	7	9	126
单位成本/美元	60	50	

(**a**) 建立这个问题的线性规划模型。

D,I(**b**) 使用图解法求解模型。

(**c**) 在 Excel 电子表格中列出模型。

(**d**) 使用电子表格检查下面的解：$(x_1,x_2)=(7,7),(7,8),(8,7),(8,8),(8,9),(9,8)$。这些解中哪些是可行的？这些可行解中哪一个使目标函数值最大？

C(**e**) 使用 Excel Solver 通过单纯形法求解模型。

3.5-4* Fred Jonasson 管理一个家庭农场。农场除了种植几种农作物外，还养猪以供销售。他现在希望决定喂养每一头猪的各类饲料的数量(谷物、桶糟、紫花苜蓿)。因为猪将吃这些种类的混合饲料，目标是确定哪一种饲料组合可以用最低成本满足营养需求。下表给出了三种类型的饲料所包含的基本营养成分，以及每一天的营养需求和成本。

单位：千克

营养成分	谷物	桶糟	紫花苜蓿	每天需要的最小量
碳水化合物	90	20	40	200
蛋白质	30	80	60	180
维生素	10	20	60	150
成本/美元	10.5	9	7.5	

(**a**) 建立这个问题的线性规划模型。

(**b**) 在 Excel 电子表格中列出模型。

(**c**) 使用电子表格检查下面的解：$(x_1,x_2,x_3)=(1,2,2)$是可行的吗？如果是，对于这种组合每一天的成本是多少？每一天这种组合提供了多少营养成分？

(**d**) 花一些时间使用试错法建立你对最优解的猜测。你猜测的每天的成本是多少？

C(**e**) 使用 Excel Solver 通过单纯形法求解模型。

3.5-5 Maureen Laird 是 Alva 电力公司的首席财务官。该公司是一个中西部的主要公用事业公司。从现在起的 5 年、10 年、20 年，公司计划建造新的水电厂，满足公司服务区域增长的需求。为了至少弥补建造成本，Maureen 需要投资一笔钱以满足将来公司的现金流需求。Maureen 可能只购买三种类型的财务资产，每单位为 100 万美元。购买的单位可能不是整数。从现在起，资产投资所带来的 5 年、10 年、20 年收入，应该至少满足这些年的现金流量需求(任何时间段超过的收入都将被用于股票持有者的分红，而不是节省它以满足下一个时间现金流的需求)。下表给出了当一个新的水电厂建立时每一种投资产生的单位收益和将来每一个时间段的最低收益。

单位：百万美元

年	每单位资产的收入			需要的最低现金流
	资产 1	资产 2	资产 3	
5	2.0	1.0	0.5	400
10	0.5	0.5	1.0	100
20	0	1.5	2.0	300

Maureen 希望决定这些投资的组合，以最低投资成本满足未来的现金流需求。

(**a**) 建立这个问题的线性规划模型。

(**b**) 在 Excel 电子表格中列出模型。

(**c**) 使用电子表格检查购买 100 单位投资资产 1、100 单位投资资产 2、200 单位投资资产 3 的可行性。这种投资组合带来的 5 年、10 年、20 年的现金流量各是多少？总的投资额是多少？

(**d**) 花一些时间使用试错法建立你对最优解的猜测。你猜测的总的投资数量是多少？

C(**e**) 使用 Excel Solver 通过单纯形法求解模型。

3.6-1 Philbrick 公司有两家工厂，分别位于美国的东西海岸，生产同样的两种产品，然后销往工厂所在的美国的半个区域。已经收到批销商未来两个月(2 月和 3 月)的订货，需求的数量如下(公司没有义务完全满足这些订货，但是如果可以盈利，公司将乐于满足)。

单位：美元

产　　品	工厂 1		工厂 2	
	2 月	3 月	2 月	3 月
1	3 600	6 300	4 900	4 200
2	4 500	5 400	5 100	6 000

每家工厂在 2 月有 20 天、在 3 月有 23 天用于生产和运输这些产品。1 月末，存货被发出。但是如果超出的数量在 2 月生产 3 月销售，每家工厂将有足够的存货能力来存储两种产品共 1 000 单位。在每家工厂，以这种方式存货的成本是产品 1 为 3 美元/单位，产品 2 为 4 美元/单位。

每家工厂有相同的两条生产线，每种都能生产两种产品。每家工厂每单位产品的单位生产成本如下表所示：

单位：美元

产　　品	工厂 1		工厂 2	
	过程 1	过程 2	过程 1	过程 2
1	62	59	61	65
2	78	85	89	86

每家工厂每条生产线的每种产品的生产率(每天生产此产品的数量)如下：

产　品	工厂1		工厂2	
	过程1	过程2	过程1	过程2
1	100	140	130	110
2	120	150	160	130

当一家工厂销售产品给自己的客户(公司所在区域的批销商)时,公司的净销售收入(销售价格减去正常的运输成本)是产品1为83美元,产品2为112美元。然而,也有可能一家工厂运输产品到国家的另一区域以补充另一家工厂的欠货。在这种情况下,将增加产品1每单位9美元,产品2每单位7美元的额外运输成本。

管理层需要决定每月每家工厂每条生产线的每种产品应该生产多少、销售多少,应该运给另一家工厂的客户多少。目标是决定哪一个可行计划的利润最高(总的净收益减去生产成本、库存成本和额外的运输成本)。

(**a**) 建立完整的线性规划模型的代数形式,给出问题的单个约束和决策变量。

C(**b**) 在 Excel 电子表格中建立同样的模型。然后使用 Excel Solver 求解模型。

C(**c**) 使用 MPL 以简洁的方式建立模型,然后使用 MPL Solver CPLEX 求解模型。

C(**d**) 使用 LINGO 以简洁的方式建立模型,然后使用 LINGO Solver 求解模型。

C**3.6-2**　再考虑习题3.1-13:

(**a**) 使用 MPL/CPLEX 建立和求解模型。

(**b**) 使用 LINGO 建立和求解模型。

C**3.6-3**　再考虑习题3.4-9:

(**a**) 使用 MPL/CPLEX 建立和求解模型。

(**b**) 使用 LINGO 建立和求解模型。

C**3.6-4**　再考虑习题3.4-14:

(**a**) 使用 MPL/CPLEX 建立和求解模型。

(**b**) 使用 LINGO 建立和求解模型。

C**3.6-5**　再考虑习题3.5-4:

(**a**) 使用 MPL/CPLEX 建立和求解模型。

(**b**) 使用 LINGO 建立和求解模型。

C**3.6-6**　再考虑习题3.5-5:

(**a**) 使用 MPL/CPLEX 建立和求解模型。

(**b**) 使用 LINGO 建立和求解模型。

3.6-7　Quality Paper 公司是一家大型造纸公司。该公司有10家造纸厂,需要供应1 000个客户,使用三种可替代类型的机器和四种原材料制造五种不同类型的纸产品。因此,公司需要制订详细的生产分配计划,使每个月生产和销售纸的成本最低。具体地,必须确定每家工厂的每种类型的机器生产的每种纸的数量,以及每种纸从每家工厂运到每个客户的数量。

相关数据的符号表述如下:

D_{jk}=客户 j 需要的 k 类型纸的数量。

r_{klm}=在机器 l 上生产1单位的 k 类型纸所需原材料 m 的数量。

R_{im}=工厂 i 可用原材料 m 的数量。

c_{kl}=生产1单位 k 类型纸消耗的机器 l 的生产能力。

C_{il}=工厂 i 的 l 类型的机器的生产能力。

P_{ikl}=工厂 i 的 l 类型的机器生产 k 类型纸的成本。

T_{ijk}=从工厂 i 到客户 j 运输 k 类型纸的运输成本。

(**a**) 使用这些符号手工建立这个问题的线性规划模型。

(**b**) 这个模型有多少个决策变量和约束函数?

C(**c**) 使用 MPL 建立模型。

C(**d**) 使用 LINGO 建立模型。

3.6-8 阅读 3.6 节有关运筹学在 INDEVAL 应用的案例中的参考文献。简要说明线性规划在该研究中的应用,然后列出该研究带来的财务与非财务收益。

案例 3.1 固体废料的再利用

Save-It 公司经管 一个回收利用中心,它收集 4 类固体废料并将其再加工成可供销售的产品(再加工中的处理与混合为分别的过程)。根据不同废料的利用比例(这个比例为不同废料重量占总重量的比例),可制成三个等级的产品(见下表的第 1 列)。对两类等级较高的产品给出了各类废品的具体占比。表 1 中还给出了各类废料的成本和不同等级产品的售价。

表 1

等级	废料的比例要求	废料成本/美元	售价/美元
A	废料 1:不超过总量的 30% 废料 2:不少于总量的 40% 废料 3:不超过总量的 50% 废料 4:恰好为总量的 20%	3.00	8.50
B	废料 1:不超过总量的 50% 废料 2:不少于总量的 10% 废料 4:恰好为总量的 10%	2.50	7.00
C	废料 1:不超过总量的 70%	2.00	5.50

Save-It 由 Green Earth 独立经管(这是一个致力于环境保护的组织),所以 Save-It 的利润用于支持 Green Earth 的活动。Green Earth 每周将收集 3 万美元用于包括固体废料处理成本外的捐助。Green Earth 的董事会让 Save-It 的管理者收集和利用至少每种可利用的废料的一半。这些附加的约束列于下页表中。在两个表中列出的约束中,管理者希望确定每种等级品的产量,以及用于生产不同等级产品的各类废料的数量。其目标是使每周的净利润(总销售收入减去总的各类成本)最大化,不包括每周 3 万美元的固定处理成本等费用。

表　2

废料	每周得到的磅数	每磅的处理成本/美元	附加约束
1	3 000	3.00	1. 对每种废料至少每周可获取其中一半
2	2 000	6.00	
3	4 000	4.00	2. 每周至少用 3 万美元处理这些废料
4	1 000	5.00	

(a) 对此问题建立线性规划模型。

(b) 求本问题的最优解。

在本书网站(www.mhhe.com/hillier11e)上补充案例的预览

案例 3.2　削减食堂的成本

本案例关注的是很多大学生感到食堂定价高的问题。学校食堂的管理者应如何选择搭配各种菜肴,既能满足就餐学生的口味,又能使成本最低?本例中仅用含两个决策变量的线性规划模型使食堂经理能处理 7 个要解决的问题。

案例 3.3　呼叫中心的定员问题

加利福尼亚儿童医院目前的预约挂号系统既分散又混乱,因此打算建立一个呼叫中心,对预约和挂号进行整合。医院领导需要决定各类职员的雇用数(全职的或非全职的,会讲英语、西班牙语或两种均会)负责各个班次的工作。线性规划被用于找出一个使总费用最低并且呼叫中心在一周每天 14 个小时的开放时间内提供满意服务的方案。该模型要求多于 2 个变量,所以 3.5 节和 3.6 节描述的软件包将用于求解模型的两个版本。

案例 3.4　早餐麦片的促销

Super Grain 公司的副总裁准备针对公司新推出的早餐麦片开展一次促销。已经选了三个广告媒体,现在需要确定各类媒体的利用率。约束包括有限的广告预算、限定的计划预算和有限的电视广告播放时间等,以及如何有效地接近两类特殊的听众(幼童及其家长),相应的线性规划模型要求多于两个变量,所以 3.5 节和 3.6 节中描述的软件包将被用于求解。这个案例还要求分析时回答线性规划的 4 个假设在该问题中如何得到满足。线性规划在这类情况下能否真正提供合理的管理决策。

案例 3.5　自动化装配

汽车装配厂的经理需要决定下月两种型号汽车的生产安排。需要考虑下列因素,有限的劳动小时数、两种汽车分别需要的劳动小时数、汽车门供应商有限的供应量及其中一款汽车的有限的需求量。考虑各种方案时还涉及广告和所使用的加班工时。经理想知道如何使装配厂利润最大化。

第 4 章

求解线性规划问题——单纯形法

我们接下来开始学习求解线性规划问题的基本方法——单纯形法。单纯形法是 1947 年由乔治·丹捷格(George Dantzig)[①]提出的,已被证实是真正有效的方法,如今通常用于在计算机上解决大型问题。除了一些小的问题,这种方法总是在计算机上实现,而完善的软件包已得到广泛的应用。单纯形法的延伸和变化也被用来对模型进行优化后分析(包括敏感性分析)。

因为线性规划在很多问题的应用中频繁出现,并取得巨大成效,单纯形法得到广泛应用。单纯形法在 1947 年创建初期,计算机还相当原始,只能求解较简单的问题。由于计算机的快速发展,到 20 世纪末,已能求解具有几千个变量和约束的问题。随着计算机能力和单纯形法的不断改进,已能求解上百万(甚至上千万)个变量和约束的巨型问题。

本章介绍单纯形法的主要内容。4.1 节介绍单纯形法的一般原理,包括其几何解释,接下来的三节讲述用单纯形法求解任意标准形式线性规划问题的一般过程。该标准形式的结构为:目标函数最大化;所有约束条件以"≤"连接;所有变量取值为非负的形式;所有的约束右端项 b_i 的值要求为非负。详细的求解过程在 4.5 节讲述,4.6 节讲述怎样对单纯形法进行改造以适用于其他非标准形式,4.7 节和 4.8 节介绍大 M 法和两阶段法,4.9 节讨论优化后分析,4.10 节讲述单纯形法在计算机上的实现,4.11 节介绍求解大型线性规划问题时单纯形法的替代方法——内点算法。

4.1 单纯形法的实质

单纯形法是一个代数计算过程,然而,它本质上是基于几何原理。了解这些几何原理能为我们理解单纯形法的运算步骤提供非常直观的解释,同时也有助于我们理解为什么单纯形法会如此有效。因此,在详细讨论单纯形法的代数原理之前,本节将从几何角度研究问题的图形。

---

① 广受人们尊敬的乔治·丹捷格堪称运筹学最重要的先驱者,由于在单纯形法及其他方面的很多重要贡献,他被称为线性规划之父。

为了说明一般的几何原理，我们将以 3.1 节中提到的 Wyndor Glass 公司问题为例（4.2 节和 4.3 节用单纯形法的代数算法解决的是同一个例子）。5.1 节将进一步说明解决大型问题的几何原理。

让我们重新回顾这个例子的模型和图形（如图 4.1 所示）。在图 4.1 中，5 个约束条件的边界线及其交点被加重标出，因为它们是分析问题的关键。图中，每个**约束边界**（constraint boundary）是一条直线，该直线就是满足对应约束的边界线。交点是这个问题的**角点解**（corner-point solutions），可行域的五个角点（0,0）、（0,6）、（2,6）、（4,3）和（4,0）是**角点可行解**（CPF solution）[另外三个角点（0,9）、（4,6）和（6,0）称为角点非可行解]。

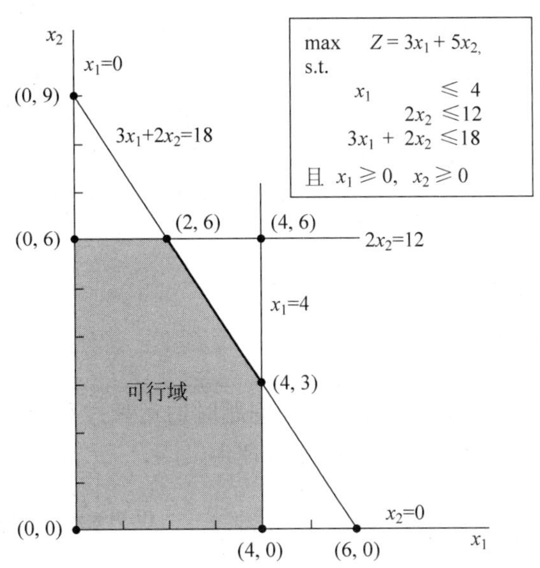

图 4.1　Wyndor Glass 公司问题的约束边界和角点解

在这个例子中，每个角点解位于两个约束边界线的交点处（对一个有 n 个决策变量的线性规划问题来说，每个角点解位于 n 条约束边界的交点处[①]）。在图 4.1 中，某两个 CPF 解位于同一条约束边界上，而其他 CPF 解则不在这条线上。因此，用以下定义来区别这些情况是非常重要的。

对任意含 n 个决策变量的线性规划问题而言，当两个 CPF 解位于 $n-1$ 条相同的约束边界上时，它们是**相邻的**（adjacent）。这两个相邻的 CPF 解连成一条线段，该线段就位于约束边界线上。这样一条线段就被称为可行域的**边**（edge）。

本例中，因为 $n=2$，所以它的两个 CPF 解在同一条约束边界线上时都是相邻的，例如（0,0）和（0,6）是相邻的，因为它们在同一条约束边界 $x_1=0$ 上。图 4.1 的可行域有五条边，是由形成这个可行域的五条线段组成的。注意，两条边界线产生一个 CPF 解。因此，每个 CPF 都有两个相邻的 CPF 解（每一个都在两条边之一的另一端），正如在表 4.1 中列举的那样（在该表的每一行，第一列里的 CPF 解与第二列里的两个 CPF 解都相邻，但是这两个 CPF 解并不相邻）。

① 尽管 CPF 解是根据 n 条约束边界的交点定义的，但是一条或多条约束边界线通过同一个点也是很有可能的。

我们之所以对相邻的 CPF 解感兴趣是因为后续介绍的这些解的基本性质能为我们判断某个 CPF 解是否最优提供一个有效的方法。

表 4.1 Wyndor Glass 公司问题每个 CPF 解的相邻 CPF 解

CPF 解	相邻 CPF 解
(0,0)	(0,6)和(4,0)
(0,6)	(2,6)和(0,0)
(2,6)	(4,3)和(0,6)
(4,3)	(4,0)和(2,6)
(4,0)	(0,0)和(4,3)

最优性检验(optimality test):考虑任一个至少拥有一个最优解的线性规划问题。如果一个 CPF 解没有比它更好(以 Z 来衡量)的相邻 CPF 解,那么它就是最优解。

因此,例如,(2,6)必定最优,因为相应的 $Z=36$ 大于(0,6)对应的 $Z=30$ 和(4,3)对应的 $Z=27$(我们将在 5.1 节深入讨论这个性质为什么成立)。最优性检验是单纯形法的一个步骤,在判断是否得到最优解时使用。

我们下面就开始应用单纯形法求解该示例。

4.1.1 示例的求解

以下是单纯形法求解 Wyndor Glass 公司问题时的运算过程(从几何角度)的概述。在每一个步骤中,先给出结论,然后在括号中给出理由(参见图 4.1)。

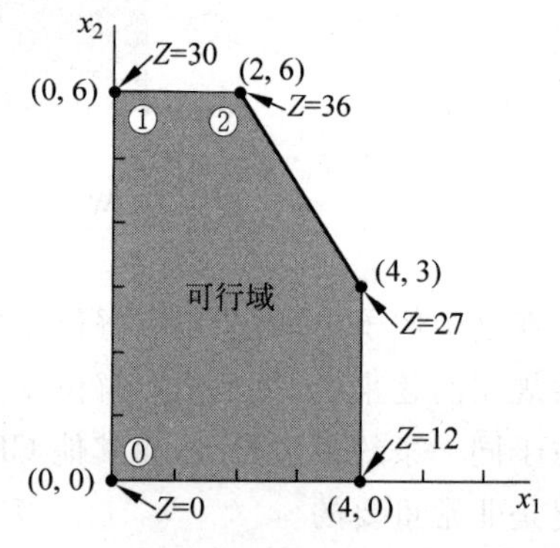

图 4.2 本图显示了用单纯形法求解 Wyndor Glass 公司问题时测试的 CPF 解序列(⓪、①、②),仅测试了这三个解后就得到了最优解(2,6)

起始步骤:选择(0,0)作为初始 CPF 解来测试(这是一个方便的选择,因为不必计算即可确定这个初始 CPF 解)。

最优性检验:得出结论,(0,0)不是最优解(相邻的 CPF 解优于它)。

迭代 1:通过执行以下 3 个步骤,移至较优的相邻 CPF 解(0,6)。

1. 考虑从(0,0)点发出的可行域的两个边界线,选择沿着 x_2 轴的边界线移动(由目标函数 $Z=3x_1+5x_2$ 可知,沿着 x_2 轴移动时 Z 的增长速度比沿着 x_1 轴移动时更快)。

2. 移动至第一个约束边界线 $2x_2=12$ 处停止。若沿着步骤 1 所说的方向移动至更远处则会离开可行域,例如,移至这个方向的第二个新的约束边界得到点(0,9),这个点是角点非可行解。

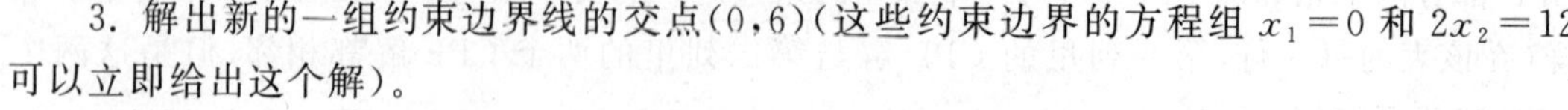

3. 解出新的一组约束边界线的交点(0,6)(这些约束边界的方程组 $x_1=0$ 和 $2x_2=12$ 可以立即给出这个解)。

最优性检验:得出结论,(0,6)不是最优解(有一个相邻的 CPF 解优于它)。

迭代 2:通过以下 3 个步骤,移至较优的相邻 CPF 解(2,6)。

1. 考虑从(0,6)点发出的可行域的两个边界线，选择沿着指向右边的边界线移动(沿着这个方向的边界线移动时 Z 增大，而返回沿着 x_2 轴移动时 Z 减小)。

2. 沿着 $3x_1+2x_2=12$ 移动时，在第一个约束边界 $2x_2=12$ 处停止(沿着步骤 1 所说的方向移动至更远处时会离开可行域)。

3. 解出新的一组约束边界线的交点(2,6)(联立这些约束边界的方程组 $3x_1+2x_2=18$ 和 $2x_2=12$，可以立即得出这个解)。

最优性检验：得出结论，(2,6)是最优解，结束(没有相邻的 CPF 解优于它)。

CPF 解检验的结果如图 4.2 所示。在图中，每个圈出的数字代表该次迭代得到了这个解。

现在，让我们来看看单纯形法六个关键的解原理，这些解原理提供了上述步骤背后的基本原理(记住，这些原理对拥有两个以上决策变量的问题也适用，但是要想快速地找出最优解，则无法得到如图 4.2 那样的图形)。

4.1.2　关键的解原理

第一个解原理直接建立在 3.2 节结尾给出的最优解和 CPF 解的关系上。

解原理 1：单纯形法只关注 CPF 解。对于至少有一个最优解的问题来说，找到一个最优解只需找到最好的 CPF 解。[①]

因为可行解的个数一般来说有无限多个，因此将需要测试的解的个数减至一个很小的有限的数(图 4.2 中只有 3 个)就是一个大大的简化。

第二个解原理定义单纯形法的过程。

解原理 2：单纯形法是一种迭代算法(一个系统化的求解过程，它重复着一系列我们称之为迭代的固定步骤，直至得到期望的结果)，结构如下。

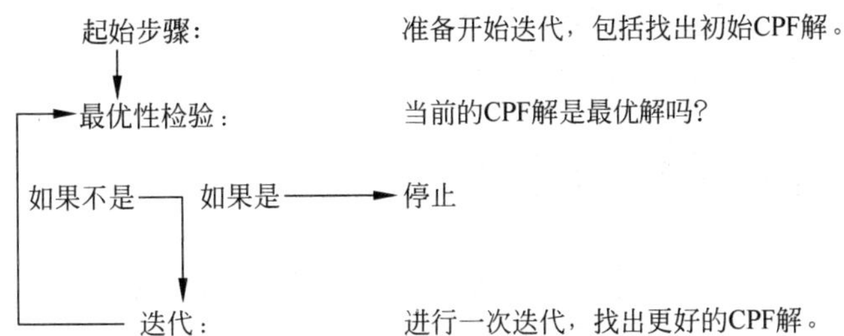

请注意，上述求解该问题的过程，两次迭代都是按照流程图进行，直至找到最优解。

下面讨论如何开始求解。

解原理 3：只要有可能，单纯形法的起始就选择原点(所有的决策变量值为 0)作为初始 CPF 解。当有太多的决策变量以致不能用图解法找出初始 CPF 解时，这个选择可以减少为寻找初始 CPF 解而需要使用的代数运算步骤。

如果所有的决策变量为非负约束，一般选择原点作为初始 CPF 解是可能的，因为这些约束边界相交形成原点就是角点解，那么这个解也就是 CPF 解，除非它因不满足一个或多个约束条件而不可行。如果它是非可行解的话，则需要运用 4.6 节～4.8 节中讲述的寻找初始 CPF 解的特殊处理方式。

---

① 唯一的限制是这个问题必须有 CPF 解。只要可行域有界，就能保证这一点。

下一个解原理关注的是在每次迭代中如何选择一个更好的CPF解。

解原理4：已知一个CPF解，从计算上来说，获取它的相邻CPF解的信息比获取其他CPF解的信息快。因此，在进行单纯形法迭代，从当前CPF解移向更优的CPF解的计算时，总是选择相邻的CPF解，而不考虑其他CPF解。因此，后续直至寻找出最优解的全部轨迹实际上是沿着可行域的边界的。

下一个问题关注的是在每一次迭代中选择哪一个相邻的CPF解的问题。

解原理5：得到当前的CPF解后，单纯形法考察从这个解出发的可行域的每一条边。虽然每一条边都指向另一端的相邻CPF解，但是单纯形法并不需要费时去计算相邻CPF解，而是仅仅判断沿着这条边界线移动时Z的增长率。在拥有正的增长率的边界线中，它选择沿着增长率最高的那条边界线移动。当求出这个边界线的另一端的相邻CPF解后，它也是进行最优性检验以及下一次迭代(如果需要的话)的当前CPF解，迭代也就完成了。

在本例的第一次迭代中，从(0,0)沿着x_1轴移动时Z的增长率是3(x_1每增加1个单位，Z增加3个单位)，而沿着x_2轴移动时Z的增长率是5(x_2每增加1个单位，Z增加5个单位)。因此，选择沿着后者移动。在第二次迭代中，从(0,6)发出的唯一的会使Z增长率为正的边界线是指向(2,6)的边界线，因此沿着这个边界移动。

最后一个解原理阐明最优性检验是如何有效进行的。

解原理6：解原理5阐述了单纯形法是如何考察从当前CPF解发出的可行域的每条边的。这种对边界线的考察可以很快得出沿着边界线向另一端的相邻CPF解移动时Z的增长率。Z的增长率为正，意味着相邻的CPF解优于当前CPF解；Z的增长率为负，意味着相邻的CPF解并不优于当前CPF解。因此，最优性检验就是检查是否有边界线会带给Z正的增长率，如果没有，则证明当前的CPF解是最优的。

在这个例子中，沿着(2,6)发出的任何一条边界线移动时，Z均会减少。因为我们要使Z最大，所以可以得出结论(2,6)是最优解。

4.2 构建单纯形法

4.1节强调了单纯形法所基于的几何原理。但是，这个算法通常是在计算机上实施的，而计算机只能执行代数运算，因此需要把上述以几何原理叙述的求解过程转化为可应用的代数计算步骤。本节介绍单纯形法的代数表达，并把它与上一节中讲述的原理联系起来。我们现在假设(在4.6节以前)所涉及的线性规划模型都是其标准形式。

代数求解步骤是建立在求解方程组的基础上的，因此构建单纯形法的第一步是把不等式约束转化为等价的等式约束(变量的非负约束保留不等式形式，因为它们被单独处理)。这个转化依靠引入**松弛变量**(slack variables)来完成。为了说明这一点，我们来看3.1节中Wyndor Glass公司问题的第一个约束条件：$x_1 \leqslant 4$。

松弛变量被定义为$x_3=4-x_1$，即等于不等式左端项的松弛量，因此$x_1+x_3=4$这个等式中，当且仅当$4-x_1=x_3 \geqslant 0$时，$x_1 \leqslant 4$。也就是说，原来的约束$x_1 \leqslant 4$与这组约束$x_1+x_3=4$和$x_3 \geqslant 0$是完全等价的。

在对其他约束条件引入松弛变量后，本例的线性规划模型(见下页左边)可以被下页右边的一个等价的模型替代。

模型的初始形式

$$
\begin{array}{lllll}
\max & Z=3x_1+5x_2 & & & \\
\text{s.t.} & x_1 & & \leqslant 4 & \\
 & & 2x_2 & \leqslant 12 & \\
 & 3x_1 & +2x_2 & \leqslant 18 & \\
\text{且} & x_1\geqslant 0, x_2\geqslant 0 & & &
\end{array}
$$

模型的扩展形式[①]

$$
\begin{array}{llllll}
\max & Z=3x_1+5x_2 & & & & \\
\text{s.t.}\ (1) & x_1 & & +x_3 & & =4 \\
(2) & & 2x_2 & & +x_4 & =12 \\
(3) & 3x_1 & +2x_2 & & +x_5 & =18 \\
 & x_j\geqslant 0\ (j=1,2,3,4,5) & & & &
\end{array}
$$

尽管模型的两种形式代表的是同一个问题，但是新的形式对于代数运算和求解 CPF 解而言更方便。我们称之为**模型的扩展形式**(augmented form)，因为通过引入运用单纯形法所需的松弛变量后，原形式被扩展表示。

如果当前解中的某一个松弛变量等于 0，则该解点位于对应约束条件的约束边界线上；如果值大于 0，则该解点位于约束边界可行的一侧；如果值小于 0，该解点位于约束边界不可行的一侧。这些性质在 OR Tutor 中标题为“松弛变量的解释”的范例中给予了证明。

4.1 节中使用的术语[CPF 解或顶(角)点解等]适用于问题的原始形式，我们现在介绍与扩展形式相对应的术语。

扩展解(augmented solution)是原始变量(决策变量)取值再加入相应的松弛变量取值后形成的解。

例如，在上例中，解(3,2)的扩展解是(3,2,1,8,5)，因为相应的松弛变量的值是 $x_3=1$，$x_4=8$，$x_5=5$。

基本解(basic solution)是一个扩展后的角点解。

为了说明，我们考虑图 4.1 中的角点非可行解(4,6)。通过引入松弛变量的值 $x_3=0$、$x_4=0$、$x_5=-6$ 进行扩展，会得到相应的基本解(4,6,0,0,−6)。

角点解(或基本解)既可以是可行解也可以是非可行解，这意味着有以下定义：

基本可行解(BF 解)是扩展的 CPF 解。

因此，例子中的 CPF 解(0,6)与扩展形式的 BF 解(0,6,4,0,6)是等价的。

基本解和角点解(或者 BF 解和 CPF 解)的唯一区别在于是否包括松弛变量。对任何一个基本解而言，相应的角点解仅需通过删除松弛变量获得。因此，这两种解的代数和几何关系十分接近，如 5.1 节中所述。

因为基本解和基本可行解(BF 解)是线性规划标准词汇的非常重要的部分，我们现在需要弄清楚它们的代数性质。对本例的扩展形式，注意约束条件方程组中有 5 个变量和 3 个等式。因此

$$\text{变量个数}-\text{方程个数}=5-3=2$$

这个方程组有 2 个自由度，由于可任选 2 个变量来赋予任意数值，那么可据此求解这 3 个方程得出其余 3 个变量的值。[②] 单纯形法把这个任意值设为 0，因此其中 2 个变量(称为非基变量)等于 0，3 个方程对其他 3 个变量(称为基变量)的联立解就是基本解。这些性质

---

① 松弛变量在目标函数中不显示，因为它们的系数为 0。

② 只要方程组中不包括任何冗余方程，这种用于判断方程组的自由度的方法就是有效的。这个条件对于由线性规划模型扩展形式的约束条件生成的方程组也是有效的。

由以下定义阐述。

基本解有如下性质：

1. 每个变量都可以作为非基变量或基变量。

2. 基变量的个数等于约束条件(现在是方程)的个数。因此，非基变量的个数等于变量总数减去约束条件个数。

3. **非基变量**(nonbasic variables)的值设为 0。

4. **基变量**(basic variables)的值作为方程组(约束条件的扩展形式)的联立解被求得[这一组基变量通常称为**基**(the basis)]。

5. 如果基变量满足非负约束，基本解为 BF 解。

为了说明这些定义，再来看一下 BF 解(0,6,4,0,6)。这个解通过扩展 CPF 解(0,6)得到，然而，求出同样的解的另一个方法是选择 x_1 和 x_4 作为非基变量，因此这两个变量设为 0。3 个方程分别能求出 $x_3=4$、$x_2=6$、$x_5=6$，作为 3 个基变量的解，如下所示(基变量用粗体标出)：

令 $x_1=0,x_4=0$，因此，有

(1) $x_1 + \boldsymbol{x}_3 = 4$ $\qquad \boldsymbol{x}_3=4$

(2) $2\boldsymbol{x}_2 + x_4 = 12$ $\qquad \boldsymbol{x}_2=6$

(3) $3x_1 + 2\boldsymbol{x}_2 + \boldsymbol{x}_5 = 18$ $\qquad \boldsymbol{x}_5=6$

因为这 3 个变量都是非负的，这个基本解(0,6,4,0,6)事实上是一个 BF 解。

就像称某两个 CPF 解是相邻的一样，与之对应的 BF 解也被称作是相邻的。下面介绍一个判断两个 BF 解何时相邻的简单的方法。

当非基变量只有一个不同时，两个 BF 解**相邻**(adjacent)。这意味着基变量除了一个不同外其余也是相同的，虽然其数值可能不同。

因此，从当前 BF 解转到另一个相邻的 BF 解时，围绕把一个变量从非基变量转变为基变量来进行，反过来对另一个而言也一样(然后调整基变量的值以继续满足方程)。

为了说明相邻 BF 解，考虑图 4.1 中的一对相邻角点解(0,0)和(0,6)，它们的扩展解(0,0,4,12,18)和(0,6,4,0,6)自然也是相邻 BF 解。因此，无须看图 4.1 即可得出这个结论。另一个标志是它们的非基变量(x_1,x_2)和(x_1,x_4)除了 x_2 被 x_4 代替外也相同。因此，从(0,0,4,12,18)移到(0,6,4,0,6)包括把 x_2 从非基变量转变为基变量，而 x_4 从基变量变成了非基变量。

处理问题的扩展形式时，同时把目标函数当作新的约束方程考虑和处理会很方便。因此，在开始介绍单纯形法前，这个问题须用同样的方法再改写一下。

max Z

s. t.

(0) $Z-3x_1-5x_2=0$

(1) $x_1+x_3=4$

(2) $2x_2+x_4=12$

(3) $3x_1+2x_2+x_5=18$

以及 $\quad x_j\geqslant 0(j=1,2,\cdots,5)$

这样,方程(0)实际上似乎就作为初始约束条件中的一个,但因为它已经是等式形式,所以无须引入松弛变量。在多加了这个方程的同时,我们也在方程组中多加了一个未知量 Z。因此,当如上所述利用方程(1)至方程(3)求得一个基本解时,我们同时利用方程(0)求解 Z。

比较幸运的是,Wyndor Glass 公司问题的模型符合我们的标准形式,它的约束条件都有非负的右端项 b_i。如果情况不是这样的话,在运用单纯形法前就需要做一些额外的调整。这些细节将在 4.6 节中讲述,我们现在关注的是单纯形法本身。

4.3 单纯形法的代数

在前两章讲述的基础上,我们可以从几何或代数的角度介绍单纯形法。

单纯形法的概念要点

(1) 用单纯形法找出问题的初始解。

(2) 应用最优性检验确认现有解是否最优:①如是则停止;②如否,进行一次迭代。

(3) 迭代第 1 步:决定得到下一步解的变动方向。

(4) 迭代第 2 步:决定下一步解到达的约束点。

(5) 迭代第 3 步:求解得出新解。

(6) 重新进行最优性检验。

我们继续运用 3.1 节给出的例子,如 4.2 节末改写的那样,作说明之用。为把单纯形法的几何原理和代数原理联系起来,我们在表 4.2 中从代数和几何两个角度,并行地概述单纯形法是如何求解这个例子的。(4.1 节中首先阐述的)几何角度是建立在模型的原始形式(没有松弛变量)的基础上的,因此在阅读表的第 2 列时,为了更直观,仍可以参照图 4.1。同样,阅读表的第 3 列时,可参照 4.2 节末给出的模型的扩展形式。

下面讲述表 4.2 的第 3 列的每一个步骤的具体细节。

表 4.2 单纯形法求解 Wyndor Glass 公司问题的几何和代数解释

计算步骤	几何解释	代数解释
开始	取(0,0)为初始 CPF 解	取 x_1 和 x_2 为非基变量(=0)而形成初始 BF 解:(0,0,4,12,18)
最优性检验	非最优,因为从(0,0)沿任一边界线移动都将使 Z 增加	非最优,因为增加任何一个非基变量(x_1 或 x_2)都将使 Z 增加
第 1 次迭代		
第 1 步	沿 x_2 轴上的边向上移动	增加 x_2,同时调整其他变量的值来满足约束方程组
第 2 步	当到达首个新约束边界($2x_2=12$)时停止	当首个基变量(x_3、x_4 或 x_5)下降到 0 时停止($x_4=0$)
第 3 步	找到两个新约束边界线的交点:(0,6)即为新的 CPF 解	x_2 成为新的基变量,x_4 成为新的非基变量,解方程组,得(0,6,4,0,6)成为新的 BF 解

续表

计算步骤	几何解释	代数解释
最优性检验	非最优,因为从(0,6)沿边界向右移动,可使 Z 增加	非最优,因为增加任一个非基变量(x_1)都将使 Z 增加
第2次迭代		
第1步	沿边界向右移动	增加 x_1,同时调整其他变量的值来满足约束方程组
第2步	当到达首个新约束边界($3x_1+2x_2=18$)时停止	当首个基变量(x_2、x_3 或 x_5)下降到0时停止($x_5=0$)
第3步	找到两个新约束边界线的交点:(2,6)即为新的CPF解	x_1 成为新的基变量,x_5 成为新的非基变量,解方程组,得(2,6,2,0,0)成为新的BF解
最优性检验	(2,6)是最优的,因为从该点沿任何一个边界移动都将使 Z 减少	(2,6,2,0,0)是最优的,因为增加任一个非基变量(x_4 或 x_5)都将使 Z 减少

4.3.1 初始化

选择 x_1、x_2 为非基变量(这些变量设为0),作为初始BF解是建立在4.1节解原理3的基础上的。这个选择减少了从以下方程组(基变量用粗体标出)中求解(x_3,x_4,x_5)所需的工作。

令 $x_1=0,x_2=0$,因此,有

(1) $x_1 \quad + \mathbf{x}_3 \quad = 4 \qquad \mathbf{x}_3 = 4$

(2) $2x_2 \quad + \mathbf{x}_4 \quad = 12 \qquad \mathbf{x}_4 = 12$

(3) $3x_1 + 2x_2 \quad + \mathbf{x}_5 = 18 \qquad \mathbf{x}_5 = 18$

因此,初始BF解是(0,0,4,12,18)。

注意这个解是可以立即得到的,因为每个方程只有一个基变量,这个基变量的系数为1,且不在其他任何方程中出现。你很快将会看到当基变量的组合改变时,单纯形法运用一个代数程序(高斯消元法)把方程组转化为同样的形式以便立即得出每一个BF解。这个形式称为**高斯消元法的常态形**(proper form from Gaussian elimination)。

4.3.2 最优性检验

目标函数为 $Z=3x_1+5x_2$,因此对于初始可行解,$Z=0$。因为基变量(x_3,x_4,x_5)中没有一个在目标函数中有不为零的系数,所以如果每一个非基变量(x_1,x_2)从零开始增长(基变量的值随之调整以满足方程组的约束①)时,它们的系数就会给 Z 一个正的贡献。这些贡献率(3和5)是正的。因此,基于4.1节所述的解原理6,就可以得出(0,0,4,12,18)不是最优解。

后续的每一个经过迭代而产生的BF解,都至少有一个基变量在目标函数中的系数不为零。因此,最优性检验将使用新方程(0)把目标函数改写成只含有非基变量的形式。

---

① 注意到对变量 x_j 的系数的说明是基于这些变量位于等号右端的情况,如 $Z=3x_1+5x_2$。如果这些变量被移到等号左端,如方程(0),$Z-3x_1-5x_2=0$,这些非零系数即改变了符号。

应用案例

在动态和静态存储器及其他数字集成电路设备的销售商中，三星电子有限公司(SEC)具有领先地位。该公司位于韩国 Kiheung 地区(该地区可能是世界上最大的半导体制造区)，每个月制造的硅晶片超过 30 万个，雇用的员工超过 1 万人。

生产周期这个行业术语是指从一批空白硅晶片投入制造过程直到晶片上的所有设计配件均装配完成所需的时间。缩短生产周期是公司的一个目标，因为这样不但可以降低成本，而且可以缩短交货时间。在竞争激烈的行业，这种做法是保持或增加市场份额的关键。

要实现缩短生产周期的目的必须克服三个困难。首先是产品结构经常变化。其次，由于对顾客需求预测的调整，公司需要经常在一个目标生产周期内修改休息时间安排。最后，由于通用类型的机器并不能完全相互协调，因此仅有一部分机器能够按照设计步骤进行装配。

为应对上述挑战，运筹学团队开发了一个巨型线性规划模型，其中有上万个决策变量和函数约束。目标函数包括最小化延迟交货和成品库存。尽管该模型的规模较大，但是在 CPLEX 优化软件中应用成熟的单纯形法(及相关技术)，可以在几分钟内求解该模型(CPLEX 将在 4.8 节详细讨论)。

该模型现在仍在运行，并且极大地减少了动态随机存储器的生产周期，过去需要 80 天，而现在仅需要 30 天。巨大的改进及由此产生的制造成本及销售价格的降低使三星每年均会获得额外的 2 亿美元销售收入。

资料来源：R. C. Leachman, J. Kang, and Y. Lin, "SLIM: Short Cycle Time and Low Inventory in Manufacturing at Samsung Electronics," *Interfaces*, 32(1): 61-77, Jan.-Feb. 2002.(以下网址提供本文的链接：www.mhhe.com/hillier11e.)

4.3.3　确定移动的方向(迭代的步骤 1)

将一个非基变量从 0 开始增加(同时调整基变量的值以满足方程组的约束)，相当于沿着从当前顶点可行解发出的边界线移动。在 4.1 节的解原理 4 和解原理 5 的基础上，作出增加哪一个非基变量的选择，如下：

$$Z=3x_1+5x_2$$

增加 x_1?　　Z 的增长率$=3$

增加 x_2?　　Z 的增长率$=5$

$5>3$，因此选择增加 x_2。

正如接下来要说的，我们把 x_2 称为迭代 1 的入基变量。

在单纯形法的每一次迭代中，步骤 1 的目的是选择一个非基变量，让它的值从 0 开始增加(同时调整基变量的值以满足方程组的约束)。从 0 开始增加这个非基变量的值将其转变为下一个 BF 解中的基变量。因此，这个变量被称为当前迭代的入基变量(因为它进入了基中)。

4.3.4 确定在何处停止(迭代的步骤 2)

步骤 2 说明的是在停止移动前入基变量能增加多少的问题。x_2 增加,Z 会随之增加,因此在可行域的范围内我们希望移动的足够远以尽可能地增加 x_2 的值。满足扩展形式的约束条件(如下面所示)的要求意味着增加 x_2(同时保持非基变量 $x_1=0$)改变了一些基变量的值,如下面的右边所示:

令 $x_1=0$,有

(1) $x_1 \quad + \mathbf{x}_3 \quad = 4 \qquad \mathbf{x}_3 = 4$

(2) $\quad 2x_2 \quad + \mathbf{x}_4 \quad = 12 \qquad \mathbf{x}_4 = 12 - 2x_2$

(3) $3x_1 + 2x_2 \quad + \mathbf{x}_5 = 18 \qquad \mathbf{x}_5 = 18 - 2x_2$

对可行性的另一个要求是所有的变量必须为非负。非基变量(包括入基变量)是非负的,但是我们需要考察在基变量不破坏非负约束的条件下 x_2 值能增加多少。

$\mathbf{x}_3 = 4 \geqslant 0 \quad \Rightarrow$ 对 x_2 增加没有上限限制

$\mathbf{x}_4 = 12 - 2x_2 \geqslant 0 \quad \Rightarrow \quad x_2 \leqslant \frac{12}{2} = 6$ ←最小值

$\mathbf{x}_5 = 18 - 2x_2 \geqslant 0 \quad \Rightarrow \quad x_2 \leqslant \frac{18}{2} = 9$

因此,x_2 只能增加至 6,此时 x_4 减少为 0。若增加 x_2 的值超过 6 会使 x_4 变为负数,违背了可行性要求。

这些计算被称为**最小比值试算**(minimum ratio test)。这个试算的目的是决定当入基变量增加时,哪个基变量最先减至 0。如果某一个约束方程中的入基变量系数为 0 或者为负值,我们可以立即划去该方程中的基变量,因为当入基变量增加时,这个基变量不会随之减少[正如方程(1)中的 x_3 那样]。然而,对入基变量的系数严格为正的方程来说,这个试算的内容是右端项与入基变量系数的比值。方程中拥有最小比值的基变量会随着入基变量值的增加首先减小到 0。

单纯形法迭代的步骤 2,是通过计算最小比值找出随着入基变量的增加首先减少到 0 的基变量。这个基变量变为 0 意味着在下一个 BF 解中它变成了非基变量。因此,这个变量被称为当前迭代的**出基变量**(leaving basic variable)(因为它被替换而离开了基)。

因此,x_4 是这个例子中迭代的出基变量。

4.3.5 求解新的 BF 解(迭代的步骤 3)

把 x_2 从 0 增至 6 使左边的初始 BF 解变成了右边的新的 BF 解。

	初始 BF 解	新的 BF 解
非基变量	$x_1=0, x_2=0$	$x_1=0, x_4=0$
基变量	$x_3=4, x_4=12, x_5=18$	$x_3=?, x_2=6, x_5=?$

步骤 3 的目的是把方程组转化为对当前 BF 解进行最优性检验和更方便下次迭代(如果需要的话)的形式(高斯消元法的常态形)。在这个过程中,这种形式也会求出新解中的 x_3 和 x_5 的值。

以下再次出现完整的初始方程组,新的基变量以粗体标示(Z 变量在目标函数方程中作为基变量)。

$$\begin{aligned}
&(0)\ \boldsymbol{Z}-3x_1-5\boldsymbol{x}_2 &&=0\\
&(1)\quad x_1+\boldsymbol{x}_3 &&=4\\
&(2)\quad 2\boldsymbol{x}_2+x_4 &&=12\\
&(3)\quad 3x_1+2\boldsymbol{x}_2+\boldsymbol{x}_5 &&=18
\end{aligned}$$

这样,在方程(2)中,x_2 代替 x_4 成为基变量。为了求解这个关于 Z、x_2、x_3 和 x_5 的方程组,我们需要进行一些**初等代数变换运算**(elementary algebraic operations)来把当前 x_4 的系数形式(0,0,1,0)变成 x_2 的新系数。我们可以运用以下两类初等代数变换运算:①方程乘以(或除以)一个非零常量;②从一个方程中加上(或减去)另一个方程的倍数。

要做上述运算,须注意在以上方程组中 x_2 的系数分别为−5、0、2 和 2,而我们希望这些系数变为 0、0、1 和 0。为了把方程(2)的系数 2 变为 1,我们用第一类初等代数变换运算,将方程(2)除以 2,就得到

$$(2)\ \boldsymbol{x}_2+\frac{1}{2}x_4=6$$

为了把系数−5 和 2 变为 0,我们运用第二类初等代数变换运算。我们把方程(0)加上新的方程(2)的 5 倍,方程(3)减去新的方程(2)的 2 倍,得到新的方程组:

$$\begin{aligned}
&(0)\ \boldsymbol{Z}-3x_1+\frac{5}{2}x_4 &&=30\\
&(1)\quad x_1+\boldsymbol{x}_3 &&=4\\
&(2)\quad \boldsymbol{x}_2+\frac{1}{2}x_4 &&=6\\
&(3)\quad 3x_1-x_4+\boldsymbol{x}_5 &&=6
\end{aligned}$$

因为 $x_1=0,x_4=0$,由这个形式的方程组可以立即得出新的 BF 解$(x_1,x_2,x_3,x_4,x_5)=(0,6,4,0,6)$,得出 $z=30$。

得出线性方程组联立解的这个计算过程称为高斯-乔丹消去法,或简称高斯消元法(Gaussian elimination)。[①] 这个方法的核心原理是运用初等代数变换运算把初始方程组变为高斯消元法的常态形。在这个形式中,每一个基变量从原来所在的方程以外的其他方程中消去,而在该方程中系数为+1。

4.3.6　新 BF 解的最优性检验

当前方程(0)给出以目前的非基变量表示的目标函数的值:

$$Z=30+3x_1-\frac{5}{2}x_4$$

从 0 开始增加任意一个非基变量(同时调整基变量的值以继续满足方程)都会导致移向两个相邻 BF 解的其中之一。因为 x_1 有正系数,增加 x_1 会导致相邻可行解优于当前 BF 解,因此当前解并非最优。

① 事实上,高斯-乔丹消去法与高斯消元法在技术上存在一些差异,但我们在此忽略这一点。

4.3.7 第2次迭代和最优解结果

由于$Z=30+3x_1-\frac{5}{2}x_4$,Z随着x_1而不是x_4的增加而增加,因此步骤1选择x_1作为入基变量。

步骤2中,由当前方程组得出下述关于x_1能增加多少的结论。

$\boldsymbol{x}_3=4-x_1\geqslant 0 \quad \Rightarrow \quad x_1\leqslant\frac{4}{1}=4$

$\boldsymbol{x}_2=6\geqslant 0 \quad \Rightarrow$ 对x_1无上限约束

$\boldsymbol{x}_5=6-3x_1\geqslant 0 \quad \Rightarrow \quad x_1\leqslant\frac{6}{3}=2$ ←最小值

因此,最小比值检验显示x_5是出基变量。

步骤3中,x_1代替x_5成为基变量,我们对当前方程组进行初等代数变换把x_5的当前系数(0,0,0,1)变为x_1的新系数,得到如下新方程组:

$$
\begin{aligned}
&(0)\ \boldsymbol{Z} && +\frac{3}{2}x_4+x_5=36\\
&(1)\qquad\quad \boldsymbol{x}_3 && +\frac{1}{3}x_4-\frac{1}{3}x_5=2\\
&(2)\qquad \boldsymbol{x}_2 && +\frac{1}{2}x_4=6\\
&(3)\ \boldsymbol{x}_1 && -\frac{1}{3}x_4+\frac{1}{3}x_5=2
\end{aligned}
$$

因此,由下一个BF解$(x_1,x_2,x_3,x_4,x_5)=(2,6,2,0,0)$,得出$Z=36$。对新的BF解进行最优性检验,我们依方程(0)把$Z$表达成目前非基变量的函数:

$$Z=36-\frac{3}{2}x_4-x_5$$

增加x_4或x_5均会使Z减少,因此任意一个相邻BF解都不会与当前BF解一样好。根据4.1节的解原理6可知,当前BF解必定最优。

根据问题的原始形式(无松弛变量),最优解为$x_1=2,x_2=6$,由此求得$Z=3x_1+5x_2=36$。

下一节将介绍更方便使用的单纯形法计算的另一例子,建议你阅读OR Tutor中标题为单纯形法——代数形式的演示。这个生动的演示一步步动态展示了单纯形法的代数和几何推导。类似本书其他部分介绍的例子,这项计算机演示说明了难以用文字表达的概念。本书网站的工作例子部分包含了另一个应用单纯形法的例子。

为了帮助你学习单纯形法,OR Courseware的IOR Tutorial中包含了一个标题为用单纯形法交互求解的程序。当你一步一步决策时,这个程序能执行几乎所有计算,使你能从烦琐的计算中抽身出来,专心研究概念。在完成家庭作业时可能要用到这个程序。这个软件还有助于你在对问题进行第一次迭代出现错误时及时发现。

学习了单纯形法以后,你可能很想在计算机上尝试立即得到线性规划问题的最优解。在IOR Tutorial中包含了一个名为**用单纯形法自动求解**(Solve Automatically by the

Simplex Method)的程序。这个程序设计仅仅用于教科书规模的问题,包括检查应用这个程序得到的解。4.10 节将介绍用于线性规划的更强大的软件方案,这也将在本书网站中提供。

下一节包含对单纯形法更为方便的表格形式的概述。

4.4　单纯形法的表格形式

4.3 节介绍的单纯形法的代数计算形式可能是理解这个算法基本逻辑关系的最佳计算形式。然而,它不是进行所需计算的最简便的形式。当你需要手工解决问题(或者借助 IOR Tutorial 进行交互学习时),我们推荐本节介绍的表格形式。①

单纯形法的表格形式仅反映模型的基本信息:①变量的系数;②方程式的右端项常量;③在每个方程中出现的基变量。这么做省去了书写每个方程变量字母符号的麻烦,但更重要的是它突出了计算中的数字而且精简了运算的记录内容。

表 4.3 比较了 Wyndor Glass 公司问题的原始方程组的代数形式(左边)和表格形式(右边),右边的表格被称为单纯形表,左边每个方程的基变量都用粗体标出,而且右边单纯形表的第一列也列出了基变量[尽管只有 x_j 是基变量或非基变量,Z 在方程(0)中也起基变量的作用]。未列在这个基变量列的其余所有变量(x_1,x_2)自然就是非基变量,在我们设 $x_1=0$,$x_2=0$ 后,"右端项"这一列将给出基变量的解。因此初始 BF 解是(x_1,x_2,x_3,x_4,x_5)=(0,0,4,12,18),得出 $Z=0$。

表 4.3　Wyndor Glass 公司问题的初始方程组

(a) 代数形式	(b) 表格形式								
	基变量	方程	系数						右端项
			Z	x_1	x_2	x_3	x_4	x_5	
(0) $\boldsymbol{Z}-3x_1-5x_2=0$	Z	(0)	1	−3	−5	0	0	0	0
(1) $x_1+\boldsymbol{x_3}=4$	x_3	(1)	0	1	0	1	0	0	4
(2) $2x_2+\boldsymbol{x_4}=12$	x_4	(2)	0	0	2	0	1	0	12
(3) $3x_1+2x_2+\boldsymbol{x_5}=18$	x_5	(3)	0	3	2	0	0	1	18

单纯形法的表格形式运用**单纯形表**(simplex tableau)来简洁地表示求解当前 BF 解的方程组。对这个解而言,最左侧列的每个变量等于最右侧列的相应的数值(未列出的变量值为 0)。当进行最优性检验或迭代时,仅仅与 Z 列右侧的那些数值相关。② **行**(row)指的是 Z 列右面的一行数字(包括右端项数字),行 i 与方程(i)相对应。

我们下面总结单纯形法的表格形式,同时,简单地介绍它在 Wyndor Glass 公司问题中的应用。记住,这个逻辑与上一节介绍的代数形式是一样的,只是当前和后续迭代得到的方程组的表现形式有了改变(此外,在最优性检验或进行迭代中步骤 1 和步骤 2 后得出结论时,我们无须把变量移到方程的右端)。

---

① 一种对计算机自动化操作更为简单的表格将在 5.2 节介绍。

② 因为这个原因,为了减少单纯形表的容量,也允许把方程序号列和变量 Z 列去掉。我们更愿意保留这些列,以提示我们单纯形表中正在求解的当前方程组,Z 是方程(0)的变量之一。

4.4.1 单纯形法的总结(本例的第1次迭代)

初始化

引入松弛变量,选择决策变量作为非基变量(使之为0),松弛变量则作为基变量。[当模型不为标准形式(标准形式:最大化,约束条件只是≤的形式,所有变量为非负或者 b_i 值为负)时所需做的一些调整,参见4.6节。]

本例中,这种选择得出了表4.3中(b)栏所显示的单纯形表,从而初始BF解为(0,0,4,12,18)。

最优性检验

当且仅当0行的每个系数为非负(≥0)时,当前BF解为最优解。如果是最优,就停止计算;否则,进行一次迭代以得到下一个BF解,迭代内容包括将一个非基变量转换为基变量(步骤1),以及相应地把一个基变量转换为非基变量(步骤2),然后寻求新的解(步骤3)。

本例中:对于目标函数 $Z=3x_1+5x_2$,显然,增加 x_1 或 x_2 会使 Z 增加,所以当前BF解不是最优的,同样的结论也可以从方程 $Z-3x_1-5x_2=0$ 中得出,系数−3和−5出现在表4.3中(b)栏的0行上。

迭代

步骤1:确定入基变量。选择拥有最大绝对值的负系数(最负的系数)的变量(自然是非基变量)作为入基变量。框出这个系数下面的列,称其为**枢轴列**(pivot column)。

本例中,最负的系数是 x_2 的系数−5,因此 x_2 将会变成基变量(表4.4显示了这种变化,在 x_2 列−5的下面用框标出)。

表4.4 运用最小比值测算确定Wyndor Glass公司问题的第一个出基变量

基变量	方程	系数						右端项	比率
		Z	x_1	x_2	x_3	x_4	x_5		
Z	(0)	1	−3	−5	0	0	0	0	
x_3	(1)	0	1	0	1	0	0	4	
x_4	(2)	0	0	2	0	1	0	12	$\to \frac{12}{2}=6\leftarrow$最小值
x_5	(3)	0	3	2	0	0	1	18	$\to \frac{18}{2}=9$

步骤2:通过最小比值测算确定出基变量。

最小比值测算

(1) 找出枢轴列中每一个严格为正(≥0)的系数;

(2) 用每一个系数除以同一行的右端项,写到同一行上;

(3) 找出比值最小的行;

(4) 该行上的基变量即为出基变量,因此在下一个单纯形表中的基变量列中用入基变量代替这个变量。

框出这一行,称为**枢轴行**(pivot row)。同样把同时处在两个框中的数字称为**枢轴数**(pivot number)。

本例中,最小比值测算的计算已写在表4.4的右边。因此,第2行是枢轴行(见表4.5

的第一张单纯形表的这一行中的框)，x_4 是出基变量。在下一张单纯形表(见表 4.5 的底部)中，x_2 取代 x_4 成为第 2 行的基变量。

步骤 3：通过初等行变换运算(一行乘以或者除以一个非零常数；一行加上或减去另一行的倍数)，用高斯消元法在当前表的下方构建一个新的单纯形表，然后返回最优性检验步骤。需要实施的特定的初等行变换运算如下：

(1) 枢轴行除以枢轴数。在步骤 2 和步骤 3 中用到新的枢轴行。

(2) 对枢轴列中有负系数的其他行(包括 0 行)，把该负系数的绝对值和新枢轴行的乘积加到该行中去。

(3) 对每枢轴列中拥有正系数的其他行(包括 0 行)，减去该系数和新枢轴行的乘积。

表 4.5　Wyndor Glass 公司问题中，第一个枢轴行除以第一个枢轴数后的单纯形法

迭代	基变量	方程	系数						右端项
			Z	x_1	x_2	x_3	x_4	x_5	
0	Z	(0)	1	−3	−5	0	0	0	0
	x_3	(1)	0	1	0	1	0	0	4
	x_4	(2)	0	0	2	0	1	0	12
	x_5	(3)	0	3	2	0	0	1	18
1	Z	(0)	1						
	x_3	(1)	0						
	x_2	(2)	0	0	1	0	$\frac{1}{2}$	0	6
	x_5	(3)	0						

本例中，由于 x_2 代替 x_4 成为基变量，所以我们需要把第 1 张表中的 x_4 列系数(0,0,1,0)格式复制给第 2 张表中的 x_2 列。首先，枢轴行(第 2 行)除以枢轴数(2)，就得到了表 4.5 中新的第 2 行。接下来，我们在第 0 行上加上新的第 2 行数的 5 倍，再从第 3 行减去新的第 2 行数的 2 倍(或者等价的，减去原来的第 2 行数)。这些计算形成表 4.6 中迭代 1 所示的新单纯形表。因此，新的 BF 解是(0,6,4,0,6)，$Z=30$。下一步我们回到最优性检验，看新的 BF 解是否为最优解。因为新的 0 行中仍有负系数($x_1=-3$)，这个解仍不是最优解，因此至少还需要一次迭代。

表 4.6　Wyndor Glass 公司问题的前两张单纯形表

迭代	基变量	方程	系数						右端项
			Z	x_1	x_2	x_3	x_4	x_5	
0	Z	(0)	1	−3	−5	0	0	0	0
	x_3	(1)	0	1	0	1	0	0	4
	x_4	(2)	0	0	2	0	1	0	12
	x_5	(3)	0	3	2	0	0	1	18
1	Z	(0)	1	−3	0	0	$\frac{5}{2}$	0	30
	x_3	(1)	0	1	0	1	0	0	4
	x_2	(2)	0	0	1	0	$\frac{1}{2}$	0	6
	x_5	(3)	0	3	0	0	−1	1	6

4.4.2 本例的第 2 次迭代与最优解

第 2 次迭代从表 4.6 的第 2 张单纯形表重新开始寻找下一个 BF 解。按照步骤 1 和步骤 2 的说明,我们发现 x_1 是入基变量,x_5 是出基变量,如表 4.7 所示。

步骤 3 中,我们先把表 4.7 中枢轴行(第 3 行)除以枢轴数(3)。接着,把新的第 3 行的 3 倍加到第 0 行上,最后,从第 1 行中减去新的第 3 行。

表 4.7 Wyndor Glass 公司问题中迭代 2 的步骤 1 和步骤 2

迭代	基变量	方程	系数						右端项	比率
			Z	x_1	x_2	x_3	x_4	x_5		
1	Z	(0)	1	-3	0	0	$\frac{5}{2}$	0	30	
	x_3	(1)	0	1	0	1	0	0	4	$\frac{4}{1}=4$
	x_2	(2)	0	0	1	0	$\frac{1}{2}$	0	6	
	x_5	(3)	0	3	0	0	-1	1	6	$\frac{6}{3}=2$ ←最小值

我们现在得到了如表 4.8 所示的单纯形法。新的 BF 解是(2,6,2,0,0),$Z=36$。在进行最优性检验时,我们发现这个解是最优的,因为 0 行无负系数,所以迭代结束。

表 4.8 Wyndor Glass 公司问题的完整单纯形表

迭代	基变量	方程	系数						右端项
			Z	x_1	x_2	x_3	x_4	x_5	
0	Z	(0)	1	-3	-5	0	0	0	0
	x_3	(1)	0	1	0	1	0	0	4
	x_4	(2)	0	0	2	0	1	0	12
	x_5	(3)	0	3	2	0	0	1	18
1	Z	(0)	1	-3	0	0	$\frac{5}{2}$	0	30
	x_3	(1)	0	1	0	1	0	0	4
	x_2	(2)	0	0	1	0	$\frac{1}{2}$	0	6
	x_5	(3)	0	3	0	0	-1	1	6
2	Z	(0)	1	0	0	0	$\frac{3}{2}$	1	36
	x_3	(1)	0	0	0	1	$\frac{1}{3}$	$-\frac{1}{3}$	2
	x_2	(2)	0	0	1	0	$\frac{1}{2}$	0	6
	x_1	(3)	0	1	0	0	$-\frac{1}{3}$	$\frac{1}{3}$	2

最终,Wyndor Glass 公司问题的最优解(引入松弛变量之前)为 $x_1=2,x_2=6$。

现在我们来对比表 4.8 和 4.3 节中的工作,证实单纯形法的这两种形式是等价的。注意,要了解单纯形法背后的逻辑原理,使用代数形式较好;但表格形式使计算工作能以更简单、更简洁的形式进行。接下来我们一般都采用表格形式。

应用表格单纯形法的一个补充例子见 OR Tutor 中标题为 Simplex Method——Tabular Form 的演示。另一个例子包含在本书网站的工作例子部分。

4.5 单纯形法计算中相持的突破

如果由于一些相持或其他类似的模糊情况出现，按单纯形法的各种选取规则无法提供一个明确的选择时应如何处理？你可能注意到了，在之前两节中我们从未涉及这方面的内容，下面我们详细讨论这部分的内容。

4.5.1 入基变量的相持

每次迭代的步骤 1 选择方程(0)中拥有绝对值最大的负系数的非基变量作为入基变量。现在假设两个或者更多的非基变量有相同最大值(绝对值)的负系数，这时就出现了相持。例如，当 Wyndor Glass 公司问题的目标函数变为 $Z=3x_1+3x_2$ 时，初始方程(0)变为 $Z-3x_1-3x_2=0$，第 1 次迭代时就会出现相持。这个相持如何突破呢？

答案是，可以任选一个作为入基变量。不管相持的变量如何选择，最终都会得到最优解，不存在一种便捷方法能预先指出哪个选择会更快得到最优解。在本例中，单纯形法到达最优解(2,6)的过程中，如果选择 x_1 作为初始入基变量，需要进行三次迭代；而如果选择 x_2 则只需两次迭代。

4.5.2 出基变量的相持——退化

现在假设迭代的步骤 2 在选择出基变量时，两个或多个基变量相持。选择哪个重要吗？理论上，严格来说是重要的，因为可能会有后续一系列事情发生。第一，当入基变量增加时，相持的基变量同时到达 0。因此，在新的 BF 解中，未被选作出基变量的变量的值也为 0[注意，值为 0 的基变量称为**退化的变量**(degenerate)，同样的称呼也被用于 BF 解]。第二，如果这些退化的基变量之一保持零值直至成为下一次迭代的出基变量，相应的入基变量也必须保持 0 值(因为如果出基变量不为 0 的话，它就无法增长)，因此 Z 的值就会保持不变。第三，如果 Z 保持不变而不是在每次迭代中都有所增加，单纯形法就会陷入一个循环，周期性地循环同一组解而非朝着最优解方向增加 Z。事实上，由于所举例子都是由人为构造的，的确会导致陷入这样一个周期性的循环。[①]

幸运的是，尽管周期性循环在理论上是可能的，但是在实际生活中却极少发生。如果发生循环，我们也能通过改变出基变量跳出循环。而且，也有一些特定的法则[②]用来突破相持，因此这样的循环总是能够避免。然而，在实际应用中，这些法则常被忽视，这里不再重复。对于你而言，只需任意选择突破这种相持而继续进行计算，无须担心退化的基变量会导致什么样的后果。

---

① 对陷入周期性循环的进一步研究，参见 J. A. J. Hall 和 K. I. M. McKinnon："The Simplest Examples Where the Simplex Method Cycles and Conditions Where EXPAND Fails to Prevent Cycling," *Mathematical Programming*, Series B, 100(1):135-150, May 2004.

② R. Bland,"New Finite Pivoting Rules for the Simplex Method,"*Mathematics of Operations Research*, 2: 103-107, 1977.

4.5.3 无出基变量——Z 无界

在迭代的步骤2中,还会出现一个我们尚未讨论的可能结果,即没有变量能具备成为出基变量的条件。[①] 当入基变量可以无限增加,而不会造成当前任何一个基变量为负值时,就会出现这种情况。在表格形式中,这意味着枢轴列的每个系数(包括0行)都是负数或0。

如表4.9所示,这种情况在图3.6所举的例子中出现过。该例没有考虑Wyndor Glass公司问题的后两个约束条件,模型中也未包括这两个条件。注意图3.6中 x_2 是如何在可行域范围内无限增长(因此带来 Z 的无限增长)的。然后注意在表4.9中,x_2 是入基变量,但是枢轴列唯一的系数是0。因为最小比值试算只针对大于0的系数,因此无法根据比值决定出基变量。

对如表4.9所示的表格可以理解为约束条件无法阻止目标函数 Z 值的无限增加,因此单纯形法可以反映一个信息——Z 无界,从而停止计算。因为线性规划根本没有发现可以创造无限利润的方法,原始问题的真实信息是发生了错误。也许是模型构建错误,要么是遗漏了相关约束条件,要么是这些约束条件被错误地表示。也有可能是出现了计算错误。

表4.9 Wyndor Glass公司问题去掉最后两个约束时的初始单纯形表

基变量	方程	系数				右端项	比率
		Z	x_1	x_2	x_3		
Z	(0)	1	-3	-5	0	0	
x_3	(1)	0	1	$\boxed{0}$	1	4	不存在

当 $x_1=0$,x_2 增加时,
$x_3=4-1x_1-0x_2=4>0$

4.5.4 多个最优解

在3.2节中我们提到(在最优解的定义下)一个问题可以有多个最优解。图3.5描述了这个事实,通过把Wyndor Glass公司问题的目标函数变为 $Z=3x_1+2x_2$,(2,6)和(4,3)间线段上的每一点都是最优的。因此,所有的最优解都是这两个最优解的加权平均。

$$(x_1,x_2)=w_1(2,6)+w_2(4,3)$$

其中,权数 w_1 和 w_2 满足关系:$w_1+w_2=1,w_1\geqslant 0,w_2\geqslant 0$。

例如,令 $w_1=\frac{1}{3}$,$w_2=\frac{2}{3}$,则 $(x_1,x_2)=\frac{1}{3}(2,6)+\frac{2}{3}(4,3)=\left(\frac{2}{3}+\frac{8}{3},\frac{6}{3}+\frac{6}{3}\right)=\left(\frac{10}{3},4\right)$ 也是一个最优解。

一般来说,由两个或多个解(向量)的任意加权平均得到的解,当权数项为非负且之和为1时,称为解的**凸组合**(convex combination)。因此,本例中的每个最优解都是(2,6)和(4,3)的凸组合。

这个例子是一个典型的有多个最优解的问题。

正如3.2节指出的,任意一个有多个最优解(并且可行域有界)的线性规划问题至少有两个最优的CPF解。每个最优解是这些最优CPF解的凸组合。因此,在扩展形式中,每个

① 注意这种类似的情况(无入基变量)不会在迭代的步骤1中出现,因为最优性检验会报告已得到最优解从而停止运算。

最优解都是最优 BF 解的凸集。

（习题 4.5-5 和 4.5-6 将引导你思考得出这个结论的理由。）

当找到一个最优 BF 解时，单纯形法会自动停止。然而，在线性规划的许多应用中，一些不清晰因素并未包含在模型中，而这些因素却是在各最优解中作出最恰当选择的依据。在这种情况下，必须再找出其他的最优解。如上所述，需要找出所有其他 BF 解，而每一个最优解就是最优 BF 解的凸组合。

用单纯形法找到一个最优 BF 解后，你可以检查一下是否还有其他最优 BF 解。如果有，可按照下述方法找出来。

一个拥有多于一个最优 BF 解的问题，在最终表的 0 行中至少有一个非基变量系数为 0，所以增加任意一个这样的变量都不会改变 Z 的值。因此，可以通过单纯形法进行进一步的迭代来获得其他最优 BF 解（如果需要的话），进一步迭代时，每次选择一个系数为 0 的非基变量作为入基变量。①

为了说明这一点，再次考虑刚才提到的情况：Wyndor Glass 公司问题的目标函数为 $Z=3x_1+2x_2$。应用单纯形法得到如表 4.10 所示的前三张单纯形表，并在找到最优 BF 解后

表 4.10　$c_2=2$ 时，求 Wyndor Glass 公司问题最优解的完整单纯形法

迭代	基变量	方程	系数						右端项	是否最优
			Z	x_1	x_2	x_3	x_4	x_5		
0	Z	(0)	1	−3	−2	0	0	0	0	否
	x_3	(1)	0	1	0	1	0	0	4	
	x_4	(2)	0	0	2	0	1	0	12	
	x_5	(3)	0	3	2	0	0	1	18	
1	Z	(0)	1	0	−2	3	0	0	12	否
	x_1	(1)	0	1	0	1	0	0	4	
	x_4	(2)	0	0	2	0	1	0	12	
	x_5	(3)	0	0	2	−3	0	1	6	
2	Z	(0)	1	0	0	**0**	0	1	18	是
	x_1	(1)	0	1	0	1	0	0	4	
	x_4	(2)	0	0	0	3	1	−1	6	
	x_2	(3)	0	0	1	$-\frac{3}{2}$	0	$\frac{1}{2}$	3	
另一个	Z	(0)	1	0	0	0	**0**	1	18	是
	x_1	(1)	0	1	0	0	$-\frac{1}{3}$	$\frac{1}{3}$	2	
	x_3	(2)	0	0	0	1	$\frac{1}{3}$	$-\frac{1}{3}$	2	
	x_2	(3)	0	0	1	0	$\frac{1}{2}$	0	6	

① 如果迭代中找不到出基变量，则意味着可行域无界，入基变量的值可以无限增加，而 Z 值不变。

停止。然而,因为有一个非基变量(x_3)在0行的系数为0,我们在表4.10中再进行一次迭代去找出其他最优BF解。因此,两个最优BF解为(4,3,0,6,0)和(2,6,2,0,0),每个都得出$Z=18$。注意在最后一张表中,仍有一个非基变量(x_4)在0行的系数为0。这种情况是不可避免的,因为追加的迭代并不改变0行,所以这个出基变量仍需保持0系数。若把x_4作为入基变量,只能又回到第3张表(验证)。因此,这两个是仅有的最优BF解,其他最优解是它们的凸组合。

$$(x_1,x_2,x_3,x_4,x_5)=w_1(2,6,2,0,0)+w_2(4,3,0,6,0),$$
$$w_1+w_2=1, w_1\geqslant 0, w_2\geqslant 0$$

4.6 改造非标准形式模型使其适用单纯形法

到目前为止,我们已经介绍了在标准形式下单纯形法的详细内容。正如3.2节定义的,标准形式具有以下特征:

(1) 目标函数最大化;

(2) 函数约束形式皆为"≤",且右端项为非负数;

(3) 变量具有非负约束(≥0)。

在本节中,我们将指出如何对线性规划模型中的其他约束函数形式(如3.2节所定义的)进行必要的调整。你将看到,这些调整(以及4.7节或4.8节中的调整)将能以直接方式应用单纯形法进行求解。

在线性规划模型中引入其他形式的函数约束(=或≥的形式以及负右端项)所导致的严重问题主要体现为获得一个初始基本可行解。在此之前,通过让松弛变量作为初始基变量即可非常方便地获得初始解,每个约束中的基变量的值恰为相应右端项的值。为了使表达更透彻,强调一个标准的函数约束可简单表述为

$$\text{LHS} \leqslant \text{RHS}$$

其中,LHS为左端项,RHS是非负右端项。这样一来,该约束在引入松弛变量(SV)后,新形成的方程形式为

$$\text{LHS} + \text{SV} = \text{RHS}$$

因此,在将原有的变量置为零后,便有LHS=0,进而松弛变量的值为

$$\text{SV} = \text{RHS}$$

显然,任意一个基变量都是整个初始基本可行解的一个组成部分。但是,若函数约束具有如下的任意形式:

$$\text{LHS} = \text{RHS} \text{ 或 } \text{LHS} \geqslant \text{RHS}$$

将无法给出相应的松弛变量,更谈不上获得初始基本可行解中一个具有显值的基变量。因此,现在需要做一些额外的事情,以便给出一个初始基本可行解可使用单纯形法求解具有非标准函数约束的线性规划问题。

针对这些非标准函数约束的通用方法是人工变量技术。该技术通过在每个约束中引入一个虚拟变量(称为人工变量)来构造一个更为方便的人工问题。在人工问题中,每一个约束都能提供一个初始基变量。一般来说,这些人工变量也需满足非负约束。

你很快将看到,当我们处理特定类型的非标准函数约束时,人工变量的作用主要体现为

通过扩大可行域对原问题加以修正。只有当所有的人工变量都被置为零时，人工问题的可行域才能与原问题的可行域一致。由此，在对非标准的线性规划模型进行正确重构后，人工变量的引入解决了获得初始基本可行解的问题，单纯形法的首要目标就是要驱使所有人工变量的值转变为 0。此时，修正问题就转化为原问题，可以应用单纯形法对原问题求解了。上述方法的实施步骤概括如下。

求解非标准线性规划模型的概念过程

阶段 1：使用包括人工变量技术在内的多种技术，将线性规划模型的非标准形式修正为方便单纯形法求解的人工问题。这就为实际问题的修订版本提供了一个初始 BF 解决方案，从而能够将单纯形法应用于修订的问题。本节专门介绍如何重新制定非标准形式，为应用单纯形法做准备。

阶段 2：从阶段 1 给出的修正问题的初始 BF 解开始，使用一种特殊的方法来初始化单纯形法：①将人工变量的值转变为零，进而将修正问题转化为实际问题；②获得原问题的最优解。有两种方法可供选择：一种是 4.7 节介绍的大 M 法；另一种是 4.8 节介绍的两阶段方法。

为了阐明人工变量技术，我们首先讨论仅有一种非标准形式的情形，也就是问题存在一个或多个等式约束的情形。

4.6.1 等式约束

任何等式约束

$$a_{i1}x_1 + a_{i2}x_2 + \cdots + a_{in}x_n = b_i$$

实际上相当于一对不等式约束：

$$a_{i1}x_1 + a_{i2}x_2 + \cdots + a_{in}x_n \leqslant b_i$$

$$a_{i1}x_1 + a_{i2}x_2 + \cdots + a_{in}x_n \geqslant b_i$$

然而，与其进行上述替换且增加约束条件的个数，不如使用人工变量技术。我们采用下面的例子来阐述这个技术。

例 1

假设 3.1 节中的 Wyndor Glass 公司问题修改为要求工厂 3 满负荷运转。线性规划模型中唯一的变化是第三个约束 $3x_1+2x_2 \leqslant 18$ 变成了等式约束：

$$3x_1 + 2x_2 = 18$$

这样一来，原模型就转变为图 4.3 右上角所示的模型。在该图中，使用加粗的线对可行域进行了标示，它仅由连接(2,6)和(4,3)的线段组成。

在不等式约束条件中引入松弛变量后，增广问题的方程组变为

$$\begin{aligned}
&(0)\quad Z - 3x_1 - 5x_2 &&= 0\\
&(1)\quad x_1 + x_3 &&= 4\\
&(2)\quad 2x_2 + x_4 &&= 12\\
&(3)\quad 3x_1 + 2x_2 &&= 18
\end{aligned}$$

不幸的是，这些方程没有明显的初始基本可行解，因为方程(3)中不再有松弛变量可作为初始基变量。需要找到一个初始基本可行解才能运行单纯形法。

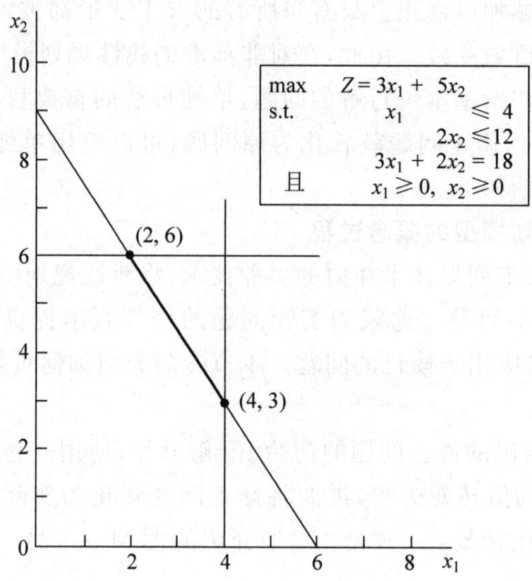

图 4.3 当第三个约束条件为等式约束时,Wyndor Glass 公司问题的可行域变成了(2,6)和(4,3)之间的线段

为了克服这一困难,可通过对实际问题进行修正,构造一个可行域增大但与实际问题具有相同目标函数的人工问题。具体来说,通过在方程(3)中引入一个非负人工变量(命名为$\bar{x}_5$)①来应用人工变量技术,就像它是一个松弛变量一样:

$$(3)\quad 3x_1+2x_2+\bar{x}_5=18$$

这使单纯形法得以开始。但需要指出的是,引入这个人工变量会通过扩大可行域使原问题发生改变,除非这个变量最终固定为零。

这个例子只涉及一个等式约束,如果一个线性规划模型有多个等式约束,则每个约束都以相同的方式加以处理。(如果右端项是负的,则应在两边先乘以−1。)

4.6.2 负的右端项

前面处理右端项为负数的等式约束的内容中提到的方法(两端各乘以−1),也适用于右端项为负数的不等式约束。不等式两边同乘以−1还改变了不等号的方向,即"≤"变为"≥",或者反过来也一样。例如,对约束条件 $x_1-x_2\leqslant -1$($x_1\leqslant x_2-1$)做这样的变化,得到等价的约束条件为$-x_1+x_2\geqslant 1$($x_2-1\geqslant x_1$),但现在右端项是正的。所有约束条件右端项为非负时,单纯形法就可以开始了,因为(扩展后)右端项就变成了各个初始基变量的值,它们满足了变量的非负要求。

接下来我们讨论如何利用人工变量法扩展≥约束,如$-x_1+x_2\geqslant 1$。

4.6.3 ≥形式的约束条件

例 2

对于这个例子,我们将利用在3.4节中提到的设计玛丽放射治疗方案的模型。为方便

① 我们通常用在其上加一横线标记人工变量。

起见,下面重述该模型。在模型中,我们把要特别注意的约束条件加了框。

放射治疗问题

min	$Z=0.4x_1+0.5x_2$
s.t.	$0.3x_1+0.1x_2\leqslant 2.7$
	$0.5x_1+0.5x_2=6$
	$\boxed{0.6x_1+0.4x_2\geqslant 6}$
且	$x_1\geqslant 0,x_2\geqslant 0$

这个例子的图示(图 3.12)在图 4.4 中以一种略有不同的形式再现。图中的三条边和两个轴组成了问题的五个约束边界线,每组约束边界的交点上是角点解。仅有的两个角点的可行解是(6,6)和(7.5,4.5),可行域是连接这两点的线段。最优解$(x_1,x_2)=(7.5,4.5)$,$Z=5.25$。

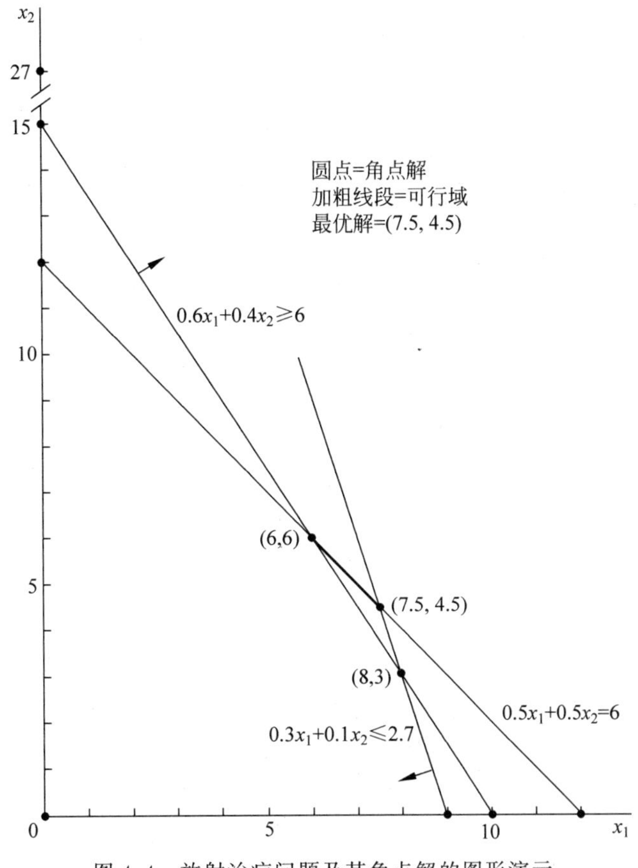

图 4.4　放射治疗问题及其角点解的图形演示

我们很快将讲解通过直接求解相应的人工问题,单纯形法是如何解决这个问题的,不过这里先描述如何处理第 3 个约束条件。

我们的方法包括引入一个剩余变量 x_5(设 $x_5=0.6x_1+0.4x_2-6$)和一个人工变量 $\bar{x}_6$,如下所示:

$$0.6x_1+0.4x_2 \geq 6$$
$$\to 0.6x_1+0.4x_2-x_5 = 6 \quad (x_5\geq 0)$$
$$\to 0.6x_1+0.4x_2-x_5+\bar{x}_6=6 \quad (x_5\geq 0,\bar{x}_6\geq 0)$$

其中,x_5 被称为**剩余变量**(surplus variable),因为减去该剩余变量(代表方程左端项与右端项之差)后,不等式方程约束就变成了等价的等式约束,一旦转换完成,就按等式约束那样引入人工变量。

在第一个约束条件引入松弛变量 x_3、第二个约束条件引入人工变量 $\bar{x}_4$ 后,就可以使用大 M 法,因此完整的人工问题(扩展形式)为

$$\begin{aligned}
\min \quad & Z=0.4x_1+0.5x_2+M\bar{x}_4+M\bar{x}_6 \\
\text{s.t.} \quad & 0.3x_1+0.1x_2+x_3 = 2.7 \\
& 0.5x_1+0.5x_2+\bar{x}_4 = 6 \\
& 0.6x_1+0.4x_2-x_5+\bar{x}_6=6 \\
\text{且} \quad & x_1\geq 0,x_2\geq 0,x_3\geq 0,\bar{x}_4\geq 0,x_5\geq 0,\bar{x}_6\geq 0
\end{aligned}$$

如前所述,引入人工变量扩大了可行域。下面把原始问题对(x_1,x_2)的原始约束条件与人工问题对(x_1,x_2)的相应约束进行对比。

原始问题对(x_1,x_2)的约束	人工问题对(x_1,x_2)的约束
$0.3x_1+0.1x_2\leq 2.7$	$0.3x_1+0.1x_2\leq 2.7$
$0.5x_1+0.5x_2=6$	$0.5x_1+0.5x_2\leq 6$($\bar{x}_4=0$ 时成立)
$0.6x_1+0.4x_2\geq 6$	无这个约束(除 $\bar{x}_6=0$ 外)
$x_1\geq 0,x_2\geq 0$	$x_1\geq 0,x_2\geq 0$

引入人工变量作为第二个约束条件的松弛变量使(x_1,x_2)的值在图中 $0.5x_1+0.5x_2=6$ 线之下。对原始问题第三个约束条件引入 x_5 和 $\bar{x}_6$,并将它们移至右端得到方程

$$0.6x_1+0.4x_2=6+x_5-\bar{x}_6$$

因为 x_5、$\bar{x}_6$ 均只能为非负,它们的差 $x_5-\bar{x}_6$ 可以为正,也可以为负,因此 $0.6x_1+0.4x_2$ 可以有任意值,同时可以把第三个约束从人工问题中消去,使角点可以位于图 4.4 中 $0.6x_1+0.4x_2=6$ 的两边(我们将第三个约束条件放在方程组中,是因为当大 M 法使 $\bar{x}_6$ 变为 0 后,它会再次相关)。因而,人工问题的可行域是图 4.4 的整个多面体。这个多面体的顶点是(0,0)、(9,0)、(7.5,4.5)和(0,12)。

既然现在原点是人工问题的可行解,那么单纯形法就选择原点作为初始 CPF 解,也就是以$(x_1,x_2,x_3,\bar{x}_4,x_5,\bar{x}_6)=(0,0,2.7,6,0,6)$作为初始 BF 解(使原点可行解成为单纯形法计算的一个简便开始点,是构建人工问题的关键)。接下来我们先看一下单纯形法如何解决最小化。

4.6.4 最小化

单纯形法解决最小化问题的最直接方法是对最优性检验和迭代的第 1 步,交换 0 行正系数与负系数的角色。然而,我们更愿意在这种情况下不改变单纯形法的计算方法,而是通

过下面一种简单的方法把任意一个最小值问题转化为等价的最大值问题。

$$\min \quad Z=\sum_{j=1}^{n} c_j x_j$$

等价于

$$\max \quad -Z=\sum_{j=1}^{n}(-c_j) x_j$$

即这两个表达式有同样的最优解。

这两个形式是等价的，因为 Z 越小，$-Z$ 越大，因此在整个可行域内使 Z 最小的解必会使 $-Z$ 在这个区域内值最大。

因此，在这个放射治疗例子中，我们对这个形式做如下改变：

$$\begin{aligned} \min \quad & Z= 0.4x_1+0.5x_2 \\ \rightarrow \max \quad & -Z=-0.4x_1-0.5x_2 \end{aligned}$$

4.6.5　变量允许为负

在众多实际问题中，决策变量取负值时常常没有实际意义，因此有必要在线性规划模型的约束中包含非负约束。然而，情况并不总是这样。为了说明这一点，假设 Wyndor Glass 公司的问题发生了变化，产品 1 已经在生产中，第一个决策变量 x_1 代表其生产率的增加。因此，x_1 的负值表示产品 1 将减产的数量。这种减少是可取的，以允许新的、更有利可图的产品 2 有更高的生产率，因此应该允许模型中的 x_1 取负值。

由于确定出基变量的过程要求所有变量非负，所以在应用单纯形法之前，任何包含允许变量为负的问题都必须转化为只包含非负变量的等价问题。幸运的是，这个转化是可以做到的。每个变量所需的修改取决于它在允许值上是否有(负)下限。现在分别讨论这两种情形。

允许边界为负值的变量

考虑满足如下约束且允许为负值的任一决策变量 x_j：

$$x_j \geq L_j$$

其中，L_j 是某个负常数。通过改变变量，可以将这个约束转化为非负约束 $x_j'=x_j-L_j$，从而 $x_j'\geq 0$。

因此，$x_j'+L_j$ 将在整个模型中替代 x_j，重新定义后的决策变量 x_j' 为非负。(当 L_j 为正时，可使用相同的技巧将函数约束 $x_j\geq L_j$ 转化为非负约束 $x_j'\geq 0$。)

为了说明，假设 Wyndor Glass 公司问题中产品 1 的当前生产率为 10。用 x_1 定义当前生产率的变化(可正可负)，除非负约束 $x_1\geq 0$ 被替换为 $x_1\geq -10$，由此得到的模型与 3.1 节中所给出的模型是一致的。为了获得可以用单纯形法求解的等价模型，这个决策变量将被重新定义为产品 1 的总生产率：

$$x_1'=x_1+10$$

这将导致目标函数和约束条件均发生变化，如下所示：

$Z=3x_1+5x_2$			$Z=3(x_1'-10)+5x_2$			$Z=-30+3x_1'+5x_2$	
x_1	$\leqslant 4$		$x_1'-10$	$\leqslant 4$		x_1'	$\leqslant 14$
$2x_2$	$\leqslant 12$	→	$2x_2$	$\leqslant 12$	→	$2x_2$	$\leqslant 12$
$3x_1+2x_2$	$\leqslant 18$		$3(x_1'-10)+2x_2$	$\leqslant 18$		$3x_1'+2x_2$	$\leqslant 48$
$x_1\geqslant -10, x_2\geqslant 0$			$x_1'-10\geqslant -10, x_2\geqslant 0$			$x_1'\geqslant -0, x_2$	$\geqslant 0$

允许负值且无解的变量

在该情形下,x_j 在所建模型中没有确切的下限,需要另一种方法来进行变换,在整个模型中 x_j 将被两个新的非负变量的差所代替:

$$x_j=x_j^+-x_j^-$$

其中,$x_j^+\geqslant 0, x_j^-\geqslant 0$

由于 x_j^+ 和 x_j^- 可以取任意的非负值,差值 $x_j^+-x_j^-$ 可以为任意实数值(可正可负),这种变化是合理的。在做了这样的替换之后,单纯形法就可以在所有变量非负的条件下执行了。

可对新变量 x_j^+ 和 x_j^- 进行简单的解释。在新模型中,每个 BF 解必须满足约束 $x_j^+=0$ 或 $x_j^-=0$(或二者都有)。因此,由单纯形法获得的最优解(一个 BF 解)必然满足如下情形:

$$x_j^+=\begin{cases}x_j, & x_j\geqslant 0\\0, & \text{其他}\end{cases}$$

$$x_j^-=\begin{cases}|x_j|, & x_j\leqslant 0\\0, & \text{其他}\end{cases}$$

这意味着 x_j^+ 代表决策变量 x_j 的正数部分,而 x_j^- 代表其负数部分。

例如,如果 $x_j=10$,上述表达式将使 $x_j^+=10, x_j^-=0$。当 x_j^+ 和 x_j^- 的值较大时,也会出现 $x_j=x_j^+-x_j^-=10$ 的情形,即 $x_j^+=x_j^-+10$。在二维坐标系上,对 x_j^+ 和 x_j^- 的值进行绘制,将给出一条端点位于 $x_j^+=10$、$x_j^-=0$ 的直线,以避免违背非负约束。这个端点是直线上唯一的顶点解。因此,只有这个端点可以成为所有顶点(CPF)解或基本可行(BF)解中的一部分,这些解包含了模型的全部变量。这进一步阐明了为什么每个 BF 解必须满足 $x_j^+=0$ 或 $x_j^-=0$(或二者都有)。

为了进一步揭示使用 x_j^+ 和 x_j^- 的具体机制,假设 x_1 被定义为 Wyndor Glass 公司问题中产品 1 的当前生产率的变化(可正可负),但由于当前生产率如此之大以至于该变量可以负无穷小。因此,在应用单纯形法之前,x_1 将被差值所代替:

$$x_1=x_1^+-x_1^-$$

其中,$x_1^+\geqslant 0, x_1^-\geqslant 0$,如下所示。

max	$Z=3x_1+5x_2$,		➡	max	$Z=3x_1^+-3x_1^-+5x_2$,	
s. t.	x_1	$\leqslant 4$		s. t.	$x_1^+-x_1^-$	$\leqslant 4$
	$2x_2$	$\leqslant 12$			$2x_2$	$\leqslant 12$
	$3x_1+2x_2$	$\leqslant 18$			$3x_1^+-3x_1^-+2x_2$	$\leqslant 18$
	$x_2\geqslant 0$(仅有的)				$x_1^+\geqslant 0, x_1^-\geqslant 0, x_2\geqslant 0$	

从计算的角度来看，这种方法的缺点是新的等价模型比原模型有更多的变量。事实上，如果所有初始变量都缺少下限约束，新模型的变量将是原模型的两倍。幸运的是，该方法可以稍加修改，使变量的数量只增加一个，而不管需要替换多少个初始变量。这种修改是通过将每个这样的变量 x_j 替换为

$$x_j = x'_j - x''$$

其中，$x'_j \geqslant 0, x'' \geqslant 0$。

取而代之的是，对于任意的变量 x_j，均采用同一个变量 x'' 加以替换。此时，变量 x'' 的含义为：$-x''$ 为所有原负变量中具有最大绝对值的变量的当前值。这使 x'_j 超出 x_j 的量总为 x''。因此，甚至当 $x''>0$ 时，单纯形法总可以使某些变量 x'_j 大于零。

4.7　大 M 法解决重构后的模型

上一节描述了如何将非标准形式的线性规划模型重新表述为一个方便解决的人工问题，为应用单纯形法做准备。这通常需要使用人工变量。我们把引入人工变量后的问题称为人工问题。人工变量的引入可导致实际问题的可行域进一步增大，但人工问题能够较容易给出初始基本可行解。在直接使用单纯形法求解人工问题时，只有所有人工变量的值都被赋予值 0 时，才能回到实际问题上来。

上述是大 M 法的初衷。它旨在通过对大于零的值施加巨大的惩罚来迫使单纯形法将所有人工变量都取零。它通过引入一个名为 M 的量来实现这一点，M 为一个足够大的正数，远大于问题中的任意一个数值。一般来说，没有必要给它指定一个确定的值，但是有些人认为可以指定 M 为 100 万。为每一个人工变量指定一个 M 倍的人工变量的罚值，可以使单纯形法将这些变量的值尽可能地降低。由于人工变量具有非负约束，因此应该强制它们的值下降为零。

尽管给出了大 M 法的关键思路，但还有一些额外的细节需要通过一两个例子进一步阐明。在给出这些例子以前，下面先给出大 M 法的实施步骤。

4.7.1　大 M 法的实施步骤

1. 为了准备应用大 M 法，需要将非标准形式的线性规划模型重新构建为上文描述的更为方便的人工问题。假设这种重构包括引入人工变量，这些人工变量主要通过扩大可行域来修正原问题。仅当所有人工变量的值都为零时，这个人工问题才能回归原来的实际问题。创建人工问题的目的是为该问题提供一个初始 BF 解，以便在完成接下来的两个步骤后使用单纯形法。

2. 步骤 1 通过扩大可行域来修正实际问题，而大 M 法则通过改变最大化的目标函数来进一步修正实际问题。这种修正包括从原始目标函数中减去每个人工变量的附加项。这个被减去的附加项是人工变量的 M 倍。由于目标函数为最大化，单纯形法将迫使上述每一个附加项在适当的时候把变量的值变为零。

3. 然而，在使用单纯形法求解人工问题之前，整个方程组[包括方程(0)]需要使用满足高斯消元法所需的适当形式。虽然其他方程在步骤 1 后均符合所需形式，但方程(0)却不符合。回想一下，在使用单纯形法时，在方程(0)中只允许存在非基变量。然而，在步骤 2 中引

入修正的目标函数中的人工变量是基变量。因此,需要进行代数运算,将这些变量从方程(0)中消去。这样,单纯形法才能使用。

4. 应用单纯形法求解人工问题的过程中,在若干次迭代后,通过将所有的基变量转化为非基变量,直至所有的人工变量的值都被赋为零。这能够为实际问题提供一个BF解。

5. 现在应用单纯形法求解实际问题,直到获得最优解为止。

现在让我们阐述大M法的工作过程。对于4.6节的例1,所研究的Wyndor Glass公司问题中的第三个约束条件为$3x_1+2x_2\leqslant 18$,已经从$\leqslant$约束变为$=$约束,$3x_1+2x_2=18$。因此,新的模型就是4.6节图4.3框中所示的模型,图中粗线段区域为本例的可行域。回想这个例子的下一步(上述实施步骤中的步骤1)是通过引入一个人工变量$\bar{x}_5$来修改实际问题,将这个人工变量插入等式约束中,形成新的等式(3):

$$(3)\ 3x_1+2x_2+\bar{x}_5=18$$

除上述约束外,对于这个人工变量仅有一个非负约束。将该变量引入这个约束中,其作用等同于松弛变量。因此,这个人工问题将原Wyndor Glass公司问题的可行域(见4.1节图4.1)扩大为如图4.3所示的可行域。

为了执行实施步骤2,接下来我们通过更改目标函数来为$\bar{x}_5>0$指定一个足够大的惩罚因子。目标函数由$Z=3x_1+5x_2$变为$Z=3x_1+5x_2-M\bar{x}_5$。

现在应用单纯形法求解人工问题,以获得实际问题的最优解,从以下BF初始解开始:

初始BF解

非基变量: $x_1=0$, $x_2=0$

基变量: $x_3=4$, $x_4=12$, $\bar{x}_5=18$

由于$\bar{x}_5$在人工问题中充当第三个约束的松弛变量,因此该约束相当于$3x_1+2x_2\leqslant 18$(正如3.1节中最初的Wyndor Glass公司问题)。下面我们将在实际问题旁边给出构建的人工问题(未扩展的)。

实际问题

$$\begin{aligned}
\max\quad & Z=3x_1+5x_2\\
\text{s.t.}\quad & x_1 \leqslant 4\\
& 2x_2\leqslant 12\\
& 3x_1+2x_2=18\\
\text{且}\quad & x_1\geqslant 0,\ x_2\geqslant 0
\end{aligned}$$

人工问题

定义 $\bar{x}_5=18-3x_1-2x_2$

$$\begin{aligned}
\max\quad & Z=3x_1+5x_2-M\bar{x}_5\\
\text{s.t.}\quad & x_1 \leqslant 4\\
& 2x_2\leqslant 12\\
& 3x_1+2x_2\leqslant 18
\end{aligned}$$

(因此 $3x_1+2x_2+\bar{x}_5=18$)

且

$$x_1\geqslant 0,\ x_2\geqslant 0,\ \bar{x}_5\geqslant 0$$

因此,与3.1节一样,人工问题$(x_1,\ x_2)$的可行域如图4.5所示。这个可行域与实际问题的可行域唯一重合的部分是$\bar{x}_5=0$(因此$3x_1+2x_2=18$)。

图4.5还展示了单纯形法检查CPF解(或扩展后的BF解)的顺序,其中每个圈出的数字表示第几步迭代获得的解。值得指出的是,此例中单纯形法是逆时针移动的,而在最初的

Wyndor Glass 公司问题中却是顺时针移动的(见图 4.2)。造成这个差别的原因在于,人工问题的目标函数中多了人工项$-M\bar{x}_5$。

在应用单纯形法并展示它遵循图 4.5 所示的路径之前,需要完成以下准备步骤(大 M 法实施步骤的步骤 3)。

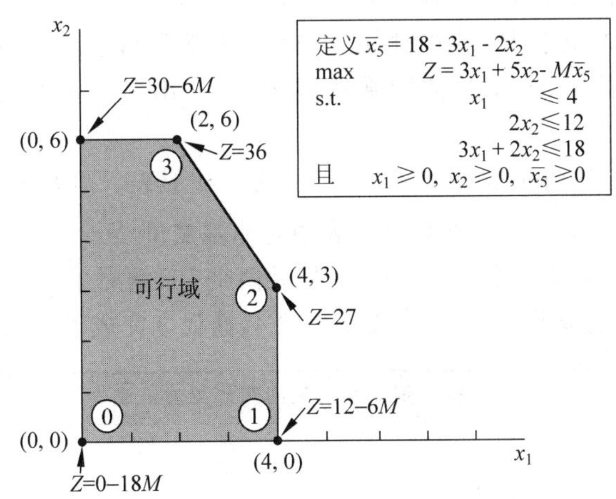

图 4.5　该图显示了可行域和 CPF 解决方案序列(⓪、①、②、③),通过单纯形法对人工问题进行了检验,该人工问题是图 4.3 中实际问题的修正

将方程(0)转化为适当的形式。人工问题扩展后的方程组为

$$
\begin{aligned}
&(0)\quad Z-3x_1-5x_2+M\bar{x}_5=0\\
&(1)\quad x_1+x_3=4\\
&(2)\quad 2x_2+x_4=12\\
&(3)\quad 3x_1+2x_2+\bar{x}_5=18
\end{aligned}
$$

其中,初始基变量为$(x_3,x_4,\bar{x}_5)$。然而,由于基变量 $\bar{x}_5$ 在方程(0)中为非零系数,因此该系统不符合高斯消元法的正确形式。回想单纯形法实施最优性检验或获得入基变量之前,必须从方程(0)中消去所有的基变量。这个消去是必要的,这样一来,根据每个非基变量系数的负值即可给出 Z 值的相应增长率。

若该非基变量的值由 0 开始变大,则基变量的值也应做相应的调整。

为了用代数方法从方程(0)中消去 $\bar{x}_5$,我们需要从方程(0)中减去 M 乘以方程(3)。

$$
\begin{aligned}
&Z-3x_1-5x_2+M\bar{x}_5=0\\
&-M(3x_1+2x_2+\bar{x}_5=18)\\
\hline
\text{新方程(0)}\quad &Z-(3M+3)x_1-(2M+5)x_2=-18M
\end{aligned}
$$

单纯形法的应用

这个新方程(0)恰好用非基变量$(x_1,\ x_2)$对 Z 进行了表达:

$$Z=-18M+(3M+3)x_1+(2M+5)x_2$$

由于 $3M+3>2M+5$(M 代表一个很大的数字),增大 x_1 使 Z 增加的速度比增大 x_2 使 Z 增加的速度快,因此选择 x_1 作为入基变量。这导致在迭代 1 中从(0,0)移动到(4,0),如图 4.5 所示,进而 Z 也增加了 $4(3M+3)$。

除方程(0)外,涉及 M 的量在方程组中的其他方程中从未出现过,只有在最优性检验和确定入基变量时才需要加以考虑。处理这些量的一种方法是给 M 指定一些特别大的数值,并使用消元法消除方程(0)中带有 M 的系数。然而,这种方法可能会导致显著的误差,从而使最优性检验无效。因此,最好采用我们刚才所展示的方法,通过分别记录并更新乘法因子 a 和加法项 b 的当前数值,把方程(0)中的每个系数表示为线性函数 $aM+b$ 的形式。因为假设 M 足够大,以至于当 $a\neq 0$ 时,b 与 M 相比常常可忽略不计。在最优性检验和确定入基变量进行决策时,通常只使用乘法因子,除非出现 a 值相等的情形才考虑加法因子。

在示例中使用此方法将生成如表 4.11 所示的单纯形表。需要强调的是,人工变量 $\bar{x}_5$ 在前两张表中是基变量($\bar{x}_5>0$),在后两张表中是非基变量($\bar{x}_5=0$)。因此,这个人工问题的前两个 BF 解对于实际问题是不可行的,而最后两个 BF 解对于实际问题是可行的。

参照大 M 法的实施步骤,迭代 2 完成了步骤 4,迭代 3 完成了步骤 5。

表 4.11　图 4.5 所示问题的单纯形表

迭代	基变量	方程	系数						右端项
			Z	x_1	x_2	x_3	x_4	$\bar{x}_5$	
0	Z	(0)	1	$-3M-3$	$-2M-5$	0	0	0	$-18M$
	x_3	(1)	0	1	0	1	0	0	4
	x_4	(2)	0	0	2	0	1	0	12
	$\bar{x}_5$	(3)	0	3	2	0	0	1	18
1	Z	(0)	1	0	$-2M-5$	$3M+3$	0	0	$-6M+12$
	x_1	(1)	0	1	0	1	0	0	4
	x_4	(2)	0	0	2	0	1	0	12
	$\bar{x}_5$	(3)	0	0	2	-3	0	1	6
2	Z	(0)	1	0	0	$-\frac{9}{2}$	0	$M+\frac{5}{2}$	27
	x_1	(1)	0	1	0	1	0	0	4
	x_4	(2)	0	0	0	3	1	-1	6
	x_2	(3)	0	0	1	$-\frac{3}{2}$	0	$\frac{1}{2}$	3
3	Z	(0)	1	0	0	0	$\frac{3}{2}$	$M+1$	36
	x_1	(1)	0	1	0	0	$-\frac{1}{3}$	$\frac{1}{3}$	2
	x_3	(2)	0	0	0	1	$\frac{1}{3}$	$-\frac{1}{3}$	2
	x_2	(3)	0	0	1	0	$\frac{1}{2}$	0	6

这个例子只涉及一个人工变量,因为只有一个等式约束。现在我们来看一个更具挑战性的例子,即 4.6 节中的例 2。

例 3

这个例子是在 3.4 节开始时提出的玛丽放射治疗问题。这个问题的整个模型也在 4.6 节例 2 开头的方框中加以重现。该模型包含一个等式约束和一个≥形式的函数约束，因此每个约束都需要一个人工变量。在适当地重新表述这些约束条件之后，4.6 节例 2 的人工问题显示在第二个方框中，其中 $\bar{x}_4$ 和 $\bar{x}_6$ 是这两个约束条件的人工变量。这个方框也给出了该问题的原始目标函数，即

$$\min Z = 0.4x_1 + 0.5x_2$$

利用大 M 法的逻辑，下一步将这个目标函数修改为

$$\min Z = 0.4x_1 + 0.5x_2 + M\bar{x}_4 + M\bar{x}_6$$

将目标函数乘以(−1)，即可得到人工问题的最终目标函数，即

$$\max -Z = -0.4x_1 - 0.5x_2 - M\bar{x}_4 - M\bar{x}_6$$

我们已经差不多做好使用单纯形法求解这个例子的准备了。利用刚刚得到的最大化形式，整个方程组可表述为

$$\begin{array}{lllll}
(0) & -Z + 0.4x_1 + 0.5x_2 & + M\boldsymbol{\bar{x}_4} & + M\boldsymbol{\bar{x}_6} & = 0 \\
(1) & 0.3x_1 + 0.1x_2 + \boldsymbol{x_3} & & & = 2.7 \\
(2) & 0.5x_1 + 0.5x_2 & + \boldsymbol{\bar{x}_4} & & = 6 \\
(3) & 0.6x_1 + 0.4x_2 & & - x_5 + \boldsymbol{\bar{x}_6} & = 6
\end{array}$$

人工问题的初始基本可行解的基变量(x_3，$\bar{x}_4$，$\bar{x}_6$)用黑体显示。

请注意这个方程组并不适合用高斯消元法直接求解。正如单纯形法所要求的那样，基变量 $\bar{x}_4$ 和 $\bar{x}_6$ 仍然需要从方程(0)中进行代数消除。因为 $\bar{x}_4$ 和 $\bar{x}_6$ 都有系数 M，所以方程(0)需要从中减去 M 乘以方程(2)和 M 乘以方程(3)。所有系数(包括右端项)的计算罗列如下，其中向量为与上述方程组在单纯形表所对应的行。

行 0：

$$\begin{array}{llllllll}
 & [0.4, & 0.5, & 0, & M, & 0, & M, & 0] \\
 & -M[0.5, & 0.5, & 0, & 1, & 0, & 0, & 6] \\
 & -M[0.6, & 0.4, & 0, & 0, & -1, & 1, & 6] \\
\hline
\text{新的行 } 0 = & [-1.1M+0.4, & -0.9M+0.5, & 0, & 0, & M, & 0, & -12M]
\end{array}$$

得到初始单纯形表后，即可开始单纯形法，见表 4.12 顶部。按照常用的单纯形法，可以得到序列单纯形表，见表 4.12 的其余部分。在每次迭代中，为了进行最优性检验及确定入基变量，M 的值可按照表 4.11 所述的方式确定。具体来说，M 存在时，常常只有其乘法因子被使用，仅当乘法因子相同时才考虑使用相应的加法项。在最后一次选择入基变量时(见倒数第二张单纯形表)，正好发生了上述情形，此时行 0 中 x_3 和 x_5 的系数都有相同的乘法因子$-\frac{5}{3}$。比较加法项，既然$\frac{11}{6}<\frac{7}{3}$，因此选择 x_5 作为入基变量。

观察表 4.12 中人工变量 $\bar{x}_4$、$\bar{x}_6$ 及 Z 值的变化过程。首先，我们从较大值开始，$\bar{x}_4=6$ 和 $\bar{x}_6=6$，$Z=12M(-Z=-12M)$。第一次迭代大大减小了这些值。大 M 法在第二次迭代中成功地将 $\bar{x}_6$ 由−6 改变为 0，使其成为一个新的非基变量，随后在下一次迭代中又对 $\bar{x}_4$ 执行了相同的操作。当 $\bar{x}_4=0$ 和 $\bar{x}_6=0$ 时，最后一张单纯形表中所给出的基本解在现实

中是可行的。这个基本解不仅通过了最优性检验,而且是最优的。

表 4.12 例 3 的大 M 法(放射治疗问题)

迭代	基变量	方程	系数							右端项
			Z	x_1	x_2	x_3	$\bar{x}_4$	x_5	$\bar{x}_6$	
0	Z	(0)	−1	$-1.1M+0.4$	$-0.9M+0.5$	0	0	M	0	$-12M$
	x_3	(1)	0	0.3	0.1	1	0	0	0	2.7
	$\bar{x}_4$	(2)	0	0.5	0.5	0	1	0	0	6
	$\bar{x}_6$	(3)	0	0.6	0.4	0	0	−1	1	6
1	Z	(0)	−1	0	$-\frac{16}{30}M+\frac{11}{30}$	$\frac{11}{3}M-\frac{4}{3}$	0	M	0	$-2.1M-3.6$
	x_1	(1)	0	1	$\frac{1}{3}$	$\frac{10}{3}$	0	0	0	9
	$\bar{x}_4$	(2)	0	0	$\frac{1}{3}$	$-\frac{5}{3}$	1	0	0	1.5
	$\bar{x}_6$	(3)	0	0	0.2	−2	0	−1	1	0.6
2	Z	(0)	−1	0	0	$-\frac{5}{3}M+\frac{7}{3}$	0	$-\frac{5}{3}M+\frac{11}{6}$	$\frac{8}{3}M-\frac{11}{6}$	$-0.5M-4.7$
	x_1	(1)	0	1	0	$\frac{20}{3}$	0	$\frac{5}{3}$	$-\frac{5}{3}$	8
	$\bar{x}_4$	(2)	0	0	0	$\frac{5}{3}$	1	$\frac{5}{3}$	$-\frac{5}{3}$	0.5
	x_2	(3)	0	0	1	−10	0	−5	5	3
3	Z	(0)	−1	0	0	0.5	$M-1.1$	0	M	−5.25
	x_1	(1)	0	1	0	5	−1	0	0	7.5
	x_5	(2)	0	0	0	1	0.6	1	−1	0.3
	x_2	(3)	0	0	1	−5	3	0	0	4.5

接下来采用图解法来展示大 M 法的求解过程,见图 4.6。人工问题的可行域最初有四个 CPF 解:(0,0),(9,0),(0,12)和(7.5,4.5)。前三个 CPF 解在 x_6 减小到 $x_6=0$ 之后,被两个新的 CPF 解(8,3),(6,6)所取代,使 $0.6x_1+0.4x_2\geqslant 6$ 成为一个多余的约束。(需要指出的是,所取代的三个 CPF 解(0,0),(9,0),(0,12),本质上是实际问题的不可行顶点解,见图 4.4。)方便起见,一般把原点作为人工问题的初始 CPF 解。从原点开始,可沿着边界移动到另外的三个 CPF 解,即(9,0)、(8,3)和(7.5,4.5)。其中最后一个 CPF 解也是实际问题的第一个可行解,参见图 4.4。幸运的是,第一个可行解也是最优的,无须再进行额外的迭代。

对于具有人工变量的其他问题,在得到问题的第一个可行解后,仍然需要进行额外的迭代才能获得最优解。在表 4.11 中给出了这样的求解例子。这样一来,大 M 法通常被划分为两个阶段。在阶段 1,迫使所有的人工变量的值都变为 0(因为每单位的正惩罚为 M),这样一来可获得问题的一个初始基本可行解。在阶段 2,单纯形法不仅得到一系列的基本可行解并最终获得最优解,基于同样的惩罚,自始至终所有人工变量的值始终保持为 0。下一节介绍的两阶段法对上述两个阶段的操作进行了简化,不再使用 M。

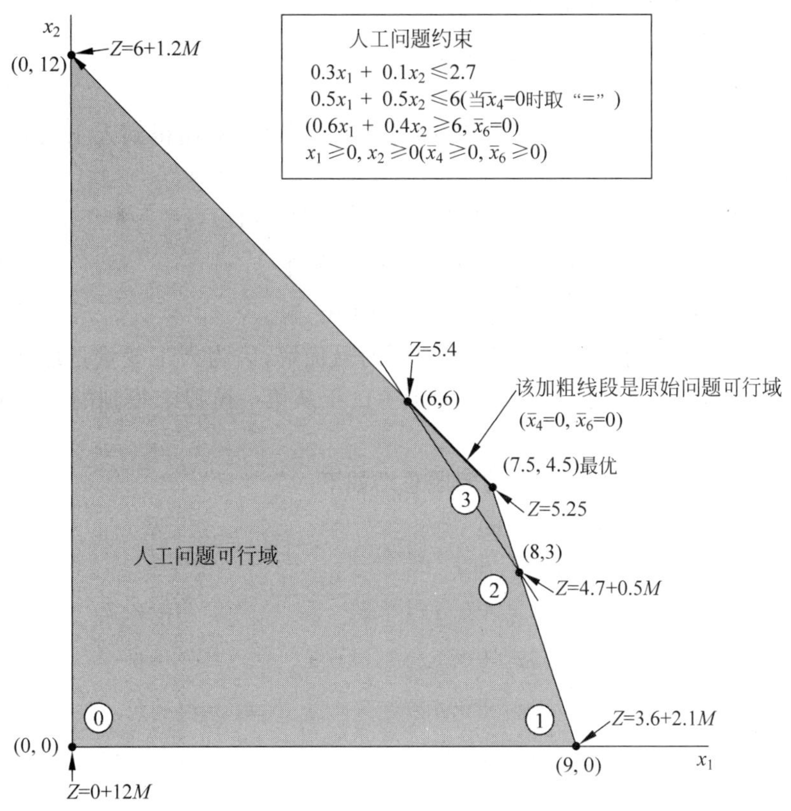

图 4.6　这个图形描述了单纯形法(及大 M 法)解决的与图 4.5 的原始问题相对应的人工问题的可行域和一系列的 CPF 解(⓪、①、②、③)

4.8　两阶段法是对大 M 法的替代

尽管大 M 法可以简单方便地使用单纯形法求解非标准形式线性规划模型，但在实际中经常使用的是两阶段法。这个方法不用引入象征的大 M 而可以直接应用单纯形法。

对之前在表 4.12 中求解的放射治疗问题，回忆其实际目标函数。

原始问题：　min　$Z=0.4x_1+0.5x_2$

然而，大 M 法在整个过程中使用下述目标函数(或者与它等价的最大化形式)。

大 M 法：　min　$Z=0.4x_1+0.5x_2+M\bar{x}_4+M\bar{x}_6$

由于前两个系数相对于 M 来说可以忽略，故两阶段可以通过运用如下两个目标函数来消去 M，这两个目标函数中的 Z 有完全不同的定义。

两阶段法：

第一阶段：最小化 $Z=\bar{x}_4+\bar{x}_6$　　　　(直到 $\bar{x}_4=0,\bar{x}_6=0$)

第二阶段：最小化 $Z=0.4x_1+0.5x_2$　　$(\bar{x}_4=0,\bar{x}_6=0)$

第一阶段的目标函数通过把大 M 法的目标函数除以 M 后，去掉可忽略的加项而得到。因为第一阶段得到原始问题的 BF 解(当 $\bar{x}_4=0,\bar{x}_6=0$ 时)，在第二阶段中的这个解被作为对现实问题运用单纯形法时的初始 BF 解。

在使用这种方法求解例题前,我们先总结一下这个方法。

两阶段法的总结

初始化:通过引入人工变量修改原始问题的约束条件,从而得到人工问题必需且明显的初始 BF 解。

第一阶段:该阶段的目标是找出原始问题的 BF 解,为此

min $Z=\sum$ 人工变量,约束于修改后的限制条件

这个问题的最优解($Z=0$)将会是原始问题的 BF 解。

第二阶段:该阶段的目标是找到原始问题的最优解,因为人工变量是原始问题的一部分。这些变量现在可以消去了(它们现在都是 0)。[①] 从第一阶段末得到的 BF 解出发,应用单纯形法求解原始问题。

本例中,各个阶段单纯形法求解的问题总结如下。

第一阶段问题(放射治疗的例子):

$$
\begin{aligned}
\min \quad & Z=\bar{x}_4+\bar{x}_6 \\
\text{s.t.} \quad & 0.3x_1+0.1x_2+x_3 = 2.7 \\
& 0.5x_1+0.5x_2+\bar{x}_4 = 6 \\
& 0.6x_1+0.4x_2-x_5+\bar{x}_6 = 6 \\
\text{且} \quad & x_1\geqslant 0, x_2\geqslant 0, x_3\geqslant 0, \bar{x}_4\geqslant 0, x_5\geqslant 0, \bar{x}_6\geqslant 0
\end{aligned}
$$

第二阶段问题(放射治疗的例子):

$$
\begin{aligned}
\min \quad & Z=0.4x_1+0.5x_2 \\
\text{s.t.} \quad & 0.3x_1+0.1x_2+x_3 = 2.7 \\
& 0.5x_1+0.5x_2 = 6 \\
& 0.6x_1+0.4x_2-x_5 = 6 \\
\text{且} \quad & x_1\geqslant 0, x_2\geqslant 0, x_3\geqslant 0, x_5\geqslant 0
\end{aligned}
$$

这两个问题的唯一差别是目标函数差异,以及在第一阶段和第二阶段中是否包括人工变量 $\bar{x}_4$ 和 $\bar{x}_6$。当没有人工变量时,第二阶段的问题没有一个明显的初始 BF 解,求解第一阶段问题的唯一目标在于得到当 $\bar{x}_4=0$,$\bar{x}_6=0$ 时的 BF 解,以便使该解(不含人工变量)成为第二阶段的初始 BF 解。

表 4.13 显示的是对第一阶段问题运用单纯形法的过程[初始表中的 0 行通过转换 $\min Z=\bar{x}_4+\bar{x}_6$ 为 $\max(-Z)=-\bar{x}_4-\bar{x}_6$ 得到,然后运用初等行变换把基变量 $\bar{x}_4$ 和 $\bar{x}_6$ 从 $-Z+\bar{x}_4+\bar{x}_6=0$ 中消去]。在倒数第二张表中,选择入基变量时在 x_3 和 x_5 之间有一个相持,可以任意突破,我们选择 x_3。在第一阶段末得到的解为 $(x_1,x_2,x_3,\bar{x}_4,x_5,\bar{x}_6)=(6,6,0.3,0,0,0)$,或者,当删去 $\bar{x}_4$ 和 $\bar{x}_6$ 后,$(x_1,x_2,x_3,x_5)=(6,6,0.3,0)$。

正如总结中所言,来自第一阶段的解确实是原始问题(第二阶段问题)的 BF 解,因为这

① 我们跳过了另外三种可能:①人工变量>0(将在下一小节讨论);②人工变量是退化的基变量;③在第二阶段中保持人工变量作为非基变量(限制它们成为基变量),作为下一小节优化后分析的辅助手段。利用 IOR Tutorial,你可以探索这些可能性。

是第二阶段问题的由三个约束条件组成的方程组的解(在设 $x_5=0$ 之后)。事实上,删去 $\bar{x}_4$ 列、$\bar{x}_6$ 列和 0 行后的每一次迭代,是如表 4.13 所示的用高斯消元法求解这个线性方程组的一种方法。这种方法通过把方程组简化为最后一张单纯形表所示的形式而实现。

表 4.13 放射治疗问题的两阶段法的第一阶段

迭代	基变量	方程	系数							右端项
			Z	x_1	x_2	x_3	$\bar{x}_4$	x_5	$\bar{x}_6$	
0	Z	(0)	−1	−1.1	−0.9	0	0	1	0	−12
	x_3	(1)	0	0.3	0.1	1	0	0	0	2.7
	$\bar{x}_4$	(2)	0	0.5	0.5	0	1	0	0	6
	$\bar{x}_6$	(3)	0	0.6	0.4	0	0	−1	1	6
1	Z	(0)	−1	0	$-\frac{16}{30}$	$\frac{11}{3}$	0	1	0	−2.1
	x_1	(1)	0	1	$\frac{1}{3}$	$\frac{10}{3}$	0	0	0	9
	$\bar{x}_4$	(2)	0	0	$\frac{1}{3}$	$-\frac{5}{3}$	1	0	0	1.5
	$\bar{x}_6$	(3)	0	0	0.2	−2	0	−1	1	0.6
2	Z	(0)	−1	0	0	$-\frac{5}{3}$	0	$-\frac{5}{3}$	$\frac{8}{3}$	−0.5
	x_1	(1)	0	1	0	$\frac{20}{3}$	0	$\frac{5}{3}$	$-\frac{5}{3}$	8
	$\bar{x}_4$	(2)	0	0	0	$\frac{5}{3}$	1	$\frac{5}{3}$	$-\frac{5}{3}$	0.5
	x_2	(3)	0	0	1	−10	0	−5	5	3
3	Z	(0)	−1	0	0	0	1	0	1	0
	x_1	(1)	0	1	0	0	−4	−5	5	6
	x_3	(2)	0	0	0	1	$\frac{3}{5}$	1	−1	0.3
	x_2	(3)	0	0	1	0	6	5	−5	6

表 4.14 展示的是第一阶段完成后,第二阶段开始前的准备工作。从表 4.13 的最后一张单纯形表出发,我们去掉人工变量($\bar{x}_4$ 和 $\bar{x}_6$),把第二阶段目标函数(最大值形式表示的 $-Z=-0.4x_1-0.5x_2$)换入 0 行,然后以代数方式从 0 行中消去基变量 x_1 和 x_2 还原出高斯消元法的常态形式。因此,最后一张单纯形表中的 0 行是通过对倒数第二张单纯形表进行基本的代数运算得到的:从 0 行减去 1 行的 0.4 倍、3 行的 0.5 倍。除了被消去的两列外,注意到 1 行至 3 行并没有改变。唯一的变化在 0 行,目的是用第二阶段目标函数代替第一阶段目标函数。

表 4.14 的最后一张表是如表 4.15 最上面一张表所示的应用单纯形法求解第二阶段问题得到的初始表。进行一次迭代即得到如第二张表所示的最优解:$(x_1,x_2,x_3,x_5)=(7.5, 4.5,0,0.3)$。该解是我们关心的实际问题的期望最优解,而不是第一阶段构建的人工问题的最优解。

接下来看如图 4.7 所示的两阶段法的图形描述。从原点出发,第一阶段总共检查了人工问题的四个 CPF 解。前三个实际上是图 4.5 中所示原始问题的角点非可行解,第四个 CPF 解(6,6)是第一个对原始问题也可行的解,因此它成为第二阶段的初始 CPF 解,第二阶段中经过一次迭代得到了最优 CPF 解(7.5,4.5)。

表 4.14 准备开始放射治疗问题的第二阶段

迭代	基变量	方程	系数							右端项
			Z	x_1	x_2	x_3	$\bar{x}_4$	x_5	$\bar{x}_6$	
第一阶段最终表	Z	(0)	−1	0	0	0	1	0	1	0
	x_1	(1)	0	1	0	0	−4	−5	5	6
	x_3	(2)	0	0	0	1	$\frac{3}{5}$	1	−1	0.3
	x_2	(3)	0	0	1	0	6	5	−5	6
去掉$\bar{x}_4$和$\bar{x}_6$	Z	(0)	−1	0	0	0		0		0
	x_1	(1)	0	1	0	0		−5		6
	x_3	(2)	0	0	0	1		1		0.3
	x_2	(3)	0	0	1	0		5		6
以第二阶段目标函数替换	Z	(0)	−1	0.4	0.5	0		0		0
	x_1	(1)	0	1	0	0		−5		6
	x_3	(2)	0	0	0	1		1		0.3
	x_2	(3)	0	0	1	0		5		6
用高斯消元法恢复合适形式	Z	(0)	−1	0	0	0		−0.5		−5.4
	x_1	(1)	0	1	0	0		−5		6
	x_3	(2)	0	0	0	1		1		0.3
	x_2	(3)	0	0	1	0		5		6

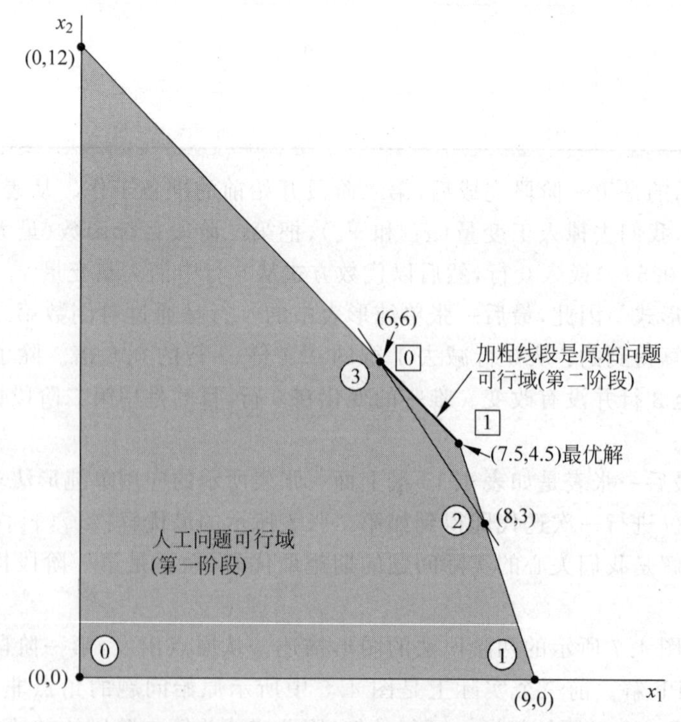

图 4.7 图形表述的是应用两阶段法求解放射治疗问题时,第一阶段的 CPF 解(⓪、①、②、③)和第二阶段的 CPF 解(0、1)

表 4.15　放射治疗问题的第二阶段

迭代	基变量	方程	系数					右端项
			Z	x_1	x_2	x_3	x_5	
0	Z	(0)	−1	0	0	0	−0.5	−5.4
	x_1	(1)	0	1	0	0	−5	6
	x_3	(2)	0	0	0	1	1	0.3
	x_2	(3)	0	0	1	0	5	6
1	Z	(0)	−1	0	0	0.5	0	−5.25
	x_1	(1)	0	1	0	5	0	7.5
	x_5	(2)	0	0	0	1	1	0.3
	x_2	(3)	0	0	1	−5	0	4.5

对表 4.13 中倒数第二张单纯形表中的入基变量的相持，如果可以用其他方法突破的话，第一阶段可以直接从(8,3)到(7.5,4.5)。当运用(7.5,4.5)构造第二阶段的单纯形表时，最优性检验会显示这个解最优，就不用再进行迭代。

对比大 M 法和两阶段法是很有意思的。先对比目标函数。

大 M 法：

$$\min \quad Z=0.4x_1+0.5x_2+M\bar{x}_4+M\bar{x}_6$$

两阶段法：

第一阶段：$\min\ Z=\bar{x}_4+\bar{x}_6$

第二阶段：$\min\ Z=0.4x_1+0.5x_2$

因为大 M 法的目标函数中 $M\bar{x}_4$ 和 $M\bar{x}_6$ 的贡献远大于 $0.4x_1$ 和 $0.5x_2$，当 $\bar{x}_4>0$ 和(或)$\bar{x}_6>0$ 时，这个目标函数与第一阶段目标函数本质上是等价的。因此，当 $\bar{x}_4=0$，$\bar{x}_6=0$ 时，大 M 法的目标函数与第二阶段完全等价。

因为目标函数实际上是等价的，大 M 法和两阶段法通常有相同的一系列的 BF 解。当两阶段法的第一阶段存在入基变量相持时，也有例外的可能，如表 4.13 的第三张单纯形表中所出现的情况。注意表 4.12 和表 4.13 的前三张单纯形表几乎是相同的，唯一的不同在于表 4.12 中的乘数因子 M 在表 4.13 对应的位置上变成了单位量。因此，在表 4.12 的第三张单纯形表中的加项对突破入基变量相持的作用很小，在表 4.13 中对突破同样的相持则没有出现。本例的结果是两阶段需要再进行一次迭代。然而总的来说，加项因素所起的作用很小。

两阶段法优于大 M 法的是只在第一阶段使用乘数因子，而在第二阶段就去掉人工变量(大 M 法可以通过赋予 M 一个极大的值把乘数和加项结合起来，但这会产生数据不可靠现象)。因此，计算机程序运算中通常使用两阶段法。

4.8.1　无可行解

至此，本节涉及的主要是当不存在明显的初始 BF 解时如何确定初始 BF 解这样的基础问题。你已经看到如何运用人工变量方法来构造人工问题从而得到人工问题的初始 BF 解。然后，运用大 M 法和两阶段法，确保单纯形法迭代朝着原始问题的 BF 解，最终朝着获取原始问题最优解的方向运行。

但是,你应该注意到这个方法存在一定的缺陷,那就是可能无明显的初始 BF 解可选,因为根本没有可行解。然而,通过构建人工可行解,单纯形法仍会照常进行,最终得到一个伪最优解。

幸运的是,当这种情况发生时,人工变量法提供了下列信号:

如果原始问题无可行解,大 M 法和两阶段法的第一阶段得到的解中至少有一个人工变量值大于 0。否则,它们均等于 0。

为了说明这一点,我们把放射治疗问题(参见图 4.4)的第一个条件做一下改变:

$$0.3x_1+0.1x_2\leqslant 2.7 \quad \rightarrow \quad 0.3x_1+0.1x_2\leqslant 1.8$$

至此,这个问题不再有可行解了。像以前一样(见表 4.12)应用大 M 法会得到如表 4.16 所示的单纯形表(两阶段法的第一阶段会得到同样的表格,只是含有 M 的每个表达式都被乘数代替)。因此,大 M 法通常会显示最优解是(3,9,0,0,0,0.6)。然而,因为人工变量 $\bar{x}_6=0.6>0$,这个问题无可行解。[①]

表 4.16 用大 M 法求解修改为无可行解的放射治疗问题

迭代	基变量	方程	系数							右端项
			Z	x_1	x_2	x_3	$\bar{x}_4$	x_5	$\bar{x}_6$	
0	Z	(0)	−1	$-1.1M+0.4$	$-0.9M+0.5$	0	0	M	0	$-12M$
	x_3	(1)	0	0.3	0.1	1	0	0	0	1.8
	$\bar{x}_4$	(2)	0	0.5	0.5	0	1	0	0	6
	$\bar{x}_6$	(3)	0	0.6	0.4	0	0	−1	1	6
1	Z	(0)	−1	0	$-\frac{16}{30}M+\frac{11}{30}$	$\frac{11}{3}M-\frac{4}{3}$	0	M	0	$-5.4M-2.4$
	x_1	(1)	0	1	$\frac{1}{3}$	$\frac{10}{3}$	0	0	0	6
	$\bar{x}_4$	(2)	0	0	$\frac{1}{3}$	$-\frac{5}{3}$	1	0	0	3
	$\bar{x}_6$	(3)	0	0	0.2	−2	0	−1	1	2.4
2	Z	(0)	−1	0	0	$M+0.5$	$1.6M-1.1$	M	0	$-0.6M-5.7$
	x_1	(1)	0	1	0	5	−1	0	0	3
	x_2	(2)	0	0	1	−5	3	0	0	9
	$\bar{x}_6$	(3)	0	0	0	−1	−0.6	−1	1	0.6

4.9 优化后分析

在 2.6 节、2.7 节和 2.8 节,我们强调了优化后分析——该分析在求得初始形态模型的最优解之后进行——构成了运筹学研究中非常主要、非常重要的部分。优化后分析非常重

① 已经开发出一些方法(已集成于线性规划应用软件)来分析究竟是什么原因使一个大型线性规划问题无可行解,以便修改表达式中的错误。例如,见 J. W. Chinneck: *Feasibility and Infeasibility in Optimization: Algorithms and Computational Methods*, Springer Science + Business Media, New York, 2008; 另见 Puranik, Y., and N. V. Sahinidis: "Deletion Presolve for Accelerating Infeasibility Diagnosis in Optimization Models," *INFORMS Journal on Computing*, 29(4): 754-766, Fall 2017.

要，这一点对典型线性规划应用是千真万确的。本节讨论单纯形法在优化后分析中的作用。

表 4.17 总结了进行线性规划研究的优化后分析的主要步骤，最右列给出了包括单纯形法在内的一些计算方法。本节将简要介绍这些方法，具体内容在以后章节详细介绍。

由于你可能还没有阅读这些章节，本节有两个目标：一是确保你对这些重要的技术至少有所了解；另一个是如果以后你有机会进一步研究这些主题，可以获得一些有用的背景。

表 4.17　线性规划的优化后分析

任　务	目　的	方　法
模型调试	寻找模型中的错误和弱点	再优化
模型确认	确定最终模型的有效性	见 2.7 节
对资源（b_i）分配的最终管理决策	将组织资源在研究的活动与其他重要活动之间作出恰当的分配	影子价格
测评模型参数估计值	确定一些重要的估计值，做进一步研究时这些可能会影响最优解	敏感性分析
模型参数间平衡点测评	确定最佳的平衡点	参数线性规划

4.9.1　再优化

正如 3.6 节中讨论的，从现实中产生的线性规划模型通常都很大，有几百个、几千个甚至几百万个约束条件和决策变量。在这些情况下，当考虑不同的情境时，我们会对基本模型的许多变化感兴趣。因此，在找到一个线性规划模型的最优解之后，对该问题略加变化的模型，我们经常需要再次（常常是多次）求解。在模型调试阶段（如 2.6 节和 2.7 节所述），我们几乎总是需要重新求解很多次；同样，在优化后分析的后半阶段我们也必须进行多次求解。

一种处理方法是简单地对模型的每个变化都从头开始重新运用单纯形法，即使对一个大型问题的每次运行都可能需要执行上百次甚至上千次的迭代。然而，一种更有效的方法是再优化。再优化方法包括推断如何把模型的变化反映到最终的单纯形表中（如 5.3 节和 7.1 节所述）。被修改的单纯形表和原模型的最优解就可以作为求解新模型的初始表和初始基本解。如果这个解对新模型是可行的，那么就从该初始 BF 解开始，照常运用单纯形法；如果解不可行，则可以用被称为对偶单纯形法（如 8.1 节所述）的相应算法找到新的最优解，这个方法同样是从这个基本解开始进行的。①

再优化方法相对从头开始重新求解方法的最大优点是修改后模型的最优解可能更靠近原模型的最优解，而不是靠近比照常规运用单纯形法构建的初始 BF 解。因此，假设模型修改适度，那么进行再优化只需几次迭代就可以了，而无须从头开始进行上百次、上千次的运算。事实上，原模型和修改后的模型常常具有相同的最优解，此时再优化方法只需一次最优性检验而无须迭代计算。

---

①　这里应用对偶单纯形法的一个要求是在对修订后的最终表的 0 行上，仍能通过最优性检验。如果不能通过，仍可由一个被称为原始-对偶（primal-dual）方法的算法来替代。

4.9.2 影子价格

我们知道,线性规划问题常常可以理解为给活动分配资源的方法。特别地,当约束条件是"≤"形式时,我们把 b_i(右端项)理解为活动中可用的各种资源的数量。在许多情况下,可用的数量也许会有一个限制范围。如果是这样的话,在初始(有效的)模型中 b_i 的值实际上可以代表管理层试验性的初始决策,它表示在管理范围内组织有多少资源可用于模型中被考虑的活动而非其他重要活动的估计。从更广的角度来说,在修改的模型中某些 b_i 值可以增加,但仅当有足够强的事实证明时,这种修改才是有利的。

因此,在当前研究中,有关资源对 Z 表现度量方面的经济贡献的信息特别重要。单纯形法以影子价格形式提供了各种资源的这种信息。

资源 i 的影子价格(用 y_i^* 表示)衡量这种资源的边际值,即当(稍微)增加所使用资源(b_i)的数量时,Z 的增长率。[①②] 单纯形法可确定影子价格:y_i^* =最终单纯形表中 0 行第 i 个松弛变量的系数。

为了说明这一点,仍以 Wyndor Glass 公司问题为例。

资源 i=对两种新产品来说能够利用的 i($i=1,2,3$)车间的生产能力,b_i=i 车间两种新产品可利用的每周生产工时数。

假设因新产品要求较多的生产工时而需要调整当前产品的生产工时,b_i 值的选择就是一个复杂的管理决策。3.1 节和本章基本模型中反映的试验性初始决策是 $b_1=4$,$b_2=12$,$b_3=18$。然而,管理层现在希望估计当 b_i 值任意改变时的结果。

这三种资源的影子价格提供的正是管理层所需的信息,由表 4.8 给出的最终表得出:

$y_1^*=0$=资源 1 的影子价格;

$y_2^*=\frac{3}{2}$=资源 2 的影子价格;

$y_3^*=1$=资源 3 的影子价格。

当仅有两个决策变量时,这些数字可通过图形分析得到证实。当任意 b_i 单独增加 1 个单位时,Z 的最优值的确会增加 y_i^*。例如,图 4.8 证实了对于资源 2 来说的这个增量,这是通过重新运用 3.1 节中所述的图解法得到的。当 b_2 增加 1 个单位(从 12 增加到 13)时,最优解由(2,6),$Z=36$,变为 $\left(\frac{5}{3},\frac{13}{2}\right)$,$Z=37\frac{1}{2}$。因此

$$y_2^*=\Delta Z=37\frac{1}{2}-36=\frac{3}{2}$$

因为 Z 代表以千美元为单位的周利润,$y_2^*=\frac{3}{2}$ 表示的就是车间 2 每周对两种新产品多增加 1 个生产工时,会使总利润每周增加 1 500 美元。这实际上可行吗?这有赖于目前利用该生产工时的其他产品的边际利润。如果车间 2 的当前产品周生产工时的每小时贡献利润少于 1 500 美元,那么把生产工时转移到新产品上就是值得的。

---

① b_i 的增长应足够小以保证当前基变量仍然最优,因为只要基变量组改变增长率(边际值)就会改变。

② 当约束条件是"≥"或"="形式时,它的影子价格被定义为 b_i 增加时 Z 的增长率,尽管 b_i 现在可被理解为其他内容而非资源可得的数量。

我们将在 7.2 节继续讨论这个例子——Wyndor Glass 公司运筹小组运用影子价格作为对模型敏感性分析的一部分。

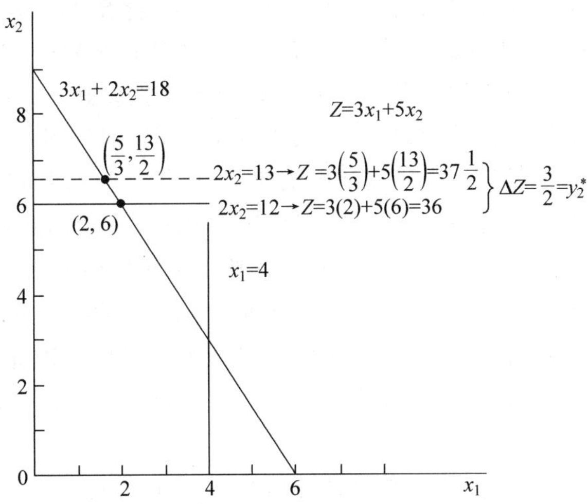

图 4.8　这个图形显示 Wyndor Glass 公司问题的资源 2 的影子价格是 $y_2^*=\frac{3}{2}$。这两个点是 $b_2=12$ 或 $b_2=13$ 的最优解，把这些解代入目标函数揭示了增加一个单位 b_2 可增加 $y_2^*=\frac{3}{2}$个单位的 Z

图 4.8 证实 $y_2^*=\frac{3}{2}$是 b_2 稍作增加时 Z 的增长率。然而，它也证明了仅在 b_2 增量很小的情况下才成立的这种普遍现象。当 b_2 增加到超过 18 时，最优解将保持在(0,9)，Z 也不再增加(在该点，最优解对应的基变量组改变了，因此会得到一个新的单纯形表，表中显示新的影子价格，包括 $y_2^*=0$)。

注意图 4.8 中 $y_1^*=0$ 的原因。因为资源 1 的约束 $x_1\leqslant 4$，在最优解(2,6)时没有约束力，这个资源有剩余。因此，b_i 增加到超过 4 并不会得到一个具有更大 Z 值的新的最优解。

相反，对资源 2 和资源 3 的约束，$2x_2\leqslant 12$，$3x_1+2x_2\leqslant 18$ 是**有约束力的约束**(binding constraints)(在最优解时约束以等式成立)。因为这些资源的有限供应量($b_2=12$，$b_3=18$)限制了 Z 的进一步增长，它们有正的影子价格。经济学家称这类资源是稀缺资源，而把处于剩余状态的资源(如资源 1)称为免费资源(其影子价格为 0)。

当考虑组织内部资源的再分配时，影子价格所提供的这种信息对于管理来说十分有用。当要从组织外部的市场购进更多资源来增加 b_i 时，影子价格提供的信息也非常有帮助。例如，假定 Z 代表利润，项目活动的单位利润(c_j 的值)包含了所耗资源的成本(以常规价格计)。资源 i 的正的影子价格 y_i^* 代表以常规价格购买 1 个单位的这种资源时，总利润可以增加 y_1^*。相反，如果在市场上必须为这种资源支付加价，y_i^* 代表值得支付的最大加价费用。①

影子价格的基本理论由第 6 章的对偶理论提供。

① 如果单位利润不包括所耗资源成本，则 y_1^* 代表增加 b_i 时值得支付的总价。

4.9.3　敏感性分析

在3.3节结尾讨论对线性规划模型的确定假设时,我们指出模型参数值(表3.3所列的a_{ij}、b_i和c_j)一般来说仅是估计量,它们的真实值只有当线性规划研究结果在将来某个时间实施后才能确定。敏感性分析的主要目的就是确定**敏感性参数**(sensitive parameters)(若没有最优解的改变就不能改变的参数)。敏感性参数是那些需特别注意估计的参数,目的是最小化产生错误最优解的风险。当研究结果被执行时,还需密切监测这些参数。如果发现模型中敏感性参数的真实值与估计值不同,则直接发出了一个信号:需要立即改变这个解。

如何求得敏感性参数呢?就b_i而言,你会看到由影子价格所给出的这个信息,影子价格是由单纯形法计算得到的。特别地,当$y_i^*>0$时,b_i改变,则最优解改变,因此b_i是敏感性参数。而$y_i^*=0$暗示着最优解至少是对b_i小的改变不敏感。因此,如果所用b_i的值是对可得(而非管理决策)资源量的估计,那么一些具有正影子价格特别是较高的影子价格的b_i值,就需要被密切关注。

当仅有两个变量时,不同参数的敏感性分析可由图示完成。例如,图4.9中,$c_1=3$可以变为0至7.5中的任何一个值,而不会使最优解(2,6)发生变化(原因是这个范围内的任意值c_1都可使$Z=c_1x_1+5x_2$位于线段$2x_2=12$和$3x_1+2x_2=18$之间)。类似地,如果$c_2=5$是唯一改变的参数,它可以是大于2的任意值,而不会影响最优解。因此,c_1和c_2都不是敏感性参数(IOR Tutorial上名为"**图示方法和敏感性分析**"(Graphical Method and Sensitivity Analysis)的过程可以帮助你有效地进行这种图示分析)。

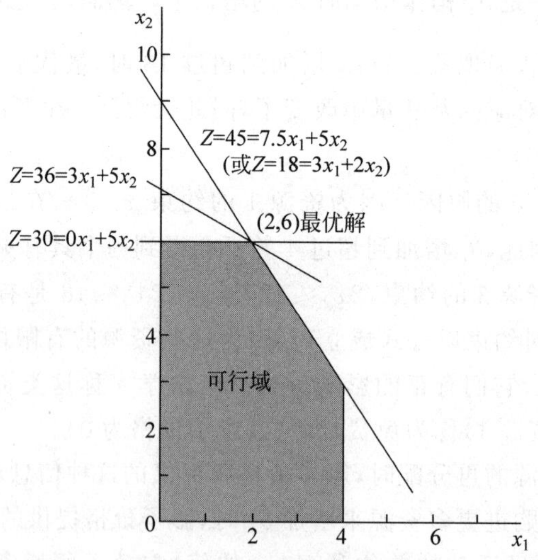

图4.9　这个图形描述了Wyndor Glass公司问题的c_1和c_2的敏感性分析。初始目标函数线是$c_1=3$,$c_2=5$,最优解是(2,6),另外两条线显示了目标函数线变化以及保持最优解(2,6)的范围。因此,当$c_2=5$时,c_1的允许变化范围是$0\leqslant c_1\leqslant 7.5$;而$c_1=3$时,$c_2$的允许变化范围是$2\leqslant c_2$

使用图解法分析每个参数的敏感性的最简单的方法是判断对应的约束在最优解时是否有限制作用。因为$x_1\leqslant 4$不是有限制作用的约束,其系数($a_{11}=1$,$a_{12}=0$)的一个充分小的变化不会改变最优解，所以这些不是敏感性参数。另外，$2x_2 \leqslant 12, 3x_1+2x_2 \leqslant 18$ 是有限制作用的约束，它们的任意一个系数（$a_{21}=0, a_{22}=2, a_{31}=3, a_{32}=2$）改变都会引起最优解的改变，所以它们是敏感性参数。

通常，我们相对 a_{ij} 参数会更注意对 b_i 和 c_j 的敏感性分析。对于有着上百个或者上千个约束和变量的现实问题，改变一个 a_{ij} 的值的影响通常是可以忽略的；但改变一个 b_i 或 c_j 的值却会有实质的影响。进一步说，在许多场合，a_{ij} 值是由所采用的工艺决定的（a_{ij} 值有时被称为工艺系数），因此它们的终值不确定性相对较小（或者没有）。这是值得庆幸的，因为大型问题中参数 a_{ij} 的数量远多于参数 b_i 和 c_j。

对决策变量多于两个（也可能是三个）的问题，你不能像刚才分析 Wyndor Glass 公司问题时那样，用图解法分析参数的敏感性。但是，你可以从单纯形法中提取同样的信息。获取这种信息需要用到 5.3 节中所述的基础的审视来推断改变初始模型参数值时所引起的最终单纯形表的变化。剩下的程序将在 7.1 节和 7.2 节讲述。

4.9.4 运用 Excel 产生敏感性分析信息

敏感性分析通常含在基于单纯形法的软件包中。例如，Excel Solver 会按照请求指令产生敏感性分析信息，如图 3.2 所示。当 Solver 给出“解已经被找到”的信息时，也会在右侧给出三个可以提供的报告的清单。在求解 Wyndor Glass 公司问题时，选择第二张表（标记为“敏感性”），你会得到如图 4.10 所示的敏感性报告，报告中上面的表提供了决策变量及其在目标函数中的系数的敏感性分析信息，下面的表是对约束条件及其右端项的敏感性分析信息。

可调整单元						
单 元	名 称	最终值	减少的成本	目标函数系数	允许增加值	允许减少值
\$C\$12	门的批次数	2	0	3 000	4 500	3 000
\$D\$12	窗户的批次数	6	0	5 000	1E+30	3 000
约束条件						
单 元	名 称	最终值	影子价格	约束右端项	允许增加值	允许减少值
\$E\$7	使用工厂 1 的工时	2	0	4	1E+30	2
\$E\$8	使用工厂 2 的工时	12	1 500	12	6	6
\$E\$9	使用工厂 3 的工时	18	1 000	18	6	6

图 4.10 Excel Solver 生成的 Wyndor Glass 公司问题的敏感性报告

先看图中上面的表。“最终值”列给出的是最优解。下一列给出“减少的成本”（我们不再讨论“减少的成本”，因为它提供的信息也可以从这张表的其他部分获得）。接下来的三列给出的是保持这个最优解时，目标函数的每个系数 c_j 的允许变化范围。

对 c_j 而言，其允许变化范围是假定其他系数不变，能够保持当前最优解仍为最优时的系数变化范围。

“目标函数系数”列给出了每个系数的当前值，接下来的两列给出的是该值在允许变化范围内允许增加和允许减少的量。电子表格版的模型（见图 3.22）的每批利润以美元为单位，而代数版的线性规划模型中的 c_j 单位是千美元，因此要保持与 c_j 单位的一致性，这三列的数量需除以1 000。因此,$\frac{3\,000-3\,000}{1\,000} \leqslant c_1 \leqslant \frac{3\,000+4\,500}{1\,000}$,从而$0 \leqslant c_1 \leqslant 7.5$是当前最优解保持最优(假设$c_2=5$时)时,允许$c_1$变化的范围,这与图4.9中得出的结论一样。同样,因Excel运用1E+30(10^{30})代表无穷,所以$\frac{5\,000-3\,000}{1\,000} \leqslant c_2 \leqslant \frac{5\,000+\infty}{1\,000}$,即$2 \leqslant c_2$是保持最优解不变时$c_2$的允许变化范围。

决策变量系数的允许增加和允许减少都大于0这一事实可以给出另一条有用的信息,叙述如下。

如果Excel Solver生成的敏感性报告上面的表中指出每个目标函数允许增加和允许减少的值都大于0,则表明"最终值"列中的最优解是唯一最优解。相反,任意一个允许增加和允许减少的值等于0,是存在多个最优解的标志。相应的系数改变一个大于0且在允许范围内的极小的量,再次求解后会得到原模型的另一个最优CPF解。

现在考虑图4.10中下面的表,这是关于三个约束条件的敏感性分析结果。"最终值"列给出的是最优解每个约束条件左边的值,接下来两列给出了每个约束条件的影子价格和右端项的当前值。当仅有一个b_i值改变时,后两列给出的是在允许范围内b_i的允许增加和允许减少。

对于任意b_i,其允许变化范围是在其他右端项保持不变的情况下,使当前最优BF解(基变量的值有调整①)仍为可行解的范围。这个范围的一个重要性质是:当评价b_i的改变会对Z产生影响时,只要b_i的值在这个允许变化范围之内,b_i的当前影子价格就仍然有效。

这样,运用图4.10下面的表,把后两列与右端项的当前值结合起来,即可得出保持可行解的b_i的允许变化范围:

$$2 \leqslant b_1$$
$$6 \leqslant b_2 \leqslant 18$$
$$12 \leqslant b_3 \leqslant 24$$

Excel Solver生成的敏感性报告是由线性规划软件包提供的典型的敏感性分析信息。你在本章附录1中将看到LINDO和LINGO会提供几乎一样的报告。对于MPL/Solvers,当在解文件对话框中提出请求时,也会给出同样的报告。对于两变量而言,这种代数上可获得的信息从图解分析中也可以获得(见习题4.9-1)。例如,在图4.8中,当b_2从12开始增加时,仅在$b_2 \leqslant 18$时,在约束边界$2x_2=b_2$和$3x_1+2x_2=18$的交点处原来的最优CPF解才会保持可行(包括满足$x_1 \geqslant 0$)。第6章会更深入地讨论对这种类型的分析。

本书网站工作例子部分包含应用敏感性分析(既用图解法,也用敏感性分析报告)的另一个例子。第6章将更深入地探讨这类分析。

4.9.5 参数线性规划

敏感性分析围绕一次改变一个初始模型中的参数来考察它对最优解的影响。而参数线

① 因为基变量的值由方程组(扩展形式的约束条件)的联立求解得到,当一个右端项改变时至少有某些值会改变,然而,只要右端项的新值在允许变化范围内,当前基变量的调整值仍会满足非负约束,因此仍然可行。如果调整后的基本解仍可行,它也仍然最优。在7.2节我们将进一步讨论。

性规划(parametric linear programming)(或简称参数规划)则是系统地研究几个参数在某个范围内同时变化时最优解的变化情况。这种研究给敏感性分析提供了一个有用的延伸,例如,检查由于经济状况变化等外在因素变化,导致关联参数同时改变时带来的影响。然而,更重要的应用是对参数值平衡点的研究。例如,c_j 值代表各个活动的单位利润,通过适当转换活动中涉及的人和设备,以减少其他 c_j 值为代价而增加某些 c_j 值是可能的。同样,如果 b_i 值代表可得资源的数量,也可以通过允许减少其他一些 b_i 的值而增加某些 b_i 的值。

在一些应用中,这种研究的主要目的是决定两个基本因素(如成本和利润)的最适当的平衡点。最常用的方法是把一个因素表示在目标函数(如总成本最低)中,把另一个放入约束条件(如利润≥可接受的最低水平)中,就像 3.4 节分析 Nori&Leets 公司的空气污染问题时所做的。当通过某些代价改善了一个因素而使基于平衡点(如利润的最低期望值)的初始假设决策发生改变时,参数线性规划方法就能对其进行系统研究。

参数线性规划的算法是敏感性分析方法的自然延伸,因此它也是建立在单纯形法基础上的。这个过程将在 8.2 节介绍。

4.10　在计算机上的实施

如果计算机未被发明,你可能都不会听说过线性规划和单纯形法。即使可以用单纯形法手工(或借助计算器)来解决小型线性规划问题,但碍于计算过程的烦琐,无法采用常规手段实现。单纯形法非常适合在计算机上执行。近几十年来,正是计算机技术的飞速发展使线性规划的广泛应用成为可能。

4.10.1　单纯形法的实现

几乎所有的现代计算机系统都可广泛使用单纯形法的程序代码。这些代码通常作为复杂的数学规划软件包的一个组成部分。

这些计算机代码并不完全遵循 4.3 节和 4.4 节中所述单纯形法的代数形式或表格形式。新的形式充分考虑了计算机实现的内在要求。代码采用矩阵形式加以实现,非常有利于计算机的执行,通常称为修正的单纯形法。这种方法可以实现与代数迭代或表格计算同样的功能,但在计算时仅仅存储当前迭代需要的数值,并采用更为紧凑的形式传送数据。修正的单纯形法将在 5.2 节和 5.4 节介绍。

对于给定的线性规划问题,单纯形法的求解时间取决于下面几个因素。

影响单纯形法求解速度的一些因素

(1) 决策变量的数目。这确实是一个重要因素,但远非单一的限定因素。事实上,一些有着数百万甚至数千万个决策变量的问题已经被成功解决,主要取决于下面列出的因素。

(2) 函数约束的数目。在使用标准单纯形法时,这肯定是比决策变量数目更重要的因素。然而,在使用对偶单纯形法(见下一个要点)时,这两个因素的重要性就会颠倒过来。因此,一些有数百万甚至数千万个函数约束的问题也得到了成功的解决,主要取决于下面列出的因素。

(3) 使用单纯形法的变形。对偶单纯形法是8.1节所述单纯形法的一种特别重要的变种。对于大规模问题,它通常比标准单纯形法计算速度更快。除此之外,也可以选择其他变形。

(4) 约束系数的密度。密度是指不为零的约束系数的百分比。对于非常大的问题,密度通常非常小,甚至可能远低于1%。这种"稀疏性"会大大加快单纯形法的速度。

(5) 问题的结构。很多现实中的大规模线性规划问题都具有某种特殊的结构,可以用来大大加快单纯形法的速度。第9章和第10章给出了一些有代表性的例子。

(6) 高级启动信息的使用。在规模很大的问题上,通常使用碰撞技术(crashing techniques)来获得一个高质量的初始基本可行解,这个解几近为最优解。从一个高质量的初始基本可行解,而非一个方便可得的初始基本可行解开始,可以极大地节省计算时间。

(7) 软件的处理能力。3.6节描述了一些优秀的数学规划语言,这些语言甚至能够迅速完成巨型线性规划模型的构建并使用强大的软件包进行求解。多年来,在加速单纯形法和对偶单纯形法的计算机实现方面,一流的运筹学软件公司的顶尖科学家取得了显著的进展。另一个重要趋势是在交互环境中普遍使用高级编程语言 Python。

(8) 硬件的处理能力。强大的计算机现在普遍用于解决大规模的线性规划模型。遗憾的是,单纯形法难以在多核计算机上进行并行计算。

对于大规模线性规划问题,在初始构建模型并输入计算机的过程中,难免会产生一些错误,抑或作出一些错误的决策。因此,正如2.7节所讨论的那样,有必要开展一个较为严格的模型测试和改善过程,也就是模型的验证。通常来说,最终产品并不是使用单纯形法求解一个单一静态模型。取而代之的是,运筹学团队和管理人员常常会求解一个基本模型的多个变形(有时可达成百上千个)以检验不同的应用场景,这也是后优化分析的一部分。这个完整的过程如果使用计算机交互执行可极大地提高工作效率。不仅如此,借助数学规划编程语言和先进的计算机技术,已是当下的常规做法。

4.10.2 本书中线性规划软件的特点

正如3.6节所述,运筹学课程软件所提供的学生版 MPL 软件给出了一种便于学生使用的建模语言,可以以较为简洁的形式高效地构建大型规划模型及其他相关模型。MPL 软件也提供了一些优秀的求解器,可以用惊人的速度求解这些模型。运筹学课程软件中的学生版 MPL 软件包括如下求解器的学生版本,即 CPLEX、GUROBI 和 CoinMP。专业版 MPL 软件经常用来求解具有数千万个约束和决策变量的巨型线性规划模型。在本书的网站上提供了 MPL 软件的使用教程及大量 MPL 范例。

LINDO 在线性规划及其扩展的应用领域有着悠久的历史。易于使用的 LINDO 界面是 LINDO 系统的 LINGO 优化建模包的一个子集。LINDO 之所以长期广受欢迎,部分归功于它的易用性。对于教科书式规模的问题,模型直接输入并进行求解,非常直观,LINDO 界面为学生提供了一个非常方便的软件工具。专业版 LINDO/LINGO 软件不仅可以很容易地求解小规模问题,还可以解决具有数千(甚至可能数百万)个约束和决策变量的大型模型。

本书网站上提供的运筹学课程软件中包含了学生版 LINDO/LINGO 软件,并附有详尽的教程。本章附录提供了简单的介绍。此外,该软件还包含大量的在线帮助。运筹学课程软件还提供了本书所使用主要例子的 LINGO/LINDO 公式。

基于电子表格的求解器在线性规划及其扩展领域越来越受欢迎。领先的是 Frontline Systems 为 Microsoft Excel 制作的基本求解器。除了求解器,Frontline Systems 还开发了更强大的高级求解器产品,包括通用的分析求解器平台。由于电子表格包(如 Microsoft Excel)的广泛使用,这些求解器向大众展示了线性规划的潜力。对于教科书大小的线性规划问题(以及相当大的问题),电子表格提供了一种方便的方法来建立和求解模型,如 3.5 节所述。更强大的电子表格求解器可以解决具有数千个决策变量的大型模型。然而,当电子表格的规模大到难以处理时,一个好的建模语言及其求解器可以提供一种更有效的方法来建立和求解模型。

电子表格提供了一种出色的沟通工具,特别是对于那些对这种格式非常熟悉但不熟悉 OR 模型的代数公式的典型的管理者。因此,优化软件包和建模语言通常可以用电子表格格式导入和导出数据与结果。例如,MPL 建模语言拥有一个增强功能(称为 OptiMax 组件库),它使建模者能够为用户提供电子表格模型的体验,也能够使用 MPL 高效地建立模型。

本书网站上的所有软件、教程和示例提供了多个有吸引力的求解线性规划的软件选项。

4.10.3　线性规划可用软件选项

(1) OR Tutor 中提供的演示的例子以及 IOR Tutorial 中交互式的自动程序有助于有效地学习单纯形法。

(2) Excel 及其求解器主要采用电子表格建立和求解线性规划模型。

(3) MPL 的学生版及其一些求解器,如 CPLEX、GUROBI、Xpress、CoinMP 和 LINDO 等主要关注如何高效地建立和求解大型线性规划模型。

(4) 学生版本的 LINGO 软件及其求解器(与 LINDO 共享)也不失为好的备选,它同样能高效地建立和求解大型线性规划模型。

你的教师可能会指定软件。无论选择何种软件,与运筹学专业人员一样,你都将能获得运筹学专业人员所使用的用于线性规划及其他众多运筹学技术的最先进软件的体验。

4.11　求解线性规划问题的内点算法

20 世纪 80 年代运筹学领域最神奇的新发展是求解线性规划问题的内点算法的发现。这是 1984 年由 AT&T 贝尔实验室的一名年轻数学家 Narendra Karmarkar 发明的,当时他借助该方法成功地开发了一种求解线性规划问题的新算法。尽管这种特殊算法在与单纯形法的竞争中只取得了部分的成功,但以下所述的主要解原理在解特大型线性规划问题方面有巨大的潜力,而这样的问题是单纯形法力所不及的。许多顶尖的研究者纷纷致力于修改 Karmarkar 算法以使其完全达到这种潜力,并取得了重大进步。特别是在 Karmarkar 1984 年发明该算法后的头十年。对于内点算法的研究热情促使学者们纷纷投入精力研究改进单纯形法及其变异方法的计算机实现,并取得巨大进展。21 世纪的最初几十年是一个令人兴奋的时代,几乎可以求解任何规模的线性规划问题。更强大的用来解决真正的大型线性规划问题的软件包除包含单纯形法和对偶单纯形法(如 8.1 节介绍)及其衍生方法外,至少还包括一种采用内点算法的计算方法。随着对这些算法研究的继续,它们的计算机实现也在不断改进。这刺激了对单纯形法的重新研究,单纯形法计算机实施也因而得到不断改进。关于这两种方法中的哪一种在解特大型问题上更先进的争论还在继续。

现在让我们来看一下 Karmarkar 算法的主要思想及其后续利用内点算法的一些变化。

4.11.1 主要的解概念

尽管与单纯形法截然不同,但 Karmarkar 算法也与其有些相同的特征。它是一种迭代算法,从得出一个可行的试验解开始,在每次迭代中,在可行域内从当前试验解开始移动至另一个更好的试验解。然后继续这个过程直到试验解(基本上)是最优解为止。

大的区别在于这些试验解的性质。对于单纯形法而言,试验解是 CPF 解(或扩展后的 BF 解)。因此,所有的移动都是在可行域的边界上进行的。对于 Karmarkar 算法而言,试验解是**内点**(interior points),即可行域边界以内的点。正是出于这个原因,Karmarkar 算法及其衍生算法被称为**内点算法**(interior-point algorithms)。

因为内点算法获得专利的早期版本的名称是障碍点算法,因此内点算法也通常被称为**障碍算法**(或障碍法)(barrier algorithm)。用"障碍"一词是因为从搜索的角度看,所找的试验解都是内点,每一个约束边界都被作为障碍对待。不过我们将继续使用更有启示性的内点算法这个名称。

为了描述内点算法,图 4.11 描绘了在运筹学课程软件中按内点算法解 Wyndor Glass 公司问题时得到的轨迹,这条轨迹是从初始试验解(1,2)开始的。注意路径达到最优解(2,

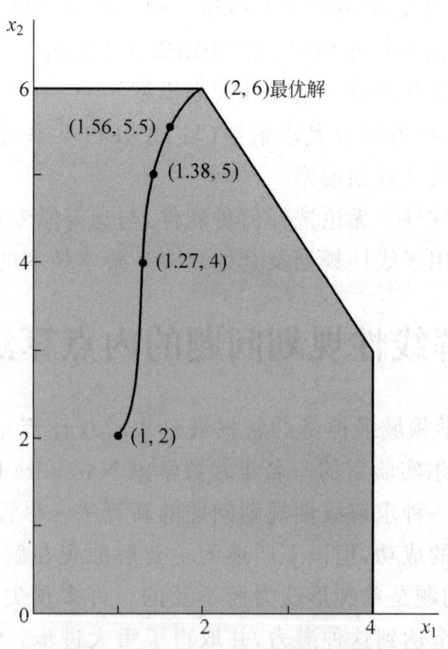

图 4.11 从点(1,2)到点(2,6)的曲线显示了内点算法解 Wyndor Glass 公司问题时遵循的通常的轨迹,这条轨迹穿过了可行域的内点

6)时,这条轨迹上显示的所有试验解(点)是如何留在可行域边界之内的(所有后续的未标出的试验解也位于可行域边界内部)。对照一下由单纯形法得到的沿可行域边界移动的轨迹:从(0,0)到(0,6),再到(2,6)。

表4.18给出的是该问题的IOR Tutorial的实际输出。[①]（自己试一下)注意连续的试验解是如何变得越来越接近最优解,但却永远不会完全到达最优解的。然而,这个偏差可变得无限小,以至于最后的试验解可被认为是实际的最优解。

表4.18中的试验解明显地收敛到最优解(2,6)。但是对于大规模问题,确定试验解所趋近的最优解是十分困难的。尽管最后一个试验解是一个很好的解,事实上一个还没有被确定的最优BF解产生了一个严重的问题。这样的一个解对于4.9节中描述的优化后分析是必要的。因此,在一个相当大的问题上使用内点算法意味着必须使用一个复杂的算法,即**交叉算法**(crossover algorithm),使从移动内点算法得到的最终试验解能够求得最优BF解。这会增加很多计算量。

表4.18 OR Courseware中的内点算法求解Wyndor Glass公司问题时的输出

迭代	x_1	x_2	Z
0	1	2	13
1	1.272 98	4	23.818 9
2	1.377 44	5	29.132 3
3	1.562 91	5.5	32.188 7
4	1.802 68	5.718 16	33.998 9
5	1.921 34	5.829 08	34.909 4
6	1.966 39	5.905 95	35.429
7	1.983 85	5.951 99	35.711 5
8	1.991 97	5.975 94	35.855 6
9	1.995 99	5.987 96	35.927 8
10	1.997 99	5.993 98	35.963 9
11	1.999	5.996 99	35.981 9
12	1.999 5	5.998 5	35.991
13	1.999 75	5.999 25	35.995 5
14	1.999 87	5.999 62	35.997 7
15	1.999 94	5.999 81	35.998 9

8.4节给出了应用IOR Tutorial进行特殊的内点算法的详细过程。

4.11.2 与单纯形法的比较

比较内点算法与单纯形法的一种方法是检验它们的运算复杂性的理论性质。Karmarkar已证明他的算法的原始版本是一个**多项式时间算法**(polynomial time

---

① 这个过程称为内点算法的自动求解。选择菜单对算法的特定参数α(将在8.4节中定义)给出了两种选择。这里采用的选择是默认值0.5。

algorithm),即求解任何线性规划问题所需的时间都由问题规模的多项式函数界定。为证明单纯形法不具备这个性质,已经构建出来异常的反例,它符合**指数时间法则**(exponential time algorithm)(所需时间仅由问题规模的指数函数界定)。在最坏的情况下,这个差别的表现是很显著的。然而,它并未告诉我们其对实际问题平均表现的比较情况,而这种表现的比较才是更重要的问题。

有几个基本因素影响实际问题平均表现的比较,如下所述。

影响单纯形法与内点算法相对表现的若干因素

(1) 迭代所需的计算工作量。与单纯形法相比,每次迭代对内点算法的计算工作量要大得多。对于具有单纯形法所能利用的特殊结构的问题,这种主要的差异会变得更大。

(2) 所需迭代次数。单纯形法(从明显的初始 BF 解开始时)相较于内点算法来说所需迭代次数随问题规模增加得更快。单纯形法需要沿着可行域的边缘遍历一系列相邻的 BF 解,而内点算法可以穿透可行域的内部。

(3) 高级启动信息的影响。然而,对于非常大的问题,单纯形法通常使用碰撞技术来识别已经相对接近最优解的高级初始 BF 解。这将大大降低内点算法与上述因素的优势。

(4) 交叉效应。虽然内点算法得到的试验解越来越接近最优解,但它们从未真正达到最优解。因此,需要一种交叉算法将内点算法得到的最终解转化为优化后分析所需的最优 BF 解。交叉算法所需的单纯形迭代往往会给内点算法造成计算瓶颈。

(5) 并行处理的使用。内点算法的一个重要优点是,它非常适合使用多核计算机进行并行处理,而这一点用单纯形法无法轻易实现。这有时使内点算法在总处理时间上比单纯形法稍有优势,特别是对于大规模问题来说。

(6) 底线。然而内点算法在实际中并没有得到太多的应用,主要是因为它在利用高级启动信息方面效率低下。虽然这种算法通常作为一个选项包含在最强大的软件包中,但对于几乎任何规模的问题通常都会选择单纯形法或其变形(如 8.1 节所述的对偶单纯形法)。

4.12 结论

单纯形法是求解线性规划的一种有效且可靠的算法,它也为有效进行多种优化后分析奠定了基础。

尽管单纯形法具有一个有意义的几何理解,但它仍是一个代数程序。在每次迭代中,它通过选择入基变量和出基变量,运用高斯消元法求解一个线性方程组,实现从当前 BF 解移向一个更好的且相邻的 BF 解。若当前解无更好的相邻 BF 解,则当前解是最优解,运算也就停止了。

我们介绍了单纯形法的完整代数形式来表达它的逻辑,接着我们给出了这个方法的更简单的表格形式。为了做好实施单纯形法的准备,有时需引入人工变量来得到人工问题的初始 BF 解。如果出现这种情况,无论使用大 M 法还是两阶段法都能保证单纯形法得出现实问题的最优解。

单纯形法及其变异方法的计算机实施变得非常强大，它们通常用来解决巨大的线性规划问题。内点算法也为解决大型问题提供了一个强大的工具。

附录　LINDO 和 LINGO 的使用介绍

LINDO 软件可以用以下两种语句结构形式之一接受优化模型：LINDO 语句结构或 LINGO 语句结构。下面先描述 LINDO 语句结构。LINDO 语句结构的相对优点是对单一的线性规划模型使用起来非常容易和方便。

LINDO 语句结构允许以教材中常用的自然的形式输入一个模型。例如，3.1 节中讲述的 Wyndor Glass 公司问题的输入。安装了 LINGO 之后，只要单击 LINGO 的图像启动 LINGO，然后输入下列语句：

```
!  Wyndor Glass Co.Problem.LINDO model
!  X1  =  batches of product 1 per week
!  X2  =  batches of product 2 per week
!  Profit,in 1000 of dollars,
MAX Profit) 3 X1 + 5 X2
Subject to
!  Production time
Plant 1) X1 <=  4
Plant 2) 2 X2 <=  12
Plant 3) 3 X1 + 2 X2 <=  18
END
```

前 4 行每行都以一个感叹号作为开始。最先是简单的注释，第 4 行进一步说明目标函数以 1 000 美元为单位。数字 1 000 没有像通常表达时在后面三位数字 0 之前加逗号，因为 LINDO/LINGO 不接受逗号(LINDO 语句结构同样不接受代数表达式中的括号)。第 5 行继续这个模型，决策变量可以不加下标，代之以 X1 或 X2，也可以使用更有暗示性的名称，如产品名称，或者用门窗等文字来表达模型中的决策变量。

LINDO 输入式的第 5 行指出模型的目标是使目标函数 $3x_1+5x_2$ 最大化。利润(Profit)一词后面用单括号表明是一种选择，代表最大化的量在解的报告中称为利润。

第 7 行的注释指出下列约束为所用生产时间。其下面三行对每个约束条件开头处给出一个名称，紧跟的一个括号表明这个名称是可选择的。这些约束除不等式符号外用通常方式书写。因为大多数键盘上没有≤和≥号，LINDO 以<或<=作为≤，以>或>=作为≥(即使键盘上有≤和≥，LINDO 也不识别这些符号)。

约束条件的结尾处使用 END。变量的非负约束无须列出，因为 LINDO 自动假定所有变量≥0。假如 x_1 不存在非负约束，则在 END 下面一行键入 FREE X1。

为了用 LINGO/LINDO 求解模型，先单击 LINGO 窗口顶端红色牛眼(Bull's Eye)状的求解按钮。图 A4.1 给出了“解报告”的结果。其顶端一行指出已找到全局最优解，经两次迭代，其目标函数值为 36，接下来是最优解中 x_1 和 x_2 的值。

```
Global optimal solution found.
Objective value:                          36.00000
Total solver iterations:                          2

   Variable      Value       Reduced Cost
      X1       2.000000      0.000000
      X2       6.000000      0.000000

   Row       Slack or Surplus      Dual Price
  PROFIT        36.00000          1.000000
  PLANT1        2.000000          0.000000
  PLANT2        0.000000          1.500000
  PLANT3        0.000000          1.000000
```

图 A4.1 用 LINDO 语句提供的 Wyndor Glass 公司问题的解报告

变量值右端的列给出了**缩减成本**(reduced cost),本章我们并未讨论它,因为这个信息也可以从目标函数系数允许变化的范围中收集到。这个允许变化的范围可以从图 A4.2 中得到。当变量在最优解中是基变量(如在 Wyndor Glass 公司问题中的变量 x_1 和 x_2)时,其缩减成本自然为 0。当一个变量为非基变量时,缩减成本提供了一些有趣的信息。在最大化模型中,一个变量的系数"太小"或在最小化模型中"太大"时,在最优解中其值将为 0。缩减成本表明这个系数需要增大多少(求最大值时)或减小多少(求最小值时),最优解才会发生变化,这个变量才会变成基变量。但是回忆一下,与这个信息相同的信息已经从目标函数系数允许变化的范围中得到。非基变量的这个缩减成本恰好是在允许范围内现有值的可增加量(求最大值时)或可减小量(求最小值时)。

```
Ranges in which the basis is unchanged:
                  Objective Coefficient Ranges
                   Current      Allowable     Allowable
Variable         Coefficient     Increase      Decrease
   X1             3.000000       4.500000      3.000000
   X2             5.000000       INFINITY      3.000000
                   Righthand Side Ranges
   ROW             Current       Allowable     Allowable
                     RHS          Increase      Decrease
 PLANT 1          4.000000       INFINITY      2.000000
 PLANT 2         12.000000       6.000000      6.000000
 PLANT 3         18.000000       6.000000      6.000000
```

图 A4.2 对 Wyndor Glass 公司问题,LINDO 给出的范围报告

图 A4.1 的下端部分提供了三个约束条件的信息。其松弛或剩余列给出了每个约束两端的差值,其对偶价格列给出了 4.7 节中用另一名词讲述的**影子价格**(shadow price)。6.1 节中表明影子价格恰好是第 6 章导入的对偶变量的最优值。需要注意,LINDO 采用了不同于本书各处习惯采用的符号(见 4.7 节中有关影子价格定义的脚注)。特别是,对最小值问题,LINGO/LINDO 影子价格是我们得到数字的负值。

在 LINDO 提供解报告后,还需要决定要不要进行变化范围(敏感性)分析。图 A4.2 显示了这个分析报告,只需单击 LINDGO|Range 即可生成该报告。

除了目标函数中用千美元代替美元外,前面图 4.10 中用 Excel Solver 产生的敏感性分

析报告的后三列的单位也是千美元。如4.7节讨论的，敏感性报告的头两行数字中，表明目标函数中每个系数的允许变化范围(假定模型中其他数字不变时)为

$$0 \leqslant c_1 \leqslant 7.5$$

$$2 \leqslant c_2$$

类似的，后三行表明每个右端项(假定模型中其他数字不变)的允许变化范围为

$$2 \leqslant b_1$$

$$6 \leqslant b_2 \leqslant 18$$

$$12 \leqslant b_3 \leqslant 24$$

单击 Files|Print 即可以标准的视窗形式打印这些结果。

上述为LINGO/LINDO的基本使用教程。你可以打开或关闭生成报告功能。例如，当自动生成标准解报告的功能被关闭(简单的模式)时，你可以通过依次单击 LINGO|Options|Interface|Output level|Verbose|Apply 重新开启。生成敏感性报告的功能可以通过依次单击 LINGO|Options|General solver|Dual computation|Price & Ranges|Apply 打开或关闭。

支持LINGO的第二种输入形式为LINGO语句结构。LINGO语句结构较之LINDO语句结构要强大得多。应用LINGO语句结构的优势为：①允许任意的数学表达式，包括括号和所有常用的数学运算，如乘、除、求对数等；②不仅能求解线性规划问题，而且能求解非线性规划问题；③具有可大量应用带下标的变量和集合的能力；④能从数据表格或数据库读入数据并将其输回原处；⑤自然表达具有零星关系的能力；⑥程序化能力，进行参数分析时可以自动求解一系列模型；⑦快速建模和求解机会约束规划问题(见7.5节)和随机规划问题(见7.6节)；⑧利用网络图、甘特图、直方图等图形化展示结果的能力。Wyndor Glass 公司问题在 LINGO 中应用 subscript/sets 表达为

```
!Wyndor Glass Co. Problem;
SETS:
 PRODUCT: PPB, X;                          ! Each product has a profit/batch
and amount;
 RESOURCE: HOURSAVAILABLE;                 ! Each resource has a capacity;
! Each resource product combination has an hours/batch;
 RXP(RESOURCE,PRODUCT): HPB;
ENDSETS
DATA:
 PRODUCT  = DOORS  WINDOWS;                ! The products;
     PPB  =   3       5;                   ! Profit per batch;
       RESOURCE = PLANT1  PLANT2  PLANT3;
 HOURSAVAILABLE =    4       12       18;

  HPB =     1  0       ! Hours per batch;
            0  2
            3  2;
ENDDATA
 ! Sum over all products j the profit per batch times batches produced;
 MAX = @SUM( PRODUCT(j): PPB(j) * X(j));
```

```
@FOR(RESOURCE(i)): ! For each resource i...;
  ! Sum over all products j of hours per batch time batches produced...;
  @SUM(RXP(i,j): HPB(i,j) * X(j))  <= HOURSAVAILABLE(i);
    );
```

初始的 Wyndor Glass 公司问题有两个产品和三项资源,假如扩展为有三个产品和四项资源,这是一个一般的变化,只要将相应的新数据插入 Data 集合,模型的公式将自动调整。这个 subscript/sets 的能力同样允许自然表达三维的或更高阶的模型。3.6 节中描述的大型模型有五个维度:厂房、机器、产品、地区/客户和时期。这难以用二维的数据表格表示,但容易表达为具有 sets 和 subscript 的建模语言。实际上,类似 3.6 节中多达 10(10)(10)(10)(10)=100 000 个可能的关系组合并不存在,即并非所有工厂可以生产所有产品,并非所有客户需要所有产品。这个建模语言中 subscript/sets 的能力使其易于表达这类稀疏的关系。

对大多数模型,LINGO 能自动识别应该使用 LINDO 语句结构还是 LINGO 语句结构。可以通过依次单击 LINGO | Options | Interface | File format | lng(对 LINGO)或 ltx(对 LINDO)选择缺失的语句结构。

LINGO 包含一个广泛在线支持(Help)菜单,其中给出了更多的例子和详细的解释。第 3 章附件 1 和 2(见本书网站)也提供了一些补充的详细材料。

参考文献

1. Cottle, R. W., and M. N. Thapa: *Linear and Nonlinear Optimization*, Springer, New York, 2017, chaps. 3-4.
2. Dantzig, G. B., and M. N. Thapa: *Linear Programming 1: Introduction*, Springer, New York, 1997.
3. Denardo, E. V.: *Linear Programming and Generalizations: A Problem-based Introduction with Spreadsheets*, Springer, New York, 2011.
4. Fourer, R.: "Software Survey: Linear Programming," *OR/MS Today*, June 2017, pp. 48-59. (This publication updates this software survey every two years.)
5. Gleixner, A. M., D. E. Steffy, and K. Wolter: "Iterative Refinement for Linear Programming," *INFORMS Journal on Computing*, 28(3): 449-464, Summer 2016.
6. Luenberger, D., and Y. Ye: *Linear and Nonlinear Programming*, 4th ed., Springer, New York, 2016.
7. Maros, I.: *Computational Techniques of the Simplex Method*, Kluwer Academic Publishers (now Springer), Boston, MA, 2003.
8. Schrage, L.: *Optimization Modeling with LINGO*, LINDO Systems, Chicago, 2020.
9. Vanderbei, R. J.: *Linear Programming: Foundations and Extensions*, 4th ed., Springer, New York, 2014.

习题

一些习题(或其部分)序号左边的符号的含义如下。

D:可以参考本书网站中给出的演示例子。

I: 建议使用 IOR Tutorial 中给出的相应的交互程序。

C：使用任一可选（或是老师指定的）计算机软件求解（见本书 4.8 节介绍的或本书网站列出的选项）。

带有星号的习题在书后至少给出了部分答案。

4.1-1　考虑以下问题：

$$\max \quad Z = x_1 + 2x_2$$

$$\text{s.t.} \quad x_1 \leqslant 2$$

$$x_2 \leqslant 2$$

$$x_1 + x_2 \leqslant 3$$

且　$x_1 \geqslant 0, x_2 \geqslant 0$

(**a**) 画出可行域并圈出所有 CPF 解；

(**b**) 对每个 CPF 解，确定它所满足的一组约束边界方程；

(**c**) 对每个 CPF 解，利用这组约束边界方程式以代数方法求解角点上的 x_1 和 x_2 的值；

(**d**) 对每个 CPF 解，确定它的相邻 CPF 解；

(**e**) 对每组相邻的 CPF 解，确定它们共有的一条约束边界并给出方程。

4.1-2　考虑以下问题：

$$\max \quad Z = 3x_1 + 2x_2$$

$$\text{s.t.} \quad 2x_1 + x_2 \leqslant 6$$

$$x_1 + 2x_2 \leqslant 6$$

且　$x_1 \geqslant 0, x_2 \geqslant 0$

D,I(**a**) 运用图解法求解该问题，在图中圈出所有角点；

(**b**) 对每个 CPF 解，确定它所满足的一组约束边界方程；

(**c**) 对每个 CPF 解，确定它的相邻 CPF 解；

(**d**) 对每个 CPF 解，求解 Z，运用这个信息确定最优解；

(**e**) 用图解法一步步描述单纯形法的求解过程。

4.1-3　某一个包括两项活动的线性规划模型的可行域如下：

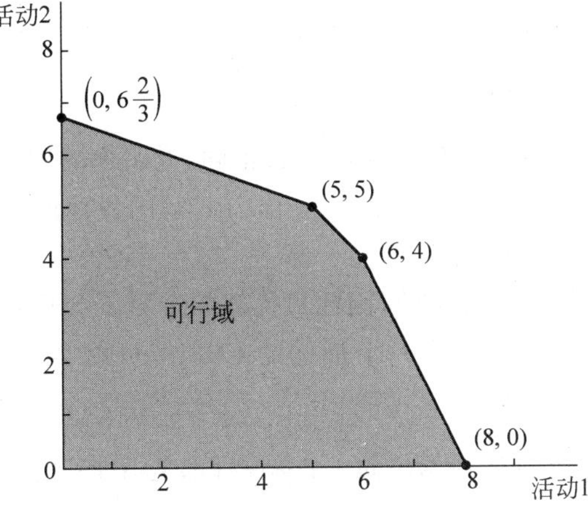

目标是使这两项活动的总利润最大,活动1的单位利润是1 000美元,活动2的单位利润是2 000美元。

(a) 计算每个CPF解的总利润,利用这个信息寻找最优解;

(b) 利用4.1节中给出的单纯形法解原理确定CPF解系列,该系列即为单纯形法寻优而进行检验的系列。

4.1-4* 考虑习题3.2-3中构建的线性规划模型(书后给出部分答案);

(a) 利用图解法找出该模型的所有角点解,对每一个都标出是可行的还是不可行的;

(b) 对每一个CPF解计算目标函数值,利用该信息确定最优解;

(c) 利用4.1节中给出的解原理来确定哪一个系列CPF解符合寻找最优解的单纯形法检验过程(提示:这个特定的模型有两个可选的过程)。

4.1-5 对以下问题重做习题4.1-4;

$$\begin{aligned} \max \quad & Z = x_1 + 2x_2 \\ \text{s.t.} \quad & x_1 + 3x_2 \leqslant 8 \\ & x_1 + x_2 \leqslant 4 \\ \text{且} \quad & x_1 \geqslant 0, x_2 \geqslant 0 \end{aligned}$$

4.1-6 在图形上描述单纯形法求解下述问题的每一步骤:

$$\begin{aligned} \max \quad & Z = 2x_1 + 3x_2 \\ \text{s.t.} \quad & -3x_1 + x_2 \leqslant 1 \\ & 4x_1 + 2x_2 \leqslant 20 \\ & 4x_1 - x_2 \leqslant 10 \\ & -x_1 + 2x_2 \leqslant 5 \\ \text{且} \quad & x_1 \geqslant 0, x_2 \geqslant 0 \end{aligned}$$

4.1-7 在图形上描述单纯形法求解下述问题的每一步骤:

$$\begin{aligned} \min \quad & Z = 5x_1 + 7x_2 \\ \text{s.t.} \quad & 2x_1 + 3x_2 \geqslant 42 \\ & 3x_1 + 4x_2 \geqslant 60 \\ & x_1 + x_2 \geqslant 18 \\ \text{且} \quad & x_1 \geqslant 0, x_2 \geqslant 0 \end{aligned}$$

4.1-8 判断下列关于线性规划问题的说法是否正确,说明你的理由:

(a) 对于最小化问题而言,如果判断出一个CPF解的目标函数的值不比各相邻的CPF解大,那么这个解是最优解;

(b) 只有CPF解才可能是最优的,因此最优解的个数不会超过CPF解的个数;

(c) 如果存在多个最优解,那么一个最优的CPF解可能会有相邻的CPF解也为最优(Z值相同)。

4.1-9 下面每一个陈述对4.1节中给出的6个解原理都是不准确的,试指出每个陈述中的错误:

(a) 最好的CPF解总是最优解;

(**b**) 单纯形法的迭代检验当前 CPF 解是否最优，如果不是，则移至一个新的 CPF 解；

(**c**) 尽管任意 CPF 解都可被选作初始 CPF 解，但单纯形法总是选择原点；

(**d**) 当单纯形法准备从当前 CPF 解移动，寻找新的 CPF 解时，它仅考虑相邻的 CPF 解，因为其中一个可能是最优解；

(**e**) 从当前 CPF 解移动，寻找新的 CPF 解时，单纯形法找出所有相邻 CPF 解，确定哪个会使目标函数值有最大的增长率。

4.2-1　重新考虑习题 4.1-4 中的模型：

(**a**) 引入松弛变量，写出约束条件的扩展形式；

(**b**) 对每个 CPF 解，通过计算松弛变量的值确定对应的 BF 解，对每个 BF 解，用变量的值确定非基变量和基变量；

(**c**) 对每个 BF 解，证明当非基变量设为 0 后，这个 BF 解也是(a)中所得方程组的联立解(通过代入解方法)。

4.2-2　重新考虑习题 4.1-5 中的模型。按照 4.2-1(a)、(b)、(c)的说明。

(**d**) 对角点非可行解和相应的基本非可行解重复(b)；

(**e**) 对相应的基本非可行解重复(c)。

4.3-1　阅读 4.3 节应用案例中提到的对三星电子公司的研究。简要阐述单纯形法在该研究中的应用，并列出该研究带来的所有财务与非财务收益。

D,I **4.3-2**　用单纯形法(代数形式)一步一步求解习题 4.1-4 中的模型。(参见本书最后给出的习题 3.2-3 的部分答案)

4.3-3　重新考虑习题 4.1-5 中的模型：

(**a**) 用单纯形法(代数形式)手工求解模型；

D,I(**b**) 在运筹学课程软件中用相应的交互式方法重复(a)；

C(**c**) 用基于单纯形法的软件包验证你所得的最优解。

D,I **4.3-4**[*]　用单纯形法(代数形式)一步一步求解下述问题：

$$\max \quad Z=4x_1+3x_2+6x_3$$

$$\text{s.t.} \quad 3x_1+x_2+3x_3\leqslant 30$$

$$2x_1+2x_2+3x_3\leqslant 40$$

且　$x_1\geqslant 0, x_2\geqslant 0, x_3\geqslant 0$

D,I **4.3-5**　用单纯形法(代数形式)一步一步求解下述问题：

$$\max \quad Z=x_1+2x_2+4x_3$$

$$\text{s.t.} \quad 3x_1+x_2+5x_3\leqslant 10$$

$$x_1+4x_2+x_3\leqslant 8$$

$$2x_1+2x_3\leqslant 7$$

且　$x_1\geqslant 0, x_2\geqslant 0, x_3\geqslant 0$

4.3-6 考虑以下问题：

$$\max \quad Z=5x_1+3x_2+4x_3$$

$$\text{s.t.} \quad 2x_1+x_2+x_3\leqslant 20$$

$$3x_1+x_2+2x_3\leqslant 30$$

且 $x_1\geqslant 0, x_2\geqslant 0, x_3\geqslant 0$

已知最优解中非零变量为 x_2 和 x_3。

(**a**) 不进行实际的迭代，描述你如何能使用该信息改造单纯形法，以便以尽可能少的迭代次数求解(从通常的 BF 解出发求解)该问题。

(**b**) 用(a)中开发的程序手工求解该问题(不要使用运筹学课程软件)。

4.3-7 考虑以下问题：

$$\max \quad Z=2x_1+4x_2+3x_3$$

$$\text{s.t.} \quad x_1+3x_2+2x_3\leqslant 30$$

$$x_1+x_2+x_3\leqslant 24$$

$$3x_1+5x_2+3x_3\leqslant 60$$

且 $x_1\geqslant 0, x_2\geqslant 0, x_3\geqslant 0$

已知最优解中 $x_1>0, x_2=0, x_3>0$。

(**a**) 不进行实际的迭代，描述你如何能使用该信息改造单纯形法，以便用尽可能少的迭代次数求解(从通常的 BF 解出发求解)该问题；

(**b**) 用(a)中讲述的程序手工求解问题(不要使用运筹学课程软件)。

4.3-8 判断下列说法正确与否，然后参考本章中的具体表述验证你的答案。

(**a**) 使用单纯形法选择入基变量的准则，是因为它总是指向最好的相邻 BF 解(Z 最大)；

(**b**) 使用单纯形法选择出基变量的最小比率准则，因为用较大的比率做另一种选择可能会带来不可行的基本解；

(**c**) 单纯形法在求解下一个 BF 解时，利用初等代数变换运算从某个方程(它所在的方程)之外的其他方程中消去每个非基变量，并在这个方程中赋予它一个系数+1。

D,I **4.4-1** 用单纯形法的表格形式重做习题 4.3-2。

D,I,C **4.4-2** 用单纯形法的表格形式重做习题 4.3-3。

4.4-3 考虑如下问题：

$$\max \quad Z=2x_1+x_2$$

$$\text{s.t.} \quad x_1+x_2\leqslant 40$$

$$4x_1+x_2\leqslant 100$$

且 $x_1\geqslant 0, x_2\geqslant 0$

(**a**) 用手工绘图法图解模型，确定所有的 CPF 解；

D,I(**b**) 利用 IOR Tutorial 图解该模型；

D(**c**) 以单纯形法的代数形式手工求解该问题；

D,I(**d**) 利用 IOR Tutorial 以单纯形法的代数形式求解该问题；

D(**e**) 用单纯形法的表格形式手工求解问题；

D,I(**f**) 利用 IOR Tutorial 以单纯形法的表格形式求解该问题；

C(**g**) 用单纯形法的软件包求解问题。

4.4-4　对以下问题重做习题 4.4-3。

$$\begin{aligned}\max\quad & Z=2x_1+3x_2\\ \text{s.t.}\quad & x_1+2x_2\leqslant 30\\ & x_1+x_2\leqslant 20\\ \text{且}\quad & x_1\geqslant 0, x_2\geqslant 0\end{aligned}$$

4.4-5　考虑以下问题：

$$\begin{aligned}\max\quad & Z=2x_1+4x_2+3x_3\\ \text{s.t.}\quad & 3x_1+4x_2+2x_3\leqslant 60\\ & 2x_1+x_2+2x_3\leqslant 40\\ & x_1+3x_2+2x_3\leqslant 80\\ \text{且}\quad & x_1\geqslant 0, x_2\geqslant 0, x_3\geqslant 0\end{aligned}$$

D,I (**a**) 用单纯形法的代数形式一步步求解；

D,I (**b**) 用单纯形法的表格形式一步步求解；

C(**c**) 用基于单纯形法的软件包求解该问题。

4.4-6　考虑以下问题：

$$\begin{aligned}\max\quad & Z=3x_1+5x_2+6x_3\\ \text{s.t.}\quad & 2x_1+x_2+x_3\leqslant 4\\ & x_1+2x_2+x_3\leqslant 4\\ & x_1+x_2+2x_3\leqslant 4\\ & x_1+x_2+x_3\leqslant 3\\ \text{且}\quad & x_1\geqslant 0, x_2\geqslant 0, x_3\geqslant 0\end{aligned}$$

D,I (**a**) 用单纯形法的代数形式一步步求解；

D,I (**b**) 用单纯形法的表格形式一步步求解；

C (**c**) 用基于单纯形法的软件包求解该问题。

D,I **4.4-7**　用单纯形法的表格形式一步步求解下述问题：

$$\begin{aligned}\max\quad & Z=2x_1-x_2+x_3\\ \text{s.t.}\quad & 3x_1+x_2+x_3\leqslant 6\\ & x_1-x_2+2x_3\leqslant 1\\ & x_1+x_2-x_3\leqslant 2\\ \text{且}\quad & x_1\geqslant 0, x_2\geqslant 0, x_3\geqslant 0\end{aligned}$$

D,I **4.4-8** 用单纯形法一步步求解下述问题：

$$\max \quad Z=-x_1+x_2+2x_3$$

$$\text{s.t.} \quad x_1+2x_2-x_3\leqslant 20$$

$$-2x_1+4x_2+2x_3\leqslant 60$$

$$2x_1+3x_2+x_3\leqslant 50$$

且 $x_1\geqslant 0, x_2\geqslant 0, x_3\geqslant 0$

4.5-1 思考下述线性规划与单纯形法的有关描述，判断每一个表述是否正确，说明你的理由。

(**a**) 在单纯形法的某次具体迭代中，如果选择出基变量时出现相持，那么下一个 BF 解中至少有一个基变量值必为 0；

(**b**) 某次迭代无出基变量，这个问题无可行解；

(**c**) 如果最终表格的 0 行中至少有一个基变量有零系数，那么问题有多个最优解；

(**d**) 如果问题有多个最优解，那么该问题必有一个外界可行域。

4.5-2 假如下述表达式是某线性规划模型的约束条件，其具有变量 x_1、x_2：

$$-x_1+3x_2\leqslant 30$$

$$-3x_1+x_2\leqslant 30$$

$$x_1\geqslant 0, x_2\geqslant 0$$

(**a**) 用图解法说明其可行域无界。

(**b**) 假如目标函数是 $\max\ Z=-x_1+x_2$，那么该模型有最优解吗？若有，求出最优解；若没有，说明原因。

(**c**) 假如目标函数是 $\max\ Z=x_1-x_2$，重做(b)。

(**d**) 对无最优解的模型的目标函数而言，这意味着不存在针对模型的好解吗？试解释。建模时什么地方可能出错了呢？

D,I(**e**) 选择一个无最优解的模型的目标函数。利用单纯形法证明 Z 无界。

C(**f**) 对(e)中选择的目标函数，用单纯形法软件包证明 Z 无界。

4.5-3 重做习题 4.5-2，只是约束条件改为

$$2x_1-x_2\leqslant 20$$

$$x_1-2x_2\leqslant 20$$

$$x_1\geqslant 0, x_2\geqslant 0$$

D,I **4.5-4** 考虑以下问题：

$$\max \quad Z=5x_1+x_2+3x_3+4x_4$$

$$\text{s.t.} \quad x_1-2x_2+4x_3+3x_4\leqslant 20$$

$$-4x_1+6x_2+5x_3-4x_4\leqslant 40$$

$$2x_1-3x_2+3x_3+8x_4\leqslant 50$$

且 $x_1\geqslant 0, x_2\geqslant 0, x_3\geqslant 0, x_4\geqslant 0$

用单纯形法一步步证明 Z 无界。

4.5-5 可行域有界的任何一个线性规划问题的基本性质是每个可行解都被表示为 CPF 解

的凸集(可能还不止一种方法)。类似的,对问题的扩展形式而言,每个可行解都被表示为 BF 解的凸集。

(**a**) 证明任一组可行解的任何一个凸组合必定是可行解(因此 CPF 解的任意凸组合也是可行的);

(**b**) 引用(a)的结论证明 BF 解的任意凸组合是可行解。

4.5-6　运用习题 4.5-5 给出的事实,证明当任意线性规划问题可行域有界,并有多个最优解时,以下结论正确:

(**a**) 最优 BF 解的每一个凸组合必定最优;

(**b**) 没有其他可行解可能是最优了。

4.5-7　考虑一个双变量线性规划问题,其 CPF 解是(0,0)、(6,0)、(6,3)、(3,3)和(0,2)(见习题 3.2-2 的可行域的图):

(**a**) 利用该可行域的图找出模型的所有约束条件;

(**b**) 对每对相邻的 CPF 解,给出一个示例目标函数,使这个角点间的线段上的所有点都是最优解;

(**c**) 假设目标函数为 $Z=-x_1+2x_2$,利用图解法求出所有最优解;

D,I(**d**) 对于(c)中的目标函数,用单纯形法逐步找出所有最优解,然后用一个代数表达式表示所有的最优解。

D,I **4.5-8**　考虑如下问题:

$$\begin{aligned} \max \quad & Z=x_1+x_2+x_3+x_4 \\ \text{s.t.} \quad & x_1+x_2\leqslant 3 \\ & x_3+x_4\leqslant 2 \\ \text{且} \quad & x_j\geqslant 0 \quad (j=1,2,3,4) \end{aligned}$$

运用单纯形法一步步求解以找出所有最优 BF 解。

4.6-1[*]　考虑下述问题:

$$\begin{aligned} \max \quad & Z=2x_1+3x_2 \\ \text{s.t.} \quad & x_1+2x_2\leqslant 4 \\ & x_1+x_2=3 \\ \text{且} \quad & x_1\geqslant 0, x_2\geqslant 0 \end{aligned}$$

D,I(**a**) 用图解法求解这个问题;

(**b**) 引入一个人工变量,再用单纯形法求解;

(**c**) 在引入该人工变量后,描述其扩大后的可行域;

(**d**) 解释对该人工变量有何限定,使含人工变量的问题的最优解等同于原问题最优解。

4.6-2　考虑如下问题:

$$\begin{aligned} \max \quad & Z=4x_1+2x_2+3x_3+5x_4 \\ \text{s.t.} \quad & 2x_1+3x_2+4x_3+2x_4=300 \\ & 8x_1+x_2+x_3+5x_4=300 \\ \text{且} \quad & x_j\geqslant 0 \quad (j=1,2,3,4) \end{aligned}$$

引入人工变量改写此问题,并用单纯形法求解。

4.6-3[*] 考虑如下问题:

$$\min \quad Z=2x_1+3x_2+x_3$$

$$\text{s.t.} \quad x_1+4x_2+2x_3\geqslant 8$$

$$3x_1+2x_2 \geqslant 6$$

且 $x_1\geqslant 0, x_2\geqslant 0, x_3\geqslant 0$

引入人工变量改写此问题,并用单纯形法求解。

4.6-4 考虑如下问题

$$\min \quad Z=2x_1+x_2+3x_3$$

$$\text{s.t.} \quad 5x_1+2x_2+7x_3=420$$

$$3x_1+2x_2+5x_3\geqslant 280$$

且 $x_1\geqslant 0, x_2\geqslant 0, x_3\geqslant 0$

引入人工变量改写此问题,并用单纯形法求解。

4.6-5 考虑如下问题:

$$\max \quad Z=90x_1+70x_2$$

$$\text{s.t.} \quad 2x_1+x_2\leqslant 2$$

$$x_1-x_2\geqslant 2$$

且 $x_1\geqslant 0, x_2\geqslant 0$

(**a**) 用图解法证明该问题无可行解;

(**b**) 引入人工变量,并用单纯形法求解;

(**c**) 描述含人工变量的可行域不是真实问题的可行域;

(**d**) 解释为什么人工变量在问题最优解中不可能为零。

4.6-6 就下述问题重做 4.6-5:

$$\min \quad Z=5\,000x_1+7\,000x_2$$

$$\text{s.t.} \quad -2x_1+x_2\geqslant 1$$

$$x_1-2x_2\geqslant 1$$

且 $x_1\geqslant 0, x_2\geqslant 0$

4.6-7 3.4 节的题为“空气污染控制”的小节对 Nori&Leets 公司建立的线性规划模型不符合标准形式(见 3.2 节定义)。试将其改写为可用单纯形法求解的常规的含人工变量的问题。

4.6-8 3.4 节名为“通过分销网络分配物资”的小节对 Distribution 有限公司建立的线性规划模型不满足标准形式(见 3.2 节定义)。试将其改写为可用单纯形法求解的常规的含人工变量的问题。

4.6-9 考虑下述问题

$$\max \quad Z=x_1+4x_2+2x_3$$

$$\text{s.t.} \quad 4x_1+x_2+2x_3\leqslant 5$$

$$-x_1+x_2+2x_3\leqslant 10$$

且　$x_2 \geqslant 0, x_3 \geqslant 0$

（对 x_1 不含非负约束）

(a) 将此问题改写为所有变量均具非负约束。

D,I(**b**) 用单纯形法一步步求解。

C(**c**) 用基于单纯形法的软件包求解此问题。

4.6-10*　考虑下述问题

$$\max \quad Z = -x_1 + 4x_2$$

$$\text{s.t.} \quad -3x_1 + x_2 \leqslant 6$$

$$x_1 + 2x_2 \leqslant 4$$

$$x_2 \geqslant -3$$

（对变量 x_1 无下界约束）

D,I(**a**) 用图解法求解此问题。

(b) 将此问题改写成仅含两个函数约束且所有变量均具非负约束。

D,I(**c**) 用单纯形法逐步求解此问题。

4.6-11　考虑下述问题

$$\max \quad Z = -x_1 + 2x_2 + x_3$$

$$\text{s.t.} \quad 3x_2 + x_3 \leqslant 120$$

$$x_1 - x_2 - 4x_3 \leqslant 80$$

$$-3x_1 + x_2 + 2x_2 \leqslant 120$$

（没有非负约束）

(a) 改写此问题，使所有变量均具有非负约束。

D,I(**b**) 用单纯形法逐步求解该问题。

C(**c**) 应用基于单纯形法的软件包求解此问题。

4.7-1　重新考虑习题 4.6-1。

(a) 参照习题 4.6-1 完成下述部分（如果你已完成习题 4.6-1，可直接参考该题的求解过程）。

(b) 用大 M 法建立单纯形法的第一张表，找出 BF 解，并指出入基变量和出基变量。

I(**c**) 继续上一步用单纯形法求解此问题。

4.7-2　对大 M 法，解释为什么当所有人工变量为非基变量时也不会选一个人工变量作为入基变量。

4.7-3　本章介绍了用于求解目标函数被最大化的线性规划问题的单纯形法，4.6 节还讲述了如何把最小化问题转化为等价的最大化问题，以便能应用单纯形法。最小化问题的另一种选择是对单纯形法的规则做一些修改，从而可以直接运用该算法。

(a) 描述这些修改应该是什么样的；

(b) 使用大 M 法，应用（a）中修改的单纯形法直接求解下题（不要使用 OR Courseware）：

$$\begin{aligned} \min \quad & Z=3x_1+8x_2+5x_3 \\ \text{s.t.} \quad & 3x_2+4x_3 \geqslant 70 \\ & 3x_1+5x_2+2x_3 \geqslant 70 \\ \text{且} \quad & x_1, x_2, x_3 \geqslant 0 \end{aligned}$$

I4.8-1 考虑下列问题：

$$\begin{aligned} \max \quad & Z=4x_1+5x_2+3x_3 \\ \text{s.t.} \quad & x_1+x_2+2x_3 \geqslant 20 \\ & 15x_1+6x_2-5x_3 \leqslant 50 \\ & x_1+3x_2+5x_3 \leqslant 30 \\ \text{且} \quad & x_1 \geqslant 0, x_2 \geqslant 0, x_3 \geqslant 0 \end{aligned}$$

按步骤运用单纯形法证明这个问题无可行解。

4.8-2 考虑习题 4.6-4。

I(**a**) 按两阶段法重新构建此问题。

C(**b**) 运用基于单纯形法的软件包构建和求解问题的第一阶段。

I(**c**) 通过第二阶段逐步求解原问题。

C(**d**) 运用基于单纯形法的软件包求解原问题。

4.8-3 重新考虑习题 4.6-2。

(**a**) 按大 M 法重新构建此问题。构建应用单纯形法的完整的第一张单纯形表。确认初始的(人工)BF 解。同时指出初始的入基变量与出基变量。

I(**b**) 逐步用单纯形法求解此问题。

(**c**) 用两阶段法构建第一阶段完整的第一张单纯形表，确认相应的初始(人工)BF 解。同时指出初始的入基变量和出基变量。

I(**d**) 一步步完成第一阶段工作。

(**e**) 构建第二阶段完整的单纯形表。

I(**f**) 通过第二阶段逐步求解此问题。

(**g**) 比较由(b)得到的 BF 解同(d)(f)得到的解，哪些解属于仅适用于引入人工变量的问题？哪些解是真实问题的可行解？

C(**h**) 应用基于单纯形法的软件包求解此问题。

4.8-4* 重新考虑习题 4.6-3。

(**a**) 参照习题 4.6-3 的提示完成下述工作(假如你已完成习题 4.6-3，可直接参考该题的求解过程)。

I(**b**) 应用大 M 法，用单纯形法一步步求解。

I(**c**) 应用两阶段法，用单纯形法一步步求解。

(**d**) 比较由(b)和(c)求得的 BF 解。哪些解是引入人工变量后的可行解？哪些是原问题的可行解？

C(**e**) 用基于单纯形法的软件包求解此问题。

4.8-5 再考虑习题 4.6-5。

(**a**) 为应用单纯形法重新构建此问题。

C(**b**) 运用基于单纯形法的软件包判定此问题无可行解。

I(**c**) 用大 M 法，通过单纯形法一步步计算确认该问题无可行解。

I(**d**) 重复步骤(c)，应用两阶段法的第一阶段。

4.8-6 重新考虑习题 4.6-6，按习题 4.8-5 的各个要求重做一次。

4.8-7 考虑下述问题：

$$\min \quad Z=2x_1+5x_2+3x_3$$

$$\text{s.t.} \quad x_1-2x_2+x_3\geqslant 20$$

$$2x_1+4x_2+x_3=50$$

且 $x_1\geqslant 0, x_2\geqslant 0, x_3\geqslant 0$

(**a**) 运用大 M 法，构建求解用单纯形法的第一张表，指出相应的初始的(人工的)BF 解，并指出其初始的入基变量和出基变量。

I(**b**) 用单纯形法一步步求解。

I(**c**) 用两阶段法构建第一阶段的单纯形表，指出其初始(人工)BF 解，并指出初始的入基变量和出基变量。

I(**d**) 从第一阶段开始逐步迭代。

(**e**) 对进入第二阶段给出第一阶段的完整单纯形表。

I(**f**) 从第二阶段开始逐步求解该问题。

(**g**) 将由(b)得到的 BF 解同由(d)(f)得到的 BF 解进行比较，哪些是引入人工变量后的可行解？哪些是原始问题的真正可行解？

(**h**) 运用基于单纯形法的软件包求解此问题。

4.8-8[*] 考虑下述问题

$$\min \quad Z=3x_1+2x_2+4x_3$$

$$\text{s.t.} \quad 2x_1+x_2+3x_3=60$$

$$3x_1+3x_2+5x_3\geqslant 120$$

且 $x_1\geqslant 0, x_2\geqslant 0, x_3\geqslant 0$

I(**a**) 用大 M 法，通过单纯形法逐步求解此问题。

I(**b**) 用两阶段法，通过单纯形法逐步求解此问题。

(**c**) 比较由(a)和(b)得到的 BF 解。哪些只适用于通过引入人工变量后构建的人造问题的解？哪些是真实问题的解？

(**d**) 运用基于单纯形法的软件包求解此问题。

4.8-9 按习题 4.8-8 中提出的各要求求解下述问题：

$$\min \quad Z=3x_1+2x_2+7x_3$$

$$\text{s.t.} \quad -x_1+x_2=10$$

$$2x_1-x_2+x_3\geqslant 10$$

且 $x_1\geqslant 0, x_2\geqslant 0, x_3\geqslant 0$

4.8-10 判断下列说法是否正确,说明理由:

(**a**) 当线性规划问题有一个等式约束时,需在该约束中引入一个人工变量,以便应用单纯形法对原模型得出一个明确的基本解。

(**b**) 由引入人工变量得到的人工问题并应用大 M 法,假如在这个人工问题中所有人工变量取值为零,则其原问题无可行解。

(**c**) 两阶段法在实践中常被应用,因为较之大 M 法在达到最优解时所用的迭代步骤较少。

4.8-11 考虑以下问题:

$$\max \quad Z=-2x_1+x_2-4x_3+3x_4$$

$$\text{s.t.} \quad \begin{aligned} x_1+x_2+3x_3+2x_4 &\leqslant 4 \\ x_1-x_3+x_4 &\geqslant -1 \\ 2x_1+x_2 &\leqslant 2 \\ x_1+2x_2+x_3+2x_4 &= 2 \end{aligned}$$

且 $x_2\geqslant 0, x_3\geqslant 0, x_4\geqslant 0$

(x_1 无非负约束。)

(**a**) 重新构建问题,可应用单纯形法求解;

(**b**) 运用大 M 法,构建单纯形法完整的初始单纯形表,确定相应的初始(人工)BF 解时,同时确定初始入基变量和出基变量;

(**c**) 构建两阶段法的第一阶段中初始单纯形法的 0 行;

C(**d**) 使用基于单纯形法的软件包求解。

4.9-1 参照图 4.10 和 3.1 节给出的 Wyndor Glass 公司问题的各个右端项的允许变化范围,运用图解法证明每个给出的允许变化范围都是正确的。

4.9-2 重新考虑习题 4.1-5 中的模型,把每个约束的右端项视作各个资源的可得数量。

I(**a**) 运用如图 4.8 所示的图解法求得各种资源的影子价格。

I(**b**) 运用图解法进行敏感性分析。尤其是通过图示寻求最优解的方法检验模型的每个参数是否为敏感性参数(在不改变最优解时其值不能改变)。

I(**c**) 用如图 4.9 所示的图解法确定当前最优解不变时每个 c_j 值(目标函数中 x_j 的系数)的允许变化范围。

I(**d**) 仅改变一个 b_i 值(约束条件的右端项)就会改变相应的约束边界。如果当前最优 CPF 解在这条约束边界上,这个 CPF 解也会改变。运用图解法求出当这个 CPF 解仍可行时 b_i 的允许变化范围。

C(**e**) 通过基于单纯形法的软件包求解问题来证实(a)、(c)和(d)的答案,并生成敏感性分析的信息。

4.9-3 已知以下线性规划问题:

$$\max \quad Z=4x_1+2x_2$$

$$\text{s.t.} \quad \begin{aligned} 2x_1 &\leqslant 16 && \text{(资源 1)} \\ x_1+3x_2 &\leqslant 17 && \text{(资源 2)} \\ x_2 &\leqslant 5 && \text{(资源 3)} \end{aligned}$$

且 $x_1 \geqslant 0, x_2 \geqslant 0$

D,I(**a**) 用图解法求解；

(**b**) 运用图解法找出资源的影子价格；

(**c**) 当 Z 的最优值增加15时，资源1需要再增加多少单位？

4.9-4 考虑如下问题：

$$\max \quad Z = x_1 - 7x_2 + 3x_3$$

$$\text{s.t.} \quad \begin{aligned} 2x_1 + x_2 - x_3 &\leqslant 4 \quad (\text{资源 } 1) \\ 4x_1 - 3x_2 &\leqslant 2 \quad (\text{资源 } 2) \\ -3x_1 + 2x_2 + x_3 &\leqslant 3 \quad (\text{资源 } 3) \end{aligned}$$

且 $x_1 \geqslant 0, x_2 \geqslant 0, x_3 \geqslant 0$

D,I(**a**) 运用单纯形法一步步求解。

(**b**) 确定这三种资源的影子价格，说明其意义。

C(**c**) 用基于单纯形法的软件包解题，并生成敏感性分析的信息。利用该信息得出每种资源的影子价格、每个目标函数系数和右端项的允许变化范围。

4.9-5* 考虑如下问题：

$$\max \quad Z = 2x_1 - 2x_2 + 3x_3$$

$$\text{s.t.} \quad \begin{aligned} -x_1 + x_2 + x_3 &\leqslant 4 \quad (\text{资源 } 1) \\ 2x_1 - x_2 + x_3 &\leqslant 2 \quad (\text{资源 } 2) \\ x_1 + x_2 + 3x_3 &\leqslant 12 \quad (\text{资源 } 3) \end{aligned}$$

且 $x_1 \geqslant 0, x_2 \geqslant 0, x_3 \geqslant 0$

D,I(**a**) 运用单纯形法一步步求解。

(**b**) 确定这两种资源的影子价格，说明其意义。

C(**c**) 使用基于单纯形法的软件包解题，并生成敏感性分析的信息。利用这个信息得出每种资源的影子价格、每个目标函数系数和右端项的允许变化范围。

4.9-6 考虑如下问题：

$$\max \quad Z = 5x_1 + 4x_2 - x_3 + 3x_4$$

$$\text{s.t.} \quad \begin{aligned} 3x_1 + 2x_2 - 3x_3 + x_4 &\leqslant 24 \quad (\text{资源 } 1) \\ 3x_1 + 3x_2 + x_3 + 3x_4 &\leqslant 36 \quad (\text{资源 } 2) \end{aligned}$$

且 $x_1 \geqslant 0, x_2 \geqslant 0, x_3 \geqslant 0, x_4 \geqslant 0$

D. I(**a**) 用单纯形法逐步求解该问题。

(**b**) 确定两种资源的影子价格，并描述其含义。

C(**c**) 使用基于单纯形法的软件包求解上述问题，并生成敏感性分析的信息。利用得到的信息确定每种资源的影子价格、每个目标函数系数和右端项的允许变化范围。

4.10-1 运用IOR Tutorial中的内点算法求解习题4.1-4中的模型。在Option菜单中选择 $\alpha = 0.5$，$(x_1, x_2) = (0.1, 0.4)$ 为初始试验解，进行15次迭代，画出可行域的图形，以及可行域中的试验解的轨迹。

4.10-2 用习题4.1-5中的模型重做习题4.10-1。

案例4.1 纺织面料与秋季时装

从办公楼的10层楼上,Katherine Rally注视着成群的纽约人穿梭在挤满了黄色出租车的街道和杂乱摆放着热狗摊的人行道。在这个酷热的7月的一天,她注意看着许多女人的时装,猜测着她们在秋季时会穿什么。她并不是在胡思乱想,这些思考对她的工作至关重要。因为她拥有和管理着TrendLines公司——一家生产精品女装的企业。

今天是一个特别重要的日子,因为她必须与生产经理Ted Lawson见面,要为秋装系列制订下个月的生产计划。具体地说,她必须根据每个车间的生产能力、有限的资源和预计的需求来决定每种服装的产量。下个月的生产计划是否准确决定着秋季销售的成败,因为下个月生产的服装9月会出现在商店中,而女性顾客一般会在9月大量购买最先上市的秋装。

她转身回到玻璃办公桌前,看着上面堆放的文件。她的目光在大约6个月前就设计出的时装类型、每种类型的材料需求以及在时装表演上通过顾客调查得出的对各款服装需求预测的表单上来回扫视。她回想起那些繁忙得令人有些头疼的日子,那时她们忙于秋装的设计并把它们展示在纽约、米兰和巴黎的时装表演上。最终,她为秋装系列作品付给她的拥有6个设计师的设计小组总共860 000美元。加上雇用模特、发型师、化妆师,缝制和修改服装,制作布景,时装表演设计和排练,租用会议厅等,三场表演的每一场都另外花费了2 700 000美元。

秋季正装包括:

单位:美元

服装种类	材料消耗	价格	人工与机器成本
羊毛宽松裤	3码羊毛、2码衬里用醋酸纤维	300	160
开司米衫	1.5码开司米	450	150
丝绸衬衫	1.5码丝绸	180	100
丝绸背心	0.5码丝绸	120	60
西服裙	2码人造纤维、1.5码衬里用醋酸纤维	270	120
羊毛运动上衣	2.5码羊毛、1.5码衬里用醋酸纤维	320	140

秋季休闲装包括:

单位:美元

服装种类	材料消耗	价格	人工与机器成本
天鹅绒裤	3码天鹅绒、2码衬里用醋酸纤维	350	175
棉套头衫	1.5码棉布	130	60
棉迷你裙	0.5码棉布	75	40
天鹅绒上衣	1.5码天鹅绒	200	160
纽扣式衬衫	1.5码人造纤维	120	90

她研究了时装类型和材料需求情况。她的秋装系列中包括正装和休闲装。她根据服装材料质量和成本、人工和机器成本、该品种需求和TrendLines品牌声望,为每种服装确定售价。

她已为下月生产订购了45 000码羊毛、28 000码醋酸纤维、9 000码开司米、18 000码丝绸、30 000码人造纤维、20 000码天鹅绒和30 000码棉布。材料价格如下：

单位：美元

	材料						
	羊毛	醋酸纤维	开司米	丝绸	人造纤维	天鹅绒	棉布
每码价格	9.00	1.50	60.00	13.00	2.25	12.00	2.50

生产中未使用的原材料可退回织物批发商，全价返还涉及的材料款项，但零碎的材料布片不能再退回批发商。

丝绸衬衫和棉套衫会有小块余料。具体来说，生产一件丝绸衬衫或一件棉套衫分别需要2码丝绸和棉布，用去1.5码，剩下的0.5码成了余料。她不想浪费余料，就想用每种长方形余料分别生产一件丝绸背心或一条棉布迷你裙。因此，在生产一件丝绸衬衫的同时会生产出一件丝绸背心。同样，生产一件棉套衫的同时生产出一条棉布迷你裙。注意，也可以单独生产丝绸背心和棉布迷你裙。

需求预测表明，有些品种的服装需求量有限。具体来说，因为天鹅绒裤子和上衣是短期流行时尚，TrendLines公司预测只能卖出5 500条裤子和6 000件上衣。TrendLines公司不想超过预测需求量组织生产，因为一旦裤子和上衣过时了，就很难卖出。然而，TrendLines公司可以按低于预测需求量组织生产，因为公司不需要去满足需求。开司米衫的需求量也有限，因为它很贵，TrendLines公司预计最多只能卖出4 000件开司米衫。丝绸衬衫和背心的需求也有限，因为大多数女性认为丝绸很难打理，TrendLines公司预计最多可卖出12 000件丝绸衬衫和15 000件背心。

需求预测还指出羊毛宽松裤、女士裙和羊毛运动上衣的需求量很大，因为它们是各种职业装的基本款。具体来说，羊毛宽松裤子的需求量为7 000条、羊毛运动上衣的需求量为5 000件。Katherine希望满足这两种服装至少60%的需求来保持她的忠诚顾客群以及将来不丢失这块生意。尽管女士裙的需求量无法估计，但Katherine认为至少应生产2 800条。

(a) Ted正试图说服Katherine停止生产天鹅绒上衣。因为这种时装的需求量相当小。他认为光这种时装就占了固定设计和其他费用共500 000美元。这种时装的净贡献(服装售价－材料成本－人工成本)能够弥补固定成本。每件天鹅绒上衣净贡献22美元，他认为这种净贡献，即使满足最大需求量也不会产生利润。你怎样看待他的观点？

(b) 在给定产量、资源和需求的条件下，建立利润最大化的线性规划模型并求解。

在作出最后决策前，Katherine打算独自研究一下如下问题：

(c) 批发商通知Katherine天鹅绒不能退回，因为预计需求表明今后天鹅绒的需求会下降。因此，Katherine无法得到天鹅绒的返还款。这个因素会如何改变生产计划？

(d) (b)和(c)的解有差异，其直观的经济解释是什么？

(e) 缝制工人在缝制衣袖和把它们连接到运动上衣时遇到了困难，因为运动上衣的形状有些怪异，而粗重的羊毛材料很难切割和缝制。为缝制羊毛运动上衣而增加的工时使每件运动上衣的人工和设备成本增加80美元。在此新成本情况下，各种时装应分别生产多少件才能使利润最大化？

(f) 批发商告知Katherine另一客户取消了订单，她可得到额外的10 000码醋酸纤维，那么各种时装应分别生产多少件才能使利润最大化?

(g) TrendLines 公司假设可以在 11 月的一次大型展销会上以原价的 60%卖出 9 月和 10 月未卖出的各种服装,因此可以在那时无限量销售各种服装(前面提到的需求限制涉及的只是 9 月和 10 月的销售)。应如何制订新的生产计划以使利润最大化?

在本书网站(www.mhhe.com/hillier 11e)上补充案例的预览

案例 4.2 新的前沿

AmeriBank 很快将推出网上银行。为了制订在线提供服务的计划,将对社区 3 种类型的 4 个年龄组指导接触,AmeriBank 提出了对各年龄组和不同类型社区调查的限定数量,要求制订一个调查计划,在满足不同情景约束的条件下,使总费用最低。

案例 4.3 向学校分配学生

在决定关闭一所中学后,Springfield 的学校管理部门需要在下一学年将该校的学生重新分配到余下来的三所中心。因为很多学生需要乘坐公交车,所以使公交车支出最低是一个目标。此外,对步行或骑自行车上学的学生,其安全和方便性也需要考虑。给出三所学校能容纳的学生人数以及大致平衡三类成绩等级的学生人数的情况下,如何应用线性规划将位于城市 6 个居民区的学生分配到各个学校。假如同一居民区的学生必须分配到同一所学校,又会发生什么情况?(本案例将在案例 7.3 和案例 12.4 中继续讨论。)

第 5 章 单纯形法理论

第 4 章介绍了单纯形法的基本方法，现在我们将通过探讨单纯形法的一些内在的理论来更深入地研究其运算法则。5.1 节进一步讨论构成单纯形法基础的几何与代数的基本性质。接下来讨论单纯形法的矩阵形式，它大大简化了计算机的执行过程。接下来我们给出有关单纯形法性质的一个基础的审视，这能使我们推导出初始单纯形表的变化如何反映到最终单纯形表中。这个审视是第 6 章对偶理论与敏感性分析学习的关键。本章最后介绍改进单纯形法，该方法将单纯形法的矩阵形式进一步流程化。单纯形法的商业化计算机代码通常基于改进的单纯形法。

5.1 单纯形法基础

4.1 节介绍了角点可行解及其在单纯形法中所起的关键作用，在 4.2 节和 4.3 节中我们把这些几何概念与单纯形法的代数联系起来。然而，这些都是在 Wyndor Glass 公司问题的背景下，只有两个决策变量，所以有直观的几何解释。当我们解决更复杂的问题时，这些原理如何才能推广到较高的维数呢？本节我们就来讨论这个问题。

我们从介绍 n 维变量的线性规划问题的一些基本术语开始。在我们做这些介绍时你会发现，参考图 5.1(与图 4.1 相同)在二维空间($n=2$)中解释这些定义很有帮助。

5.1.1 术语

我们已经很清楚任何线性规划问题的最优解一定位于可行域的边界上，事实上这是一项普遍性质。因为边界是一个几何概念，所以我们先用定义阐明可行域的边界怎样用代数来表示。

任何约束的**约束边界方程**(constraint boundary equation)都是通过把“≤”“=”或“≥”转化成“=”获得的。

这样，函数约束条件的约束边界方程形式就是 $a_{i1}x_1+a_{i2}x_2+\cdots+a_{in}x_n=b_i$，而非负约束条件的约束边界方程形式是 $x_j=0$。在 n 维空间中，每一个这样的方程定义了一个“平滑”的几何图形，称为**超平面**(hyperplane)，类似于二维空间中的直线、三维空间中的平面。

这个超平面用对应的约束形成了**约束边界**(constraint boundary)。当约束符号为"≥"或"≤"时,边界约束条件把所有满足约束条件的点(所有位于一侧的点,包含约束边界)和不满足约束条件的点(所有位于约束边界另一侧的点)区分开。当约束符号为"="时,只有在约束边界上的点满足约束条件。

例如,Wyndor Glass 公司问题有 5 个约束(3 个函数约束和 2 个非负约束),所以它有 5 个边界约束方程,如图 5.1 所示。由于 $n=2$,定义这些约束边界方程的超平面为简单直线。因而,这 5 个约束条件的约束边界为如图 5.1 所示的 5 条直线。

可行域的边界仅包括满足一个或多个约束边界方程的可行解。

在几何上,可行域边界上的任一点都位于一个或多个约束边界方程所定义的超平面上。这样,在图 5.1 中,边界由 5 条粗线组成。

接下来,我们给出一个 n 维空间中 CPF 解的一般定义。

不位于任何其他两个可行解连接的线段[①]上的可行解称作**角点可行(*CPF*)解**。

如这条定义所述,若有可行解位于其他两个可行解连接的线段上,那么这个可行解就不是 *CPF* 解。例如,n=2 时,考虑图 5.1,点(2,3)不是 *CPF* 解,因为它位于许多条这样的线段上,如点(0,3)和点(4,3)连接的线段。类似的,(0,3)也不是 *CPF* 解,因为它位于点(0,0)和点(0,6)连接的线段上。而(0,0)是 *CPF* 解,因为不可能找到其他两个可行解位于点(0,0)的两端(试试看)。

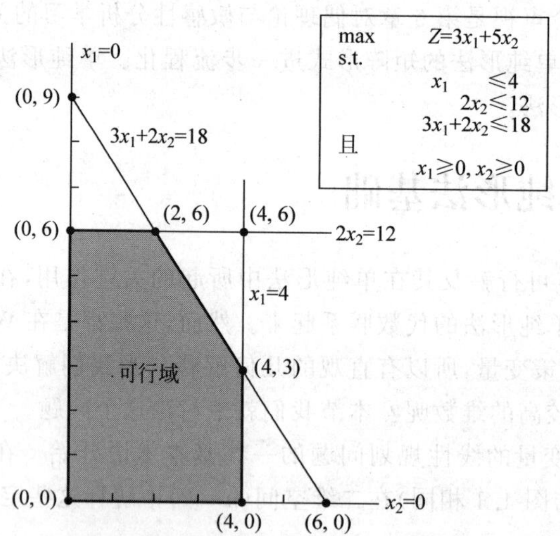

图 5.1 Wyndor Glass 公司问题的约束边界、约束边界方程和角点解

当决策变量的个数 n 大于 2 或 3 时,*CPF* 解的这个定义对确定这样的解就不是很方便。因此,可以证明,代数方法对解释这种问题是最有帮助的。在 *Wyndor Glass* 公司的例子中,图 5.1 中每一个 *CPF* 解都位于两条约束线段(n=2)的交点上,即有两个边界约束方程的方程组的公共解。表 5.1 总结了这些解的情况,其中**定义方程**(defining equations)指的是约束边界方程,由这些方程得出(定义)所列出的 CPF 解。

① 线段的代数表示详见本书附录 2。

表 5.1　Wyndor Glass 公司问题每个 CPF 解的定义方程

CPF 解	定义方程
(0,0)	$x_1=0$ $x_2=0$
(0,6)	$x_1=0$ $2x_2=12$
(2,6)	$2x_2=12$ $3x_1+2x_2=18$
(4,3)	$3x_1+2x_2=18$ $x_1=4$
(4,0)	$x_1=4$ $x_2=0$

在任意有 n 维变量的线性规划问题中，每一个 CPF 解都位于 n 个约束边界的交点上，即它是有 n 个约束边界方程的方程组的公共解。

然而，这并不是说每个从 $m+n$ 个约束（m 个函数约束和 n 个非负约束）中选出的 n 个约束边界方程组都能产生一个 CPF 解。特别是，这样一个方程组的公共解可能会不满足一个或多个没有被选中的另外 m 个约束。这种情况下它就是一个角点非可行解。本例中有两个这样的解，如表 5.2 中汇总所示（检验一下它们为什么是不可行的）。

表 5.2　Wyndor Glass 公司问题中角点可行解的定义方程

角点可行解	定义方程
(0,9)	$x_1=0$ $3x_1+2x_2=18$
(4,6)	$2x_2=12$ $x_1=4$
(6,0)	$3x_1+2x_2=18$ $x_2=0$

此外，一个 n 维约束边界方程组可能完全无解。在这个例子中它发生了两次，为两对方程：(1)$x_1=0$ 且 $x_1=4$；(2)$x_2=0$ 且 $2x_2=12$。我们不考虑这样的方程组。

最后一种可能（在这个例子中不会发生）是由于方程减少，一个 n 维约束边界方程组有多个解。你也不需要关注这种情况，因为单纯形法规避了这些难题。

还应当提到有可能在 n 个约束方程中有一个以上的组合得到相同的角点解。例如，Wyndor Glass 公司问题中的 $x_1\leqslant 4$ 约束若用 $x_1\leqslant 2$ 替换，注意在图 5.1 中的 CPF 解(2,6)可以从三对约束方程中的任一对中导出（这是在 4.5 节中讨论的不同内容的退化例子）。

对这个例子做总结，对 5 个约束和 2 个变量，有 10 对约束边界方程。其中 5 对变为 CPF 解（表 5.1）的定义方程，3 对变为角点可行解的定义方程（表 5.2），另外 2 对无解。

5.1.2　相邻 CPF 解

4.1 节介绍了相邻 CPF 解及其在线性规划问题中的作用，我们接下来详细说明。

回顾第 4 章（当我们不考虑松弛变量、剩余变量和人工变量时）单纯形法从当前的 CPF

解转到它相邻的一个 CPF 解的每一次迭代,这个过程会沿着怎样的路径呢?相邻 CPF 解的真正意义是什么呢?首先我们把这些问题用几何来阐述,然后我们转为代数解释。

当 $n=2$ 时,这些问题很好回答。在这种情况下,可行域的边界由形成了多边形的几条相连的线段组成,如图 5.1 中的五条粗线所示。这些线段就是可行域的边界。从每一个 CPF 解引出的是这样的两条边界线,在其另一端就是一个相邻 CPF 解(注意图 5.1 中,每一个 CPF 解是如何有两个相邻的 CPF 解)。在一次迭代中遵循的路径就是沿着该边界线从一端移动到另一端。在表 5.1 中,第一次迭代为沿边界从点(0,0)移动到点(0,6),接下来的一步迭代是沿边界从点(0,6)移动到点(2,6)。如表 5.1 所示,每一次到相邻的 CPF 解的移动都包含了一个定义方程组(约束边界方程组,依此方程组得到解)的变化。

当 $n=3$ 时,答案就显得更加复杂一些。为了帮助你想象将会发生什么,图 5.2 展示了当 $n=3$ 时的一个典型的可行域的图形,这里的点为 CPF 解。这个可行域是一个多面体而不是当 $n=2$ 时的一个多边形(见图 5.1)。因为约束边界现在是平面而不是直线,多面体的表面形成了可行域的边界,每个面都是满足其他约束条件的约束边界的一部分。注意每个 CPF 解都取决于三个约束的交点(有时包括一些非负约束而形成约束边界 $x_1=0,x_2=0,x_3=0$),这些解也满足其他约束。不满足一个或多个其他约束条件的交点则是角点非可行解。

图 5.2 中的粗线部分描述了单纯形法典型迭代的路径。点(2,4,3)是开始迭代的当前 CPF 解,点(4,2,4)是迭代结束后的新 CPF 解。点(2,4,3)为 $x_2=4$, $x_1+x_2=6$, $-x_1+2x_3=4$ 三个约束边界的交点,所以这三个方程是这个 CPF 解的定义方程。如果 $x_2=4$ 这个定义方程被移走,另外两个约束边界(平面)的交界就会形成一条直线。这条直线上的一个线段,如图 5.2 所示为点(2,4,3)到点(4,2,4)的粗线,位于可行域的边界上。而这条线以外的点都是不可行的。这条线段就是可行域的边界,它的端点(2,4,3)和点(4,2,4)就是相邻 CPF 解。

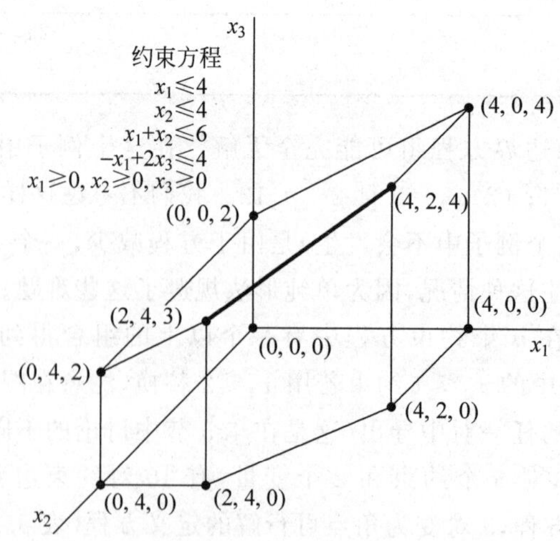

图 5.2 三变量线性规划问题的可行域和 CPF 解

当 $n=3$ 时,所有的可行域的边界都是以这种方式形成的可行线段,它位于两个约束边界的交界处,边界的两个端点就是相邻 CPF 解。在图 5.2 中,可行域由 15 条边界构成,这样就有15对相邻CPF解。对于当前的CPF解(2,4,3),有三种方法来移走这三个定义方程的一个来得到另外两个约束方程的交界,所以从点(2,4,3)就可以引出三个边界。点(4,2,4)、点(0,4,2)和点(2,4,0)就是由这三个边界分别引出的,它们就是点(2,4,3)的相邻CPF解。

下一步迭代中,单纯形法选择了三条边界中的一个,如图5.2中的粗线段所示,然后沿着这条边界移动,从点(2,4,3)一直移到第一个新的约束边界($x_1=4$)的另一个端点上[我们不能继续沿着这条直线到下一个约束边界$x_2=0$,因为这样就得出了一个角点非可行解(6,0,5)]。这两个边界与第一个新的约束边界的交点即为新的CPF解(4,2,4)。

当$n>3$时,相同的原理可以推广到更高的维数,除非约束边界为超平面而不是平面。让我们来概括一下。

考虑任何一个具有n个决策变量和一个有界的可行域的线性规划问题。一个CPF解位于n个约束边界的交点上(并且也满足其他约束)。一个可行域的**边界**是一条可行的线段,它位于$n-1$个约束边界线的交界处,该边界线的每一个端点都处于另一个约束边界上(所以这些端点为CPF解)。如果连接两个CPF解的线段为可行域的边界,那么这两个CPF解就是**相邻**的。从每个CPF解引出的n条这样的边界,每条边界都可以得出n个相邻CPF解之一。单纯形法的每一次迭代就是从当前CPF解沿这n条边界线之一移动到相邻的一个CPF解。

当从几何视角转到代数视角时,约束边界的交点就转化为约束边界方程的公共解了。得出(定义)了一个CPF解的n个边界约束方程就是它的定义方程,去掉其中一个方程就得到了一条直线,其可行部分就是该可行域边界线段。

我们接下来分析CPF解的重要性质,然后阐述所有这些原理的内涵来解释单纯形法。然而,由于你才接触到上面的总结,还是让我们来预习一下它的含义。当单纯形法选择了一个入基变量时,它的几何解释就是选择了从当前CPF解引出的移动所遵循的一条边。从0开始增加这个变量值(同时相应改变其他基变量的值)相当于解点沿着这条边移动。使一个基变量(出基变量)减少直到0时,相应地就到达了位于可行域边界另一端的第一个新约束边界。

5.1.3　CPF解的性质

我们现在关注CPF解的三个主要性质,它们对任何有可行解和一个有界可行域的线性规划问题都成立。

性质1:(a)如果只有一个最优解,它一定是CPF解;(b)如果有许多最优解(在有界可行域中),至少两个必为相邻CPF解。

性质1从几何视角来看更加直观。首先考虑(a)情况,在Wyndor Glass公司问题的例子中(见图5.1)表明的,最优解(2,6)就是CPF解。注意得出这个结果的例子没有什么特别之处。任何只有一个最优解的问题,总是可能使目标函数线(超平面)提升,直到在可行域的一角触到一点(最优解)。

我们现在给出此项的代数证明。

对性质1的(a)情况证明:我们用反证法来给予证明,假设只有一个最优解但它不是CPF解。我们会在下面说明这个假设会得出矛盾的结论从而不可能是正确的(这个假设的

最优解用 $\mathbf{x}^*$ 表示,目标函数值用 Z^* 表示)。

回顾CPF解的定义(不位于任何其他两个可行解连接的线段上的可行解)。由于我们假设最优解 $\mathbf{x}^*$ 不是CPF解,这就意味着必定存在另外两个这样的可行解,其连线中一定包含这个最优解。设这两个可行解分别为 $\mathbf{x}'$、$\mathbf{x}''$,用 Z_1、Z_2 分别表示它们各自的目标函数值。当 $0<\alpha<1$ 时,$\mathbf{x}'$、$\mathbf{x}''$连成的线段上其他的点为

$$\mathbf{x}^*=\alpha\mathbf{x}''+(1-\alpha)\mathbf{x}'$$

因此

$$Z^*=\alpha Z_2+(1-\alpha)Z_1$$

因为权数 α 与 $1-\alpha$ 之和为1,那么 Z^*、Z_1、Z_2 相比较可能性只有:(1)$Z^*=Z_1=Z_2$;(2)$Z_1<Z^*<Z_2$;(3)$Z_1>Z^*>Z_2$。第一种可能性表示 $\mathbf{x}'$和 $\mathbf{x}''$都为最优解,这与只有一个最优解的假设矛盾。后两种可能与 $\mathbf{x}^*$(不是CPF解)是最优解的假设矛盾。得出的结论为当只有一个最优解时,它一定是CPF解。

现在考虑(b)情况,在3.2节中,在最优解的定义下,我们曾经通过改变例子中的目标函数 $Z=3x_1+2x_2$ 证明过(b)情况(见图3.5)。当我们图解这个问题时,目标函数线持续上移直到包含连接两个CPF解(2,6)和(4,3)的线段。同样的事情也会在多维情况下发生,除非目标函数超平面持续上移直到包含连接两点(或多点)的相邻CPF解的线段。这样,所有的最优解都可以通过对最优CPF解的加权平均而获得(这种情形在习题4.5-5和习题4.5-6中有进一步的描述)。

性质1的真正意义在于它极大地简化了寻找最优解的方法,因为现在我们只需考虑CPF解。这种简化的量在性质2中被着重强调。

性质2:只有有限个CPF解。

这条性质在图5.1和图5.2中显然是正确的。图5.1中只有5个CPF解,图5.2中有10个。为了知道为什么一般来说解的个数是有限的,我们回忆每一个CPF解都是 $m+n$ 个约束边界方程中的 n 个方程公共解的事实。$m+n$ 个方程中每次取 n 个不同方程的组合数为

$$\binom{m+n}{n}=\frac{(m+n)!}{m!\,n!}$$

这是一个有限的数目。因此这个数目即为CPF解个数的一个上限。在图5.1中,$m=3$,$n=2$,所以只有10组由两个方程组成的方程组,但只有5组能得出CPF解。在图5.2中,$m=4$,$n=3$,有35组由三个方程组成的方程组,但只有10组能得出CPF解。

性质2指出,原则上,详尽的列举就可以得到一个最优解,即寻找并比较所有的有限个CPF解。不幸的是,CPF解的有限个数也就可能是CPF解无限多的个数(在实际应用中)。例如,一个相当小的(只是 $m=50$,$n=50$)线性规划问题,就要求解 $\frac{100!}{(50!)^2}\approx10^{29}$ 组方程组。相反,在这种规模的问题中,单纯形法只需要测试大约100个CPF解。可以获得这么大量的节约是由于4.1节中的最优性检验而实现的。在这里作为性质3再表述出来。

性质3:如果一个CPF解没有相邻CPF解比它更优(以Z来测量),那么就不存在任何更好的CPF解。这样,假定这个问题至少有一个最优解(由问题具有可行解和一个有界的可行域来保证),这个CPF解就是最优解(由性质1)。

为说明性质 3，考虑图 5.1 中的 Wyndor Glass 公司问题。CPF 解(2,6)的相邻 CPF 解为(0,6)和(4,3)，其 Z 值都不比点(2,6)的 Z 值更好。这个结果表明，其他的 CPF 解——(0,0)和(4,0)——都不会优于(2,6)，所以(2,6)必为最优解。

相反，图 5.3 给出了一个绝不会在线性规划问题中发生的可行域$\left[\text{因为过点}\left(\frac{8}{3},5\right)\text{的约束边界线的延长会切掉部分区域}\right]$，而且这违背了性质 3。除了可行域扩大到$\left(\frac{8}{3},5\right)$以外，这里描述的问题同 Wyndor Glass 公司问题一样(包括相同的目标函数)。因此，(2,6)的相邻 CPF 解为(0,6)和$\left(\frac{8}{3},5\right)$，同样都不优于(2,6)。然而，另一个 CPF 解(4,5)要优于(2,6)，这就违背了性质 3。原因就在于可行域的边界从(2,6)到$\left(\frac{8}{3},5\right)$，然后向外弯折到(4,5)，超出了过点(2,6)的目标函数线。

关键问题是图 5.3 所示的情况在线性规划中是绝不可能发生的。图 5.3 中的可行域意味着约束条件 $2x_2 \leqslant 12$，$3x_1 + 2x_2 \leqslant 18$ 要求 $0 \leqslant x_1 \leqslant \frac{8}{3}$。然而，在条件$\frac{8}{3} \leqslant x_1 \leqslant 4$ 下，约束 $3x_1 + 2x_2 \leqslant 18$ 被 $x_2 \leqslant 5$ 所取代了。这种"条件约束"在线性规划中是不允许的。

性质 3 适用于所有线性规划问题的基本原因在于可行域具有凸集[①]的性质，如附录 2 中所做的定义以及几个图形中的说明。对具有两个变量的线性规划问题，凸集的性质表示可行域内部每个 CPF 解的角度小于 180°。例如，图 5.1 中，点(0,0)、点(0,6)和点(4,0)角度都是 90°，点(2,6)和点(4,3)的角度介于 90°和 180°之间。相反，图 5.3 中的可行域不是一个凸集，因为点$\left(\frac{8}{3},5\right)$的角度大于 180°。这种"向外弯折"的角度大于 180°的情况在线性规划中不可能发生。在更高维数下，相同的直观概念"不会向外弯折"(凸集的基本性质)依然成立。

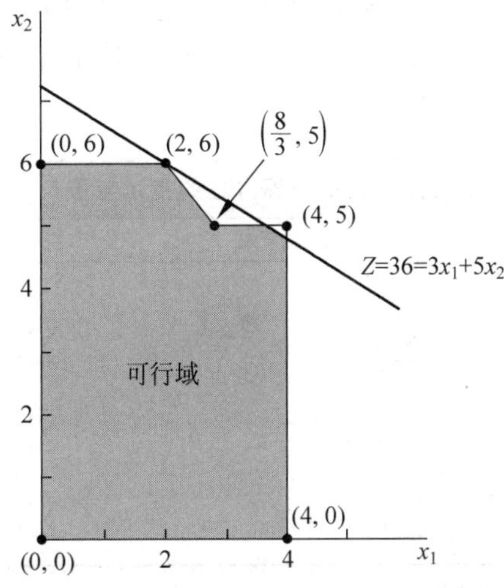

图 5.3　对 Wyndor Glass 公司问题的修订违背了线性规划和线性规划中 CPF 解的性质 3

① 如果你已经很熟悉凸集，注意满足任何线性规划约束的解集(无论是不等式约束还是等式约束)为凸集。在任何线性规划问题中，其可行域就是满足各个约束条件的解的交集。因为凸集的交集仍为凸集，所以可行域必为凸集。

为了更明确"凸可行域"的特征,考虑穿过最优 CPF 解的目标函数的超平面[在初始的 Wyndor Glass 公司问题中,这个超平面是过点(2,6)的目标函数线]。所有的相邻解[(0,6)和(4,3)]必位于超平面上或下侧(以 Z 衡量)。可行域为凸集意味着其边界不可能"向外弯折"越过相邻 CPF 解来得到另一个位于超平面上的 CPF 解,所以性质 3 成立。

5.1.4 扩展形式问题的延伸

对于我们定义的标准形式下的任何线性规划问题(包括含有"≤"形式的函数约束),添加剩余变量后的函数约束形式为

$$
\begin{aligned}
&(1)\ a_{11}x_1+a_{12}x_2+\cdots+a_{1n}x_n+x_{n+1} &&=b_1\\
&(2)\ a_{21}x_1+a_{22}x_2+\cdots+a_{2n}x_n \qquad +x_{n+2} &&=b_2\\
&\qquad\vdots\\
&(m)\ a_{m1}x_1+a_{m2}x_2+\cdots+a_{mn}x_n \qquad\qquad +x_{n+m} &&=b_m
\end{aligned}
$$

其中,$x_{n+1},x_{n+2},\cdots,x_{n+m}$ 为松弛变量。对于其他形式的线性规划问题,4.6 节介绍了通过引入人工变量等方法来得到与此相同的形式(由高斯消元法得到的形式)的重要性。这样,原来的解$(x_1,x_2,\cdots,x_n)$就被相应的松弛变量或人工变量$(x_{n+1},x_{n+2},\cdots,x_{n+m})$也可能是一些剩余变量扩展了。这个扩展使得在 4.2 节中把**基本解**(basic solutions)定义为扩展的角点解,把**基本可行解(BF 解)**[basic feasible solutions (BF solutions)]定义为扩展的 CPF 解。因此,前述的 CPF 解的三个性质对于 BF 解也适用。

现在让我们明确基本解和角点解之间的代数关系。回顾一下,每一个角点解都是 n 个边界约束方程(我们称之为定义方程)的公共解。关键问题为:在问题的扩展形式下,我们如何判断一个特定的约束边界方程是否为一个定义方程?幸运的是,答案很简单。每一个约束都有一个**指示变量**(indicating variable),它完全可以表示(依据其值是否为 0)当前解是否满足这个约束边界方程。表 5.3 给出一个总结。对于表中每一行的约束,注意只有当且仅当约束的指示变量(第五列)值为 0 时才满足相应的约束边界方程(第四列)。最后一行("≥"形式的函数约束),指示变量 $\bar{x}_{n+i}-x_{s_i}$ 实际上是人工变量 $\bar{x}_{n+i}$ 与剩余变量 x_{s_i} 的差。

表 5.3 约束边界方程的指示变量[*]

约束类型	约束形式	扩展形式的约束	约束边界方程	指示变量
无约束	$x_j \geqslant 0$	$x_j \geqslant 0$	$x_j=0$	x_j
函数(≤)	$\sum_{j=1}^{n} a_{ij}x_j \leqslant b_i$	$\sum_{j=1}^{n} a_{ij}x_j + x_{n+i} = b_i$	$\sum_{j=1}^{n} a_{ij}x_j = b_i$	x_{n+i}
函数(=)	$\sum_{j=1}^{n} a_{ij}x_j = b_i$	$\sum_{j=1}^{n} a_{ij}x_j + \bar{x}_{n+i} = b_i$	$\sum_{j=1}^{n} a_{ij}x_j = b_i$	$\bar{x}_{n+i}$
函数(≥)	$\sum_{j=1}^{n} a_{ij}x_j \geqslant b_i$	$\sum_{j=1}^{n} a_{ij}x_j + \bar{x}_{n+i} - x_{s_i} = b_i$	$\sum_{j=1}^{n} a_{ij}x_j = b_i$	$\bar{x}_{n+i}-x_{s_i}$

*:指示变量=0⇒满足约束边界方程;
指示变量≠0⇒不满足约束边界方程。

因此,只要一个约束边界方程是角点解的定义方程之一,在问题的扩展形式里其指示变量都为 0。每个这样的指示变量在相应的基本解中都被称为非基变量。最终结论(曾在 4.2

节介绍过)总结如下:

每一个**基本解**都有 m 个**基变量**(basic variables),剩下的变量取值 0,为非基变量(非基变量数为 n 与剩余变量个数之和)。**基变量**的取值是由扩展形式中 m 个方程的公共解得到的(非基变量值为 0)。基本解为由非基变量做指示变量的 n 个定义方程的扩展角点解。特别地,只要表 5.3 中第五列的指示变量为非基变量,第四列中的约束边界方程就是该角点解的定义方程(当约束条件为"≥"的形式,两个增补变量 $\bar{x}_{n+i}$ 和 x_{s_i} 至少一个恒为非基变量,但仅当这两个变量同为非基变量时约束边界方程才成为定义方程)。

现在考虑基本可行解。注意在问题的扩展形式中解为可行解的唯一条件是它满足方程组且所有变量都非负。

一个 **BF 解**也是基本解,其中所有 m 个基变量都非负(≥0)。如果这 m 个基变量中的任何一个取值为 0,这个基本可行解就是**退化**(degenerate)的。

因此,在当前的 BF 解中,有可能变量取值为 0 而不是非基变量(这种情况对应于一个 CPF 解除了满足 n 个定义方程外,还满足另一个约束边界方程)。这样,就有必要追踪哪个是非基变量组(或者基变量组),而不是看它们的值是否为 0。

我们很早就注意到不是所有的 n 维方程组都能导出一个角点解,因为方程组要么无解,要么有多个解。类似的,不是所有的 n 个非基变量的组合都能得出基本解。然而,在单纯形法中,这些情况都被避免了。

为说明这些定义,再一次考虑 Wyndor Glass 公司的问题。它的约束边界方程和指示变量如表 5.4 所示。

表 5.4 Wyndor Glass 公司问题中约束边界方程的指示变量

约束	扩展形式的约束	约束边界方程	指示变量
$x_1 \geqslant 0$	$x_1 \geqslant 0$	$x_1 = 0$	x_1
$x_2 \geqslant 0$	$x_2 \geqslant 0$	$x_2 = 0$	x_2
$x_1 \leqslant 4$	(1) $x_1 + x_3 = 4$	$x_1 = 4$	x_3
$2x_2 \leqslant 12$	(2) $2x_2 + x_4 = 12$	$2x_2 = 12$	x_4
$3x_1 + x_2 \leqslant 18$	(3) $3x_1 + 2x_2 + x_5 = 18$	$3x_1 + 2x_2 = 18$	x_5

说明:指示变量=0⇒满足约束边界方程;
指示变量≠0⇒不满足约束边界方程。

扩展每一个 CPF 解(见表 5.1)得出表 5.5 中的基本可行解。除了第一个解和最后一个解之外,表 5.5 把每一个相邻 BF 解顺次排列。注意每一个情况下非基变量必然是定义方程的指示变量。这样,相邻 BF 解的差异缘于仅有一个非基变量的不同。同样注意当非基变量取值都为 0 时,每一个 BF 解都是扩展形式(见表 5.4)下方程组的公共解。

类似的,三个角点可行解(见表 5.2)得出表 5.6 中的三个非基本可行解。

另外两组非基变量,(1)x_1 和 x_3,(2)x_2 和 x_4,都不能得出基本解,因为令任一组变量取值为 0 都不能得出表 5.4 中给出的方程组(1)到方程组(3)的解。这个结论与本节开始部分得出的对应的约束边界方程不能得出解的结果相同。

表 5.5 Wyndor Glass 公司问题的基本可行解

CPF 解	定义方程	BF 解	非基变量
(0,0)	$x_1=0$	(0,0,4,12,18)	x_1
	$x_2=0$		x_2
(0,6)	$x_1=0$	(0,6,4,0,6)	x_1
	$2x_2=12$		x_4
(2,6)	$2x_2=12$	(2,6,2,0,0)	x_4
	$3x_1+2x_2=18$		x_5
(4,3)	$3x_1+2x_2=18$	(4,3,0,6,0)	x_5
	$x_1=4$		x_3
(4,0)	$x_1=4$	(4,0,0,12,6)	x_3
	$x_2=0$		x_2

表 5.6 Wyndor Glass 公司问题的非基本可行解

角点可行解	定义方程	非基本可行解	非基变量
(0,9)	$x_1=0$	(0,9,4,−6,0)	x_1
	$3x_1+2x_2=18$		x_5
(4,6)	$2x_2=12$	(4,6,0,0,−6)	x_4
	$x_1=4$		x_3
(6,0)	$3x_1+2x_2=18$	(6,0,−2,12,0)	x_5
	$x_2=0$		x_2

单纯形法从 BF 解开始,然后迭代到更优的基本可行解直到达到最优解。那么每一次迭代是怎么到达相邻 BF 解的呢?

关于问题的原始形式,回顾从当前解移到相邻 CPF 解的过程:①从 n 个定义当前解的约束边界中去掉一个约束边界(定义方程);②将当前解在可行的方向上沿着剩下的 $n-1$ 个约束边界交线(可行域的边缘)移动;③当到达第一个新的约束边界(定义方程)时停止。

等价的,在我们新的术语中,单纯形法从当前解到达新的相邻 BF 解的步骤为:①从定义当前解的 n 个非基变量中去掉一个(作为入基变量);②通过把这个变量值从 0 增加(并调节其他基变量值使之仍满足方程组)来改变当前解,同时保持其他 $n-1$ 个非基变量值仍为 0;③当第一个基变量(出基变量)值达到 0(其约束边界)时停止。在这两种解释中,步骤①中 n 个非基变量的选择都是通过选择一个 Z 的增加率最高(步骤②中确定)的变量(入基变量的单位增加量)。

表 5.7 给出了单纯形法中几何解释和代数解释之间紧密的对应关系。利用 4.3 节和 4.4 节给出的结果,第四列总结了 Wyndor Glass 公司问题中求解基本可行解的顺序,第二列列出了相应的 CPF 解。在第三列,注意每一次迭代是如何删除一个约束边界(定义方程)的,并增加一个新的约束边界以得到一个新的 CPF 解。类似的,注意第五列中每一次迭代是如何删除一个约束边界(定义方程)并增加一个新的约束边界以得到新的基本可行解。此外,被删除和增加的非基变量就是第三列中被删除和增加的定义方程的指示变量。最后一

列显示了问题的扩展形式的初始方程组[不包括方程(0)],当前基变量用粗体表示。在每一种情况下,注意如何把非基变量赋为 0 值,然后解这个方程组得到基变量的值,必然会得到与第三列对应的定义方程组相同的解(x_1,x_2)。

表 5.7　Wyndor Glass 公司问题中单纯形法得到的解

迭代	CPF 解	定义方程	BF 解	非基变量	扩展形式下的函数约束
0	(0,0)	$x_1=0$ $x_2=0$	(0,0,4,12,18)	$x_1=0$ $x_2=0$	$x_1 + \mathbf{x}_3=4$ $2x_2+\mathbf{x}_4=12$ $3x_1+2x_2+\mathbf{x}_5=18$
1	(0,6)	$x_1=0$ $2x_2=12$	(0,6,4,0,6)	$x_1=0$ $x_4=0$	$x_1 + \mathbf{x}_3=4$ $2\mathbf{x}_2+x_4=12$ $3x_1+2\mathbf{x}_2+\mathbf{x}_5=18$
2	(2,6)	$2x_2=12$ $3x_1+2x_2=18$	(2,6,2,0,0)	$x_4=0$ $x_5=0$	$\mathbf{x}_1 + \mathbf{x}_3=4$ $2\mathbf{x}_2+x_4=12$ $3\mathbf{x}_1+2\mathbf{x}_2+x_5=18$

5.2　单纯形法的矩阵形式

第 4 章中介绍的单纯形法(分别用的是代数形式或表格形式)进一步审视单纯形法的理论和运算能力可通过对其矩阵形式的测试得到。我们先从表达线性规划问题的矩阵形式开始(见附录 4 对矩阵的复习)。

为帮助区分矩阵、向量和数量,我们始终用**黑斜体大写字母**来表示矩阵,**黑斜体小写字母**表示向量,**白斜体字母**表示数量。我们用**黑体零(0)**来表示零向量(一个向量的元素全部为 0),无论它是行向量还是列向量(上下文中应该已经明确)。但是正体的 0 仍然表示数字 0。

利用矩阵表示,我们在 3.2 节中给出的线性规划模型的标准形式就变成:

$$\begin{aligned} &\max \quad Z=\boldsymbol{cx} \\ &\text{s.t.} \quad \boldsymbol{Ax}\leqslant \boldsymbol{b} \\ &\qquad\quad \boldsymbol{x}\geqslant \mathbf{0} \end{aligned}$$

其中,$\boldsymbol{c}$ 为行向量　　$\boldsymbol{c}=[c_1,c_2,\cdots,c_n]$,

$\boldsymbol{x}$,$\boldsymbol{b}$ 和 $\mathbf{0}$ 都是列向量

$$\boldsymbol{x}=\begin{bmatrix} x_1 \\ x_2 \\ \vdots \\ x_n \end{bmatrix},\quad \boldsymbol{b}=\begin{bmatrix} b_1 \\ b_2 \\ \vdots \\ b_m \end{bmatrix},\quad \mathbf{0}=\begin{bmatrix} 0 \\ 0 \\ \vdots \\ 0 \end{bmatrix}$$

$\boldsymbol{A}$ 为矩阵
$$\boldsymbol{A}=\begin{bmatrix} a_{11} & a_{12} & \cdots & a_{1n} \\ a_{21} & a_{22} & \cdots & a_{2n} \\ \vdots & \vdots & & \vdots \\ a_{m1} & a_{m2} & \cdots & a_{mn} \end{bmatrix}$$

为了得到问题的扩展形式,引入松弛变量的列向量 $\boldsymbol{x}_s=\begin{bmatrix} x_{n+1} \\ x_{n+2} \\ \vdots \\ x_{n+m} \end{bmatrix}$

这样约束变为:$[\boldsymbol{A},\boldsymbol{I}]\begin{bmatrix} \boldsymbol{x} \\ \boldsymbol{x}_s \end{bmatrix}=\boldsymbol{b}$,且 $\begin{bmatrix} \boldsymbol{x} \\ \boldsymbol{x}_s \end{bmatrix}\geqslant\boldsymbol{0}$

其中,$\boldsymbol{I}$ 为 $m\times m$ 单位矩阵,零向量 $\boldsymbol{0}$ 有 $n+m$ 个元素(我们将在本节最后讨论如何处理非标准形式的问题)。

5.2.1 求一个基本可行解

回顾一下,单纯形法的一般方法是为了得到一系列更优的 BF 解直到得到最优解。单纯形法矩阵形式的关键是确定一种方法,即在确定其基变量和非基变量之后,如何求每一个新的 BF 解的算法。给定这些变量,基本解为该 m 个方程 $[\boldsymbol{A},\boldsymbol{I}]\begin{bmatrix} \boldsymbol{x} \\ \boldsymbol{x}_s \end{bmatrix}=\boldsymbol{b}$ 的解,在这里 $n+m$ 个元素 $\begin{bmatrix} \boldsymbol{x} \\ \boldsymbol{x}_s \end{bmatrix}$ 中的 n 个非基变量被赋值 0。通过赋予这 n 个变量 0 值后使其从方程中消去,剩下了含有 m 个未知数(基变量)的 m 个方程。方程的集合可以表示为 $\boldsymbol{B}\boldsymbol{x}_B=\boldsymbol{b}$,其中**基变量向量**(vector of basic variables)

$\boldsymbol{x}_B=\begin{bmatrix} x_{B_1} \\ x_{B_2} \\ \vdots \\ x_{Bm} \end{bmatrix}$,是从 $\begin{bmatrix} \boldsymbol{x} \\ \boldsymbol{x}_s \end{bmatrix}$ 中消去非基变量后得到的。

从 $[\boldsymbol{A},\boldsymbol{I}]$ 中消去非基变量对应的系数的列后得到的**基矩阵**(basis matrix)为

$$\boldsymbol{B}=\begin{bmatrix} B_{11} & B_{12} & \cdots & B_{1m} \\ B_{21} & B_{22} & \cdots & B_{2m} \\ \vdots & \vdots & & \vdots \\ B_{m1} & B_{m2} & \cdots & B_{mm} \end{bmatrix}$$

(此外,采用单纯形法时,$\boldsymbol{x}_B$ 的元素和 $\boldsymbol{B}$ 的列可能会以不同的顺序给出。)

单纯形法仅介绍了像 $\boldsymbol{B}$ 一样的非退化的基变量,这样 $\boldsymbol{B}^{-1}$ 也总是存在的。所以,为了解出 $\boldsymbol{B}\boldsymbol{x}_B=\boldsymbol{b}$,方程两边左乘 $\boldsymbol{B}^{-1}$:$\boldsymbol{B}^{-1}\boldsymbol{B}\boldsymbol{x}_B=\boldsymbol{B}^{-1}\boldsymbol{b}$。

由于 $\boldsymbol{B}^{-1}\boldsymbol{B}=\boldsymbol{I}$,基变量的解为

$$\boxed{\boldsymbol{x}_B=\boldsymbol{B}^{-1}\boldsymbol{b}}$$

令 $\boldsymbol{c}_B$ 表示目标函数中对应 $\boldsymbol{x}_B$ 的一个系数列向量(包括松弛变量系数 0),则该基本解

的目标函数的值即为

$$\boxed{Z=\boldsymbol{c}_B\boldsymbol{x}_B=\boldsymbol{c}_B\boldsymbol{B}^{-1}\boldsymbol{b}}$$

例　为了说明这种求 BF 解的方法，再次以 3.1 节中的 Wyndor Glass 公司问题为例。用原单纯形法求解见表 4.8。本例中

$$\boldsymbol{c}=[3,5],\quad [\boldsymbol{A},\boldsymbol{I}]=\begin{bmatrix}1&0&1&0&0\\0&2&0&1&0\\3&2&0&0&1\end{bmatrix},\quad \boldsymbol{b}=\begin{bmatrix}4\\12\\18\end{bmatrix},\quad \boldsymbol{x}=\begin{bmatrix}x_1\\x_2\end{bmatrix},\quad \boldsymbol{x}_s=\begin{bmatrix}x_3\\x_4\\x_5\end{bmatrix}$$

参照表 4.8，我们看到由单纯形法(原方法或修正的方法)得到 BF 解的顺序为

迭代 0：

$$\boldsymbol{x}_B=\begin{bmatrix}x_3\\x_4\\x_5\end{bmatrix},\quad \boldsymbol{B}=\begin{bmatrix}1&0&0\\0&1&0\\0&0&1\end{bmatrix}=\boldsymbol{B}^{-1},\quad \text{所以}\begin{bmatrix}x_3\\x_4\\x_5\end{bmatrix}=\begin{bmatrix}1&0&0\\0&1&0\\0&0&1\end{bmatrix}\begin{bmatrix}4\\12\\18\end{bmatrix}=\begin{bmatrix}4\\12\\18\end{bmatrix}$$

$$\boldsymbol{c}_B=[0,0,0],\quad \text{所以}\quad Z=[0,0,0]\begin{bmatrix}4\\12\\18\end{bmatrix}=0$$

迭代 1：

$$\boldsymbol{x}_B=\begin{bmatrix}x_3\\x_2\\x_5\end{bmatrix},\quad \boldsymbol{B}=\begin{bmatrix}1&0&0\\0&2&0\\0&2&1\end{bmatrix},\quad \boldsymbol{B}^{-1}=\begin{bmatrix}1&0&0\\0&\frac{1}{2}&0\\0&-1&1\end{bmatrix}$$

所以

$$\begin{bmatrix}x_3\\x_2\\x_5\end{bmatrix}=\begin{bmatrix}1&0&0\\0&\frac{1}{2}&0\\0&-1&1\end{bmatrix}\begin{bmatrix}4\\12\\18\end{bmatrix}=\begin{bmatrix}4\\6\\6\end{bmatrix},\quad \boldsymbol{c}_B=[0,5,0],\quad \text{所以 } Z=[0,5,0]\begin{bmatrix}4\\6\\6\end{bmatrix}=30$$

迭代 2：

$$\boldsymbol{x}_B=\begin{bmatrix}x_3\\x_2\\x_1\end{bmatrix},\quad \boldsymbol{B}=\begin{bmatrix}1&0&1\\0&2&0\\0&2&3\end{bmatrix},\quad \boldsymbol{B}^{-1}=\begin{bmatrix}1&\frac{1}{3}&-\frac{1}{3}\\0&\frac{1}{2}&0\\0&-\frac{1}{3}&\frac{1}{3}\end{bmatrix}$$

所以

$$\begin{bmatrix}x_3\\x_2\\x_1\end{bmatrix}=\begin{bmatrix}1&\frac{1}{3}&-\frac{1}{3}\\0&\frac{1}{2}&0\\0&-\frac{1}{3}&\frac{1}{3}\end{bmatrix}\begin{bmatrix}4\\12\\18\end{bmatrix}=\begin{bmatrix}2\\6\\2\end{bmatrix},\quad \boldsymbol{c}_B=[0,5,3],\quad Z=[0,5,3]\begin{bmatrix}2\\6\\2\end{bmatrix}=36$$

5.2.2 当前方程组的矩阵形式

我们总结单纯形法的矩阵形式之前的最后一个准备就是列出任一次迭代单纯形表中方程组的矩阵形式。

对于原方程组,矩阵形式为

$$\begin{bmatrix}1 & -\mathbf{c} & \mathbf{0}\\ \mathbf{0} & \mathbf{A} & \mathbf{I}\end{bmatrix}\begin{bmatrix}Z\\ \mathbf{x}\\ \mathbf{x}_s\end{bmatrix}=\begin{bmatrix}0\\ \mathbf{b}\end{bmatrix}$$

这个方程组同样在表5.8的第一列中列出。

单纯形法执行的代数运算(用一个常数乘以一个方程和把一个方程的倍数加到另一个方程上)用矩阵形式表示,就是用适当的矩阵左乘原方程组中方程的两边。这个矩阵应该与单位矩阵有相同的元素,除非代数运算的每一次倍乘都达到需要执行矩阵乘法运算的点。甚至在超过几次的一系列迭代的代数运算之后,在整个方程组中仍然能够用新方程组中已知的新的右端项来推断出这个矩阵全部向量必定是(象征性)什么。特别是,在任何一次迭代后,有 $\mathbf{x}_B=\mathbf{B}^{-1}\mathbf{b}$ 和 $Z=\mathbf{c}_B\mathbf{B}^{-1}\mathbf{b}$,所以新方程组的右端项为

$$\begin{bmatrix}Z\\ \mathbf{x}_B\end{bmatrix}=\begin{bmatrix}1 & \mathbf{c}_B\mathbf{B}^{-1}\\ \mathbf{0} & \mathbf{B}^{-1}\end{bmatrix}\begin{bmatrix}0\\ \mathbf{b}\end{bmatrix}=\begin{bmatrix}\mathbf{c}_B\mathbf{B}^{-1}\mathbf{b}\\ \mathbf{B}^{-1}\mathbf{b}\end{bmatrix}$$

由于我们在方程组的原形式两边执行相同次序的代数运算,所以我们用与左乘原方程右端的相同的矩阵来左乘方程左端。由于

$$\begin{bmatrix}1 & \mathbf{c}_B\mathbf{B}^{-1}\\ \mathbf{0} & \mathbf{B}^{-1}\end{bmatrix}\begin{bmatrix}1 & -\mathbf{c} & \mathbf{0}\\ \mathbf{0} & \mathbf{A} & \mathbf{I}\end{bmatrix}=\begin{bmatrix}1 & \mathbf{c}_B\mathbf{B}^{-1}\mathbf{A}-\mathbf{c} & \mathbf{c}_B\mathbf{B}^{-1}\\ \mathbf{0} & \mathbf{B}^{-1}\mathbf{A} & \mathbf{B}^{-1}\end{bmatrix}$$

在任何一次迭代之后得到方程组的矩阵形式为

$$\begin{bmatrix}1 & \mathbf{c}_B\mathbf{B}^{-1}\mathbf{A}-\mathbf{c} & \mathbf{c}_B\mathbf{B}^{-1}\\ \mathbf{0} & \mathbf{B}^{-1}\mathbf{A} & \mathbf{B}^{-1}\end{bmatrix}\begin{bmatrix}Z\\ \mathbf{x}\\ \mathbf{x}_s\end{bmatrix}=\begin{bmatrix}\mathbf{c}_B\mathbf{B}^{-1}\mathbf{b}\\ \mathbf{B}^{-1}\mathbf{b}\end{bmatrix}$$

表5.8中的第二个单纯形法也显示了相同的方程组。

表5.8 矩阵形式下初始单纯形表和后续单纯形表

迭代	基变量	方程	系数			右端项
			Z	原变量	松弛变量	
0	Z	(0)	1	$-\mathbf{c}$	$\mathbf{0}$	0
	$\mathbf{x}_B$	$(1,2,\cdots,m)$	$\mathbf{0}$	$\mathbf{A}$	$\mathbf{I}$	$\mathbf{b}$
任意次	Z	(0)	1	$\mathbf{c}_B\mathbf{B}^{-1}\mathbf{A}-\mathbf{c}$	$\mathbf{c}_B\mathbf{B}^{-1}$	$\mathbf{c}_B\mathbf{B}^{-1}\mathbf{b}$
	$\mathbf{x}_B$	$(1,2,\cdots,m)$	$\mathbf{0}$	$\mathbf{B}^{-1}\mathbf{A}$	$\mathbf{B}^{-1}$	$\mathbf{B}^{-1}\mathbf{b}$

例 为了说明当前方程组的矩阵形式,我们要演示怎样对 Wyndor Glass 公司问题得到由迭代 2 导出的最终方程组。利用前述部分末尾迭代 2 中给定的 $\mathbf{B}^{-1}$ 和 $\mathbf{c}_B$,我们有

$$\boldsymbol{B}^{-1}\boldsymbol{A}=\begin{bmatrix}1 & \frac{1}{3} & -\frac{1}{3}\\ 0 & \frac{1}{2} & 0\\ 0 & -\frac{1}{3} & \frac{1}{3}\end{bmatrix}\begin{bmatrix}1 & 0\\ 0 & 2\\ 3 & 2\end{bmatrix}=\begin{bmatrix}0 & 0\\ 0 & 1\\ 1 & 0\end{bmatrix}$$

$$\boldsymbol{c}_B\boldsymbol{B}^{-1}=[0,5,3]\begin{bmatrix}1 & \frac{1}{3} & -\frac{1}{3}\\ 0 & \frac{1}{2} & 0\\ 0 & -\frac{1}{3} & \frac{1}{3}\end{bmatrix}=\left[0,\frac{3}{2},1\right]$$

$$\boldsymbol{c}_B\boldsymbol{B}^{-1}\boldsymbol{A}-\boldsymbol{c}=[0,5,3]\begin{bmatrix}0 & 0\\ 0 & 1\\ 1 & 0\end{bmatrix}-[3,5]=[0,0]$$

同样，利用在前述部分的结尾计算的值 $\boldsymbol{x}_B=\boldsymbol{B}^{-1}\boldsymbol{b}$ 和 $Z=\boldsymbol{c}_B\boldsymbol{B}^{-1}\boldsymbol{b}$，得出下面的方程组，与表 4.8 中最终单纯形表所示一致。

$$\left[\begin{array}{c|cc|ccc}1 & 0 & 0 & 0 & \frac{3}{2} & 1\\ \hline 0 & 0 & 0 & 1 & \frac{1}{3} & -\frac{1}{3}\\ 0 & 0 & 1 & 0 & \frac{1}{2} & 0\\ 0 & 1 & 0 & 0 & -\frac{1}{3} & \frac{1}{3}\end{array}\right]\begin{bmatrix}Z\\ x_1\\ x_2\\ x_3\\ x_4\\ x_5\end{bmatrix}=\begin{bmatrix}36\\ 2\\ 6\\ 2\end{bmatrix}$$

在任何一次迭代后，方程组集合的矩阵形式（见上一个例子前的方框）提供了单纯形法矩阵形式执行的关键。这些方程显示的矩阵形式（或表 5.8 的末端）提供了直接计算将在现有方程组中（单纯形法的代数形式）或在现有单纯形表中（单纯形法的表格形式）出现的所有数字的直接方法。单纯形法的三种形式将恰好提供相同的决策（入基变量、出基变量等）。这些形式之间的唯一差别是用于确定决策时需要计算的数字的方法不同。正如下面总结的，矩阵形式提供了一种方便而紧凑的方法，不需要对一系列方程组或单纯形表计算这些数字。

5.2.3　单纯形法矩阵形式的小结

1. **初始化**：如第 4 章中描述的，引进松弛变量到初始的基变量，并由此得到初始的 $\boldsymbol{x}_B$、$\boldsymbol{c}_B$、$\boldsymbol{B}$ 和 $\boldsymbol{B}^{-1}$。（在问题满足标准形式的假设时，$\boldsymbol{B}=\boldsymbol{I}=\boldsymbol{B}^{-1}$），然后进行最优性检验。

2. **迭代**：

第 1 步，确定入基变量：参见方程(0)中非基变量的系数，然后（如 4.4 节所述）选择最大绝对值的系数为负的变量作为入基变量。

第 2 步，确定出基变量：应用矩形表达式对 $\boldsymbol{B}^{-1}\boldsymbol{A}$（原变量的系数）和 $\boldsymbol{B}^{-1}$（松弛变量的系数）计算除了方程(0)之外每个方程入基变量的系数。同样利用前述的 $\boldsymbol{x}_B=\boldsymbol{B}^{-1}\boldsymbol{b}$（见第 3 步）的计算求得这些方程的右端项。然后如 4.4 节所述，应用计算最小比值选择出基变量。

第 3 步,确定新的基本可行解:通过用$[\boldsymbol{A},\boldsymbol{I}]$中入基变量的相应列替换出基变量的列,更新基矩阵$\boldsymbol{B}$。同样在$\boldsymbol{x}_B$和$\boldsymbol{c}_B$中进行相应替换,然后导出$\boldsymbol{B}^{-1}$(见附录 4)并使$\boldsymbol{x}_B=\boldsymbol{B}^{-1}\boldsymbol{b}$。

3. **最优性测试**:应用矩阵表达式$\boldsymbol{c}_B\boldsymbol{B}^{-1}\boldsymbol{A}-\boldsymbol{c}$(对原变量的系数)和$\boldsymbol{c}_B\boldsymbol{B}^{-1}$(对松弛变量的系数)计算方程(0)中非基变量的系数,当且仅当所有这些系数均为非负时结束运算。否则再进行迭代,找出下一个基本可行解。

例 我们曾在本节开头对 Wyndor Glass 公司问题进行了上述矩阵运算的一部分,现在我们对这个问题用完整的矩阵形式的单纯形法将各部分综合到一起。首先,回忆一下

$$\boldsymbol{c}=[3,5],\quad [\boldsymbol{A},\boldsymbol{I}]=\begin{bmatrix}1&0&1&0&0\\0&2&0&1&0\\3&2&0&0&1\end{bmatrix},\quad \boldsymbol{b}=\begin{bmatrix}4\\12\\18\end{bmatrix}$$

初始化

初始基变量为松弛变量,因此正如在本节第一个例子中对迭代 0 已指出的:

$$\boldsymbol{x}_B=\begin{bmatrix}x_3\\x_4\\x_5\end{bmatrix}=\begin{bmatrix}4\\12\\18\end{bmatrix},\quad \boldsymbol{c}_B=[0,0,0],\quad \boldsymbol{B}=\begin{bmatrix}1&0&0\\0&1&0\\1&0&1\end{bmatrix}=\boldsymbol{B}^{-1}$$

最优性检验

非基变量(x_1 和 x_2)的系数为

$$\boldsymbol{c}_B\boldsymbol{B}^{-1}\boldsymbol{A}-\boldsymbol{c}=[0,0]-[3,5]=[-3,-5]$$

这些负系数说明初始的基本可行解(BF)$\boldsymbol{X}_B=\boldsymbol{b}$ 为非最优解。

迭代 1

因-5的绝对值较-3大,入基变量为 x_2。仅对矩阵的有关部分进行运算,x_2 在除方程(0)之外其他方程中的系数为

$$\boldsymbol{B}^{-1}\boldsymbol{A}=\begin{bmatrix}-&0\\-&2\\-&2\end{bmatrix}$$

$\boldsymbol{x}_B$ 所给出的这些方程的右端项见初始化步骤。因此,最小比值计算指出出基变量为 x_4,因为$\frac{12}{2}<\frac{18}{2}$。本节第一个例子的迭代 1 已给出了更新后的$\boldsymbol{B},\boldsymbol{x}_B,\boldsymbol{c}_B$和$\boldsymbol{B}^{-1}$的结果为

$$\boldsymbol{B}=\begin{bmatrix}1&0&0\\0&2&0\\0&2&1\end{bmatrix},\quad \boldsymbol{B}^{-1}=\begin{bmatrix}1&0&0\\0&\frac{1}{2}&0\\0&-1&1\end{bmatrix},\quad \boldsymbol{x}_B=\begin{bmatrix}x_3\\x_2\\x_5\end{bmatrix}=\boldsymbol{B}^{-1}\boldsymbol{b}=\begin{bmatrix}4\\6\\6\end{bmatrix},\quad \boldsymbol{c}_B=[0,5,0]$$

因此,x_2 已替换了 $\boldsymbol{x}_B$ 中的 x_4,并提供了 $\boldsymbol{c}_B$ 的新元素和 $\boldsymbol{B}$ 中新的一列。

最优性检验

现在的非基变量为 x_1 和 x_4,它们在方程(0)中的系数为

$$\text{对 } x_1:\ \boldsymbol{c}_B\boldsymbol{B}^{-1}\boldsymbol{A}-\boldsymbol{c}=[0,5,0]\begin{bmatrix}1&0&0\\0&\frac{1}{2}&0\\0&-1&1\end{bmatrix}\begin{bmatrix}1&0\\0&2\\3&2\end{bmatrix}-[3,5]=[-3,-,-]$$

$$\text{对 } x_4: \boldsymbol{c}_B\boldsymbol{B}^{-1}=[0,5,0]\begin{bmatrix}1 & 0 & 0\\ 0 & \frac{1}{2} & 0\\ 0 & -1 & 1\end{bmatrix}=\left[-,\frac{5}{2},-\right]$$

因为 x_1 有一个负的系数，现在的 BF 解非最优，所以继续下一次迭代。

迭代 2

因为 x_1 是非基变量，在方程(0)中系数为负，它成了入基变量，它在其他方程中的系数为

$$\boldsymbol{B}^{-1}\boldsymbol{A}=\begin{bmatrix}1 & 0 & 0\\ 0 & \frac{1}{2} & 0\\ 0 & -1 & 1\end{bmatrix}\begin{bmatrix}1 & 0\\ 0 & 2\\ 3 & 2\end{bmatrix}=\begin{bmatrix}1 & -\\ 0 & -\\ 3 & -\end{bmatrix}$$

利用上一次迭代中得到的 $\boldsymbol{x}_B$，最小比值的计算表明 x_5 是出基变量，因为 $\frac{6}{3}<\frac{4}{1}$。对本节第一个例子的迭代 2 已得出更新后的 $\boldsymbol{B},\boldsymbol{B}^{-1},\boldsymbol{x}_B$ 和 $\boldsymbol{c}_B$ 的结果为

$$\boldsymbol{B}=\begin{bmatrix}1 & 0 & 1\\ 0 & 2 & 0\\ 0 & 2 & 3\end{bmatrix},\quad \boldsymbol{B}^{-1}=\begin{bmatrix}1 & \frac{1}{3} & -\frac{1}{3}\\ 0 & \frac{1}{2} & 0\\ 0 & -\frac{1}{3} & \frac{1}{3}\end{bmatrix},\quad \boldsymbol{x}_B=\begin{bmatrix}x_3\\ x_2\\ x_1\end{bmatrix}=\boldsymbol{B}^{-1}\boldsymbol{b}=\begin{bmatrix}2\\ 6\\ 2\end{bmatrix},\quad \boldsymbol{c}_B=[0,5,3]$$

所以已经用 x_1 替换了 $\boldsymbol{x}_B$ 中的 x_5，并提供了 $\boldsymbol{c}_B$ 中的一个新元素和 $\boldsymbol{B}$ 中新的一列。

最优性检验

如今非基变量为 x_4 和 x_5，应用本节第二个例子的计算表明它在方程(0)中的系数为 $\frac{3}{2}$ 和 1。因为这些系数均非负，如今 BF 解($x_1=2,x_2=6,x_3=2,x_4=0,x_5=0$)为最优，运算结束。

5.2.4　最终的评述

上述例子说明单纯形法的矩阵形式只用了少量矩阵表达式来进行所需的计算。这些矩阵表达式在表 5.8 下端做了概括。该表得到的基础的审视表明，为了计算表中其他所有数字，依据正在求解的模型的原始参数($\boldsymbol{A},\boldsymbol{b}$ 和 $\boldsymbol{c}$)，只需知道出现在目前单纯形表松弛变量部分的 $\boldsymbol{B}^{-1}$ 和 $\boldsymbol{c}_B\boldsymbol{B}^{-1}$。当涉及最终单纯形表时，这个审视特别有价值，我们将在下一节阐述。

正如本节中已经指出的，单纯形法矩阵形式的一个缺点是需要推导 $\boldsymbol{B}^{-1}$，即每次迭代后更新了的基矩阵的逆。虽然对小规模的非奇异方阵有现成的求逆的程序(对 2×2 或 3×3 矩阵的求逆甚至可以用手工计算)，但随着矩阵规模的增大，求逆所需运算时间急剧增长。幸运的是，较之从一次迭代到下一次重新求取新的基矩阵的逆，有一种非常有效的方法来更新 $\boldsymbol{B}^{-1}$。将其同单纯形法的矩阵形式结合起来，这个矩阵形式的改进版本通常称为改进单纯形法，这是经常用于商业软件的单纯形法版本。我们将在 5.4 节讨论更新 $\boldsymbol{B}^{-1}$ 的算法。

本书网站的例子给出了应用单纯形法矩阵形式的另一个例子。这个例子每一步的迭代更新 $\boldsymbol{B}^{-1}$ 时同高效率的程序结合,而不是用更新后基矩阵求逆的方法,这是因为应用了改进单纯形法。

最后应当记住,本节讲述的单纯形法矩阵形式是假定问题已变换成 3.2 节中给出的一般线性规划问题的标准形式。但对模型的其他形式进行修改也比较直接,其初始步骤类似于在 4.6 节讲述的单纯形法的代数形式或表格形式。当这些步骤中包含引进人工变量来得到一个初始 BF 解,并由此得到一个单位矩阵作为初始矩阵时,这些变量被包含在 X 的 m 个元素中。

5.3 基础的审视

我们将要着眼于由 5.2 节的改进单纯形法揭示的(任何形式的)单纯形法的一个性质。这个基础的审视提供了对偶理论(第 6 章)和敏感性分析(7.1～7.7 节)两部分内容的关键,它们是线性规划中两个重要的部分。

我们首先描述满足线性规划标准形式(3.2 节)的问题求解的审视,然后讨论如何更新为其他形式。这个审视直接基于 5.2 节中的表 5.8。现描述如下。

由表 5.8 提供的审视为:应用矩阵概念,表 5.8 给出了初始单纯形表的行,第 0 行为 $[-\boldsymbol{c},\boldsymbol{0},0]$,其余行为 $[\boldsymbol{A},\boldsymbol{I},\boldsymbol{b}]$。在任意一次迭代后,单纯形表中松弛变量的系数变为:第 0 行为 $\boldsymbol{c}_B\boldsymbol{B}^{-1}$,其余的行为 $\boldsymbol{B}^{-1}$,这里 $\boldsymbol{B}$ 是当前的基矩阵。测试现有单纯形表的其余部分,其审视为这些松弛变量的系数立即反映出现有单纯形表全部行是如何从初始单纯形表的行中得到的,特别是任意一次迭代后。

第 0 行 $=[-\boldsymbol{c},\boldsymbol{0},0]+\boldsymbol{c}_B\boldsymbol{B}^{-1}[\boldsymbol{A},\boldsymbol{I},\boldsymbol{b}]$

第 1 行至第 m 行 $=\boldsymbol{B}^{-1}[\boldsymbol{A},\boldsymbol{I},\boldsymbol{b}]$

我们将在本节末描述这个审视的应用。这些应用仅当我们已得到最优解的最终单纯形表时特别重要。所以在这之后我们将仅关注最优解方面的"基础的审视"。

为了区分任意一次迭代后矩阵的符号($\boldsymbol{B}^{-1}$ 等)与最后一次迭代的相应的符号,在后面例子中引入以下符号。

设 $\boldsymbol{B}$ 是用单纯形法找出最优解时的基矩阵,令

$\boldsymbol{S}^*=\boldsymbol{B}^{-1}=$ 第 1 行至第 m 行中松弛变量的系数

$\boldsymbol{A}^*=\boldsymbol{B}^{-1}\boldsymbol{A}=$ 第 1 行至第 m 行中原变量的系数

$\boldsymbol{y}^*=\boldsymbol{c}_B\boldsymbol{B}^{-1}=$ 第 0 行中松弛变量的系数

$\boldsymbol{z}^*=\boldsymbol{c}_B\boldsymbol{B}^{-1}\boldsymbol{A}$,所以 $\boldsymbol{z}^*-\boldsymbol{c}=$ 第 0 行中原变量的系数

$Z^*=\boldsymbol{c}_B\boldsymbol{B}^{-1}\boldsymbol{b}=$ 目标函数的最优值

$\boldsymbol{b}^*=\boldsymbol{B}^{-1}\boldsymbol{b}=$ 第 1 行至第 m 行最优的右端项值

表 5.9 的下半部分表明其中每一个符号均在最终单纯形表中得到匹配。为了解释这些符号,表 5.9 上半部分包含了 Wyndor Glass 公司问题的初始表,下半部分包含了这个问题的最终表。

表 5.9　初始和最终单纯形表矩阵形式的一般符号，以 Wyndor Glass 公司问题为例

初始表	
第 0 行	$\boldsymbol{t}=[-3,-5 \mid 0,0,0 \mid 0]=[-\boldsymbol{c} \mid \boldsymbol{0} \mid 0]$
其他行	$\boldsymbol{T}=\begin{bmatrix}1 & 0 & 1 & 0 & 0 & 4\\0 & 2 & 0 & 1 & 0 & 12\\3 & 2 & 0 & 0 & 1 & 18\end{bmatrix}=[\boldsymbol{A} \mid \boldsymbol{I} \mid \boldsymbol{b}]$
合并	$\begin{bmatrix}\boldsymbol{t}\\\boldsymbol{T}\end{bmatrix}=\begin{bmatrix}-\boldsymbol{c} & \boldsymbol{0} & 0\\\boldsymbol{A} & \boldsymbol{I} & \boldsymbol{b}\end{bmatrix}$
最终表	
第 0 行	$\boldsymbol{t}^*=[0,0 \mid 0,\frac{3}{2},1 \mid 36]=[\boldsymbol{z}^*-\boldsymbol{c} \mid \boldsymbol{y}^* \mid Z^*]$
其他行	$\boldsymbol{T}^*=\begin{bmatrix}0 & 0 & 1 & \frac{1}{3} & -\frac{1}{3} & 2\\0 & 1 & 0 & \frac{1}{2} & 0 & 6\\1 & 0 & 0 & -\frac{1}{3} & \frac{1}{3} & 2\end{bmatrix}=[\boldsymbol{A}^* \mid \boldsymbol{S}^* \mid \boldsymbol{b}^*]$
合并	$\begin{bmatrix}\boldsymbol{t}^*\\\boldsymbol{T}^*\end{bmatrix}=\begin{bmatrix}\boldsymbol{z}^*-\boldsymbol{c} & \boldsymbol{y}^* & Z^*\\\boldsymbol{A}^* & \boldsymbol{S}^* & \boldsymbol{b}^*\end{bmatrix}$

再看表 5.9，现假定已给出初始表数据 $\boldsymbol{t}$ 和 $\boldsymbol{T}$，最终表中只给出 $\boldsymbol{y}^*$ 和 $\boldsymbol{S}^*$。怎样仅用这些信息求出最终表中余下的部分呢？基础的审视给出了答案，现概述如下。

基础的审视

(1) $\boldsymbol{t}^*=\boldsymbol{t}+\boldsymbol{y}^*\boldsymbol{T}=[\boldsymbol{y}^*\boldsymbol{A}-\boldsymbol{c} \mid \boldsymbol{y}^* \mid \boldsymbol{y}^*\boldsymbol{b}]$

(2) $\boldsymbol{T}^*=\boldsymbol{S}^*\boldsymbol{T}=[\boldsymbol{S}^*\boldsymbol{A} \mid \boldsymbol{S}^* \mid \boldsymbol{S}^*\boldsymbol{b}]$

这样，只要通过已知的初始表中模型的参数($\boldsymbol{c}$，$\boldsymbol{A}$ 和 $\boldsymbol{b}$)以及最终表中松弛变量的系数($\boldsymbol{y}^*$ 和 $\boldsymbol{S}^*$)，这些方程就可以计算出最终表中所有其他的数了。

现在让我们总结一下该基础审视的两个方程所蕴涵的数学逻辑。为得到方程(2)，回忆一下单纯形法(不包括那些包含第 0 行的)中执行的代数运算的整个过程，这与用一些矩阵(称其为 $\boldsymbol{M}$ 矩阵)左乘 $\boldsymbol{T}$ 等同。这样

$$\boldsymbol{T}^*=\boldsymbol{M}\boldsymbol{T}$$

现在我们需要识别 $\boldsymbol{M}$。写出 $\boldsymbol{T}$ 和 $\boldsymbol{T}^*$ 的组成部分，方程变为

$$\begin{aligned}[\boldsymbol{A}^* \mid \boldsymbol{S}^* \mid \boldsymbol{b}^*]&=\boldsymbol{M}[\boldsymbol{A} \mid \boldsymbol{I} \mid \boldsymbol{b}]\\&=[\boldsymbol{M}\boldsymbol{A} \mid \boldsymbol{M} \mid \boldsymbol{M}\boldsymbol{b}]\end{aligned}$$

因为这些相等的方程的中间部分(或其他任何部分)一定相同，即有 $\boldsymbol{M}=\boldsymbol{S}^*$，所以方程(2)为有效方程。

注意到对第 0 行的代数运算的整个过程，等同于把 $\boldsymbol{T}$ 行的某个线性组合加到 $\boldsymbol{t}$ 上，这相当于把向量 $\boldsymbol{T}$ 的某个倍数加到 $\boldsymbol{t}$ 上，可发现方程(1)是由相似的形式得到的。用 $\boldsymbol{v}$ 表示这个向量，我们有

$$\boldsymbol{t}^*=\boldsymbol{t}+\boldsymbol{v}\boldsymbol{T}$$

但是 $\boldsymbol{v}$ 仍需要辨识。写出 $\boldsymbol{t}$ 和 $\boldsymbol{t}^*$ 的组成部分，得到

$$[\boldsymbol{z}^* - \boldsymbol{c} \mid \boldsymbol{y}^* \mid Z^*] = [-\boldsymbol{c} \mid \boldsymbol{0} \mid 0] + \boldsymbol{v}[\boldsymbol{A} \mid \boldsymbol{I} \mid \boldsymbol{b}]$$
$$= [-\boldsymbol{c} + \boldsymbol{vA} \mid \boldsymbol{v} \mid \boldsymbol{vb}]$$

令这些相等的向量方程的中间部分相等,就得出 $\boldsymbol{v}=\boldsymbol{y}^*$,证明方程(1)有效。

5.3.1 使适用于其他模型形式

迄今为止,我们对基础的审视的描述是基于初始模型为3.2节所描述的标准形式的假设的。然而,上面的数学逻辑只展示了初始模型为其他形式时应当怎么调整。关键在于初始表中的单位矩阵 $\boldsymbol{I}$,它在最终表上转化成了 $\boldsymbol{S}^*$。如果一定要在初始表中引入一些人工变量作为初始基变量,那么它就是所有初始基变量(包括松弛变量和人工变量)列的组合(以适当的顺序排列),它在这个表中形成了 $\boldsymbol{I}$(对任何剩余变量的列都是无关的)。在最终表上相同的列由 $\boldsymbol{T}^*=\boldsymbol{S}^*\boldsymbol{T}$ 得出 $\boldsymbol{S}^*$,由 $\boldsymbol{t}^*=\boldsymbol{t}+\boldsymbol{y}^*\boldsymbol{T}$ 得出 $\boldsymbol{y}^*$。如果 M 被引进初始的第0行作为人工变量的系数,那么方程 $\boldsymbol{t}^*=\boldsymbol{t}+\boldsymbol{y}^*\boldsymbol{T}$ 中的 $\boldsymbol{t}$ 在基变量的非0系数被代数消去后即为初始表中的第0行(还可选择,把初始第0行用作 $\boldsymbol{t}$,但此时这些 M 必须从最终第0行中减去以得到 $\boldsymbol{y}^*$)(见习题5.3-9)。

5.3.2 应用

基础的审视在线性规划中有许多重要的应用。其中之一涉及改进单纯形法。该方法主要基于5.2节中讲述的单纯形法的矩阵形式。如前一节所述(见表5.8),该方法利用 $\boldsymbol{B}^{-1}$ 和初始表针对每一步迭代计算当前表中的所有相关数据。利用 $\boldsymbol{B}^{-1}$ 通过公式 $\boldsymbol{y}^*=\boldsymbol{c}_B\boldsymbol{B}^{-1}$ 来计算 $\boldsymbol{y}^*$ 比基础的审视更为深入。

另一个应用是用于解释4.9节中描述的影子价格($y_1^*,y_2^*,\cdots,y_m^*$)。基础的审视表明 Z^*(Z 的最优值)为

$$Z^*=\boldsymbol{y}^*\boldsymbol{b}=\sum_{i=1}^{m}y_i^*b_i$$

所以,对于Wyndor Glass公司问题,就有

$$Z^*=0b_1+\frac{3}{2}b_2+b_3$$

这个方程直接给出了对于4.9节中的 y_i^* 值的解释。

另一组极其重要的应用是围绕许多优化后任务(再优化技术、敏感度分析、参数的线性规划,见4.9节),研究对初始模型做一个或多个变化造成的影响。特别地,假设已经对初始模型应用单纯形法得到了一个最优解(即 $\boldsymbol{y}^*$ 和 $\boldsymbol{S}^*$),然后做上述改变。如果相同的代数运算过程严格应用于修改的初始表,最终表上的结果会有什么改变呢?因为 $\boldsymbol{y}^*$ 和 $\boldsymbol{S}^*$ 没有改变,根据基础的审视直接就得出了答案。

一种特别常见的优化后分析是研究 $\boldsymbol{b}$ 的可能变化情况。参数 $\boldsymbol{b}$ 通常代表线性规划模型进行决策时需考虑的各项活动可用的资源数。因此,用单纯形法求得最优解后,管理者需要研究当有关资源分配的决策发生变化时将带来的后果。应用公式

$$\boldsymbol{x}_B=\boldsymbol{S}^*\boldsymbol{b}$$
$$\boldsymbol{Z}^*=\boldsymbol{y}^*\boldsymbol{b}$$

你可以确切知道最优的 BF 解如何变化(或因负的变量变为非可行时)以及作为 $\boldsymbol{b}$ 的函数的目标函数的最优值如何变化。你不需要对每一个新的 $\boldsymbol{b}$ 一次次地重复应用单纯形法，因为松弛变量的系数已告知了一切。

例如，考虑把 $b_2=12$ 变为 $b_2=13$，如表 4.8 中 Wyndor Glass 公司问题所示。没有必要解出新的最优解 $(x_1,x_2)=\left(\frac{5}{3},\frac{13}{2}\right)$，因为最终表中基变量($\boldsymbol{b}^*$)的值会直接由基础的审视显示出来

$$\begin{bmatrix} x_3 \\ x_2 \\ x_1 \end{bmatrix} = \boldsymbol{b}^* = \boldsymbol{S}^* \boldsymbol{b} = \begin{bmatrix} 1 & \frac{1}{3} & -\frac{1}{3} \\ 0 & \frac{1}{2} & 0 \\ 0 & -\frac{1}{3} & \frac{1}{3} \end{bmatrix} \begin{bmatrix} 4 \\ 13 \\ 18 \end{bmatrix} = \begin{bmatrix} \frac{7}{3} \\ \frac{13}{2} \\ \frac{5}{3} \end{bmatrix}$$

有一个更简单的方法进行这些计算。因为唯一的改变在 $\boldsymbol{b}$ 的第二分量($\Delta b_2=1$)，它只被第二列的 $\boldsymbol{S}^*$ 左乘，$\boldsymbol{b}^*$ 的变化可以简单计算为

$$\Delta \boldsymbol{b}^* = \begin{bmatrix} \frac{1}{3} \\ \frac{1}{2} \\ -\frac{1}{3} \end{bmatrix} \Delta b_2 = \begin{bmatrix} \frac{1}{3} \\ \frac{1}{2} \\ -\frac{1}{3} \end{bmatrix}$$

所以最终表上基变量的初始值($x_3=2, x_2=6, x_1=2$)现在变为

$$\begin{bmatrix} x_3 \\ x_2 \\ x_1 \end{bmatrix} = \begin{bmatrix} 2 \\ 6 \\ 2 \end{bmatrix} + \begin{bmatrix} \frac{1}{3} \\ \frac{1}{2} \\ -\frac{1}{3} \end{bmatrix} = \begin{bmatrix} \frac{7}{3} \\ \frac{13}{2} \\ \frac{5}{3} \end{bmatrix}$$

(如果这些新值中的任何一个为负值，则不可行，那么可以应用 4.9 节介绍的重新优化技术，从这个新的最终表开始。)对于前述的方程应用增量分析法求解 Z^* 同样可以立即得到

$$\Delta Z^* = \frac{3}{2}\Delta b_2 = \frac{3}{2}$$

基础的审视能够以类似的方式应用于研究模型原型其他形式的变化；这也是 7.1～7.3 节介绍的敏感性分析步骤的一个关键。

你还会在下一章看到基础的审视对线性规划的对偶理论所起的关键作用。

5.4 改进单纯形法

改进单纯形法直接建立在 5.2 节讲述的单纯形法矩阵形式的基础上，但该节未提到其区别在于改进单纯形法采用了一个对矩阵形式的重要改进。改进单纯形法并不是每次迭代

后都对新的基矩阵求逆,而是利用一种非常有效的算法在每次迭代后将 $\boldsymbol{B}^{-1}$ 转换为新的。本节我们将集中描述和解释这个算法。

这个算法基于单纯形法的两个性质。一个是 5.3 节一开始在表 5.8 中提供的审视,特别是在每次迭代后,新单纯形表中松弛变量除第 0 行以外的所有系数变为 $\boldsymbol{B}^{-1}$,其中 $\boldsymbol{B}$ 是新表中的基矩阵。只要求解的是 3.2 节中给出的线性规划模型的标准形式,上述性质始终成立。(对需要引进人工变量的非标准形式,唯一的区别是只要引入合适的有序的列,在初始单纯形表第 0 行下面形成一个单位矩阵,并在之后的单纯形表中给出 $\boldsymbol{B}^{-1}$。)

单纯形法的另一个有关性质是,在用高斯消元法执行初等代数运算(如一个方程除以一个常数或从一个方程中减去某个方程乘以一个常数),迭代的第 3 步改变单纯形表包括 $\boldsymbol{B}^{-1}$ 的数字。所以在每次迭代后需要从原有的 $\boldsymbol{B}^{-1}$(用 $\boldsymbol{B}_{旧}^{-1}$ 标记)更新获得新的 $\boldsymbol{B}^{-1}$(用 $\boldsymbol{B}_{新}^{-1}$ 标记),需要用单纯形法通常进行的代数运算对整个方程组[除了第(0)行]实施。由此在迭代的第 1、2 步给出入基变量和出基变量的选择后,这个算法应用迭代的第 3 步(见 4.3 节和 4.4 节的讲述)得到新的单纯形表或方程组的 $\boldsymbol{B}^{-1}$ 部分。

为了正式地阐述这种方法,令

x_k = 入基变量;

a'_{ik} = 当前方程(i)中 x_k 的系数,$i=1,2,\cdots,m$(在迭代的步骤 2 中计算);

r = 包含出基变量的方程的个数。

我们回顾一下,新的方程组[不包括方程(0)]可以由前述的从第(i)个方程中减去第(r)个方程的 a'_{ik}/a'_{rk} 倍得到,$i=1,2,\cdots,m,i\neq r$,然后用方程(r)除以 a'_{rk}。这样,$\boldsymbol{B}_{新}^{-1}$ 的 i 行 j 列的元素为

$$(\boldsymbol{B}_{新}^{-1})_{ij}=\begin{cases}(\boldsymbol{B}_{旧}^{-1})_{ij}-\dfrac{a'_{ik}}{a'_{rk}}(\boldsymbol{B}_{旧}^{-1})_{rj}, & i\neq r\\[2ex] \dfrac{1}{a'_{rk}}(\boldsymbol{B}_{旧}^{-1})_{rj}, & i=r\end{cases}$$

这些公式用矩阵符号表示为:$\boldsymbol{B}_{新}^{-1}=\boldsymbol{E}\boldsymbol{B}_{旧}^{-1}$。

这里矩阵 $\boldsymbol{E}$ 为单位矩阵,除非它的第 r 个列向量被替换为

$$\boldsymbol{\eta}=\begin{bmatrix}\eta_1\\ \eta_2\\ \vdots\\ \eta_m\end{bmatrix}$$

其中,$\eta_i=\begin{cases}-\dfrac{a'_{ik}}{a'_{rk}}, & i\neq r\\[2ex] \dfrac{1}{a'_{rk}}, & i=r\end{cases}$

因此,$\boldsymbol{E}=[\boldsymbol{U}_1,\boldsymbol{U}_2,\cdots,\boldsymbol{U}_{r-1},\boldsymbol{\eta},\boldsymbol{U}_{r+1},\cdots,\boldsymbol{U}_m]$,其中每个 $\boldsymbol{U}_i$ 列向量的 m 元素都是 0,只有第 i 个除外,为 1[①]。

① 新的基的逆的这种形式是 $\boldsymbol{E}$ 同原有基的逆的乘积。在重复迭代后,新的基的逆变化为 $\boldsymbol{E}$ 矩阵同初始矩阵的逆的乘积。另一种获得基的逆的有效方法,被称作 LU 因式分解的高斯消元法的修正形式,对此这里不作介绍。

例 我们将通过 Wyndor Glass 公司问题中的应用来解释这个算法。对这同一问题在5.2节中已应用了单纯形法的矩阵形式,所以我们可以参考该节中每次迭代的结果(入基变量、出基变量等),将这些信息应用于现在的算法。

迭代1

在5.2节中找到初始的 $B^{-1}=I$,入基变量是 x_2(即 $k=2$)。在方程(1)、(2)、(3)中,x_2 的系数为 $a_{12}=0, a_{22}=2$ 和 $a_{32}=2$,出基变量为 x_4,含有 x_4 的方程的个数为 $r=2$。为得到新的 $\boldsymbol{B}^{-1}$

$$\boldsymbol{\eta}=\begin{bmatrix}-\dfrac{a_{12}}{a_{22}}\\ \dfrac{1}{a_{22}}\\ -\dfrac{a_{32}}{a_{22}}\end{bmatrix}=\begin{bmatrix}0\\ \dfrac{1}{2}\\ -1\end{bmatrix}$$

所以

$$\boldsymbol{B}^{-1}=\begin{bmatrix}1 & 0 & 0\\ 0 & \dfrac{1}{2} & 0\\ 0 & -1 & 1\end{bmatrix}\begin{bmatrix}1 & 0 & 0\\ 0 & 1 & 0\\ 0 & 0 & 1\end{bmatrix}=\begin{bmatrix}1 & 0 & 0\\ 0 & \dfrac{1}{2} & 0\\ 0 & -1 & 1\end{bmatrix}$$

迭代2

从5.2节可知第2次迭代的入基变量为 x_1(即 $k=1$),在目前的方程(1)、(2)、(3)中,x_1 的系数为 $a'_{11}=1, a'_{21}=0, a'_{31}=3$,所以出基变量为 x_5。包含 x_5 的方程的个数为 $r=3$。由此结果得

$$\boldsymbol{\eta}=\begin{bmatrix}-\dfrac{a'_{11}}{a'_{31}}\\ -\dfrac{a'_{21}}{a'_{31}}\\ \dfrac{1}{a'_{31}}\end{bmatrix}=\begin{bmatrix}-\dfrac{1}{3}\\ 0\\ \dfrac{1}{3}\end{bmatrix}$$

由此,新的 $\boldsymbol{B}^{-1}$ 为

$$\boldsymbol{B}^{-1}=\begin{bmatrix}1 & 0 & -\dfrac{1}{3}\\ 0 & 1 & 0\\ 0 & 0 & \dfrac{1}{3}\end{bmatrix}\begin{bmatrix}1 & 0 & 0\\ 0 & \dfrac{1}{2} & 0\\ 0 & -1 & 1\end{bmatrix}=\begin{bmatrix}1 & \dfrac{1}{3} & -\dfrac{1}{3}\\ 0 & \dfrac{1}{2} & 0\\ 0 & -\dfrac{1}{3} & \dfrac{1}{3}\end{bmatrix}$$

至此已不需要进行更多迭代,故本例结束。

因为改进单纯形法包含每次迭代用于更新 $\boldsymbol{B}^{-1}$ 的算法与5.2节中单纯形法矩阵形式的其他部分,将上例与5.2节中应用于相同例子的矩阵形式结合,提供了应用改进单纯形法的完整的例子。

我们通过概述改进单纯形法相对单纯形法代数和表格形式的优点来结束本节。其优点

之一是算法的计算量将减少。当一个矩阵中含有大量零元素时(这在规模大的实际问题中经常出现)特别明显。在每次迭代中需要储存的信息总量较少,有时是大幅减少。改进单纯形法同样允许计算中产生不可避免的舍入误差,这可以通过周期性地直接对 **B** 求逆来控制。还有 4.9 节和 5.3 节末尾讨论的优化后分析,应用改进单纯形法时将更便于掌握。基于上述理由,改进单纯形法在计算机操作中通常作为优先选择的形式。

5.5 结论

尽管单纯形法是一个代数过程,它基于一些十分简单的几何概念。这些概念可以使你在达到和确认最优解之前利用算法检验数量相对较少的 BF 解。

第 4 章描述了初等的代数运算被运用于进行单纯形法的代数形式,进而说明单纯形法的表格形式如何以相同方式使用等价的初等行运算。学习这些形式的单纯形法是开始学习单纯形法的基本概念的一个好方法。然而,这些形式的单纯形法没有提供在计算机上运行的最有效形式。矩阵运算是结合和执行初等代数运算或行变换的一种更快的方法。因此,利用单纯形法的矩阵形式,改进单纯形法提供了一种适合计算机执行单纯形法的有效方法。这种改进是通过将单纯形法同一种有效的计算的组合,将现有基矩阵的逆随迭代过程一步步更新。

最终单纯形表包含了如何直接从初始单纯形表进行代数重建的全部信息。这个基础的审视有很重要的应用,尤其是对于优化后分析。

参考文献

1. Bazaraa, M. S., J. J. Jarvis, and H. D. Sherali: *Linear Programming and Network Flows*, 4th ed., Wiley, Hoboken, NJ, 2010.
2. Cottle, R. W., and M. N. Thapa: *Linear and Nonlinear Optimization*, Springer, New York, 2017, chap. 4.
3. Dantzig, G. B., and M. N. Thapa: *Linear Programming 2: Theory and Extensions*, Springer, New York, 2003.
4. Denardo, E. V.: *Linear Programming and Generalizations: A Problem-based Introduction with Spreadsheets*, Springer, New York, 2011.
5. Elhallaoui, I., A. Metrane, G. Desaulniers, and F. Soumis: "An Improved Primal Simplex Algorithm for Degenerate Linear Programs," *INFORMS Journal on Computing*, 23(4): 569-577, Fall 2011.
6. Luenberger, D., and Y. Ye: *Linear and Nonlinear Programming*, 4th ed., Springer, New York, 2016.
7. Murty, K. G.: Optimization for Decision Making: *Linear and Quadratic Models*, Springer, New York, 2010.
8. Omer, J., S. Rosat, V. Raymond, and F. Soumis: "Improved Primal Simplex: A More General Theoretical Framework and an Extended Experimental Analysis," *INFORMS Journal on Computing*, 27(4): 773-787, Fall 2015.
9. Puranik, Y., and N. V. Sahinidis: "Deleted Presolve for Accelerating Infeasibility Diagnosis in Optimization Models," *INFORMS Journal on Computing*, 29(4): 754-766, Fall 2017.

10. Vanderbei, R. J.: *Linear Programming: Foundations and Extensions*, 4th ed., Springer, New York, 2014.

习题

一些习题(或其部分)左边的符号的含义如下。

D：可以参考本书网站中列出的演示例子。

I：建议使用 IOR Tutorial 中给出的相应的交互程序。

带有星号的习题在书后至少给出了部分答案。

5.1-1* 考虑下面的问题：

$$\max \quad Z=3x_1+2x_2$$

$$\text{s.t.} \quad 2x_1+x_2\leqslant 6$$

$$x_1+2x_2\leqslant 6$$

$$\text{且} \quad x_1\geqslant 0, x_2\geqslant 0$$

I(**a**) 用图解法解这个问题,在图中圈出 CPF 解。

(**b**) 找出这个问题包含两个定义方程的所有集合,对于每个集合,解出相应的角点解(如果解存在),并对它们进行分类,是 CPF 解还是角点非可行解。

(**c**) 引入松弛变量以便写出扩展形式的函数约束。利用这些松弛变量,对于(b)中找到的每个角点解识别基本解。

(**d**) 对于(b)中每一个含两个定义方程的集合做以下工作：对每个定义方程确定指示变量；删除这两个指示(非基)变量后,表示(c)中的方程组；然后用后面的方程组解出剩下的两个变量(基变量)；把最终的基本解同(c)中相应的基本解相比较。

(**e**) 不执行单纯形法,利用其几何解释(和目标函数)来确定到达最优解的路径(CPF 解的顺序)；依次对每一个 CPF 解确定下一步迭代的决策：(i)哪个定义方程要删掉,哪个要添加上；(ii)哪一个指示变量被删除了(入基变量),哪一个被添加进去了(出基变量)。

5.1-2 用习题 3.1-6 中的模型重做习题 5.1-1。

5.1-3 考虑下面的问题：

$$\max \quad Z=2x_1+3x_2$$

$$\text{s.t.} \quad -3x_1+x_2\leqslant 1$$

$$4x_1+2x_2\leqslant 20$$

$$4x_1-x_2\leqslant 10$$

$$-x_1+2x_2\leqslant 5$$

$$\text{且} \quad x_1\geqslant 0, x_2\geqslant 0$$

I(**a**) 用图解法解这个问题,在图中圈出 CPF 解。

(**b**) 列表标出每一个 CPF 解及相应的定义方程、基本可行解和非基变量。计算每一个解的 Z 值,并利用这些信息找出最优解。

(**c**) 为每一个角点非可行解等列出相应的表,并确定不能得到解的定义方程和非基变量。

5.1-4 考虑下面的问题:

$$\max \quad Z=2x_1-x_2+x_3$$
$$\text{s.t.} \quad 3x_1+x_2+x_3\leqslant 60$$
$$x_1-x_2+2x_3\leqslant 10$$
$$x_1+x_2-x_3\leqslant 20$$

且 $x_1\geqslant 0, x_2\geqslant 0, x_3\geqslant 0$

在引入松弛变量并进行单纯形法的一次迭代后,得到下面的单纯形表:

迭代	基变量	方程	系数							右端项
			Z	x_1	x_2	x_3	x_4	x_5	x_6	
1	Z	(0)	1	0	−1	3	0	2	0	20
	x_4	(1)	0	0	4	−5	1	−3	0	30
	x_1	(2)	0	1	−1	2	0	1	0	10
	x_6	(3)	0	0	2	−3	0	−1	1	10

(a) 确定迭代 1 中的 CPF 解。

(b) 确定定义这个 CPF 解的约束边界方程。

5.1-5 考虑表 5.2 中所示的有三个变量的线性规划问题。

(a) 构造一个如表 5.1 所示的表,给出每一个 CPF 解的定义方程组。

(b) 哪一个是角点非可行解(6,0,5)的定义方程?

(c) 确定三个约束边界方程组中的一个,它既没有得出 CPF 解,又没有得出角点可行解。解释该方程组为什么会发生这种情况。

5.1-6 考虑下面的问题:

$$\min \quad Z=3x_1+2x_2$$
$$\text{s.t.} \quad 2x_1+x_2\geqslant 10$$
$$-3x_1+2x_2\leqslant 6$$
$$x_1+x_2\geqslant 6$$

且 $x_1\geqslant 0, x_2\geqslant 0$

(a) 识别这个问题的 10 组定义方程。对每一组,解出(如果解存在)相应的角点解,并判断是 CPF 解还是角点非可行解。

(b) 对每一个角点解,给出相应的基本解和这一组的非基变量。

5.1-7 重新考虑习题 3.1-5 中给出的模型。

(a) 确定这个问题的 15 组定义方程,对每一组,解出(如果解存在)相应的角点解,并判断是 CPF 解还是角点可行解。

(b) 对每一个角点解,给出相应的基本解和这一组的非基变量。

5.1-8 在大部分情况下,下面每一个表述都是正确的,但不总正确。对每一种情况,说明表述何时不正确及原因。

(a) 最好的 CPF 解是一个最优解。

(b) 一个最优解就是一个 CPF 解。

(c) 如果它的相邻 CPF 解没有更好的(用目标函数值来测量),则该 CPF 解是唯一的最优解。

5.1-9 考虑有 n 个决策变量(每个都有一个非负约束)和 m 个函数约束的线性规划原形式(扩展之前)的线性规划问题。指出下面每一个陈述的正误,然后用本章提供的特定材料(包括引用的材料)证明你的答案。

(a) 如果一个可行解是最优解,那它一定是 CPF 解。

(b) CPF 解的个数至少为$\frac{(m+n)!}{m!\,n!}$。

(c) 如果一个 CPF 解有更好的相邻 CPF 解(以 Z 值衡量),那么这些相邻最优解之一必为最优解。

5.1-10 判断下面关于线性规划问题表述正确与否,然后证明你的答案。

(a) 如果一个可行解是最优解但不是 CPF 解,则存在无穷多个最优解。

(b) 如果目标函数的值在两个不同的可行点 $\boldsymbol{x}^*$、$\boldsymbol{x}^{**}$ 上相等,那么连接 $\boldsymbol{x}^*$ 和 $\boldsymbol{x}^{**}$ 的线段上所有的点都是可行的,且这些点上的 z 值都相等。

(c) 如果问题含有 n 个变量(扩展前),那么任何 n 个约束边界方程的公共解都是 CPF 解。

5.1-11 考虑一个线性规划问题的扩展形式,该问题具有可行解和有界的可行域。判断下列陈述正确与否,然后用本章提供的具体材料(包括引用的材料)证明你的答案。

(a) 至少有一个最优解。

(b) 存在一个最优解必为基本可行解。

(c) 基本可行解的个数是有限的。

5.1-12* 再次考虑习题 4.8-8 中的模型,现在已知最优解中基变量为 x_2 和 x_3,利用已知条件确定有三个约束边界方程的方程组,其公共解必为最优解。然后解方程组得出这个解。

5.1-13 再次考虑习题 4.3-6。现在不用单纯形法而利用所给的已知条件和单纯形法理论确定有三个约束边界方程(含 x_1,x_2,x_3)的方程组(其公共解必为最优解)。解这个方程组寻找最优解。

5.1-14 考虑下面的问题:

$$\begin{aligned}
\max \quad & Z=2x_1+2x_2+3x_3 \\
\text{s.t.} \quad & 2x_1+x_2+2x_3\leqslant 4 \\
& x_1+x_2+x_3\leqslant 3 \\
\text{且} \quad & x_1\geqslant 0,x_2\geqslant 0,x_3\geqslant 0
\end{aligned}$$

令 x_4、x_5 为各自函数约束的松弛变量,令这两个变量为初始基本可行解的基变量,已知由单纯形法经过两步迭代得到最优解,其过程如下:①迭代 1,入基变量为 x_3,出基变量为 x_4;②迭代 2,入基变量为 x_2,出基变量为 x_5。

(a) 对这个问题的可行域画一个三维的图,标出单纯形法迭代的路径。

(b) 给出为什么单纯形法沿这条路径进行迭代的几何解释。

(c) 对于单纯形法经过的可行域两条边中的每一条,写出每个约束边所在的方程,然后给出每一个端点上要增加的约束边界方程。

(d) 对由单纯形法得到的三个 CPF 解的每一个(包括初始的 CPF 解),确定定义方程组,并利用定义方程组解出这三个解。

(e) 对于每个由(d)得到的 CPF 解,给出相应的 BF 解和它的非基变量的组,并解释如何由这些非基变量来确定由(d)得到的定义方程。

5.1-15 考虑下面的问题:

$$\max \quad Z=3x_1+4x_2+2x_3$$

$$\text{s.t.} \quad x_1+x_2+x_3\leqslant 20$$

$$x_1+2x_2+x_3\leqslant 30$$

且 $x_1\geqslant 0, x_2\geqslant 0, x_3\geqslant 0$

令 x_4、x_5 为各自函数约束的松弛变量,令这两个变量为初始基本可行解的基变量,已知由单纯形法经过两步迭代得到最优解,其过程如下:①迭代 1,入基变量为 x_2,出基变量为 x_5;②迭代 2,入基变量为 x_1,出基变量为 x_4。

对这种情况按习题 5.1-14 中的说明来回答。

5.1-16 通过观察图 5.2,解释当目标函数如下时,为什么这个问题的 CPF 解有性质 1(b)。

(a) $\max \quad Z=x_3$。

(b) $\max \quad Z=-x_1+2x_3$。

5.1-17 考虑如图 5.2 所示的三个变量的线性规划问题。

(a) 用几何方法解释为什么满足任何个别约束的解集为凸集,参考附录 2 中的定义。

(b) 利用(a)的结论解释为什么整个可行域(同时满足所有约束的公共解集)为凸集。

5.1-18 假设如图 5.2 所示的三个变量的线性规划问题有目标函数

$$\max \quad Z=3x_1+4x_2+3x_3$$

不用单纯形法的代数运算,只应用其几何意义(包括选择使 Z 有最大增加率的边界),来确定并解释它在图 5.2 中所遵循的从初始解到最优解的路径。

5.1-19 考虑如图 5.2 所示的有三个变量的线性规划问题。

(a) 构建类似表 5.4 的表,给出每一个约束边界方程和初始约束的指示变量。

(b) 对于 CPF 解(2,4,3)和它的三个相邻 CPF 解(4,2,4)、(0,4,2)、(2,4,0),构建如表 5.5 所示的表格,写出相应的定义方程、基本可行解和非基变量。

(c) 利用(b)中得到的定义方程组证明点(4,2,4)、(0,4,2)和(2,4,0)与点(2,4,3)相邻,但这三个 CPF 解不互为相邻点。然后利用(b)中得到的该组非基变量证明这一点。

5.1-20 图 5.2 中过点(2,4,3)和(4,2,4)的直线方程为

$$(2,4,3)+\alpha[(4,2,4)-(2,4,3)]=(2,4,3)+\alpha(2,-2,1)$$

仅对这两点之间的线段,$0\leqslant\alpha\leqslant 1$。在对各自函数约束加入松弛变量 x_4, x_5, x_6, x_7

扩展后，方程变为

$$(2,4,3,2,0,0,0)+\alpha(2,-2,1,-2,2,0,0)$$

利用这个公式直接回答下面的问题，进而给出单纯形法迭代由点(2,4,3)向(4,2,4)移动时的代数和几何解释(已知迭代沿这条线段移动)。

(a) 哪个是入基变量?

(b) 哪个是出基变量?

(c) 新的基本可行解是什么?

5.1-21　考虑有两个变量的数学规划问题，其可行域如下图所示，6 个点为 CPF 解。该问题的目标函数是线性的，两条虚线是通过最优解(4,5)和次优解(2,5)的目标函数线。注意非最优解(2,5)比它的两个相邻 CPF 解都更优，这违背了 5.1 节所述的线性规划的 CPF 解的性质 3。通过构建这个可行域边界上的 6 条线段是线性规划约束条件的约束边界，证明该问题不是线性规划问题。

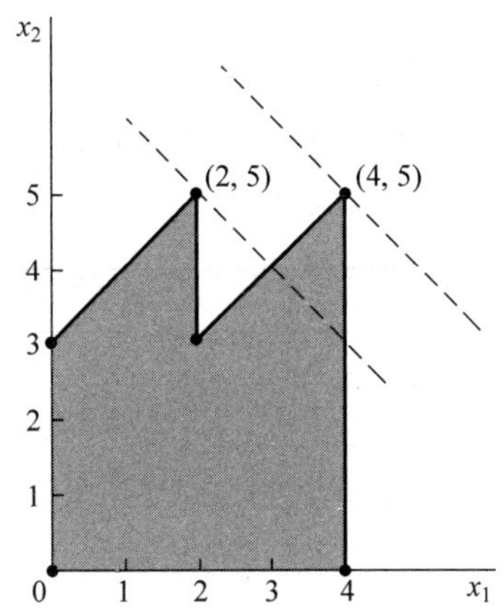

5.2-1　考虑下面的问题：

$$\max \quad Z=8x_1+4x_2+6x_3+3x_4+9x_5$$

$$\begin{aligned} \text{s.t.} \quad & x_1+2x_2+3x_3+3x_4 \leqslant 180 \text{(资源 1)} \\ & 4x_1+3x_2+2x_3+x_4+x_5 \leqslant 270 \text{(资源 2)} \\ & x_1+3x_2+x_4+3x_5 \leqslant 180 \text{(资源 3)} \end{aligned}$$

且　$x_j \geqslant 0, \quad j=1,\cdots,5$

已知最优解中的基变量为 x_3、x_1、x_5，且

$$\begin{bmatrix} 3 & 1 & 0 \\ 2 & 4 & 1 \\ 0 & 1 & 3 \end{bmatrix}^{-1} = \frac{1}{27}\begin{bmatrix} 11 & -3 & 1 \\ -6 & 9 & -3 \\ 2 & -3 & 10 \end{bmatrix}$$

(a) 根据所给条件求出最优解。

(b) 根据所给条件求出三个资源的影子价格。

I 5.2-2*　用改进单纯形法逐步求解下面的问题：

$$\max \quad Z=5x_1+8x_2+7x_3+4x_4+6x_5$$

$$\text{s.t.} \quad 2x_1+3x_2+3x_3+2x_4+2x_5 \leqslant 20$$

$$3x_1+5x_2+4x_3+2x_4+4x_5\leqslant 30$$

且 $x_j\geqslant 0,\quad j=1,2,3,4,5$

5.2-3 再考虑问题 5.1-1。按(e)中 CPF 解的顺序,对每个相应的基本可行解构造基矩阵 $\boldsymbol{B}$。对每个 $\boldsymbol{B}$,手工求逆矩阵,利用 $\boldsymbol{B}^{-1}$ 计算当前解,然后进行下一步迭代(或证明当前解为最优解)。

I 5.2-4 用单纯形法的矩阵形式逐步求解习题 4.1-5 中的模型。

I 5.2-5 用单纯形法的矩阵形式逐步求解习题 4.9-6 中的模型。

D5.3-1* 考虑下面的问题:

$$\max\quad Z=x_1-x_2+2x_3$$

$$\text{s.t.}\quad 2x_1-2x_2+3x_3\leqslant 5$$

$$x_1+x_2-x_3\leqslant 3$$

$$x_1-x_2+x_3\leqslant 2$$

且 $x_1\geqslant 0,\quad x_2\geqslant 0,\quad x_3\geqslant 0$

令 x_4,x_5,x_6 为各自约束的松弛变量,应用单纯形法后的最终单纯形表的一部分如下表所示:

基变量	方程	系数							右端项
		Z	x_1	x_2	x_3	x_4	x_5	x_6	
Z	(0)	1				1	1	0	
x_2	(1)	0				1	3	0	
x_6	(2)	0				0	1	1	
x_3	(3)	0				1	2	0	

(a) 利用 5.3 节中给出的基础的审视计算最终单纯形表中缺少的数字,写出运算过程。

(b) 确定对应最终表中基本可行解的 CPF 解的定义方程。

D5.3-2 考虑下面的问题:

$$\max\quad Z=4x_1+3x_2+x_3+2x_4$$

$$\text{s.t.}\quad 4x_1+2x_2+x_3+x_4\leqslant 5$$

$$3x_1+x_2+2x_3+x_4\leqslant 4$$

且 $x_1\geqslant 0,\quad x_2\geqslant 0,\quad x_3\geqslant 0,\quad x_4\geqslant 0$

令 x_5,x_6 为各自约束的松弛变量,应用单纯形法后的最终单纯形表的一部分如下表所示:

基变量	方程	系数							右端项
		Z	x_1	x_2	x_3	x_4	x_5	x_6	
Z	(0)	1					1	1	
x_2	(1)	0					1	−1	
x_4	(2)	0					−1	2	

(a) 利用5.3节中给出的基础的审视计算最终单纯形表中缺少的数字,写出运算过程。

(b) 确定对应最终表上基本可行解的CPF解的定义方程。

D5.3-3 考虑下面的问题:

$$\max \quad Z=6x_1+x_2+2x_3$$

$$\text{s.t.} \quad 2x_1+2x_2+\frac{1}{2}x_3\leqslant 2$$

$$-4x_1-2x_2-\frac{3}{2}x_3\leqslant 3$$

$$x_1+2x_2+\frac{1}{2}x_3\leqslant 1$$

$$\text{且} \quad x_1\geqslant 0, x_2\geqslant 0, x_3\geqslant 0$$

令 x_4, x_5, x_6 为各自约束的松弛变量,应用单纯形法后的最终单纯形表的一部分如下表所示:

基变量	方程	系数							右端项
		Z	x_1	x_2	x_3	x_4	x_5	x_6	
Z	(0)	1				2	0	2	
x_5	(1)	0				1	1	2	
x_3	(2)	0				−2	0	4	
x_1	(3)	0				1	0	−1	

利用5.3节中给出的基础的审视计算最终单纯形表中缺少的数字,写出运算过程。

D 5.3-4 考虑下面的问题:

$$\max \quad Z=20x_1+6x_2+8x_3$$

$$\text{s.t.} \quad 8x_1+2x_2+3x_3\leqslant 200$$

$$4x_1+3x_2\leqslant 100$$

$$2x_1+x_3\leqslant 50$$

$$x_3\leqslant 20$$

$$\text{且} \quad x_1\geqslant 0, x_2\geqslant 0, x_3\geqslant 0$$

令 x_4, x_5, x_6 和 x_7 分别为第一到第四个约束的松弛变量。假设经单纯形法的几步迭代之后,当前单纯形表的一部分如下所示:

基变量	方程	系数								右端项
		Z	x_1	x_2	x_3	x_4	x_5	x_6	x_7	
Z	(0)	1				$\frac{9}{4}$	$\frac{1}{2}$	0	0	
x_1	(1)	0				$\frac{3}{16}$	$-\frac{1}{8}$	0	0	
x_2	(2)	0				$-\frac{1}{4}$	$\frac{1}{2}$	0	0	
x_6	(3)	0				$-\frac{3}{8}$	$\frac{1}{4}$	1	0	
x_7	(4)	0				0	0	0	1	

(a) 利用5.3节中给出的基础的审视计算最终单纯形表中缺少的数字,写出运算过程。

(b) 指出为进行下一步迭代,缺少的哪一个数字会由改进单纯形法产生。

(c) 确定对应当前表中基本可行解的CPF解的定义方程。

D **5.3-5** 考虑下面的问题:

$$\max \quad Z=c_1x_1+c_2x_2+c_3x_3$$

$$\text{s.t.} \quad x_1+2x_2+x_3\leqslant b$$

$$2x_1+x_2+3x_3\leqslant 2b$$

且 $x_1\geqslant 0,\quad x_2\geqslant 0,\quad x_3\geqslant 0$

注意目标函数中系数(c_1,c_2,c_3)的值并没有给出,约束函数中右端项唯一的特别之处是第二个右端项$(2b)$为第一个右端项(b)的2倍。

现在假设你的老板插入了她对c_1,c_2,c_3和b的最优估计值,但并没有告诉你,然后运用单纯形法。她给了你如下所示的最终单纯形表(这里x_4,x_5为各自约束函数的松弛变量),但你不知道Z^*的值。

基变量	方程	系数						右端项
		Z	x_1	x_2	x_3	x_4	x_5	
Z	(0)	1	$\frac{7}{10}$	0	0	$\frac{3}{5}$	$\frac{4}{5}$	Z^*
x_2	(1)	0	$\frac{1}{5}$	1	0	$\frac{3}{5}$	$-\frac{1}{5}$	1
x_3	(2)	0	$\frac{3}{5}$	0	1	$-\frac{1}{5}$	$\frac{2}{5}$	3

(a) 利用5.3节中的基础的审视解出用到的(c_1,c_2,c_3)的值。

(b) 利用5.3节中的基础的审视解出用到的b的值。

(c) 用两种方法计算出Z^*的值,一种利用你从(a)中得到的结果,另一种利用你从(b)中得到的结果。写出运算步骤。

5.3-6 对于5.3节例子的迭代2给出下面的表达式:

$$\text{最终第0行}=[-3,-5\,\vdots\,0,0,0\,\vdots\,0]+\left[0,\frac{3}{2},1\right]\begin{bmatrix}1 & 0 & \vdots & 1 & 0 & 0 & \vdots & 4\\ 0 & 2 & \vdots & 0 & 1 & 0 & \vdots & 12\\ 3 & 2 & \vdots & 0 & 0 & 1 & \vdots & 18\end{bmatrix}$$

结合代数运算(用矩阵形式),从第0行的迭代1和迭代2导出这个式子。

5.3-7 5.3节中对基础的审视的大部分描述都假设问题为标准形式。现在考虑下面每一种其他形式,其中初始化步骤中另外的调整都已经在4.6节中给出,包括适当地应用人工变量和大M法的。写出在基础的审视下的调整结果。

(a) 等式约束。

(b) 函数约束为"$\geqslant$"形式。

(c) 负的右端项。

(d) 变量值允许为负(无下界)。

5.3-8 再次考虑习题4.6-5中的模型。利用人工变量和大M法建立完整的初始单纯形表,

然后找出约束 $\boldsymbol{S}^*$ 的列,这里 $\boldsymbol{S}^*$ 在最终表上的基础的审视中应用,并解释为什么是这些列。

5.3-9 考虑下面的问题:

$$\max \quad Z=2x_1+3x_2+2x_3$$

$$\text{s.t.} \quad x_1+4x_2+2x_3\geqslant 8$$

$$3x_1+2x_2+2x_3\geqslant 6$$

且 $x_1\geqslant 0, x_2\geqslant 0, x_3\geqslant 0$

令 x_4, x_6 分别为第一、第二个方程的剩余变量,令 $\bar{x}_5$、$\bar{x}_7$ 为相应的人工变量。利用大 M 法对这个模型进行 4.6 节中的调整后,初始单纯形表就可以应用单纯形法,如下:

基变量	方程	系数								右端项
		Z	x_1	x_2	x_3	x_4	$\bar{x}_5$	x_6	$\bar{x}_7$	
Z	(0)	-1	$-4M+2$	$-6M+3$	$-2M+2$	M	0	M	0	$-14M$
$\bar{x}_5$	(1)	0	1	4	2	-1	1	0	0	8
$\bar{x}_7$	(2)	0	3	2	0	0	0	-1	1	6

应用单纯形法后的部分最终表如下所示:

基变量	方程	系数								右端项
		Z	x_1	x_2	x_3	x_4	$\bar{x}_5$	x_6	$\bar{x}_7$	
Z	(0)	-1					$M-0.5$		$M-0.5$	
x_2	(1)	0					0.3		-0.1	
x_1	(2)	0					-0.2		0.4	

(a) 根据上面的表格,利用 5.3 节中给出的基础的审视计算最终单纯形表中缺少的数字,写出运算过程。

(b) 研究 5.3 节的数学推理,证实基础的审视(见方程 $\boldsymbol{T}^*=\boldsymbol{MT}$ 和 $\boldsymbol{t}^*=\boldsymbol{t}+\boldsymbol{vT}$ 及后来 $\boldsymbol{M}$ 和 $\boldsymbol{v}$ 的推导)。这个推理假设初始模型符合我们的标准形式,而当前问题不是标准形式。当 $\boldsymbol{t}$ 为上面初始单纯形表的第 0 行,$\boldsymbol{T}$ 为第 1,2 行时,试用最小的调整使同样的推理能应用于当前问题。对这个问题推导 $\boldsymbol{M}$ 和 $\boldsymbol{v}$。

(c) 当应用方程 $\boldsymbol{t}^*=\boldsymbol{t}+\boldsymbol{vT}$ 时,另一个选择是利用 $\boldsymbol{t}=[2,3,2,0,M,0,M,0]$,即为对初始基变量 $\bar{x}_5$, $\bar{x}_7$ 的非 0 系数进行代数消元前的初始第 0 行。用新 $\boldsymbol{t}$ 对这个方程重复(b)。得出新 $\boldsymbol{v}$ 以后,说明该方程所得到的最终第 0 行与在(b)中得到的结果是相同的。

(d) 确定最终表中对应最优 BF 解的 CPF 解的定义方程。

5.3-10 考虑下面的问题:

$$\max \quad Z=3x_1+7x_2+2x_3$$

$$\text{s.t.} \quad -2x_1+2x_2+x_3\leqslant 10$$

$$3x_1+x_2-x_3\leqslant 20$$

且 $x_1\geqslant 0, \quad x_2\geqslant 0, \quad x_3\geqslant 0$

已知最优解中的基变量为 x_1 和 x_3。

(a) 引入松弛变量,并利用所给信息直接应用高斯消元法找到最优解。

(b) 继续(a)中的工作以找出影子价格。

(c) 利用所给信息确定最优 CPF 解的定义方程,并为这些方程找到最优解。

(d) 对最优 BF 解构建基矩阵 $\boldsymbol{B}$,手工求 $\boldsymbol{B}$ 的逆,然后利用 $\boldsymbol{B}^{-1}$ 解出最优解和影子价格 $\boldsymbol{y}^*$,再应用改进单纯形法的最优性检验来证明这个解是最优解。

(e) 由(d)中的 $\boldsymbol{B}^{-1}$ 和 $\boldsymbol{y}^*$,利用 5.3 节的基础的审视建立完整的最终单纯形表。

5.4-1 考虑习题 5.2-2 中给出的模型,令 x_6 和 x_7 分别为前两个约束的松弛变量。已知 x_2 是入基变量,x_7 是出基变量(单纯形法第一次迭代中),在第二次(最后)迭代中,x_4 是入基变量,x_6 是出基变量。运用 5.4 节讲述更新 $\boldsymbol{B}^{-1}$ 的过程,找出第一次和第二次迭代后的新的 $\boldsymbol{B}^{-1}$。

I **5.4-2*** 用改进单纯形法一步步求解习题 4.3-4 中给出的模型。

I **5.4-3** 用改进单纯形法一步步求解习题 4.9-5 中给出的模型。

I **5.4-4** 用改进单纯形法一步步求解习题 3.1-6 中给出的模型。

*I*ntroduction to *O*perations *R*esearch

第 6 章

对偶理论

在线性规划早期发展阶段的众多重要发现中，对偶的概念及其分支是最重要的内容之一。这个发现揭示出，对于任何一个线性规划问题都具有对应的被称为**对偶**(dual)问题的线性规划问题。对偶问题与**原问题**(primal)之间的关系在众多领域中都非常有用。例如，你很快可以发现在 4.9 节中所描述的影子价格问题实际上就是通过获得对偶问题的最优解获得的。同样，本章我们还将提出许多对偶理论的重要应用。

为了更加清晰地阐述，在前两节假设我们所研究的对偶问题对应的原问题采用的是标准形式(但并没有限定 b_i 的值必须是正的)。对应其他形式的原问题将在 6.3 节讨论。我们在本章开始将讨论对偶的基本理论及应用。之后，我们将深入研究对偶问题与原问题之间的关系(6.2 节)。6.4 节集中讨论对偶理论在敏感性分析中所起的作用。(正如下一章将详细讨论的，敏感性分析涉及当模型中某些参数值发生变化时对最优解的影响。)

6.1 对偶理论的实质

下边的左侧给出了原问题的标准形式(可能是从另一种形式转换过来的)。这个原问题的对偶问题在右侧给出。

原问题

$$\max \quad Z=\sum_{j=1}^{n} c_j x_j$$

$$\text{s.t.} \quad \sum_{j=1}^{n} a_{ij} x_j \leqslant b_i, i=1,2,\cdots,m$$

$$x_j \geqslant 0, j=1,2,\cdots,n$$

对偶问题

$$\min \quad W=\sum_{i=1}^{m} b_i y_i$$

$$\text{s.t.} \quad \sum_{i=1}^{m} a_{ij} y_i \geqslant c_j, j=1,2,\cdots,n$$

$$y_i \geqslant 0, i=1,2,\cdots,m$$

因此，当原问题是求最大值形式的时候，这个原问题的对偶问题是求最小值形式。而且，对偶问题与原问题使用相同的变量，只是位置并不相同，总结如下：

(1) 原问题目标函数的系数是对偶问题约束方程的约束右端项。

(2) 原问题约束方程的约束右端项是对偶问题目标函数的系数。

(3) 原问题一个变量在所有约束方程中的系数是对偶问题一个约束方程中的全部系数。

为了加强比较,看一下这两个问题的矩阵形式(就像我们在5.2节开始时介绍的那样),其中 $\boldsymbol{c}$ 和 $\boldsymbol{y}=[y_1, y_2, \cdots, y_m]$ 都是行向量,而 $\boldsymbol{b}$ 和 $\boldsymbol{x}$ 全部是列向量。

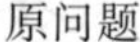

原问题

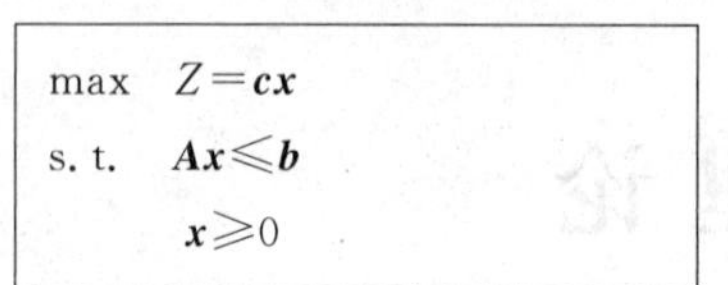

$$\begin{aligned} \max \quad & Z=\boldsymbol{cx} \\ \text{s. t.} \quad & \boldsymbol{Ax} \leqslant \boldsymbol{b} \\ & \boldsymbol{x} \geqslant 0 \end{aligned}$$

对偶问题

$$\begin{aligned} \min \quad & W=\boldsymbol{yb} \\ \text{s. t.} \quad & \boldsymbol{yA} \geqslant \boldsymbol{c} \\ & \boldsymbol{y} \geqslant \boldsymbol{0} \end{aligned}$$

为了进一步说明对偶问题,表6.1中给出了3.1节中Wyndor Glass公司例子的原问题与对偶问题代数形式和矩阵形式的表示。

对于线性规划问题的**原问题-对偶问题表**(primal-dual table)(见表6.2),同样可以帮助我们理解两个问题之间的对应关系。它展示了线性规划问题中所有的变量(a_{ij}, b_i 和 c_j)以及它们是怎样构造这两个问题的。对于原问题,每一列(除了右端项列)给出了不同的约束方程同一个变量的系数,之后是目标函数的系数,而每一行(除了最下边一行)给出了对于同一个约束方程的参数。对于对偶问题,每一行(除了右端项)给出了全部约束方程中对于同一个变量的系数,然后是目标函数的系数,而每一列(除了最右一列)给出了同一个约束方程的参数。另外,右端项列给出了原问题的约束右端项和对偶问题的目标函数系数,而最下边一行给出了原问题的目标函数系数和对偶问题的约束右端项。

表6.1 Wyndor Glass公司例子的原问题与对偶问题

原问题的代数形式

$$\begin{aligned} \max \quad & Z=3x_1+5x_2 \\ \text{s. t.} \quad & x_1 \leqslant 4 \\ & 2x_2 \leqslant 12 \\ & 3x_1+2x_2 \leqslant 18 \\ & x_1 \geqslant 0, \quad x_2 \geqslant 0 \end{aligned}$$

对偶问题的代数形式

$$\begin{aligned} \min \quad & W=4y_1+12y_2+18y_3 \\ \text{s. t.} \quad & y_1 + 3y_3 \geqslant 3 \\ & 2y_2+2y_3 \geqslant 5 \\ & y_1 \geqslant 0, \quad y_2 \geqslant 0, \quad y_3 \geqslant 0 \end{aligned}$$

原问题的矩阵形式

$$\begin{aligned} \max \quad & Z=[3,5]\begin{bmatrix} x_1 \\ x_2 \end{bmatrix} \\ \text{s. t.} \quad & \begin{bmatrix} 1 & 0 \\ 0 & 2 \\ 3 & 2 \end{bmatrix}\begin{bmatrix} x_1 \\ x_2 \end{bmatrix} \leqslant \begin{bmatrix} 4 \\ 12 \\ 18 \end{bmatrix} \\ & \begin{bmatrix} x_1 \\ x_2 \end{bmatrix} \geqslant \begin{bmatrix} 0 \\ 0 \end{bmatrix} \end{aligned}$$

对偶问题的矩阵形式

$$\begin{aligned} \min \quad & W=[y_1, y_2, y_3]\begin{bmatrix} 4 \\ 12 \\ 18 \end{bmatrix} \\ \text{s. t.} \quad & [y_1, y_2, y_3]\begin{bmatrix} 1 & 0 \\ 0 & 2 \\ 3 & 2 \end{bmatrix} \geqslant [3,5] \\ & [y_1, y_2, y_3] \geqslant [0,0,0] \end{aligned}$$

表 6.2 由 Wyndor Glass 公司例子得出的原问题-对偶问题的线性规划表

(a) 一般例子

			原问题					
			系数				右端项	
			x_1	x_2	…	x_n		
对偶问题	系数	y_1	a_{11}	a_{12}	…	a_{1n}	$\leqslant b_1$	目标函数系数（最小值）
		y_2	a_{21}	a_{22}	…	a_{2n}	$\leqslant b_2$	
		⋮	⋮	⋮	⋮	⋮	⋮	
		y_m	a_{m1}	a_{m2}	…	a_{mn}	$\leqslant b_m$	
	右端项		VI	VI	…	VI		
			c_1	c_2	…	c_n		
			目标函数系数（最大值）					

(b) Wyndor Glass 公司的例子

	x_1	x_2	
y_1	1	0	$\leqslant 4$
y_2	0	2	$\leqslant 12$
y_3	3	2	$\leqslant 18$
	VI	VI	
	3	5	

原问题与对偶问题的一般关系描述如下：

(1) 任何一个问题的约束方程中的参数都是另一个问题中变量的系数。

(2) 任何一个问题的目标函数的系数都是另一个问题中的约束右端项。

因此，在这两个问题中的各个数据之间都有着直接的对应关系，如表 6.3 所示。这些直接的对应关系在包括敏感性分析在内的对偶理论的许多应用中都起着重要的作用。

表 6.3 原问题与对偶问题实体之间的联系

一个问题		另一个问题
约束 i	←————→	变量 i
目标函数	←————→	约束右端项

6.1.1 对偶问题的起源

对偶理论是在 5.3 节介绍的单纯形表分析的基础上建立的（尤其是第 0 行）。为了探究原因，我们继续使用 5.10 节的最终单纯形表中第 0 行的符号，只是将最终表中的 Z^* 替换成 W^*，同时在提及其他单纯形表时将 $\boldsymbol{z}^*$ 和 $\boldsymbol{y}^*$ 的星号去掉。因此，在对原问题使用单纯形法的每一次迭代过程中，第 0 行的当前数据都会在表 6.4 中被表示出来。对于变量 x_1，x_2，…，x_n 的系数，由前面的内容可知，用 $\boldsymbol{z}=(z_1,z_2,\cdots,z_n)$ 表示一个向量，单纯形法在达到当前单纯形表的过程中，通过减去初始单纯形表中的系数 $-\boldsymbol{c}$ 来得到这个向量（不要将向量 $\boldsymbol{z}$ 与目标函数的 Z 弄混淆了）。类似的，由于初始单纯形表中第 0 行的变量 x_{n+1}，x_{n+2}，…，

x_{n+m} 的系数全都是 0，$\boldsymbol{y}=(y_1,y_2,\cdots,y_m)$代表一个向量，单纯形法需要将这个向量加到这些系数上。通过观察，我们可以得出原模型中数量与参数之间的如下关系(参见 5.3 节的"数学摘要")：

$$W=\boldsymbol{yb}=\sum_{i=1}^{m}b_i y_i$$

$$\boldsymbol{z}=\boldsymbol{yA},\quad \text{所以}\quad z_j=\sum_{i=1}^{m}a_{ij}y_i \quad j=1,2,\cdots,n$$

为了说明 Wyndor Glass 公司的例子，第一个方程为 $W=4y_1+12y_2+18y_3$，这个方程就是表 6.1 中右边方框内对偶问题的目标函数。第二个方程组为 $z_1=y_1+3y_3$ 和 $z_2=2y_2+2y_3$，这组方程就是表 6.1 中对偶问题的约束方程的左端。因此，通过减去这些大于等于关系的约束方程的右端($c_1=3$ 和 $c_2=5$)，(z_1-c_1)和(z_2-c_2)就可以被解释为约束方程的剩余变量。

接下来的关键是，单纯形法试图利用这些符号去实现什么(依照最优性检验)；它通过寻找一组基变量和相应的基本可行解，使第 0 行的全部系数都为非负。这时的解便是最优解，则停止迭代。通过使用表 6.4 中的符号，这一目标可以解释如下。

表 6.4 单纯形表中第 0 行的符号

迭代	基变量	方程	系数									右端项
			Z	x_1	x_2	$\cdots$	x_n	x_{n+1}	x_{n+2}	$\cdots$	x_{n+m}	
任意	Z	(0)	1	z_1-c_1	z_2-c_2	$\cdots$	z_n-c_n	y_1	y_2	$\cdots$	y_m	W

最优解的条件：

$$z_j-c_j\geqslant 0,\quad j=1,2,\cdots,n$$

$$y_i\geqslant 0,\quad i=1,2,\cdots,m$$

当我们替代了前边对于 z_j 的解释后，最优解的条件说明，单纯形法可以被解释成这样一种方法，即寻找下面方框内的一组 $y_1,y_2,\cdots,y_m$ 的值，使

$$W=\sum_{i=1}^{m}b_i y_i$$

$$\text{s.t.}\quad \sum_{i=1}^{m}a_{ij}y_i\geqslant c_j,\ j=1,2,\cdots,n$$

$$y_i\geqslant 0,\ i=1,2,\cdots,m$$

但是，方框中的内容，除了没有关于 W 要达到的目标外，其余的部分正好是一个对偶问题。为了完成这个方框内的模型，让我们来探讨一下，缺少的这个目标应该是什么形式。

因为 W 就是 Z 的当前值，而且由于原问题中的目标是求 Z 的最大值，因此我们的第一反应就是 W 也应该是求最大值。但是，由于如下几个原因，可以说明 W 也是求最大值这一结论是不正确的：这个新问题的可行解只能是那些原问题所有可行解中满足最优解条件的。因此，只有原问题中的最优解才能是新问题的可行解。我们可以得出结论，原问题中 Z 的最优值是新问题中 W 的可能值里最小的，所以 W 是最小的(关于这一问题的完整证明，我们将在 6.3 节给出)。将这个目标添加到上边方框内的模型中，即可得到对偶问题的完整形式。

因此，对偶问题可以被视为线性规划问题中对单纯形法目标的重新解释，也就是为原问题找到一个解，这个解要满足最优性检验。在达到这个原问题最优解之前，当前单纯形表中第 0 行相应的 $\mathbf{y}$（松弛变量的系数）必须是对偶问题的非可行解。但是，达到这个原问题最优解之后，相应的 $\mathbf{y}$ 必须是对偶问题的最优解（用 $\mathbf{y}^*$ 标记）。因为它是一个可行解，而这个可行解同时又是 W 的最小可能值。这个最优解（$y_1^*, y_2^*, \cdots, y_m^*$）就是 4.9 节介绍的原问题中资源的影子价格。而且，最优解 W 也是最优解 Z 的值，也就是说，两个问题的最优解的值是相等的。同时也说明，对于原问题的可行解 $\mathbf{x}$ 与对偶问题的可行解 $\mathbf{y}$，永远存在 $\mathbf{cx} \leqslant \mathbf{yb}$。

为了更清楚地解释，我们在表 6.5 的左边给出了 Wyndor Glass 公司例子应用单纯形法进行迭代过程中原问题与对偶问题的第 0 行。在原问题与对偶问题中，第 0 行都被分解成三个部分：决策变量的系数（x_1, x_2）、松弛变量系数（x_3, x_4, x_5）和右端项（Z 的值）。松弛变量系数给出了对偶问题中相应变量（y_1, y_2, y_3）的值。每一个第 0 行都给出了对偶问题相应的解，并展示在表 6.5 的 y_1、y_2、y_3 所在列中。为了解释其余的两列，我们回忆（$z_1 - c_1$）和（$z_2 - c_2$）是对偶问题约束方程中的剩余变量。增加了这些剩余变量之后，对偶问题的完整形式为

$$
\begin{aligned}
\min \quad & W = 4y_1 + 12y_2 + 18y_3 \\
\text{s.t.} \quad & y_1 + \qquad 3y_3 - (z_1 - c_1) = 3 \\
& \qquad 2y_2 + 2y_3 - (z_2 - c_2) = 5 \\
& y_1 \geqslant 0, \quad y_2 \geqslant 0, \quad y_3 \geqslant 0
\end{aligned}
$$

因此，通过使用 y_1、y_2、y_3 所在列中的数字，我们可以通过如下的方法来计算剩余变量：

$$z_1 - c_1 = y_1 + 3y_3 - 3$$

$$z_2 - c_2 = 2y_2 + 2y_3 - 5$$

所以，剩余变量中每一个负值都表示对应的约束条件不满足。

表格的最右列中是对偶问题目标函数 $W = 4y_1 + 12y_2 + 18y_3$ 的值。

与表 6.4 所展示的一样，表 6.5 中第 0 行右边的所有数量都已经在第 0 行标出了，不需要任何新的计算。特别是，如表 6.5 所示，对偶问题中的数值已经出现在表 6.4 的第 0 行中（在两行虚线之内）。

表 6.5　Wyndor Glass 公司例子每一步迭代中第 0 行和相应对偶问题的解

原问题		对偶问题					W
迭代	第 0 行	y_1	y_2	y_3	$z_1 - c_1$	$z_2 - c_2$	
0	$[-3, -5, \vdots\, 0, 0, 0, \vdots\, 0]$	0	0	0	−3	−5	0
1	$\left[-3, 0, \vdots\, 0, \frac{5}{2}, 0, \vdots\, 30\right]$	0	$\frac{5}{2}$	0	−3	0	30
2	$\left[0, 0, \vdots\, 0, \frac{3}{2}, 1, \vdots\, 36\right]$	0	$\frac{3}{2}$	1	0	0	36

对于最开始的第 0 行，如表 6.5 所示，因为两个剩余变量的值全是负的，所以相应的对偶问题的解（y_1, y_2, y_3）＝（0,0,0）是不可行的。第一步迭代成功地将两个负值中的一个变为非负的，但还有一个是负值，所以要继续迭代。经过两步迭代之后，原问题满足了最优性

检验的条件,因为对偶问题中的全部变量及剩余变量都已经变为非负的了。这个对偶问题的解$(y_1^*, y_2^*, y_3^*)=\left(0, \frac{3}{2}, 1\right)$就是最优解(可以通过直接对对偶问题使用单纯形法来证明这个解是最优解),所以 W 和 Z 的最优解就是 $Z^*=36=W^*$。

6.1.2 原问题-对偶问题关系总结

现在,让我们来总结一下我们对原问题与对偶问题之间关系的新发现。

弱对偶性(weak duality property):如果 $\boldsymbol{x}$ 是原问题的一个可行解,$\boldsymbol{y}$ 是对偶问题的一个可行解,则有 $\boldsymbol{cx} \leqslant \boldsymbol{yb}$。

例如,对于 Wyndor Glass 公司的例子,原问题的一个可行解 $x_1=3, x_2=3$,则目标函数值 $Z=\boldsymbol{cx}=24$。而对于对偶问题的一个可行解 $y_1=1, y_2=1, y_3=2$,则会产生一个更大的目标函数值 $W=\boldsymbol{yb}=52$。很明显,对偶问题目标函数值大于原问题目标函数值。这只是两个问题可行解的一个例子。事实上,对于任意一对原问题与对偶问题的可行解,这种不等性一定存在。因为原问题的最大可行值等于对偶问题的最小可行值,而这一条正好是我们下面要说的性质。

强对偶性(strong duality property):如果 $\boldsymbol{x}^*$ 是原问题的最优解,$\boldsymbol{y}^*$ 是对偶问题的最优解,则有如下关系:

$$\boldsymbol{cx}^* = \boldsymbol{y}^* \boldsymbol{b}$$

因此,这两条性质可以说明当两个问题中有一个不是最优解,或者两个都不是最优解时,会有 $\boldsymbol{cx} < \boldsymbol{yb}$。而当两个都是最优解时,则是 $\boldsymbol{cx}=\boldsymbol{yb}$ 的关系。

弱对偶性描述了原问题与对偶问题的任意一组可行解之间的关系,其中两个解对于它们各自的问题是可行的。在每一步的迭代中,单纯形法找到这两个问题的一对特殊的解。在这一对解中,原问题的解是可行的,而对偶问题的解是不可行的(最终迭代除外)。下一条性质描述了这种情形以及这一对解之间的关系。

互补解特性:在每一步迭代过程中,单纯形法为原问题生成一个 CPF 解 $\boldsymbol{x}$,同时为对偶问题生成一个**互补解** (complementary solution) $\boldsymbol{y}$(松弛变量的系数,在第 0 行中可以找到),并且满足 $\boldsymbol{cx}=\boldsymbol{by}$。如果 $\boldsymbol{x}$ 不是原问题的最优解,那么 $\boldsymbol{y}$ 也不是对偶问题的可行解。

为了说明这个问题,仍以 Wyndor Glass 公司为例(见表 4.8)。进行了一次迭代之后,$x_1=0, x_2=6$。而对于对偶问题,$y_1=0, y_2=\frac{5}{2}, y_3=0$,则有 $\boldsymbol{cx}=30=\boldsymbol{yb}$。这时,$\boldsymbol{x}$ 是原问题的可行解,而 $\boldsymbol{y}$ 不是对偶问题的可行解(因为不满足 $y_1+3y_2 \geqslant 3$ 这个约束条件)。

互补解特性在使用单纯形法最后一步迭代时依然成立,这时,可以为原问题找到一个最优解。但是,对于互补解 $\boldsymbol{y}$,我们在下边这条性质里可以看到还有其他更多的内容需要说明。

最优互补解特性:在最后一步迭代完成时,单纯形法为原问题得到一个最优解 $\boldsymbol{x}^*$,同时得到一个对偶问题的**最优互补解**(complementary optimal solution) $\boldsymbol{y}^*$(松弛变量的系数,在第 0 行中可以找到),满足$\boldsymbol{cx}^*=\boldsymbol{y}^*\boldsymbol{b}$。

这里 y_i^* 就是原问题中资源的影子价格。

举例来说,在最后一次迭代完成后,有原问题的最优解 $x_1^*=2, x_2^*=6$ 和对偶问题的最

优解 $y_1^*=0, y_2^*=\frac{3}{2}, y_3^*=1$，这时有 $\boldsymbol{c}\boldsymbol{x}^*=36=\boldsymbol{y}^*\boldsymbol{b}$。

在6.2节我们会对其中的一些性质做更进一步的观察。到时候你就会发现，互补解特性可以做更多的考虑。特别是当松弛变量和剩余变量被引入原问题与对偶问题时，原问题的每一个基本可行解都在对偶问题中有一个互补的基本解。我们在表6.4中已经注意到单纯形法通过 z_j-c_j 得到对偶问题中剩余变量的值。这个结果会导致被称为互补松弛性的性质，这个性质是关于一个问题中的基变量与另一个问题中的非基变量之间关系的。

在6.3节中，讨论完如何在原问题不是标准形式的情况下构建对偶问题之后，我们将讨论另一个非常有用的性质，这个性质的概要如下。

对称性(symmetry property)：*对于任意一个原问题及其对偶问题，两个问题之间的一切关系必定是对称的。这是因为对偶问题的对偶问题是原问题。*

因此，前边所讨论的所有性质都忽略了两个问题中哪一个是原问题、哪一个是对偶问题（对于弱对偶性中不等号的方向要求原问题的目标函数是求最大值，而对偶问题的目标函数是求最小值）。这样一来，单纯形法可以被应用于两个问题中的任意一个，并且将同时为另一个问题得到一个互补解，且最终产生一个互补最优解。

到目前为止，我们主要将注意力集中在讨论原问题的可行解或最优解及其在对偶问题中相对应的解的关系上。但是，很可能存在这样一种情况，那就是原问题没有可行解或者是原问题有可行解但是没有最优解(因为目标函数是无界的)。最后这条性质就是针对这样一种情况提出的。

对偶定理(duality theorem)：*原问题与对偶问题只存在下面所述的可能关系。*

(1) 如果一个问题拥有可行解和有界的目标函数(所以就会有一个最优解)，那么另一个问题也会有可行解和有界的目标函数。这时，弱对偶性与强对偶性都是可用的。

(2) 如果一个问题拥有可行解但是目标函数是无界的(所以没有最优解)，那么另一个问题没有可行解。

(3) 如果一个问题没有可行解，那么另一个问题或者没有可行解，或者有可行解但是目标函数无界。

6.1.3 应用

如前所述，对偶理论的一个重要应用就是单纯形法可以通过直接解答对偶问题为原问题寻找到一个最优解。我们在4.10节讨论过，约束方程的数量对单纯形法计算过程的影响要远远大于变量个数的影响。如果 $m>n$，那么对偶问题有 n 个约束方程，而原问题有 m 个约束方程，所以对偶问题的约束方程数量较少。对对偶问题使用单纯形法比起直接对原问题使用单纯形法可以极大地减少计算量。

弱对偶性与强对偶性描述了原问题与对偶问题之间的重要关系。对偶问题的一个潜在应用就是评价原问题的计划方案。举例来说，假设 $\boldsymbol{x}$ 是一个计划要实施的可行方案，如果通过观察对偶问题而得到的另一个可行方案 $\boldsymbol{y}$，使 $\boldsymbol{c}\boldsymbol{x}=\boldsymbol{y}\boldsymbol{b}$，那么在这种情况下即使我们没有使用单纯形法，也可以知道 $\boldsymbol{x}$ 一定是最优解。即使 $\boldsymbol{c}\boldsymbol{x}<\boldsymbol{y}\boldsymbol{b}$，$\boldsymbol{y}\boldsymbol{b}$ 仍然为目标函数 Z 提供了一个最优解的上界。所以，如果 $\boldsymbol{y}\boldsymbol{b}-\boldsymbol{c}\boldsymbol{x}$ 足够小，那么我们也可以接受这个方案，而不用再继续计算。

互补解特性的一个重要应用是在8.1节介绍的对偶单纯形法中的使用。这一算法在原问题上使用时就好像同时在对偶问题上使用单纯形法一样，之所以可以这样使用，就是因为这条性质的存在。由于单纯形表中第0行和右端项相互颠倒，所以对偶单纯形法保持第0行在开始和迭代过程中是非负的，而右端项在开始的时候可以有负值(迭代的目标就是消除右端项中的负值)。因此，这个算法偶尔会被使用，因为以这种形式建立初始单纯形表会比用单纯形法要求的形式建立单纯形表更加简便。而且，它经常被用于4.9节中介绍的再优化。这是因为，对原模型的改变将导致对最终单纯形表的修订，使之满足这种形式。在特定类型的敏感性分析中这种情况很常见，我们稍后将介绍。

总的来说，对偶理论在敏感性分析中扮演了重要的角色。而它所扮演的角色是6.4节中将要讨论的主题。

6.2 原问题与对偶问题的关系

因为对偶问题也是一个线性规划问题，所以它同样也有角点解。而且，通过使用问题的扩展形式我们可以把这些角点解解释成基本解。由于方程的约束函数是“≥”的形式，所以扩展形式是通过在约束方程 $j(j=1,2,\cdots,n)$ 左边减去(而不是加上)剩余变量获得的。[①]

该剩余变量是

$$z_j - c_j = \sum_{i=1}^{m} a_{ij} y_i - c_j \quad (j=1,2,\cdots,n)$$

因此，z_j-c_j 扮演了约束 j 中剩余变量(或者是松弛变量，如果这些约束方程都乘以-1)的角色，每一个角点解$(y_1,y_2,\cdots,y_m)$通过对 z_j-c_j 的解释产生了一个基本解$(y_1, y_2,\cdots,y_m,z_1-c_1,z_2-c_2,\cdots,z_n-c_n)$。所以，一个扩展形式的对偶问题拥有 n 个约束方程，$n+m$ 个变量。每一个基本解拥有 n 个基变量和 m 个非基变量(如表6.3所示，对偶问题中的约束方程对应原问题中的变量，对偶问题中的变量对应原问题中的约束方程)。

6.2.1 互补基本解

在原问题与对偶问题的关系中，一个很重要的关系就是原问题与对偶问题基本解之间的直接对应关系。这种对应关系的关键就是原问题基本解的单纯形表的第0行，正如表6.4或表6.5展示的那样。这样的一个第0行可以在原问题的任何一个基本解、可行解或非可行解中，通过使用表5.8下半部分的公式获得。

我们再来关注表6.4和表6.5，看一下如何直接从第0行找到对偶问题的完整解(包括剩余变量)。在第0行的系数中，每一个原问题的变量都对应一个对偶问题的变量。表6.6给出了总结。接下来，我们先考察任意一个问题，之后继续用 Wyndor Glass 公司问题来说明。

这里我们可以发现一个关键问题，即直接从第0行中读出来的对偶问题解也必须是一

---

① 你可能想知道，为什么我们在这里没有像在4.6节中那样介绍人工变量。这是因为这些变量除了改变可行域，并在单纯形法开始时起到简化作用外没有其他价值。我们现在感兴趣的不是如何在对偶问题中应用单纯形法，也不是改变它的可行域。

个基本解。原因是原问题中的 m 个基变量要求在第0行中的系数为0，从而要求对偶问题中 m 个对应的变量，也就是 m 个非基变量的系数是0。其余的 n 个变量(基变量)的值也必须是本节最开始给出的一系列方程的解。如果用矩阵的形式表示，这一系列方程可以写成 $\mathbf{z}-\mathbf{c}=\mathbf{y}\mathbf{A}-\mathbf{c}$。在5.3节观察到的结果实际上说明了 $\mathbf{z}-\mathbf{c}$ 和 $\mathbf{y}$ 的解是第0行中相应的部分。

由于6.1节所讨论的对称性(以及表6.6中所描述的变量之间的对应关系)，原问题基本解与对偶问题基本解之间的对应也是对称的。而且，一对互补的基本解拥有同样的目标函数值(表6.4中的 W)。

下面让我们来总结一下原问题与对偶问题基本解之间的对应关系。第一条性质将6.1节讨论的互补解特性扩展到了两个问题的扩展形式，进而扩展到了原问题任意的一个基本解(可行的或者不可行的)。

互补基本解的特性：原问题中的每一个基本解在对偶问题中都拥有一个互补的基本解，并且它们各自的目标函数值 Z 和 W 相等。给定一个原问题的单纯形表，从第0行可以直接利用表6.4给出的关系找到对偶问题的基本解($\mathbf{y}$,$\mathbf{z}-\mathbf{c}$)。

下一条性质指出了如何在互补的基本解中确定基变量与非基变量。

互补松弛性：表6.6中给出了变量之间的对应关系。原问题基本解与对偶问题基本解中的变量满足表6.7中给出的互补松弛关系。而且，这种关系是对称的，所以两个问题的基本解彼此互补。

表6.6 原问题与对偶问题变量之间的对应关系

	原问题中的变量	相应的对偶变量
任意问题	决策变量 x_j	z_j-c_j(剩余变量)$j=1,2,\cdots,n$
	松弛变量 x_{n+i}	y_i(决策变量)$i=1,2,\cdots,m$
Wyndor Glass 公司问题	决策变量 x_1	z_1-c_1(剩余变量)
	x_2	z_2-c_2
	松弛变量 x_3	y_1(决策变量)
	x_4	y_2
	x_5	y_3

表6.7 互补基本解之间的互补松弛关系

原变量	相应的对偶变量
基变量	非基变量(m 个)
非基变量	基变量(n 个)

称这一性质为互补松弛性的原因是，它说明对于任意的一对相对应的变量，如果它们中的一个在其非负的约束中(基变量>0)有松弛变量，那么在另一个的非负约束中一定没有松弛变量(非基变量=0)。

例 为了更生动地说明这两条性质，我们再次考虑3.1节所举的Wyndor Glass公司问题。所有的8个基本解(5个可行解，3个非可行解)都被列举在表6.8中。因此，它的对偶问题(见表6.1)也必须拥有8个基本解。原问题每一个基本解的互补解也在表6.8中给出。

表 6.8 Wyndor Glass 公司问题的互补基本解

序号	原问题		$Z=W$	对偶问题	
	基本解	是否可行?		是否可行?	基本解
1	(0,0,4,12,18)	是	0	否	(0,0,0,−3,−5)
2	(4,0,0,12,6)	是	12	否	(3,0,0,0,−5)
3	(6,0,−2,12,0)	否	18	否	(0,0,1,0,−3)
4	(4,3,0,6,0)	是	27	否	$\left(-\frac{9}{2},0,\frac{5}{2},0,0\right)$
5	(0,6,4,0,6)	是	30	否	$\left(0,\frac{5}{2},0,-3,0\right)$
6	(2,6,2,0,0)	是	36	是	$\left(0,\frac{3}{2},1,0,0\right)$
7	(4,6,0,0,−6)	否	42	是	$\left(3,\frac{5}{2},0,0,0\right)$
8	(0,9,4,−6,0)	否	45	是	$\left(0,0,\frac{5}{2},\frac{9}{2},0\right)$

原问题用单纯形法得到的 3 个 BF 解分别是表 6.8 中的第 1 个、第 5 个和第 6 个。你已经在表 6.5 中看到如何直接从第 0 行中读出对偶问题的解,从松弛变量系数开始,接下来是最初始的变量。其他对偶问题的基本解也可以通过为原问题的每一个基本解构造第 0 行,并运用表 5.8 底部给出的公式找出来。

因为对于原问题的每一个基本解,都可以通过使用互补松弛性来识别对偶问题的互补解中的基变量与非基变量,因此通过使用本节开始给出的方程,可以直接获得互补解。例如,考虑表 6.8 中倒数第二个解(4,6,0,0,−6)。注意到 x_1、x_2、x_5 是基变量,因为这些变量不为 0。表 6.6 表明它们对应的对偶问题变量是 z_1-c_1、z_2-c_2 和 y_3。表 6.7 说明这些变量在对偶问题中是非基变量,所以 $z_1-c_1=0$, $z_2-c_2=0$, $y_3=0$。

因此,对偶问题约束条件的扩展形式:

$$
\begin{aligned}
y_1 \qquad + 3y_3 - (z_1 - c_1) &= 3 \\
2y_2 + 2y_3 - (z_2 - c_2) &= 5
\end{aligned}
$$

被缩减为

$$
\begin{aligned}
y_1 \qquad + 0 - 0 &= 3 \\
2y_2 + 0 - 0 &= 5
\end{aligned}
$$

因此,可以得到 $y_1=3$, $y_2=\frac{5}{2}$。将这两个值与非基变量的 0 值结合起来,就得到表 6.8 中倒数第二行最右面的基本解 $\left(3,\frac{5}{2},0,0,0\right)$。我们注意到,这个对偶问题的基本解是可行的,因为所有的 5 个变量都满足非负的约束条件。

最后,我们注意到表 6.8 中的 $\left(0,\frac{3}{2},1,0,0\right)$ 是对偶问题的最优解,因为它是使目标函数值 $W(36)$ 最小的基本可行解。

6.2.2 互补基本解之间的关系

现在,我们把注意力转回研究互补基本解之间的关系上来,先从它们之间可能的关系开始。表 6.8 中间的几列提供了一些有价值的线索。在这几对基本解之间，我们发现对于是否可行这个问题的回答，大多数同样满足互补关系。特别是，除了一个特例之外，其他解全都满足，如果一个解是可行的，则另一个解是不可行的（这当中也存在两个解都是不可行的可能性，就像第三对解）。唯一的例外是第六对解，而从 $W=Z$ 这一列可以看出，该解对于原问题是最优解。由于第六个解在对偶问题中也是最优的（互补最优解特性），这个最优解中 $W=36$，而前五个解由于 $W<36$，所以这五个解都是不可行的（对偶问题的目标函数是求最小值）。同样的原因，对于原问题，由于最后两个解 $Z>36$，所以它们两个也不是可行解。

这个解释可以被强对偶性支持，也就是说，对于原问题与对偶问题的最优解有 $Z=W$。

接下来让我们把 6.1 节中的互补最优解特性扩展为两个问题的扩展形式。

互补的最优基本解特性：任意一个原问题的最优基本解，在其对偶问题中都拥有一个**互补的最优基本解**（complementary optimal basic solution），并且它们各自的目标函数值（W 和 Z）相等。给定一个原问题最优解的单纯形表的第 0 行，可以利用表 6.4 得到互补的对偶问题的最优解（$\mathbf{y}^*, \mathbf{z}^*-\mathbf{c}$）。

要搞清楚这条性质的依据，应注意对偶解（$\mathbf{y}^*, \mathbf{z}^*-\mathbf{c}$）必须对对偶问题是可行的，因为原问题最优解条件要求所有的对偶变量（包括剩余变量）必须是非负的。既然这个解是可行的，那么通过弱对偶性我们可以知道它对对偶问题一定是最优的（由于 $W=Z$，所以 $\mathbf{y}^*\mathbf{b}=\mathbf{c}\mathbf{x}^*$，这里 $\mathbf{x}^*$ 是原问题的最优解）。

基本解可以按照它们是否满足以下两个条件来分类：一个条件是它是否可行，即是否所有扩展形式中的变量（包括松弛变量）都是非负的；另一个条件是最优性，即是否第 0 行中的全部系数（也就是对偶问题中的互补基本解全部变量）都是非负的。我们在表 6.9 中给出了分类后各种不同类型解的命名。举例来说，在表 6.8 中的基本解 1、2、4 和 5 是不满意解，6 是最优解，7 和 8 是超优解，而 3 既不是可行解也不是超优解。

表 6.9 基本解分类

		是否满足最优性？	
		是	否
可行？	是	最优解	次优解
	否	超优解	不可行也不超优

通过给出的定义，表 6.10 总结了互补基本解之间的一般关系。表 6.10 给出的前三个之间的转换关系见图 6.1。因此，在使用单纯形法把原问题中的不满意解向最优解转化的同时，在对偶问题的互补基本解中也进行着将超优解向可行解转化的过程。相反，有时候直接在原问题上处理超优解，使其转化为可行解，可能更加简单（或者必要）。这也是对偶单纯形法的目的。对偶单纯形法将在 8.1 节介绍。

表 6.10 互补基本解之间的关系

原问题基本解	互补的对偶问题的基本解	全部的基本解对于	
		原问题是否可行？	对偶问题是否可行？
不满意解	超优解	是	否
最优解	最优解	是	是
超优解	不满意解	否	是
不可行也不超优	不可行也不超优	否	否

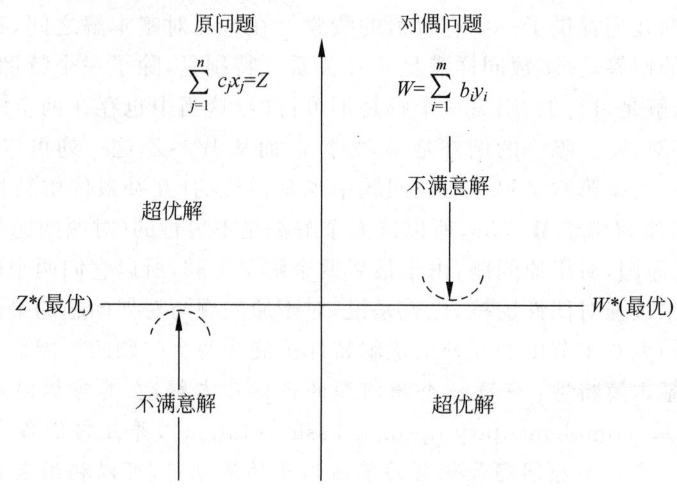

图 6.1　对于特定互补基本解,$Z=W$ 可能的取值范围

表 6.10 的第三列和第四列介绍了其他两个非常常见的术语,这两个术语用来描述一对互补的基本解。这两个互补的解中,如果原问题的基本解是可行的,我们就称其为**原可行解**(primal feasible);同样,如果对偶问题对应的互补基本解是可行的,我们就称其为**对偶可行解**(dual feasible)。通过使用这两个术语,单纯形法通过处理原可行解,努力使其同时也达到对偶可行解。一旦达到这个目的,这两个互补的解就是各自的最优解。

在下一章你将看到,这些关系是非常有用的,尤其是在敏感性分析中。

6.3　改造适用于其他原问题形式

至此,我们都假设原问题是通过标准形式给出的。但是,我们在本章的开头指出,任何一个线性规划问题,无论是否以标准形式给出,都要处理对偶问题。因此,本节我们重点关注对偶问题针对原问题的其他形式是如何变化的。

4.6 节讨论了每一种非标准的形式,并且指出了如何将这些非标准形式转化成方程形式的标准形式。这些转化的方法在表 6.11 中给出了总结。因此,你总是可以将任意一个非标准形式的模型转化成标准形式,然后,为标准形式构造一个对偶问题模型。为了说明,我们在表 6.12 中给出了如何找出标准形式模型(标准形式模型一定有对偶问题)的对偶问题模型。可以注意到,我们正是以原问题的标准形式而结束的。由于任何一对原问题与对偶

表 6.11　将线性规划问题转化成标准形式

非标准的形式	等价的标准形式
min Z	max $(-Z)$
$\sum_{j=1}^{n} a_{ij}x_j \geqslant b_i$	$-\sum_{j=1}^{n} a_{ij}x_j \leqslant -b_i$
$\sum_{j=1}^{n} a_{ij}x_j = b_i$	$\sum_{j=1}^{n} a_{ij}x_j \leqslant b_i$　而且　$-\sum_{j=1}^{n} a_{ij}x_j \leqslant -b_i$
x_j 无约束	$x_j^+ - x_j^-$,　$x_j^+ \geqslant 0$,　$x_j^- \geqslant 0$

问题都可以转换为这些形式，这表明，对偶问题的对偶问题就是原问题。所以，对于任何的原问题及其对偶问题，它们之间的关系一定是对称的。这就是 6.1 节中给出的对称性（没有证明），而表 6.12 给出了证明。

通过对称性我们可以得到一个结论，那就是前面所讲述的关于原问题与对偶问题的关系都是可以颠倒的。

另一个结论就是对于两个问题，哪一个被称为原问题、哪一个被称为对偶问题并没有实质上的区别。实际上，你可能会看见一个线性规划问题满足我们所提到的对偶问题的标准形式。我们的习惯是，将按照实际问题所建立的模型称为原问题，而不管其形式如何。

表 6.12 中，我们在说明如何为一个非标准形式构造一个对偶问题时，并没有包括约束方程是等式的和变量是无约束的这两种情况。事实上，对于这两种形式是有捷径的（见习题 6.3-7 和 6.3-2）。对于等式形式的约束条件同样可以按照“≤”的约束条件形式来构造它的对偶问题，只不过在对偶问题中，相应变量的非负约束条件需要被去掉（这个变量是无约束的）。由于对称性，在原问题中去掉一个非负的约束，对于对偶问题的影响仅仅是将相应的不等式约束变成等式约束。

另一个捷径涉及对于求最大值问题的“≥”约束条件。最直接的方法就是将这些约束全都转化成“≤”的形式。

$$\sum_{j=1}^{n} a_{ij}x_j \geq b_i \quad 转化为 \quad -\sum_{j=1}^{n} a_{ij}x_j \leq -b_i$$

接下来就可以按照通常的方法来构造对偶问题了。以 $-a_{ij}$ 作为第 j 个约束方程（这个约束方程含有“≥”的形式）中 y_i 的系数，以 $-b_i$ 作为目标函数（求最小值）的系数，这里 y_i 同样含有非负的约束 $y_i \geq 0$。现在，假设我们定义了一个新的变量 $y_i' = -y_i$。用 y_i' 替代 y_i 对对偶问题进行解释，会导致以下的变化：①约束方程 j 的变量系数变成 a_{ij}，目标函数系数为 b_i；②变量的约束变为 $y_i' \leq 0$。捷径就是通过使用 y_i' 替代 y_i 作为对偶变量，于是在原始约束中的参数（a_{ij} 和 b_i）立即变成了对偶问题中变量的系数。

表 6.12　构造对偶问题的对偶问题

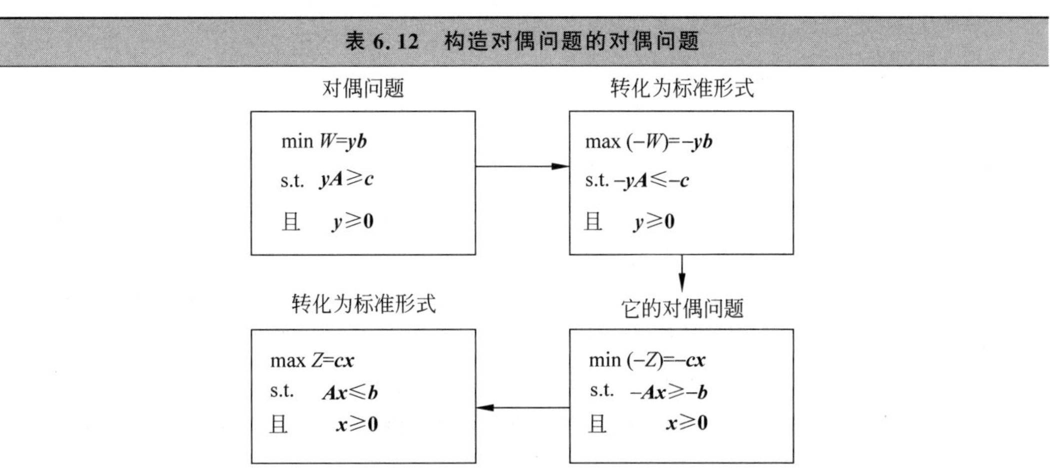

这里有一个非常有用的可以帮助记忆对偶问题约束形式的工具。对于求最大值的问题，约束大部分是以“≤”形式出现的，一小部分是以“＝”形式出现的，极个别的是以“≥”形式出现的。类似的，对于求最小值的问题，约束大部分是以“≥”形式出现的，一小部分是以

"="形式出现的,极个别的是以"≤"形式出现的。对于任意类型的问题中的一个独立变量的约束,大部分是以非负的形式出现的,一小部分是无约束的,极个别的是以小于或等于0作为约束的。现在回忆一下表6.3中的原问题与对偶问题各项之间的对应关系。也就是说,一个问题中的第i个约束方程对应着另一个问题中的第i个变量,一个问题中的第i个变量也对应着另一个问题中的第i个约束方程。上面所说的这些**大部分**、**小部分**、**极个别方法**(sensible-odd-bizarre),也可以简称为SOB方法,说明了对偶问题中一个约束方程或者是一个变量的约束是大部分的、一小部分的还是极个别的取决于原问题中与之相对应的项是大部分的、小部分的还是极个别的。下边给出了总结。

用SOB方法决定对偶问题的约束形式[①]

(1) 无论原问题是以最大值形式还是最小值形式出现,对偶问题自动以与原问题相反的形式出现(原问题求最大值,对偶问题求最小值;原问题求最小值,对偶问题求最大值)。

(2) 按照表6.13,将原问题中的约束方程及对变量的约束条件分别加上大部分、小部分与极个别这样的三种标签。标签的种类取决于问题是求最大值(使用第二列)还是求最小值(使用第三列)。

表6.13 原问题-对偶问题对应的形式

标签	原问题(或对偶问题)		对偶问题(或原问题)
	max Z(或 W)		min W(或 Z)
	第i个约束方程	⟷	变量 y_i(或变量 x_i)
大部分(S)	≤的形式	⟷	$y_i \geqslant 0$
小部分(O)	=的形式	⟷	无约束
极个别(B)	≥的形式		$y_i' \leqslant 0$
	变量 x_j(或变量 y_j)	⟷	第j个约束方程
大部分(S)	$x_j \geqslant 0$	⟷	≥的形式
小部分(O)	无约束	⟷	=的形式
极个别(B)	$x_j' \leqslant 0$		≤的形式

(3) 对于对偶问题中对变量的约束,使用与原问题中与该对偶变量相对应的约束方程相同的标签(对应关系见表6.3)。

(4) 对于对偶问题中的每一个约束方程,使用与原问题中与该约束方程相对应的变量的约束相同的标签(对应关系见表6.3)。

表6.13第二列与第三列之间的箭头清楚地说明了原问题与对偶问题约束形式的对应关系。我们注意到,这些对应关系总是发生在一个问题的约束方程与另一个问题中对变量的约束这两者之间。由于原问题既可以是求最大值也可以是求最小值(而对偶问题目标函数的形式与原问题相反),表的第二列给出了原问题及对偶问题求最大值的形式,而第三列给出了另一个问题的最小值形式。

---

① 这个用来帮助记忆约束种类的特殊工具是由Harvey Mudd大学的Arthur T. Benjamin教授提出的。对SOB方法的进一步讨论和推导可参见A. T. Benjamin:"Sensible Rules for Remembering Duals——The S-O-B Method",*SIAM Review*,37(1):85-87,1995.

为了更生动地说明，考虑我们在 3.4 节开始时给出的放射治疗的例子。为了在表 6.13 中展示双向的转换，我们在对这个模型的目标函数取最小值之前，先以这个模型的目标函数取最大值作为原问题。

在表 6.14 的左侧我们给出了这个问题的目标函数取最大值的形式。通过使用表 6.13 的第二列来表现这个问题，表中的箭头表明第三列中对偶问题的形式。这些箭头在表 6.14 中用来展示对偶问题的结果(由于这些箭头，我们把这些约束放在对偶问题的后边，而不是像通常那样放在顶部)。在每一个方程的约束旁边我们加了 S、O 或者 B 的标签，分别代表大部分、小部分或者极个别。就像 SOB 方法所指明的那样，对偶问题约束的标签总是与原问题相对应的约束所拥有的标签相同。

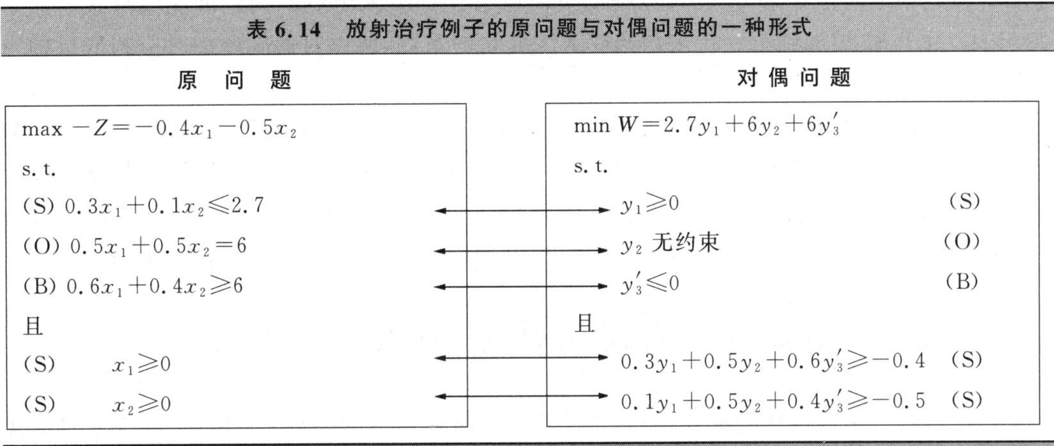

表 6.14　放射治疗例子的原问题与对偶问题的一种形式

原问题		对偶问题	
$\max\ -Z=-0.4x_1-0.5x_2$		$\min\ W=2.7y_1+6y_2+6y'_3$	
s.t.		s.t.	
(S) $0.3x_1+0.1x_2\leqslant 2.7$	←→	$y_1\geqslant 0$	(S)
(O) $0.5x_1+0.5x_2=6$	←→	y_2 无约束	(O)
(B) $0.6x_1+0.4x_2\geqslant 6$	←→	$y'_3\leqslant 0$	(B)
且		且	
(S)　$x_1\geqslant 0$	←→	$0.3y_1+0.5y_2+0.6y'_3\geqslant -0.4$	(S)
(S)　$x_2\geqslant 0$	←→	$0.1y_1+0.5y_2+0.4y'_3\geqslant -0.5$	(S)

但是，如果不是为了说明，一般不需要将原问题转化为最大值的形式。使用最初始的最小值形式，表 6.15 左侧给出了原问题的方程。现在让我们用表 6.13 的第三列来表现这个原问题。箭头给出了对偶问题的形式，并用第二列展示。表 6.15 右侧展示了对偶问题的结果。同样，这里 S、O、B 标签显示了 SOB 方法的使用。

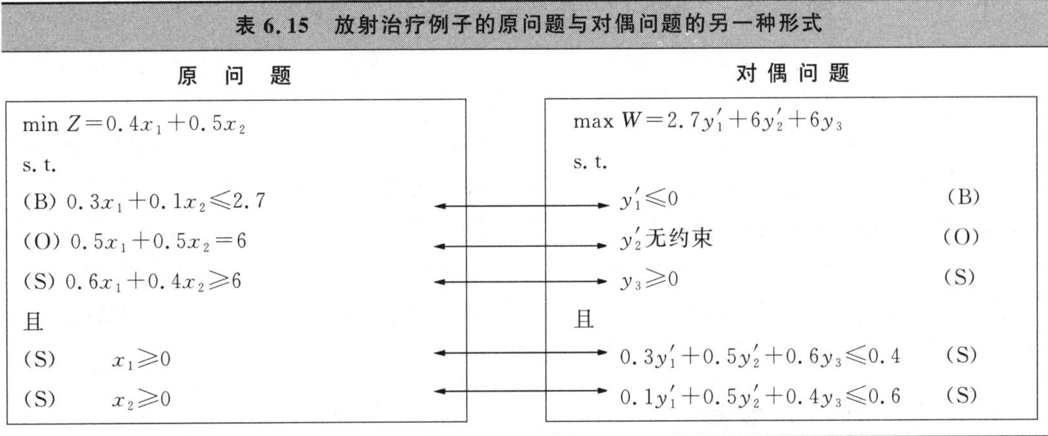

表 6.15　放射治疗例子的原问题与对偶问题的另一种形式

原问题		对偶问题	
$\min\ Z=0.4x_1+0.5x_2$		$\max\ W=2.7y'_1+6y'_2+6y_3$	
s.t.		s.t.	
(B) $0.3x_1+0.1x_2\leqslant 2.7$	←→	$y'_1\leqslant 0$	(B)
(O) $0.5x_1+0.5x_2=6$	←→	y'_2 无约束	(O)
(S) $0.6x_1+0.4x_2\geqslant 6$	←→	$y_3\geqslant 0$	(S)
且		且	
(S)　$x_1\geqslant 0$	←→	$0.3y'_1+0.5y'_2+0.6y_3\leqslant 0.4$	(S)
(S)　$x_2\geqslant 0$	←→	$0.1y'_1+0.5y'_2+0.4y_3\leqslant 0.6$	(S)

正如表 6.14 与表 6.15 中的原问题是等价的，这两个对偶问题也是完全等价的。认识这种等价性的关键就在于这样的事实，对偶每一个版本中的变量是其他版本中变量的负数($y'_1=-y_1, y'_2=-y_2, y'_3=-y_3$)。因此，对于一个版本如果把变量换成另一个版本中的变

量,并且将目标函数及约束全部乘以−1,就可以得到另一个版本(习题6.3-5会让你验证这一结论)。

如果单纯形法被应用于一个含有非正约束变量的原问题或者对偶问题(如表6.14中对偶问题中的 $y_3'\leqslant 0$),这个变量就应该变换成非负的形式(如 $y_3=-y_3'$)。

当在原问题中使用人工变量来帮助单纯形法解决问题时,对于单纯形表第0行中对偶的解释如下:因为人工变量扮演的是松弛变量的角色,它们的系数规定了对偶问题中互补基本解中相应变量的值。由于使用人工变量,实际上是将原来的实际问题变成了一个简单的人工问题,因此这个对偶问题实际上也是这个人工问题的对偶问题。但是,当所有的人工变量都变成非基变量的时候,我们又回到了实际的原问题和对偶问题。在两阶段法中,人工变量应该在第二阶段保留,这样可以帮助很快在第0行中读出对偶问题的完整形式。对于大M法,由于 M 被加到第0行来初始化人工变量的系数,所以对偶问题中对应的变量的当前值就是人工变量的负值,也就是 $-M$。

举例来说,观察在表4.12中给出的放射治疗的例子中最终单纯形表的第0行。当 M 被从变量 $\bar{x}_4$ 和 $\bar{x}_6$ 的系数中减去之后,在表6.14中给出的对偶问题的最优解是从 x_3、$\bar{x}_4$ 和 $\bar{x}_6$ 的系数中直接读出来的,$(y_1,y_2,y_3')=(0.5,-1,1,0)$。与通常一样,对于两个约束方程中的剩余变量是直接从 x_1、x_2 的系数 $z_1-c_1=0$ 和 $z_2-c_2=0$ 直接读出来的。

6.4 对偶理论在敏感性分析中的作用

就像将在下一章描述的那样,敏感性分析主要研究模型中参数 a_{ij}、b_i、c_j 的改变对最优解产生的影响。但是,改变原问题中的参数值同样会改变对偶问题中对应的值。因此,你可以选择使用哪个问题进行研究。由于6.1节和6.2节中介绍的原问题和对偶问题的关系(尤其是互补的基本解特性),因此很容易按照要求在两个问题之间进行转换。在一些问题中,直接分析对偶问题以决定对原问题的影响会更加方便。我们来讨论两个这样的例子。

6.4.1 非基变量系数的改变

假设在最初始的原问题的最优解中,非基变量的系数发生改变。这些改变对最优解会有什么影响?它是否仍然可行?它是否仍然最优?

由于所涉及的变量是非基变量(其值为0),所以变量系数的改变不会影响原最优解的可行性。因此,对于这种情况就只存在一个问题,即这个解是否还是最优的。就像表6.9和表6.10中指出的那样,这个问题的另一个等价的问法是,是否改变之后的这个原最优解所对应的对偶问题的互补基本解仍然是可行的。由于这样的改变只是影响对偶问题中的一个约束方程,因此要回答这个问题时只需简单地检验这个互补基本解是否满足修改后的约束条件。这个问题可通过直接计算很快得到解答。

6.4.2 引入新变量

模型中的决策变量通常是代表考虑中的各种产品的生产水平。在某些情况下,这些产品是从更大范围的一组产品中挑选出来的,而这一组中的其他产品可能是因为看起来似乎效益不是特别好,所以没有被包含进来,或者是这些产品在模型建立好或求出最优解之后才被发现的。对于这两种情况的任意一种，关键问题都是这些之前没有被考虑的产品是否值得投产。换句话说，就是将这些产品加入最开始的模型中是否会改变最优解。

增加一种新产品就意味着在原模型中增加一个新的变量，并且在约束方程和目标函数中给它以合适的系数。而对于对偶问题的唯一影响就是在对偶问题中增加了一个新的约束（见表 6.3）。

当这些改变发生后，原来的最优解加上新增加的这个以 0 为值的变量（非基变量）所组成的新解对于原模型是否仍然是最优的？如前所述，这个问题的另一个等价的说法是原最优解所对应的对偶问题的互补基本解仍然是可行的。进行调整并通过单纯形法求解检验相当费时。同样，如前所述，要回答这个问题只需检验这个互补基本解是否满足新增加的约束条件。这个问题可通过直接计算很快得到解答。

为了更清楚地说明，我们来考虑 3.1 节中给出的 Wyndor Glass 公司问题。假设现在生产线有一个新的第三种产品加入了考虑中。我们用 $x_{新}$ 来代表这个新增加的产品，改变之后的模型如下：

$$\max \quad Z = 3x_1 + 5x_2 + 4x_{新}$$

$$\text{s.t.} \quad \begin{aligned} x_1 \qquad\quad + 2x_{新} &\leqslant 4 \\ 2x_2 + 3x_{新} &\leqslant 12 \\ 3x_1 + 2x_2 + x_{新} &\leqslant 18 \end{aligned}$$

$$\text{且} \quad x_1 \geqslant 0, \quad x_2 \geqslant 0, \quad x_{新} \geqslant 0$$

当我们加入松弛变量后，最开始的那个问题在没有包含这个新增加的变量 $x_{新}$ 时的最优解（在 4.8 节中给出）是 $(x_1, x_2, x_3, x_4, x_5) = (2,6,2,0,0)$。这个解再加上 $x_{新}=0$ 仍然还是最优解吗？

为了回答这个问题，我们需要检查对偶问题的互补基本解。就像 6.2 节介绍的互补的最优基本解特性那样，这个解在原问题的最终单纯形表的第 0 行给出。利用表 6.4 给出的方法在表 6.5 中解释。因此，就像表 6.5 的底行和表 6.8 的第 6 行中给出的那样，这个解是 $(y_1, y_2, y_3, z_1-c_1, z_2-c_2) = \left(0, \frac{3}{2}, 1, 0, 0\right)$（这个解在 6.2 节表 6.8 的倒数第 3 行给出）。

由于这个解是初始模型的对偶问题的最优解，它当然会满足表 6.1 中给出的初始模型的对偶问题约束条件。但是，这个解还满足这个新的对偶问题的约束吗？

$$2y_1 + 3y_2 + y_3 \geqslant 4$$

我们将这个解代入，可以看到：

$2(0)+3\left(\frac{3}{2}\right)+(1) \geqslant 4$ 满足约束条件。所以，这个解仍然是可行的（因此它仍然是最优的）。因此，最初始的原问题解 $(2,6,2,0,0)$ 加上这个新增加的变量 $x_{新}=0$ 仍然是最优的。所以，这个新产品不应该投产。

这个方法同样可以非常简单地帮助敏感性分析来分析加在新变量上的系数。通过检查新的对偶问题的约束，你可以直接看到这些参数变化多大时，将影响对偶解的可行性，即原问题的最优性。

6.4.3 其他应用

我们已经讨论了对偶理论对敏感性分析的两个方面的重要应用：影子价格和对偶单纯形法。正如4.9节中描述的最优对偶解($y_1^*, y_2^*, \cdots, y_m^*$)给出了各项资源的影子价格，从而知道当$b_i$即使发生小的变化，$Z$的值将发生变化。这方面的分析将在7.2节详细讨论。

在研究基变量的b_i和a_{ij}值变化的影响时，原问题最优解将被表6.9中定义的超优基本解代替。假如我们希望重新优化找出新的最优解，需要从这个解开始，应用对偶单纯形法(见6.1节和6.2节末的讨论)。这种单纯形法的重要变化将在8.1节讨论。

在6.1节提到，有时候对原问题找出最优解，采用单纯形法求解其对偶问题更有效、更方便。当用这种方法找出最优解时，敏感性分析对原问题可应用7.1节和7.2节描述的方法对其对偶问题进行，然后推断其对原问题的互补影响(可见表6.10)。这个用于敏感性分析的方法相对更直接，因为它直接应用6.1节和6.2节描述的原始对偶关系。

6.5 结论

每一个线性规划问题具有一个紧密结合的对偶线性规划问题。二者之间有着很多有用的关系，它提高了我们分析原问题的能力。因为单纯形法可以直接应用于同时求解上述两类问题，可以极大地减少计算量。对偶理论，包括对偶单纯形法(8.1节)可用于获取超优基本解，在敏感性分析中同样起着重要作用。

参考文献

1. Cottle, R. W., and M. N. Mukund: *Linear and Nonlinear Optimization*, Springer, New York, 2017, chap. 5.
2. Dantzig, G. B., and M. N. Thapa: *Linear Programming 1: Introduction*, Springer, New York, 1997.
3. Denardo, E. V.: *Linear Programming and Generalizations: A Problem-based Introduction with Spreadsheets*, Springer, New York, 2011, chap. 12.
4. Luenberger, D. G., and Y. Ye: *Linear and Nonlinear Programming*, 4th ed., Springer, New York, 2016, chap. 4.
5. Murty, K. G.: *Optimization for Decision Making: Linear and Quadratic Models*, Springer, New York, 2010, chap. 5.
6. Nazareth, J. L.: *An Optimization Primer: On Models, Algorithms, and Duality*, Springer-Verlag, New York, 2004.
7. Vanderbei, R. J.: *Linear Programming: Foundations and Extensions*, 4th ed., Springer, New York, 2014, chap. 5.

习题

一些习题序号左边的符号的含义如下。

I：建议使用IOR Tutorial给出的相应的交互程序。

C：使用任何一种你可以使用的计算机软件自动求解问题。

带星号的习题在书后至少给出了部分答案。

6.1-1* 为下面给出的每一个满足标准格式的线性规划问题建立对偶问题：

(**a**) 习题 3.1-6 中的模型。

(**b**) 习题 4.9-5 中的模型。

6.1-2 考虑习题 4.5-4 中的线性规划模型。

(**a**) 为这个模型建立原问题-对偶问题表，并建立对偶模型。

(**b**) 这个问题中的 Z 无界对对偶问题有什么影响？

6.1-3 对于下面每一个线性规划模型，是应该直接在原问题上应用单纯形法还是应该在对偶问题上应用单纯形法？给出你的建议并解释。

(**a**) $\max \quad Z=10x_1-4x_2+7x_3$

$$\begin{aligned}\text{s.t.}\quad & 3x_1-x_2+2x_3\leqslant 25\\ & x_1-2x_2+3x_3\leqslant 25\\ & 5x_1+x_2+2x_3\leqslant 40\\ & x_1+x_2+x_3\leqslant 90\\ & 2x_1-x_2+x_3\leqslant 20\\ \text{且}\quad & x_1\geqslant 0,x_2\geqslant 0,x_3\geqslant 0\end{aligned}$$

(**b**) $\max \quad Z=2x_1+5x_2+3x_3+4x_4+x_5$

$$\begin{aligned}\text{s.t.}\quad & x_1+3x_2+2x_3+3x_4+x_5\leqslant 6\\ & 4x_1+6x_2+5x_3+7x_4+x_5\leqslant 15\\ \text{且}\quad & x_j\geqslant 0,j=1,2,3,4,5\end{aligned}$$

6.1-4 考虑下面的问题：

$$\begin{aligned}\max\quad & Z=-x_1-2x_2-x_3\\ \text{s.t.}\quad & x_1+x_2+2x_3\leqslant 12\\ & x_1+x_2-x_3\leqslant 1\\ \text{且}\quad & x_1\geqslant 0,x_2\geqslant 0,x_3\geqslant 0\end{aligned}$$

(**a**) 建立对偶问题。

(**b**) 利用对偶理论说明原问题的最优解有 $Z\leqslant 0$。

6.1-5 考虑下面的问题：

$$\begin{aligned}\max\quad & Z=2x_1+6x_2+9x_3\\ \text{s.t.}\quad & x_1+x_3\leqslant 3\text{（资源 1）}\\ & x_2+2x_3\leqslant 5\text{（资源 2）}\\ \text{且}\quad & x_1\geqslant 0,x_2\geqslant 0,x_3\geqslant 0\end{aligned}$$

(**a**) 为这个原问题建立对偶问题。

I(**b**) 用图解法求解这个对偶问题，并用求出的结果说明原问题中资源的影子价格。

C(**c**) 用单纯形法求解原问题，找出影子价格来证明你在(b)中得到的结论。

6.1-6 按习题6.1-5的要求解答本题:

$$\max \quad Z = x_1 - 3x_2 + 2x_3$$

$$\text{s.t.} \quad 2x_1 + 2x_2 - 2x_3 \leqslant 6 \text{(资源 1)}$$

$$-x_2 + 2x_3 \leqslant 4 \text{(资源 2)}$$

且 $x_1 \geqslant 0, x_2 \geqslant 0, x_3 \geqslant 0$

6.1-7 考虑下面的问题:

$$\max \quad Z = x_1 + 2x_2$$

$$\text{s.t.} \quad -x_1 + x_2 \leqslant -2$$

$$4x_1 + x_2 \leqslant 4$$

且 $x_1 \geqslant 0, x_2 \geqslant 0$

I(**a**) 用图解法证明这个问题没有解。

(**b**) 建立对偶问题。

I(**c**) 用图解法证明对偶问题的目标函数无界。

I6.1-8 建立一个有两个决策变量、两个约束方程、有可行解但是目标函数无界的原问题,并画图。之后,建立这个原问题的对偶问题,并用图解法证明对偶问题没有可行解。

I6.1-9 建立一对原问题与对偶问题,每一个问题有两个决策变量、两个约束方程。每个问题都没有可行解,并用图解法证明。

6.1-10 建立一对原问题与对偶问题,每一个问题有两个决策变量、两个约束方程。原问题都没有可行解,对偶问题有无界解。

6.1-11 利用弱对偶性证明如果原问题与对偶问题都有可行解,那么两个问题都有最优解。

6.1-12 考虑我们在6.1节给出的原问题与对偶问题的标准矩阵形式。利用对偶问题对于原问题的这种形式的定义来证明以下结论:

(**a**) 6.1节中阐述的弱对偶性。

(**b**) 如果原问题有无界的可行域,那么对偶问题没有可行解。

6.1-13 考虑我们在6.1节给出的原问题与对偶问题的标准矩阵形式,用 $\boldsymbol{y}^*$ 表示对偶问题的最优解。假设 $\boldsymbol{b}$ 被 $\bar{\boldsymbol{b}}$ 所代替,用 $\bar{\boldsymbol{x}}$ 表示新的原问题最优解。证明 $\boldsymbol{c}\bar{\boldsymbol{x}} \leqslant \boldsymbol{y}^*\bar{\boldsymbol{b}}$。

6.1-14 对于任意一个标准形式的线性规划问题及其对偶问题,判断下列说法的正误,并证明。

(**a**) 对于原问题与对偶问题,两个问题中约束方程的数量与变量的数量(扩大之前)之和相等。

(**b**) 在每一步迭代中,单纯形法都分别计算出一个原问题与对偶问题的CPF解,所以这个过程中两个问题的目标函数值始终相等。

(**c**) 如果原问题有无界解,那么对偶问题的最优解的目标函数值一定是0。

6.2-1* 考虑下述问题:

$$\max \quad Z = 6x_1 + 8x_2$$

$$\text{s.t.} \quad 5x_1 + 2x_2 \leqslant 30$$

$$x_1 + 2x_2 \leqslant 10$$

且 $x_1 \geqslant 0, x_2 \geqslant 0$

(a) 写出其对偶问题。

(b) 用图解法求解原问题和对偶问题,对这两个问题确认 CPF 解和角点可行解。对上述所有解计算目标函数值。

(c) 利用(b)中得到的信息,对这些问题列个表指出其互补基本解(用表 6.8 顶端的相同列)。

I(d) 用单纯形法一步步求解原问题。在每一步迭代(含 0 次迭代)指出问题的 BF 解及其对偶问题的互补基本解,并指出其相应的角点解。

6.2-2 用习题 4.1-5 给出的含两个变量和两个约束的模型,重做习题 6.2-1。

6.2-3 考虑表 6.1 中给出的 Wyndor Glass 公司例子的原问题和对偶问题。应用表 5.5、表 5.6、表 6.7 和表 6.8,建立新的表指出第 1 列的原问题的非基变量的 8 个集合、第 2 列的对偶问题有关变量的对应集合,以及第 3 列其对偶问题互补基本解的非基变量集合。解释为什么该表说明了这个例子的互补松弛性质。

6.2-4 假设一个原问题有退化的 BF 解(一个或多个基本解为 0),作为其最优解。其对偶问题是否一样,为什么?其问题的逆是否正确?

6.2-5 考虑如下问题:

$$\max \quad Z=2x_1-4x_2$$

$$\text{s.t.} \quad x_1-x_2\leqslant 1$$

$$\text{且} \quad x_1\geqslant 0, x_2\geqslant 0$$

(a) 构建对偶问题,通过检验找出最优解。

(b) 通过互补松弛性质和对偶问题的最优解,找出原问题的最优解。

(c) 假定 c_1 为原问题目标函数中 x_1 的系数,在模型中可取任意值。c_1 取什么值时其对偶问题无可行解?对这些值试用对偶理论进行解释。

6.2-6 考虑下述问题:

$$\max \quad Z=2x_1+7x_2+4x_3$$

$$\begin{aligned}\text{s.t.} \quad & x_1+2x_2+x_3\leqslant 10\\ & 3x_1+3x_2+2x_3\leqslant 10\end{aligned}$$

$$\text{且} \quad x_1\geqslant 0, x_2\geqslant 0, x_3\geqslant 0$$

(a) 建立该原问题的对偶问题。

(b) 应用对偶问题确认原问题的最优值 Z 不超过 25。

(c) 据判断 x_1 和 x_3 是原问题最优解的基变量,应用高斯消元法直接推导出其基本解和 Z 值。同时应用原问题的方程(0)导出其对偶问题的互补基本解,并得出这两个基本解是否为二者的最优解。

(d) 用图解法求解对偶问题。用这个解确认其对偶问题的基变量和非基变量。应用高斯消元法直接导出原问题的最优解。

6.2-7* 考虑习题 6.1-3b 中的模型。

(a) 写出其对偶问题。

I(b) 用图解法求解此对偶问题。

(c) 应用由(b)得出的结果确认原问题最优 BF 解的基变量与非基变量。

(d)应用(c)的结果,通过高斯消元法,从初始方程组出发[不包括方程(0)]使用单纯形法并且置非基变量为零,得出原问题的最优解。

(e)应用(c)的结果,确认原问题最优 CPF 解的定义方程(见 5.1 节),再利用这些方程找出解。

6.2-8 考虑习题 5.3-10 中的模型。

(a) 构建对偶问题。

(b) 利用在原问题最优解中给出的基变量,确认其最优对偶解中的基变量和非基变量。

(c) 应用(b)的结果,确认其定义方程(见 5.1 节)对其对偶问题的最优 CPF 解,并利用这些方程找出其解。

I(**d**) 用图解法求解其对偶问题,并证明由(c)得到的结果。

6.2-9 考虑习题 3.1-5 中给出的模型。

(a) 建立该模型的对偶问题。

(b) 若已知$(x_1,x_2)=(13,5)$是原问题的最优解,确定其对偶问题最优 BF 解的基变量与非基变量。

(c) 通过由(b)中得到的原问题最优解的方程(0)直接推导得出对偶问题的最优解,用高斯消元法推导此方程。

(d) 利用(b)的结果确认定义的方程(见 5.1 节)对其对偶问题的最优 CPF 解。证明由(c)得到的最优解(通过检查是否满足方程组)。

6.2-10 假定你同样需要对原问题标准形式应用单纯形法矩阵形式(见 5.2 节)得到有关其对偶问题的信息。

(a) 如何确认其对偶问题的最优解?

(b) 在得到每一次迭代的 BF 解后,如何确认对偶问题的互补基本解?

6.3-1 考虑如下问题:

$$
\begin{aligned}
\max\quad & Z=x_1+x_2\\
\text{s. t.}\quad & x_1+2x_2=10\\
& 2x_1+x_2\geqslant 2
\end{aligned}
$$

且 $x_1\geqslant 0$ (x_1 无约束)

(a) 应用 SOB 法构建对偶问题。

(b) 应用表 6.11 将原问题转化为 6.1 节开始时给出的标准形式,然后构建相应的对偶问题,指出其对偶问题等价于在(a)中得到的问题。

6.3-2 考虑原问题和对偶问题为 6.1 节开始时用矩阵概念表达的原问题与对偶问题的标准形式。仅用该种形式的原问题的对偶问题定义证明下列结果。

(a) 假定对原问题的函数约束 $Ax\leqslant b$ 变换为 $Ax=b$,在对偶问题中结果的变化仅为去除非负约束 $y\geqslant 0$。(提示:约束 $Ax=b$ 等价于约束集 $Ax\leqslant b$ 和 $Ax\geqslant b$。)

(b) 假如对原问题的函数约束 $Ax\leqslant b$ 变化为 $Ax\geqslant b$,在对偶问题中仅有的结果变化为非负约束 $y\geqslant 0$ 被非正约束 $y\leqslant 0$ 替换,这里现有对偶变量可解释为原对偶变量的负值。(提示：约束 $Ax \geqslant b$ 等价于 $-Ax \leqslant b$。)

(c) 假如对原问题的非负约束 $x \geqslant 0$ 被消去，其对偶问题中仅有的结果变化为用 $yA = c$ 替代函数约束 $yA \geqslant c$。(提示：一个符号上无约束的变量能用两个非负变量的差替换。)

6.3-3* 对习题 4.6-3 给出的线性规划问题给出其对偶问题。

6.3-4 考虑下述问题：

$$\min \quad Z = x_1 + 2x_2$$

$$\text{s.t.} \quad -2x_1 + x_2 \leqslant 1$$

$$x_1 - 2x_2 \geqslant 1$$

$$\text{且} \quad x_1 \geqslant 0, x_2 \geqslant 0$$

(a) 给出其对偶问题。

I(b) 对其对偶问题应用图解法确定原问题是否存在可行解，假如存在，对其对偶问题是否有界。

6.3-5 考虑在表 6.14 和表 6.15 中给出的放射治疗例子的对偶问题的两个版本。重温 6.3 节中有关这两个版本为什么完全等价的讨论，然后一步步详细论证如何从表 6.14 转换到表 6.15。

6.3-6 对下列线性规划模型，应用 SOB 方法构建其对偶问题。

(a) 习题 4.8-7 的模型。

(b) 习题 4.8-11 的模型。

6.3-7 考虑习题 4.6-2 中给出的等式约束模型。

(a) 给出其对偶问题。

I(b) 说明(a)的答案是正确的(等式约束得到的对偶变量无非负约束)。操作为先将原问题转换为标准形式(见表 6.11)，然后构建对偶问题，再将此对偶问题转换成在(a)中得到的形式。

6.3-8* 考虑习题 4.6-11 给出的没有非负约束的模型。

(a) 给出对偶问题。

(b) 说明(a)中的答案是正确的(没有非负约束的变量在对偶问题中得到等式约束)。首先将原问题转换为标准形式(见表 6.11)，然后构建其对偶问题，最后将此对偶问题转换为在(a)中得到的对偶问题形式。

6.3-9 考虑表 6-1 中给出的 Wyndor Glass 公司例子的对偶问题，说明其对偶问题是表 6.1 中给出的原问题，通过表 6.12 中给出的常规步骤得到。

6.3-10 考虑下述问题：

$$\max \quad Z = -x_1 - 3x_2$$

$$\text{s.t.} \quad x_1 - 2x_2 \leqslant 2$$

$$-x_1 + x_2 \leqslant 4$$

$$\text{且} \quad x_1 \geqslant 0, x_2 \geqslant 0$$

I(a) 用图解法给出该问题的目标函数无界。

(b) 构建对偶问题。

I(c) 用图解法说明其对偶问题无可行解。

6.4-1 考虑习题 7.2-1 中的模型,应用对偶理论确定在以下独立变换下现有解仍然为最优。

(a) 在习题 7.2-1(e)中的变化。

(b) 在习题 7.2-1(g)中的变化。

6.4-2 考虑习题 7.2-3 中的模型,利用对偶理论直接决定在发生下列独立变化时,现有基本解是否仍然最优。

(a) 习题 7.2-3(b)的变化。

(b) 习题 7.2-3(d)的变化。

6.4-3 重新考虑习题 7.2-5(d),利用对偶理论。应用对偶理论直接决定原最优解是否仍为最优解。

Introduction to Operations Research

第 7 章

不确定情况下的线性规划

3.3 节阐述的线性规划的一个关键假设是确定性假设,即线性规划模型中每个参数给出的值是已知常数。这是一个合适的假设,但实际上很少能精确地满足。所建立的模型通常总是用于作为未来行动的指导,所以其参数值应基于对未来情况的预测。当模型的最优解付诸实施时,由于参数值的变化,使结局出现不确定性。下面我们集中研究涉及不确定性的一些方法。

这些方法中最主要的是敏感性分析。正如在 2.6 节、3.3 节和 4.9 节中提到的,敏感性分析是线性规划研究的重要部分。敏感性分析研究当模型中的一些参数值变化时,它对模型最优解的影响。这要求应用模型前需要对参数值进行更认真的估算。它也可以对一些参数最可能的取值找到一个执行起来更好的解。而且,某些参数值(如资源总量)左右着经管决策,此时对这些参数值的选择就成了主要研究内容,这可以通过敏感性分析进行。

敏感性分析的基本步骤(基于 5.3 节的基础的审视)在 7.1 节中概述,在 7.2 中进一步说明。7.3 节集中阐述如何应用电子表格进行敏感性分析(注意:假如你不准备对本章花更多时间,可以仅阅读 7.3 节获取对敏感性分析的主要介绍)。

本章的其余部分介绍涉及不确定情况下线性规划的其他重要方法。对一些其约束不允许哪怕很小的偏差的问题,7.4 节的鲁棒优化提供了分析方法。当对某些约束有较小但不是重大偏差时,7.5 节的机会约束适用于对一个原有的约束用机会约束修正时,其原有约束仍然很有可能得到满足的情形。某些线性规划问题,其特征为决策经过两个或更多阶段,第二阶段的决策可用于补偿第一阶段由于参数值估计的误差出现的错误。7.6 节介绍的随机规划将应用于上述问题。

7.1 敏感性分析的实质

当单纯形法已经被成功使用,并且找到最优解的时候,运筹小组的工作一般来说还没有完成。就像我们在 3.3 节末尾指出的那样,关于线性规划问题的一个假设就是模型中的所有参数(a_{ij},b_i,c_j)都是已知常数。而事实上,模型中的参数值都是对于未来条件的预测的评估。用来评估这些参数所用到的数据,一般来说都很粗糙,不是固定不变的,因此这些最初始的模型中的参数对于那些被评价者来说往往过高或过低。

因此,成功的管理者及运筹人员应该对利用计算机计算出来的最初始的数据保持怀疑,并且仅仅把这些数据当作对一个问题更进一步分析的开始。一个最优解有可能成为真正的最优解,只有在我们建立的数学模型可以真实地反映实际问题的时候它才是有意义的。一个最优解要想正确地辅助决策,必须是在这个最优解经过其他问题验证可以良好地使用之后。而且,模型中的参数(尤其是 b_i)有时是作为管理决策的结果(也就是说某一种资源被用来生产产品的数量),当一些潜在的结果被发现的时候,需要重新对这些决策进行评价。

因此,有必要使用**敏感性分析**(sensitivity analysis),利用单纯形法来研究如果参数取其他可能的值对最优解有什么影响。有的时候,有些参数可以被分配许多值而不影响最优解。但是,同样也有一些参数,这些参数的值的改变将会产生新的最优解。这种情况有时候可能很严重,因为它可能导致原模型的解变得特别差,有时候甚至可能是不可行的。

因此,敏感性分析的一个重要目的就是识别那些**敏感性参数**(sensitive parameters)(对于这些参数,不可能改变这个参数的值而不改变最优解)。对于某些不能被归为敏感变量的特定变量,分析这些变量值在什么范围下变化而不会影响最优解,也是十分重要的(我们称这个变化范围为保持右端项允许变化范围)。有些情况将会影响一个最优 BF 解的可行性。对于这类变量我们还需要判断其变化范围而不影响最优解的可行性(我们称这个范围为参数的允许变化范围)。这个变化范围同样对应于约束方程的影子价格的变化范围。下一节我们将介绍获得这些信息所使用的方法。

这样的信息是无价的。第一,它可以识别更重要的参数,所以在做评价的时候对这些参数应更加慎重,并且可以选择一个解,这个解对大多数参数的可能值更加适合。第二,它可以识别哪些参数在研究过程中应该被更密切地监视。如果发现这个参数的真实值超出了允许的变化范围,就应该立即改变方案。

对于一些小问题,要检查参数值变化的影响,只需要重新运行单纯形法来检验最优解是否发生了改变。使用电子表格计算非常方便。Solver 配置完成,并被用来求最优解的时候,你所需要做的就是在电子表格中输入你要求的变化,然后再按一下按钮。(7.3 节将讨论如何应用电子表格进行敏感性分析。)

但是,对于实际中出现的那些规模更大的问题,如果从头开始重新运行单纯形法来研究每一次参数的变化,则会花费过多的计算时间。幸运的是,我们在 5.3 节讨论的内容有助于减少计算时间。一个基本的观点是观察的结果立刻就能揭示原模型中的任何改变是如何改变最终单纯形表的(假设单纯形表的计算过程被重复进行)。因此,经过简单的计算来修订单纯形表,我们可以很容易检验原来的最优解是否已经变得不再是最优的(或者不可行)。如果已经变得不是最优或者不可行,那么如果需要的话,就要以当前的单纯形表为初始,继续在其基础上使用单纯形法来计算最优解。如果模型中的变化不是特别大,只需要很少的几次迭代就可以从这个"改进"的初始单纯形表得出新的最优解。

为了更明确地描述这一过程,考虑下面这种情况。在含有参数 a_{ij}、b_i、c_j 的线性规划模型中,已经通过单纯形法获得了一个最优解。为了进行敏感性分析,这些参数中至少有一个需要改变。发生改变后,用 $\bar{b}_i$、$\bar{c}_j$ 和 $\bar{a}_{ij}$ 表示不同的参数值。因此,用矩阵表示 $\mathbf{b}\to\bar{\mathbf{b}}$、$\mathbf{c}\to\bar{\mathbf{c}}$ 和 $\mathbf{A}\to\bar{\mathbf{A}}$ 改变的模型。

第一步是修订最终单纯形表来反映这些变化。具体而言，我们想要找到这样的一个最终单纯形表作为结果，这个单纯形表是当从新的初始单纯形表开始时，从初始单纯形表到最终单纯形表的整个运算过程（包括某一行乘以一个数加到另一行上，或者被另一行减去）被重复进行一次所达到的结果（这与重复使用单纯形法不同，因此初始单纯形表的改变会导致运算过程的改变）。我们继续使用表5.9中介绍的符号以及在5.3节基础的审视中列出的公式[(1) $\boldsymbol{t}^*=\boldsymbol{t}+\boldsymbol{y}^*\boldsymbol{T}$ 以及(2) $\boldsymbol{T}^*=\boldsymbol{S}^*\boldsymbol{T}$]，改变后的单纯形表是从 $\boldsymbol{y}^*$ 和 $\boldsymbol{S}^*$（未改变的）中计算出来的，这个新的初始单纯形表如表7.1所示。注意到 $\boldsymbol{y}^*$ 和 $\boldsymbol{S}^*$ 放在一起就组成了最终单纯形表中的松弛变量系数。其中，$\boldsymbol{y}^*$ 等于第0行的系数，而矩阵 $\boldsymbol{S}^*$ 代表单纯形表中的其他行。因此，表7.1只是使用 $\boldsymbol{y}^*$ 和 $\boldsymbol{S}^*$ 以及初始单纯形表中修订后的数字，就说明了最终单纯形表中的其他数字是如何不通过重复任何代数运算就直接计算出来的。

表7.1 原模型改变后修订的最终单纯形表

		系数			右端项
		Z	最初始的变量	松弛变量	
新的初始单纯形表	(0)	1	$-\bar{\boldsymbol{c}}$	$\boldsymbol{0}$	0
	$(1,2,\cdots,m)$	$\boldsymbol{0}$	$\bar{\boldsymbol{A}}$	$\boldsymbol{I}$	$\bar{\boldsymbol{b}}$
⋮	⋮	⋮	⋮	⋮	⋮
改变后的最终单纯形表	(0)	1	$\boldsymbol{z}^*-\bar{\boldsymbol{c}}=\boldsymbol{y}^*\bar{\boldsymbol{A}}-\bar{\boldsymbol{c}}$	$\boldsymbol{y}^*$	$Z^*=\boldsymbol{y}^*\bar{\boldsymbol{b}}$
	$(1,2,\cdots,m)$	$\boldsymbol{0}$	$\boldsymbol{A}^*=\boldsymbol{S}^*\bar{\boldsymbol{A}}$	$\boldsymbol{S}^*$	$\boldsymbol{b}^*=\boldsymbol{S}^*\bar{\boldsymbol{b}}$

例 （Wyndor Glass 公司模型的变化1） 为了说明，假设3.1节中Wyndor Glass公司问题的第一个变化如表7.2所示。

表7.2 Wyndor Glass公司问题敏感性分析原模型及第一次改变的模型

原模型

$$\max \quad Z=[3,5]\begin{bmatrix}x_1\\x_2\end{bmatrix}$$
$$\text{s.t.}\quad \begin{bmatrix}1&0\\0&2\\3&2\end{bmatrix}\begin{bmatrix}x_1\\x_2\end{bmatrix}\leqslant\begin{bmatrix}4\\12\\18\end{bmatrix}$$
$$\text{且}\quad \boldsymbol{x}\geqslant\boldsymbol{0}$$

改变后的模型

$$\max \quad Z=[4,5]\begin{bmatrix}x_1\\x_2\end{bmatrix}$$
$$\text{s.t.}\quad \begin{bmatrix}1&0\\0&2\\2&2\end{bmatrix}\begin{bmatrix}x_1\\x_2\end{bmatrix}\leqslant\begin{bmatrix}4\\24\\18\end{bmatrix}$$
$$\text{且}\quad \boldsymbol{x}\geqslant\boldsymbol{0}$$

因此，原模型的改变是 $c_1=3\rightarrow4$，$a_{31}=3\rightarrow2$，以及 $b_2=12\rightarrow24$。图7.1展示了变化后的效果。对于原模型，单纯形法已经找到了最优的CPF解(2,6)，位于两个约束 $2x_2=12$ 与 $3x_1+2x_2=18$ 的交点上。改变后，CPF解从原来的(2,6)变成了现在的新交点(−3,12)。而这个新交点对于改变后的模型是不可行的。利用上节介绍的过程可以找到它。而且，从某种意义上说，对于那些作图法不可能完成的大型问题，用这个方法也十分有效。

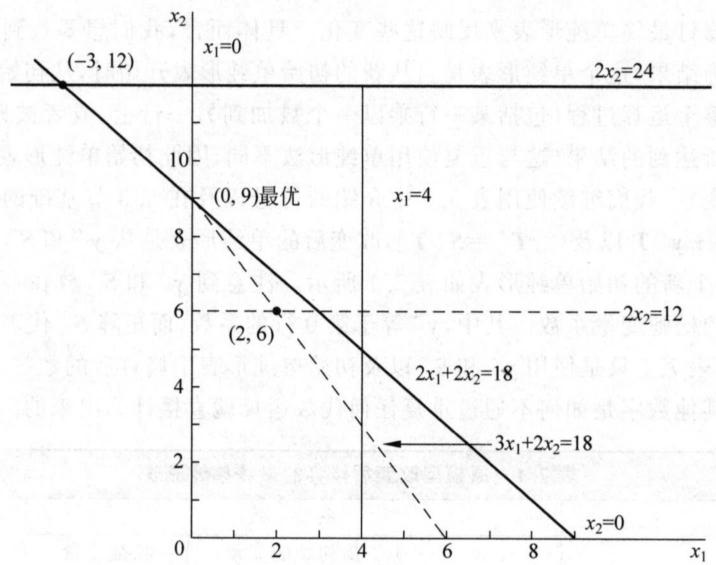

图 7.1 Wyndor Glass 公司例子中角点解从(2,6)变化到(−3,12),这里 $c_1=3\to4, a_{31}=3\to2, b_2=12\to24$

为了执行这个过程,我们用矩阵的形式把改变后的模型的参数表示为

$$\bar{\boldsymbol{c}}=[4,5],\quad \bar{\boldsymbol{A}}=\begin{bmatrix}1&0\\0&2\\2&2\end{bmatrix},\quad \bar{\boldsymbol{b}}=\begin{bmatrix}4\\24\\18\end{bmatrix}$$

作为结果的新的初始单纯形表在表 7.3 顶部给出。这个单纯形表的下边是原模型的最终单纯形表(第一次在表 4.8 中给出)。在表 7.3 中画框的地方代表没有发生改变的部分,也就是第 0 行($\boldsymbol{y}^*$)和其他行($\boldsymbol{S}^*$)中的松弛变量系数。因此

$$\boldsymbol{y}^*=\left[0,\frac{3}{2},1\right],\quad \boldsymbol{S}^*=\begin{bmatrix}1&\frac{1}{3}&-\frac{1}{3}\\0&\frac{1}{2}&0\\0&-\frac{1}{3}&\frac{1}{3}\end{bmatrix}$$

这些松弛变量的系数经过与单纯形法同样的运算没有发生改变,是由于这些相同变量的系数在初始单纯形表中没有发生变化。

表 7.3 获取 Wyndor Glass 公司模型第一个改变版本的最终单纯形表

基变量		方程	系数						右端项
			Z	x_1	x_2	x_3	x_4	x_5	
新的初始单纯形表	Z	(0)	1	−4	−5	0	0	0	0
	x_3	(1)	0	1	0	1	0	0	4
	x_4	(2)	0	0	2	0	1	0	24
	x_5	(3)	0	2	2	0	0	1	18

续表

基变量		方程	Z	x_1	x_2	x_3	x_4	x_5	右端项
原模型最终单纯形表	Z	(0)	1	0	0	0	$\frac{3}{2}$	1	36
	x_3	(1)	0	0	0	1	$\frac{1}{3}$	$-\frac{1}{3}$	2
	x_2	(2)	0	0	1	0	$\frac{1}{2}$	0	6
	x_1	(3)	0	1	0	0	$-\frac{1}{3}$	$\frac{1}{3}$	2
修改后的最终单纯形表	Z	(0)	1	-2	0	0	$\frac{3}{2}$	1	54
	x_3	(1)	0	$\frac{1}{3}$	0	1	$\frac{1}{3}$	$-\frac{1}{3}$	6
	x_2	(2)	0	0	1	0	$\frac{1}{2}$	0	12
	x_1	(3)	0	$\frac{2}{3}$	0	0	$-\frac{1}{3}$	$\frac{1}{3}$	-2

但是,由于初始单纯形表的其他部分发生了变化,导致在最终单纯形表中的其余部分同样发生了变化。利用表 7.1 中给出的公式,我们计算最终单纯形表中其余改变的部分如下。

$$\boldsymbol{z}^{*}-\bar{\boldsymbol{c}}=\left[0,\frac{3}{2},1\right]\begin{bmatrix}1&0\\0&2\\2&2\end{bmatrix}-[4,5]=[-2,0]$$

$$Z^{*}=\left[0,\frac{3}{2},1\right]\begin{bmatrix}4\\24\\18\end{bmatrix}=54$$

$$\boldsymbol{A}^{*}=\begin{bmatrix}1&\frac{1}{3}&-\frac{1}{3}\\0&\frac{1}{2}&0\\0&-\frac{1}{3}&\frac{1}{3}\end{bmatrix}\begin{bmatrix}1&0\\0&2\\2&2\end{bmatrix}=\begin{bmatrix}\frac{1}{3}&0\\0&1\\\frac{2}{3}&0\end{bmatrix}$$

$$\boldsymbol{b}^{*}=\begin{bmatrix}1&\frac{1}{3}&-\frac{1}{3}\\0&\frac{1}{2}&0\\0&-\frac{1}{3}&\frac{1}{3}\end{bmatrix}\begin{bmatrix}4\\24\\18\end{bmatrix}=\begin{bmatrix}6\\12\\-2\end{bmatrix}$$

改变后的最终单纯形表在表 7.3 底部给出。

事实上,我们可以将这些计算过程模式化,以获得改变后的最终单纯形表。由于 x_2 的系数在原模型(单纯形表)中没有发生变化,所以在最终单纯形表中也不会发生变化,我们可以省略对它的计算。其余部分参数也没有发生变化(a_{11}, a_{21}, b_1, b_3),因此我们的另一个捷径就是只计算那些在初始单纯形表中发生变化的,而忽略那些在初始单纯形表中没有变化的。特别地,在初始单纯形表中仅有的变化就是 $\Delta c_1=1, \Delta a_{31}=-1$,以及 $\Delta b_2=12$,所以它们是唯一值得考虑的。这些模式化的计算过程如下,0 和画横线的地方表示不需要计算。

$$\Delta(z^*-c)=y^*\Delta A-\Delta c=\left[0,\frac{3}{2},1\right]\begin{bmatrix}0 & —\\0 & —\\-1 & —\end{bmatrix}-[1,—]=[-2,—]$$

$$\Delta Z^*=y^*\Delta b=\left[0,\frac{3}{2},1\right]\begin{bmatrix}0\\12\\0\end{bmatrix}=18$$

$$\Delta A^*=S^*\Delta A=\begin{bmatrix}1 & \frac{1}{3} & -\frac{1}{3}\\0 & \frac{1}{2} & 0\\0 & -\frac{1}{3} & \frac{1}{3}\end{bmatrix}\begin{bmatrix}0 & —\\0 & —\\-1 & —\end{bmatrix}=\begin{bmatrix}\frac{1}{3} & —\\0 & —\\-\frac{1}{3} & —\end{bmatrix}$$

$$\Delta b^*=S^*\Delta b=\begin{bmatrix}1 & \frac{1}{3} & -\frac{1}{3}\\0 & \frac{1}{2} & 0\\0 & -\frac{1}{3} & \frac{1}{3}\end{bmatrix}\begin{bmatrix}0\\12\\0\end{bmatrix}=\begin{bmatrix}4\\6\\-4\end{bmatrix}$$

把这些增量加入原模型的最终单纯形表中(表 7.3 中间部分),可以得到改变后的最终单纯形表(表 7.3 底部)。

这种增量分析同样提供了一些有用的信息,即最终单纯形表中的变化必须是与初始单纯形表成比例的。我们在下一节中会看到,这个性质是如何帮助我们决定一个给定的参数值,而不改变解的可行性和最优性时的变化范围。

取得改变的最终单纯形表之后,我们接下来通过高斯消元法来转化出一个适当的形式。特别地,对于第 i 行的基变量在该行的系数必须是 1,而在其他行的系数必须是 0(包括第 0 行)。这样单纯形表可以标识出基本解。因此,如果改变违反了这些需求(只有原模型中基变量约束系数改变后才会发生),必须做更多的改变来恢复这种形式。这种恢复是通过高斯消元法进行的,即通过使用单纯形法迭代过程的第 3 步(见第 4 章),把这些违反规则的变量当作输入的基变量。注意,这些代数运算可能会导致右端项列更进一步的改变,所以只有当使用高斯消元法把它完全恢复到适当的形式以后,才可以从列中读出当前的基本解。

对于这个例子,改变后的最终单纯形表在表 7.4 上半部给出,因为基变量 x_1 这一列的存在,它还不是从高斯消元法得出的规定的格式。特别地,x_1 在它所在行(第 3 行)的系数是$\frac{2}{3}$而不是 1,而且在第 0 行和第一行有非 0 系数$\left(-2 \text{ 和} \frac{1}{3}\right)$。为了将它恢复成规定的形式,把第 3 行乘以$\frac{3}{2}$,然后把这个新得出的第 3 行分别乘以 2 和$\frac{1}{3}$之后加到第 0 行和从第 1 行减去。于是就可以得出符合规定的形式,如表 7.4 底部所示。这样就可以用这个单纯形表来找出当前基本解。

$$(x_1,x_2,x_3,x_4,x_5)=(-3,12,7,0,0)$$

由于 x_1 是负数,所以这个基本解已经不是可行解了。但是,它是超优解(像表 6.9 中定义的那样)。由于第 0 行中的所有系数都是非负的,所以对偶问题可行。因此,如果希望的话，可以在这个单纯形表的基础上，通过使用对偶单纯形法（见8.1节）重新求最优解（IOR Tutorial中的敏感性分析包含这一部分）。如图7.1所示（忽略松弛变量），对偶单纯形法只用了一次迭代就从点（−3，12）变到了最优的CPF解（0，9）（在敏感性分析中，有时候找出几组参数值对应的最优解会比较有用。这可以帮助决定哪种方案被持续使用）。

表7.4　利用高斯消元法将Wyndor Glass公司模型第一个改变版本后的最终单纯形表转化成合适形式的最终单纯形表

	基变量	方程	系数						右端项
			Z	x_1	x_2	x_3	x_4	x_5	
改变后的最终单纯形表	Z	(0)	1	−2	0	0	$\frac{3}{2}$	1	54
	x_3	(1)	0	$\frac{1}{3}$	0	1	$\frac{1}{3}$	$-\frac{1}{3}$	6
	x_2	(2)	0	0	1	0	$\frac{1}{2}$	0	12
	x_1	(3)	0	$\frac{2}{3}$	0	0	$-\frac{1}{3}$	$\frac{1}{3}$	−2
转化成适当的形式	Z	(0)	1	0	0	0	$\frac{1}{2}$	2	48
	x_3	(1)	0	0	0	1	$\frac{1}{2}$	$-\frac{1}{2}$	7
	x_2	(2)	0	0	1	0	$\frac{1}{2}$	0	12
	x_1	(3)	0	1	0	0	$-\frac{1}{2}$	$\frac{1}{2}$	−3

如果基本解（−3，12，7，0，0）对于原问题与对偶问题都不可行（也就是说，单纯形表中在第0行和右端项列都有负值），那么就需要在单纯形表中引入人工变量来帮助建立一个符合形式的初始单纯形表。[①]

一般过程

在测试一个最优解对于原模型中的不同参数的敏感度时，一个常用的方法是独立检验每一个参数（或者至少是b_i和c_j）。除了像下一节中所说的那样可以帮助寻找允许的变化范围，这种检验还可以包含将初始评价中的参数值改变为其他可能值（包括范围的终点）。然后我们将研究多个参数同时发生变化（如改变整个约束方程）的影响。每当一个（或者多个）参数发生变化时，下面所描述的过程都将会被应用。这个过程总结如下。

（1）对模型进行修订：按照需求修改模型，为下面的研究做准备。

（2）对最终单纯形表进行修订：按照5.3节基础的审视或表7.1中总结的公式对最终单纯形表的结果做改变（见表7.3的说明）。

（3）用高斯消元法将单纯形表转换为适当的形式：通过变换，使当前的单纯形表变成适当的形式以找出并评价目前的基本解（见表7.4的说明）。

（4）可行性检验：通过检查所有的基变量在右端项的值是否为非负来判断解的可行性。

（5）最优性检验：检查是否全部的非基变量在第0行中的系数仍然都是非负的，来判断这个解的最优性。

① 也存在这样一种原问题-对偶问题算法，不需要改变就可以直接应用这样的单纯形表来计算。

(6) 重新最优化：如果这个新的解不满足可行性或最优性检验，则需要以当前的最终单纯形表作为新的初始单纯形表，使用单纯形法或者对偶单纯形法来求新的最优解。

在 IOR Tutorial 中标题为敏感性分析的交互式程序将帮助你有效执行这个过程。在 OR Tutor 中一个同样标题的敏感性分析的演示为你提供了另一个例子。

对只含两个决策变量的例子，可以用图解法取代代数方法进行敏感性分析。IOR Tutorial 包含一个有效运行图形分析的称为图解法和敏感性分析的程序。

下一节，我们将讨论如何在原模型上应用上述方法来处理每一类的改变。我们同样会对图解法进行解释。这些讨论将会通过对 Wyndor Glass 公司模型进行改变来研究。事实上我们将会逐一检查上述各种改变。同时，我们还会结合 6.4 节中介绍的一些对偶理论在敏感性分析中的应用。

7.2 应用敏感性分析

敏感性分析的研究，通常是从改变 b_i（也就是可用于生产各种产品的资源总量）开始的。之所以从改变这个参数开始，是因为实际上这个参数更有弹性，对于这个参数的调整比其他参数更容易。正如 4.9 节对于对偶变量(y_i)经济上的解释，影子价格对于决定如何作出改变是非常有用的。

7.2.1 情形 1：改变 b_i

假设对于当前模型的改变仅仅局限于改变模型中的一个或者多个 b_i 参数，这里 $i=1,2,\cdots,m$。在这种情况下，最终单纯形表中的唯一改变就是右端项。因此，在这种情况下，单纯形表仍然满足从高斯消元法中得到的适当的形式，而非基变量在第 0 行中的系数仍然是非负的。因此，对于单纯形表形式的转化和最优性检验这两个步骤都可以省略。在右端项改变之后，现在唯一的问题就是这一列中基变量的值是否仍然是非负的（可行性检验）。

如表 7.1 所示，对于 b_i 向量从 $\boldsymbol{b}$ 改变到 $\bar{\boldsymbol{b}}$，最终单纯形表中计算新的右端项的公式为

最终单纯形表第 0 行的右端项：$Z^*=\boldsymbol{y}^*\bar{\boldsymbol{b}}$

最终单纯形表第 1 到第 m 行的右端项：$\boldsymbol{b}^*=\boldsymbol{S}^*\bar{\boldsymbol{b}}$

（观察表 7.1 的底部，最终单纯形表中没有发生改变的 $\boldsymbol{y}^*$ 及 $\boldsymbol{S}^*$）第一个方程的经济解释和关于对偶变量的经济解释是一样的。向量 $\boldsymbol{y}^*$ 给出了对偶变量的最优值，这个向量也被解释为各种资源的影子价格。特别地，当 $\boldsymbol{Z}^*$ 代表使用最优解 $\boldsymbol{x}^*$ 所获得的最优利润，b_i 代表第 i 种可用资源的总量的时候，$\boldsymbol{y}_i^*$ 代表每增加一个单位的 b_i 可以带来多少利润（b_i 很小的增加）。

例（Wyndor Glass 公司模型的变化 2） 敏感性分析是从检查 3.1 节中原始的 Wyndor Glass 公司模型的对偶变量的最优值开始的 $\left(y_1^*=0, y_2^*=\dfrac{3}{2}, y_3^*=1\right)$。这些影子价格给出了目前可以用来生产产品的第 i 种资源（第 i 个工厂的可用生产能力）的边际价值，这个边际价值用 Z（千美元/周）来解释。如 4.9 节中所讨论的（见图 4.8），每增加一单位的第 2 种资源可以从全部多生产的产品中获得 1 500 美元/周的增加利润（y_2^* 是 1 000 美元/周）。利润的增加是在不影响解的可行性的情况下产生的（同样也不影响 y_i^* 的值）。

因此，运筹小组调查了目前对这些资源的其他用途的边际利润，以决定是否有利润低于 1 500 美元/周。调查显示，一种旧产品的利润很低。这种产品的生产率已经被缩减到很低

的水平以适应其市场费用。但是，它完全可以停产，这样可以增加 12 单位的第 2 种资源来生产新的产品。因此，下一步就是通过改变生产新产品可以增加的利润。这一改变将线性规划问题中的 b_2 从 12 改变为 24。图 7.2 中改变后的图形效果包括从角点(2,6)改变到(−2,12)。(注意，该图与图 7.1 不同，图 7.1 描绘了 Wyndor Glass 公司模型的第 1 种变化。而这里约束方程 $3x_1+2x_2\leqslant 18$ 并没有发生改变。)

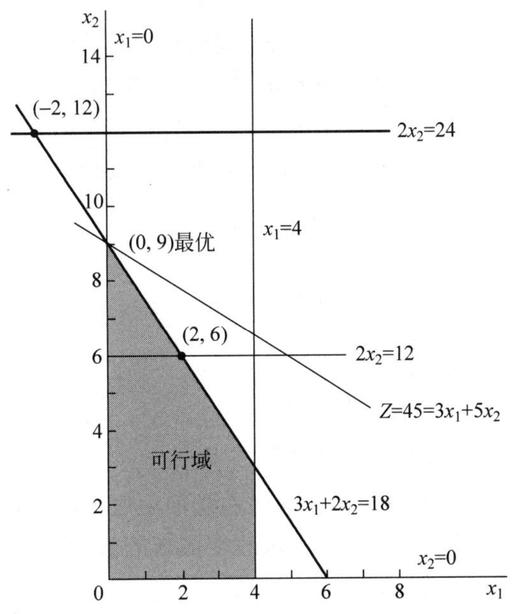

图 7.2　Wyndor Glass 公司模型变化 2 的可行域，当 $b_2=12\to 24$ 时

因此，对于 Wyndor Glass 公司模型的第 2 种变化，需要对模型进行的唯一修订就是改变向量 b_i 的值：

$$\boldsymbol{b}=\begin{bmatrix}4\\12\\18\end{bmatrix}\to\bar{\boldsymbol{b}}=\begin{bmatrix}4\\24\\18\end{bmatrix}$$

所以，只有 b_2 是新值。

对于第 2 个变化版本的分析

当表 7.1 中应用公式计算后，这一变化在原始最终单纯形表(表 7.3 的中间部分)中对 b_2 产生的影响是右端项有如下变化：

$$Z^*=\boldsymbol{y}^*\bar{\boldsymbol{b}}=\left[0,\frac{3}{2},1\right]\begin{bmatrix}4\\24\\18\end{bmatrix}=54$$

$$\boldsymbol{b}^*=\boldsymbol{S}^*\bar{\boldsymbol{b}}=\begin{bmatrix}1&\frac{1}{3}&-\frac{1}{3}\\0&\frac{1}{2}&0\\0&-\frac{1}{3}&\frac{1}{3}\end{bmatrix}\begin{bmatrix}4\\24\\18\end{bmatrix}=\begin{bmatrix}6\\12\\-2\end{bmatrix},\quad\text{所以}\quad\begin{bmatrix}x_3\\x_2\\x_1\end{bmatrix}=\begin{bmatrix}6\\12\\-2\end{bmatrix}$$

同样,原模型中唯一的变化是 $\Delta b_2=24-12=12$,使用增量分析可以更快地计算出这些值。增量分析只包含计算改变原模型给单纯形表带来的增量,之后将这些计算得到的增量加到原模型的值上。

$$\Delta Z^*=\boldsymbol{y}^*\Delta\boldsymbol{b}=\boldsymbol{y}^*\begin{bmatrix}\Delta b_1\\ \Delta b_2\\ \Delta b_3\end{bmatrix}=\boldsymbol{y}^*\begin{bmatrix}0\\ 12\\ 0\end{bmatrix}$$

$$\Delta\boldsymbol{b}^*=\boldsymbol{S}^*\Delta\boldsymbol{b}=\boldsymbol{S}^*\begin{bmatrix}\Delta b_1\\ \Delta b_2\\ \Delta b_3\end{bmatrix}=\boldsymbol{S}^*\begin{bmatrix}0\\ 12\\ 0\end{bmatrix}$$

因此,使用 $\boldsymbol{y}^*$ 的第 2 部分以及 $\boldsymbol{S}^*$ 的第 2 列,唯一需要计算的是:

$\Delta Z^*=\frac{3}{2}(12)=18$,　　所以　$Z^*=36+18=54$

$\Delta b_1^*=\frac{1}{3}(12)=4$,　　所以　$b_1^*=2+4=6$

$\Delta b_2^*=\frac{1}{2}(12)=6$,　　所以　$b_2^*=6+6=12$

$\Delta b_3^*=-\frac{1}{3}(12)=-4$,　所以　$b_3^*=2-4=-2$

这里的原始值是从原始的最终单纯形表的右端项中取得的(表 7.3 的中间部分)。这个结果表示,只需要将原最终单纯形表的右端项改变成新的值,就可以得到新的单纯形表。

因此,当前基本解(原最优解)的值变为

$$(x_1,x_2,x_3,x_4,x_5)=(-2,12,6,0,0)$$

这个解因为有负值的存在已经不满足可行性检验了。在这里,可以以这个新的单纯形表为基础,使用 8.1 节介绍的对偶单纯形法来寻找新的最终单纯形表。这个方法只需要一步迭代就可以生成新的最终单纯形表,见表 7.5(也可以从开始时使用单纯形法,经过一步迭代得到这个单纯形表)。这个单纯形表给出的新的最优解是

$$(x_1,x_2,x_3,x_4,x_5)=(0,9,4,6,0)$$

最优目标函数值是 $Z=45$,比原最优解 $Z=36$ 增加了 9 个单位(9 000 美元/周)。$x_4=6$ 表明在这个解中的 12 个单位新增加的第 2 种资源中有 6 个单位没有被使用。

表 7.5　Wyndor Glass 公司模型变化 2 的数据

模型参数	重新优化后的最终单纯形表								
	基变量	方程	系数						右端项
			Z	x_1	x_2	x_3	x_4	x_5	
$c_1=3,c_2=5,(n=2)$	Z	(0)	1	$\frac{9}{2}$	0	0	0	$\frac{5}{2}$	45
$a_{11}=1,a_{12}=0,b_1=4$	x_3	(1)	0	1	0	1	0	0	4
$a_{21}=0,a_{22}=2,b_2=24$	x_2	(2)	0	$\frac{3}{2}$	1	0	0	$\frac{1}{2}$	9
$a_{31}=3,a_{32}=2,b_3=18$	x_4	(3)	0	-3	0	0	1	-1	6

在 $b_2=24$ 这个结果的基础上,相应的不盈利的旧产品将会被停产,因而闲置的 6 个单位的第 2 种资源将被储存起来供将来应用。由于 y_3^* 仍然是正的,类似地,需要对第 3 种资

源的分配进行研究，但是研究的结果是保留目前的分配方式。因此，可以将在该点上（第 2 个变化版本）当前的线性规划模型的参数值及最优解在表 7.5 中给出。这一模型将被用作研究本节以后其他改变的起始点。但是，在开始其他例子之前，让我们从更宏观的角度看一下当前的例子。

约束右端项的允许变化范围

虽然 $\Delta b_2=12$ 表明对 b_2 来说增加这么多单位的量，在保持 x_1、x_2、x_3 作为基变量时，对于保持解的可行性来说增加的量太大了（见表 7.3 中间部分）。但是，增量分析可以帮助我们立即了解增加多少可以不改变解的可行性。特别要注意

$$b_1^* = 2 + \frac{1}{3}\Delta b_2$$

$$b_2^* = 6 + \frac{1}{2}\Delta b_2$$

$$b_3^* = 2 - \frac{1}{3}\Delta b_2$$

这三个量分别是对于这个基本解，x_1、x_2、x_3 各自的值。因为这三个值都是非负的，这个解仍然是可行的，也是最优的。

$$2 + \frac{1}{3}\Delta b_2 \geqslant 0 \Rightarrow \frac{1}{3}\Delta b_2 \geqslant -2 \Rightarrow \Delta b_2 \geqslant -6$$

$$6 + \frac{1}{2}\Delta b_2 \geqslant 0 \Rightarrow \frac{1}{2}\Delta b_2 \geqslant -6 \Rightarrow \Delta b_2 \geqslant -12$$

$$2 - \frac{1}{3}\Delta b_2 \geqslant 0 \Rightarrow 2 \geqslant \frac{1}{3}\Delta b_2 \Rightarrow \Delta b_2 \leqslant 6$$

因此，由于 $b_2=12+\Delta b_2$，只要 $-6\leqslant\Delta b_2\leqslant 6$，即 $6\leqslant b_2\leqslant 18$，解就仍然是可行的（可以利用图 7.2 验证）。正如 4.9 节介绍的，这个 b_2 的变化范围被称为允许变化范围。

对于任意的 b_i，如 4.9 节所述，允许变化范围就是保持当前最优 BF 解仍然可行（包含基变量值的调整）的值的变化范围。[①] 因此，只要 b_i 的变化在这个允许的范围内，b_i 的影子价格对于评价 b_i 的变化对 Z 的影响仍然是有效的（假设 b_i 值的变化是模型中唯一的变化）。对于基变量调整的值是通过公式 $\boldsymbol{b}^*=\boldsymbol{S}^*\overline{\boldsymbol{b}}$ 计算出来的。因此，允许变化范围的计算最后就建立在找到 b_i 的变化范围上，有 $\boldsymbol{b}^*\geqslant 0$。

许多线性规划软件包都是利用这种技术来自动生成每一个 b_i 的允许变动范围的（在情形 2a 和情形 3 中我们将介绍类似的方法，这种方法也是自动生成在保持最优性时 c_j 的允许变动范围）。第 4 章我们在图 4.10 和图 A4.2 中展示了 Excel 和 LINDO 相应的输出结果。表 7.6 总结了关于 Wyndor Glass 公司原模型中 b_i 的相同的输出结果。例如，对于 b_2 来说，允许的增加量与减少量都是 6，也就是 $-6\leqslant\Delta b_2\leqslant 6$。前面的分析说明了这些值是如何计算出来的。

分析约束右端项同时变化

当多个 b_i 的值同时发生变化的时候，同样可以利用公式 $\boldsymbol{b}^*=\boldsymbol{S}^*\overline{\boldsymbol{b}}$ 来得到最终单纯形

① 当前模型中存在多个最优的 BF 解时（b_i 发生改变之前），我们这里所指的是利用单纯形法得到的解。

表中约束右端项的变化。如果所有这些约束右端项都是非负的,可行性检验表明这个改变发生后的解仍然是可行的。由于第0行是不改变的,所以通过可行性检验意味着这个解仍然是最优的。

虽然这种方法在揭示一组 b_i 同时发生变动可以带来多大影响上做得很好,但是它没有给出很多关于在保持解的可行性的同时这组 b_i 可以变化多少的信息。作为优化后分析的一部分,一个组织的管理可能对研究各种关于约束右端项变化(也就是用于生产产品的资源总量)有什么效果很感兴趣。除了研究某种特定的改变,管理者可能还想研究约束右端项中,一部分变量增加而另一部分减少的情况。影子价格对于这样的研究是非常重要的。但是,影子价格对于评价固定范围内的变化对 Z 的影响仍然是很有效的。允许变动范围给出了在其他 b_i 没有同时发生改变时这个 b_i 可以变动的范围。那么,当很多 b_i 同时发生变动的时候,允许变动范围又是多少呢?

通过下面的百分之百规则可以部分地回答这个问题,该规则组合各个 b_i 的允许变动范围,b_i 的变动范围在表7.6的最后两列给出。

表7.6 对于 Wyndor Glass 公司模型约束右端项敏感性分析的典型软件的输出

约束	影子价格	当前的右端项	允许增加	允许减少
车间1	0	4	∞	2
车间2	1.5	12	6	6
车间3	1	18	6	6

对于约束右端项同时改变的百分之百规则

只要改变不是很大,影子价格对于预测几个约束方程中约束右端项同时改变的影响仍然是有效的。为了检查这样的变化是否足够小,我们可以计算约束右端项的变化占其允许变动范围的百分比。如果这些百分比之和不超过100%,那么影子价格仍然是可用的(如果和超过了100%,那么是否仍然可用就不好说了)。

例(Wyndor Glass 公司模型的变化3) 为了说明这个规则,我们以 Wyndor Glass 公司模型的第3个变化版本为例。这个版本对约束右端项进行了如下改变:

$$\boldsymbol{b}=\begin{bmatrix}4\\12\\18\end{bmatrix}\rightarrow\bar{\boldsymbol{b}}\begin{bmatrix}4\\15\\15\end{bmatrix}$$

对于这种情况的百分之百规则计算如下:

b_2: 12→15 允许增加的百分比 $=100\times\left(\dfrac{15-12}{6}\right)=50\%$

b_3: 18→15 允许减少的百分比 $=100\times\left(\dfrac{18-15}{6}\right)=50\%$

总和 $=100\%$

由于和刚好是100%而没有超出100%,因此影子价格对于预测这些变化对 Z 的影响仍然是有效的。特别地,由于 b_2 和 b_3 的影子价格分别是1.5和1,所以 Z 最终改变的结果为

$$\Delta Z=1.5(3)+1(-3)=1.5$$

因此,Z^* 将从36增加到37.5。

图 7.3 给出了这个变化后的模型的可行域（虚线标识出改变前模型约束边界的初始位置）。现在的最优解是 CPF 解(0,7.5)。

$Z=3x_1+5x_2=0+5(7.5)=37.5$。

这与影子价格预测的结果相同。但是请注意，一旦 b_2 增加后超过 15 或者 b_3 减少低于 15，那么允许变动范围的总百分比将超过 100%。这将导致原来的最优解落到 x_2 轴线的左边($x_1<0$)。所以，这个新的非可行解就不再是最优的了。因此，原来的影子价格对于预测新的目标函数值 Z^* 就不再有效了。

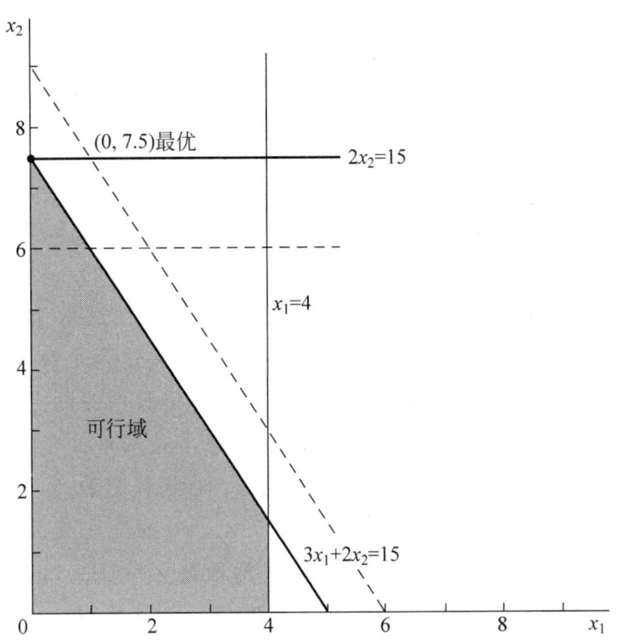

图 7.3　将 $b_2=12$ 变为 15 以及将 $b_3=18$ 变为 15 后的 Wyndor Glass 公司模型第 3 个变化版本的可行域

7.2.2　情形 2a：改变非基变量系数

考虑最优解的最终单纯形表中的一个非基变量 x_j（j 固定）。在现在讨论的这种情况下，模型唯一的变化就是一个或者多个变量的系数——$c_j, a_{1j}, a_{2j}, \cdots, a_{mj}$ 发生了变化。因此，用 $\bar{c}_j$、$\bar{a}_{ij}$ 来表示这些参数的新值；用 $\bar{\mathbf{A}}_j$（矩阵 $\bar{\mathbf{A}}$ 中的列）来表示包含 $\bar{a}_{ij}$ 的向量。对于这个改变的模型，我们有 $c_j \to \bar{c}_j, \mathbf{A}_j \to \bar{\mathbf{A}}_j$。

正如 6.4 节开始的时候讲述的，对偶理论提供了一种非常简单的方法来检查这种改变。特别地，如果对偶问题中互补的基本解 $\mathbf{y}^*$ 仍然满足改变后对偶中的约束，那么原模型中原问题的最优解仍然是最优的。因此，如果 $\mathbf{y}^*$ 不再满足对偶中的约束，那么它就不再是最优的了。

如果最优解改变了而你又想寻找新的最优解，你可以很容易做到。只需要改变最终单纯形表中的 x_j 列。特别地，利用表 7.1 中的公式：

最终单纯形表中 x_j 在第 0 行的系数：$z_j^*-\bar{c}_j=\mathbf{y}^*\bar{\mathbf{A}}_j-\bar{c}_j$

最终单纯形表中 x_j 在第 1 行到第 m 行的系数：$\mathbf{A}_j^*=\mathbf{S}^*\bar{\mathbf{A}}_j$

由于当前基本解不再是最优的，新的 $z_j^*-c_j$ 在第 0 行将会是一个负数，因此以 x_j 作为初始单纯形表中的基变量,重新开始单纯形法。

注意,这一过程就是7.1节总结的过程。由于对最终单纯形表的改变只发生在非基变量 x_j 上,所以步骤3和步骤4(转化成适当的形式及可行性检验)由于与问题不相关被减掉了。步骤5(最优性检验)在步骤1之后被一个更快的方法所代替。如果这个检验说明最优解已经发生了改变,而且你想寻找新的最优解,这时候才需要使用步骤2和步骤6(修订最终单纯形表和重新最优化)。

例(Wyndor Glass 公司模型的变化4) 因为 x_1 是 Wyndor Glass 公司模型的第2个变化版本最优解中的非基变量,所以敏感性分析的下一个步骤就是检查改变后 x_1 的系数,决定继续生产第一种产品是否明智。通过将参数重新设置为 $c_1=4$ 及 $a_{31}=2$ 可能使生产第一种产品更有吸引力。下面我们同时考虑这两种变化,而不是一个一个地单独考虑。因此,这些变化是

$$c_1=3\rightarrow\bar{c}_1=4,\quad \boldsymbol{A}_1=\begin{bmatrix}1\\0\\3\end{bmatrix}\rightarrow\bar{\boldsymbol{A}}_1=\begin{bmatrix}1\\0\\2\end{bmatrix}$$

通过对 Wyndor Glass 公司模型的第2个变化版本进行这两个变化得到了 Wyndor Glass 公司模型的第4个变化版本。因为第1个变化版本将这两个改变与 $b_2=12\rightarrow24$ 这个改变组合在一起,形成了第2个变化版本,所以第4个变化版本实际上与7.1节及图7.1中的第1个变化版本是等价的。但是,不同的是第4个版本是从第2个版本变化而来的,因此我们是从表7.5的最终单纯形表开始的,而在这里 x_1 是非基变量。

a_{31} 的改变导致了可行域从图7.2变成了图7.4。c_1 的变化使目标函数从 $Z=3x_1+5x_2$ 变成了 $Z=4x_1+5x_2$。如图7.4所示,最优目标函数 $Z=45=4x_1+5x_2$ 仍然通过当前最优解(0,9),所以在经过了 c_1 和 a_{31} 的改变之后它仍然是最优的。

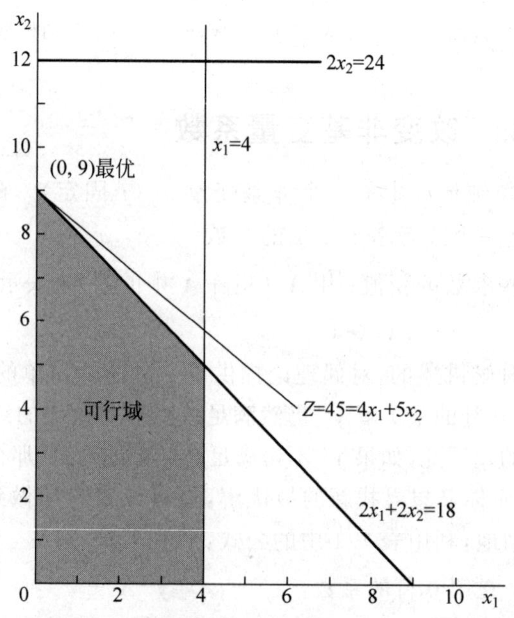

图7.4 将第2个变化版本中的 $a_{31}=3$ 变为2及将 $c_1=3$ 变为4后的 Wyndor Glass 公司模型第4个变化版本的可行域

为了通过对偶理论仍然可以得到相同的结论，c_1 和 a_{31} 的改变导致了对偶问题中一个约束方程的变化。这个约束方程是 $a_{11}y_1+a_{21}y_2+a_{31}y_3\geqslant c_1$。这个改变的约束方程及 $\boldsymbol{y}^*$（表 7.5 第 0 行中的松弛变量系数）如下：

$$y_1^*=0,\quad y_2^*=0,\quad y_3^*=\frac{5}{2}$$

$$y_1+3y_3\geqslant 3\rightarrow y_1+2y_3\geqslant 4$$

$$0+2\left(\frac{5}{2}\right)\geqslant 4$$

由于 $\boldsymbol{y}^*$ 仍然满足改变后的约束方程，所以当前的最优解仍然是最优的。

由于这个解仍然是最优的，所以没有必要在最终单纯形表中修改 x_j 列（步骤 2）。不过，为了解释，我们说明如下：

$$z_1^*-\bar{c}_1=\boldsymbol{y}^*\bar{\boldsymbol{A}}_1-c_1=\left[0,0,\frac{5}{2}\right]\begin{bmatrix}1\\0\\2\end{bmatrix}-4=1$$

$$\boldsymbol{A}_1^*=\boldsymbol{S}^*\bar{\boldsymbol{A}}_1=\begin{bmatrix}1&0&0\\0&0&\frac{1}{2}\\0&1&-1\end{bmatrix}\begin{bmatrix}1\\0\\2\end{bmatrix}=\begin{bmatrix}1\\1\\-2\end{bmatrix}$$

$z_1^*-\bar{c}_1\geqslant 0$ 这一事实再一次说明当前解的最优性。因为 $z_1^*-\bar{c}_1$ 是改变后的对偶问题中约束方程的剩余变量，通过这种方法来验证解的最优性与上一种方法等价。

至此，我们对于第 4 个变化版本的分析就结束了。由于对 x_1 系数作出更大的改变是不现实的，因此运筹小组认为，这些系数是当前模型中的不敏感性参数。因此，对于接下来的分析，他们仍然保持表 7.5 中给出的 $c_1=3$ 和 $a_{31}=3$。

非基变量目标函数系数的允许变动范围

我们刚刚说明了如何在模型中分析非基变量 x_j 的系数同时发生改变的情况。一般来说，在实践中敏感性分析只研究一个参数（c_j）变化的影响也是很常见的。正如在 4.9 节中介绍的，我们需要将上面介绍的方法模式化来寻找 c_j 可以保持解的最优性的允许变化范围。

对于任意一个 c_j，我们回忆 4.9 节中保持最优性的允许变化范围就是使当前的最优解（当前模型在 c_j 改变之前通过单纯形法计算出来的）仍然保持最优性（假设模型中 c_j 的改变是目前模型中的唯一改变）的参数值的变化范围。当 x_j 是这个解中的一个非基变量时，只要 $z_j^*-c_j\geqslant 0$，这个解就仍然保持最优性，这里 $z_j^*=\boldsymbol{y}^*\boldsymbol{A}_j$ 是固定的，不会被 c_j 值的任何变化所影响。因此，对于 c_j 保持最优性的允许变动范围可以按公式 $c_j\leqslant\boldsymbol{y}^*\boldsymbol{A}_j$ 来计算。

举例来说，考虑 Wyndor Glass 公司问题当前的模型（第 2 个变化版本），这个模型被总结在表 7.5 的左边。在这里，当前的最优解（$c_1=3$ 时）在右边给出。当只考虑决策变量 x_1、x_2 的时候，这个最优解是 $(x_1,x_2)=(0,9)$，如图 7.2 所示。当只有 c_1 改变的时候，若满足如下条件，那么这个解就仍然是最优的。

$$c_1\leqslant\boldsymbol{y}^*\boldsymbol{A}_1=\left[0,0,\frac{5}{2}\right]\begin{bmatrix}1\\0\\3\end{bmatrix}=7\frac{1}{2}$$

所以,$c_1\leqslant 7\frac{1}{2}$是保持最优性的允许变动范围。

在表 7.5 中记录了另一个实现向量乘法的方法,即 $z_1^*-c_1=\frac{9}{2}$(第 0 行中 x_1 的系数),当 $c_1=3$ 时,有 $z_1^*=3+\frac{9}{2}=7\frac{1}{2}$。由于 $z_1^*=\boldsymbol{y}^*\boldsymbol{A}_1$,立刻得到同样的允许变动范围。

图 7.2 从图形的角度给出了为什么 $c_1\leqslant 7\frac{1}{2}$是允许变动范围。$c_1=7\frac{1}{2}$时,目标函数变成 $Z=7.5x_1+5x_2=2.5(3x_1+2x_2)$,所以最优目标线将会位于图中约束边界线 $3x_1+2x_2=18$ 的顶部。因此,在这个允许变动范围的终点,我们有多个最优解,这些最优解组成了点(0,9)和点(4,3)之间的线段。如果 c_1 有所增加$\left(c_1>7\frac{1}{2}\right)$,那么只有(4,3)是最优的。因此,我们需要 $c_1\leqslant 7\frac{1}{2}$来使(0,9)保持最优。

IOR Tutorial 包含了一个名为图解法与敏感性分析的程序,这个程序可以帮助你有效地实现这类图形分析工作。

对于任意的非基决策变量 x_j,$z_j^*-c_j$ 有时候表示对于 x_j 成本的减少,因为它是最低的产量,通过降低第 j 种产品的单位成本使第 j 种产品值得生产(从 0 增加到 x_j)。将 c_j 解释成第 j 种产品带来的单位利润(因此降低单位成本使 c_j 增加同等的数量),因此,$z_j^*-c_j$ 的值是保持当前 BF 解仍然是最优的允许 c_j 增加的最大值。

被线性规划软件包收集起来的敏感性分析的信息,一般来说包含成本的降低以及对于目标函数中的每一个系数保持最优的允许变动范围(表 7.6 中展示的各种信息)。这被展现在关于 Excel Solver 的图 4.10 和关于 LINDO 的图 A4.1 和图 A4.2 中。表 7.7 中对于 Wyndor Glass 公司模型(第 2 个变化版本)以一种典型的形式展示这些信息。最后三列用来计算保持最优性的每一个系数的允许变动范围,所以这些允许变动范围为

$$c_1\leqslant 3+4.5=7.5$$

$$c_2\geqslant 5-3=2$$

正如我们在 4.9 节中讨论的那样,如果任何一个允许增加或者减少的量变为 0,就标志着表中给出的最优解是众多最优解中唯一的一个。在这种情况下,对于系数作出任何微小的改变,将会对原模型生成一个新的 CPF 最优解。

迄今,我们讨论了如何计算表 7.7 中给出的有关非基变量的各种信息。对于一个基变量,如 x_2,减少的成本自动是 0。我们将会讨论第三种情况,也就是当 x_j 是一个基变量的时候,如何获得为保持最优性 c_j 的允许变动范围。

表 7.7 Wyndor Glass 公司模型目标函数系数采取第 2 个变化版本时敏感性分析的软件输出结果

变量	值	成本降低	当前系数	允许增量	允许减量
x_1	0	4.5	3	4.5	∞
x_2	9	0	5	∞	3

分析目标函数中系数同时发生变化

如果忽略 x_j 是一个基变量还是一个非基变量,当目标函数系数中只有一个发生改变

时，保持最优性的 c_j 的允许变动范围才是有效的。但是，当目标函数中多个系数同时发生改变的时候，可以通过使用百分之百规则来确定原始解是否仍然保持最优。这与约束右端项同时改变时所使用的百分之百规则非常相似，这里的百分之百规则将每一个 c_j 的允许变动（增加或减少）组合起来，每一个 c_j 的允许变动范围在类似表7.7的表的后两列给出。

目标函数系数同时发生变化的百分之百规则。*如果目标函数系数同时发生变化，为每一个系数计算其变化占允许变动范围的百分比。如果这些百分比之和没有超过百分之百，那么原始的最优解仍然是最优的（如果超过了百分之百，则无法确定它是否仍然是最优的）。*

通过使用表7.7（并参考图7.2），百分之百规则说明，即使我们同时将 c_1 从3增加，并且将 c_2 从5减少，只要变化不是特别大，那么(0,9)这个解仍然是Wyndor Glass公司模型的第2个变化版本的最优解。举例来说，如果 c_1 增加了1.5$\left(\text{允许变动范围的} 33\frac{1}{3}\%\right)$，那么 c_2 最多可以减少2$\left(\text{允许变动范围的} 66\frac{2}{3}\%\right)$。同样，如果 c_1 增加了3$\left(\text{允许变动范围的} 66\frac{2}{3}\%\right)$，那么 c_2 最多可以减少1$\left(\text{允许变动范围的} 33\frac{1}{3}\%\right)$。这个最大的改变值将目标函数修订为 $Z=4.5x_1+3x_2$ 或者 $Z=6x_1+4x_2$，这导致图7.2中最优目标函数线沿顺时针方向旋转直到与约束边界线 $3x_1+2x_2=18$ 重合。

一般来说，当目标函数系数同方向变化的时候，可能百分比之和会超过百分之百，但却没有改变最优性。我们将在情形3中的结尾给出这样一个例子。

7.2.3 情形2b：引入一个新变量

在解决了最优解之后，我们可能会发现，线性规划公式没有考虑全部的变化。如果生产一种新的产品，将会在原模型中加入一个新的变量，并给这个变量配以适当的系数及约束方程。于是，就产生了情形2b。

处理这种问题的一个简单的方法与处理情形2a一样。可以通过假设这个新增加的变量 x_j 原来就存在于原模型中，只不过它的系数全都是0（所以它们在最终单纯形表中也是0），这时 x_j 在当前的BF解中是一个非基变量。因此，如果我们将这些0系数改变成目前的真实系数，那么接下来的过程就与情形2a完全一样。

特别地，如果你需要检验当前的解是否仍然是最优的，你所需要做的全部工作就是检验互补基本解 $\mathbf{y}^*$ 是否满足与这个新增加的变量相对应的对偶约束方程。这个方法我们在6.4节已经介绍过了。

7.2.4 情形3：改变基变量系数

现在假设我们考虑的 x_j 是一个最优解所对应的最终单纯形表中的基变量。情形3假设现在对于模型的唯一变化就出现在这个基变量上。

因为要求单纯形表要拥有适当的形式，因此情形3和情形2a不同。这个要求允许非基变量所对应列的内容可以是任何形式，所以它不影响情形2a。但是，对于情形3，基变量 x_j 在单纯形表中所对应的行上的系数为1，而且其他行上的系数（包括第0行）为0。因此，在

最终单纯形表中对 x_j 列计算完毕后[1],需使用高斯消元法将单纯形表转化成像表 7.4 那样的适当形式。同样,这一步骤可能会改变当前基本解中的值,因此可能导致这个解不可行或者不是最优的(所以需要重新最优化)。因此,7.1 节中总结的全部过程在情形 3 中都会被用到。

在使用高斯消元法之前,对于 x_j 列数值的修订所需要用到的公式与情形 2a 相同,这些公式总结如下:

最终单纯形表中 x_j 在第 0 行的系数:$z_j^* - \bar{c}_j = \boldsymbol{y}^* \bar{\boldsymbol{A}}_j - \bar{c}_j$

最终单纯形表中 x_j 在第 1 行到第 m 行的系数:$\boldsymbol{A}_j^* = \boldsymbol{S}^* \bar{\boldsymbol{A}}_j$

例(Wyndor Glass 公司模型的变化 5) 对于表 7.5 中 Wyndor Glass 公司模型的第 2 个变化版本,由于 x_2 是一个基变量,因此对它的系数的敏感性分析满足情形 3。给定当前最优解($x_1=0, x_2=9$),第二种产品是唯一需要生产的新产品,而且它的生产率相当高。所以,现在的一个关键问题就是,在最开始得到当前模型中(第 2 个变化版本)的 x_2 系数时,对第二种产品的吸引力是否给予了过高的评价,所以才会得到这个结论。对于这个问题,可以通过检验这些系数可能的、最悲观的情形来回答,也就是令 $c_2=3, a_{22}=3$ 并且 $a_{32}=4$。因此,需要研究的变化(Wyndor Glass 公司模型的第 5 个变化版本)为

$$c_2 = 5 \rightarrow \bar{c}_2 = 3, \quad \boldsymbol{A}_2 = \begin{bmatrix} 0 \\ 2 \\ 2 \end{bmatrix} \rightarrow \bar{\boldsymbol{A}}_2 = \begin{bmatrix} 0 \\ 3 \\ 4 \end{bmatrix}$$

这些变化在图形上的影响就是使图 7.2 中的可行域演变成图 7.5 中的可行域。在图 7.2 中的最优解是 $(x_1, x_2) = (0, 9)$,这个点是一个角点,位于 $x_1=0$ 与约束边界线 $3x_1 + 2x_2 = 18$ 的交点上。伴随着约束方程的改变,图 7.5 中相应的角点解变成了 $\left(0, \frac{9}{2}\right)$。但是,这个解不再是最优的。我们可以看到对应新的目标函数 $Z=3x_1+3x_2$ 产生了一个新的最优解,即 $(x_1, x_2) = \left(4, \frac{3}{2}\right)$。

对于第 5 个变化版本的分析

下面让我们来看看如何通过代数的方法得到相同的结论。由于模型中唯一的改变就是 x_2 的系数,所以在最终单纯形表中导致的唯一变化就是 x_2 对应的列。因此,可以使用上面介绍的公式来重新计算这一列。

$$z_2 - \bar{c}_2 = \boldsymbol{y}^* \bar{\boldsymbol{A}}_2 - \bar{c}_2 = \left[0, 0, \frac{5}{2}\right] \begin{bmatrix} 0 \\ 3 \\ 4 \end{bmatrix} - 3 = 7$$

$$\boldsymbol{A}_2^* = \boldsymbol{S}^* \bar{\boldsymbol{A}}_2 = \begin{bmatrix} 1 & 0 & 0 \\ 0 & 0 & \frac{1}{2} \\ 0 & 1 & -1 \end{bmatrix} \begin{bmatrix} 0 \\ 3 \\ 4 \end{bmatrix} = \begin{bmatrix} 0 \\ 2 \\ -1 \end{bmatrix}$$

① 对于那些还有些迷惑的读者,我们应该指出在情形 3 中一个可能的陷阱。特别地,这些变化可能破坏初始单纯形表中基变量系数列的线性关系。这种情况会发生是因为基变量 x_j 在最终单纯形表中的系数在这一点上变成了 0。在这样的情况下必须对情形 3 使用更复杂的单纯形法。

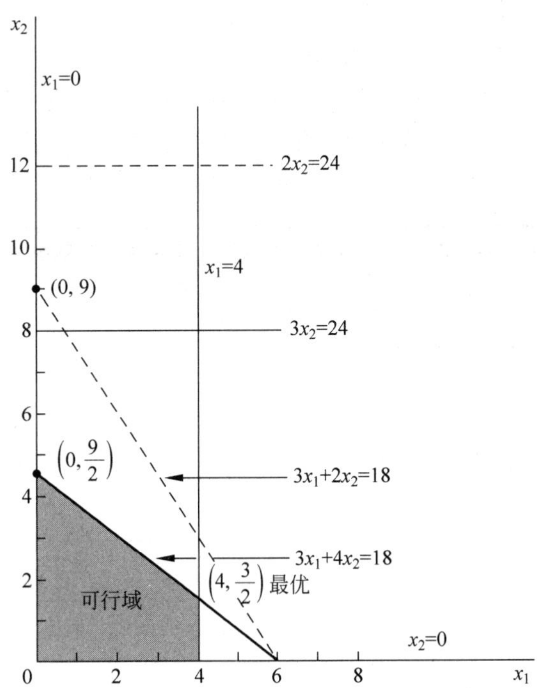

图 7.5 将第 2 个变化版本(图 7.2)中的 $a_{22}=2$ 变为 3、$a_{32}=2$ 变为 4 以及将 $c_2=5$ 变为 3 后的 Wyndor Glass 公司模型第 5 个变化版本的可行域

(与之等价的,使用增量分析,利用 $\Delta c_2=-2$,$\Delta a_{22}=1$ 以及 $\Delta a_{32}=2$,同样可以获得这一列)。

利用计算结果对最终单纯形表进行修订,修订结果如表 7.8 顶部所示。注意到基变量 x_2 的新系数的值并不满足要求,因此需要对单纯形表进行转变以获得适当的形式,所以接下来要使用高斯消元法。这一步骤包括将第二行除以 2,然后从第 0 行中减去这个新得到的第二行的 7 倍,并且把这个新的第二行加到第三行上。

计算结果为表 7.8 中的第二张单纯形表,并且给出了当前基本解的新值,即 $x_3=4$,$x_2=\frac{9}{2}$,$x_4=\frac{21}{2}$($x_1=0$,$x_5=0$)。由于所有这些变量都是非负的,所以这个解仍然是可行的。但是,由于 x_1 在第 0 行中的系数是负数,所以我们可以知道这个解不再是最优的。因此,需要应用单纯形法,以这张单纯形表作为初始单纯形表来寻找新的最优解。在开始时入基变量是 x_1,出基变量是 x_3。在这个例子中,只需要一步迭代就可以获得新的最优解,$x_1=4$,$x_2=\frac{3}{2}$,$x_4=\frac{39}{2}$($x_5=0$,$x_3=0$),如表 7.8 最下面一张表所示。

上述所有分析表明,c_2、a_{22} 及 a_{32} 都是敏感性参数。但是,通过计算我们还可以获得可以更好地分析它们的其他数据。因此,运筹小组建议对于第二种产品的生产以一个比较小的量开始$\left(x_2=\frac{3}{2}\right)$,这一试验也被用来制订未来的决策,也就是剩余的生产能力是应该分配给第二种产品还是第一种产品。

基变量目标函数系数的允许变动范围

对于情形 2a,我们说明了当 x_j 是当前最优解(在 c_j 发生变化以前)中的非基变量时,如

何寻找任意 c_j 保持最优性的允许变动范围。当 x_j 是一个基变量的时候,这个过程还要在检验最优性之前将单纯形表转换成适当的格式。

为了说明这个过程,考虑 Wyndor Glass 公司模型第 5 个变化版本(其中 $c_2=3, a_{22}=3, a_{32}=4$),对应的图形见图 7.5,并在表 7.8 中加以求解。由于 x_2 对于表 7.8 底部给出的最优解是一个基变量($c_2=3$ 时),寻找 c_2 保持最优性的允许变动范围需要的步骤如下:

表 7.8 对于 Wyndor Glass 公司模型第 5 个变化版本的敏感性分析过程

基变量		方程	Z	系数					右端项
				x_1	x_2	x_3	x_4	x_5	
修订后的最终单纯形表	Z	(0)	1	$\frac{9}{2}$	7	0	0	$\frac{5}{2}$	45
	x_3	(1)	0	1	0	1	0	0	4
	x_2	(2)	0	$\frac{3}{2}$	2	0	0	$\frac{1}{2}$	9
	x_4	(3)	0	-3	-1	0	1	-1	6
转化成适当形式	Z	(0)	1	$-\frac{3}{4}$	0	0	0	$\frac{3}{4}$	$\frac{27}{2}$
	x_3	(1)	0	1	0	1	0	0	4
	x_2	(2)	0	$\frac{3}{4}$	1	0	0	$\frac{1}{4}$	$\frac{9}{2}$
	x_4	(3)	0	$-\frac{9}{4}$	0	0	1	$-\frac{3}{4}$	$\frac{21}{2}$
重新最优化后新的最终单纯形表	Z	(0)	1	0	0	$\frac{3}{4}$	0	$\frac{3}{4}$	$\frac{33}{2}$
	x_1	(1)	0	1	0	1	0	0	4
	x_2	(2)	0	0	1	$-\frac{3}{4}$	0	$\frac{1}{4}$	$\frac{3}{2}$
	x_4	(3)	0	0	0	$\frac{9}{4}$	1	$-\frac{3}{4}$	$\frac{39}{2}$

1. 由于 x_2 是一个基变量,注意到它在最终单纯形表第 0 行的系数在 c_2 从当前值 3 改变之前,自动计算为 $z_2^*-c_2=0$。

2. 在 $c_2=3$ 的基础上增加 Δc_2(从而 $c_2=3+\Delta c_2$)。所以第一步中的变化为 $z_2^*-c_2=-\Delta c_2$。这导致新的第 0 行$=\left[0,-\Delta c_2,\frac{3}{4},0,\frac{3}{4},\ \vdots\ \frac{33}{2}\right]$。

3. 因为这些系数现在都不是 0,所以我们必须将其转化为适当的形式。如下所示,将第 2 行的 Δc_2 倍加到第 0 行上。

$$
\begin{array}{rl}
 & \left[0,\ -\Delta c_2,\ \frac{3}{4},\ 0,\ \frac{3}{4},\ \vdots\ \frac{33}{2}\right] \\
 + & \left[0,\ \Delta c_2,\ -\frac{3}{4}\Delta c_2,\ 0,\ \frac{1}{4}\Delta c_2,\ \vdots\ \frac{3}{2}\Delta c_2\right] \\
\hline
\text{新的第 0 行}= & \left[0,\ 0,\ \frac{3}{4}-\frac{3}{4}\Delta c_2,\ 0,\ \frac{3}{4}+\frac{1}{4}\Delta c_2\ \vdots\ \frac{33}{2}+\frac{3}{2}\Delta c_2\right]
\end{array}
$$

4. 利用这个新的第 0 行,求出保持非基变量(x_3 和 x_5)系数非负的 Δc_2 值的变化范围。

$$\frac{3}{4}-\frac{3}{4}\Delta c_2 \geqslant 0 \Rightarrow \frac{3}{4} \geqslant \frac{3}{4}\Delta c_2 \Rightarrow \Delta c_2 \leqslant 1$$

$$\frac{3}{4}+\frac{1}{4}\Delta c_2\geqslant 0\Rightarrow \frac{1}{4}\Delta c_2\geqslant -\frac{3}{4}\Rightarrow \Delta c_2\geqslant -3$$

因此，值的变化范围是$-3\leqslant \Delta c_2\leqslant 1$。

5. 因为$c_2=3+\Delta c_2$，所以c_2保持最优性的允许变化范围是$0\leqslant c_2\leqslant 4$。

对于只有两个决策变量的情况，这个允许变化范围可以用图7.5进行图形验证，图中的目标函数是$Z=3x_1+c_2x_2$。对于当前的$c_2=3$，最优解是$\left(4,\frac{3}{2}\right)$。当$c_2$增加时，这个解只有当$c_2\leqslant 4$的时候才是最优的。$c_2\geqslant 4$时，因为约束边界$3x_1+4x_2=18$，所以最优解变为$\left(0,\frac{9}{2}\right)$(当$c_2=4$时两个解的目标函数值相等)。当$c_2$减小时，只有在$c_2\geqslant 0$时，原最优解$\left(4,\frac{3}{2}\right)$仍然保持最优。$c_2\leqslant 0$时，因为约束边界$x_1=4$，所以(4,0)变成了新的最优解。

类似的，对于c_1保持最优性的允许变动范围，同样可以通过图形或代数这两种方法求出来，其结果为c_1大于等于$\frac{9}{4}$(习题7.2-10将让你通过两种方法验证它)。

因此，对于c_1，在其当前值为3的情况下，最多只允许减少$\frac{3}{4}$。但是，当c_2减少的量足够大的时候，仍然存在c_1可以减少更多的量，但是却不改变解的最优性这样的情况。例如，假设c_1与c_2都从当前值3减去1，目标函数就从$Z=3x_1+3x_2$变成了$Z=2x_1+2x_2$。按照目标函数系数同时改变的百分之百规则，允许变动的百分比是$133\frac{1}{3}$和$33\frac{1}{3}$，两者之和已经大于百分之百。但是，目标函数的斜率根本没有发生变化，所以最优解仍然是$\left(4,\frac{3}{2}\right)$。

7.2.5　情形4：引入新的约束

在这种情形下，在问题已经求解之后，一个新的约束必须被引入原模型中。这种情况之所以会发生，可能是因为在最开始建立模型时这个约束条件被忽略了，或者是当模型建立好之后又出现了新的约束条件。另一种可能性是，因为这个约束与其他约束比起来限制性不强，为了减少计算的复杂程度，所以被有目的地从原模型中去掉了，但是现在需要用最优解对其进行检验。

为了观察新加入的这个约束是否会影响当前的最优解，你所需要做的全部工作就是直接检验当前的最优解是否满足这个约束方程。如果满足的话，即使在原模型中新加入这个约束，原来的解仍然是最好的可行解(也就是最优解)。原因就是这个新的约束只能消除先前的一些可行解，而不能增加新的可行解。

如果这个新的约束可以排除当前的最优解，而你又想要寻找新的最优解，则可以把这个约束方程引入最终单纯形表，并将其作为初始单纯形表，加入新的人工变量或松弛变量作为这个新增加行的基变量。因为这个新行对于其他基变量来说，一般会含有非零的系数，所以接下来首先要将它转化成适当的形式，然后再重新求最优解。

正如前边提到的一些例子,情形4的求解过程与7.1节中总结的过程一样也是一种流水的过程。对于这种情况,唯一的问题就是原来的最优解现在是否仍然可行。所以步骤5(最优性检验)可以被删除。步骤4(可行性检验)可以被另一种更快的可行性检验方法所代替,并且在步骤1(修订模型)之后被使用。只有当这个检验出现一个负数结果,并且你希望重新最优化的时候,步骤2、步骤3及步骤6才会被使用(最终单纯形表修订、转化成适当的形式,重新最优化)。

例(Wyndor Glass公司模型的变化6) 为了说明这种情况,我们考虑Wyndor Glass公司模型的第6个变化版本。在这个版本中,我们在表7.5中Wyndor Glass公司模型的第2个变化版本的基础上增加了一个新的约束条件 $2x_1+3x_2\leqslant 24$。图形效果如图7.6所示。原来的最优解(0,9)不满足这个新的约束方程,所以新的最优解就变为(0,8)。

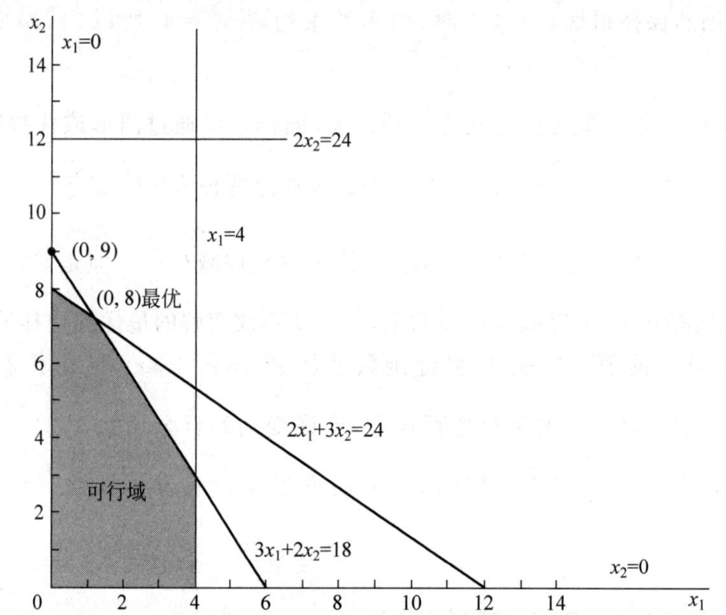

图7.6 将第2个变化版本(图7.2)中增加了一个新的约束 $2x_1+3x_2\leqslant 24$ 后的Wyndor Glass公司模型第6个变化版本的可行域

为了用代数方法分析这个问题,我们将(0,9)代入这个约束方程,得到 $2x_1+3x_2=27>24$,所以这个最优解不再可行。为了找到一个新的最优解,像前边叙述的那样,将这个新的约束方程加入最终单纯形表,并且加入松弛变量 x_6 作为基变量,把这张改变后的表作为新的初始单纯形表。这一步骤生成的单纯形表如表7.9所示。为了转化成适当的形式,这个新行需要减去第2行的3倍,得到当前的基本解如表7.9的第二张表所示,$x_3=4$,$x_2=9$,$x_4=6$,$x_6=-3$($x_1=0$,$x_5=0$)。在该表上应用对偶单纯形法(见8.1节),只需要一步迭代就可以得到新的最优解,如表7.9的最后一张表所示。

至此我们已描述了如何测试模型参数的一类特殊变化。敏感性分析的另一类一般的方法称作参数线性规划,观察当一个或多个参数连续变化时最优解的变化,这将在8.2节中讨论。

表 7.9　Wyndor Glass 公司模型的第 6 个变化版本的敏感性分析

基变量		方程	Z	系数						右端项
				x_1	x_2	x_3	x_4	x_5	x_6	
修订后的最终单纯形表	Z	(0)	1	$\frac{9}{2}$	0	0	0	$\frac{5}{2}$	0	45
	x_3	(1)	0	1	0	1	0	0	0	4
	x_2	(2)	0	$\frac{3}{2}$	1	0	0	$\frac{1}{2}$	0	9
	x_4	(3)	0	-3	0	0	1	-1	0	6
	x_6	新	0	2	3	0	0	0	1	24
转化成适当形式	Z	(0)	1	$\frac{9}{2}$	0	0	0	$\frac{5}{2}$	0	45
	x_3	(1)	0	1	0	1	0	0	0	4
	x_2	(2)	0	$\frac{3}{2}$	1	0	0	$\frac{1}{2}$	0	9
	x_4	(3)	0	-3	0	0	1	-1	0	6
	x_6	新	0	$-\frac{5}{2}$	0	0	0	$-\frac{3}{2}$	1	-3
重新最优化后新的最终单纯形表	Z	(0)	1	$\frac{1}{3}$	0	0	0	0	$\frac{5}{3}$	40
	x_3	(1)	0	1	0	1	0	0	0	4
	x_2	(2)	0	$\frac{2}{3}$	1	0	0	0	$\frac{1}{3}$	8
	x_4	(3)	0	$-\frac{4}{3}$	0	0	1	0	$-\frac{2}{3}$	8
	x_5	新	0	$\frac{5}{3}$	0	0	0	1	$-\frac{2}{3}$	2

7.3　使用电子表格进行敏感性分析

借助 Solver,我们可以通过电子表格直接处理 7.1 节和 7.2 节中介绍的许多敏感性分析的问题。使用电子表格处理的问题种类与 7.2 节中介绍的那些对原模型的改变是基本相同的。因此,我们只关注改变目标函数中的变量系数(7.2 节中的情形 2a 和情形 3)。我们将通过改变 3.1 节中的原始的 Wyndor Glass 公司模型来介绍这种方法。在该模型中,x_1 的系数(每周新生产的门的批数)和 x_2 的系数(每周新生产的窗户的批数)在目标函数中分别为

$$c_1 = 3 = \text{每批新门的利润(千美元)}$$
$$c_2 = 5 = \text{每批新窗户的利润(千美元)}$$

为了方便讨论,如图 7.7 所示的电子表格中的模型与图 3.21 中的相同。注意,单元格中要被改变的数据是每批的利润(C4:D4)。

在电子表格中,实际上提供了两种进行敏感性分析的方法。第一种方法是用来检查模型中单独的一个变化或者是两端变化的效果的,可以简单地通过在电子表格中改变模型,然后重新计算来解决。第二种方法是获得并应用 Excel 中的敏感性报告。我们将在下面分别介绍这两种方法。

7.3.1 检查模型中单独的变化

电子表格一个强大的功能是它可以很轻松地进行交互式的敏感性分析。Solver 被设定求最优解以后,要想知道改变模型中的一个参数值会有何变化,你所需要做的就是在电子表格上改变这个参数,然后再单击 Solve 键。

为了说明这个问题,我们假设 Wyndor Glass 公司的管理层对生产每批门的利润是多少非常不确定。虽然图 7.7 中给出的 3 这个数字可能是合理的,但是管理层感觉真实的数字可能与这个数字存在较大的偏离。这个变化范围应该是介于 $c_1=2$ 与 $c_1=5$ 之间。

	A	B	C	D	E	F	G
1	Wyndor Glass公司问题的产品组合						
2							
3			门	窗户			
4		每批利润/千美元	3	5			
5					使用的		可用的
6			每批生产所用的小时数		小时数		小时数
7		车间1	1	0	2	<=	4
8		车间2	0	2	12	<=	12
9		车间3	3	2	18	<=	18
10							
11			门	窗户			总利润/千美元
12		每批产量	2	6			36

Solver参数
Set Objective Cell: TotalProfit
To: Max
By Changing Variable Cells:
BatchesProduced
Subject to the Constraints:
HoursUsed<= HoursAvailable
Solver Options:
Make Variables Nonnegative
Solving Method: Simplex LP

	E
5	总用时
6	
7	=SUMPRODUCT(C7:D7, 生产的批数)
8	=SUMPRODUCT(C8:D8, 生产的批数)
9	=SUMPRODUCT(C9:D9, 生产的批数)

	G
11	总利润
12	=SUMPRODUCT(每批的利润, 生产的批数)

域名	单元格
生产批量	C12:D12
可用时长	G7:G9
所用时长	E7:E9
每批用时	C7:D9
每批利润	C4:D4
总利润	G12

图 7.7 Wyndor Glass 公司问题在进行敏感性分析之前得到的电子表格模型和最优解

图 7.8 展示了每批门的利润从 $c_1=3$ 下降到 $c_1=2$ 时会发生什么事情。与图 7.7 相比,我们可以看到产品的生产组合对于最优解来说根本没有发生任何变化。事实上,唯一的变化就是电子表格单元格 C4 中 c_1 的变化及单元格 G12 中总利润减少了 2 000 美元(因为每一批门少产生了 1 000 美元的利润)。因为最优解没有发生改变,原来对于 $c_1=3$ 的评价可能过高但却不会影响模型的最优解。

但是,当估值过低时将会发生什么呢?图 7.9 展示了如果 c_1 增加到 $c_1=5$ 将会发生什么。同样,这里最优解仍然没有改变。因此,我们现在知道 c_1 介于 2 和 5 之间,也可能是更大的范围之中时,这个变动范围不会影响最优解(即 7.2 节中讨论的保持最优性的允许变动范围)。

因为在原模型中,$c_1=3$ 可以向两个方向变化而不会影响最优解,所以 c_1 是一个不灵敏参数。因此,对于这个参数不需要特别精确的估计,因为即使有些误差也不会影响最优解。

	A	B	C	D	E	F	G
1	Wyndor Glass公司问题的产品组合						
2							
3			门	窗户			
4		每批利润/千美元	2	5			
5					使用的		可用的
6			每批生产所用的小时数		小时数		小时数
7		车间1	1	0	2	<=	4
8		车间2	0	2	12	<=	12
9		车间3	3	2	18	<=	18
10							
11			门	窗户			总利润/千美元
12		每批产量	2	6			34

图 7.8 $c_1=3$ 变成 $c_1=2$ 后的产品组合及最优解

	A	B	C	D	E	F	G
1	Wyndor Glass公司问题的产品组合						
2							
3			门	窗户			
4		每批利润/千美元	5	5			
5					使用的		可用的
6			每批生产所用的小时数		小时数		小时数
7		车间1	1	0	2	<=	4
8		车间2	0	2	12	<=	12
9		车间3	3	2	18	<=	18
10							
11			门	窗户			总利润/千美元
12		每批产量	2	6			40

图 7.9 $c_1=3$ 变成 $c_1=5$ 后的产品组合及最优解

这些可能就是 c_1 所需要的全部信息。但是,可能还存在 c_1 的真实值在 2 到 5 这个范围之外的可能性,因此我们仍然需要进行更深入的研究。那么保持最优解的 c_1 上界和下界是多少呢?

图 7.10 说明,当 c_1 增加到 $c_1=10$ 时,最优解确实会发生改变。因此,我们知道,在 c_1 变化的过程中,在 5 到 10 之间存在一个值,当超过这个值的时候,最优解会发生改变。

	A	B	C	D	E	F	G
1	Wyndor Glass公司问题的产品组合						
2							
3			门	窗户			
4		每批利润/千美元	10	5			
5					使用的		可用的
6			每批生产所用的小时数		小时数		小时数
7		车间1	1	0	4	<=	4
8		车间2	0	2	6	<=	12
9		车间3	3	2	18	<=	18
10							
11			门	窗户			总利润/千美元
12		每批产量	4	3			55

图 7.10 $c_1=3$ 变成 $c_1=10$ 后的产品组合及最优解

我们可以继续这个试错的过程,直到把允许的范围更加准确地确定下来。然而,我们将在本节后面描述 Excel 的敏感性报告可以如何快速准确地提供相同的信息,而不是对此进行深入研究。

接下来,我们将演示如何使用电子表格研究两个数据单元格中的同时变化。

7.3.2 处理模型中的两端变化

当使用原模型中的两个参数 c_1(3)和 c_2(5)时,与生产门(每周 2 批)相比,模型中的最优解将对生产窗户(每周 6 批)赋予更大的权重。假设 Wyndor Glass 公司的管理层考虑到这种不平衡,感觉可能对 c_1 的估计过低,而对 c_2 的估计过高。这就产生了问题。如果估计确实存在问题,那么是否会有一个更平衡的生产混合,可以产生更高的利润呢(要记住,是 c_1 和 c_2 比例决定了产品生产的组合,所以当二者同方向发生变化的时候不会改变产品的生产混合)?

这个问题可以很容易地回答,只需要用新的每批利润取代图 7.7 中原始电子表格中的数据,然后单击 Solve 按钮就可以了。从图 7.11 中可以看出,当每批次门的利润为 4.5、窗户的利润为 4 时两种产品组合的最优解没有发生变化(总利润发生了变化,但是这种变化的发生是由于每批产品的利润发生了变化)。每批产品的利润发生更大的变化时,是否最终会导致产品组合的最优解发生变化?图 7.12 说明这种事情确实会发生。当门的每批次利润是 6 而窗户的每批次利润是 3 时,最优的产品组合是$(x_1, x_2)=(4,3)$。

	A	B	C	D	E	F	G
1	Wyndor Glass公司问题的产品组合						
2							
3			门	窗户			
4		每批利润/千美元	4.5	4			
5					使用的		可用的
6			每批生产所用的小时数		小时数		小时数
7		车间1	1	0	2	<=	4
8		车间2	0	2	12	<=	12
9		车间3	3	2	18	<=	18
10							
11			门	窗户			总利润/千美元
12		每批产量	2	6			33

图 7.11 改变后的 Wyndor Glass 公司问题,当 $c_1=4.5$ 和 $c_2=4$,而产品的组合没有发生变化时的最优解

	A	B	C	D	E	F	G
1	Wyndor Glass公司问题的产品组合						
2							
3			门	窗户			
4		每批利润/千美元	6	3			
5					使用的		可用的
6			每批生产所用的小时数		小时数		小时数
7		车间1	1	0	4	<=	4
8		车间2	0	2	6	<=	12
9		车间3	3	2	18	<=	18
10							
11			门	窗户			总利润/千美元
12		每批产量	4	3			33

图 7.12 改变后的 Wyndor Glass 公司问题,当 $c_1=6$ 和 $c_2=3$,而产品的组合没有发生变化时的最优解

那么，在图7.11和图7.12中考虑的每批利润的估计值之间，最佳利润组合的变化发生在哪里？我们可以继续通过试错法检查这一点，但正如之前模型中的单独变化一样，接下来介绍的Excel敏感性报告可以更快地获得此类信息。

7.3.3 利用敏感性报告进行敏感性分析

现在你已经看到如何利用电子表格通过重新计算来进行敏感性分析了。但是，还有一个捷径。同样的或者更多的信息可以通过Solver提供的敏感性报告更快地获得（实质上，敏感性报告是其他线性规划软件包，如MPL/Solvers，LINDO，LINGO的可用输出部分的标准组成部分）。

4.9节已经讨论了敏感性报告及如何使用它来进行敏感性分析。该节的图4.10展示了Wyndor Glass公司问题的敏感性报告。这个报告的一部分被展示在图7.13中。在这里我们不会重复进行4.9节的工作，而是致力于说明敏感性分析报告如何有效地处理前面提出的关于Wyndor Glass公司问题的一些改变。

前文我们主要考虑的是在保持最优解$(x_1, x_2)=(2, 6)$不变的情况下，对于$c_1=3$的初始估计最多可以偏离多远。图7.9和图7.10说明在c_1达到介于5到10之间的某个值之前，最优解是不会改变的。

下面让我们来看一下图7.13中这一部分的敏感性报告是如何处理同样问题的。报告中每批门的产量这一行提供了关于c_1的下列信息。

c_1当前值： 3

c_1允许增加的最大值： 4.5 所以$c_1 \leqslant 3+4.5=7.5$

c_1允许减少的最大值： 3 所以$c_1 \geqslant 3-3=0$

保持最优解的c_1允许变动范围： $0 \leqslant c_1 \leqslant 7.5$

单元格	名称	最终值	减少成本	目标函数系数	允许增加	允许减少
C12	每批门产量	2	0	3	4.5	3
D12	每批窗户产量	6	0	5	1E+30	3

图7.13 Wyndor Glass公司问题（图3.3）利用Excel Solver生成的敏感性报告的一部分，最后三列给出了保持最优的门与窗户的单位利润的允许变动范围

因此，如果c_1在当前值的基础上发生变化（模型中没有任何其他变化），只要这个变动范围是在允许变动范围$0 \leqslant c_1 \leqslant 7.5$之内，那么最优解$(x_1, x_2)=(2,6)$就不会发生变化。

图7.14从图形角度提供了这个保持最优性的允许变动范围的信息。对于原始值$c_1=3$，图中的实线表示目标函数通过点(2,6)。保持最优解的允许变动范围的下界是$c_1=0$，这时目标函数线对应图中的B线，所以在点(2,6)和点(0,6)之间的线段上的所有点都是最优解。当$c_1<0$时，目标函数线会旋转得过大，导致只有(0,6)点是最优点。在允许变动范围的上界$c_1=7.5$，目标函数线为图中的C线，所以在点(2,6)和点(4,3)所组成的线段之间的全部点都是最优解。当$c_1>7.5$时，目标函数线会变得过陡，导致只有点(4,3)成为最优解。因此，只有在$0 \leqslant P \leqslant 7.5$时，$(x_1, x_2)=(2,6)$这个最优解才能保持最优性。

这一过程在IOR Tutorial中被称为图解法与敏感性分析，它是被设计用来帮助完成类似这样的图形分析工作的。输入Wyndor Glass公司模型之后，这一模块将会给你提供如

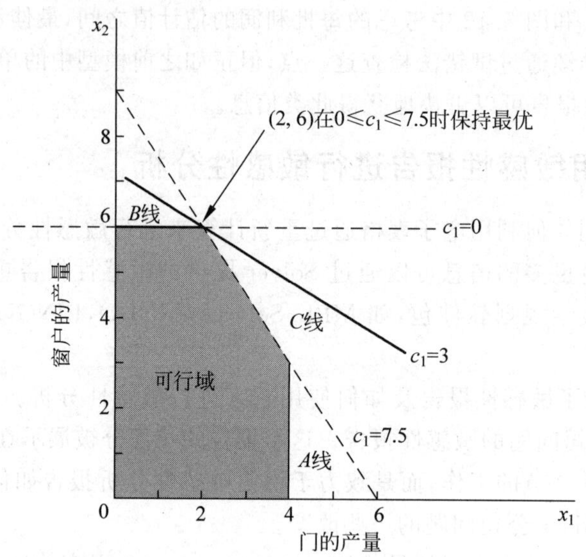

图 7.14　穿过固定约束边界线的两条虚线是目标函数线。当 c_1 在允许范围的末端时为最优解，$0\leqslant c_1\leqslant 7.5$，产生 Wyndor Glass 公司问题的最优解$(x_1,x_2)=(2,6)$

图 7.14 所示的图形(没有虚线)。你可以简单地通过向上或者向下拖曳目标函数线的一端，来观察在$(x_1,x_2)=(2,6)$保持最优性的时候，c_1 可以增加或者减少多少。

结论：因为$(x_1,x_2)=(2,6)$在 $0\leqslant c_1\leqslant 7.5$ 这个范围内是最优解，而超过这个范围时则不再是最优解，所以对于 c_1 来说，保持最优性的允许变动范围是 $0\leqslant c_1\leqslant 7.5$($c_1=0$ 和 $c_1=7.5$ 时有多个最优解，但是$(x_1,x_2)=(2,6)$仍然是多个最优解中的一个)。因为当前对每批门利润的估计在这个范围的上下都有很大的空间，所以可以相信，当前的最优解就是真正的最优解。

下面让我们来考虑上一小节提出的问题。当对 c_1 的估计(3)过低，而同时又对 c_2 的估计(5)过高的时候，会发生什么呢？特别是，当$(x_1,x_2)=(2,6)$仍然是最优解的时候，这两端可以分离多远呢？

图 7.11 说明，当 c_1 增加 1.5(也就是从 3 增加到 4.5)，c_2 减少 1(也就是从 5 减少到 4)的时候，最优解仍然保持不变。接下来图 7.12 说明，将这种变化扩大一倍，最优解会发生变化。但是，我们还不清楚最优解是在哪个点发生的变化。

幸运的是，通过敏感性报告(见图 7.13)中 c_1 和 c_2 的允许变化范围，我们可以收集更多的信息。关键是使用下面的规则。

目标函数系数同时发生变化时的百分之百规则：如果目标函数中的系数同时发生变化，计算每一个变化(增加或减少)占其相应系数保持最优性的允许变化范围的比例。如果这些比例之和不超过百分之百，那么原来的最优解仍然是最优的(但如果和超过百分之百，那么这个解就不一定仍然是最优的了)。

这个规则并没有清楚地说明当百分比之和超过百分之百时会发生什么。结果取决于系数变化的方向。记住，是系数之间的比例关系决定了最优解。因此，当系数同方向发生变化时，即使百分比之和超过了百分之百，也存在最优解不变的可能性。当百分比之和超过百分之百时，最优解可能变化也可能不变化，但是只要百分比之和不超过百分之百，那么原来的最优解就一定不会改变其最优性。

要记住，当一个系数没有发生变化而另一个系数发生变化时，可以使用整个完整的允许变动范围。当同时发生变化时，要将注意力集中在增加或减少的百分比之和上。

为了说明这个问题，我们再一次通过图 7.13 中敏感性报告提供的信息来考虑 Wyndor Glass 公司问题。假设，现在对于 c_1 的估计从 3 增加到 4.5，而同时对 c_2 的估计从 5 减少到 4。按照百分之百规则计算如下：

c_1：3→4.5：

增加的百分比$=100\left(\frac{4.5-3}{4.5}\right)\%=33\frac{1}{3}\%$

c_2：5→4：

减少的百分比$=100\left(\frac{5-4}{3}\right)\%=33\frac{1}{3}\%$

总和$=66\frac{2}{3}\%$

由于百分比之和不超过百分之百，所以原来的最优解$(x_1,x_2)=(2,6)$，就如同我们先前在图 7.11 中看到的一样，仍然是最优的。

现在假设，c_1 的估计值从 3 增加到 6，同时对 c_2 的估计值从 5 减少到 3。按照百分之百规则计算如下。

c_1：3→6：

增加的百分比$=100\left(\frac{6-3}{4.5}\right)\%=66\frac{2}{3}\%$

c_2：5→3：

减少的百分比$=100\left(\frac{5-3}{3}\right)\%=66\frac{2}{3}\%$

总和$=133\frac{1}{3}\%$

由于百分比之和超过百分之百，所以按照百分之百规则，我们不能肯定$(x_1,x_2)=(2,6)$仍然是最优的。事实上，之前在图 7.12 中得到的最优解，已经变成了$(x_1,x_2)=(4,3)$。

这些结果可以告诉我们如何寻找 c_1 增加而 c_2 相应减少时最优解发生的变化。由于百分之百是 $66\frac{2}{3}\%$和 $133\frac{1}{3}\%$的中点，所以当 c_1 和 c_2 的值是中点的时候，它们变化的百分比之和将等于百分之百。特别地，$c_1=5.25$ 是 4.5 和 6 的中点，$c_2=3.5$ 是 4 与 3 的中点。相应的百分之百规则计算结果如下。

c_1：3→5.25：

增加的百分比$=100\left(\frac{5.25-3}{4.5}\right)\%=50\%$

c_2：5→3.5：

减少的百分比$=100\left(\frac{5-3.5}{3}\right)\%=50\%$

总和$=100\%$

虽然此时百分比之和是百分之百,但是它仍然没有超过百分之百,所以最优解$(x_1,x_2)=(4,3)$仍然是最优的。如图7.15所示,此时(2,6)和(4,3)都是最优的,同样,这两点之间线段上的点也都是最优的。但是,如果c_1和c_2在其原始值的基础上变化更多(所以百分比之和将会超过百分之百),目标函数线将会旋转得过大,从而只有点$(x_1,x_2)=(4,3)$是唯一最优解。

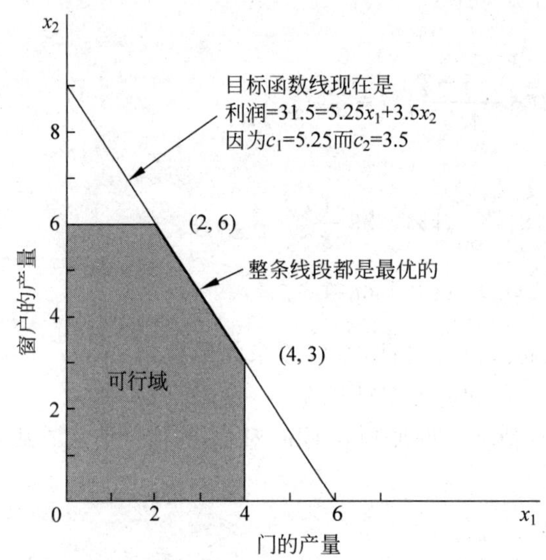

图7.15 当每批门和窗户的单位利润变成c_1:3→5.25,c_2:5→3.5时,正好位于百分之百规则的允许变动范围的边界上,此时$(x_1,x_2)=(2,6)$仍然是最优解,但是在它与(4,3)点的连线上的所有的点此时都已经变成最优解

同时,我们应该记住,即使百分比之和超过了百分之百,那也不一定意味着最优解一定会发生变化。例如,假设两种产品的单位利润全都减半。相应的百分之百规则计算结果如下。

c_1:3→1.5:

增加的百分比$=100\left(\frac{3-1.5}{3}\right)\%=50\%$

c_2:5→2.5:

减少的百分比$=100\left(\frac{5-2.5}{3}\right)\%=83\frac{1}{3}\%$

$$\text{总和}=133\frac{1}{3}\%$$

即使这个百分比之和超过了百分之百,但是如图7.16所示,原始的最优解仍然保持最优性。事实上,目标函数线拥有与原始目标函数相同的斜率(图7.14中目标函数线的斜率)。因此,只要利润的值成比例地发生变化,那么最优解就不会改变。

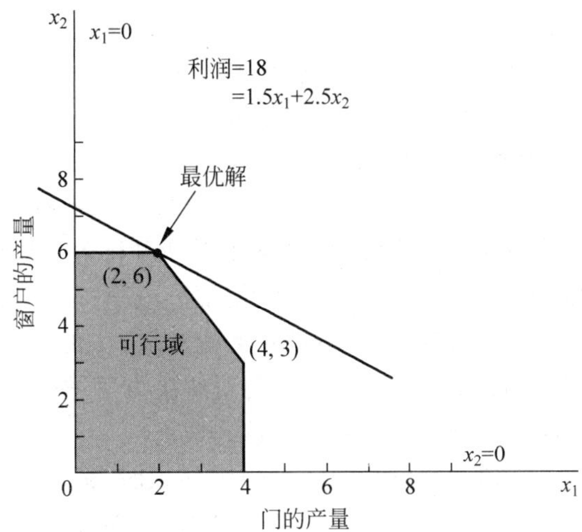

图7.16　当每批门和窗户的单位利润变成 c_1：3→1.5，c_2：5→2.5 时，图解法表明(x_1，x_2)＝(2,6)仍然是最优解，尽管百分之百规则表示最优解可能发生变化

7.3.4　敏感性分析的其他形式

本节我们主要研究如何利用电子表格处理目标函数中变量系数发生变化时的敏感性分析问题。同样，可能有人对改变约束方程中约束右端项这样的问题更感兴趣。偶尔，你也许会对改变约束方程中的系数这样的问题感兴趣。

使用电子表格来处理模型中这些其他类型的变化，其实与处理目标函数系数变化相同。同样，你只需要利用电子表格即可轻松地实现这些改变，然后利用 Excel Solver 进行重新处理。同样，你也可以使用 Solver 表格来系统化地检查任意一个单独的单元格值的变化，或者两个数据单元格值同时变化所产生的影响。正如4.9节中讨论的，Excel Solver(或者其他线性规划软件包)提供的敏感性报告同样可以为我们提供很多有价值的信息，其中包括影子价格，或者是改变约束方程的约束右端项所带来的影响。当同时改变多个约束右端项时，同样也有一个百分之百规则，与目标函数系数同时发生改变时类似(7.2节情形1详细研究了右端项改变时的影响，包括应用了右端项同时改变时百分之百规则的应用)。

7.4　鲁棒优化

如前几节所述，敏感性分析提供了一种处理线性规划模型中参数真实值不确定性的重要方法。敏感性分析的主要目的是识别敏感性参数，即在不改变最优解的情况下不能改变的参数。这是有价值的信息，因为需要特别仔细地估计这些参数，以尽量减少获得错误最优解的风险。

然而，对于处理不确定条件下的线性规划，这并不是全部。参数的真实值可能要到之后实际实现最优解时才能求解出来。因此，即使在尽可能仔细地估计敏感性参数之后，这些参数也可能出现显著的估计误差，而其他参数的估计误差甚至更大。这可能导致不幸的后果。也许最优解(根据模型)终究不会是最优的。事实上，最优解甚至可能不是可行解。

这些不幸后果的严重性在某种程度上取决于模型中的功能约束是否存在自由度。对这些约束进行如下区分是很有用的。

软约束是一种实际上可以稍微违反一点而不会造成严重后果的约束。相应地,强约束是必须满足的约束。

鲁棒优化是专门为解决强约束问题而设计的。

对于非常小的线性规划问题,通常不难解决可能出现的复杂问题,因为在实现解决方案的时候,模型的最优解可能不再是最优的,甚至可能不是可行解。如果模型只包含软约束,则可以使用不太可行的解决方案(根据模型)。即使部分或全部约束都是强约束,情况也取决于是否有可能在执行的解决方案中进行最后时刻的调整。(在某些情况下,要实施的解决方案会提前确定。)如果有可能,则很容易看到如何对解决方案进行小的调整以使其可行,甚至很容易看出如何稍微调整一下解决方案,使其达到最优。

然而,在处理实践中经常遇到的较大的线性规划问题时,情况则大不相同。例如,本章末尾列出的参考文献 2 描述了在一个包含 94 个大型线性规划问题(成百上千个约束和变量)的库中处理问题时的情形。假设这些参数的随机误差低至 0.01%。即使在整个模型中存在如此微小的误差,根据该模型得到的最优解在 13 个问题中是不可行的,其中 6 个问题表现很差。此外,不可能找到调整办法使之可行。如果模型中的所有约束都是强约束,这就是一个严重的问题。因此,考虑到许多实际线性规划问题中参数的估计误差通常会远远大于 0.01%,甚至可能是 1%或更大,显然我们需要一种技术来找到一个非常好的解决方案,并且实际上是可行的方案。

这就是鲁棒优化技术可以发挥关键作用的地方。

鲁棒优化的目标是找到一个模型的解决方案,该方案实际上保证了参数实际值的所有合理组合都是可行的和接近最优的。

这是一个令人望而生畏的目标,不过现在已经形成了一个详尽的鲁棒优化理论,如参考文献 2、3 和 4 所示。这一理论的大部分(包括线性规划的各种扩展)超出了本书的研究范围,但是我们将通过考虑以下简单的独立参数情况来介绍基本概念。

7.4.1 具有独立参数的鲁棒优化

下面的案例有四个基本假设:

(1) 每个参数的估计值都有一系列的不确定性。

(2) 参数可以取此不确定范围指定的最小值和最大值之间的任何值。

(3) 此值不受其他参数值的影响。

(4) 所有的函数约束都是≤或≥形式。

为了保证无论这些参数在其不确定范围内所取的值如何,我们只需将最保守的值分配给每个参数,如下所示:

- 对于≤形式的每个函数约束,使用每个 a_{ij} 的最大值和 b_i 的最小值。
- 对于≥形式的每个函数约束,执行与上述相反的操作。
- 对于最大化形式的目标函数,使用每个 c_j 的最小值。
- 对于最小化形式的目标函数,使用每个 c_j 的最大值。

接下来,我们将再次使用 Wyndor Glass 公司的例子来说明这种方法。

例 延续 3.1 节中首次介绍的线性规划的原型示例,Wyndor Glass 公司的管理层正在与一家专门从事门窗分销的批销商谈判。他们的目标是在开始生产后，与该批销商安排销售所有的新型门窗（在 3.1 节中称为产品 1 和产品 2）。批销商很感兴趣，但也担心这些门窗的体积可能太小，不足以证明这种特殊安排的合理性。因此，批销商要求 Wyndor Glass 公司确定这些产品的最低生产率（以每周生产的批次来衡量），如果产量低于这些最低产量，则 Wyndor Glass 公司需要支付赔偿金。

由于这些新型门窗以前从未生产过，Wyndor Glass 公司的管理层意识到，3.2 节（基于表 3.1）中制定的线性规划模型的参数仅为估计值。对于每种产品，每个工厂的每批生产时间（a_{ij}）可能与表 3.1 中给出的估计值有很大不同。每批利润（c_j）的估算也是如此。目前正在安排降低某些现有产品的生产率，以便为这两种新产品腾出每个工厂的生产时间。因此，每个工厂（b_i）的新产品生产时间也存在一些不确定性。

经过进一步的调查，Wyndor Glass 公司的工作人员确信，他们已经确定了在生产开始后模型的每个参数可以实现的最小值和最大值。对于每个参数，这个最小值和最大值之间的范围称为不确定性范围。表 7.10 显示了各参数的不确定性范围。

应用上一小节介绍的具有独立参数的鲁棒优化程序，我们现在参考这些不确定性范围来确定新线性规划模型中使用的每个参数的值。具体而言，我们选择每个 a_{ij} 的最大值和每个 b_i 和 c_j 的最小值。结果如下：

$$\begin{aligned}
\max\quad & Z = 2.5x_1 + 4.5x_2 \\
\text{s.t.}\quad & 1.2x_1 \leqslant 3.6 \\
& 2.2x_2 \leqslant 11 \\
& 3.5x_1 + 2.5x_2 \leqslant 16 \\
\text{且}\quad & x_1 \geqslant 0,\quad x_2 \geqslant 0
\end{aligned}$$

表 7.10　Wyndor Glass 模型参数的不确定性范围

参数	不确定性范围
a_{11}	0.8～1.2
a_{22}	1.8～2.2
a_{31}	2.5～3.5
a_{32}	1.5～2.5
b_1	3.6～4.4
b_2	11～13
b_3	16～20
c_1	2.5～3.5
c_2	4.5～5.5

这个模型可以很容易地求解，包括用图解法。模型最优解是 $x_1=1, x_2=5$，此时 $Z=25$（每周的总利润为 25 000 美元）。因此，Wyndor Glass 公司的管理层现在可以向批销商保证，Wyndor Glass 公司每周至少为分销商提供一批专用新门（产品 1）和 5 批专用新窗（产品 2）。

7.4.2　拓展

虽然在参数独立时使用鲁棒优化方法很简单，但通常需要将鲁棒优化方法扩展到其他情形，即某些参数的最终值受其他参数取值的影响。通常会出现两种情形。

一种情形是模型每列中的参数(单个变量的系数或右端项)不是相互独立的,而是独立于其他参数。例如,Wyndor Glass 公司问题中的每批产品(c_j)的每批利润可能会受生产开始时每个工厂每批生产时间(a_{ij})的影响。因此,需要考虑与单个变量的系数值有关的多种情形。类似地,可以通过将一个工厂的人员转移到另一个工厂来增加后者每周的生产时间。这同样导致需要考虑许多可能的情况,涉及 b_i 的不同值集合。幸运的是,线性规划仍然可以用来求解由此得出的鲁棒优化模型。

另一种常见情形是,模型每行中的参数不是相互独立的,而是独立于其他参数。例如,通过对 Wyndor Glass 公司问题中,工厂 3 的人员和设备进行调整,有可能通过增加 a_{32} 或 a_{31} 来减少 a_{31} 或 a_{32}(甚至可能在过程中改变 b_3)。这将导致必须考虑与模型该行中的参数值相关的许多场景。不幸的是,解决由此得出的鲁棒优化模型需要使用比线性规划更复杂的手段。

我们将不再深入研究这些或其他情形。参考文献 2 和 8 提供了详细信息(甚至包括当原始模型比线性规划模型更复杂时,如何应用鲁棒优化)。

鲁棒优化方法的一个缺点是,它在收紧模型时可能过于保守,远远超出实际需要。当处理具有成百上千(甚至数百万)参数的大型模型时,这一点尤为明显。然而,参考文献 4 提供了一个可以在很大程度上克服这个缺点的好方法。其基本思想是认识到不确定参数估计值的随机变化不应导致每一个变化都完全朝着使实现可行性更困难的方向发展。有些变化可以忽略不计(甚至为零),有些会朝着更容易实现可行性的方向发展,只有一些会朝着相反的方向发展。因此,应该相对保守地假设,只有少数疑难参数会强烈地朝着使实现可行性更困难的方向发展。这样做仍然会找到一个可行的解决方案。少数麻烦参数的选择也提供了灵活性,以便在实施解决方案时,在获得极佳解决方案和确保解决方案可行性之间进行权衡。

7.5 机会约束

线性规划模型的参数通常是不确定的,直到在第一次实施解决方案后,这些参数的实际值才被观察到。上一节描述了鲁棒优化如何通过修改模型中的参数值来处理这种不确定性,以确保最终实施时得到的解决方案是可行的,这包括确定每个不确定参数的可能值的上下界。然后,参数的估计值被这两个边界中的任何一个来代替,从而使实现可行性更加困难。

在处理强约束(必须满足的约束)时,这是一种有用的方法。但是,它确实有一些缺点。一个缺点是可能无法准确地确定一个不确定参数的上下界。事实上,它甚至可能没有上下界。例如,当一个参数的基本概率分布是正态分布时,这种分布具有无边界的长尾。另一个缺点是,当基本概率分布存在无边界的长尾时,倾向于为边界赋值,这些边界太宽,以至于选择过于保守的解决方案。

机会约束主要用于处理分布具有无界长尾的参数。为了简单起见,我们将处理相对简单的情况,其中唯一不确定的参数是右端项(b_i),其中 b_i 是具有正态分布的独立随机变量。我们将分别用 μ_i 和 σ_i 表示该分布的每个 b_i 的平均值和标准差。我们还假设所有的函数约束都是≤形式的。(≥形式可作类似的处理,但当原始约束为=形式时,机会约束不适用。)

7.5.1 机会约束的形式

当初始约束为 $\sum_{j=1}^{n} a_{ij}x_j \leqslant b_i$ 时,相应的机会约束表示我们只需要原始约束满足一些非

常高的概率。令 α＝原始约束的最小可接受概率。换句话说，机会约束为

$$P\left\{\sum_{j=1}^{n} a_{ij}x_j \leqslant b_i\right\} \geqslant \alpha$$

也就是说，原始约束的概率必须至少是 α。接下来可以用一个等价的约束来代替这个机会约束，这个约束就是一个简单的线性规划约束。特别是，由于 b_i 是机会约束中唯一的随机变量，当 b_i 被假定为正态分布时，这个机会约束的确定性等价约束为

$$\sum_{j=1}^{n} a_{ij}x_j \leqslant \mu_i + K_\alpha \sigma_i$$

式中，K_α 是附录 5 中给出的正态分布表中的常数。例如：

$$K_{0.90} = -1.28,\quad K_{0.95} = -1.645,\quad K_{0.99} = -2.33$$

因此，如果 α＝0.95，机会约束的确定性等价约束变为

$$\sum_{j=1}^{n} a_{ij}x_j \leqslant \mu_i - 1.645\sigma_i$$

换言之，如果 μ_i 对应于 b_i 的原始估计值，那么将该后端项减少 $1.645\sigma_i$ 将会确保约束满足概率至少为 0.95。(如果这个确定的形式成立并且相同，概率将是 0.95，但是如果左端项小于右端项，概率将大于 0.95。)

图 7.17 表明了上述情形。这个正态分布表示 b_i 的实际值的概率密度函数，该函数将在实施解决方案时实现。图左侧的交叉阴影区域(0.05)给出了 b_i 小于 $\mu_i - 1.645\sigma_i$ 的概率，从而 b_i 大于该值的概率为 0.95。因此，要求约束的左端项≤这个量意味着左端项至少在 95%的情况下小于 b_i 的最终值。

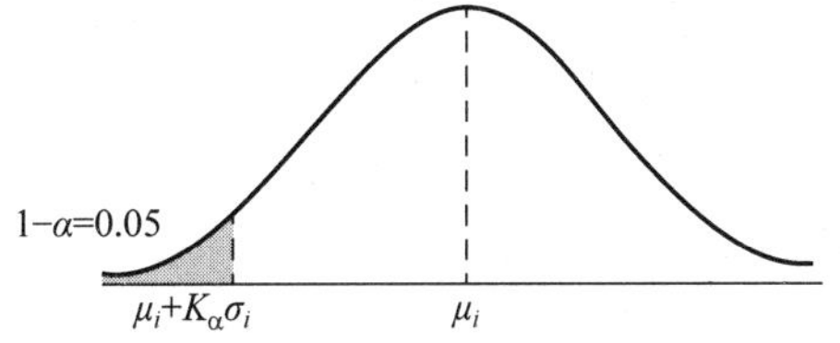

图 7.17　假设 b_i 的基本分布为正态分布

例　为了说明机会约束的应用，我们重新看一下 Wyndor Glass 问题的原始版本及其在 3.1 节建立的模型。假设当两种产品在三个工厂生产时，存在生产时间的不确定性，因此 b_1、b_2 和 b_3 是模型中的不确定参数(随机变量)。假设这些参数服从正态分布，第一步是估计每个参数的均值和标准差。表 3.1 给出了三个工厂每周可用生产时间的原始估计值，因此如果这些数量看起来仍然是最有可能的可用生产时间，则可以将这些数量视为平均值。标准差提供了一个度量实际可用生产时间偏离此平均值的程度。具体而言，正态分布的性质是，大约 $\frac{2}{3}$ 的分布位于平均值的一个标准差内。因此，估计每个 b_i 的标准差的一个好方法是询问实际可用生产时间与平均值的偏差有多大，而偏差不大于此值的概率为 $\frac{2}{3}$。

另一个重要步骤是选择适当的 α 值。这个选择取决于如果在实施解决方案时违反了一个原始约束，情况会有多严重。如果发生这种情况，进行必要的调整会有多困难。当处理软约束时，实际上可以违反原始约束，而不会出现非常严重的复杂情况，通常选择 α＝0.95 左右的值，这就是我们将在本例中使用的值。(我们将在下一小节讨论强约束的情况。)

表 7.11 显示了本例中每个 b_i 的平均值和标准差的估计值。最后两列还显示了三个功能约束的初始右端项(RHS)和调整后的右端项。

表 7.11 利用机会约束调整 Wyndor Glass 公司模型

参数	均值	标准差	初始右端项	调整后的右端项
b_1	4	0.2	4	4−1.645(0.2)=3.671
b_2	12	0.5	12	12−1.645(0.5)=11.178
b_3	18	1	18	18−1.645(1)=16.355

使用表 7.11 中的数据将三个机会约束替换为确定性等价约束,得到下面的线性规划模型:

$$
\begin{aligned}
\max \quad & Z = 3x_1 + 5x_2 \\
\text{s.t.} \quad & x_1 \leqslant 3.671 \\
& 2x_2 \leqslant 11.178 \\
& 3x_1 + 2x_2 \leqslant 16.355 \\
\text{且} \quad & x_1 \geqslant 0, \quad x_2 \geqslant 0
\end{aligned}
$$

其最优解为 $x_1=1.726$ 和 $x_2=5.589$,$Z=33.122$(每周总利润为 33 122 美元)。这一周的总利润比 Wyndor Glass 公司原始版本的 3.6 万美元大幅减少。然而,通过将这两种新产品的生产率从原来的 $x_1=2$ 和 $x_2=6$ 的基础上降低,新的生产计划很有可能是可行的,而不需要在生产开始时进行任何调整。

如果我们假设这三个 b_i 不仅具有正态分布,而且这三个分布在统计上是独立的,那么我们就可以估计这种高概率。如果原来的三个功能约束都得到满足,新的生产计划将是可行的。对于每一个约束,满足的概率至少为 0.95,其中,如果相应机会约束的确定性等价约束通过线性规划模型的最优解满足等式,则概率将恰好为 0.95。因此,满足所有三个约束的概率至少为$(0.95)^3=0.857$。然而,在这种情况下,只有第二个和第三个确定性等价约束满足等式,因此满足第一个约束的概率大于 0.95。在这个概率基本上为 1 的最佳情况下,满足所有三个约束的概率基本上是$(0.95)^2=0.9025$。因此,新的生产计划被证明可行的概率介于下限 0.857 和上限 0.902 5 之间。(在这种情况下,$x_1=1.726$ 大于 b_1 的平均值 4 以下的 11 个标准差,因此满足第一个约束的概率基本上为 1,这意味着满足所有三个约束的概率基本上为 0.902 5。)

7.5.2 处理强约束

机会约束非常适合处理软约束,即实际上可以稍微违反,而不会出现非常严重的复杂情况的约束。然而,在处理强约束(必须满足的约束)时,它们也可能发挥作用。回想一下上一节中描述的鲁棒优化是专门为解决具有强约束的问题而设计的。当 b_i 是强约束下的不确定参数时,鲁棒优化首先估计 b_i 的上下界。然而,如果 b_i 的概率分布存在没有边界的长尾,如正态分布,则不可能在 b_i 上设置违反概率为零约束的边界。因此,一个替代方法是用一个非常高的 α 值(如至少 0.99)来替换这种约束。由于 $K_{0.99}=-2.33$,这将进一步降低表 7.11 中计算的右端项,即 $b_1=3.534$,$b_2=10.835$,$b_3=15.67$。

虽然 $\alpha=0.99$ 看起来是相当安全的,但也存在隐患。我们真正想要的是有非常高的概率满足所有的原始约束。这个概率比满足一个特定的单一原始约束的概率要小一些,如果函数约束的数量非常大,这个概率可能要小得多。

我们在上一小节的最后一段描述了如何计算满足所有原始约束的概率的下界和上界。特别是,如果存在具有不确定 b_i 的 M 个函数约束,则下界为 α^M。在用确定性等价约束代替机会约束并求解得到线性规划问题的最优解后,下一步是计算满足这些确定性等价约束的数量这个最优解的等式。用 N 表示该值,上界是 α^N。因此

$$\alpha^M \leqslant \text{所有约束都会满足的概率}\ \alpha^N$$

当 $\alpha=0.99$ 时,如果 M 和 N 都很大,则此概率的这些界限可能不太理想。因此,对于一个具有大量不确定 b_i 的问题,最好使用比 0.99 更接近 1 的 α 值。

扩展

到目前为止,我们只考虑了唯一不确定参数是 b_i 的情况。如果目标函数(c_j)中的系数也是不确定参数,则处理这种情况也很简单。特别是,在估计了每个 c_j 的概率分布之后,这些参数中的每一个都可以被该分布的平均值代替。被最大化或最小化的量就成为目标函数的期望值(在统计意义上)。而且,这个期望值是一个线性函数,所以线性规划仍然可以用来求解模型。

若函数约束(a_{ij})中的系数是不确定参数,则情况要困难得多。对于每一个约束,对应机会约束的确定性等价约束现在包括一个复杂的非线性表达式。求解得到的非线性规划模型并非不可能。事实上,LINGO 有一个特点,它可以将确定性模型转换为具有概率系数的机会约束模型,然后求解它。这可以用模型参数的概率分布来实现。

7.6　带补偿的随机规划

随机规划为不确定性线性规划提供了一种重要的方法,这种方法早在 20 世纪 50 年代就开始发展,至今仍在广泛应用(相比之下,7.4 节描述的鲁棒优化在 21 世纪初才开始迅速发展)。随机规划解决的是线性规划问题,这些问题的数据及未来的变化情况,目前存在不确定性。它假设问题中的随机变量可以估计出概率分布,然后在分析中大量使用这些分布。机会约束有时被代入模型中,这样做的目的通常是在长期内优化目标函数的期望值。

该方法与 7.4 节描述的鲁棒优化方法有很大不同。鲁棒优化通过聚焦最坏的结果,在很大程度上避免了使用概率分布。因此,它往往会得出非常保守的解决方案。鲁棒优化是专门为处理具有强约束的问题而设计的。相比之下,随机规划寻求的解决方案将呈现较优的平均水平。对于特别保守的解决方案,我们不需要做到稳妥。因此,随机规划更适合具有软约束的问题。如果存在强约束,则必须能够在最后时刻对正在实施的解决方案进行调整,使之可行。

随机规划的另一个关键特征是,当初始决策消除了问题中的部分或全部不确定性时,它通常解决一些决策可以推迟的问题。这被称为带补偿的随机规划,因为可以在以后采取纠正措施来补偿初始决策中的不良结果。对于一个两阶段的问题,一些决定在第一阶段作出,获得更多的信息,然后在第二阶段的后期作出更多的决定。随着时间的推移,多阶段问题有多个阶段,在这些阶段中,根据获得的更多信息而作出决策。

本节将介绍两阶段问题的带补偿的随机规划的基本思想。下面使用 Wyndor Glass 公

司问题的简化版本予以说明。

例 Wyndor Glass 公司的管理层听说有一个竞争对手正计划生产和销售一种新产品，该产品将直接与公司的产品2竞争。如果这个传言是真的，Wyndor Glass 公司将需要对产品2的设计进行一些改变，并降低其价格，以保持竞争力。然而，如果传言被证明是错误的，那么产品2和3.1节中的表3.1的所有数据都不会发生变化。

因此，管理层在决策时要考虑下面两种场景。

场景1：关于竞争对手计划生产和销售竞争产品的传言被证明是不真实的，因此表3.1中的所有数据仍然适用。

场景2：这个传言被证明是真的，则 Wyndor Glass 公司将需要修改产品2并降低其价格。

表7.12显示了将应用于场景2的新数据，其中表3.1中的两个更改位于产品2列的最后两行。

表7.12 场景2下 Wyndor Glass 公司问题的数据

工厂	每批次的生产时间/小时		每周可用的生产时间/小时
	产品1	产品2	
1	1	0	4
2	0	2	12
3	3	6	18
每批次的利润/美元	3 000	1 000	

Wyndor Glass 公司管理层决定继续生产产品1，但有关产品2的决策将推迟到具体会出现哪种场景后再决定。使用该决策后，相关的决策变量变为

$$x_1 = \text{产品 1 每周的产量}$$

$$x_{21} = \text{场景 1 下产品 2 每周的产量}$$

$$x_{22} = \text{场景 2 下产品 2 每周的产量}$$

这是一个两阶段的问题，因为产品1的生产将在第一阶段立即开始，而产品2的生产将在第二阶段的后期开始。然而，通过使用带补偿的随机规划，我们可以建立一个模型，并求解所有三个决策变量的最优值。选择的 x_1 值将使生产设备能够在第一阶段和第二阶段以该速度立即开始生产产品1。选择的 x_{21} 或 x_{22} 值将使计划能够在第二阶段的后期，掌握发生了哪种场景后，开始以给定的速率生产产品2的某些版本。

这个小的随机规划问题只有一个与之相关的概率分布，即关于哪个场景将发生的分布。根据所获得的信息，Wyndor Glass 公司管理层作出了如下估算：

$$\text{场景 1 发生的概率} = \frac{1}{4} = 0.25$$

$$\text{场景 2 发生的概率} = \frac{3}{4} = 0.75$$

可惜我们不知道会发生哪种情况，因为这两种情况下的最佳解决方案是完全不同的。如果我们知道场景1肯定会发生，那么合适的模型就是在3.1节中制定的原始 Wyndor Glass 公司线性规划模型，并得到最优解：$x_1=2, x_{21}=6, Z=36$。如果我们知道场景2肯定会发生，那么合适的模型就是下面的线性规划模型：

$$\begin{aligned}\max\quad & Z=3x_1+x_{22}\\ \text{s.t.}\quad & x_1\leqslant 4\\ & 2x_{22}\leqslant 12\\ & 3x_1+6x_{22}\leqslant 18\\ \text{且}\quad & x_1\geqslant 0,\quad x_2\geqslant 0\end{aligned}$$

模型的最优解是：$x_1=4$，$x_{22}=1$，$Z=13$。

然而，我们需要制定一个同时考虑两个场景的模型。该模型将包括两个场景下的所有约束。考虑到两个场景的概率，总利润的期望值(统计意义上)是通过将每个情景下的总利润按其概率加权来计算的。由此产生的随机规划模型为

$$\begin{aligned}\max\quad & Z=0.25(3x_1+5x_{21})+0.75(3x_1+x_{22})\\ & \quad=3x_1+1.25x_{21}+0.75x_{22},\\ \text{s.t.}\quad & x_1\leqslant 4\\ & 2x_{21}\leqslant 12\\ & 2x_{22}\leqslant 12\\ & 3x_1+2x_{21}\leqslant 18\\ & 3x_1+6x_{22}\leqslant 18\\ \text{且}\quad & x_1\geqslant 0,\quad x_{21}\geqslant 0,\quad x_{22}\geqslant 0\end{aligned}$$

该模型的最优解为 $x_1=4$，$x_{21}=3$，$x_{22}=1$，$Z=16.5$。总之，最佳方案是：每周生产4批产品1；仅在场景1发生时，每周生产3批产品2的原始版本；仅在场景2发生时，每周生产1批产品2的修改版本。

请注意，带补偿的随机规划使我们能够找到一个新的最优计划，它与3.1节针对Wyndor Glass公司问题获得的原始计划(每周生产2批产品1和每周生产6批产品2的原始版本)有很大不同。

与上面的例子一样，任何带补偿的随机规划的应用都会涉及这样一个问题，即存在关于未来发展的替代方案，这种不确定性既会影响即时决策，也会影响后续的决策，这些决策取决于所发生的情景。然而，大多数应用的模型比上面的模型大得多。这个例子只有两个阶段，第一阶段只有一个决策和两个场景，第二阶段只有一个决策。许多应用必须考虑大量可能的场景，可能会有两个以上的阶段，并且每个阶段都需要做许多决策。最终得到的模型可能有成百上千的决策变量和函数约束。不过，推理基本上和这个小例子是一样的。

带补偿的随机规划已被广泛应用多年。这些应用已经出现在许多领域，包括生产、销售、金融和农业。下面我们简要介绍这些应用领域。

生产计划通常用来说明如何将各种有限的资源分配给未来若干时间段内的各种产品的生产。未来的发展(产品需求、资源可用性等)存在不确定性，可以用一些可能的场景来描述。重要的是要考虑到这些不确定性，以制订生产计划，包括下一个时间段的产品组合。该计划还将使后续时间段的产品组合取决于所获得的关于发生哪种情况的信息。随机规划公式的阶段数等于所考虑的时间段数。

下一个应用涉及公司开发新产品时的共同营销决策。由于将一种新产品引入全国市场需要花费大量的广告和营销费用，该产品能否盈利可能并不确定。因此，公司的市场营销部

门通常会先在测试市场试用该产品,然后再决定是否在全国范围内推广。第一个决定包括在测试市场试用产品的计划(生产水平、广告水平等)。然后,关于产品在这个测试市场中的接受程度有各种各样的情况。根据发生的情况,下一步需要决定是否继续生产该产品,如果继续生产,在全国范围内生产和销售该产品的计划应该是什么。根据具体进展情况,下一步的决定可能涉及产品的国际营销。此时,将变成一个三阶段的带补偿的随机规划问题。

在进行一系列有风险的金融投资时,这些投资的绩效可能在很大程度上取决于在这些投资期间的一些外部因素(经济状况、某个经济部门的实力、新的竞争者的崛起等)会如何演变。如果发生演变,就需要考虑这种演变的一些可能情况。需要根据所获得的信息决定时不时要进行的投资,以及在所考虑的未来的每个时期针对后续的投资机会投资多少(如果有的话)。这同样适用于多个阶段的带补偿的随机规划。

农业面临巨大的不确定性。如果天气好的话,这个季节会获利颇丰。然而,如果发生干旱、暴雨、洪水或早霜等,收成会很差。在知道会发生哪种天气情况之前,需要尽早作出一系列每种作物种植量的决策。在天气发生变化、作物(好的或差的)收割后,需要作出其他决定,即每种作物卖多少、应该保留多少作为牲畜的饲料、多少种子留到下一季等。因此,这至少是一个两阶段的问题,可以应用带补偿的随机规划。

正如这些例子所示,当面临不确定性需要作出初始决策时,能够在不确定性消失后的后期作出补偿决策会非常有帮助。这些补偿决策有助于补偿第一阶段作出的任何不成功的决策。

随机规划并不是唯一的可以将补偿纳入分析的技术。鲁棒优化(见7.4节)也可以包括补偿。本章末尾的参考文献9描述了一个名为ROME(Robust Optimization Made Easy的缩写)的软件包如何应用带补偿的鲁棒优化。它还给出了库存管理、项目管理和投资组合优化领域的示例。

其他软件包也可用于此类技术。例如,LINGO具有将确定性模型转换为随机规划模型并进行求解的特殊功能。事实上,LINGO可以用"我们做一个决策,大自然做一个随机决策,我们做一个补偿决策,自然再做一个随机决策,我们再做一个补偿决策"的任意序列来求解多周期随机规划问题。MPL对带补偿的随机规划也有一定的功能。参考文献1还提供了关于求解带补偿的随机规划的大量应用的资料。此外,关于随机规划的更广泛的介绍,请参阅参考文献5、13和14。

7.7 结论

线性规划模型的参数值通常只是估计值。因此,需要进行敏感性分析,以调查如果这些估计是错误的会发生什么。5.3节的基本观点提供了有效进行调查的关键。总体目标是识别影响最优解的敏感性参数,尝试更准确地估计这些敏感性参数,然后选择一个在敏感性参数的可能值范围内均表现良好的解决方案。敏感性分析也有助于指导影响某些参数值的管理决策(如为所考虑的活动提供的资源量)。这些不同类型的敏感性分析是大多数线性规划研究的重要组成部分。

在Excel Solver的帮助下,电子表格还提供了一些执行敏感性分析的方法。一种方法是将模型的一个或多个参数的变化反复输入电子表格中,然后单击Solve键立即查看最佳解决方案是否发生变化。第二种方法是使用 Solver 提供的敏感性报告来确定目标函数中系数的允许范围、函数约束右端项的影子价格以及其影子价格保持有效的每个右端项的允许范围。

其他一些重要的技术也可用于解决线性规划问题，在这些问题中，参数真实值的变化有很大的不确定性。几乎所有可行的约束条件都必须满足实际的约束条件。在处理软约束时，每个这样的约束都可以替换为一个机会约束，该约束只需要非常高的概率就可以满足原始约束。带补偿的随机规划被用来处理在两个(或多个)阶段作出决策的问题，因此以后的决策可以使用诸如某些参数值之类的更新信息。

参考文献

1. Ackooij, W. van, W. de Oliveira, and Y. Song: "Adaptive Partition-Based Level Decomposition Methods for Solving Two-Stage Stochastic Programs with Fixed Recourse," *INFORMS Journal on Computing*, 30(1): 57-70, Winter 2018.
2. Ben-Tal, A., L. El Ghaoui, and A. Nemirovski: *Robust Optimization*, Princeton University Press, Princeton, NJ, 2009.
3. Bertsimas, D., D. B. Brown, and C. Caramanis: "Theory and Applications of Robust Optimization," *SIAM Review*, 53(3): 464-501, 2011.
4. Bertsimas, D., and M. Sim: "The Price of Robustness," *Operations Research*, 52(1): 35-53, January-February 2004.
5. Birge, J. R., and F. Louveaux: *Introduction to Stochastic Programming*, 2nd ed., Springer, New York, 2011.
6. Borgonovo, E.: *Sensitivity Analysis: An Introduction for the Management Scientist*, Springer International Publishing, Switzerland, 2017.
7. Cottle, R. W., and M. N. Thapa: *Linear and Nonlinear Optimization*, Springer, New York, 2017, chap. 6.
8. Doumpos, M., C. Zopounidis, and E. Grigoroudis (eds.): *Robustness Analysis in Decision Aiding, Optimization, and Analytics*, Springer International Publishing, Switzerland, 2016.
9. Goh, J., and M. Sim: "Robust Optimization Made Easy with ROME," *Operations Research*, 59(4): 973-985, July-August 2011.
10. Higle, J. L., and S. W. Wallace: "Sensitivity Analysis and Uncertainty in Linear Programming," *Interfaces*, 33(4): 53-60, July-August 2003.
11. Hillier, F. S., and M. S. Hillier: *Introduction to Management Science: A Modeling and Case Studies Approach with Spreadsheets*, 6th ed., McGraw-Hill, New York, 2019, chap. 5.
12. Infanger, G. (ed.): *Stochastic Programming: The State of the Art in Honor of George B. Dantzig*, Springer, New York, 2011.
13. Kall, P., and J. Mayer: *Stochastic Linear Programming: Models, Theory, and Computation*, 2nd ed., Springer, New York, 2011.
14. Sen, S., and J. L. Higle: "An Introductory Tutorial on Stochastic Linear Programming Models," *Interfaces*, 29(2): 33-61, March-April, 1999.
15. Shapiro, A., D. Dentcheva, and A. Ruszczyriski: *Lectures on Stochastic Programming: Modeling and Theory*, SIAM, Philadelphia, 2014.

习题

一些习题序号左边的符号的含义如下。

D:可以参考本书网站中给出的演示例子。

I:建议使用在 IOR Tutorial 中给出的相应的交互程序。

C:使用任何一种你可以使用的计算机软件自动求解问题。

E*:利用 Excel 及其 Solver。

带星号的习题在书后至少给出了部分答案。

7.1-1* 考虑下面的问题:

$$\max \quad Z=3x_1+x_2+4x_3$$
$$\text{s.t.} \quad 6x_1+3x_2+5x_3\leqslant 25$$
$$3x_1+4x_2+5x_3\leqslant 20$$
$$\text{且} \quad x_1\geqslant 0,\quad x_2\geqslant 0,\quad x_3\geqslant 0$$

相应的最终方程产生的最优解如下:

$$(0)\ Z+2x_2+\frac{1}{5}x_4+\frac{3}{5}x_5=17$$
$$(1)\ x_1-\frac{1}{3}x_2+\frac{1}{3}x_4-\frac{1}{3}x_5=\frac{5}{3}$$
$$(2)\ x_2+x_3-\frac{1}{5}x_4+\frac{2}{5}x_5=3$$

(**a**) 从这些方程中找出最优解。

(**b**) 建立对偶问题。

I(**c**) 从这些方程中找出对偶问题的最优解,通过图解法求解对偶问题来证明这些解。

(**d**) 假设原模型被变成如下的形式:

$$\max \quad Z=3x_1+3x_2+4x_3$$
$$\text{s.t.} \quad 6x_1+2x_2+5x_3\leqslant 25$$
$$3x_1+3x_2+5x_3\leqslant 20$$
$$\text{且} \quad x_1\geqslant 0,\quad x_2\geqslant 0,\quad x_3\geqslant 0$$

利用对偶理论分析原来的最优解是否仍然是最优的。

(**e**) 利用5.3节中介绍的知识计算 x_2 在经过(d)中的改变之后在最终方程中的新系数。

(**f**) 现在假设,对于原模型的唯一改变是在模型中加入了一个新的变量 $x_{新}$,变化后结果如下:

$$\max \quad Z=3x_1+x_2+4x_3+2x_{新}$$
$$\text{s.t.} \quad 6x_1+3x_2+5x_3+3x_{新}\leqslant 25$$
$$3x_1+4x_2+5x_3+2x_{新}\leqslant 20$$
$$\text{且} \quad x_1\geqslant 0,\quad x_2\geqslant 0,\quad x_3\geqslant 0,\quad x_{新}\geqslant 0$$

利用对偶理论分析原来的最优解加上 $x_{新}=0$ 以后是否仍然是最优的。

(g) 利用 5.3 节中介绍的知识计算经过(f)中的改变之后非基变量 $x_{新}$ 在最终方程中的新系数。

D,I **7.1-2** 再次考虑问题 7.1-1 中的模型,通过单独调查原模型中发生下列 6 种改变的每一种来进行敏感性分析。对于每一种变化,利用敏感性分析,先对最终方程进行修订(以表格的形式),之后转化成适当的格式,最后检查解的最优性和可行性(不需要重新最优化)。

(a) 将约束方程 1 的右端项变为 $b_1=10$。

(b) 将约束方程 2 的右端项变为 $b_2=10$。

(c) 将目标函数中 x_2 的系数变为 $c_2=3$。

(d) 将目标函数中 x_3 的系数变为 $c_3=2$。

(e) 将约束方程 2 中变量 x_2 的系数变为 $a_{22}=2$。

(f) 将约束方程 1 中变量 x_1 的系数变为 $a_{11}=8$。

D,I **7.1-3** 考虑下面的问题:

$$\begin{aligned}
\min \quad & W=5y_1+4y_2 \\
\text{s.t.} \quad & 4y_1+3y_2\geqslant 4 \\
& 2y_1+y_2\geqslant 3 \\
& y_1+2y_2\geqslant 1 \\
& y_1+y_2\geqslant 2 \\
\text{且} \quad & y_1\geqslant 0,\quad y_2\geqslant 0
\end{aligned}$$

由于这个原问题中约束方程的数量比变量的数量多,所以假设可以直接在对偶问题上应用单纯形法。如果让 x_5 和 x_6 代表对偶问题中的松弛变量,最终单纯形表如下:

基变量	方程	系数							右端项
		Z	x_1	x_2	x_3	x_4	x_5	x_6	
Z	(0)	1	3	0	2	0	1	1	9
x_2	(1)	0	1	1	−1	0	1	−1	1
x_4	(2)	0	2	0	3	1	−1	2	3

对于下面每一种在原问题模型上的变化,通过直接调查对对偶问题的影响进行敏感性分析,然后推测对原问题的互补影响。对于每一种变化,在对偶问题上应用 6.6 节中总结的过程(不需要重新最优化),然后判断当前基本解在原问题上是否保持可行性和最优性。之后通过在原问题上应用图解法来判断你的结论是否正确。

(a) 将目标函数变为 $W=3y_1+5y_2$。

(b) 将约束方程的约束右端项分别变为 3、5、2 和 3。

(c) 将第一个约束方程变为 $2y_1+4y_2\geqslant 7$。

(d) 将第二个约束方程变为 $5y_1+2y_2\geqslant 10$。

D,I **7.2-1*** 考虑下面的问题:

$$\begin{aligned}
\max \quad & Z=-5x_1+5x_2+13x_3 \\
\text{s.t.} \quad & -x_1+x_2+3x_3\leqslant 20
\end{aligned}$$

$$12x_1+4x_2+10x_3\leqslant 90$$

且 $x_j\geqslant 0, j=1,2,3$

如果用 x_4 和 x_5 分别代表两个约束方程中的松弛变量,单纯形法产生如下的最终方程组:

(0) $Z \quad\quad +2x_3+5x_4 \quad\quad =100$

(1) $-x_1+x_2+3x_3+x_4 \quad\quad =20$

(2) $16x_1 \quad\quad -2x_3-4x_4+x_5=10$

现在,你需要对原模型中分别独立发生下列 9 个变化时的情形进行敏感性分析。对于每一个变化,利用敏感性分析,先对最终方程进行修订(以表格的形式),之后转化成适当的格式,最后检查解的最优性和可行性(不需要重新最优化)。

(a) 将第一个约束方程的约束右端项变为 $b_1=30$。

(b) 将第二个约束方程的约束右端项变为 $b_2=70$。

(c) 将约束右端项变为 $\begin{bmatrix}b_1\\b_2\end{bmatrix}=\begin{bmatrix}10\\100\end{bmatrix}$。

(d) 将目标函数中 x_3 的系数变为 $c_3=8$。

(e) 将 x_1 的系数变为 $\begin{bmatrix}c_1\\a_{11}\\a_{21}\end{bmatrix}=\begin{bmatrix}-2\\0\\5\end{bmatrix}$。

(f) 将 x_2 的系数变为 $\begin{bmatrix}c_2\\a_{12}\\a_{22}\end{bmatrix}=\begin{bmatrix}6\\2\\5\end{bmatrix}$。

(g) 在模型中引入新变量 x_6,其系数为 $\begin{bmatrix}c_6\\a_{16}\\a_{26}\end{bmatrix}=\begin{bmatrix}10\\3\\5\end{bmatrix}$。

(h) 在方程中引入新的约束方程 $2x_1+3x_2+5x_3\leqslant 50$(用 x_6 代表它的松弛变量)。

(i) 将第二个约束方程变为 $10x_1+5x_2+10x_3\leqslant 100$。

7.2-2* 再次考虑 7.2-1 中的模型。假设现在我们对这个问题应用参数线性规划分析。我们将两个约束方程的约束右端项变化如下:

$$20+2\theta \quad \text{(对于第一个约束方程)}$$

$$90-\theta \quad \text{(对于第二个约束方程)}$$

其中,θ 是任意一个正数或负数。

将最优解及 Z 表示成含有 θ 的函数。找出保持解的可行性的 θ 的上界和下界。

D,I **7.2-3** 考虑下面的问题:

$$\max \quad Z=2x_1+7x_2-3x_3$$

$$\text{s.t.} \quad x_1+3x_2+4x_3\leqslant 30$$

$$x_1+4x_2-x_3\leqslant 10$$

且 $x_1\geqslant 0,\quad x_2\geqslant 0,\quad x_3\geqslant 0$

利用 x_4 和 x_5 表示两个约束方程的松弛变量。应用单纯形法产生的最终方程组如下：

(0) $Z \quad +x_2+\ x_3+\quad 2x_5=20$

(1) $\quad -x_2+5x_3+x_4-x_5=20$

(2) $x_1+4x_2-\ x_3+\quad x_5=10$

现在，你需要对原模型中分别独立发生下列变化时的情形进行敏感性分析。对于每一个变化，利用敏感性分析，先对最终方程进行修订（以表格的形式），之后转化成适当的格式，最后检查解的最优性和可行性。如果不满足，请重新最优化以找出新的最优解。

(**a**) 将约束右端项变为 $\begin{bmatrix} b_1 \\ b_2 \end{bmatrix}=\begin{bmatrix} 20 \\ 30 \end{bmatrix}$。

(**b**) 将 x_3 的系数变为 $\begin{bmatrix} c_3 \\ a_{13} \\ a_{23} \end{bmatrix}=\begin{bmatrix} -2 \\ 3 \\ -2 \end{bmatrix}$。

(**c**) 将 x_1 的系数变为 $\begin{bmatrix} c_1 \\ a_{11} \\ a_{21} \end{bmatrix}=\begin{bmatrix} 4 \\ 3 \\ 2 \end{bmatrix}$。

(**d**) 模型中引入新变量 x_6，并伴随如下系数 $\begin{bmatrix} c_6 \\ a_{16} \\ a_{26} \end{bmatrix}=\begin{bmatrix} -3 \\ 1 \\ 2 \end{bmatrix}$。

(**e**) 将目标函数变为 $Z=x_1+5x_2-2x_3$。

(**f**) 在方程中引入新的约束方程 $3x_1+2x_2+3x_3\leqslant 25$。

(**g**) 将第二个约束方程变为 $x_1+2x_2+3x_3\leqslant 35$。

7.2-4 再次考虑问题7.2-3中的模型。假设现在我们对这个问题应用参数线性规划分析。我们将两个约束方程的约束右端项变化如下：

$$30+3\theta \quad (\text{对于第一个约束方程})$$

$$10-\theta \quad (\text{对于第二个约束方程})$$

其中，θ 是任意一个正数或负数。

将最优解及 Z 表示成含有 θ 的函数。找出保持解的可行性的 θ 的上界和下界。

D.I **7.2-5** 考虑下面的问题：

$$\begin{aligned} \max \quad & Z=2x_1-x_2+x_3 \\ \text{s.t.} \quad & 3x_1-2x_2+2x_3\leqslant 15 \\ & -x_1+\ x_2+\ x_3\leqslant 3 \\ & x_1-\ x_2+\ x_3\leqslant 4 \end{aligned}$$

且 $\quad x_1\geqslant 0,\quad x_2\geqslant 0,\quad x_3\geqslant 0$

利用 x_4、x_5 和 x_6 表示三个约束方程的松弛变量。应用单纯形法产生的最终方程组如下：

(0) $Z+\quad 2x_3+x_4+\ x_5\quad =18$

(1) $\quad x_2+5x_3+x_4+3x_5\quad =24$

(2) $2x_3 + \quad x_5 + x_6 = 7$

(3) $x_1 + \quad 4x_3 + x_4 + 2x_5 \quad = 21$

现在,你需要对原模型中分别独立发生下列8个变化时的情形进行敏感性分析。对于每一个变化,利用敏感性分析,先对最终方程进行修订(以表格的形式),之后转化成适当的格式,最后检查解的最优性和可行性。如果不满足,请重新最优化以找出新的最优解。

(a) 将约束右端项变为 $\begin{bmatrix} b_1 \\ b_2 \\ b_3 \end{bmatrix} = \begin{bmatrix} 10 \\ 4 \\ 2 \end{bmatrix}$。

(b) 将目标函数中 x_3 的系数变为 $c_3=2$。

(c) 将目标函数中 x_1 的系数变为 $c_1=3$。

(d) 将 x_3 的系数变为 $\begin{bmatrix} c_3 \\ a_{13} \\ a_{23} \\ a_{33} \end{bmatrix} = \begin{bmatrix} 4 \\ 3 \\ 2 \\ 1 \end{bmatrix}$。

(e) 将 x_1 和 x_2 的系数变为 $\begin{bmatrix} c_1 \\ a_{11} \\ a_{21} \\ a_{31} \end{bmatrix} = \begin{bmatrix} 1 \\ 1 \\ -2 \\ 3 \end{bmatrix}$ 和 $\begin{bmatrix} c_2 \\ a_{12} \\ a_{22} \\ a_{32} \end{bmatrix} = \begin{bmatrix} -2 \\ -2 \\ 3 \\ 2 \end{bmatrix}$。

(f) 将目标函数变为 $Z=5x_1+x_2+3x_3$。

(g) 将第一个约束方程变为 $2x_1-x_2+4x_3 \leqslant 12$。

(h) 引入新的约束方程 $2x_1+x_2+3x_3 \leqslant 60$。

C **7.2-6** 考虑3.4节中介绍并在图3.13中展示的Distribution公司的问题。

虽然图3.13中给出了各种航线的单位运输成本,但是实际上对于这些成本还有很多不确定之处。因此,在采用3.4节给出的最优解之前,管理层需要了解关于单位成本不精确可能带来的影响的更多信息。

利用计算机中基于单纯形法的软件对下面的问题进行敏感性分析:

(a) 在不影响3.4节中给出的最优解的情况下,图3.13中哪条航线的误差余地最小?估计单位运输成本时应将重点放在哪里?

(b) 单位运输成本的允许变动范围是多少?

(c) 应该如何向管理层解释这些允许变动范围?

(d) 如果多于一条航线的单位运输成本发生了变化,你应该如何利用敏感性分析提供的信息作出决策?

7.2-7 考虑下面的问题:

$$\max \quad Z = c_1x_1 + c_2x_2$$

$$\text{s.t.} \quad 2x_1 - x_2 \leqslant b_1$$

$$x_1 - x_2 \leqslant b_2$$

$$\text{且} \quad x_1 \geqslant 0, x_2 \geqslant 0$$

用 x_3 和 x_4 表示约束方程中的松弛变量。当 $c_1=3, c_2=-2, b_1=30$ 以及 $b_2=10$ 时，利用单纯形法产生的最终单纯形表如下：

基变量	方程	系数					右端项
		Z	x_1	x_2	x_3	x_4	
Z	(0)	1	0	0	1	1	40
x_2	(1)	0	0	1	1	−2	10
x_1	(2)	0	1	0	1	−1	20

I(**a**) 利用图解法确定保持最优性时 c_1 和 c_2 的允许变动范围。

(**b**) 利用代数分析的方法证明(a)中的结论。

I(**c**) 利用图解法确定保持最优性的 b_1 和 b_2 的允许变动范围。

(**d**) 利用代数分析的方法证明(c)中的结论。

C(**e**) 利用单纯形法软件包找出这些允许变动范围。

I **7.2-8** 考虑 Wyndor Glass 公司问题的模型(见表 7.8 和图 7.5)，其中表 7.5 中给出参数的变化是 $\bar{c}_2=3$、$\bar{a}_{22}=3$ 及 $\bar{a}_{32}=4$。利用公式 $\boldsymbol{b}^*=\boldsymbol{S}^*\bar{\boldsymbol{b}}$ 找到每一个 b_i 保持最优性的允许变动范围。之后用图解法对这些允许变动范围进行解释。

I **7.2-9** 考虑 Wyndor Glass 公司问题变化 5 的模型(见表 7.8 和图 7.5)，其中表 7.5 中给出参数的变化是 $\bar{c}_2=3$、$\bar{a}_{22}=3$ 及 $\bar{a}_{32}=4$。利用图解法和代数法证明 c_1 保持最优性的允许变动范围是 $c_1\geqslant\frac{9}{4}$。

7.2-10 对于表 7.5 中给出的问题，找到 c_2 保持最优性的允许变动范围。利用表 7.5 中给出的单纯形表，用代数法写出你的结果。之后像图 7.2 那样利用图解法证明你的结论。

7.2-11* 对于 Wyndor Glass 公司问题的原模型，利用表 4.8 中给出的最后一张单纯形表做如下工作：

(**a**) 找到每一个 b_i 保持最优性的允许变动范围。

(**b**) 找到每一个 c_1 和 c_2 保持最优性的允许变动范围。

C(**c**) 利用单纯形法软件包找出这些允许变动范围。

7.2-12 对于 7.2 节中 Wyndor Glass 公司问题的第 6 个变化版本的模型，利用表 7.9 中的最后一张单纯形表做如下工作：

(**a**) 找到每一个 b_i 保持最优性的允许变动范围。

(**b**) 找到每一个 c_1 和 c_2 保持最优性的允许变动范围。

C(**c**) 利用单纯形法软件包找出这些允许变动范围。

7.2-13 考虑下面的问题：

$$\begin{aligned}
\max\quad & Z=2x_1-x_2+3x_3\\
\text{s.t.}\quad & x_1+x_2+x_3=3\\
& x_1-2x_2+x_3\geqslant 1\\
& 2x_2+x_3\leqslant 2\\
\text{且}\quad & x_1\geqslant 0,\quad x_2\geqslant 0,\quad x_3\geqslant 0
\end{aligned}$$

假设我们使用大M法(见4.7节)来获得最初的(人工的)BF解。用 $\bar{x}_4$ 表示人工松弛变量,x_5 是第二个约束方程的剩余变量,$\bar{x}_6$ 是第二个约束方程的人工变量,x_7 是第三个约束方程的松弛变量。相应的产生最优解的最终方程组如下:

$$\begin{aligned}
&(0)\quad Z+5x_2+(M+2)\bar{x}_4+M\bar{x}_6+x_7=8\\
&(1)\quad x_1-x_2+\bar{x}_4-x_7=1\\
&(2)\quad 2x_2+x_3+x_7=2\\
&(3)\quad 3x_2+\bar{x}_4+x_5-\bar{x}_6=2
\end{aligned}$$

假设目标函数被变成 $Z=2x_1+3x_2+4x_3$,而第三个约束方程被变成 $2x_1+x_3\leqslant 1$。使用敏感性分析来修订这个方程组(在最终单纯形表中),之后将其转换成适当的形式并找到基本解。最后检验可行性与最优性(不需要重新最优化)。

7.3-1 考虑下面的问题:

$$\begin{aligned}
\max\quad & Z=2x_1+5x_2\\
\text{s.t.}\quad & x_1+2x_2\leqslant 10\text{(第一种资源)}\\
& x_1+3x_2\leqslant 12\text{(第二种资源)}\\
\text{且}\quad & x_1\geqslant 0,\quad x_2\geqslant 0
\end{aligned}$$

其中,Z 以美元的形式衡量两种产品的利润。

在进行敏感性分析时,你知道单位利润在估计值上下50%内浮动。也就是说,对于第一种产品其实际利润可能为1~3美元,而对于第二种产品的利润,其实际值可能为2.50~7.50美元。

E* **(a)** 根据对单位利润的初始估计,在电子表格上建立原始问题的模型。然后使用Solver找到最优解并生成敏感性报告。

E* **(b)** 利用电子表格和Solver检验当第一种产品的利润从2美元变为1美元,以及从2美元变为3美元时最优解是否仍然保持最优性。

E* **(c)** 利用电子表格和Solver检验当第一种产品的利润保持2美元不变,而第二种产品的利润从5美元变为2.5美元,以及从5美元变为7.5美元时最优解是否仍然保持最优性。

I **(d)** 使用IOR Tutorial中的图解法与敏感性分析确定每一种产品的单位利润在保持解最优性时的允许变动范围。

E* **(e)** 使用Excel Solver中提供的敏感性报告分析每一种产品的单位利润在保持解最优性时的允许变动范围。之后用这个范围来检查(b)到(e)的结果。

E* **7.3-2** 再一次考虑习题7.3-1中的模型。在进行敏感性分析时,你发现原模型中的约束右端项的真实值在其估计值上下50%内浮动。也就是说,第一个约束右端项的可能变化范围是5到15,第二个约束右端项的可能变化范围是6到18。

(a) 完成对原始的电子表格模型的处理之后,对于第一个约束方程的约束右端项加1,再次进行处理,找到其对应的影子价格。

(b) 对于第二个约束方程重复(a)的过程。

(c) 使用Solver的敏感性报告找出每个约束方程对应的影子价格以及没有约束方程的约束右端项的允许变化范围。

7.3-3 考虑下面的问题：

$$\max \quad Z = x_1 + 2x_2$$

s. t. $x_1 + 3x_2 \leqslant 8$(第一种资源)

$x_1 + x_2 \leqslant 4$(第二种资源)

且 $x_1 \geqslant 0, \quad x_2 \geqslant 0$

其中，Z 表示两种产品以美元计量的利润，约束右端项表示各种可用资源的总量。

I(**a**) 利用图解法求解这个模型。

I(**b**) 对每种可用资源增加 1 单位，之后使用图解法再次进行处理，找到每种资源的影子价格。

E*(**c**) 利用电子表格和 Solver 重复进行(a)和(b)中的工作。

(**d**) 使用 Solver 的敏感性报告找出每个约束方程对应的影子价格，并找出保持影子价格可用时的各种资源总量的允许变动范围。

(**e**) 请解释为什么当管理层可以改变各种可用资源的总量时，影子价格非常有用。

7.3-4* G. A. Tanner 公司生产的一种产品是某种玩具，预计每一个玩具可以带来 3 美元的利润。由于这种玩具的需求量很大，因此管理层希望可以在当前每天生产 1 000 件产品的基础上增加产量。但是，由于从供应商那里获得部件(A 和 B)的数量有限，很难提高产量。每一个玩具需要两个 A 部件，而供应商对于这种部件的供应量只能从每天 2 000 个增加到 3 000 个。每一个玩具只需要一个部件 B，但是供应商没有办法提高该部件的供应量，所以供应量仍然是每天 1 000 个。由于目前没有办法找到其他提供这两种部件的供应商，所以管理层决定自己生产这两种部件来满足需求。但是生产时由于某种原因 A 和 B 必须等产量同时生产。按照估计，如果公司自己生产这两种部件，因为 A 和 B 同时生产，那么每生产一组 A 和 B 所花费的总成本与从供应商那里购买花费的总成本相比，都会高出 2.5 美元。管理层想要知道玩具和两种部件各自的产量分别是多少，才能使利润实现最大化。

下表总结了该问题的数据。

	每项活动所消耗的资源		
	活　动		
资源	生产玩具	生产部件	可用资源总数
部件 A	2	−1	3 000
部件 B	1	−1	1 000
单位利润/美元	3	−2.5	

E*(**a**) 建立这个问题的电子表格模型，并求解。

E*(**b**) 由于这两种部件的单位利润是估计出来的，所以管理层想知道，当最优解保持不变时该估计值可以有多大的变动范围。在采取第一项活动(生产玩具)时请使用电子表格和 Solver 来生成一张表格，在表格中给出当这项活动的单位利润在上下 50%的范围内变动，也就是在从 2 美元到 4 美元这个范围内变动时的最优解和总利润。从这个结果中分析该玩具的单位利润在保持解的最优性不变时的允许变动范围。

E* (c) 对第二项活动重复(b)中的过程。请使用电子表格和 Solver 生成一张表格,在表格中给出当这项活动的单位利润在上下 50%的范围内变动,也就是在从−3.5 美元到−1.5 美元这个范围内变动时的最优解和总利润(在这个过程中,玩具的单位利润固定在 3 美元不变)。

I(d) 在 IOR Tutorial 中使用图解法与敏感性分析来决定每项活动的单位利润,在保持最优解不变的前提下,向两个方向可以变化多大。利用这个信息决定每项活动的单位利润在保持解的最优性时的允许变动范围。

E* (e) 利用 Solver 的敏感性报告分析每项活动的单位利润在保持解的最优性时的允许变动范围。

(f) 利用 Excel 的敏感性报告说明当保持最优解不变,两项活动的单位利润同时发生变化时,可以变化多少。

E* **7.3-5** 再次考虑习题 7.3-4。经过与两家供应商的进一步谈判,G. A. Tanner 公司的管理层从供应商那里知道,如果公司愿意为额外的产量支付一笔金额不是很高的溢价,那么这两家供应商都将愿意在现在所能提供的水平上(每天 3 000 的 A 和每天 1 000 的 B)增加产量。但是每种部件所需支付的溢价还有待谈判。由于对玩具的需求量特别大,所以可以保证在供应充足的条件下,全部卖出每天生产的 2 500 件玩具。假设在习题 7.3-4 中给出的玩具的单位利润是准确的。

(a) 在部件最大供应量没有发生变化时,加入玩具产量每天不能超过 2 500 件的新的约束条件。对加入的新约束条件的原始问题建立数学模型和电子表格模型。

(b) 在不考虑奖金的情况下,利用电子表格和 Solver 确定,部件 A 在目前最大供应量的基础上增加一个单位时,它的影子价格是多少。利用这个影子价格确定公司对于这种部件愿意支付的最高溢价是多少。

(c) 对于部件 B 重复(b)中的过程。

(d) 使用 Solver 中的敏感性报告确定每一种部件的影子价格及约束右端项的允许变动范围。

7.3-6 David、LaDeana 和 Lydia 都是一家钟表生产公司的工人,三个人合作生产钟表。David 和 LaDeana 每周最多可以工作 40 个小时,而 Lydia 每周最多可以工作 20 个小时。

这家公司生产两种不同的钟表:老爷钟和挂钟。David 负责对钟表的内部零件进行组装;LaDeana 负责给钟表安装一个木制的外壳;Lydia 负责整理和运走完工的钟表。每一项工作所需的时间如下:

单位:小时

工作	所需时间	
	老爷钟	挂钟
装配	6	4
加壳	8	4
搬运	3	3

每一个老爷钟可以产生 300 美元的利润，而每一个挂钟可以产生 200 美元的利润。为了获得最大的总利润，需要决定每周生产两种钟各多少个。

(**a**) 为这个问题建立线性规划模型。

I(**b**) 在 IOR Tutorial 中使用图解法与敏感性分析求解这个模型，并分析如果老爷钟的利润从 300 美元增加到 375 美元，而其他条件不发生变化时，最优解是否发生变化。接着分析，当老爷钟的单位利润为 375 美元，而挂钟的利润从 200 美元减少到 175 美元时，最优解是否发生变化。

E*(**c**) 利用电子表格求解这个问题。

E*(**d**) 利用 Solver 来检验(b)中的变化。

E*(**e**) 利用 Excel Solver 分析这三个人分别独立地将自己每周的最多工作时间增加 5 小时后，对最优解及总利润的影响。

E*(**f**) 生成 Solver 敏感性报告，分析每种钟的单位利润在保持最优解不变时的允许变动范围。之后分析每人最大工作时间在保持最优解不变时的允许变动范围。

(**g**) 为了增加总利润，三个人决定他们当中有一个人需要增加最大工作时间。为了选出哪个人来增加工作时间，需要判断谁增加工作时间可以带来最多的总利润。利用敏感性报告来做决定。这里假设原模型中产品的单位利润没有发生变化。

(**h**) 解释为什么影子价格中有一个等于零。

(**i**) 影子价格能否在敏感性分析中有效利用来决定，假如当 Lydia 决定她每周最大工作时间从 20 增加到 25 时所产生的影响。如为是的话，总利润将增加多少？

7.4-1 重新考虑 7.4 节中介绍的使用鲁棒优化的例子。Wyndor Glass 公司的管理层现在认为，本例中描述的分析过于保守，原因有三：①参数的真实值不太可能接近如表 7.10 所示的不确定性范围的任何一端；②更不可能的是，一个约束中所有参数的真实值会同时倾向于其不确定度范围的不期望的末端；③每个约束中都有一点自由度来补偿对约束的违反。

因此，Wyndor Glass 公司的管理层要求其员工在使用如表 7.10 所示的不确定性范围的一半时，再次求解该模型。

(**a**) 最终的最佳解决方案是什么？这将使每周的总利润增加多少？

(**b**) 如果 Wyndor Glass 公司需要向分销商支付每周 5 000 美元的罚款，如果生产率低于这些新的最低保证金额，Wyndor Glass 公司是否应该作出新的保证？

7.4-2 考虑下面的问题：

$$\max \quad Z=c_1x_1+c_2x_2$$

$$\text{s.t.} \quad a_{11}x_1+a_{12}x_2\leqslant b_1$$

$$a_{21}x_1+a_{22}x_2\leqslant b_2$$

且　$x_1\geqslant 0,\quad x_2\geqslant 0$

下表给出了参数的估计值和不确定性范围。

参数	估计值	不确定性范围
a_{11}	1	0.9～1.1
a_{12}	2	1.6～2.4
a_{21}	2	1.8～2.2
a_{22}	1	0.8～1.2
b_1	9	8.5～9.5
b_2	8	7.6～8.4
c_1	3	2.7～3.3
c_2	4	3.6～4.4

(**a**) 使用参数的估计值,用图解法来求解该模型。

(**b**) 使用鲁棒优化制定这个模型的保守版本。使用图解法求解该模型。给出(a)和(b)中获得的 Z 值,然后通过用鲁棒优化模型替换原始模型来计算 Z 中的百分比变化。

7.4-3 针对下列条件,重做习题 7.4-2。

$$\min \quad Z=c_1x_1+c_2x_2$$

$$\text{s.t.} \quad a_{11}x_1+a_{12}x_2\leqslant b_1$$

$$a_{21}x_1+a_{22}x_2\leqslant b_2$$

$$a_{31}x_1+a_{32}x_2\leqslant b_3$$

且 $x_1\geqslant 0,\quad x_2\geqslant 0$

参数	估计值	不确定性范围
a_{11}	10	6～12
a_{12}	5	4～6
a_{21}	−2	−3～−1
a_{22}	10	8～12
a_{31}	5	4～6
a_{32}	5	3～8
b_1	50	45～60
b_2	20	15～25
b_3	30	27～32
c_1	20	18～24
c_2	15	12～18

C7.4-4 考虑以下问题:

$$\max \quad Z=5x_1+c_2x_2+c_3x_3$$

$$\text{s.t.} \quad a_{11}x_1-3x_2+2x_3\leqslant b_1$$

$$3x_1+a_{22}x_2+x_3\geqslant b_2$$

$$2x_1-4x_2+a_{33}x_3\leqslant 20$$

且 $x_1\geqslant 0,\quad x_2\geqslant 0,\quad x_3\geqslant 0$

下表给出了不确定参数的估计值和不确定性范围。

参数	估计值	不确定性范围
a_{11}	4	3.6～4.4
a_{22}	−1	−1.4～0.6
a_{33}	3	2.5～3.5
b_1	30	27～33
b_2	20	19～22
c_2	−8	−9～−7
c_3	4	3～5

(a) 使用参数估计求解该模型。

(b) 使用鲁棒优化制定该模型的保守版本。求解该模型。给出在(a)和(b)中获得的 Z 值,然后通过用鲁棒优化模型替换原始模型来计算 Z 的减少百分比。

7.5-1 重新考虑 7.5 节中使用机会约束的例子。人们担心的是,当 Wyndor Glass 公司的两个新产品在三家工厂的生产稍晚一点开始时,它们的生产时间还有多少不确定性。表 7.11 给出了三家工厂每周可用生产时间平均值和标准差的初步估计值。

假设现在对这些可用生产时间进行更仔细的调查,已经大大缩小了这些时间的不确定性的范围。特别是,表 7.11 中的平均值保持不变,但标准偏差已减半。然而,为了确保生产开始时原始约束仍然有效,α 的值增加到 $\alpha=0.99$。我们仍然假设每家工厂的可用生产时间具有正态分布。

(a) 使用概率表达式写出三个概率约束,然后展示这些机会约束的确定性等价约束。

(b) 求解得到的线性规划模型。这个解决方案每周能给 Wyndor Glass 公司带来多少利润?将你得到的每周总利润与 7.5 节中的例子进行比较。将标准差减半,每周的总利润增加了多少?

7.5-2 考虑下面的约束,其右端项 b 假定具有平均值为 100 的正态分布和标准偏差 σ。

$$30x_1+20x_2\leqslant b$$

对随机变量 b 可能的分布进行快速调查,得到 $\sigma=10$ 的估计值。而随后一项更仔细的调查大大缩小了这一偏差,从而得出了 $\sigma=2$ 的精确估计。在选择约束将保持的最小可接受概率(用 α 表示)后,该约束将被视为机会约束。

(a) 使用一个概率表达式来写出结果的机会约束。然后用 σ 和 K_α 写出其确定性等价约束。

(b) 准备一张表格,比较使用 $\alpha=0.9$、0.95、0.975、0.99 和 0.998 65 时,$\sigma=10$ 和 $\sigma=2$ 的确定性等价约束右端项的值。

7.5-3 假设一个线性规划问题有 20 个不等式形式的函数约束,使它们的右端项(b_i)为不确定参数,因此引入 α 的机会约束来代替这些约束。在替换这些机会约束的确定性等价约束并求解得到的新的线性规划模型后,发现其最优解满足这些确定性等价约束中的 10 个且相等,而其他 10 个确定性等价约束中有一些松弛。假设 20 个不确定 b_i 具有相互独立的正态分布,回答以下问题:

(a) 选择 $\alpha=0.95$ 时,新线性规划问题的最优解满足所有 20 个原始约束的概率的下界和上界是多少,可以使这个解实际上对原问题是可行的?

(b) 令 $\alpha=0.99$,重做(a)。

(c) 假设所有的 20 个函数约束都被认为是强约束,也就是说,必须尽可能满足这些约束。因此,决策者希望使用一个不小于 0.95 的 α 值,使新的线性规划问题的最优解实际上对原问题是可行的。使用试错法找出 α 的最小值(保留三位有效数字),来为决策者提供所需的保证。

7.5-4 考虑以下问题:

$$\max \quad Z=20x_1+30x_2+25x_3$$

$$\text{s.t.} \quad 3x_1+2x_2+x_3\leqslant b_1$$

$$2x_1+4x_2+2x_3\leqslant b_1$$

$$x_1+3x_2+5x_3\leqslant b_3$$

$$\text{且} \quad x_1\geqslant 0,\quad x_2\geqslant 0,\quad x_3\geqslant 0$$

b_1、b_2 和 b_3 是具有相互独立的正态分布的不确定参数。这些参数的平均值和标准差分别为(90,3),(150,6)和(180,9)。

(a) 建议使用解决方案:$(x_1,x_2,x_3)=(7,22,19)$。该解满足相应的函数约束的概率是多少?

C(b) 为这三个函数约束制定机会约束,其中第一个约束的 $\alpha=0.975$,第二个约束的$\alpha=0.95$,第三个约束的 $\alpha=0.90$。然后确定三个机会约束的确定性等价约束,并求得到的线性规划模型的最优解。

(c) 计算这个新的线性规划模型的最优解对原问题是可行的概率。

C7.6-1 重新考虑 7.6 节介绍的使用带补偿的随机规划的例子。Wyndor Glass 公司管理层现在已经获得了有关传言的更多信息,这个传言是有竞争对手计划生产和销售一种新产品,该产品将直接与 Wyndor Glass 公司的产品 2 竞争。这一信息表明,传言的真实性比原先想象的要小。因此,传言属实的概率估计值降到了 0.5。

建立修正的随机规划模型并求其最优解,然后用文字描述相应的最优方案。

C7.6-2 情况与习题 7.6-1 中所述相同,但 Wyndor Glass 公司管理层认为有关传言的附加信息不可靠。因此,他们还没有决定对传言真实性的最佳估计是 0.5 还是 0.75,或者介于二者之间。因此,他们要求你找到这个概率的盈亏平衡点,在该概率下,7.6 节中给出的最优计划将不再是最优的。使用试错法找到盈亏平衡点(四舍五入至小数点后两位)。如果概率小于该盈亏平衡点,那么新的最优方案是什么?

C7.6-3 皇家可乐公司正在考虑开发一种新型碳酸饮料,并添加到其标准饮料生产线中,持续两年左右(之后可能会被另一种饮料取代)。不过,目前还不清楚这种新饮料能否盈利,因此需要进行分析,以确定是否继续开发这种饮料。一旦开发完成,这种新饮料将在一个小的区域测试市场上销售,以评估这种饮料的受欢迎程度。如果测试市场表明这种饮料能够盈利,那么它将在全国范围内销售。

研发这种饮料,然后在测试市场测试的成本估计为 4 000 万美元。总预算为 1 亿美元,用于在测试市场和全国范围内进行广告宣传。测试市场的广告最低需要 500 万美元,最高限额为 1 000 万美元,从而全国广告预算支出为 9 000 万~9 500 万美元。

为了简化分析，假设测试市场或全国范围内的销售额与那里的广告水平成比例(同时认识到，在广告量达到饱和水平后，追加的销售率将下降)。扣除 4 000 万美元的固定成本后，预计测试市场的净利润只有广告投放量的一半。

为了进一步简化分析，将在测试市场上测试该饮料的结果分为三类：①非常有利；②勉强有利；③不利。这些结果的概率估计分别为 0.25、0.25 和 0.50。如果结果是非常有利的，那么上市后的净利润预计将是广告水平的两倍左右。如果结果勉强有利，相应的净利润大约是广告水平的 0.2 倍。如果结果是不利的，这种饮料将被放弃，不会在全国范围内销售。

使用带补偿的随机规划为这个问题建立一个模型。假设公司应该继续开发这种饮料，通过求解模型确定在测试市场上应该做多少广告，以及在测试市场的三种可能结果中的每一种情况下，在全国范围内(如果有的话)应该做多少广告。最后，计算饮料总净利润的预期值(在统计意义上)，包括公司继续开发饮料的固定成本，只有当预期净利润总额为正时，公司才应该继续开发。

C7.6-4 考虑以下问题：

$$\min \quad Z=5x_1+c_2x_2$$

$$\text{s.t.} \quad 3x_1+a_{12}x_2 \geqslant 60$$

$$2x_1+a_{22}x_2 \geqslant 60$$

$$\text{且} \quad x_1 \geqslant 0, \quad x_2 \geqslant 0$$

x_1 表示活动 1 的级别，x_2 表示活动 2 的级别。c_2、a_{12} 和 a_{22} 的值尚未确定。只有活动 1 需要尽快进行，而活动 2 将稍晚启动。从现在到活动 2 开始时，可能会出现不同的场景，这将导致 c_2、a_{12} 和 a_{22} 的不同值。因此，我们的目标是使用所有这些信息为 x_1 选择一个值，并在弄清楚发生了哪个场景之后确定选择 x_2 值的计划。

有三种场景被认为最有可能发生。下面列出了这些场景，以及每个场景下的 c_2、a_{12} 和 a_{22} 值：

场景 1：$c_2=4$，$a_{12}=2$ 和 $a_{22}=3$

场景 2：$c_2=6$，$a_{12}=3$ 和 $a_{22}=4$

场景 3：$c_2=3$，$a_{12}=2$ 和 $a_{22}=1$

这三种场景发生的可能性被视为相同的。利用带补偿的随机规划方法，对该问题建立适当的模型，然后求解最优方案。

案例 7.1 控制空气污染

回忆 3.4 节中的 Nori&Leets 公司控制空气污染的问题。当运筹小组得出最优解之后，我们提到，这个小组接下来要进行敏感性分析。下面先提供一些背景材料，让你回忆起运筹小组所采取的步骤。

原模型中各参数的值见表 3.8、表 3.9 和表 3.10。由于该公司以前没有消除污染的经验，所以表 3.10 中对成本的估计非常不准确，每一个数字都可能上下浮动 10%。对表 3.9 中参数的估计也是很不准确的，但是不像表 3.10 中那样严重。相反，表 3.8 中的数字是政策标准，所以是固定的。

但是,对于将各种污染物要求减少的排放量的政策标准设定在哪里仍然存在争议。表3.8中给出的数字实际上是在明确满足这些标准所产生的成本之前商定的临时性的初步值。政府与公司都同意,有关政策标准的决策最终将取决于成本与利润的转化。按照这个理念,政府得出结论,政策标准在当前值(表3.8中的全部数字)每提高10个百分点,对这个城市将产生350万美元的价值。因此,政府决定每降低10个百分点的政策标准(直到50%),就给公司减350万美元的税,这已被公司接受。

最终,仍然存在关于三种污染物政策标准相关数值的争论。如表3.8所示,对于粉尘的要求减少量比氧化物或碳氢化合物的要求减少量的一半还要少。有些人要求减少这些不平等。其他人则认为,由于氧化物和碳氢化合物的危害更大,所以需要更大的不平等。大家都同意等得到关于哪一种标准可用的信息之后再重新考虑这个问题。

(a) 使用任何一种线性规划软件来求解3.4节中给出的关于这个问题的模型。除了最优解,获取用于优化后分析(Excel的敏感性报告)的进一步的输出。利用这个分析结果为下面的步骤做准备。

(b) 忽略对参数值没有确定影响的约束($x_j \leqslant 1, j=1,2,\cdots,6$),找到这个模型中的敏感性参数(提示:参考4.9节的"敏感性分析"小节)。判断在可能的情况下,哪些参数应该变更自己的估计。

(c) 分析表3.10中的每一个成本参数如果估计不精确可能带来的影响。如果真实值比估计值少10%,是否会改变最优解?如果真实值比估计值高10%,是否会改变最优解?请指出哪个参数需要更仔细的估计。

(d) 考虑这样的问题:在使用单纯形法之前,将你的模型转换成求最大值的形式。利用表6.13求出这个问题的对偶问题。对原问题使用单纯形法,利用输出结果找到对偶问题的最优解。如果原问题采用求最小值的形式,那么会如何影响对偶问题的形式?如何影响对偶问题最优解中变量的符号?

(e) 对于每一种污染物,利用(d)中的结果来决定排放量,在这一排放量下,实际的排放量如有微小的变动就会使最优解中的总成本发生变化。确定这个排放量在不影响总成本的变化速度的前提下可以变化多少。

(f) 对于表3.8中政策标准的每一单位粉尘的变化,求出保持最优解中总成本不变时氧化物应该反方向变化多少。同样,求出保持最优解中总成本不变时碳氢化合物应该反方向变化多少。如果二者同时等量地变化,那么应该变化多少。

本书网站(www.mhhe.com/hillier11e)上补充案例的预览

案例7.2 农场管理

Ploughman一家拥有并经营一个占地640公顷的农场,需要决定下一年度养多少牲畜与种多少庄稼。假定明年为气候正常的年景,可以通过建立线性规划模型并求解来指导决策。但如果气候反常,农场将大幅减产,所以需要对明年的气候设定不同场景,应用优化后分析指导决策。

案例 7.3　向学校分派学生，进行修正

本案例是案例 4.3 的延续，在案例 4.3 中，Springfield 学校委员会将 6 个居民区的学生分配到三所中学，应用了一个线性规划模型并求解，同时进行了敏感性分析。现需要回答两个问题：一是因某个小区正在修路，需增加公共汽车接送带来的影响；二是近年内在某几个中学增添一些移动的教室是否可行。

案例 7.4　写份非技术性的建议书

为了确立在未来广告战中三种产品的销售目标，Profit & Gambit 公司的经理正在探讨广告费用和销售额增长之间的关系。你的主要任务是给该公司经理写一份非技术性的建议书。

第 8 章

线性规划的其他算法

线性规划之所以得到非常广泛的应用,关键原因是它拥有特别有效的算法——单纯形法。单纯形法能按部就班地解决大型线性规划问题。然而,单纯形法只是线性规划实践工作者常用的算法宝库的一部分。

本章首先介绍三种算法,这三种算法实际上是单纯形法的变体。接下来的三节将依次介绍对偶单纯形法(一种对敏感性分析特别有用的单纯形法的变体)、参数线性规划(敏感性分析体系的一种延伸)和上界法(单纯形法的最新进展,处理具有上界变量问题的方法)。我们对这些算法的介绍不会像在第 4 章和第 5 章介绍单纯形法那样深入。我们的目标只是简要介绍这些算法的主要思想。

4.11 节介绍了线性规划的另一种算法,那是一种在可行域内部移动的算法。我们将在 8.4 节更深入地讨论这种内点算法。

8.1 对偶单纯形法

对偶单纯形法基于第 6 章提出的对偶理论。要阐述该算法背后所隐含的基本思想,可以使用 6.3 节中表 6.9 和表 6.10 介绍的一些术语来描述任意一对原问题和对偶问题的互补基本解。特别地,让我们回顾一下,当原问题基本解可行时,这两个互补的基本解被称为原问题可行解;反之,当互补的对偶基本解对于对偶问题可行时则称它们是对偶可行解。让我们再回顾一下,一个互补的基本解仅当它既是原问题可行解也是对偶可行解时,它才是对应于它的问题的最优解(正如表 6.10 右端项所说明的)。

对偶单纯形法可以被视为单纯形法的镜像。单纯形法直接处理原问题的基本解,这些基本解对原问题是可行的,但不是对偶可行。单纯形法通过力图达到对偶也可行(单纯形法中的最优检验数)而移向一个最优解。与此相反,对偶单纯形法在原问题中直接处理的基本解对于对偶问题是可行的而对原问题是不可行的。对偶单纯形法通过力图达到原问题也可行而移向一个最优解。

不仅如此,对偶单纯形法在解决问题时仿佛单纯形法也正被同时应用于它的对偶问题。如果我们让它们的初始基本解互补,在这两种方法进行的全过程中,每一次迭代都会得到互补基本解。

对偶单纯形法在一些特殊情况下非常有用。通常而言，获得原问题的初始 BF 解比获得对偶初始 BF 解更容易。然而，有时我们必须引入一些人工变量以构建初始 BF 解。在这种情况下，以一个对偶 BF 解开始并使用对偶单纯形法可能更容易。不仅如此，我们可能需要的迭代更少，因为没有必要使那些人工变量为 0。

当一个问题的初始基本解（不包括人工变量）既非原问题可行也非对偶问题可行时，也可以通过把单纯形法和对偶单纯形法结合成“原—对偶”算法，这一算法的目的是达到原可行和对偶同时可行。

正如在第 6 章、第 7 章及 4.9 节几次提到的，对偶单纯形法的另一个重要且主要的应用是与敏感性分析结合起来。假定已经通过单纯形法获得了一个最优解，但这时模型需要（或出于你对敏感性分析的兴趣）做小的变化。如果先前的最优解已经不再是原问题可行的（但仍满足最优检验），你可以立即从这个对偶 BF 解开始并应用对偶单纯形法（我们将在本节末解释这个问题）。比起用单纯形法从头开始求解这个新问题，以这种方式使用对偶单纯形法常常可以更快地获得新的最优解。

正如 4.10 节中指出的，对偶单纯形法也可以从一开始就用于解决大型线性规划问题，因为它是一种相当有效的算法。使用最强版本线性规划求解器的计算经验表明，对偶单纯形法在求解实践中表明，对特别大型的问题它经常比单纯形法更有效率。

对偶单纯形法的运算规则与单纯形法的运算规则类似。事实上，一旦方法开始，唯一不同的就是选择入基变量和出基变量以及停止计算的标准。

（对一个最大化问题）要开始对偶单纯形法，我们必须使所有方程（0）中的系数为非负（因此这个基本解是对偶可行的）。只有当某些变量为负时，这个基本解才是不可行的（最后一个基本解除外）。该算法逐步减小目标函数的值，并总是保持方程（0）中的系数为非负，直到所有变量是非负的。这样得到的基本解是可行的（它满足所有等式），并且根据单纯形法的方程（0）系数非负准则，它是最优的。

下面总结对偶单纯形法的详细过程。

8.1.1 对偶单纯形法的总结

1. 初始化：在把所有“$\geqslant$”形式的函数约束转化为“$\leqslant$”形式后（通过两边同乘以-1），按需要引入剩余变量以建立描述问题的一组方程。寻找一个基本解，使基变量方程（0）的系数为 0，且基变量的方程（0）系数为非负（因此如果这个解是可行的，它就是最优的），然后进行可行性检验。

2. 可行性检验：检查所有的基变量是否都是非负的。如果是，那么这个解是可行的，因而也是最优的，算法停止；否则，进行迭代。

3. 迭代

步骤 1：确定出基变量。选择值为负且拥有最大绝对值的基变量。

步骤 2：确定入基变量。将含有出基变量方程的某一倍数加到方程（0）上，将方程（0）中的系数首先达到 0 的非基变量作为入基变量。这个选择是通过检查方程（含有出基变量的方程）系数为负的非基变量，并以方程（0）的系数与该方程系数比值中的最小绝对值所对应的非基变量作为入基变量。

步骤 3：确定新的基本解。从当前的方程组出发，按照高斯消元法求解基本量。当令非基变量等于 0 时，每个基变量（和 Z）等于出现该变量（系数为$+1$）的一个方程新的右端项的值。返回到可行性检验。

要完全理解对偶单纯形法,你必须意识到该算法的运行与单纯形法被运用于对偶问题中的互补基本解一样(事实上,这一解释正是构建对偶单纯形法的动机)。迭代的第一步,选择出基变量等同于确定绝对值最大的变量对应于对偶问题中方程(0)的值为负且绝对值最大的变量(见表6.3)。迭代的第二步,确定入基变量等同于确定对偶问题中的出基变量。方程(0)中最先达到0的系数对应于对偶问题中最先达到0的变量。这两个算法终止的准则也是互补的。

8.1.2 一个例子

我们现在通过应用对偶单纯形法求解 Wyndor Glass 公司的对偶问题(见表6.1)来说明这一算法。通常情况下,这个方法直接应用于我们所关心的问题(原问题)。但是,我们选择这个问题是因为你已经在表4.8中看到了单纯形法应用于它的对偶问题(原问题[①]),因此你可以对这两种方法进行比较。为了方便比较,我们继续用 y_i 而不是 x_i 来表示问题中待求解的决策变量。

在最大化形式下,待求解问题为

$$\max \quad Z=-4y_1-12y_2-18y_3$$

$$\text{s.t.} \quad y_1 \qquad +3y_3 \geqslant 3$$

$$2y_2+2y_3 \geqslant 5$$

$$且 \quad y_1 \geqslant 0, \quad y_2 \geqslant 0, \quad y_3 \geqslant 0$$

既然右端项的值可以为负值,我们没有必要引入人工变量作为初始基变量。取而代之,我们简单地把函数约束转化为"≤"形式并引入松弛变量充当初始基变量。这样,初始方程组即如表8.1第0次迭代所示。注意到所有方程(0)的系数都是非负的,因此如果解是可行的,那么就是最优的。

表8.1 对偶单纯形法应用于 Wyndor Glass 公司的对偶问题

迭代	基变量	方程	系数 Z	y_1	y_2	y_3	y_4	y_5	右端项
0	Z	(0)	1	4	12	18	0	0	0
	y_4	(1)	0	−1	0	−3	1	0	−3
	y_5	(2)	0	0	−2	−2	0	1	−5
1	Z	(0)	1	4	0	6	0	6	−30
	y_4	(1)	0	−1	0	−3	1	0	−3
	y_2	(2)	0	0	1	1	0	$-\frac{1}{2}$	$\frac{5}{2}$
2	Z	(0)	1	2	0	0	2	6	−36
	y_3	(1)	0	$\frac{1}{3}$	0	1	$-\frac{1}{3}$	0	1
	y_2	(2)	0	$-\frac{1}{3}$	1	0	$\frac{1}{3}$	$-\frac{1}{2}$	$\frac{3}{2}$

① 6.1节中的对称性质指出对偶问题的对偶即是最初的原问题。

初始的基本解是 $y_1=0, y_2=0, y_3=0, y_4=-3, y_5=-5$，从而 $Z=0$，这个解不是可行解，因为存在负值。出基变量是 $y_5(5>3)$，入基变量是 $y_2\left(\frac{12}{2}<\frac{18}{2}\right)$，得到第 2 组方程，在表 8.1 中以迭代 1 标记。对应的基本解是 $y_1=0, y_2=\frac{5}{2}, y_3=0, y_4=-3, y_5=0$，且 $Z=-30$，不是可行解。

下一个出基变量是 y_4，入基变量是 $y_3\left(\frac{6}{3}<\frac{4}{1}\right)$，得到表 8.1 的最后一组方程。对应的基本解是 $y_1=0, y_2=\frac{3}{2}, y_3=1, y_4=0, y_5=0$，且 $Z=-36$，它是可行解，因此是最优解。

正如我们在表 4.8 中通过单纯形法得到的，这个问题的对偶问题①的最优解是 $x_1^*=2$，$x_2^*=6, x_3^*=2, x_4^*=0, x_5^*=0$。我们建议你现在同时回溯表 8.1 和表 4.8，并对比这两个互为镜像方法的互补的步骤。

如前所述，对偶单纯形法的一个重要应用为：当敏感性分析的结果在初始模型中出现很小变化时，它常被用于快速重新求解一个问题。特别是当原问题的基本解为非可行解时(一个或多个右端项为负值)，但仍满足最优性测试[在第(0)行没有负的系数]，你可以立即从该对偶可行解出发应用对偶单纯形法求解。例如，当一个违背原最优解的新的约束被加入初始模型时会出现上述情形。假定表 8.1 求解的问题开始时不包含它的第一个约束 $(y_1+3y_3\geqslant 3)$。在删去第 1 行后，表 8.1 中第一次迭代的表表明最优解为 $y_1=0, y_2=\frac{5}{2}$，$y_3=0, y_5=0, Z=-30$。现假定敏感性分析用于增加原来省去的约束 $y_1+3y_3\geqslant 3$，这个约束违反了原来的最优解(因为 $y_1=0$ 和 $y_3=0$)，为找到新的最优解，这个约束(包括它的松弛变量 y_4)将作为第 1 行增加到表 8.1 中间的那个表中。不管这个表是应用单纯形法还是对偶单纯形法得到的初始最优解(可能经过多次迭代)，对这个表应用对偶单纯形法将导致再一次迭代后得到新的最优解。

假如你希望了解应用对偶单纯形法的其他例子，可参阅本书网站的已求解的例子部分。

8.2 参数线性规划

在 7.2 节的最后我们讲述了参数线性规划及其在系统地进行敏感性分析方面的应用，这种分析是通过逐渐改变各种模型参数进行的。接下来将给出运算过程，首先是 c_j 参数改变的情况，然后是 b_i 参数改变的情况。

8.2.1 c_j 参数的系统改变

在 c_j 参数改变的情况下，将一般线性规划模型的目标函数

$$Z=\sum_{j=1}^{n} c_j x_j$$

替换为

---

① 6.2 节提到的互补的最优基本解特性表明了怎样从原问题最终单纯形表的第 0 行读取对偶问题的最优解。不管最终表是利用单纯形法还是对偶单纯形法获得的，这个相似的结论都成立。

$$Z(\theta)=\sum_{j=1}^{n}(c_j+\alpha_j\theta)x_j$$

其中,α_j 是给定的输入常数,代表系数改变的相对比率。因此,θ 从 0 逐渐增加时,系数以这些相对比率改变。

α_j 的赋值可能代表进行系统的敏感性分析时 c_j 同时发生的变化,由这些变化幅度增加所引起的效果。它们也可能基于由 θ 所度量的一些因素的变化而导致一些系数(如单位利润)会同时发生的变化。这个因素可能是无法控制的,如经济形势。然而,它也可能是受决策者控制的,如从一些活动转换到另一些活动时用到的设备数量和员工数量。

对任意给定的 θ 值,对应的线性规划问题的最优解可以通过单纯形法获得。这个解也许已经通过求解 $\theta=0$ 时的初始问题而得到。然而,我们的目标是找到改变了的线性规划问题[最大化函数 $Z(\theta)$,满足最初的约束]的最优解。这个最优解是 θ 的函数,因此在求解时你需要能够确定当 θ 从 0 增加到任意确定正数的过程中,最优解什么时候变化以及怎样变化(如果它确实发生变化)。

图 8.1 说明当 θ 增加时,最优解(给定 θ)的目标函数值 $Z^*(\theta)$ 是怎样变化的。事实上 $Z^*(\theta)$ 总是拥有这种分段线性且是凸状的形式[①](参见习题 8.2-7)。对应的最优解只在函数 $Z^*(\theta)$ 斜率改变的 θ 值处(当 θ 在增加时)发生变化。因此,图 8.1 描述了一个问题,这个问题对于不同的 θ 值有三个不同的解是最优的。第一个对应于 $0\leqslant\theta\leqslant\theta_1$,第二个对应于 $0\leqslant\theta\leqslant\theta_2$,第三个对应于 $\theta\geqslant\theta_2$,因为每个 x_j 的值在这些 θ 的区间上都保持不变,$Z^*(\theta)$ 的值随着 θ 变化只是由于 x_j 的系数作为 θ 的线性函数而变化。这一求解过程直接基于敏感性分析过程,研究 c_j 参数引起的变化(7.2 节情形 2a 和情形 3)。正如 7.2 节的最后一小节所提到的,参数线性规划唯一的基本差别是表达变化的方式是以 θ 而不是特定的数字来表示。

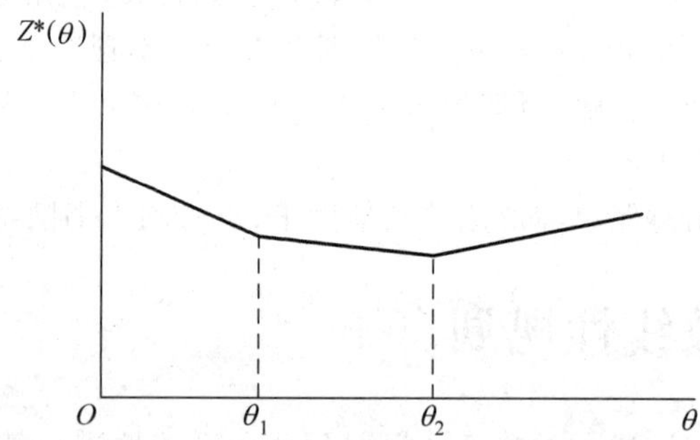

图 8.1 c_j 参数线性规划随 θ 参数系统变化时最优解的目标函数值

例 为了说明求解过程,假定 Wyndor Glass 公司管理层认为单位产品 1 的利润为 3 太低,单位产品 2 的利润为 5 略偏高,因此运筹小组将 3.1 节的 Wyndor Glass 公司原问题确定为 $\alpha_1=2,\alpha_2=-1$,因而

$$Z(\theta)=(3+2\theta)x_1+(5-\theta)x_2$$

从 $\theta=0$ 时的最终单纯形表(表 4.8)开始求解,我们看到它的方程(0)为

$$(0)\quad Z+\frac{3}{2}x_4+x_5=36$$

按一般过程的步骤 2 将初始($\theta=0$)系数加到方程(0)的左边:

① 见附录 2 有关凸函数的定义和讨论。

$$(0)\ Z-2\theta x_1+\theta x_2+\frac{3}{2}x_4+x_5=36$$

因为 x_1 和 x_2 都是基变量[分别出现在方程 (3)和(2)中]，所以它们都需要从方程(0)中消去：

$$
\begin{array}{rl}
 & Z-2\theta x_1+\theta x_2+\dfrac{3}{2}x_4+x_5=36 \\
 & \qquad\qquad +2\theta\times \text{方程}(3) \\
 & \qquad\qquad -\theta\times \text{方程}(2) \\
\hline
(0) & Z+\left(\dfrac{3}{2}-\dfrac{7}{6}\theta\right)x_4+\left(1+\dfrac{2}{3}\theta\right)x_5=36-2\theta
\end{array}
$$

执行一般过程的第 3 步，注意到最优性检验告诉我们只要非基变量的系数仍然非负，当前的基本可行解将维持最优：

$$\frac{3}{2}-\frac{7}{6}\theta\geqslant 0,\quad \text{对 } 0\leqslant\theta\leqslant\frac{9}{7} \text{ 成立}$$

$$1+\frac{2}{3}\theta\geqslant 0,\quad \text{对所有 } \theta\geqslant 0 \text{ 成立}$$

要完成一般过程的第 4 步和第 5 步，在 θ 增加到超过 $\theta=\dfrac{9}{7}$ 时，x_4 需要作为入基变量来进行单纯形法的另一步迭代去寻找新的最优解。然后，θ 将继续增加直到另一系数变为负数，如此循环直到 θ 增加到希望的值。

现在我们总结一下整个过程，并在表 8.2 中完成这个例子。

表 8.2　c_j 的参数线型规划应用于 Wyndor Glass 公司的例子

θ 的范围	基变量	方程	系数						右端项	最优解
			Z	x_1	x_2	x_3	x_4	x_5		
$0\leqslant\theta\leqslant\frac{9}{7}$	$Z(\theta)$	(0)	1	0	0	0	$\frac{9-7\theta}{6}$	$\frac{3+2\theta}{3}$	$36-2\theta$	$x_4=0$ $x_5=0$
	x_3	(1)	0	0	0	1	$\frac{1}{3}$	$-\frac{1}{3}$	2	$x_3=2$
	x_2	(2)	0	0	1	0	$\frac{1}{2}$	0	6	$x_2=6$
	x_1	(3)	0	1	0	0	$-\frac{1}{3}$	$\frac{1}{3}$	2	$x_1=2$
$\frac{9}{7}\leqslant\theta\leqslant 5$	$Z(\theta)$	(0)	1	0	0	$\frac{-9+7\theta}{2}$	0	$\frac{5-\theta}{2}$	$27+5\theta$	$x_3=0$ $x_5=0$
	x_4	(1)	0	0	0	3	1	-1	6	$x_4=6$
	x_2	(2)	0	0	1	$-\frac{3}{2}$	0	$\frac{1}{2}$	3	$x_2=3$
	x_1	(3)	0	1	0	1	0	0	4	$x_1=4$
$\theta\geqslant 5$	$Z(\theta)$	(0)	1	0	$-5+\theta$	$3+2\theta$	0	0	$12+8\theta$	$x_2=0$ $x_3=0$
	x_4	(1)	0	0	2	0	1	0	12	$x_4=12$
	x_5	(2)	0	0	2	-3	0	1	6	$x_5=6$
	x_1	(3)	0	1	0	1	0	0	4	$x_1=4$

8.2.2 参数 c_j 系统变化时参数线性规划过程的总结

1. 对 $\theta=0$ 运用单纯形法求解该问题。

2. 运用敏感性分析过程(7.2 节情形 2a 和情形 3)将 $\Delta c_j=\alpha_j\theta$ 引入方程(0)。

3. 确定 θ 在当前最优解发生变化前最高可增加到的值。

4. 增加 θ,直到方程(0)中有一个非基变量的系数成为负数(或者直到 θ 增加到希望的值)。

5. 以该变量作为入基变量做单纯形法的一步迭代来寻找新的最优解。返回第 3 步。

注意在表 8.2 中,过程的前 3 步得到第 1 张表,然后第 3、4、5 步得到第 2 张表。重复第 3、4、5 步直到得到最终表。

8.2.3 参数 b_i 的系统变化

b_i 参数系统变化的情况下,原线性规划模型的一个改动是 b_i 由 $b_i+\alpha_i\theta$ 取代($i=1,2,\cdots,m$),其中 α_i 是给定输入常数,这样问题变为

$$\max \quad Z(\theta)=\sum_{j=1}^{n}c_jx_j$$

$$\text{s.t.} \quad \sum_{j=1}^{n}a_{ij}x_j\leqslant b_i+\alpha_i\theta \quad (i=1,2,\cdots,m)$$

$$\text{且} \quad x_j\geqslant 0 \quad (j=1,2,\cdots,n)$$

目的是确定 θ 函数的最优解。

在公式中,对应的最优目标函数值 $Z^*(\theta)$ 总是具有如图 8.2(见习题 8.2-8)所示的分段线性且具有凹状的形式①。最优解中的基变量组仍然只在 $Z(\theta)$ 斜率改变处发生变化。然而,与前面情况不同,当 θ 增加时,这些变量的值现在在斜率改变处之间随着 θ 函数(线性)而变化。原因是增加 θ 的值改变了初始方程组右端项的值,进而引起最终方程组右端项的值的改变,也就是说,引起最终基变量值的改变。图 8.2 描绘了对应不同 θ 值有三组最优基变量的问题。第一组 $0\leqslant\theta\leqslant\theta_1$,第二组 $\theta\leqslant\theta\leqslant\theta_2$,第三组 $\theta\geqslant\theta_2$。在 θ 的每个这样的区间里,尽管 c_j 固定,然而因为 x_j 的值在改变,$Z^*(\theta)$ 的值随着 θ 变化而变化。

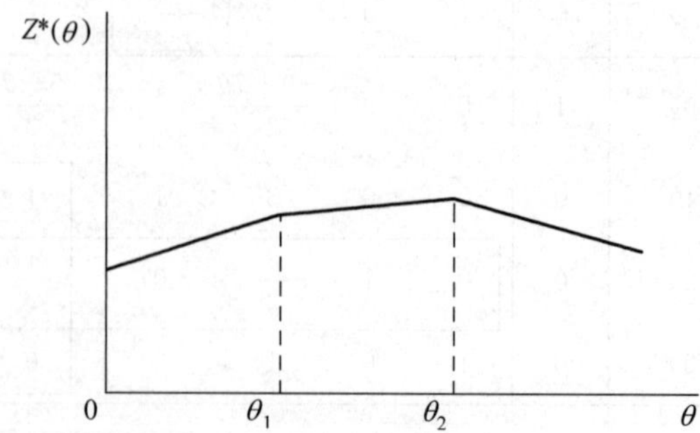

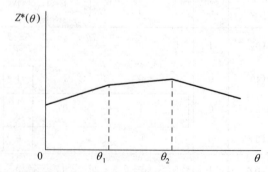

图 8.2 最优解的目标函数是一个参数线性规划的参数 θ 的函数,θ 值随参数 b_i 系统变化

① 见附录 2 有关凹函数的定义和讨论。

下面的求解过程总结与刚才提出的参数 c_j 系统变化的求解过程很相似。原因是改变 b_i 的值等同于改变对偶问题目标函数的系数。因而，对原问题执行这一过程正好与同时对对偶问题应用参数 c_j 系统变化的参数线性规划过程互补。因此，对偶单纯形法（参见 8.1 节）被用于获得每一个新的最优解，并且适用的敏感性分析情况（参见 7.2 节）是情形 1，但这些不同是仅有的主要差异。

8.2.4　参数 b_i 的系统变化的参数线性规划的总结

1. 对 $\theta=0$ 运用单纯形法求解该问题。
2. 运用敏感性分析过程（7.2 节情形 1）将 $\Delta b_i=\alpha_i\theta$ 引入右端项。
3. 确定 θ 值可增加的值，直到基变量值中的一个（见右端项）变为负值。
4. 增加 θ 值直到基变量对应的右端项的值为负（或直到 θ 增加到希望的值）。
5. 以该变量作为出基变量进行对偶单纯形法的迭代以寻找新的最优解，然后返回第 3 步。

例　为了在一定程度上说明这个过程，并在过程中揭示与参数 c_j 系统变化过程的对偶关系，我们现在把它应用到 Wyndor Glass 公司的对偶问题（参见表 6.1）。特别地，假定 $\alpha_1=2$ 且 $\alpha_2=-1$，那么函数约束成为

$$y_1 + 3y_3 \geq 3+2\theta \quad \text{或} \quad -y_1 - 3y_3 \leq -3-2\theta$$

$$2y_2+2y_3 \geq 5-\theta \quad \text{或} \quad -2y_2-2y_3 \leq -5+\theta$$

这样，这个问题的对偶问题就正好是表 8.2 中考虑的示例。

在表 8.1 中，$\theta=0$ 时此问题已经得到解决，因此我们从该表得到的最终单纯形表着手。应用针对 7.2 节的情形 1 的敏感性分析过程，我们发现表中右端项的值如下：

$$Z^*=\boldsymbol{y}^*\bar{\boldsymbol{b}}=[2,6]\begin{bmatrix}-3-2\theta\\-5+\theta\end{bmatrix}=-36+2\theta$$

$$\boldsymbol{b}^*=\boldsymbol{S}^*\bar{\boldsymbol{b}}=\begin{bmatrix}-\frac{1}{3} & 0\\ \frac{1}{3} & -\frac{1}{2}\end{bmatrix}\begin{bmatrix}-3-2\theta\\-5+\theta\end{bmatrix}=\begin{bmatrix}1+\frac{2\theta}{3}\\ \frac{3}{2}-\frac{7\theta}{6}\end{bmatrix}$$

因此，该表中的两个基变量

$$y_3=\frac{3+2\theta}{3} \quad \text{和} \quad y_2=\frac{9-7\theta}{6}$$

在 $0\leq\theta\leq\frac{9}{7}$ 之内仍然保持非负。增加 θ 到超过 $\theta=\frac{9}{7}$ 时，要求使 y_2 成为出基变量，用对偶单纯形法进行下一步迭代，照此分析。表 8.3 对此过程进行了总结。

我们建议你同时追溯表 8.2 和表 8.3 以观察这两个过程的对偶关系。

表 8.3　应用于 Wyndor Glass 公司例子对偶问题的 b_i 参数线性规划

θ 的范围	基变量	方程	系数						右端项	最优解
			Z	y_1	y_2	y_3	y_4	y_5		
$0\leq\theta\leq\frac{9}{7}$	$Z(\theta)$	(0)	1	2	0	0	2	6	$-36+2\theta$	$y_1=y_4=y_5=0$
	y_3	(1)	0	$\frac{1}{3}$	0	1	$-\frac{1}{3}$	0	$\frac{3+2\theta}{3}$	$y_3=\frac{3+2\theta}{3}$
	y_2	(2)	0	$-\frac{1}{3}$	1	0	$\frac{1}{3}$	$-\frac{1}{2}$	$\frac{9-7\theta}{6}$	$y_2=\frac{9-7\theta}{6}$

续表

θ 的范围	基变量	方程	系数						右端项	最优解
			Z	y_1	y_2	y_3	y_4	y_5		
$\frac{9}{7}\leqslant\theta\leqslant 5$	$Z(\theta)$	(0)	1	0	6	0	4	3	$-27-5\theta$	$y_2=y_4=y_5=0$
	y_3	(1)	0	0	1	1	0	$-\frac{1}{2}$	$\frac{5-\theta}{2}$	$y_3=\frac{5-\theta}{2}$
	y_1	(2)	0	1	-3	0	-1	$\frac{3}{2}$	$\frac{-9+7\theta}{2}$	$y_1=\frac{-9+7\theta}{2}$
$\theta\geqslant 5$	$Z(\theta)$	(0)	1	0	12	6	4	0	$-12-8\theta$	$y_2=y_3=y_4=0$
	y_5	(1)	0	0	-2	-2	0	1	$-5+\theta$	$y_5=-5+\theta$
	y_1	(2)	0	1	0	3	-1	0	$3+2\theta$	$y_1=3+2\theta$

本书网站本章求解的例子一节给出了另一个参数 b_i 系统变化过程的例子。

8.3 上界法

在线性规划问题中,一些或者全部的变量 x_j 拥有上界约束 $x_j\leqslant u_j$ 是十分常见的。

这里 u_j 是代表 x_j 的最大可行值的正常数。我们在 4.10 节指出决定单纯形法计算时间长短的最重要因素是函数约束的数量,而非负约束的数量则相对不重要。因此,函数约束中含有大量的上界约束会极大地增加所需的计算量。

上界法通过从函数约束中移除上界约束并把它们视为类似非负约束个别处理,避免了计算量的增加。[①] 用这种方法移除上界约束只要没有变量增加到超过它的上界就不会有问题。单纯形法唯一一次增加一些变量的值是当入基变量的值增加以获得一个新的 BF 解时。因此,上界法简单地以通常的方式把单纯形法应用于该问题的剩余部分(即无上界约束),但是有一个附加限制,就是每个新 BF 解必须满足除普通的下界(非负性)约束之外的上界约束。

为实现这个想法,注意到具有一个上界约束 $x_j\leqslant u_j$ 的决策变量总是可以替换为

$$x_j=u_j-y_j$$

其中,y_j 就是决策变量。换句话说,你可以选择以大于 0 的量(x_j)作为决策变量或以小于 u_j($y_j=u_j-x_j$)的量作为决策变量(我们把 x_j 和 y_j 称作互补的决策变量)。因为

$$0\leqslant x_j\leqslant u_j$$

同时有

$$0\leqslant y_j\leqslant u_j$$

这样,在单纯形法的任意点上,你既可以:①使用 x_j,$0\leqslant x_j\leqslant u_j$;也可以②用 u_j-y_j 替换 x_j,$0\leqslant y_j\leqslant u_j$。

上界法使用以下准则作出选择:

准则:从选项 1 开始。

只要 $x_j=0$,使用选项 1,那么 x_j 是非基变量。

---

① 上界法假定变量除了上界约束外还有通常的非负性约束。如果一个变量有不同于 0 的下界(如 $x_j\geqslant L_j$),那么可以通过 $x_j'=x_j-L_j$ 把这个约束转化为一个非负约束。

只要 $x_j=u_j$，使用选项 2，那么 $y_j=0$ 是非基变量。

只在 x_j 达到另一个极限值时改变选择。

因此，只要一个基变量达到它的上界，就要改变选择并使用它的互补决策变量作为新的非基变量(出基变量)来定义新的 BF 解。这样，在单纯形法基础上所做的实质的修改就在于选择出基变量的准则。

让我们回顾一下，单纯形法选择随入基变量的值增加时最先成为负数从而不可行的那个变量作为出基变量。现在所做的修改是当入基变量的值增加时，选择替换那个以任何方式——要么变为负数要么超过它的上界——最先成为不可行的变量(注意，存在一种可能，即入基变量可能因超过它的上界从而最先成为不可行，因此它的互补的决策变量成为出基变量)。如果出基变量达到 0，那么视作一般问题用单纯形法继续进行。然而反过来，如果达到它的上界，那么改变选择并使它的互补决策变量成为出基变量。

例　为了说明上界法，考虑如下问题：

$$\begin{aligned}\max\quad & Z=2x_1+x_2+2x_3\\ \text{s.t.}\quad & 4x_1+x_2=12\\ & -2x_1+x_3=4\\ \text{且}\quad & 0\leqslant x_1\leqslant 4,\quad 0\leqslant x_2\leqslant 15,\quad 0\leqslant x_3\leqslant 6\end{aligned}$$

这样，所有三个变量都有上界约束($u_1=4, u_2=15, u_3=6$)。

为确定初始 BF 解($x_1=0, x_2=12, x_3=4$)，两个等式约束已符合高斯消元法形式，并且在这个解中没有一个变量超过它的上界，因此 x_2 和 x_3 可以作为初始基变量而不必引入人工变量。不过，为获得方程(0)，我们需要从目标函数中以代数方法消去这些变量，如下所述：

$$\begin{array}{rrrrl} & Z & -2x_1 & -x_2 & -2x_3=0\\ & & +(4x_1 & +x_2 & \qquad =12)\\ & & +2(-2x_1 & & +\ x_3=4)\\ \hline (0) & Z & -2x_1 & & \qquad =20\end{array}$$

初始方程(0)表明初始的入基变量为 x_1，开始第一步迭代。既然没有包括上界约束，那么初始的方程组和选择出基变量的相应计算列于表 8.4 中。第二列表示在一些基变量(包括 x_1)成为不可行之前，入基变量可以从 0 增加到多少。与方程(0)相邻的最大值正是 x_1 的上界约束。对方程(1)，因为 x_1 的系数为正数，x_1 增加到 3 使该方程的基变量(x_2)从 12 减少到它的下界值 0。对方程(2)，因为 x_1 的系数为负值，x_1 增加到 1 使该方程的基变量(x_3)从 4 增加到它的上界 6。

表 8.4　上界法例子中初始出基变量的方程与计算

初始方程组	x_1 最大可行值
(0) $Z-2x_1\qquad=20$	$x_1\leqslant 4$(由于 $u_1=4$)
(1) $4x_1+x_2\qquad=12$	$x_1\leqslant\frac{12}{4}=3$
(2) $-2x_1\qquad+x_3=4$	$x_1\leqslant\frac{6-4}{2}=1$←最小(因为 $u_3=6$)

因为表 8.4 中方程(2)拥有 x_1 的最小的最大可行值，所以该方程中的基变量(x_3)成为出基变量。但是，因为 x_3 达到它的上界，于是用 $6-y_3$ 取代 x_3。所以 $y_3=0$ 成为下一个 BF 解的非基变量，而 x_1 成为方程(2)中新的基变量。这一替代将导致方程的下述改变：

$$
\begin{aligned}
(2)\quad & -2x_1+x_3 = 4\\
\rightarrow & -2x_1+6-y_3=4\\
\rightarrow & 2x_1-y_3=-2\\
\rightarrow & x_1+\frac{1}{2}y_3=1
\end{aligned}
$$

因此，从其他方程中用代数方法消去 x_1 后，第二个完整的方程组为

$$
\begin{aligned}
&(0)\ Z+y_3=22\\
&(1)\ x_2-2y_3=8\\
&(2)\ x_1+\frac{1}{2}y_3=1
\end{aligned}
$$

相应的 BF 解是 $x_1=1, x_2=8, y_3=0$。通过进行最优性检验，确定这也是一个最优解，所以 $x_1=1, x_2=8, x_3=6-y_3=6$ 是初始问题要求的解。

8.4 内点算法

4.11 节介绍了 1984 年在线性规划领域的惊人发展，即 AT&T 贝尔实验室的 Narendra Karmarkar 发明的一种与单纯形法有很大差异的算法。这是一种解决大型线性规划问题的强大算法。我们现在通过描述他的算法①的一个相对基本的变异方法(“仿射”或“仿射—缩放”变异方法)来介绍 Karmarkar 算法的性质(IOR Tutorial 在 Solve Automatically by the Interior-Point Algorithm 题目下包括这一变异方法)。

本节我们将在直观层面讨论 Karmarkar 的主要思想，而不过多纠缠数学细节。特别地，我们将绕过一定的细节，这些细节对算法的完整实施是必需的(比如，怎样找一个初始可行的试验解)，但是对基本概念性理解来说却并非关键。所描述的这个思想可以总结如下。

概念 1：穿透可行域内部指向一个最优解。

概念 2：沿着以最快可能速度增加目标函数值的方向移动。

概念 3：变换可行域，使当前试验解位于可行域的中心附近，因而在概念 2 实现的基础上获得一个大的改进。

为了说明贯穿整节的思想，我们使用下面的例子。

$$
\begin{aligned}
\max\quad & Z=x_1+2x_2\\
\text{s.t.}\quad & x_1+x_2\leqslant 8\\
\text{且}\quad & x_1\geqslant 0,\quad x_2\geqslant 0
\end{aligned}
$$

在图 8.3 中用图解法描述了这个问题，由图中可以看出最优解是$(x_1,x_2)=(0,8)$，

① 在 Karmarkar 的著作出版后不久，E. R. Barnes、T. M. Cavalier 和 A. L. Soyster 等研究人员发现，这个变异的基本方法实际上是由俄罗斯数学家 I. I. Dikin 于 1967 年提出的。还可以参阅：R. J. Vanderbei, M. S. Meketon, and B. A. Freedman, “A Modification of Karmarkar's Linear Programming Algorithm,” *Algorithmica*, 1(4)(Special Issue on New Approaches to Linear Programming): 395-407, 1986.

且 $Z=16$。

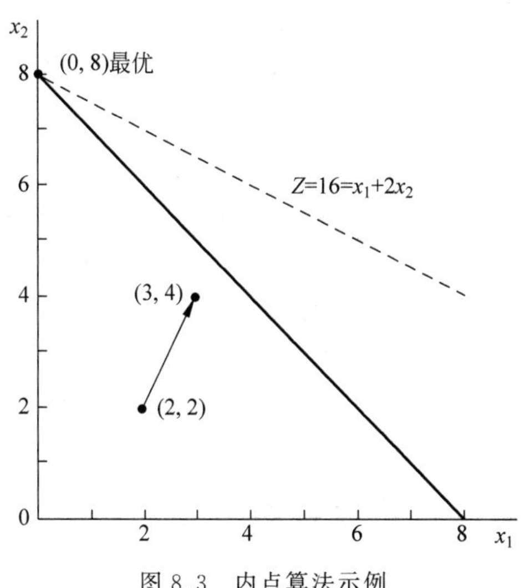

图 8.3 内点算法示例

你会看到使用内点算法解决这个小型例子时需要做大量的工作。原因是这个算法是针对有效解决大型问题而设计的，而对小型问题这个算法的效率比单纯形法（或在这个问题上的图解法）要差很多。然而，只有两个变量的例子使我们能以图形描述这个算法在做什么。

8.4.1 概念 1 和概念 2 梯度的相关性

本算法开始于一个内部试验解，该解（与所有后续试验解相似）位于可行域的内部，也就是在可行域的边界以内。因此，该解一定不在三条直线（$x_1=0, x_2=0, x_1+x_2=8$）中的任意一条上，这三条线是图 8.3 中可行域的边界（不能用位于边界上的试验解是因为这将导致在算法中的某一点上出现未定义被 0 除的数学运算）。我们任选一点 $(x_1, x_2)=(2,2)$ 作为初始的试验解。

下面开始实施概念 1 和概念 2，注意到图 8.3 中，从(2,2)开始移动，最快可能增加 Z 的方向是垂直（并指向）目标函数线 $Z=16=x_1+2x_2$。我们已经用从(2,2)到(3,4)的箭头显示了这个方向。利用向量加法，我们有

$$(3,4)=(2,2)+(1,2)$$

其中，向量(1,2)是目标函数的**梯度**(gradient)。(1,2)的分量正好是目标函数中的系数。这样，在随后的修改中，梯度(1,2)定义了移动的理想方向，其移动的距离问题将在后面讨论。

线性规划问题以扩展形式改写后，该算法实际上就可用于求解线性规划问题。以 x_3 作为例子中函数约束的松弛变量，我们看到的形式是

$$\begin{aligned}
\max \quad & Z=x_1+2x_2 \\
\text{s.t.} \quad & x_1+x_2+x_3=8 \\
\text{且} \quad & x_1 \geqslant 0, x_2 \geqslant 0, x_3 \geqslant 0
\end{aligned}$$

以矩阵表示时（与第 5 章稍有不同，因为现在松弛变量已被并入符号中），扩展形式通常可写为

$$\begin{aligned} \text{max} \quad & Z = \boldsymbol{c}^{\mathrm{T}}\boldsymbol{x} \\ \text{s. t.} \quad & \boldsymbol{A}\boldsymbol{x} = \boldsymbol{b} \\ \text{且} \quad & \boldsymbol{x} \geqslant \boldsymbol{0} \end{aligned}$$

本例中,有

$$\boldsymbol{c} = \begin{bmatrix} 1 \\ 2 \\ 0 \end{bmatrix}, \quad \boldsymbol{x} = \begin{bmatrix} x_1 \\ x_2 \\ x_3 \end{bmatrix}, \quad \boldsymbol{A} = [1,1,1], \quad \boldsymbol{b} = [8], \quad \boldsymbol{0} = \begin{bmatrix} 0 \\ 0 \\ 0 \end{bmatrix}$$

注意,现在 $\boldsymbol{c}^{\mathrm{T}} = [1,2,0]$ 是目标函数的梯度。

图 8.4 描述了本例的扩展形式。可行域现在由向量(8,0,0)、(0,8,0)和(0,0,8)组成三角形。这个可行域内部的点是满足 $x_1 \geqslant 0, x_2 \geqslant 0, x_3 \geqslant 0$ 的点。这三个 $x_j > 0$ 条件的每一个都有迫使(x_1, x_2)脱离图 8.3 中构成可行域边界的三条线之一的作用。

8.4.2 使用投影梯度以实现概念 1 和概念 2

在扩展形式中,本例的初始试验解是$(x_1, x_2, x_3) = (2,2,4)$,加上梯度(1,2,0)得到

$$(3,4,4) = (2,2,4) + (1,2,0)$$

然而现在有一个棘手的问题。算法不能从(2,2,4)移动到(3,3,4),因为(3,4,4)是不可行的。当 $x_1 = 3$,且 $x_2 = 4$ 时,$x_3 = 8 - x_1 - x_2 = 1$ 而不是 4。点(3,4,4)位于三角形可行域下侧,如图 8.4 所示。因此,为了保证解仍然可行,算法通过做垂直于这个三角形的直线而把点(3,4,4)投影(间接地)到可行的三角形区域。

因为从(0,0,0)到(1,1,1)的向量垂直于这个三角形,所以通过(3,4,4)的垂线可由方程

$$(x_1, x_2, x_3) = (3,4,4) - \theta(1,1,1)$$

给出,其中 θ 是一个标量。由于三角形满足方程 $x_1 + x_2 + x_3 = 8$,因此这条线与三角形交于点(2,3,3)。因为有

$$(2,3,3) = (2,2,4) + (0,1,-1)$$

因此,目标函数的**投影梯度**(projeced gradient)(投影于可行域上的梯度)是(0,1,−1)。正是这个投影梯度为算法定义了移动的方向,如图 8.4 中的箭头所示。

有一个公式可以用于直接计算投影梯度。通过定义投影矩阵 $\boldsymbol{P}$ 为

$$\boldsymbol{P} = \boldsymbol{I} - \boldsymbol{A}^{\mathrm{T}}(\boldsymbol{A}\boldsymbol{A}^{\mathrm{T}})^{-1}\boldsymbol{A}$$

投影梯度是

$$\boldsymbol{c}_p = \boldsymbol{P}\boldsymbol{c}$$

由此,对上例

$$\begin{aligned} \boldsymbol{P} &= \begin{bmatrix} 1 & 0 & 0 \\ 0 & 1 & 0 \\ 0 & 0 & 1 \end{bmatrix} - \begin{bmatrix} 1 \\ 1 \\ 1 \end{bmatrix} \left([1 \quad 1 \quad 1] \begin{bmatrix} 1 \\ 1 \\ 1 \end{bmatrix} \right)^{-1} [1 \quad 1 \quad 1] \\ &= \begin{bmatrix} 1 & 0 & 0 \\ 0 & 1 & 0 \\ 0 & 0 & 1 \end{bmatrix} - \frac{1}{3} \begin{bmatrix} 1 \\ 1 \\ 1 \end{bmatrix} [1 \quad 1 \quad 1] \end{aligned}$$

$$=\begin{bmatrix}1&0&0\\0&1&0\\0&0&1\end{bmatrix}-\frac{1}{3}\begin{bmatrix}1&1&1\\1&1&1\\1&1&1\end{bmatrix}=\begin{bmatrix}\frac{2}{3}&-\frac{1}{3}&-\frac{1}{3}\\-\frac{1}{3}&\frac{2}{3}&-\frac{1}{3}\\-\frac{1}{3}&-\frac{1}{3}&\frac{2}{3}\end{bmatrix}$$

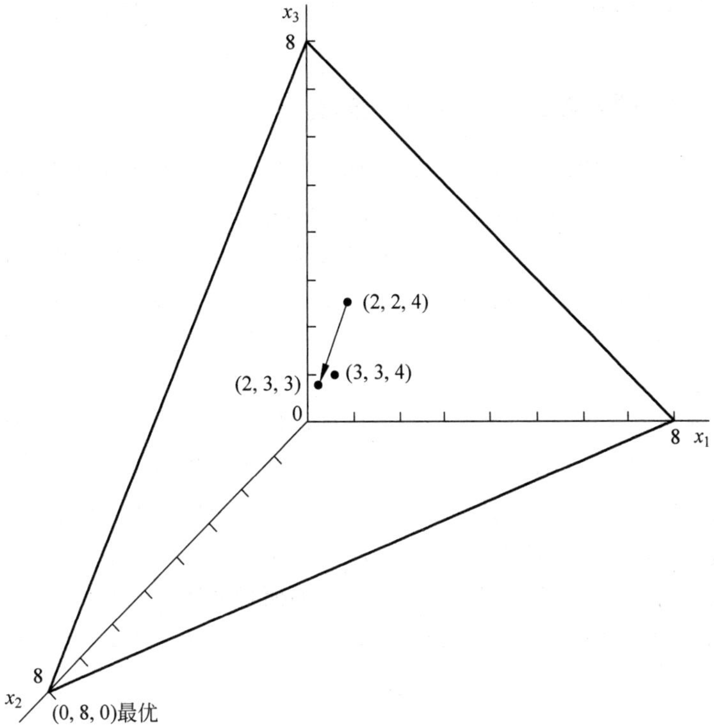

图 8.4　扩展形下的内点算法示例

因此

$$\boldsymbol{c}_p=\begin{bmatrix}\frac{2}{3}&-\frac{1}{3}&-\frac{1}{3}\\-\frac{1}{3}&\frac{2}{3}&-\frac{1}{3}\\-\frac{1}{3}&-\frac{1}{3}&\frac{2}{3}\end{bmatrix}\begin{bmatrix}1\\2\\0\end{bmatrix}=\begin{bmatrix}0\\1\\-1\end{bmatrix}$$

从(2,2,4)沿着投影梯度(0,1,−1)方向的移动，按下面的公式从 0 开始增加 α 来进行：

$$\boldsymbol{x}=\begin{bmatrix}2\\2\\4\end{bmatrix}+4\alpha\boldsymbol{c}_p=\begin{bmatrix}2\\2\\4\end{bmatrix}+4\alpha\begin{bmatrix}0\\1\\-1\end{bmatrix}$$

其中，使用系数 4 只是为了给 α 赋予一个上界 1 以维持可行性(所有 $x_j\geqslant 0$)。注意到增加 α 到 $\alpha=1$ 将导致 x_3 减少到 $x_3=4+4(1)(-1)=0$，当 $\alpha>1$ 时就得到 $x_3<0$。因此，α 表示离开可行域之前可移动距离的比例。

为了移动到下一个试验解，α 应增加多少？因为 Z 的增加值与 α 成比例，所以在当前迭代点上,赋予接近上界1的某个值有利于以一个相对大的步长逼近最优。但是,赋予太接近1的值带来的问题是:下一个试验解将遭遇约束边界的阻碍而难以在下一步迭代中形成大的改进。因此,试验解位于可行域中心附近(或至少邻近最优解附近那一部分可行域的中心),以及不能太接近任何约束边界,这是很有帮助的。基于这种考虑,Karmarkar 提出 $\alpha=0.25$ 对他的算法将是"安全"的。在实践中,有时也会用到很大的值(如 $\alpha=0.9$)。针对本例(和本章末尾的问题)的计算,我们选定 $\alpha=0.5$(IOR Tutorial 中使用 $\alpha=0.5$ 作为默认值,但 $\alpha=0.9$ 也是可行的)。

8.4.3 实现概念3的中心化方案

现在我们只剩下一步即可完成算法描述,即一个特殊的方案用于转换可行域以使当前试验解位于中心附近。我们刚刚阐述了试验解位于中心附近的好处,但这一中心化方案的另一个重要好处是随着算法向最优解收敛时,它使投影梯度的方向保持指向更接近最优解的位置。

中心化方案的基本思想是简单易懂的——只需改变每个变量的尺度(单位),使试验解在新的坐标系里与每条约束边界等距(Karmarkar 的最初算法应用了一种更为复杂的中心化方案)。

例如,图8.3有3个约束边界,每一个对应扩展形式的问题中三个变量的其中之一取0值,即 $x_1=0,x_2=0$ 和 $x_3=0$,图8.4显示了这三个约束边界与 $\boldsymbol{Ax}=\boldsymbol{b}(x_1+x_2+x_3=8)$ 平面相交形成可行域的边界。初始试验解是 $(x_1,x_2,x_3)=(2,2,4)$,因此当各变量的长度单位被使用时,这个解距离约束边界 $x_1=0$ 和 $x_2=0$ 均为2单位,距离边界 $x_3=0$ 为4单位。然而,不管在哪种情况下,这些长度单位都是任意的而且能够在不改变问题本身的前提下被转化为希望的值。因此,为了使当前试验解 $(x_1,x_2,x_3)=(2,2,4)$ 转化为

$$\tilde{x}_1=\frac{x_1}{2},\tilde{x}_2=\frac{x_2}{2},\tilde{x}_3=\frac{x_3}{4}$$

$$(\tilde{x}_1,\tilde{x}_2,\tilde{x}_3)=(1,1,1)$$

在这个新的坐标下(以 $2\tilde{x}_1$ 替换 x_1,$2\tilde{x}_2$ 替换 x_2,$4\tilde{x}_3$ 替换 x_3),问题变为

max $\quad Z=2\tilde{x}_1+4\tilde{x}_2,$

s.t. $\quad 2\tilde{x}_1+2\tilde{x}_2+4\tilde{x}_3=8$

且 $\quad \tilde{x}_1\geqslant 0,\tilde{x}_2\geqslant 0,\tilde{x}_3\geqslant 0$

如图8.5所示。

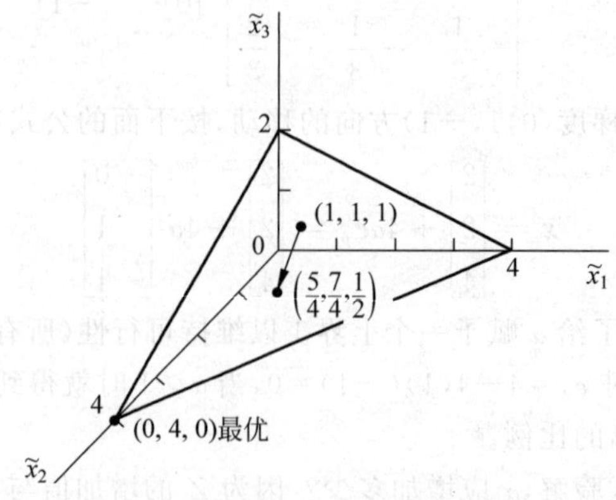

图8.5 迭代1调整尺度后示例

注意到图8.5中的试验解(1,1,1)与三条约束边界 $\tilde{x}_1=0,\tilde{x}_2=0,\tilde{x}_3=0$ 是等距的。对于随后的每一次迭代也一样,问题被再次调整尺度以获得与之相同的性质,因此当前试验解在当前坐标下总是(1,1,1)。

8.4.4 本算法的总结与说明

现在让我们总结并说明这个算法。我们将详细完成例子中的第一步迭代,然后给出一般过程的总结,最后将这个总结应用于第二步迭代。

迭代1

给定的初始试验解 $(x_1,x_2,x_3)=(2,2,4)$,让 $\boldsymbol{D}$ 成为相应的对角矩阵,从而有 $\boldsymbol{x}=\boldsymbol{D}\tilde{\boldsymbol{x}}$,因此

$$\boldsymbol{D}=\begin{bmatrix}2&0&0\\0&2&0\\0&0&4\end{bmatrix}$$

那么调整尺度的变量就是下式的分量:

$$\tilde{\boldsymbol{x}}=\boldsymbol{D}^{-1}\boldsymbol{x}=\begin{bmatrix}\frac{1}{2}&0&0\\0&\frac{1}{2}&0\\0&0&\frac{1}{4}\end{bmatrix}\begin{bmatrix}x_1\\x_2\\x_3\end{bmatrix}=\begin{bmatrix}\frac{x_1}{2}\\\frac{x_2}{2}\\\frac{x_3}{4}\end{bmatrix}$$

在这些新坐标下,$\boldsymbol{A}$ 和 $\boldsymbol{c}$ 成为

$$\widetilde{\boldsymbol{A}}=\boldsymbol{A}\boldsymbol{D}=\begin{bmatrix}1&1&1\end{bmatrix}\begin{bmatrix}2&0&0\\0&2&0\\0&0&4\end{bmatrix}=\begin{bmatrix}2&2&4\end{bmatrix}$$

$$\tilde{\boldsymbol{c}}=\boldsymbol{D}\boldsymbol{c}=\begin{bmatrix}2&0&0\\0&2&0\\0&0&4\end{bmatrix}\begin{bmatrix}1\\2\\0\end{bmatrix}=\begin{bmatrix}2\\4\\0\end{bmatrix}$$

因此,投影矩阵为

$$\begin{aligned}\boldsymbol{P}&=\boldsymbol{I}-\widetilde{\boldsymbol{A}}^{\mathrm{T}}(\widetilde{\boldsymbol{A}}\widetilde{\boldsymbol{A}}^{\mathrm{T}})^{-1}\widetilde{\boldsymbol{A}}\\&=\begin{bmatrix}1&0&0\\0&1&0\\0&0&1\end{bmatrix}-\begin{bmatrix}2\\2\\4\end{bmatrix}\left(\begin{bmatrix}2&2&4\end{bmatrix}\begin{bmatrix}2\\2\\4\end{bmatrix}\right)^{-1}\begin{bmatrix}2&2&4\end{bmatrix}\\&=\begin{bmatrix}1&0&0\\0&1&0\\0&0&1\end{bmatrix}-\frac{1}{24}\begin{bmatrix}4&4&8\\4&4&8\\8&8&16\end{bmatrix}=\begin{bmatrix}\frac{5}{6}&-\frac{1}{6}&-\frac{1}{3}\\-\frac{1}{6}&\frac{5}{6}&-\frac{1}{3}\\-\frac{1}{3}&-\frac{1}{3}&\frac{1}{3}\end{bmatrix}\end{aligned}$$

因此,投影梯度为

$$\boldsymbol{c}_p=\boldsymbol{P}\tilde{\boldsymbol{c}}=\begin{bmatrix}\frac{5}{6} & -\frac{1}{6} & -\frac{1}{3}\\ -\frac{1}{6} & \frac{5}{6} & -\frac{1}{3}\\ -\frac{1}{3} & -\frac{1}{3} & \frac{1}{3}\end{bmatrix}\begin{bmatrix}2\\4\\0\end{bmatrix}=\begin{bmatrix}1\\3\\-2\end{bmatrix}$$

定义 v 为含有最大绝对值的向量 $\boldsymbol{c}_p$ 的负分量的绝对值,所以本例中 $v=|-2|=2$。由此,在当前坐标下,现在算法从当前试验解$(\tilde{x}_1,\tilde{x}_2,\tilde{x}_3)=(1,1,1)$移动到下一个试验解。

$$\tilde{\boldsymbol{x}}=\begin{bmatrix}1\\1\\1\end{bmatrix}+\frac{\alpha}{v}\boldsymbol{c}_p=\begin{bmatrix}1\\1\\1\end{bmatrix}+\frac{0.5}{2}\begin{bmatrix}1\\3\\-2\end{bmatrix}=\begin{bmatrix}\frac{5}{4}\\\frac{7}{4}\\\frac{1}{2}\end{bmatrix}$$

如图 8.5 所示(选择 v 的这个定义,对下一试验解中本方程 $\alpha=1$ 时,将使 $\tilde{x}$ 的最小分量等于 0)。在原坐标系下,这个解是

$$\begin{bmatrix}x_1\\x_2\\x_3\end{bmatrix}=\boldsymbol{D}\tilde{\boldsymbol{x}}=\begin{bmatrix}2&0&0\\0&2&0\\0&0&4\end{bmatrix}\begin{bmatrix}\frac{5}{4}\\\frac{7}{4}\\\frac{1}{2}\end{bmatrix}=\begin{bmatrix}\frac{5}{2}\\\frac{7}{2}\\2\end{bmatrix}$$

本次迭代至此完成,这个新的解将用于开始下一步迭代。

对于任何迭代,这些步骤可以总结如下。

内点算法总结

1. 给定当前试验解$(x_1,x_2,\cdots,x_n)$,令

$$\boldsymbol{D}=\begin{bmatrix}x_1&0&0&\cdots&0\\0&x_2&0&\cdots&0\\0&0&x_3&\cdots&0\\\cdots&&&\vdots&\\0&0&0&\cdots&x_n\end{bmatrix}$$

2. 计算 $\tilde{\boldsymbol{A}}=\boldsymbol{A}\boldsymbol{D}$ 和 $\tilde{\boldsymbol{C}}=\boldsymbol{D}\boldsymbol{c}$。

3. 计算 $\boldsymbol{P}=\boldsymbol{I}-\tilde{\boldsymbol{A}}^{\mathrm{T}}(\tilde{\boldsymbol{A}}\tilde{\boldsymbol{A}}^{\mathrm{T}})^{-1}\tilde{\boldsymbol{A}}$ 和 $\boldsymbol{c}_p=\boldsymbol{P}\tilde{\boldsymbol{c}}$。

4. 找出 $\boldsymbol{c}_p$ 拥有最大绝对值的负分量,并令 v 等于这个绝对值。然后计算

$$\tilde{\boldsymbol{x}}=\begin{bmatrix}1\\1\\\vdots\\1\end{bmatrix}+\frac{\alpha}{v}\boldsymbol{c}_p$$

其中,α 是 0~1 之间的一个可选常数(例如,$\alpha=0.5$)。

5. 计算 $\boldsymbol{x}=\boldsymbol{D}\tilde{\boldsymbol{x}}$ 作为下一步迭代(步骤 1)的试验解(如果这一试验解与前一个试验解相

比无实质上的改变，那么算法实际上已经收敛于一个最优解，因此算法停止）。

现在让我们把这一总结应用于本例的迭代 2。

迭代 2

步骤 1

给定当前试验解 $(x_1, x_2, x_3) = \left(\frac{5}{2}, \frac{7}{2}, 2\right)$，令

$$\boldsymbol{D} = \begin{bmatrix} \frac{5}{2} & 0 & 0 \\ 0 & \frac{7}{2} & 0 \\ 0 & 0 & 2 \end{bmatrix}$$

（注意调整尺度的变量是

$$\begin{bmatrix} \tilde{x}_1 \\ \tilde{x}_2 \\ \tilde{x}_3 \end{bmatrix} = \boldsymbol{D}^{-1}\boldsymbol{x} = \begin{bmatrix} \frac{2}{5} & 0 & 0 \\ 0 & \frac{2}{7} & 0 \\ 0 & 0 & \frac{1}{2} \end{bmatrix} \begin{bmatrix} x_1 \\ x_2 \\ x_3 \end{bmatrix} = \begin{bmatrix} \frac{2}{5}x_1 \\ \frac{2}{7}x_2 \\ \frac{1}{2}x_3 \end{bmatrix}$$

所以，在这些新的坐标下，BF 解是

$$\tilde{\boldsymbol{x}} = \boldsymbol{D}^{-1}\begin{bmatrix} 8 \\ 0 \\ 0 \end{bmatrix} = \begin{bmatrix} \frac{16}{5} \\ 0 \\ 0 \end{bmatrix}, \quad \tilde{\boldsymbol{x}} = \boldsymbol{D}^{-1}\begin{bmatrix} 0 \\ 8 \\ 0 \end{bmatrix} = \begin{bmatrix} 0 \\ \frac{16}{7} \\ 0 \end{bmatrix}$$

和

$$\tilde{\boldsymbol{x}} = \boldsymbol{D}^{-1}\begin{bmatrix} 0 \\ 0 \\ 8 \end{bmatrix} = \begin{bmatrix} 0 \\ 0 \\ 4 \end{bmatrix}$$，如图 8.6 所示）

步骤 2

$$\tilde{\boldsymbol{A}} = \boldsymbol{A}\boldsymbol{D} = \begin{bmatrix} \frac{5}{2}, & \frac{7}{2}, & 2 \end{bmatrix} \quad 且 \quad \tilde{\boldsymbol{c}} = \boldsymbol{D}\boldsymbol{c} = \begin{bmatrix} \frac{5}{2} \\ 7 \\ 0 \end{bmatrix}$$

步骤 3

$$\boldsymbol{P} = \begin{bmatrix} \frac{13}{18} & -\frac{7}{18} & -\frac{2}{9} \\ -\frac{7}{18} & \frac{41}{90} & -\frac{14}{45} \\ -\frac{2}{9} & -\frac{14}{45} & \frac{37}{45} \end{bmatrix} \quad 且 \quad \boldsymbol{c}_p = \begin{bmatrix} -\frac{11}{12} \\ \frac{133}{60} \\ -\frac{41}{15} \end{bmatrix}$$

步骤 4

$\left|-\dfrac{41}{15}\right|>\left|-\dfrac{11}{12}\right|$,所以 $v=\dfrac{41}{15}$,且

$$\tilde{\boldsymbol{x}}=\begin{bmatrix}1\\1\\1\end{bmatrix}+\frac{0.5}{\frac{41}{15}}\begin{bmatrix}-\frac{11}{12}\\ \frac{133}{60}\\ -\frac{41}{15}\end{bmatrix}=\begin{bmatrix}\frac{273}{328}\\ \frac{461}{328}\\ \frac{1}{2}\end{bmatrix}\approx\begin{bmatrix}0.83\\1.40\\0.50\end{bmatrix}$$

步骤 5

$$\boldsymbol{x}=\boldsymbol{D}\tilde{\boldsymbol{x}}=\begin{bmatrix}\frac{1\,365}{656}\\ \frac{3\,227}{656}\\ 1\end{bmatrix}\approx\begin{bmatrix}2.08\\4.92\\1.00\end{bmatrix}$$

是迭代 3 的试验解。

因为接下来的迭代只是重复类似的计算,因此我们就介绍到这里。不过,图 8.7 描述了在迭代 3 刚获得的试验解的基础上调整尺度之后形成的新的可行域。同以前一样,调整尺度总是把试验解设置为$(\tilde{x}_1,\tilde{x}_2,\tilde{x}_3)=(1,1,1)$,与约束边界 $\tilde{x}_1=0,\tilde{x}_2=0,\tilde{x}_3=0$ 的距离相等。注意在图 8.5~图 8.7 中,迭代序列和尺度调整把最优解向(1,1,1)移动,同时其余 BF 解远离该点。最后,经过足够的迭代,调整尺度后,最优解将非常接近$(\tilde{x}_1,\tilde{x}_2,\tilde{x}_3)=(0,1,0)$,而其余两个 BF 解将在 $\tilde{x}_1$ 和 $\tilde{x}_3$ 轴上远离初始位置。接着该迭代的步骤 5 将产生一个解,该解在原始坐标系中非常靠近最优解$(x_1,x_2,x_3)=(0,8,0)$。

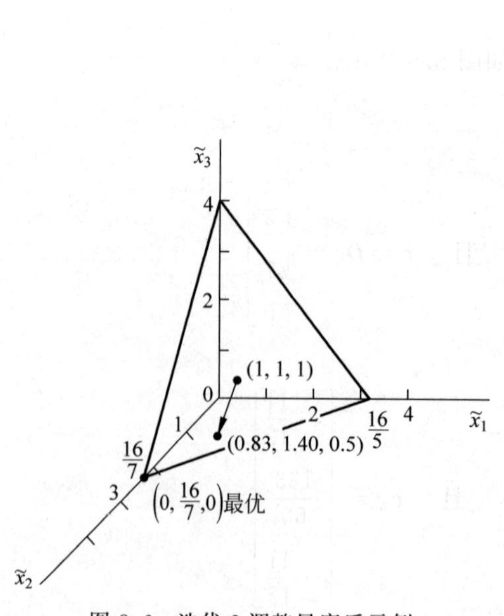

图 8.6 迭代 2 调整尺度后示例

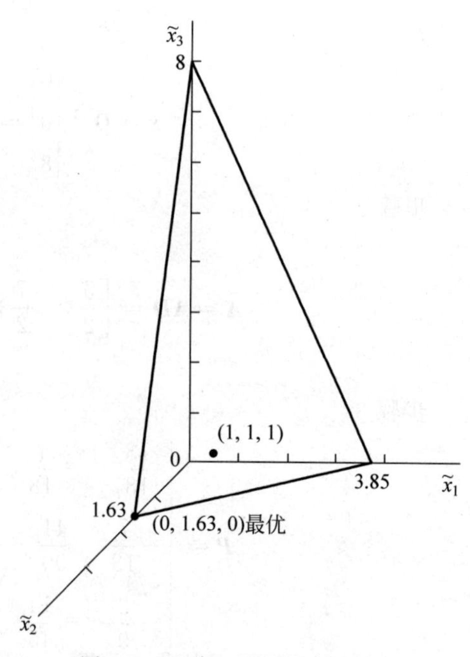

图 8.7 迭代 3 调整尺度后示例

图 8.8 显示了问题扩展之前在原 x_1-x_2 的坐标系中进行的算法过程。三个点$(x_1, x_2)=(2,2)$，$(2.5,3.5)$和$(2.08,4.92)$分别是迭代 1、迭代 2 和迭代 3 的试验解。然后，我们画了一条通过这些点并超出一段距离的平滑曲线来展示算法在逼近$(x_1,x_2)=(0,8)$过程中后续迭代的轨迹。

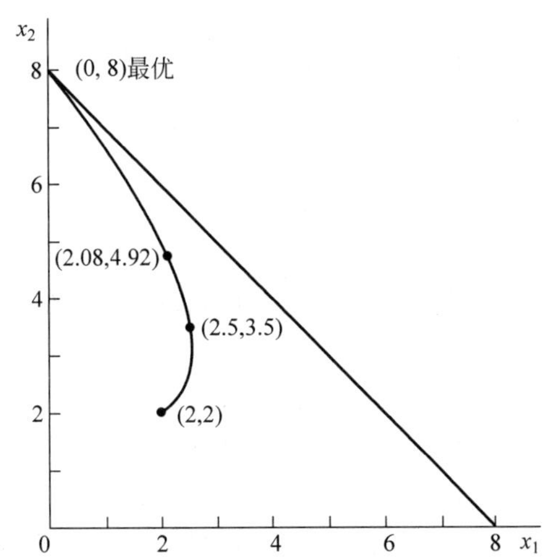

图 8.8　本例在原 x_1-x_2 坐标系中内点算法的轨迹

对这个例子，函数约束正好是非等式约束。不过，对这个算法而言，等式约束也不会有任何困难，因为由算法处理这些约束只是在任何需要转化为等式的扩展形式$(\boldsymbol{Ax}=\boldsymbol{b})$完成之后进行的，而不论以何种方式取得扩展形式。为了说明这个问题，假定本例中的唯一改变是把约束 $x_1+x_2\leqslant 8$ 改为 $x_1+x_2=8$。这样图 8.3 中的可行域刚好变为点$(8,0)$和点$(0,8)$之间的线段。给定该线段内部的一个初始可行试验解——如$(x_1,x_2)=(4,4)$——该算法就可以按照恰好有两个变量时的五步总结所述进行，这里 $\boldsymbol{A}=[1,1]$。对每步迭代，投影梯度沿这条线段指向$(0,8)$的方向。取 $\alpha=\dfrac{1}{2}$，迭代 1 从点$(4,4)$移动到$(2,6)$，迭代 2 从$(2,6)$移动到$(1,7)$等(习题 8.4-3 要求你验证这些结果)。

尽管本例的任意一个版本都只有一个函数约束，然而如前所述，拥有多于一个约束只导致计算过程的一个改变(不是更大范围的计算)。例子中有一个单独的函数约束意味着 $\boldsymbol{A}$ 只拥有单独的一行，因此步骤 3 的$(\tilde{\boldsymbol{A}}\tilde{\boldsymbol{A}}^{\mathrm{T}})^{-1}$ 项就是向量乘积 $\tilde{\boldsymbol{A}}\tilde{\boldsymbol{A}}^{\mathrm{T}}$ 所得数值的倒数。多个函数约束意味着 $\boldsymbol{A}$ 有多行，因而$(\tilde{\boldsymbol{A}}\tilde{\boldsymbol{A}}^{\mathrm{T}})^{-1}$ 项是由矩阵乘积 $\tilde{\boldsymbol{A}}\tilde{\boldsymbol{A}}^{\mathrm{T}}$ 得到的矩阵的逆阵。

结束前，我们需要加上一个注释以更完整地理解算法。对于特别小的例子，该算法要求相对大量的计算并经多次迭代后，获得仅是最优解的一个近似值。而 3.1 节的图解法在图 8.3 中立刻找到了最优解，而且单纯形法只要求一步快速地迭代。然而，不要被这一对比误导而小看了内点算法的有效性。这个算法是为解决拥有成百上千条函数约束的大型问题而设计的。对于这样的问题，单纯形法通常需要数千步迭代。通过“穿过”可行域内部，内点算法只要求少得多的迭代次数(尽管每步迭代要做更多的工作)。这使内点算法有时能有效地解决大型线性规划问题，这些问题可能在单纯形法和对偶单纯形法的解决范围之外。因此，与这里提出的算法类似的一些内点算法将在线性规划中发挥重要作用。

4.11 节介绍了内点算法与单纯形法的对比,还讨论了内点算法与单纯形法的互补作用,包括它们怎样被组合进一个混合的算法中。

最后,我们必须强调一点,通过描述 Karmarkar 1984 年提出的开创性算法的一个初等变异方法,本节只是提供一个对内点算法应用于线性规划的概念性介绍。1984 年以来,许多顶尖的研究人员已经对内点算法做了大量关键性的改进。这仍将成为一个重要的研究领域。对这个高级专题的更深入介绍超出了本书的范围,感兴趣的读者可以从本章末尾所列参考文献中找到很多详细内容。

8.5 结论

对于优化后分析,对偶单纯形法和参数线性规划特别有价值,在其他背景下它们也可能非常有用。

通常情况下一些变量或全部变量有明显的上界。上界法为在这些情况下简化单纯形法提供了一种方法,可以极大地减少大型问题的计算量。

数学规划计算机软件包通常包括所有这三种程序,并且这三种程序被广泛地使用。因为它们的基本结构在很大程度上基于第 4 章提出的单纯形法,所以它们也拥有单纯形法出色的计算能力。

现在已经提出了很多其他专用算法以利用特殊类型的线性规划问题的特殊结构(如第 9 章和第 10 章将讨论到的)。目前,在这一领域仍有非常多的研究。

Karmarkar 的内点算法开创了研究如何解决线性规划问题的另一关键路线。现在,这个算法的变异方法为高效地解决某些非常大型的问题提供了强有力的方法。

参考文献

1. Cottle, R. W., and M. N. Thapa: *Linear and Nonlinear Optimization*, Springer, New York, 2017.
2. Luenberger, D., and Y. Ye: *Linear and Nonlinear Programming*, 4th ed., Springer, New York, 2016.
3. Marsten, R., R. Subramanian, M. Saltzman, I. Lustig, and D. Shanno: "Interior-Point Methods for Linear Programming: Just Call Newton, Lagrange, and Fiacco and McCormick!," *Interfaces*, 20(4): 105-116, July-August 1990.
4. Murty, K. G.: *Optimization for Decision Making: Linear and Quadratic Models*, Springer, New York, 2010.
5. Vanderbei, R. J.: *Linear Programming: Foundations and Extensions*, 4th ed., Springer, New York, 2014.
6. Ye, Y.: *Interior-Point Algorithms: Theory and Analysis*, Wiley, Hoboken, NJ, 1997.

习题

一些习题(或其部分)左边的符号的含义如下。

I:建议使用 IOR Tutorial 中给出的交互程序。对参数线性规划而言,这些程序只应用

于 $\theta=0$，在这之后你应该继续手算。

C：使用 IOR Tutorial 中内点算法的自动程序解决问题。

带星号的习题在书后至少给出了部分答案。

8.1-1 考虑如下问题。

$$\begin{aligned}\max\quad & Z=-x_1-x_2\\ \text{s.t.}\quad & x_1+x_2\leqslant 8\\ & x_2\geqslant 3\\ & -x_1+x_2\leqslant 2\\ \text{且}\quad & x_1\geqslant 0,\quad x_2\geqslant 0\end{aligned}$$

I(**a**) 用图解法求解此题。

(**b**) 用对偶单纯形法手算求解此题。

(**c**) 在图上描绘对偶单纯形法执行的路径。

8.1-2* 应用对偶单纯形法手算解决以下问题。

$$\begin{aligned}\min\quad & Z=5x_1+2x_2+4x_3\\ \text{s.t.}\quad & 3x_1+x_2+2x_3\geqslant 4\\ & 6x_1+3x_2+5x_3\geqslant 10\\ \text{且}\quad & x_1\geqslant 0,\quad x_2\geqslant 0,\quad x_3\geqslant 0\end{aligned}$$

8.1-3 应用对偶单纯形法手算解决以下问题。

$$\begin{aligned}\min\quad & Z=7x_1+2x_2+5x_3+4x_4\\ \text{s.t.}\quad & 2x_1+4x_2+7x_3+x_4\geqslant 5\\ & 8x_1+4x_2+6x_3+4x_4\geqslant 8\\ & 3x_1+8x_2+x_3+4x_4\geqslant 4\\ \text{且}\quad & x_j\geqslant 0,\quad j=1,2,3,4\end{aligned}$$

8.1-4 考虑以下问题。

$$\begin{aligned}\max\quad & Z=3x_1+2x_2\\ \text{s.t.}\quad & 3x_1+x_2\leqslant 12\\ & x_1+x_2\leqslant 6\\ & 5x_1+3x_2\leqslant 27\\ \text{且}\quad & x_1\geqslant 0,\quad x_2\geqslant 0\end{aligned}$$

I(**a**) 用原始单纯形法(表格形式)求解此题,找出每步迭代得到的对偶问题的互补基本解。

(**b**) 用对偶单纯形法手算求解此问题的对偶问题,将得到的一系列基本解与(a)中得到的互补基本解进行比较。

8.1-5 考虑 7.2 节中敏感性分析情形 1 的例子。在该例中,表 4.8 中的初始单纯形表发生了改变,b_2 从 12 变为 24,因而最终单纯形表右端项的值分别变为 54、6、12 和 -2。从这个修改过的最终单纯形表开始,用对偶单纯形法求解如表 7.5 所示的新的最优解。列出你的求解步骤。

8.1-6[*] 考虑习题 7.2-1(a)部分。从修改后的最终表出发,使用对偶单纯形法手算重新优化。

8.2-1[*] 考虑以下问题。

$$\max \quad Z=8x_1+24x_2$$

$$\text{s.t.} \quad x_1+2x_2\leqslant 10$$

$$2x_1+x_2\leqslant 10$$

$$\text{且} \quad x_1\geqslant 0, \quad x_2\geqslant 0$$

假定 Z 代表利润并且两个业务活动的员工的适当轮换将可能或多或少地改变目标函数。特别地,假定活动 1 的单位利润可增加到超过 8(最大值 18),而同时付出的代价是活动 2 的单位利润从 24 减少该数量的 2 倍。这样,Z 实际上可以表示为

$$Z(\theta)=(8+\theta)x_1+(24-2\theta)x_2$$

其中,θ 也是一个决策变量,满足 $0\leqslant\theta\leqslant 10$。

I(**a**) 用图解法求最初问题的解。然后,通过扩展图解法的过程来求解该问题的参数扩展形式,即寻找关于 θ 函数的最优解和最优值 $Z(\theta)$,θ 满足 $0\leqslant\theta\leqslant 10$。

I(**b**) 用单纯形法求解初始问题的最优解,然后用参数线性规划求 θ 函数的最优解和最优值 $Z(\theta)$,θ 满足 $0\leqslant\theta\leqslant 10$。绘出 $Z(\theta)$的图形。

(**c**) 确定最优的 θ 值,然后说明如何能通过只求解两个通常的线性规划问题而直接确定该最优值(提示:凸函数在某一个端点获得最大值)。

I8.2-2 应用参数线性规划寻找下述问题的 θ 函数的最优解,$0\leqslant\theta\leqslant 20$。

$$\max \quad Z(\theta)=(20+4\theta)x_1+(30-3\theta)x_2+5x_3$$

$$\text{s.t.} \quad 3x_1+3x_2+x_3\leqslant 30$$

$$8x_1+6x_2+4x_3\leqslant 75$$

$$6x_1+x_2+x_3\leqslant 45$$

$$\text{且} \quad x_1\geqslant 0, \quad x_2\geqslant 0, \quad x_3\geqslant 0$$

I8.2-3 考虑以下问题:

$$\max \quad Z(\theta)=(10-\theta)x_1+(12+\theta)x_2+(7+2\theta)x_3$$

$$\text{s.t.} \quad x_1+2x_2+2x_3\leqslant 30$$

$$x_1+x_2+x_3\leqslant 20$$

$$\text{且} \quad x_1\geqslant 0, \quad x_2\geqslant 0, \quad x_3\geqslant 0$$

(**a**) 应用参数线性规划为这个问题寻找 θ 函数的最优解,$\theta\geqslant 0$。

(**b**) 为这个问题构建对偶模型。然后,应用 8.2 节后面一部分所描述的方法为这个对偶问题寻找 θ 函数的最优解,$\theta\geqslant 0$。用图解法说明这一代数过程是怎样进行的。对比所获得的基本解与(a)中得到的互补基本解。

I8.2-4[*] 应用针对参数 b_i 系统变化的参数线性规划寻找以下问题的 θ 函数的最优解,$0\leqslant\theta\leqslant 25$。

$$\max \quad Z(\theta)=2x_1+x_2$$

$$\text{s.t.} \quad x_1 \leqslant 10+2\theta$$

$$x_1+x_2\leqslant 25-\theta$$

$x_2 \leqslant 10+2\theta$

且　$x_1 \geqslant 0,\quad x_2 \geqslant 0$

用图解法说明这个代数过程是怎样进行的。

I8.2-5　应用参数线性规划为以下问题的 θ 函数寻找一个最优解，$0 \leqslant \theta \leqslant 30$。

$$\max\quad Z(\theta)=5x_1+6x_2+4x_3+7x_4$$

$$\begin{aligned}\text{s.t.}\quad & 3x_1-2x_2+x_3+3x_4 \leqslant 135-2\theta\\ & 2x_1+4x_2-x_3+2x_4 \leqslant 78-\theta\\ & x_1+2x_2+x_3+2x_4 \leqslant 30+\theta\end{aligned}$$

且　$x_j \geqslant 0,\quad j=1,2,3,4$

然后，找出使最优值 $Z(\theta)$ 达到最大值的 θ 值。

8.2-6　考虑习题 7.2-2。应用参数线性规划寻找 θ 函数的最优解，$-20 \leqslant \theta \leqslant 0$（提示：用 $-\theta'$ 替换 θ，然后从 0 开始增加 θ'）。

8.2-7　考虑如图 8.1 所示的参数 c_j 系统地改变时的参数线性规划的函数 $Z^*(\theta)$。

(a) 解释为什么这个函数是分段线性的。

(b) 说明这个函数必须为凸。

8.2-8　考虑如图 8.2 所示的参数 b_i 系统改变时参数线性规划的函数 $Z^*(\theta)$。

(a) 解释为什么这个函数是分段线性的。

(b) 说明这个函数必定是凹的。

8.2-9　令

$$Z^*=\max\left\{\sum_{j=1}^{n} c_j x_j\right\}$$

$$\text{s.t.}\quad \sum_{j=1}^{n} a_{ij}x_j \leqslant b_i,\quad i=1,2,\cdots,m$$

且　$x_j \geqslant 0,\quad j=1,2,\cdots,n$

（这里 a_{ij}、b_i 和 c_j 是固定的常数）且令$(y_1^*, y_2^*, \cdots, y_m^*)$为对应的最优对偶解。然后令

$$Z^{**}=\max\left\{\sum_{j=1}^{n} c_j x_j\right\}$$

$$\text{s.t.}\quad \sum_{j=1}^{n} a_{ij}x_j \leqslant b_i+k_i,\quad i=1,2,\cdots,m$$

且　$x_j \geqslant 0,\quad j=1,2,\cdots,n$

其中，$k_1, k_2, \cdots, k_m$ 是给定的常数。说明下式成立

$$Z^{**} \leqslant Z^* + \sum_{i=1}^{m} k_i y_i^*$$

8.3-1　考虑以下问题。

$$\max\quad Z=2x_1+x_2$$

$$\begin{aligned}\text{s.t.}\quad & x_1-x_2 \leqslant 5\\ & x_1 \leqslant 10\\ & x_2 \leqslant 10\end{aligned}$$

且 $x_1 \geqslant 0, \quad x_2 \geqslant 0$

I(**a**) 用图解法求解这个问题。

(**b**) 应用上界法手算求解这个问题。

(**c**) 在图上描绘出上界法的路径。

8.3-2* 应用上界法手算求解以下问题。

$$\max \quad Z = x_1 + 3x_2 - 2x_3$$

$$\text{s.t.} \quad \begin{aligned} x_2 - 2x_3 &\leqslant 1 \\ 2x_1 + x_2 + 2x_3 &\leqslant 8 \\ x_1 \qquad\qquad &\leqslant 1 \\ x_2 \qquad &\leqslant 3 \\ x_3 &\leqslant 2 \end{aligned}$$

且 $x_1 \geqslant 0, \quad x_2 \geqslant 0, \quad x_3 \geqslant 0$

8.3-3 应用上界法手算求解以下问题。

$$\max \quad Z = 2x_1 + 3x_2 - 2x_3 + 5x_4$$

$$\text{s.t.} \quad \begin{aligned} 2x_1 + 2x_2 + x_3 + 2x_4 &\leqslant 5 \\ x_1 + 2x_2 - 3x_3 + 4x_4 &\leqslant 5 \end{aligned}$$

且 $0 \leqslant x_j \leqslant 1, \quad j = 1,2,3,4$

8.3-4 应用上界法手算求解以下问题。

$$\max \quad Z = 2x_1 + 5x_2 + 3x_3 + 4x_4 + x_5$$

$$\text{s.t.} \quad \begin{aligned} x_1 + 3x_2 + 2x_3 + 3x_4 + x_5 &\leqslant 6 \\ 4x_1 + 6x_2 + 5x_3 + 7x_4 + x_5 &\leqslant 15 \end{aligned}$$

且 $0 \leqslant x_j \leqslant 1, \quad j = 1,2,3,4,5$

8.3-5 同时应用上界法和对偶单纯形法手算求解以下问题。

$$\min \quad Z = 3x_1 + 4x_2 + 2x_3$$

$$\text{s.t.} \quad \begin{aligned} x_1 + x_2 + x_3 &\geqslant 15 \\ x_2 + x_3 &\geqslant 10 \end{aligned}$$

且 $0 \leqslant x_1 \leqslant 25, \quad 0 \leqslant x_2 \leqslant 5, \quad 0 \leqslant x_3 \leqslant 15$

C8.4-1 重新考虑 8.4 节中用来说明内点算法的例子。假定初始可行试验解换成 $(x_1, x_2) = (1, 3)$。从这个解出发,手算进行两步迭代。然后,使用 IOR Tutorial 中的自动程序来检验你的运算。

8.4-2 考虑以下问题:

$$\max \quad Z = 3x_1 + x_2$$

$$\text{s.t.} \quad x_1 + x_2 \leqslant 4$$

且 $x_1 \geqslant 0, \quad x_2 \geqslant 0$

I (**a**) 用图解法求解这个问题,并找出所有 CPF 解。

C (**b**) 从初始试验解 $(x_1, x_2) = (1, 1)$ 出发,通过手算进行 8.4 节提出的内点算法的四步迭代。然后使用 IOR Tutorial 中的自动程序检验你的运算。

(c) 针对这个问题,画出与图 8.4～图 8.8 相应的图形。在每个图形中,找出当前坐标系下的基本(或角点)可行解。(试验解可以用于决定投影梯度。)

8.4-3 考虑以下问题:

$$\max \quad Z=x_1+2x_2$$
$$\text{s.t.} \quad x_1+x_2=8$$
$$\text{且} \quad x_1\geqslant 0,\quad x_2\geqslant 0$$

C(**a**) 在 8.4 节的末尾,我们讨论了从$(x_1,x_2)=(4,4)$出发,使用内点算法如何解决这个问题。通过手算进行两步迭代验证那时得出的结果。然后,使用 IOR Tutorial 中的自动程序来检验你的运算。

(**b**) 使用这些结果预测在进行一次迭代时下一个试验解会是多少。

(**c**) 在这个应用问题中,假定算法采用的停止运算的判断准则是当两个连续的试验解在任何分量中相差不多于 0.01 时,停止运算。使用你在(b)中得到的预测来估计最终试验解和达到这个最终试验解所需的迭代步骤总数。这个解距离最优解$(x_1, x_2)=(0,8)$有多远?

8.4-4 考虑以下问题:

$$\max \quad Z=x_1+x_2$$
$$\text{s.t.} \quad x_1+2x_2\leqslant 9$$
$$2x_1+x_2\leqslant 9$$
$$\text{且} \quad x_1\geqslant 0,\quad x_2\geqslant 0$$

I(**a**) 用图解法求解此题。

(**b**) 找出在原始 x_1-x_2 坐标系中目标函数的梯度。如果你从起点开始并沿着梯度的方向移动到可行域的边界,相对于最优解你最终停止在哪个位置?

C(**c**) 从初始试验解$(x_1,x_2)=(1,1)$出发,使用 IOR Tutorial 进行 8.4 节提出的内点算法的 10 步迭代。

C(**d**) 令 $\alpha=0.9$,重做(c)。

8.4-5 考虑以下问题:

$$\max \quad Z=2x_1+5x_2+7x_3$$
$$\text{s.t.} \quad x_1+2x_2+3x_3=6$$
$$\text{且} \quad x_1\geqslant 0,\quad x_2\geqslant 0,\quad x_3\geqslant 0$$

I(**a**) 画出可行域。

(**b**) 找到目标函数的梯度,然后寻找可行域上的投影梯度。

(**c**) 从初始试验解$(x_1,x_2,x_3)=(1,1,1)$出发,手算进行 8.4 节提出的内点算法的两步迭代。

C(**d**) 从这个相同的初始试验解出发,使用 IOR Tutorial 进行这个算法的 10 步迭代。

C**8.4-6** 从初始试验解$(x_1,x_2)=(2,2)$出发,使用 IOR Tutorial 对 3.1 节提出的 Wyndor Glass 公司问题执行 8.4 节所示内点算法的 1～5 步迭代,画出类似图 8.8 的图形以显示该算法在原 x_1-x_2 坐标系下的轨迹。

Introduction to Operations Research

第 9 章

运输和指派问题

第 3 章强调了线性规划具有广泛的应用，本章我们将着重讨论两类重要的线性规划问题。第一类问题称为运输问题。之所以称其为运输问题，是因为这类问题的很多应用是为了实现运输的最优化。不过也有一些重要的应用与运输无关，如生产计划问题等。第二类问题称为指派问题，其应用是指派一些人去完成任务。尽管其应用看起来与运输问题有很大的区别，不过我们将会看到指派问题实际上可以被看作运输问题的一种特殊形式。

下一章将要介绍线性规划问题的另一种特殊形式——网络优化问题，其中一类问题是最小费用流问题（见 10.6 节）。届时我们将会看到运输问题和指派问题实际上都是最小费用流问题的特殊实例。本章我们将给出运输问题和指派问题的网络图表示形式。

运输和指派问题的应用通常需要大量的约束条件和变量，因此直接应用单纯形法的计算机程序解决这两类问题需要大量的计算。幸运的是，这两类问题的一个主要特点是约束条件中大多数系数 a_{ij} 都为零，并且系数不为零的部分又呈现特定的模式。因此，我们利用这类问题的特殊结构设计一种特殊的改进算法，来节省计算量。因此，我们必须非常熟悉这类问题，当它们出现时能够正确地识别，并应用适当的计算方法来解决。

为了描述它的特殊结构，我们先介绍约束条件式中的系数表格（矩阵），如表 9.1 所示。a_{ij} 表示第 i 个约束条件中第 j 个变量的系数。在下文中，系数为零的地方将留为空白，系数不为零的地方标为阴影。

表 9.1　线性规划约束条件的系数表格

$$A=\begin{bmatrix} a_{11} & a_{12} & \cdots & a_{1n} \\ a_{21} & a_{22} & \cdots & a_{2n} \\ \vdots & \vdots & & \vdots \\ a_{m1} & a_{m2} & \cdots & a_{mn} \end{bmatrix}$$

在 9.1 节讲述一个运输问题范例之后，我们将用模型总结这类问题的特殊结构并给出其他一些应用。在 9.2 节中，我们将给出运输问题的单纯形法，这是一种解决运输问题的单纯形法改进版本（如 10.7 节所述，这种算法是基于网络单纯形法的一种高效解决最小费用流问题的单纯形法改进版本，也适用于运输和指派问题）。9.3 节将重点讲述指派问题。

9.4 节将介绍一种特殊的算法，称为匈牙利算法，这种算法只能用来解决指派问题。

9.1　运输问题

9.1.1　范例

P&T 公司生产的主要产品是罐装豌豆。豌豆的罐头厂有 3 个(华盛顿州的贝林厄姆、俄勒冈州的尤金、明尼苏达州的埃伯特利)，然后由卡车运到美国西部的 4 个仓库(加利福尼亚州的萨克拉门多、犹他州的盐湖城、南达科塔的来比特市、新墨西哥州的阿尔伯克基)，如图 9.1 所示。由于运输费用是主要的花费，管理层要找出一种方案以尽可能地减少运输费用。下一个季度每个豌豆产地的产量已经估计出来了，并且每个仓库也被分配了一定的豌豆存储数量。货车负载和每车豌豆的运费如表 9.2 所示。可知共有 300 车的豌豆等待运输，现在的问题是怎样安排运输使总的运输费用最低。

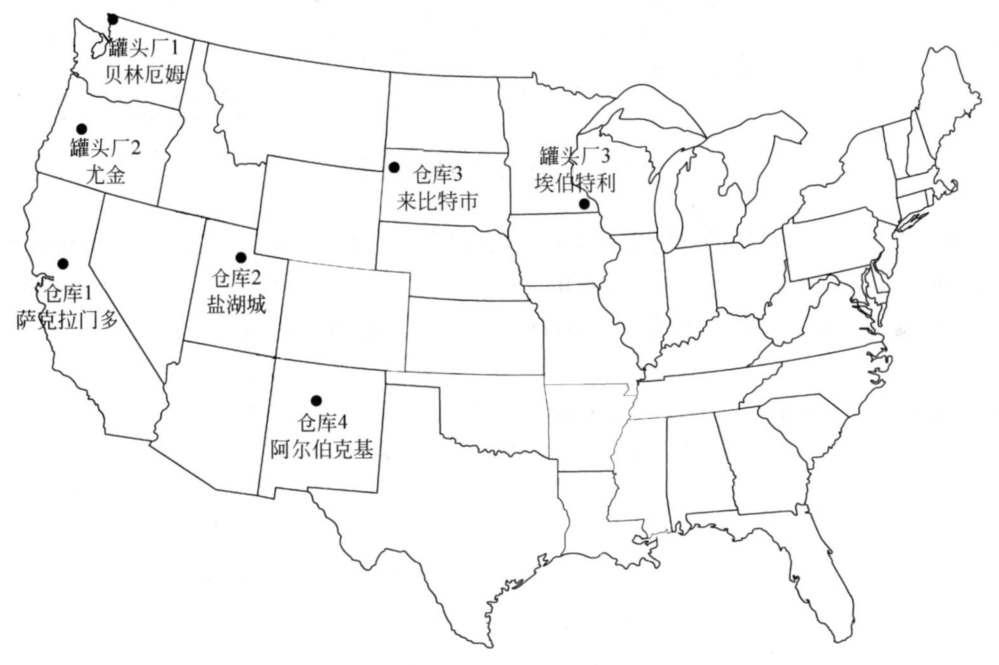

图 9.1　P&T 公司工厂和仓库的位置图

表 9.2　P&T 公司的运输数据

		每卡车的运输成本/美元				产出/车
		仓　　库				
		1	2	3	4	
罐头厂	1	464	513	654	867	75
	2	352	416	690	791	125
	3	995	682	388	685	100
分配/车		80	65	70	85	

如果忽略罐头厂和仓库的地理位置分布,我们可以给出这个问题的网络图。如图 9.1 所示,左侧是豌豆的 3 个罐头厂,右侧是豌豆即将运往的 4 个仓库。箭头代表货车的可能运送路线,每个箭头旁边的数字代表每车货物在这个路线上运送所需的成本。罐头厂和仓库旁边括号中的数字代表计划从这里运出多少货车的豌豆。表 9.2 表明总数有 300 车需要运输,要决定如何从各罐头厂运往各仓库的数量,使总运费为最低。

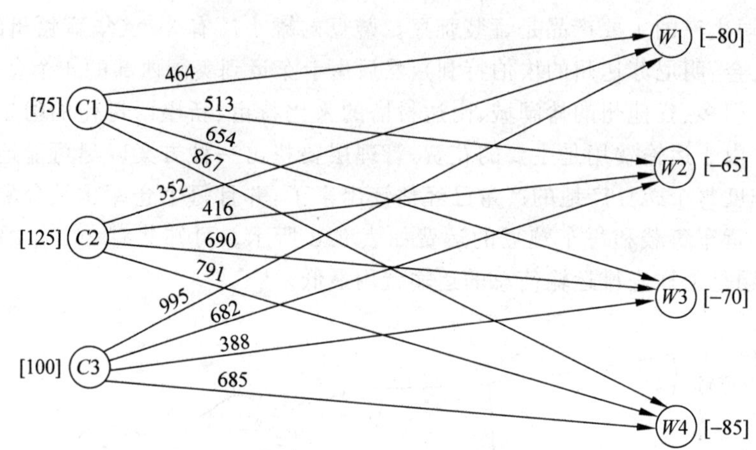

图 9.2　P&T 公司问题的网络图

图 9.2 和表 9.2 描述的问题实际上是运输问题形式的线性规划问题。为了构建模型描述这一问题,我们用 Z 代表总的运输费用,用 $x_{ij}(i=1,2,3;\ j=1,2,3,4)$表示从 i 产地到 j 仓库运输的豌豆罐头数量。因此,我们的目标就是选择这 12 个决策变量(x_{ij})的值,使 Z 值最小。

$$\min \quad Z=464x_{11}+513x_{12}+654x_{13}+867x_{14}+352x_{21}+416x_{22}+690x_{23}+791x_{24}+995x_{31}+682x_{32}+388x_{33}+685x_{34}$$

$$\begin{aligned}
\text{s.t.}\quad & x_{11}+x_{12}+x_{13}+x_{14}=75\\
& x_{21}+x_{22}+x_{23}+x_{24}=125\\
& x_{31}+x_{32}+x_{33}+x_{34}=100\\
& x_{11}+x_{21}+x_{31}=80\\
& x_{12}+x_{22}+x_{32}=65\\
& x_{13}+x_{23}+x_{33}=70\\
& x_{14}+x_{24}+x_{34}=85
\end{aligned}$$

且　$x_{ij}\geqslant 0\quad (i=1,2,3;\ j=1,2,3,4)$

表 9.3 列出了约束系数。正如本节后面部分所描述的那样,它是一种特殊的结构,正是因为这种特殊的结构才把这类问题称为运输问题。我们首先描述运输问题模型区别于其他模型的特征。

表 9.3　P&T公司的约束系数

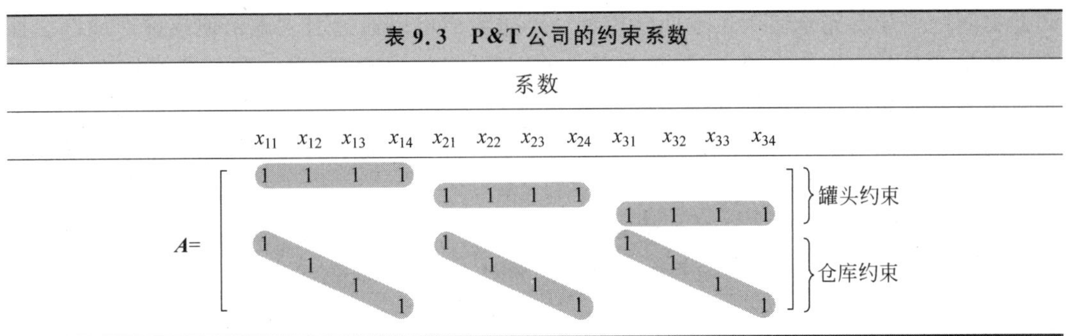

9.1.2　运输问题的模型

为了给出运输问题的一般模型,我们需要用一些通用术语,而不像案例中的术语那么特殊。实际上,一般的运输问题关注如何把任何物品从任何生产地(称为**产地**)运到任何仓库(称为**销地**),并使运输费用最低。范例与一般模型之间的术语的对应关系如表 9.4 所示。

表 9.4　运输问题的术语

范　　例	一 般 问 题
运送豌豆罐头的卡车数	货物单位
3 个罐头厂	m 个产地
4 个仓库	n 个销地
第 i 个罐头厂的输出	从第 i 个产地提供的货物 s_i
第 j 个仓库分配的货物	第 j 个销地的需求量 d_j
从第 i 个罐头厂运送一货车罐头到第 j 个仓库的运输费用	从第 i 个产地到第 j 个销地的单位分销成本 c_{ij}

如表 9.4 的第 4 行和第 5 行所示,每一个产地都有一些单位的产品需要运出,每一个销地都有一些单位的产品需要接收。运输问题的模型对供给和需求作出如下假设。

需求假设:每一个产地都提供一个固定数量的产品,所有的产品都需要运往销地(我们用 s_i 代表第 i 个产地供应的产品数量,$i=1,2,\cdots,m$)。同样,每一个销地都只能接收一个固定数量的产品,所有销地接收的产品都是从产地运来的(我们用 d_j 代表第 j 个销地接收的产品数,$j=1,2,\cdots,n$)。

这个假设适用于 P&T 公司,因为它的每个罐头厂(产地)都有一个固定的产出,并且每个仓库(销地)都有一个固定的需求量。

这个假设意味着供给和需求之间需要存在一个平衡,也就是所有产地的供给总和应该等于所有销地的需求总和。

可行解的特性:一个运输问题有可行解的充分必要条件是 $\sum_{i=1}^{m} s_i = \sum_{j=1}^{n} d_j$。

由于如表 9.2 所示,供给(产出)达 300 车且与需求相等,所以非常幸运,对于 P&T 公司问题,供给量和需求量相等。

在诸多实际问题中,供给事实上代表需要分发的最大数量(而非固定数量)。类似的,其他情况则是需求代表需要接收的最大数量(而非固定数量)。由于违背了需求假设条件,因此此类问题一般不完全适用运输问题模型。不过我们可以通过引入虚销地或虚产地以填补实际数量对最大数量的空缺,这种重新定义的问题可以适应该模型。我们将在本节末举两个例子来说明如何处理这类问题。

表9.4末行列出了所分配的每一单位的成本。对单位成本的参考意味着下面的基本假设适用于任何运输问题。

成本假设:任何特定产地至特定销地的运输费用与所需分配单位集合的数量成正比。因此,价格将是分配单位集合数量与单位分配价格的倍数(我们用 c_{ij} 表示产地 i 至销地 j 的单位成本)。

P&T公司问题也符合这个假设,因为从任何罐头厂到任何仓库的运输费用均与运输量成正比。

对于运输问题模型,所需数据有供给量、需求量和单位成本。这些数据便是模型的参数,可以很方便地在如表9.5所示的参数表中总结出来。

模型:任何问题(无论是否含有运输环节)均适用该运输问题模型,只要其能通过表9.5中的参数完全表述,符合需求假设和成本假设,且目标是最小化分配集合所需费用。该模型所需参数如表9.5所示。

表9.5 运输问题的参数表

		每单位分销成本				供给
		销地				
		1	2	…	n	
产地	1	c_{11}	c_{12}	…	c_{1n}	s_1
	2	c_{21}	c_{22}	…	c_{2n}	s_2
	⋮	⋮	⋮		⋮	⋮
	m	c_{m1}	c_{m2}	…	c_{mn}	s_m
需求		d_1	d_2	…	d_n	

这样定义一个问题只需填写一个类似表9.5的表格(如P&T公司问题中的表9.2),也可以采用如图9.3所示的网络图来表示这些信息(如P&T公司问题中的图9.2)。一些与运输问题无关的问题也可以采用其中任一方式加以表示。

由于运输问题可以通过参数表格和网络图简单表示,所以不必对该问题写出很大的正规的数学模型。不过我们还将继续介绍一般运输问题的模型来证实运输问题实际上是一种特殊类型的线性规划问题。

设 Z 为总的分销成本,且 $x_{ij}(i=1,2,\cdots,m;\ j=1,2,\cdots,n)$ 是从产地 i 至销地 j 所分配集合的数量,该线性规划公式为

$$\min \quad Z=\sum_{i=1}^{m}\sum_{j=1}^{n}c_{ij}x_{ij}$$

$$\text{s.t.} \quad \sum_{j=1}^{n}x_{ij}=s_i \quad (i=1,2,\cdots,m)$$

$$\sum_{i=1}^{m}x_{ij}=d_j \quad (j=1,2,\cdots,n)$$

且 对任意 i 和 j, $x_{ij}\geqslant 0$

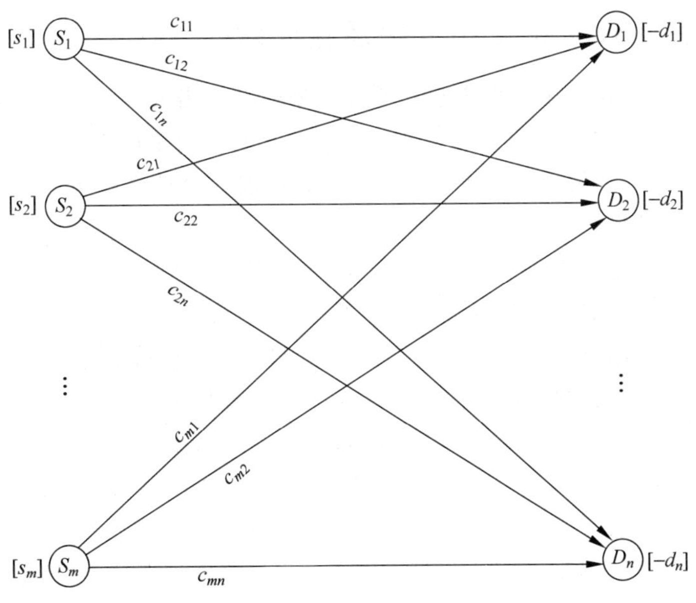

图 9.3　运输问题的网络

注意到有约束系数的结果具有如表 9.6 所示的特殊的结构。任何符合这种特殊形式的线性规划问题均是运输问题而不用考虑其具体内容。我们稍后将举例说明(9.3 节介绍的指派问题就是一个例子)。这是运输问题被视为一种重要类型的线性规划问题的原因之一。

表 9.6　运输问题的约束系数

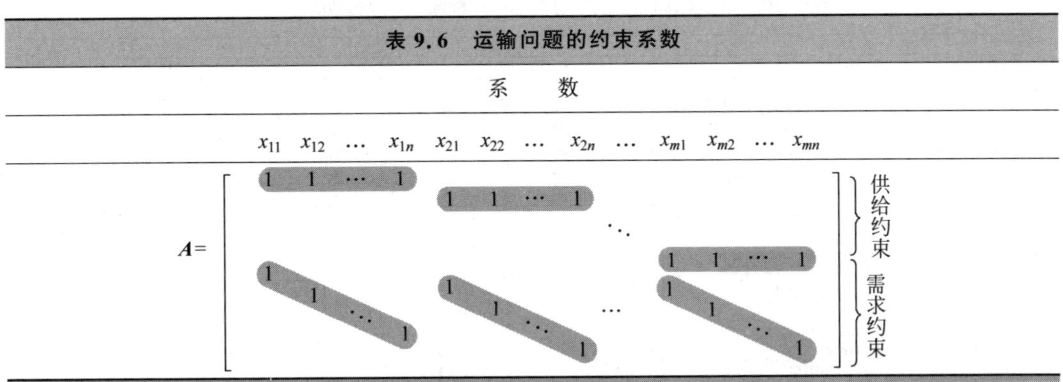

在很多应用中,模型中供给和需求的数量(s_i,d_j)都有整数解。此外我们要求其分销数量也为整数。由于有如表 9.6 所示的特殊结构,所有问题均具有如下性质。

整数解性质:运输问题中的任一 s_i 和 d_j 必须是整数值,所有基本可行解(包括最优解)中的变量也必须是整数值。

9.2 节所述求解程序只处理基本可行解,因此其将自动获得一个整数最优解。因此,没有必要在模型中增加一个 x_{ij} 必须为整数的约束。

与其他线性规划问题一样,一些常用的软件如 Excel Solver,LINGO/LINDO 和 MPL/Solvers 都可以用来建立和解决运输问题(及指派问题),然而这里的 Excel 方法与先前看到的有所区别,以下将详细介绍。

9.1.3 用 Excel 建立和求解运输问题

如 3.5 节所述,采用电子数据表建立线性规划模型时需要先回答三个问题:决策是什么?对决策的约束是什么?这些决策的整体效果是什么?由于运输问题是特殊类型的线性规划问题,所以也需要先解决这几个问题。电子数据表的设计已经考虑到如何采用逻辑方式表示信息和相关数据。

以 P&T 公司问题为例,该问题是要解决从每个罐头厂到仓库所需的运载量。这些决策的约束是从罐头厂运输的总数量必须等于其产量(供给),且每个仓库接收数量为其分配数目(需求)。该计算结果的总值为运输的总费用,目标是使运输的总费用最低。

这些信息导入电子数据表后如图 9.4 所示。所有数据来自表 9.2,显示在如下数据单元组中:单位成本(D5:G7),供给量(J12:J14),需求量(D17:G17)。运输数量决策采用变动单元格,有运输数量(D12:G14)。总运输量(H12:H14)和总接收数(D15:G15)的总量函数如图 9.4 底部所示。约束条件是:总运输量(H12:H14)=(J12:J14),且总接收数(D15:G15)=需求(D17:G17),已经在电子数据表格中加以分类,且键入 Solver 对话框中。目标单元是总价格(J17),其中它的总产量函数如图 9.4 中的右下角所示。Solver 对话

	A	B	C	D	E	F	G	H	I	J
1	P&T公司的配送问题									
2										
3		单位成本			目的地(仓库)					
4				萨克拉门多	盐湖城	来比特市	阿尔伯克基			
5		发送地	贝林厄姆	$464	$513	$654	$867			
6		(罐头厂)	尤金	$352	$416	$690	$791			
7			埃伯特利	$995	$682	$388	$685			
8										
9										
10		运输量			目的地(仓库)					
11		(装车数)		萨克拉门多	盐湖城	来比特市	阿尔伯克基	总运输量		可供应量
12		发送地	贝林厄姆	0	20	0	55	75	=	75
13		(罐头厂)	尤金	80	45	0	0	125	=	125
14			埃伯特利	0	0	70	30	100	=	100
15			总接收数	80	65	70	85			
16				=	=	=	=			总成本
17			需求量	80	65	70	85			$ 152,535

Solver Parameters

Set Objective Cell: Total Cost
To: Min
By Changing Variable Cells:
ShipmentQuantity
Subject to the Constraints:
TotalReceived = Demand
TotalShipped = Supply
Solver Options:
Make Variables Nonnegative
Solving Method: Simplex LP

列中名称	单元格
需求量	D17:G17
运输量	D12:G14
可供应量	J12:J14
总成本	J17
总接收数	D15:G15
总运送量	H12:H14
单位成本	D5:G7

	H
11	总运输量
12	=总和(D12:G12)
13	=总和(D13:G13)
14	=总和(D14:G14)

	C	D	E	F	G
15	总接收数	=总和(D12:D4)	=总和(E12:E14)	=总和(F12:F14)	=总和(G12:G14)

	J
16	总成本
17	=总产量(单位成本, 运输量)

图 9.4 将 P&T 公司问题作为运输问题考虑时的电子表格,包括目标单元格总成本(J17)、其他输出单元格总运输量(H12:H14)和总接收数(D15:G15),以及建立模型所需的说明,变更单元格运输数量(D12:G14)表明了通过这种算法获得的最优运输计划

框中给出了目标就是最小化目标单元格。其中被选项之一(假设是非负)约定所有运输数量必须为非负数。选择单纯形法求解,因为运输问题也是线性规划问题的一种。

开始求解问题时,可以在每个可变单元格中键入任意值(如 0),点击 Solver 按钮之后,Solver 将用单纯形法求解运输问题并决定每个决策变量的最优值。最佳结果将显示在图 9.4 的运输量单元格(D12:G14)中,计算结果 152 535 美元则显示在目标单元格总费用(J17)中。

注意,Solver 只是采用一般单纯形法来求解运输问题,而不是采用专门用来高效求解运输问题的精简版,如下一节将介绍的运输单纯形法。包含这类精简版的软件包在求解大型运输问题时要比 Excel Solver 快得多。

我们曾经在前面提到有些问题由于违反了条件假设,因此并不符合运输问题的模式,但是仍然可以添加虚销地和虚产地来重构这类问题。采用 Excel Solver 时则不必进行这种重构,这是因为对于以供给约束为形式或者以需求约束为形式的原始模型,单纯形法可以直接求解。然而,问题的规模越大,就越值得进行重构并采用运输单纯形法(或其他类似的方法),而不是使用另一种软件包。

以下两个例子可以说明如何对问题进行重构。

一个关于虚销地的例子

北方飞机公司为全球多家航空公司生产商用飞机。生产过程的最后阶段是生产喷气发动机,并把它们安装在飞机机身内。公司目前签了多个合同,将在近期交付数架飞机,这些飞机的喷气发动机的生产必须安排在接下来的 4 个月内。

根据合同,公司每个月必须提供的要安装的发动机的数量如表 9.7 中的第二列所示。可知在 1 月、2 月、3 月和 4 月底公司至少应提供的发动机数量分别为 10 台、25 台、50 台和 70 台。

生产发动机可得到的设备数量因该阶段内其他产品、维修、革新等情况不同而异,每个月的最大产量和单位生产成本如表 9.7 中的第三列和第四列所示。

因为每个月的生产成本不同,所以有必要规划每个月的产量以减少生产成本,而这会产生库存成本。每个月单位库存成本(含利息)为 15 000 美元[①],如表 9.7 中的最右列所示。

生产经理要制订一个方案,确定每个月生产的发动机数,以使生产成本和库存成本最低。

表 9.7 北方飞机公司的生产安排数据

月　份	计划安装数/台	最大产量/台	单位生产成本/百万美元	单位库存成本/百万美元
1	10	25	1.08	0.015
2	15	35	1.11	0.015
3	25	30	1.10	0.015
4	20	10	1.13	

建模:一种方法是对问题建立数学模型,设 x_j 为 j 月生产的发动机数,其中 $j=1,2,3,4$。采用 4 个决策变量,该问题即可表示为线性规划问题而非运输问题。

① 为了建模的需要,假设要留到下个月安装的发动机的存储成本在每个月的月末发生。因此,假设在某一给定月份安装生产且在同一月份安装的发动机不产生库存成本。

另一种方法是将这个问题描述成更为简便的运输问题。这种方法将采用产地和销地来描述问题,且需要区分以下符号:x_{ij}, c_{ij}, s_i, d_j。

由于喷气式发动机要在特定月份生产、在特定月份安装,则有

产地 i =在 i 月生产的发动机数量($i=1, 2, 3, 4$)

销地 j =在 j 月安装的发动机数量($j=1, 2, 3, 4$)

x_{ij} =在 i 月生产、j 月安装的发动机数量

c_{ij} =与每单位 x_{ij} 相关的成本

$$=\begin{cases}\text{单位生产成本和库存成本}, & i\leqslant j\\ ?, & i>j\end{cases}$$

s_i =?

d_j =计划在 j 月安装的发动机数量

相应参数如表 9.8 所示。

表 9.8 北方飞机公司的部分参数表

		单位分销成本/百万美元 销地				供给量
		1	2	3	4	
产地	1	1.080	1.095	1.110	1.125	?
	2	?	1.110	1.125	1.140	?
	3	?	?	1.100	1.115	?
	4	?	?	?	1.130	?
需求量		10	15	25	20	

既然不能提前一个月为飞机生产发动机,如果 $i>j$,x_{ij} 就必须为 0,即这样的 x_{ij} 没有实际成本。为了能应用运输模型解决 9.2 节中的问题,必须为这些不可识别的变量赋值,4.7 节中介绍的大 M 法便是赋值的一种方法,因此为表 9.8 中不可识别的成本变量设定一个足够大的值(方便起见,用 M 表示),使相应 x_{ij} 值在最终解中均为 0。

表 9.8 中需要插入的列变量并不明确,因为每月的产量并不确定,事实上,求解此类问题的目的是求得产量的满意解。这需要为表格每一个变量设置初值,包括供给列,来构成一个运输问题模型。尽管在一般形式中供给约束并不存在,但在数量上必然不能超出总供给上界的约束。形式如下:

$$x_{11}+x_{12}+x_{13}+x_{14}\leqslant 25$$
$$x_{21}+x_{22}+x_{23}+x_{24}\leqslant 35$$
$$x_{31}+x_{32}+x_{33}+x_{34}\leqslant 30$$
$$x_{41}+x_{42}+x_{43}+x_{44}\leqslant 10$$

与标准运输模型的区别仅仅在于约束等式变为不等式。

为了与运输问题模型匹配,我们运用 4.2 节中介绍的松弛变量来转化不等式。本节将松弛变量填充虚拟的单元格,代表每月没有使用的生产能力,这种转变允许运输问题的供给等于生产能力,然而由于虚拟单元格代表完全没有使用的生产能力,这个需求值为

$$(25+35+30+10)-(10+15+25+20)=30$$

包含这个需求之后,总的生产能力就与需求相等了,这就是可行解空间为寻求可行解提

供的条件。

由于没有费用发生，虚拟单元格的值应该为0(M不适用于该列，因为并不强制相应的x_{ij}为0，只要总和为30即可)。

最终参数表如表9.9所示，表中虚拟单元格标示为销地5(D)，运用这种方法很容易找到9.2节中描述的解决方案最优解(参见习题9.2-5及其答案)。

表9.9 北方飞机公司的完整参数表

		每单位分销成本/百万美元					供给量
		销地					
		1	2	3	4	5(D)	
产地	1	1.080	1.095	1.110	1.125	0	25
	2	M	1.110	1.125	1.140	0	35
	3	M	M	1.100	1.115	0	30
	4	M	M	M	1.130	0	10
需求量		10	15	25	20	30	

一个关于虚产地的例子

Metro Water District是在一个大的地理区域管理水资源分配的机构。该地区非常干旱，水资源相当短缺，每年都需要从其他地区购买和引进水资源，主要是从Colombo、Sacron和Calorie河域地区引进水资源并转售给本区的消费者。该机构的主要客户是Berdoo、Los Devils、San Go和Hollyglass等市的水资源部门。除了不能将Calorie河的水供应给Hollyglass市外，该机构可以将从以上三个地区引进的水转售给其他任何城市。然而由于水道规划和城市地理因素，各地域之间供水费用不尽相同，如表9.10所示。不过该机构对各个城市的供水收取相同的价格。

该机构的管理者所面临的问题是如何在即将来临的夏季有效分配可用的水资源。表9.10最右列给出了以百万英亩—英尺(译者注：原文为acre foot，应指面积为1英亩，高度为1英尺的容积单位)为单位的三条河可用水资源的数量。该机构必须向每个城市提供一个最低限度的供水量，以满足各个城市的必需供水(San Go由于拥有独立的水源而除外)。表9.10给出每个城市的最低需求量，Los Devils的要求供水量刚好等于其最低需求量，Berdoo要求供水量多于最低需求量20个单位，Sango要求供水量多于最低需求量30个单位，Hollyglass要求尽可能多的供水量。

表9.10 Metro Water District水资源数据

	费用/(10美元/立方英尺)				供应量
	Berdoo	Los Devils	San Go	Hollyglass	
Colombo	16	13	22	17	50
Sacron	14	13	19	15	60
Calorie	19	20	23	—	50
最低需求量	30	70	0	10	单位为百万
需求量	50	70	30	∞	英亩—英尺

管理部门希望在满足四个城市最低需求量的同时，以最低的费用来分配三条河的可用水资源。

建模：表9.10是一个近乎完美的运输问题参数表，河流作为产地，城市作为销地。然而，这里有一个问题，各个销地的需求量并不是确定的，每一个销地的接收量(除了Los Devils)都是决策变量，均有其上界和下界。对于一个城市来说，如果需求量不超过满足其他城市最低需求用水之后的剩余可供给量，那么这个需求量就是该城市的需求上界，否则，上界就是剩余可供给量。因此，尽管Hollyglass无最大需求，但有确定的上界：

$$(50+60+50)-(30+70+0)=60$$

与运输问题参数表中的其他数据一样，需求量必须是常量，而不应该是有边界的决策变量。为了克服这个问题，暂时假想并不需要一定满足各个城市的最低需求，这样上界就是给各个城市分配水量的唯一约束。在这种情况下，分配的水量能否作为运输问题模型中的销量呢？通过调整，答案是肯定的。

此处的问题与北方飞机公司的生产计划问题类似，只是需求过剩和生产过剩的区别。前面引进虚拟的销地接收多余的供给能力，这里则引进虚拟的产地满足多余的(无效的)需求。在这里虚拟产地应该提供的数量为需求与实际生产供给能力之差：

$$(50+70+30+60)-(50+60+50)=50$$

相应的参数见表9.11。虚拟产地由于没有向销地提供实际的水资源，因此相应单元格的费用值为0。同时由于Calorie不能分配水量给Hollyglass，因此用大M作为其水资源运输费用。

表9.11 Metro Water District 无最低需求水资源数据

		单位分销成本/千万美元				供给
		销　地				
		Berdoo	Los Devils	San Go	Hollyglass	
产地	Colombo	16	13	22	17	50
	Sacron	14	13	19	15	60
	Calorie	19	20	23	M	50
	虚产地	0	0	0	0	50
需求量		50	70	30	60	

现在看看如何将各个城市的最低需求引入模型。由于San Go没有最低需求，不予考虑；Hollyglass不需要修正，因为其需求量(60)超过虚拟供给量(50)10个单位，所以任何可行方案中供给Hollyglass的实际值至少为10，其最低需求就能得到保障(如果没有这种巧合，Hollyglass将和Berdoo一样需要修正)。

Los Devils的最低需求量与其需求量相等，所以其总需求70必须由实际产地提供。这里需要采用大M法，为从虚拟产地输送到Los Devils的费用设置一个大M值，确保在最优方案中由虚拟产地分配给Los Devils的数量为0。

最后考虑Berdoo。与Hollyglass不同的是，虚拟产地除了能提供Berdoo的额外需求外，至少还能部分提供Berdoo的最低需求。由于Berdoo的最低需求量为30，所以必须使虚拟产地供应Berdoo的量不超过20。修正的方法是将Berdoo划分为两个销地，一个需求量为30,从虚拟产地获得水资源的费用为M,另一个需求量为20,从虚拟产地获得水资源的费用为0。参数如表9.12所示。

表9.12 Metro Water District 参数表

			单位分销成本/千万美元					供给
			销地					
			Berdoo(最小)	Berdoo(额外)	Los Devils	San Go	Hollyglass	
			1	2	3	4	5	
产地	Colombo	1	16	16	13	22	17	50
	Sacron	2	14	14	13	19	15	60
	Calorie	3	19	19	20	23	M	50
	虚产地	4(D)	M	0	M	0	0	50
需求量			30	20	70	30	60	

本问题将在9.2节求解,并给出解的过程。

9.1.4 运输问题拓展

即使运用上述两个例子描述的重构求解方法,一些产销分配问题也不满足运输问题模型。原因之一在于有时货物并不是直接从产地发往销地,而是存在中间存放点。3.4节的例子(见图3.13)就描述了这样一个问题。在这种情况下,产地是两个工厂,销地是两个仓库。然而,从特定的工厂运往特定的仓库可能首先要运往储运中心,或是其他工厂,或是其他仓库,费用因运输线路的不同而异,而且某些运输线路还存在运输上限。尽管从形式上看超出了一般运输问题的范畴,但这类问题仍然是一类特殊的线性规划问题,称为最小费用流问题,我们将在10.6节详细讨论,10.7节给出了解决最小费用流问题的一种行之有效的方法。没有对运输路线的运输量施加上限的最小成本流问题可以被看作一个转运问题。本书网站的23.1节专门讨论转运问题。

另一种情况是,直接从产地发往销地,但可能不符合运输问题的其他假设。如果从产地到销地的费用与运量不成线性关系,则违反了线性成本假设;如果产量或销量不确定,则违反了需求假设。例如,销地的最终需求并不清楚,除非一定数量的货物已经运到,并且费用与运量不成线性关系。如果供给量不确定,费用也与数量不成线性关系。例如,费用由一个固定费用和变量共同确定。目前有很多关于运输问题一般化及其解法的研究。①

9.2 用于运输问题的单纯形法

由于运输问题是特殊的线性规划问题,能够应用第4章介绍的单纯形法求解。利用如表9.6所示的特殊结构,这种方法中的大量计算可以被极大地简化。我们称这种改进方法为运输问题的单纯形法。

① 例如,可参考K. Holmberg and H. Tuy,"A Production-Transportation Problem with Stochastic Demand and Concave Production Costs,"*Mathematical Programming Series A*,85: 157-179,1999。

在阅读的过程中,你应当注意如何利用问题的特殊结构简化计算过程。下面将介绍一种重要的运筹学方法——根据问题的特殊结构来改进解决问题的算法。

9.2.1 运输单纯形法的构建

为了使读者清楚运输单纯形法所做的改进,我们先看看一般的(未改进的)单纯形法是如何表示运输问题的。通过构造约束参数表(见表 9.6),将目标方程转换为求解最大值形式,使用大 M 法为 $m+n$ 个等式引进人工变量 $Z_1, Z_2, \cdots, Z_{m+n}$(见 4.7 节)。如表 9.13 所示,表中空白单元格的值均为零(单纯形法的第一次迭代之前需要做的调整是用代数方法消除第 0 行初始(人工)基变量的非 0 系数)。

表 9.13 运输问题原始表

基变量	方程	系数								右端项
		Z	…	x_{ij}	…	z_i	…	z_{m+j}	…	
Z	(0)	-1		c_{ij}		M		M		0
	(1)									
	⋮									
z_i	(i)	0		1		1				s_i
	⋮									
z_{m+j}	$(m+j)$	0		1				1		d_j
	⋮									
	$(m+n)$									

通过一系列迭代,第 0 行将变为如表 9.14 所示的形式。由于表 9.13 中 0 和 1 的系数结构,以及 5.3 节中描述的基础的审视,u_i 和 v_j 的含义如下:

u_i = 在得到现行的单纯形表所进行的迭代过程中,应用单纯形法用原始的 0 行(直接或间接地)减去原始的 i 行的倍数。

v_j = 在得到现行的单纯形表所进行的迭代过程中,应用单纯形法用原始的 0 行(直接或间接地)减去原始的 $m+j$ 行的倍数。

表 9.14 运用单纯形法求解运输问题时运输简表的第 0 行

基变量	方程	系数							右端项
		Z	…	x_{ij}	…	z_i	…	z_{m+j}	
Z	(0)	-1		$c_{ij}-u_i-v_j$		$M-u_i$		$M-v_j$	$-\sum_{i=1}^{m} s_i u_i - \sum_{j=1}^{n} d_j v_j$

根据第 6 章介绍的对偶理论,u_i 和 v_j 的另一个属性是它们均属于对偶变量①。如果 x_{ij} 是非基变量,$c_{ij}-u_i-v_j$ 是指 x_{ij} 增长时 Z 改变的量。

① 将这些变量重新标识为 y_i,改变表 9.14 中第 0 行的标记,将目标方程转化为原始的求最小值形式,将更容易识别这些变量。

所需要的信息

为了更好地理解，我们回顾一下单纯形法解决问题的过程。在初始化时，需要得到初始基本可行解，这是通过引进人工变量作为初始基变量，并使其值等于 s_i 和 d_j 来实现的。最优性检验和第一步迭代(决定入基变量)需要知道当前第0行，这是通过用先前的第0行减去另一行的倍数所得的差获得的。第二步(决定出基变量)必须识别随着入基变量增加首先为0的基变量，这是通过比较当前入基变量的系数和等式右端项来实现的。第三步确定新的基本可行解，是通过在当前的单纯形表上用任一行减去某一行的倍数来完成的。

获得这些信息的有效方法

运输问题单纯形法是如何通过更简单的方法获得相同的信息呢？在接下来的内容中将会得出答案，这里先给出几点简要的说明。

第一，不需要人工变量，因为有更简单、更方便的方法(需要若干变换)来获得初始基本可行解。

第二，当前第0行只需要通过计算 u_i 和 v_j 值就能获得，而不需要使用其他任何一行。由于每一个基变量在第0行必然有一个0系数，u_i 和 v_j 通过计算一系列等式

$$c_{ij}-u_i-v_j=0$$

来获得，其中对每一个 i 和 j，x_{ij} 是基变量。

在以后讨论运输单纯形法的最优性检验时会进一步描述这个计算过程。表9.13中的特殊结构使通过利用 $c_{ij}-u_i-v_j$ 作为表9.14中 x_{ij} 的系数方便地获得第0行成为可能。

第三，出基变量同样不需要使用入基变量的系数来确定，原因在于问题的特殊结构很容易看出方案是如何随入基变量的增加而改变的，结果新的基本可行解并不需要对单纯形表中的行进行代数计算就能确定(当看到后文中描述运输单纯形法如何执行一个迭代过程后你就会明白其中的细节)。

基于以上说明，可以得出结论，几乎整个单纯形表(包括维持工作)都可省掉，除输入数据(c_{ij}，s_i 和 d_j)之外，运输单纯形法仅仅需要获得当前的基本可行解①、当前的 u_i 和 v_j 值，以及非基变量的 $c_{ij}-u_i-v_j$ 的值。用手工计算时，利用如表9.15所示的运输单纯形表可以很容易地记录每一次迭代的信息(请注意在简表中通过圈出 x_{ij} 来区分 x_{ij} 的值和 $c_{ij}-u_i-v_j$)。

效率的极大提高

可以通过同时运用单纯形法和运输单纯形法求解同一个问题来看出这两种方法在效率和方便程度上的巨大差异(见习题9.2-9)。然而这种差异对于只能依靠计算机求解的大问题来说就更加明显了。可以通过比较单纯形表与运输单纯形表的规模来初步考察这个差异。例如，对于一个有 m 个产地和 n 个销地的运输问题来说，单纯形表将有 $m+n+1$ 行和 $(m+1)(n+1)$ 列(除了在 x_{ij} 列左边的列之外)，后者有 m 行 n 列(除了两个额外的信息行和信息列之外)。现在试着给 m 和 n 赋值(如 $m=10$，$n=100$，这是一个很典型的中等规模运输问题)，看看这两个表的单元个数随着 m 和 n 的增长将会以怎样的速率增加。

---

① 由于非基变量自动为0，当前基本可行解完全通过记录基变量的值来确定。

表 9.15 运输单纯形表的格式

		销地				供给量	u_i
		1	2	…	n		
产地	1	c_{11}	c_{12}	…	c_{1n}	s_1	
	2	c_{21}	c_{22}	…	c_{2n}	s_2	
	⋮	⋮	⋮		⋮	⋮	
	m	c_{m1}	c_{m2}	…	c_{mn}	s_m	
需求量		d_1	d_2	…	d_n	$Z=$	
	v_j						

每个单元格需要增加的信息：

如果 x_{ij} 是基变量	如果 x_{ij} 是非基变量
c_{ij} ，x_{ij}（圈出）	c_{ij} ，$c_{ij}-u_i-v_j$

9.2.2 初始化

初始化的目标是获得初始基本可行解。因为运输问题中所有的函数约束均为等式约束，单纯形法一般通过引进人工变量作为初始基变量来求解，如 4.6 节所示。最终的基本解实际上只有在这个问题修订以后才是可行的，所以需要大量迭代过程使人工变量转化为 0 来获得真正的基本可行解。运输单纯形法不考虑这些问题，而是用一个简单的程序直接在运输单纯形表上创建一个真正的基本可行解。

在论述这个过程之前需要指出，任何运输问题的基本可行解中基变量的个数总是比预期的少一个。线性规划问题的每一个约束方程通常都有一个基变量。对拥有 m 个产地和 n 个销地的运输问题来说，约束方程的个数为 $m+n$ 个，而基变量的个数为 $m+n-1$。

原因在于，对于运输问题，所有的约束方程均为等式，而这 $m+n$ 个等式有一个是冗余的重复约束，能够删除而不影响可行域；也就是说，当任何 $m+n-1$ 个等式满足时，另一个等式也自动满足(这个事实可以通过以下例子证明：任何供给约束实际上都等于总的需求约束减去所有其他的供给约束，任何需求等式也都可以通过总供给减去其他的需求求得，见习题 9.2-11)。因此，运输单纯形表中的基本可行解都会有 $m+n-1$ 个循环的非负分配值存在，且每行分配额的总和等于供应量，每列分配额的总和等于需求量①。

① 需要注意的是，任何有 $m+n-1$ 个非 0 变量的可行解并不一定是基解，因为可能是两个或多个非负方案的加权平均(比如有多个基变量为 0)，但我们没必要考虑是否将其误解为基解，因为运输问题简化求解仅仅建立有效的基可行解。

表9.16显示了表9-12对*Metro Water District*例子得到的一个*BF*解。表9.16中带圈的数字为基变量的取值。这个例子有4个产地和5个目的地，所以基变量的数字为m+n−1=4+5−1=8，注意这个基本解实际上满足了所有产地和目的地的约束。

表9.16 Metro Water District问题BF解的例子

迭代 0		目的地 1	2	3	4	5	供应	u_i
产地	1	16	16	13 (40)	22	17 (10)	50	
	2	14 (30)	14	13 (30)	19	15	60	
	3	19 (0)	19 (20)	20	23 (30)	M	50	
	4(*D*)	M	0	M	0	0 (50)	50	
需求量		30	20	70	30	60	*Z*=2 570	
	v_j							

那么建立一个初始BF解的过程是怎样的呢？本书网站在本章的补充2中详细给出了三种其他方法：①西北角规划；②Vogel近似法；③Russell近似法。西北角规划最为简单，而其他两种方法则能提供更好的近似解。例如，Russell近似法得到了表9.16中所示的基本解，它已非常接近最优解。但因为该方法太简单，下面只介绍西北角规则，并且在求解本章的习题时你只需应用该方法。

西北角规则：首先选择x_{11}(也就是从运输单纯形表的西北角开始)。然后，如果x_{ij}是最后一个被选择的基变量，如果产地Ⅰ的供给有剩余，则选择$x_{i,j+1}$(也就是向右移动一列)，否则选择$x_{i+1,j}$(也就是向下移动一行)。对每一个被选的格，分配一个所在行的剩余供应量中最小的和列中剩余需求量中最小的，二者中较小的一个。

例 为了更详尽地描述西北角规则，我们阐述一下用西北角规则解决Metro Water District问题的第一步的一般程序(见表9.17)。由于在本例中$m=4,n=5$，初始基本可行解有$m+n-1=8$个基变量。

如表9.17所示，首先设定$x_{11}=30$，正好用尽第1列的需求(进一步考虑后，消除本列)。第一次迭代后第1行的剩余供给量为20，所以下一步选择$x_{1,1+1}=x_{12}$作为基变量。由于供给值小于第2列的需求量20，设定$x_{12}=20$，并且消除本行。然后选择$x_{1+1,2}=x_{22}$，由于第2列剩余需求为0，小于第2行供给量60，设$x_{22}=0$并消除第2列。

继续使用这种法则，将最终获得一个完整的初始基本可行解，见表9.17，其中循环数是基变量的值($x_{11}=30,\cdots,x_{45}=50$)且所有其他变量(如$x_{13}$)是非基变量且值均为0。另外，非基变量值均为0，箭头表示选择基变量的顺序，解决方案的Z值为

$$Z=16(30)+16(20)+\cdots+0(50)=2\ 470+10M$$

表 9.17 运用西北角规则得到的初始基本可行解

		销地					供给量	u_i
		1	2	3	4	5		
产地	1	16 (30)	16 (20)	13	22	17	50	
	2	14	14 (0)	13 (60)	19	15	60	
	3	19	19	20 (10)	23 (30)	M (10)	50	
	4(D)	M	0	M	0	0 (50)	50	
需求量		30	20	70	30	60	Z=2 470+10M	
	v_j							

在得到初始 BF 解后,运输单纯形法的下一步是检验该初始 BF 解是否为最优。为此下面对表 9.16 中的初始 BF 解进行最优性检验。

9.2.3 最优性检验

应用表 9.14 中的标记法,我们可以推导出用于检验下列运输问题的单纯形法的标准最优解检验方法(见 4.3 节)。

最优性检验:当且仅当对于任意(i,j)都有$c_{ij}-u_i-v_j\geqslant 0$,且$x_{ij}$是非基本解时,基本可行解才是最优的。[①]

因此,最优性检验的唯一工作是寻找当前可行解的u_i和v_j值,然后按下列步骤计算这些$c_{ij}-u_i-v_j$的值。

因为若x_{ij}为基变量,$c_{ij}-u_i-v_j$的值应该为0,所以u_i和v_j满足下列等式

$$c_{ij}=u_i+v_j\text{,当 }x_{ij}\text{ 为基变量时}$$

共有$m+n-1$个基变量,所以一共有$m+n-1$个这样的等式。因此,未知数(u_i和v_j)的数目为$m+n$,这些变量中有一个变量可以在不违背等式的前提下被任意赋一个值。这个变量及其赋值的选择不影响任何$c_{ij}-u_i-v_j$的值,即使当x_{ij}是非基变量时,因此它带来的唯一(最小)的区别就是解这些等式的难易程度。一个方便的选择是选择行里具有最大配额的u_i(若有相同的最大值任取一个即可)并且设它的值为0。因为这些等式的结构简单,代数求解其余的变量值就变得非常容易了。

为了证明,我们给初始基本可行解中的每一个基变量设定一个等式。

$$x_{31}:19=u_3+v_1\text{,设 }u_3=0\text{,于是 }v_1=19$$
$$x_{32}:19=u_3+v_2\text{,}\qquad v_2=19$$

① 一个例外是两个或者更多的等价退化的基本可行解(例如,相似的解有不同的退化基变量等于0)在一些基本解满足最优性检验时都是最优的。这个例外将在后面的例子中描述(见表 9.21 中的后两个简表,而只有后面那个表满足最优性检验的规则)。

x_{34}: $23=u_3+v_4$, $v_4=23$

x_{21}: $14=u_2+v_1$,已知 $v_1=19$,于是 $u_2=-5$

x_{23}: $13=u_2+v_3$,已知 $u_2=-5$,于是 $v_3=18$

x_{13}: $13=u_1+v_3$,已知 $v_3=18$,于是 $u_1=-5$

x_{15}: $17=u_1+v_5$,已知 $u_1=-5$,于是 $v_5=22$

x_{45}: $0=u_4+v_5$,已知 $v_5=22$,于是 $u_4=-22$

设 $u_3=0$(因为表 9.16 中第三行拥有的配额数最大,为 3 个),根据等式可以逐次得到等式右端未知变量的值(注意 u_i 和 v_j 的下标是由哪个 x_{ij} 是当前基本可行解的基变量决定的,所以每得到一个新的基本可行解,就要改变一次 u_i 和 v_j 的值)。

一旦掌握了这种方法,你就会发现解决这类等式问题时可以直接在运输单纯形表上进行而无须把它们写下来。因此,在表 9.16 中可以先写出 $u_3=0$,然后在其所在行中找出圈定的配额(x_{31},x_{32},x_{34})。对于每个配额,我们设 $v_j=c_{3j}$,然后在这些列(x_{21})中寻找圈定的配额(除了第 3 行)。手工计算 $u_2=c_{21}-v_1$,找出 x_{23},设 $v_3=c_{23}-v_2$,依此类推直到填完了所有的 u_i 和 v_j 的值(试一下)。然后为每个非基变量 x_{ij}(也就是为每一个没有圈定配额的单元格)计算 $c_{ij}-u_i-v_j$ 的值,并将其结果填入表格内,最终我们将会完成一个如表 9.18 所示的完整的运输单纯形表。

表 9.18 完整的初始运输单纯形表

迭代 0		销地 1	销地 2	销地 3	销地 4	销地 5	供给量	u_i
产地	1	16 / +2	16 / +2	13 / (40)	22 / +4	17 / (10)	50	−5
	2	14 / (30)	14 / 0	13 / (30)	19 / +1	15 / −2	60	−5
	3	19 / (0)	19 / (20)	20 / +2	23 / (30)	M / M−22	50	0
	4(D)	M / M+3	0 / +3	M / M+4	0 / −1	0 / (50)	50	−22
需求量		30	20	70	30	60	Z=2 570	
	v_j	19	19	18	23	22		

现在我们要通过检验表 9.18 中给出的 $c_{ij}-u_i-v_j$ 的值进行最优性检验。因为这些值中有两个($c_{25}-u_2-v_5=-2$ 和 $c_{44}-u_4-v_4=-1$)是负值,可以得出此初始基本可行解不是最优的。因此,运输单纯形法还需进一步的迭代以找到一个更好的基本可行解。

9.2.4 一次迭代过程

对于一个完整的单纯形法,改进版本的迭代必须确定入基变量(第 1 步)、出基变量(第 2 步),最后定义所得的新的基本可行解(第 3 步)。

第1步,确定入基变量

因为 $c_{ij}-u_i-v_j$ 代表当非基变量 x_{ij} 增加时目标函数变化的大小,入基变量 $c_{ij}-u_i-v_j$ 应该是负值以减少总成本 Z。由表9.18可知,该入基变量的备选变量为 x_{25} 和 x_{44},选择 $c_{ij}-u_i-v_j$ 的绝对值最大的变量作为入基变量,可知该例中入基变量为 x_{25}。

第2步,确定出基变量

在满足供需约束的条件下,从设入基变量为0开始不断增加其值,这将引起其他基变量值的一系列变化,其他基变量中首先减小到0的变量将作为出基变量。

已知 x_{25} 是第一个入基变量,换入后表9.18发生的一系列变化将简略表示在表9.19中(我们将在入基变量所在的单元格内用一个中间有一个加号的方框表示,并将其相应的 $c_{ij}-u_i-v_j$ 值写在该单元格的右下角)。增加 x_{25} 的值并同时将 x_{15} 减去一个同样的值以确保第5列中的需求量仍然为60。同理还将 x_{13} 增加一个同样的值以确保第1行的供应量仍为50,将 x_{25} 减小该值以确保第3列的需求量仍为70。x_{23} 的减少就这样成功地完成了,因为变化后第2行的供应量仍为60(同样,我们也可以通过减少 x_{23} 的值重新分配第2行中的供给开始连锁反应,而连锁反应将增加 x_{13} 的值并减少 x_{15} 的值)。

表9.19 增加入基变量 x_{25} 引起连锁反应后导致初始运输单纯形表变化的部分图示

		销地				供给量
			3	4	5	
产地	1	…	13 (40) +	22 +4	17 (10) −	50
	2	…	13 (30) −	19 +1	15 [+] −2	60
		…	…	…	…	
需求量			70	30	60	

画图结果表明,单元格(2,5)和(1,3)为**接收单元格**(recipient cells),它们分别从**施与单元格**(donor cells)(1,5)和(2,3)那里得到了附加的配额(这些单元格在表9.19中已分别用加号和减号表示出来了)。注意,单元格(1,5)而不是(4,5)为第5列的施与单元格,因为单元格(4,5)在第4行中已经没有接收单元格来继续连锁反应[同样,如果从第2行开始连锁反应的话,单元格(2,1)不可能成为该行的施与单元格,因为下一步只能选择(3,1)作为接收单元格,而接下来单元格(3,2)或(3,4)都不能成为其施与单元格]。注意,除了入基变量,所有连锁反应中涉及的接收单元格和施与单元格都对应着当前基本可行解的基变量。

每个施与单元格配额减少的数量与对应的换入基的单元格(包括入基变量所在的单元格)增加的数量完全相等,因此最小的基变量将作为第一个施与单元格,本例中单元格(1,5)(由表9.19可知10<30)应该随着入基变量 x_{25} 的增加首先达到0。因此,x_{15} 成为出基变量。

一般来说,在入基变量从0开始增加时,总会恰好有一个连锁反应(在任一方向)成功地完成并保持灵活性。这个连锁反应可以从含有基变量的单元格中选择:首先在入基变量所在列中选择施与单元格,然后在施与单元格所在的行中选择接收单元格,以此类推直到入基变量所在行中有一个施与单元格为止。当一行或一列中有多于一个基变量时,可以先尝试用每一个来选定施与或接收单元格(最终只会有一个单元格没有附加基变量单元格的行或列符合要求)。在连锁反应确定以后,含有最小基变量的施与单元格将自动提供出基变量(若同时有两个施与单元格含有相同的最小基变量,任取一个作为出基变量即可)。

第 3 步,确定新的基本可行解

我们将通过为每个接收单元格加上入基变量(在一切变换之前)的值,同时减去每个施与单元格相对应的值,来获得新的基本可行解。表 9.19 中出基变量 x_{15} 的值为 10,为寻找新的基本可行解,运输单纯形表中其他值的变化情况如表 9.20 所示(因为 x_{15} 在新的基本可行解中是非基变量,它的新配额"0"将不显示在这个新表中)。

表 9.20　显示基本可行解变化的运输单纯形表的部分图示

		销地				供给量
			3	4	5	
产地	1	…	13　(50)	22	17	50
	2	…	13　(20)	19	15　(10)	60
		…	…	…	…	
需求量			70	30	60	

下面解释在最优性检验中 $c_{ij}-u_i-v_j$ 值的变化情况。因为 10 单位的配额从施与单元格转移到了接收单元格(如表 9.19 和表 9.20 所示),总成本的变化为

$$\Delta Z=10(15-17+13-13)=10(-2)=10(c_{25}-u_2-v_5)$$

因此,从 0 开始增加入基变量 x_{25} 的作用引起了每增加 1 单位 x_{25} 会导致总成本降低 2 单位的变化。这正是表 9.18 中 $c_{25}-u_2-v_5=-2$ 的意义所在。实际上,另一个获得每个非基变量 x_{ij} 的 $c_{ij}-u_i-v_j$ 的方法(该方法不如上述方法有效)是先将入基变量从 0 增加到 1 然后计算总成本的变化。这个直观的解释可以在最优性检验的过程中验证计算是否正确。

在完成 Metro Water District 问题之前,我们先来总结运输单纯形法的规则。

9.2.5　运输单纯形法小结

初始化:通过前一部分列出的步骤创建一个初始的基本可行解。对之进行最优性检验。

最优性检验:从配额量最大的行中选定 u_i 和 v_j,设 $u_i=0$,然后为每个基变量 x_{ij} 的下标 (i,j) 求解方程组 $c_{ij}=u_i+v_j$,如果每个非基变量 x_{ij} 的下标 (i,j) 都有 $c_{ij}-u_i-v_j\geqslant 0$,则此时的解是最优解,停止计算,否则进行下面的迭代。

迭代

(1) 确定入基变量:选择 $c_{ij}-u_i-v_j$ 的值为负且绝对值最大的值所对应的非基变量 x_{ij}。

(2) 确定出基变量:定义能确保入基变量增加时整个连锁变化都可行的连锁反应。从所有施与单元格中选择基变量值最小的单元格。

(3) 确定新的基本可行解:对每一个接收单元格加上与出基变量等值的配额;对每一个施与单元格减去相应的配额。

将上述步骤应用于 Metro Water District 问题时,将会得到如表 9.21 所示的完整的运

表 9.21　Metro Water District 问题运输单纯形表概览

迭代 0		销地 1	销地 2	销地 3	销地 4	销地 5	供给量	u_i
产地	1	[16] +2	[16] +2	[13] (40)+	[22] +4	[17] (10)−	50	−5
	2	[14] (30)	[14] 0	[13] (30)−	[19] +1	[15] [+] −2	60	−5
	3	[19] (0)	[19] (20)	[20] +2	[23] (30)	[M] M−22	50	0
	4(D)	[M] M+3	[0] +3	[M] M+4	[0] −1	[0] (50)	50	−22
需求量		30	20	70	30	60	Z=2 570	
	v_j	19	19	18	23	22		

迭代 1		销地 1	销地 2	销地 3	销地 4	销地 5	供给量	u_i
产地	1	[16] +2	[16] +2	[13] (50)	[22] +4	[17] +2	50	−5
	2	[14] (30)−	[14] 0	[13] (20)	[19] +1	[15] (10)+	60	−5
	3	[19] (0)+	[19] (20)	[20] +2	[23] (30)−	[M] M−20	50	0
	4(D)	[M] M+1	[0] +1	[M] M+2	[0] [+] −3	[0] (50)−	50	−20
需求量		30	20	70	30	60	Z=2 550	
	v_j	19	19	18	23	20		

迭代 2		销地 1	销地 2	销地 3	销地 4	销地 5	供给量	u_i
产地	1	[16] +5	[16] +5	[13] (50)	[22] +7	[17] +2	50	−8
	2	[14] +3	[14] +3	[13] (20)−	[19] +4	[15] (40)+	60	−8
	3	[19] (30)	[19] (20)	[20] [+] −1	[23] (0)−	[M] M−23	50	0
	4(D)	[M] M+4	[0] +4	[M] M+2	[0] (30)+	[0] (20)−	50	−23
需求量		30	20	70	30	60	Z=2 460	
	v_j	19	19	21	23	23		

续表

迭代 3		销地 1	销地 2	销地 3	销地 4	销地 5	供给量	u_i
产地	1	16　+4	16　+4	13　(50)	22　+7	17　+2	50	−7
	2	14　+2	14　+2	13　(20)	19　+4	15　(40)	60	−7
	3	19　(30)	19　(20)	20　(0)	23　+1	M　$M-22$	50	0
	4(D)	M　$M+3$	0　+3	M　$M+2$	0　(30)	0　(20)	50	−22
需求量		30	20	70	30	60	Z=2 460	
	v_j	19	19	20	22	22		

输单纯形法简表。因为第四个简表中所有的 $c_{ij}-u_i-v_j$ 值都是非负的，由最优性检验可知这个简表中的配额是最优的，这与计算所得的结果一致。

你可以练习第二、第三和第四个简表导出的 u_i 和 v_j 的值，该练习可以直接在简表上进行，也可以检验第二和第三个简表中的连锁反应，不过其过程可能比表 9.19 中所示的复杂。

9.2.6　本例的特征

注意到这个例子的描述中有三个特殊点。首先，初始的基本可行解是退化解，因为基变量 $x_{31}=0$。不过这个退化的基本解并没有使问题复杂化。因为在第二个简表中单元格(3,1)为接收单元格，它使 x_{31} 增加为一个比 0 更大的值。

其次，第三个简表中产生了另一个退化的基本解 x_{34}，因为在第二个简表中，施与单元格(2,1)和(3,4)中的基变量具有相同的最小值 30(我们可以任取 x_{21} 作为出基变量，如果选择 x_{34}，则 x_{21} 将成为退化的基变量)。这个退化的基变量引起了一个难题，因为在第三个简表中，单元格(3,4)成为施与单元格却没有配额可以施与。不过这一点并无大碍，因为提供 0 单位的配额给接收单元格，各个单元格均未发生变化。然而，这个退化的基变量最终成为出基变量，所以它在第四个简表中被入基变量代替。这个基变量集合中元素的变化改变了 u_i 和 v_j 的值。因此，如果第四个简表中任有一个 $c_{ij}-u_i-v_j$ 的值为负，则算术配额均会发生变化(每当所有的施与单元格都有非退化的基变量时)。

最后，因为第四个简表中没有一个 $c_{ij}-u_i-v_j$ 的值为负值，第三个简表中的配额为最优值。因此，算法比必要的多执行了一次迭代。这个附加的迭代是个缺陷，因为它的退化同时出现在运输单纯形法和单纯形法中，导致了算法的不完美。

下面我们给出了另外两个应用运输单纯形法的例子(小例子)。一个是在 OR Tutor 中提供的对运输单纯形法的描述，另一个是 IOR Tutorial 中提供的运输单纯形法的一个交互程序和一个自动程序。

既然已经学过了运输单纯形法，你接下来要做的就是检验这种算法能否证明 9.1 节中的整数解特性部分。习题9.2-12将为读者的推理提供帮助。

9.3 指派问题

指派问题是一类特殊的线性规划问题,旨在给不同的指派对象指派任务。例如,指派对象可能是需要被分配任务的员工。把人指派到工作中是指派问题的一个常见应用。[①] 不过指派对象不一定是指人,也可以指机器、车辆、车间甚至时间段。下面的第一个例子就涉及将机器指派到相应的位置,所以这个例子中的指派对象是机器。另一个例子是将产品生产任务指派给不同的车间。

为了与指派问题的定义一致,这类应用一般应符合下列假设条件:

(1) 指派对象的数目和任务的数目应该是一致的(一般设为 n)。

(2) 每个指派对象只被指派一项任务。

(3) 每项任务只能被一个指派对象执行。

(4) 指派对象 $i(i=1,2,\cdots,n)$ 执行任务 $j(j=1,2,\cdots,n)$ 所需的成本为 c_{ij}。

(5) 指派问题的目标是确定如何分配 n 项任务,并使完成任务的总成本最低。

任何满足上述假设条件的问题都可以应用专门为指派问题设计的算法而得到有效的解决。

必须严格遵守前三个假设条件。许多实际的应用并不完全满足上面这些假设。不过通常我们可以重构问题,使其满足上述假设。例如,我们可以利用虚拟的指派对象或虚拟的任务来达到这一目的。我们将使用一些例子来详细描述这些技巧。

9.3.1 范例

Job Shop 公司购买了三种不同型号的新机器。车间里有4个位置可安置这些机器。这些位置中有些非常适合安放特定类型的机器,因为它们非常接近工作中心,具有频繁的输入输出流(新机器之间没有工作流)。问题的目标是将新机器指派到可选的位置上而使处理材料的费用最少。表9.22中列出了每个位置上安放不同的机器可能产生的处理材料的成本。机器2不允许安放到位置2上,因此,在本例中没有列出相应的成本。

单位:美元/小时

表 9.22 Job Shop 公司的材料处理成本数据

		位置			
		1	2	3	4
机器	1	13	16	12	11
	2	15	—	13	20
	3	5	7	10	6

为将此问题转化为标准的指派问题,我们必须为多余的一个位置引入一个虚拟的机器。此外,将机器2安置在位置2的成本设为极大值 M 以将其排除在最优方案之外,最终的指

① 例如,见 L. J. LeBlanc, D. Randels, Jf. 和 T. K. Swann, "Heery International's Spreadsheet Optimization Model for Assignment Managers to Construction Projects," *Interfaces*, 30(6): 95-106, Nov.-Dec. 2000. 这篇文章的第98页也引用了其他7种指派问题的应用。

派任务成本如表9.23所示。该表包含了解决这个问题的所有必要数据。可知此问题的最优方案为将机器1安置在位置4、将机器2安置在位置3、将机器3安置在位置1,总成本为29美元/小时。虚拟的机器被指派到位置2,将来该位置还可用于安放其他机器。

单位：美元/小时

表9.23 Job Shop公司指派问题的成本表

		任务(位置)			
		1	2	3	4
指派(机器)	1	13	16	12	11
	2	15	M	13	20
	3	5	7	10	6
	4(D)	0	0	0	0

我们将在介绍指派问题的模型之后讨论如何求解上述问题。

9.3.2 指派问题模型

指派问题的数学模型将用到下述决策变量：

$$x_{ij}=\begin{cases}1, & \text{指派对象 } i \text{ 执行任务 } j\\ 0, & \text{其他}\end{cases}$$

其中,$i=1,2,\cdots,n$；$j=1,2,\cdots,n$。因此,x_{ij}是一个二元变量(值为0或1)。正如整数规划一章(第12章)所详细描述的那样,二元变量在运筹学中表示是/非决策时非常重要。在这个例子中,是/非决策是：指派对象是否应该执行任务j。

假设Z为总成本,指派任务模型为

$$\min \quad Z=\sum_{i=1}^{n}\sum_{j=1}^{n}c_{ij}x_{ij}$$

s. t.

$$\sum_{j=1}^{n}x_{ij}=1 \quad (i=1,2,\cdots,n)$$

$$\sum_{i=1}^{n}x_{ij}=1 \quad (j=1,2,\cdots,n)$$

且$x_{ij}\geqslant 0$,x_{ij}为二元变量,其中$i=1,2,\cdots,n$；$j=1,2,\cdots,n$。

第一个函数约束集是指每个指派对象只能执行一项任务,而第二个函数约束集是指每项任务只能被一个指派对象完成。如果略去附加约束x_{ij}是二元变量,模型显然是一个特殊的线性规划问题,可以很容易地被解出来。幸运的是,我们可以删掉这个约束,原因将在下面说明。

现在来比较这个模型(没有二元变量约束)和9.1节(包括表9.6)的第三部分介绍的运输问题模型,可以看出两种模型非常相似。实际上,指派问题也是一种特殊类型的运输问题,只不过产地是指派对象,而销地是任务,并且：

产地的数量m=销地的数量n

每次供给量$s_i=1$

每次需求量$d_j=1$

接下来关注运输问题模型中的整数解特性。因为此时的 s_i 和 d_j 都是整数(=1),这个特性是指每一个可行解(包括最优解)对于指派问题都是整数解。指派问题模型的函数约束使每个变量的值都小于 1,非负约束条件使每个变量的值都大于 0。因此,通过删除二元变量约束,我们可以应用求解线性规划问题的方法来解决指派问题,而最终的可行解(包括最优解)自然会满足二元变量约束。

正如运输问题可以用网络图描述一样(见图 9.3),指派问题也可以用一个近似的方式描述,如图 9.5 所示。第一列列出 n 个指派对象,第二列列出 n 个任务。方括弧中的每一个数代表网络图中某个位置可以提供的指派对象数,所以左边的数自然为 1,而右边的数 −1 表示每项任务需要一个指派对象来完成。

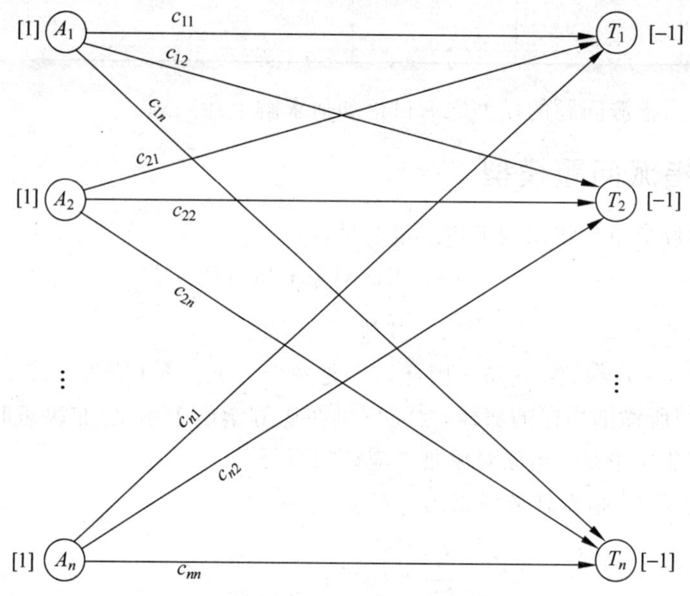

图 9.5　指派问题的网络图

对于每个特定的指派问题,人们一般不会列出整个数学模型。通过填写一个成本表可以将此问题简化(如表 9.23 所示),表中包含了指派对象和任务,可以在一个很小的空间列出所有的基础数据。

某些问题有时不太符合指派问题模型,如某些指派对象可能会被指派完成多于一项任务。在这种情况下,我们可以将指派对象分解为多个相同的指派对象,使每个指派对象只对应一项任务(表 9.27 中通过一个例子说明了这个问题)。同理,如果一项任务被多个指派对象完成,那么这项任务可以被分解为多个相同的任务来使指派对象和任务数一一对应。

9.3.3　指派问题的求解步骤

解决指派问题时还有其他一些方法。但对于多数问题规模不比 Job Shop 公司大的例子,用单纯形法可以快速地解决,直接应用提供单纯形法的软件包(如 Excel 及其 Solver)来解决这种问题会很方便。如果用这种方法来解决 Job Shop 公司的问题,就无须在表 9.23 中增加虚拟的机器以满足标准的指派问题模型。对每个地点指派的机器数量的约束条件可以表示为

$$\sum_{i=1}^{3} x_{ij} \leqslant 1 \quad (j=1,2,3,4)$$

正如本章的 Excel 文档所示，这个问题的电子表格表示形式与图 9.4 中运输问题的表示形式非常接近，不同的是所有的供给和需求都是 1，并且需求的约束条件是≤1 而不是=1。

然而，复杂的指派问题用更专业的方法能解决得更快一些，所以我们建议不要用单纯形法解决规模大的指派问题。

由于指派问题是特殊的运输问题，因此解决指派问题的一种方便且相对迅速的方法是运用 9.2 节介绍的运输单纯形法。这种方法需要将成本参数表格转化为相应运输问题的参数表格，如表 9.24(a)所示。

表 9.24　指派问题转化为运输问题时的参数表——以 Job Shop 公司为例

(a) 一般情况

		每单位的分销成本				供给量
		销地				
		1	2	…	n	
产地	1	c_{11}	c_{12}	…	c_{1n}	1
	2	c_{21}	c_{22}	…	c_{2n}	1
	⋮	⋮	⋮	⋮	⋮	⋮
	$m=n$	c_{n1}	c_{n2}	…	c_{nn}	1
需求量		1	1	…	1	

(b) Job Shop 公司案例

		每单位的分销成本				供给量
		销地(位置)				
		1	2	3	4	
产地（机器）	1	13	16	12	11	1
	2	15	M	13	20	1
	3	5	7	10	6	1
	4(D)	0	0	0	0	1
需求量		1	1	1	1	

例如，表 9.24(b)中给出了 Job Shop 公司问题的参数，此表来自表 9.23 中的成本表。运用运输单纯形法来求解这个运输问题，得到的最满意解如下：$x_{13}=0$，$x_{14}=1$，$x_{23}=1$，$x_{31}=1$，$x_{41}=0$，$x_{42}=1$，$x_{43}=0$，退化的基变量($x_{ij}=0$)和虚拟机器的配额($x_{42}=1$)对于原始问题来说没有任何意义，所以真实的指派结果是机器 1 到位置 4，机器 2 到位置 3，机器 3 到位置 1。

运输单纯形法是求解运输问题的一般算法，它不考虑运输问题特殊类型的特殊结构($m=n$，所有 $s_i=1$，所有 $d_j=1$)，因而求解时存在很多不足。幸运的是，专门的计算方法已经研发出来了，能够更加高效地解决指派问题。这些算法直接在成本表上操作，而不涉及退化的基变量。一旦获得了这些算法的程序，它就可以很简便地替代运输单纯形法，尤其在指派问题的规模相当大时，这个算法的优势更加明显。①

9.4 节将介绍一种专门解决指派问题的十分有效的算法(称为匈牙利算法)。

IOR Tutorial 中包括应用这种算法的一个交互程序和一个自动程序。

例　给不同的工厂分配产品问题

Better 产品公司决定利用具有剩余生产能力的三家工厂生产四种新产品。生产产品需要消耗工厂的生产能力，因此工厂的可用生产能力由每天可生产的产品数量来表示，并在表 9.25 最右侧的一列给出。表中最下面一行给出了每种产品为满足计划销量的日生产率。

① 见比较运输问题的各种算法的文章：J. L. Kennington and Z. Wang，"An Empirical Analysis of the Dense Assignment Problem：Sequential and Parallel Impletations"，*ORSA Journal on Computing*，3：299-306，1991。

除了工厂2不能生产产品3外,每家工厂都能生产任何产品。然而,正如表9.25的主体部分所示,各工厂生产各种产品所消耗的成本不尽相同。

管理者需要决定如何为各工厂分配生产任务,有两个可选的方案。

方案1:允许分开生产,即同一种产品可在多家工厂生产。

方案2:不允许分开生产。

第2个方案增加了一个约束条件,这只会增加根据表9.25求解最优解时的成本。另外,方案2的主要优势是它消除了一些与分离产品生产相关联的没有在表9.25中反映出来的隐藏成本,包括额外的安装成本、分配成本和管理成本。因此,管理者希望在作出最后决定前对每个方案都进行分析。对于方案2,管理者进一步指出,每家工厂应至少生产一种产品。

下面分别对这两种方案进行建模和求解,其中把方案1看作运输问题,把方案2看作指派问题。

对方案1进行建模

在允许将产品分开生产的情况下,表9.25可以直接转变为运输问题的求解表格。工厂变成产地,产品变成销地(反之亦然),于是供给为生产能力,需求为产品的生产率。在表9.25中只需要做两处修改。首先,由于工厂2无法生产产品3,使工厂2生产产品3的单位成本为无穷大数M,这样就不会为其指派生产任务。其次,总生产能力(75+75+45=195)超过了总需求(20+30+30+40=120),因此需设置一个需求量为75的虚拟销地来平衡两个总量。得到的参数表格见表9.26。

表9.25 Better产品公司的数据表格

		每种产品的单位成本/美元				生产能力
		1	2	3	4	
工厂	1	41	27	28	24	75
	2	40	29	—	23	75
	3	37	30	27	21	45
需求量		20	30	30	40	

表9.26 Better产品公司问题按方案1求解时作为运输问题的参数表格

		每个分销单位的成本/美元					供给量
		销地(产品)					
		1	2	3	4	5(D)	
产地(工厂)	1	41	27	28	24	0	75
	2	40	29	M	23	0	75
	3	37	30	27	21	0	45
需求量		20	30	30	40	75	

这个运输问题的最优解含有以下基变量(配额):

$$x_{12}=30,x_{13}=30,x_{15}=15,x_{24}=15,x_{25}=60,x_{31}=20,x_{34}=25$$

因此,工厂1生产全部的产品2和产品3。

工厂2生产37.5%的产品4。

工厂 3 生产 62.5%的产品 4 和全部产品 1。

总成本 Z=3 260 美元/天。

对方案 2 进行建模

在不能将产品分开生产的情况下，每种产品只能由一家工厂生产。因此，产品生产可以看作指派问题，并把工厂当作任务执行者。

管理者指定每家工厂都应被指派至少一种产品，产品的数量(4)超过工厂的数量(3)，因此其中一家工厂要生产两种产品，而工厂 3 只有充分生产一种产品的能力(见表 9.25)，所以，工厂 1 和工厂 2 中的一家要生产两种产品。

为了在一个指派问题中解决实现一个附加产品的指派任务，可以将工厂 1 和工厂 2 各划分为两个指派者，如表 9.27 所示。

表 9.27 Better 产品公司例子中选择方案 2 时作为指派问题的求解表格

		任务(产品)				
		1	2	3	4	5(D)
指派人(车间)	1a	820	810	840	960	0
	1b	820	810	840	960	0
	2a	800	870	M	920	0
	2b	800	870	M	920	0
	3	740	900	810	840	M

由于执行者的数量(目前为 5 个)必须与任务的数量(目前为 4 个)相等，表 9.27 中引进了 5(D)作为一个虚拟任务(产品)。这个虚拟任务的作用是为工厂 1 或工厂 2 中的一个提供另一种虚拟的产品，不过两家工厂只能接收一种真实的产品。生产虚拟的产品不需要成本，因此通常情况下虚拟任务的生产成本均为零。唯一的例外是表 9.27 最下面一行中 M 的引入。这里之所以引入 M，是因为工厂 3 必须被指派生产一种真实的产品(从第 1、第 2、第 3、第 4 中选择一个)，无穷大的数 M 可以避免指派给工厂 3 虚构的产品(在表 9.26 中，M 的作用也是为了防止指派工厂 3 生产产品 2，二者都是为了避免不可行的指派)。

表 9.27 中保留的成本数据并不是表 9.25 或表 9.26 中所显示的单位成本。表 9.26 中给出了运输问题的模式(针对方案 1)，这时单位成本是很合适的，不过现在我们要按照指派问题的模式进行计算(针对方案 2)。对于指派问题，成本 c_{ij} 是执行者 i 执行第 j 个任务的总成本。在表 9.27 中，工厂 i 生产产品 j 的总成本(每日)是由单位生产成本乘以每日生产的数量得到的，这两项乘数在表 9.25 中是分开显示的。假设工厂 1 生产产品 1，利用对应的表 9.26 中的单位成本(41 美元)和需求(每天生产的单位数量)(20 个)，得出：

工厂 1 生产 1 单位产品的成本 =41 美元

产品 1 每日所需的产量 =20 单位

工厂 1 每日生产产品 1 的总成本=20×41 美元

=820 美元

于是 820 美元被作为表 9.27 中 1a 或者 1b 执行任务 1 的成本。

这个指派问题的最优解如下：

工厂 1 生产产品 2 和产品 3。

工厂 2 生产产品 1。

工厂 3 生产产品 4。

虚拟任务被指派给工厂 2,每日生产产品的总成本 $Z=3\,290$ 美元。

通常来说,求最优解的一种方法,就是将表 9.27 中的成本数据表转变为等价的运输问题的表格(见表 9.24),然后应用运输单纯形法求解。由于表 9.27 中有相同数字的行,这种方法可以合理地将 5 个执行者分别组合成资源供给量为 2、2、1 的 3 个产地(参见习题 9.3-5)。这种简化同时为每个基本可行解减少了两个退化的基本解。因此,即使改进后的形式不再适合表 9.24(a)中所示的指派问题的模式,它也是应用运输单纯形法时的一个更有效的模式。

图 9.6 实现的是怎样利用 Excel 及 Solver 得到最优解,最优解显示在变更单元格任务(C19:F21)中。由于使用的是通用的单纯形法,因此不需要把问题变换为指派问题模型或运输问题模型。因此,也不需要把工厂 1 和工厂 2 各分为两个执行者,也不需要增加一个虚

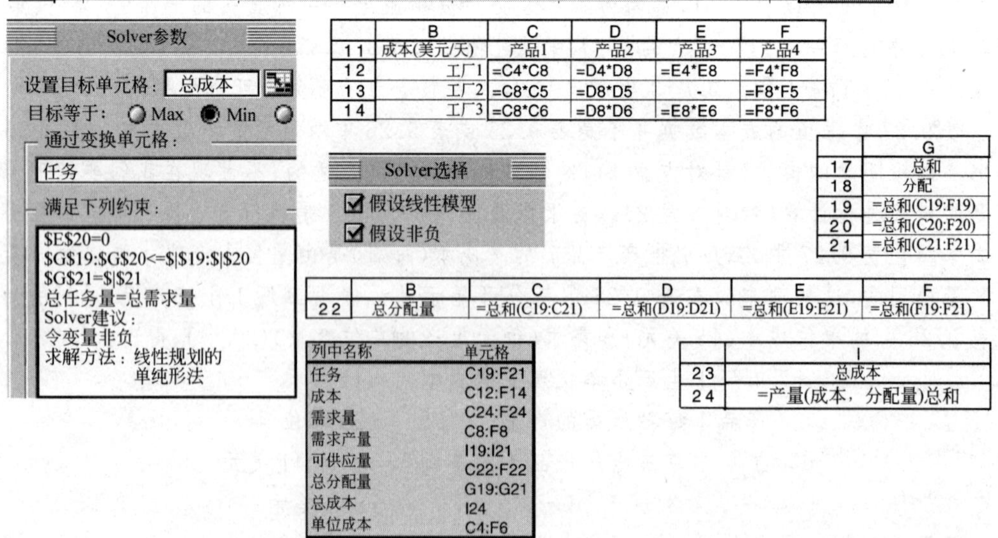

	A	B	C	D	E	F	G	H	I
1		Better产品公司生产计划问题(修正)							
2									
3		单位成本/美元	产品1	产品2	产品3	产品4			
4		工厂1	41	27	28	24			
5		工厂2	40	29	-	23			
6		工厂3	37	30	27	21			
7									
8		需求产量	20	30	30	40			
9									
10									
11		成本/(美元/天)	产品1	产品2	产品3	产品4			
12		工厂1	820	810	840	960			
13		工厂2	800	870	-	920			
14		工厂3	740	900	810	840			
15									
16									
17							总任		
18		任务	产品1	产品2	产品3	产品4	务量		可供应量
19		工厂1	0	1	1	0	2	≤	2
20		工厂2	1	0	0	0	1	≤	2
21		工厂3	0	0	0	1	1	=	1
22		总分配量	1	1	1	1			
23			=	=	=	=			总成本
24		需求量	1	1	1	1			$ 3 290

	B	C	D	E	F
11	成本(美元/天)	产品1	产品2	产品3	产品4
12	工厂1	=C4*C8	=D4*D8	=E4*E8	=F4*F8
13	工厂2	=C8*C5	=D8*D5	-	=F8*F5
14	工厂3	=C8*C6	=D8*D6	=E8*E6	=F8*F6

	G
17	总和
18	分配
19	=总和(C19:F19)
20	=总和(C20:F20)
21	=总和(C21:F21)

	B	C	D	E	F
22	总分配量	=总和(C19:C21)	=总和(D19:D21)	=总和(E19:E21)	=总和(F19:F21)

	I
23	总成本
24	=产量(成本, 分配量)总和

列中名称	单元格
任务	C19:F21
成本	C12:F14
需求量	C24:F24
需求产量	C8:F8
可供应量	I19:I21
总分配量	C22:F22
总成本	G19:G21
单位成本	I24
	C4:F6

图 9.6 Better 产品公司问题按方案 2 变换成指派问题计算时的电子表格模式。目标单元格是总成本(I24),其他的输出为成本(C12:F14)、总指派任务(G19:G21)、已指派任务(C22:F22),输入这些单元格的等式在下面给出,变更单元格指派(C19:F21)中的数值 1 显示了用 Solver 求解得到的最优生产计划

拟任务。取而代之的是，工厂 1 和工厂 2 各被指派了两个任务，然后"≤"符号被输入 H19 和 H20 及相对应的 Solver 对话框的约束条件中。同样，不再需要大 M 法来禁止在 E20 单元格中为工厂指派产品 3，因为对话框中已经包含了约束条件 E20＝0。目标栏中总成本 (I24) 显示了每天的总成本 3 290 美元。

现在回过头来比较这种解法与将产品 4 指派给工厂 2 和工厂 3 生产的选择方案 1。两种方法的指派有些差异，但是事实上每天的总成本却几乎相同(方案 1 为 3 260 美元，方案 2 为 3 290 美元)。然而，在选择方案 1 中的实际算法时还存在与分开生产产品相关联的一些隐藏成本(包括额外组织成本、分配成本和管理成本)。对于所有使用运筹学方法的人来说，所运用的数学模型只能提供一个对整个问题近似的描述，管理者在作出最终决定之前需要考虑未能归入模型中的因素。在这种情况下，管理者在估算了将产品分开生产的弊端之后，决定采用方案 2。

9.4 求解指派问题的特殊算法

在 9.3 节，我们指出运输单纯形法可以用来解决指派问题，但为解决这种问题专门设计的算法应该更有效率。下面我们将描述解决指派问题的一个典型算法。由于该算法是由匈牙利的数学家发明的，因此我们称之为**匈牙利算法**(Hungarian algorithm)(或称匈牙利方法)。我们将着重介绍该算法的关键思路，而忽略在计算机上实施这种算法所需的一些细节。

9.4.1 等价成本表的作用

这个算法直接在成本表上进行操作。更准确地说，初始成本表将被变换为一系列的等价成本表，直到等价成本表中出现一个明显的最优解。最终的等价成本表就是由正数和零组成的，我们可以在 0 所在的位置上指派任务。由于总成本不能为负，总成本为零的指派显然是最优的。剩下的问题是如何将原始成本表等价变换到这个形式。

进行这种变化是基于这样一个事实：我们可以对成本表中任一行、任一列的元素加上或减去一个常数，而不使实际问题发生变化。也就是说，新的成本表的最优解必须是旧的成本表的最优解，反之亦然。

因此，这个算法的第一步，就是从每一行的元素中减去该行中最小的数。这样新的成本表中的每一行都至少有一个零值。如果这时的表中含有不包含零值的列，那么下一步就要从这些不含零值的列中减去该列中最小的数，构造另一个新表[①]。这时新的等价成本表中任一行、任一列都含有零值。如果这些零值构成一个完整指派序列，那么这个指派序列就是问题的最优解。

9.4.2 应用于 Job Shop 公司问题

举例说明，见表 9.23 中给出的 Job Shop 公司问题的成本表。为了将这个成本表转化

---

① 每行和每列实际上可以以任意顺序进行变换，但是先从行变换开始，然后再进行列变换提供了执行这个算法的一个系统方法。

为等价的成本表,假设我们先在第一行每个元素中减去11,然后从每一行中减去该行中最小的元素,得到

	1	2	3	4
1	2	5	1	0
2	15	M	13	20
3	5	7	10	6
4(D)	0	0	0	0

因为任何可行解在第一行都必须恰好有一个指派,因此新表得出的总成本一定刚好比旧表的总成本小11。因此,使其中一个表的总成本最小的方法同样会使另一个表的总成本最小。

我们注意到,初始成本表前三行均严格为正,新表的第一行有一个零元素。因为我们的目的就是得到足够的零元素来形成一个完整的指派方案,所以这个变换过程还要在其他行和列进行。为了避免出现负值,被减数应该是每行或每列中最小的元素值。对第2行和第3行重复这个步骤,得到下面的表格。

	1	2	3	4
1	2	5	1	[0]
2	2	M	[0]	7
3	[0]	2	5	1
4(D)	0	[0]	0	0

这个成本表具有一个完整指派方案所需要的全部的零值。四个方框意味着四个指派构成了一个最优解(正如9.3节中为这个问题所声明的那样)。最优解的总成本在表9.23中可见,为$Z=29$,这正是从第1～3行削减下来的值的总和。

9.4.3 应用于 Better 产品公司问题

然而最优解并不总是这么容易就能得到,现在我们来看表9.27中Better产品公司在选择方案2时的指派问题。

因为这个问题的成本表中除了最后一行,其他各行都有零元素。假设我们对这个表进行等价变换,首先从每列元素中减去该列的最小元素,结果如下表所示。

	1	2	3	4	5(D)
1a	80	0	30	120	0
1b	80	0	30	120	0
2a	60	60	M	80	0
2b	60	60	M	80	0
3	0	90	0	0	M

现在,任一行或任一列都含有至少一个零元素,但是由零元素构成的一个完整的指派方案却不是可行的。实际上,最多只有3个位置能够由零元素形成指派方案。因此,为了解决这一问题,我们必须提出新的想法来完成问题的求解过程,而这对于前一个例子实际上是不需要的。

这个想法就是在不产生负值的情况下增加额外的零元素。我们现在不是从单一的一行或一列减去一个常数，而是从行和列结合的角度考虑减去或增加一个常数，以产生新的零值。

这个方法首先要在成本表中画一系列的横线或者竖线，去覆盖所有的零值，而且直线的数量越少越好，如下表所示。

	1	2	3	4	5(*D*)
1*a*	80	0	30	120	0
1*b*	80	0	30	120	0
2*a*	60	60	*M*	80	0
2*b*	60	60	*M*	80	0
3	0	90	0	0	*M*

我们可以发现没被划掉的数中的最小值是第三列上面的两个数 30，因此从表中每个元素中都减掉 30，如从每行或每列中都减掉 30，这两个位置就会变成零。为了保持以前的零值，并且不产生负值，我们在被直线覆盖的行和列——第 3 行、第 2 列和第 5(*D*)列上再加上 30。这样操作之后得到下表。

	1	2	3	4	5(*D*)
1*a*	50	0	0	90	0
1*b*	50	0	0	90	0
2*a*	30	60	*M*	50	0
2*b*	30	60	*M*	50	0
3	0	120	0	0	*M*

得到这个成本表的一个简便做法就是从没被划掉的位置各减掉 30，然后在有两条线交叉的位置加上 30。

我们注意到第 1 列和第 4 列只有一个零值并且它们都位于第 3 行，因此现在可以在零元素的位置上设定 4 个任务而不是 5 个。所以，我们重复前面的步骤，此时覆盖所有零元素需要 4 条直线(与分配的最大数量一样多)。方法见下表。

	1	2	3	4	5(*D*)
1*a*	50	0	0	90	0
1*b*	50	0	0	90	0
2*a*	30	60	*M*	50	0
2*b*	30	60	*M*	50	0
3	0	120	0	0	*M*

没被划掉的数中最小的又是 30，而且出现在 2*a* 和 2*b* 行的第一个位置。所以我们在每个没被划掉的位置减去 30，在被划掉 2 次的位置加上 30(*M* 除外)，得到下表。

	1	2	3	4	5(*D*)
1*a*	50	[0]	0	90	30
1*b*	50	0	[0]	90	30
2*a*	[0]	30	*M*	20	0
2*b*	0	30	*M*	20	[0]
3	0	120	0	[0]	*M*

这个表格实际上有好几种在零元素位置上制订指派方案的方法(几个最优解),包括用5个方框所示的指派方案。由表9.27可知最后的总成本为

$$Z = 810 + 840 + 800 + 0 + 840 = 3\,290$$

我们至此已经说明了匈牙利算法的整个过程,现总结如下。

9.4.4 匈牙利算法小结

1. 从每行的所有元素上减掉这一行中的最小元素(称为行削减),其结果形成一张新表。

2. 从新表的每一列中减去这一列的最小元素(称为列削减),其结果形成另一张新表。

3. 检查是否可以得出最优解。可以通过计算覆盖所有零值所需的最少直线数量来判断。如果直线的数量等于行的数量,则可能得到最优解。这时转到步骤6,否则转到步骤4。

4. 如果直线的数量小于行的数量,按照以下方法进行调整。

(1) 从未被直线覆盖的数字中挑出最小的数,用所有未被覆盖的数字减掉这个最小的数。

(2) 将这个最小的数加上每一个交叉点上被覆盖的行的数目。

(3) 被划掉但不位于被划掉的行列交叉点上的数保持不变,直接放到下一个表中。

5. 重复第3、4步直到出现一个可行的最优解。

6. 在零元素的位置上一个一个地进行指派,从只有一个零元素的行或列开始。因为每一行或每一列都需要恰好进行一次指派,在制订一个指派方案之后,把其所在的行和列都划掉。然后在未被划掉的行和列中再进行指派,当然还要优先考虑只有一个零元素的行和列,这样继续下去,直到所有的行和列都被指派到一个任务,都被划掉为止。

9.5 结论

线性规划模型能够解决大量各种类型的问题,其中一般单纯形法是一种强大的方法,可以解决这些问题中的很大部分。不过其中一些问题可以用简单的形式表示,利用其特殊的结构就可以应用改进的算法很容易地求解出来。这种改进算法可以减少在计算机上计算这些问题的大量时间,甚至可以使很多复杂的问题得到有效解决。本章中所研究的两类线性规划问题——运输问题和指派问题便是很好的例子。这两种问题都有较为普遍的应用,因此在它们出现时能够被正确地识别,应用最优的解决算法求解是非常重要的。许多线性规划软件包中都包含这些算法。

在10.6节我们将重新审视运输问题和指派问题的特殊结构。那时我们将会看到这些问题是最小成本流问题(一种特殊类型的线性规划问题)的一种具体情况。最小成本流问题是指通过一个网络图来最小化各货物的总运输成本。单纯形法的改进版本——网络单纯形法(见10.7节)被广泛用于解决这类问题及其各种特例。

本书网站的一个补充章(23章)给出了各种特殊类型的线性规划问题的补充,其中之一称作转运问题,是运输问题的更一般形式。它允许产品从产地往销地运输时,首先经过一些中间转运站。因为转运问题是最小费用流的特殊类型,我们将在10.6节讨论。

专家们正在继续为各种特殊类型的线性规划问题(包括许多没有在此提到的问题)研究

改造后的单纯形法。同时，人们还饶有兴趣地将线性规划用于求解各种复杂的大型系统的最优化操作问题。不同的问题通常会呈现一些特殊的结构，因此正确识别并利用这些特殊结构是成功应用线性规划解决问题的重要因素。

参考文献

1. Dantzig, G. B., and M. N. Thapa: *Linear Programming 1: Introduction*, Springer, New York, 1997, chap. 8.
2. Denardo, E. V.: *Linear Programming and Generalizations: A Problem-Based Introduction with Spreadsheets*, Springer, New York, 2011, pp. 306-324.
3. Hall, R. W.: *Handbook of Transportation Science*, 2nd ed., Kluwer Academic Publishers (now Springer), Boston, 2003.
4. Hillier, F. S., and M. S. Hillier: *Introduction to Management Science: A Modeling and Case Studies Approach with Spreadsheets*, 6th ed., McGraw-Hill, New York, 2019, chaps. 3 and 15.
5. Luenberger, D. G., and Y. Yu: *Linear and Nonlinear Programming*, 4th ed., Springer, New York, 2016, pp. 56-68.

习题

一些习题序号左边的符号的含义如下。

D：可以参考本书网站中给出的演示例子。

I：建议使用 IOR Tutorial 中给出的相应的交互程序。

C：使用任一可选计算机软件求解问题(或听从指导老师意见)。

带星号的习题在书后至少给出了部分答案。

9.1-1　Childfair 公司有 3 家工厂生产儿童手推车并运往 4 个分销中心。工厂 1、工厂 2、工厂 3 每月分别生产 12 单位、17 单位、11 单位货物，每家工厂到各个分销中心的距离如下表所示，每单位货物一英里的货运成本是 100.5 美元。

单位：英里

		距分销中心距离			
		1	2	3	4
工厂	1	800	1 300	400	700
	2	1 100	1 400	600	1 000
	3	600	1 200	800	900

怎样指派从每个车间到每个分销中心的货物量可以使总的运输成本最小？

(**a**) 用公式表达该运输问题并创建该问题的参数表。

(**b**) 画出该问题的网络图。

C(**c**) 求出最优解。

9.1-2*　汤姆准备今天购买 3 品脱家酿酒，明天购买 4 品脱。迪克打算今明两天总共售出 5 品脱的家酿酒，且今天的售价是每品脱 3 美元，明天的售价是每品脱 2.7 美元。哈利打算今明两天总共售出4品脱的酒,且今天的售价是每品脱2.9美元,明天的售价是每品脱2.8美元。

汤姆想知道如何购买可以在满足自身需求的情况下使总成本最低。

(a) 写出该问题的线性规划模型,并创建其初始的单纯形表。

(b) 用公式表达该运输问题并创建其参数表。

C(c) 求出最优解。

9.1-3 Versatech公司决定生产3种新产品。5个分工厂可以生产这3种产品。第1种产品在这5个分工厂的单位制造成本分别是31美元、29美元、32美元、28美元和29美元。第2种产品的单位制造成本分别是45美元、41美元、46美元、42美元和43美元,第3种产品在前3个分工厂的单位制造成本分别是38美元、35美元和40美元,而不能在第4和第5个分工厂生产。预计每天产品1、产品2、产品3的销售额分别为3 700美元、1 000美元、900美元。5个工厂每天的产量分别为400单位、600单位、400单位、600单位、1 000单位,产品种类不限。假设每个工厂可以在生产能力范围内生产任意数量的某种产品或产品的组合。管理者想知道如何指派各个工厂生产的产品能使总的生产成本最低。

(a) 用公式表达该运输问题并创建其参数表。

C(b) 求出最优解。

C**9.1-4** 重新考虑9.1节中的P&T公司的问题。我们了解到在运输之前表9.2中的每单位产品的运输费用会发生细微的变化。

用Excel生成该问题的敏感性报告。利用报告确定为保持最优每单位成本允许的变动范围。我们可以从这些范围中得到哪些信息?

9.1-5 Onenote公司在3家工厂为4个客户生产某种产品。3家工厂在下一个时间段分别可以生产60单位、80单位、40单位产品。公司已经分别与客户1签订了40单位的销售合同,与客户2签订了60单位的销售合同,与客户3签订了至少20单位的销售合同。客户3和客户4愿意尽量购买更多的剩余产品。将每单位产品从工厂 i 运送给客户 j 的净收益如下表所示。

单位:美元

		顾客			
		1	2	3	4
工厂	1	800	700	500	200
	2	500	200	100	300
	3	600	400	300	500

管理者想知道分别出售给客户3和4多少产品,以及从每家工厂针对每个客户运送多少可以获得最多的利润。

(a) 用公式表达该运输问题,目标函数是最大化总利润,创建每单位利润的参数表。

(b) 用公式表达该运输问题,目标函数是最小化总成本,创建每单位成本的参数表。

(c) 在Excel数据表上列出(a)中的公式。

C(d) 用(c)中的信息和Excel表求出该问题的最优解。

C(**e**) 对(b)部分重复(c)和(d)两步操作,比较两种情况下最优解的异同。

9.1-6 Move-It 公司在两个车间生产叉车并将之运往三个分销中心。两个车间生产该产品的成本相同,每辆叉车被运往不同分销中心的成本如下表所示。

单位:美元

		分销中心		
		1	2	3
车间	A	800	700	400
	B	600	800	500

公司每周生产 60 部叉车并运往分销中心。每个车间每周可以生产最多 50 辆叉车,所以在两个车间分配产量以减少运输成本是有很大灵活性的。而每个分销中心每周需求 20 辆叉车。

管理者的目标是确定如何指派每个车间的产量以及如何制订总的运输方案可以使总的运输成本最低。

(**a**) 用公式表达该运输问题并创建相应的参数表格。

(**b**) 用 Excel 数据表格表示该问题。

C(**c**) 用 Excel 表格求出最优解。

9.1-7 设每个分销中心每周获得的叉车数必须在 10～30 辆之间,各个分销中心每周获得的总叉车数仍为 60 部,重新求解习题 9.1-6 的最优解。

9.1-8 MJK 制造公司要生产足够数量的两种产品来满足未来 3 个月的销售合同的需要。这两种产品都在同一种生产设备上生产,且每单位的两种产品需要相同的生产时间。因为每个月可得的生产和存储设备不同,所以每个月的生产能力、单位生产成本和单位存储成本也不相同。因此,在某个月多生产一种或两种产品并将之存储下来以备需要是非常必要的。

对未来 3 个月中的每个月,下表中的第二列给出了各月两种产品能在正常时间(RT)和加班时间(OT)生产的总数量。对其中任一种产品,接下来的列给出:(1)销售合同中所需的单位数量;(2)在正常时间内生产一单位产品的成本(以千美元计);(3)在加班时间内生产一单位产品的成本(以千美元计);(4)存储一个月单位产品的成本。在每种情况下,两种产品的数量被斜线(/)隔开,且第一种产品的数量在左边,第二种产品的数量在右边。

月份	最大产品总量		产品 1/产品 2			
			销量	单位产品的生产成本/千美元		单位产品的存储成本/千美元
	正常时间	加班时间		正常时间	加班时间	
1	10	3	5/3	15/16	18/20	1/2
2	8	2	3/5	17/15	20/18	2/1
3	10	3	4/4	19/17	22/22	

生产经理想设计一个计划表,列出3个月中每个月在正常时间和加班时间(如果正常时间被用完)生产两种产品的数量。目标是在满足每月销售合同的前提下生产和存储的总成本最小。在该问题中没有初始库存,3个月后也不允许有库存。

(**a**) 用公式表达该运输问题,并创建相应的参数表。

C(**b**) 求出最优解。

9.2-1 考虑下列运输问题,其参数表格如下:

		销地				供给量
		1	2	3	4	
产地	1	7	4	1	4	1
	2	4	6	7	2	1
	3	8	5	4	6	1
	4	6	7	6	3	1
需求量		1	1	1	1	

(**a**) 注意,这个问题有三个突出的特征:(1)产地的数量等于销地的数量;(2)每次的供应量为1;(3)每次的需求量为1。具备这三个特征的运输问题称为指派问题(如9.3节所述)。用整数解特性解释为什么这种类型的运输问题能够被解释为指派产地到销地的一一对应关系。

(**b**) 每个基本可行解中有多少个基变量?有多少个退化了的基变量?

D,I(**c**) 用西北角规则求出初始的基本可行解。

I(**d**) 应用初始化运输单纯形法的一般程序创建一个初始的基本可行解。接下来用下面给出的最小化成本规则而不是上面给出的三种方法来选择下一个基变量。

最小化成本规则:在当下考虑的所有行和列中,选择拥有最小单位成本 c_{ij} 的变量 x_{ij} 作为下一个基变量(若有相同的最小单位成本值时任取一个即可)。

D,I(**e**) 从(c)中获得的初始基本可行解开始,应用运输单纯形法求取最优解。

9.2-2 考虑在9.1节介绍的运输问题的初始例子(P&T公司问题)。利用运输单纯形法的最优性检验方法证实图9.4中所得的结论是最优的。

9.2-3 考虑以下运输问题,其参数表格如下:

		销地					供给量
		1	2	3	4	5	
产地	1	8	6	3	7	5	20
	2	5	M	8	4	7	30
	3	6	3	9	6	8	30
	4(D)	0	0	0	0	0	20
需求量		25	25	20	10	20	

在运输单纯形法经过几次迭代以后,我们会获得一个初始的基本可行解,其基变量如下:$x_{13}=20$,$x_{21}=25$,$x_{24}=5$,$x_{32}=25$,$x_{34}=5$,$x_{42}=0$,$x_{43}=0$,$x_{45}=20$。接着手工计算运输单纯形法的两次迭代。之后确定结论是否最优,如果是,给出原因。

D,I **9.2-4**　Cost-Less 公司从 4 个车间向 4 个零售企业提供产品。从各个车间向各个零售企业运输的成本如下表所示。

单位：美元

		零售企业的单位销售费用			
		1	2	3	4
车间	1	500	600	400	200
	2	200	900	100	300
	3	300	400	200	100
	4	200	100	300	200

车间 1、车间 2、车间 3 和车间 4 每月分别生产 10 单位、20 单位、20 单位和 10 单位产品，零售企业 1、企业 2、企业 3 和企业 4 每月分别需求 20 单位、10 单位、10 单位和 20 单位产品。

分销经理 Meredith Smith 想确定每个月应该如何向各个零售企业输送货物才能在满足需求的条件下使总的运输费用最小。

(**a**) 用公式表达该运输问题，创建相应的参数表格。

(**b**) 用西北角规则解出一个最优的初始基本可行解。

(**c**) 从(b)中得出的初始基本可行解出发，应用运输单纯形法求解该问题的最优解。

D,I **9.2-5***　利用运输单纯形法解决表 9.9 中所示的北方飞机公司产品计划问题。

D,I **9.2-6***　重新考虑习题 9.1-1。

(**a**) 利用西北角规则求取该问题的初始基本可行解。

(**b**) 从(a)中得到的初始基本可行解出发，应用运输单纯形法求取一个最优解。

D,I **9.2-7**　利用西北角规则重新考虑习题 9.1-2(b)，并应用运输单纯形法求取该习题的一个最优解。

D,I **9.2-8**　利用西北角规则重新考虑习题 9.1-3，并应用运输单纯形法求取该习题的一个最优解。

9.2-9　考虑下列运输问题，其参数表格如下：

		销地		供给量
		1	2	
产地	1	8	5	4
	2	6	4	2
需求量		3	3	

(**a**) 应用西北角规则求解该问题的初始基本可行解，并用运输单纯形法手工计算该问题(留意一下计算所需时间)。

(**b**) 重新将该问题定义为一个一般的线性规划问题，并用单纯形法手工计算该问题，留意一下这种方法需要多少时间并将之与(a)中的时间进行比较。

9.2-10　考虑 9.1 节(见表 9.7)介绍的北方飞机公司生产计划问题。用公式表示该线性规划问题,并设决定变量 x_j =第 j 月要生产的喷气发动机的数量($j=1,2,3,4$)。创建该问题的初始单纯形表,比较该表的规模(行数和列数)及用于解决运输问题的简表的规模(见表 9.9)。

9.2-11 考虑运输问题(见表 9.6)的一般的线性规划公式。证实 9.2 节中的 $m+n$ 个函数约束方程(m 个供给约束,n 个需求约束)中有一个是多余的,也就是说,其中任意一个约束都可以通过其他 $m+n-1$ 个约束求得。

9.2-12 当处理一个供给和需求变量中有整数变量的运输问题时,解释为什么运输单纯形法的步骤能够保证求取的基本可行解的基变量中有整数值。而且当应用创建初始基本可行解的一般程序(而不是应用选择下一个基变量的其他规则)时,进行初始化步骤时这一点也会发生。假设当前的一个基本可行解是整数,试解释迭代的第三步为什么必须获得一个新的整数基本可行解。最后,解释创建任意初始的基本可行解时为什么要进行初始化。实际上,运输单纯形法证明了 9.1 节中的整数解性质。

9.2-13 承包商 Susan Meyer 需要向三个建筑工地运送沙砾。她可以在城市北部的沙砾矿买到 18 吨沙砾,在城市南部的沙砾矿买到 14 吨。建筑工地 1、工地 2、工地 3 分别需要 10 吨、5 吨、10 吨沙砾。在每个沙砾矿购买每吨沙砾的价格和运输费用如下表所示。

单位:美元

地点	每个工地的运输成本			每吨价格
	1	2	3	
北部	100	190	160	300
南部	180	110	140	420

Susan 想确定如何从各个矿向各个工地运送沙砾可以使总的购买和运输沙砾的成本最低。

(**a**) 用公式表达该线性规划问题。用大 M 法创建初始的单纯形表以应用单纯形法(不用实际计算出来)。

(**b**) 将该问题定义为运输问题并创建其相应的参数表格。比较应用运输单纯形法时该表(和相应的运输单纯形法)的规模与(a)中应用单纯形法时表的规模。

D(**c**) Susan Meyer 注意到她可以直接从北部矿向工地 1 和工地 2 提供沙砾,从南部矿向工地 3 提供沙砾。用运输单纯形法的最优性检验(而不是迭代)来检验相应的基本可行解是否最优。

D,I(**d**) 从西北角规则开始,应用运输单纯形法解决(b)中定义的问题。

(**e**) 一般情况下,(b)中创建的参数表中的 c_{ij} 表示从产地 i 到销地 j 的单位运输成本。对(d)中求得的最优解而言,假设每个基变量对应的 c_{ij} 值是固定的,而每个非基变量 x_{ij} 对应的 c_{ij} 值可能会经过讨价还价而改变。因为工地经理可能会对承包商的服务有所挑剔。用敏感性分析确定在保持解最优的情况下非基变量对应的 c_{ij} 值的变化范围,并解释为什么这个信息对于承包商有价值。

C9.2-14 考虑运输问题公式以及 9.1 节和 9.2 节中所示的 Metro Water District 问题的解(见表 9.12 和表 9.21)。

参数表中给定的数字是估计值，有可能是不精确的，所以管理者打算做一些"如果"假设。利用 Excel Solver 生成敏感性分析报告，然后利用这个报告解释下列问题(在每种情况下，假设只是进行这一种改变，模型中的其他部分不变)。

(**a**) 如果向 San Go 运送每立方英尺 Calorie River 水的单位成本是 200 美元而不是 230 美元，表 9.21 中的最优解还能保持最优吗?

(**b**) 如果向 Los Devils 运送每立方英尺 Sacron River 水的单位成本是 160 美元而不是 130 美元，这个解还是最优的吗?

(**c**) 如果在(a)和(b)中相应的成本同时从最初的 215 美元变为 145 美元，这个解还是最优的吗?

(**d**) 假设 Sacron River 的供给和 Hollyglass 的需求同时降低同样的数量。如果这个数量是 50 万立方英尺，评估这个变化的影子价格仍是有效的吗?

9.2-15　不用生成敏感性分析报告，应用 7.1 节和 7.2 节中的敏感性分析程序对习题 9.2-14 中的 4 个部分进行敏感性分析。

9.3-1　考虑下列指派问题，其成本表如下：

		任务			
		1	2	3	4
指派人	A	8	6	5	7
	B	6	5	3	4
	C	7	8	4	6
	D	6	7	5	6

(**a**) 画出该指派问题的网络图。

(**b**) 用公式表达该运输问题并创建相应的参数表。

(**c**) 在 Excel 数据表格中表示这个公式。

C(**d**) 用 Excel Solver 求取一个最优解。

9.3-2　4 艘货船将被用于从一个港口向其他 4 个港口(标为港口 1、港口 2、港口 3 和港口 4)运送货物。任意一艘船都可以完成这些运送任务。不过由于船只和货物的不同，不同船只与港口的组合的装载成本、运输成本和卸载成本有所不同，如下表所示。

单位：美元

		港口			
		1	2	3	4
船只	1	500	400	600	700
	2	600	600	700	500
	3	700	500	700	600
	4	500	400	600	600

本题的目的是将 4 艘货船指派给 4 个不同的港口以最小化总的运输成本。

(**a**) 描述为什么这个问题符合指派问题的一般特征。

C(**b**) 求取最优解。

(**c**) 重新将这个问题定义为一个等价的运输问题并创建相应的参数表。

D,I(**d**) 用西北角规则求取(c)中所定义问题的一个初始基本可行解。

D,I(**e**) 从(d)中所得的初始基本可行解出发,应用运输单纯形法求取原指派问题的最优解集合。

D,I(**f**) 有没有区别于(e)中所得的最优解集的其他最优解?如果有,用运输单纯形法给出定义。

9.3-3 重新考虑习题9.1-3。假设预测三种产品下个周期的销售分别降至240单位、400单位、320单位,而且每个车间只能生产其中一种产品,也就是说其中三个车间负责生产其中一种产品,而另外两个车间不用生产产品。目标是指派不同的车间生产三种产品以使生产的总成本最低。

(**a**) 用公式表达该指派问题并创建相应的成本表。

C(**b**) 求取最优解。

9.3-4* 按年龄不同分组的游泳组教练准备培训一批200米混合泳接力赛的运动员参加青少年奥林匹克运动会。许多运动员擅长多个游泳项目,而教练需要找到最合适的4个人选。5名运动员各个项目的最短时间如下表所示。

单位:秒

项　目	运　动　员				
	Carl	Chris	David	Tony	Ken
仰泳	37.7	32.9	33.8	37.0	35.4
蛙泳	43.4	33.1	42.2	34.7	41.8
蝶泳	33.3	28.5	38.9	30.4	33.6
自由泳	29.2	26.4	29.6	28.5	31.1

目标是选出最合适的4名运动员参加4个项目,并且使所需要的总时间最短。

(**a**) 用公式表达该指派问题。

C(**b**) 求取最优解。

9.3-5 考虑表9.27中所示的Better产品公司在采用政策2时的指派问题。

(**a**) 重新将此问题定义为等价的运输问题,其产地数为3、销地数为5,并创建相应的参数表。

(**b**) 再将此指派问题重新构建为一个有5个产地和5个销地的运输问题,并建立适当的参数表,同(a)中构建的运输问题进行比较。

9.3-6 重新考虑习题9.1-6。假设分销中心1、2、3每周必须分别获得10单位、20单位、30单位的产品。为了便于管理,管理者要求每个分销中心只能接收一个工厂提供的产品,其他分销中心将接收其他工厂提供的产品。问题的目标是最小化总的运输费用。

(**a**) 定义该问题为指派问题,并创建相应的成本表,包括定义相应的指派对象和任务。

C(**b**) 求取一个最优可行解。

(**c**) 重新考虑该指派问题为一个等价的运输问题(有4个产地),并创建相应的参数表。

C(**d**) 求解(c)中定义的问题。

(**e**) 重新考虑(c)中只有两个产地时的情况。

C(**f**) 解决(e)中定义的问题。

9.3-7 考虑下列指派问题,其成本表如下:

		工作		
		1	2	3
人员	A	5	7	4
	B	3	6	5
	C	2	3	4

最优解是 A-3,B-1,C-2,且 $Z=10$。

C(**a**) 用计算机求证此最优解。

(**b**) 重新将这个问题定义为等价的运输问题并创建相应的参数表。

C(**c**) 为(b)中定义的运输问题求取一个最优解。

(**d**) 考虑为什么(c)中得出的最优可行解包括一些(退化了的)指派问题的最优解中不包括的基变量。

(**e**) 考虑(c)中的最优初始可行解中的非基变量。应用一般线性规划中的敏感性分析方法分析每一个非基变量 x_{ij} 和相应的成本 c_{ij},并确定在保持解最优的情况下 c_{ij} 的变化范围。

9.3-8 考虑9.3节中给出的一般指派问题的线性规划模型。创建这个模型的约束系数表。比较该表与一般的运输问题对应的表(表9.6)。请解释为什么一般的指派问题与一般的运输问题相比有更特殊的结构。

I **9.4-1** 重新考虑习题9.3-2中的指派问题。应用匈牙利算法解决这个问题。

I **9.4-2** 重新考虑习题9.3-4。将之看作书后答案中所示的指派问题。应用匈牙利算法解决这个问题。

I **9.4-3** 重新考虑表9.27中所示的Better产品公司问题采用方案2时涉及的指派问题。假设第一个车间生产第一种产品的成本从820美元降低到720美元。应用匈牙利算法解决这个问题。

I **9.4-4** 应用匈牙利算法解决下列指派问题,其成本表如下所示。

		工作		
		1	2	3
人员	1	M	8	7
	2	7	6	4
	3(D)	0	0	0

I 9.4-5 应用匈牙利算法解决下列指派问题,其成本表如下所示。

		任务			
		1	2	3	4
指派人	A	4	1	0	1
	B	1	3	4	0
	C	3	2	1	3
	D	2	2	3	0

I 9.4-6 应用匈牙利算法解决下列指派问题,其成本表如下所示。

		任务			
		1	2	3	4
指派人	A	5	8	6	7
	B	9	5	7	8
	C	5	9	8	4
	D	6	3	5	9

案例 9.1 向市场运送木材问题

Alabama Atlantic 是一家木材公司,它有 3 个木材产地和 5 个销售市场。木材产地 1、产地 2、产地 3 每年的产量分别为 1 500 万板材量尺、2 000 万板材量尺、1 500 万板材量尺。5 个市场每年能卖出的木材量分别为 1 100 万板材量尺、1 200 万板材量尺、900 万板材量尺、1 000 万板材量尺、800 万板材量尺。

在过去,该公司用火车运送木材。随着火车运费的增加,公司正在考虑用船来运输木材。采用这种方式需要公司在使用船只上进行一些投资。除了投资成本以外,在不同线路上用火车运输和用船运输每百万单位的费用如下表所示:

单位:千美元

产地	各市场用火车运载木材的单位费用					各市场用船只运载木材的单位费用				
	1	2	3	4	5	1	2	3	4	5
1	61	72	45	55	66	31	38	24	—	35
2	69	78	60	49	56	36	43	28	24	31
3	59	66	63	61	47	—	33	36	32	26

每年在每条路线上用船运输百万板材量尺木材时,公司在船只上的主要投资如下。

单位:千美元

产地	各市场对船只的投资				
	1	2	3	4	5
1	275	303	238	—	285
2	293	318	270	250	265
3	—	283	275	268	240

考虑到船的使用期限及资金的时间价值，这些投资每年的使用成本相当于表中的$\frac{1}{10}$。该问题的目标是确定如何制订运输计划可以使总费用最低(包含运输费用)。

假设你是运输团队的经理，现在由你来决定运输计划。有下列三个选项。

方案 1：继续仅用火车运输；

方案 2：仅用船只运输(除了有些地方只能用火车以外)；

方案 3：或者用船只运输，或者用火车运输，取决于哪个运费低。

计算每个选项的结果，并进行比较。

最后，由于这个结果是以目前的运输和投资费用为基础，所以目前采用哪个方案还应考虑这些费用在将来会发生哪些变化。对每个方案，描述一个场景，说明将来费用如何变化时能够证明现在要采用的方案比较合理。

(提示：本案例数据见本书网站)

网站(www.mhhe.com/hillier 11e)上补充案例的预览

案例 9.2　Taxgo 案例研究的继续

本书网站对本章的补充 1 提供了一个案例，内容为研究 Taxgo 公司需要考虑的运输问题决策：新的炼油装置在何处安装。公司经理需要确定新炼油装置的能力要比原计划的更大，这需要构建和求解额外的运输问题。分析的关键是将两个运输问题联合成一个线性规划模型，同时考虑原油从油田到炼油装置的运输以及将最终产品运至分配中心。请向公司经理提出书面建议。

案例 9.3　项目的选取

这个案例为一家医药公司对指派问题的应用。决策为需要进行 5 项研究发展项目，为 5 类不同的疾病研制新药。5 名高级专家被任命为这些研究项目的主任。问题是如何在一对一的基础上分配这 5 名专家。试寻求最优方案。

Introduction to Operations Research

第 10 章

网络优化模型

网络起源于为数众多的设置,并具有多种多样的形式。交通、电力和通信网络遍及人们的日常生活。网络规划也被广泛地应用于不同领域的问题,如生产、销售、工程规划设计、设备调查选定地点、资源管理和金融规划。事实上,网络表示为描绘系统内各组成部分的关系提供了可视化的和概念上的辅助,可用于自然科学、社会科学和经济科学各领域的虚拟研究。

近年来,运筹学中最令人兴奋的发展就是网络最优化模型的理论与应用这两方面都取得了非同寻常的快速进展。许多算法关键问题的解决对其起到了重要的推动作用,比如从关注数据结构和高效数据操作的计算机科学领域获取了许多思想。因此,现在许多算法和软件都可以用来并且正在被用来以常规理论为基础解决规模巨大的问题,这在三十年前是难以完成的。

许多网络最优化模型实际上是线性规划问题的特殊类型。例如,前面章节讨论的运输问题和分配问题都可归为这类问题,其网络描述可见图 9.3 和图 9.5。

3.4 节介绍的线性规划例子即可看作一个网络优化问题。图 3.13 给出的 Distribution Unlimited 公司通过配送网络进行配货的问题,是线性规划问题的一种特殊形式,称为**最小费用流**问题,这将在本章 10.6 节介绍。我们将在该节复习前面的例子,然后用 10.7 节的网络方法解决。

本章我们只粗略地介绍网络方法论的现状。然而,我们将介绍五类重要的网络问题及解决这些问题的一些基本思路(不探究数据结构问题,虽然这对于成功解决大规模应用问题是非常重要的)。前三类问题——最短路径问题、最小支撑树问题和最大流问题——都有一个特殊结构,来源于常见的实际应用。

第四类问题——最小费用流问题由于具有一般性的结构,所以为其他许多应用提供了一种通用的方法。事实上,最小费用流问题不但涵盖了最短路径和最大流问题,也涵盖了第 9 章的运输问题和分配问题。因为最小费用流是一个特殊的线性规划问题,所以能通过被称为**网络单纯形法**的一种简化的单纯形法极为有效地解决(我们将不再讨论更为一般的网络问题,因为那更难解决)。

第五类网络问题涉及在限定的期限内确定最经济的项目实施方式。一种被称为时间—

费用平衡的 CPM 方法的技术被用来描述项目的网络模型和作业的时间—费用平衡。边际费用分析和线性规划都可用于最优项目计划的求解。

10.1 节介绍了一个原形范例，其后将用于阐明前三类问题的解决方法。10.2 节介绍了一些网络基本术语。接下来的四节依次处理了前四类问题。10.7 节研究了网络单纯形法，10.8 节介绍了时间—费用平衡的 CPM 方法。

10.1 原形范例

Seervada 公园最近只允许限定数量的观光者和背包者徒步旅行，小轿车不允许进入公园，但是公园看守员可以在一个狭窄的弯曲道路上开电瓶车。这条道路（不包括转弯）如图 10.1 所示。其中，点 O 表示公园入口，其他字母表示看守站点所在位置，线上的数字表示道路的长度。

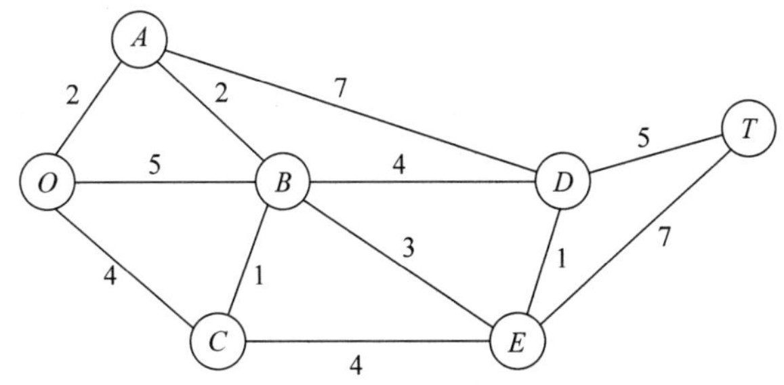

图 10.1 Seervada 公园的道路系统

公园在位置 T 有一处景色优美的景观。一些电瓶车在入口和位置 T 之间来回运送游客。

当前公园管理面临三个问题。第一个问题是在入口选择哪条路到达位置 T 具有最短距离（这是将在 10.3 节讨论的最短路径问题）。

第二个问题是需要在所有的站点安装电话线路来保证通信联系（包括公园的入口）。因为安装线很贵而且在自然条件下容易破裂，电话线要在道路下面安装以保证每两点之间都能够有联系。问题是在哪里安置电话线可使总的路线最短（这是一个最小生成树问题，我们将在 10.4 节讨论）。

第三个问题是车辆的调度。由于在公园旅游旺季有更多的人想要从公园入口坐电瓶车到位置 T，为了尽量避免干扰公园里的生态和野生动物，每天每条路都被严格地规定允许行驶的车辆数量（不同的路上有不同的限制，我们将在 10.5 节详细描述）。因此，在旺季每天不同路线所能增加的车次与距离的远近无关。这个问题属于如何在不破坏每条路的限制的条件下调整不同路上发出的车次以使公园发车的次数最多（这是一个网络最大流问题，我们将在 10.5 节详细讨论）。

10.2 网络术语

一些相对广泛的术语被用来描述各种网络及其组成部分。尽管我们在本章尽力避免使用这种特殊词汇，但我们仍然需要引入大量的术语。为了帮助你记忆，在每个术语定义时都使用了突出的黑体字。

一个网络由一系列节点和一系列连接点的线组成。点被称为**节点**(nodes),如图10.1所示的网络中有7个圈代表7个节点。那些线称为**弧**(arcs)(或环或边或支流),图10.1的网络中12条弧表示公园道路系统中的12条路。弧可以用两个端节点来命名,例如AB是图10.1中节点A、B之间的弧。

可能有某种类型的流通过网络中的弧,例如,在10.1节中Seervada公园道路上的电车流。表10.1给出了一些在典型的网络中流的例子。如果通过一条弧的流只有一个方向(如一条单向道路),这条弧就称为**有向弧**(directed arc),方向由在代表该弧的线的末端加一个箭头来表示。当一个有向弧用它所连接的两个节点来描述时,起始节点通常写在末端节点的前面。例如,一个有向弧始于节点A,终于节点B,必须被描述成AB,而不是BA。另一种方法是写成$A \rightarrow B$。

表10.1 典型网络的组件

点	弧	流
交叉路口	路	车辆
飞机场	飞机航线	飞机
转换器	线、频道	信息
泵站	管	水(液体)
工作中心	原料输送路线	工作

如果流经一条弧的方向允许有两个(如一条管子两头都能用来抽水),则把这条弧称为**无向弧**(undirected arc)。为了区分这两种弧,我们经常指的无向弧一般称为**链**(links)。

尽管流经无向弧的方向有两个,我们可以假定选择从一个方向流经弧,而不是同时向相反方向流经弧(后面的例子要求使用一对相反的有向弧)。然而,在决定无向弧流向问题的过程中,允许分派一部分相反方向的流,但要明白,实际流就是网络流(在两个方向上所分配的流的不同之处)。例如,如果一个方向上的流量是10,另一相反方向的流量是4,实际的结果就是通过使原方向的流量从10减至6而使最初分配的流量减少4个单位。尤其是,你可以虚构一个流经一条有向弧的“错误”方向的流量来记录“正确”方向有向弧上的减少量。

只含有向弧的网络称为**有向网络**(directed network)。类似的,若所有的弧都是无方向的,则称之为**无向网络**(undirected network)。含有向弧和无向弧的网(或所有的弧都是无向弧)可以转换成有向网络,如果需要,可以用一对相反方向的有向弧代替每一条无向弧(你可以有选择地说明通过每对有向弧的流量是同时流经相反方向的,或者提供只有一个方向的网络流,这取决于哪个适合你的要求)。

如果两个点不是由一条弧连接的,那么一个很自然的问题是它是否由一连串的弧连接。两个节点间的**路径**(path)是连接这些点的一组不同的弧的序列。例如,在图10.1中,连接O、T两点的一条路径是OB—BD—DT这组弧($O \rightarrow B \rightarrow D \rightarrow T$),或反过来。若网络中部分或全部的弧是有向弧,那么我们就要区别无向路径和有向路径。从点i到j的**有向路径**(directed path)是指一组指向j的有向连接弧,那么从i到j的路径是可行的。从i到j的**无向路径**(undirected path)是指一组或指向j,或远离j的任意的弧(注意:有向路径同样符合无向路径的定义,但反过来不成立)。通常,无向路径有些弧指向j,同时另一些弧离开

j。10.5 节和 10.7 节将说明无向路径在分析有向网络时的重要作用。

为了释明上述定义，图 10.2 给出了一个典型的有向网络。它的点和弧与图 3.13 相同，即点 A、B 表示两家工厂，D、E 表示两间仓库，C 表示配送中心，弧表示物流路径。AB—BC—CE($A \to B \to C \to E$)这组弧是从 A 至 E 的一条有向路径，因为沿着这整条路径，流向 E 是可行的。而 BC—AC—AD($B \to C \to A \to D$)则不是由点 B 到 D 的有向路径，因为弧 AC 的方向是远离点 D 的(在这条路径中)。然而，$B \to C \to A \to D$ 却是一条由 B 至 D 的无向路径，因为 BC—AC—AD 这组弧连接了这两个点(即使在这条路径中弧 AC 的方向是逆向的)。

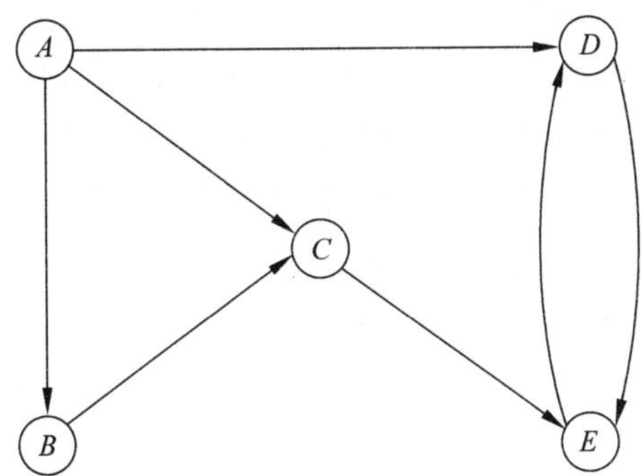

图 10.2　曾在图 3.13 中出现的 Distribution Unlimited 公司的配送网络

在一个恰当的无向路径的例子中，假设从节点 A 到节点 C 的流量为 2 的流预先记作弧 AC。给定这种假设后，对于无向路径 $B \to C \to A \to D$，整体来说可以找到流量更小的流，设流量为 1，即便弧 AC 与 $C \to A$ 的正向流方向相反。由于将弧 AC 的方向设定为逆向，从而导致了在正向上的流量减少了 1 单位。在 10.5 节和 10.7 节中大量运用这种方法来标记通过无向路径，这些路径包括与上述流方向相反的弧，以便使这些已标记为正向的流在正向上流量减少。

始点与终点重合的路径称为**环**(cycle)。在一个有向网络中，一个环有向与否取决于它所包含的路径是否有向(因为一个有向路径同时也是无向的，一个有向环是无向的，但反过来通常并不成立)。例如，在图 10.2 中，DE—ED 是有向环，相反 AB—BC—AC 不是有向环，因为弧 AC 与弧 AB、弧 BC 方向相反。同时，由于 $A \to B \to C \to A$ 是无向路径，故 AB—BC—AC 是无向环。如图 10.1 所示的无向网络图中有许多环，如 OA—AB—BC—CO。然而，注意路径(一系列单独的弧)的定义中排除了形成环时缩进一步的情况。例如，图 10.1 中的 OB—BO 不是一个环，因为 OB 和 BO 是同一个弧的两种标记。另外，图 10.2 中，DE—ED 是一个(有向)环，因为 DE 和 ED 是两个不同的弧。

如果网络中的两个节点之间至少存在一条无向路径，那么这两个节点是**连通的**(connected)，即网络有向的两点之间的路径不一定是有向的。任何两个节点之间都是连通的网络称为**连通网**(connected network)。因此，图 10.1 和图 10.2 的网络都是连通的。然而，如果后面的网络图去掉弧 AD 和 CE，那么它就不再是连通网了。

考虑一个有 n 个端点的连通网(例如，图 10.2 有 $n=5$ 个顶点)。删除它上面的所有弧，通过每次按一定的方式添加原始的网络图中的一个弧(或树枝)就能“生成”一棵“树”。第一条弧可以连接任何一对顶点，然后每一条新弧应该连接在一个已经与其他端点相连接的点和一个新的之前未与其他节点相连的节点上。这样添加一个弧不仅能避免形成环,还能保证连通网中顶点的数目恰好比弧的数目大1。每添加一个新弧就生成一个更大的**树**(tree),一个不含无向圈的连通网(对于 n 个顶点的子集)。$n-1$ 个弧添加完毕后,添加的工作就可以停止,因为所得到的树连接了 n 个顶点。这个树就称为**支撑树**(spanning tree),即一个含有 n 个顶点,不含无向环的连通网。每一个生成树有且仅有$n-1$ 条弧,因为这是构建一个连通网所需的最少的弧边数,也是不含环的最大的弧边数。

图 10.3 用图 10.2 中的五个顶点和一些弧演示了一次添加一条弧的树的生长过程,直到得到支撑树为止。对于过程中每一步的新弧都有几种选择,所以图 10.3 中演示的只是创建一个支撑树很多方式中的一种。但是在树的生成过程中,怎样添加一个新弧才能满足前一段中特定的条件,我们将在 10.4 节深入地探讨和图示支撑树。

支撑树在很多网络分析中起很关键的作用。举例来说,它们构成了 10.4 节最小支撑树问题的基础。另一个主要例子是(可行的)支撑树符合在 10.7 节讨论的求解 BF 的网络单纯形法。

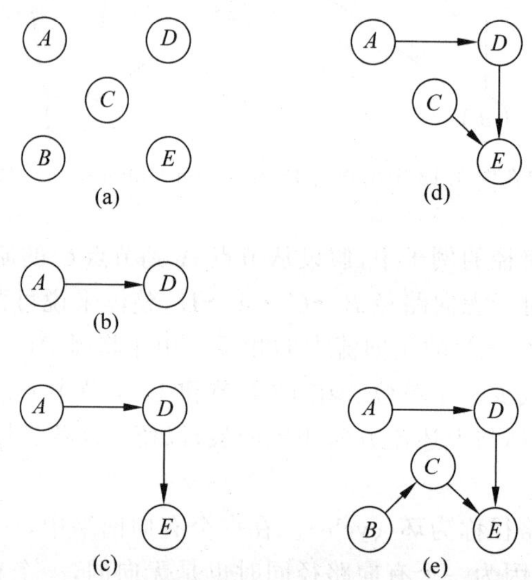

图 10.3 一次增加一个弧为图 10.2 的网络图生成一棵树的例子

(a) 没有边的节点; (b) 只有一条边的树; (c) 有两条边的树; (d) 有三条边的树; (e) 一个支撑树

最后,我们还需要介绍几个关于网络流的术语。可以在定向弧中传送最大数量的流(可能无穷)称为**弧容量**(arc capacity)。就节点来说,它们的差别在于是产生网络流还是减少网络流或者二者都没有。**供给节点**(supply node)(或称**发点**、**源**)有流出量比节点流入量大的特性。相对应的概念是**需求节点**(demand node)(或称**收点**、**汇**),其流入量比流出量大。**转运节点**(transshipment node)满足流守恒,所以流入等于流出。

10.3 最短路径问题

虽然在本节末提到许多其他形式的最短路径问题(包括一些有向网络),但我们将重点关注下面的简单形式。考虑一个具有起点和终点两个特殊节点的无向连通网络。每条边

(无向的)都有一个相对应的正数距离。我们的目标是找出从起点到终点的最短路径(总距离最短的路径)。

一个容易理解的简单代数方法可以用于解决这个问题。这种方法的实质是从起始开始搜索,用升序排列从初始点到网络的各个节点的距离,从而成功地确定最短路径,当到达终点时问题也就解决了。我们将简单叙述这种方法,然后通过解决在 10.1 节遇到的 Seervada 公园的管理问题加以阐明。

10.3.1　最短路径问题的算法

第 n 次迭代的目标:找到离起点最近的第 n 个节点($n=1,2,\cdots$ 重复操作,直到第 n 个最近的节点为终点)。

第 n 次迭代的输入:$(n-1)$个离起点最近的节点(在先前迭代中找到的),包括它们的最短路径和它们离起点的距离(这些点包括起点,称为标记节点,其他的点称为未标记节点)。

第 n 个最近节点的候选节点:每一个通过链直接连接一个或多个未标记的节点的标记节点提供一个候选节点——可能是最短连接链的未标记节点。

第 n 个最近节点的计算:对于每一个标记节点及其候选节点,把它们之间的距离和该标记节点到起点的最短距离加起来。总距离最短的候选节点是第 n 个最近节点,其最短路径就是产生这个最短距离的路径。

10.3.2　算法在 Seervada 公园最短路径问题中的应用

在如图 10.1 所示的道路系统中,Seervada 公司管理员需要找到从公园入口(节点 O)到景点(节点 T)的最短路径。在表 10.2(第二个最近节点的连接允许直接跳到寻找第四个最近节点)中给出了在这个问题上应用上述算法所得的结果。第一列(n)表示迭代次数,第二列在删除不相关的节点后为往返流简单地列出了已标记节点(不直接与任何未标记节点连接的节点)。第三列给出了第 n 个最近节点的候选节点(与标记节点距离最近的未标记节

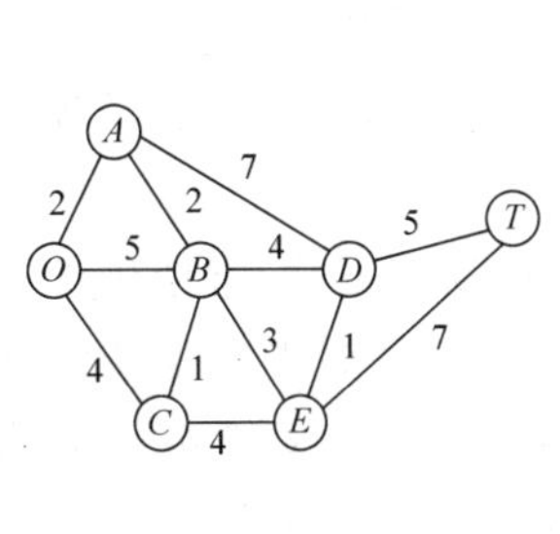

表 10.2　最短路径的算法在 Seervada 公园问题上的应用

n	与未标记点直接相连的已标记点	相连的最近的未标记点	涉及的总的距离	第 n 个最近点	最短距离	上一个连接
1	O	A	2	A	2	OA
2,3	O	C	4	C	4	OC
	A	B	2+2=4	B	4	AB
4	A	D	2+7=9	E	7	BE
	B	E	4+3=7			
	C	E	4+4=8			
5	A	D	2+7=9	D	8	BD
	B	D	4+4=8	D	8	ED
	E	D	7+1=8			
6	D	T	8+5=13	T	13	DT
	E	T	7+7=14			

点)。第四列计算了从起点到每一个候选节点的最短路径的距离(也就是从起点到标记节点的距离加上该节点到候选节点的距离)。第五列中,距离最短的候选节点就是到起点最近的第 n 个节点。最后两列概括总结了在后续循环过程中所需要的最新标记节点的信息(从起点到这个节点的最短路径的距离和在这条最短路径上的最后的链)。

现在让我们把这些列与算法的要点直接联系起来。第 n 次迭代的输入是前一次迭代的第五列和第六列给出的。从前面的迭代中删除了那些没有与已标记点直接相连的点后,第五列的已标记点被添加在了当前迭代的第二列,与那些点最近的候选点放在当前迭代的第三列,其计算在第四列上进行,当前迭代结果记录在最后三列。

例如,考虑表 10.2 中的 $n=4$ 迭代。该迭代的目的是找到距原点最近的第四个节点。如表中第五列和第六列中所记录的,输入我们已经找到的离起点最近的三个节点(A、C 和 B)以及它们到起点的最短距离(分别为 2、4 和 4)。下一步是在此 $n=4$ 迭代的表的第二列中列出这些已求解的节点。(由于所有的已解决节点都直接连接到至少一个未解决的节点,它们都未被删除,但由于节点 O 不再直接连接到未解决的节点,它被删除了。)节点 A 仅直接连接到一个未解决的节点(节点 D),因此节点 D 自动成为第四个到起点的最近节点的候选节点,它到起点的最短距离是起点到节点 A 的最短距离(如第六列所记录为 2)加上节点 A 和 D(7)之间的距离,一共是 9。节点 B 直接连接到两个未解决的节点(D 和 E),但节点 E 被选择为下一个候选节点,成为离起点最近的第四个节点,因为它比节点 D 更接近节点 B。如第四列所示,从起点到节点 B 的最短距离与节点 B 与节点 E 之间的距离之和为 $4+3=7$。最后,节点 C 直接连接到一个未解决的节点(节点 E),因此节点 E 再次成为与起点最近的第四个节点的候选节点,但这次是通过节点 C。这种情况下的总距离为 $4+4=8$。刚刚计算出的三个总距离中的最短距离为中间情况的 $4+3=7$,因此在迭代的中间行(节点 E)中列出的最近连接的未解决节点是通过 BE 连接到原点的第四个最近节点。将这些结果记录在表中的第五列和第七列完成迭代。

表 10.2 的工作完成后,从终点追溯到起点的最短路径通过表的最后一列可以看出为

$$T \to D \to E \to B \to A \to O \text{ 或者 } T \to D \to B \to A \to O$$

因此,从起点到终点的最短路径有两种选择:$O \to A \to B \to E \to D \to T$;$O \to A \to B \to D \to T$。两条路径的长度均为 13 英里。

10.3.3 用 Excel 电子表格归结并求解最短路径问题

这个算法提供了一个特别简单的途径来解决复杂的最短路径问题。但是一些数学程序软件包并不包含这种算法。

因为最短路径问题是特殊的线性规划问题,所以当好的方法不容易实现时,常使用单纯形法。尽管不如用于解决复杂最短路径问题的专门算法那样有效率,但是对于次复杂的问题(比 Seervada 公园问题复杂得多)还是能胜任的。基于普通单纯形法的 Excel 电子表格可以提供一个简便的途径,用于归结和求解几十条弧和节点组成的最短路径问题。

图 10.4 为归结 Seervada 公园最短路径问题提供了一个适当的电子表格。与 3.5 节的那种用一个单独的行来表示每个线性规划模型的函数约束不同,它提供了一种特殊的结构,即在 G 列列出所有节点,在 B 列、C 列列出所有的弧,在 E 列给出对应每条弧的距离。因为每个网络图中的节点是一个没有方向的弧,而遍历最短路径有一定的方向性,所以每个节点

都可以用一对方向相反的有向弧代替。因此 B 列和 C 列合计列出了图 10.1 中 B—C 和 D—E 之间交通路线的两倍，一组向下的弧和一组向上的弧，并且每个方向都可被选择。然而其他的链仅作为从左到右的弧列出，因而这些弧在选择从起点到终点的最短路径时只有一个方向。

	A	B	C	D	E	F	G	H	I	J
1	Seervada Park Shortest-Path Problem									
2										
3		From	To	On Route	Distance		Nodes	Net Flow		Supply/Demand
4		O	A	1	2		O	1	=	1
5		O	B	0	5		A	0	=	0
6		O	C	0	4		B	0	=	0
7		A	B	1	2		C	0	=	0
8		A	D	0	7		D	0	=	0
9		B	C	0	1		E	0	=	0
10		B	D	0	4		T	-1	=	-1
11		B	E	1	3					
12		C	B	0	1					
13		C	E	0	4					
14		D	E	0	1					
15		D	T	1	5					
16		E	D	1	1					
17		E	T	0	7					
18										
19			Total Distance	13						

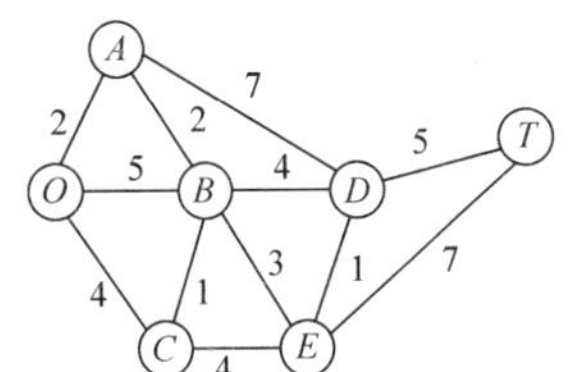

Solver Parameters
Set Objective Cell: TotalDistance
To: Min
By Changing Variable Cells:
　OnRoute
Subject to the Constraints:
　NetFlow = SupplyDemand
Solver Options:
　Make Variables Nonnegative
　Solving Method: Simplex LP

	H
3	Net Flow
4	=SUMIF(From,G4,OnRoute)-SUMIF(To,G4,OnRoute)
5	=SUMIF(From,G5,OnRoute)-SUMIF(To,G5,OnRoute)
6	=SUMIF(From,G6,OnRoute)-SUMIF(To,G6,OnRoute)
7	=SUMIF(From,G7,OnRoute)-SUMIF(To,G7,OnRoute)
8	=SUMIF(From,G8,OnRoute)-SUMIF(To,G8,OnRoute)
9	=SUMIF(From,G9,OnRoute)-SUMIF(To,G9,OnRoute)
10	=SUMIF(From,G10,OnRoute)-SUMIF(To,G10,OnRoute)

Range Name	Cells
Distance	E4:E17
From	B4:B17
NetFlow	H4:H10
Nodes	G4:G10
OnRoute	D4:D17
SupplyDemand	J4:J10
To	C4:C17
TotalDistance	D19

	C	D
19	Total Distance	=SUMPRODUCT(D4:D17,E4:E17)

图 10.4　Seervada 公园最短路径问题的电子表格，图中变化单元格 OnRoute(D4:D17)是用 Excel Solver 求得的最优解。目标单元格 Total Distance(D19)给出了最短路径的总距离。电子表格左端的图为图 10.1 中给出的 Seervada 公园的道路系统

网络图中从起点到终点最短的路线可用流量为 1 的弧来表示。现在要做的决策是为这条路线选择哪些弧。流量被分配为 1 的弧将包含在这条路线中，否则不包括。如果不包括，则流量为 0。因而，用决策变量 x_{ij} 代表需要决策的每条弧，则有

$$x_{ij}=\begin{cases}0, & \text{不包括弧 } i \rightarrow j \\ 1, & \text{包括弧 } i \rightarrow j\end{cases}$$

决策变量的值由图中可变的单元格 OnRoute(D4:D7)输入。

应用案例

林业是瑞典最重要的产业之一。该产业占该国就业、出口、销售和附加值的 9%～12%。源自该产业的所有产品中有 80%供出口，年出口额为 150 亿美元。

林业是瑞典最大的运输服务采购方。每年，8 000 万吨原木和森林生物能源从大约 20 万个新收获区运往 800 多家工厂，并运往终端进行中间储存。超过 2 000 辆卡车和 5 000 名司机每年运送 200 多万次，费用超过 8 亿美元。

鉴于运输服务的巨大成本，林业效率的一个关键是为每年 200 多万次卡车运输中的每

一次确定最佳路线。因此,一个由森林公司和政府机构组成的财团发起了一个解决这一问题的重大项目。研究小组包括专业分析人员和运筹人员。这项研究的一个成果是开发了瑞典国家道路数据库(SNRD),提供覆盖全国的相关道路信息。另一个成果是将用于整个行业的创新的运筹学程序——校准路线查找器(CRF)。以 SNRD 提供的道路信息作为输入,CRF 主要为每辆卡车确定从原产地到目的地的最佳路线。

CRF 的程序基于对 10.3 节中描述的最短路径问题反复应用有效算法。但是,该程序并非简单地假设最短的路线必须是最佳的路线,而是要考虑诸如道路状况等因素。因此,除了距离之外,该程序还将权重放在速度、环境、交通安全、驾驶员压力、燃料消耗、CO_2 排放和成本等因素上。目前瑞典所有主要的林业公司都使用 CRF,估计每年可节省 4 000 万至 1.2 亿美元。

资料来源:M. Rönnqvist, G. Svenson, P. Flisberg, and L-E Jönsson, "Calibrated Route Finder: Improving the Safety, Environmental Consciousness, and Cost Effectiveness of Truck Routing in Sweden." *Interfaces* (now INFORMS Journal on Applied Analytics), 47(5): 372-395, Sept.-Oct. 2017.

在被选中的那条路上的每一个节点都可以认为有一个流量为 1 的流通过它,反之则没有流量。节点净流量等于流出量减去流入量,所以发点的净流量为 1,而收点的净流量为−1,其他点均为 0。这些净流量的要求由图 10.4 中的 J 列给出。使用图底部的公式,H 列的每一格都可以通过加上流出量和减去流入量计算出该节点的实际净流量。在 Solver 对话框里要具体给出相应的约束 NetFlow(H4:H10)=SupplyDemand(J4:J10)。

使用图底部的公式,目标单元格 TotalDistance(D19)可以给出选中路线的总距离。目标单元格最小化的目标已在 Solver 对话框中详细列出。运行 Solver 后,最优解将显示在 D 列,这个解就是前面最短路径算法求出的那两条路线。

10.3.4　其他一些应用

并不是所有的最短路径问题都涉及使起点到终点之间距离最短的路程问题。事实上,它甚至可能与路程没有一点关系。这些链(弧)可能表示其他类型的作业,因此选择网络中的一条路线相当于选择了作业的最佳次序。链的长度也可能表示其他一些意义,如活动的费用,这时的目标将是选择总费用最低的作业次序。

通常有下面三种应用类型:

(1) 使路程总距离最短,如 Seervada 公园问题;

(2) 使一组作业的总费用最低(习题 10.3-3);

(3) 使一组作业的总时间最短(习题 10.3-6 和 10.3-7);

这三种类型甚至可能来源于同一个应用。例如,假如你从一个城镇开车到另一个城镇,中间需要经过若干个城镇,你希望找到一条最佳路线。最佳路线的标准可能是总距离最短,或是总费用最低,还可能是总时间最短。

许多应用要求在有向图中找出从起点到终点的最短有向路径。前面介绍的算法很容易通过改变来处理有向路径的每次迭代。特别地,当已识别出第 n 点的候选节点后,只需要考虑从已标号点到未标号点的有向弧。

另一种最短路径问题是找到从起点到网络中所有其他点的最短路径。注意,前面的算法其实已经给出了从起点到终点外每一点(比终点离起点更近)的最短路径。因此,当所有节点都被看作潜在终点时,只需要对算法作出改变——直到所有节点都成为已标号点时才停止继续运算。

一种更概括的最短路径问题是找到从每个节点到另一个点的最短路径。另一种类型是放弃"距离"(弧值)的非负约束。而其他一些约束也可能被随后加上。所有这些变异问题偶尔会出现在应用中,所以也已被研究者研究。

对于一种很广泛的优化问题联合的算法,如特定交通路线或网络设计问题,需要求解大量作为子问题的最短路径问题。

10.4　最小支撑树问题

最小支撑树问题与上一节中最短路径问题的主要形式有些相似。在这两个问题中,我们考虑的都是无向的连通网络,并且给出了与每一条链相关的具有正值的长度(距离、费用、时间)信息。这两个问题均需从所有链中选出一组总长度最短的链,来满足一个特定的属性。对于最短路径问题,被选择路线的特定属性是要从起点到终点。对于最小支撑树问题,被选择路线的特定属性是每对节点都要有路相连。

最小支撑树问题可归纳如下:

1. 给定网络的节点而不是边。或者,如果插入一个节点,该节点潜在的边和长度(正值)是已知的(可替代的度量包括距离、费用、时间)。

2. 你希望通过插入足够的边来设计网络,以满足使每一对节点都有路相连的特定要求。

3. 我们的目标是在满足这个要求的基础上寻求一种方式,使插入网络中的路的总长度最短。

具有 n 个节点的网络,仅需要$(n-1)$条边即可满足每对节点有一条路径的要求,而不需要更多的边,否则会增加总长度。这 $n-1$ 条边的选取,应恰好能构成一棵支撑树。因此,这一问题可以归为寻找总长度最短的支撑树。

图 10.5 以 Seervada 公园问题为例,说明了支撑树这一概念。例如,图 10.5(a)不是一棵支撑树,因为节点 O、A、B、C 与节点 O、E、T 不连接,还需要一条边使其相连。这一网络系统实质上包含两棵树,每一组节点是一棵树。图 10.5(b)是该网络系统的扩展,但因为它有两个环($O—A—B—C—O$, $D—T—E—D$),所以它不是树。它的边过多。因为 Seervada 公园问题有 $n=7$ 个节点,根据 10.2 节,这一网络必须恰有 $n-1=6$ 条边,且无环才是一棵支撑树。图 10.5(c)满足以上条件,因此这个网络是最小支撑树问题的可行解(边的总长度为 24 英里)(很快你将了解到这个解不是最优的,还可能构造出总长度为 14 英里的支撑树)。

10.4.1　一些应用

最小支撑树问题的主要应用类型包括:

(1) 通信网络设计(光缆网络、计算机网络、电话线网络、有线电视网络等);

(2) 费用最低的运输网络设计(铁路、公路等);

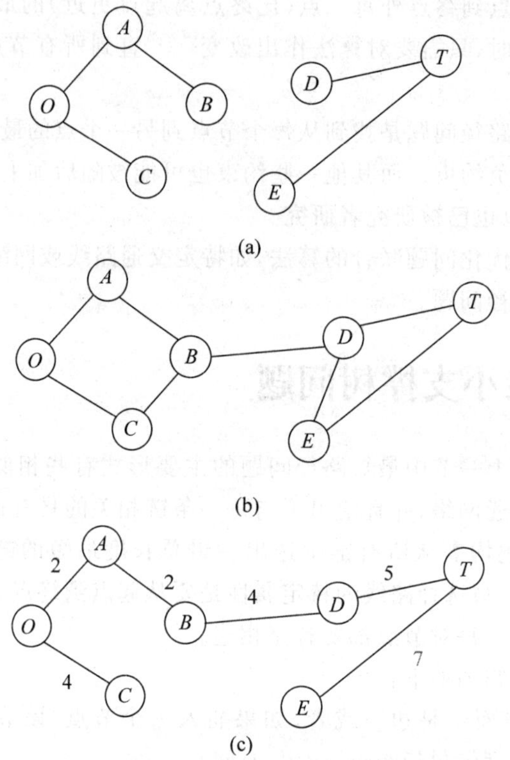

图 10.5 以 Seervada 公园问题为例说明支撑树的概念的图解

(a) 不是支撑树;(b) 不是支撑树;(c) 是支撑树

(3) 高压输电线路的网络设计;

(4) 线路总长度最短的电子设备的线路网络设计(如计算机系统);

(5) 连通很多地方的管道网络设计。

在这个信息飞速传播的时代,第一种类型的应用尤为重要。在一个通信网络中,只需要插入足够的边以保证每对节点之间有一条路,这样的一个网络设计正是最小支撑树的典型应用。因为如今通信网络系统造价高达数百万美元,所以通过寻求最小支撑树优化通信网络是非常必要的。

10.4.2 一个算法

最小支撑树问题可以用一种简明直接的方式来解决,因为它恰好是运筹学问题中少数的一种特殊类型,其在每一阶段所寻求的最优解最终构成整个过程的最优解。因此,从任意一个节点开始,第一阶段就是要选取这一节点到另一节点最短的那条边,而不考虑会对后面的选取造成影响。第二阶段就是要在未连接的节点中确定与已连接的节点距离最短的点,并将其连接。重复以上过程,直到所有的节点都已连接(注意:这与图 10.3 中构造支撑树的过程是相同的,但这一过程在每选取一条新边时都要遵守一个特殊的规则)。最终得到的网络就是一棵最小支撑树。

10.4.3 最小支撑树问题的算法

(1) 任选一个节点,然后将该节点与离它最近的不同的节点连接(增加一条边)。

(2) 确定与已连接节点距离最近的未连接节点,然后连接这两个节点(在它们之间增加一条边)。重复该步骤直至所有的节点都已被连接。

(3) 连接的断开:对最近的邻接点(步骤 1)或者最近的未被连接的节点(步骤 2)的连接都可能任意断开,但是这种算法仍然能得到最优解。然而,这些连接可能是有(但未必有)多个最优解的标志。所有这样的最优解都可以通过继续分析断开连接的所有边而求得。

手工实现本算法最快的方法是下面介绍的图解法。

10.4.4 本算法在 Seervada 公园最小支撑树问题上的应用

Seervada 公园的管理部门(见 10.1 节)需要对在哪些道路下铺设电话线来连接公园所有景点的问题作出决策,该决策要使铺设电话线路的总长度最短。利用图 10.1 所给的数据,我们逐步简略给出这个问题的解答。

该问题中的节点和节点间的距离如下图所示,其中细线在这里表示节点间潜在的边。

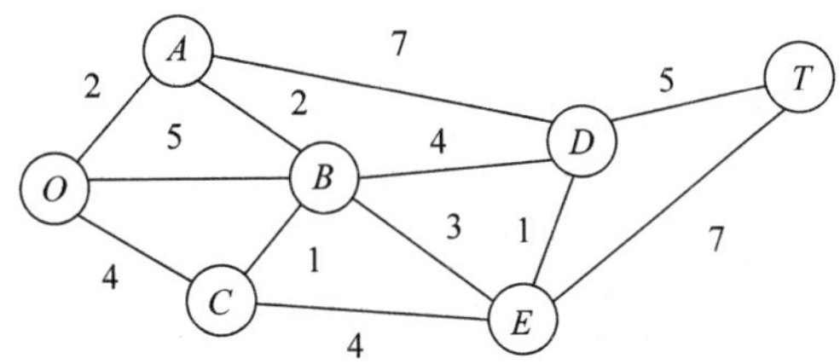

任选节点 O 作为初始节点。未连接的节点中与节点 O 距离最短的节点是 A,连接节点 O 和节点 A。

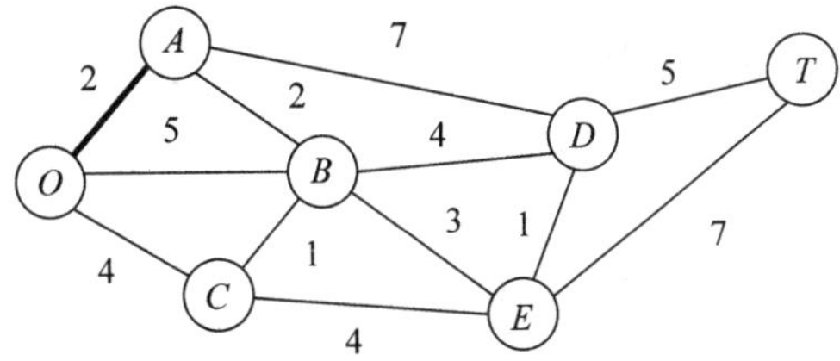

未连接的节点中与节点 O 或节点 A 距离最短的节点是节点 B(距离节点 A 最近),连接节点 A 与节点 B。

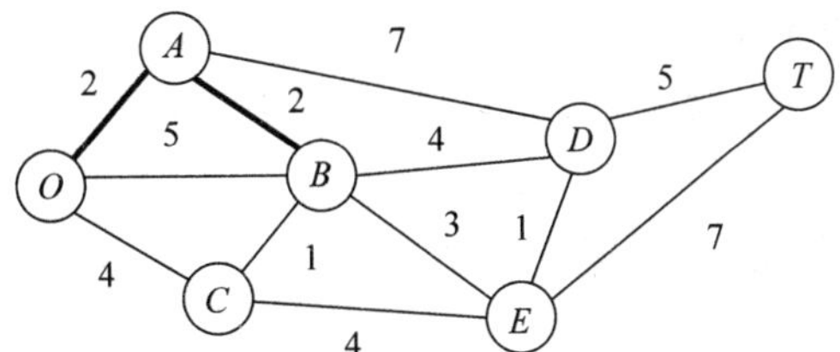

未连接的节点中与节点 O、节点 A 或节点 B 距离最短的节点是节点 C(距离节点 B 最近),连接节点 B 与节点 C。

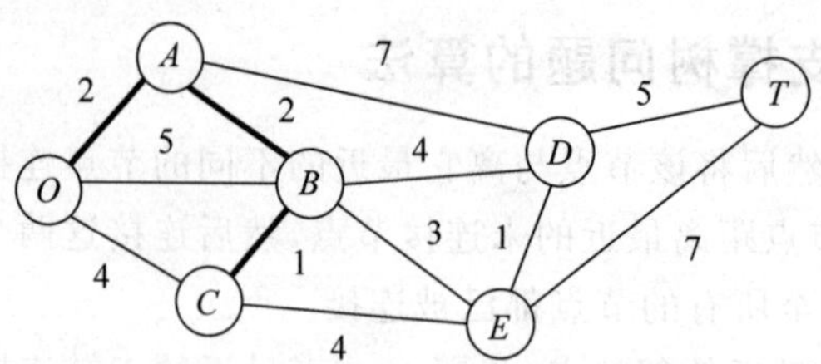

未连接的节点中与节点 O、节点 A、节点 B 或节点 C 距离最短的节点是节点 E(距离节点 B 最近),连接节点 B 与节点 E。

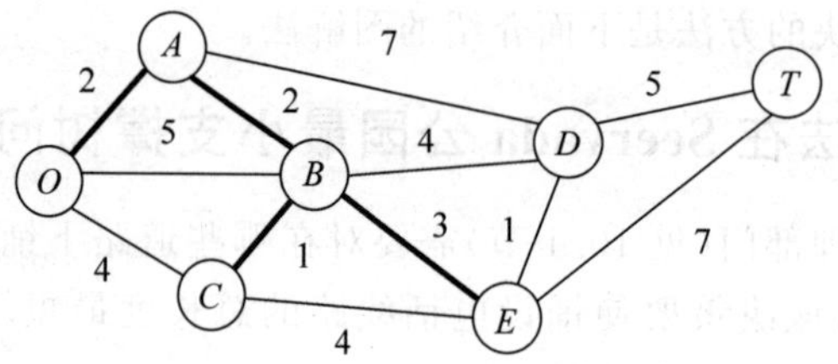

未连接的节点中与节点 O、节点 A、节点 B、节点 C 或节点 E 距离最短的节点是节点 D(距离节点 E 最近),连接节点 D 与节点 E。

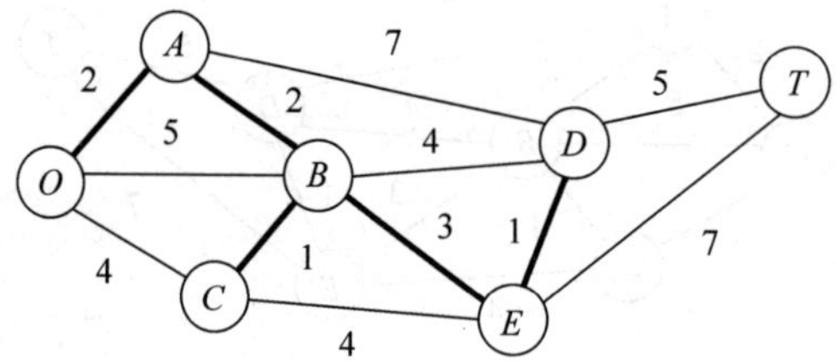

最后剩余一个未连接的节点 T。节点 T 与节点 D 距离最短。连接节点 T 与节点 D。

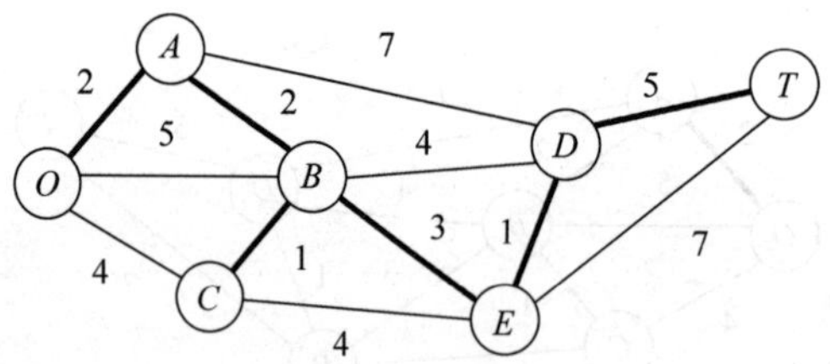

现在所有的节点都已连接,因此得到了问题的最优解。电话线路的总长度为 14 英里。

尽管看上去初始节点的选取会对最终结果(电话线路的总长度)产生影响,但实际上并不会。我们建议你就本例选取异于节点 O 的初始节点重复本算法,来证明这个事实。

最小支撑树问题是本章讨论的网络设计问题之一。在这一领域内,目的是为给定的应用问题(最常见的是交通系统)设计最合适的网络,而不是分析已经设计好的网络。

10.5 最大流问题

现在让我们回忆一下我们在 Seervada 公园管理中遇到的第三个问题(参见 10.1 节),即在旅游旺季客流量高峰期,如何决定从公园入口(图 10.1 中 O 点)到旅游景点(T 点)的电瓶车路线(每趟电瓶车将会按原出发路线返回,所以我们只关注出发路线)。为了避免过度破坏生态平衡和野生动物的生活区域，公园严格限制每条路上每天行驶的电瓶车趟数(不能形成有向环，终点是 T 点)。对于每条路来说，行驶方向已经用箭头表示出来，见图 10.6。每个箭头上标出的数字给出了每天允许从出发点发车的最大电瓶车趟数。在这些限制下，一个可行的方案是每天开放 7 趟电瓶车，其中 5 趟用于路线 $O \to B \to E \to T$，1 趟用于路线 $O \to B \to C \to E \to T$，另一趟用于 $O \to B \to C \to E \to D \to T$。然而，由于这个方案阻止了其他任何以 $O \to C$ 起始的路线(因为路线 $E \to T$ 和路线 $E \to D$ 已经达到了最大能力)，所以很容易找到一个较好的可行方案。需要考虑的问题是怎样使每天各线路电瓶车行驶趟数达到最大。这类问题就称为最大流问题。

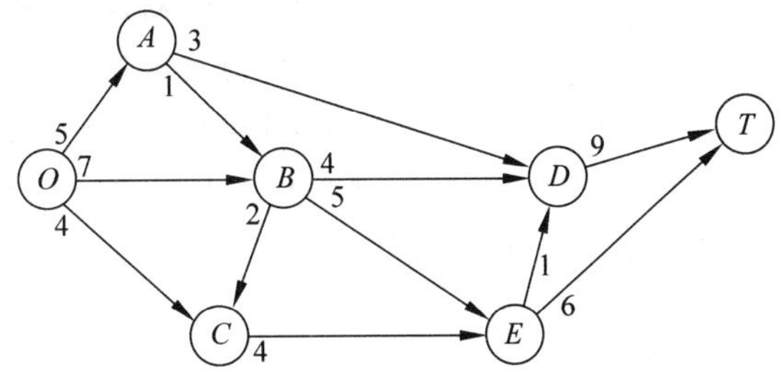

图 10.6　Seervada 公园最大流问题

用更具概括的方式可将最大流问题归纳如下。

(1) 所有流经网络(有向且连通)的流都起源于同一个点，称为**发点**(**源**)(source)，终止于另一个点，称为**收点**(**汇**)(sink)(在 Seervada 公园问题中，发点和收点分别是公园的入口 O 和景点 T)。

(2) 剩余的其他点称为中间点(如在 Seervada 公园问题中的 A 点、B 点、C 点、D 点和 E 点)。

(3) 流的方向由箭头标明，弧的容量就是允许的最大流量。在发点，所有的流都从这一点发出。在收点，所有的流都指向这一点。

(4) 问题的目标是使从发点到收点的总流量达到最大。该值可以由两种等价的方式来衡量，即发点的流出量或收点的流入量。

10.5.1　一些应用

下面是最大流问题的几类应用。

(1) 公司配送网络中，使从工厂到客户的流量(运送量)最大化。

(2) 公司供应网络中，使从供应商到工厂的流量(运送量)最大化。

(3) 使石油管道系统的石油流量最大化。

(4) 使沟渠系统的水流量最大化。

(5) 使交通网络的车流量最大化。

应用案例

惠普(HP)提供了许多创新产品，以满足超过 10 亿顾客的多样化需求。其产品范围的广泛性帮助该公司取得了无与伦比的市场份额。但是，提供多种相似的产品也会引起严重的问题,包括使销售代表和顾客困惑,这可能会对任何特定产品的收入和成本产生不利影响。因此,重要的是要在过多和过少的产品种类之间找到适当的平衡。

考虑到这一点,惠普的高级管理层将管理产品多样性作为战略业务的重点。数十年来惠普都是在重要业务问题方面应用运筹学的领导者,因此很自然地,许多公司的高级运筹学分析师也被赋予了类似的使命。

解决该问题的方法的核心涉及制定和应用网络优化模型。在排除投资回报率不高的拟议产品之后,可以将其余拟议产品设想为通过网络的流,该网络可以帮助满足网络右侧的一些预计订单。得到的模型是最大流量问题。自 2005 年年初实施以来,最大流量问题的这种应用对惠普产生了巨大影响。2005—2008 年,公司的整体利润提高了 5 亿多美元,此后每年大约增加 1.8 亿美元。它还为惠普带来了许多重要的质量优势。这些惊人的结果使惠普于 2009 年获得表彰运筹学与管理科学成就的 Franz Edelman 一等奖。

资料来源:Ward, Julie, Zhang, Bin, Jain, Shailendra, Fry, Chris, Olavson, Thomas, Mishal, Holger, Amaral, Jason, et. al. "HP Transforms Product Portfolio Management with Operations Research." *Journal on Applied Analytics*, 40(1), 17-32, Jan.-Feb. 2010.

尽管最大流问题中仅有一个发点和一个收点,但是在这些实际应用中,流可能来自多点,并终于多点。例如,一家公司的配送网络通常有多个工厂和多个客户。解决方法是在原始网络中引入一个虚拟发点、一个虚拟收点和一些新的弧。虚拟发点被看作网络中所有流的开端,在虚拟发点与实际起点之间添加一些开始于虚拟发点的弧,令这些弧的容量等于网络中流量的最大值,也就是能从这些点发出最大的流量。类似的,虚拟收点被看作所有流的终点,在虚拟收点与实际终点之间添加一些指向虚拟收点的弧,令这些弧的容量等于网络中流量的最大值,也就是该点能发出的最大的流量。变化后原网络中的所有点均变为中间点,于是该扩展了的网络也只有一个必需的发点和收点,从而符合最大流问题。

10.5.2 一个算法

由于最大流问题可归结成线性规划问题(见习题 10.5-2),所以可用单纯形法求解。第 3 章和第 4 章介绍过的线性规划软件包都是可以使用的。然而,一个更有效的增广链算法可用来求解这类问题。这种方法建立在两个直观的概念之上:剩余网络和增广链。

在一些流量被分配到弧中后,**剩余网络**(residual network)显示了可用来额外分配的剩余的弧容量[称为**剩余容量**(residual capacities)]。例如,考虑图 10.6 中 $O \rightarrow B$,它的弧容量为 7。假设通过这条弧的流量已分配为 5,则 $O \rightarrow B$ 的剩余容量为 $7-5=2$,即可再分配给 $O \rightarrow B$ 上的流量为 2,这种状态可用下面的剩余网络来描述。

(O) 2 ———— 5 (B)

节点旁边的数字给出了从该节点到另一节点弧的剩余容量。也就是说,从 O 到 B 的剩余容量为 2。而右边的 5 则表示可分配到从 B 到 O 的剩余容量(即抵消了先前分配给 $O \rightarrow B$ 的流量)。

最初,在未分配任何流之前,Seervada 公园最大流问题的剩余网络情况如图 10.7 所示。原始网络上的每条弧(如图 10.6 所示)都从有向弧变成了无向弧。但原来方向上的弧容量并未改变,而其相反方向的弧容量则为零,所以原来的弧流量限制没有改变。

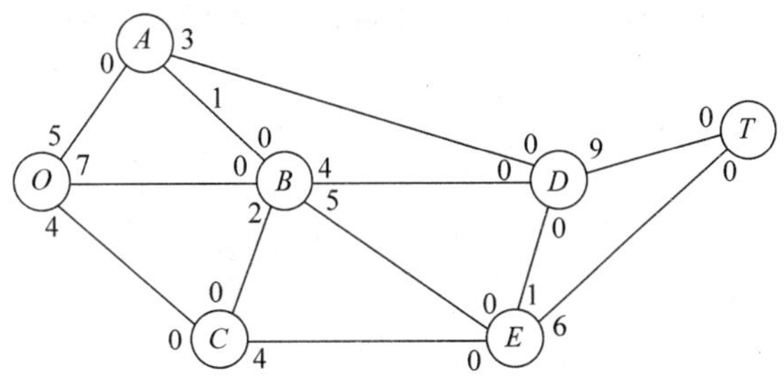

图 10.7　Seervada 公园最大流问题最初的剩余网络

接下来,每当一个流量分配给某个弧后,与该流量同向弧的剩余容量将减少该流量,而与该流量反向的弧的剩余容量则加上该流量。

在剩余网络从发点到收点的一条正向链中,如果每条弧都有非零剩余容量,则称该链为**增广链**(augmenting path)。其中最小的剩余容量为该增广链的剩余容量,因为它表示还可以加到该链上的流量。因此,每个增广链都为初始网络增加流提供了机会。

增广链算法重复地选取某一增广链并将该增广链的剩余容量加到原来的网络中。反复进行,直到找不出增广链为止。此时,从发点到收点的流量将不能进一步增加。确保最终解的关键是利用增广链抵消原网络中先前分配的流。所以不区别流量的路径选择是不能充分优化流量组合的。

综上所述,算法的这次迭代由以下三个步骤组成。

最大流问题的增广链算法[①]

(1) 通过寻找剩余网络中从发点到收点的正向链中每个弧上都有非零剩余容量的链而找到增广链(如果不存在增广链,该网络已达到最大流)。

(2) 找出增广链中弧的最小剩余容量 c^*,这就是该增广链的剩余容量,在该增广链中增加流量为 c^* 的流。

(3) 在增广链的每个正向弧的剩余容量中减去 c^*,而在每个反向弧的剩余容量中加上 c^*。返回步骤 1。

在进行步骤 1 时,往往有很多增广链可供选择。在用这种方法解决大规模问题时,增广链的正确选择对解决问题的效率是至关重要的,但这里我们暂不深入研究(下一节将介绍一个寻找增广链的系统的步骤)。因此,在下面的例子(以及本章最后的习题)中,可随意地选取增广链。

10.5.3　应用增广链算法求解 Seervada 公园最大流问题

下面我们应用这种方法求解 Seervada 公园最大流问题(如图 10.6 所示的初始网络),并把结果总结推广(该算法的另一个应用例子见本书网站的工作例子部分)。从图 10.7 给出的初始的剩余网络开始,通过几次迭代给出新的剩余网络,从 O 到 T 的总流量用**粗线**标出。

---

① 假定弧的容量为整数或有理数。

第一次迭代：在图 10.7 中，其中一条增广链是 $O\rightarrow B\rightarrow E\rightarrow T$，其剩余容量为 $\min\{7,5,6\}=5$。分配给这条路线 5 单位的流量，产生新的剩余网络。

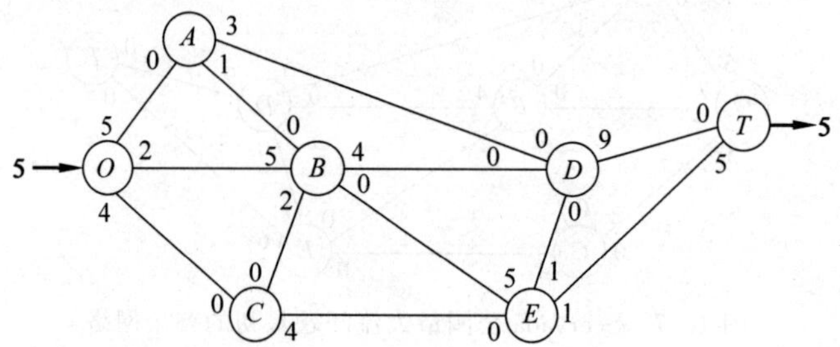

第二次迭代：分配 3 单位的流量给增广链 $O\rightarrow A\rightarrow D\rightarrow T$，得到新的剩余网络。

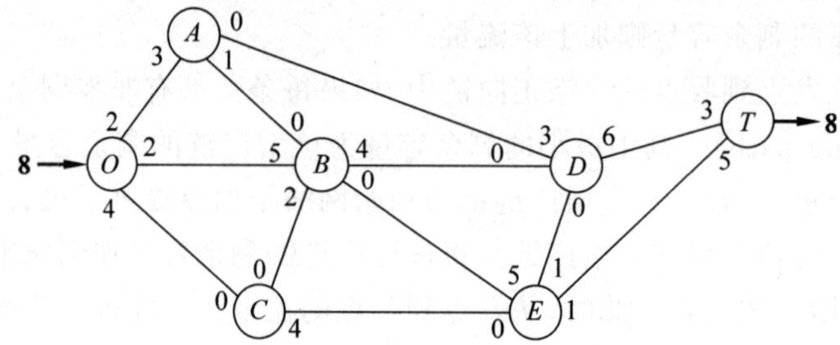

第三次迭代：分配 1 单位的流量给 $O\rightarrow A\rightarrow B\rightarrow D\rightarrow T$。

第四次迭代：分配 2 单位的流量给 $O\rightarrow B\rightarrow D\rightarrow T$，得到新的剩余网络。

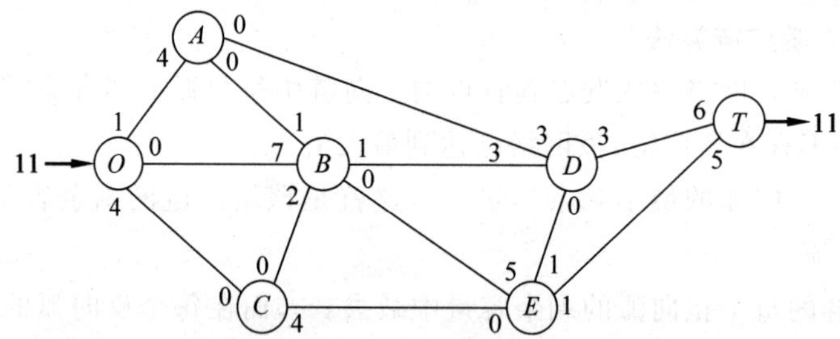

第五次迭代：分配 1 单位的流量给增广链 $O\rightarrow C\rightarrow E\rightarrow D\rightarrow T$。

第六次迭代：分配 1 单位的流量给 $O\rightarrow C\rightarrow E\rightarrow T$，得到新的剩余网络。

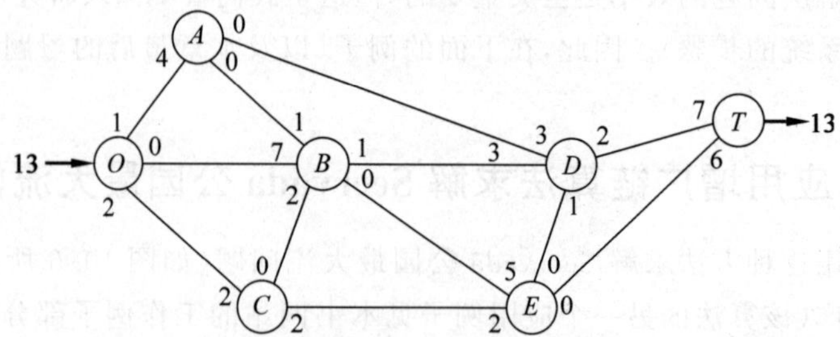

第七次迭代：分配 1 单位流量给增广链 $O\rightarrow C\rightarrow E\rightarrow B\rightarrow D\rightarrow T$，得到剩余网络。

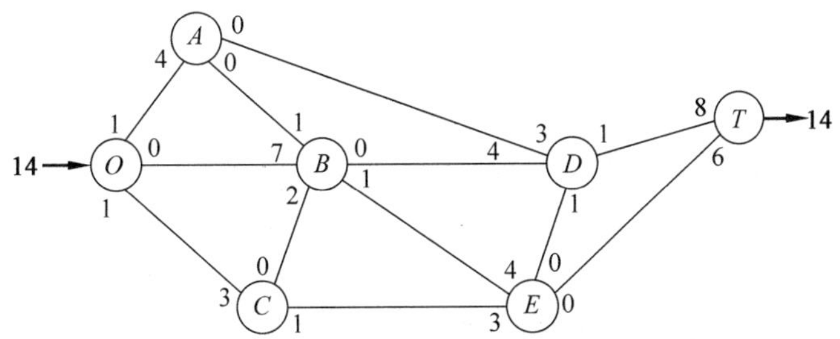

已经没有增广链了，所以现在的流量方式是最优的。

这种方式可以通过流量分配的积累结果或最后剩余容量与原来的弧容量的比较来辨别。如果我们使用后面介绍的方法，若最后的剩余容量比原来的容量小，将有沿着一条弧的流存在。这个流的大小等于上面两容量的差。通过比较从最后一步迭代中得到的剩余网络与图 10.6 或图 10.7，这种方法得到的最优流量方式如图 10.8 所示。

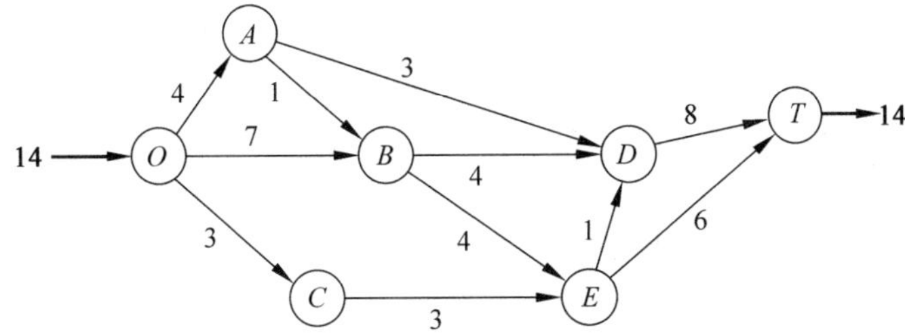

图 10.8 Seervada 公园最大流问题的最优解

这个例子很好地解释了用剩余网络的一条无向弧替代初始网络图中每条有向弧的原因，以及当有流量 c^* 分配到 $i\to j$ 时，会将 $j\to i$ 的剩余容量增加 c^* 的原因。如果没有这个巧妙的设计，前六个迭代将无法进行。但是，从这一点上来讲，就不会存在增广链了(因为没有使用过的 $E\to B$ 的弧容量为 0)。因此，这个设计允许我们在第七次迭代中增加 1 单位流量到 $O\to C\to E\to B\to D\to T$ 中。事实上，增加的流量使在第一次迭代中分配给 $O\to B\to E\to T$ 的流量减少了 1，取而代之的是分别将 $O\to B\to D\to T$ 和 $O\to C\to E\to T$ 的流量增加 1。

10.5.4 寻找一条增广链

当涉及一个大网络时，这个算法的最大困难是寻找一条增广链。我们可以通过下列系统化的步骤进行简化。首先确定能够通过一条弧到达发点的所有节点，且这条弧具有严格正值的剩余容量。然后，对上面找到的每个节点(已经到达的)，确定所有新的能够通过一条弧到达的节点(从那些还未到达的节点中选取)，这条弧也需具有严格正值的剩余容量。对于每一个新的到达节点重复上述操作。结果可以得到一个包含所有节点的树，这些节点能够沿着一条具有严格正值的剩余容量的链到达发点。只要增广链存在，通过这种展开式的过程总可以找到一条增广链。这个过程如图 10.9 所示，其中的剩余网络是前例中第六次迭代后所得到的结果。

尽管如图 10.9 所示的过程比较直接，但有助于我们意识到无须费力去搜索不存在的链即可知道何时得到了最优解。一个被称为最大流最小割定理的重要定理也许能帮助我们理

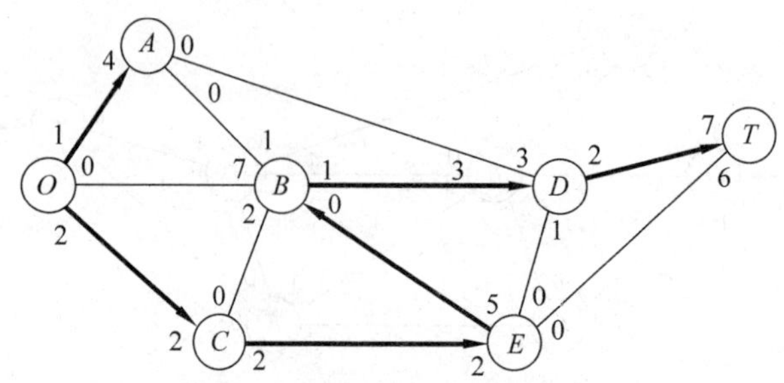

图 10.9 为 Seervada 公园最大流问题第七次迭代寻找增广链的过程

解这个问题。一个**割**(cut)可以定义为:任何一个至少包含一条由发点指向收点的有向链中一条弧的有向弧集。有很多切割网络得到割来分析网络的方法。对于任一给定的割,**割值**(cut value)是指它所包含的所有弧的容量之和。**最大流最小割定理**(max-flow min-cut theorem)指出,对于任意一个只含一个发点和收点的网络,从发点到收点的最大可行流等于网络所有割的最小割值。因此,如果我们用 F 来表示从发点到收点的任何可行流的流量,任意一个割都将为 F 提供一个上界,从而最小割值等于 F 的上界。因此,如果一个当前网络中存在一个割值与 F 相等的割,则当前的流量分配方式就是最优的。当剩余网络图中存在一个值为零的割时,也可获得最优方案。

应用案例

挪威大陆架上的天然气运输网络包括约 5 000 英里的海底管道,是世界上最大的海上管道网络。Gassco 是由挪威国有的全资公司,负责运营该网络。另一家企业 StatoilHydro 是挪威面向整个欧洲及其他地区天然气市场的主要供应商。

Gassco 和 StatoilHydro 一起使用运筹学技术来优化网络配置与天然气线路。用于此路径的主要模型是多商品网络流模型,其中天然气中的不同碳氢化合物和污染物构成商品。该模型的目标函数是使天然气从供应点(海上钻井平台)到需求点(通常是进口终端)的总流量最大化。然而,除了通常的供需约束之外,该模型还包括涉及压力-流量关系、最大输送压力和管道上技术压力范围的约束。因此,该模型是本节中描述的最大流量问题模型的推广。

运筹学的这一关键应用及其他一些应用,对该海上管道网络的运营效率产生了巨大影响。1995—2008 年,由此产生的累计节省估计约为 20 亿美元。

资料来源:F. Rømo, A. Tomasgard, L. Hellemo, M. Fodstad, B. H. Eidesen, and B. Pedersen, Birger. "Optimizing the Norwegian Natural Gas Production and Transport," *Interfaces* (now INFORMS Journal on Applied Analytics), 39(1): 46-56, Jan.-Feb. 2009.

为了说明上面的方法,请大家观察图 10.7 中的网络图。网络的其中一条割标在图 10.10 上。注意,这个割的值是 3+4+1+6=14,这就是上面所求得的 F 的最大值,所以这条割就是最小割。同样也要注意,在第七次迭代所产生的剩余网络中,$F=14$,相应割的值为 0。如果已经发现了这一点,就没有必要再去寻找其他增广链了。

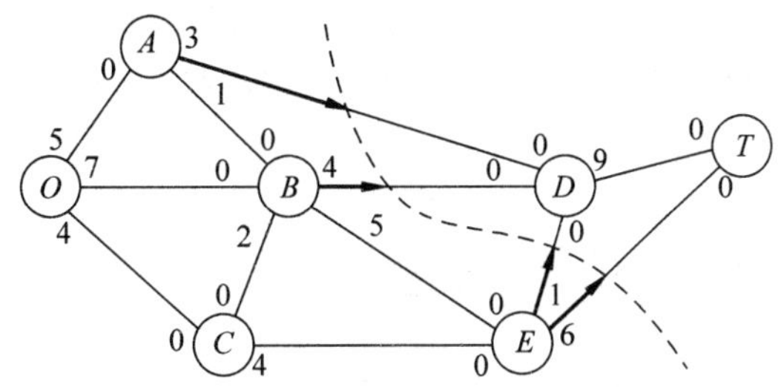

图 10.10　Seervada 公园最大流问题的最小割

10.5.5　用 Excel 表达和求解最大流问题

大部分来源于实践的最大流问题规模都是远远大于 Seervada 公园问题的。有些问题有数以千计的点和弧。刚刚展示的增广链算法在解决如此大规模的问题时远比单纯形法更有效。然而对于规模适中的问题，运用基于单纯形法的 Excel 来求解是比较合理和便捷的。

图 10.11 显示了如何用电子表格来归结和求解 Seervada 公园最大流问题。格式与图 10.4 中 Seervada 公园最短路径问题相似。在 B 列和 C 列列出弧，在 F 列列出相对应的弧容量。决策变量是各个弧的流量，其数值通过可变单元格 Flow(D4:D15)输入。通过图右下角给出的公式，用这些流量计算每个节点产生的净流量(见 H 列和 I 列)。根据求解对话框中的第一组约束(I5:I9＝SupplyDemand)，中间节点的净流量(A、B、C、D 和 E)应该为 0。第二组约束(Flow≤Capacity)限制了弧容量。从发点(O 点)到收点(T 点)的总流量

	A	B	C	D	E	F	G	H	I	J	K
1	Seervada Park Maximum Flow Problem										
2											
3		From	To	Flow		Capacity		Nodes	Net Flow		Supply/Demand
4		O	A	4	<=	5		O	14		
5		O	B	7	<=	7		A	0	=	0
6		O	C	3	<=	4		B	0	=	0
7		A	B	1	<=	1		C	0	=	0
8		A	D	3	<=	3		D	0	=	0
9		B	C	0	<=	2		E	0	=	0
10		B	D	4	<=	4		T	-14		
11		B	E	4	<=	5					
12		C	E	3	<=	4					
13		D	T	8	<=	9					
14		E	D	1	<=	1					
15		E	T	6	<=	6					
16											
17		Maximum Flow		14							

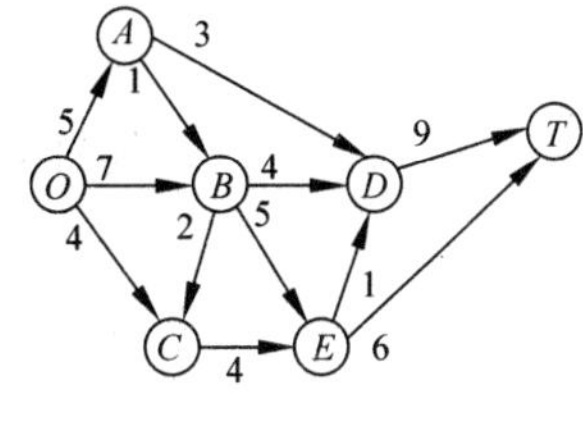

Solver Parameters
Set Objective Cell: Max Flow
To: Max
By Changing Variable Cells:
　Flow
Subject to the Constraints:
　I5:I9 = Supply Demand
　Flow <= Capacity
Solver Options:
　Make Variables Nonnegative
　Solving Method: Simplex LP

	I
3	Net Flow
4	=SUMIF(From,H4,Flow)-SUMIF(To,H4,Flow)
5	=SUMIF(From,H5,Flow)-SUMIF(To,H5,Flow)
6	=SUMIF(From,H6,Flow)-SUMIF(To,H6,Flow)
7	=SUMIF(From,H7,Flow)-SUMIF(To,H7,Flow)
8	=SUMIF(From,H8,Flow)-SUMIF(To,H8,Flow)
9	=SUMIF(From,H9,Flow)-SUMIF(To,H9,Flow)
10	=SUMIF(From,H10,Flow)-SUMIF(To,H10,Flow)

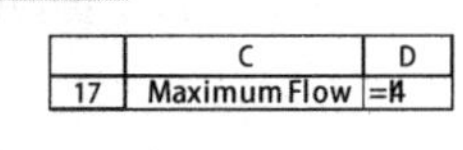

	C	D
17	Maximum Flow	=I4

Range Name	Cells
Capacity	F4:F15
Flow	D4:D15
From	B4:B15
MaxFlow	D17
NetFlow	I4:I10
Nodes	H4:H10
SupplyDemand	K5:K9
To	C4:C15

图 10.11　求解 Seervada 公园最大流问题的电子表格，图中变化单元格 Flow(D4:D15)为由 Excel Solver 得到的最优解，目标单元格 MaxFlow(D17)给出了网络的最大流。电子表格左边的网络图为在图 10.6 中给出的 Seervada 公园的最大流问题

必须与由发点产生的流量(单元格 I4)相等,所以目标单元格 MaxFlow(D17)应等于单元格 I4。在指定目标单元格最大化的目标后,点击 Solve 按钮,获得的最优解就显示在 Flow (D4:D15)中。

10.6 最小费用流问题

最小费用流问题在网络优化模型中占据核心的位置,因为它不仅具有广泛类型的应用,而且可以被极其有效地求解。与最大流问题类似,它关注的是通过有弧容量限制的网络的流量问题。与最短路径问题类似,它关注经过一条弧的流量的费用(或距离)。类似于第 9 章的运输问题或分配问题,它能够在考虑费用问题的同时研究具有多个发点(供给节点)和多个收点(需求节点)的问题。事实上,此前学习的四个问题都是特殊形式的最小费用流问题,我们将做扼要的论证。

最小费用流问题之所以能够有效地求解,是因为它能转化为线性规划模型,所以能够使用单纯形法的简化方式,即网络单纯形法来求解。我们将在下一节描述这一算法。

最小费用流问题描述如下:

(1) 网络是有向的,并且是连通的;

(2) 至少有一个节点是供给节点;

(3) 其他节点中至少有一个是需求节点;

(4) 剩余的其他节点都是中间节点;

(5) 一条弧的流向只允许按箭头所指的方向,其最大流量由该弧的容量给出(如果两个方向上都有流,则表示存在一对方向相反的弧);

(6) 网络拥有足够的有充分容量的弧,使供给节点产生的所有流量都可以到达所有的需求节点;

(7) 经过每条弧的流的费用与其流量成正比,流的单位费用是已知的;

(8) 目标是在满足给定需求的前提下,使通过网络发送的有效供给的总成本最低(或从中获取最大利益)。

10.6.1 一些应用

或许最小费用流问题的最重要应用是一个公司配送网络的运营。正如表 10.3 第一行所示,这种应用通常涉及货物从货源(工厂等)到转储设施(如有必要),再到客户的运输计划的制订。

表 10.3 最小费用流问题的典型应用

应用类型	供给节点	转运节点	需求节点
配送网络运营	货源	中间存储设施	客户
固体废物管理	固体废物源	处理设施	垃圾场
供应网络运营	供应商	中途仓库	加工设施
工厂产品组装	工厂	某种产品的生产	某种产品的市场
现金管理	在某一时刻的现金来源	短期的投资方案	在某一时间的现金需求

应用案例

CSX 运输公司是美国领先的货运铁路公司之一。它拥有 21 000 英里的铁路网,服务于位于 23 个州的近$\frac{2}{3}$的美国人口,同时也延伸到加拿大部分地区。通过与众多短线和区域铁路的轨道连接,该铁路网络为 70 个港口及数千个生产和配送设施提供服务。

CSX 每天针对数百个客户订单分配数百个空车厢。这种分配问题非常复杂,因为车厢的来源是有数千个地理位置的网络中的 90 000 辆车厢。每天作出的数百个分配决策的组合对成本有很大影响,并且必须考虑客户的偏好和服务要求。此外,必须动态地为客户分配车厢,同时要获得有关客户车厢订单和可使用的空车厢的稳定信息更新。在一天中,随着客户退回空车厢及发送新的和更新的车厢订单,以及 CSX 对车厢进行线下清洁或维护,可使用的设备都会发生变化。在所有可能的可行解决方案中,如何以尽量减少成本的最佳方式进行不断变化的分配?

多年来,CSX 尝试了多种方法来解决这一极具挑战性的问题。之后它使用了一种基于连续解决一系列非常大的最小费用流问题的新方法。这种方法成功地提供了行业领先的动态车厢计划(DCP)系统。该 DCP 系统花费了 500 万美元和两年的时间来开发,部分原因是它需要开发一个复杂的数据管理系统来不断更新随着情况的变化而需要解决的最小费用流问题。

DCP 系统的基本思想是在任何时候使可用车厢分配给当前客户订单的总成本最小的问题确实是一个很大的最小费用流问题。然后,由于条件(可用的车厢和当前的客户订单)不断变化,全天每 15 分钟要求解一次更新的最小费用流问题。最新的最小费用流模型需要大约 1 分钟的加载时间和大约 10 秒的求解时间。最后一个关键是,当前模型指定为特定的客户订单分配特定的车厢时,该决定将推迟到需要实施的时刻。因此,只有在最终需要时才正式分配车厢,这时会根据当前的最小费用流问题以最佳方式对其进行分配。

2016 年,MIT 运输和物流中心发布了一份题为"优化工具减轻压力货运网络的负荷"的报告。该报告包括 CSX 如何开发 DCP 系统作为业界首个实时、完全集成的设备分配优化系统的故事。它还提到 CSX 正在继续增强 DCP 系统。例如,CSX 改进了系统关于列车运行和汽车状况的实时报告信息。它还引入了一个基于网络的订单管理系统和可见性工具。

据 CSX 估计,DCP 系统,包括其广泛应用于解决最低费用流问题,每年为该公司节省了 5 100 多万美元,也因为更有效的车厢配置节省了 14 亿美元的资本支出。

资料来源:M. F. Gorman, D. Acharya, and D. Sellers, "CSX Railway Uses OR to Cash In on Optimized Equipment Distribution." *Interfaces*(now INFORMS Journal on Applied Analytics), 40(1): 5-16, Jan.-Feb. 2010.(A link to this article is provided on our website, www.mhhe.com/hillier11e.)

对于最小费用流问题的一些应用,所有的转运节点都是处理设施而不是中间存储设施。正如表 10.3 第二行列出的固体废料处理的例子,通过网络的材料流以固体垃圾的产生为发点,然后到达能将垃圾处理成适合垃圾场处理的形式的设施,最后再送到各处垃圾场。因此,目标仍然是确定使总费用最低的费用流计划,只是包括运输费用和处理费用。

在其余的例子中,需求节点也可以看作处理设施。例如,在表 10.3 的第三行,目标是从不同的供应商处获得货物,将货物存入仓库(如果需要),然后运到公司的加工场所(工厂等)

的过程中找出最小费用流计划。因为所有供应商提供的供给合计多于公司的需求,因此网络应包括一个虚拟需求节点,(以零成本)接受供应商所有未使用的供给能力。

表10.3中的另一个应用实例(产品车间组装)说明弧可以代表实物运输路线以外的东西。这个例子中的公司拥有几家工厂(供给节点),可以以不同的成本生产同一种产品。从供给节点出发的每一条弧表示可能的产量在该工厂生产,这条弧指向相应的转运节点。因此,转运节点连接的是工厂可能生产的产品和各自的顾客(需求节点),目标是决定如何分配各个车间的产量,以使满足需要的产品总费用最低。

表10.3的最后一个应用实例(分配现金流)说明了不同的节点可以代表在不同时间发生的事件。在这个例子中,每一个供给节点表示某个时间(或时期),在这个时间公司有某些可用的现金。类似的,每个需求节点表示某个时间(或时期),这时公司将动用这些现金储备。每个节点的需求量代表将会被用到的现金额。其目标是通过在现金宽裕时期将其投资,而使公司获得最大收入。因此,每个转运节点代表在某个短期内投资方式的选择(如存入银行等)。结果网络是获得一个流的序列,安排可用现金、投资、收回投资后使用的时间表。

10.6.2 模型的建立

对于一个有向且连通的网络,其 n 个节点中至少包含一个供给节点和一个需求节点。决策变量为

$$x_{ij}=\text{经过弧 } i\rightarrow j \text{ 的流}$$

已知的信息包括:

c_{ij}=流经弧 i 到 j 的流的每单位费用;

u_{ij}=弧 i 到 j 的弧容量;

b_i=在节点 i 产生的净流量;

b_i 的价值取决于节点 i 的性质,其中:

$b_i>0$,若节点 i 为供给节点;

$b_i<0$,若节点 i 为需求节点;

$b_i=0$,若节点 i 为转运节点。

我们的目标是在满足预定需求的情况下,使通过网络传送的可用供应量的总费用最低。可用下面的线性规划来表达这个问题。

$$\min \quad Z=\sum_{i=1}^{n}\sum_{j=1}^{n}c_{ij}x_{ij}$$

s. t.

对任意的节点 i,满足 $\sum_{j=1}^{n}x_{ij}-\sum_{j=1}^{n}x_{ji}=b_i$

且对任意的弧 $i\rightarrow j$,$0\leqslant x_{ij}\leqslant u_{ij}$

在节点约束中,第一个求和表示流出节点 i 的总流量,而第二个求和表示流入节点 i 的总流量,所以二者之差就是在这个节点产生的网络流量。

这些节点约束系数的样式是最小费用流问题的关键特征。它并不总是那么容易辨别最小流程问题,但归结为这类问题后,约束系数的这一特点给了这类问题一个很好的解决方

式。接下来就可以使用网络单纯形法极为有效地求解了。

在一些应用中，通过每个弧 $i \to j$ 的流量都必须有下界 $L_{ij}>0$。当这种情况出现时，可以使用一个替代变量 $x'_{ij}=x_{ij}-L_{ij}$，则 x_{ij} 可由 $x'_{ij}+L_{ij}$ 替换，就转换成了上面的非负约束形式。

在网络弧流量中，并不能保证这个问题实际上都有可行解，这部分取决于弧及弧容量。因此，对一个设计合理的网络，下面的几个主要条件是必要的。

可行解的性质：最小费用流有可行解的一个必要条件是 $\sum_{i=1}^{n} b_i=0$。也就是说，在供给节点产生的总流量等于在需求节点被吸收的总流量。

如果一些应用的 b_i 值违反了这个条件，通常的解释是供给量或需求量(无论哪一个)表示上界而非精确值。这种情形曾在9.1节的运输问题中出现，我们的做法是增加一个虚拟收点来接收额外的供给量，或增加一个发点来产生额外的需求量。现在类似的步骤是增加一个虚拟需求节点吸收剩余的供给(从这个节点添加到每个供给节点的弧容量 $c_{ij}=0$)，或增加一个虚拟供给节点产生多余的需求量(从这个节点添加到每个需求节点的弧容量 $c_{ij}=0$)。

对于很多应用来说，b_i 和 u_{ij} 都有整数值，这就要求流量 x_{ij} 也是整数。幸运的是与运输问题一样，由于下面的性质，虽然这个变量没有明确的整数约束，结果仍被确保为整数解。

整数解性质：对于 b_i 和 u_{ij} 都为整数的最小费用流问题，每个基本可行解(BF)(包括最优解)的所有基变量也有整数值。

例 图10.12给出了最小费用流的一个例子。这个网络实际上是3.4节中 Distribution Unlimited 公司的配送网络问题(见图3.13)。图3.13给出了 b_i 和 c_{ij} 的值，u_{ij} 现在给出。b_i 的值在图10.12中的节点附近的方括号内标出，所以供给节点($b_i>0$)是 A 和 B(公司的两个工厂)，需求节点($b_i<0$)是 D 和 E(两个仓库)，转运节点($b_i=0$)是 C(一个配送中心)。c_{ij} 的值显示在弧旁边。

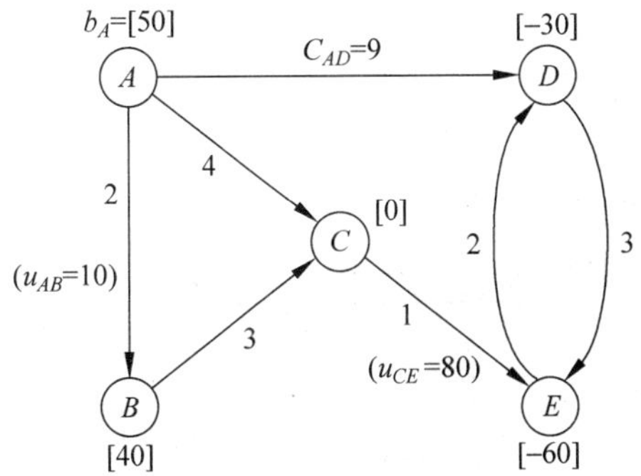

图10.12 将 Distribution Unlimited 公司的问题构建成一个最小费用流问题

在此例中，除两条弧以外的弧的容量都超过了总的发生流量(90)，所以实际上 $u_{ij}=\infty$。这两条例外的弧是弧 $A \to B$(其中 $u_{AB}=10$)和弧 $C \to E$(其中 $u_{CE}=80$)。

这个例子的线性规划模型如下：

$$\min \quad Z=2x_{AB}+4x_{AC}+9x_{AD}+3x_{BC}+x_{CE}+3x_{DE}+2x_{ED}$$

$$
\begin{array}{lllllllll}
\text{s. t.} & x_{AB}+x_{AC}+x_{AD} & & & & & & =50 \\
 & -x_{AB} & & +x_{BC} & & & & =40 \\
 & & -x_{AC} & -x_{BC} & +x_{CE} & & & =0 \\
 & & & -x_{AD} & & +x_{DE} & -x_{ED} & =-30 \\
 & & & & -x_{CE} & -x_{DE} & +x_{ED} & =-60
\end{array}
$$

且　$x_{AB}\leqslant 10$，$x_{CE}\leqslant 80$，所有 $x_{ij}\geqslant 0$。

现在注意在这五个节点约束(等式约束)中的每个变量的系数。每个变量都有两个非零系数，一个是+1，另一个是−1。这个形式出现在每个最小费用流问题中，正是这种特殊的结构导致了整数解性质。

这个特殊结构的另一个含义是节点约束中有(任意)一个是冗余的。原因是对这些约束方程求和后，两端都为零(假设可行解存在，那么 b_i 的总和为零)。只需 $n-1$ 个节点约束方程，恰可为 BF 的解提供 $n-1$ 个基变量。在下一节中，读者会看到，使用网络单纯形法时，把 $x_{ij}\leqslant u_i$ 约束看作非负约束，所以基变量的总个数是 $n-1$。这导致了支撑树的 $n-1$ 个弧和 $n-1$ 个基变量一一对应——我们会在后面详细地阐述。

10.6.3 用 Excel 建模和求解最小费用流问题

Excel 为小规模的最小费用流问题提供了一种简便的建模和求解方法，有时较大规模的问题也可使用。图 10.13 展示了具体做法。其格式几乎与图 10.11 的最大流问题一样。不同的是单位费用(c_{ij})现在需要被包含进去(在第 G 列)。因为 b_i 的值要具体分配到每个节点，所以所有节点都必须包括净流量约束。但是，仅有两个弧恰好需要弧容量约束。目

	A	B	C	D	E	F	G	H	I	J	K	L
1	Distribution Unlimited Co. Minimum Cost Flow Problem											
2												
3		From	To	Ship		Capacity	Unit Cost		Nodes	Net Flow		Supply/Demand
4		A	B	0	<=	10	2		A	50	=	50
5		A	C	40			4		B	40	=	40
6		A	D	10			9		C	0	=	0
7		B	C	40			3		D	-30	=	-30
8		C	E	80	<=	80	1		E	-60	=	-60
9		D	E	0			3					
10		E	D	20			2					
11												
12			Total Cost	490								

Solver Parameters

Set Objective Cell: TotalCost
To: Min
By Changing Variable Cells:
　Ship
Subject to the Constraints:
　D4 <= F4
　D8 <= F8
　NetFlow = SupplyDemand
Solver Options:
　Make Variables Nonnegative
　Solving Method: Simplex LP

Range Name	Cells
Capacity	F4:F10
From	B4:B10
NetFlow	J4:J8
Nodes	I4:I8
Ship	D4:D10
SupplyDemand	L4:L8
To	C4:C10
TotalCost	D12
UnitCost	G4:G10

	J
3	Net Flow
4	=SUMIF(From,I4,Ship)-SUMIF(To,I4,Ship)
5	=SUMIF(From,I5,Ship)-SUMIF(To,I5,Ship)
6	=SUMIF(From,I6,Ship)-SUMIF(To,I6,Ship)
7	=SUMIF(From,I7,Ship)-SUMIF(To,I7,Ship)
8	=SUMIF(From,I8,Ship)-SUMIF(To,I8,Ship)

	C	D
12	Total Cost	=SUMPRODUCT(D4:D10,G4:G10)

图 10.13　归结和求解 Distribution Unlimited 公司最小费用流问题的电子表格，图中变化单元格 Ship(D4:D10)为应用 Excel Solver 求得的最优解，目标单元格 TotalCost(D12)给出了通过该网络运送流量的总费用

标单元格 TotalCost(D12)现在给出的是通过网络的流量(运输量)的总费用,所以 Solver 对话框的具体目标是求这个总费用的最小值。点击 Solver 按钮后,可变单元格 Ship(D4:D10)显示的就是最优解。

对于大多数较大规模的最小费用流问题,下一节将要介绍的网络单纯形法为其提供了一种相当高效的求解方法。这种方法对求解下面简要描述的最小费用流问题也有一定的吸引力。一些数学软件包通常包含了这种算法。

下面我们将用网络单纯形法求解同样的例子。但是,首先让我们看看一些特殊案例是如何适用于最小费用流问题形式的网络的。

10.6.4 特殊情形

运输问题

将 9.1 节中的运输问题归结为一个最小费用流问题,为所有货源提供一个供给节点,且为所有终点提供一个需求节点,但转运节点不包括在网络中。所有弧都沿着从供给节点到需求节点这个方向,x_{ij} 表示通过弧 $i \to j$ 的流量,以及从供给节点到需求节点的运输量。流量的单位费用 c_{ij} 改变为单位运输费用 c_{ij}。因为运输问题对 x_{ij} 没有上界约束,所以所有的 $u_{ij}=\infty$。

使用这种方式解决表 9.2 中的 P&T 公司运输问题,产生如图 9.2 所示的网络图。一般运输问题对应的网络如图 9.3 所示。

指派问题

9.3 节讨论过的指派问题是一种特殊的运输问题,它也可以归结为相同形式的最小费用流问题,附加因素有:①产销平衡;②对每个产地来说 $b_i=1$;③对每个销地来说 $b_i=-1$。

图 9.5 为一般分配问题的形式。

转运问题

这种特殊的情形实际上包含了所有最小费用流问题的一般特征,除了没有包括(有限的)弧容量。因而,对于任何最小费用流问题,只要它的每个弧都可以承受所期望的流量,就可以称为转运问题。

例如,如图 10.13 所示的 Distribution Unlimited 公司的问题,如果经由弧 $A \to B$ 和 $C \to E$ 流容量的上界被取消,那么它就是一个转运问题。

转运问题通常起源于一般的运输问题,在那些运输问题中,分布在产地和销地之间的物资可以首先通过中转节点。那些中转站可能包括其他产地与销地,额外的转运站也会以转运节点的形式出现。例如,Distribution Unlimited 公司的问题可以看作有两个产地(图 10.13 中,两家工厂分别用 A 和 B 表示)、两个销地(两个仓库分别用 D 和 E 表示),以及一个额外的中转站(配送中心用 C 表示)的一般运输问题。本书网站第 23 章第 1 节包含对转运问题的进一步讨论。

最短路径问题

现在考虑 10.3 节中描述的最短路径问题(在一个无向的网络中找出从起点到终点的最短路径)。为了将这个问题归结为最小费用流问题,把起点作为供给量为 1 的供给节点,把终点看作需求量为 1 的需求节点,剩余的节点为转运节点。因为最短路径问题的网络是无向的,但是最小费用流是有向的,因此我们把每条边替换为一对方向相反的有向弧(用带有双向箭头的线表示),唯一的例外是供给节点和需求节点不需要双向。用节点 i 和 j 之间的距离作为流的单位费用 c_{ij} 或 c_{ji}。与前面的情形一样,弧上没有容量限制,所以所有的 $u_{ij}=\infty$。

图 10.14 描述了图 10.1 中提到的 Seervada 公园最短路径问题的最小费用流问题的转化,在图 10.1 中靠近弧的数字现在用来表示每一个方向上流量的单位费用。

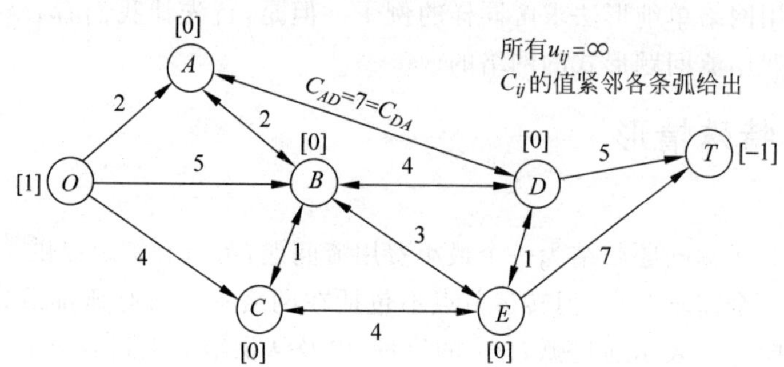

图 10.14 将 Seervada 公园最短路径问题归结为最小费用流问题

最大流问题

我们最后将讨论的特殊情形是 10.5 节中描述的最大流问题。这种情况的网络中提供了一个供给节点(源)、一个需求节点(汇)、其他转运节点以及不同的弧和弧容量。对于这个问题,只需要做三处调整即可转化为最小费用流问题。第一,令 $c_{ij}=0$,以反映最大流问题所缺少的费用度量。第二,选取网络最大可行流量内的一个值 F,然后分别为供给节点和需求节点分配 $\bar{F}$ 个供给量和需求量(因为所有其他节点都是转运节点,它们自动具有 $b_i=0$)。第三,添加一条从供给节点指向需求节点的弧,并设其有足够大的单位费用 $c_{ij}=M$,同时具有无限容量(∞)。由于这条弧的单位费用大于零,且其他所有弧上的单位费用为 0,所以最小费用流问题将以最大可能的流量通过其他弧,从而解决最大流问题。

应用这种方式可以转化图 10.6 中的 Seervada 公园最大流问题(见图 10.15),其中各条弧邻近的数字表示弧的容量。

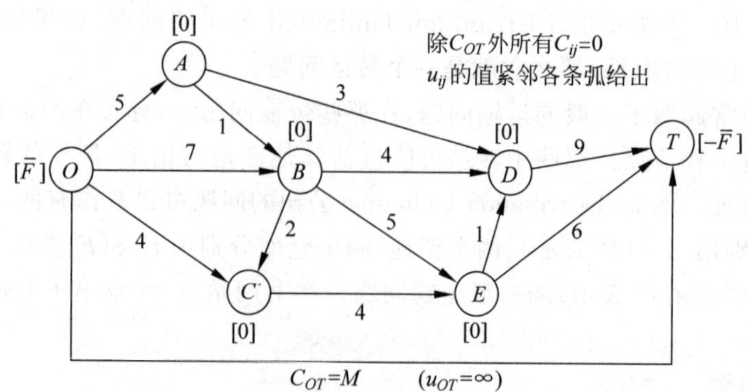

图 10.15 Seervada 公园最大流问题转化为最小费用流问题

最后评论

除了转运问题外，其他特殊情形都已经在本章和第 9 章中给出。讨论时，我们已经给出了一个高效的专用求解算法。因此，没有必要将这些特殊情形转化为最小费用流问题来求解。然而，当很难用计算机编码实现这些专用算法时，可以用网络单纯形法替代。事实上，最近的一些应用表明网络单纯形法十分有效，能很好地替换专用算法。

事实上，这些问题是最小费用流问题的特殊情况。一个原因是，最小费用流问题和网络单纯形法的潜在原理为这些特殊案例提供了统一的理论。另一个原因是，最小费用流问题的许多应用包括这些特殊情形的一个或多个特点。因此，有必要了解如何利用这些特点分析解决普通问题。

事实上这些问题都是最小费用流的特殊情形，最小费用流和网络单纯形法为所有特殊情形提供了统一的理论。此外，最小费用流的应用涵盖了众多特殊情形的特征，所以懂得如何将各类特殊问题归结为更一般的网络问题是很重要的。

10.7 网络单纯形法

网络单纯形法是指单纯形法以更通常的方法解决最小费用流问题。因此，在进行每次迭代时有着相同的基本步骤——找到入基变量，确定出基变量，给出新的 BF 解，目的是从当前的 BF 解移到另一个相邻的相对更优的 BF 解上。只是在执行上述步骤时不是使用单纯形表，而是利用网络结构。

读者可能注意到网络单纯形法与 9.2 节介绍的运输单纯形法有一些相似之处。事实上，这两种方法都属于单纯形法的简化形式。类似的，运输单纯形法为解决运输问题提供了一种替代的算法。网络单纯形法也为解决一些类型的最小费用流问题拓展了思路。

本节我们只对网络单纯形法的主要概念提供简洁的描述，不涉及完整的计算机应用过程所需要的详细过程，包括如何构建初始 BF 解，怎样以最有效的方式执行特定的计算（如寻找入基变量）。更详细的介绍请阅读其他参考书，如本章末列出的参考文献 1。

10.7.1 同上界法结合

本节引入 8.3 节描述的上界法来有效解决弧容量的约束 $x_{ij} \leqslant u_{ij}$。与函数约束不同，它们都是非负约束，因此仅当在决定出基变量时才被考虑。特别是当入基变量从 0 逐渐增加时，出基变量是第一个达到下界(0)或上界(u_{ij})的变量。一个非基变量在其上界 $x_{ij}=u_{ij}$ 时被 $x_{ij}=u_{ij}-y_{ij}$ 替代，所以 $y_{ij}=0$ 是非基变量（详见 8.3 节）。

在本节中，y_{ij} 对应一个网络解释。无论 y_{ij} 何时成为一个具有严格正值($\leqslant u_{ij}$)的基变量，这个值都可以被视为从节点 j 到节点 i 的流量（与弧 $i \to j$ 的方向相反），更准确地说是对先前从节点 i 到节点 j ($x_{ij}=u_{ij}$)已分配流量的抵消。因此，当 $x_{ij}=u_{ij}$ 由 $x_{ij}=u_{ij}-y_{ij}$ 替代时，正向弧 $i \to j$ 也可由反向弧 $j \to i$ 替代，新弧具有弧容量 u_{ij}（最多有流 $x_{ij}=u_{ij}$ 可用来抵消）以及单位费用 $-c_{ij}$（每单位流量可节约成本 c_{ij}）。为了反映通过已删除弧的流量 $x_{ij}=u_{ij}$，我们通过减少 b_i（通过 u_{ij}），增加 b_j（通过 u_{ij}），以转移产生自节点 i 到 j 网络流量的总值。当 y_{ij} 达到上界成为出基变量时，将 $y_{ij}=u_{ij}$ 替代为 $y_{ij}=u_{ij}-x_{ij}$，则 $x_{ij}=0$ 成为新的非基变量，上述步骤将被反转过来。

图 10.12 通过一个最小费用流展示了上述过程。网络单纯形法延续自 BF 解,假设 x_{AB} 是通过反复迭代达到其上界 10 的出基变量。接着,$x_{AB}=10$ 由 $x_{AB}=10-y_{AB}$ 代替,$y_{AB}=0$ 成为新的非基变量。同时,弧 $A\rightarrow B$ 被弧 $B\rightarrow A$ 替代(y_{AB} 为其流量),新的弧容量为 10,单位费用为 -2。考虑 $x_{AB}=10$,将 b_A 从 50 减小到 40,将 b_B 从 40 增加到 50,调整后的网络如图 10.16 所示。

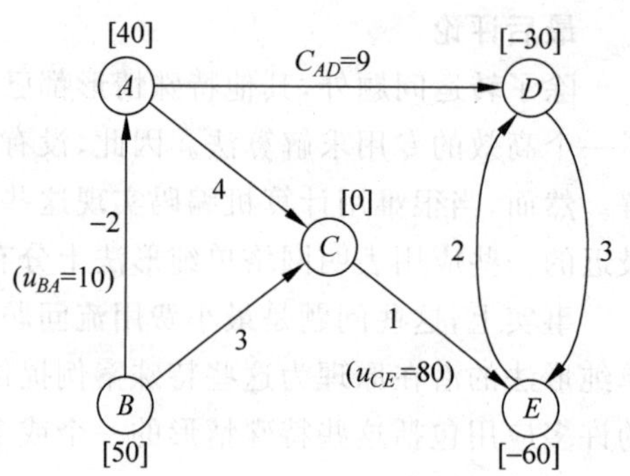

图 10.16 使用上界法调整后的网络,用 $x_{AB}=10-y_{AB}$ 替换 $x_{AB}=10$

在后面我们将用这个例子展示网络单纯形法的全过程,从 $y_{AB}=0(x_{AB}=10)$ 作为非基变量开始,并使用图 10.16。经过迭代,x_{CE} 达到上界 80 因而被 $x_{CE}=80-y_{CE}$ 替代,类似的,下一步迭代 y_{AB} 达到它的上界 10。所有这些运算都通过网络直接进行,不需要使用标签 x_{ij} 或 y_{ij} 标记弧流量或跟踪哪些弧是正向哪些是反向(我们在记录最终解时除外)。使用上界法仅保留节点约束(流出/流入$=b_i$)作为唯一的函数约束。最小费用流问题倾向于具有远多于节点的弧数,因而导致函数约束数仅仅是其中的一小部分,如果弧容量约束被包含进去的话。网络单纯形法的计算时间随着函数约束的数量增加而快速增加,但相对于变量数(或变量的函数约束数)增加得相对缓慢,因此采取上界法可以节约大量计算时间。

然而,这种方法对无容量的最小费用流问题(包括上一节除最后一个特殊例子以外的所有例子)是不必要的,因为这类问题没有弧容量约束。

10.7.2 BF 解与可行支撑树之间的一致性

应用网络单纯形法最重要的概念是 BF 解的网络表示。回忆 10.6 节所述的一些内容,具有 n 个节点的每个 BF 解有 $n-1$ 个基变量,每个基变量 x_{ij} 代表通过弧 $i\rightarrow j$ 的流量。这 $n-1$ 条弧被称为**基本弧**(basic arcs)。类似的,与非基变量对应的弧 $x_{ij}=0$ 或 $y_{ij}=0$ 被称为**非基本弧**(nonbasic arcs)。

基本弧的一个关键属性是从不形成无向环(这个属性阻止其他对可行解的线性组合成为结果解,破坏了 BF 解的一个通用属性)。然而,$n-1$ 条弧的不含无向环的任意集合构成一个支撑树,因而 $n-1$ 条基本弧的任意全集合构成一个支撑树。

BF 解能够通过解支撑树获得。获得**支撑树解**(spanning tree solution)的步骤如下:

(1) 对于不在支撑树中的弧(非基本弧),将相应的变量(x_{ij} 或 y_{ij})设置为 0;

(2) 对于在支撑树中的弧(基本弧),通过节点约束构成的线性方程解出相应的变量(x_{ij} 或 y_{ij})。

(事实上,网络单纯形法从当前状态去寻求 BF 解比解线性方程效率更高。)需要注意的是,上面的过程并没有考虑基变量的非负约束或弧容量约束,所以得出的支撑树解并不一定是满足这些约束条件的可行解,这也引出了可行支撑树的下一个定义。

可行支撑树(feasible spanning tree):不仅满足节点约束,而且满足非负约束或弧容量约束($0\leqslant x_{ij}\leqslant u_{ij}$ 或 $0\leqslant y_{ij}\leqslant u_{ij}$)的支撑树解。

基于以上的定义,总结出网络单纯形法基本定理,如下:

网络单纯形法基本定理：支撑树解是基本解，可行支撑树解是 BF 解（逆命题也成立）。

现以如图 10.16 所示的网络来示例基本定理的应用。图 10.16 是图 10.12 中将 $x_{AB}=10$ 由 $x_{AB}=10-y_{AB}$ 替代的结果，图 10.16 中的网络的一个支撑树如图 10.3(e)所示，即弧 $A\to D$、$D\to E$、$C\to E$ 和 $B\to C$。由这些基本弧，通过下面的过程可以找到支撑树解。左侧是 10.6 节给出的节点约束，黑体表示基本弧。右侧从上到下依次表示变量的设置和计算结果。

$$
\begin{array}{lll}
 & \underline{y_{AB}=0,x_{AC}=0,x_{ED}=0} & \\
-y_{AB}+x_{AC}+\mathbf{x_{AD}} & =40 & x_{AD}=40 \\
y_{AB}+\mathbf{x_{BC}} & =50 & x_{BC}=50 \\
-x_{AC}-\mathbf{x_{BC}}+\mathbf{x_{CE}} & =0 \quad \text{所以} & x_{CE}=50 \\
-\mathbf{x_{AD}}+\mathbf{x_{DE}}-x_{ED} & =-30 \quad \text{所以} & x_{DE}=10 \\
-\mathbf{x_{CE}}-\mathbf{x_{DE}}+x_{ED} & =-60 \quad \text{多余} &
\end{array}
$$

由于这些基变量都满足非负约束和容量约束($x_{CE}\leqslant 80$)，因此该支撑树解也是可行支撑树解，从而得到 BF 解。

如何将得到的 BF 解使用网络单纯形法表示呢？图 10.17 通过网络表示了可行支撑树及相应的解，其中弧上的数字现在表示流量(x_{ij} 的值)而不是先前的单位费用 c_{ij}。(为帮助区分，流量通常加括弧，费用不加括弧。)

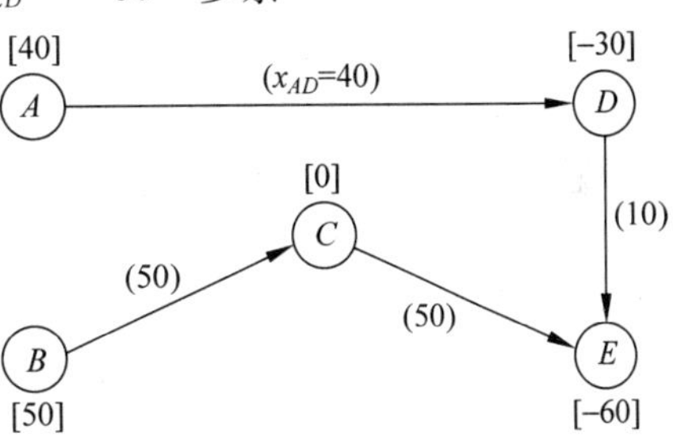

图 10.17　初始可行支撑树及其解示例

10.7.3　选择入基变量

标准单纯形法选择入基变量的标准是选择当非基变量从 0 增加时使目标 Z 增加速率最快的非基变量。那么不使用单纯形表而使用网络单纯性法应如何做呢？

继续前面的例子，x_{AC} 是一个非基变量，对应的弧 $A\to C$ 是非基本弧。将 x_{AC} 从 0 增至 θ 意味着需要在图 10.17 中增加流量 θ 的弧 $A\to C$，从而在支撑树中形成了一个唯一的如图 10.18 所示的无向环 $AC-CE-DE-AD$。同时图 10.18 也表明了弧 $A\to C$ 流量增加 θ 时其他弧流量减少的状态，即在环中与弧 $A\to C$ 同向的弧流量都增加了 θ，反向的弧流量相应减少 θ，环外的弧流量不变。在下一个例子中，新的流量事实上在相反方向上减少 θ 的流量。不在环上的弧($B\to C$)不受新的流的影响。(检查这些结论可通过刚刚推导的初始可行支撑树的解中 x_{AC} 的变化对其他变量无影响的结论。)

弧 $A\to C$ 的流量增加 θ 时对 Z(总流量费用)的增加效果是怎样的呢？图 10.19 显示了网络中费用的变化。用 ΔZ 表示 Z(总流量费用)的增加情况，有

$$
\begin{aligned}
\Delta Z &= c_{AC}\theta + c_{CE}\theta + c_{DE}(-\theta) + c_{AD}(-\theta) \\
&= 4\theta + \theta - 3\theta - 9\theta \\
&= -7\theta
\end{aligned}
$$

设 $\theta=1$，则 ΔZ 代表了 x_{AC} 增加时 Z 的变化率，即

$\Delta Z=-7$，当 $\theta=1$ 时。

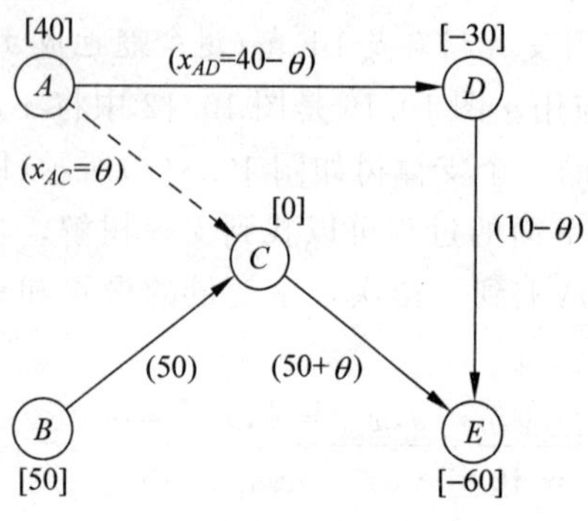

图 10.18 初始可行支撑树增加弧 A→C 后的效应

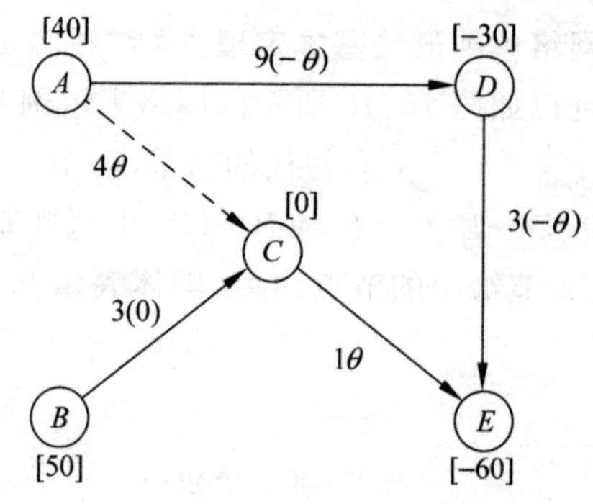

图 10.19 初始可行支撑树中增加弧 A→C 流量 θ 后的费用增加示意

因为目的是使 Z 最小化，x_{AC} 增加并不希望 Z 增加，所以 x_{AC} 可以成为入基变量的候选。

我们还需要对其他非基变量进行同样的分析以找到最终的入基变量。在本例中，还有另外两个非基变量 y_{AB} 和 x_{ED}，对应着图 10.16 中的另外两个非基本弧 $B \to A$ 和 $E \to D$。

图 10.20 显示了在初始可行支撑树(图 10.17)中增加弧 $B \to A$ 及其流量 θ 后网络中费用的增加情况。增加弧 $B \to A$ 后形成了无向环 $BA-AD-DE-CE-BC$，因此

$$\Delta Z = -2\theta + 9\theta + 3\theta + 1(-\theta) + 3(-\theta) = 6\theta$$
$$= 6, \quad \text{当 } \theta = 1 \text{ 时}$$

当 y_{AB}(通过反向弧 $B \to A$ 的流)从零开始增加时，Z 不减反升这一事实说明该变量不能作为候选入基变量。(记住，y_{AB} 从零开始增加事实上意味着沿着真实弧的流 x_{AB} 从上界 10 减小)。

对于最后一个非基本弧 $E \to D$，得到的结果也是类似的。将该弧与流加到初始可行支撑树生成了如图 10.21 所示的无向环 $ED \to DE$，因此对于弧 $D \to E$，流也增加了，但其他弧都未受到影响。因此

$$\Delta Z = 2\theta + 3\theta = 5\theta$$
$$= 5, \quad \text{当 } \theta = 1 \text{ 时}$$

所以 x_{ED} 也不能作为候选入基变量。

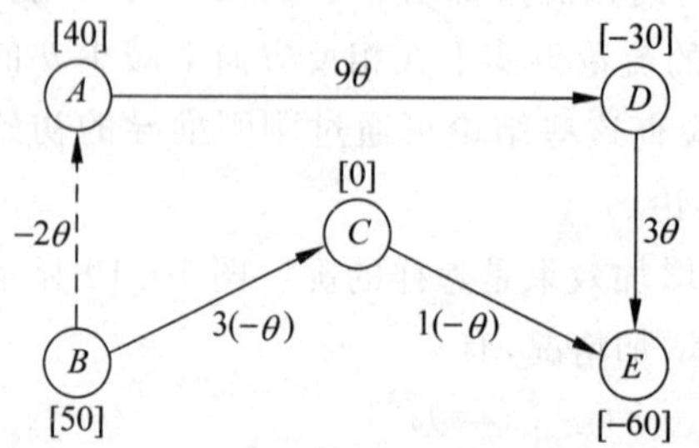

图 10.20 初始可行支撑树中增加弧 B→A 及其流量 θ 后网络中费用的增加情况

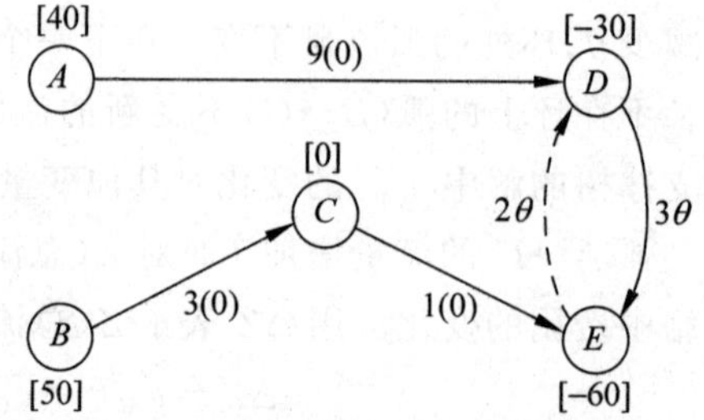

图 10.21 初始可行支撑树中增加弧 E→D 及其流量 θ 后网络中费用的增加情况

因此，有

$$\Delta Z=\begin{cases}-7, & \Delta x_{AC}=1\\ 6, & \Delta y_{AB}=1\\ 5, & \Delta x_{ED}=1\end{cases}$$

只有 x_{AC} 使 Z 减小，所以 x_{AC} 将作为第一次迭代的入基变量。如果还存在其他使 ΔZ 为负的非基变量，则将使 ΔZ 绝对值最大的非基变量作为入基变量（如果不存在使 ΔZ 为负的非基变量，则当前 BF 解即为最优）。

除辨别无向环外，用代数方法获得网络单纯形法 ΔZ 的值也较为有效（尤其是对于较大规模的网络）。其过程与运输单纯形法对每个非基变量 x_{ij} 解出 u_j 和 v_j 从而获得 $c_{ij}-u_i-v_j$ 的做法类似（见 9.2 节）。所以本章不再深入介绍这个过程，读者在做本章的习题时可以采用辨别无向环的方法。

10.7.4　寻找出基变量和下一个 BF 解

确定入基变量后，下一步需要同时寻找出基变量和下一个 BF 解。对于例子的第一次迭代，最主要的还是图 10.18。x_{AC} 作为入基变量，弧 $A\to C$ 的流量 θ 不断从 0 增加，直到其中一个基变量达到它的下界（0）或上界（u_{ij}）。对于在图 10-18 中随 θ 增大而流量增大的弧（$A\to C$ 和 $C\to E$）只需要考虑上界：

$x_{AC}=\theta\leqslant\infty$，

$x_{CE}=50+\theta\leqslant 80$，　所以 $\theta\leqslant 30$。

对于随 θ 增大而流量减小的弧（$D\to E$ 和 $A\to D$），只需要考虑下界 0：

$x_{DE}=10-\theta\geqslant 0$，　所以 $\theta\leqslant 10$。

$x_{AD}=40-\theta\geqslant 0$，　所以 $\theta\leqslant 40$。

流量不受 θ 影响的其他弧（如不属于无向环的弧）可以不予考虑，如图 10.18 中的弧 $B\to C$。

对于图 10.18 中的 5 条弧，x_{DE} 应作为出基变量，因为它达到边界值时，θ 具有最小值 10。当 $\theta=10$ 时，下面是新的 BF 解的基本弧的流量值。

$$x_{AC}=\theta=10$$
$$x_{CE}=50+\theta=60$$
$$x_{AD}=40-\theta=30$$
$$x_{BC}=50$$

相应的可行支撑树如图 10.22 所示。

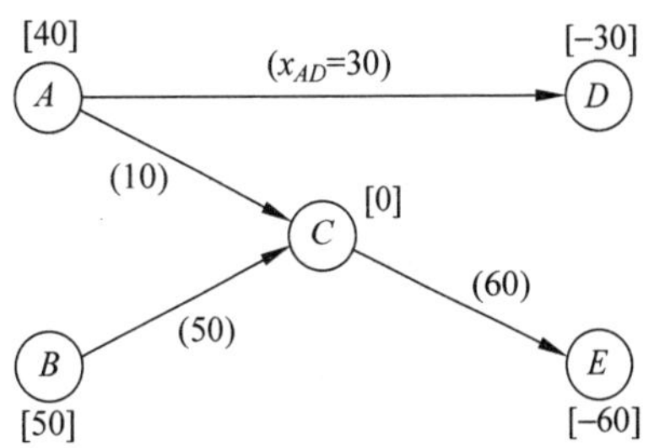

图 10.22　第二个可行支撑树及其解示例

如果出基变量已经达到它的上界，则需讨论对于上界法的调整（正如你将在下两次迭代中看到的）。在本次迭代中，由于它是较小的下界 0，所以不需要进一步讨论。

完成本例

本例中，再经过两次迭代将获得最优解，下面将集中说明上界法的应用。寻找入基变量、出基变量和下一个 BF 解的方法与第一次迭代类似,不再重复,只对这些步骤进行简要总结。

第二次迭代:从如图 10.22 所示的可行支撑树开始,引用图 10.16 中的单位费用数据,为选择入基变量得出如表 10.4 所示的计算结果。第二列表示增加非基本弧(第一列表示)后得到的无向环,第三列表示相应的网络总费用 Z 在 $\theta=1$ 时的增加量。弧 $E\rightarrow D$ 能引起 ΔZ 最大的负增长,因此 x_{ED} 即为入基变量。

表 10.4 第二次迭代的计算过程

非基本弧	生成环	$\theta=1$ 时的 ΔZ
$B\rightarrow A$	$BA-AC-BC$	$-2+4-3=-1$
$D\rightarrow E$	$DE-CE-AC-AD$	$3-1-4+9=7$
$E\rightarrow D$	$ED-AD-AC-CE$	$2-9+4+1=-2$ 最小值

在满足下列约束条件时,使通过弧 $E\rightarrow D$ 的流量 θ 尽可能大,从而求得 θ:

$x_{ED}=\theta\leqslant u_{ED}=\infty$, 所以 $\theta\leqslant\infty$;

$x_{AD}=30-\theta\geqslant 0$, 所以 $\theta\leqslant 30$;

$x_{AC}=10+\theta\leqslant u_{AC}=\infty$, 所以 $\theta\leqslant\infty$;

$x_{CE}=60+\theta\leqslant u_{CE}=80$, 所以 $\theta\leqslant 20$。 ←最小值

因为 x_{CE} 达到上界时使 θ 获得最小值 20,所以 x_{CE} 为入基变量。令 $\theta=20$,在上面的方程中可以看出,应以 x_{ED}、x_{AD} 和 x_{AC} 为基本弧生成下一个 BF 解(其中 $x_{BC}=50$ 不受 θ 的影响),如图 10.23 所示。

需要特别注意,入基变量 x_{CE} 的获得是在其达到上界值 80 时。因此,根据上界法,x_{CE} 将由 $80-y_{CE}$ 替代,并将 $y_{CE}=0$ 作为新的非基变量,同时原来的弧 $C\rightarrow E$ 及 $c_{CE}=1$、$u_{CE}=80$ 分别由反向弧 $E\rightarrow C$ 及 $c_{CE}=-1$、$u_{EC}=80$ 替代。调整后的网络图如图 10.24 所示,其中虚线部分表示非基本弧,弧上的数字表示单位费用。

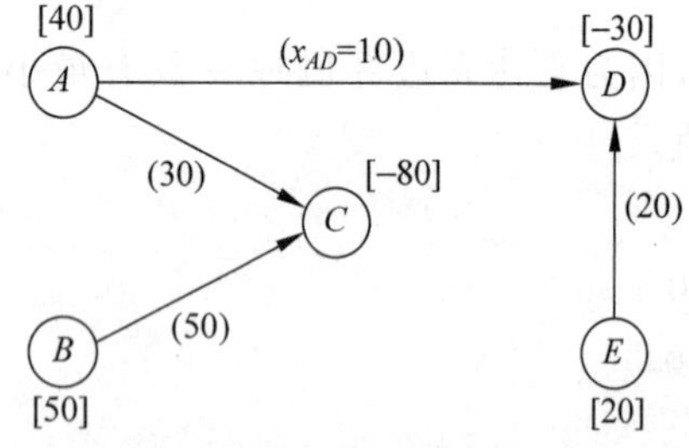

图 10.23 第三个可行支撑树及其解示意

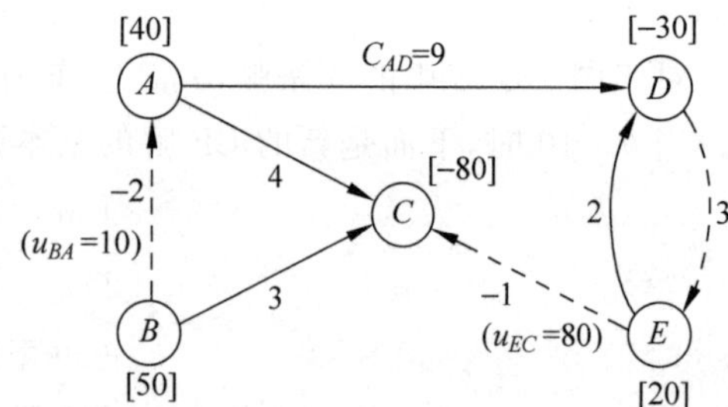

图 10.24 完成第二次迭代调整后的费用网络

表 10.5 第三次迭代的计算过程

非基本弧	生成环	$\theta=1$ 时的 ΔZ
$B\rightarrow A$	$BA-AC-BC$	$-2+4-3=-1$←最小值
$D\rightarrow E$	$DE-ED$	$3+2=5$
$E\rightarrow C$	$EC-AC-AD-ED$	$-1-4+9-2=2$

第三次迭代：使用图 10.23 和图 10.24 启动第三次迭代，通过如表 10.5 所示的计算过程选出 y_{AB}（反向弧 $B \to A$）作为入基变量。在满足下列约束的条件下增加通过弧 $B \to A$ 的流量 θ：

$$y_{AB} = \theta \leqslant u_{BA} = 10, \quad \text{所以 } \theta \leqslant 10; \quad \leftarrow \text{最小值}$$
$$x_{AC} = 30 + \theta \leqslant u_{AC} = \infty, \quad \text{所以 } \theta \leqslant \infty;$$
$$x_{BC} = 50 - \theta \geqslant 0, \quad \text{所以 } \theta \leqslant 50。$$

y_{AB} 使 θ 取得最小的上界值 10，所以 y_{AB} 成为出基变量。在上面的方程中，令 $\theta = 10$，得出 x_{AC} 和 x_{BC}（$x_{AD} = 10$ 和 $x_{ED} = 20$ 保持不变）组成下一个 BF 解，如图 10.25 所示。

与第二次迭代一样，出基变量是在变量（y_{AB}）达到上界时获得的。此外，在进行这种特殊的选择时有两点需要特别注意。一是入基变量 y_{AB} 在同一次迭代中同时也是出基变量。当入基变量（从 0 增加时）在其他基变量达到边界时，它已先达到上界值。这种情况在上界法中偶尔会出现。

二是曾为一个反向弧的弧 $B \to A$（$c_{BA} = -2, u_{BA} = 10$），现在需要由其反向弧 $A \to B$（$c_{AB} = 2, u_{AB} = 10$）替代（因为出基变量达到了上限）。毋庸置疑，反向弧的反向弧仍为原来的正向弧（图 10.12 中节点 A、B 之间的弧），但是网络流量由节点 B（$b_B = 50 \to 40$）向节点 A（$b_A = 40 \to 50$）转移了 10。同时，变量 $y_{AB} = 10$ 由 $y_{AB} = 10 - x_{AB}$ 代替，且有 $x_{AB} = 0$ 作为新的非基变量。调整后的网络图如图 10.26 所示。

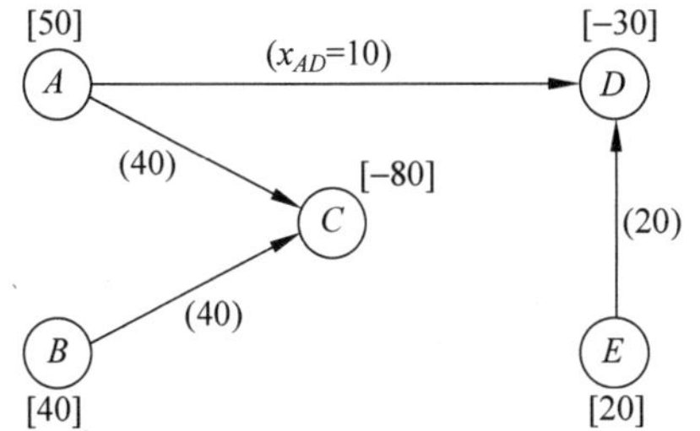

图 10.25　第四个（最终）可行支撑树及其解示意

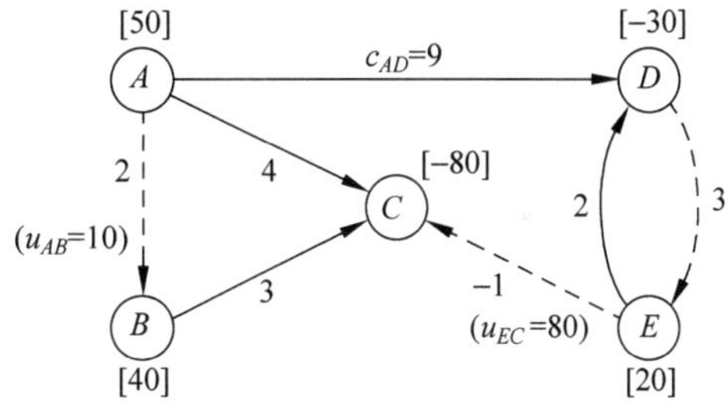

图 10.26　完成第三次迭代调整后的费用网络

通过最优测试：使用图 10.25 和图 10.26，通过表 10.6 的计算过程利用数学方法继续寻找下一个入基变量。然而，没有一个非基变量使 ΔZ 的值为负，即通过任意一个非基变量引入的流量都不能使 Z 值减小，这就意味着当前的 BF 解（图 10.25）通过了最优测试，应该停止进一步的运算。

表 10.6　第三次迭代后的最优测试

非基本弧	生成环	当 $\theta=1$ 时的 ΔZ
$A \to B$	$AB-BC-AC$	$2+3-4=1$
$D \to E$	$DE-ED$	$3+2=5$
$E \to C$	$EC-AC-AD-ED$	$-1-4+9-2=2$

在进行最优测试时，通过比较调整后的网络（图 10.26）与初始网络（图 10.12），识别正向弧而不是使用反向弧的流量。可以看到，除了节点 C 和节点 E 之间的弧之外，其他弧的流向都是一致的。也就是说，在图 10.26 中，仅仅弧 $E \to C$ 是反向弧，设其流量为 y_{CE}，因而

有 $x_{CE}=u_{CE}-y_{CE}=80-y_{CE}$，弧 $E\to C$ 恰好是非基本弧，所以通过正向弧 $C\to E$ 的流量为 $y_{CE}=0, x_{CE}=80$。其他弧的流量都与图 10.25 所给出的相同。因此，最终得出的最优解如图 10.27 所示。

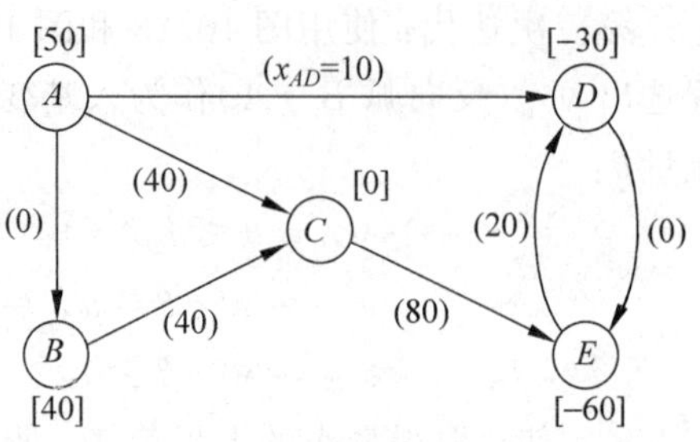

图 10.27 Distribution Unlimited 公司例子的最初网络的最优流

应用网络单纯形法的另一个完整的例子见 OR Tutor 网络分析领域的介绍，一个补充的例子见本书网站本章的求解例子一节。在 OR Tutor 中还包含一个单纯形法的交互过程。

10.8 一个项目时间-费用平衡优化的网络模型

网络能以图形化的自然方式来描述一个大型项目的作业流程，如建筑项目、研发项目等。因此，网络理论的一个重要应用领域是辅助这类项目的项目管理。

20 世纪 50 年代后期，两种基于运筹学的网络技术——PERT(项目评审技术)和 CPM(关键路径技术)被独立地开发出来帮助项目管理人员完成工作。这些技术起初用于为如何协调不同的项目作业制订计划、为项目制订真实的日程表，并在项目实施中监测项目过程。多年以后，两种技术的优点被融合起来，形成目前通常所指的 PERT/CPM 技术。现在，这种用于项目管理的网络方法仍然有着广泛的应用。

项目时间-费用平衡的 CPM 方法是 CPM 技术的关键部分。这种方法能帮助解决下面的问题(项目必须在截止日期前完成)：假设项目所有的作业都以常规方式进行，项目将无法在截止日期前完成，但是可以通过花费更多的费用来加速某些作业等方法来满足项目在时间上的要求。然而选择什么样的最优方案才能在项目截止日期前完成项目并使总费用最低呢？

通常的做法是使用一个网络图来描述各项活动及执行它们的顺序。通过边际分析或线性规划建立优化模型并求解。与本章前面的其他网络优化模型一样，特殊的结构能高效地寻求这类问题的解。

10.8.1 一个原形实例——Reliable 建筑公司问题

Reliable 建筑公司中标了一份价值 540 万美元的建筑合同，为一家大型制造企业建造一个新车间。该制造企业要求车间务必在 40 周内交付使用。

Reliable 建筑公司指派其最优秀的项目经理 David Perty 负责该项目，以确保工程进度。Perty 需要在不同的时间为许多员工分配不同的建筑作业。表 10.7 列出了需要完成的不同作业，第三列提供了其他重要的信息。

对于任意给定的作业，**紧前作业**(immediate predecessors)(如表 10.7 的第三列所示)是指给定作业开始前必须完成的前一道作业。类似的，给定作业开始后方可开始的后一道作业称为**紧后作业**(immediate successor)。

表 10.7 Reliable 建筑公司项目作业表

作 业	作业描述	紧前作业	估计工期/周
A	挖掘	—	2
B	打地基	A	4
C	砌墙	B	10
D	盖屋顶	C	6
E	安装外管道	C	4
F	安装内管道	E	5
G	外墙板装修	D	7
H	外部粉刷	E,G	9
I	布电路	C	7
J	贴瓷砖	F,I	8
K	铺地板	J	4
L	内部粉刷	J	5
M	安装外部设备	H	2
N	安装内部设备	K,L	6

例如,第三列的前几项表示:

(1) 挖掘作业不需要等待其他作业;

(2) 挖掘作业必须在打地基作业之前完成;

(3) 打地基作业必须在砌墙作业之前完工等。

当给定作业多于一项紧前作业时,所有的紧前作业都必须在该作业开始前完成。

为了给各项作业安排时间,Perty 咨询了各工作组的负责人,对每项作业的常规作业时间进行评估,评估结果如表 10.7 最后一列所示。

各作业时间加总为 79 周,远远超过 40 周的工期要求。然而,有些作业是可以同时进行的。在下面的内容中,读者将会看到如何利用网络图来可视化地表示作业流程并获得完成项目所需的总时间(如果各项作业都不延误的话)。

在本章,读者已经看到赋予权值的网络是如何表示并帮助分析许多种类问题的。类似的,网络图在项目管理时也可起到关键的作用。网络图不仅能够表达各项作业之间的关系、简洁地描述项目的整体计划,也可以帮助分析项目。

10.8.2 项目网络图

用于表示一个项目的网络图称为**项目网络图**(project network)。项目网络图由一些节点(常用圆圈或矩形表示)和连接两个节点的弧(用箭头表示)组成。

如表 10.7 所示,描述一个项目需要三种类型的信息。

(1) 作业信息:将项目分为多个独立的作业(按需要的详细程度);

(2) 紧前关系:找出每项作业的紧前作业;

(3) 时间信息:评估每项作业的工期。

项目网络图应该能够传达上述所有信息。有两种可以相互替代的项目网络图可以满足要求。

第一种是用弧来表示每项作业的**弧作业**(activity-on-arc,AOA)项目网络。节点用来分隔作业(发出弧)与其紧前作业(到达弧),弧与弧之间的顺序代表了作业间的先后关系。

第二种是用节点表示每项作业的**节点作业**(activity-on-node,AON)项目网络。节点之间的弧用来表示作业的次序,具有紧前作业的节点都有来自其紧前作业的弧指向它。

早期的PERT和CPM都使用AOA项目网络图表达,并且使用了很多年。但与AOA项目网络图相比,除了能表达相同的信息外,AON项目网络图还具有以下优点:

(1) AON项目网络图比AOA项目网络图更容易构建;

(2) AON项目网络图比AOA项目网络图更容易被无经验的使用者理解,包括许多管理者;

(3) 当项目发生变化时,AON项目网络图比AOA项目网络图更容易修改。

由于以上原因,AON项目网络图比AOA项目网络图得到了更广泛的应用,有望成为项目网络图的标准。因此我们接下来只关注AON项目网络图。

图10.28给出了Reliable车间项目的项目网络图。① 根据表10.7第三列的内容,注意观察弧是如何从紧前作业节点指向当前作业节点的。因为作业 *A* 没有紧前作业,我们增加

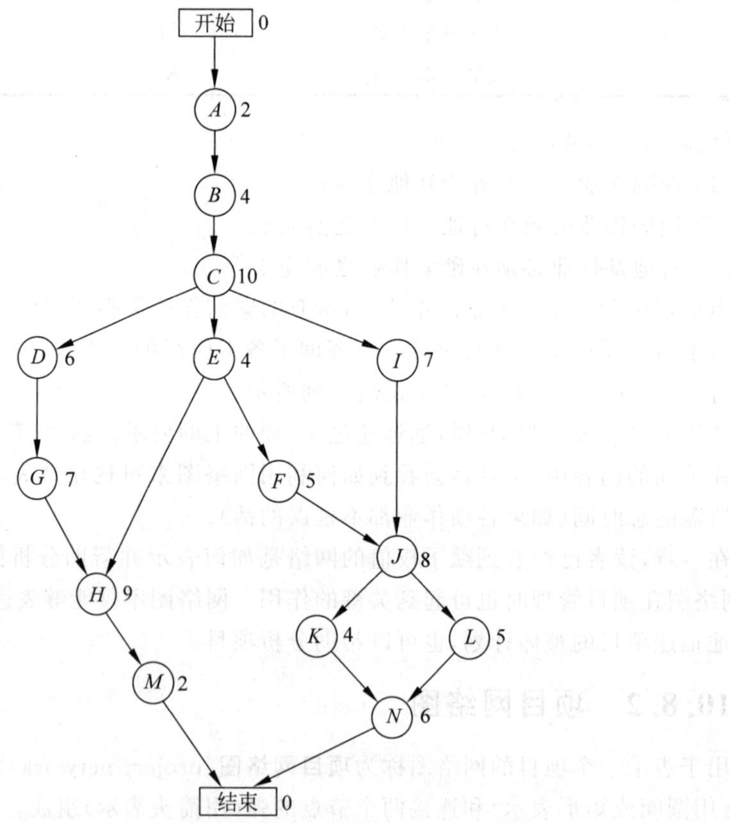

图10.28 Reliable建筑公司车间项目的项目网络

活动节点:*A*. 挖掘 *B*. 打地基 *C*. 砌墙 *D*. 盖屋顶 *E*. 安装外管道 *F*. 安装内管道 *G*. 外墙板装修 *H*. 外部粉刷 *I*. 布电路 *J*. 贴瓷砖 *K*. 铺地板 *L*. 内部粉刷 *M*. 安装外部设备 *N*. 安装内部设备

① 虽然网络图的画法通常是从左到右,但为了方便排版,我们按从上到下的顺序。

了一个开始作业节点，并指向作业 A。类似的，节点 M、节点 N 没有紧后作业，从上述活动发出的弧指向最终节点。因此，这个项目网络图表达了项目所有活动和次序的全貌(增加了项目的开始作业和结束作业)。引用表 10.7 最右一列的数据，节点旁边的数字记录了这项作业的估计工期(以周为单位)。

10.8.3 关键路径

前面曾计算过案例项目所有作业的合计工期是 79 周，但有些作业是可以同时进行的，那么项目究竟需要多长时间呢？

下面介绍项目网络图中的两个概念的含义。

路径(path)：在项目网络图中，表示从起始作业(start)到结束作业(finish)连贯组成的一条线路。**路径长度**(length)：完成该路径上所有作业的持续时间(工期总和)。

在表 10.8 中列出了 Reliable 项目网络图中的 6 条路径及路径的长度。表中，路径长度最短为 31 周，最长为 44 周。

表 10.8 Reliable 项目网络图的路径及其长度

路　径	长度/周
开始→A→B→C→D→G→H→M→结束	2+4+10+6+7+9+2=40
开始→A→B→C→E→H→M→结束	2+4+10+4+9+2=31
开始→A→B→C→E→F→J→K→N→结束	2+4+10+4+5+8+4+6=43
开始→A→B→C→E→F→J→L→N→结束	2+4+10+4+5+8+5+6=44
开始→A→B→C→I→J→K→N→结束	2+4+10+7+8+4+6=41
开始→A→B→C→I→J→L→N→结束	2+4+10+7+8+5+6=42

在这些已经计算出的路径长度中，哪个应该作为该**项目的工期**(project duration)呢？下面我们分析导出。

因为在某路径上的各项作业都应该无交叉地按次序完成，所以项目工期不能短于该路径的长度。项目工期有可能长于该路径的长度，由于该路径上有多个紧前作业的作业需要等到持续时间较长的那个紧前作业完成后才能开始进行，而持续时间较长的紧前作业可能位于其他路径中。例如，在表 10.8 中的第二条路径上的作业 H 就有两个紧前作业(G 和 E)，其中 G 就不在该路径上。作业 C 完成后，作业 E 仅需 4 周就可以完成，而完成作业 D 和 G 还需要 13 周的时间。因此，项目工期应考虑较长的路径。

但项目工期不能长于项目网络图中的最长路径。在这条路径中作业能够不间断地按顺序完成(否则将不是最长路径)。在这条路径上，到达结束作业的时间正好等于路径的长度。

可以得出一个重要的结论：(估计)项目工期等于项目网络图中最长路径的长度。这条最长的路径称为**关键路线**(critical path)。

对于 Reliable 项目，关键路径为

$$开始 \to A \to B \to C \to E \to F \to J \to L \to N \to 结束$$

(估计)项目工期=44 周。

因此，如果没有出现延误，完成项目的总时间应该是 44 周。关键路径上的各作业都是瓶颈作业，任何一个作业完成时间的延误都将延误整个项目。这对于 Perty 来说是一个非

常有价值的信息,他只需把注意力放在关键路径中的项目的规划表上,就可以规划出整个项目的时间表。另外,为了缩减项目的工期(合同要求是40周),关键路径上的作业是主要的缩减对象。

接下来,Perty需要决定哪些作业的工期应该缩减、缩减多少,以使项目在40周的最迟完工时间内完成,并且花费的费用最少。他记起CPM提供了一个寻求时间-费用平衡的出色算法,于是决定使用该算法解决问题。

下面让我们了解一下有关的背景。

10.8.4 各项作业的时间-费用平衡

先了解赶工的概念。

作业赶工:通过采取增加一定费用的特殊措施将作业工期缩减到常规值以下。这些特殊措施包括加班、雇用临时的帮手、使用节省时间的材料、获得特殊的设备等。

项目赶工:通过一些作业赶工使项目工期缩减至常规水平以下。

时间-费用平衡的CPM方法关心的是决定花多少费用来赶工,以使工期达到期望值。

时间-费用图可以给出解决这个问题所需的数据。图10.29是一个典型的时间-费用关系图。注意图中标号为常规和赶工两个关键点。

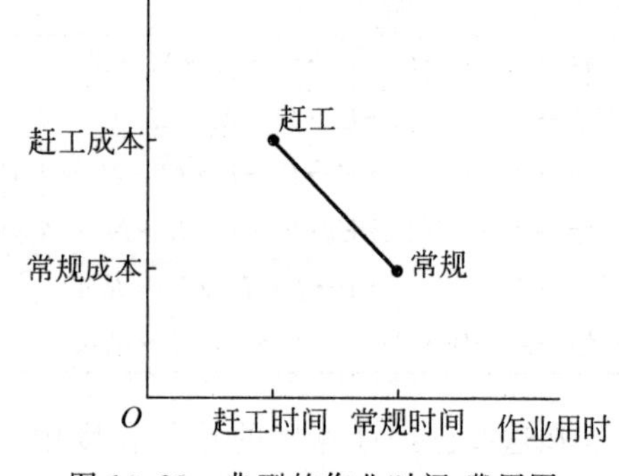

图10.29 典型的作业时间-费用图

常规点(normal point)在时间-费用图中表示某个作业以常规方式进行所需要的费用和时间。**赶工点**(crash point)在时间-费用图中表示某个作业全赶工时所需的费用和时间,这时不再有多余的费用可用于缩减该作业的工期。作为一种近似算法,CPM方法假设时间和费用都可以可靠地预测,且没有重大的误差。

对于大多数的应用,在一定范围内的部分赶工作业情况下,假定时间和费用为线性关系,即时间和费用的组合为两点连线上的某一点①(如一半的赶工将为常规点与赶工点连线的中点)。这种近似将用于估计时间和费用的必要数据减少到两种情形,即常规情形(获得常规点)和全赶工情形(获得赶工点)。

使用这种方法,Perty让员工和作业组负责人收集项目各项作业的上述数据。例如,贴瓷砖作业组负责人认为增加两名员工并且加班能够确保贴瓷砖作业工期从8周缩减到6周,且不能再缩小了。接着Perty的手下估算了这种方式的全赶工成本,并与常规作业的8周计划进行比较,数据如下:

作业J(贴瓷砖):

常规点:时间=8周,费用=430 000美元;

赶工点:时间=6周,费用=490 000美元;

---

① 这是为方便作出的假设,只是一种粗略的近似,因为这种比例性和可整除性不成立,实际上时间—费用图是凸的曲线。线性规划的应用只能在各小段内线性近似,然后应用分离规划方法。

最大缩减时间＝8 周－6 周＝2 周；

每周节省的赶工费用＝(490 000 美元－430 000 美元)/2＝30 000 美元。

以这种方式分析每项作业的时间-费用关系，可以获得如表 10.9 所示的数据。

表 10.9　Reliable 项目各作业的时间-费用平衡数据

作　业	时　间		费　用		最大缩减时间/周	每周节省的赶工费用/美元
	常规/周	赶工/周	常规/美元	赶工/美元		
A	2	1	180 000	280 000	1	100 000
B	4	2	320 000	420 000	2	50 000
C	10	7	620 000	860 000	3	80 000
D	6	4	260 000	340 000	2	40 000
E	4	3	410 000	570 000	1	160 000
F	5	3	180 000	260 000	2	40 000
G	7	4	900 000	1 020 000	3	40 000
H	9	6	200 000	380 000	3	60 000
I	7	5	210 000	270 000	2	30 000
J	8	6	430 000	490 000	2	30 000
K	4	3	160 000	200 000	1	40 000
L	5	3	250 000	350 000	2	50 000
M	2	1	100 000	200 000	1	100 000
N	6	3	330 000	510 000	3	60 000

10.8.5　哪些作业应该赶工?

将表 10.9 中的常规费用和赶工费用分别进行合计，可知：

常规费用总计＝455 万美元；

赶工费用总计＝615 万美元。

而这个项目公司的收入为 540 万美元，其中包含表中所列作业的所有成本，而且包括提供给公司的合理利润。在赢得这 540 万美元合同的时候，Reliable 建筑公司的经理认为，只要项目总成本控制在常规作业的 455 万美元左右，540 万美元的收入就能带来合理的利润。Perty 明白，他的责任就是尽可能使项目的费用与工期接近预算和合同要求工期。

表 10.8 表明，如果按常规方式施工，项目预计工期为 44 周(没有任何作业延误的话)。如果所有作业都以全赶工方式施工，近似的计算表明，工期可能被缩减到只有 28 周。但是这样下来总费用将达到 615 万美元，因此全赶工方式是不可行的。

然而，Perty 想调查只对少数几个作业进行部分或全部赶工而将预期工期缩减到 40 周的可行性。

问题：将(估计)工期缩减到特定程度(40 周)时赶工费用最低的方式是什么?

解决这个问题的方法之一是用**边际费用分析法**(marginal cost analysis)，利用表 10.9 最右一列的数据(结合表 10.8)比较得出项目周期每缩减 1 周的费用最低的赶工方式。使用这种方法时最简便的方式是建立一个与表 10.10 一样的表，列出项目网络图中所有路线及其当前长度。开始时，这些数据可以从表 10.8 中复制。

表 10.10 Reliable 项目边际费用分析的初始数据							
赶工作业	赶工费用	路径长度/周					
		ABCDGHM	ABCEHM	ABCEFJKN	ABCEFJLN	ABCIJKN	ABCIJLN
		40	31	43	44	41	42

由于表 10.10 中第四条路径是最长的(44 周),将工期缩减 1 周的唯一方式是缩减这条特殊路线——关键路径上作业的 1 周工期。比较表 10.9 最右列给出的这些作业节省的每周赶工费用,最少的是作业 J 的 30 000 美元(注意:作业 I 虽具有相同的费用但不在关键路径上)。因此,首先将作业 J 缩减 1 周。

变化后,包含作业 J 的路径的长度都会发生变化(包括表 10.10 中第三、第四、第五、第六条路径),变化结果见表 10.11 中的第二行数字。因为第四条路径仍是最长的(43 周),进行同样的工期缩减,再将作业 J 的工期缩减 1 周,达到作业 J 能够赶工的最大值(2 周)。第二次缩减作业 J 后各路径的长度见表 10.11 中的第三行数字。

表 10.11 Reliable 项目边际费用分析过程的最终数据							
赶工作业	赶工费用/美元	路径长度/周					
		ABCDGHM	ABCEHM	ABCEFJKN	ABCEFJLN	ABCIJKN	ABCIJLN
		40	31	43	44	41	42
J	30 000	40	31	42	43	40	41
J	30 000	40	31	41	42	39	40
F	40 000	40	31	40	41	39	40
F	40 000	40	31	39	40	39	40

这时最长的路径仍是第四条路径(42 周),但作业 J 已经不能再缩减了。在这条路径上的其他作业中,根据表 10.9 作业 F 成了费用最低的作业,应该缩减作业 F 的工期,缩减后结果见表 10.11 中的第四行数字。同理,将作业 F 的工期再缩减 1 周(最多 2 周),结果见表 10.11 中最后一行的数字。

这时最长的路径(第四条、第六条)长度已经达到了期望的 40 周,所以不需要再进行多余的赶工。赶工作业费用的计算见表 10.11 的第二列,总计为 14 000 美元。图 10.30 显示了最终的项目网略图,加粗线表示关键路径。

由于作业 J 和作业 F 的赶工使图 10.30 中有三条关键路径,原因是这三条路径的长度都是最长的 40 周。

对于规模较大的网络图,边际费用分析就不再适用了,需要使用效率更高的方法。因此,标准的 CPM 过程改由线性规划替代(通常使用专门的软件开发特殊结构的网络优化模型)。

10.8.6 用线性规划制订赶工决策

需求费用最低的赶工作业方式可以参考下面所列的其他比较常用的线性规划方法。

问题重述:令 Z 表示赶工作业的总费用。问题是在满足项目工期小于等于项目经理预期时间的限制条件下,使 Z 达到最小值。

自然的决策变量为

x_j = 赶工作业 j 时缩减的工期,其中 $j = A, B, \cdots, N$。

使用表 10.9 中的数据来表达目标函数:

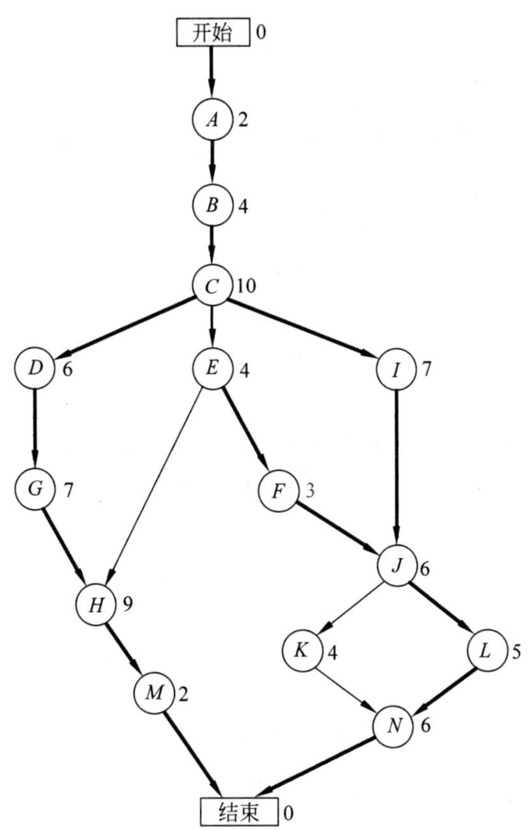

图 10.30　Reliable 项目赶工作业 J、作业 F 后的项目网络(粗线表示关键路径)

$Z=100\ 000x_A+50\ 000x_B+\cdots+60\ 000x_N$。

右边的 14 个决策变量都应该是非负的,且不能超过表 10.9 倒数第二列所给出的最大值。

而另一个限制条件是工期不能超过 40 周,令

$$y_{结束}=项目工期(项目到达结束节点时所需的时间)。$$

则限制条件为

$$y_{结束}\leqslant 40$$

为了帮助线性规划给 $y_{结束}$ 分配恰当的值,给定 $x_A,x_B,\cdots,x_N$ 的值,在模型中引入下列辅助变量将带来巨大的便利。

$y_j=$作业 $j(j=B,C,\cdots,N)$的开始时间,对应决策变量 x_j(作业 A 不需要辅助变量,因为作为项目的开始作业将自动地指定为 0)。将结束节点作为一个工期为 0 的作业对待,因此对应结束作业的 y_j 的定义也与先前的 $y_{结束}$ 的定义一致。

每项作业的开始时间(包括结束)与其紧前作业的开始时间和工期有关。

对于每项作业($B,C,\cdots,N$,结束)与其紧前作业,作业的开始时间≥紧前作业(的开始时间+工期)。

进一步,利用表 10.9 中的常规作业时间数据,可知

作业 j 的工期=常规时间$-x_j$。

例如,对于项目网络图(见图 10.28 或图 10.30)中的作业 F,作业 F 的紧前作业为 E:

E 的工期$=4-x_E$。

两个作业之间的关系如下：

$$y_F \geqslant y_E + 4 - x_E$$

即作业 F 直到作业 E 开始并完成工期的 $4-x_E$ 后才能开始。

对于作业 J，它有两个紧前作业：

$$\text{作业 } F\text{，工期} = 5 - x_F$$
$$\text{作业 } I\text{，工期} = 7 - x_I$$

它们之间的关系为

$$y_J \geqslant y_F + 5 - x_F$$
$$y_J \geqslant y_I + 7 - x_I$$

这些不等式表明作业 J 必须在其两个紧前作业完成后才能开始。

现在，包括完整的所有作业的约束条件，可得到如下的线性规划模型：

$$\min \quad Z = 100\,000x_A + 50\,000x_B + \cdots + 60\,000x_N$$

约束条件如下：

(1) 最大缩减约束(表 10.9 中倒数第二列数字)

$$x_A \leqslant 1, x_B \leqslant 2, \cdots, x_N \leqslant 3$$

(2) 非负约束

$$x_A \geqslant 0, x_B \geqslant 0, \cdots, x_N \geqslant 0$$
$$y_B \geqslant 0, y_C \geqslant 0, \cdots, y_N \geqslant 0, y_{\text{结束}} \geqslant 0$$

(3) 开始时间约束

如前面的目标函数所描述的，除了作业 A 没有紧前作业外，有一个紧前作业的作业有一个时间约束；而有两个紧前作业(作业 B、作业 C、作业 D、作业 E、作业 F、作业 G、作业 I、作业 K、作业 L、作业 M)的作业(作业 H、作业 J、作业 N、作业结束)有两个时间约束。

一个紧前作业：

$$y_B \geqslant 0 + 2 - x_A$$
$$y_C \geqslant y_B + 4 - x_B$$
$$y_D \geqslant y_C + 10 - x_C$$
$$\vdots$$
$$y_M \geqslant y_H + 9 - x_H$$

两个紧前作业：

$$y_H \geqslant y_G + 7 - x_G$$
$$y_H \geqslant y_E + 4 - x_E$$
$$\vdots$$
$$y_{\text{结束}} \geqslant y_M + 2 - x_M$$
$$y_{\text{结束}} \geqslant y_N + 6 - x_N$$

(任务的开始时间的制约通常等于其直接紧前作业数，因为每一个紧前作业都有一个开始时间限制。)

(4) 项目工期约束

$$y_{\text{结束}} \leqslant 40$$

图 10.31 显示了利用电子表格来计算这个线性规划模型的过程。将决策的变量列在可变单元格中，如开始时间(I6:I19)、时间缩减(J6:J19)、项目完成时间(I22)。B 列到 H 列引自表 10.9。根据图中间部分的等式，G 列和 H 列的数字以从上至下的计算顺序获得。K 列的数字表示作业的完成时间，等于作业开始时间加上常规工期再减去由于赶工而缩减的时间。目标单元格 I24 表示总费用(Total)，等于常规时间之和减去赶工缩减的时间之和。

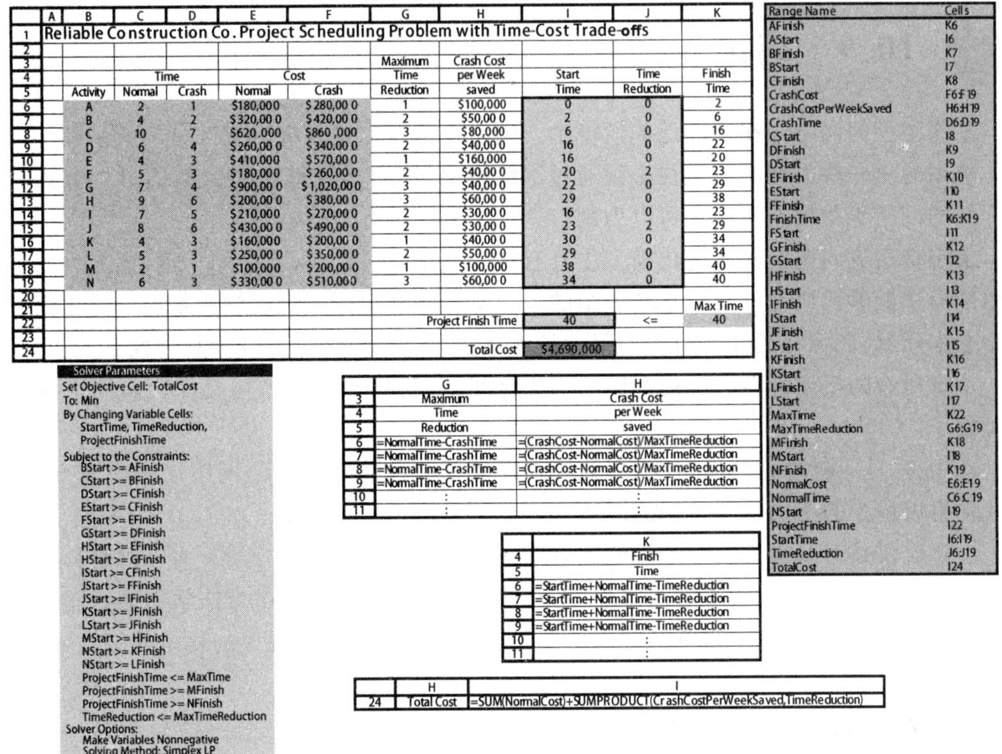

	A	B	C	D	E	F	G	H	I	J	K
1	Reliable Construction Co. Project Scheduling Problem with Time-Cost Trade-offs										
2											
3							Maximum	Crash Cost			
4			Time		Cost		Time	per Week	Start	Time	Finish
5		Activity	Normal	Crash	Normal	Crash	Reduction	saved	Time	Reduction	Time
6		A	2	1	$180,000	$280,000	1	$100,000	0	0	2
7		B	4	2	$320,000	$420,000	2	$50,000	2	0	6
8		C	10	7	$620,000	$860,000	3	$80,000	6	0	16
9		D	6	4	$260,000	$340,000	2	$40,000	16	0	22
10		E	4	3	$410,000	$570,000	1	$160,000	16	0	20
11		F	5	3	$180,000	$260,000	2	$40,000	20	2	23
12		G	7	4	$900,000	$1,020,000	3	$40,000	22	0	29
13		H	9	6	$200,000	$380,000	3	$60,000	29	0	38
14		I	7	5	$210,000	$270,000	2	$30,000	16	0	23
15		J	8	6	$430,000	$490,000	2	$30,000	23	2	29
16		K	4	3	$160,000	$200,000	1	$40,000	30	0	34
17		L	5	3	$250,000	$350,000	2	$50,000	29	0	34
18		M	2	1	$100,000	$200,000	1	$100,000	38	0	40
19		N	6	3	$330,000	$510,000	3	$60,000	34	0	40
20											
21											Max Time
22								Project Finish Time	40	<=	40
23											
24								Total Cost	$4,690,000		

Range Name	Cells
AFinish	K6
AStart	I6
BFinish	K7
BStart	I7
CFinish	K8
CrashCost	F6:F19
CrashCostPerWeekSaved	H6:H19
CrashTime	D6:D19
CStart	I8
DFinish	K9
DStart	I9
EFinish	K10
EStart	I10
FFinish	K11
FinishTime	K6:K19
FStart	I11
GFinish	K12
GStart	I12
HFinish	K13
HStart	I13
IFinish	K14
IStart	I14
JFinish	K15
JStart	I15
KFinish	K16
KStart	I16
LFinish	K17
LStart	I17
MaxTime	K22
MaxTimeReduction	G6:G19
MFinish	K18
MStart	I18
NFinish	K19
NormalCost	E6:E19
NormalTime	C6:C19
NStart	I19
ProjectFinishTime	I22
StartTime	I6:I19
TimeReduction	J6:J19
TotalCost	I24

Solver Parameters
Set Objective Cell: TotalCost
To: Min
By Changing Variable Cells:
StartTime, TimeReduction, ProjectFinishTime
Subject to the Constraints:
BStart >= AFinish
CStart >= BFinish
DStart >= CFinish
EStart >= CFinish
FStart >= EFinish
GStart >= DFinish
HStart >= EFinish
HStart >= GFinish
IStart >= CFinish
JStart >= FFinish
JStart >= IFinish
KStart >= JFinish
LStart >= JFinish
MStart >= HFinish
NStart >= KFinish
NStart >= LFinish
ProjectFinishTime <= MaxTime
ProjectFinishTime >= MFinish
ProjectFinishTime >= NFinish
TimeReduction <= MaxTimeReduction
Solver Options:
Make Variables Nonnegative
Solving Method: Simplex LP

	G	H
3	Maximum	Crash Cost
4	Time	per Week
5	Reduction	saved
6	=NormalTime-CrashTime	=(CrashCost-NormalCost)/MaxTimeReduction
7	=NormalTime-CrashTime	=(CrashCost-NormalCost)/MaxTimeReduction
8	=NormalTime-CrashTime	=(CrashCost-NormalCost)/MaxTimeReduction
9	=NormalTime-CrashTime	=(CrashCost-NormalCost)/MaxTimeReduction
10	:	:
11	:	:

	K
4	Finish
5	Time
6	=StartTime+NormalTime-TimeReduction
7	=StartTime+NormalTime-TimeReduction
8	=StartTime+NormalTime-TimeReduction
9	=StartTime+NormalTime-TimeReduction
10	:
11	:

	H	I
24	Total Cost	=SUM(NormalCost)+SUMPRODUCT(CrashCostPerWeekSaved,TimeReduction)

图 10.31　Reliable 项目应用 CPM 时间—费用平衡法在电子表格(Excel)中计算的结果(其中第 I 列、第 J 列显示了使用 Solver Parameters 框中的系数通过 Solver 求解得到的最优解)

求解对话框的最后一列约束条件，时间缩减(J6:J19)≤最大时间缩减(G6:G19)，即每项作业的时间缩减不能超出 G 列所给出的最大值。另外两个前提约束，项目完成时间(I22)≥MFinish (K18)和项目完成时间(I22)≥NFinish K19)表明项目不能先于两个紧前作业 *M* 和 *N* 完成。最后，约束条件项目完成时间(I22)≤最大时间(K22)是一个关键的约束条件，表示项目必须在 40 周内完成。

涉及开始时间(I6:I19)的开始时间约束表示作业不能在它的任何一个紧前作业完成之前开始。例如，第一个约束条件，Bstart(I7)≥AFinish(K6)表示作业 *B* 在作业 *A*(*B* 的紧前作业)完成前不能开始。当一个作业有一个以上紧前作业时就会增加类似的约束。例如，作业 *H* 有两个紧前作业 *E* 和 *G*，相应地就有两个开始时间约束 Hstart(I13)≥EFinish(K10)和 Hstart(I13)≥GFinish(K12)。

开始时间约束中的"≥"符号表示允许作业在其紧前作业完成后延期一段时间开始。虽然这种延期在模型中是可行的，但对关键路径上的作业是不允许的，因为这时不必要的延期将会增加总费用(必须增加赶工以满足工期约束)。因此,除了非关键路径上的作业,模型的最优方案不会存在这样的延期。

图 10.31 中的第 I 列和第 J 列显示了在点击求解按钮(Solve)后获得的最优解(注意:最优解中出现了一个延期作业 K,它开始于 30,而其紧前作业 J 完成于 29。因为作业 K 不在关键路径上,这对项目不会有任何影响)。这个结果与图 10.30 中利用边际费用分析方法获得的结果是一致的。

10.9 结论

某些类型的网络存在于广泛的情境中。网络表示对描述系统组成部分的关系和连接是非常有用的。一些类型的流往往必须通过网络解决,网络是制订这类决策的最好方式。本章介绍的网络优化模型和算法可以为制订这类决策提供有力的工具。

最小费用流问题在网络优化模型中具有核心作用,不仅因为它应用广泛,还因为通过网络单纯形法能够快速地求解。本章介绍的最短路径问题和最大流问题也是网络优化模型的两个基本问题,就像在第 9 章讨论的附加特殊案例(运输问题和分配问题)一样。

本章所有的模型都考虑了现存网络的优化问题,其中最小支撑树是优化新网络设计的典型例子。

费用-时间平衡的 CPM 方法为项目管理提供了一种非常有效的网络模型解决方法,能够使项目以最少的费用达到工期的限制。

本章仅仅是对网络方法学的研究和应用现况作了一些简单的介绍。由于网络具有的组合特性,网络问题通常比较难解决。然而,在功能强大的设计和求解方法学方面我们已取得了巨大进步。事实上,近年来算法的发展使我们能够成功求解大规模的复杂网络问题。

参考文献

1. Bazaraa, M. S., J. J. Jarvis, and H. D. Sherali: *Linear Programming and Network Flows*, 4th ed., Wiley, Hoboken, NJ, 2010.
2. Bertsekas, D. P.: *Network Optimization: Continuous and Discrete Models*, Athena Scientific Publishing, Belmont, MA, 1998.
3. Cai, X., and C. K. Wong: *Time Varying Network Optimization*, Springer, New York, 2007.
4. Dantzig, G. B., and M. N. Thapa: *Linear Programming 1: Introduction*, Springer, New York, 1997, chap. 9.
5. Hillier, F. S., and M. S. Hillier: *Introduction to Management Science: A Modeling and Case Studies Approach with Spreadsheets*, 6th ed., McGraw-Hill, New York, 2019, chap. 6.
6. Sierksma, G., and D. Ghosh: *Networks in Action: Text and Computer Exercises in Network Optimization*, Springer, New York, 2010.
7. Vanderbei, R. J.: *Linear Programming: Foundations and Extensions*, 4th ed., Springer, New York, 2014, chaps. 14 and 15.
8. Whittle, P.: Networks: *Optimization and Evolution*, Cambridge University Press, Cambridge, UK, 2007.

习题

一些习题(或其部分)序号左边的符号的含义如下。

D:可以参考本书网站中给出的演示例子。

I:建议使用 IOR Tutorial 中给出的相应的交互程序。

C:使用任一可选计算机软件求解问题。

带星号的习题在书后至少给出了部分答案。

10.2-1 考虑下面的有向网络图,然后回答问题。

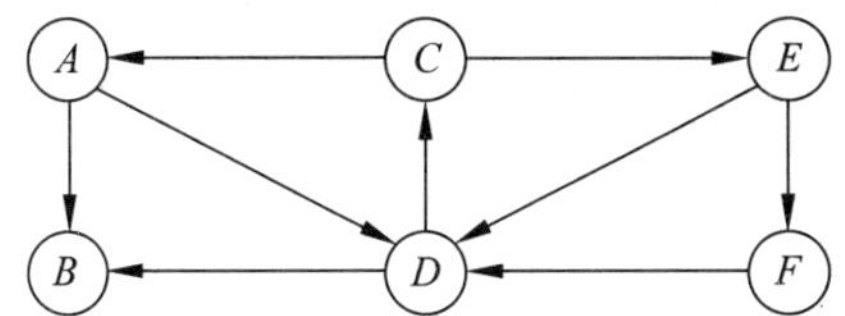

(**a**) 在节点 A 与节点 F 之间找到一条有向路径,并指出其他三条从 A 至 F 点的无向路径;

(**b**) 找到三条有向环,并指出一条包含所有节点的无向环;

(**c**) 指出组成一个支撑树的弧集合;

(**d**) 使用如图 10.3 所示的过程,以一次增加一条弧的方式构建两个支撑树,要求与(c)中的树不同。

10.3-1 阅读 10.3 节应用案例中概述并在其参考文献中详述的有关瑞典森林工业运筹学研究的文章。简述网络优化模型在该项研究中的应用,然后列出这项研究的各类财务与非财务收益。

10.3-2 假设你需要驾车到一个陌生的城市,因此你通过研究地图来决定到达目的地的最短路线。沿途可能经过 5 个城市(分别用 A、B、C、D、E 表示),你将如何选择路线?下表中的数字表示两个城市直达的距离,"—"线表示两个城市无法直接到达。

城市	距离					
	A	B	C	D	E	终点
始点	40	60	50	—	—	—
A		10	—	70	—	—
B			20	55	40	—
C				—	50	—
D					10	60
E						80

(**a**) 将该问题归结为最短路径问题,并画出网络图;

(**b**) 使用 10.3 节介绍的算法解决该最短路径问题;

C(**c**) 使用电子表格为该问题建模并给出解;

(**d**) 如果表中的数字代表驾车的费用,给出问题(b)和问题(c)中有关最低费用的答案;

(e) 如果表中的数字代表驾车的时间,给出问题(b)和问题(c)中有关最短时间的答案。

10.3-3 在一个不断发展壮大的小型机场,当地的航空公司计划购买一辆新拖车在机场中运送行李。自动化的行李搬运系统将在3年后投入使用,那时拖车将不再使用。由于承载重量,拖车的使用和维修成本将随着使用年限的增加而快速增加,有可能1年或2年后更换新的拖车更加经济。下表给出了在第 i 年年底购买、在第 j 年年底卖出的相关的总成本(购价减去折扣,再加上运行和维修费用)。请问该拖车应于何年更换才能使3年内总费用最低(设现在为第0年)?

(a) 将该问题归结为最短路径问题;

单位:美元

		j		
		1	2	3
i	0	8 000	18 000	31 000
	1		10 000	21 000
	2			12 000

(b) 使用10.3节介绍的算法解决此最短路径问题;

C(c) 使用电子表格为此问题建模并给出解。

10.3-4* 使用10.3节介绍的算法寻找下面网络图中的最短路径(路径上的数字代表两个节点之间的距离)。

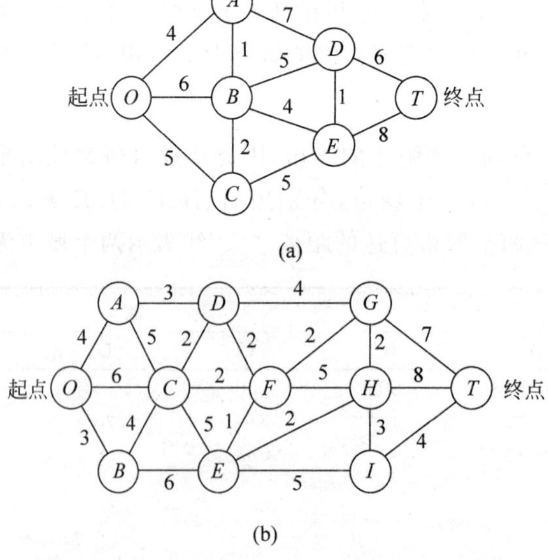

10.3-5 将最短路径问题表述成一个线性规划问题。

10.3-6 Speedy航空公司拟开通一条从西雅图飞往伦敦的直达航线。根据天气条件,有下图所示的几条航线可供选择。其中SE和LN分别代表西雅图和伦敦,弧上的数字表示由于风向影响而需要的飞行时间(根据气象报告),也代表了油耗。因为油耗费用是巨大的,所以Speedy航空公司的经理希望建一条费用最低的航线。

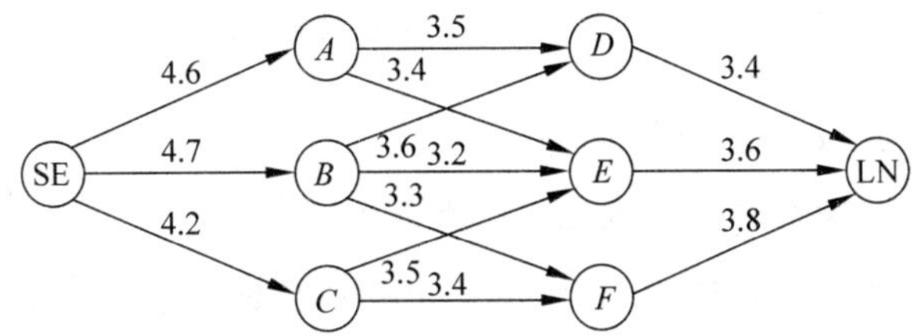

(a) 以距离为准则找出此问题的最短路径?

(b) 使用 10.3 节介绍的算法解决此最短路径问题;

C(c) 使用电子表格为此问题建模并求解。

10.4-1* 使用 10.4 节表述的最小支撑树算法,在习题 10.3-4 的各网络图中分别找到最小支撑树。

10.4-2 Wirehouse Lumer 公司拟在某个地区的 8 个树林中进行伐木作业。因此必须在这 8 个树林之间开辟一个通路,使其能相互贯通。下面列出了 8 个树林之间的距离。管理层希望这个通路总的距离最短。

单位:英里

		树林之间的距离							
		1	2	3	4	5	6	7	8
树林	1	—	1.3	2.1	0.9	0.7	1.8	2.0	1.5
	2	1.3	—	0.9	1.8	1.2	2.6	2.3	1.1
	3	2.1	0.9	—	2.6	1.7	2.5	1.9	1.0
	4	0.9	1.8	2.6	—	0.7	1.6	1.5	0.9
	5	0.7	1.2	1.7	0.7	—	0.9	1.1	0.8
	6	1.8	2.6	2.5	1.6	0.9	—	0.6	1.0
	7	2.0	2.3	1.9	1.5	1.1	0.6	—	0.5
	8	1.5	1.1	1.0	0.9	0.8	1.0	0.5	—

(a) 将此问题归结为最小支撑树问题;

(b) 使用 10.4 节介绍的算法解决此最小支撑树问题。

10.4-3 Premiere 银行计划用专用的电话线把总部的计算机与各分支机构的计算机终端连接起来。各分支机构的计算机不必都与总部的计算机直接相连。这种专用电话线的价格是连接距离的 100 倍,各分支机构的距离见下表。

单位:英里

	距 离					
	总部	分支 1	分支 2	分支 3	分支 4	分支 5
总部	—	190	70	115	270	160
分支 1	190	—	100	110	215	50
分支 2	70	100	—	140	120	220
分支 3	115	110	140	—	175	80
分支 4	270	215	120	175	—	310
分支 5	160	50	220	80	310	—

管理层希望在所有分支结构都能在与总部直接或间接连通的前提下使购买专用电话线的费用最低。

(a) 将此问题归结为最小支撑树问题;

(b) 使用10.4节介绍的算法解决此最小支撑树问题。

10.5-1[*] 观察下面的网络图,使用10.5节给出的增广链算法,找到从发点到收点的最大流,紧邻节点的数字表示两节点弧的容量。画出你的结果。

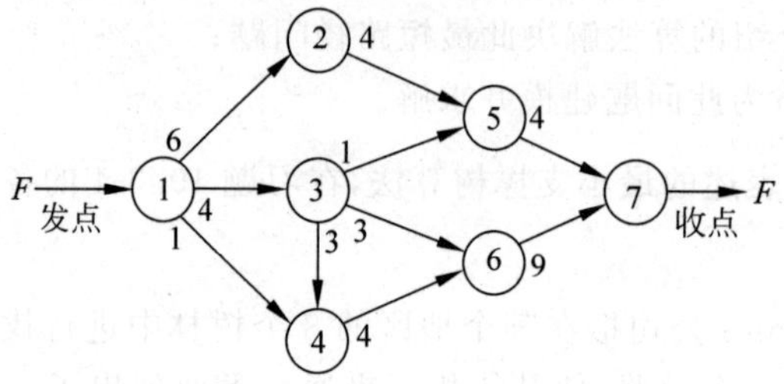

10.5-2 将最大流问题描述为线性规划。

10.5-3 下图描述的是一个水渠系统,其中 $R1$、$R2$、$R3$ 代表三条河流,A、B、C、D、E 代表水渠的交汇地点,T 表示水渠终点的一个城市。左边的表给出了水渠系统的每日最大流量,城市水资源管理部门希望制订一个方案使到达城市的水流量最大。

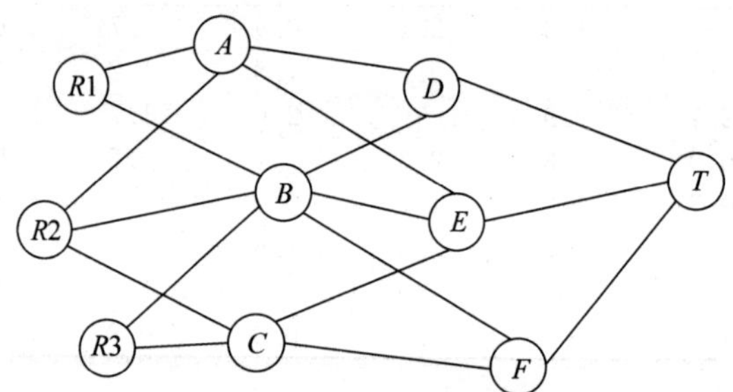

单位:英亩英尺

从 \ 到	A	B	C
R1	75	65	—
R2	40	50	60
R3	—	80	70

单位:英亩英尺

从 \ 到	D	E	F	从 \ 到	T
A	60	45	—	D	120
B	70	55	45	E	190
C	—	70	90	F	130

(a) 将此问题归结为最大流问题,分别指出发点(源)、收点(汇)和中间点,并画出完整的网络图,给出每条弧的容量;

(b) 使用10.5节介绍的方法给出解;

C(c) 使用电子表格建模并求解此问题。

10.5-4 Texago公司有4个油田、4个炼油厂和4个集散中心。一次大规模的运输行业的罢工大大地缩减了公司从油田到炼油厂的石油运输及炼油厂与集散中心之间的石油运输能力。下表给出了各点之间的最大运输能力。

单位：千桶

油田	炼油厂			
	新奥尔良	查尔斯顿	西雅图	圣路易斯
得克萨斯	11	7	2	8
加利福尼亚	5	4	8	7
阿拉斯加	7	3	12	6
中东	8	9	4	15

单位：千桶

炼油厂	集散中心			
	匹兹堡	亚特兰大	堪萨斯城	旧金山
新奥尔良	5	9	6	4
查尔斯顿	8	7	9	5
西雅图	4	6	7	8
圣路易斯	12	11	9	7

公司管理层希望确定油田与炼油厂及炼油厂与集散中心之间的运输量以使到达集散中心的桶数最大。

(**a**) 画草图表示各节点的位置，并用箭头的方向表示原油及石油产品的流向和数量(显示容量)。

(**b**) 重画网络图，使第一列、第二列分别表示油田、炼油厂和集散中心，并用箭线表示可能的流量。

(**c**) 优化(b)中的网络图，使其描述为一个具有单发点(源)、单收点(汇)及弧容量的最大流问题。

(**d**) 使用10.5节介绍的方法求解该最大流问题。

C(**e**) 构建并使用电子表格求解此问题。

10.5-5 Eura铁路系统经营从工业城市Faireparc到港口城市Portstown之间的铁路。这条铁路线上的特快客运和货运都比较繁忙。客运列车对时间比较关注，比慢速的货运列车具有优先权(欧洲铁路)，所以当客运列车按时刻表通过时，货运列车必须在侧轨上等候让行。现在需要增加货运列车服务，问题在于应如何规划货运列车的时刻，才能在不改变客运列车时刻的条件下使不中断运行的货运列车数量最多。

连续两趟货运列车之间的间隔至少为0.1小时(时刻表上的时间单位为0.1小时，所以每天的运行调度只表明每趟货物列车在时刻0.0、0.1、0.2……23.9时的状况)。两个城市之间有S条侧轨，假设每条侧轨$i(i=1,\cdots,S)$的长度足以容纳货运列车$n_i(i=1,\cdots,S)$，并且货运列车从侧轨i到达侧轨$i+1$需要t_i个时间单位(t_0表示从Faireparc市的出发时刻，t_s表示到达Portstown市的时刻)。货运列车只能在$0.1t$倍数的时刻才可以进出侧轨，且要满足在到达下一个侧轨前没有被客运列车超车这一条件(当不被超车时设$\delta_{ij}=1$，当被超车时设$\delta_{ij}=0$)。此外，如果后面所有侧轨站点都无法再停货运列车，则货运列车在被客运列车超过之前需要停在侧轨上。将此问题归结为最大流问题，并指出网络图中的所有节点(包括所有供给节点和需求节点)、弧及其弧容量(提示：对每240时间单位使用一组节点)。

10.5-6 考虑如下图所示的最大流问题网络,节点 A 和节点 F 分别代表发点(源)和收点(汇),有向弧上的数字表示弧容量。

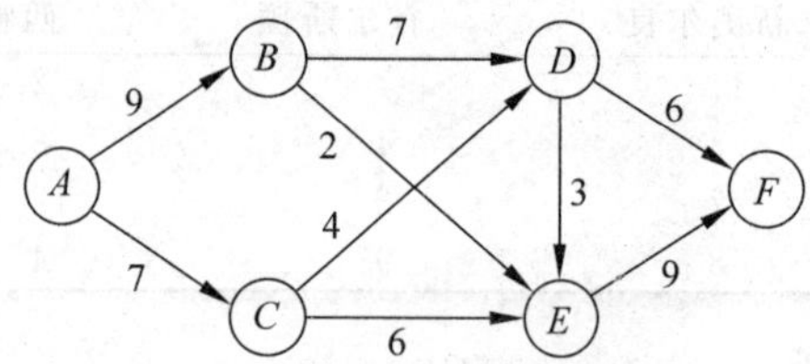

(**a**) 使用 10.5 节介绍的增广链算法给出解;

C(**b**) 使用电子表格构建并求解此问题。

10.5-7 阅读 10.5 节中第一个应用案例的参考文献,它全面描述了惠普进行的运筹学研究。简要描述该研究如何应用了最大流问题的模型,并列出由此研究得到的财务与非财务收益。

10.5-8 参照上题要求,对 10.5 节中第二个应用案例挪威公司进行描述。

10.6-1 阅读在 10.6 节应用案例(CSX 运输问题研究)中简要描述并在其参考文献中详述的文章。简述最小费用流问题是如何在该研究中得到应用的,然后列出由该研究带来的各项财务与非财务收益。

10.6-2 重新考虑习题 10.5-6 的最大流问题,并将此构建为最小费用流问题,增加弧 $A \to F$,令 $\bar{F}=20$。

10.6-3 某公司将在两个工厂生产同一种产品,而且需要运送到两个仓库。工厂 1 仅可以不限数量地通过铁路运到仓库 1,工厂 2 仅可以不限数量地通过铁路运到仓库 2。可以通过卡车将产品先运到一个集散中心,集散中心最多只能存储 50 单位产品,超出 50 单位就必须运往两个仓库。下表给出了每种方案的单位运费、两个工厂的产量及两个仓库的需求量。

到 / 从	单位运费			产量
	集散中心	仓库		
		1	2	
工厂 1	3	7	—	80
工厂 2	4	—	9	70
集散中心		2	4	
配送量		60	90	

(**a**) 使用网络图表示最小费用流问题;

(**b**) 用线性规划求解此问题。

10.6-4 重新考虑习题 10.3-3,将其表示为最小费用流问题,并说明网络中各元素代表的意义。

10.6-5 Makonsel 公司的产品在其零售店中销售。产品完工后先存储在 2 个仓库中直到零售店要求运送。从 2 个车间到仓库,再从仓库到 3 个零售店都使用公路运输。假设卡车都是满载的,并将其作为产品的运送单位。下表给出了 2 个车间每月的产量、车间到每个仓库每车的运输成本及每个仓库每月的最大库存能力。

从＼到	单位运费		运输能力		产　量
	仓库 1/美元	仓库 2/美元	仓库 1	仓库 2	
车间 1	425	560	125	150	200
车间 2	510	600	175	200	300

对于每个零售店(RO),下表给出了其每月的需求量,从仓库到零售店的每车运输成本及从每个仓库可运输的每月最大数量。

从＼到	单位运费/美元			运输能力/单位		
	RO1	RO2	RO3	RO1	RO2	RO3
仓库 1	470	505	490	100	150	100
仓库 2	390	410	440	125	150	75
需求量/单位	150	200	150	150	200	150

管理部门现在需要制订一个配送计划(每月从车间到仓库,从仓库到零售店的运输数量),使总的运输费用最低。

(**a**) 画出配送网络图,指出网络图中的供给节点、转运节点和需求节点。

(**b**) 将其归结为一个最小费用流问题,并在网络图中增加必要的数字。

C(**c**) 构建并使用电子表格求解此问题。

C(**d**) 不使用电子表格,利用计算机求解此问题。

10.6-6 Audiofile 公司生产内置立体声系统。管理层决定将用于内置立体声系统扬声器的生产外包。有三家供应商能够提供这种扬声器。下表给出了三家供应商提供每 1 000 个扬声器(1 个集装箱)的价格。

供应商	价格/美元
1	22 500
2	22 700
3	22 300

供应商	每集装箱要价
1	300 美元+40 美分/英里
2	200 美元+50 美分/英里
3	500 美元+20 美分/英里

货物将被运往公司两个仓库中的一个。为此,每家供应商要收取运费,运费均根据里程数按一个公式计算。上面的右表给出了各供应商每集装箱要价的计算公式。

单位:英里

供应商	仓库 1	仓库 2
1	1 600	400
2	500	600
3	2 000	1 000

无论何时,公司的两个工厂各需要若干集装箱的扬声器,并租用卡车从其中的一个仓库运输。下面给出了每集装箱的运输费用和各工厂每月所需的集装箱数。

单位:美元

	单位运费	
	工厂 1	工厂 2
仓库 1	200	700
仓库 2	400	500
月需求量/个	10	6

每个供应商每月最多能提供 10 个集装箱。由于运输限制,每家供应商运到每个仓库的数量每月不超过 6 个集装箱,每个仓库运到工厂的数量也不超过每月 6 个集装箱。管理者现在需要确定一种方案:每月从每家供应商处订购多少集装箱扬声器,应该运输到各仓库多少,各仓库又应该运输到各工厂多少,才能使总的购买费用(包括运费)和仓库到工厂的运输费用最低。

(**a**) 画出配送网络图,指出网络图中的供给节点、转运节点和需求节点。

(**b**) 将其归结为一个最小费用流问题,在网络图中增加必要的数字,也包括接收不使用供应量的虚拟需求节点(0 费用)。

C(**c**) 构建电子表格模型并求解。

C(**d**) 不使用电子表格,利用计算机求解此问题。

D**10.7-1** 观察下面给出的最小费用流。由节点附近的数字给出 b_j(网络流量)的值,c_{ij}(单位费用)由弧上的数字表示,u_{ij}(弧容量)的值由节点 C 和节点 D 之间的文字给出。

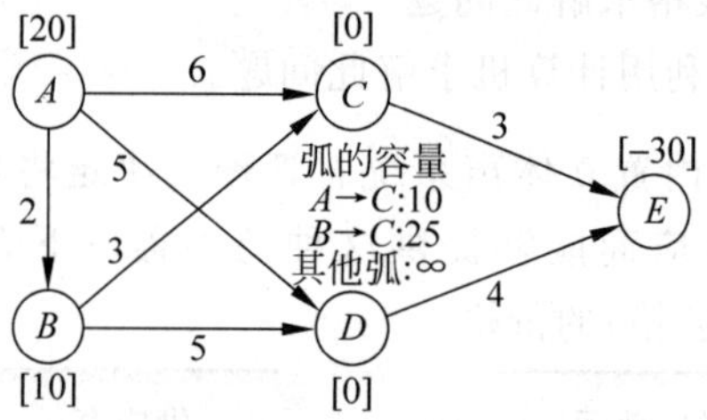

(**a**) 通过求解基本弧 $A\to B$、$C\to E$、$D\to E$ 和 $C\to A$(反向弧)的可行支撑树获取一个初始 BF 解,另外,非基本弧 $C\to B$ 为一个反向弧,并以同样的表示方式画出结果图(只是要用虚线表示非基本弧)。

(**b**) 使用最优测试法验证初始 BF 解最优,并存在多个最优解。应用网络单纯形法的迭代寻找另一个最优 BF 解。利用结果证明其他最优解不是 BF 解。

(**c**) 现在再考虑下面的 BF 解。

基本弧	流量	非基本弧
$A\to D$	20	$A\to B$
$B\to C$	10	$A\to C$
$C\to E$	10	$B\to D$
$D\to E$	20	

从这个 BF 解开始,应用网络单纯形法进行一次迭代,指出入基变量、出基变量和下一个 BF 解,但不用再继续进行迭代。

10.7-2 重新考虑习题10.6-2中的最小费用流问题。

(**a**) 通过求解基本弧 $A \to B$、$A \to C$、$A \to F$、$B \to D$ 和 $E \to F$ 与非基本弧 $E \to C$、$F \to D$（反向弧）的可行支撑树获取一个初始BF解。

D,I(**b**) 用网络单纯形法求出解。

10.7-3 重新考虑在习题10.6-3中构建的最小费用流问题。

(**a**) 求解对应于利用两条铁路线加上从工厂1经集散中心运送到仓库2的可行支撑树，得到一个初始的BF解。

D,I(**b**)用网络单纯形法求解这个问题。

D,I **10.7-4** 重新考虑习题10.6-4中构建的最小费用流问题。用这个BF解作为初始解，使用网络单纯形法求出解。

D,I **10.7-5** 参考表9.2给出的P&T公司的运输问题，将图9.2的网络图看作最小费用流问题。使用西北角规则从表9.2中获得初始BF解，然后使用网络单纯形法求出解。可以应用IOR Tutorial中的交互程序求解(并证明9.1节中给出的最优解)。

10.7-6 思考表9.12中给出的Metro Water区运输问题。

(**a**) 将此问题转化为最小费用流问题。(提示：删除禁止流通的弧)

D,I(**b**) 以表9.16中给出的数据作为初始BF解，使用网络单纯形法求出解(可以使用IOR Tutorial中的交互程序)。与表9.21中用运输单纯形法求出的BF解的顺序进行比较。

D,I **10.7-7** 思考下面的最小费用流问题，节点附近的数字表示 b_j(网络流量)的值，c_{ij}(单位费用)由弧上的数字表示，有限制的 u_{ij}(弧容量)的值由弧上括弧内的数字给出。通过求解基本弧 $A \to C$、$B \to A$、$C \to D$ 和 $C \to E$ 与非基本弧(反向弧) $D \to A$ 的可行支撑树获取一个初始BF解，然后使用网络单纯形法求解。

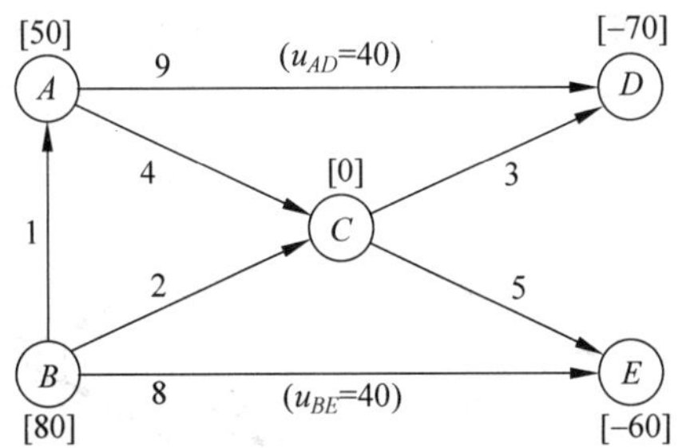

10.8-1 Tinker建筑公司准备开始一个新项目，要求在12个月内完工。项目包括4项作业(A、B、C、D)，项目网络图如下图所示。该项目的经理Sean Murphy认为以常规作业方式不可能按期完成。因此Sean决定使用CPM的时间-费用平衡方法决定最经济的赶工作业方式。下表是他收集的4项作业的资料。使用边际费用分析求解问题。

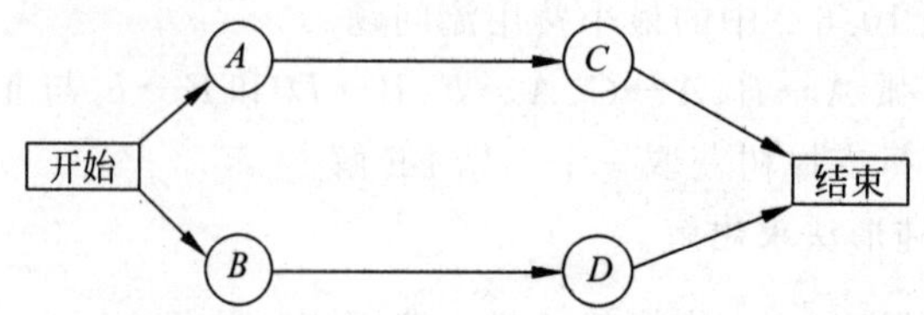

作　业	常规时间/月	赶工时间/月	常规费用/美元	赶工费用/美元
A	8	5	25 000	40 000
B	9	7	20 000	30 000
C	6	4	16 000	24 000
D	7	4	27 000	45 000

10.8-2　重新思考习题10.8-1。Sean记得在大学期间的运筹学课程上曾用一个月的时间学习过线性规划，所以决定使用线性规划来解决问题。

(**a**) 思考网络图中靠上的那条路线，用两个变量的线性规划模型描述怎样施工才能使工期在12个月内结束。使用图解法给出答案。

(**b**) 对网络图中靠下的那条路线重复(a)中的做法。

(**c**) 将(a)和(b)合并为一个线性规划模型，如何在12个月内完成且费用最低。最优解是什么?

(**d**) 使用10.8节描述的CPM线性规划方法建立完整的线性规划模型，该模型比(c)中的规模稍大，也更适用于较复杂的项目网络。

C(**e**) 使用Excel求解。

C(**f**) 使用其他软件求解。

C(**g**) 将工期限制分别改为11个月、13个月，重做(e)和(f)，检查对解的结果的影响。

10.8-3[*]　Good Homes建筑公司准备开建一个大型住宅项目。公司总裁Michael Dean正在为该项目进行项目时间规划。Michael已经确认了5个大的作业(分别用A、B、C、D、E代表)，下图是项目网络图，并且收集了5个项目常规和赶工作业下的一些数据(见下表)。

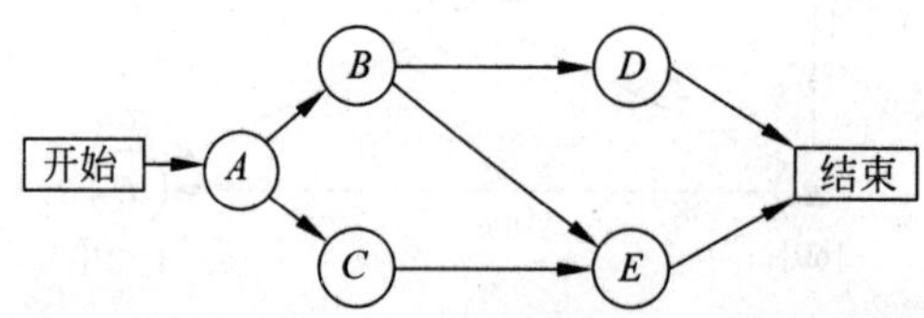

作　业	常规时间/周	赶工时间/周	常规费用/美元	赶工费用/美元
A	3	2	54 000	60 000
B	4	3	62 000	65 000
C	5	2	66 000	70 000
D	3	1	40 000	43 000
E	4	2	75 000	80 000

表中的费用反映了公司作业的材料、设备的直接费用和直接人工费用。此外,公司还要支付监理、正常的管理费用及资金占用的利息费用等间接费用。Michael 估计这些间接费用每周平均为 5 000 美元。他想使项目的总费用最低,因此需要节约这些间接费用。Michael 认为只要赶工一周的费用低于 5 000 美元,就应该通过赶工缩短工期。

(**a**) 使用边际费用分析方法,说明应该对哪些作业进行赶工,赶工后的总费用最少是多少。在这个计划下每项作业的工期和费用各是多少?赶工节省了多少费用?

C(**b**) 假设一次缩短一周,利用线性规划方法重做(a)。

10.8-4 21 世纪制片厂打算拍摄一部本年度最重要的影片(也是耗资最大的)。制片人 Dusty Hoffmer 决定应用 PERT/CPM 方法帮助计划和控制这部影片。他将拍摄过程分为 8 项主要作业(分别标为 $A, B, \cdots, H$)。各作业的关系见下面的项目网络图。

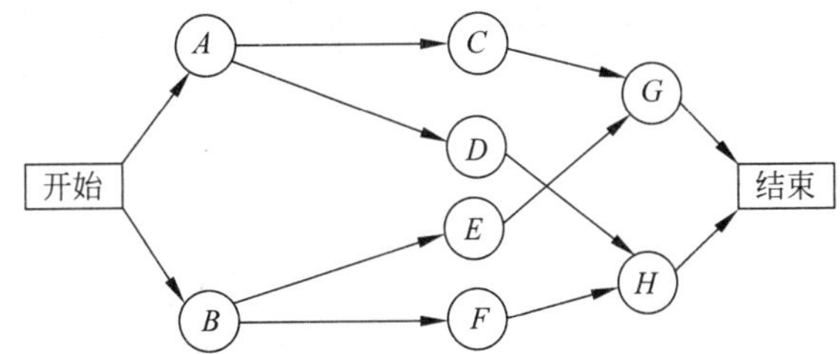

Dusty 获知另一家制片厂将在即将到来的夏季中期推出一部具有轰动效应的影片。很不幸,他的影片预计也将在那时上映。因此他和 21 世纪制片厂的高级管理层一致决定应该加速制作过程,使其能够在夏季初(从现在起 15 周后)完成这部影片。虽然这需要增加一大笔预算,但管理层认为国内外票房的收入将会有更多增长,足以弥补预算的增加。

Dusty 想确定在新的 15 周的工期内费用最低的制作方式。为使用 CPM 的时间-费用平衡方法,他收集了下表所列的数据。

作　业	常规时间/周	赶工时间/周	常规费用/百万美元	赶工费用/百万美元
A	5	3	20	30
B	3	2	10	20
C	4	2	16	24
D	6	3	25	43
E	5	4	22	30
F	7	4	30	48
G	9	5	25	45
H	8	6	30	44

(**a**) 对该问题构建线性规划模型。

C(**b**) 用 Excel 求解。

C(**c**) 使用其他软件求解。

10.8-5 Lockhead 飞机公司准备开始一个新项目,为美国空军开发一种新型运输机。公司与国防部的合同规定项目在 92 周内完成,延期将被处罚金。

项目设计10项作业(分别标为$A,B,\cdots,J$),下面的项目网络图给出了各作业之间的次序。

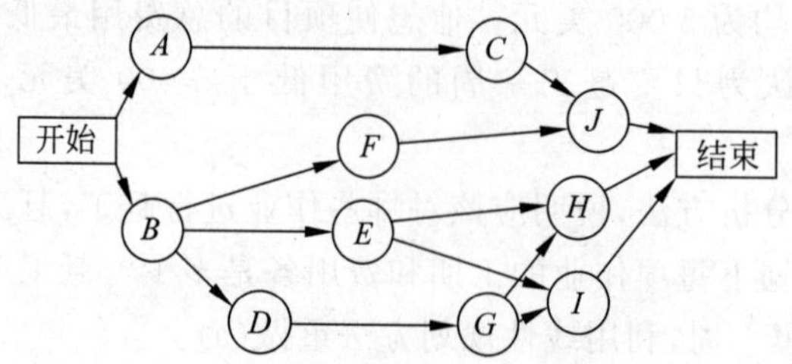

管理层打算避免超期完工的重罚,因此决定赶工,使用CPM的时间-费用平衡方法来决定最经济的方案。下表给出了所需的数据。

作　业	常规时间/周	赶工时间/周	常规费用/百万美元	赶工费用/百万美元
A	32	28	160	180
B	28	25	125	146
C	36	31	170	210
D	16	13	60	72
E	32	27	135	160
F	54	47	215	257
G	17	15	90	96
H	20	17	120	132
I	34	30	190	226
J	18	16	80	84

(**a**) 用线性规划模型描述该问题。

C(**b**) 用Excel求解。

C(**c**) 使用其他软件求解。

案例10.1 资金流动

Jake Nguyen将紧张的手插入精心梳理的头发里,松开原本扎得很好的真丝领带,又将满是汗的手在熨烫得整齐的裤子上摩擦着。

今天Jake的心情肯定不好。

几个月前,Jake就听到了在华尔街上盛传的传言。传言来自投资银行家和证券经纪人,他们的坦率是出了名的。传言说未来日本经济将会出现危机,而且他们认为公开表达他们的恐惧将会加快崩溃的速度。

今天,他们的恐惧成为现实。Jake和同事们聚集在一台小电视机前,专注收看Bloomberg频道。他震惊地听着发生在日本市场上的可怕事件。日本正陷入和其他东亚国家一样的金融危机。他神情有点麻木,作为专门从事货币交易的西海岸投资公司——Grant Hill Associates公司亚洲海外投资部门的经理,Jake感到对危机的任何负面影响都负有责任。

Grant Hill Associates公司将遭受打击。Jake先前未曾理会日本经济危机的传言，相反，他还大大增加了Grant Hill Associates公司的日元持有量。因为日元市场与去年相比表现良好。仅仅在一个月前，Jake才将投资于日元的250万美元增加到1 500万美元，而那时的汇率是1美元兑换80日元。

不久，Jake看到日元贬值到1美元兑换125日元。如果他用日元清算，不会有损失。但是如果转换为美元损失将是巨大的。他深吸一口气，然后闭上了双眼，思考着要如何应对更严重的损失。

来自办公室一角的喊声打断了他的沉思。Grant Hill Associates公司的总裁Grant Hill冲他喊道："滚进来，Nguyen。"

Jake跳起来，勉强朝愤怒的Grant Hill所在的办公室方向瞧了瞧。他抹了一下头发，紧了紧领带，蹑手蹑脚地走进那间办公室。

Grant Hill盯住Jake的双眼继续吼道："我不想听你的任何解释！没有任何理由！赶快从日本撤出我们所有的资金，阻止进一步的下跌。我的直觉告诉我这只是开始！将钱兑换成安全的美元，马上！不要忘记立即将印度尼西亚和马来西亚的资金也一并撤出！"

Jake也不想说什么，他点点头，转身出了办公室。

返回他的办公桌，Jake开始制订从日本、印度尼西亚和马来西亚撤出投资的计划。投资外币市场的经验告诉他当操作上百万美元时，撤出外币市场与进入同样重要。Grant Hill Associates公司的银行合作伙伴会为不同币种的转换收取不同的交易佣金。

为了阻止市场进一步恶化，东亚已经对个人或公司兑换本国货币从而撤资的行为施加了非常严格的货币数量限制。其目的是减少外资的流出，从而避免经济完全崩溃。由于Grant Hill Associates公司除日元外，同时持有105亿印度尼西亚盾、2 800万马来西亚林吉特。目前并不清楚如何将这些资金兑换为美元。

Jake想找到一种最省钱的方法将这些资金兑换为美元。在公司的网站上，他可以找到全球大多币种的实时汇率(见表1)。

表1　汇　率

从 \ 到	日元	印尼盾	马来西亚林吉特	美元	加拿大元	欧元	英镑	墨西哥比索
日元	1	50	0.04	0.008	0.01	0.006 4	0.004 8	0.076 8
印尼盾		1	0.000 8	0.000 16	0.000 2	0.000 128	0.000 096	0.001 536
马来西亚林吉特			1	0.2	0.25	0.16	0.12	1.92
美元				1	1.25	0.8	0.6	9.6
加拿大元					1	0.64	0.48	7.68
欧元						1	0.75	12
英镑							1	16
墨西哥比索								1

例如，该表显示1日元兑换0.008美元。打几个电话，他就可以收集到公司在这一关键时刻兑换大量货币所需支付的交易费用(见表2)。

表2 交易费用/%								
从＼到	日元	印尼盾	马来西亚林吉特	美元	加拿大元	欧元	英镑	墨西哥比索
日元	—	0.5	0.5	0.4	0.4	0.4	0.25	0.5
印尼盾		—	0.7	0.5	0.3	0.3	0.75	0.75
马来西亚林吉特			—	0.7	0.7	0.4	0.45	0.5
美元				—	0.05	0.1	0.1	0.1
加拿大元					—	0.2	0.1	0.1
欧元						—	0.05	0.5
英镑							—	0.5
墨西哥比索								—

Jake注意到两种货币兑换与其逆向兑换的交易费用是相等的。最终,Jake找到了公司在日本、印度尼西亚和马来西亚的本币兑换成其他货币的最大限额(见表3)。

表3 交易限额/1000美元(等价)								
从＼到	日元	印尼盾	马来西亚林吉特	美元	加拿大元	欧元	英镑	墨西哥比索
日元	—	5 000	5 000	2 000	2 000	2 000	2 000	4 000
印尼盾	5 000	—	2 000	200	200	1 000	500	200
马来西亚林吉特	3 000	4 500	—	1 500	1 500	2 500	1 000	1 000

(a) 将Jake的问题归结为最小费用流问题,画出该问题的网络图,并指明该网络的供给节点和需求节点。

(b) 为确保公司从日元、印尼盾和马来西亚林吉特兑换回最多的美元,哪些货币交易必须进行?Jake必须在美国债券上投资多少?

(c) 世贸组织禁止交易限制,因为这种做法会刺激贸易保护主义。如果不存在交易限制,Jake将使用什么方法来将所持有的亚洲货币转换成美元?

(d) 作为对世贸组织禁止货币兑换限制的应对,印度尼西亚政府征收了一种新的税,将货币交易费用增加到500%,以保护本国货币。假设新的政策没有交易限制,Jake应该进行怎样的货币交易才能将所持有的亚洲货币兑换为美元?

(e) Jake认为他的分析存在不足,因为也许没有包括所有可能影响货币兑换的因素。描述在Jake作出最终决定前应该考虑的其他因素。

(注意:本书网站给出了本案例的数据文档。)

本书网站(www.mhhe.com/hillier11e)补充案例的预览

案例10.2 走向成功

某私营公司的经理正在制订一个上市决策。为完成第一次公开发行需采取一系列相关步骤,经理决定加快这个过程。在建立一个项目网络后,应用时间-费用交互的CPM方法。

第 11 章

动态规划

动态规划是制订一系列相关决策时的一种数学方法，它提供系统化的方法来寻求最优决策组合。

与线性规划相比，动态规划问题没有一个标准的数学模型。然而，动态规划是一类通用的问题解决方法，需要建立特定的方程以适应各种情况。因此，对动态规划问题的总体结构要求一定程度上的独创性和洞察力，以识别何时及如何通过动态规划的方法解决问题。这些能力可以通过大范围的动态规划应用以及对其普遍特性的研究而形成。基于这一目的，本章将给出大量实例。(这些例子中有些很小，甚至可以用枚举法求解，但动态规划对较大问题提供了普遍适用的有效方法。)

11.1　动态规划的范例

例 1　驿站马车问题

驿站马车问题是为了阐述动态规划特征①和介绍动态规划术语而构建的一个特殊问题。19 世纪中叶，密苏里州的一名淘金者决定去加利福尼亚州西部淘金。旅程需要乘坐驿站马车，途经那些有遭遇强盗袭击危险的混乱村庄。虽然他的出发点和目的地已定，但是他有相当多的选择来决定从哪个州(或后来成为州的地区)穿过。图 11.1 显示的是可能路线，每个州都用画圈的字母表示，并且旅行方向在图中总是从左向右。因而，他乘坐驿站马车从位于 A 州(密苏里州)的始点出发，最终到达目的地 J 州(加利福尼亚州)需要经过 4 个中间阶段。

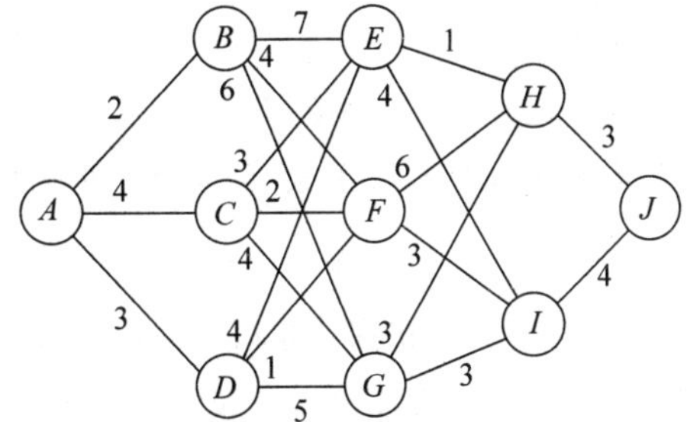

图 11.1　驿站马车问题的道路系统和成本

这名淘金者是个很谨慎的人，他很担心自己的安全。经过一番思索，他想出了一个巧妙的方法来确定最安全的路线。每位驿站马车的乘客

① 这个问题是由 Harvey M. Wagner 教授在斯坦福大学任教期间提出来的。

都被提供人寿保险。由于保单的成本是基于对线路安全性的仔细评估,因而最安全的路线应该是所有路线的人寿保单总和最便宜的。

从 I 州到 J 州驿站马车行驶的标准保单的成本(用 c_{ij} 表示)为

	B	C	D
A	2	4	3

	E	F	G
B	7	4	6
C	3	2	4
D	4	1	5

	H	I
E	1	4
F	6	3
G	3	3

	J
H	3
I	4

这些成本在图 11.1 中已有显示。

我们现在把问题集中在哪条路线可以使保单总和的成本最低上。

问题的求解

首先要注意,为每个连续阶段提供最省钱的路线是一种目光短浅的选择方法,并不会得到一个整体最优的决策。按照这个策略会得出路线 $A \to B \to F \to I \to J$,全部成本为 13。然而,牺牲某一阶段的一点利益可能会在以后得到更多。例如,$A \to D \to F$ 总体上要比 $A \to B \to F$ 省钱。

解决这个问题的方法之一是采用试差法。① 然而,可能路线的数量很多(18),而且计算每条路线的总成本并不是很容易。

幸运的是,动态规划提供了一个比枚举法工作量少得多的解决方案(对于更大规模的问题,计算上的节省是很大的)。动态规划从原始问题的很小一部分开始,给这个较小问题找到最优解。然后逐渐扩大问题,从前面的问题中找出目前的最优解,直到求得全部原始问题的解。

为求解驿站马车问题,我们从小的问题开始,就是淘金者几乎完成了他的旅行,就剩下最后一段路了。这个小问题的最优解明显是从目前的州走出去(无论在哪)到达他的最终目的地(J 州)。之后依次重复,通过每次增加一个阶段不断扩大问题。对于这个扩大的问题,从每个可能的州到下一个州的最优解,可以很容易地从前面重复的结果中不断找到。运用这个方法的细节如下。

建模 令决策变量 $x_n(n=1,2,3,4)$ 为阶段 n(要乘坐的第 n 段驿站马车)的直接目的地。这样,选择的路线就是 $A \to x_1 \to x_2 \to x_3 \to x_4$,其中 $x_4 = J$。

设 $f_n(s, x_n)$ 为剩余阶段整体最优策略的全部成本,已知淘金者在 s 州,准备开始第 n 段路程并选择 x_n 作为直接目的地。已知 s 和 n,设 x_n^* 是 x_n 的任意值(不一定是唯一值),最小化 $f_n(s, x_n)$,并且设 $f_n^*(s)$ 为相应的 $f_n(s, x_n)$ 的最小值。这样

$$f_n^*(s) = \min_{x_n} f_n(s, x_n) = f_n(s, x_n^*)$$

其中,$f_n(s, x_n)$ = 中间成本(阶段 n)+最小未来成本(阶段 $n+1$ 至终点)$= c_{sx_n} + f_{n+1}^*(x_n)$。

c_{sx_n} 的值已通过前面表格设定 $i=s$(当前州)和 $j=x_n$(直接目的地)中的 c_{ij} 给出。因为在第 4 阶段末尾将到达最终目的地(J 州),所以 $f_5^*(J)=0$。

① 本问题也可构建为最短路径问题(见 10.3 节),这里的成本相当于最短路径中的距离。10.3 节的算法实际上运用了动态规划求解的思路。因为这个问题中阶段数是固定的,故应用动态规划方法效果更好。

我们的目标是找到 $f_1^*(A)$ 和相应的路线。动态规划通过连续地找到 $f_4^*(s)$、$f_3^*(s)$、$f_2^*(s)$ 而找到它。对于每个可能的州 s，用 $f_2^*(s)$ 求解 $f_1^*(A)$。[①]

求解过程

当淘金者只剩一步要走的时候($n=4$)，他后来的路线就完全由他目前所在的 s 州(要么 H，要么 I)和最终目的地 $x_4=J$ 决定，因此驿站马车行驶的最终路线是 $s\rightarrow J$。因而，由于 $f_4^*(s)=f_4(s,j)=c_{s,J}$，$n=4$ 问题的直接求解方法为

$n=4$：

s	$f_4^*(s)$	x_4^*
H	3	J
I	4	J

当淘金者还有两步要走($n=3$)时，求解过程需要少量计算。例如，假设淘金者在 F 州。然后，根据下面描述的，他必须接着往下走到 H 州或 I 州，直接成本分别为 $c_{F,H}=6$ 或 $c_{F,I}=3$。如果他选择了 H 州，那么在他到达之后，最小额外成本就是前面表格中所给出的 $f_4^*(H)=3$，即前面图中的 H 点。因而，这个决策的全部成本是 $6+3=9$。如果他选择 I 州，全部成本就是 $3+4=7$，比前面的小。所以，最优选择是后者，$x_3^*=I$，因为它给出了最小成本 $f_3^*(F)=7$。

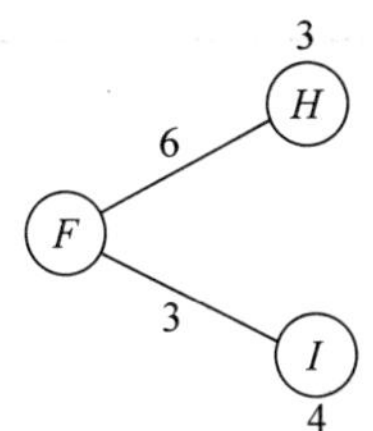

类似地，当你从其他两个可能有两步要走的州 $s=E$ 和 $s=G$ 开始的时候，也需要类似的计算。运用图解法(图 11.1)和代数(结合 c_{ij} 和 $f_4^*(s)$ 值)，尝试检验 $n=3$ 时下面的完整结果。

$n=3$：

s \ x_3	$f_3(s,x_3)=c_{sx_3}+f_4^*(x_3)$		$f_3^*(s)$	x_3^*
	H	I		
E	4	8	4	H
F	9	7	7	I
G	6	7	6	H

对第二步问题($n=2$)的求解办法，有三步要走，可从类似的方法中获得。其中，$f_2(s,x_2)=c_{sx_2}+f_3^*(x_2)$。例如，假设淘金者在 C 州，如下页图所示。

他接着必须走到 E 州、F 州或 G 州，直接成本分别为 $c_{C,E}=3$、$c_{C,F}=2$ 或 $c_{C,G}=4$。到达之后，第 3 阶段的最小额外成本见 $n=3$ 的表，分别为 $f_3^*(E)=4$、$f_3^*(F)=7$ 或 $f_3^*(G)=6$，见上图中的 E 州和 F 州上面的数字以及 G 州下面的数字。三种选择产生的计算结果如下：

① 因为这个过程为一步一步逆向移动，有些学者将 n 步逆推标记为到目的地的剩余阶段数。为了更加简化，我们采用更为自然的前向段数计算。

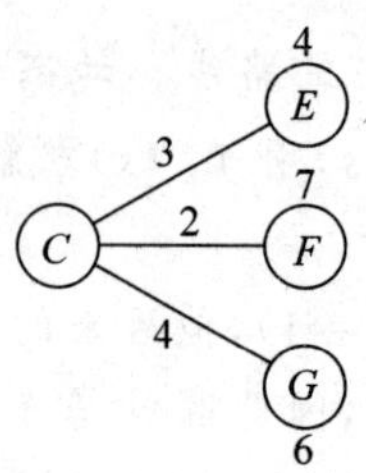

$$x_2=E:\ f_2(C,E)=c_{C,E}+f_3^*(E)=3+4=7$$
$$x_2=F:\ f_2(C,F)=c_{C,F}+f_3^*(F)=2+7=9$$
$$x_2=G:\ f_2(C,G)=c_{C,G}+f_3^*(G)=4+6=10$$

这三个数字的最小值是7,这样从 C 州到终点的最小总成本是 $f_2^*(C)=7$,直接目的地应为 $x_2^*=E$。

如果从 B 州或 D 州开始,对 $n=2$ 问题进行类似计算得出如下结果:

$n=2$:

s \ x_2	$f_2(s,x_2)=c_{sx_2}+f_3^*(x_2)$			$f_2^*(s)$	x_2^*
	E	F	G		
B	11	11	12	11	E 或 F
C	7	9	10	7	E
D	8	8	11	8	E 或 F

注意在表格第一行和第三行,E 和 F 的最小值为 x_2,这样,从 B 州或 D 州出发的直接目的地应该是 $x_2^*=E$ 或 F。

对于第一步问题($n=1$),即包含全部要经过的4个阶段,我们看到这步计算与第二阶段问题($n=2$)显示的计算是相似的。现在只有一个可能开始的州 $s=A$,如下图所示。

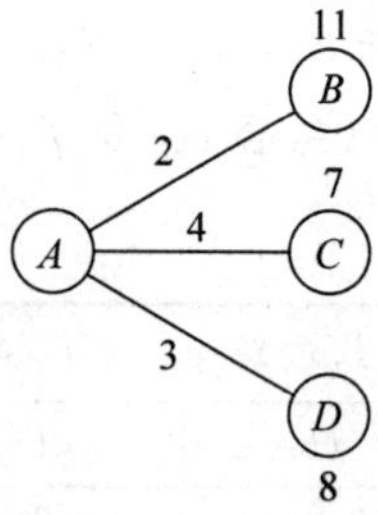

这些计算概括了接下来直接目的地的三个选择。

$$x_1=B:\ f_1(A,B)=c_{A,B}+f_2^*(B)=2+11=13$$
$$x_1=C:\ f_1(A,C)=c_{A,C}+f_2^*(C)=4+7=11$$
$$x_1=D:\ f_1(A,D)=c_{A,D}+f_2^*(D)=3+8=11$$

由于11是最小值,所以 $f_1^*(A)=11$ 和 $x_1^*=C$ 或 D,见下表。

$n=1$:

s \ x_1	$f_1(s,x_1)=c_{sx_1}+f_2^*(x_1)$			$f_1^*(s)$	x_1^*
	B	C	D		
A	13	11	11	11	C 或 D

整个问题的最优解可以从四个表格中得到。$n=1$ 问题的结果表明淘金者一开始就应该到 C 州或 D 州。假设他选择 $x_1^*=C$，因为 $n=2, s=C$ 的结果为 $x_2^*=E$。这个结果导致了 $n=3$ 问题，$s=E, x_3^*=H$。然后 $n=4$ 问题得出 $s=H, x_4^*=J$。因此，最优路线之一为 $A\to C\to E\to H\to J$。选择 $x_1^*=D$ 导致其他两条最优路线 $A\to D\to E\to H\to J$ 和 $A\to D\to F\to I\to J$。它们都得出了总成本为 $f_1^*(A)=11$。

动态规划分析的结果概括见图 11.2。注意阶段 1 的两个箭头来自 $n=1$ 表格的第一列和最后一列，以及所产生的成本来自倒数第二列。其他各箭头(和产生的成本)用同样的方式，均来自其他某个表格的一行中。

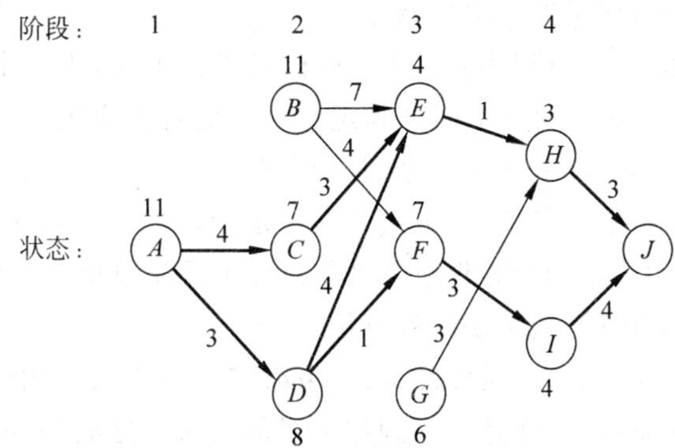

图 11.2　驿站马车问题用动态规划求解方法的图示。每个箭头代表了一个最优决策(最优的直接目的地)。每个状态上标注的数字表示从该点至终点的成本。从 A 至 J 的加粗的箭头给出了三个最优解(最低成本为 11)。

你将在下面看到描述这个问题的特殊名词——阶段、状态和策略，实际上在其他段落中也有动态规划通用术语的类似解释。

11.2　动态规划问题的特征

驿站马车问题是动态规划问题的范例。事实上，设计这个例子是为了给这类问题提供具体解释，而不是抽象结构。因而，指出一种能被明确地表达为动态规划问题的方法就是看其基本结构与驿站马车问题是否类似。

本节提出并讨论了这些动态规划问题的如下基本特征。

1. 问题可以分为几个**阶段**(stages)，每个阶段都有一个**策略决策**(policy decision)。

驿站马车问题实际上分成了与旅行的四步一致的四个阶段(驿站马车)。各阶段的策略决策就是选择哪份人寿保单(例如，为下一步驿站马车的路线选择哪个目的地)。类似的，其他动态规划问题需要制订一系列相关的决策，其中每个决策都与问题的一个阶段一致。

2. 每个阶段都有一些与该阶段的开始有关的**状态**(states)。

驿站马车问题的每个阶段的状态是相关的州(或地区)，即淘金者在旅途中可以落脚的州。总的来说，状态表明系统所处的条件。状态的数量可能是有限的(如驿站马车问题)也可能是无限的(如后面的一些例子)。

3. 每个阶段策略决策的结果都是从当前的状态变成下一阶段开始的状态(可能是依据

概率分布的)。

淘金者下一个目的地的决策,指导他在旅途中从当前的州走到下一个州。这个过程表明动态规划问题可以用第10章描述的网络来解释。每个节点都代表相应的州。网络将由节点的列组成,每列对应一个阶段,因此从一点只能流向右面列中的点。从一个点到下一列中的点的连接与可能要去下一个州的策略决策保持一致。分配到每条链的价值通常可以解释为给制订决策策略的目标函数的直接效益。在多数情况下,目标一般是通过网络找到最短或最长的路径。

4. 设计求解过程是为整个问题找到一个**最优策略**(optimal policy),例如,在每一阶段对每个可能的状态进行最优策略决策的指令。

对于驿站马车问题,求解过程为每阶段(n)构建了一个表,为每个可能的状态(s)指定了最优决策(x_n^*)。因而,除了为整个问题确定三个最优解决方案(最优路线)外,结果还显示如果他不走最优路线而绕路到了另一个州,淘金者下一步应怎么走。对于任何问题,动态规划提供了这种在每个可能的条件下(取决于在一定阶段的某一特定状态的实际决策称为策略决策)决定做什么的策略指令。提供额外信息而不是简单指出一种最优的解决方法(决策的最优顺序)是非常有用的,包括敏感性分析。

5. 已知目前的状态,对于剩余阶段的最优策略与先前阶段采用的策略无关。因此,最优决策要依据当前的状态,而与你是如何到达那里的无关。这就是动态规划的**最优化原理**(principle of optimality)。

已知淘金者目前所在的州,从该点往后的最优人寿保单策略(及相关的路线)与他如何到那里无关。通常对于动态规划问题,系统当前状态的知识传达了所有关于以前决定今后最优策略的必要的行为信息。任何没有这种性质的问题都不能建立动态规划问题的模型。

6. 求解过程从为最后阶段找到最优策略开始。

最后阶段的最优策略描述了该阶段的每种可能状态的最优决策策略。这个单阶段问题的求解方法是尝试性的,正如驿站马车问题。

7. 如果知道$n+1$阶段的最优策略,就可以确定第n阶段的最优策略,因而可以得到这种**递推关系**(recursive relationship)。

对于每个最短路径问题,这种递推关系为

$$f_n^*(s)=\min_{x_n}\{c_{sx_n}+f_{n+1}^*(x_n)\}$$

因此,当第n阶段你从s州开始时要找出最优决策策略,就需要找到x_n的最小值。对于这个特定的问题,通过使用x_n的值求得相关的最低成本,然后遵循你在第$n+1$阶段时开始于x_n状态的最优策略。

递推关系的精确形式在动态规划问题中有所不同。然而,前面章节介绍的类比表示法在此仍然适用,概括如下:

N =阶段的数量;

n =当前阶段的标号($n=1,2,\cdots,N$);

s_n =第n阶段的当前状态;

x_n =第n阶段的决策变量;

$x_n^*=x_n$ 的最优值(给定s_n);

$f_n(s_n,x_n)$=阶段 $n,n+1,\cdots,N$ 目标函数的效益值，即当从第 n 阶段状态 s_n 出发，直接决策为 x_n，然后制订最优决策时的效益值。

$$f_n^*(s_n)=f_n(s_n,x_n^*)$$

这种递推关系总是表示为

$$f_n^*(s_n)=\max_{x_n}\{f_n(s_n,x_n)\} \quad 或 \quad f_n^*(s_n)=\min_{x_n}\{f_n(s_n,x_n)\}$$

其中，$f_n(s_n,x_n)$可用 s_n、x_n、$f_{n+1}^*(s_{n+1})$及对目标函数的直接效益 x_n 的一些可能方法表示。还包括等式右边的 $f_{n+1}^*(s_{n+1})$，所以 $f_n^*(s_n)$用 $f_{n+1}^*(s_{n+1})$定义，从而使 $f_n^*(s_n)$的表达式为递推关系。

当我们一步一步逆序移动的时候，这种递推的关系不断地重复。当现阶段数字 n 降为 1 时，新的函数 $f_n^*(s_n)$可以通过使用在上一步得到的 $f_{n+1}^*(s_{n+1})$函数得到，然后重复这一过程，这种特性在后面的动态规划的特点中得到强调。

8. 当我们运用这种递推关系时，求解过程从终点开始并一步一步逆序移动——每次都找该阶段的最优策略，直到找到最初阶段的最优策略。这个最优策略将立即得出整个问题的最优解决方案，即初始状态 s_1 为 x_1^*，然后产生的 s_2 为 x_2^*，然后产生的 s_3 为 x_3^*，s_N 为 x_N^* 等。

驿站马车问题演示了这个逆序运动，其最优策略分别在第 4 阶段、第 3 阶段、第 2 阶段和第 1 阶段的每个状态开始时被依次找到。[①] 对于所有的动态规划问题，每个阶段($n=N$，$N-1,\cdots,1$)都有如下所示的表格。

s_n \ x_n	$f_n(s_n,x_n)$	$f_n^*(s_n)$	x_n^*

当从初始阶段($n=1$)获得这个表格时，就解决了我们所关心的问题。由于初始状态是已知的，表格中初始决策用 x_1^* 表示。接下来，其他决策变量的最优值根据前面决策产生的状态依次用其他表格表示。

11.3 确定性动态规划

本节深入讨论了确定性问题的动态规划方法，下一阶段的状态完全由当前阶段的状态和策略决策决定。下一节将讨论随机的案例，它是指下一阶段的状态将会呈概率分布。

确定性动态规划可以用图 11.3 描述。这样，在第 n 阶段，过程将在某个状态 s_n 下进行。制订决策 x_n，然后将这一过程移到第 $n+1$ 阶段的状态 s_{n+1}。此后在最优策略下目标函数的效益已经被前面的 $f_{n+1}^*(s_{n+1})$计算出来了。决策 x_n 也对目标函数提供了效益。以适当的方式结合这两个数量，为目标函数提供 $f_n(s_n,x_n)$及前面 n 阶段的效益。最优化 x_n，得到 $f_n^*(s_n)=f_n(s_n,x_n^*)$。对于 s_n 的每个可能值，我们发现 x_n^* 和 $f_n^*(s_n)$之后，求解

① 实际上这个问题的求解过程可以逆向也可以前向移动。但是对很多问题(特别是阶段对应时间周期)，求解的过程必须逆向移动。

过程准备后向移动一个阶段。

对确定性动态规划问题的一种分类方法是通过目标函数的形式进行的。例如,目标可能是最小化单个阶段损失的总和(如驿站马车问题),或者最大化这样的总和,或者最小化这种形式的产品等。另一种分类是以各阶段状态趋势的性质进行的。特别是,状态 s_n 可能需要被一个离散的状态变量代表(如驿站马车问题),或者是由连续的状态变量,或者是一个状态向量(不止一个变量)代表。类似的,决策变量($x_1, x_2, \cdots, x_N$)可能是离散的也可能是连续的。

提出几个例子来阐述这些可能性。更重要的是,它们阐释了这些表面上重要的差异实际上是无关紧要的(除了计算上的困难之外),因为图 11.3 显示的基本结构总是相同的。

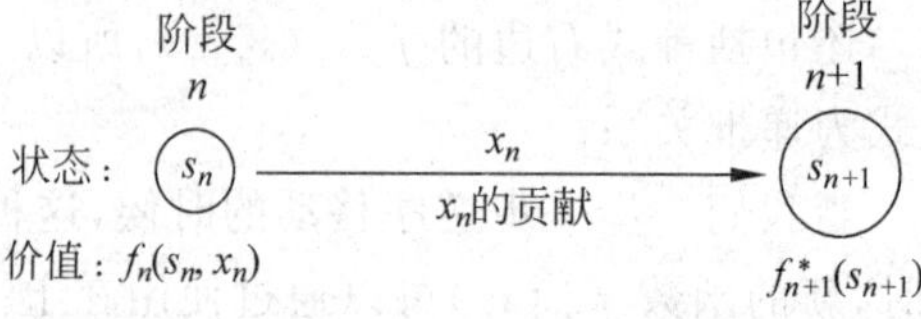

图 11.3 确定性动态规划的基本结构

例 2 向各国分配医疗队

世界卫生组织致力于提高发展中国家的医疗水平。现在有五支医疗队将被分配到三个发展中国家以改善其医疗服务、健康教育和培训项目。因而,该组织需要决定将多少支医疗队(如有)分配给每个国家,以最大化这五支医疗队的总效益。必须保持队伍的完整,所以分配给每个国家的数字必须是整数。

所用的绩效评价是人们增加的寿命(对于某一特定国家,这一措施等于增加的期望寿命乘以该国人口)。表 11.1 给出了人们估计的增加寿命(乘 1 000),对每个国家每个医疗队的每种可能分配。

表 11.1 世界卫生组织问题的数据

医疗队	增加的人口寿命/千人·年		
	国 家		
	1	2	3
0	0	0	0
1	45	20	50
2	70	45	70
3	90	75	80
4	105	110	100
5	120	150	130

怎样分配以最大化绩效评价?

建模 这个问题需要作出三个相关的决策,即有多少支医疗队分别分配到三个国家。因此,即使没有固定的顺序,这三个国家也可被视为动态规划模型的三个阶段。决策变量 $x_n (n=1,2,3)$ 是分配给 n 阶段(国家)的医疗队的数目。

状态的识别可能不是显而易见的。为了确定状态,我们提出以下问题:是什么造成了从一个阶段向下一阶段改变的?已知在前面的阶段已经作出了决定,如何描述目前阶段的状态?关于目前状态的哪些信息对于决定后面的最优策略是必要的?基于这些基础,选择"系统状态"的一种方法为

$$s_n = \text{可分配给剩余国家的医疗队的数量} \quad (n=1,2,3)$$

因此,在第 1 阶段(国家 1),所有三个国家考虑剩余的分配,$s_1=5$。但是,在阶段 2 或阶

段3(国家2或国家3)，s_n 是5减去前一阶段已分配的医疗队的数目，所以状态的顺序为

$$s_1=5,\quad s_2=5-x_1,\quad s_3=s_2-x_2$$

运用逆序的动态规划求解过程，当我们在第2阶段或第3阶段解决问题的时候，我们还没有求解前一阶段的分配问题。因此，我们应考虑在第2阶段或第3阶段所处的每个可能状态，即 $s_n=0,1,2,3,4$ 或5。

图11.4反映了在各阶段所考虑的状态。连线(线段)表明了在制订对各国可行的医疗队分配方案时，从一个阶段到下一阶段状态的可能转变。线段上的数字表明了相应的绩效评价的效益，这些数字来源于表11.1。从这些数字来看，整个问题是找到从初始的状态5(开始阶段1)到最后的状态0(阶段3之后)的路径，使沿着该路径的数量总和最大。

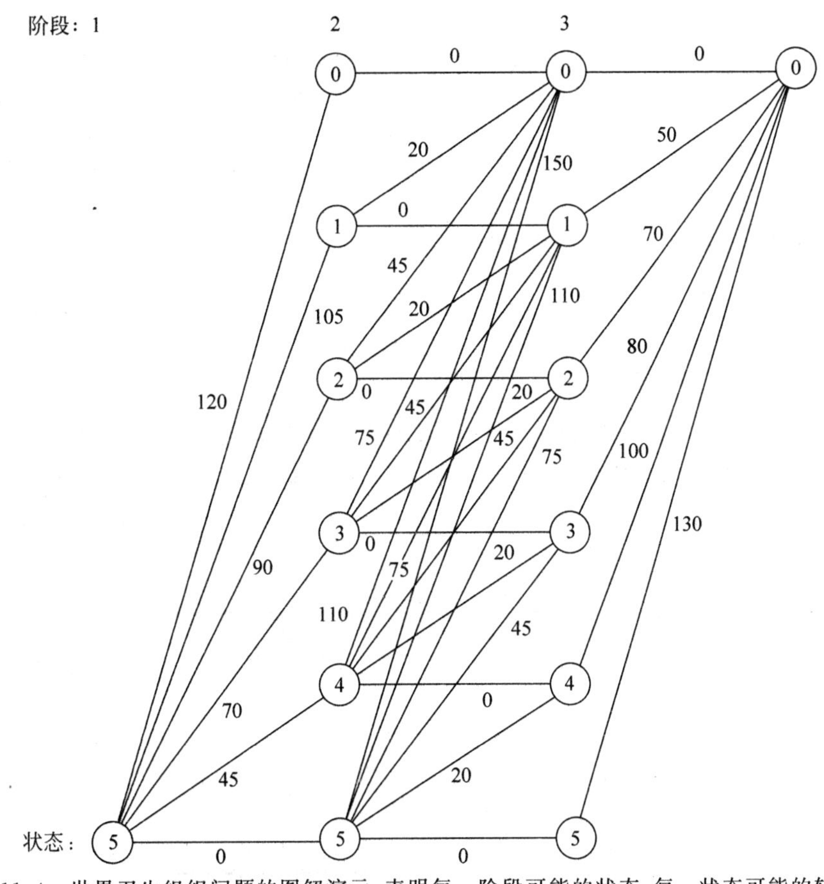

图11.4 世界卫生组织问题的图解演示，表明每一阶段可能的状态、每一状态可能的转换，以及相应的绩效评价的效益

为了用数学的方式陈述整个问题，设 $p_i(x_i)$ 为向国家 i 分配 x_i 支医疗队的绩效评价，如表11.1所示。这样，目标就是选择 x_1,x_2,x_3。

$$\max \quad \sum_{i=1}^{3} p_i(x_i)$$

$$\text{s.t.} \quad \sum_{i=1}^{3} x_i = 5$$

且 x_i 为非负整数

运用11.2节提到的注解，可知 $f_n(s_n, x_n)$ 为

$$f_n(s_n, x_n) = p_n(x_n) + \max \sum_{i=n+1}^{3} p_i(x_i)$$

其中，最大值由 $x_{n+1}, \cdots, x_3$ 替换，因此

$$\sum_{i=n}^{3} x_i = s_n$$

并且 x_i 是非负整数，对于 $n=1,2,3$。而且

$$f_n^*(s_n) = \max_{x_n=0,1,\cdots,s_n} f_n(s_n, x_n)$$

因此

$$f_n(s_n, x_n) = p_n(x_n) + f_{n+1}^*(s_n - x_n)$$

(将 f_4^* 定义为0)。图11.5总结了这些基本的关系。

图11.5 世界卫生组织问题的基本结构图

因此，对于这个问题关联到函数 f_1^*、f_2^* 和 f_3^* 的递推关系：

$$f_n^*(s_n) = \max_{x_n=0,1,\cdots,s_n} \{p_n(x_n) + f_{n+1}^*(s_n - x_n)\}, \quad \text{其中 } n=1,2$$

对于最后阶段($n=3$)：

$$f_3^*(s_3) = \max_{x_3=0,1,\cdots,s_3} p_3(x_3)$$

下面将给出动态规划的计算过程。

求解过程 从最后一个阶段($n=3$)开始，我们注意到 $p_3(x_3)$ 的值在表11.1的最后一列给出，并且沿着该列往下移动，这些值将持续增长。因此，在向国家3分配 s_3 支医疗队时，$p_3(x_3)$ 的最大值可以通过分配所有的 s_3 支医疗队自动获得；因此 $x_3^* = s_3$ 和 $f_3^*(s_3) = p_3(s_3)$，如下表所示。

$n=3$：

s_3	$f_3^*(s_3)$	x_3^*
0	0	0
1	50	1
2	70	2
3	80	3
4	100	4
5	130	5

我们现在从倒数第2阶段($n=2$)开始向后移动。要找到 x_2^* 需要为 x_2 备选值计算和对比 $f_2(s_2, x_2)$，即 $x_2=0,1,\cdots,s_2$。为了阐述，我们用下图描述当 $s_2=2$ 时的情况。

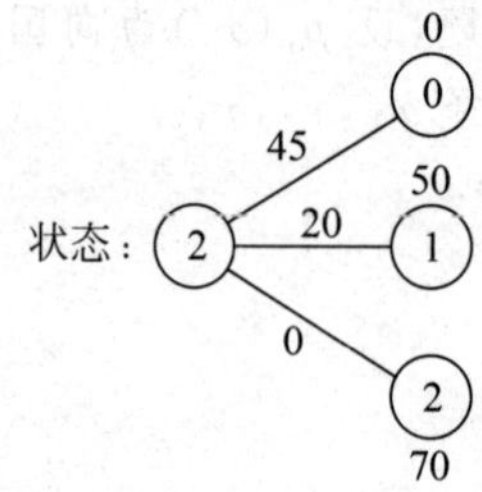

除了已表示的第3阶段的所有三种可能状态，该图与图11.5一致。这样，如果 $x_2=0$，那么第3阶段所产生的状态将是 $s_2-x_2=2-0=2$；而 $x_2=1$ 导致状态1；$x_2=2$ 导致状态0。沿着连线也显示了表11.1中“国家2”栏的 $p_2(x_2)$ 的相应值，且从 $n=3$ 表中得到的 $f_3^*(s_2-x_2)$ 的值在接近第3阶段的点上给出。当 $s_2=2$ 时，所需的计算概括如下。

方程式：$f_2(2,x_2)=p_2(x_2)+f_3^*(2-x_2)$

$p_2(x_2)$ 在表11.1的“国家2”列中给出

$f_3^*(2-x_2)$ 在 $n=3$ 表中给出

$$x_2=0：f_2(2,0)=p_2(0)+f_3^*(2)=0+70=70$$

$$x_2=1：f_2(2,1)=p_2(1)+f_3^*(1)=20+50=70$$

$$x_2=2：f_2(2,2)=p_2(2)+f_3^*(0)=45+0=45$$

因为目标是最大化，所以 $x_2^*=0$ 或 1，$f_2^*(2)=70$。

用相同的方法得出 s_2 的其他可能值，见下表。

$n=2$：

s_2 \ x_2	$f_2(s_2,x_2)=p_2(x_2)+f_3^*(s_2-x_2)$						$f_2^*(s_2)$	x_2^*
	0	1	2	3	4	5		
0	0						0	0
1	50	20					50	0
2	70	70	45				70	0或1
3	80	90	95	75			95	2
4	100	100	115	125	110		125	3
5	130	120	125	145	160	150	160	4

我们现已准备好返回求解从第1阶段($n=1$)开始的最初问题。在这种情况下，唯一考虑的状态就是 $s_1=5$ 时的最初状态，如下图所示。

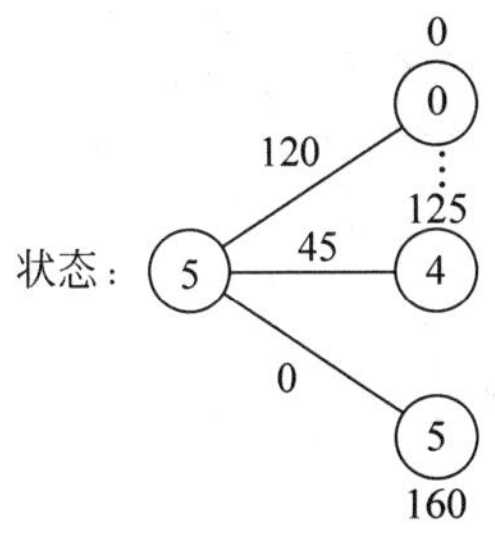

由于向国家1分配 x_1 支医疗队导致了在第2阶段状态为 $5-x_1$，因此选择 $x_1=0$，就是右边下面的点，$x=1$ 时就是下面的倒数第二点，直到 $x_1=5$ 时是最上面的点。表11.1中相应的 $p_1(x_1)$ 的值在链的旁边显示。靠着节点的数字可以从 $n=2$ 表的 $f_2^*(s_2)$ 列获得。当 $n=2$ 时，对决策变量的每个可选值的计算包括相应的链值加上节点值，概括如下。

方程式：$f_1(5,x_1)=p_1(x_1)+f_2^*(5-x_1)$

$p_1(x_1)$ 在表11.1的“国家1”列中给出

$f_2^*(5-x_1)$ 在 $n=2$ 表中给出

$$x_1=0：f_1(5,0)=p_1(0)+f_2^*(5)=0+160=160$$

$$x_1=1：f_1(5,1)=p_1(1)+f_2^*(4)=45+125=170$$

⋮

$$x_1=5: f_1(5,5)=p_1(5)+f_2^*(0)=120+0=120$$

对于 $x_1=2,3,4$,用相同的计算验证在 $x_1^*=1$ 时,$f_1^*(5)=170$,如下表所示。

$n=1$:

x_2 / s_1	$f_1(s_1,x_1)=p_1(x_1)+f_2^*(s_1-x_1)$						$f_1^*(s_1)$	x_1^*
	0	1	2	3	4	5		
5	160	170	165	160	155	120	170	1

因此,最优求解方法有 $x_1^*=1$,其中使 $s_2=5-1=4$,从而 $x_2^*=3$,其中使 $s_3=4-3=1$,这样 $x_3^*=1$。由于 $f_1^*(5)=170$,所以向三个国家分别分配(1,3,1)支医疗队,会得出估计总数大约为 170 000 人·年的增加量,这至少比其他分配多出 5 000 人·年。这个问题很小,可以用试错法很快求解,但动态规划法对具有很多状态和阶段的问题特别有效。

动态规划分析的结果如图 11.6 所示。

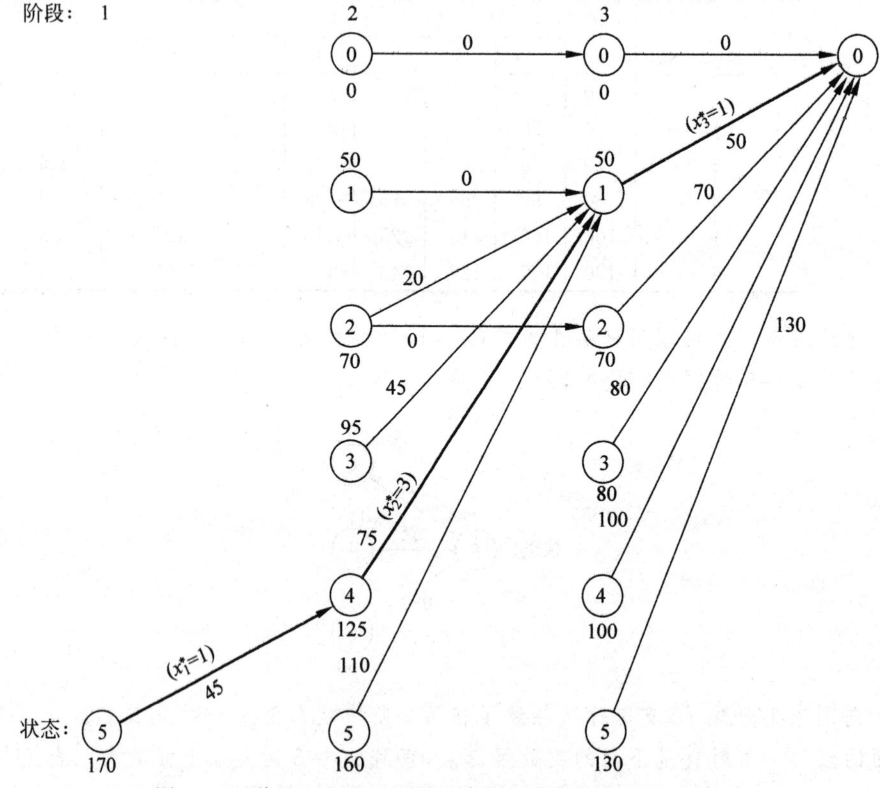

图 11.6 世界卫生组织问题动态规划求解方法的图形演示

从状态 s_n 到状态 s_{n+1} 的箭头表明状态 s_n 的最优决策策略是分配(s_n-s_{n+1})支医疗队到国家 n。当沿着粗体箭头从初始状态到最后状态时,按这种方式分配医疗队将得出最优方案。

一种常见的问题范例——工作问题分配

前面的例子阐述了动态规划问题的一种常见的类型,被称为工作问题分配。对于这种类型的问题,仅有一种资源被分配到许多活动中。目标是决定如何在活动中最有效地分配工作(资源)。对于世界卫生组织的这个例子,涉及的资源是医疗队,三个活动是在三个国家中的医疗保健工作。

假设

分配资源给活动的解释会让你想起前面的知识,因为对于第 3 章开头给出的线性规划问题来说,它是一个典型的解释。然而,在工作问题分配与线性规划之间也有一些重要的区别,它有助于阐述动态规划与其他领域数学规划之间的区别。

一个重要的区别是工作分配问题仅涉及一种资源(一个约束),而线性规划可以处理上千种资源(虽然动态规划能处理不止一种资源,但是随着资源数目的增长,它很快将变得无效)。

此外,工作分配问题远比线性规划问题普遍。考虑 3.3 节中提到的线性规划问题的四个假设:比例性、可加性、可分割性和确定性。比例性几乎与所有的动态规划问题相违背,包括工作问题的分配(例如表 11.1 违背比例性)。可分割性也与之相违背,如例 2,其中决策变量必须为整数。事实上,当可分割性成立时(如例 4),动态规划的计算变得更为复杂。虽然我们应该仅在确定性的假设条件下考虑工作分配问题,但这不是必需的,并且其他许多动态规划问题也违背了这个假设(如 11.4 节中所述)。

在线性规划的四个假设中,工作分配问题(或其他动态规划问题)只需要可加性这一种假设。这个假设要用来满足动态规划的最优性原则(11.2 节中的特征 5)。

建模

因为总是需要分配一种资源给许多活动,工作分配问题通常具有下列动态规划公式(其中活动的排序是任意的):

阶段 $n=$ 活动 $n(n=1,2,\cdots,N)$

$x_n=$ 分配给活动 n 的资源数

状态 $s_n=$ 可分配给剩余活动的资源数$(n,\cdots,N)$

用这种方式定义 s_n 的原因是可以分配的可用资源数,正是关于事件(进入第 n 阶段)当前状态的信息,我们需要用这种信息对剩余活动进行分配决策。

当系统从第 n 阶段状态 s_n 开始时,选择 x_n 将导致下一个状态位于第 $n+1$ 阶段 $s_{n+1}=s_n-x_n$,描述如下[①]:

阶段: n ………… $n+1$

状态: (s_n) —— x_n ——→ (s_n-x_n)

注意该图解结构与图 11.5 中表示的世界卫生组织工作分布问题的案例结构相一致。这两个例子的区别是图 11.5 中的其余部分,即 $f_n(s_n,x_n)$ 和 $f^*_{n+1}(s_n-x_n)$之间的关系,以及 f^*_n 和 f^*_{n+1} 函数之间所产生的递推关系。这些关系取决于整个问题特定的目标函数。

下面的例子的结构与世界卫生组织的结构相似,因为它也是工作分配问题。但是递推关系的区别在于其目标是最小化每个阶段的某项产品。

乍一看,这个例子似乎不是确定性动态规划问题,因为涉及概率。但是,它的确符合我

---

① 该叙述假定 x_n 和 s_n 用相同单位表述。设一种比较的定义为:若 x_n 是分配用于第 n 项活动的资源总量,数量为 a_nx_n,于是有 $s_{n+1}=s_n-a_nx_n$。

们的定义,因为下一阶段的状态完全由当前阶段的状态和策略决定。

例3　给科研小组分配科学家

一项政府空间计划正在进行某项工程问题研究,这个问题必须在人们能够安全飞抵火星之前解决。三个科研小组目前正在尝试三种方法来解决这个问题。在这种情况下,估计各组——分别称之为1组、2组和3组——不会成功的概率分别为0.40、0.60和0.80。因而,目前所有这三组都失败的概率为(0.40)(0.60)(0.80)=0.192。因为目标是最小化失败概率,有另外两名顶级科学家将被分配到该工程项目中。

表11.2给出了各组在有0名、1名或2名其他科学家加入时,会失败的估计概率。只能考虑整数的科学家人数,因为每个新加入的科学家都必须全身心地投入一个组中。问题是决定如何分配另两位科学家以最小化所有组都失败的概率。

表11.2　政府空间计划问题的数据

新科学家	失败概率		
	1组	2组	3组
0	0.40	0.60	0.80
1	0.20	0.40	0.50
2	0.15	0.20	0.30

建模　例2和例3都是工作分配问题,它们的基本结构实际上非常相似。在本例中,是科学家而不是医疗队作为资源的种类,是科研小组而不是各个国家作为分配活动去向。不是医疗队被分配到各国家,而是科学家被分配到各科研小组。在两个问题之间的重要区别就是它们的目标函数。

涉及这么少的科学家和小组,这个问题通过详尽的列举过程可以很容易求解。然而,动态规划的求解方法是为了阐述这种思想的目的而提出的。

在本例中,阶段$n(n=1,2,3)$与科研小组n相一致,状态s_n是能够分配到剩余小组中的新科学家的人数。决策变量$x_n(n=1,2,3)$是额外分配到组n中的科学家的人数。

设$p_i(x_i)$是如果分配x_i个额外科学家时组i的失败概率,如表11.2所示。如果用$\prod$代表连乘,那么政府的目标是选择x_1,x_2,x_3,于是

$$\min \quad \prod_{i=1}^{3} p_i(x_i)=p_1(x_1)p_2(x_2)p_3(x_3)$$

$$\text{s.t.} \quad \sum_{i=1}^{3} x_i=2$$

且x_i为非负整数

因此,对于该问题,$f_n(s_n,x_n)$为

$$f_n(s_n,x_n)=p_n(x_n)\cdot\min\prod_{i=n+1}^{3} p_i(x_i)$$

其中,最小值在$x_{n+1},\cdots,x_3$中,为

$$\sum_{i=n}^{3} x_i=s_n$$

且x_i为非负整数,$n=1,2,3$。这样

$$f_n^*(s_n)=\min_{x_n=0,1,\cdots,s_n} f_n(s_n,x_n)$$

其中

$$f_n(s_n,x_n)=p_n(x_n)\cdot f_{n+1}^*(s_n-x_n)$$

(令 f_4^* 等于1)。图11.7总结了这些基本关系。

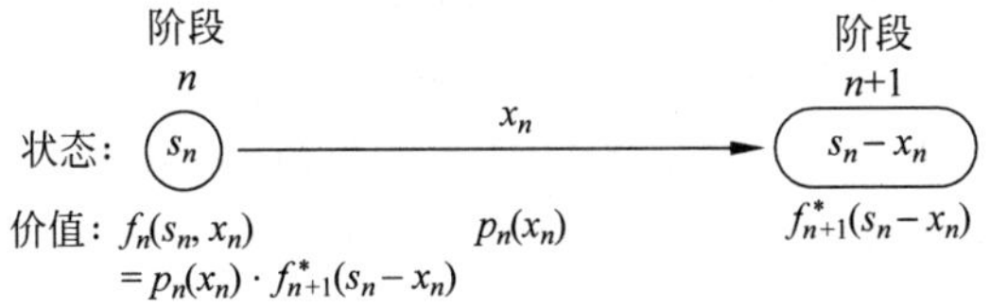

图11.7 政府空间计划问题的基本结构

因此,本例中与 f_1^*、f_2^* 和 f_3^* 函数有关的递推关系为

$$f_n^*(s_n)=\min_{x_n=0,1,\cdots,s_n}\{p_n(x_n)\cdot f_{n+1}^*(s_n-x_n)\},\quad n=1,2$$

且当 $n=3$ 时

$$f_3^*(s_3)=\min_{x_3=0,1,\cdots,s_3}p_3(x_3)$$

求解过程 动态规划计算结果如下:

$n=3$:

s_3	$f_3^*(s_3)$	x_3^*
0	0.80	0
1	0.50	1
2	0.30	2

$n=2$:

s_2 \ x_2	$f_2(s_2,x_2)=p_2(x_2)\cdot f_3^*(s_2-x_2)$			$f_2^*(s_2)$	x_2^*
	0	1	2		
0	0.48			0.48	0
1	0.30	0.32		0.30	0
2	0.18	0.20	0.16	0.16	2

$n=1$:

s_1 \ x_1	$f_1(s_1,x_1)=p_1(x_1)\cdot f_2^*(s_1-x_1)$			$f_1^*(s_1)$	x_1^*
	0	1	2		
2	0.064	0.060	0.072	0.060	1

因而,最优解一定有 $x_1^*=1$,得出 $s_2=2-1=1$,于是 $x_2^*=0$;同时得出 $s_3=1-0=1$,于是 $x_3^*=1$。这样,小组1和小组3应分别接收一名额外的科学家。三个组均失败的概率就变成了0.06。

在每个阶段所有案例都有一个离散状态变量 s。而且,从某种意义上说它们都是可逆的,实际上就是求解过程既可以向后也可以向前一步一步移动(后一个选择就是以逆序重新计算各个阶段,然后以标准方式应用到过程中)。这个可逆性是工作分配问题的一般特性,如例2和例3,因为活动(阶段)可以按任何需要的方式排序。

下一个例子在两个方面有所不同。没有整数的约束条件,在阶段 n 的状态变量 s_n 是可以将任何值分为在某些间断中的连续变量。由于 s_n 现在有无限多个值,无法再分别考虑每一个可行值了。相比之下,求解 $f_n^*(s_n)$ 和 x_n^* 一定要用到 s_n 的函数。而且,这个例子是不可逆的,因为它的阶段与时间周期一致,所以求解程序必须从前向后进行。

例 4 计划雇用水平

Local Job Shop 的工作量受季节波动的影响较大。然而,机床工人很难雇到,并且培训费用高,所以经理不愿意在淡季裁员。他同样不愿意在不需要的时候还支付薪水。而且,他明确地反对定期加班,因为所有工作是按照订单进行的,他不愿意在淡季时积压货物。因而,在决定制订雇用水平的策略时,经理是进退两难的。

下面是未来一年四个季节中最小雇用需求的估计值。

单位:人

季节	雇用需求
春季	255
夏季	220
秋季	240
冬季	200

雇用人数不能降到这些水平以下。任何高于这些水平的雇用每季每人大约浪费 2 000 美元。估计雇用和解雇的成本为:从一个季节到下个季节改变雇用水平的全部成本是 200 乘以雇用水平的差的平方。雇用的非整数水平是可能的,因为有一些兼职的员工,成本数据的应用也是基于非整数的。

建模 基于得到的数据,拥有超过旺季需求时的 255 个员工的雇用水平是不划算的。因而,春季雇用应为 255,那么问题就减少为确定其他三个季节的最优雇用水平。

对于动态规划模型,应将季节作为阶段。因为问题可以延伸至无限的未来,所以实际上可以有无数个阶段数。然而,每年的周期是相同的,因为春季雇用人数是已知的,可以仅考虑用春季作为结尾的周期,概括如下:

阶段 1=夏季

阶段 2=秋季

阶段 3=冬季

阶段 4=春季

x_n=阶段 $n(n=1,2,3,4)$ 的雇用水平

$(x_4=255)$

春季作为最后一个阶段是必要的,因为在最后一个阶段每个状态的决策变量的最优值必须是已知的或者不考虑其他阶段就能获得。对于其他每个季节,最优雇用水平的解必须考虑后面季节成本的影响。

设 r_n=min 第 n 阶段的雇用需求

这些需求前面已经给出,为 $r_1=220$,$r_2=240$,$r_3=200$ 和 $r_4=255$。这样,x_n 的唯一可行值为

$$r_n \leqslant x_n \leqslant 255$$

根据问题叙述部分给出的成本数据,我们有

$$第\ n\ 阶段的成本 = 200(x_n - x_{n-1})^2 + 2\,000(x_n - r_n)$$

注意当前阶段的成本仅仅取决于当前决策 x_n 和前一季节 x_{n-1} 的雇用。因而,前面的雇用水平就是关于我们需要决定后面最优策略当前状态的所有信息。因此,第 n 阶段的状态 s_n 为

$$状态\ s_n = x_{n-1}$$

当 $n=1$ 时,$s_1=x_0=x_4=255$。

表 11.3 给出了四个阶段每一季节的数据摘要。

表 11.3 Local Job Shop 问题的数据

n	r_n	变量 x_n	可能值 $s_n=x_{n-1}$	成　　本
1	220	$220\leqslant x_1\leqslant 255$	$s_1=255$	$200(x_1-255)^2+2\,000(x_1-220)$
2	240	$240\leqslant x_2\leqslant 255$	$220\leqslant s_2\leqslant 255$	$200(x_2-x_1)^2+2\,000(x_2-240)$
3	200	$200\leqslant x_3\leqslant 255$	$240\leqslant s_3\leqslant 255$	$200(x_3-x_2)^2+2\,000(x_3-200)$
4	255	$x_4=255$	$200\leqslant s_4\leqslant 255$	$200(255-x_3)^2$

这个问题的目标是选择 $x_1,x_2,x_3(x_0=x_4=255)$,这样

$$\min \quad \sum_{i=1}^{4}[200(x_i - x_{i-1})^2 + 2\,000(x_i - r_i)]$$

$$\text{s. t.} \quad r_i \leqslant x_i \leqslant 255 \quad (i=1,2,3,4)$$

因而,对于第 n 阶段($n=1,2,3,4$),由于 $s_n=x_{n-1}$

$$f_n(s_n,x_n) = 200(x_n - s_n)^2 + 2\,000(x_n - r_n) + \min_{r_i\leqslant x_i\leqslant 255}\sum_{i=n+1}^{4}[200(x_i - x_{i-1})^2 + 2\,000(x_i - r_i)]$$

其中,当 $n=4$ 时,这个总和等于0(因为它没有意义),并且

$$f_n^*(s_n) = \min_{r_n\leqslant x_n\leqslant 255} f_n(s_n,x_n)$$

所以

$$f_n(s_n,x_n) = 200(x_n - s_n)^2 + 2\,000(x_n - r_n) + f_{n+1}^*(x_n)$$

(f_5^* 被定义为0,因为阶段4以后的成本与本分析无关)这些基本关系的概括见图11.8。

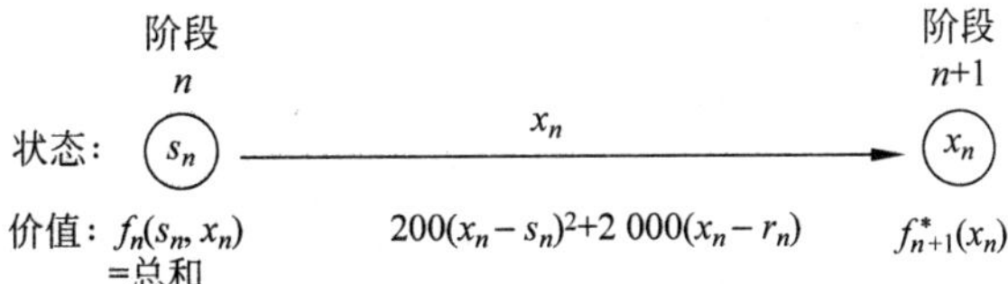

图 11.8 Local Job Shop 问题的基本结构

因此,关系到函数 f_n^* 的递推关系为

$$f_n^*(s_n) = \min_{r_n\leqslant x_n\leqslant 255}\{200(x_n - s_n)^2 + 2\,000(x_n - r_n) + f_{n+1}^*(x_n)\}$$

动态规划方法用这一关系先后确定这些函数——$f_4^*(s_4)$,$f_3^*(s_3)$,$f_2^*(s_2)$,$f_1^*(255)$及相应的 x_n 的最小值。

求解过程 阶段4:从最后一个阶段($n=4$)开始,我们已经知道 $x_4^*=255$,所以必然的

结果为

$n=4$:

s_4	$f_4^*(s_4)$	x_4^*
$200\leqslant s_4\leqslant 255$	$200(255-s_4)^2$	255

阶段3:对于问题仅包含最后两个阶段($n=3$),递推关系简化为

$$f_3^*(s_3)=\min_{200\leqslant x_3\leqslant 255}\{200(x_3-s_3)^2+2\,000(x_3-200)+f_4^*(x_3)\}$$

$$=\min_{200\leqslant x_3\leqslant 255}\{200(x_3-s_3)^2+2\,000(x_3-200)+200(255-x_3)^2\}$$

其中,s_3 的可能值为 $240\leqslant s_3\leqslant 255$。

对于任意给定的 s_3 值,解出使 $f_3(s_3,x_3)$ 最小的 x_3 的值的一个方法,就是用如图11.9所示的图解法。

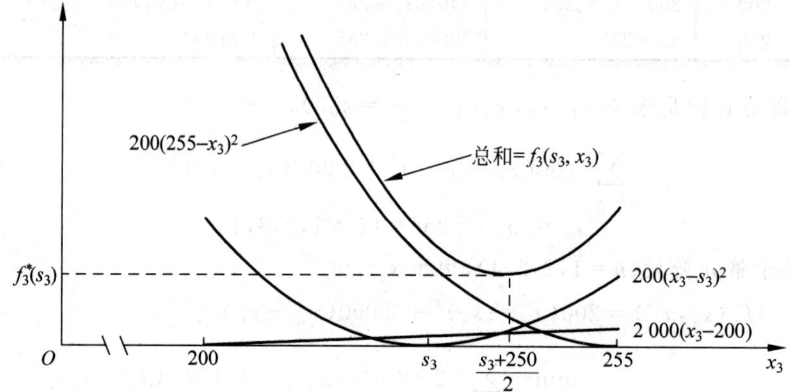

图11.9 Local Job Shop问题 $f_3^*(s_3)$ 的图解法

然而,更快的方法是使用微积分法。我们希望通过设 s_3 是某个固定值(但是未知),以 s_3 的形式解出 x_3 的最小值。因此,假设关于 x_3 的 $f_3(s_3,x_3)$ 的偏导数等于0:

$$\frac{\partial}{\partial x_3}f_3(s_3,x_3)=400(x_3-s_3)+2\,000-400(255-x_3)$$

$$=400(2x_3-s_3-250)$$

$$=0$$

得出

$$x_3^*=\frac{s_3+250}{2}$$

因为第二个导数是正的,同时这个解对于所有可能的 x_3($200\leqslant x_3\leqslant 255$),$s_3$($240\leqslant s_3\leqslant 255$)都在可行域内,所以它正是所需要的最小期望值。

注意这个求解方法的特性与前面例子的一个重要不同,就是前面的例子只需要考虑几个可能的状态。我们现在有无数可能的状态($240\leqslant s_3\leqslant 255$),因此对每个可能的 s_3 的值分别求出 x_3^* 的值,便不再可行。因而,我们让 x_3^* 作为未知数 s_3 的函数,解出 x_3^*。

运用

$$f_3^*(s_3)=f_3(s_3,x_3^*)=200\left(\frac{s_3+250}{2}-s_3\right)^2+200\left(255-\frac{s_3+250}{2}\right)^2+$$

$$2\,000\left(\frac{s_3+250}{2}-200\right)$$

及数学上的简化表达式，完成第三阶段问题所需的结果，概括如下。

$n=3$：

s_3	$f_3^*(s_3)$	x_3^*
$240\leqslant s_3\leqslant 255$	$50(250-s_3)^2+50(260-s_3)^2+1\,000(s_3-150)$	$\frac{s_3+150}{2}$

阶段2：用类似的方法，求解第二阶段($n=2$)和第一阶段($n=1$)的问题。这样，对于$n=2$

$$\begin{aligned}f_2(s_2,x_2)&=200(x_2-s_2)^2+2\,000(x_2-r_2)+f_3^*(x_2)\\&=200(x_2-s_2)^2+2\,000(x_2-240)+50(250-x_2)^2\\&\quad+50(260-x_2)^2+1\,000(x_2-150)\end{aligned}$$

s_2 的可能值为 $220\leqslant s_2\leqslant 255$，$x_2$ 的可行域为 $240\leqslant x_2\leqslant 255$。问题是找出这个区间里 x_2 的最小值，于是

$$f_2^*(s_2)=\min_{240\leqslant x_2\leqslant 255} f_2(s_2,x_2)$$

令关于 x_2 的偏导数为0：

$$\begin{aligned}\frac{\partial}{\partial x_2}f_2(s_2,x_2)&=400(x_2-s_2)+2\,000-100(250-x_2)-100(260-x_2)+1\,000\\&=200(3x_2-2s_2-240)\\&=0\end{aligned}$$

得出

$$x_2=\frac{2s_2+240}{3}$$

因为

$$\frac{\partial^2}{\partial x_2^2}f_2(s_2,x_2)=600>0$$

x_2 的值是最小期望值，如果它是可行解($240\leqslant x_2\leqslant 255$)。考察所有 s_2 的范围($220\leqslant s_2\leqslant 255$)，这个解实际上仅仅在 $240\leqslant s_2\leqslant 255$ 时是可行的。

因而，我们仍然需要解出当 $220\leqslant s_2<240$ 时，使 $f_2(s_2,x_2)$ 最小的 x_2 的可行值。再次分析在 x_2 可行域内 $f_2(s_2,x_2)$ 的行为的关键是求 $f_2(s_2,x_2)$ 的偏导数。当 $s_2<240$ 时

$$\frac{\partial}{\partial x_2}f_2(s_2,x_2)>0\quad(240\leqslant x_2\leqslant 255)$$

因此，$x_2=240$ 是最小期望值。

下一步是将 x_2 的这些值分别代入 $s_2\geqslant 240$ 和 $s_2<240$ 时的 $f_2(s_2,x_2)$，来得出 $f_2^*(s_2)$ 的值。结果如下：

$n=2$:

s_2	$f_2^*(s_2)$	x_2^*
$220 \leqslant s_2 \leqslant 240$	$200(240-s_2)^2+115\,000$	240
$240 \leqslant s_2 \leqslant 255$	$\frac{200}{9}[(240-s_2)^2+(255-s_2)^2+(270-s_2)^2]+2\,000(s_2-195)$	$\frac{2s_2+240}{3}$

阶段 1:对于第一阶段($n=1$)问题

$$f_1(s_1,x_1)=200(x_1-s_1)^2+2\,000(x_1-r_1)+f_2^*(x_1)$$

因为 $r_1=220$,x_1 的可行域是 $220 \leqslant x_1 \leqslant 255$。$f_2^*(x_1)$ 的表达式在 $220 \leqslant x_1 \leqslant 240$ 和 $240 \leqslant x_1 \leqslant 255$ 两个区间有所不同。因此

如果 $220 \leqslant x_1 \leqslant 240$

$$f_1(s_1,x_1)=200(x_1-s_1)^2+2\,000(x_1-220)+200(240-x_1)^2+115\,000$$

当 $240 \leqslant x_1 \leqslant 255$ 时

$$f_1(s_1,x_1)=200(x_1-s_1)^2+2\,000(x_1-220)+\frac{200}{9}[(240-x_1)^2+(255-x_1)^2+(270-x_1)^2]+2\,000(x_1-195)$$

考虑第一种情况,当 $220 \leqslant x_1 \leqslant 240$ 时,我们有

$$\frac{\partial}{\partial x_1}f_1(s_1,x_1)=400(x_1-s_1)+2\,000-400(240-x_1)=400(2x_1-s_1-235)$$

已知 $s_1=255$(春季),于是

$$\frac{\partial}{\partial x_1}f_1(s_1,x_1)=800(x_1-245)<0$$

对所有 $x_1 \leqslant 240$,在区间 $220 \leqslant x_1 \leqslant 240$,$x_1=240$ 是 $f_1(s_1,x_1)$ 的最小值。

当 $240 \leqslant x_1 \leqslant 255$ 时

$$\frac{\partial}{\partial x_1}f_1(s_1,x_1)=400(x_1-s_1)+2\,000-\frac{400}{9}[(240-x_1)+(255-x_1)+(270-x_1)]+2\,000=\frac{400}{3}(4x_1-3s_1-225)$$

因为

$$\frac{\partial^2}{\partial x_1^2}f_1(s_1,x_1)>0,\text{对于所有 } x_1$$

令

$$\frac{\partial}{\partial x_1}f_1(s_1,x_1)=0$$

得出

$$x_1=\frac{3s_1+225}{4}$$

因为 $s_1=255$,它得出了在区间 $240 \leqslant x_1 \leqslant 255$ 中当 $x_1=247.5$ 时,$f_1(s_1,x_1)$ 最小。

注意这个区间($240\leqslant x_1\leqslant 255$)包括 $x_1=240$,所以 $f_1(s_1,240)>f_1(s_1,247.5)$。在倒数第二段,我们在可行域($220\leqslant x_1\leqslant 240$)中发现当 $x_1=240$ 时,$f_1(s_1,x_1)$最小。因此,我们可以得出结论:当 $x_1=247.5$ 时,$f_1(s_1,x_1)$最小。

我们最后的计算是在区间 $240\leqslant x_1\leqslant 255$,对于 $s_1=255$,通过将 $x_1=247.5$ 代入表达式 $f_1(255,x_1)$找到 $f_1^*(s_1)$。因此

$$f_1^*(255)=200(247.5-255)^2+2\,000(247.5-220)+\frac{200}{9}[2(250-247.5)^2+(265-247.5)^2+30(742.5-575)]=185\,000$$

这些结论概括为

$n=1$:

s_1	$f_1^*(s_1)$	x_1^*
255	185 000	247.5

因此,通过分别追溯 $n=2$,$n=3$ 和 $n=4$ 的表格,以及每次设 $s_n=x_{n-1}^*$,产生的最优解是 $x_1^*=247.5$,$x_2^*=245$,$x_3^*=247.5$,$x_4^*=255$,得到每周期的估计总成本为 185 000 美元。

为了阐述确定性动态规划,我们给出一个需要不止一个变量的例子来描述每个阶段的状态。

你已经看到了各类动态规划的应用,在下一节还会看到更多。但这些例子仅涉及表面。例如,第 2 章参考文献 3 介绍了动态规划可用来解决的 47 种类型的问题(该文献还给出了可用于求解这些类型问题的软件)。对动态规划的应用均涉及制订一系列的决策,动态规划提供了对这些决策组合起来的最优方法。

11.4　随机性动态规划

随机性动态规划不同于确定性动态规划,它在下一阶段的状态不完全是由当前阶段的状态和决策策略决定的,而是对于下一状态将会有一个概率分布。然而,这个概率分布仍然完全由当前阶段的状态及决策策略决定。产生的随机性动态规划的基本结构见图 11.10。

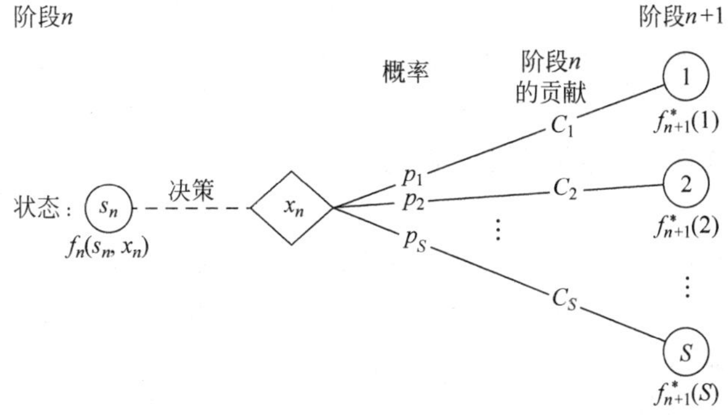

图 11.10　随机性动态规划的基本结构图

基于图 11.10,我们设 S 为第 $n+1$ 阶段可能状态的数量,将这些状态的右端项标为 1,2,…,S。系统以概率 P_i 进入状态 $i(i=1,2,\cdots,S)$,得出第 n 阶段的状态为 s_n,决策为 x_n。

如果系统进入状态 i,C_i 是第 n 阶段目标函数的贡献。

当图 11.10 扩展至包括所有阶段的所有可能状态和决策时,它有时被称为**决策树**(decision tree)。如果决策树不是太大,它就为总结各种可能性提供了一个好方法。

由于随机性结构,$f_n(s_n,x_n)$和 $f^*_{n+1}(s_{n+1})$之间的关系在某种程度上必然比确定性动态规划更为复杂。这个关系的精确形式取决于整个目标函数的形式。

为了详细说明,假设目标是最小化各个阶段的期望损益总额。在这种情况下,$f_n(s_n,x_n)$代表第 n 阶段以前的最小期望总额,已知第 n 阶段的状态和决策策略分别为 s_n 和 x_n,因此

$$f_n(s_n,x_n)=\sum_{i=1}^{S}p_i[C_i+f^*_{n+1}(i)]$$

有

$$f^*_{n+1}(i)=\min_{x_{n+1}} \quad f_{n+1}(i,x_{n+1})$$

其中,这个最小值取的是 x_{n+1} 的可行值范围。

例 5 有与此同样的形式。例 6 将阐述另一种形式。

例 5　确定次品限额

Hit-and-Miss 生产公司接受了一份特殊类型的产品供应订单。客户要求的质量条件严格,所以生产商必须在多个周期内生产多个产品以确保生产出合格的产品。生产周期内生产的额外产品数量被称为次品限额。在为客户订单组织生产时,列明次品限额是常规做法,在本例中也似乎是可取的。

生产商估计这种类型的每个产品的成品率为$\frac{1}{2}$,同时次品率(没有返工改好的可能)也为$\frac{1}{2}$。这样,批量 L 生产的成品的数量为二项式分布,也就是说,生产次品的概率为$\left(\frac{1}{2}\right)^L$。

每个产品的边际成本估计为 100 美元(即使不合格),超出的产品没有任何价值。另外,无论如何为这个产品设立生产过程,都需要 300 美元的固定成本,并且如果经过冗长的检查程序发现一个设备没有产出合格品,则要以同样的成本重新设立新的生产线。由于时间有限,生产商只有三个生产周期的时间。如果经过三次生产周期仍未能生产出一个合格的产品,则不仅没有收入,而且要交 1 600 美元违约金。

目标是制订每个生产周期应制造产品数量(1+次品数量)的策略,使总生产成本最低。

建模　这个问题的动态规划模型是

阶段 n = 第 n 个生产周期($n=1,2,3$)

x_n = 阶段 n 的产品数量

状态 s_n = 从阶段 n 开始的仍然需要的成品数量(1 或 0)

这样,在阶段 1,状态 $s_1=1$。如果后来至少得到一个成品,那么状态改变到 $s_n=0$,在此之后不发生额外的成本。

因为该问题的目标是

$f_n(s_n,x_n)$ = 阶段 $n,\cdots,3$ 的全部期望成本,如果系统开始于阶段 n,状态为 s_n,直接决策为 x_n,后面会作出最优决策

$$f^*_n(s_n)=\min_{x_n=0,1,\cdots,3} f_n(s_n,x_n)$$

其中，$f_n^*(0)=0$。以100美元作为单位，不考虑下一状态，阶段 n 的成本贡献是$[K(x_n)+x_n]$，其中 $K(x_n)$ 是 x_n 的函数，这样

$$K(x_n)=\begin{cases}0, & \text{如果 } x_n=0\\ 3, & \text{如果 } x_n>0\end{cases}$$

因而，对于 $s_n=1$

$$\begin{aligned}f_n(1,x_n)&=K(x_n)+x_n+\left(\frac{1}{2}\right)^{x_n}f_{n+1}^*(1)+\left[1-\left(\frac{1}{2}\right)^{x_n}\right]f_{n+1}^*(0)\\&=K(x_n)+x_n+\left(\frac{1}{2}\right)^{x_n}f_{n+1}^*(1)\end{aligned}$$

[如果没有得到合格成品，则最终成本 $f_4^*(1)$ 为16]图11.11概括了这些基本关系。因此，动态规划计算的递推关系是

$$f_n^*(1)=\min_{x_n=0,1,\cdots}\left\{K(x_n)+x_n+\left(\frac{1}{2}\right)^{x_n}f_{n+1}^*(1)\right\}\quad(n=1,2,3)$$

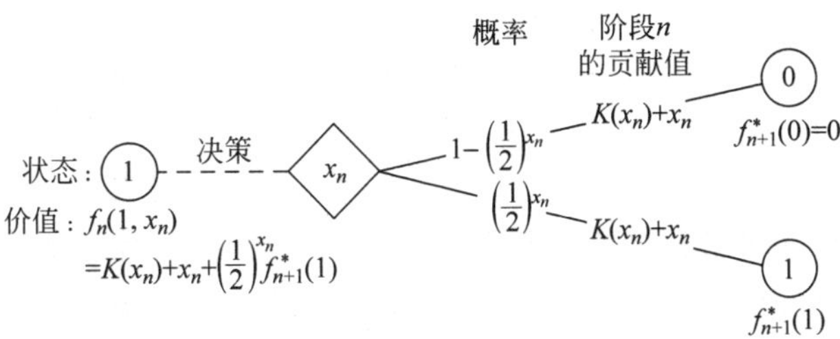

图11.11 Hit-and-Miss生产公司问题的基本结构图

求解过程 用这种递推关系计算，概括如下。

$n=3$：

s_3 \ x_3	$f_3(1,x_3)=K(x_3)+x_3+16\left(\frac{1}{2}\right)^{x_3}$						$f_3^*(s_3)$	x_3^*
	0	1	2	3	4	5		
0	0						0	0
1	16	12	9	8	8	$8\frac{1}{2}$	8	3或4

$n=2$：

s_2 \ x_2	$f_2(1,x_2)=K(x_2)+x_2+\left(\frac{1}{2}\right)^{x_2}f_3^*(1)$					$f_2^*(s_2)$	x_2^*
	0	1	2	3	4		
0	0					0	0
1	8	8	7	7	$7\frac{1}{2}$	7	2或3

$n=1$：

s_1 \ x_1	$f_1(1,x_1)=K(x_1)+x_1+\left(\frac{1}{2}\right)^{x_1}f_2^*(1)$					$f_1^*(s_1)$	x_1^*
	0	1	2	3	4		
1	7	$7\frac{1}{2}$	$6\frac{3}{4}$	$6\frac{7}{8}$	$7\frac{7}{16}$	$6\frac{3}{4}$	2

这样,最优策略是在第一个生产周期中生产2个产品;如果没有一个可被接受,那么在第二个生产周期中生产2个或3个产品;如果还是没有一个可被接受,那么在第三个生产周期中生产3个或4个产品。这个策略的总期望成本是675美元。

例6 在拉斯维加斯获胜

一位年轻的统计学家相信自己开发的系统可以在拉斯维加斯的一款常见赌博游戏中赢钱。她的同事们不相信,于是他们和她打了一个赌注很高的赌。打赌的条件是如果她以三个筹码开始,在三局之后,她不会剩余五个以上的筹码。每局可下注手上有的任意数量的筹码,然后要么赢得要么输掉同样数目的筹码。这位统计学家相信她的系统每一局都有$\frac{2}{3}$的胜算。

假设统计学家是正确的,我们现在使用动态规划来决定这三盘每次赌多少个(如有)筹码的最优策略。每盘的决策应该考虑上一盘的结果,目标是使她赢得同事的可能性最大。

建模 这个问题的动态规划模型为

$$\text{阶段 } n = \text{第 } n \text{ 局}(n=1,2,3)$$

$$x_n = \text{第 } n \text{ 局要下注的筹码数}$$

$$\text{状态 } s_n = \text{第 } n \text{ 局下注前手中的筹码数}$$

选择这个状态的定义,是因为它提供了所需要的关于当前状态的信息,以制订下一局应赌多少个筹码的最优策略。

因为目标是使统计学家赢得赌局的概率最大,每个阶段的目标函数必须是完成三局时手里至少有五个筹码的概率最大(注意以超过五个筹码结束的值与用五个筹码结束的值是相同的,任何一种结果都算打赌获胜)。因而,$f_n(s_n, x_n)$=有至少五个筹码完成三局的概率。已知统计学家开始于阶段n状态s_n,制订即时决策x_n,并制订以后的最优策略:

$$f_n^*(s_n) = \max_{x_n=0,1,\cdots,s_n} f_n(s_n, x_n)$$

对于$f_n(s_n, x_n)$的表达式必须反映即使统计学家会输掉下一局,最终仍然可能积累五个筹码的事实。如果她输了,下一阶段的状态就是$s_n - x_n$,完成时至少有五个筹码的概率就应该是$f_{n+1}^*(s_n - x_n)$。然而如果她赢了下一局,状态就变成了$s_n + x_n$,相应的概率就是$f_{n+1}^*(s_n + x_n)$。因为假设获胜的概率是$\frac{2}{3}$,那么它变为

$$f_n(s_n, x_n) = \frac{1}{3} f_{n+1}^*(s_n - x_n) + \frac{2}{3} f_{n+1}^*(s_n + x_n)$$

[其中当$s_4 < 5$时,$f_4^*(s_4)$为0;当$s_4 \geqslant 5$时,$f_4^*(s_4)$为1。]这样,阶段n的目标函数就没有直接贡献,而是会在下一状态产生影响。图11.12概括了这些基本关系。

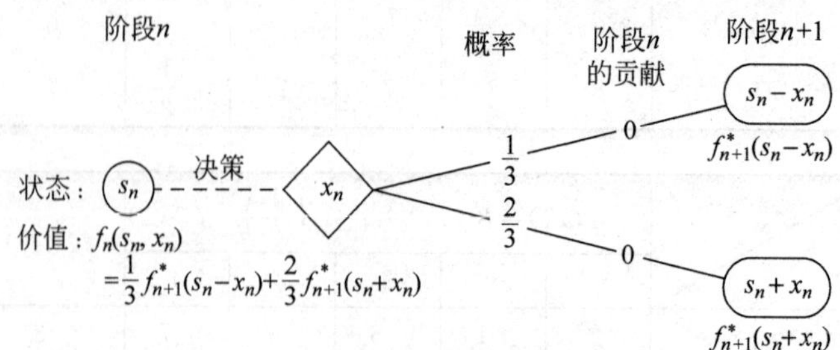

图11.12 拉斯维加斯问题的基本结构图

因而，这个问题的递推关系就是

$$f_n^*(s_n)=\max_{x_n=0,1,\cdots,s_n}\left\{\frac{1}{3}f_{n+1}^*(s_n-x_n)+\frac{2}{3}f_{n+1}^*(s_n+x_n)\right\}$$

对 $n=1,2,3$，$f_4^*(s_4)$就是刚刚定义的。

求解过程　利用递推关系，得出如下计算结果。

$n=3$：

s_3	$f_3^*(s_3)$	x_3^*
0	0	—
1	0	—
2	0	—
3	$\frac{2}{3}$	2(或更多)
4	$\frac{2}{3}$	1(或更多)
≥5	1	0(或$\leqslant s_3-5$)

$n=2$：

s_2 \ x_2	$f_2(s_2,x_2)=\frac{1}{3}f_3^*(s_2-x_2)+\frac{2}{3}f_3^*(s_2+x_2)$					$f_2^*(s_2)$	x_2^*
	0	1	2	3	4		
0	0					0	—
1	0	0				0	—
2	0	$\frac{4}{9}$	$\frac{4}{9}$			$\frac{4}{9}$	1 或 2
3	$\frac{2}{3}$	$\frac{4}{9}$	$\frac{2}{3}$	$\frac{2}{3}$		$\frac{2}{3}$	0,2 或 3
4	$\frac{2}{3}$	$\frac{8}{9}$	$\frac{2}{3}$	$\frac{2}{3}$	$\frac{2}{3}$	$\frac{8}{9}$	1
≥5	1					1	0(或$\leqslant s_2-5$)

$n=1$：

s_1 \ x_1	$f_1(s_1,x_1)=\frac{1}{3}f_2^*(s_1-x_1)+\frac{2}{3}f_2^*(s_1+x_1)$				$f_1^*(s_1)$	x_1^*
	0	1	2	3		
3	$\frac{2}{3}$	$\frac{20}{27}$	$\frac{2}{3}$	$\frac{2}{3}$	$\frac{20}{27}$	1

因而，最优策略是

$$x_1^*=1\begin{cases}\text{如果赢，}\quad x_2^*=1\begin{cases}\text{如果赢，}\quad x_3^*=0\\ \text{如果输，}\quad x_3^*=2\text{ 或 }3\end{cases}\\ \text{如果输，}\quad x_2^*=1\text{ 或 }2\begin{cases}\text{如果赢，}\quad x_3^*=\begin{cases}2\text{ 或 }3 & (x_2^*=1)\\ 1,2,3\text{ 或 }4 & (x_2^*=2)\end{cases}\\ \text{如果输，}\quad \text{输掉赌局}\end{cases}\end{cases}$$

这个策略给出了统计学家赢得同事的概率是$\frac{20}{27}$。

11.5 结论

动态规划对于制订相互关联的序列决策是非常有用的技术。它要求对每个问题建立一个合适的递推关系的公式。而且,它用详细统计找到决策的最优组合,可以极大地节省计算量。例如,如果问题有 10 个阶段、10 个状态,则每个阶段有 10 个可能策略,穷举法必须考虑 100 亿种组合,而动态规划则仅需要不超过 1 000 次的计算(每阶段的状态为 10)。

本章仅考虑了有限阶段数的动态规划。

参考文献

1. Bertsekas, D. P.: *Dynamic Programming and Optimal Control*, vol. 1, 4th ed., Athena Scientific, Nashua, NH, 2017.
2. Denardo, E. V.: *Dynamic Programming: Models and Applications*, Dover Publications, Mineola, NY, 2003.
3. Lew, A., and H. Mauch: *Dynamic Programming: A Computational Tool*, Springer, New York, 2007.
4. Sniedovich, M.: *Dynamic Programming: Foundations and Principles*, 2nd ed., Taylor & Francis, New York, 2010.

习题

带星号的习题在书后至少给出了部分答案。

11.2-1 考虑下面的网络图,其中沿线的每个数字代表了通过线段连接的两个节点之间的距离。目标是找出从始点到终点的最短路径。

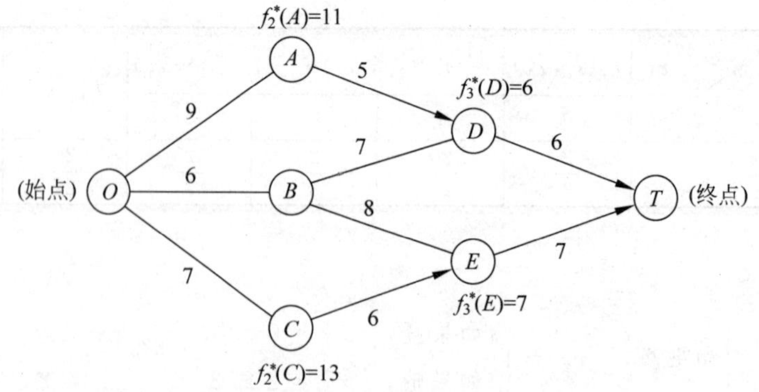

(a) 对于这个问题的动态规划模型,阶段和状态是什么?

(b) 运用动态规划解决这个问题。不过,不要使用常用的表格,请用图解法(与图 11.2 类似)。特别的,从已知的网络开始,其中对于四个节点的 $f_n^*(s_n)$ 的答案已经给出;然后求解并填出 $f_2^*(B)$和 $f_1^*(O)$。用箭头表明穿过每两个点的最优路线。最后,用箭头指出从节点 O 到节点 T 的最优路线。

(c) 通过手工建立常用的 $n=3$、$n=2$ 和 $n=1$ 的表格,并运用动态规划方法求解这个问题。

(d) 使用9.3节介绍的最短路径算法求解这个问题,并比较该方法与(b)和(c)中的方法。

11.2-2 某大学教材出版社的销售经理手下有6名推销员,他分配他们到全国三个区域。他已经决定每个区域应派至少一名推销员,并且每名推销员只能严格属于这个区域。现在他需要决定为了使销售量最大,应该分配多少名推销员到这些区域。

下表给出了各区域分到不同的推销员人数时,各区域销售量的估计增长值。

推销员	区　域		
	1	2	3
1	35	21	28
2	48	42	41
3	70	56	63
4	89	70	75

(a) 利用动态规划方法求解这个问题。不要使用通常的表格,而是用图解法建立和填写类似习题11.2-1那样的网络:通过求出每个节点(除了终点)的 $f_n^*(s_n)$,并写出节点的值来进行,画箭头表示最优路线上的每个节点。最后,用网络图指出产生的最优路径和相应的最优解。

(b) 通过建立常用的 $n=3$、$n=2$ 和 $n=1$ 的表格,运用动态规划方法求解这个问题。

11.2-3 考虑下面的工程网络(如10.8节所述),其中每点上面的数字是相应活动需要的时间。由于最长路径是关键路径,所以这个问题是找到这个网络从开始到结束的最长路径(最大全部时间)。

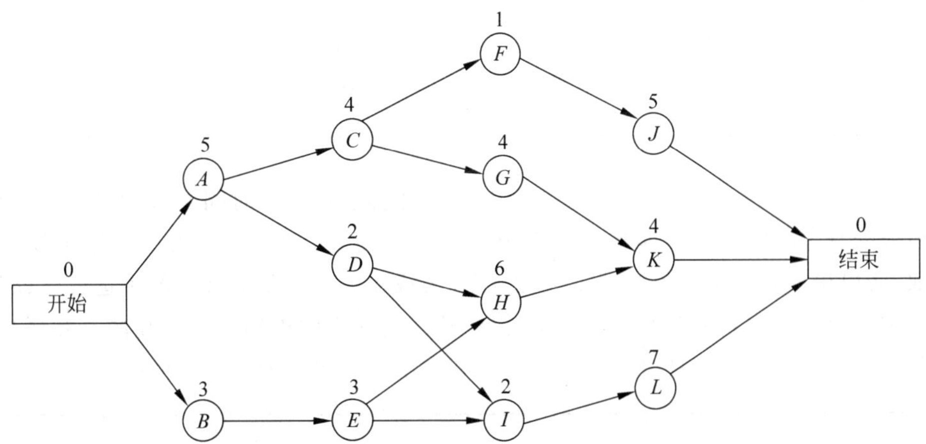

(a) 对于这个问题的动态规划模型,阶段和状态是什么?

(b) 运用动态规划方法求解这个问题。不要使用通常的表格,请使用图解法。特别的是,在相应的节点下,填上各个 $f_n^*(s_n)$ 的不同值,并通过在弧开始的附近画箭头指出所产生的穿过每个点的最优弧。然后跟随从始点到终点的这些箭头指出最优路径(最长路径)。如果有不止一条最优路径,请指出全部最优路径。

(c) 通过建立通常的 $n=4$、$n=3$、$n=2$ 和 $n=1$ 的表格,并运用动态规划方法求解这个问题。

11.2-4 考虑下面关于求解动态规划问题的陈述。给每个陈述标上对错,然后通过参考本章中相关的陈述来证明你的答案。

(a) 求解过程使用递推关系,即在已知阶段 n 的最优策略时,能够解出第 $n+1$ 阶段的最优策略。

(b) 在完成求解过程后,如果在某一阶段错误地作出非最优策略,那么求解过程就需要对后面的阶段重新应用以确定新的最优策略(已知这个不是最优策略)。

(c) 一旦找到整个问题的最优策略,则需要说明一个特定阶段的最优策略的信息就是该阶段的状态和前面阶段制订的策略。

11.3-1* 某水果店店主有三家连锁店,他买了5箱新鲜草莓。在草莓腐烂之前其销售潜力在三家店的概率分布都不一样。店主想要知道应如何将5箱草莓分到三家店,使期望利润最高。

出于管理方面的原因,店主不希望在各店之间将草莓拆箱。不过,他并不介意有哪家店分不到草莓。

下表给出了当他分配给每家连锁店不同数量的草莓时,该店的估计期望利润。

利用动态规划方法决定5箱草莓中的几箱应该分别分配给三家店中的每家店,使总期望利润最高。

箱数	零售店		
	1	2	3
0	0	0	0
1	5	6	4
2	9	11	9
3	14	15	13
4	17	19	18
5	21	22	20

11.3-2 一名大学生在开始四门课程的期末考试之前还有7天时间复习,她想尽可能有效地分配复习时间。每门课程至少需要1天时间复习,她希望一天中仅集中复习一门课,所以想分别分配给每门课1天、2天、3天或4天。由于最近学习了运筹学课程,她决定利用动态规划来制订分配方案,以使从四门课程中得到分数提高的总和最高。她估计对每门课程的各种分配方案会得出下表中所显示的分数提高值。

复习天数	估计提高的分数			
	课程1	课程2	课程3	课程4
1	1	5	4	4
2	3	6	6	4
3	6	8	7	5
4	8	8	9	8

利用动态规划方法解决这个问题。

11.3-3 一项竞选活动已进入最后阶段，投票表明这是一场势均力敌的竞选。其中一名候选人还有足够的资金用来购买电视广告时段，总共是四个不同地区电视台的5个黄金时段。基于选举信息，估计能够在不同播放地区赢得额外选票的数量取决于广告时段的数量。下表给出了这些估计，以千张选票为单位。

广告时段	地区			
	1	2	3	4
0	0	0	0	0
1	4	6	5	3
2	7	8	9	7
3	9	10	11	12
4	12	11	10	14
5	15	12	9	16

利用动态规划方法决定为了使估计赢得的选票数量最多，应如何在四个地区中分配这五个广告时段。

11.3-4 某政党的县主席正在制订即将到来的总统竞选计划。她已经找了六名志愿者为选区服务，她想要把他们以某种方式分配到四个选区，以获得最高的效率。她认为分配一名志愿者去一个以上的选区是效率低下的。

下表给出了如果每个选区被分配了不同数量的志愿者，对于政党候选人来说，可能增长的选票数量。

志愿者	选区			
	1	2	3	4
0	0	0	0	0
1	4	7	5	6
2	9	11	10	11
3	15	16	15	14
4	18	18	18	16
5	22	20	21	17
6	24	21	22	18

应如何将六名志愿者分配到四个选区，使政党候选人选票的全部增长最大这个问题有多个最优解。利用动态规划方法找到所有办法，以便该政党的县主席可以基于其他因素作出最终的选择。

11.3-5 使用动态规划方法求解9.1节提到的北方飞机公司生产计划问题(见表9.7)，假设产量必须为5的整数倍。

11.3-6* 某公司将很快向某个竞争激烈的市场推出新产品，并且目前正在计划营销策略。

所做的决策将以三个阶段推出产品。第一阶段将是用非常低的价格为顾客提供某种入门级的产品,以吸引首次购买的顾客。第二阶段将包括强大的广告攻势,以劝说首次购买产品的顾客继续按正常价格购买产品。据了解,大约在第二阶段将要结束时,另一家公司将推出一种新的竞争产品。因而,第三阶段将有后续的广告和促销活动,以确保老顾客不会转向竞争产品。

这次营销活动大约有400万美元的预算。现在的问题是要决定如何最有效地将这笔资金分配给三个阶段。用 m 代表第一阶段最初达到的市场份额(用百分比表示),第二阶段保留的市场份额为 f_2,第三阶段保留的市场份额为 f_3。用动态规划方法决定如何分配400万美元使新产品的最终市场份额最大,即 $\max mf_2f_3$。

(a) 假设这些钱必须以100万美元的整数倍花在每个阶段,其中对于第一阶段最小允许倍数为1,第二、第三阶段为0。下表给出了每个阶段花费的估计影响。

花费/百万美元	对市场份额的影响		
	m	f_2	f_3
0	—	0.2	0.3
1	20	0.4	0.5
2	30	0.5	0.6
3	40	0.6	0.7
4	50	—	—

(b) 假设全部预算内的任何资金都可以花在每一阶段,其中在阶段 $i(i=1,2,3)$ 花费数量为 x_i 的资金(单位为百万美元)的估计影响为

$$m=10x_1-x_1^2$$

$$f_2=0.40+0.10x_2$$

$$f_3=0.60+0.07x_3$$

[提示:分析求解出 $f_2^*(s)$ 和 $f_3^*(s)$ 的函数之后,用图解法解出 x_1^*。]

11.3-7 某电子设备由四个部件组成。该设备的可靠性可以通过在一个或更多部件中安装几个并行单元来提高。下表给出了由1个、2个或3个并行单元组成时,每个部件正常运行的概率。

并行单元数量	正常运行的概率			
	部件1	部件2	部件3	部件4
1	0.5	0.6	0.7	0.5
2	0.6	0.7	0.8	0.7
3	0.8	0.8	0.9	0.9

设备正常运行的概率是各部件正常运行的概率的积。

下表给出了每一部件分别安装1个、2个或3个并行单元的成本(以100美元为单位)。

并行单元数量	成本			
	部件1	部件2	部件3	部件4
1	1	2	1	2
2	2	4	3	3
3	3	5	4	4

由于预算的限制,最多可以花费1 000美元。

使用动态规划方法决定应该有多少个并行单元被安装在4个部件中的每一个,使设备正常运行的概率最大。

11.3-8 考虑下列非线性整数规划问题:

$$\max \quad Z=3x_1^2-x_1^3+5x_2^2-x_2^3$$

$$\text{s.t.} \quad x_1+2x_2\leqslant 4$$

且 $\quad x_1\geqslant 0,\quad x_2\geqslant 0$

x_1、x_2 为整数。

使用动态规划方法求解这个问题。

11.3-9 考虑下列非线性整数规划问题:

$$\max \quad Z=18x_1-x_1^2+20x_2+10x_3$$

$$\text{s.t.} \quad 2x_1+4x_2+3x_3\leqslant 11$$

且 x_1、x_2、x_3 均为非负整数

使用动态规划方法求解这个问题。

11.3-10* 考虑下列非线性规划问题:

$$\max \quad Z=36x_1+9x_1^2-6x_1^3+36x_2-3x_2^3$$

$$\text{s.t.} \quad x_1+x_2\leqslant 3$$

且 $\quad x_1\geqslant 0, x_2\geqslant 0$

使用动态规划方法求解这个问题。

11.3-11 当从一季到下一季改变雇用水平的全部成本变为100美元乘以雇用水平的差的平方时,重新求解Local Job Shop(例4)的雇用水平计划问题。

11.3-12 考虑下列非线性规划问题:

$$\max \quad Z=2x_1^2+2x_2+4x_3-x_3^2$$

$$\text{s.t.} \quad 2x_1+x_2+x_3\leqslant 4$$

且 $\quad x_1\geqslant 0, x_2\geqslant 0, x_3\geqslant 0$

使用动态规划方法求解这个问题。

11.3-13 考虑下列非线性规划问题:

$$\max \quad Z=x_1^4+2x_2^2$$

$$\text{s.t.} \quad x_1^2+x_2^2\geqslant 2$$

(没有非负约束)使用动态规划方法求解这个问题。

11.3-14 考虑下列非线性规划问题：

$$\max \quad Z=x_1^3+4x_2^2+16x_3$$
$$\text{s.t.} \quad x_1x_2x_3=4$$
$$且 \quad x_1\geqslant 1, x_2\geqslant 1, x_3\geqslant 1$$

(a) 当增加一个约束条件，所有三个变量都被要求为整数时，使用动态规划方法求解这个问题。

(b) 根据题目给出的条件（连续变量），使用动态规划方法求解这个问题。

11.3-15 考虑下列非线性规划问题：

$$\max \quad Z=x_1(1-x_2)x_3$$
$$\text{s.t.} \quad x_1-x_2+x_3\leqslant 1$$
$$且 \quad x_1\geqslant 0, x_2\geqslant 0, x_3\geqslant 0$$

使用动态规划方法求解这个问题。

11.4-1 一名西洋双陆棋棋手今晚与朋友有连续三场比赛。每次比赛，他都有机会获得一个他会赢的公平赌局。投注金额可以是从 0 到上场比赛打赌后他手中剩下的金额之间的任何数量。对于每场比赛，他赢得比赛并赢得投注金额的概率是$\frac{1}{2}$，然而他输掉比赛并输掉投注金额的概率也是$\frac{1}{2}$。他以 75 美元开始比赛，目标是最终拥有 100 美元（因为这是友谊赛，他不想在结束比赛时赢的赌注超过 100 美元）。因此，他希望找到最优打赌策略（包括平局），使他三场比赛后正好赢得 100 美元的概率最大。使用动态规划方法求解这个问题。

11.4-2 假设你有 5 000 美元可供投资，在今后 3 年内每年开始选择两种投资的一种（A 或 B）。两种投资的回报均不确定：对于投资 A，年底你或者失去全部资金或者（概率较高）收回 10 000 美元（5 000 美元的利润）。对于投资 B，年底你可能收回 5 000 美元或 10 000 美元（概率较低）。这些事件的概率见下表。

投资	收回金额/美元	概率
A	0	0.3
	10 000	0.7
B	5 000	0.9
	10 000	0.1

你被允许每年（最多）只能投资一次，每次只能投资 5 000 美元（额外积累的资金被闲置下来）。

(a) 使用动态规划方法确定投资策略，使 3 年后你拥有的期望金额最大。

(b) 使用动态规划方法确定投资策略，使 3 年后你至少拥有 10 000 美元的可能性最大。

11.4-3* 假设 Hit-and-Miss 生产公司问题（例 5）的情况有一点变化。经过仔细分析，你现在估计，生产出合格产品的概率为$\frac{2}{3}$，而不是$\frac{1}{2}$，所以批量 L 生产次品的概率为$\left(\frac{1}{3}\right)^L$。

另外，现在只有足够运行两个生产周期的时间。使用动态规划方法确定这个问题的新的最优策略。

11.4-4 重新考虑例 6。假设打赌改为：“从两个筹码开始，在经过 5 场比赛后，她不会有至少 5 个筹码。”通过参考上次的运算结果进行额外的计算，为这位有魄力的年轻统计学家确定新的最优策略。

11.4-5 Profit & Gambit 公司有一款主打产品，由于销量下降最近一直在亏本。事实上，在本季度，销量将低于保本点 400 万件。因为每件的边际收入超过边际成本 5 美元，这相当于本季度损失了 2 000 万美元。因而，管理层必须迅速采取行动扭转这种局面。目前正在考虑两种可以选择的方案。一种方案是立即放弃生产，停产将导致 2 000 万美元的费用。另一种方案是采取强大的广告攻势增加产品的销量，然后仅仅当广告不够成功时放弃这个产品（成本 2 000 万美元）。广告活动的初步计划已经形成并分析过了，它将延续至下三个季度（受提前取消的限制），三个季度中的每一季度都将花费 3 000 万美元。预计第一季度销量将增加大约 300 万件；第二季度将再增加 200 万件；第三季度会再增加 100 万件。然而，由于一些无法预期的市场变化，形势将有很大的不确定性，比如广告实际上会有什么影响；进一步分析表明，选择任一发展方向估计每个季度都会以 200 万件结束生产（为了量化这种不确定性，假设这三个季度销量的额外增长分别是从 100 万到 500 万、0 到 400 万和 −100 万到 300 万范围内有统一分布的独立的随机变量）。如果实际增幅太小，可停止广告活动，并在下两季度中的任一季度末放弃该产品。

如果开始了强大的广告攻势并继续完成，估计后一段时间内的销量将继续与第三季度（去年）保持同一水平。因而，如果该季度销量仍低于保本点，产品将被放弃。否则，估计后来的期望折扣利润是售出每件产品将超出第三季度保本点 40 美元。

使用动态规划方法确定最优策略，使期望利润最高。

Introduction to Operations Research

第12章

整数规划

第 3 章描述了几个例子,你会发现线性规划能够被用来解决各种问题。然而,线性规划的可分割性假定限制了它的应用范围,即决策变量要求取非整数值(参见 3.3 节)。但在很多实际问题中,决策变量只有取整数值才有意义,如必须给一个任务分派整数的人、机器或车辆。如果一个问题与线性规划的不同之处仅在于要求变量取值为整数,那它就是一个**整数规划**(IP)问题(更完整的名称是整数线性规划。形容词线性通常被省略掉,除非是与更高深的整数非线性规划问题对比,而这超出了本书的范围)。

整数规划的数学模型就是线性规划的数学模型(见 3.2 节)再加上变量必须取整数值的额外限制。只要求部分变量取整数值的(可分割性假定对其余变量仍然适用),称为**混合整数规划**(MIP)。为了加以区分,我们把要求全部变量取整数值的问题称为纯整数规划问题。

例如,在 3.1 节的 Wyndor Glass 公司问题中,如果两个决策变量 x_1、x_2 分别代表产品 1 和产品 2 的总产量,而不是生产率,那么该模型就是一个整数规划问题。因为两种产品(玻璃门和木框窗)都是不可分割的,所以必须考虑 x_1、x_2 的整数约束。

当变量不满足可分割性假定的时候,许多此类问题可以被作为线性规划直接扩展的整数规划来解决。然而,另一领域的应用显得尤为重要,即涉及是或否的决策问题。在这种决策中,只有两个可能的选择"是"或"否"。例如,我们是否应该实施一项准备就绪的工程?我们是否应该进行某项投资?我们是否应该在一个特定地点安置设备?

由于只有两种选择,我们只给决策变量取两个值(0 和 1),就能表达这种决策。x_j 代表第 j 个是或否的决策,有

$$x_j=\begin{cases}1, & \text{如果决策 } j \text{ 为是}\\ 0, & \text{如果决策 } j \text{ 为否}\end{cases}$$

这种变量称为**二值变量**(或 0-1 变量),所以只包含二值变量的整数规划问题有时被称为**二值整数规划**(binary integer programming,BIP)问题(或 0-1 整数规划问题)。

12.1 节提出了一个简单的典型二值整数规划问题,12.2 节考察了各种二值整数规划的应用。其他二值变量的一些模型将在 12.3 节讨论,12.4 节提出了一系列建模的例子。12.5 节至 12.8 节讨论了求解整数规划问题的方法,包括二值整数规划和混合整数规划问

题。12.9 节介绍了一个令人激动的新发展(约束规划),这将显著拓展我们建模和求解整数规划模型的能力。

有关整数规划的补充见本书网站(www.mhhe.com/hillier11e)。补充中描述了二元变量的各类创造性应用,针对各类有难度的问题建立了易处理的模型。

12.1 范例

加州制造公司正在考虑建一个新工厂来扩大公司规模。新工厂可能建在洛杉矶或旧金山,甚至可能在两座城市都建一个新工厂。该公司同时正在考虑建至多一个新仓库,其选址要视新工厂的厂址而定。表 12.1 的第四列是每种选择的净现值(考虑到资金时间价值的总收益),最右边一列给出了目前投资所需要的资金(已经包含在净现值中),可用的总资金为 1 000 万美元。目标是找到一种可行的选择组合,使总净现值最大。

表 12.1　加州制造公司的数据　　单位:百万美元

决策数	答案为是或否的问题	决策变量	总净现值	需要的资金
1	在洛杉矶建新工厂吗?	x_1	9	6
2	在旧金山建新工厂吗?	x_2	5	3
3	在洛杉矶建新仓库吗?	x_3	6	5
4	在旧金山建新仓库吗?	x_4	4	2
				可用资金:10

12.1.1 二值整数规划模型

这个问题非常简单,稍做调查就能很快得出结论(在两座城市都建新工厂,不建新仓库)。让我们用一个整数规划模型来说明。所有决策变量都是二值形式:

$$x_j=\begin{cases}1, & \text{如果决策 } j \text{ 为是}\\ 0, & \text{如果决策 } j \text{ 为否}\end{cases}\qquad (j=1,2,3,4)$$

令

$$Z=\text{这些决策的总净现值}$$

如果投资建一个工厂或仓库(相应的决策变量取值为 1),则该投资的预期净现值由表 12.1 的第四列给出。如果不进行投资(相应的决策变量取值为 0),则净现值为 0。因此,以 100 万美元为单位:

$$Z=9x_1+5x_2+6x_3+4x_4$$

表 12.1 最右边一列说明用于工厂和仓库的投资金额不能超过 1 000 万美元,故仍然以 100 万美元为单位,该模型的一个约束条件是

$$6x_1+3x_2+5x_3+2x_4\leqslant 10$$

因为后两个决策是互斥的(公司至多新建一个仓库),我们需要以下约束条件:

$$x_3+x_4\leqslant 1$$

此外,决策 3 和决策 4 是条件决策,因为它们分别要视决策 1 和决策 2 而定(只有当公司打算在某城市新建一个工厂时,公司才会考虑是否在那里建仓库),因此对于决策 3 来说,

我们要求若 $x_1=0$,则 $x_3=0$。对决策 3 的这一限制(当 $x_1=0$ 时)通过以下约束条件实现:

$$x_3 \leqslant x_1$$

类似的,若 $x_2=0$,则 $x_4=0$,可以由以下约束条件实现:

$$x_4 \leqslant x_2$$

因此,我们重写这两个约束条件,把所有变量都移到左边,完整的 0-1 整数规划模型为

$$\begin{aligned}
\max \quad & Z = 9x_1 + 5x_2 + 6x_3 + 4x_4 \\
\text{s.t.} \quad & 6x_1 + 3x_2 + 5x_3 + 2x_4 \leqslant 10 \\
& x_3 + x_4 \leqslant 1 \\
& -x_1 + x_3 \leqslant 0 \\
& -x_2 + x_4 \leqslant 0 \\
& x_j \leqslant 1 \\
& x_j \geqslant 0 \\
\text{且} \quad & x_j \text{ 是整数}, j = 1,2,3,4
\end{aligned}$$

该模型的最后三行可以等价转换为一个约束条件:

$$x_j \text{ 是二值变量}, j = 1,2,3,4$$

这个例子虽然简单,但是当主要变量为 0-1 变量时,它能典型地代表许多整数规划的实际应用。正如本例的第二对决策,一组是或否的决策经常构成一组**互斥的选择**(mutually exclusive alternatives),也就是在一组中只能有一个决策的结果为是。每一组需要一个约束条件,相应 0-1 变量的和必须等于 1(如果一组中刚好有一个决策的结果为是)或小于等于 1(如果一组中至多有一个决策的结果为是)。有时,是或否的决策是**条件决策**(contingent decisions),也就是依赖先前决策结果的后续决策。例如,如果只有当一个决策结果为是时,另一个决策才可能为是,那么我们就说后一个决策要视前一个决策而定。当条件决策涉及一个后续的行动时这种情况就发生了;如果前一个决策结果为否,那么条件决策就变得无足轻重甚至不可能了。最终得到的约束条件通常采用本例中第三与第四个约束条件的形式。

12.1.2 用于求解此类模型的软件

所有用于运筹学研究的软件包(Excel 及其 Solver、LINGO/LINDO 和 MPL/Solvers)都包括求解 0-1(纯或混合)整数规划模型的算法,也包括求解一般(纯或混合)整数规划模型的算法,此时变量必须是整数而不是 0-1 变量。二值变量处理起来较一般整数变量更为容易,所以前者的算法能够解决问题的范围比后者大。

在使用 Solver 时,处理过程与线性规划基本相同。当你为了增加约束条件,点击"Solver"对话框的"Add"按钮时,会出现一点不同。除了满足线性规划的约束条件外,你还需要添加整数约束。在整数变量而不是 0-1 变量的情况下,这要在"Add Constraint"对话框中完成,在左边选择整数变量的范围并在弹出的菜单中选择"int"。对于二值变量来说,在弹出菜单中选择"bin"。

本章的一个 Excel 文件给出了加州制造公司案例的完整的建模和结果的程序列表。本书网站上本章的"解决的示例"部分还包括一个带有两个整数限制变量的最小化示例。该示例说明了 IP 模型的表述及其图形解决方案,以及电子表格格式和解决方案。

一个 LINGO 模型使用@BIN()函数来说明圆括号里的变量为 0-1 变量，对于一般整数变量(取整数值而不是 0-1 变量)，@GIN()函数的使用方法与之相同。在两种方法中，函数都可以嵌入一个@FOR 声明，给整个变量组规定二值或整数约束。

在一个典型的 LINDO 模型中，二值或整数约束是插在 END 声明后面的。输入 GIN X 是指定变量 X 为一般整数变量。另外，对于任何正整数 n，声明 GIN n 指定前 n 个变量是一般整数变量，除了用 INTEGER 替换 GIN 之外，对 0-1 变量的处理方法是相同的。

对于一个 MPL 模型，关键词 INTEGER 用来指明一般整数变量，而 BINARY 用于 0-1 变量。在 MPL 模型的变量部分，你要做的只是在 VARIABLES 标签前加适当的形容词(INTEGER 或 BINARY)来指明标签下列表中的变量是哪种类型的。你也可以不在变量部分给出指定，而是在模型部分在其他的约束后面加入二值或整数约束。使用这种方法时，变量组上的标签会变成 INTEGER 或 BINARY。

学生版的 MPL 包括一些用于线性编程的求解器(包括 CPLEX，GUROBI 和 CoinMP)，还包括用于求解纯 IP、混合 IP、BIP 模型的最先进算法。例如，在使用 CPLEX 时，通过选择 Options 菜单下 CPLEX Parameters 对话框中的 MIP Strategy 标签，有经验的用户可以从完成算法的众多选项中找到最适合特定问题的选项。

当你看到这些软件包应用于不同的例子时，上面的介绍就会变得更加清晰。运筹学课程软件中本章的 Excel、LINGO/LINDO 和 MPL/Solvers 文件，说明了怎样将各个软件应用于本节介绍的范例，以及后面的整数规划的例子。

本章的后半部分将主要讨论整数规划算法，这些算法与软件包中所使用的算法类似。12.6 节将用本范例来演示纯二值整数规划算法的应用。

12.2　0-1 整数规划的某些应用

正如加州制造公司的例子，管理者经常要面对是或否的决策，因此二值整数规划(BIP)被广泛用于诸如此类的辅助决策。

我们现在要介绍不同类型的是或否的决策。本节中将提到两个实际应用的例子，帮助解释上述类型中的两种。

12.2.1　投资分析

人们有时利用线性规划来完成资金预算决策，决定对不同的项目投资额各是多少。然而正如加州制造公司的例子，一些资金预算决策不是决定投资多少，而是决定是否进行一项固定金额的投资。尤其在该例中四个决策为是否投入固定的资金在一座城市(洛杉矶或旧金山)兴建某个设施(工厂或仓库)。

管理层必须经常面对的决策涉及是否进行一项固定投资(需要投入的资金是已经预先确定的)。我们是否应该收购正从另一家公司中分离出来的子公司？我们是否应该买下某个原料来源？我们是否应该引进一条新生产线自己生产某种原料，而不是继续从供应商那里获得它？

总之，关于固定投资的资金预算决策是一种是或否的决策，其表达形式如下。

每个是或否的决策：

我们是否应该进行一项固定投资?

$$\text{它的决策变量}=\begin{cases}1, & \text{是}\\ 0, & \text{否}\end{cases}$$

应用案例

中西部独立输电系统运营公司(MISO)是成立于1998年的非营利组织,负责管理美国中西部地区的发电和输电。它通过控制将近60 000英里的高压输电线路和1 000多家发电厂,为超过4 000万用户(个人和企业)提供电力,可发电14.6万兆瓦。该基础设施横跨美国中西部13个州以及加拿大曼尼托巴省。

任何区域输电组织的关键任务是可靠和高效地提供用户所需的电力。MISO通过使用混合二值整数规划来最大限度地减少提供所需电力的总成本而改变了完成这项任务的方式。模型中的每个主要二值变量表示一个是或否的决策,决定一个特定的发电厂是否应该在一个特定的时间段内运行。在求解该模型之后,将结果输入线性规划模型中以设置电力输出水平并确定电力交易的价格。

混合BIP模型是一个庞大的模型,具有约3 300 000个连续变量、450 000个二进制变量和3 900 000个函数约束。一种特殊的技术(拉格朗日松弛)被用于解决如此巨大的模型。

运筹学的这一创新应用在2007—2010年节省了约25亿美元,预计到2020年还将再节省约70亿美元。这些惊人的结果使MISO在2011年赢得了表彰其运筹学和管理科学成就的Franz Edelman奖一等奖。

资料来源:Carlson, Brian, Yonghong Cheng, Mingguo Hong, Roy Jones, Kevin Larson, Xingwan Ma, Peter Nieuwesteeg, et al. "MISO Unlocks Billions in Savings Through the Application of Operations Research for Energy and Ancillary Services Markets." *Interfaces* (now *INFORMS Journal on Applied Analytics*), 42(1): 58-73, Jan.-Feb. 2012.(本书的网站上提供了这篇文章的链接,见 www.mhhe.com/hillier11e.)

12.2.2 选址

在如今的全球经济中,许多公司正在世界各地兴建新工厂,为的是获得低劳动力成本等好处。在为新工厂选址之前,需要分析和比较很多地点(在加州制造公司的例子中,有两个可供选择的厂址)。每个可供选择的地点都涉及一个是或否的决策,其表达形式如下。

每个是或否的决策:

是否应该选择某个地点来兴建新设施?

$$\text{它的决策变量}=\begin{cases}1, & \text{是}\\ 0, & \text{否}\end{cases}$$

在许多案例中,目标是地点的选择以使新建设施的总成本最小,这些新设施能满足生产的需要。

我们下面将要讨论的一类问题对于许多公司都是很重要的,其中选址起到了关键性的作用。

12.2.3　设计生产和销售网络

如今，制造商为了在使产品更快地进入市场的同时降低生产和销售成本，而面临巨大的压力。因此，任何在大范围内（甚至全世界）销售产品的公司必须不断关注生产和销售网络的设计。

这种设计包括下述类型的是或否的决策：

是否应该保持某工厂继续运营？

是否应该选择某地点开一家新工厂？

是否应该保留某销售中心继续营业？

是否应该选择某地点建一个新销售中心？

如果每个市场都仅由一个销售中心提供服务，那么对于每个市场与销售中心的组合，我们产生了另一种是或否的决策。

是否应该指定某一销售中心为某一市场服务？

对于此类是或否的决策：

$$\text{它的决策变量} = \begin{cases} 1, & \text{是} \\ 0, & \text{否} \end{cases}$$

本节的第一个应用案例为中西部独立输电系统运营公司通过运行一个极大的二元整数规划（BIP）模型，节省了数十亿美元。本例中通过网络进行生产和分销的产品是电力。

12.2.4　发货

生产和销售网络设计完毕并投入运行后，关于如何送货的日常运营决策是必不可少的。某些此类决策同样属于是或否的决策。

例如，假设用卡车运送货物，每辆卡车在每一次行程中都将货物送给几个顾客，这时候就有必要为每一辆卡车选择一个路线（顾客的次序），故每个候选路线产生一个是或否的决策。

是否应该为一辆卡车选择某一路线？

$$\text{它的决策变量} = \begin{cases} 1, & \text{是} \\ 0, & \text{否} \end{cases}$$

目标是选择路线使送达所有货物的总成本最小。

我们还要考虑具体操作中的复杂性。比如，如果存在不同的卡车型号，每个备选方案既包括路线也包括相应卡车的型号。类似地，如果时间是一个因素，出发的时间段也可以被包含在是或否的决策中。考虑到这两个因素，每个是或否的决策有如下形式。

在一次送货过程中，是否应该同时考虑以下因素：

（1）一条路线；

（2）卡车的型号；

（3）出发的时间段。

$$它的决策变量=\begin{cases}1, & 是\\0, & 否\end{cases}$$

12.2.5 安排相互联系的活动

每天我们都要安排相互关联的活动,甚至安排什么时候开始做各科的家庭作业。类似地,管理者必须对相关活动进行安排:应该什么时候开始生产不同的新产品?应该什么时候开始为不同的新产品做市场推广?应该什么时候进行不同的投资来扩大生产能力?

对于此类活动,有关何时开始的决策可以用一系列是或否的决策来表达,每个决策对应一个可能的开始时间,如下所示。

某活动是否应该在某一时间开始?

$$它的决策变量=\begin{cases}1, & 是\\0, & 否\end{cases}$$

由于特定的活动只能在一个时间段开始,对各种时间的选择是一组互斥选择,所以如果只有一个时间可供选择,那么决策变量的值为1。

12.2.6 航空应用

航空业在日常运营中广泛地使用运筹学,目前很多运筹学专家在该领域工作。各大航空公司都有专门从事运筹学应用的内部机构。另外,一些著名的咨询公司仅关注涉及运输的公司的问题,如航空公司。我们将要提及两个应用,它们都使用BIP。

一个是飞机安排问题。给定几种不同类型的可用飞机,问题是为每个日程安排中的航班指定某种机型,使利润最大化。基本问题是如果给航班分配的飞机太小,那么将失去潜在的乘客。如果飞机太大,则因为存在空座位,公司将承担多余的开销。

对于每个机型与航班的组合,我们有如下是或否的决策。

$$它的决策变量=\begin{cases}1, & 是\\0, & 否\end{cases}$$

应用案例

荷兰铁路公司是荷兰旅客列车的主要运营商。在这个人口稠密的国家,目前大约有5 500列旅客列车,平均每个工作日可运送约110万人次。该公司的营业收入每年约为15亿欧元(约合20亿美元)。

多年来,荷兰铁路网络上的客运量一直稳定增长,因此2002年的一项全国性研究得出结论:应该进行三项主要的基础设施扩展。需要为荷兰铁路系统制定一个新的全国性的时刻表,规定每辆列车在每个车站的计划出发和到达时间。因此,荷兰铁路公司的管理层指示在未来几年内进行广泛的运筹学研究,使新的时刻表和可用资源(列车车辆单元和列车组人员)实现最佳匹配。一个由该公司物流部门的成员及来自欧洲大学或软件公司的几位知名运筹学者组成的工作组进行了这项研究。

新的时刻表于2006年12月启动,同时启动的还有一个根据时刻表调度机车车辆单元(各种客车及其他列车单元)的新系统。此处,还实施了一个用于调度列车组人员(每组包含一名驾驶员和多名列车员)的新系统。使用二值整数规划及相关技术来完成上述所有工作。例如,用于列车组人员调度的BIP模型与本节中针对西南航空问题的模型非常相似(除了规模更大)。

运筹学的这个应用立即为公司带来了每年约6 000万美元的额外利润,并且在未来几年中,预计每年的额外利润将增加到1.05亿美元。这些惊人的结果使荷兰铁路在2008年赢得了表彰其运筹学和管理科学方面的成就的Franz Edelman奖一等奖。

资料来源:Kroon, Leo, Dennis Huisman, Erwin Abbink, Pieter-Ja Fioole, Matteo Fischetti, Gabor Maroti, Alexander Schrijver, Adri Steenbeek, et al. "The New Dutch Timetable: The OR Revolution." *Interfaces* (now *INFORMS Journal on Applied Analytics*), 39(1): 6-17, Jan.-Feb. 2009.(本书的网站上提供了这篇文章的链接,见www.mhhe.com/hillier11e.)

一个很相似的应用是机组人员的日程安排问题。在这里,不是为航班分配机型,而是把飞行员和乘务人员分配给某条航线。因此,每条可行的航线都是从机组人员的基地出发再返回同一基地,对每条航线,是或否的决策是:

是否应该指定某队机组人员执飞某航线?

$$\text{它的决策变量}=\begin{cases}1, & \text{是}\\0, & \text{否}\end{cases}$$

目标是使执飞的机组人员的成本最低,机组人员要覆盖所有班次。

一个比较完整的建模案例将在本节末尾给出。

与航空公司有关的一个问题是,有时由于天气恶劣、机械故障或人员缺乏等原因,导致航班延误或取消,需要能迅速调整机组人员的安排。正如2.5节应用案例中所描述的,大陆航空公司(现已同联合航空公司合并)针对上述情况,在使用一个基于BIP的复杂决策支持系统进行机组人员安排的第一年,就节省了4 000万美元。

航空公司所面临的问题在其他运输业同样存在。因此,运筹学研究在航空业的一些应用也扩展到包括铁路运输在内的其他部门。

一个航空应用建模的例子

西南航空公司需要对机组人员进行分配,使其覆盖所有执行航班。我们研究的重点是,为驻扎在旧金山的三队机组人员指定如表12.2第一列所示的所有航班,另外12列显示的是12条可行的航线(每列的数字代表该航线覆盖的航班,及其顺序号)。在这些航线中,需要选择3条(一队机组人员负责一条航线),但是要保证覆盖所有的航班(允许在一个航班上有多队机组人员,多出来的机组人员实际为乘客,但是工会合同要求,多余的机组人员应被视为正在工作,应向其支付工资)。把一队机组人员分配给某条航线的成本由表中的最后一行给出(以千美元为单位)。目标是分配三队机组人员,使他们飞行所有航班的总成本最低。[①]

用0-1变量建模

有12条可行的航线,相应的,我们有12个是或否的决策:

应该指定一队机组人员飞航线j吗?($j=1,2,\cdots,12$)

我们使用12个0-1变量分别代表这些决策:

---

① 对航空公司涉及大规模机组人员排班的问题的研究,可参见Xiaodong, L. Y. 和T. Shaw. "Airline Crew Augmentation Decades of Improvements from Share," *Interfaces*, (45)5:409-424. Sep.-Oct. 2015.

$$x_j=\begin{cases}1, & \text{指定一队机组人员飞航线 } j\\ 0, & \text{不指定一队机组人员飞航线 } j\end{cases}$$

该模型最有趣的地方是,每个约束条件实际上是保证一个航班被覆盖。例如,考虑表12.2的最后一个航班(西雅图到洛杉矶)。五条航线(也就是航线6、航线9、航线10、航线11和航线12)包括该航班,因此公司至少会选择其中的一条航线飞行。得出的约束条件是

$$x_6+x_9+x_{10}+x_{11}+x_{12}\geqslant 1$$

表12.2 西南航空公司问题的数据

	可行的航线											
航班	1	2	3	4	5	6	7	8	9	10	11	12
1. 旧金山—洛杉矶	1			1			1			1		
2. 旧金山—丹佛		1			1			1			1	
3. 旧金山—西雅图			1			1			1			1
4. 洛杉矶—芝加哥				2			2		3	2		3
5. 洛杉矶—旧金山	2					3				5	5	
6. 芝加哥—丹佛				3	3				4			
7. 芝加哥—西雅图							3	3		3	3	4
8. 丹佛—旧金山		2		4	4				5			
9. 丹佛—芝加哥					2			2			2	
10. 西雅图—旧金山			2				4	4				5
11. 西雅图—洛杉矶						2			2	4	4	2
成本/千美元	2	3	4	6	7	5	7	8	9	9	8	9

对另外10个航班使用类似的约束,完整的BIP模型是

$$\max\quad Z=2x_1+3x_2+4x_3+6x_4+7x_5+5x_6+7x_7+8x_8+9x_9+9x_{10}+8x_{11}+9x_{12}$$

s.t.

$x_1+x_4+x_7+x_{10}\geqslant 1$ (旧金山—洛杉矶)

$x_2+x_5+x_8+x_{11}\geqslant 1$ (旧金山—丹佛)

$x_3+x_6+x_9+x_{12}\geqslant 1$ (旧金山—西雅图)

$x_4+x_7+x_9+x_{10}+x_{12}\geqslant 1$ (洛杉矶—芝加哥)

$x_1+x_6+x_{10}+x_{11}\geqslant 1$ (洛杉矶—旧金山)

$x_4+x_5+x_9\geqslant 1$ (芝加哥—丹佛)

$x_7+x_8+x_{10}+x_{11}+x_{12}\geqslant 1$ (芝加哥—西雅图)

$x_2+x_4+x_5+x_9\geqslant 1$ (丹佛—旧金山)

$x_5+x_8+x_{11}\geqslant 1$ (丹佛—芝加哥)

$x_3+x_7+x_8+x_{12}\geqslant 1$ (西雅图—旧金山)

$x_6+x_9+x_{10}+x_{11}+x_{12}\geqslant 1$ (西雅图—洛杉矶)

$$\sum_{j=1}^{12}x_j=3\quad \text{(共三队机组成员)}$$

且 x_j 是0-1变量,$j=1,2,\cdots,12$

该 BIP 模型的一个最优解是

$$x_3=1 \quad (\text{指定机组飞航线 }3)$$
$$x_4=1 \quad (\text{指定机组飞航线 }4)$$
$$x_{11}=1 \quad (\text{指定机组飞航线 }11)$$

其余 $x_j=0$，总成本为 18 000 美元（另一最优解是 $x_1=1,x_5=1,x_{12}=1$，其他 $x_j=0$）。

这个例子阐明了一类更常见的问题——**集合覆盖问题**（set covering problems）[①]。任何集合覆盖问题都可以用涉及一些可能的活动（如航线）与特征（如航班）的一般模型描述。每个活动处理一些特征但不是全部特征。目标是决定成本最低的活动组合，所有活动必须覆盖所有特征。因此，令 S_i 是覆盖特征 i 的所有活动的集合。集合 S_i 中至少有一个被选择，所以对于每个特征 i，约束条件是

$$\sum_{j\in S_i} x_j \geqslant 1$$

另一类相关问题是**集合分离问题**（set partitioning problems），把每个约束条件变成：

$$\sum_{j\in S_i} x_j = 1$$

所以每个集合 S_i 中恰好有一个被包括在选择出来的活动中。对于该例，就是对选出的航线，每个航班只能在一条航线中出现，消除了在任何航班上有多余机组人员的情况。

12.3 用二值变量解决固定支出问题

当举办一项活动时，发生固定支出和准备成本的情况是很常见的。比如，一个工厂接下生产一批产品的订单后，必须建立相应的生产设施以启动生产，这时就产生了一笔费用。在这种情况下，项目的总开销就是与项目进度相关的可变支出以及用来启动项目的启动资金。可变支出通常与项目进度大致成比例。如果是这种情况，项目（称为项目 j）的总开销可以用如下的函数形式来表示：

$$f_j(x_j)=\begin{cases} k_j+c_jx_j, & \text{如果 } x_j>0 \\ 0, & \text{如果 } x_j=0 \end{cases}$$

上式中，x_j 表示项目 j 的进度（$x_j\geqslant 0$），k_j 表示准备成本，而 c_j 表示多生产一单位产品所带来的成本。如果不是因为准备成本 k_j，成本结构表明可以用线性规划模型来决定项目的最佳生产进度。幸运的是，即使有 k_j，仍然可以使用 MIP 模型。

为了建立总体模型，假设有 n 个项目，其成本结构如前所述（每个项目的 $k_j\geqslant 0$，对于某些 $j=1,2,\cdots,n$ 来说，$k_j>0$），从而问题表示为

min $\qquad Z=f_1(x_1)+f_2(x_2)+\cdots+f_n(x_n)$

s. t. $\qquad$ 给定的线性规划约束条件

为了将问题转化为 MIP 形式，我们提出 n 个问题，这些问题的答案只包括是或否；也就是说，对于每一个 $j=1,2,\cdots,n$，项目 j 应该被实施（$x_j>0$）吗？每一个是或否的决策用

---

① 严格来讲，一个集合覆盖问题不包括任何其他函数约束，如上例中最后一个函数约束。有时还假定目标函数的每个系数都被最小化为 1，在不满足这个假定时称其为加权的集合覆盖问题。

一个辅助0-1变量 y_j 表示,所以

$$Z=\sum_{j=1}^{n}(c_jx_j+k_jy_j)$$

其中

$$y_j=\begin{cases}1, & \text{如果 } x_j>0\\ 0, & \text{如果 } x_j=0\end{cases}$$

因此,y_j 可以被看成可能决策,与12.1节中提到的类型类似(但不等同)。假设 M 是一个极大正数,它大于任一 $x_j(j=1,2,\cdots n)$ 的最大可能值。那么约束

$$x_j\leqslant My_j \quad j=1,2,\cdots,n$$

将保证当 $x_j>0$ 时,$y_j=1$ 而不是0。剩下的一个难题是当 $x_j=0$ 时,y_j 自由地选择0或者1。幸运的是,这个难题会因目标函数自身的特点而被自动解决。$k_j=0$ 的情况将会被忽略,因为这时 y_j 将从模型中去掉。所以我们考虑另一种情况,即 $k_j>0$。当 $x_j=0$ 时,既然约束集允许 y_j 在 $y_j=0$ 和 $y_j=1$ 之间选择,$y_j=0$ 必然产生一个比 $y_j=1$ 更小的 Z 值。既然如此,因为目标是最小化 Z,所以产生最优解算法会在 $x_j=0$ 的时候选择令 $y_j=0$。

总之,一个固定支出问题的MIP模型如下

$$\begin{aligned}\min \quad & Z=\sum_{j=1}^{n}(c_jx_j+k_jy_j)\\ \text{s. t.} \quad & \text{原始约束条件,加上}\\ & x_j-My_j\leqslant 0\\ \text{且} \quad & y_j \text{ 是0-1变量}, \quad j=1,2,\cdots,n\end{aligned}$$

如果 x_j 也被限制为整数,那么它将会变成一个纯IP问题。

为了说明这种方法,再次回顾3.4节介绍的Nori&Leets公司空气污染问题。考虑第一种消除污染方法——增加烟囱的高度——实际上包括为增高烟囱而做准备产生的固定支出和大致与增高量成正比的可变支出。在转化为模型中相应的年支出后,对于每一个鼓风炉和平炉来说,固定支出将会是200万美元,而可变支出见表3.10。因此,在之前的符号中,$k_1=2$、$k_2=2$、$c_1=8$ 以及 $c_2=10$,这里目标函数是以百万美元为单位的。因为另一种消除污染的方法不涉及任何固定支出,即对于 $j=3,4,5,6$,$k_j=0$,所以此问题的新MIP模型可表示如下

$$\begin{aligned}\min \quad & Z=8x_1+10x_2+7x_3+6x_4+11x_5+9x_6+2y_1+2y_2\\ \text{s. t.} \quad & \text{3.4节中给出的约束条件,加上}\\ & x_1-My_1\leqslant 0\\ & x_2-My_2\leqslant 0\\ \text{且} \quad & y_1,y_2 \text{ 是二值变量}\end{aligned}$$

12.4　一般整数变量的二值表示

上一节中描述的固定支出问题是其模型需要同时包含二值变量及某些其他类型变量的问题的一个很好的例子。另一种类型可以是连续变量,也可以是一般整数变量(甚至二者兼

而有之),这取决于所考虑的活动的性质。除了固定支出问题之外,还经常出现需要同时具有二值变量和其他变量的问题。例如,12.2 节中的第一个应用案例描述了一个同时具有 450 000 个二值变量和 3 300 000 个连续变量的问题。其他问题可能有很多所有三种类型的变量(二值、一般整数和连续变量)。

幸运的是,有算法可以用来解决二值变量和其他变量的极大问题。然而,最有效的算法是针对只有二值变量的 BIP 问题。这就提出了一个问题,即是否有办法将另一类型的变量转换为二值变量。使用连续变量无法做到这一点,但是实际上有一种方法可以通过使用整数变量的二值表示形式来处理一般整数变量。特别是,任何有界整数变量都可以由仅包含相对少量二值变量的表达式代替。如果模型的原始版本仅有很少的一般整数变量,这将特别有效。有时(但不总是)用它们的二值表示代替这些变量可以更快地解决问题。

假设你有一个纯 IP 问题,其中大多数变量是二值变量,但是一些一般整数变量的存在使你无法通过现在可用的一种非常有效的 BIP 算法来解决问题。避免这一困难的一个好方法是对每个一般整数变量使用二值表示。具体来说,如果整数变量 x 的边界是

$$0 \leqslant x \leqslant u$$

如果 N 被定义为如下所示的整数:

$$2^N \leqslant u < 2^{N+1}$$

则 x 的二值表示为

$$x = \sum_{i=0}^{n} 2^i y_i$$

其中,y_i 变量是二值变量。将这种二值表示替换为一般整数变量(每个变量有一组不同的二值变量),从而将整个问题简化为 BIP 模型。

例如,假设一个 IP 问题只有两个一般整数变量 x_1 和 x_2 以及许多二值变量,再假设问题对于 x_1 和 x_2 都具有非负约束,并且函数约束包括:

$$\begin{aligned} x_1 \qquad\quad &\leqslant 5 \\ 2x_1 + x_2 &\leqslant 30 \end{aligned}$$

这些约束意味着对于 x_1,$u=5$,而对于 x_2,$u=10$,所以根据 N 的定义,对应于 $N=2$(因为 $2^2 \leqslant 5 < 2^3$),而对 x_2,$N = 3$(因为 $2^3 < 10 < 2^4$)。因此,这些变量的二值表示为

$$\begin{aligned} x_1 &= y_0 + 2y_1 + 4y_2 \\ x_2 &= y_3 + 2y_4 + 4y_5 + 8y_6 \end{aligned}$$

在用上式替换所有函数约束和目标函数中的相应变量之后,上述的两个函数约束变为

$$\begin{aligned} y_0 + 2y_1 + 4y_2 \qquad\qquad\qquad\qquad\qquad\quad &\leqslant 5 \\ 2y_0 + 4y_1 + 8y_2 + 3y_3 + 6y_4 + 12y_5 + 24y_6 &\leqslant 30 \end{aligned}$$

注意,x_1 的每个可行值对应向量(y_0, y_1, y_2)的可能值;同样,x_2 对应(y_3, y_4, y_5, y_6)。例如,$x_1=3$ 对应$(y_0, y_1, y_2)=(1,1,0)$,而当 $x_2=5$ 时,$(y_3, y_4, y_5, y_6)=(1,0,1,0)$。

对于一个 IP 问题,其所有的变量都是(有界)一般整数变量,我们有可能利用相同的方法将其简化为一个 BIP 模型。然而,因为其中包含的变量会急剧增加,大多数情况下这么做并不可取。对一个原始 IP 模型使用一个好的 IP 算法,通常会比在一个更大的 BIP 模型

上应用一个好的 BIP 算法更为有效①。

12.5 求解整数规划问题的若干展望

表面来看 IP 问题应该相对容易解决,毕竟我们能够采取很有效的方法来解决线性规划问题,而它们的区别也仅仅是对于 IP 问题,我们需要考虑的解相对更少。事实上,具有有限可行域的纯 IP 问题一定有有限个可行解。

不幸的是,在这个推理过程中存在两个谬误。一个谬误是有限个数的可行解保证了问题是容易解决的,然而有限个数也可以是天文数字那么大。比如考虑一个简单的 BIP 问题。如果有 n 个变量,则需要考虑 2^n 个解(随后其中一些解可能因为不符合函数约束条件而被舍去)。因此,n 的个数每增长一个,解的数量就会变成 2 倍。这种情况称为问题难度呈**指数增长**(exponential growth)。如果 $n=10$,就有 1 000 多个(1 024)解;如果 $n=20$,就有 1 000 000 多个解;如果 $n=30$,就有 10 亿多个解,依此类推。因此,对于有几十个变量的 BIP 问题,即使是最快的计算机也不可能一一列举(检查每一个解的可行性,如果可行,计算目标函数值),更不用说有同样多整数变量的一般 IP 问题了。但幸运的是,应用后面各节中的思路,目前最好的整数规划算法远远优于上述枚举的算法。这种改进在过去几十年内十分明显。几十年前需计算多年的 BIP 问题,用目前最好的商业软件只需几秒时间。速度的极大提高主要基于以下三个方面的巨大进展:BIP 算法及其他 IP 算法的改进、整数规划程序中频繁调用的线性规划算法的改进,以及计算机(包括台式计算机)运算速度的提高。因此,目前规模巨大的 BIP 的求解,与过去 10 年相比有了更大的可能性。今天最好的算法已能求解某些具有一两百万个变量的纯 BIP 问题。然而,由于呈指数增长,即使是最好的算法,也不一定能解出每一个相对小的问题(有少于几百个 0-1 变量)。由于小问题自身的特点,有时候它们比那些规模大得多的问题要难解得多②。

当要处理的变量是一般整型变量而非 0-1 变量时,能够求解的问题规模往往小得多。然而,仍然存在例外。

另一个谬误是从一个线性规划问题中去除一些可行解(非整型的)将使问题更易于解决。相反,正是所有的这些可行解才保证了能够得到一个位于顶点的可行解(CPF 解)[也是一个相应基本可行解(BF 解)](见 5.1 节),这个 CPF 解是整个问题的最优解。这个保证是高效率实现单纯形法的关键。因此,线性规划问题通常比 IP 问题更容易求解。

因此,大多数成功的整数规划算法都通过把 IP 问题的一部分与相应的线性规划算法联系起来,如单纯形法或对偶单纯形法。对给定的 IP 问题,从中去除变量的整约束,得到的相应的线性规划问题通常被称作它的 **LP 松弛**(LP relaxation)。接下来两节所描述的算法阐述了一个 IP 问题某些部分的一系列 LP 松弛是如何有效地解决整个 IP 问题的。

在一种特殊情况下,解决 IP 问题不再比用单纯形法解决它的 LP 松弛困难,也就是说,

---

① 支持这一结论的证据可参见 J. H. Owen and S. Mehrotra, "On the Value of Binary Expansions for General Mixed Integer Linear Programs," *Operations Research*, 50: 810-819, 2002.

② 有关求解某个特定整数规划所需的时间,见 Ozaltin, O. Y., B. Hunsaker, and A. J. Schaefer: "Predicting the Solution Time of Branch-and -Bound Algorithms for Mixed-Integer Programs", *INFORMS Journal of Computing*, 23 (3): 392-403, Summer 2011.

后者的最优解恰好满足 IP 问题的整数约束。当发生这种情况时，这个解也一定是 IP 问题的最优解，因为这个解是 LP 松弛所有可行解中的最优解，也包括了 IP 问题的所有可行解。因此，对于一个 IP 算法来说，用单纯形法求解 LP 松弛问题，首先检查这个偶然的结果是否已经产生，是很常见的事情。

通常来说，尽管发生 LP 松弛的最优解也是整数这种情况的概率很小，但是事实上，存在几种特殊类型的 IP 问题，其结果一定是整数。在第 9 章和第 10 章，你已经看到这些特殊类型的典型代表，即最小费用流问题（带有整型参数）和它的特殊案例（包括运输问题、分配问题、最短路径问题和最大流问题）。这些类型的问题保证了这个最优解是整数，因为它们具有一种特殊的结构（参见表 9.6），而正如 9.1 节和 10.6 节关于整数解的性质里提到的，这种结构保证了每一个 BF 解都是整数。因此，这些特殊类型的 IP 问题可以被看作线性规划问题，因为它们完全可以用改进的单纯形法来求解。

尽管这种较大程度的简化并不常见，但实际上 IP 问题常常有某种特殊的结构，这种结构可以用来简化问题（12.2 节末的西南航空公司的例子就属于此类，因为它们有互斥的约束条件、可能决策约束条件或者集合覆盖约束条件）。有些时候，这类问题的很大一部分都能被成功地解决。在整数规划问题上，用于求解一定特殊结构的、具有特殊用途的算法正变得越来越重要。

因此，有三个主要的因素决定了 IP 问题的计算难度，它们是：①整数变量的数量；②这些变量是 0-1 变量还是一般整型变量；③问题中的特殊结构。这种情况正好与线性规划相反，在线性规划中（函数）约束条件的数量要比变量的数量重要得多。在整数规划中，约束条件的数量也是比较重要的（尤其是如果正在求解 LP 松弛），但是其重要性却远低于上面提到的三个因素。事实上，偶尔会出现约束条件的数量增加了而计算时间却减少了的情况，出现这种情况的原因是可行解的数量减少了。对 MIP 问题来说，整数变量的数量才是重要的，而不是所有变量的总数，因为连续变量几乎对计算量没有什么影响。

因为 IP 问题通常比线性规划问题难解得多，所以有时候采用一种近似程序是很吸引人的。首先用单纯形法求解 LP 松弛，然后在最终的结果中，把非整数值凑整成为整数值。这种方法对一些应用来说可能就足够了，尤其是变量的值非常大，以至于调整所产生的误差相对很小时。然而，应该注意这个方法有两个缺陷。

一个缺陷是线性规划的最优解，在凑整之后并不一定是可行的。通常来说，预见到怎样调整能够保持可行性是困难的。在调整之后，甚至有必要将一些变量的值改变一个或更多单位。为了说明这种情况，考虑下面的问题：

$$
\begin{aligned}
\max \quad & Z = x_2 \\
\text{s.t.} \quad & -x_1 + x_2 \leqslant \frac{1}{2} \\
& x_1 + x_2 \leqslant 3\frac{1}{2} \\
\text{且} \quad & x_1 \geqslant 0, x_2 \geqslant 0 \\
& x_1, x_2 \text{ 是整数}
\end{aligned}
$$

如图 12.1 所示，LP 松弛的最优解是 $x_1=1\frac{1}{2}$，$x_2=2$，但是不可能把非整数解 x_1 改进到1或2(或其他任何整数)并且保持可行性。可行性的唯一保持方法是同时改变 x_2 的值。可以想象,当有成百上千个约束条件和变量的时候,这种改进会有多困难。

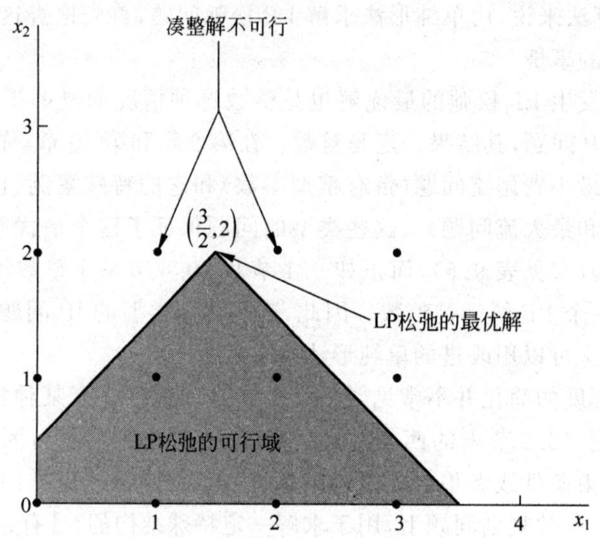

图 12.1 LP 松弛的最优解无论怎样凑整,都不是可行解的 IP 问题的例子

即使 LP 松弛的最优解被成功地改进,仍存在另一个缺陷。不能保证这个改进的解是最优整数解。实际上,从目标函数值的角度考虑,它可能远离了最优。这个事实可由以下问题来说明:

$$\max \quad Z = x_1 + 5x_2$$

$$\text{s.t.} \quad x_1 + 10x_2 \leqslant 20$$

$$x_1 \leqslant 2$$

$$且 \quad x_1 \geqslant 0, x_2 \geqslant 0$$

$$x_1、x_2 \text{ 是整数}$$

因为只有两个决策变量,这个问题可以用图形描述,见图 12.2。无论用图解法还是单纯形法都可以得到 LP 松弛的最优解是 $x_1=2, x_2=\frac{9}{5}, Z=11$。如果不能使用图解法(有更多变量的情况),那么非整数变量 $x_2=\frac{9}{5}$ 一般会朝着可行的方向调整到 $x_2=1$。最后的整数解是 $x_1=2, x_2=1$,得到 $Z=7$。注意,这个解远离最优解 $(x_1, x_2)=(0,2)$, $Z=10$。

因为这两个缺陷,当 IP 问题过大而无法求解的时候,一种更好的方法是启发式的算法。这种算法对于大型问题是相当有效的,但是不能保证找到一个最优解。然而,在寻找非常好的可行解方面,这种算法比刚刚讨论的改进的方法要有效率得多①。

近年来,运筹学取得了一个令人兴奋的发展,即为处理各种组合问题如 IP 问题,而开发的启发式算法(通常称为元启发),可用于求解含整数规划的各类组合问题。有三种类型的

① 启发式算法最新研究的例子可参见 Bertsimas. D. ,D. A. Iancu and D. Katz:"A New Local Search Algorithm for Binary Optimization." *INFORMS Journal on Computing*, 25(2): 208-221, Spring 2013.

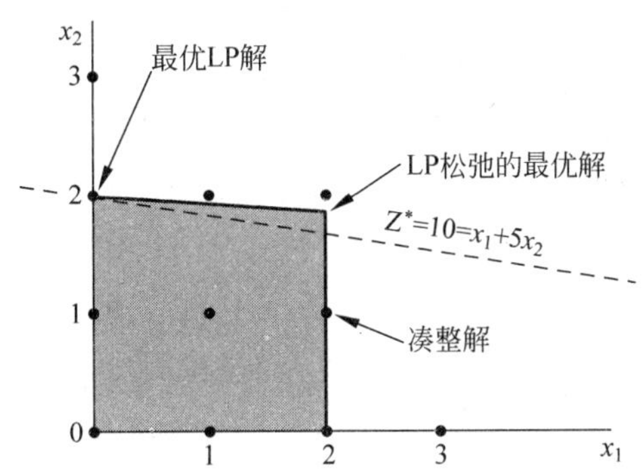

图 12.2　对 LP 松弛最优解的凑整解远离了 LP 问题的最优解的例子

元启发(禁忌搜索、模拟退火和遗传算法)可用于解决任何类型的特殊问题。这些复杂的元启发甚至可用于求解整数非线性规划问题,将局部优化转化为全局最优。这些方法也可应用于组合优化问题。这些问题常表达为具有整数变量的模型,但其中某些约束远较整数规划复杂。

回到整数线性规划,对一个小到可以求解的 IP 问题来说,有很多算法是可用的。但是,在计算效率方面,没有任何一种 IP 算法可以与单纯形法(除了问题的特殊性)相提并论。因此,开发 IP 算法仍然是一个活跃的研究领域。幸运的是,已经取得了一些令人兴奋的算法进展,并且预期在未来几年中将获得更多成果。这些进展将在 12.8 节与 12.9 节论述。

在 IP 算法中,最常见、最传统的方法是使用分支定界技术和相关思想,来枚举可行整数解,我们首先讨论这种方法。下一节将提出分支定界技术,并且用一个求解 BIP 问题的基本分支定界算法来阐述。12.7 节提出了另一个用于求解一般 MIP 问题的同类算法。

12.6　分支定界法及其在求解 0-1 整数规划中的应用

任何一个有界纯整数线性规划问题只有有限数目的可行解,所以我们很自然地考虑是否可以用类似枚举的方法来找出最优解。不幸的是,正如前文所述,有限的数目通常也很大。因此,必须巧妙地设计枚举方法使我们只需检查一小部分可行解。例如,动态规划(见第 11 章)就为那些只有有限数目可行解的问题提供了这样的方法(虽然对大多数线性规划问题其效率并不高)。另一种方法则是分支定界法。这种方法及其变形已经成功地应用于各种运筹学问题,尤其在解决整数规划问题方面更为出色。

分支定界法的基本思想是拆分排除法。对于那些很难直接解决的大问题,我们把它拆分成越来越小的子问题,直到这些子问题能被解决。拆分(分支)的工作是通过把整个可行解的集合分成越来越小的子集来完成的。排除(剪枝)的工作是通过界定子集中的最好的解的"好"的程度,然后舍弃其边界值表明它不可能包含原问题的最优解的子集来完成。

现在我们依次介绍这三个基本步骤——分支、定界、剪枝,并通过 12.1 节介绍的应用分支定界算法的原型例子(加州制造公司)来解释这些步骤。下面是该例算法的复述(对约束条件进行编号以便下文引用)。

$$
\begin{aligned}
\max \quad & Z = 9x_1 + 5x_2 + 6x_3 + 4x_4 \\
\text{s.t.} \quad & \\
(1) \quad & 6x_1 + 3x_2 + 5x_3 + 2x_4 \leqslant 10 \\
(2) \quad & x_3 + x_4 \leqslant 1 \\
(3) \quad & -x_1 + x_3 \leqslant 0 \\
(4) \quad & -x_2 + x_4 \leqslant 0 \\
(5) \quad & x_j = 0 \text{ 或 } 1 \quad (j = 1,2,3,4)
\end{aligned}
$$

12.6.1 分支

在处理 0-1 变量时，把可行解集合拆分成子集的最直接的办法是在某个子集中令某个变量(如 x_1)取值为 0，在另一个子集中令此变量为 1。在本例中，原问题被拆分成如下两个小的子问题。

子问题 1：

令 $x_1=0$ 相应的子问题为

$$
\begin{aligned}
\max \quad & Z = 5x_2 + 6x_3 + 4x_4 \\
\text{s.t.} \quad & \\
(1) \quad & 3x_2 + 5x_3 + 2x_4 \leqslant 10 \\
(2) \quad & x_3 + x_4 \leqslant 1 \\
(3) \quad & x_3 \leqslant 0 \\
(4) \quad & -x_2 + x_4 \leqslant 0 \\
(5) \quad & x_j = 0 \text{ 或 } 1 \quad (j = 2,3,4)
\end{aligned}
$$

子问题 2：

令 $x_1=1$ 相应的子问题为

$$
\begin{aligned}
\max \quad & Z = 9 + 5x_2 + 6x_3 + 4x_4 \\
\text{s.t.} \quad & \\
(1) \quad & 3x_2 + 5x_3 + 2x_4 \leqslant 4 \\
(2) \quad & x_3 + x_4 \leqslant 1 \\
(3) \quad & x_3 \leqslant 1 \\
(4) \quad & -x_2 + x_4 \leqslant 0 \\
(5) \quad & x_j = 0 \text{ 或 } 1 \quad (j = 2,3,4)
\end{aligned}
$$

图 12.3 用树图展示了这个分支过程。树图中，从 All 节点(对应于包含所有可行解的原问题)分支(弧)生成与两个子问题相对应的两个节点。经过一次次迭代，树会继续长出新枝，我们称这种树为分支树(branching tree)或求解树(枚举树)。在每次迭代中被赋值用以产生分支的变量(如上文的 x_1)称为**分支变量**(branching variable)(选择分支变量的方法很复杂，它是某些分支定界算法重要的研究内容，不过为了

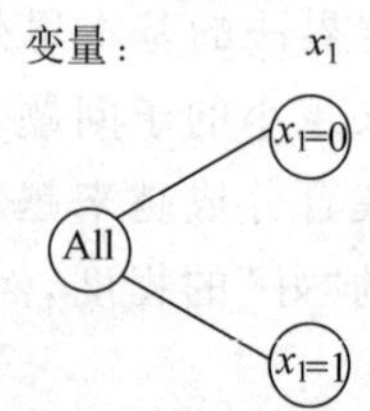

图 12.3 对 12.1 节中的例子应用 0-1 整数规划的分支定界法进行第一次迭代分支后产生的分支树

简化问题，我们在本节中只是以变量的自然顺序——x_1,x_2,x_3 进行选择）。

在本节以下部分你将看到某些子问题被直接处理（剪枝），而另一些子问题通过赋值 $x_2=0$ 或 $x_2=1$ 被进一步拆分成更小的子问题。

对于那些整数变量有两个以上取值的整数规划问题，可对其分支变量的每个方面都赋予单个值来产生分支，从而建立两个以上的子问题。不过，较好的选择是对分支变量设置取值区间（如 $x_j\leqslant 2$ 或 $x_j\geqslant 3$）来产生子问题。12.7 节将描述这种方法。

12.6.2　定界

对每个子问题，我们需要得到一个边界值，此边界值可表示该子问题最好的可行解的“好”的程度。完成这项工作的标准方式是快速求解该子问题的松弛问题，此松弛问题比该子问题更为简单。在大多数情况下，我们通过删除（放松）某些使问题难以解决的约束条件就能很容易地得到一个问题的松弛问题。对于整数规划问题，最刺手的约束是要求变量为整数。因此，最广泛采用的松弛方法是删除此类约束的线性松弛法。

举个例子，考查 12.1 节中给出并在本节一开始重复的问题。它的松弛问题是把模型的最后一行（$x_j=0$ 或 $1, j=1,2,3,4$）换成如下新的约束(5)：

$$(5)\quad 0\leqslant x_j\leqslant 1,\quad j=1,2,3,4$$

利用单纯形法，我们可以很快得出线性松弛问题的最优解：

$$(x_1,x_2,x_3,x_4)=\left(\frac{5}{6},1,0,1\right),\quad Z=16\frac{1}{2}$$

因此，对原 0-1 整数规划问题的所有可行解都有 $Z\leqslant 16\frac{1}{2}$（因为这些解是线性松弛问题的可行解的子集）。事实上，正如下文总结所述，$16\frac{1}{2}$ 这个上限可以下调至 16，因为目标函数的所有系数都是整数，所有的整数解必定产生整数值 Z。

原问题的边界值：$Z\leqslant 16$。

我们以同样的方式求得两个子问题的边界值。应用单纯形法可以求得对这些线性规划松弛问题的最优解，如下所示。

子问题 1 的松弛问题：(5) $x_1\leqslant 0$ 和 $0\leqslant x_j\leqslant 1, j=2,3,4$

最优解：$(x_1,x_2,x_3,x_4)=(0,1,0,1), Z=9$

子问题 2 的线性松弛问题：$x_1=1$ 和 (5) $0\leqslant x_j\leqslant 1, j=1,2,3,4$

最优解：$(x_1,x_2,x_3,x_4)=\left(1,\frac{4}{5},0,\frac{4}{5}\right), Z=16\frac{1}{5}$

则子问题 1 的边界值为 $Z\leqslant 9$

子问题 2 的边界值为 $Z\leqslant 16$

图 12.4 汇总了这些结果，节点下方的数字即为边界值，而边界值下方则为线性松弛问题的最优解。

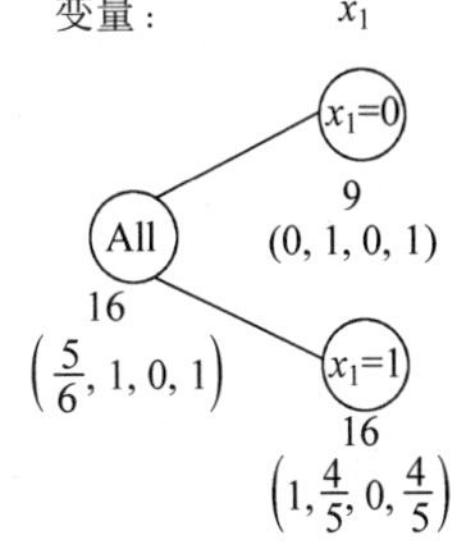

图 12.4　对 12.1 节中的例子应用 0-1 整数规划的分支定界法进行第一次迭代分支后产生的边界值

12.6.3 剪枝

子问题可采用以下三种方式处理(剪枝)。

第一种方式可通过图12.4中$x_1=0$节点处子问题1的结果看出。注意,它的线性松弛问题的(唯一)最优解$(x_1,x_2,x_3,x_4)=(0,1,0,1)$是整数解。因此该解也必定是子问题1的最优解。这个解及其Z值作为原问题的现有**最佳可行解**(incumbent)(到目前为止最好的可行解)保留下来。该值被标注为

$$Z^* = \text{现有最佳可行解的 } Z \text{ 值}$$

所以此时$Z^*=9$。一旦解被保留,就不必再从$x_1=0$节点分支进一步考虑子问题1,因为继续这样做,所得出的其他可行解都劣于现有最佳可行解,我们对这样的解并无兴趣。子问题1已被解决,我们就**剪枝**(fathom)(舍弃)子问题1了。

以上的结果表明了另一种重要的剪枝测试。一旦$Z^*=9$,就没有理由再进一步讨论边界值小于等于9的子问题,因为这样的子问题不含比现有最佳可行解更好的可行解。一般而言,当子问题的边界值小于等于Z^*时,即可剪枝。

这样的结果并没有在本例的此次迭代中发生,因为子问题2的边界值16大于9。然而,它却有可能在此子问题的**后代**(descendants)(从该子问题分支而成的新的更小的子问题,或者从接下来的后代更进一步产生的分支)中出现。而且,采用这种方式,一旦发现新的比现有最佳可行解产生更大的Z^*值的解,它更容易被剪枝。

第三种剪枝方式十分直截了当。如果利用单纯形法发现某个子问题的线性松弛问题没有可行解,则该子问题本身必不含有可行解。那么它可以被舍弃(剪枝)。

在这三种情况下,只有那些有可能含有比现有最佳可行解更好的可行解的子问题才被保留下来进一步探查,我们就是采用这样的方式来指导搜寻最优解的过程的。

剪枝测试总结

在下列情况下,子问题可被剪枝(后面不必再考虑)。

测试1:它的边界值$\leqslant Z^*$。

测试2:它的线性松弛问题不含可行解。

测试3:它的线性松弛问题的最优解是整数(如果此解比现有最佳可行解更好,则它成为新的现有最佳可行解,测试1以新的更大的Z^*值重新应用于所有未被剪枝的子问题)。

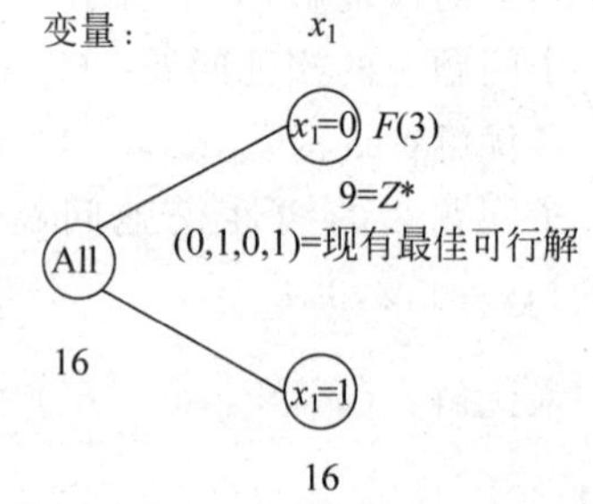

图12.5 对12.1节中的例子应用0-1整数规划的分支定界法进行第一次迭代分支后产生的分支树

图12.5中的分支树汇总了对子问题1和子问题2进行这三项测试的结果。$x_1=0$节点旁边的$F(3)$表明只有子问题1由于测试3而被剪枝。所产生的现有最佳可行解标注在节点下方。

下一次迭代将显示这三项测试的成功应用。不过,继续这个例子之前,我们先对应用于0-1整数规划问题的这种算法做个总结(此算法假定目标函数为求最大值,目标函数中的所有系数都是整数,为简化起见,用来

产生分支的变量的顺序为 $x_1, x_2, \cdots, x_n$。如前所述，大多数分支定界算法使用更为复杂的方法选择分支变量）。

12.6.4 0-1 整数规划问题的分支定界算法总结

初始化：设 $Z^* = -\infty$。对原问题进行下文所述的定界、剪枝、最优性测试。如果没有被剪枝，则把该问题归类为进行以下的一次完整迭代的保留下来的子问题。

每次迭代的步骤：

1. 分支：从这些保留下来的（未被剪枝的）子问题中，选择最新建立的子问题（并不是选择具有最大边界值的子问题）。固定下一个变量（分支变量）为 0 或 1，从而在对应这个子问题的节点处，分支建立两个新的子问题。

2. 定界：对于每一个新的子问题，利用单纯形法获得它的线性松弛问题的边界值，对其 Z 值向下取整得到最优解（如已为整数，不需变化）。这个 Z 的整数值就是子问题的边界。

3. 剪枝：对于每一个新的子问题，应用如上所述的三种剪枝测试，舍弃那些被剪枝的子问题。

最优性测试：当没有保留下来的子问题时，测试结束；现有最佳可行解即是最优的。[①]否则，返回进行新的迭代。

该算法的分支步骤注定会引起争议：为什么要这样选取将被分支的子问题。这里并未采用（但在其他分支定界算法中有时会采用）的方法是选择那些具有最佳边界值的保留下来的子问题，因为这些子问题最有可能含有原问题的最优解。采用选择最近建立的子问题的方案，是因为线性松弛问题在定边界的步骤被求解。不是每次都从头进行单纯形法计算，算法执行的规模大时，每个线性松弛问题一般是通过再优化而得以解决的。[②] 再优化包括修改前一个线性松弛问题的最终单纯形表，因为模型只有少许不同（正如敏感性分析一样），然后可能要采用对偶单纯形法进行几次迭代。如果前后模型关系紧密，再优化会比从头进行快得多。在遵守分支规则的情况下，前后模型紧密相关；但如果你通过采用选择具有最佳边界值的子问题绕过分支树，则前后模型并不相关。

12.6.5 完成示例

接下来的迭代模式与前文所述的第一次迭代非常相似，只是剪枝发生的方式不同。因此，我们简单地介绍分支和定界步骤，而把精力放在剪枝步骤。

第二次迭代

图 12.5 中唯一保留下来的子问题对应 $x_1=1$ 的节点，所以我们从这个节点分支产生以下两个新的子问题。

子问题 3：

---

① 如果没有现有最佳可行解，那么该问题没有可行解。

② 再优化的方法首次在 4.9 节介绍，然后在 7.2 节中应用于敏感性分析。在这里应用时，所有原始变量必须在每个 LP 问题中保持松弛，然后约束 $x_j \leqslant 0$ 必须增大到满足 $x_j=0$，约束 $x_j \geqslant 1$ 必须变化到 $x_j=1$。这些约束要求用这种方法固定变量，因为线性规划同样包含约束 $0 \leqslant x_j \leqslant 1$。

固定 $x_1=1,x_2=0$,则相应的子问题为

$$\max \quad Z=9+6x_3+4x_4$$

s.t.

(1) $5x_3+2x_4\leqslant 4$

(2) $x_3+x_4\leqslant 1$

(3) $x_3\leqslant 1$

(4) $x_4\leqslant 0$

(5) $x_j=0$ 或 1 $(j=3,4)$

子问题 4:

固定 $x_1=1,x_2=1$,则相应的子问题为

$$\max \quad Z=14+6x_3+4x_4$$

s.t.

(1) $5x_3+2x_4\leqslant 1$

(2) $x_3+x_4\leqslant 1$

(3) $x_3\leqslant 1$

(4) $x_4\leqslant 1$

(5) $x_j=0$ 或 1 $(j=3,4)$

这些子问题的线性松弛问题可通过把约束条件(5)的松弛形式,即 $x_j=0$ 或 1 换成 $0\leqslant x_j\leqslant 1$ 得到。它们的最优解(还有固定的 x_1 和 x_2)是

子问题 3 的线性松弛问题:$x_1=1,x_2=0$ 和(5)$0\leqslant x_j\leqslant 1(j=3,4)$

最优解:$(x_1,x_2,x_3,x_4)=\left(1,0,\frac{4}{5},0\right)$,$Z=13\frac{4}{5}$

子问题 4 的线性松弛问题:$x_1=1,x_2=1$ 和(5)$0\leqslant x_j\leqslant 1(j=3,4)$

最优解:$(x_1,x_2,x_3,x_4)=\left(1,1,0,\frac{1}{2}\right)$,$Z=16$

子问题 3 的边界值:$Z\leqslant 13$

子问题 4 的边界值:$Z\leqslant 16$

注意,这些边界值都大于 $Z^*=9$,所以二者都无法由测试 1 被剪枝。这两个线性松弛问题都有可行解(它们存在最优解表明了这一点),所以也无法由测试 2 被剪枝。测试 3 也一样,因为两个最优解都包括非整数值的变量。

图 12.6 显示了此时的分支树。每个新节点的右端缺少 F 项,表明它们都尚未被剪枝。

第三次迭代

到目前为止,利用该算法,我们已经建立了四个子问题。子问题 1 被剪枝,子问题 2 被替换成(拆分成)子问题 3 和子问题 4,这两个子问题还需进一步考虑。因为它们是同时建立的,但子问题 4($x_1=1,x_2=1$)的边界值较大(16>13),下一次分支从$(x_1,x_2)=(1,1)$节点开始,从而产生如下所示的新的子问题(其中第三个约束条件由于不含 x_4 而被删除)。

子问题 5:

固定 $x_1=1,x_2=1,x_3=0$,则相应的子问题为

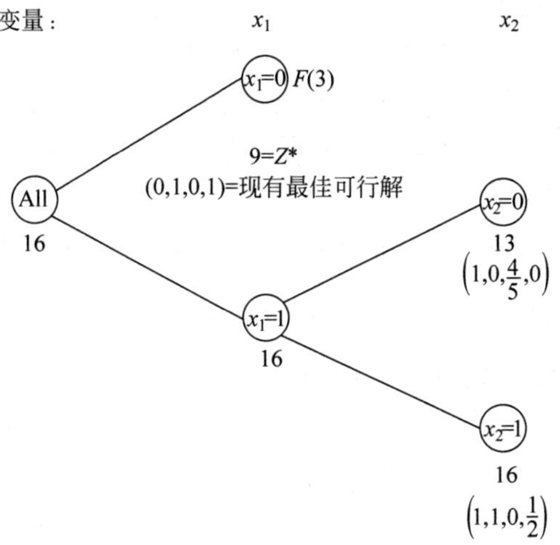

图 12.6　对 12.1 节中的例子应用 0-1 整数规划的分支定界法进行第二次迭代分支后产生的分支树

$$\max \quad Z = 14 + 4x_4$$

s. t.

(1)　$2x_4 \leqslant 1$

(2),(4)　$x_4 \leqslant 1$(两次)

(5)　$x_4 = 0$ 或 1

子问题 6:

固定 $x_1=1, x_2=1, x_3=1$,则相应的子问题为

$$\max \quad Z = 20 + 4x_4$$

s. t.

(1)　$2x_4 \leqslant -4$

(2)　$x_4 \leqslant 0$

(4)　$x_4 \leqslant 1$

(5)　$x_4 = 0$ 或 1

相应线性规划问题的松弛式具有约束(5)的不同形式,其最优解和边界(如果存在的话)表示如下。

子问题 5 的线性规划松弛式:

(5) $x_1=1, x_2=1, x_3=0$ 和(5)$0 \leqslant x_j \leqslant 1(j=4)$

最优解:$(x_1, x_2, x_3, x_4) = \left(1,1,0,\frac{1}{2}\right), Z=16$

边界值:$Z \leqslant 16$

子问题 6 的线性规划松弛式:

(5) $x_1=1, x_2=1, x_3=1$ 和(5)$0 \leqslant x_j \leqslant 1(j=4)$

最优解:无,因为无可行解

边界值:无

对上述两个子问题，约束(5)松弛的有关形式是先确定 x_1, x_2, x_3 为希望的值，然后要求 $0 \leqslant x_4 \leqslant 1$。所以对这些子问题的线性规划松弛形式，除了用 $0 \leqslant x_4 \leqslant 1$ 替换约束(5)之外，减少了对上面给出的子问题的叙述。将这些线性规划的松弛问题缩减为一个变量的问题(加上固定值的 x_1, x_2, x_3)，使容易看到子问题 5 的线性规划松弛问题的最优解实际上是上面给出的一个。类似的，子问题 6 中线性规划松弛问题中约束 1 同 $0 \leqslant x_4 \leqslant 1$ 的组合阻止了任何的可行解。因此，根据测试 2 该子问题被剪枝。然而，子问题 5 不符合测试 2，也不符合测试 1(16>9)和测试 3$\left(x_4 = \frac{1}{2}\text{不是整数}\right)$，所以尚需留待考查。

这样我们就得出了如图 12.7 所示的分支树。

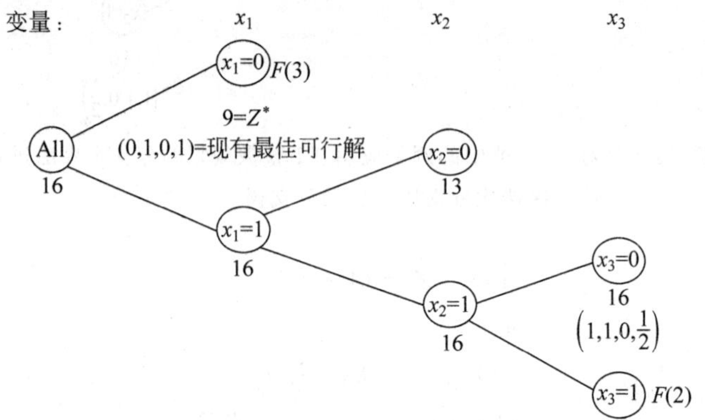

图 12.7 对 12.1 节中的例子应用 0-1 整数规划的分支定界法进行第三次迭代分支后产生的分支树

第四次迭代

对应图 12.7 中的节点(1,0)和节点(1,1,0)的子问题尚需考查，但后者较晚建立，所以它被选中用于下次分支。由于分支变量 x_4 是最后一个变量，固定它的值为 0 或 1 事实上已经产生了单一解，而不是还需计算的子问题。这些单一解为

$x_4 = 0$: $(x_1, x_2, x_3, x_4) = (1,1,0,0)$ 是可行解，$Z = 14$

$x_4 = 1$: $(x_1, x_2, x_3, x_4) = (1,1,0,1)$ 不是可行解

进行剪枝测试后，我们发现第二个解符合测试 2，第一个解符合测试 3，而且，第一个可行解比现有最佳可行解更优(14>9)，所以它成为新的现有最佳可行解，$Z^* = 14$。

由于我们已经找到一个新的现有最佳可行解，则用新的 Z^* 值对保留下来的位于节点(1,0)的子问题进行剪枝测试 1。

子问题 3：

$$\text{边界值} = 13 \leqslant Z^* = 14$$

因此，该子问题被剪枝。

由此得出如图 12.8 所示的分支树。注意，已经不存在保留下来(未被剪枝)的子问题了。最后，最优性测试表明现有最佳可行解 $(x_1, x_2, x_3, x_4) = (1,1,0,0)$ 是最优解。本题至此完成。

在 OR Tutor 中包含了应用这个算法的另一个例子。同样，在 IOR Tutorial 中包含了执行这个算法的交互式程序。与前几章一样，本章的 OR Courseware 中的 Excel、LINGO/

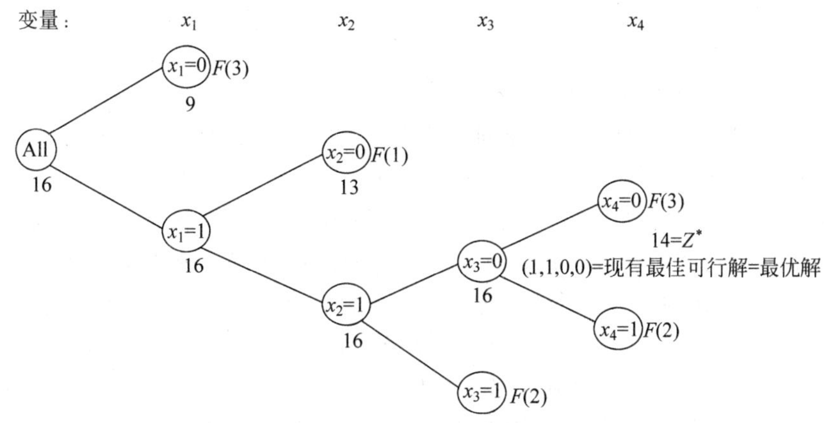

图 12.8 对 12.1 节中的例子应用 0-1 整数规划的分支定界法进行最后一次(第四次)迭代分支后产生的分支树

LINDO 和 MPL/Solvers 文件会说明这些软件包的学生版可如何用于本章的各个例子。它们用于 BIP 的算法均与上面描述的类似[①]。

12.6.6 分支定界法的其他方案

本节介绍了求解 0-1 整数规划问题的分支定界法的基本算法。分支定界法的总体框架提供了很大的灵活性,从而可对给定类型的问题,如 0-1 整数规划,设计具体的算法。有多种方案可供选择,要得到效率高的算法需要按照问题的特定结构设计特定的算法。

每种分支定界算法都包括三个基本的步骤：分支、定界和剪枝。灵活性体现为这些步骤是如何实施的。

分支包括选择一个保留下来的子问题,并把它拆分成小问题。灵活性就蕴含在选择和拆分的策略中。0-1 整数规划算法选择最近建立的子问题,是因为从上一个子问题开始,对每个线性松弛问题进行再优化效率非常高。选择具有最佳边界值的子问题也是非常受欢迎的策略,因为它趋向于更快地产生更好的现有最佳可行解和更多的剪枝。也可以把这两种策略结合起来。拆分通常(但并不总是)采取选择某个分支变量,然后赋予单一值(如我们的 0-1 整数规划算法)或指定取值区间(如下一节介绍的算法)的方式。更复杂的算法通常采用选择促使更早剪枝的分支变量的策略。较之简单地按 BIP 算法规则依据变量 $x_1,x_2,\cdots,x_n$ 的自然排序,上述选择分支的方法效率通常要高得多。例如,选择分支变量的简单规则的一个主要缺点是：假定这个变量在已分支子问题的线性规划松弛问题的最优解中取整数值,则固定该变量为同一整数值的下一个子问题对线性规划松弛问题具有相同的最优解,因此对将要进行的剪枝无任何进展。更具战略性的选择分支变量的方案是选择在现有子问题的线性规划松弛问题的最优解中其值离已有整数最远的变量。

定界通常是通过求解松弛问题来完成的。有多种形成松弛问题的方式。例如,采用**拉格朗日松弛方式**(Lagrangian relaxation),除了那些易于处理的约束以外,删除整个函数约束集 $\boldsymbol{Ax}\leqslant\boldsymbol{b}$(矩阵形式),然后,目标函数

---

① LINGO、LINDO 和 MPL 的专业版本,通常按 12.8 节描述的各类非常复杂的算法求解 BIP 问题。

$$\max \quad Z = \boldsymbol{cx}$$

替换成

$$\max \quad Z_R = \boldsymbol{cx} - \boldsymbol{\lambda}(\boldsymbol{Ax} - \boldsymbol{b})$$

其中,固定的向量$\boldsymbol{\lambda} \geq \boldsymbol{0}$。如果$\boldsymbol{x}^*$是原问题的最优解,$Z \leq Z_R$,所以求解拉格朗日松弛问题得到的$Z_R$值即是合乎要求的边界值。如果$\boldsymbol{\lambda}$选得好,此边界值很可能相当接近最优值(至少与线性松弛问题的边界值相当)。如果没有任何函数约束,此松弛问题也能非常快地求解。不足之处是进行剪枝测试2和测试3(修订后的)不如线性松弛的效力大。

大体而言,选择何种松弛方式主要考虑两个方面:求解速度快;边界值与最优值接近。缺少哪一方面都不充分。线性松弛之所以受人欢迎就在于它很好地平衡了这两个方面。

偶尔被使用的一种方案是快速求解一个松弛问题,然后,如果没有剪枝的情况发生,以某种方式强化松弛问题的约束条件,从而获得更接近的边界值。

剪枝一般按照0-1整数规划算法中所描述的进行。下面介绍的三条剪枝准则可应用于更广泛的情况。

剪枝准则概要

当某个子问题的松弛问题有以下情况时,该子问题可被剪枝。

准则1:由该子问题的可行解求得的$Z \leq Z^*$。

准则2:该子问题没有可行解。

准则3:已找出该子问题的最优解。

正如0-1整数规划算法,前两条准则大多用于通过求解松弛问题,获得子问题的边界值,然后检查边界值是否小于等于Z^*(测试1),或松弛问题是否含有可行解(测试2)的情况。如果松弛问题与子问题仅仅是由于删除(或放宽)某些约束而导致的不同,则准则3大多被用来检查松弛问题的最优解是否为子问题的可行解,如果是,它必是子问题的最优解。对于其他松弛方式(如拉格朗日松弛),还要分析松弛问题的最优解是否也是子问题的最优解。

如果原问题是求最小值而不是最大值,则有两种可选方案:一是以通常的方式转换成求最大值(见4.6节);二是直接把分支定界法转换成求最小值,此方案要求改变剪枝测试1的不等号方向,从

子问题的边界值$\leq Z^*$?

变成

子问题的边界值$\geq Z^*$?

当应用后一个不等式时,假如子问题的线性规划松弛问题的最优解Z的值不是整数,必须凑整得到子问题的边界值。

到目前为止,我们介绍了如何应用分支定界法找出唯一的最优解。然而,在存在相同最优解的情况下,有时希望得到所有的最优解,使我们能够根据未进入数学模型的无形因素作出最终的选择。为找出全部最优解,你只需把求解过程稍作变动。第一,把剪枝测试1的弱不等号(子问题的边界值是否$\leq Z^*$)变为严格不等号(子问题的边界值是否$< Z^*$),因此如果子问题有与现有最佳可行解相等的可行解,也不会被剪枝。第二,如果符合剪枝测试3,且子问题的最优解的目标函数值$Z = Z^*$,则把此解保存下来,作为另一个(相同的)现有最佳可行解。第三,如果由测试3得到一个新的现有最佳可行解(相同的或其他),则检查由该

松弛问题所得到的这个最优解是不是唯一的。如果不是，则识别该松弛问题的其他最优解，并检查它们对于此子问题来说是否也是最优的。如果是，它们也是现有最佳可行解。第四，最优性测试发现不存在保留下来的(未被剪枝的)子问题，那么所有的现有最佳可行解就是最优解。

最后，我们发现除了能找到最优解，分支定界法也可用于发现接近最优解，用于该目的时，通常计算量远远小得多。对于某些应用来说，如果一个解的 Z 值足够接近最优解情况下的 Z 值(称为 Z^{**})，即可认为该值足够好了。让我们标记 Z 的最优值为

$$Z^{**}=\text{对一个(未知)最优解的 } Z \text{ 的(未知)值}$$

“足够好”可由以下两种方式之一来定义：

$$Z^{**}-K\leqslant Z \text{ 或 } (1-\alpha)Z^{**}\leqslant Z$$

K、α 为给定的(正的)常数。例如，如果以第二种定义为准，且设 $\alpha=0.05$，则解要在距离最优解 5%以内。因而，假如我们知道现有最佳可行解(Z^{*})满足

$$Z^{**}-K\leqslant Z^{*} \text{ 或 } (1-\alpha)Z^{**}\leqslant Z^{*}$$

则求解过程可结束，选择此现有最佳可行解作为接近最优解。虽然求解过程实际上并未识别出最优解及其相应的 Z^{**}，但是如果这个(未知的)解是当前所考查的子问题的可行解(也是最优解)，那么由剪枝测试1就得出了上界，如

$$Z^{**}\leqslant \text{边界值}$$

所以

$$\text{边界值}-K\leqslant Z^{*} \text{ 或 } (1-\alpha)\text{ 边界值}\leqslant Z^{*}$$

必然使上述不等式成立。即使此解不是当前子问题的可行解，仍然可求得此子问题最优解的 Z 作为上界。因此，满足这两个不等式之一就足以剪去此子问题，因为现有最佳可行解已足够接近子问题的最优解。

因此，为求得足够接近以至于可当成最优结果的解，只需对通常的分支定界法做个改变。这个改变就是把子问题通常的剪枝测试1

$$\text{边界值}\leqslant Z^{*}?$$

替换成

$$\text{边界值}-K\leqslant Z^{*}?$$

或

$$(1-\alpha)(\text{边界值})\leqslant Z^{*}?$$

然后在测试3之后执行这项测试(因此其 $Z>Z^{*}$ 的可行解仍被当作新的现有最佳可行解)。较弱的测试1就已足够的原因在于无论子问题的(未知的)最优解的 Z 值多么接近子问题的边界值，现有最佳可行解仍然足够接近此解(如果仍然保持不等关系)以至于该子问题并不需要进一步考查。当不存在保留下来的子问题时，现有最佳可行解就是希望得到的接近最优解。新的剪枝测试(二选一的形式)使剪枝更容易发生，所以算法会运行得更快。对于非常大的问题，这种加速可能使原本不会终止的求解过程最终能得到保证接近最优的解。对实践中出现的非常大的问题，因为模型毕竟是实际问题的理想表达，因此找出一个对实际问题已接近最优的解就可以了，在实践中这种走捷径的方法经常使用。

12.7 求解混合整数规划的分支定界算法

接下来考查一般混合整数规划问题。在这类问题中,某些变量(假定为 I 个)只能取整数值(不必是 0 和 1),其他变量为普通的连续变量。为了便于标记,我们按顺序安排这些变量,使前 I 个变量为整数变量。因此,这类问题的一般形式为

$$\max \quad Z=\sum_{j=1}^{n} c_j x_j$$

$$\text{s.t.} \quad \sum_{j=1}^{n} a_{ij} x_j \leqslant b_i \quad (i=1,2,\cdots,m)$$

且

$$x_j \geqslant 0 \quad (j=1,2,\cdots,n)$$

$$x_j \text{ 为整数} \quad (j=1,2,\cdots,I;\ I\leqslant n)$$

(当 $I=n$ 时,该问题就变成纯整数规划问题。)

对基本的分支定界算法进行一番改进之后,我们就得到了求解混合整数规划问题的标准途径。算法的基本结构是 R. J. Dakin① 在 A. H. Land and A. G. Doig② 开创性的分支定界算法的基础上发展而来的。

算法在结构上与前文所述的 0-1 整数规划算法十分类似。定界和剪枝的基础仍然是求解线性松弛问题。实际上,只需对 0-1 整数规划算法作四处改变,即可处理由 0-1 扩大至一般整数变量和由纯整数规划扩大至混合整数规划的问题。

第一处改变为分支变量的选择。此前,下一个变量是按照自然顺序 $x_1,x_2,\cdots,x_n$ 自动选取的。现在,所选的变量是那些在当前子问题的线性松弛问题最优解中,取值为非整数的整数变量。我们的选择策略是在这些变量中按照自然顺序选取(商用算法一般采用更复杂的策略)。

第二处改变为对那些用以产生新的子问题的分支变量的赋值。此前,对应两个新的子问题,0-1 变量被分别固定为 0 或 1。现在,一般的整数变量有大量的可能值,通过在变量的每个值上产生一个子问题的方式将无多大效率。因此,替代的方案是指定变量的两个取值区间,从而仅仅产生两个新的子问题(与前面一样)。

为说明这一过程,令 x_j 为当前的分支变量,x_j^* 为当前子问题的线性松弛问题最优解中 x_j 的取值(非整数)。采用方括号标记为

$$[x_j^*]=\text{最大的整数} \leqslant x_j^*$$

我们就得到这两个新的子问题中分支变量各自的取值区间:

$$x_j \leqslant [x_j^*] \text{ 和 } x_j \geqslant [x_j^*]+1$$

每个不等式成了新的子问题的附加约束。例如,如果 $x_j^*=3\dfrac{1}{2}$,则

---

① R. J. Dakin, "A Tree Search Algorithm for Mixed Integer Programming Problems", *Computer Journal*, **8**(3): 250-255, 1965.

② A. H. Land and A. G. Doig, "An Automatic Method of Solving Discrete Programming Problems", *Econometrica*, **28**: 497-520, 1960.

$$x_j \leqslant 3 \quad 和 \quad x_j \geqslant 4$$

就成了新的子问题的各自的附加约束。

以上两个改变结合起来之后，就出现了有趣的递归分支变量的现象。如图 12.9 所示，令上面例子中 $x_j^* = 3\frac{1}{2}$的 $j=1$，考查 $x_1 \leqslant 3$ 的子问题。求解该子问题的某个后代问题的线性松弛问题之后，假设得到 $x_1^* = 1\frac{1}{4}$，则 x_1 作为分支变量递归出现，所建立的两个新的子问题各自多了附加约束 $x_1 \leqslant 1$ 和 $x_1 \geqslant 2$（以及此前的附加约束 $x_1 \leqslant 3$）。然后，求解 $x_1 \leqslant 1$ 子问题的某个后代问题的线性松弛问题之后，假定得到 $x_1^* = \frac{3}{4}$，则 x_1 又作为分支变量递归出现了。新建立的两个子问题分别有 $x_1 = 0$（因为 $x_1 \leqslant 0$ 的约束及 x_1 的非负约束）和 $x_1 = 1$（因为 $x_1 \geqslant 1$ 的约束及此前 $x_1 \leqslant 1$ 的约束）。

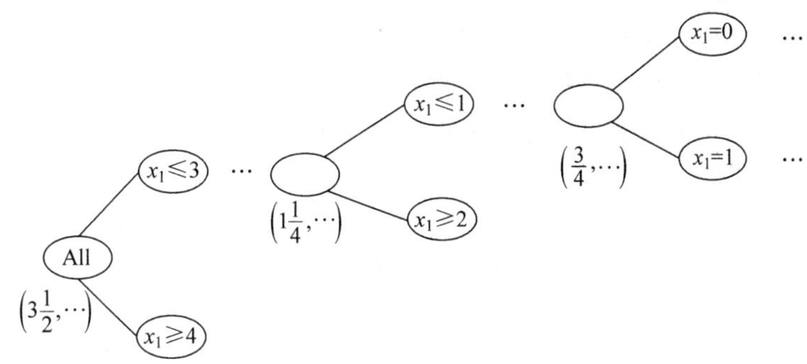

图 12.9　递归分支变量现象，该图中 x_1 三次成为分支变量，因为它在三个节点处的线性松弛问题最优解中取值都为非整数

第三处改变为定界步骤。此前，对于纯整数规划问题和系数为整数的目标函数，子问题的线性松弛问题最优解的 Z 值向下取整得到边界值，因为任何可行解都产生整数值 Z。现在有些变量并不限定取整，使 Z 值不必向下取值，本身即为边界值。

第四处(最后一处)将 0-1 整数规划算法转变为含测试 3 的混合整数规划算法。此前，对于纯整数规划问题，测试为子问题的线性松弛问题最优解是整数，由于已保证解是可行解，所以它也是子问题的最优解。现在，对于混合整数规划问题，测试只要求那些整数变量在子问题的线性松弛问题的最优解中为整数，因为这足以保证解是可行解，从而它也是子问题的最优解。

把这四处改变与前面的 0-1 整数规划算法的总结结合起来，就产生了以下的求解混合整数规划问题的算法的总结。

（同前面一样，这个总结假定目标函数是求最大值，但求最小值时仅需改变剪枝测试 1 不等式的不等号方向。）

混合整数规划的分支定界算法总结

初始化：设 $Z^* = -\infty$。对原问题进行下文所述的定界、剪枝、最优性测试。如果没有被剪枝，则把该问题归类为保留下来的进行下面的一次完整迭代的子问题。

应用案例

总部位于得克萨斯州休斯敦的 Waste Management 公司(财富100强企业)是北美提供综合废物管理服务的一家领先企业,拥有21 000台收集与运输车辆,45 000名员工,为美国和加拿大超过2 000万的客户服务。

公司的收集和运输车辆每天需要行驶近2万条路径。由于每辆车每年的成本接近12万美元,公司管理层希望有一套综合路径管理系统使每条路径尽可能盈利和有效,因此成立了一个包括几名咨询师的运筹团队来解决该问题。

该团队开发的路径管理系统的核心是一个巨大的混合 BIP 模型,该模型用于优化分配给每个收集与运输车辆的路径。尽管目标函数考虑了很多因素,主要的目标还是最小化整个行驶时间。主要的决策变量是二元变量,等于1时用于表示分配给特殊车辆的路径包括一个特殊的路段,反之为0。一个地理信息系统(GIS)能够提供两点间的距离和需要的时间。所有这些功能均被写入一个基于 Web 的 Java 程序,并与公司的其他系统连接起来。

据估计,在5年内,该综合路径管理系统的应用将使公司现金流增加近6.48亿美元,很大程度上是因为在该5年期限内能够节省运营费用近4.98亿美元。同时,该系统还能提供更出色的顾客服务。

资料来源:S. Sahoo, S. Kim, B. I. Kim, B. Krass, and A. Popov, Jr.: "Routing Optimization for Waste Management," *Interfaces*, 35(1): 24-36, Jan.-Feb. 2005.(以下网址提供本文的链接:www.mhhe.com/hillier11e)

每次迭代的步骤如下:

1. 分支:从这些保留下来的(未被剪枝的)子问题中,选择最近建立的子问题(而不是选择具有最大边界值的子问题)。从那些在子问题的线性松弛问题最优解为非整数值的整数变量中,按照自然顺序选取第一个变量作为分支变量,设此变量为 x_j。在该解中取值为 x_j^*。在这个子问题的节点外,附加各自的约束 $x_j \leqslant [x_j^*]$ 和 $x_j \geqslant [x_j^*]+1$,从而分支建立两个新的子问题。

2. 定界:对于每个新的子问题,利用单纯形法(再优化时利用对偶单纯形法)获得其线性松弛问题的边界值,该 Z 值作为最优解。

3. 剪枝:对于每个新的子问题,应用如下所述的三种剪枝测试,舍弃那些被剪枝的子问题。

测试1:它的边界值 $\leqslant Z^*$,Z^* 是现有最佳可行解的 Z 值。

测试2:它的线性松弛问题不含可行解。

测试3:它的线性松弛问题最优解中的整数变量取值为整(如果此解比现有最佳可行解更好,则它成为新的现有最佳可行解,测试1以新的更大的 Z 值重新应用于所有未被剪枝的子问题)。

最优性测试:当没有保留下来子问题时,测试结束;现有最佳可行解即是最优的。[①] 否则,返回进行新的迭代。

混合整数规划示例

现在我们通过以下混合整数规划问题来介绍这个算法。

① 如果没有现有最佳可行解,那么该问题没有可行解。

$$
\begin{aligned}
\max \quad & Z = 4x_1 - 2x_2 + 7x_3 - x_4 \\
\text{s.t.} \quad & x_1 \qquad\quad + 5x_3 \qquad\quad \leqslant 10 \\
& x_1 + x_2 - x_3 \qquad\quad \leqslant 1 \\
& 6x_1 - 5x_2 \qquad\qquad\quad \leqslant 0 \\
& -x_1 \qquad + 2x_3 - 2x_4 \leqslant 3 \\
\text{且} \quad & x_j \geqslant 0 \quad (j = 1,2,3,4) \\
& x_j \text{ 为整数 } (j = 1,2,3)
\end{aligned}
$$

注意：整数变量为 $I=3$，所以 x_4 是唯一的连续变量。

初始化。设 $Z^* = -\infty$，删除 x_j 是整数变量的约束，就形成了该子问题的线性松弛问题，利用单纯形法求得该松弛问题的最优解，如下

原问题的线性规划松弛问题：$(x_1,x_2,x_3,x_4)=\left(\frac{5}{4},\frac{3}{2},\frac{7}{4},0\right)$，$Z=14\frac{1}{4}$

由于它是可行解，并且该最优解含有取值为非整数的整数变量，所以原问题并未被剪枝，因而应用此算法进行如下的一次完整迭代。

第一次迭代。在线性松弛问题的最优解中，第一个取值为非整数的整数变量为 $x_1=\frac{5}{4}$，所以 x_1 就作为分支变量。以此分支变量从 All 节点(所有可行解)分支生成下面两个子问题。

子问题 1：原问题加上附加约束 $x_1 \leqslant 1$

子问题 2：原问题加上附加约束 $x_1 \geqslant 2$

再次删除整数约束，求解这两个子问题的线性松弛问题，得到以下结果。

子问题 1 的线性松弛问题：$(x_1,x_2,x_3,x_4)=\left(1,\frac{6}{5},\frac{9}{5},0\right)$，$Z=14\frac{1}{5}$

子问题 1 的边界值：$Z \leqslant 14\frac{1}{5}$

子问题 2 的线性规划松弛问题：无可行解

子问题 2 的结果意味着它由于测试 2 而被剪枝。然而，正如原问题一样，子问题 1 并不符合剪枝的任何测试。

图 12.10 的分支树汇总了这些结果。

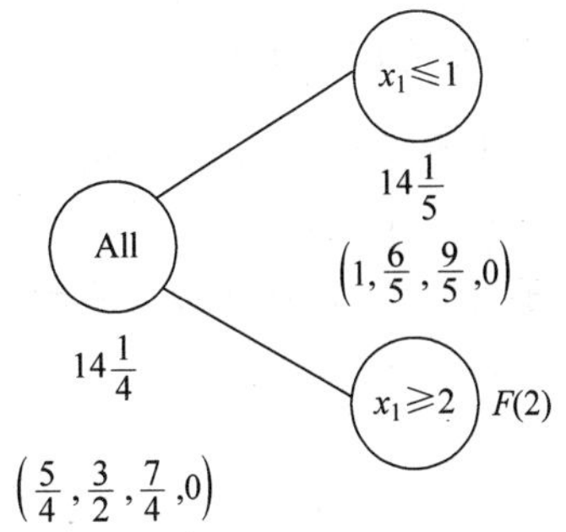

图 12.10　对示例应用混合整数规划的分支定界法进行第一次迭代后产生的分支树

第二次迭代。由于只有一个子问题保留下来，即与图 12.10 中的 $x_1 \leqslant 1$ 节点相对应的问题，所以下一次分支从该节点开始。检查其线性松弛问题的最优解，我们发现分支变量应为 x_2，因为 $x_2=\frac{6}{5}$ 是第一个取值为非整数的整数变量。附加约束 $x_2 \leqslant 1$ 或 $x_2 \geqslant 2$，产生了以下两个新的子问题。

子问题 3：原问题加上附加约束 $x_1 \leqslant 1, x_2 \leqslant 1$

子问题 4：原问题加上附加约束 $x_1 \leqslant 1, x_2 \geqslant 2$

求解它们的线性松弛问题,得到以下结果。

子问题3的线性松弛问题:$(x_1,x_2,x_3,x_4)=\left(\frac{5}{6},1,\frac{11}{6},0\right),Z=14\frac{1}{6}$

子问题3的边界值:$Z\leqslant 14\frac{1}{6}$

子问题4的线性松弛问题:$(x_1,x_2,x_3,x_4)=\left(\frac{5}{6},2,\frac{11}{6},0\right)$, $Z=12\frac{1}{6}$

子问题4的边界值:$Z\leqslant 12\frac{1}{6}$

两个问题的解(可行解)都存在,解中含有取值受整数约束的非整数变量,所以两个子问题都不被剪枝(测试1未起作用,因为在找到第一个现有最佳可行解前 $Z^*=-\infty$)。

此时的分支树如图12.11所示。

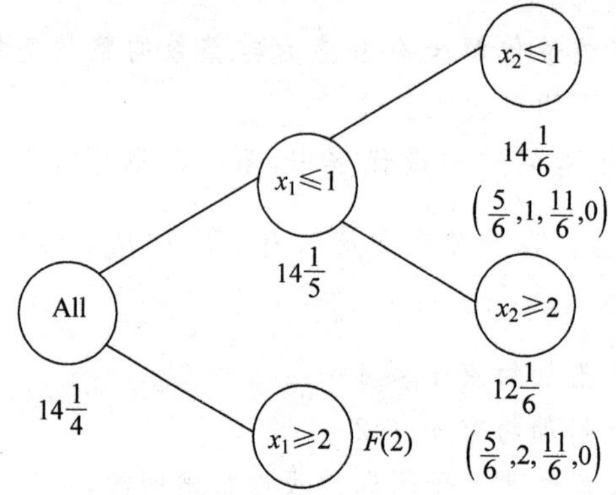

图12.11 对示例应用混合整数规划的分支定界法进行第二次迭代后产生的分支树

第三次迭代。还剩下两个一同建立的子问题(子问题3和子问题4),最大的一个$\left(\text{子问题}3, 14\frac{1}{6}>12\frac{1}{6}\right)$被选出用于下一次分支。由于 $x_1=\frac{5}{6}$ 在该最优解中取值为非整数,被选为分支变量(注意,x_1 现在是递归的分支变量,它已在第一次迭代时被选中)。这就产生了以下新的子问题。

子问题5:原问题加上附加约束

$$x_1\leqslant 1$$
$$x_2\leqslant 1$$
$$x_1\leqslant 0\quad(\text{所以 } x_1=0)$$

子问题6:原问题加上附加约束

$$x_1\leqslant 1$$
$$x_2\leqslant 1$$
$$x_1\geqslant 1\quad(\text{所以 } x_1=1)$$

求解它们的线性松弛问题，得到以下结果。

子问题 5 的线性松弛问题：$(x_1,x_2,x_3,x_4)=\left(0,0,2,\frac{1}{2}\right)$，$Z=13\frac{1}{2}$

子问题 5 的边界值：$Z\leqslant 13\frac{1}{2}$

子问题 6 的线性松弛问题：无可行解

子问题 6 随即因测试 2 而被剪枝。不过，我们发现子问题 5 也可被剪枝。由于所有的整数变量在线性松弛问题的最优解（$x_1=0,x_2=0,x_3=2$）中都取整数值，所以满足测试 3（不必理会 $x_4=\frac{1}{2}$，因为 x_4 并不要求取值为整）。原问题的可行解就是我们的第一个现有最佳可行解。

现有最佳可行解$=\left(0,0,2,\frac{1}{2}\right)$，$Z^*=13\frac{1}{2}$

用新的 Z^* 值去测试仅有的另一个子问题（子问题 4），结果是有效的。因为它的边界值 $12\frac{1}{6}\leqslant Z^*$。

本次迭代应用三种测试方式，成功地对子问题进行了剪枝。而且，不再有被保留下来的子问题，所以现有最佳可行解是最优的。

$$\text{最优解}=\left(0,0,2,\frac{1}{2}\right),\quad Z=13\frac{1}{2}$$

图 12.12 的最终分支树汇总了这些结果。

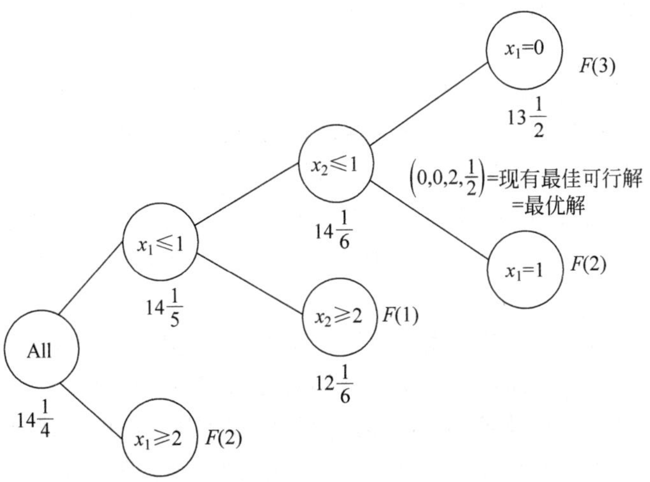

图 12.12　对示例应用混合整数规划的分支定界法进行最后一次（第三次）迭代后产生的分支树

应用 MIP 算法的另一个例子见 OR Tutor。还有一个小例子（仅有两个变量，且均为整数约束），包括图解展示，见本书网站本章求解例子小节，IOR Tutorial 中也包括执行 MIP 算法的交互过程。

12.8 求解 0-1 整数规划的分支-切割法

由于整数规划求解方法取得了显著的进步,所以在最近几十年,整数规划成为运筹学中一个最广泛应用的领域,并强力推动其继续研究。

12.8.1 背景

为正确地看待这些进步,我们先看看历史背景。20 世纪 60 年代至 70 年代初,由于分支定界法的发展和优化,产生了一次大的突破,但随后却停滞不前。虽然小问题(100 个变量以内)能被高效率地解决,但即使略微增大问题规模就很可能使计算时间呈指数级增长,超出了可行范围。在攻克计算时间随问题增大呈指数级增长方面没有多大进展。现实中产生的很多重要的问题无法得到解决。

随着分支-切割法被用于处理 0-1 整数规划问题,20 世纪 80 年代中期迎来了又一次突破。开始有报道说上千个变量的大问题通过这种方法得到解决。这极大地振奋了人心,因此从那时起该方法一直被人们深入地研究。起先,该方法只用于纯 0-1 整数规划问题,不久就被扩展至混合 0-1 整数规划问题。接着是混合整数规划问题。我们只在纯 0-1 整数规划内介绍该方法。

现在分支-切割法已很普遍地应用于有几千个变量的问题,甚至有时也用于几万或几十万个变量的问题(近年来有少数含一两百万变量的问题已成功求解)。正如 12.5 节指出的,这个巨大的进展是由以下三个原因造成的:BIP 算法与后来发展起来的分支-切割法的结合;在 BIP 算法中大量应用的线性规划算法的改进;计算机(包括台式计算机)计算速度的大大加快。

有必要做个提醒,这种算法并不能解决所有的上千个(甚至几百个)变量的 0-1 整数规划问题。很多能解决的纯 0-1 整数规划问题,其系数矩阵是稀疏矩阵,如函数约束中的系数不为零的只占小部分(可能不超过 5%,甚至不足 1%)。事实上,该方法非常依赖这种稀疏性(幸运的是,现实中的大问题一般具有稀疏性)。而且,除了稀疏性和规模之外,还有其他因素导致难以求解任意一个给定的整数规划问题。对大问题建立整数规划模型还需小心谨慎。

详细地阐述这种算法已超出本书的范围和层次,我们只作简要说明。由于我们只考虑纯 0-1 整数规划情况,接下来的内容中所提及的变量都是 0-1 变量。

该方法主要是结合三种技术[①]:自动的问题预处理、割平面的生成,以及巧妙的分支定界技术。分支定界技术前面已经介绍过了,接下来介绍其他两种技术。

12.8.2 对纯 0-1 整数规划问题的自动预处理

问题的自动预处理是指利用计算机检查用户所建立的整数规划问题的模型,目的是重构模型,新的模型能使问题被快速求解,而不减少可行解。重构可分为以下三类。

1. 固定变量:识别可固定为某个值(0 或 1)的变量,因为取其他值无法使包含它的解同

① 在 12.5 节中简略地提到,近年来还出现了一些重要的技术,如启发式算法能快速找到好的可行解。

时是可行解和最优解。

2. 消除冗余约束：识别并消除冗余约束(满足其他约束后,自动满足的约束)。

3. 强化约束：以某种方式强化约束可以缩小线性松弛问题的可行域,但并不删减0-1整数规划问题的任何可行解。

下面依次介绍这三类重构。

固定变量

固定变量的一般原则如下。

如果一个变量的某个值无法满足某个约束,即使其他变量取最好的值去试图满足此约束,该变量也可以固定地取另一个值。

例如,以下的每一个"≤"约束都可以让我们确定 $x_1=0$,因为当其他变量取最合适的值(系数为正的取0,系数为负的取1)而 $x_1=1$ 时,仍然会违反约束条件。

$$3x_1 \leqslant 2 \quad \Rightarrow \quad x_1=0, \quad 因为\ 3(1)>2$$

$$3x_1+x_2 \leqslant 2 \quad \Rightarrow \quad x_1=0, \quad 因为\ 3(1)+1(0)>2$$

$$5x_1+x_2-2x_3 \leqslant 2 \quad \Rightarrow \quad x_1=0, \quad 因为\ 5(1)+1(0)-2(1)>2$$

检查任何一个"≤"约束的一般程序是先识别最大正系数的变量,如果该系数和任何一个负系数之和超过右端项,则该变量可固定为0(一旦固定了变量,程序可重复进行,识别具有最大正系数的变量)。

对"≥"约束进行类似处理,可使我们把变量固定为1,如下所述。

$$3x_1 \geqslant 2 \quad \Rightarrow \quad x_1=1, \quad 因为\ 3(0)<2$$

$$3x_1+x_2 \geqslant 2 \quad \Rightarrow \quad x_1=1, \quad 因为\ 3(0)+1(1)<2$$

$$3x_1+x_2-2x_3 \geqslant 2 \quad \Rightarrow \quad x_1=1, \quad 因为\ 3(0)+1(1)-2(0)<2$$

"≥"约束也可使我们固定某变量的取值为0,如下所述。

$$x_1+x_2-2x_3 \geqslant 1 \quad \Rightarrow \quad x_3=0, \quad 因为\ 1(1)+1(1)-2(1)<1$$

下一个例子表明"≥"约束可使我们固定某个变量为1,而另一个变量为0。

$$3x_1+x_2-3x_3 \geqslant 2 \quad \Rightarrow \quad x_1=1, \quad 因为\ 3(0)+1(1)-3(0)<2$$

$$且 \quad \Rightarrow \quad x_3=0, \quad 因为\ 3(1)+1(1)-3(1)<2$$

类似的,右端项为负的"≤"约束可固定某变量值为0或1。例如,下面的约束中二者都发生了。

$$3x_1-2x_2 \leqslant -1 \quad \Rightarrow \quad x_1=0, \quad 因为\ 3(1)-2(1)>-1$$

$$且 \quad \Rightarrow \quad x_2=1, \quad 因为\ 3(0)-2(0)>-1$$

通过某个约束而固定某个变量的值有时可引起连锁反应,将导致通过其他约束而固定其他变量的值。例如,看看以下的三个约束。

$$3x_1+x_2-2x_3 \geqslant 2 \quad \Rightarrow \quad x_1=1 \quad (如上)$$

由此

$$x_1+x_4+x_5 \leqslant 1 \quad \Rightarrow \quad x_4=0, \quad x_5=0$$

于是

$$-x_5+x_6 \leqslant 0 \quad \Rightarrow \quad x_6=0$$

在某些情况下,我们可以把一个或多个互斥的约束与另一个约束结合起来以固定某个变量的值,如下所示。

$$\left.\begin{array}{r}8x_1-4x_2-5x_3+3x_4\leqslant 2\\ x_2+x_3\leqslant 1\end{array}\right\}\Rightarrow x_1=0$$

因为

$$8(1)-\max\{4,5\}(1)+3(0)>2$$

还有固定变量的其他方法,有些还考虑了优化,不过我们不准备深入探讨这个话题。

固定变量能显著地缩小问题规模。毫不稀奇的是,它能减少一半的变量,免去进一步的考查。

消除冗余约束

通过以下方式能很容易地识别冗余约束。

如果0-1变量取最极端的值,照样能满足约束,那么该约束就是冗余的,可以删除。对于"≤"约束,最极端的取值是非负系数时变量等于1,其他变量等于0(对于"≥"约束则反过来)。

示例如下:

$$3x_1+2x_2\leqslant 6\text{ 是冗余的,因为 }3(1)+2(1)\leqslant 6$$

$$3x_1-2x_2\leqslant 3\text{ 是冗余的,因为 }3(1)-2(0)\leqslant 3$$

$$3x_1-2x_2\geqslant -3\text{ 是冗余的,因为 }3(0)-2(1)\geqslant -3$$

在大多数情况下,那些被识别为冗余的约束在原模型中并不冗余,只是因为固定了若干变量的值后才如此。以上所给的固定变量的11个例子中,除了最后一个,其他都含有一个冗余约束。固定变量并进一步消除冗余的约束可以极大地减小待求解的模型的规模。

强化约束[①]

考查以下问题。

$$\begin{aligned}\max\quad & Z=3x_1+2x_2\\ \text{s.t.}\quad & 2x_1+3x_2\leqslant 4\\ \text{且}\quad & x_1,x_2=0\text{ 或 }1\end{aligned}$$

该0-1整数规划只有以下三个可行解——(0,0),(1,0),(0,1),最优解是(1,0),$Z=3$。该问题的线性松弛问题的可行域如图12.13所示。该线性松弛问题的最优解是$\left(1,\frac{2}{3}\right)$,$Z=4\frac{1}{3}$,与该0-1整数规划问题的最优解并不很接近。分支定界法需做不少工作才能得到该0-1整数规划问题的最优解。

现在看看把函数约束$2x_1+3x_2\leqslant 4$换成$x_1+x_2\leqslant 1$,会发生什么变化。该0-1整数规划问题的可行解保持不变——(0,0),(1,0),(0,1),所以最优解仍是(1,0)。但是,线性松弛问题的可行域却大大缩小了,见图12.14。实际上,可行域缩小幅度之大以至于线性松弛问题的最优解也是(1,0),此时不需要额外的工作,即可找到该0-1整数规划问题的最优解。

这个例子表明了以某种方式强化约束可缩小线性松弛问题的可行域,而不减少0-1整数规划问题的可行解。对于这类含有两个变量的小问题,可通过图解法轻易求解。然而,遵循强化约束而不减少0-1整数规划问题的可行解的应用原则,以下的算法程序可应用于含

① 通常也称为系数缩减。

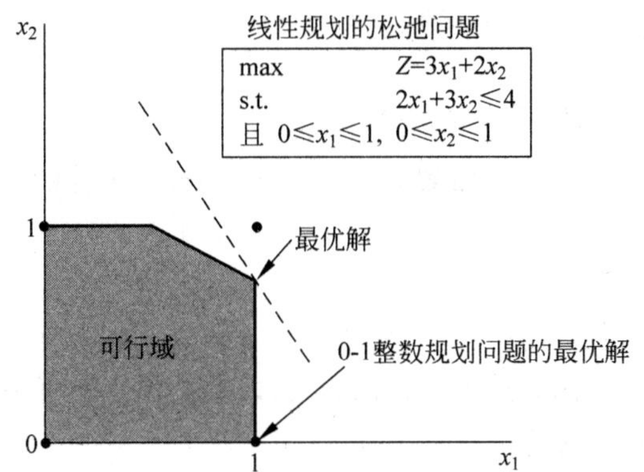

图 12.13 描述强化约束的 0-1 整数规划问题的线性松弛问题(包括可行域和最优解)

有任意数量变量的任何"≤"约束。

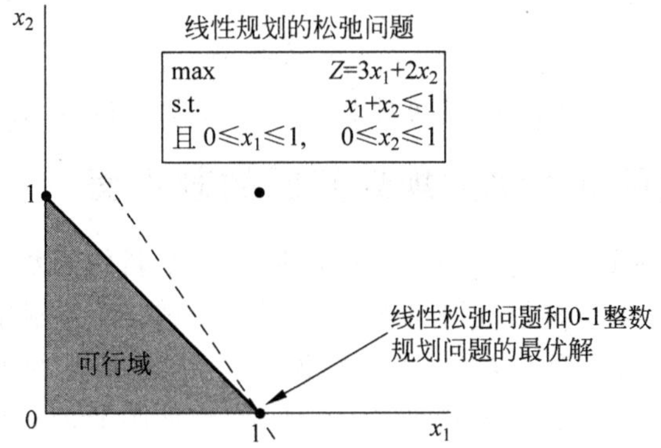

图 12.14 图 12.13 的例子中,强化约束后(从 $2x_1+3x_2\leqslant 4$ 至 $x_1+x_2\leqslant 1$)的线性松弛问题

强化一个"≤"约束的步骤

$$约束为\ a_1x_1+a_2x_2+\cdots+a_nx_n\leqslant b$$

1. 计算 S=所有大于 0 的 a_j 之和
2. 找出一个满足 $S<b+|a_j|$ 且非零的 a_j

(a) 如果没有,停止;此约束无法再被强化。

(b) 如果 $a_j>0$,转至第三步。

(c) 如果 $a_j<0$,转至第四步。

3. ($a_j>0$)计算 $\bar{a}_j=S-b$ 和 $\bar{b}=S-a_j$,重置 $a_j=\bar{a}_j$ 和 $b=\bar{b}$,返回第一步。
4. ($a_j<0$)增大 a_j 至 $a_j=b-S$,返回第一步。

按照这些步骤,对上例的函数约束进行强化,过程如下。

函数约束为 $2x_1+3x_2\leqslant 4$ ($a_1=2, a_2=3, b=4$)

1. $S=2+3=5$。
2. a_1 满足 $S<b+|a_1|$,因为 $5<4+2$。a_2 满足 $S<b+|a_2|$,因为 $5<4+3$。任意选取一个,选 a_1。
3. $\bar{a}_1=5-4=1$,$\bar{b}=5-2=3$,重置 $a_1=1$,$b=3$。新的更强的约束为

$$x_1+3x_2\leqslant 3 \quad (a_1=1, a_2=3, b=3)$$

1. $S=1+3=4$。

2. a_2 满足 $S<b+|a_2|$,因为 $4<3+3$。

3. $\bar{a}_2=4-3=1, \bar{b}=4-3=1$,重置 $a_2=1, b=1$。新的更强的约束为

$$x_1+x_2\leqslant 1 \quad (a_1=1, a_2=1, b=1)$$

1. $S=1+1=2$。

2. 不存在非零 a_j 满足 $S<b+|a_j|$,所以停止;$x_1+x_2\leqslant 1$ 就是所要强化后的约束。

本例第一次执行第二步时,如果换成选取 a_2,那么第一个更强的约束就变成 $2x_1+x_2\leqslant 2$,再下一步更强的约束则是 $x_1+x_2\leqslant 1$。

下一个例子中,左边的约束先被强化成右边第一个约束,然后更进一步强化成右边第二个。

$$4x_1-3x_2+x_3+2x_4\leqslant 5 \quad\Rightarrow\quad 2x_1-3x_2+x_3+2x_4\leqslant 3$$
$$\Rightarrow\quad 2x_1-2x_2+x_3+2x_4\leqslant 3$$

(习题 12.8-5 要求你应用这些步骤,以证实该结果。)

“$\geqslant$”约束可转化成“$\leqslant$”约束(两边同时乘以-1),然后直接应用上述步骤。

12.8.3 生成纯 0-1 整数规划问题的割平面

整数规划问题的**割平面**(cutting plane)(或割)是一个新的函数约束,它可以缩小线性松弛问题的可行域,而不减少整数规划问题的可行解。事实上,你刚才已经看到了一种生成纯 0-1 整数规划问题的割平面的方法,也就是说,采用上述强化约束的步骤。因此,$x_1+x_2\leqslant 1$ 就是图 12.13 中的 0-1 整数规划问题的割平面,它使图 12.14 中的线性松弛问题的可行域缩小了。

除此之外,还有许多生成割平面的方法,这些方法都是用于加速采用分支定界法求得纯 0-1 整数规划问题的最优解的过程。我们只介绍其中的一种。

为了介绍这种方法,我们以 12.1 节中的加州制造公司为例,该例也在 12.6 节中被用于描述 0-1 整数规划问题的分支定界法。如图 12.4 所示,此例的线性松弛问题的最优解是 $(x_1,x_2,x_3,x_4)=\left(\frac{5}{6},1,0,1\right)$,其中一个函数约束为

$$6x_1+3x_2+5x_3+2x_4\leqslant 10$$

注意,0-1 约束与该约束结合起来,可得

$$x_1+x_2+x_4\leqslant 2$$

这个新的约束就是一个割平面。它删减了线性松弛问题的部分可行域,包括此前的最优解 $\left(\frac{5}{6},1,0,1\right)$,但它并不删减任何可行的整数解。此割平面加入原模型,将从两方面提升 12.6 节(如图 12.8 所示)中所述的 0-1 整数规划的分支定界法的性能。首先,新的(强化的)线性松弛问题的最优解为 $\left(1,1,\frac{1}{5},0\right)$,$Z=15\frac{1}{5}$,则 All 节点、$x_1=1$ 节点,以及 $(x_1,x_2)=(1,1)$ 节点的边界值变成 15,而不是 16。其次,将减少一次迭代,因为 $(x_1,x_2,x_3)=(1,1,0)$ 节点的线性松弛问题的最优解现在是 $(1,1,0,0)$,产生新的现有最佳可行解 $Z^*=14$。因

此,在第三次迭代时(如图 12.7 所示),该节点将由于测试 3 而被剪枝,$(x_1,x_2)=(1,0)$节点将由于测试 1 被剪枝,从而表明该现有最佳可行解是原 0-1 整数规划问题的最优解。

以下是生成割平面的一般步骤。

1. 考查只含有非负系数的"≤"函数约束。
2. 找出这样一组变量[称为该约束的**最小覆盖**(minimum cover)]:
(a) 如果组中的所有变量均取值为 1,其他变量取值为 0,则违反约束。
(b) 但是如果组中的任意一个变量取值从 1 变成 0,则满足约束。
3. 设组中变量数为 N,产生的割平面满足下式:

$$组中变量之和 \leqslant N-1$$

应用这些步骤于约束 $6x_1+3x_2+5x_3+2x_4\leqslant 10$,我们发现这组变量$\{x_1,x_2,x_4\}$是最小覆盖,因为

(a) (1,1,0,1)违反约束。

(b) 但是如果这三个变量中任意一个取值从 1 变成 0,则满足约束。

本例 $N=3$,所以割平面为 $x_1+x_2+x_4\leqslant 2$。

可同样求得另一个最小覆盖$\{x_1,x_3\}$,因为(1,0,1,0)违反约束,但(0,0,1,0)和(1,0,0,0)满足约束。因此,$x_1+x_3\leqslant 1$ 也是一个符合要求的割平面。

分支-切割法以前面所述的方式生成许多割平面,然后巧妙地应用分支定界法。引进割平面在强化线性松弛问题方面是一个相当大的进步。在某些情况下,所求得的线性松弛问题的最优解 Z 值可接近原问题的最优解 Z 值的 98%。

有意思的是,整数规划的第一种求解算法包括 Ralph Gomory 于 1958 年发表的算法,都是基于割平面的(它产生于另一种途径),但割平面法在实践中(除了某些特定问题)却无法令人满意。不过,这些算法并不只是依靠割平面。我们已经知道,合理地结合割平面和分支定界法(还有问题的自动预处理)可以提供强大的工具来求解大规模 0-1 整数规划问题。这就是我们把这种方法命名为分支-切割法的原因。

12.9 同约束规划的结合

如今在介绍整数规划的基本理念时,都应介绍近年来令人兴奋的发展——同约束规划的结合,它很有可能极大地扩展我们建立及求解整数规划问题的能力(类似的方法也正被用于数学规划等相关领域,特别是组合优化,但我们只研究它在整数规划方面的主要应用)。

12.9.1 约束规划的实质

20 世纪 80 年代中期,计算机科学领域的研究人员把人工智能的理念渗入计算机编程语言的开发过程,从而提出了约束规划的概念。其目的是开发一种灵活的计算机编程系统,该系统可以对变量和约束设定取值范围,还能搜寻得到可行解。每个变量都有一个可取的值域,如{2,4,6,8,10}。不仅限于数学规划中的数学约束,我们还可以很灵活地表达这些约束。特别地,可以是以下的任意一种约束。

1. 数学约束,如 $x+y<z$。
2. 析取约束,如在正对其进行建模的问题中,各项任务的时期不能重叠。

3. 关联约束,如至少三项任务分配给某一台机器。

4. 显性约束,如尽管 x,y 的值域都为$\{1,2,3,4,5\}$,但(x,y)必须是(1,1),(2,3)或(4,5)。

5. 一元约束,如 Z 是 5～10 之间的某个整数。

6. 逻辑约束,例如,如果 x 是 5,那么 y 位于 6～8 之间。

表达这些约束时,约束规划允许使用各种标准的逻辑函数,如 IF、AND、OR、NOT 等。Excel 含有许多这样的逻辑函数。LINGO 现已支持所有的标准逻辑函数,并且可以利用它的全局优化器找到全局最优解。

为了说明约束规划用以产生可行解的算法,假设某问题有四个变量——x_1,x_2,x_3,x_4,它们的值域是

$$x_1 \in \{1,2\}, x_2 \in \{1,2\}, x_3 \in \{1,2,3\}, x_4 \in \{1,2,3,4,5\}$$

其中,符号"∈"表示左端变量属于右端集合,并假设约束为

(1) 所有变量值各不相同。

(2) $x_1+x_3=4$。

显然,值 1 和值 2 应保留给 x_1 和 x_2,第一个约束意味着 $x_3\in\{3\}$,进而意味着 $x_4\in\{4,5\}$(缩小可能取值的过程被称为域缩减)。接着,由于 x_3 的值域已改变,约束传播,作用于第二个约束,得 $x_1\in\{1\}$。这再次触发了第一个约束,所以

$$x_1 \in \{1\}, x_2 \in \{2\}, x_3 \in \{3\}, x_4 \in \{4,5\}$$

就是此问题的唯一可行解。这种基于域缩减和约束传播之间的交互的可行性论证是约束规划的关键。

随着约束传播和域缩减的应用,就产生了一种用于找出全部可行解的搜寻方法。以上的例子中,除了 x_4,所有变量的域都已被减小到单个值,搜寻过程简单地用 $x_4=4$ 和 $x_4=5$ 来得出问题的全部可行解。但是,对于有很多约束和变量的问题来说,约束传播和域缩减通常无法把每个变量的域都减小到单个值。因此,必须设计一种搜寻方法,该方法能对每个变量尝试赋予不同的值。赋值时,约束传播被触发,域缩减进一步发生。该过程形成一棵搜寻树,类似整数规划的分支树。

约束规划应用于复杂整数规划问题的整个过程包括以下三步。

(1) 建立各种类型的约束(大部分不符合整数规划的格式),形成该问题的简洁模型。

(2) 高效地找出满足所有约束的可行解。

(3) 在这些可行解中搜寻最优解。

约束规划的强大体现在对前两步的执行能力而不是第三步,整数规划的主要能力则体现在第三步。因而,约束规划适宜处理高度约束的无目标函数的问题,它的唯一目标就是找到可行解。然而,它也可扩展到第三步。一种方法是枚举这些可行解,逐个计算目标函数值。不过,当可行解相当多的时候,该方法效率非常低。为克服这一不足,常用的方法是添加一个约束,该约束将目标函数值限定在与预期的最优解的 Z 值非常接近的某个值。例如,目的是最大化目标函数,预期其最优解的 Z 值大约是 10,可采取的方式是添加约束 $Z\geqslant 9$。如此一来,所需枚举的保留下来的可行解就非常接近最优解了。搜寻时,每次发现一个新的更好的解,Z 的边界值就被更进一步限定,则只需考虑那些至少跟当前最好的解一样好的可行解。

虽然可将这种方法应用于第三步,但较受人关注的做法是结合约束规划和整数规划,这

样每一个都利用其所长——第一步和第二步采用约束规划，第三步采用整数规划。这就是以下将要说明的约束规划的潜能的一部分。

12.9.2 约束规划的潜能

20 世纪 90 年代，约束规划的特点包括其强大的处理约束的算法，成功地与许多通用性的及一些特殊用途的编程语言结合起来。计算机科学的发展让用户只需简单陈述问题，剩下的就交给计算机完成。

溢美之词不只在计算机科学界散播，运筹学研究人员也开始意识到约束规划与传统的整数规划方法（也与数学规划的其他领域）集成起来的巨大潜能。表达约束的方式越灵活，越能提高建立复杂问题模型的能力。非常简洁明了的模型将因它而出现。除此之外，通过减小需要考查的可行域的大小，并在此域内高效地找到可行解的方式，约束规划处理约束的算法有助于加快整数规划算法求最优解的过程。

约束规划和整数规划之间的差异很大，要把它们集成起来并不是件容易的事。整数规划无法辨识约束规划的大部分约束，这就要求设计出能把约束规划的语言转译成整数规划的语言的计算机程序；反之亦然。这方面已有很大的进展。但毫无疑问，未来几年它仍将是运筹学研究最活跃的领域之一。

为了说明约束规划如何极大地简化整数规划的建模过程，现在我们引入约束规划中两种最重要的**全局约束**（global constraint）。全局约束指的是简洁地表达多变量之间可能的关系的全局模式。因此，一个全局约束通常可代替传统的整数规划的一大堆约束，并且令模型更具可读性。为阐明这些，我们采用了非常小的例子（这些小例子其实并无必要利用约束规划）来说明全局约束，我们可以很容易地将其推广到复杂的同类型约束的问题。

12.9.3 all-different（所有变量取不同值）约束

all-different 约束是指给定集合中的所有变量必须取不同值。假定有关变量为 $x_1, x_2, \cdots, x_n$，则约束可以写为

$$\text{all-different}(x_1, x_2, \cdots, x_n)$$

同时还需指定模型中每个变量的值域（为满足 all-different 约束，这些值域合起来必须至少包含 n 个不同值）。

为了说明这一约束，我们以 9.3 节的古典指派问题为例。这类问题以一对一的方式，指派 n 个人完成 n 项工作，目标是最小化工作成本。虽然指派问题很容易解决（见 9.4 节），但却恰到好处地显示了 all-different 约束可以如何极大地简化这类模型的建立。

采用 9.3 节的传统建模方法，决策变量是 0-1 变量。

$$x_{ij} = \begin{cases} 1, & \text{由人员 } i \text{ 完成工作 } j \\ 0, & \text{否则} \end{cases} \quad (i, j = 1, 2, \cdots, n)$$

暂且忽略目标函数，函数约束如下。

每个人员 i 恰好被指派一项工作：

$$\sum_{j=1}^{n} x_{ij} = 1 \quad (i = 1, 2, \cdots, n)$$

每项工作 j 恰好由一个人完成。

$$\sum_{i=1}^{n} x_{ij}=1 \quad (j=1,2,\cdots,n)$$

因此,共有 n^2 个变量和 $2n$ 个函数约束。

现在看看约束规划所建立的小得多的模型。此时,变量是

$$y_i = \text{指派给人员 } i \text{ 的工作} \quad (i=1,2,\cdots,n)$$

n 项工作标记为 $1,2,\cdots,n$,所以每个 y_i 变量的值域为$\{1,2,\cdots,n\}$。所有人都被指派不同的工作,对这些变量的这种限制由一个全局约束准确地描述出来。

$$\text{all-different}(y_1,y_2,\cdots,y_n)$$

因而,不需要 n^2 个变量和 $2n$ 个函数约束,完整的约束规划(排除目标函数)只含有 n 个变量和一个约束(加上所有变量的一个值域)。

现在我们看看下一个全局约束,它可以把目标函数结合进入这个小模型。

12.9.4 element 约束

element 全局约束通常被用于计算关联到某个整数变量的成本或利润。特别地,假设变量 y 的值域为$\{1,2,\cdots,n\}$,与成本相关的值分别是 $c_1,c_2,\cdots,c_n$,则约束

$$\text{element}(y,[c_1,c_2,\cdots,c_n],z)$$

限定了变量 z 等于列表$[c_1,c_2,\cdots,c_n]$的第 y 个常量。换句话说,即 $z=c_y$。现在变量 z 可被加入目标函数,以反映与 y 相关联的成本。

仍然用指派问题来讲解 element 约束,令

$$c_{ij} = \text{指派人员 } i \text{ 完成工作 } j \text{ 的成本} \quad (i,j=1,2,\cdots,n)$$

完整的约束规划模型(包括该问题的目标函数)如下

$$\begin{aligned}
\min \quad & Z=\sum_{i=1}^{n} z_i \\
\text{s.t.} \quad & \text{element}(y_i,[c_{i1},c_{i2},\cdots,c_{in}],z_i) \quad (i=1,2,\cdots,n) \\
& \text{all-different}(y_1,y_2,\cdots,y_n) \\
& y_i \in \{1,2,\cdots,n\} \quad (i=1,2,\cdots,n)
\end{aligned}$$

该完整模型含有 $2n$ 个变量和$(n+1)$个约束(加上所有变量的一个值域),仍然远小于 9.3 节介绍的传统的整数规划模型。例如,当 $n=100$ 时,该模型有 200 个变量、101 个函数约束,而传统的整数规划模型则有 10 000 个变量和 200 个函数约束。

all-different 和 element 约束仅是众多全局约束中的两个(本章末参考文献 7 描述了 40 个),但它们却很好地阐释了约束规划建立复杂问题的简洁、可读性强的模型的能力,对其他类型的数学规划,特别是对数学规划与约束规划的结合很有帮助。

已经有很多数学规划同约束规划结合的成功应用,这些应用领域包括网络设计、车辆路线优化、人员值勤、成本函数为分段线性的经典的运输问题、库存管理、计算机图形学、软件工程、数据库、金融、工程技术和组合优化。另外,还提供了各种各样的调度应用,此类应用被认为是应用约束规划的富有成效的领域。例如,由于含有许多复杂的调度约束,约束规划被美国橄榄球联盟用于安排常规赛日程。

12.10　结论

由于某些或全部决策变量被严格地限定取值为整数，因此频繁出现整数规划问题。而且，许多应用都涉及可用二值(0-1)变量表示的是与否的决策(包括这些决策的组合关系)。这些因素使整数规划成为应用最广泛的运筹学技术之一。

实践中大量整数规划的应用包含各种类型，有些整数规划模型仅包括二值变量，有些既包含整数变量，也包含连续变量。二值变量可用于表示是与否的决策，如可用于确定模型中是否含固定费用。二值变量还可用于表达一般整数变量的是或否。

整数约束使整数规划问题变得难以解决，所以目前的整数规划算法效率通常远远不如单纯形法。但是过去几十年里，在求解某些(并非全部)有几万甚至几十万变量的大型整数规划问题的能力上已取得了巨大进展。这个进展归结为以下三个因素的组合：整数规划算法的极大改进、整数规划中反复应用的线性规划算法的显著改进、计算机运算速度的极大加快。但整数规划算法在求解较小问题(甚至只有上百个整数变量)时偶尔也会失败。

一个整数规划问题的不同特征和规模对是否容易求解有极大影响。整数变量的数目一定时，0-1 整数规划问题通常比含有一般整数变量的问题容易处理，但是加上连续变量(混合整数规划)后，并不显著增加计算时间。对于包含特殊结构可被特殊用途算法加以利用的 0-1 整数规划问题，这类大问题(上千个 0-1 变量)通常也有可能求解。

虽然问题的规模是决定整数规划求解所需时间的关键因素之一，但决定计算所需时间的最重要因素是整数变量的数目及问题是否为某些特殊结构。当整数变量数固定时，二值整数变量的规划较一般整数规划问题更容易求解。但加上一些连续变量的混合整数规划问题并不增加计算时间。一些特殊结构的二值整数规划问题，通过探索一种特殊目的算法，有可能用于求解非常大的问题(甚至含几十万个二值变量)。

整数规划算法的计算机代码很容易从数学规划软件包中获得。传统上，这些算法大多基于分支定界法及其变形。

更先进的整数规划算法采用分支-切割法。该算法包括问题的自动预处理、生成割平面，以及巧妙的分支定界法。该领域的研究继续进行着，结合这些技术的复杂的软件包也在发展中。

整数规划方法论的最新进展是开始结合约束规划。该方法可以极大地扩展我们建立和求解整数规划模型的能力。

近几年来，整数非线性规划的算法也被研究得相当多(含启发式算法)，该领域仍将非常活跃(参考文献 9 给出了该领域的一些研究进展)。

参考文献

1. Achterberg, A.: "SCIP: Solving Constraint Integer Programs," *Mathematical Programming Computation*, 1(1): 1-41, July 2009.
2. Appa, G., L. Pitsoulis, and H. P. Williams (eds.): *Handbook on Modelling for Discrete Optimization*, Springer, New York, 2006.

3. Baptiste, P., C. LePape, and W. Nuijten: *Constraint-Based Scheduling: Applying Constraint Programming to Scheduling Problems*, Kluwer Academic Publishers (now Springer), Boston, 2001.
4. Bertsimas, D., and R. Weismantel: *Optimization Over Integers*, Dynamic Ideas, Belmont MA, 2005.
5. Conforti, M., G. Cornuejols, and G. Zambelli: *Integer Programming*, Springer, New York, 2014.
6. Hillier, F. S., and M. S. Hillier: *Introduction to Management Science: A Modeling and Case Studies Approach with Spreadsheets*, 6th ed., McGraw-Hill, New York, 2019, chap. 7.
7. Hooker, J. N.: *Integrated Methods for Optimization*, 2nd ed., Springer, New York, 2012.
8. Karlof, J. K. (ed.): *Integer Programming: Theory and Practice*, CRC Press, Boca Raton, FL, 2006.
9. Li, D., and X. Sun: *Nonlinear Integer Programming*, Springer, New York, 2006. (A 2nd edition is scheduled for publication in 2020.)
10. Lustig, I., and J.-F. Puget: "Program Does Not Equal Program: Constraint Programming and Its Relationship to Mathematical Programming," *Interfaces*, 31(6): 29-53, November-December 2001.
11. Nemhauser, G. L., and L. A. Wolsey: *Integer and Combinatorial Optimization*, Wiley, Hoboken, NJ, 1988, reprinted in 1999.
12. Schriver, A.: *Theory of Linear and Integer Programming*, Wiley, Hoboken, NJ, 1986, reprinted in paperback in 1998.
13. Williams, H. P.: *Logic and Integer Programming*, Springer, New York, 2009.
14. Williams, H. P.: *Model Building in Mathematical Programming*, 5th ed., Wiley, Hoboken, NJ, 2013.

习题

一些习题序号左边的符号的含义如下。

D：可以参考本书网站中给出的演示例子。

I：建议使用 IOR Tutorial 中给出的相应的交互程序。

C：使用任一可用计算机软件(或听从老师指导)求解问题。

带星号的习题在书后至少给出了部分答案。

12.1-1 重新考虑 12.1 节中提到的加州制造公司的案例。圣地亚哥的市长联系了公司的总裁,试图劝说他在该市建立一个工厂或仓库。公司享受税收减免政策的条件下,总裁的下属们估计在圣地亚哥修建一个工厂的净现值是 700 万美元,而且需要的资金是 400 万美元。修建一个仓库的净现值是 500 万美元,而需要的资金是 300 万美元(修建仓库的前提条件是工厂也必须修建在那里)。

现在公司总裁希望修改先前的运筹学研究,将这些选择整合到总体问题中。在可用资金是 1 000 万美元的前提下,公司的目标是使总的净现值最大的投资的可行性组合。

(a) 为这个问题建立一个 BIP 模型。

(b) 将这个模型展示在 Excel 表格中。

C**(c)** 使用计算机求解这个模型。

12.1-2[*] Eve 和 Steven 这对年轻夫妇想把家务(购物、做饭、刷碗、洗衣)进行分配,使他们花费在家务活上的时间最少并且每个人分配两个任务。他们完成这些任务的时间是不同的，具体见下表。

	每周需要的时间/小时			
	购物	做饭	刷碗	洗衣
Eve	4.5	7.8	3.6	2.9
Steven	4.9	7.2	4.3	3.1

(**a**) 为这个问题建立一个 BIP 模型。

(**b**) 将这个模型展示在 Excel 表格中。

C(**c**) 使用计算机求解这个模型。

12.1-3 Peterson and Johnson 房地产开发公司在考虑 5 个开发项目。下表给出了 5 个项目可以产生的长远利润(净现值)和实施每个项目所需的投资额的估值。

	5 个开发项目的投入资金与预期利润/百万美元				
	1	2	3	4	5
预期利润	1	1.8	1.6	0.8	1.4
需要的资金	6	12	10	4	8

Dave Peterson 和 Ron Johnson 是这家公司的所有者，他们已经为这些项目筹集了 2 000 万美元的资金。他们现在想选择一些项目组合来做，使预计的长期利润最高且投资不超过 2 000 万美元。

(**a**) 为这个问题制订一个 BIP 模型。

(**b**) 将这个模型展示在 Excel 表格中。

C(**c**) 使用计算机求解这个模型。

12.1-4 通用轮子公司的董事会正在考虑 6 个大型投资项目。每个项目只能投资一次。从预计的长期利润(净现值)和所需投资资金来看每个投资项目是不一样的，详见下表。

	6 个项目的投入资金与预期利润/百万美元					
	1	2	3	4	5	6
预期利润	15	12	16	18	9	11
需要的资金	38	33	39	45	23	27

进行这些投资可利用的总资金是 1 亿美元。投资机会 1 和投资机会 2 是互斥的，只能选择其一，投资机会 3 和投资机会 4 也是互斥的。而且，只有前两个机会中的一个被选择，投资机会 3 和投资机会 4 才能被选择。投资机会 5、投资机会 6、投资机会 7 没有以上限制。董事会的目标是选择这些投资的组合，使预期的长期利润最高(净现值)。

(**a**) 为这个问题制订一个 BIP 模型。

C(**b**) 使用计算机求解这个模型。

12.1-5 重新考虑习题 9.3-4，一个游泳队的教练需要把游泳队员分配到 200 码混合接力的各段赛程中。为这个问题制订一个 BIP 模型。识别这个模式中互斥的选择组。

12.1-6 Vincent Cardoza 是一家接受顾客预定的机械工厂的所有者和经理。星期三下午，他接到两个匆忙预定的客户的电话。一个是拖车栓钩公司，它想定制一些重型拖曳杆。另一个是微型汽车公司，它需要定制一些稳定杆。两个客户都希望在本周末能收到尽可能多的产品(两个工作日)。由于生产这两种产品使用两种相同的机器，这个下午 Vincent 需要决定并且告诉客户接下来两天将要生产的每种产品的数量。

生产一个拖曳杆需要占用第一台机器 3.2 小时、第二台机器 2 小时。生产一个稳定杆需要占用第一台机器 2.4 小时、第二台机器 3 小时。在未来的两天内，第一台机器的可用时间是 16 小时、第二台机器的可用时间是 15 小时。每生产一个拖曳杆可获利 130 美元，每生产一个稳定杆可获利 150 美元。

为了使总利润最高，Vincent 现在要决定这些产品的产量。

(**a**) 为这个问题建立一个 BIP 模型。

(**b**) 将这个模型展示在 Excel 表格中。

C(**c**) 使用计算机求解这个模型。

12.1-7 重新考虑习题 9.2-13，承包商 Susan Meyer 需要从两个深坑中拖运碎石到三个建筑工地去。

现在 Suan 需要租用卡车(还有司机)来帮她拖运。每辆卡车只能从一个坑到一个建筑工地拖运碎石。除了在习题 9.2-13 中提到的运费和碎石的费用外，租用每辆卡车还有固定支出 50 美元。每辆卡车能够拖运 5 吨，但是不要求载满。在每组深坑和建筑工地的组合中，都要做两个决定：使用卡车的数量和拖运碎石的重量。

(**a**) 为这个问题制订一个 BIP 模型。

C(**b**) 使用计算机求解这个模型。

12.2-1 阅读 12.2 节第一个应用案例中西部独立输电系统运营公司运筹学研究的参考文献，简要描述整数规划如何应用于该项研究，然后列出由该项研究带来的财务与非财务收益。

12.2-2 对 12.2 节第二个应用案例荷兰铁路公司运筹学应用研究，按习题 12.2-1 中提出的要求完成。

12.2-3 Speedy Delivery 公司在全美提供一种大型包裹隔日投递的服务。每天上午在每个收集中心，前一天晚上到达的包裹被装上卡车运送到各地。既然该行业的竞争是投递速度，根据包裹到达的目的地不同，它们被装进不同的卡车，使完成投递所需的平均时间最短。

今天上午，Blue River Valley 收集中心的调度员 Sharon Lofton 工作很忙碌。她手下的三个司机将在一个小时之内把包裹送到。有 9 个包裹需要投递，它们都相隔好几英里。像往常一样，Sharon Lofton 把目的地输入计算机。她使用特殊的计算机软件——决策支持系统 Dispatcher。Dispatcher 做的第一件事是根据这些目的地，为每辆卡车设计许多可行线路。下表中给出了这些线路(每列中的数字表示投递顺序)，以及走每条线路的估计时间。

目的地	可行的线路									
	1	2	3	4	5	6	7	8	9	10
A	1				1				1	
B		2		1		2			2	2
C			3	3			3		3	
D	2					1		1		
E			2	2		3				
F		1			2					
G	3						1	2		3
H			1		3					1
I		3		4			2			
时间/小时	6	4	7	5	4	6	5	3	7	6

Dispatcher 是一个交互式系统，它能显示这些线路，供 Sharon 选择或修改(例如，计算机可能并不知道因为发洪水某条线路已经不通了)。在 Sharon 选出可行线路及合理的估计时间后，Dispatcher 建立并求解这个 BIP 模型。选出三条线路使总时间最短，同时每个目的地只包含在一条线路中。今天上午 Sharon 批准了所有的线路。

(**a**) 为这个问题建立一个 BIP 模型。

C(**b**) 使用计算机求解这个模型。

12.2-4 越来越多的美国人在退休后搬到更暖和的地方。为了利用这种趋势，Sunny Skier Unlimited 公司正在实施一个大型房地产开发项目。这个项目是开发一个全新的退休社区(Pilgrim Haven)，占地面积达几平方英里。决策之一是怎样在社区里设置两个消防站。在计划中，Pilgrim Haven 划分为 5 个地区，每个地区要安置的消防站不能多于一个。每个消防站要对其所在地区的所有火灾负责，也要对分配给这个消防站的其他地区发生的火灾负责。因此，决策包括：①需要建立消防站的地区；②把每个地区分配给每个消防站。目标是使火灾的平均响应时间最短。

下表给出了如果一个地区由坐落在给定地区(行)的给定消防站负责，那么在每个地区(列)内对火灾的平均响应时间。最下面一行给出了每天在每个地区，预计的火灾发生数量。

消防站坐落的地区	对地区内发生火灾的响应时间/分钟				
	1	2	3	4	5
1	5	12	30	20	15
2	20	4	15	10	25
3	15	20	6	15	12
4	25	15	25	4	10
5	10	25	15	12	5
火灾的平均频率	2 次/天	1 次/天	3 次/天	1 次/天	3 次/天

为这个问题建立一个 BIP 模型。确定相应的互斥约束和可能约束条件。

12.2-5 重新考虑问题 12.2-4。Sunny Skier Unlimited 公司的管理层现已决定设置消防站主要应考虑成本。设置消防站的成本：地区 1 是 200 000 美元；地区 2 是 250 000 美元；地区 3 是 400 000 美元；地区 4 是 300 000 美元；地区 5 是 500 000 美元。管理层的目标如下：

决定需要在哪些地区设置消防站，以使消防站的总成本最低，同时要保证每个地区都有一个较近的消防站，对该地区火灾的平均响应时间不超过 15 分钟。

与原始问题相比，注意消防站的总数量不再是固定的。而且，如果一个没有消防站的地区拥有不止一个响应时间在 15 分钟内的消防站，则不再需要为这个地区指定消防站。

(**a**) 对于这个问题，用 5 个 0-1 变量建立一个完整的纯 BIP 模型。

(**b**) 这是一个集合覆盖问题吗?

C(**c**) 使用计算机求解(a)中建立的模型。

12.2-6 设想一个州可以派 R 个人去国会。该州有 D 个郡($D>R$)，州议会想把这些郡分配给不同的选区，每个选区派一个代表去国会。该州的总人口是 P。州议会想设立选区，每个选区的人数是 $p=P/R$。假设相应的立法委员会研究了这个选区问题，产生了 N 个候选选区的列表($N>R$)。每个候选选区包含附近的郡，总人数是 $p_j(j=1,2,\cdots,N)$，p_j 接近 p。定义 $c_j=|p_j-p|$。每个郡 $i(i=1,2,\cdots,D)$至少包括在一个候选选区中，更为典型的情况是，一个郡包括在一定数量的候选选区中(为了提供更多可行的方式来选择一组候选选区，每个郡恰好只包括一次)。定义

$$a_{ij}=\begin{cases}1, & \text{如果郡 } i \text{ 包括在候选选区 } j \text{ 中}\\ 0, & \text{否则}\end{cases}$$

给定 c_j 和 a_{ij}，目标是从 N 个候选选区中选择 R 个，使每个郡都只包括在一个选区内，c_j 的最大值尽可能地小。

为这个问题建立一个 BIP 模型。

12.3-1 Toys-R-4-U 公司为即将到来的圣诞节开发了两种新的玩具，这两种玩具可能包含在产品线中。为生产产品 1 而建立的生产设备将花费 50 000 美元，而产品 2 是 80 000 美元。一旦支付启动费用，则每单位产品 1 将有 10 美元的利润，而产品 2 将有 15 美元的利润。

公司有两个工厂能够生产这些玩具。但是，基于利润最大化的考虑，为了避免双倍启动费用，仅使用一个工厂。由于管理方面的原因，如果两种玩具都要生产的话，一个工厂可以生产这两种玩具。

玩具 1 每小时在工厂 1 能生产 50 个，在工厂 2 能生产 40 个。玩具 2 每小时在工厂 1 能生产 40 个，在工厂 2 能生产 25 个。在圣诞节前，工厂 1 和工厂 2 分别用 500 小时和 700 小时生产这些玩具。

在圣诞节后不知道是否还会继续生产这两种玩具。因此，问题是在圣诞节前决定每一种产品应生产多少以使总利润最大化。

(**a**) 为这个问题制订一个 MIP 模型。

C(**b**) 使用计算机求解这个模型。

12.3-2 Fly-Right 飞机公司生产小型喷气式飞机，卖给各家公司供其管理层使用。为了满

足这些管理者的需要，其客户有时会订购自己设计的飞机。此时需要大量的启动费用来生产这些飞机。

该公司最近接到了三个客户的订单，它们都有最后交货期限。然而，因为公司的生产设备几乎完全被以前的订单所占用，所以不可能接受所有订单。因此，需要决定为每个客户生产飞机的数量(如果生产的话)。

相关数据在下表中给出。第一行给出了为每个客户开始生产所需的启动费用。一旦开始生产，从生产每架飞机获得的边际净收入(等于购买价格减去边际生产成本)在第二行显示。第三行给出了可用的生产能力的百分比。最后一行给出了每个客户的订单的最大数量(但公司接受的数量可能少于该值)。

	客户		
	1	2	3
启动费用/万美元	300	200	0
边际净利润/万美元	200	300	80
每架飞机所需生产能力/%	20	40	20
最大订货数量/架	3	2	5

Fly-Right 飞机公司现在需要决定为每一个客户生产飞机的数量(如果生产的话)，以使公司的总利润最高(总净收入减去启动费用)。

(**a**) 对这个问题，用整数变量和 0-1 变量建立一个模型。

C(**b**) 使用计算机求解这个模型。

12.4-1*　东北航空公司正在考虑购买新的长距离、中等距离、短距离的喷气式客机。价格为长距离——3.35 亿美元，中等距离——2.5 亿美元，短距离——1.75 亿美元。公司董事会决定购机总预算不超出 75 亿美元。不管购买哪种客机，各个距离的航空旅行的需求均很大，能使客机得到充分利用。长距离飞机的估计年利润(扣除折旧等费用)为 2 100 万美元、中等距离的为 1 500 万美元、短距离的为 1 150 万美元。

估计公司有 30 架新飞机所需的经过培训的机组人员，在维修保养设施上，可用于 40 架新的短程飞机，1 架中等距离飞机的维修量相当于 $1\frac{1}{3}$架短距离飞机、1 架长距离飞机维修量相当 $1\frac{2}{3}$架短距离飞机。

这些信息是依据初步分析得出的，随后将进行详细分析。根据上述数据，公司希望决定各类型飞机各购买多少架，使预期利润最高。

(**a**) 为这个问题建立一个 IP 模型。

(**b**) 用计算机求解这个问题。

(**c**) 应用二值变量将(a)中构建的模型改建为 BIP 模型。

C(**d**) 用计算机求解上述 BIP 模型，并据此找出(a)中 IP 模型的最优解。

12.4-2　考虑 12.5 节及图 12.2 中一个含两个变量的 IP 的例子。

(**a**) 对变量用二值表达式，将该问题重新构建为 BIP 问题。

C(**b**) 用计算机求解这个 BIP 问题，然后用该最优解找出一个原 IP 模型的最优解。

12.5-1* 考虑下述IP问题。

$$\begin{aligned}\max\quad & Z=5x_1+x_2\\ \text{s.t.}\quad & -x_1+2x_2\leqslant 4\\ & x_1-x_2\leqslant 1\\ & 4x_1+x_2\leqslant 12\\ \text{且}\quad & x_1\geqslant 0,\quad x_2\geqslant 0\\ & x_1,x_2\text{ 是整数}\end{aligned}$$

(a) 用图解法求解这个问题。

(b) 用图解法求解这个LP松弛。把这个解变成最近整数解,并检查它是否可行。然后,通过以所有可能的方式(如,通过把非整数解变大变小)对LP松弛的解进行改进,列出所有改进解。对每个改进解,检查它的可行性。如果可行,则计算Z。说明是否所有这些改进可行解对这个问题都是最优的。

12.5-2 用12.5-1的说明求解下述IP问题。

$$\begin{aligned}\max\quad & Z=220x_1+80x_2\\ \text{s.t.}\quad & 5x_1+2x_2\leqslant 16\\ & 2x_1-x_2\leqslant 4\\ & -x_1+2x_2\leqslant 4\\ \text{且}\quad & x_1\geqslant 0,\quad x_2\geqslant 0\\ & x_1,x_2\text{ 是整数}\end{aligned}$$

12.5-3 用习题12.5-1的说明求解下述BIP问题。

$$\begin{aligned}\max\quad & Z=2x_1+5x_2\\ \text{s.t.}\quad & 10x_1+30x_2\leqslant 30\\ & 95x_1-30x_2\leqslant 75\\ \text{且}\quad & x_1,x_2\text{ 是 0-1 变量}\end{aligned}$$

12.5-4 用习题12.5-1的说明求解下述BIP问题。

$$\begin{aligned}\max\quad & Z=-5x_1+25x_2\\ \text{s.t.}\quad & -3x_1+30x_2\leqslant 27\\ & 3x_1+x_2\leqslant 4\\ \text{且}\quad & x_1,x_2\text{ 是 0-1 变量}\end{aligned}$$

12.5-5 判断下列陈述的正误,参考本章的相关陈述,证明你的答案。

(a) 线性规划问题一般比IP问题更容易求解。

(b) 对IP问题,在确定计算难度方面,一般整数变量的数量比函数约束的数量更重要。

(c) 为了用适当的程序求解IP问题,可以用单纯形法求解这个LP松弛问题,然后把每个非整数解变成最近整数。这个结果是可行的,但不一定是这个IP问题的最优解。

D,I **12.6-1*** 利用12.6节中0-1整数规划的分支定界算法,求解以下问题。

$$\max\quad Z=2x_1-x_2+5x_3-3x_4+4x_5$$

s. t.　$3x_1 - 2x_2 + 7x_3 - 5x_4 + 4x_5 \leqslant 6$

$x_1 - x_2 + 2x_3 - 4x_4 + 2x_5 \leqslant 0$

且　$x_j = 0$ 或 1　$(j=1,2,\cdots,5)$

D,I **12.6-2**　利用 12.6 节中 0-1 整数规划的分支定界算法,求解以下问题。

min　$Z = 5x_1 + 6x_2 + 7x_3 + 8x_4 + 9x_5$

s. t.　$3x_1 - x_2 + x_3 + x_4 - 2x_5 \geqslant 2$

$x_1 + 3x_2 - x_3 - 2x_4 + x_5 \geqslant 0$

$-x_1 - x_2 + 3x_3 + x_4 + x_5 \geqslant 1$

且　$x_j = 0$ 或 1　$(j=1,2,\cdots,5)$

D,I **12.6-3**　利用 12.6 节中 0-1 整数规划的分支定界算法,求解以下问题。

max　$Z = 5x_1 + 5x_2 + 8x_3 - 2x_4 - 4x_5$

s. t　$-3x_1 + 6x_2 - 7x_3 + 9x_4 + 9x_5 \leqslant 10$

$x_1 + 2x_2 - x_4 - 3x_5 \leqslant 0$

且　$x_j = 0$ 或 1　$(j=1,2,\cdots,5)$

D,I **12.6-4**　重新思考习题 12.4-2(a),利用 12.6 节中 0-1 整数规划的分支定界算法,求解该问题。

D,I **12.6-5**　重新思考习题 12.2-5(a),利用 12.6 节中的 0-1 整数规划算法,求解该问题。

12.6-6　对于任意一个纯整数规划问题(形式为求最大值)及其线性松弛问题,思考以下论断。判断每个论断的正误,并验证你的回答。

(**a**) 线性松弛问题的可行域是整数规划问题可行域的一个子集。

(**b**) 如果线性松弛问题的一个最优解是整数解,则两个问题的目标函数的最优值都一样。

(**c**) 如果某个非整数解是线性松弛问题的可行解,则最接近的整数解(每个变量取最近的整数值)是整数规划问题的可行解。

12.6-7*　思考下面的指派问题,成本表如下。

		任务				
		1	2	3	4	5
人员	1	39	65	69	66	57
	2	64	84	24	92	22
	3	49	50	61	31	45
	4	48	45	55	23	50
	5	59	34	30	34	18

(**a**) 针对此类问题,设计一种分支定界算法,具体说明如何分支、定界和剪枝(提示:对当前子问题中还未指派任务的人员,删除其只能恰好完成一项任务的限制,构造松弛问题)。

(**b**) 利用该算法求解此问题。

12.6-8 有五项工作,需在某台机器上完成。每项工作的启动时间取决于在该机器上执行的前一项工作,如下表所示。

		启动时间				
		工作				
		1	2	3	4	5
	无	4	5	8	9	4
	1	—	7	12	10	9
	2	6	—	10	14	11
前一项工作	3	10	11	—	12	10
	4	7	8	15	—	7
	5	12	9	8	16	—

目的是安排这些工作的顺序,使总的启动时间最小。

(a) 针对此类定序问题,设计一种分支定界算法,具体说明如何分支、定界和剪枝。

(b) 利用该算法求解这个问题。

12.6-9* 思考以下的非线性0-1整数规划问题。

$$\max \quad Z=80x_1+60x_2+40x_3+20x_4-(7x_1+5x_2+3x_3+2x_4)^2$$

其中,$x_j=0$ 或 1 $(j=1,2,3,4)$

给定前 k 个变量 $x_1,\cdots,x_k$ 的值,$k=0,1,2$ 或 3,则 Z 的上界可由其相应的可行解通过下式得到:

$$\sum_{j=1}^{k}c_jx_j-\left(\sum_{j=1}^{k}d_jx_j\right)^2+\sum_{j=k+1}^{4}\max\left\{0,c_j-\left[\left(\sum_{i=1}^{k}d_ix_i+d_j\right)^2-\left(\sum_{j=1}^{k}d_ix_i\right)^2\right]\right\}$$

其中,$c_1=80,c_2=60,c_3=40,c_4=20,d_1=7,d_2=5,d_3=3,d_4=2$。采用分支定界法,利用该边界值求解这个问题。

12.6-10 思考12.6节结尾附近所述的拉格朗日松弛。

(a) 如果 $\boldsymbol{x}$ 是某个混合整数规划问题的可行解,那么 $\boldsymbol{x}$ 也必定是其相应的拉格朗日松弛问题的可行解。

(b) 如果 $\boldsymbol{x}^*$ 是某个混合整数规划问题的最优解,其目标函数值为 Z,则 $Z\leqslant Z_R^*$,其中 Z_R^* 是相应的拉格朗日松弛问题的最优目标函数值。

12.7-1 阅读12.7节应用案例中概要描述并在其参考文献中详述的运筹学研究。简述整数规划是如何应用于该研究的,然后列出该研究带来的财务与非财务收益。

12.7-2* 思考下面的整数规划问题。

$$\max \quad Z=-3x_1+5x_2$$

s.t. $5x_1-7x_2\geqslant 3$

且 $0\leqslant x_j\leqslant 3$

x_j 为整数 $(j=1,2)$

(a) 使用图解法求解此问题。

(b) 利用12.7节中的混合整数规划的分支定界算法,人工求解该问题。对每个子问题，使用图解法求解它的线性松弛问题。

(**c**) 用0-1变量表示整数变量，把该问题重新构造成0-1整数规划问题。

D,I(**d**) 利用12.6节中0-1整数规划的分支定界算法，求解(c)中构造的问题。

12.7-3 按照习题12.7-2的说明，求解下面的整数规划模型。

$$\min \quad Z=2x_1+3x_2$$

$$\text{s.t.} \quad x_1+x_2\geqslant 3$$

$$x_1+3x_2\geqslant 6$$

且 $x_1\geqslant 0,\quad x_2\geqslant 0$

x_1,x_2 为整数

12.7-4 重新思考习题12.5-1中的整数规划问题。

(**a**) 利用12.7节介绍的混合整数规划的分支定界算法，人工求解该问题。对每个子问题，使用图解法求解它的线性松弛问题。

D,I(**b**) 利用计算机程序求解该问题，检查你的答案。

(**c**) 用自动程序来验证你解决的问题的答案。

D,I **12.7-5** 思考12.2节讨论过的如图12.2所示的整数规划示例。利用12.7节介绍的混合整数规划的分支定界算法求解该问题。

D,I **12.7-6** 重新思考习题12.4-1(a)。利用12.7节介绍的混合整数规划的分支定界算法求解该问题。

12.7-7 某个机械车间生产两种产品。生产1单位的第一种产品要求机器1运行3小时，机器2运行2小时。生产1单位的第二种产品要求机器1运行2小时，机器2运行3小时。每天机器1只能工作8小时，机器2只能工作7小时。每售出1单位的第一种产品所获利润为16，每售出1单位第二种产品所获利润为10。每种产品每天的生产总量必须是0.25的整数倍。目标是确定每种产品的产量，使利润最大化。

(**a**) 对该问题构造整数规划模型。

(**b**) 使用图解法求解此模型。

(**c**) 分析图形，应用12.7节中介绍的混合整数规划的分支定界算法求解该模型。

D,I(**d**) 应用IOR Tutorial中的交互程序求解该模型。

C,(**e**) 利用计算机程序求解(b)、(c)、(d)中的模型，检查你的答案。

D,I **12.7-8** 利用12.7节介绍的混合整数规划的分支定界算法，求解下面的整数规划问题。

$$\max \quad Z=5x_1+4x_2+4x_3+2x_4$$

$$\text{s.t.} \quad x_1+3x_2+2x_3+x_4\leqslant 10$$

$$5x_1+x_2+3x_3+2x_4\leqslant 15$$

$$x_1+x_2+x_3+x_4\leqslant 6$$

且 $x_j\geqslant 0 \quad (j=1,2,3,4)$

x_j 为整数 $(j=1,2,3)$

D,I **12.7-9** 利用 12.7 节介绍的混合整数规划的分支定界算法,求解下面的整数规划问题。

$$\max \quad Z=3x_1+4x_2+2x_3+x_4+2x_5$$

$$\text{s.t.} \quad 2x_1-x_2+x_3+x_4+x_5\leqslant 3$$

$$-x_1+3x_2+x_3-x_4-2x_5\leqslant 2$$

$$2x_1+x_2-x_3+x_4+3x_5\leqslant 1$$

且 $x_j\geqslant 0 \quad (j=1,2,3,4,5)$

$x_j=0$ 或 1 $\quad (j=1,2,3)$

D,I **12.7-10** 利用 12.7 节介绍的混合整数规划的分支定界算法,求解下面的整数规划问题。

$$\min \quad Z=5x_1+x_2+x_3+2x_4+3x_5$$

$$\text{s.t.} \quad x_2-5x_3+x_4+2x_5\geqslant -2$$

$$5x_1-x_2+x_5\geqslant 7$$

$$x_1+x_2+6x_3+x_4\geqslant 4$$

且 $x_j\geqslant 0 \quad (j=1,2,3,4,5)$

x_j 为整数 $\quad (j=1,2,3)$

12.8-1* 下面的每个约束属于不同的纯 0-1 整数规划问题,利用这些约束尽可能多地固定变量的值。

(a) $4x_1+x_2+3x_3+2x_4\leqslant 2$

(b) $4x_1-x_2+3x_3+2x_4\leqslant 2$

(c) $4x_1-x_2+3x_3+2x_4\geqslant 7$

12.8-2 下面的每个约束属于不同的纯 0-1 整数规划问题,利用这些约束尽可能多地固定变量的值。

(a) $20x_1-7x_2+5x_3\leqslant 10$

(b) $10x_1-7x_2+5x_3\geqslant 10$

(c) $10x_1-7x_2+5x_3\leqslant -1$

12.8-3 下面的每个约束属于同一个纯 0-1 整数规划问题,利用这些约束尽可能多地固定变量的值,并识别由于固定变量而变成冗余的约束。

$3x_3-x_5+x_7\leqslant 1$

$x_2+x_4+x_6\leqslant 1$

$x_1-2x_5+2x_6\geqslant 2$

$x_1+x_2-x_4\leqslant 0$

12.8-4 下面的每个约束属于不同的纯 0-1 整数规划问题,识别由于设置变量为 0-1 变量而成为冗余的约束,并说明其成为或不成为冗余的原因。

(a) $2x_1+x_2+2x_3\leqslant 5$

(b) $3x_1-4x_2+5x_3\leqslant 5$

(c) $x_1+x_2+x_3\geqslant 2$

(d) $3x_1 - x_2 - 2x_3 \geqslant -4$

12.8-5 在12.8节的强化约束小节，我们指出约束 $4x_1 - 3x_2 + x_3 + 2x_4 \leqslant 5$ 可被强化到 $2x_1 - 3x_2 + x_3 + 2x_4 \leqslant 3$，然后再强化到 $2x_1 - 2x_2 + x_3 + 2x_4 \leqslant 3$。应用强化约束的步骤，证实该结果。

12.8-6 按照强化约束的步骤，强化下面的纯0-1整数规划问题的约束。

$$3x_1 - 2x_2 + x_3 \leqslant 3$$

12.8-7 按照强化约束的步骤，强化下面的纯0-1整数规划问题的约束。

$$x_1 - x_2 + 3x_3 + 4x_4 \geqslant 1$$

12.8-8 按照强化约束的步骤，强化下面的某个纯0-1整数规划问题的约束集。

(a) $x_1 + 3x_2 - 4x_3 \leqslant 2$

(b) $3x_1 - x_2 + 4x_3 \geqslant 1$

12.8-9 12.8节中以某个纯0-1整数规划问题为例，其约束为 $2x_1 + 3x_2 \leqslant 4$，说明了强化约束的步骤。请应用生成割平面的步骤，由此约束产生同样的新约束 $x_1 + x_2 \leqslant 1$。

12.8-10 某个纯0-1整数规划问题，它的某个约束为 $x_1 + 3x_2 + 2x_3 + 4x_4 \leqslant 5$，找出该约束的所有最小覆盖，然后求出相应的割平面。

12.8-11 某个纯0-1整数规划问题，它的某个约束为 $3x_1 + 4x_2 + 2x_3 + 5x_4 \leqslant 7$，找出该约束的所有最小覆盖，然后求出相应的割平面。

12.8-12 对下面的纯0-1整数规划问题的约束，生成尽可能多的割平面。

$$3x_1 + 5x_2 + 4x_3 + 8x_4 \leqslant 10$$

12.8-13 对下面的纯0-1整数规划问题的约束，生成尽可能多的割平面。

$$5x_1 + 3x_2 + 7x_3 + 4x_4 + 6x_5 \leqslant 9$$

12.8-14 思考下面的0-1整数规划问题。

$$\begin{aligned}
\max\quad & Z = 2x_1 + 3x_2 + x_3 + 4x_4 + 3x_5 + 2x_6 + 2x_7 + x_8 + 3x_9 \\
\text{s.t.}\quad & 3x_2 + x_4 + x_5 \geqslant 3 \\
& x_1 + x_2 \leqslant 1 \\
& x_2 + x_4 - x_5 - x_6 \leqslant -1 \\
& x_2 + 2x_6 + 3x_7 + x_8 + 2x_9 \geqslant 4 \\
& -x_3 + 2x_5 + x_6 + 2x_7 - 2x_8 + x_9 \leqslant 5
\end{aligned}$$

且 $x_j = 0$ 或 1 $(j = 1, 2, \cdots 9)$

采用问题的自动预处理(固定变量、删除冗余约束和强化约束)技术，使该问题的约束最强化，然后观察该强化后的问题，得出最优解。

12.9-1 思考下面的问题。

$$\max\quad Z = 3x_1 + 2x_2 + 4x_3 + x_4$$

s.t. $x_1 \in \{1,3\}$

$x_2 \in \{1,2\}$

$x_3 \in \{2,3\}$

$x_4 \in \{1,2,3,4\}$

每个变量的值必须都不一样,$x_1+x_2+x_3+x_4 \leqslant 10$。

使用约束规划技术(域缩减、约束传播、搜寻步骤和枚举),找出所有可行解,然后找到一个最优解。说明你的运算步骤。

12.9-2 思考下面的问题。

$$\max \quad Z=5x_1-x_1^2+8x_2-x_2^2+10x_3-x_3^2+15x_4-x_4^2+20x_5-x_5^2$$

s.t. $x_1 \in \{3,6,12\}$

$x_2 \in \{3,6\}$

$x_3 \in \{3,6,9,12\}$

$x_4 \in \{6,12\}$

$x_5 \in \{9,12,15,18\}$

每个变量的值必须都不一样,$x_1+x_3+x_4 \leqslant 25$。

采用约束规划技术(域缩减、约束传播、搜寻步骤和枚举),找出所有可行解,然后找到一个最优解。说明你的运算步骤。

12.9-3 思考下面的问题。

$$\max \quad Z=100x_1-3x_1^2+400x_2-5x_2^2+200x_3-4x_3^2+100x_4-2x_4^4$$

s.t. $x_1 \in \{25,30\}$

$x_2 \in \{20,25,30,35,40,50\}$

$x_3 \in \{20,25,30\}$

$x_4 \in \{20,25\}$

每个变量的值必须都不一样

$$x_2+x_3 \leqslant 60$$

$$x_1 \quad\quad +x_3 \leqslant 50$$

使用约束规划技术(域缩减、约束传播、搜寻步骤和枚举),找出所有可行解,然后找到一个最优解。说明你的运算步骤。

12.9-4 思考9.3节中的人才市场的例子。表9.23把它看成一个指派问题。利用全局约束,为该指派问题建立一个简洁的约束规划模型。

12.9-5 思考习题9.3-4提出的混合接力中如何安排游泳选手的问题。书后的答案把它当成指派问题来建模。利用全局约束,为该指派问题建立一个简洁的约束规划模型。

12.9-6 思考习题11.3-2。该问题是决定给这四门期末考试,每门多少天的复习时间。为该问题建立一个简洁的约束规划模型。

12.9-7 习题11.3-1讨论了一个拥有三家连锁零售商店的店主如何在每个商店分配草莓的问题。为该问题建立一个简洁的约束规划模型。

12.9-8 约束规划的特点之一是变量可作为目标函数中的各项下标。例如,思考下面的货郎问题。货郎需走过 n 个城市(城市 $1,2,\cdots,n$),每个城市恰好走一次,起点是城市 1(他的家乡),走遍整个旅程,最后返回城市 1。令 c_{ij} 表示城市 i 与城市 j 之间的距离,i、$j=1,2,\cdots,n(i\neq j)$。目的是确定一条路线,使整个旅程的总长度最短。

令决策变量 $x_j(j=1,2,\cdots,n,n+1)$ 代表货郎走过的第 j 个城市,其中 $x_1=1$,$x_{n+1}=1$。使用约束规划技术,目标函数可表示为

$$\min \quad Z=\sum_{j=1}^{n} c_{x_j x_{j+1}}$$

使用该目标函数,为该问题建立一个完整的约束规划模型。

案例 12.1 能力的担忧

本特里·汉弥尔顿(Bentley Hamilton)把《纽约时报》的商务版扔到会议室的桌子上,看着下属们在椅子上坐立不安。

汉弥尔顿想要做一个决定。

他扔掉了《纽约时报》刊登华尔街每日新闻的封面页,看着他的下属们张大了原本呆滞的双眼。

然后他扔掉了报纸堆上面《金融时报》的第一页,看着同事们抹去额头的汗珠。

“我刚才已经向你们展示了刊登有今日最热门的商业新闻的三份权威的金融报纸。”汉弥尔顿的语气很紧张、愤怒,“我亲爱的同事们,我们的公司正在跌入深渊!还需要我给你们读头版头条新闻吗?来看《纽约时报》:CommuniCorp 股价跌到 52 周新低;来看看《华尔街日报》:仅仅在一年中,CommuniCorp 的无线路由器市场份额就下降了 25%。哦,还有我最喜欢的《金融时报》:CommuniCorp 股价下跌是因为内部沟通的混乱。我们公司是怎么落到如此可怕的境地的?”

汉弥尔顿通过投影仪展示了一条一直倾斜上升的曲线。“这就是过去 12 个月我们公司生产力的图表。通过这张图你们能够看到,我们公司的生产设备在过去 12 个月中持续增加。很明显,生产力不是产生问题的原因。”

汉弥尔顿通过投影仪展示第二条一直倾斜上升的曲线。“这是过去 12 个月错失的或是迟交订单的图表。”汉弥尔顿听见人群中传来喘息声。“从这张图表中你们可以看见,过去 12 个月我们错失的或是迟交的订单一直甚至是显著地增长。我想这个趋势可以很好地解释为什么我们一直在丢失市场份额和我们的股价跌落到 52 周来的最低水平。我们已经惹恼了零售商并导致其流失,这些零售商依赖我们及时交货来满足顾客的需求。”

“我们的生产水平明明能够满足所有的订单,为什么我们会错失如此多的订单?”汉弥尔顿说,“我问了几个部门这个问题。”

“原来我们根本没有协调!”汉弥尔顿用难以置信的口吻说道:“营销部门和生产部门不沟通,因此生产部门不知道该生产什么样的产品来满足已签好订单的要求。生产部门想维持生产线的运转,因此他们不管是否有订单就在生产。产成品被送到仓库后,营销部门却不知道仓库里面这批产品的数量和型号。他们尽力和仓库主管部门进行沟通,来确定库存产品是否满足订单要求,但他们却很少能得到答复。”

汉弥尔顿缓了口气,直视着下属们说:“女士们、先生们,看来我们要很严肃地面对内部沟通问题了。我想马上解决这个问题。我打算组建一个网络,公司所有员工都可以通过电子邮件提出中肯的意见来保证员工之间相互沟通。因为这个内部网络将反映我们系统内部沟通的很大变化,系统中难免会有漏洞,员工也会有抵触情绪,因此我打算分阶段安装公司内部网络。”

汉弥尔顿把下面这张记有时间点和要求的表格传给了与会人员。

第一个月	第二个月	第三个月	第四个月	第五个月
企业内部网培训	安装内部销售网络	安装内部生产网络	安装内部仓库网络	安装内部营销网络

部门	员工人数
销售	60
生产	200
仓库	30
营销	75

汉弥尔顿继续解释这张表。“第一个月,我不想把这个网络引入任何部门,我只是想把消息告诉大家,并且收集大家对这个网络的意见。第二个月,我会把这个网络应用在销售部门,因为销售部门能收到来自所有顾客的批评性意见。第三个月,我会把生产部门加入这个网络中。第四个月,我想在所有仓库中安装这个网络。在第五个也就是最后一个月,我会把营销部门加入这个网络中。时间表下面的需求表列出了各部门需要接入这个网络的员工人数。”

汉弥尔顿转向公司信息管理部门经理艾米莉·约翰说:“在企业内部网的安装计划方面我需要你的帮助。尤其是公司需要购买内部网络的服务器。员工需要连接到公司的服务器,把信息下载到他们自己的计算机上。”

汉弥尔顿把下面这张表格递给了艾米莉。该表详细地描述了能买到的服务器的型号,以及每种服务器能支持的员工的数量和服务器的价格。

服务器类型	服务器能支持的员工数/人	服务器的价格/美元
小型台式服务器	30	2 500
台式服务器	80	5 000
工作站	200	10 000
架式服务器	2 000	25 000

“艾米莉,我需要你确定购买哪种服务器和什么时候购买服务器花费最少,并且公司有足够的服务能力确保内部网络在规定时间内完成安装。”汉弥尔顿说:“例如,你可以在第一个月买一台大的服务器来满足公司所有员工,或者买几台小的服务器满足所有员工,或者每个月买一台小服务器满足新进入公司内部网的部门。”

“会有很多因素使你难以作出决定。”汉弥尔顿继续说,“有两个服务器厂商愿意为

CommuniCorp 提供折扣。SGI 愿意在前两个月内提供每台服务器 10%的折扣，但必须在第一个月或第二个月购买。SUN 愿意在前两个月内提供所有服务器 25%的折扣。而且你第一个月购买资金是有限制的。CommuniCorp 已经把预算的大部分分配给未来的两个月，因此你总共有 9 500 美元可用来在第一个月或第二个月购买服务器。最后，生产部门要求至少拥有三台比较强大的服务器中的一台。你能在这周末把决定交给我吗？”

(a) 艾米莉决定先评估每个月要购买的服务器的数量和类型。制定一个整数规划模型确定艾米莉每个月购买哪种服务器花费最少并且能满足新用户的要求。她每个月应该购买多少台？服务器的类型是什么？这项计划的总花费是多少？

(b) 艾米莉意识到假如在最初几个月购买一台比较大的服务器，可以节省一部分资金，并能满足所有最后几个月加入进来的用户的要求。因此，她决定评估整个计划期内购买服务器的类型和数量。制定一个整数规划模型来确定要满足花费最少并且满足新加入用户的要求，每个月她要买多少种、什么类型的服务器？这项计划的总花费是多少？

(c) 为什么用第一种方法得出的答案与第二种方法得出的答案会不同？

(d) 在艾米莉制订的预算中还有其他花费吗？如果有，是什么？

(e) CommuniCorp 的各个部门对于这个内部网络会有哪些更长远的考虑？

网站(www. mhhe. com/hillier11e)上补充案例的预览

案例 12.2 分配的艺术

旧金山现代艺术博物馆计划举办一次现代艺术品展览。已编辑了一份待展示作品及相应价格的清单。在艺术品选取组合上存在一些限制，要求对三种不同场景下应用二值整数规划模型决定要展览的艺术品。

案例 12.3 储存品组合

Furniture 市当地仓库糟糕的存储管理导致很多物品储存过多，同时又有一些物品短缺，这种状况必须改变。为此该市厨具部门选出了 20 种最常用的厨具，这些厨具有 8 种款式应在仓库中存储，但由于仓库面积有限，使存储决策面临困难。在收集 20 种厨具的相关数据后，考虑在三种情景下，应用二值整数规划模型决定有多少种不同款式的厨具存储于当地仓库。

案例 12.4 往学校分配学生，再次修正

案例 4.3 中提出，并经案例 7.3 修正的 Springfield 学校委员会需要将该市 6 个居民区的中学生分配到现有的三所中学。新的约束是学校委员会不允许将同一个居民区的学生分配到多所学校，即一个居民区的学生只能分配到同一所学校。考虑案例 4.3 中的不同场景，应用二值整数规划模型进行分配。

Introduction to Operations Research

第13章

决策分析

前面各章主要探讨结果具有相当程度的确定性的可选决策。决策环境使建立有效的数学模型(线性规划、整数规划、非线性规划等)成为可能,模型的目标函数给定了任一决策组合的估计结果。虽然这些结果通常不能被完全确定地预计,但是至少能够足够精确地判断使用这些模型(伴随敏感性分析等)是否可行。

然而,决策通常必须在充满不确定性的环境下作出。下面举几个例子:

(1) 制造商将新产品推向市场。潜在顾客是什么反应?应该生产多少?在决定全面推销之前产品是否应该在小范围内进行试销?成功地推广这种产品需要做多少广告?

(2) 金融公司投资于证券。哪些市场部门和个人证券更有前景?经济走向如何?利率如何?这些因素怎样影响投资决策?

(3) 政府承包人投标新合同。工程项目的实际成本如何?哪些公司可能投标?它们的投标价可能是多少?

(4) 农业企业为下一季度选择庄稼和牲畜的养殖组合。天气条件如何?价格走势如何?成本是多少?

(5) 石油公司决定是否在某特定地点开采石油。出油的可能性有多大?储量多少?需要钻探多深?需要在开采前进行进一步的地质勘探吗?

这些是面临很大不确定性的决策问题,需要运用决策分析来解决。当结果不确定时,决策分析提供了有理性决策的框架和方法。

博弈论和决策分析使用的方法具有某些相似性,然而也存在不同,它们被设计用于不同的应用。我们将在13.2节具体介绍二者的异同。

通常,使用决策分析时需要解决的一个问题是,立即制订所需的决策还是首先进行一些测试(以一定的代价)减少决策结果的不确定性。例如,测试可能是在决定是否进行大规模生产和营销产品前,对新产品进行实地测试以检验客户的反应。这个测试指的是进行试验。因此,决策分析将决策分为有试验和无试验两种情况。

13.1节介绍一个贯穿整章用于解释目的的原型实例。13.2节和13.3节分别提出不进行试验和进行试验决策的基本原则。接下来介绍决策树,这是一个在需要制订一系列决策时用于描述和分析决策过程的有用工具。13.5节介绍了效用理论,提供了对决策可能结果的校准方法以反映这些结果对决策者的真正价值。13.6节讨论了决策分析的实际应用并且总结了多种对组织非常有益的应用。前6节介绍了决策中单一准则的应用，故第13.7节引入多准则的决策分析，包括目标规划。有关多准则决策的信息，可参见本书网站的补充，其中还包含目标规划及其求解。

13.1 原形范例

Goferbroke公司拥有一块可能有石油的地产。一位地质学顾问向管理层报告她相信有$\frac{1}{4}$的可能性有油。

由于这个前景，另一家石油公司提出用90 000美元购买该地产。然而，Goferbroke公司正在考虑保留该地产自己开采石油。开采的成本是100 000美元。如果发现石油，期望收入是800 000美元，因此公司的期望利润是700 000美元(减去开采成本之后)。而如果没有石油，将有100 000美元的损失(开采成本)。

表13.1总结了以上数据。13.2节给出了基于这些数据制订开采还是出售决策的方法(我们称其为Goferbroke公司第一问题)。

然而，在决定出售还是开采之前，另一个选择是进行详细的地震勘测以获得发现石油概率的更好估计(这一更具体的决策过程将被称为Goferbroke公司完整问题)。13.3节讨论了进行地震勘测试验的决策制订情况，届时将提供所需的其他数据。

公司的运营资金并不多，因此100 000美元的损失将是相当严重的。在13.5节，我们将说明如何完善对各种可能结果的影响的评估。

表13.1　Goferbroke公司的预期收益

方　　案	各种土地状态的收益/美元	
	有石油	无石油
开采石油	700 000	−100 000
出售土地	90 000	90 000
状态可能性	$\frac{1}{4}$	$\frac{3}{4}$

13.2 不进行试验的决策制定

在解决Goferbroke公司第一问题之前，我们将制订一个一般决策框架。

概括来讲，决策者必须从备选的决策方案中选择一个方案。备选方案中包括处理问题的所有可行方案。

方案的选择一定面临不确定性，因为结果将受随机因素的影响而这些因素不受决策者的掌控。这些随机因素决定了决策方案执行时的情形。每一种可能情形都被称为可能的**自然状态**(state of nature)。

对于决策方案和自然状态的每种组合，决策者都知道最终收益将如何。**收益**(payoff)是结果对决策者价值的定量测度。例如，收益通常被表示为净现金收益(利润)，尽管也可能使用其他测度(如13.5节所描述)。如果当自然状态被给定时,结果的影响不能被完全确定,那么收益将变成一个后果度量的期望值(统计意义上)。**收益表**(payoff table)通常被用于提供行动与自然状态的每种组合的收益。

如果你先前学习了博弈论,你应该能注意到决策分析与二人零和博弈之间有趣的相似之处。决策者和自然被看成博弈的双方。方案和可能的自然状态被看成各方的可用策略,其中策略的每种组合产生参与者1(决策者)的某些收益。从这个观点看,决策分析的框架可总结如下:

(1) 决策者需要从决策方案集中选择一个方案。

(2) 自然将选择一个可能的自然状态。

(3) 决策方案和自然状态的每种组合将产生一个收益,它是收益表中的一个元素。

(4) 收益表被决策者用于根据合适的准则找出最优解。

很快我们将提出三种可能的准则,其中第一个(最大最小收益准则)来自博弈论。

然而,与二人零和博弈的类比忽视了一个重要方面。在博弈论中双方都被假设是理性的,选择策略来提高他们自己的财富。这个描述仍然符合决策者,但是不符合自然。相比之下,自然现在是被动的参与者,以某种随机的方式选择其策略(自然状态)。这点不同意味着怎样选择最优策略(方案)的博弈论准则在当前的情境下对很多决策者将不具有吸引力。

一个额外要素需要被添加到决策分析框架中。决策者一般具有一些应该被考虑的有关自然可能状态相对可能性的信息。这些信息通常能够被转化成概率分布,自然状态是随机变量,这个分布被看成**先验分布**(prior distribution)。先验分布通常是主观的,依赖个人的经验或者直觉。由先验分布提供的各个自然状态的概率称为**先验概率**(prior probabilities)。

13.2.1 此框架下原型实例的建模

如表13.1所示,Goferbroke公司在考虑两个决策方案:开采石油或者出售土地。如表13.1的列标题所示,可能的自然状态是土地有石油和没有石油。由于所聘请的地质学家已经估计有$\frac{1}{4}$的机会有石油$\left(\frac{3}{4}\text{的机会没有石油}\right)$,两个自然状态的先验概率分别为0.25和0.75。因此,收益可以直接从表13.1中获得,如表13.2所示。

表13.2 用于Goferbroke公司问题决策分析建模的收益表

	自然状态	
方　案	有石油	无石油
1. 开采石油/千美元	700	−100
2. 出售土地/千美元	90	90
先验概率	0.25	0.75

接下来我们将根据下面介绍的三个准则中的每一个使用收益表找出最优方案。

13.2.2 最大最小收益准则

如果决策者的问题被看作与自然的博弈,那么博弈论将采用最小最大准则选择决策方案。从参与者1(决策者)的观点来看,这个准则命名为最大最小收益准则更适合,概括如下。

最大最小收益准则(maximin payoff criterion)：对于每一个可能的决策方案，找出所有可能自然状态的最小收益，然后找出所有最小收益中最大的一个。选择最小收益最大的方案。

表13.3给出了这个准则在原型实例中的应用。由于出售土地的最小收益(90)比开采(−100)大，应选择前面的方案(出售土地)。

这个准则的原理在于它提供了将获收益的最好保证。不管例子中自然的真实状态是什么，出售土地获得的收益都不能少于90，从而提供了最好的保证。因此，这个准则采用悲观主义的观点，不管哪个方案被选择，对应该方案的最坏自然状态都可能发生，因此我们应该选择在最坏自然状态下产生最好收益的方案。

表13.3 应用最大最小收益准则于Goferbroke公司第一问题

	自然状态		最小	
方　　案	有石油	无石油		
1. 开采石油	700	−100	−100	
2. 出售土地	90	90	90	←最大化最小值
先验概率	0.25	0.75		

当面对一个理性的、有恶意的对手时，这个准则的效果很好。然而，这个准则并不常用于与自然博弈，因为它是一种极端保守的准则。事实上，它假设自然是一个有意识的对手，想要对决策者尽可能地造成最大的伤害。但自然不是一个有恶意的对手，决策者不需要只关注每个方案最差的可能收益。特别是当方案的最差可能收益来自相对不太可能的自然状态时。

因此，通常只有非常谨慎的决策者才会对这个准则感兴趣。

13.2.3 最大似然值准则

下面的准则集中于自然最可能的状态，概括如下。

最大似然值准则(maximum likelihood criterion)：识别最可能的自然状态(具有最大先验概率的状态)。对于这一自然状态，找出具有最大收益的决策方案。选择这个决策方案。

应用这个准则，如表13.4所示，无石油状态具有最大的先验概率。在这一列，出售方案有最大的收益，因此选择出售土地。

表13.4 应用最大似然值准则于Goferbroke公司第一问题

	自然状态			
方　　案	有石油	无石油		
1. 开采石油	700	−100	−100	
2. 出售土地	90	90	90	←最大
先验概率	0.25	0.75		
		↑ 最大		

这个准则的吸引力在于最重要的自然状态是最可能的状态,因此被选择的方案是对于这个特别重要的自然状态最好的方案。基于假设这个自然状态将会发生的决策和假设其他任何自然状态相比趋向于给有利的结果更好的机会。而且,除了确定最可能的状态外,这个准则不依赖于各个自然状态概率的不可靠主观估计。

这个准则的主要缺点是它完全忽略了很多相关信息。除了最可能的自然状态外,不考虑其他任何状态。对于具有很多可能自然状态的问题,最可能自然状态的概率可能非常小。因此,集中于这个自然状态可能是非常没有保证的。即使在这个例子里,无石油状态的先验概率是 0.75,这个准则忽略了如果公司开采并发现石油的话相当有吸引力的收益 700。事实上,这个准则不允许在一个低概率的大收益上赌博,不管赌注的吸引力有多大。

13.2.4 贝叶斯决策准则

第三个决策准则是贝叶斯决策准则,描述如下。

贝叶斯决策准则(Bayes' Decision Rule):使用各个自然状态概率的可得到的最佳估计(当前的先验概率),计算每个可能决策方案收益的期望值。选择具有最大期望收益的决策方案。

对于原型实例,这些期望收益从表 13.2 直接计算如下:

$$E[\text{收益(开采)}] = 0.25(700) + 0.75(-100) = 100$$
$$E[\text{收益(出售)}] = 0.25(90) + 0.75(90) = 90$$

由于 100 大于 90,选择开采石油的方案。

注意,这个选择与前两个准则下出售方案的选择有所不同。

贝叶斯决策准则的最大优势在于它结合了所有可用的信息,包括所有的收益和各个自然状态概率的最佳可得估计。

有些人认为这些概率估计必然在很大程度上是主观的,因此是不可靠的,不能被信任。没有精确的方法预测未来,包括将来的自然状态,即使以概率的方式。这一观点有一些合理性。在每一种情况下,应该评估概率估计的合理性。

然而,在许多情况下,凭借过去的经验和当前的证据能够建立合理的概率估计。使用这些信息与忽略它们相比应该为合理决策提供更好的依据。而且,经常进行试验能够改进这些估计,正如下一节介绍的一样。因此,本章剩余的部分将只使用贝叶斯决策准则。

为了评估先验概率可能不准确的影响,进行敏感性分析通常是有帮助的。

13.2.5 贝叶斯决策准则的敏感性分析

敏感性分析通常被用于各种运筹学应用,研究当数学模型中包含的一些数字不正确时的影响。在这个例子中,数学模型见表 13.2。该表中最不可靠的数字是先验概率。尽管类似的方法可用于分析表中的收益,我们将集中用敏感性分析来进行这方面的研究。

两个先验概率的和必须等于 1,因此这些概率中一个概率的数量增加必然伴随另一个概率以相同的数量减少;反之亦然。Goferbroke 公司的管理层觉得这块土地有石油的概率可能为 15%～35%。换句话说,有石油的先验概率在 0.15 到 0.35 这个范围之间,因此相应的土地无石油的先验概率范围是 0.65～0.85。

令

p＝有石油的先验概率

任何概率 p 下采油的期望收益为

$$E[\text{收益(开采)}]=700p-100(1-p)=800p-100$$

图 13.1 中的斜线表示对于 p 的期望收益线。由于对于任何 p，出售土地的收益都是 90，图 13.1 中的水平线给出了对于 p 的 E[收益(出售)]。

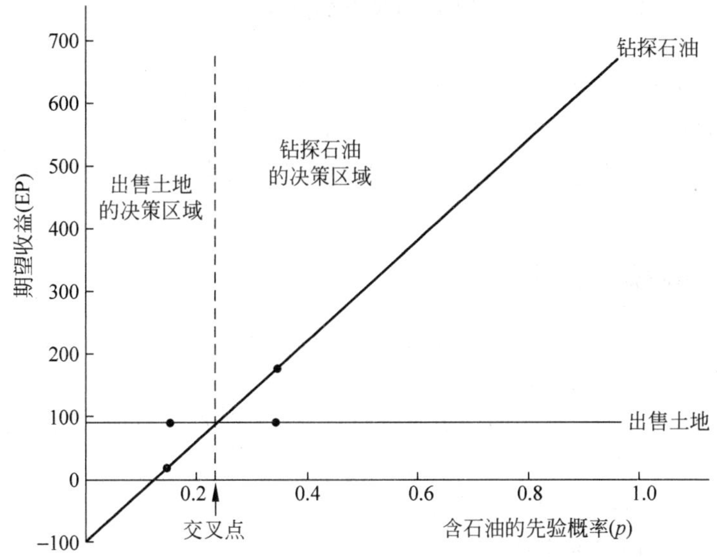

图 13.1　Goferbroke 公司问题中先验概率第一次变化时每种决策的期望收益如何变化

图 13.1 中的四个点表示两个决策方案在概率 $p=0.15$ 和 $p=0.35$ 时的期望收益。当 $p=0.5$ 时，决策更偏向于出售土地(期望收益 90 对开采 20)。而当 $p=0.35$ 时，决策更偏向于开采石油(期望收益 180 对出售 90)。因此，决策对 p 十分敏感。敏感性分析已经表明，如果可能的话应建立一个更精确的 p 值估计。

图 13.1 中两条线相交的点是交叉点，随着先验概率的增长，在该点，决策从一个方案(出售土地)转向另一个方案(开采石油)。为了找到这一点，我们令

$$E[\text{收益(开采)}]=E[\text{收益(出售)}]$$

$$800p-100=90$$

$$p=\frac{190}{800}=0.2375$$

结论：如果 $p<0.2375$，应该出售土地；如果 $p>0.2375$，应该开采石油。

因此，当尽量估计 p 的真实值时，关键问题是看它比 0.237 5 大还是小。

对于多于两个决策方案的其他问题，可以进行同一类型的分析。主要的差别在于对应图 13.1 现在将不止两条线(一条线代表一个方案)。然而，对应先验概率特定值最上面的线仍然表明哪个方案应该被选择。由于线多于两条，交叉点将不止一个，决策从一个方案转向另一个方案。

对于多于两个可能自然状态的问题，最直接的方法是按照上面介绍的方法一次仅对两个状态进行敏感性分析。这也包括研究保持其他状态先验概率固定的情况下，当一个状态

的先验概率增加而另一个状态的先验概率以同样的数量减少时将会发生什么。这个过程能够被重复应用于其他状态对的组合。

因为Goferbroke公司的决策严重依赖有石油的真实概率,应该仔细考虑进行地震勘测来更为接近地估计这个概率。在接下来的两节中我们将探讨这个问题。

13.3 进行试验时的决策制定

通常,补充的测试(试验)可以用来提高由先验概率提供的各个自然状态概率的初步估计。这些被改进的估计称为**后验概率**(posterior probabilities)。

我们首先修改一下Goferbroke公司的问题以加入试验,然后说明怎样得到后验概率,最后讨论怎样决定是否值得进行试验。

13.3.1 继续原型实例

正如13.1节末尾提到的,制订决策前的一个可用选择是进行详细的地震勘测以获得有石油概率的更好估计。总成本是30 000美元。

地震勘测获得的震动声波表明该地质结构是否有利于储存石油。我们把勘测的可能发现分为下面两类。

USS:震动显示不利,不可能有石油。

FSS:震动显示有利,可能有石油。

基于过去的经验,如果有石油,那么不利震动声波的概率为

$P(\text{USS} \mid \text{有油})=0.4$,因此 $P(\text{FSS} \mid \text{有油})=1-0.4=0.6$

类似地,如果没有石油(也就是真正的自然状态是无油),那么不利震动声波的概率被估计为

$P(\text{USS} \mid \text{无油})=0.8$,因此 $P(\text{FSS} \mid \text{无油})=1-0.8=0.2$

很快我们将使用这些数据找出给定震动声波时各自状态的后验概率。

13.3.2 后验概率

令

n=自然状态的可能数目;

$P(\text{State}=\text{state } i)$=自然状态的真实状态是 i 的先验概率,$i=1,2,\cdots,n$;

Finding=试验结果(一个随机变量);

Finding j=一个可能的结果值;

$P(\text{State}=\text{state } i \mid \text{Finding}=\text{finding } j)$=给定结果值为 j,自然的真实状态是状态 i 时的后验概率,$i=1,2,\cdots,n$。

当前的问题表述如下:

给定 P(自然真实状态为 i)和 P(结果值为 j | 自然真实状态为 i)时,$i=1,2,\cdots,n$,P(真实状态为 i | 结果值为 j)等于多少?

这个问题通过利用下面的概率论标准公式来回答:

$$P(\text{真实状态为 } i \mid \text{结果值为 } j) = \frac{P(\text{真实状态为 } i, \text{结果值为 } j)}{P(\text{结果值为 } j)}$$

$$P(\text{结果值为 } j) = \sum_{k=1}^{n} P(\text{自然状态为 } k, \text{结果值为 } j)$$

$$P(\text{真实状态为 } i, \text{结果值为 } j)$$
$$= P(\text{结果值为 } j \mid \text{真实状态为 } i) P(\text{真实状态为 } i)$$

因此,对于每一个 $i=1,2,\cdots,n$,相应后验概率的期望公式是

$$P(\text{真实状态为 } i \mid \text{结果值为 } j)$$
$$= \frac{P(\text{结果值为 } j \mid \text{真实状态为 } i) P(\text{真实状态为 } i)}{\sum_{k=1}^{n} P(\text{结果值为 } j \mid \text{自然状态为 } k) P(\text{自然状态为 } k)}$$

(这个公式通常被称为贝叶斯定理,因为它由 Thomas Bayes 创立,这位 18 世纪的数学家还建立了贝叶斯决策准则。)

现在让我们返回原型实例并应用这个公式。如果地震勘测的结果是不利的震动声波(USS),那么后验概率为

$$P(\text{状态为有油} \mid \text{结果} = \text{USS}) = \frac{0.4(0.25)}{0.4(0.25) + 0.8(0.75)} = \frac{1}{7}$$

$$P(\text{状态为无油} \mid \text{结果} = \text{USS}) = 1 - \frac{1}{7} = \frac{6}{7}$$

类似地,如果地震勘测的结果是有利的震动声波(FSS),那么后验概率为

$$P(\text{状态为有油} \mid \text{结果} = \text{FSS}) = \frac{0.6(0.25)}{0.6(0.25) + 0.2(0.75)} = \frac{1}{2}$$

$$P(\text{状态为无油} \mid \text{结果} = \text{FSS}) = 1 - \frac{1}{2} = \frac{1}{2}$$

如图 13.2 所示的**概率树图**(probability tree diagram)给出了直观地表示这些计算的好方法。第一列的先验概率和第二列的条件概率是问题的部分输入数据。第一列的每一个概率乘以第二列的概率得到第三列的相应联合概率。每一个联合概率就会变成第四列相应的后验概率计算的分子。对于相同结果的累加联合概率(见图的底部)给出了这个结果每个后验概率的分母。

OR Courseware 软件也包括一个 Excel 模板,可用于计算这些后验概率,如图 13.3 所示。

完成这些计算以后,贝叶斯决策准则如前面那样被应用,现在用后验概率代替先验概率。再次通过使用表 13.2 中的收益(以千美元为单位)并减去试验成本,我们得到下面的结果。

如果结果是不利震动声波(USS)的期望收益:

$$E[\text{收益}(\text{开采} \mid \text{结果} = \text{USS})] = \frac{1}{7}(700) + \frac{6}{7}(-100) - 30 = -15.7$$

$$E[\text{收益}(\text{出售} \mid \text{结果} = \text{USS})] = \frac{1}{7}(90) + \frac{6}{7}(90) - 30 = 60$$

如果结果是有利震动声波(FSS)的期望收益:

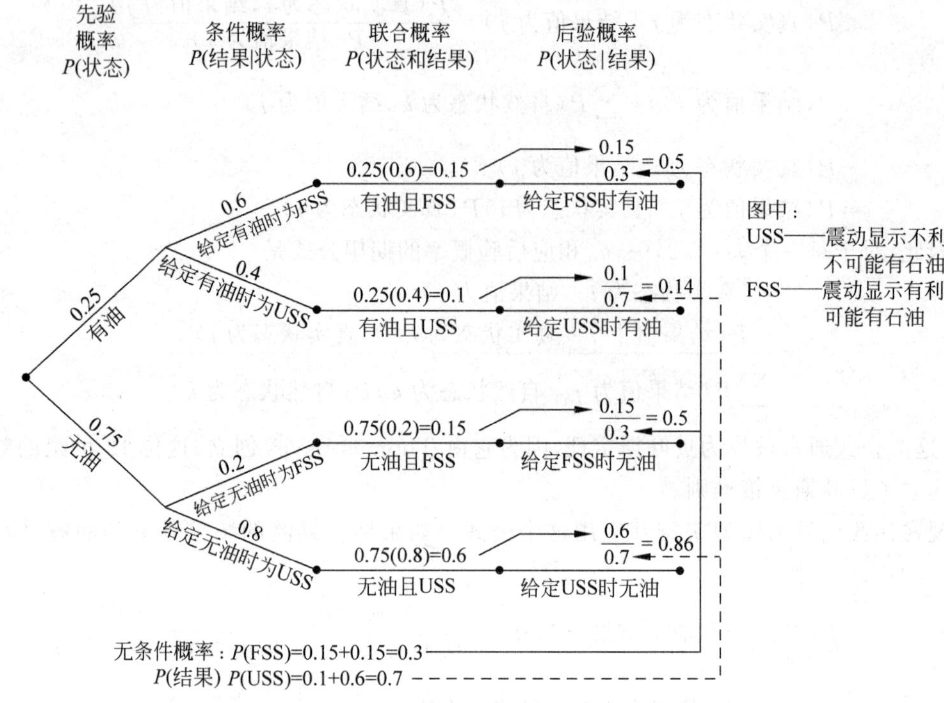

图 13.2 Goferbroke 公司问题的概率树模型显示在计算自然状态的后验概率之前的所有概率，自然状态的后验概率基于地震勘测的发现

	A	B	C	D	E	F	G	H
1		用于计算后验概率的模板						
2								
3		数据：		P(找到|状态)				
4		自然	先验	找到				
5		状态	概率	FSS	USS			
6		有油	0.25	0.6	0.4			
7		无油	0.75	0.2	0.8			
8								
9								
10								
11								
12		后验		P(状态|找到)				
13		概率		自然状态				
14		找到	P(找到)	有油	无油			
15		FSS	0.3	0.5	0.5			
16		USS	0.7	0.14286	0.85714			
17								
18								
19								

	B	C	D
12	后验		P(状态|找到)
13	概率：		自然状态
14	找到	P(找到)	=B6
15	=D5	=SUMPRODUCT(C6:C10,D6:D10)	=C6*D6/SUMPRODUCT(C6:C10,D6:D10)
16	=E5	=SUMPRODUCT(C6:C10,E6:E10)	=C6*E6/SUMPRODUCT(C6:C10,E6:E10)
17	=F5	=SUMPRODUCT(C6:C10,F6:F10)	=C6*F6/SUMPRODUCT(C6:C10,F6:F10)
18	=G5	=SUMPRODUCT(C6:C10,G6:G10)	=C6*G6/SUMPRODUCT(C6:C10,G6:G10)
19	=H5	=SUMPRODUCT(C6:C10,H6:H10)	=C6*H6/SUMPRODUCT(C6:C10,H6:H10)

图 13.3 OR Courseware 软件中的这个后验概率模板使后验概率的计算效率更高，正如此处的 Goferbroke 公司问题的例子

$$E[\text{收益}(\text{开采} \mid \text{结果}=\text{FSS})]=\frac{1}{2}(700)+\frac{1}{2}(-100)-30=270$$

$$E[\text{收益}(\text{出售} \mid \text{结果}=\text{FSS})]=\frac{1}{2}(90)+\frac{1}{2}(90)-30=60$$

由于目标是最大化期望收益,这些结果产生了如表 13.5 所示的最优策略。

表 13.5 对于 Goferbroke 公司完整问题贝叶斯决策准则下有试验的最优策略

来自地震勘测的结果	最优方案	未减去勘测成本的期望收益	减去勘测成本的期望收益
USS	出售土地	90	60
FSS	开采石油	300	270

然而这个分析不能回答是否值得花 30 000 美元进行试验(地震勘测)。或许放弃这项主要支出并使用无试验时的最优解(开采石油,期望收益为 100 000 美元)更明智。下面我们将说明这个问题。

13.3.3 试验的价值

在进行任何试验之前,我们应该决定其潜在价值。在此我们提出两种估计其潜在价值的互补方法。

第一个方法(不现实地)假设试验将消除自然真实状态所有的不确定性,并且这个方法对期望收益产生的改进做了非常快速的计算(忽略试验成本)。这个量称为完美信息的期望价值,提供了试验潜在价值的上限。因此,如果试验成本超过上限,那么这个试验肯定应该被放弃。

然而,如果这个上限超过试验成本,那么第二个(较慢的)方法接下来应该被使用,这个方法计算了进行试验产生的期望收益的实际改进(忽略试验成本)。用这个改进与成本相比较,来确定是否应该进行试验。

完美信息的期望价值

假设试验能够确定地识别自然的真实状态,因此提供了"完美"信息。无论哪个自然状态被识别,你自然会选择该状态具有最大收益的行动。由于我们预先不知道自然的哪个状态将被识别,因此具有完美信息期望收益的计算(忽略试验成本)需要利用自然状态的先验概率加权每个自然状态的最大收益。

Goferbroke 公司完整问题的计算如表 13.6 的底部所示,完美信息的期望值是 242.5。

表 13.6 Goferbroke 公司完整问题具有完美信息的期望收益

方 案	自然状态	
	有石油	无石油
1. 开采石油	700	−100
2. 出售土地	90	90
最大收益	700	90
先验概率	0.25	0.75
具有完美信息的期望收益=0.25(700)+0.75(90)=242.5		

因此,如果 Goferbroke 公司在选择行动之前就能知道土地是否蕴藏石油,那么现在的期望收益(获得信息之前)是 242 500 美元(不包括产生信息的试验成本)。

为了评估是否应该进行试验,我们现在使用这个量来计算完美信息的期望值。

完美信息的期望值(EVPI),计算如下①:

$$\text{EVPI} = \text{完美信息的期望收益} - \text{无试验的期望收益}$$

由于试验不能提供完美信息,EVPI 提供了试验期望值的上限。

对于同样的例子,由 13.2 节我们发现无试验的期望收益(在贝叶斯决策准则下)是 100。因此

$$\text{EVPI} = 242.5 - 100 = 142.5$$

由于 142.5 远大于 30——试验的成本(地震勘测),所以进行地震勘测是值得的。

为了进一步确定,我们现在介绍评估试验潜在收益的第二种方法。

试验的期望值

除了获知由于进行试验收益期望增长的上限(不包括试验成本),我们现在将做更多的工作来直接计算这个期望增长。这个量被称为试验的期望值(有时称为样本信息的期望值)。

计算这个量需要首先计算试验的期望收益(不包括试验成本)。获得后一个量需要做前面介绍的全部工作以确定所有后验概率、进行试验的最优策略,以及与试验的每个可能结果相应的期望收益(不包括试验成本)。然后需要用相应结果的概率加权每个期望收益,也就是

$$\text{有试验的期望收益} = \sum_j P(\text{结果为 } j) E[\text{收益} \mid \text{结果为 } j]$$

其中,加总 j 的所有可能值。

对于原型实例,我们已经做了所有的工作去获得这个等式右边的项。对于地震勘测的两个可能结果,不利的(USS)和有利的(FSS),相应的 $P(\text{结果为 } j)$ 值在图 13.2 中概率树的底部计算。

$$P(\text{USS}) = 0.7, \quad P(\text{FSS}) = 0.3$$

对于有试验的最优策略,每个试验结果的相应期望收益(不包括地震勘测的成本)在表 13.5 的第三列获得。

$$E(\text{收益} \mid \text{结果} = \text{USS}) = 90$$

$$E(\text{收益} \mid \text{结果} = \text{FSS}) = 300$$

使用这些数值,有试验的期望收益$=0.7(90)+0.3(300)=153$。

现在我们准备计算试验的期望值。

试验的期望值简写为 EVE,计算如下

$$\text{EVE} = \text{有试验的期望收益} - \text{无试验的期望收益}$$

因此,EVE 确定了试验的潜在价值。

对于 Goferbroke 公司

$$\text{EVE} = 153 - 100 = 53$$

① 完美信息价值是一个随机变量,等于完美信息的收益减去无试验的收益。EVPI 是这个随机变量的期望值。

由于这个值超过了 30——进行详细地震勘测的成本(以千美元为单位),应该进行这个试验。

13.4 决策树

决策树提供了可视化表示问题的有用方法,并且组织了前两小节介绍的计算工作。当必须制订一系列决策时,决策树的作用尤其大。

应用案例

小儿麻痹是一种严重的传染病,它会导致永久的肌肉衰退(特别是腿部),甚至导致死亡。儿童特别容易患病,但它同样可能感染成人。幸运的是 20 世纪 50 年代,一种相对有效的疫苗被研制出来。

但随着疫苗的广泛接种,小儿麻痹症仍时有发生。小儿麻痹的病毒通过人与人的接触,从一个感染者传给另一个易感染的人。这种接触不可避免,因为有些接触者没有症状,而有些接触者过去接种过疫苗。因此到 1988 年全世界仍有 35 万感染小儿麻痹的病例。

因此,消灭小儿麻痹症的全球性的活动很快展开,美国疾病防控中心(CDC)成了这场活动的先锋。

21 世纪初,CDC 的管理者依靠多种运筹学工具来分配有限的资源,使其得到更好的利用,其中最重要的就是决策分析。非常大的决策树被不断应用来确定相关决策的最优顺序。

这种方法是战胜小儿麻痹疾病取得成功的主要因素。每年全世界被诊断得病人数从开始时的几十万例到 2015 年不到 100 例,这个数字到 2017 年降至 22 例。

资料来源:Thompson,Kimberly M.,Tebbens. Radboud J. Duintjer,Pallansch,Mark A.,Wassilak,Steven G. F.,and Cochi,Stephen L. "Polio Eradicators Use Integrated Analytical Models to Make Better Decisions," *Interfaces* (now *INFORMS Journal on Applied Analytics*),45(1):5-25,Jan.-Feb,2015. (A link to this article is provided on the book's website,www. mhhe. com/hillier11e.)

13.4.1 建立决策树

原型实例包括下面两个决策的序列:

1. 在选择行动方案之前,应该进行地震勘测吗?
2. 应该选择什么行动(开采石油还是出售土地)?

相应的决策树(添加数值和进行计算前)如图 13.4 所示。

在决策树中,连接点被称为节点(nodes)(或者分叉点),线被称为**分支**(branches)。

用正方形表示的**决策点**(decision node)表示过程中在该点需要制订决策。用圆圈表示的**事件点**(event node)(机会点)表示在该点发生随机事件。

因此,在图 13.4 中,第一个决策用决策点 a 表示。节点 b 是一个事件点,表示地震勘测结果的随机事件。从事件点 b 发出的两个分支表示勘测的两个可能结果。接下来是具有两种可能选择的第二个决策(节点 c,d,e)。如果决策是开采石油,我们来到另一个事件点(节点 f,g,h),它的两个分支对应两个可能的自然状态。

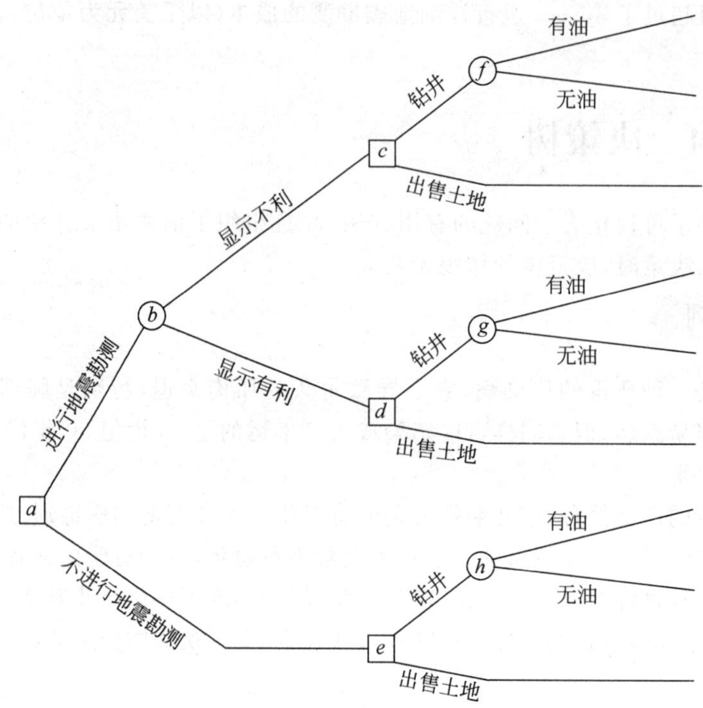

图 13.4 Goferbroke 公司问题的决策树(在包含任何数字之前)

注意从节点 a 到任何最终分支的路径(除了底部的一个)由制订的决策及决策者控制之外的随机事件决定。这是采用决策分析解决问题的特征。

构建决策树的下一步骤是将数值插入决策树中,如图 13.5 所示。分支上下不在括号内的数是分支上产生的现金流(以千美元为单位)。对于从节点 a 到终端分支的每一条路径,这些相同的数值被相加以获得分支右边的用黑体字表示的总收益。最后的数值集合是随机事件的概率。特别地,由于每个分支从表示可能随机事件的事件点发出,因此从该节点发生的事件概率已经被插入分支的括号内。在事件点 h,概率是自然状态的先验概率,因为在这种情况下没有进行地震勘测获得更多的信息。然而,事件点 f 和 g 推导出进行地震勘测的决策(然后开采)。因此,给定地震勘测的结果,这些事件点的概率是自然状态的后验概率,如图 13.2 和图 13.3 所示。最后,从事件点 b 发出两个分支,这些数值是进行地震勘测获得结果[有利的(FSS)和不利的(USS)]的概率,如图 13.2 中的概率树下面,或者图 13.3 中的单元 C15:C16 所示。

13.4.2 进行分析

建立决策树(包括它的数据)之后,我们将通过使用下面的过程分析这个问题。

1. 从决策树的右边开始,一次向左移动一步。对于每一步,根据节点是事件点还是决策点执行步骤 2 或步骤 3。

2. 对于每个事件点,通过将每个分支的期望收益(分支右边的黑体字)与分支概率相乘得到节点的期望收益,然后把它们加总。对邻接事件点的每个决策点记录这个期望收益,并且指定这个量也是指向这个节点分支的期望收益。

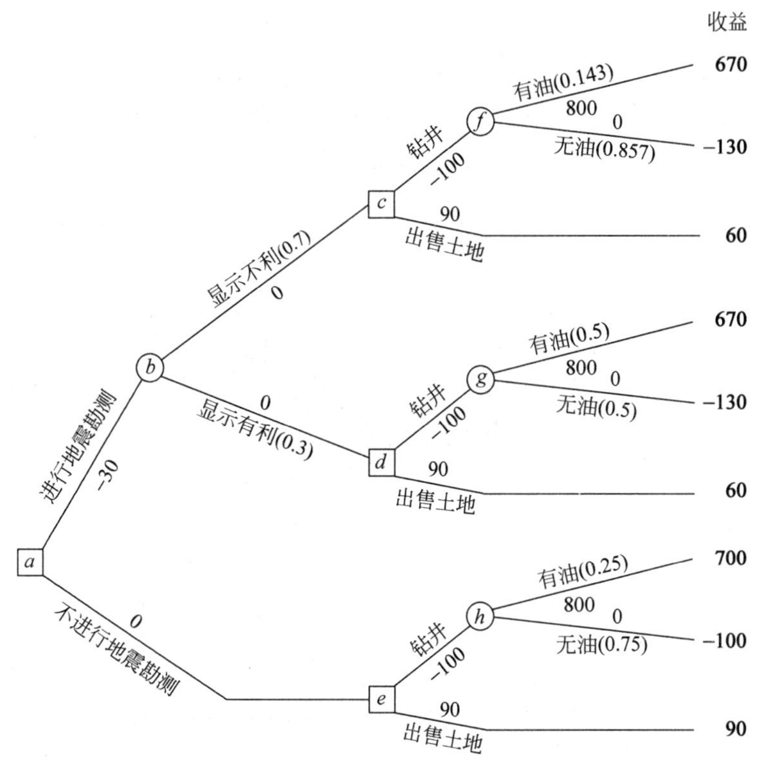

图 13.5 在增加了随机事件概率和收益之后图 13.4 中的决策树

3. 对于每个决策点，比较每个分支的期望收益，然后选择有最大期望收益分支的方案。在每一种情况下，通过在被拒绝的分支上添加一个双破折线来记录在决策树上的选择。

开始这个过程，考虑最右一列的节点，即事件点 f、事件点 g、事件点 h。使用步骤 2，它们的期望收益(EP)计算如下：

对于节点 f，$\mathrm{EP}=\frac{1}{7}(670)+\frac{6}{7}(-130)=-15.7$

对于节点 g，$\mathrm{EP}=\frac{1}{2}(670)+\frac{1}{2}(-130)=270$

对于节点 h，$\mathrm{EP}=\frac{1}{4}(700)+\frac{3}{4}(-100)=100$

这些期望收益被放置在这些节点的上面，如图 13.6 所示。

接下来，我们向左移动一列，到决策点 c、决策点 d、决策点 e。指向事件点的每个分支的期望收益，以黑体字记录在事件点的上方。因此，步骤 3 应用如下。

节点 c：开采方案的 EP＝－15.7

出售方案的 EP＝60

60＞－15.7，因此选择出售方案。

节点 d：开采方案的 EP＝270

出售方案的 EP＝60

270＞60，因此选择开采方案。

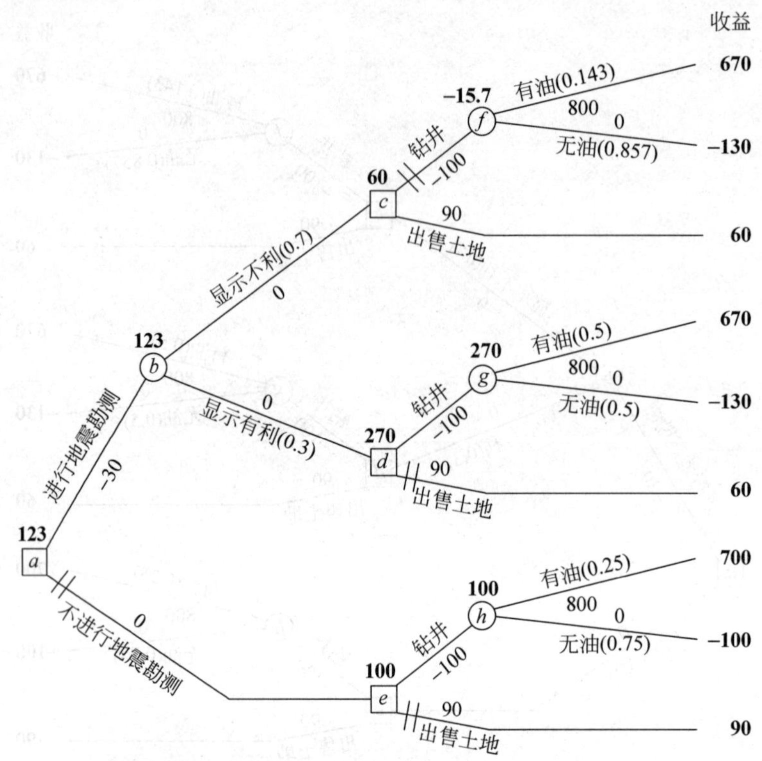

图 13.6　使用现金收益的时候,分析 Goferbroke 公司问题的最终决策树

节点 e：开采方案的 EP＝100

　　　　出售方案的 EP＝90

100＞90,因此选择开采方案。

对每个被选方案的期望收益现在以黑体字记录在决策点的上方,如图 13.6 所示。被选方案也通过在每个被拒绝的分支上标记双破折线来表示。

接下来,再向左移动,来到节点 b。由于这是一个事件点,需要应用过程的步骤 2。它的每一个分支的期望收益都被记录在下面决策点的上方。因此,期望收益为

$$\text{对于节点 } b, \text{EP}=0.7(60)+0.3(270)=123$$

如图 13.6 所示,记录在这个节点的上方。

最后,我们向左移动到节点 a,这是一个决策点。应用步骤 3,产生

节点 a：进行地震勘测有 EP＝123

　　　　不进行地震勘测有 EP＝100

123＞100,因此选择进行地震勘测。

期望收益 123 被记录在节点上方,在被拒绝的分支上用双破折线标记,如图 13.6 所示。

出于分析的目的,过程从右向左进行。然而,对于以这种方式完成的决策树,决策者能够从左向右观察决策树来查看真实的事件进程。双破折线已经划掉了不期望的路径。因此,给定在右边显示的最终结果的收益,贝叶斯决策准则仅沿着开放路径从左向右达到最大可能的期望收益。

根据贝叶斯决策准则,在图 13.6 中沿着从左向右的开放路径产生了下面的最优策略。

最优策略：

进行地震勘测

如果结果是不利的，出售土地

如果结果是有利的，开采石油

期望收益(包括地震勘测成本)是123(123 000美元)。

(唯一的)最优解自然与前面章节不用决策树获得的结果一样(可以参考表13.5给出的有试验的最优策略和13.3节末尾的结论：试验是有价值的)。

对于任何决策树，对从机会点发出的分支计算概率之后，**后向归纳过程**(backward induction procedure)总是产生最优策略。

13.5 效用理论

迄今，在应用贝叶斯决策准则时，我们假设在现金项上的期望收益是采取行动的结果的适当度量。然而在许多情况下这个假设是不适当的。

例如，一个人面临如下选择：(1)50%的机会赢取100 000美元或一无所获；(2)100%确定地获得40 000美元。许多人会选择(2)，尽管(1)的期望收益是50 000美元。如果失去投资和破产的风险很高，一个公司可能不愿意投资一大笔钱在一个新产品上，尽管期望收益很高。人们可能购买保险，尽管从期望收益的角度看这个投资并不诱人。

这些例子使贝叶斯准则失效了吗？幸运的是，答案是否定的，因为有一种方法可以把现金值转化成反映决策者偏好的合适的度量，这个度量被称为现金的效用函数。

13.5.1 现金的效用函数

图13.7给出了现金M的一个典型的效用函数$U(M)$。它表明有这个效用函数的人，对30 000美元的重视程度是10 000美元的两倍，对100 000美元的重视程度是30 000美元的两倍。这反映了一个事实：此人的最高偏好需求在第一个10 000美元获得满足。随着金钱数量的增加有递减的函数斜率，被称作**现金的边际效用递减**(decreasing marginal utility for money)。这样的人被称为**回避风险**(risk-averse)的人。

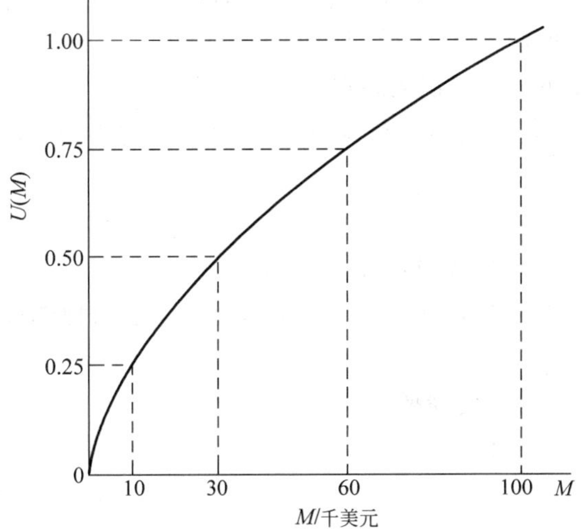

图13.7 现金的典型的效用函数，其中$U(M)$代表获得M数量现金的效用

然而,并不是所有的人都是现金边际效用递减的。一些人是**风险追求者**(risk seekers)而不是风险回避者,他们一生追求最大的收益。随着金钱数量的增加,他们的效用函数的斜率也会增加,因此**现金的边际效用递增**(increasing marginal utility for money)。

介于中间的情况是**风险中性**(risk-neutral)的人,他们以票面价值评价金钱。这种人的现金的效用函数与现金的数量成比例。尽管当涉及少量现金的时候,一些人似乎是风险中性的,当现金数量较大时真正的风险中性者并不常见。

表现为这些类型的混合也是可能的。例如,一个人对少量的现金可能是风险中性的,对于中等数量的现金可能是风险追求的,对于大量的现金可能是风险回避的。此外,他的风险态度长期内可能随环境而变化。

一个人在进行个人理财和为组织理财时,风险态度可能是不同的。企业的管理者在制订管理决策应对风险时,需要考虑企业的环境和高级管理层的群体价值观。[①]

不同的人有不同的现金效用函数,这个事实对不确定情况下的决策制订有重要的影响。

现金的效用函数被包含进一个问题的决策分析方法中以后,建立效用函数以满足所涉及的决策者偏好和数值(决策者可以是一个人也可以是一群人)。

效用函数的尺度同大小无关。换句话说,图 13.7 中在点线上的值可以为 0.25,0.5,0.75,1,也可以为 10 000,20 000,30 000,40 000。所在的效用值可以乘以任何正的常数而均不影响哪个行动方案具有最大的期望效用。它同样可以对效用值添加任何常数(正的或负的)而不影响哪个行动方案具有最大的期望效用。

由于上述理由,我们可以对两个 M 值任意确定 $U(M)$,只要较大的现金值具有较大的效用值。特别方便的是(但并不是必要的),对最小现金值 M 令 $U(M)=0$,对最大现金值 M 令 $U(M)=1$,如图 13.7 所示。通过让最坏结果的效用值为 0,最好结果的效用值为 1,然后确定其他结果的效用值,即可看到各个结果由坏到好在标尺上的排列。

建立适合决策者的效用函数的关键在于下面的效用函数的基本属性。

基本属性:在效用函数理论的假设条件下,决策者的现金效用函数有这一属性:如果两个方案有相同的期望效用,决策者认为两个行动方案是相同的。

为了解释这一点,假设决策者有如图 13.7 所示的效用函数。举例来说,得到 10 000 美元的效用是 0.25。为了度量 0.25 的效用大小,可以向决策者提问,什么样的 p 值使他肯定得到 10 000 美元与接受下面的提议无差别。

提议:一个可能性是有 p 的概率获得 100 000 美元(效用=1)或者有 $1-p$ 的概率一无所获(效用=0)。

由此

对于这个提议,E(utility)(效用)$=p$

现在可以看到假定决策者选择 $p=0.25$ 作为他对以下两种选择之间无差别时将会发生什么:

一种选择:以 $p=0.25$ 接受馈赠。

这将得到 E(utility)=0.25。

---

① 关于 332 个管理者的效用函数的形状及这个形状对组织行为的影响见 J. M. E Pennings and A. Smidts,"The Shape of Utility Functions and Organizational Behavior", *Management Science*,49:1251-1263,2003.

另一种选择：肯定获得 10 000 美元。

因为决策者认为以上两种选择之间无差别，基本属性表明二者具有相同的期望效用，所以这个选择的效用也是 0.25，如图 13.7 所示。

这个例子说明在图 13.7 中决策者应首先确立货币的效用函数。决策者需要对或以概率 p 获得很大一笔钱(100 000 美元)或一无所获作出相同假设的提议。然后对每一笔较小的钱数(10 000，30 000 和 60 000 美元)，决策者需要确定一个 p 值，使肯定地获得同提议的概率选择二者之间无差别。这些较小钱数的效用值即为 p。选择 $p=0.25$，0.5 和 0.75 分别作为这些钱数的效用值，得到图 13.7。

这个过程称为决定效用值的等价抽奖法。

13.5.2　等价抽奖法

1. 确定最大潜在收益 $M=\text{maximum}$，指定某个效用值，如 $U(\text{maximum})=1$。

2. 确定最小潜在收益 $M=\text{minimum}$，指定某个小于第 1 步中的效用值，如 $U(\text{minimum})=0$。

3. 确定其他潜在收益 M，决策者提供下面两个假设选择：

A1：以概率 p 获得最大的收益，以概率 $1-p$ 获得最小的收益；

A2：肯定得到 M 的收益。

对决策者提问：什么样的 p 值会使其感到上述两种选择无差别，于是 M 的效用值为

$$U(M)=pU(\text{maximum})+(1-p)U(\text{minimum})$$

或简写为

$$U(M)=p\text{，当 }U(\text{minimum})=0,\quad U(\text{maximum})=1\text{ 时}$$

现在将决策分析中效用函数的基本作用概括如下。

当决策者的现金效用函数用于测量不同的可能现金结果的相对价值时，贝叶斯决策准则通过相应效用取代了现金收益。因此，最优行动(一系列行动)是最大化期望收益的行动。

在这里只讨论现金的效用函数。然而，我们应该提到，当行动方案的一些或者全部影响不是现金的时候，有时候也可以建立收益函数(例如，医生的决策方案的结果涉及患者将来的健康问题)。然而，在这些情况下，将价值判断融入决策过程是很重要的。这并不容易，因为需要作出对无形结果的相对期望的价值判断。

13.5.3　对 Goferbroke 公司问题应用效用理论

在 13.1 节的结尾我们提到 Goferbroke 公司没有太多的运营资金，100 000 美元的损失是十分严重的。公司的(主要的)所有者为维持公司运营已经负债。最坏的情况是提供 30 000 美元用于地震勘测，当开采无石油的时候，依旧损失 100 000 美元。这种情况不会使公司破产，但肯定会让公司财务处于不稳定的状态。

然而，丰富的石油储量是一个令人激动的前景，由于最终将收获 700 000 美元，将使公司有一个相对稳定的财务基础。

为了在 13.1 节和 13.3 节的问题中应用所有者(决策者)的现金效用函数，必须识别所有可能现金收益的效用。使用千美元作为单位，这些可能的收益和相应的效用在

表 13.7 中给出。下面我们研究怎样获得这些效用。

表 13.7 Goferbroke 公司完整问题的效用

现金收益/千美元	效 用
−130	0
−100	0.05
60	0.30
90	0.333
670	0.97
700	1

作为建立效用函数的出发点，因为我们可以对 M 的两个极端值任意确定 $U(M)$ 值(一般对较大现金确定较大效用值)，所以可以很方便地确定 $U(-130)=0$ 和 $U(700)=1$，再用等价抽奖法确定其他现金收益的效用值。若 $M=90$，通过对决策者(Goferbroke 公司的所有者)提出下列问题：假定你只有两种选择，以千美元为单位，选择 1 为以概率 p 得到收益 700 和以概率 $1-p$ 得到收益 −130(损失 130)；选择 2 为肯定得到收益 90。若决策者选择为 $p=\frac{1}{3}$，则 $U(90)=0.333$。接下来，等价抽奖法被应用于 $M=-100$，这时决策者的无差异点是 $p=\frac{1}{20}$，所以 $U(-100)=0.05$。

通过 $U(-130)$，$U(-100)$，$U(90)$ 和 $U(700)$ 画一条光滑曲线得到决策者的效用函数，见图 13.8。这条曲线上对 $M=60$ 和 $M=670$ 的值提供了相应的效用值 $U(60)=0.30$ 和 $U(670)=0.97$。这些值补全了表 13.7 右端的列。这条曲线的形状表明 Goferbroke 公司的所有者是轻度的风险回避者。作为比较，图中 45°的虚线表明决策者的效用函数为风险中性。

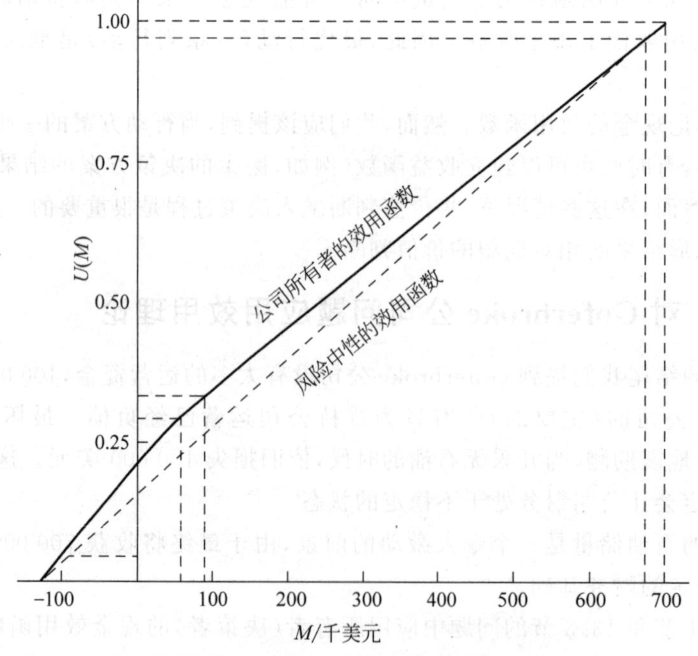

图 13.8 Goferbroke 公司所有者现金 M 的效用函数

实际上,Goferbroke 公司的所有者可能是风险追求者。然而,所有者想解决公司的财务困境,被迫采取相对风险回避的态度来制订当前的决策。

13.5.4　评估 $U(M)$ 的另一种方法

上面建立 $U(M)$ 的过程让决策者反复地进行一个困难的决策:决定什么样的概率让他觉得两个方案没有差别。制订这样的决策让许多人感觉很不舒服。因此,有时用替代方法来评估现金的效用函数。

这个方法假设效用函数有一个确定的数学形式,然后调整这个形式来尽可能适应决策者对于风险的态度。例如,一个特别受欢迎(由于相对简单)的形式是指数效用函数:

$$U(M)=R(1-e^{-\frac{M}{R}})$$

其中,R 是决策者的风险限度。效用函数有一个对于现金的递减的边际效用,因此适用于风险回避者。较大的风险回避程度对应较小的 R 值(效用函数曲线急剧弯曲),较小的风险回避程度对应较大的 R 值(效用函数曲线缓慢弯曲)。

由于 Goferbroke 公司的所有者有相对较小的风险回避程度,图 13.8 中的效用函数曲线弯曲得较缓慢。靠近图 13.8 右侧时曲线因 M 值较大弯曲得更为缓慢,所以在这个区域内的 R 值接近 $R=2\,000$。然而,当面临巨大损失甚至有破产的风险时,公司所有者变为更趋风险回避。所以当 M 值出现很大负值时,效用函数曲线变得更为弯曲,由此相应的 R 值要小得多。在这个区域内,大致为 $R=500$。

不幸的是,对于相同的效用函数使用不同的 R 值是不可能的。指数效用函数的缺点就是给定了常数的风险回避(一个固定的 R 值),而不管决策者当前有多少钱。这不符合 Goferbroke 公司的情况,由于当前现金短缺,使所有者比往常更担心有大的损失。

在其他情况下,潜在损失的结果不很严重,假设指数效用函数可能提供一个合理的近似。在那样的情况下,有一个评估 R 值的简单方法。决策者将被要求选择一个 R 值,使他对下面两个方案感到无差异:

A_1:以概率 0.5 获得 R 美元,以概率 0.5 失去 $R/2$ 美元。

A_2:既不失去也不获得任何东西。

(我们将不再采用上述方法,而是利用等价抽奖法得到的效用值重新考虑 Goferbroke 公司的例子。)

13.5.5　使用带有效用的决策树分析 Goferbroke 公司问题

现在已知 Goferbroke 公司所有者的效用函数信息,如表 13.7(和图 13.8)。这一信息可用于下面的决策树。

除了使用效用替代现金收益以外,使用决策树分析问题的过程与前面所描述的过程相同。因此,所获得的用于评估树的每一个分支的值是期望效用而不是期望(现金)收益。结果,贝叶斯决策准则选择的最优决策最大化了整个问题的期望效用。

因此,最终的决策树如图 13.9 所示,与 13.4 节给出的图 13.6 十分相似。节点和分支都是相同的,从节点分出的分支的概率也是一样的。为了报告的目的,全部的现金收益仍然在最终分支的右侧给出(但是我们不再在分支附近给出单个的收益)。然而,我们已经在右

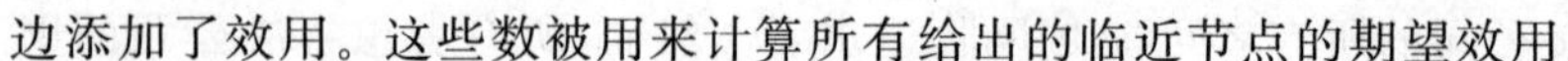

边添加了效用。这些数被用来计算所有给出的临近节点的期望效用。

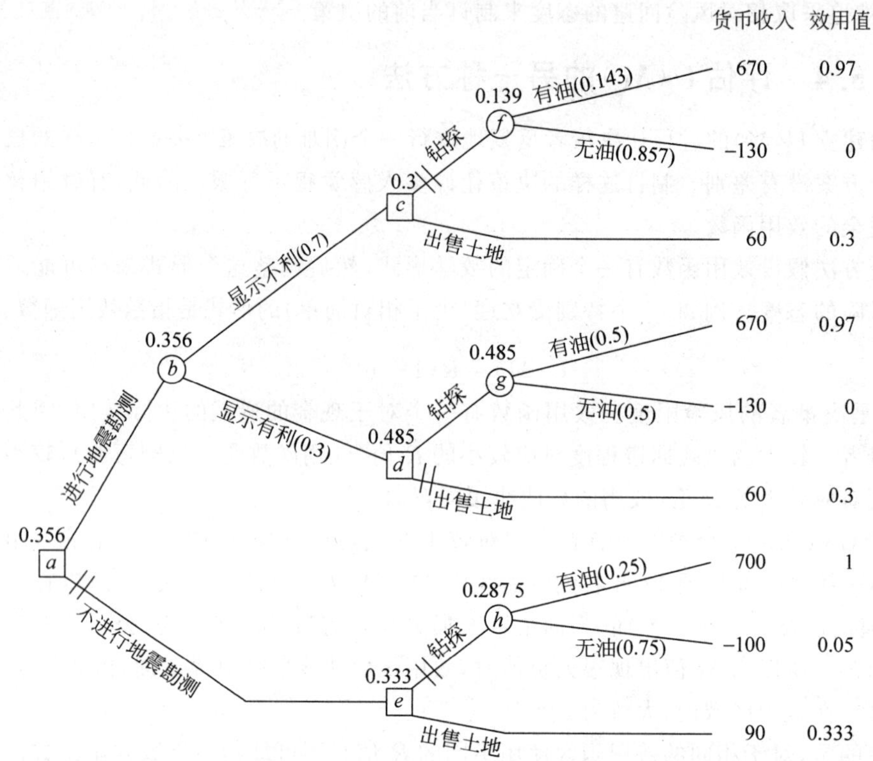

图 13.9 Goferbroke 公司完整问题的最终决策树,使用所有者的效用函数来最大化期望效用

这些期望效用在节点 a,c 和 d 产生了同样的决策,如图 13.6 所示。但是在节点 e 的决策改为销售,而不是开采。然而,后退归纳过程仍然保留节点 e 在一个封闭的路径上。因此,总的最优策略仍然与 13.4 节末尾给出的一样(进行地震勘测:如果结果是不利的,则出售;如果结果是有利的,则开采)。

前面各节所使用的最大化期望现金收益数量的方法假设决策者是风险中性的。因此 $U(M)=M$。通过使用效用理论,最优解反映了决策者对风险的态度。因为 Goferbroke 公司的所有者仅仅采用适当的风险回避政策,最优策略与此前相比没有变化。对于有些更加害怕风险的所有者,最优解将变成立即卖掉土地的更加保守的方法(不进行地震勘测)(见习题 13.5-1)。

当前的所有者被推荐在问题的决策分析方法中使用效用理论。效用理论提供了面对不确定情况的理性的决策制订方法。然而,许多决策者对使用这个完全抽象的效用概念或者使用概率建立效用函数来应用这个方法并不完全接受。结果,效用理论在实际中仍然没有被广泛采用。

13.6 决策分析的实际应用

总而言之,本章的原型实例(Goferbroke 公司问题)是决策分析的典型应用。像其他应用一样,管理者面对较大的不确定情况需要制订一些决策(是否进行地震勘测?开采石油还是出售土地?)。制订这些决策是困难的,因为它们的收益是不可预知的,结果取决于管理者

掌控以外的因素(土地蕴藏石油还是无油)。因此,在这种不确定的环境中,管理者需要制订一个理性决策框架和方法。这些是决策分析应用的常见特征。

然而,在其他方面,Goferbroke公司问题不是一个典型的应用。它过于简单,仅仅包括两种自然状态(有油和无油),而实际上可能有很多种差别很大的可能性。例如,实际的状态可能是无油、有少量的油、中等数量的油、大量的油和巨大数量的油,加上关于蕴藏石油的深度的不同概率,都会影响开采成本。管理者仅仅考虑两个决策中的每一个的两个方案。真实的应用包含更多的决策、更多的方案,每一个都需要考虑,还有更多的可能的自然状态。

在处理较大的问题时,决策树的规模可能是巨大的,可能有几千个最终的分支。在这种情况下,手工建立决策树以及计算后验概率,计算不同节点的期望收益(或者效用),然后求解最优的决策显然是不可行的。幸运的是,一些优秀的软件包可专门做这个工作。而且,专门的代数技术发展起来,并包括在计算机求解工具中用于处理较大的问题。①

对于大规模问题,敏感性分析也可能变得无能为力。尽管它有计算机软件的支持,巨大的数据量仍很容易超过分析工具和决策者的能力。因此,已经开发了一些图形技术(如飓风图),用于以一种可理解的方式组织数据。②

在描述和求解决策分析问题时,其他种类的图形技术也可用于建立决策树。一种十分流行的技术被称为影响图,研究者还在继续开发其他工具。③

许多商务战略决策通过管理层的几个人员集体制订。一种群体决策制订技术称为决策会议,即一个群体在分析人员和决策辅助者的帮助下聚集在决策会议上一起讨论。决策辅助者直接与群体一起工作帮助建立和集中讨论,有创造性地思考问题,带来一些简单的假设,说明问题所涉及的整个范围等。分析人员使用决策分析帮助群体探究不同决策方案的含义。凭借计算机化群体决策支持系统的帮助,分析人员建立和求解现场模型,然后执行敏感性分析,从群体中回答"what-if"类型的问题。④

决策分析的应用通常包括管理决策者(个人或是群体)和分析人员(个人或是小组)之间的运筹学培训。有些公司并没有符合条件的组织成员来担任专业分析人员。因此,大量管理咨询公司专门从事决策分析。

如果你想查阅更多关于决策分析的实际应用,建议你阅读本章参考文献15,该文发表于《决策分析》(*Decison Analysis*)杂志创刊号。该文给出了目前决策分析应用的详细讨论。

13.7 多准则的决策分析,含目标规划

本章中至今我们假定决策者只使用收益这个度量绩效的单一目标。例如,这个收益可以是利润,应用贝叶斯决策时是使期望的利润最大化。但这是假定度量绩效只有一个准则。

---

① 例如,可参见C. W. Kirkwood,"An Algebraic Approach to Formulating and Solving Large Models for Sequential Decisions under Uncertainty," *Management Science*, 39: 900-913, July 1993.

② 进一步信息可参阅第5章参考文献3。

③ 进一步信息可参见第3或4章参考文献3。

④ 进一步信息可参阅 the two articles on decision conferencing in the November-December 1992 issue of *Interfaces*, where one describes an application in Australia and the other summarizes the experience of 26 decision conferences in Hungary.

这样的假设并不现实。

例如,2.1节提到大量研究发现,美国公司的管理者常常关注度量绩效的不同准则,有的目标是获得满意的利润,有的希望获取稳定利润,增加(或保持)市场份额或产品多样化,保持稳定价格,提高工人的技能,保持家族对企业的控制,提高企业的声誉等。多准则决策分析(MCDA)是决策分析的一个分支,它会同时考虑上述多个准则。

多准则决策分析(MCDA)是一个很大的领域,因为它考虑不同准则的多方面含义。一个相对简单的情况是每个目标均为数字化目标,为达到目标的改善可表达为一个线性规划目标函数。这种情况称为目标规划。

13.7.1 目标规划

目标规划的基本方法是对每一个要达到的目的建立一个特定的数字目标,构建一个目标函数,然后寻找各目标函数与相应目的偏差的(加权)和最小的方案。有三种可能的目标类型:

(1) 较低的单向目标:确定一个较低的限额,希望目标值较低(但不低于)该限额。

(2) 较高的单向目标:确定一个较高的限额,希望目标值较高(但不高于)该限额。

(3) 双向目标:确定一个特殊目标,希望目标值介于高低二者之间。

目标规划可基于数学规划(线性规划、整数规划、非线性规划等)分类,只是形式上用多个目标代替一个目标。本书中我们仅考虑线性目标规划。

目标规划也可基于目标的重要程度分类:一种称为**无优先级的目标规划**(nonpreemptive goal programming),所有目标的重要程度都大致相同;另一种称为**有优先级的目标规划**(preemptive goal programming),目标具有不同的优先级,最重要的目标得到最优先的考虑,次重要的目标得到第二优先级的考虑,依此类推。后一种类型及其求解过程可参见本书网站上本章的补充内容,接下来我们着重介绍一个说明如何构建和求解无优先级的目标规划的例子(有关目标规划及其应用的更多信息请参考本章参考文献13)。

13.7.2 无优先级的目标规划的范例

Dewright公司正在考虑用三种新产品替代现有几种过时的产品,要求运筹小组帮助确定这三种新产品以什么样的组合进行生产。公司经理首先给出三个因素:产品的长期利润;劳动力的稳定;新设备所需投资。特别是经理已确定了三个目标:①获得长期利润(净现值),从这些产品至少获得12 500万美元;②保持现有员工人数(至少4 000人);③投资额不超过5 500万美元。但经理认识到三个目标不可能同时达到,所以他与运筹小组讨论这些目标的优先级。讨论结果为各自目标的惩罚权重:利润每减少100万美元,惩罚权重为5;员工每超员100人,惩罚权重为2;低于该目标时,即每减少100人权重为4;超过投资目标时每超100万美元,权重为3。每个新产品对利润、员工和投资水平的贡献与生产率成正比。这些单位生产率的贡献值见表13.8。表中还给出了目标值及惩罚权重。

表 13.8 Dewright 公司不分优先级目标规划问题的数据

	单位贡献			目标(单位)	惩罚权重
	产品 1	产品 2	产品 3		
长期利润	12	9	15	≥1.25(亿美元)	5
员工水平	5	3	4	=40(100 名员工)	2(+),4(-)
资金投入	5	7	8	≤0.55(亿美元)	3

建模。Dewright 公司的问题包含目标的三种可能形式：较低的单向目标(长期利润)，双向目标(员工水平)和较高的单向目标(投资)。

用决策变量 x_1, x_2, x_3 表示产品 1,2,3 的生产率,则上述目标可表述为

$$12x_1 + 9x_2 + 15x_3 \geqslant 125 \quad \text{利润目标}$$

$$5x_1 + 3x_2 + 4x_3 = 40 \quad \text{员工目标}$$

$$5x_1 + 7x_2 + 8x_3 \leqslant 55 \quad \text{投资目标}$$

更确切地,根据表 13.8 最右端给出的惩罚权重,令 Z 表示未达到这些目标时的惩罚点数,于是选择 x_1, x_2, x_3 使总的目标为

$$\begin{aligned} \min \quad Z = & 5(\text{低于长期利润目标的数量}) \\ & + 2(\text{超出员工目标的数量}) \\ & + 4(\text{低于员工目标的数量}) \\ & + 3(\text{超出投资目标的数量}) \end{aligned}$$

上述表达式中未包含超出长期利润目标或低于投资目标时的惩罚点数。为了用数学表达这个总的目标,引入若干辅助变量(帮助建模用的额外变量)y_1, y_2 和 y_3,定义为

$$y_1 = 12x_1 + 9x_2 + 15x_3 - 125 \quad (\text{长期利润减去目标值})$$

$$y_2 = 5x_1 + 3x_2 + 4x_3 - 40 \quad (\text{员工人数减去目标值})$$

$$y_3 = 5x_1 + 7x_2 + 8x_3 - 55 \quad (\text{投资数减去目标值})$$

因为每个目标值可以为正也可以为负,下面使用在 4.6 节末尾给出的方法,将上述每个变量变换为两个非负变量的差：

$$y_1 = y_1^+ - y_1^-, \quad y_1^+ \geqslant 0, y_1^- \geqslant 0$$

$$y_2 = y_2^+ - y_2^-, \quad y_2^+ \geqslant 0, y_2^- \geqslant 0$$

$$y_3 = y_3^+ - y_3^-, \quad y_3^+ \geqslant 0, y_3^- \geqslant 0$$

正如 4.6 节讨论的,对任何 BF 解,这些新的辅助变量可解释为

$$y_j^+ = \begin{cases} y_j, & y_j \geqslant 0 \\ 0, & \text{否则} \end{cases}$$

$$y_j^- = \begin{cases} |y_j|, & y_j \leqslant 0 \\ 0, & \text{否则} \end{cases}$$

所以 y_j^+ 代表变量 y_j 正的部分,y_j^- 代表变量负的部分。

给定这些新的辅助变量,总的目标函数可表示为

$$\min \quad Z = 5y_1^- + 2y_2^+ + 4y_2^- + 3y_3^+$$

这是一个线性规划模型的合理的目标函数(因为这里不包含利润超出 125 或投资数低

于 55 时的惩罚,在目标函数中也不需要用 y_1^+,y_3^- 表达偏离目标的总的惩罚)。

为了完成从目标规划向线性规划的转换,我们必须将上述 y_j^+ 和 y_j^- 的定义结合起来直接记入模型(直接复制这个定义是不够的,就如刚才所做的,因为单纯形法只考虑组成模型的目标函数和约束条件)。例如,因为 $y_1^+ - y_1^- = y_1$,对 y_1 由前面表达式可给出为

$$12x_1 + 9x_2 + 15x_3 - 125 = y_1^+ - y_1^-$$

将变量($y_1^+ - y_1^-$)移至左端,常数 125 移至右端,有

$$12x_1 + 9x_2 + 15x_3 - (y_1^+ - y_1^-) = 125$$

这就变成了线性规划模型的一个合适的等式,进而这个约束使辅助变量($y_1^+ - y_1^-$)满足其依据决策变量(x_1,x_2,x_3)的定义。

按相同方法,对 $y_2^+ - y_2^-$ 和 $y_3^+ - y_3^-$ 进行变换,可以将上述目标规划问题转化为如下线性规划形式:

$$\begin{aligned} \min \quad & Z = 5y_1^- + 2y_2^+ + 4y_2^- + 3y_3^+ \\ \text{s.t.} \quad & 12x_1 + 9x_2 + 15x_3 - (y_1^+ - y_1^-) = 125 \\ & 5x_1 + 3x_2 + 4x_3 - (y_2^+ - y_2^-) = 40 \\ & 5x_1 + 7x_2 + 8x_3 - (y_3^+ - y_3^-) = 55 \\ \text{且} \quad & x_j \geqslant 0, y_i^+ \geqslant 0, y_i^- \geqslant 0 \quad (j = 1,2,3; i = 1,2,3) \end{aligned}$$

(假如原问题包含任何实际线性规划的约束,如对某些资源固有总量的约束,则这些约束也将包含在该模型中。)

对上述模型用单纯形法求解得 $x_1 = \frac{25}{3}$,$x_2 = 0$,$x_3 = \frac{5}{3}$,$y_1^+ = 0$,$y_1^- = 0$,$y_2^+ = \frac{25}{3}$,$y_2^- = 0$,$y_3^+ = 0$,$y_3^- = 0$。所以第一个和第三个目标完全满足,但员工水平 40 的目标超过了 $8\frac{1}{3}$(833 个名员工),对于偏离目标值的惩罚为 $Z = 16\frac{2}{3}$。

涉及非数字且不太实际的目标

某些情况下要求应用多准则的决策分析(MCDA)。前面我们已看到了目标规划可以应用的类型和状况。它要求各类准则必须描述为数字的目标,并且这些目标的进度可以组合成线性规划问题的目标函数。很可惜这些条件通常无法满足。此时就需要采用其他方法。作为解释,考虑下面的例子,其中一些准则很难用数字描述。

例 例如你有兴趣购买一套合适的住宅,并已找到了三套可选的房产,但难以决定购买哪一套。你已确定选择购买时的 8 项重要准则:①房屋的大小;②邻近公交车站;③友好的邻居;④住宅的年限;⑤住宅面积;⑥设施的现代化程度;⑦住宅及附属设施情况;⑧价格。

虽然其中一些因素可用数字表达,但有些很难用数字表达。如何分析和比较这些因素,确定要购买哪一套住宅?

MCDA 中一种比较常用的方法是层次分析法(AHP)。该方法实施起来有很多细则要求,这里只做概略介绍。这种方法实施起来分三个阶段:①建立结构框架;②进行测度;③综合。建立框架阶段包括确定层次结构,对上例而言可分为三个层次:顶层表明总的目标(对该住宅的满意度);第二层列出要考虑的因素(8 项准则);第三层(底层)表明决策的

意向(三处房产)。大量的工作集中在测度评估阶段,该阶段需要确定各项准则的相对重要性,确定各决策项满足有关准则的程度等。举例来说,衡量各套住宅的各准则情况时,需要对所有候选住宅进行两两对比,然后在综合阶段依据第二阶段提供的数字确定各项建议意见的数字得分,提供决策建议。

事实上,应用 AHP 方法进行类似上述例子的分析随处可见①。

AHP 以及被称为网络分析法(AHP)的扩展方法已通过不同形式得到数千次的应用。本章参考文献 7 提供了 AHP 方法的详细说明,参考文献 18 给出了 AHP 方法应用的进一步说明。

13.8　结论

决策分析已经变成一个面对不确定情况的重要的决策工具。它以列举所有可能的行动方案、识别所有可能结果的收益、量化所有可能随机事件的主观概率为特征。当这些数据可用时,决策分析成为决定一个最优行动方案的强大工具。

决策分析中包括的一个选项是进行试验获得自然状态的概率估计。决策树是有用的、可视化的、用来分析这些选项或者一系列决策的工具。

效用理论提供了一个在分析过程中包含决策者对于风险态度的方法。

多准则的决策分析提供了大量方法,如目标规划、层次分析法,可用于解决各类问题。

好的软件被广泛用于执行决策分析。(参考文献 1 提供了对这类软件的一个调查。)

参考文献

1. Amoyal, J.: "Decision Analysis Software Survey," *OR/MS Today*, 45(5): 38-47, October 2018. (This publication updates this software survey every two years.)
2. Armbruster, B., and E. Delage: "Decision Making Under Uncertainty When Preference Information Is Incomplete," *Management Science*, 61(1): 111-128, January 2015.
3. Clemen, R. T., and T. Reilly: *Making Hard Decisions with Decision Tools*, 3rd ed., Cengage Learning, Boston, 2014.
4. Delage, E., and J. Y-M. Li: "Minimizing Risk Exposure When the Choice of a Risk Measure Is Ambiguous," *Management Science*, 64(1): 327-344, January 2018.
5. Dias, L. C., A. Morton, and J. Quigley (eds.): *Elicitation: The Science and Art of Structuring Judgment*, Springer International Publishing, Switzerland, 2018.
6. Ehrgott, M., J. R. Figueira, and S. Greco (eds): *Trends in Multiple Criteria Decision Analysis*, Springer, New York, 2010.
7. Forman, E. R., and S. I. Gass: "The Analytic Hierarchy Process—An Exposition," *Operations Research*, 49(4): 469-486, July-August 2001.
8. Greco, S., M. Ehrgott, and J. R. Figueira (eds.): *Multiple Criteria Decision Analysis: State of the Art Surveys*, 2nd ed., Volumes 1 and 2, Springer, New York, 2016.

① Saaty, T. L., "Analytic Hierarchy Process". in Gass, S. I. and M. C. Fu (eds): *Encyclopedia of Operations Research and Management Science*, 3nd ed., Springer, New York, 2013 pp. 54-64,也可见参考文献 18 的 12-16 页。

9. Hammond, J. S., R. L. Keeney, and H. Raiffa: *Smart Choices: A Practical Guide to Making Better Decisions*, Harvard Business School Press, Cambridge, MA, 1999.
10. Hillier, F. S., and M. S. Hillier: *Introduction to Management Science: A Modeling and Case Studies Approach with Spreadsheets*, 6th ed., McGraw-Hill, New York, 2019, chap. 9.
11. Howard, R. A., and A. E. Abbas: *Foundations of Decision Analysis*, Pearson, New York, 2016.
12. Huber, S., M. J. Geiger, and A. T. de Almeida: *Multiple Criteria Decision Making and Aiding: Cases on Models and Methods with Computer Implementation*, Springer International Publishing, Switzerland, 2019.
13. Jones, D. F., and M. Tamiz: *Practical Goal Programming*, Springer, New York, 2011.
14. Kaliszewski, I., J. Miroforidis, and D. Podkopaev: *Multiple Criteria Decision Making by Multiobjective Optimization*, Springer International Publishing, Switzerland, 2016.
15. Keefer, D. L., C. W. Kirkwood, and J. L. Corner: "Perspective on Decision Analysis Applications," *Decision Analysis*, 1(1): 4-22, 2004.
16. McGrayne, S. B.: *The Theory That Would Not Die: How Bayes' Rule Cracked the Enigma Code, Hunted Down Russian Submarines and Emerged Triumphant from Two Centuries of Controversy*, Yale University Press, New Haven, CT, 2012.
17. Munier, N., E. Hontoria, and F. Jimenez-Saez: *Strategic Approach in Multi-Criteria Decision Making: A Practical Guide for Complex Scenarios*, Springer International Publishing, Switzerland, 2019.
18. Saaty, T. L., and L. G. Vargas: *Models, Methods, Concepts & Applications of the Analytic Hierarchy Process*, 2nd ed., Springer, New York, 2012.
19. Siebert, J., and R. L. Keeney: "Creating More and Better Alternatives for Decisions Using Objectives," *Operations Research*, 63(5): 1144-1158, September-October 2015.
20. Skinner, D. C.: *Introduction to Decision Analysis: A Practitioner's Guide to Improving Decision Quality*, 3rd ed., Probabilistic Publishing, Gainesville FL, 2009.
21. Smith, J. Q: *Bayesian Decision Analysis: Principles and Practice*, Cambridge University Press, Cambridge, UK, 2011.

习题

一些习题(或其部分)序号左边的 T 的含义是建议使用后验概率的 Excel 模板。

带星号的习题在书后至少给出了一部分答案。

13.2-1* Silicon Dynamics 开发了一种计算机芯片,从而可以生产和销售个人计算机。也可以将计算机芯片的专利权以 1 500 万美元转让。如果公司选择制造计算机,可能的收入取决于公司在第一年销售计算机的能力。公司完全有能力保证有销售 10 000 台计算机的渠道。另外,如果这种计算机流行,计算机公司可销售 100 000 台机器。这两种销售情况被当作计算机销售的两个可能结果,但是不清楚先验概率是多少。建立生产线的成本是 600 万美元。每台计算机的销售价格和变动成本的差是 600 美元。

(a) 通过识别决策方案、自然状态和收益表建立这个问题的决策分析表。

(b) 画一个图形,标明对应销售 10 000 台计算机先验概率的每一个决策方案的期望收益。

(c) 参考(b)中所绘的图形,使用代数法求解交叉点,解释该点的含义。

A(d) 画一个图形标明对应销售 10 000 台计算机的先验概率的每一个决策方案的期望收益(使用贝叶斯决策准则)。

(e) 假设这两种销售情况的先验概率都是0.5,应该选择哪一个决策方案?

13.2-2 Jean Clark是Midtown Saveway食品杂货店的经理。她现在需要补充草莓的供应。长期合作的供应者能提供她所需要的数量。然而,因为草莓已经十分成熟,需要明天就卖掉它们,没有卖掉的将被扔掉。Jean估计明天可能的销售情况将是12箱、13箱、14箱、15箱四种。它能够在每一种情况下,以7美元每箱买入,以18美元每箱出售。Jean需要决定应购买多少箱。

Jean已经检查了商店每天草莓的销售记录,在这个基础上,明天销售草莓12箱、13箱、14箱、15箱等每一情况的先验概率分别是0.1、0.3、0.4、0.2。

(a) 通过识别决策方案、自然状态和收益表建立这个问题的决策分析表。

(b) 如果Jean使用最大最小收益准则,应该购买多少箱草莓?

(c) 根据最大似然值准则,Jean应该购买多少箱草莓?

(d) 根据贝叶斯决策准则,Jean应该购买多少箱草莓?

(e) Jean认为她有销售10箱和13箱情况的正确的先验概率,但是对于如何区分11箱和12箱的先验概率是不确定的,当11箱和12箱的先验概率分别是(i)0.2和0.5,(ii)0.4和0.3,(iii)0.5和0.2时,再应用贝叶斯决策准则。

13.2-3* Warren Buffy是一位很富有的投资者。他凭借自己的投资天赋积累了财富。当前有三种主要的投资,他将选择一种。第一种是保守的投资,在好的经济状况下将运行良好,在差的经济状况下将损失很小;第二种是投机性的投资,在好的经济状况下将运行极好,在差的经济状况下将损失很大;第三种是一个反周期的投资,在好的经济状况下有少许损失,在差的经济状况下运行良好。

Warren相信在投资周期中,有三种可能的情况:①好的经济状况;②稳定的经济状况;③差的经济状况。他对经济前景是悲观的,因此分别对三种情况赋予先验概率0.1、0.5和0.4。他估计三种情况下各自的收益如下表所示。

	好的经济状况	稳定的经济状况	差的经济状况
保守的投资/美元	30 000 000	5 000 000	−10 000 000
投机性的投资/美元	40 000 000	10 000 000	−30 000 000
反周期的投资/美元	−10 000 000	0	15 000 000
先验概率	0.1	0.5	0.4

在下面每一种决策准则下,Warren应该作出什么决策准则?

(a) 最大最小收益准则;

(b) 最大似然值准则;

(c) 贝叶斯决策准则。

13.2-4 再考虑习题13.2-3。Warren Buffy认为贝叶斯决策准则是最可靠的决策准则。他确信好的经济状况下的先验概率是0.1,但是不确定稳定经济状况和差的经济状况下的先验概率的大小该如何分配,因此他希望对后两个先验概率作敏感性分析。

(a) 在经济稳定和差的情况下先验概率分别是0.3和0.6的时候,再次应用贝叶斯决策准则进行分析。

(b) 在经济稳定和差的情况下先验概率分别是 0.7 和 0.2 的时候,再次应用贝叶斯决策准则进行分析。

(c) 用图形表示对于稳定经济状态下先验概率的三种投资方案的收益(好的经济状态的先验概率固定为 0.1)。在图中标出从一个方案到另一个方案的交点。

(d) 使用代数法求解(c)中找到的交点。

(e) 画出稳定经济状况先验概率下的期望收益的图形(使用贝叶斯决策准则)。

13.2-5 给定决策分析问题的收益表。

方案	状态		
	S_1	S_2	S_3
A_1/千美元	220	170	110
A_2/千美元	200	180	150
先验概率	0.6	0.3	0.1

(a) 最大最小收益准则下,应该选择哪一种方案?

(b) 最大似然值准则下,应该选择哪一种方案?

(c) 贝叶斯决策准则下,应该选择哪一种方案?

(d) 使用贝叶斯决策准则,对应状态 S_1 和 S_2 先验概率(不改变状态 S_3 的先验概率)画图进行敏感性分析,在图中标出从一个方案转向另一个方案的交点,然后使用代数法计算该交点。

(e) 用状态 S_1 和 S_3 先验概率重做(d)。

(f) 用状态 S_2 和 S_3 先验概率重做(d)。

(g) 如果你感觉自然状态的真实概率在给定概率的10%以内,应该选择哪一种方案?

13.2-6 Dwight Moody 是拥有 1 000 英亩可耕种土地的大农场的管理者。为了保持高效,Dwight 的农场在一段时期内一直种植一种作物。他现在需要制订决策,决定在下一季度种植四种作物中的哪一种。对于这些作物中的一种,Dwight 已经获得了不同天气条件下每蒲式耳作物的产量和净收益估值,如下表所示。

天气	期望产出			
	作物 1	作物 2	作物 3	作物 4
干旱/(蒲式耳/英亩)	20	15	30	40
适中/(蒲式耳/英亩)	35	20	25	40
潮湿/(蒲式耳/英亩)	40	30	25	40
每蒲式耳的净收入/美元	1.00	1.50	1.00	0.50

参考了历史气象记录之后,Dwight 估计下一季度天气的先验概率如下。

天气	概率
干旱	0.3
适中	0.5
潮湿	0.2

(a) 通过识别决策方案、自然状态和收益表建立这个问题的决策分析表。

(b) 使用贝叶斯决策准则决定种植哪一种作物。

(c) 使用贝叶斯决策准则，对适中天气和潮湿天气的先验概率进行敏感性分析(不改变干燥天气的先验概率)。再求解适中天气先验概率分别为0.2、0.3、0.4和0.6时的情况。

13.2-7* 空军部门采购了一种新型的飞机，必须决策发动机备用件的订购数量。空军部门以5个为一批来订购备用件，可选订购量为15个、20个、25个。有两家工厂供应这种备用件，在确定从哪家工厂订购前必须作出订购决策。然而，空军部门从过去的经验知道所有类型的备用件的$\frac{2}{3}$在工厂A生产，只有$\frac{1}{3}$在工厂B生产。空军部门也知道在工厂A生产备用件近似服从$\theta=21$的泊松分布，而在工厂B生产备用件近似服从$\theta=24$的泊松分布。现在备用件的采购成本是40万美元，而更晚一些日期购买备用件的成本将是90万美元。如果要求备用件必须一直保证供应，飞机被淘汰时未使用的备用件将报废。不考虑持有成本和利息。根据这些数据，总成本(负收益)计算如下。

	状　　态	
方　　案	$\theta=21$	$\theta=24$
订购15个	1.155×10^7	1.414×10^7
订购20个	1.012×10^7	1.207×10^7
订购25个	1.047×10^7	1.135×10^7

在贝叶斯决策准则下决定最优方案。

13.3-1* 再考虑习题13.2-1。Silicon Dynamics的管理层现在考虑进行全面成熟的市场调查，以1 000 000美元的成本，预测两种级别的需求哪一种将发生。经验表明，这样的市场调查有$\frac{2}{3}$是正确的。假定两种级别需求的概率均为0.5。

(a) 求解这个问题的EVPI。

(b) (a)中的答案表明值得进行这样的市场调查吗?

(c) 建立一个概率树以获得市场研究可能结果的每一种需求级别的后验概率。

T(d) 使用相应的Excel模板检验你在(c)中得到的结果。

(e) 求解EVE。判断是否值得进行市场调研。

13.3-2 给定决策分析问题的收益表如下。

方　　案	状　　态		
	S_1	S_2	S_3
A_1/千美元	4	0	0
A_2/千美元	0	2	0
A_3/千美元	3	0	1
后验概率	0.2	0.5	0.3

(a) 根据贝叶斯决策准则,应该选择哪一种决策方案?

(b) 求解 EVPI。

(c) 你有机会花费 1 000 美元获得可能发生哪一种状态的更多信息,给定(b)中的答案,这个开销值得吗?

13.3-3* Betsy Pitzer 根据贝叶斯决策准则制订决策。对于她当前的问题,Betsy 编制了下面的收益表。

方 案	自然状态		
	S_1	S_2	S_3
A_1/美元	50	100	−100
A_2/美元	0	10	−10
A_3/美元	20	40	−40
先验概率	0.5	0.3	0.2

(a) Betsy 应该选择哪一种方案?

(b) 求解 EVPI。

(c) 要想获得自然状态将发生的更多信息,Betsy 能接受的最高花费是多少?

13.3-4 使用贝叶斯决策准则,考虑决策分析问题的收益表。

方 案	状 态		
	S_1	S_2	S_3
A_1/千美元	−100	10	100
A_2/千美元	−10	20	50
A_3/千美元	10	10	60
先验概率	0.2	0.3	0.5

(a) 应该选择哪一种方案?最终期望收益是多少?

(b) 你有机会获得自然状态 S_1 将发生的确定信息,你最多愿意付出多少来获得信息?假设你愿意获得信息,你将怎样使用信息来选择方案?期望收益是多少(不包括报酬)?

(c) 当提供的信息是关于 S_2 而不是 S_1 的,重做(b)。

(d) 当提供的信息是关于 S_3 而不是 S_1 的,重做(b)。

(e) 你有机会获得将发生哪一个自然状态的确定信息,你最多愿意付出多少来获得信息?假设你愿意获得信息,你将怎样使用信息来选择方案?期望收益是多少(不包括报酬)?

(f) 如果你有机会做一些试验来获得关于自然状态的部分附加信息(不是完美信息),你最多愿意付出多少来获得信息?

13.3-5 再考虑 Goferbroke 公司的原型实例,包括 13.3 节的分析。通过咨询地理学家,得到的历史数据提供了更精确的信息,使得在相似的土地上增加了有利勘测的可能性。特别的,当土地蕴藏石油时,有 80%的可能获得有利的勘测结果;当土地不蕴含石油时,概率将降低到 40%。

(**a**) 重新修改图 13.2,求解最新的后验概率。

T(**b**) 使用相应的 Excel 模板检验(a)中的答案。

(**c**) 最终的最优策略是什么?

13.3-6 给定下面的收益表。

方 案	状 态	
	S_1	S_2
A_1/美元	400	−100
A_2/美元	0	100
先验概率	0.4	0.6

你有一个选择,即花 100 美元进行研究以更准确地预测哪种自然状态会发生。当真实的自然状态是 S_1 时,研究准确预测 S_1 的可能性为 60%(40%的可能性将错误预测得出 S_2);当真实的自然状态是 S_2 时,研究准确预测 S_2 的可能性为 80%(20%的可能性将错误预测得出 S_1)。

(**a**) 假定没有进行研究,使用贝叶斯决策准则决定选择哪一种决策方案。

(**b**) 求解 EVPI。这个结果表明值得进行研究吗?

(**c**) 假设进行研究,求解下面成对结果的联合概率:(i)自然状态是 S_1,研究预测也是 S_1;(ii)自然状态是 S_1,研究预测是 S_2;(iii)自然状态是 S_2,研究预测是 S_1;(iv)自然状态是 S_2,研究预测也是 S_2。

(**d**) 求解研究预测 S_1 的无条件概率及研究预测 S_2 的无条件概率。

(**e**) 假设进行研究,使用你在(c)、(d)中得到的答案求解两种可能研究预测中每一个自然状态的后验概率。

T(**f**) 使用相应的 Excel 模板检验你在(e)中得到的答案。

(**g**) 假定研究预测为 S_1,使用贝叶斯决策准则决定选择哪一种决策方案及其最终的期望收益。

(**h**) 当研究预测为 S_2 时,重做(g)。

(**i**) 假设研究已完成,应用贝叶斯决策准则求期望收益。

(**j**) 使用前述的结果决定是否进行研究及确定决策方案的最优策略。

13.3-7* 再考虑习题 13.2-7。假设现在空军部门知道一种用于当前考虑的飞机的早期型号的类似发动机。早期型号的订购数量与当前型号相同。而且,给定产品生产的工厂,适配早期型号的发动机需求量的概率分布与当前的一样。当前订购的发动机也将在生产早期型号的工厂生产,尽管空军部门不知道是两家工厂中的哪一家。空军部门已经得到了所需要的老型号的备件数量的数据,但供应商没有说明生产地点。

(**a**) 值得花费多少来得到在哪家工厂生产的全部信息?

(**b**) 假设关于早期型号的飞机的数据成本是免费的,需要 30 个备用件。给定 30 个备用件的概率,给定泊松分布,当 $\theta=21$ 时,等于 0.013;当 $\theta=24$ 时,等于 0.036。求解贝叶斯决策准则下的最优行动。

13.3-8* Vincent Cuomo 是 Fine Fabrics 布厂的信贷经理。他当前需要决定是否扩大

100 000 美元的信贷给一个潜在的新客户——一个服装制造商。Vincent 有三种类型的公司信贷:低风险、一般风险和高风险,但是不知道哪一种类型适合这个潜在客户。经验表明,与该客户相似的公司有 20%是低风险的、50%是一般风险的、30%是高风险的。如果扩大信贷,低风险的期望收益是 −15 000 美元、一般风险的期望收益是 10 000 美元、高风险的期望收益是 20 000 美元。如果不扩大信贷,该客户将转向其他布厂。Vincent 可以花费 5 000 美元向信贷评级机构咨询。下表给出了公司客户实际信用记录与信贷评级机构评估结果区配的百分比。

%

信用评估	实际信用记录		
	差	一般	好
差	50	40	20
一般	40	50	40
好	10	10	40

(a) 当不向信贷评级机构咨询时,通过识别决策方案、自然状态和收益表建立这个问题的决策分析表。

(b) 当不向信贷评级机构咨询时,使用贝叶斯决策准则,应该选择哪一种决策方案?

(c) 求解 EVPI。这个答案是否支持向信贷评级机构咨询?

(d) 假设向信贷评级机构咨询,绘制概率树图求解现在客户的三种可能评估的各个自然状态的后验概率。

T(e) 使用相应的 Excel 模板求解(d)中的答案。

(f) 确定 Vincent 的最优策略。

13.3-9 某运动队对运动员进行药物测试,发现 10%的运动员服用药物。然而,这个测试只有 95%的可靠性。也就是说,一个药物使用者将以 0.95 的概率测试为阳性,0.05 的概率测试为阴性。一个非药物使用者将以 0.95 的概率测试为阴性,以 0.05 的概率测试为阳性。

绘制概率树图,求解测试运动员的下列结果的后验概率。

(a) 给定测试结果是阳性,运动员是药物使用者。

(b) 给定测试结果是阳性,运动员不是药物使用者。

(c) 给定测试结果是阴性,运动员是药物使用者。

(d) 给定测试结果是阴性,运动员不是药物使用者。

T(e) 使用相应的 Excel 模板检验前述各题的答案。

13.3-10 Telemore 公司的管理层正在考虑开发和营销一种新产品。据评估,产品成功的可能是不成功的两倍。如果成功,期望收益将是 1 500 000 美元。如果不成功,期望损失将是 1 800 000 美元。可以进行市场调查,预测产品是否会成功,其成本是 300 000 美元。以往的市场调查表明成功的产品有 80%的可能被预测为成功,然而,不成功的产品有 70%的可能被预测为不成功。

(a) 当不进行市场调查时,通过识别决策方案、自然状态和收益表建立这个问题的决策分析公式。

(b) 当不进行市场调查时，使用贝叶斯决策准则，应该选择哪一种决策方案？

(c) 求解 EVPI。这个答案是否支持进行市场调查？

T(d) 假设进行市场调查，求解市场调查两种可能评估的各个状态的后验概率。

(e) 求解是否进行市场调查以及是否开发和销售新产品的最优策略。

13.3-11 Hit-and-Miss 制造公司生产的产品有缺陷的概率是 p。这些产品每批生产 150。以往的经验表明，p 是 0.05 或者 0.25。而且，对于这些产品有 80% 的可能 $p=0.05$（有 20% 的可能 $p=0.25$）。这些产品然后用于组装，产品的数量在最终组装离开工厂前决定。起初，公司以 10 美元的成本遴选产品，然后挑出有缺陷的产品，或者不遴选就直接使用它们。如果选择后一种方案，每一种有缺陷的产品返工的成本是 100 美元。因为遴选需要调配人员和设备，是否遴选的决策需要在进行遴选两天之前确定。然而，可以从产品中随机选取样本送到实验室检查，在遴选或者不遴选的决策制订前可以得到它的质量（有缺陷还是无缺陷）报告。提前检验的成本是 125 美元。

(a) 当不对单个产品进行提前检验时，通过识别决策方案、自然状态和收益表建立这个问题的决策分析公式。

(b) 当不对单个产品进行提前检验时，使用贝叶斯决策准则，应该选择哪一种决策方案？

(c) 求解 EVPI。这个答案是否支持对单个产品进行提前检验？

T(d) 假设对单个产品进行提前检验，求解检验的两种可能评估结果的各个状态的后验概率。

(e) 求解 EVE，值得对单个的产品进行检验吗？

(f) 求解最优策略。

T **13.3-12*** 考虑两枚硬币。硬币 1 有 0.3 的概率正面朝上，硬币 2 有 0.6 的概率正面朝上。一枚硬币投掷一次，硬币 1 被投掷的概率是 0.6，硬币 2 被投掷的概率是 0.4。决策者使用贝叶斯决策准则决定投掷的硬币。收益表如下。

方　案	状　态	
	投掷硬币 1 时的收益	投掷硬币 2 时的收益
认为投掷的是硬币 1	0	−1
认为投掷的是硬币 2	−1	0
先验概率	0.6	0.4

(a) 在投掷硬币前，最优方案是什么？

(b) 投掷硬币后如果正面朝上，最优方案是什么？如果反面朝上呢？

13.3-13 两枚有偏的硬币分别以概率 0.8 和 0.4 正面朝上，每枚硬币以随机（各以 $\frac{1}{2}$ 的概率）选择投掷两次。如果你正确预测两次投掷中有多少正面朝上你将得到 250 美元。

(a) 应用贝叶斯决策准则，最优预测是什么？相应的期望收益是多少？

T(b) 假设在预测前你可以观察一次实际的投掷，使用相应的 Excel 模板求解所投掷硬币的后验概率。

(c) 观察实际预测后,决定你的最优预测。期望收益是多少?

(d) 求解观察实际投掷的 EVE,如果你必须支付 30 美元来观察投掷,最优策略是什么?

13.4-1 阅读 13.4 节应用案例中概要描述并在其参考文献的论文中详细阐明的有关美国疾病防控中心对运筹学的研究。先简要说明决策分析在该项研究中是如何应用的,然后列出由此带来的各类财务与非财务收益。

13.4-2* 再考虑习题 13.3-1。Silicon Dynamics 的经理现在想得到显示全部问题的决策树。手工绘制和求解这个决策树。

13.4-3 给定下面的决策树,括号内的数是概率,最右边的数是收益。分析该决策树来获得最优策略。

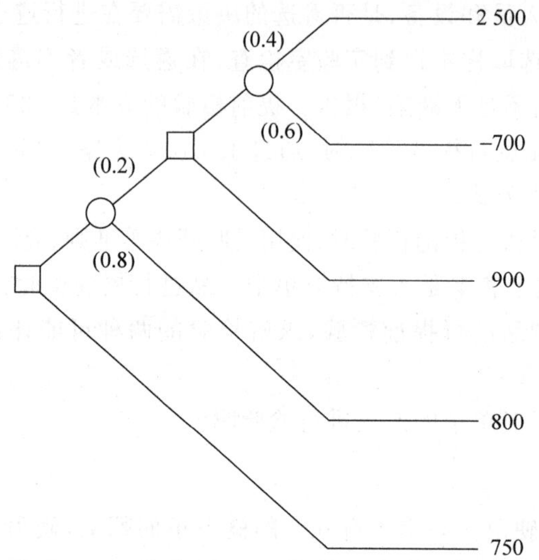

13.4-4* Leland 大学体育系正在考虑下一年是否扩大运动会规模来为新的体育场筹集资金。这一活动很大程度上取决于足球队能否赢得秋季赛事。在过去,足球队赢得秋季赛事的概率是 60%。如果足球队赢了(W),学校的男女生将进行捐献,活动将筹集 3 000 000 美元。如果足球队输了(L),很少有人捐献,活动将损失 2 000 000 美元。如果不举办活动,则不发生上述费用。9 月 1 日,在秋季赛事开始前,体育系开始制订决策决定是否举办下一年的活动。

(a) 通过分析决策方案、自然状态和收益表建立这个问题的决策分析表。

(b) 使用贝叶斯决策准则,应该选择哪一种决策方案?

(c) EVPI 是多少?

(d) 著名的足球领袖 William Walsh 提出要帮助评估足球队能否赢得秋季赛事,报酬为 100 000 美元。他将通过整个春季赛事的实际情况和秋季赛事前的测试来仔细地评估球队。William 将在 9 月 1 日给出对球队输赢的预测,是 W 还是 L。在相同的情况下,过去在评估球队时,有 50%的机会赢,此时预测的正确性是 75%。考虑到球队曾经赢过,如果 William 预测会赢,球队赢的后验概率是多少?球队输的后验概率是多少?如果 William 预测会输,赢的后验概率是多少?输的后验概率是多少？说明怎样从概率树图中获得这些答案。

T(**e**) 使用相应的 Excel 模板求解(d)中的答案。

(**f**) 手工画出整个问题的决策树。分析决策树求解关于是否雇用 William 及是否举办活动的最优策略。

13.4-5 Macrosoft 公司的总计长有 1 亿美元资金用于投资。她被指示在第一年将全部资金投资于股票或债券(二者之一)，然后于第二年将全部资金投资于股票或者债券(二者之一)。目标是在第二年年末最大化期望的现金值。

这些投资的年回报率取决于经济环境，如下表所示。

经济环境	回报率/%	
	股票	债券
增长	20	5
衰退	−10	10
萧条	−50	20

第一年经济增长、衰退和萧条的概率分别为 0.7、0.3、0。如果第一年发生增长，第二年的经济情况仍然是这些概率。然而，如果发生萧条，第二年经济情况的相应概率分别变为 0.2、0.7、0.1。

(**a**) 手工建立这个问题的决策树。

(**b**) 分析决策树以得到最优策略。

13.4-6 周一，某支股票以 10 美元/股收盘。周二，你预期股票每股收于 9 美元、10 美元、11 美元的概率分别为 0.3、0.3、0.4。周三，你预期股票比周二以降低 10%收盘、不变或者增加 10%收盘，相应概率如下。

	股价升降概率		
当天收盘价/美元	下降 10%	不变	上升 10%
9	0.4	0.3	0.3
10	0.2	0.2	0.6
11	0.1	0.2	0.7

周二时，你被要求在周四前购买 100 股股票。每一天末，以当天已知的收盘价购买所有的股票，因此你的唯一选择就是在周二或周三末购买股票。给定周二的价格，你希望进行最优决策，决定在周二还是周三买，以最小化期望购买股价。手工建立和评估一个决策树来确定最优策略。

13.4-7 使用习题 13.3-8 给定的情境。

(**a**) 正确画出和标注决策树，包括除了概率以外的所有收益。

T(**b**) 求解从事件节点分出的分支的概率。

(**c**) 应用后向归纳过程，求解最优策略。

13.4-8 使用习题 13.3-10 给定的情境。

(**a**) 正确画出和标注决策树，包括除了概率以外的所有收益。

T(**b**) 求解从事件节点分出的分支的概率。

(**c**) 应用后向归纳过程,求解最优策略。

13.4-9 使用习题 13.3-11 给定的情境。

(**a**) 正确画出和标注决策树,包括除了概率以外的所有收益。

T(**b**) 求解从事件节点分出的分支的概率。

(**c**) 应用后向归纳过程,求解最优策略。

13.4-10 使用习题 13.3-12 给定的情境。

(**a**) 正确画出和标注决策树,包括除了概率以外的所有收益。

T(**b**) 求解从事件节点分出的分支的概率。

(**c**) 应用后向归纳过程,求解最优策略。

13.4-11 猎头公司为西部银行所做的寻找管理人才的工作很可能大有收获。要填补的职位很重要——信息规划副总裁,他将负责建立先进的管理信息系统,以便将西部银行的许多分支联系在一起。猎头公司觉得已经发现了适当的人选,Matthew Fenton。他在纽约一家中等规模的银行的类似职位上工作得很出色。一轮面试之后,西部银行的行长相信 Matthew 有 0.75 的概率成功设计管理信息系统。如果 Matthew 成功,西部银行将得到 2 000 000 美元的利润(减去 Matthew 的薪水、培训、招募成本和花费后的净额)。如果不成功,西部银行将有 400 000 美元的损失。

若再花费 20 000 美元,猎头公司可以提供详细的调查过程(包括扩大的背景调查、一系列学术和心理测试等),从而进一步揭示 Matthew 的成功潜力。这个调查过程有 90%的可靠性,即调查表明一个能成功设计信息系统的候选人将以 0.9 的概率通过测试,而调查表明一个不能成功设计信息系统的人将以 0.9 的概率测试失败。

西部银行的高级管理层需要决定是否雇用 Matthew,并决定在决策前是否让猎头公司进行详细的调查。

(**a**) 建立这个问题的决策树。

T(**b**) 求解从事件节点分出的分支的概率。

(**c**) 分析决策树,求解最优策略。

(**d**) 现在假设猎头公司进行详细调查的费用是可以协商的。西部银行最多应为此付出多少?

13.5-1 再考虑 Goferbroke 公司问题的原型实例,包括 13.5 节效用的应用。鉴于公司的财务状况并不稳定,所有者决定对这个问题采取风险回避的方法。因此修订表 13.7 的效用如下:$U(-130)=0$,$U(-100)=-0.1$,$U(60)=0.4$,$U(90)=0.45$,$U(670)=0.985$,和 $U(700)=1$。手工修改对应的图 13.9 的决策树,并确定新的最优策略。

13.5-2[*] 你居住在一个有可能发生大规模地震的区域。因此你在考虑为房屋购买地震险,保费是每年 180 美元。一年间地震毁坏你的房屋的概率是 0.001。如果发生这种情况,毁坏的损失是 160 000 美元(地震险全部覆盖)。你的全部资产(包括房屋)价值 250 000 美元。

(**a**) 应用贝叶斯决策准则选择一种方案,使你的期望资产最大化(是否购买保险)。

(b) 你已经建立了一个效用函数用于度量你的全部资产的价值 x 美元($x \geqslant 0$)，效用函数是 $U(x)=\sqrt{x}$。比较下一年购买地震险使总资产风险减少的效用与不购买地震险的期望效用。你应该购买保险吗？

13.5-3 你即将从大学毕业，你的父亲给你两个选择：一个是给你 19 000 美元，另一个是以你的名义进行投资。该投资可能很快有下面两个结果：

结 果	概 率
获得 10 000 美元	0.3
获得 30 000 美元	0.7

你收到 M(千美元)的效用函数是 $U(M)=\sqrt{M+6}$，为了最大化期望收益，你将作出什么选择？

13.5-4* 再考虑习题 13.5-3。你现在对于你的效用函数是不确定的，因此建立效用函数。你已经发现 $U(19)=16.7$，$U(30)=20$ 分别是收到 19 000 美元和 30 000 美元的效用。你得到结论：对于父亲提供的两个方案感到没有差异。使用这个信息求解 $U(10)$。

13.5-5 你希望建立个人的效用函数，即你收到 M(千美元)的效用函数。设置 $U(0)=0$ 后，接下来当你收到 1 000 美元时，设置 $U(1)=1$。接下来你想确定 $U(10)$ 和 $U(5)$。

(a) 你提供给自己下面两个假设方案。

A_1：以概率 p 获得 10 000 美元。

以概率 $1-p$ 获得 0 美元。

A_2：确定地获得 1 000 美元。

然后问自己这样的问题：p 为何值会让你觉得这两个方案没有差别？你的答案是 0.125，求解 $U(10)$。

(b) 除了改变第二个方案为确定获得 5 000 美元以外，重做(a)。使你觉得两个方案无差异的 $p=0.5625$，求解 $U(5)$。

(c) 使用你自己选择的 p 值重做(a)和(b)。

13.5-6 给定下面的收益表：

方 案	状 态	
	S_1	S_2
A_1	25	36
A_2	100	0
A_3	0	49
先验概率	p	$1-p$

假设你的收益的效用函数是 $U(x)=\sqrt{x}$，在同一张图中画出每一个方案相对 p 的期望效用。对于每一个方案找出最大化期望效用的 p 值范围。

13.5-7 Switzer 医生有一个重症患者，但是在诊断疾病的原因时遇到了麻烦。医生已经将原因缩小为两种可能：疾病 A 或疾病 B。基于之前的证据，这两个原因的可能性相等。

除了已经作出的测试,没有测试可用于决策是不是疾病 B。有一种测试可用于疾病 A,但有两个主要的问题:第一,该测试是非常昂贵;第二,有一些不可靠,仅有80%的可能给出精确结果,即会对疾病 A 的患者以80%的概率给出患有疾病 A 的结论,会对疾病 B 的患者以20%的概率给出患有疾病 A 的结论。

疾病 B 是无法医治的疾病,有时候是致命的,即使活着,也会重病缠身。疾病 A 的患者如果不治疗,预计后果与疾病 B 相似。治疗疾病 A 费用很高,但可以让患者恢复健康。不幸的是,如果患者得的是疾病 B,则进行这一治疗将导致患者死亡。

每种情况下,患者被给予的后果的概率分布见下表:

	后果的概率			
	不治疗		对疾病 A 进行治疗	
结果	A	B	A	B
死亡	0.2	0.5	0	1.0
重病缠身	0.8	0.5	0.5	0
恢复良好的健康状况	0	0	0.5	0

患者各种可能结果的效用如下:

结　果	效用
死亡	0
重病缠身	10
恢复良好的健康状况	30

另外,如果患者承担测试疾病 A 的成本,效用将增加−2,如果患者承担治疗疾病 A 的成本,效用将增加−1。

使用带有完整决策树的决策分析决定患者是否应该进行疾病 A 的测试,然后确定怎样处理(是否进行疾病 A 的治疗?)才能最大化患者的期望效用。

13.5-8 你需要在下面决策树中的方案 A_1 和 A_2 之间作选择,但是对于概率 p 的值是不确定的,所以你还需要对 p 进行敏感性分析。

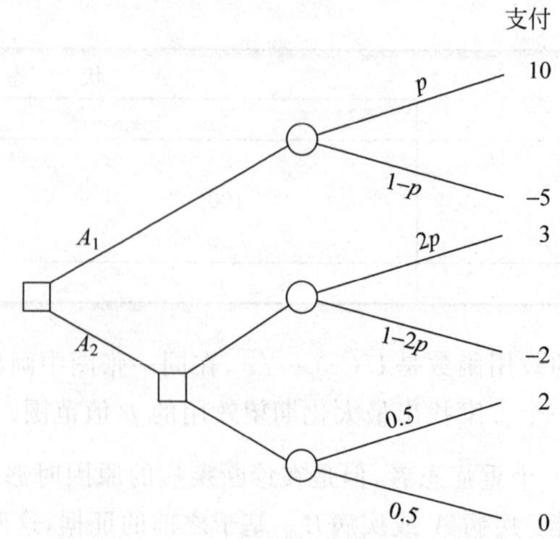

你的货币效用函数(支付的收入)如下:

$$U(M)=\begin{cases}M^2, & M\geqslant 0\\ M, & M<0\end{cases}$$

(a) 对于 $p=0.25$,在最大化期望收益的效用下,选定最优方案。

(b) 在同样的方案保持最优的情况下,确定概率 p 值的范围($0\leqslant p\leqslant 0.5$)。

13.7-1 在目标规划问题中,管理者的目标之一可表示为

$$3x_1+4x_2+2x_3=60$$

其中,60 是一个特定的数字目标,等式左端为达到该目标的各变量数值之和。

(a) 令 y^+ 为各变量总和超过目标的值,y^- 为各变量总和低于目标的值。说明如何将之改写为如同线性规划模型中的等式约束。

(b) 假如超出目标的值较之未达到目标的值重要两倍,在该线性规划模型中(目标函数中为 min)y^+ 与 y^- 的系数是什么关系?

13.7-2 Albert Franko 公司的管理者为公司的两种新产品确定了在相关市场中应占的份额。产品 1 应占领市场的 15%,产品 2 至少占领市场的 10%。三类广告计划用于实现上述目标,第一类直接用于第 1 种产品,第二类广告的目标是第 2 类产品,第三类广告用于扩展公司和产品的声誉。令 x_1,x_2 和 x_3 分别代表相应广告的费用(单位:百万美元),两类产品的市场份额估计(用百分比表示)为

$$\text{产品 1 的市场份额}=0.5x_1+1.2x_3$$

$$\text{产品 2 的市场份额}=1.3x_2+0.2x_3$$

总计有 5 500 万美元可用于上述广告开支,管理者希望其中至少 1 000 万美元用于第三类广告。假如两类产品的市场份额目标均未达到,管理者考虑市场份额每减少 1%,对这两种产品的损害程度相同。根据上述信息,管理者希望知道如何对这三类广告分配费用,做到最有效。

(a) 对此问题构建一个目标规划模型。

(b) 将该模型重建为线性规划模型。

(c) 用单纯形法求解上述模型。

13.7-3 Emax 公司的研发部门研制了三种新产品,现在需要决定这三种产品应按什么比例进行生产。管理者首先需要考虑三个因素:总利润;劳动力的稳定性;公司明年的收入能从今年的 7 500 万美元得到增长。特别是应用下表给出的数字,他们希望:

$$\max Z=P-6C-3D$$

其中,P——新产品生命周期内打折后的总利润;

C——现有员工人数的变化(增加或减少);

D——同今年比下一年收入的减少。

工资收入的任何数量的增加将不计入 Z 中,因为管理者希望这方面少量增加能使股东满意(因为较之上一年有大幅增加的总体感觉要难得多)。

每种新产品(单位生产率)对三个因素的影响见下页表。

	单位贡献				
	产品				
因素	1	2	3	目标	单位
总利润	20	15	25	max	百万美元
雇用水平	6	4	5	=50	雇用人数(百人)
下一年收入	8	7	5	≥75	百万美元

(a) 定义 y_1^+、y_1^- 为雇用人员数超过或低于雇用的目标水平。

定义 y_2^+、y_2^- 为下一年利润超过或低于目标水平。

定义 x_1、x_2、x_3 为产品 1、2、3 的生产率,应用目标规划方法写出 y_1^+、y_1^-、y_2^+、y_2^- 对 x_1、x_2、x_3 的代数表达式。

(b) 依据 x_1、x_2、x_3 和 y_1^+、y_1^-、y_2^+、y_2^- 表达管理者的目标函数。

(c) 对该问题构建线性规划模型。

(d) 用单纯形法求解该模型。

13.7-4 重新考虑表 13.8 中归纳的 Dewright 公司的原始版本,在用单纯形法求解出答案后,管理者要求回答一些 what-if 问题。

(a) 管理者想知道假如表最右端一列的惩罚比重变为 7,4,1 和 3,将会发生什么。最优解是否会发生变化?为什么?

(b) 管理者想知道假如总的利润目标增加至少 1.4 亿美元,将会发生什么(原惩罚比重不发生变化)。求解变化后修正的模型。

(c) 上述二者均发生时,求解修正的模型。

13.7-5 统计学中最重要的一个问题是线性回归。粗略地说,该问题是对(x_1,y_1),(x_2,y_2)……(x_n,y_n)代表的统计数据在图上拟合一条直线。假如这条直线用 $y=a+bx$ 表示,目标是选择常数 a 和 b。按某些准则提供最好的拟合,这个准则通常称为最小二乘法。但也有其他有趣的准则,可用线性规划求出最优的 a 和 b 的值。

可用以下准则建立这个问题的线性规划模型:数据与直线的绝对偏差总和为最小,即

$$\min \sum_{i=1}^{n} [y_i-(a+bx_i)]$$

(提示:这个问题可被当作每个数据点代表回归直线"目标"的目标规划问题。)

案例 13.1 智能商务

当厄尔尼诺造成北加州大雨滂沱时,Cerebrosoft 的 CEO、大股东和创办者 Charlotte Rothstein 坐在办公室里,考虑公司最新推出的产品——Brainet 的相关决策。这是一个特别艰难的决策。Brainet 可能流行并卖得很好。然而,Charlotte 正在考虑其中涉及的风险。

在这个竞争激烈的市场上，销售 Brainet 也可能导致巨大的损失。应该开展营销活动吗？还是应该放弃这个产品？或者在决策是否销售产品前从当地的市场调研公司购买更多的市场信息。她必须尽快作出决策。她慢慢地喝着果汁，回想着往事。

Cerebrosoft 是 Charlotte 和她的两个朋友从商学院毕业后创立的。公司位于硅谷的中心区。Charlotte 和两个朋友在开业后的第二年开始赚钱，并在以后持续盈利。Cerebrosoft 是最早通过互联网销售软件的公司之一，多媒体部门开发了基于个人电脑的软件。Audiatur 和 Videatur 两种产品的收入构成公司收入的 80%。上一年两种产品的销量均超过 10 万件。销售是通过网络完成的：顾客可以下载软件的试用版本，如果经过测试他们对产品满意再购买。两种产品的定价都是 75.95 美元，专门通过网络销售。

尽管互联网上的计算机类型不一样，运行不同类型的软件，但在计算机之间有一个标准的协议使它们能够相互通信。使用者可以在网上冲浪，在几千公里外观察和获得有用的信息。使用者也可以在网上制作文件。通过网络销售软件消除了许多额外的成本：包装、存储、分销、销售人员等。而其潜在的顾客可以下载试用版本，在试用版本过期之前决定是否购买。

Charlotte 的思绪被 Jeannie Korn 的到来打断。Jeannie 负责产品的在线营销。从一开始 Brainet 就引起了她的兴趣。她准备向 Charlotte 提供建议："Charlotte，我想我们应该推出 Brainet，软件工程师已经向我保证当前的版本是完善的，应尽快推向市场。根据过去两年的产品计划，我们能够可靠地评估市场对新产品的反应，你不这么想吗？"她打开了幻灯片，"在此期间，我们推出了 12 种新产品，其中 4 种在最初的 6 个月销量超过 3 万件，甚至更好，最后两种在最初的两季里销量甚至超过 4 万件。"Charlotte 也知道 Jeannie 提供的这些数据。毕竟，这两种产品是她亲自帮助开发的。但是她觉得这次推出新产品并不容易。公司在过去三年里迅速成长，资金链已经有些紧张。Brainet 的上市如果失败，将花费公司许多资金，而由于 Charlotte 最近的大笔投资，这是公司目前所无法承受的。

在下午晚些时候，Charlotte 会见了 Reggie Ruffin。Reggie 是位博学多才的产品管理者，Charlotte 想听听他的意见。

"Charlotte，坦率地说，这个项目的成败取决于三个关键因素：竞争、销售量、成本，当然还有价格。你有没有决定产品的价格？"

"我正在考虑三种战略哪一种对我们更有利，卖 50 美元以最大化收入，卖 30 美元以最大化市场份额，当然，还有第三个方案，二者兼顾卖 40 美元。"

此时，Reggie Ruffin 指着在面前的纸张的注脚："我仍然认为定价 40 美元的方案是最好的。考虑成本后，我检验了记录，我们很可能必须分期支付 Brainet 的开发成本。我们已经花费了 80 万美元，每年估计要花 5 万美元给那些除了下载软件外还想要实物产品的人递送光盘。"Reggie 接着拿出一份报告给 Charlotte："这里有一些行业数据，我昨天刚刚收到的。"他给 Charlotte 指出了一些重点。Reggie 同意将报告中最相关的信息整理出来后在第二天早上给 Charlotte。他花了一个晚上从报告中收集信息。在他制作的三个表格的结尾，给出了每一个方案的价格策略。每一个表格给出了对应其他公司开发竞争水平(高、中、低)的不同销量的概率。

表1 假设高定价(50美元)条件下的销量概率分布

销量/万件	竞争程度		
	高	中	低
5	0.20	0.25	0.30
3	0.25	0.30	0.35
2	0.55	0.45	0.35

表2 假设适中定价(40美元)条件下的销量概率分布

销量/万件	竞争程度		
	高	中	低
5	0.25	0.30	0.40
3	0.35	0.40	0.50
2	0.40	0.30	0.10

表3 假设低定价(30美元)条件下的销量概率分布

销量/万件	竞争程度		
	高	中	低
5	0.35	0.40	0.50
3	0.40	0.50	0.45
2	0.25	0.10	0.05

第二天早晨,Charlotte 正在喝着营养饮料。Jeannie 和 Reggie 很快会来她的办公室。她将在他们的帮助下决定怎样处理 Brainet。应该上市新产品吗?如果是,价格是多少?

Jeannie 和 Reggie 一进办公室,Jeannie 就立即喊道:"伙计们,我刚和一家营销研究公司谈过。这家公司可以帮我们做一个关于 Brainet 上市的竞争情况的研究,并在一周内给我们结果。"

"他们做这个研究要价多少?"

"我就知道你会问这个,Reggie,他们要价1万美元,我觉得这个价钱很公道。"

此时,Charlotte 加入对话:"我们了解这家市场研究公司的资质吗?"

"是的,我这里有一些报告。分析之后,我得出结论,市场调研公司在预测适中定价和低定价的竞争环境方面表现不是很好,因此如果我们决定采用这两种策略,则不应该让他们为我们做这个研究。然而,在高定价的情况下,他们做得很好。假定竞争评估为高竞争,预测有80%是正确的,他们有15%的可能预测为中等竞争。假定竞争是中等的,他们有15%的可能预测为高竞争,80%的可能预测为中等竞争。最后,对于低竞争的情况,他们有90%的可能作出正确的预测,7%的可能预测为中等竞争,3%的可能预测为高竞争。"

Charlotte 觉得所有这些数据对她来说太烦琐了:"难道对于市场怎么反映就没有一个简单的评估吗?"

"你是说一些先验概率?是的,根据我们的经验,面对高竞争的可能性是20%,中等竞争是70%,低竞争是10%。"Jeannie 总是能拿出所需的数据。

现在需要做的就是坐下来,弄清楚这一切的含义……

(a) 对于最初的分析，不考虑通过雇用市场调研公司获得更多信息的机会。获得行动方案、自然状态，制作收益表。然后建立问题的决策树，清楚地区别决策和事件节点以及所有的相关数据。

(b) 如果采用最大似然性准则，Charlotte 的决策是什么？采用最大最小收益准则呢？

(c) 如果采用贝叶斯决策准则，Charlotte 的决策是什么？

(d) 现在考虑做市场调研的可能性。建立相应的决策树，计算相关概率和分析决策树。Cerebrosoft 应该支付 1 万美元做市场调研吗？总的最优策略是什么？

本书网站(www.mhhe.com/hillier11e)上补充案例的预览

案例 13.2 智能导向支持

海湾区汽车配件公司总裁正在考虑是否为公司的驾驶支持系统增添道路扫描装置。有一系列决策需要考虑：是否要对扫描装置做一些基础研究，如果研究成功，公司是生产该产品还是销售其技术？假如产品能成功投产，公司是销售产品还是产品技术？决策分析将用于支持上述决策。部分分析将用到总裁的效用函数。

案例 13.3 谁希望成为百万富翁？

你是“谁想成为百万富翁？”节目的参赛者并正确回答了 25 万美元的问题。假如你决定继续回答价值 50 万美元和 100 万美元的问题，你将有机会(对其中一个问题)给朋友打电话求助。请利用决策分析(包括决策树和效用理论)决定如何做。

Introduction to Operations Research

第14章 排队论

排队是生活中的常事,我们经常要排队购买电影票,而到银行存款、在杂货店付款、邮寄包裹、在自助餐厅取餐,也都面临等待,有时是长时间的等待。

需要等待不仅是个人厌倦的小事,排队等待给一个国家居民带来的损失是生活质量和国民经济效益降低的重要因素。较之居民排队,有些类型的等待会带来严重的不经济。例如,机器排队等待修理造成生产损失,运输工具(包括船、货车)等待卸货将影响随后的运输,飞机等待起飞或降落可能打乱后续的飞行计划。由于线路饱和造成的通信传送的延迟可能使数据失效,加工中工件的等待会打乱后续生产,延误的服务工作将损失以后的商机。

排队论研究各种形式下的等待,它应用排队模型来表达实践中出现的各种类型的排队系统(包括各种形式队伍的系统)。各类模型的公式指出了相应排队系统的运行情况,包括各种情况下将出现的总的平均等待时间。

排队模型对如何最有效地运行排队系统非常有用。提供过多的服务能力运行一个系统意味着额外的成本,但如果不能提供足够的服务能力将带来过多的等待及其他不良后果。排队模型有助于在服务成本和等待时间之间找出一个适当的平衡。

14.1 原形范例

县医院急诊室对用救护车或私人汽车运送来医院的急症患者提供快速的诊治服务。在每天所有时间内都有一名医生负责急诊室的诊治。但由于急症患者更愿意到急诊室而不是去私人医生处诊治,每年到该医院急诊室的患者不断增加,造成在高峰时间(每天傍晚)来急诊室诊治的患者需要等待的现象十分普遍。由此提出了在高峰时间安排两名医生、可以同时诊治两个患者的方案。医院的一名运筹分析师被分配研究这个问题。

该运筹分析师开始收集有关历史数据,然后预测下一年的数据。鉴于急诊室的问题是一个排队系统,她应用了多个排队模型预测了设一个医生和两个医生时的等待情况。这些将在本章随后的小节中介绍(见表14.2和表14.3)。

14.2 排队模型的基本结构

14.2.1 基本的排队过程

多数排队模型的基本过程如下：随着时间的推移，需要服务的顾客不断地来自一个输入源。这些顾客进入排队系统后如果不能立即接受服务则会加入一个队伍。在某些时刻，基于特定的排队规则选出一名顾客接受服务。服务机构为这名顾客提供其所需的服务后，该顾客将离开排队系统。这个过程如图 14.1 所示。

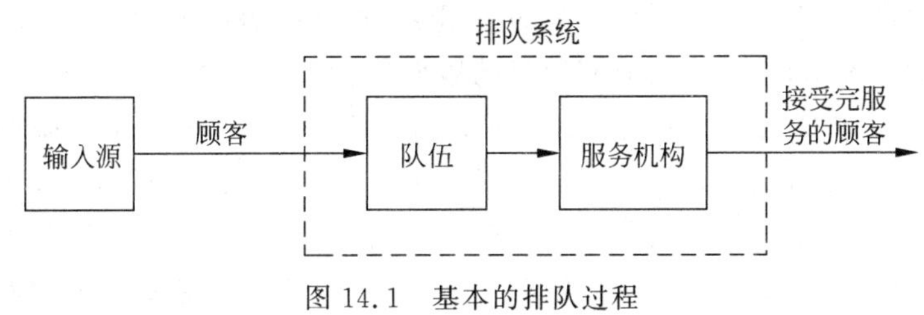

图 14.1 基本的排队过程

很多其他假定可由排队过程的不同要素给出，这将在随后讨论。

14.2.2 输入源(呼唤总体)

输入源的一个特征是其规模。规模是指随时要求得到服务的顾客的总数，即可区分开的潜在顾客的总数。到达者来自的总体又被称为**呼唤总体**(calling population)。规模可以是无限或有限(所以输入源也可以是无限或有限)。因为对无限的情况计算要容易得多，所以当实际规模为相当大的有限数字时，也假定其为无限，并且对任何排队模型只要未给出明确说明，都当作输入源为无限。有限的情况分析起来要困难得多，因为任何时刻系统中的顾客数都会影响系统外的潜在顾客数。但当来自输入源的新顾客明显受到系统中顾客数影响时，也需要作出输入源为有限的假设。

顾客不断产生的统计模式也需要说明，一般假定其服从泊松过程，即在任一特定时刻发生的顾客数都服从泊松分布。正如在 14.4 节中要讨论的，这种情况下来排队系统的到达者随机发生，但具有某个固定的平均到达率，不管系统中已经有多少名顾客存在(所以输入源的规模为无限)。一个等价的假设为依次到达者间隔时间的概率分布为负指数分布(该分布的性质将在 14.4 节中描述)。依次到达者的间隔时间被称为**到达间隔时间**(interarrival time)。

有关到达顾客行为的相关假设也需要说明。其中一种情况为犹豫退缩，即顾客拒绝进入系统或当队伍太长时会离开系统。

14.2.3 队伍

队伍是指顾客在得到服务前等待的场所。队伍以其能容纳的最大的顾客数量为标志，以其能容纳的顾客数被称为无限或有限队长。对大多数排队模型都假设无限队长，即使实际上允许容纳的数为具有有限上界的相当大的数字，因为设置上界后将造成分析上的困难。但当排队系统中这个上界足够小，运行中经常能达到时则需要假定队长为有限。

14.2.4 排队规则

排队规则反映了从队伍中选取哪名成员进行服务的次序。可以是先到先服务、随机、按照某种优先规则或其他次序。除非给出说明,排队模型中通常假定规则为先到先服务。

14.2.5 服务机构

服务机构含一个或多个服务设施,每个设施中含一个或多个平行的称为**服务员**(servers)的服务通道。假如多于一个服务设施,顾客将按序依次接受各个设施的服务。在某个给定设施中,顾客进入平行的服务通道之一直到服务完毕。一个排队模型中必须给出各个服务设施的排列,以及每个设施中的服务员数(平行的服务通道)。大多简单的排队模型中只含一个服务设施,有一个或有限数量的服务员。

一个服务设施中从对一名顾客服务开始到结束消耗的时间称为**服务时间**(service time)。对各排队系统的模型必须说明各个服务员(可能还包括对不同类型的顾客)服务时间的概率分布,虽然通常假定所有服务员都具有相同的分布(本章中所有模型都做了这种假设)。服务时间分布实践中最常用的假定为14.4节中讨论的负指数分布,原因是该分布易于数学处理,本章介绍的大多是这类模型。其他重要的服务时间分布有退化分布(常数服务时间)和Erlang(gamma)分布,见14.7节有关模型中的解释。

14.2.6 一个简单的排队系统

正如前面所提到的,排队论已被应用于具有各种不同类型队列的场合,但最普遍的形式为:在一个服务设施前排一列队伍(有时候队伍中无人),设施中有一名或多名服务员。每名顾客均来自输入源,可能需要在队伍中等待,然后由一名服务员提供服务,见图14.2。

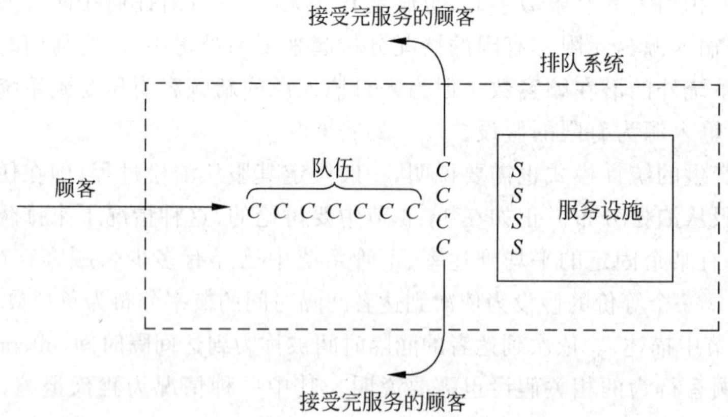

图14.2 一个简单的排队系统(其中顾客用C、服务员用S标记)

注意:14.1节例子的排队过程就属于上述类型,由输入源产生要求急诊的患者,急诊室是服务设施,医生为服务员。

服务员不一定是某一个人,可以是一组人,如一个修理组可以同时为一位顾客提供维修服务;而且服务员不一定是人,很多场合下服务员可以是机器、运输工具、电子装置等。同样在队伍中的顾客也不一定是人,如可以是等待加工的工件,也可以是准备通过收费站的汽车等。

也不需要一定有一支有形的队伍排列在一个有形的服务设施前。队伍中的成员可以散布在某一地区，等待服务员的到来，如机器等待修理，分配去该地区的服务员或服务组成了服务设施。排队论给出的是平均等待数量、平均等待时间等，因为它同顾客是否在一起等待无关。排队论应用的唯一基本要求是正在等待服务的顾客数变化的发生，如同图 14.2 描述的，是一种有形的状态。

除了 14.9 节外，本章中讨论的所有排队模型都属于如图 14.2 所示的简单模型。这些模型很多还进一步假设所有到达间隔时间是独立一致的分布，所有服务时间是独立一致的分布。这类模型通常可标记如下：

服务时间分布

—/—/— ← 服务员数

到达间隔时间分布

其中，M＝负指数分布（马尔可夫性质），见 14.4 节中的描述；

D＝退化分布（常数时间），见 14.7 节的讨论；

E_k＝Erlang 分布（形状参数＝k），见 14.7 节的讨论；

G＝一般分布（各种任意分布均可）[①]，见 14.7 节的讨论。

例如，14.6 节中的 $M/M/s$ 模型表明到达间隔与服务时间均为负指数分布，有 s 名服务员（任意正整数），14.7 节中的 $M/G/1$ 模型表明到达间隔时间为负指数分布，服务时间不限定是什么分布，服务员数恰好为 1 人。其他适合用上述标记的模型可见 14.7 节的介绍。

14.2.7　术语和概念

除了有其他特别说明外，以下标准的术语和概念经常被用到：

系统状态＝排队系统中的顾客数。

队长＝开始服务前等待的顾客数

　　＝系统状态减去正在接受服务的顾客数。

$N(t)$＝时刻 $t(t\geqslant 0)$ 在排队系统中的顾客数。

$P_n(t)$＝给定时刻 0 的数字后，时刻 t 在排队系统中恰好有 n 名顾客的概率。

s＝排队系统中的服务员数（平行服务通道数）。

λ_n＝当系统中有 n 名顾客时新顾客的平均到达率（单位时间的期望到达数）。

μ_n＝当系统中有 n 名顾客时整个系统的平均服务率（单位时间内结束服务的顾客期望数）。注意：μ_n 是所有（正在服务顾客的）忙碌的服务员完成服务的联合速率。

λ,μ,ρ 的含义见下一小节。

当 λ_n 对所有 n 为常数时，这个常数通常记为 λ，当每个忙碌的服务员的平均服务率对所有 $n\geqslant 1$ 均为常数时，这个常数记为 μ（这种情况下当所有 s 个服务员均忙碌时，对 $n\geqslant s$

---

① 当我们确定独立一致分布的到达间隔时间通常用符号 GI＝一般独立分布代替 G。然后将符号 G 用于到达间隔时间不独立的场合。因为服务时间通常假定为独立一致的分布，所以有些人总是用 GI 替代 G，用于表示一般的独立服务时间的分布。

有 $\mu_n=s\mu$)。在上述情况下,$1/\lambda$ 和 $1/\mu$ 分别是期望到达间隔时间和期望的服务时间,$\rho=\lambda/(s\mu)$ 是服务设施的**利用因子**(utilization factor),即各服务员处于忙碌状态的平均比例时间,因为 $\lambda/(s\mu)$ 代表系统的服务能力($s\mu$)被到达顾客(λ)平均利用的部分。

对稳定状态结果的一些概念进行描述也十分必要。当一个系统开始运行时,系统的状态(系统中的顾客数)将在很大程度上受其初始状态和已运行时间的影响,这时系统被称为**处于瞬时条件**(transient condition)。但运行足够长的时间后,系统状态将独立于其初始状态和已运行的时间(除了异常的情况)①,这时系统基本上达到了**稳定状态条件**(steady-state condition),系统状态的概率分布将始终保持不变(稳定状态或稳定分布)。排队论主要集中于研究稳定状态的条件,部分原因是瞬时的情况分析起来太难(某些瞬时的结果存在,但它们一般都超出了本书的数学范围)。以下概念均假定系统处于稳定状态条件:

P_n=系统中恰好有 n 个顾客的概率;

L=排队系统中顾客的期望数$=\sum_{n=0}^{\infty}np_n$;

L_q=期望的队长(不包括正在被服务的顾客)$=\sum_{n=0}^{\infty}(n-s)p_n$;

w=每名顾客在系统中的停留时间(包括服务时间),是一个随机变量;

$W=E(w)$;

w_q=每名顾客在队伍中的等待时间(不包括服务时间),是一个随机变量;

$W_q=E(w_q)$。

14.2.8　L、W、L_q 和 W_q 之间的关系

假定对所有 n,λ_n 是常数,已经证明在稳定状态的排队过程中 $L=\lambda W$。

(因为 Joh D. C. Little 给出了第一个严格的证明,上式有时被称为 Little 公式)。进一步同样可以证明

$$L_q=\lambda W_q$$

假如 λ_n 值不相等,上述公式中的 λ 可用 $\bar{\lambda}$ 代替,$\bar{\lambda}$ 是很长周期内的平均到达率(后面将介绍 $\bar{\lambda}$ 值如何计算)。

现在假定平均服务时间是常数,对所有 $n\geqslant 1$ 为 $1/\mu$,于是有

$$W=W_q+\frac{1}{\mu}$$

上述关系式极为重要,因为它保证所有 4 个基础的参量 L、W、L_q 和 W_q 中只要有一个通过分析找出,其余三个也随之确定,而在排队模型的求解中往往某个参量要比其他几个参量更容易计算。

14.3　真实排队系统的几种常见模型

14.2 节所描述的排队系统相对抽象,且仅适用于较为特殊的情况。然而,排队系统在各种各样的情况下令人惊讶的普遍。为了进一步加深对排队论适用范围的理解,我们将简

① λ 和 μ 被确定后,当 $\rho\geqslant 1$ 时会出现异常情况,这时系统状态随时间的进展而持续增大。

要介绍几类排队系统的实例。这些实例大致分为如下几大类。

商业服务系统是日常生活中我们所遇到的一类最为常见的重要的排队系统，也就是顾客如何从商业系统得到服务。很多商业服务系统主要表现为在固定地点人对人的服务，如理发店(理发师是服务台)、银行出纳的服务(在 14.6 节的应用案例中有详细介绍)、杂货店的收银台和自助餐厅中的排队等候(串联服务模式)等。另外，还有很多不是人对人的排队服务系统，如家电维修(服务对象为顾客的电器产品)、自动贩卖机(服务台为机器)及加油站(顾客为汽车)等。

商业服务系统的一个典型例子是众多公司提供的呼叫中心服务。在这种服务系统中，打入呼叫中心的电话是顾客，电话接线员则是服务台。在设计这样的一个排队服务系统时，不同时间段内配置电话的数量是关键，还需要注意的是，应该为来电配置适当数量的电话中继，并且需要给顾客提供适当数量的等待位置。

运输服务系统是另一类重要的排队服务系统。在这类系统中，顾客是车辆，如在车站或红绿灯服务台处等待的汽车、等待机组人员(服务台)装卸的卡车或船舶以及等待跑道(服务台)着陆或起飞的飞机等。停车场排队服务系统是其中比较特殊的一种情形，在这个系统中，顾客仍然是车辆，服务台是停车位，却不存在排队现象，也就是停车场已满的情形下顾客只能选择到别处停车。值得指出的是，在一些情形下，出租车、消防车和电梯等设备反而成了服务台。

排队理论也广泛应用在内部服务系统中。在这类系统中，接受服务的顾客来自组织内部。例如，物料处理系统中，服务台是物料处理单元，负载的物料是顾客；维护服务系统中，服务台是维护人员，顾客是所维修的机器；检查站中，服务台是质检人员，顾客是所检查的项目。为员工服务的设备和部门也属于排队系统。此外，机器设备也可以被视为服务台，顾客则是正在处理的作业。

14.9 节中的应用案例是一项获奖研究的总结，涉及的是众多生产线中所出现的特定内部服务系统。当生产线上的一台设备发生故障时，它就成了一个拥有一台或多台服务台的排队系统的顾客，其中每个服务台是维修这些机器的维护人员。这个获奖研究讨论了通用汽车公司应用一个规模更大的排队服务模型来最大限度地提高生产线的生产能力。该模型把前述的内部服务系统作为大系统的组成要素。这个应用给公司带来了可观的利润。

排队论也可应用于社会服务系统，这一点日益受到人们的广泛关注。例如，在司法这个排队服务系统中，法院是服务设施，法官或法官小组是服务台，等待审判的案件则是顾客；在立法这个排队服务系统中，等待处理的票数就是顾客。此外，等待政府提供住房的中低收入人群或接受其他社会服务的家庭都可视作排队服务系统中的顾客。

医疗系统是排队论应用最为典型、最为广泛的一种社会服务系统。在 14.1 节中列举了医院急诊室的例子，救护车、X 光设备和病床均可视为这个排队服务系统的服务台。当前，加强病人流量控制已成为排队论中一个尤为活跃的应用领域。

尽管列举了四类典型的排队服务系统，但仍有众多的类型不胜枚举。事实上，排队论早在 20 世纪初就开始应用于电信工程领域，排队论的创始人爱尔朗(A. K. Erlang)是丹麦哥本哈根电话公司的员工，迄今为止排队论一直在电信工程领域扮演着至关重要的角色。有趣的是我们每个人都置身自己的排队服务系统中，如家庭作业、读书等。这些例子足以说明排队服务系统确实遍及社会的各个角落。

14.4 负指数分布的作用

排队系统运行的特征很大程度上取决于两个统计的性质,即到达间隔时间的概率分布(见14.2节的"输入源")和服务时间的概率分布(见14.2节的"服务机构")。在现实排队系统中,这些分布几乎包含各种形式(仅限制不能取负值)。但作为真实系统的排队理论模型的构建,必须将这些分布分成若干假定形式。从应用角度,这些假定的形式既要尽可能接近现实,使模型能提供合理的表达,又应尽可能简单,便于数学上的处理。依据上述考虑,排队论中最重要的概率分布为负指数分布。

假定一个随机变量 T 代表到达间隔或代表服务时间(我们将这些时间——到达或服务的完成标记为事件)。一个随机变量称作具有参数 α 的负指数分布,其概率密度函数应为

$$f_T(t)=\begin{cases}\alpha e^{-\alpha t}, & t\geqslant 0\\ 0, & t<0\end{cases}$$

如图14.3所示,其累积概率为

$$P\{T\leqslant t\}=1-e^{-\alpha t}$$
$$P\{T>t\}=e^{-\alpha t} \qquad (t\geqslant 0)$$

随机变量 T 的期望值与方差分别为

$$E(T)=\frac{1}{\alpha}$$

$$\operatorname{var}(T)=\frac{1}{\alpha^2}$$

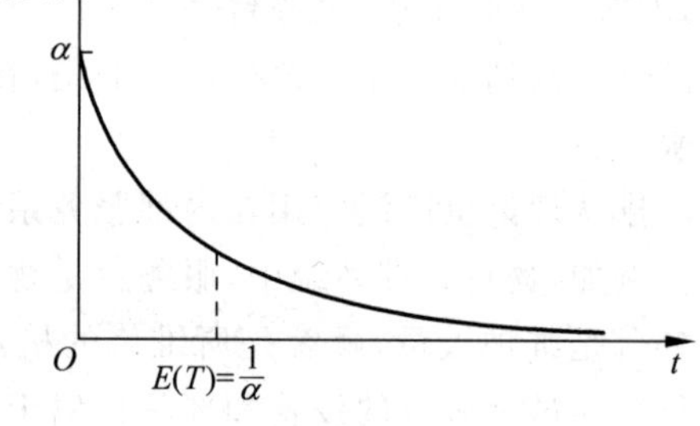

图14.3 负指数分布的概率密度函数

为了阐明在排队中假定 T 是负指数分布的意义,下面给出负指数分布的6条重要性质。

性质1:$f_T(t)$ 对 $t(t\geqslant 0)$ 是一个严格递减的函数。

性质1的一个结果是:

$$P\{0\leqslant T\leqslant \Delta t\}>P\{t\leqslant T\leqslant t+\Delta t\}$$

对 Δt 和 t 严格为正时成立(这个结果由下面的事实得出,因为上述概率是在图14.3中给定区间长度 Δt 的曲线下的面积,等式右端曲线的平均高度低于等式左端)。所以 T 不仅有可能而且更加接近取一个在0附近的较小的值。事实上

$$P\left\{0\leqslant T\leqslant \frac{1}{2}\cdot\frac{1}{\alpha}\right\}=0.393$$

而

$$P\left\{\frac{1}{2}\cdot\frac{1}{\alpha}\leqslant T\leqslant \frac{3}{2}\cdot\frac{1}{\alpha}\right\}=0.383$$

可见 T 更趋于取较小的值[不到 $E(T)$ 值的一半]而不是接近期望值[离 $E(T)$ 不远],尽管第2个区间长度为第1个区间长度的2倍。

在排队模型中,T 的上述性质是否现实合理?假如 T 是服务时间,答案取决于下面讨论的服务的普遍本质。

假如对每个顾客的服务本质上一致,服务员执行的是相同的服务操作内容,因而服务时间趋近于期望服务时间。与平均值的微小偏差虽然有可能发生,但通常是因为服务员的效

率存在极小的变化。远低于平均值的很短的服务时间基本上是不可能的,因为即使服务员用最快速度,但执行每一次操作都需要一个最短的服务时间。显然负指分布并不符合上述情况下服务时间的分布。

下面考虑顾客服务内容不同的情况。服务的主要本质一致,但不同顾客对服务员要求的内容不同。例如 14.1 节提到的县医院急诊室问题,这里医生需要处理各类医疗上的问题,在多数场合他们处理起来较快,但有些情况下患者需要进一步的检查治疗。类似地,银行职员与杂货店收账员也属于这类服务员,他们主要的服务一致,但有时内容上有延伸。负指数的服务时间分布对这类服务似乎十分适用。

假如 T 代表到达间隔时间,性质 1 排除了潜在顾客接近排队系统时,当看到有其他顾客先于他们进入时,将倾向于推迟进入的情形。这与随后性质中描述的到达者随机出现的现象完全一致。将到达时间标记于一条时间线上,可以看到到达者比较密集,偶而集聚分散,因为较小到达间隔时间具有较大的概率,而较大间隔时间具有较小的概率,以上都是真实随机性不规则形式的一部分。

性质 2:缺乏记忆性。

该性质可用数学式子叙述如下,对任何 t 和 Δt 的正的量有

$$P\{T>t+\Delta t \mid T>\Delta t\}=P\{T>t\}$$

换句话说,不管服务时间(Δt)已进行了多长时间,到下一个事件(到达或服务完毕)出现的剩余时间的概率分布仍然相同。对负指数分布的上述奇特现象可以证明如下:

$$\begin{aligned}P\{T>t+\Delta t \mid T>\Delta t\}&=\frac{P\{T>\Delta t,T>t+\Delta t\}}{P\{T>\Delta t\}}\\&=\frac{P\{T>t+\Delta t\}}{P\{T>\Delta t\}}=\frac{e^{-\alpha(t+\Delta t)}}{e^{-\alpha\Delta t}}\\&=e^{-\alpha t}=P\{T>t\}\end{aligned}$$

对到达的间隔时间,该性质表明下一位顾客的到达时间完全不受上一位顾客到达时间的影响。对服务时间,这条性质解释起来较难,因为当服务员需要对每位顾客执行固定的操作时,用去的时间较长时意味着剩余的服务时间会较短。但当对不同顾客服务作业有区别时,性质 2 的数学表达比较现实。这种情况下,虽然对一位顾客的服务已基本完成,但有些顾客可能提出更详尽的服务要求。

性质 3:若干个独立的负指数随机变量的最小值为负指数分布。

令 $T_1,T_2,\cdots,T_n$ 分别代表具有参数 $\alpha_1,\alpha_2,\cdots,\alpha_n$ 的独立的负指数分布。U 为随机变量,令其取值等于 $T_1,T_2,\cdots,T_n$ 中最小者,即有

$$U=\min\{T_1,T_2,\cdots,T_n\}$$

假定 T_i 代表某个特定事件出现的时间,于是 U 代表 n 个不同事件中出现的第一个时间,对 $t\geqslant 0$

$$\begin{aligned}P\{U>t\}&=P\{T_1>t,T_2>t,\cdots,T_n>t\}\\&=P\{T_1>t\}P\{T_2>t\}\cdots P\{T_n>t\}\\&=e^{-\alpha_1 t}e^{-\alpha_2 t}\cdots e^{-\alpha_n t}\\&=\exp\left(-\sum_{i=1}^{n}\alpha_i t\right)\end{aligned}$$

所以 U 实际上是一个具有参数 $\alpha=\sum_{i=1}^{n}\alpha_i$ 的负指数分布。

这条性质在排队模型中可用于阐明顾客到达的间隔时间。假如实际中有 n 种类型的不同顾客,第 i 类顾客到达的间隔时间为具有参数 α_i 的负指数分布。由性质 2 可知,对第 i 类顾客从任意时刻起到下一个顾客到达的剩余时间具有相同的分布。由此令 T_i 表示任一时刻起到下一个任一类顾客到达的剩余时间。性质 3 告诉我们,将排队系统作为总体,其到达的间隔时间是一个具有参数 α 的负指数分布。因而你可以忽略顾客之间的差别,其排队模型仍具有负指数分布的到达间隔时间。

这条性质对于阐明多服务员排队系统的服务时间远比间隔到达时间更为重要。例如,若所有服务员具有相同参数 μ 的负指数服务时间分布,有 n 个服务员,令 T_i 表示第 i 个服务员 $(i=1,2,\cdots,n)$ 剩余的服务时间,则 T_i 也为具有参数 $\alpha_i=\mu$ 的负指分布。由此得到 n 个服务员中任一个服务完毕时间 U 为具有参数 $\alpha=n\mu$ 的负指数分布。事实上这种多服务员排队系统的运行同单个服务员的排队系统十分相似,只是服务时间为具有参数 $n\mu$ 的负指数分布。本章后面分析多服务员排队系统时将反复提及该性质。

这条性质有时用于确定在所有负指数的随机变量中哪一个具有最小值的概率。例如,需要找出在 n 个忙碌的用时为负指数分布的服务员中第 j 个服务员首先结束服务的概率。习题 14.4-9 证明了这个概率与参数 α_j 成比例,特别是在 n 个随机变量中 T_j 取最小值的概率为

$$P\{T_j=U\}=\frac{\alpha_j}{\sum_{i=1}^{n}\alpha_i}\quad(j=1,2,\cdots,n)$$

性质 4:同泊松分布的关系。

假定某类特定事件(如到达或处于忙碌中的服务员结束服务)依次发生的间隔时间为具有参数 α 的负指数分布,性质 4 将阐明在这段间隔时间内发生次数的概率分布。令 $X(t)$ 表示在 t 时间内发生的次数 $(t\geqslant 0)$,用 0 表示计时开始点,于是有

$$P\{X(t)=n\}=\frac{(\alpha t)^n\mathrm{e}^{-\alpha t}}{n!}\quad(n=0,1,2,\cdots)$$

上式表明 $X(t)$ 是一个具有参数 αt 的泊松分布。例如,当 $n=0$ 时,有

$$P\{X(t)=0\}=\mathrm{e}^{-\alpha t}$$

这恰好是由负指数分布得出的时间 t 后第一个事件发生的概率。这个泊松分布的平均值为

$$E[X(t)]=\alpha t$$

所以单位时间内事件的期望数为 α。因而 α 称为发生的平均率。当事件在连续基础上计量时,被计量的过程 $\{X(t);\ t\geqslant 0\}$ 称为具有参数 α(平均率)的**泊松过程**(Poisson process)。

性质 4 提供了有关服务时间为具有参数 μ 的负指数分布的服务数量的有用信息。这可以通过定义 $X(t)$ 为由始终处于忙碌中的服务员在时间 t 内,当 $\alpha=\mu$ 时完成的服务数量得到。对多服务员排队模型,$X(t)$ 可以被定义为由 n 个连续忙碌的服务员在时间 t 内当 $\alpha=n\mu$ 时完成的服务数量。

这条性质对描述当依次到达的间隔时间为具有参数 λ 的负指数分布的到达者的概率行为时特别有用。这种情况下,$X(t)$ 是 $\alpha=\lambda$ 作为平均到达率在 t 时间内的到达数量,所以到达按具有参数 λ 的泊松输入过程发生。这类排队模型称为具有泊松输入的排队模型。

到达者按泊松输入过程出现时，有时被称为随机发生。这种现象的直观解释为，在每一个固定长度的时间区间内任意一次到达具有相同的机会，而不管下一次到达什么时间发生。

性质 5：对所有 t 的正的值和很小的 Δt，有 $P\{T\leqslant t+\Delta t \mid T>t\}\approx\alpha\Delta t$。

继续说明作为从上一个某种形式的事件（到达或服务结束）到下一个这类事件出现的时间 T，假定在过去的时间 t 内没有事件发生。由性质 2 可知在下一个固定时间长度 Δt 内事件发生的概率为常数（将在下一节证明），不管 t 的大小。性质 5 进一步表明当 Δt 很小时，这个常数的概率值非常趋近 $\alpha\Delta t$。进一步，当考虑 Δt 不同的较小的值，这个概率基本上与 Δt 成比例，比例因子为 α。因为 α 是事件发生的平均率（见性质 4），所以在区间长度 Δt 内事件的期望数恰好为 $\alpha\Delta t$。需要说明事件发生的概率同上面的值略有差别是仅当 Δt 内有多于一个事件发生，但当 Δt 足够小时，这个概率的差别可以忽略不计。

下面看性质 5 为什么在数学上成立。注意到这个概率的常数值（对 $\Delta t>0$ 的固定值）恰好为

$$P\{T\leqslant t+\Delta t \mid T>t\}=P\{T\leqslant\Delta t\}=1-\mathrm{e}^{-\alpha\Delta t}\quad(t\geqslant 0)$$

因为对任何 x 级数，e^x 的展开式为

$$\mathrm{e}^x=1+x+\sum_{n=2}^{\infty}\frac{x^n}{n!}$$

由此

$$P\{T\leqslant t+\Delta t \mid T>t\}=1-1+\alpha\Delta t-\sum_{n=2}^{\infty}\frac{(-\alpha\Delta t)^n}{n!}\approx\alpha\Delta t\quad(\text{对足够小的 }\Delta t\text{[①]})$$

因为对足够小的 $\alpha\Delta t$ 的值加总的项可以相对忽略。

因为 T 可以代表排队模型中的到达间隔或服务时间，这条性质可作为计算事件在足够小区间（Δt）内发生的概率的方便的近似计算式。基于这种近似也可令 $\Delta t\to 0$ 进行分析。

性质 6：基于负指数分布的过程的集成与分解的无影响性。

这条性质对输入为泊松过程的证明相当重要，虽然由性质 4 它也可以直接应用于负指数分布（负指数的到达间隔时间）。

先考虑若干个泊松输入过程集成一个总的输入过程，特别是假定有 n 种不同类型的顾客，第 i 类顾客按参数 $\lambda_i(i=1,2,\cdots,n)$ 的泊松输入过程到达，再设这些泊松过程是相互独立的，性质 6 表明其联合的输入过程为具有参数（到达率）$\lambda=\lambda_1+\lambda_2+\cdots+\lambda_n$ 的泊松过程，即泊松过程不受集成的影响。

上述性质的一部分也可以直接由性质 3 和性质 4 导出。性质 6 表明第 i 类顾客到达的间隔时间为具有参数 λ_i 的负指数分布。在性质 3 中我们已经讨论了与其一致的情况，即对所有顾客其间隔时间为具有参数 $\lambda=\lambda_1+\lambda_2+\cdots+\lambda_n$ 的负指数分布。再应用性质 4 表明集成的输入泊松过程。

性质 6 的第 2 部分（分解的无影响性）是上述过程的逆的情况。输入过程的集成是具有参数 λ 的泊松过程，现在要研究分解输入过程。假定对第 i 类顾客（$i=1,2,\cdots,n$）具有固定的输入概率 P_i，且

---

① 更精确地表达为

$$\lim_{\Delta t\to 0}\frac{P\{T\leqslant t+\Delta t \mid T>t\}}{\Delta t}=\alpha$$

$$\lambda_i = p_i\lambda \text{ 和 } \sum_{i=1}^{n} p_i = 1$$

本性质表明第 i 类顾客的输入过程必定是具有参数 λ_i 的泊松分布,亦即泊松过程不受分解的影响。

性质 6 的第 2 部分的一个应用例子如下:无差别的顾客到达具有参数 λ 的泊松分布。每个到达的顾客或以概率 p 不进入而离去,或以概率 $1-p$ 进入系统。因此有两类顾客,一类不进入就离去,一类进入。性质 6 说明每类到达的顾客分别具有参数 $p\lambda$ 和 $(1-p)\lambda$。所以对那些进入系统的顾客分析计算各项参数时,仍然可以假定其输入为泊松过程。

14.5 生死过程

最基本的排队模型假定排队系统的输入(到达的顾客)和输出(离去的顾客)的发生服从生死过程。概率论中这个重要过程在不同领域得到应用。在排队论中,**"生"**(birth)表示一个进入系统的新顾客的到达;**"死"**(death)表示一个服务完毕的顾客的离去。用 $N(t)$ 表示系统在时刻 $t(t\geqslant 0)$ 的状态,它是排队系统在时刻 t 的顾客数。生死过程从概率上描述了 $N(t)$ 如何随 t 的增加而变化。广义上说,每个生和死都随机发生,而其平均发生率仅依赖系统的状态。更精确地,生死过程的假设如下:

假设 1 给定 $N(t)=n$,到下一个生(到达)的剩余时间的概率分布为参数 $\lambda_n(n=0,1,2,\cdots)$ 的负指数分布。

假设 2 给定 $N(t)=n$,到下一个死(服务结束)的剩余时间为参数 $\mu_n(n=0,1,2,\cdots)$ 的负指数分布。

假设 3 假设 1 的随机变量(至下一个生的剩余时间)和假设 2 的随机变量(至下一个死的剩余时间)相互独立。过程状态的下一步转移可能是

$$n \to n+1 \quad (\text{一个生})$$

或

$$n \to n-1 \quad (\text{一个死})$$

这取决于两个随机变量哪一个较小。

对排队系统,λ_n 和 μ_n 分别代表系统中有 n 个顾客的平均到达率和平均的服务结束率。在某些排队系统中,λ_n 对所有 n 值相同,μ_n 对所有 n 值也相同,除了极小的 n(如 $n=0$ 时服务员空闲)值外。在某些排队系统中,λ_n 和 μ_n 因 n 值的不同而变化。

例如,当潜在到达顾客随着 n 的增大变得不愿进入系统而离去时,λ_n 将随不同的 n 值变化。又如,随着系统中队长的增大,有更多顾客不愿等待服务而离去,这时 μ_n 也随 n 值的不同而变化。在本书网站本章的求解例子一节中给出的另一例子说明排队系统中阻塞与离去同时发生。该例随后介绍了排队系统用生死过程直接导出的一般结局。

14.5.1 生死过程的分析

生死过程的假设表明过程的发展如何影响未来的概率仅与过程的目前状态有关,而与过程的状态无关。这种"缺乏记忆性"是马尔可夫过程的关键特征。因此,生死过程具有马尔可夫链这方面的特征,即生死过程是连续时间马尔可夫链的一种特殊类型。回顾负指数

分布缺乏记忆性(见 14.4 节负指数分布性质 2),所以对完全基于负指数分布的排队模型(包括下一节基于生死过程的所有模型)可以使用连续时间的马尔可夫链。这种排队模型较之其他类型更难以分析。

因此,连续马尔可夫链的丰富理论在分析很多排队模型,包括基于生死过程的排队模型时起着基础作用。

因为负指数分布的性质 4(见 14.4 节)意味着 λ_n 和 μ_n 是平均率,可以将有关生死过程的假设用发生率图表示,见图 14.4。图中的箭头表明系统状态的仅有的可能转移(如假设 3 指出的),每个箭头的进入给出了当系统处于前尾状态时转移的平均率(见假设 1 和假设 2 的论述)。

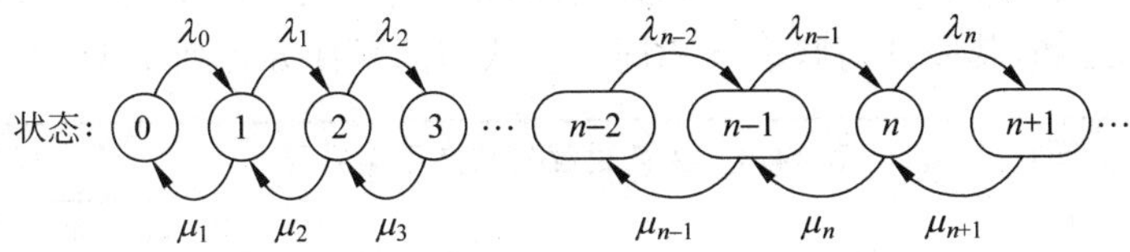

图 14.4 生死过程的发生率图

除了极少数特殊的情况,当系统处于瞬时的条件时生死过程的分析是很困难的。某些 $N(t)$ 的概率分布的结果已经得到,但实际应用起来太复杂。而当系统达到稳定状态的条件时(假定这个条件可以达到),对概率分布的推导相对简单得多,这个推导可直接在发生率图上进行。

考虑系统的任一特定状态 $n(n=0,1,2,\cdots)$,假设从时刻 0 开始计量过程进入和离开这个状态的次数,并用下面的符号标记:

$E_n(t)$=时间 t 内过程进入状态 n 的次数;

$L_n(t)$=时间 t 内过程离开状态 n 的次数。

因为这两类事件(进入或离去)总是交替的,进入或离去的次数或者相等,或者刚好差 1,即有

$$|E_n(t)-L_n(t)|\leqslant 1$$

上式两端除以 t,并令 $t\to\infty$,得到

$$\left|\frac{E_n(t)}{t}-\frac{L_n(t)}{t}\right|\leqslant\frac{1}{t},\quad 所以\lim_{t\to\infty}\left|\frac{E_n(t)}{t}-\frac{L_n(t)}{t}\right|=0$$

$E_n(t)$和 $L_n(t)$除以 t 给出的是两类事件实际发生的频率(单位时间的事件数),然后令 $t\to\infty$给出其平均发生率(单位时间内事件的期望数):

$\lim\limits_{t\to\infty}\dfrac{E_n(t)}{t}$=过程进入状态 n 的平均率

$\lim\limits_{t\to\infty}\dfrac{L_n(t)}{t}$=过程离开状态 n 的平均率

由上述结果得出如下主要原理:

输入率=输出率

即对系统的任何状态 $n(n=0,1,2\cdots)$,平均到达率=平均离去率。

用于表达这个原理的方程称为状态 n 的平衡方程。对所有状态按要求取的 P_n 的概率

建立平衡方程后,可以通过求解方程系统找出这些概率值(加一个概率和等于1的方程)。

为了解释平衡方程,考虑状态0。只有从状态1过程才能进入该状态,由此处于状态1的稳定状态的概率(P_1)代表过程有可能进入状态0的时间比例,而过程处于状态1时,进入状态0的平均率为μ_1(换句话说,在过程处于状态1的累计单位时间内,由状态1进入状态0的次数为μ_1),而其他任何状态,其平均率为0。由此过程离开现有状态进入状态0(平均进入率)为

$$\mu_1 P_1 + 0(1 - P_1) = \mu_1 P_1$$

根据同样理由,平均离去率为$\lambda_0 P_0$,所以对状态0的平衡方程为

$$\mu_1 P_1 = \lambda_0 P_0$$

对其他状态都有进入和离开该状态的两种可能,这些状态的平衡方程的两端都包括两种转移的平均率之和,其原理与状态0相同。各状态的平衡方程列于表14.1中。

表14.1　生死过程的状态平衡方程

状态	输入率=输出率
0	$\mu_1 P_1 = \lambda_0 P_0$
1	$\lambda_0 P_0 + \mu_2 P_2 = (\lambda_1 + \mu_1) P_1$
2	$\lambda_1 P_1 + \mu_3 P_3 = (\lambda_2 + \mu_2) P_2$
⋮	⋮
$n-1$	$\lambda_{n-2} P_{n-2} + \mu_n P_n = (\lambda_{n-1} + \mu_{n-1}) P_{n-1}$
n	$\lambda_{n-1} P_{n-1} + \mu_{n+1} P_{n+1} = (\lambda_n + \mu_n) P_n$
⋮	⋮

注意表中第一个方程含2个要求解的变量(P_0和P_1),头两个方程包含变量(P_0、P_1和P_2),以此类推,即变量数总比方程数多出1。所以求解这些方程的过程可先将其用一个变量表达,最方便的选择是用P_0。这样第一个方程将P_1用P_0来表达,应用这个结果和第二个方程,将P_2用P_0来表达,依次进行下去,最后使所有概率和等于1求解得出P_0。

14.5.2　生死过程的结果

应用上述过程得到如下结果:

状态

0: $P_1 = \dfrac{\lambda_0}{\mu_1} P_0$

1: $P_2 = \dfrac{\lambda_1}{\mu_2} P_1 + \dfrac{1}{\mu_2}(\mu_1 P_1 - \lambda_0 P_0) = \dfrac{\lambda_1}{\mu_2} P_1 = \dfrac{\lambda_1 \lambda_0}{\mu_2 \mu_1} P_0$

2: $P_3 = \dfrac{\lambda_2}{\mu_3} P_2 + \dfrac{1}{\mu_3}(\mu_2 P_2 - \lambda_1 P_1) = \dfrac{\lambda_2}{\mu_3} P_2 = \dfrac{\lambda_2 \lambda_1 \lambda_0}{\mu_3 \mu_2 \mu_1} P_0$

⋮　　⋮

$n-1$: $P_n = \dfrac{\lambda_{n-1}}{\mu_n} P_{n-1} + \dfrac{1}{\mu_n}(\mu_{n-1} P_{n-1} - \lambda_{n-2} P_{n-2}) = \dfrac{\lambda_{n-1}}{\mu_n} P_{n-1} = \dfrac{\lambda_{n-1} \lambda_{n-2} \cdots \lambda_0}{\mu_n \mu_{n-1} \cdots \mu_1} P_0$

n: $P_{n+1} = \dfrac{\lambda_n}{\mu_{n+1}} P_n + \dfrac{1}{\mu_{n+1}}(\mu_n P_n - \lambda_{n-1} P_{n-1}) = \dfrac{\lambda_n}{\mu_{n+1}} P_n = \dfrac{\lambda_n \lambda_{n-1} \cdots \lambda_0}{\mu_{n+1} \mu_n \cdots \mu_1} P_0$

⋮　　⋮

为了简化表达，令

$$C_n = \frac{\lambda_{n-1}\lambda_{n-2}\cdots\lambda_0}{\mu_n\mu_{n-1}\cdots\mu_1},\quad n=1,2,\cdots$$

然后定义 $n=0$ 时 $C_n=1$，由此各稳定状态的概率为

$$P_n = C_n P_0,\quad n=0,1,2,\cdots$$

因为有

$$\sum_{n=0}^{\infty} P_n = 1$$

所以

$$\left(\sum_{n=0}^{\infty} C_n\right) P_0 = 1$$

得出

$$P_0 = \left(\sum_{n=0}^{\infty} C_n\right)^{-1}$$

对一个基于生死过程的排队模型，系统的状态 n 为在该排队系统中的顾客数，系统的主要运行参数（L、L_q、W 和 W_q）可由上式得到 P_n 后立即计算得出。14.2 节中给出 L 和 L_q 的定义为

$$L = \sum_{n=0}^{\infty} nP_n,\quad L_q = \sum_{n=s}^{\infty}(n-s)P_n$$

14.2 节的末尾还给出了下列关系式

$$W = \frac{L}{\bar{\lambda}},\quad W_q = \frac{L_q}{\bar{\lambda}}$$

其中，$\bar{\lambda}$ 是一个长运行过程的平均到达率，因为 λ_n 是系统处于状态 n 时的平均到达率（$n=0,1,2,\cdots$），P_n 为系统在这个状态时的时间比例，有

$$\bar{\lambda} = \sum_{n=0}^{\infty} \lambda_n P_n$$

上面一些公式包含无穷多项的求和问题，很凑巧，这些求和公式在很多特例中都有分析结果①，否则的话，可在计算机上对有限项求和逼近。

这些稳定状态的结果是根据 λ_n 和 μ_n 的值能使过程达到稳定条件的假定前提下推导得来的。这个假定通常成立，如果当 n 大于某个状态时有 $\lambda_n=0$，这时状态数为有限。当 λ 和 μ 已确定（见 14.2 节的名词和术语），且 $P=\lambda/(s\mu)<1$ 时，假定总是成立。但当 $\sum_{n=1}^{\infty} C_n=\infty$ 时假定不成立。

---

① 这些解是基于下列几何级数求和的已知结果：

$$\sum_{n=0}^{N} x^n = \frac{1-x^{N+1}}{1-x}，对任何\ x \neq 1，$$

$$\sum_{n=0}^{\infty} x^n = \frac{1}{1-x},\ |x|<1.$$

14.6 基于生死过程的排队模型

因为生死过程中的每个平均率$\lambda_0,\lambda_1,\cdots$和$\mu_1,\mu_2,\cdots$都可分配一个非负的数值,这给排队系统的建模带来很大的灵活性,排队理论最广泛的应用也都是基于生死过程的模型。由假定1及假定2和负指数分布的性质4给出的模型具有**泊松输入**(Poisson input)和**负指数服务时间**(exponential service times),这些模型仅在λ_n和μ_n随n值如何变化的假定上有区别。本节给出这些模型中的三个,反映了三类重要的排队系统。

应用案例

KeyCorp是美国的一家银行控股公司。该公司主要办理消费者的银行业务。截至2013年年初,它在美国14个州的1 000多家分行运营情况良好。

为了促进业务增长,KeyCorp的管理部门在几年前进行了一项运筹学研究以找出改善客服的方法(主要是减少顾客的等待时间),同时根据成本效益进行人员配置。为此,公司制定了一个服务质量目标,即至少90%的顾客的等待时间应该少于5分钟。

分析这一问题的关键工具是$M/M/s$排队模型,该模型被证明非常适合这一应用。为了应用这个模型,数据表明,办理业务所需的平均服务时间长达246秒。基于这个平均服务时间和典型的平均到达率,模型表明需要增加30%的员工才可满足预定的服务质量目标。这一令人望而却步的、昂贵的决策迫使管理部门得出结论:需要开展广泛的行动,重新设计顾客会话机制并进一步加强员工管理,以大幅减少平均服务时间。

在三年的时间里,这项活动使平均服务时间下降到115秒。通过多次应用$M/M/s$模型,改进各分行人员的调度,在减少人员人数的同时,服务质量也得到了大幅提高。

最终的结果是每年节省了近2 000万美元,服务得到了极大的改善,96%的顾客等待时间少于5分钟。这种改进扩展到整个公司后,满足服务质量目标的分行从42%增加到94%。相关调查也证实顾客满意度有了极大的提高。

资料来源:Kotha, Shravan K., Michael P. Barnum, and David A. Bowen. "KeyCorp Serrice Excellence Management System," *Interfaces*, 26(1): 54-74, 1996年1月至2月(本书网站 www.mhhe.com/hillier11e 上提供了这篇文章的链接)

14.6.1 $M/M/s$ 模型

正如14.2节中描述的,$M/M/s$模型假定所有到达间隔时间为独立一致的负指数分布(输入是泊松过程),所有服务时间是另一个独立一致的负指数分布,服务员数为s(任意的正整数)。这个模型是生死过程的特例,其中排队系统的平均到达和每个忙碌服务员的平均离去率是常数(分别为λ和μ),不管系统所处的状态。当系统中仅有一个服务员($s=1$)时,生死过程的参数显示为$\lambda_n=\lambda(n=0,1,2,\cdots)$和$\mu_n=\mu(n=0,1,2,\cdots)$,其发生率见图14.5(a)。

当系统中有多个服务员($s>1$)时,μ_n不能这样简单表达。解释如下。

系统服务率。系统服务率μ_n代表当有几个顾客在系统中时,整个排队系统服务完成的平均速率。当有多个服务员且$n>1$时,μ_n与μ不一样,μ是每个处于忙碌状态服务员的服务率。因而有

$$\mu_n = n\mu, \quad n \leqslant s$$

$$\mu_n = s\mu, \quad n \geqslant s$$

应用上述对 μ_n 的表达式，在图 14.4 中表达的生死过程发生率图应变化为像图 14.5 一样的对 $M/M/s$ 模型的发生率图。

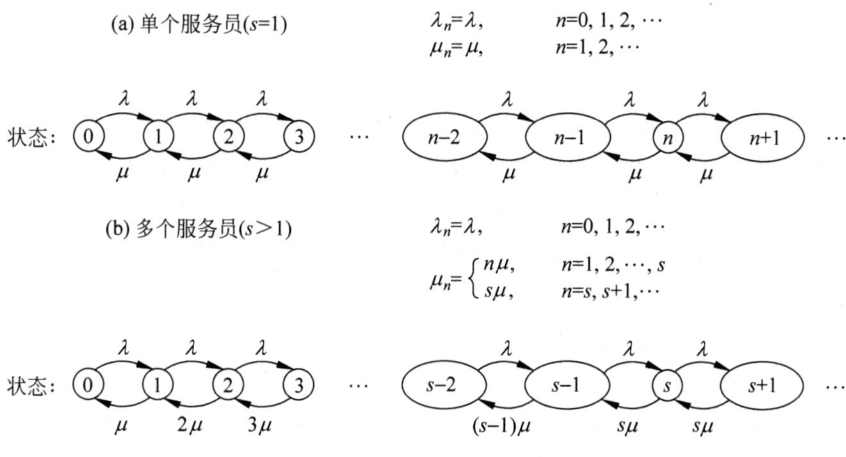

图 14.5　$M/M/s$ 的发生率图

若 $s\mu$ 超过平均到达率 λ，即

$$\rho = \frac{\lambda}{s\mu} < 1$$

用这个模型拟合的排队系统可以达到稳定状态的条件。回忆在 14.2 节中 ρ 是利用因子，它代表有多少服务员处于忙碌状态的期望分数值，这时可以直接应用 14.5 节中推导的一般生死过程的公式。下面给出这个模型中 P_n、L、L_q 等的简化的表达式和结果。

单个服务员情况(M/M/1)的结果

对 $s=1$，生死过程中的 C_n 可以简化为

$$C_n = \left(\frac{\lambda}{\mu}\right)^n = \rho^n, \quad n = 0,1,2,\cdots$$

所以应用 14.5 节给出的结果

$$P_n = \rho^n P_0, \quad n = 0,1,2,\cdots$$

这里

$$P_0 = \left(\sum_{n=0}^{\infty}\rho^n\right)^{-1} = \left(\frac{1}{1-\rho}\right)^{-1}$$
$$= 1-\rho$$

由此

$$P_n = (1-\rho)\rho^n, \quad n = 0,1,2,\cdots$$

结果为

$$L = \sum_{n=0}^{\infty} n(1-\rho)\rho^n = (1-\rho)\rho\sum_{n=0}^{\infty}\frac{\mathrm{d}}{\mathrm{d}\rho}(\rho^n)$$
$$= (1-\rho)\rho\frac{\mathrm{d}}{\mathrm{d}\rho}\left(\sum_{n=0}^{\infty}\rho^n\right) = (1-\rho)\rho\frac{\mathrm{d}}{\mathrm{d}\rho}\left(\frac{1}{1-\rho}\right)$$

$$=\frac{\rho}{1-\rho}=\frac{\lambda}{\mu-\lambda}$$

类似地

$$L_q=\sum_{n=1}^{\infty}(n-1)P_n=L-1(1-P_0)$$

$$=\frac{\lambda^2}{\mu(\mu-\lambda)}$$

当 $\lambda \geqslant \mu$ 时,即平均到达率高于平均服务率,上述解不存在(因为计算 P_0 的求和式不收敛),队伍将无限延长。这种情况下,如果当排队系统开始运行时系统中无顾客,服务员在较短的时间里还可以服务完刚到达的顾客,但运行时间长了则做不到。即使 $\lambda=\mu$ 时,排队系统中的期望顾客数也将缓慢地无限增长,即使暂时有回归到无顾客的可能,但随着时间的推移,有大量顾客出现的概率将明显增加。

假设 $\lambda<\mu$,下面推导在先到先服务规则下一名顾客到达时在系统中停留时间(包括服务时间)w 对应的随机变量的概率分布。当这名顾客到达时系统中已有 n 名顾客,则该顾客在系统中的停留将经历 $n+1$ 次负指数分布的服务时间(由 14.4 节负指数分布的缺乏记忆性,到达时正在被服务的顾客剩余服务时间仍为参数相同的负指数分布)。令 T_1,T_2,…为具有参数 μ 的独立的负指数分布的随机变量,令

$$S_{n+1}=T_1+T_2+\cdots+T_{n+1},\quad n=0,1,2,\cdots$$

S_{n+1} 代表系统中已有 n 名顾客时有条件的等待时间。如 14.7 节所述,S_{n+1} 服从 Erlang 分布。[①] 因为一名顾客到达时系统中已有 n 名顾客的概率为 P_n,因此有

$$P\{w>t\}=\sum_{n=0}^{\infty}P_nP\{S_{n+1}>t\}$$

经运算(见习题 14.6-17)得到

$$P\{w>t\}=\mathrm{e}^{-\mu(1-\rho)t},\quad t\geqslant 0$$

令人奇怪的结论是 w 为一个具有参数 $\mu(1-\rho)$ 的负指数分布,由此

$$W=E(w)=\frac{1}{\mu(1-\rho)}=\frac{1}{\mu-\lambda}$$

这个结果中包含到达者自身的服务时间。某些背景下(如 14.1 节介绍的县医院的急诊室问题),仅需要考虑到达者在队伍中的等待时间 w_q(不含服务时间)。假如到达者发现系统中无顾客,此时他将立即得到服务,由此

$$P\{w_q=0\}=P_0=1-\rho$$

当到达时已有 $n>0$ 个顾客,按先到先服务规划,他需要等待 n 个独立的负指数分布服务时间,才能接受服务,因此有

$$P\{w_q>t\}=\sum_{n=1}^{\infty}P_nP\{S_n>t\}=\sum_{n=1}^{\infty}(1-\rho)\rho^nP\{S_n>t\}$$

$$=\rho\sum_{n=0}^{\infty}P_nP\{S_{n+1}>t\}=\rho P\{w>t\}$$

---

① 在排队论外,这个分布被称为 gamma 分布。

$$=\rho e^{-\mu(1-\rho)t},\quad t\geqslant 0$$

注意到 W_q 并非一定是负指数分布，因为 $P\{w_q=0\}>0$，但当给定 $w_q>0$ 时，w_q 的条件分布总是一个具有参数 $\mu(1-\rho)$ 的负指数分布，就如同 w 一样，因为

$$P\{w_q>t\mid w_q>0\}=\frac{P\{w_q>t\}}{P\{w_q>0\}}=e^{-\mu(1-\rho)t},\quad t\geqslant 0$$

通过对 w_q 非条件分布的平均值的推导(或应用公式 $L_q=\lambda W_q$，或 $W_q=W-1/\mu$)，有

$$W_q=E(w_q)=\frac{\lambda}{\mu(\mu-\lambda)}$$

多个服务员($s>1$)情况下的结果

当 $s>1$ 时，C_n 的因子变为

$$C_n=\begin{cases}\dfrac{(\lambda/\mu)^n}{n!}, & n=1,2,\cdots,s\\ \dfrac{(\lambda/\mu)^s}{s!}\left(\dfrac{\lambda}{s\mu}\right)^{n-s}=\dfrac{(\lambda/\mu)^n}{s!\ s^{n-s}}, & n=s,s+1,\cdots\end{cases}$$

由此，若 $\lambda<s\mu[\rho=\lambda/(s\mu)<1]$，则

$$\begin{aligned}P_0&=1\Bigg/\left[1+\sum_{n=1}^{s-1}\frac{(\lambda/\mu)^n}{n!}+\frac{(\lambda/\mu)^s}{s!}\sum_{n=s}^{\infty}\left(\frac{\lambda}{s\mu}\right)^{n-s}\right]\\&=1\Bigg/\left[\sum_{n=0}^{s-1}\frac{(\lambda/\mu)^n}{n!}+\frac{(\lambda/\mu)^s}{s!}\frac{1}{1-\lambda/(s\mu)}\right]\end{aligned}$$

求和式中当 $n=0$ 时该项为 1，因为 $n=0$ 时 $n!=1$。这些 C_n 因子还给出

$$P_n=\begin{cases}\dfrac{(\lambda/\mu)^n}{n!}P_0, & \text{如果 } 0\leqslant n\leqslant s\\ \dfrac{(\lambda/\mu)^n}{s!s^{n-s}}P_0, & \text{如果 } n\geqslant s\end{cases}$$

进而

$$\begin{aligned}L_q&=\sum_{n=s}^{\infty}(n-s)P_n=\sum_{j=0}^{\infty}jP_{s+j}\\&=\sum_{j=0}^{\infty}j\ \frac{(\lambda/\mu)^s}{s!}\rho^jP_0\quad=P_0\ \frac{(\lambda/\mu)^s}{s!}\rho\sum_{j=0}^{\infty}\frac{d}{d\rho}(\rho^j)\\&=P_0\ \frac{(\lambda/\mu)^s}{s!}\rho\ \frac{d}{d\rho}\left(\sum_{j=0}^{\infty}\rho^j\right)=P_0\ \frac{(\lambda/\mu)^s}{s!}\rho\ \frac{d}{d\rho}\left(\frac{1}{1-\rho}\right)\\&=\frac{P_0(\lambda/\mu)^s\rho}{s!(1-\rho)^2}\end{aligned}$$

$$W_q=\frac{L_q}{\lambda}$$

$$W=W_q+\frac{1}{\mu}$$

$$L=\lambda\left(W_q+\frac{1}{\mu}\right)=L_q+\frac{\lambda}{\mu}$$

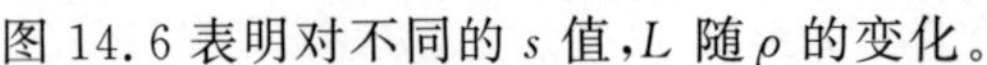

图 14.6 表明对不同的 s 值,L 随 ρ 的变化。

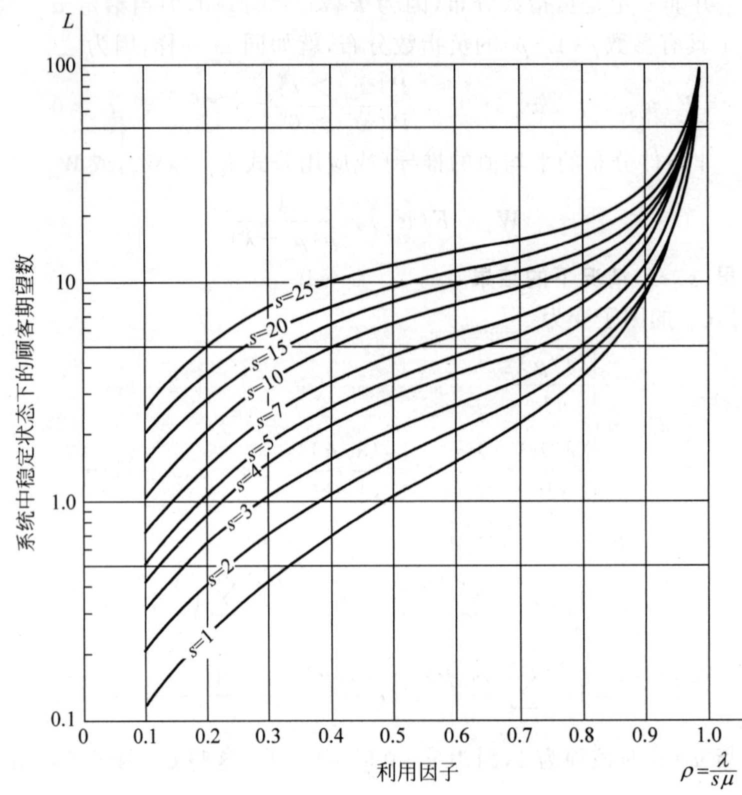

图 14.6 $M/M/s$ 模型(14.6 节)下的 L 值

单个服务员时寻找新到顾客在系统中停留时间的方法,也可以扩展到多个服务员的情况。$t\geqslant 0$ 时,有[①]

$$P\{w>t\}=\mathrm{e}^{-\mu t}\left[1+\frac{1+P_0(\lambda/\mu)^s}{s!\ (1-\rho)}\left(\frac{1-\mathrm{e}^{-\mu t(s-1-\lambda/\mu)}}{s-1-\lambda/\mu}\right)\right]$$

和

$$P\{w_q>t\}=(1-P\{w_q=0\})\mathrm{e}^{-s\mu(1-\rho)t}$$

其中

$$P\{w_q=0\}=\sum_{n=0}^{s-1}P_n$$

上述公式对不同运行情况(包括 P_n)用手工计算均较困难,但利用 OR Courseware 中的 Excel 文档中包括的 Excel 模板,可同时计算 $\lambda<s\mu$ 时任意的 t、s、λ 和 μ 的值。

当 $\lambda\geqslant s\mu$ 时,平均到达率超过服务员的最高平均服务率,队伍将无限延长,上述稳定状态下的结果都不能应用。

$M/M/s$ 模型下的县医院的例子

对县医院急诊室的问题(见 14.1 节),管理者认为急救室的到达人数是随机的,符合泊

① 当 $s-1-\lambda/\mu=0$ 时,$(1-\mathrm{e}^{-\mu t(s-1-\lambda/\mu)})/(s-1-\lambda/\mu)$ 应替换为 μt。

松输入过程，即到达间隔时间为负指数分布，同时一名医生用于医治患者的时间也近似于负指数分布，因而选择 $M/M/s$ 模型作为对这个系统的初步研究。

依据傍晚班的有关数据，估计患者的平均到达率为每$\frac{1}{2}$小时 1 人，医生医治患者的平均时间为 20 分钟。因此以一个小时为时间单位：

$\frac{1}{\lambda}=\frac{1}{2}$小时/患者

和$\frac{1}{\mu}=\frac{1}{3}$小时/患者

即 $\lambda=2$ 个患者/小时

和 $\mu=3$ 个患者/小时

仍为一名医生($s=1$)和有两名医生($s=2$)两种选择下，均有

$$\rho=\frac{\lambda}{s\mu}<1$$

因此系统可以趋向稳定状态(实际上在其他班次 λ 值略有不同，系统并非永远趋于稳定状态，但管理人员认为稳定状态的结果是一个很好的逼近)。由上述方程得到的结果见表 14.2。

表 14.2 县医院问题 $M/M/s$ 模型的稳定状态结果

	$s=1$	$s=2$
ρ	$\frac{2}{3}$	$\frac{1}{3}$
P_0	$\frac{1}{3}$	$\frac{1}{2}$
P_1	$\frac{2}{9}$	$\frac{1}{3}$
$P_n, n\geqslant 2$	$\frac{1}{3}\left(\frac{2}{3}\right)^n$	$\left(\frac{1}{3}\right)^n$
L_q	$\frac{4}{3}$	$\frac{1}{12}$
L	2	$\frac{3}{4}$
W_q	$\frac{2}{3}$小时	$\frac{1}{24}$小时
W	1 小时	$\frac{3}{8}$小时
$P\{w_q>0\}$	0.667	0.167
$P\left\{w_q>\frac{1}{2}\right\}$	0.404	0.022
$P\{w_q>1\}$	0.245	0.003
$P\{w_q>t\}$	$\frac{2}{3}e^{-t}$	$\frac{1}{6}e^{-4t}$
$P\{w>t\}$	e^{-t}	$\frac{1}{2}e^{-3t}(3-e^{-t})$

在上述结果的基础上，管理者得到的结论为在医院的急诊室内为了提供快速诊治，安排两名医生比较合适。在 14.8 节中管理者将通过更接近真实排队系统的另一个排队模型来

检验上述结论,与先到先服务的假设不同,为到达的患者分配优先级。

14.6.2 有限队长的 *M/M/s* 模型(称为 *M/M/s/K* 模型)

在 14.2 节曾提到排队系统有时具有有限的队长,即系统的顾客数不允许超过某个规定的数字(用 K 标记),系统中队伍容量为 $K-s$。任何到达的顾客当系统满员时将被拒绝进入系统并永远离去。从生死过程角度这时系统的平均输入率为零。因此,当队长有限时只需在 $M/M/s$ 模型中对参数 λ_n 作出修正即可。

$$\lambda_n=\begin{cases}\lambda, & n=0,1,2,\cdots,K-1\\ 0, & n\geqslant K\end{cases}$$

因为对 n 的某些值 $\lambda_n=0$,适合这类模型的排队系统总是可以达到状态稳定条件,即使当 $\rho=\lambda/s\mu\geqslant 1$ 时。

这类模型通常标记为 $M/M/s/K$,这里第 4 个符号用于标记它与 $M/M/s$ 模型的区别。这两类模型建模的简单区别是在 $M/M/s/K$ 模型中 K 为有限值,在 $M/M/s$ 模型中 $K=\infty$。

$M/M/s/K$ 模型的物理解释为仅有有限的等待空间使系统最多容纳 K 名顾客。例如,县医院急诊室中只有 K 个病床,并且规定当无空床位时患者将被送往别的医院。

另一种解释为到达的顾客当发现系统中在他们前面已有相当多(K 名)顾客时,就不愿长时间等待而离去。这种现象在商业服务系统中非常普遍,当然还有其他模型可对此作出更好的解释(见习题 14.5-5)。

这类模型的发生率图与如图 14.5 所示的 $M/M/s$ 模型图基本一致,只是其最大状态为 K。

M/M/1/K(单个服务的结果)

$$C_n=\begin{cases}\left(\dfrac{\lambda}{\mu}\right)^n=\rho^n, & n=0,1,2,\cdots,K\\ 0, & n>K\end{cases}$$

所以 $\rho\neq 1$[①] 时,14.5 节中生死过程的结果将简写为

$$P_0=\frac{1}{\sum_{n=0}^{K}(\lambda/\mu)^n}=1\Big/\left[\frac{1-(\lambda/\mu)^{K+1}}{1-\lambda/\mu}\right]$$

$$=\frac{1-\rho}{1-\rho^{K+1}}$$

由此

$$P_n=\frac{1-\rho}{1-\rho^{K+1}}\rho^n,\quad n=0,1,2,\cdots,K$$

因而

$$L=\sum_{n=0}^{K}nP_n=\frac{1-\rho}{1-\rho^{K+1}}\rho\sum_{n=0}^{K}\frac{\mathrm{d}}{\mathrm{d}\rho}(\rho^n)$$

---

① 如果 $\rho=1$,于是 $\rho_n=1/(K+1)(n=0,1,2,\cdots,K)$,所以 $L=K/2$。

$$=\frac{1-\rho}{1-\rho^{K+1}}\rho\frac{\mathrm{d}}{\mathrm{d}\rho}\left(\sum_{n=0}^{K}\rho^{n}\right)=\frac{1-\rho}{1-\rho^{K+1}}\rho\frac{\mathrm{d}}{\mathrm{d}\rho}\left(\frac{1-\rho^{K+1}}{1-\rho}\right)$$

$$=\rho\frac{-(K+1)\rho^{K}+K\rho^{K+1}+1}{(1-\rho^{K+1})(1-\rho)}$$

$$=\frac{\rho}{1-\rho}-\frac{(K+1)\rho^{K+1}}{1-\rho^{K+1}}$$

同前一样(当 $s=1$ 时)

$$L_q=L-(1-P_0)$$

注意：上述结果不要求满足 $\lambda<\mu$(即 $\rho<1$)。

当 $\rho<1$ 时可以证明 L 最终表达式的第二项当 $K\to\infty$ 时趋于 0，即上述结果收敛于 $M/M/1$ 模型的相应结果。

等待时间的分布可应用 $M/M/1$ 模型的相同原理进行推导(见习题 14.6-28)，但这种情况下无法得出一个简单的表达式，因此利用计算机进行计算。因为这类模型中对所有 n 值 λ_n 不相等(见 14.2 节结尾)，因而 $L\neq\lambda W$，$L_q\neq\lambda W_q$，但进入系统的顾客的期望等待时间仍可由 14.5 节末给出的表达式直接得到：

$$W=\frac{L}{\bar{\lambda}},\quad W_q=\frac{L_q}{\bar{\lambda}}$$

其中

$$\bar{\lambda}=\sum_{n=0}^{\infty}\lambda_n P_n=\sum_{n=0}^{K-1}\lambda P_n=\lambda(1-P_K)$$

多个服务员($s>1$)情况的结果。

因为这类系统不允许超过 K 个顾客，K 也是可能雇用的服务员的最大数量，所以假定 $s\leqslant K$。这种情况下，C_n 变为

$$C_n=\begin{cases}\dfrac{(\lambda/\mu)^n}{n!}, & n=0,1,2,\cdots,s\\[2mm] \dfrac{(\lambda/\mu)^s}{s!}\left(\dfrac{\lambda}{s\mu}\right)^{n-s}=\dfrac{(\lambda/\mu)^n}{s!s^{n-s}}, & n=s,s+1,\cdots,K\\[2mm] 0, & n>K\end{cases}$$

由此

$$P_n=\begin{cases}\dfrac{(\lambda/\mu)^n}{n!}P_0, & n=1,2,\cdots,s\\[2mm] \dfrac{(\lambda/\mu)^n}{s!\ s^{n-s}}P_0, & n=s,s+1,\cdots,K\\[2mm] 0, & n>K\end{cases}$$

其中

$$P_0=1\Bigg/\left[\sum_{n=0}^{s}\frac{(\lambda/\mu)^n}{n!}+\frac{(\lambda/\mu)^s}{s!}\sum_{n=s+1}^{K}\left(\frac{\lambda}{s\mu}\right)^{n-s}\right]$$

(这些公式继续用到当 $n=0$ 时 $n!=1$)

将 $M/M/s$ 模型中有关 L_q 的推导修改后用于本模型得到

$$L_q = \frac{P_0(\lambda/\mu)^s\rho}{s!\,(1-\rho)^2}\left[1-\rho^{K-s}-(K-s)\rho^{K-s}(1-\rho)\right]$$

其中,$\rho=\lambda/(s\mu)$①。因而可以得到

$$L = \sum_{n=0}^{s-1} nP_n + L_q + s\left(1-\sum_{n=0}^{s-1}P_n\right)$$

W 和 W_q 可由 L 和 L_q 求得,如同单个服务员时一样。

本章的 Excel 文档包括一个用于计算该模型工作情况参数(包括 P_n)的 Excel 模板。

这类模型的一个有趣的特殊情况是 $K=s$,这时队伍的容量 $K-s=0$。这种情况下到达的顾客当所有服务员均忙碌时将立即离开系统。例如,有 s 条中继线的电话网络中当所有线路繁忙时,呼叫者将听到忙音而挂断电话。这种类型的系统(无队伍的排队系统)被称为 Erlang 损失系统,因为它在 20 世纪初最先被丹麦的电话工程师阿尔朗予以研究,他同时也是排队论的奠基者。

目前在电话系统中较普遍地设置了一些备用中继线,提供呼叫者等待服务,而超额的呼叫者听到的仍然是忙音。这样的系统仍可采用上述模型,这里$(K-s)$是提供呼叫者等待的备用中继线的数量。

14.6.3 顾客源有限的 $M/M/s$ 模型

现在再假设与 $M/M/s$ 模型(见 14.2 中定义)的唯一差别是顾客源受限,即顾客源的规模有限的模型。这时用 N 标记顾客源的规模,当在排队系统中的顾客数为 $n(n=0,1,2,\cdots,N)$时,输入源中仅有 $N-n$ 个潜在的顾客。

这类模型的最重要应用是机器维修问题。有一名或多名维修工负责 N 台机器的维修以保持正常运行。在排队系统中维修工人被考虑是单独对不同机器服务,当一组工人共同维修一台机器时,整个组作为一名独立维修工。要维修的机器组成顾客源,每一台机器发生故障等待维修时是排队系统的一个顾客,当它们正常运行时,则处于系统之外。

注意到顾客源中的每个成员或者在系统内或者在系统外,所以类似于 $M/M/s$ 模型假定每个成员在系统外的时间(从离开系统的时间到下一次回到系统的时间)为具有参数 λ 的负指数分布。当有 n 个成员在系统内,$N-n$ 个成员在系统外时,到下一个来到排队系统的剩余时间的概率分布为在系统外的 $N-n$ 个成员在系统外剩余时间分布中的最小者。负指数分布的性质 2 和性质 3 说明这个分布是具有参数 $\lambda_n=(N-n)\lambda$ 的负指数分布。因此这个模型是生死过程的特例,其发生率图见图 14.7。

因为 $n=N$ 时,$\lambda_n=0$,任何拟合该模型的排队系统最终将达到稳定状态。由此得到的结果总结如下。

单个服务员的结果($s=1$)

当 $s=1$ 时,14.5 节中的 C_n 减写为

---

① 假如 $\rho=1$ 为得到 L_q 的表达式需要两次应用 L'Hôpital 规则,即上述多服务员的结果适用于全部 $\rho>0$。理由是这类排队系统当 $n\geqslant K$ 时 $\lambda_n=0$,当 $\rho\geqslant 1$ 时仍然能够达到稳定状态条件,所以系统中顾客数不会无限增多。

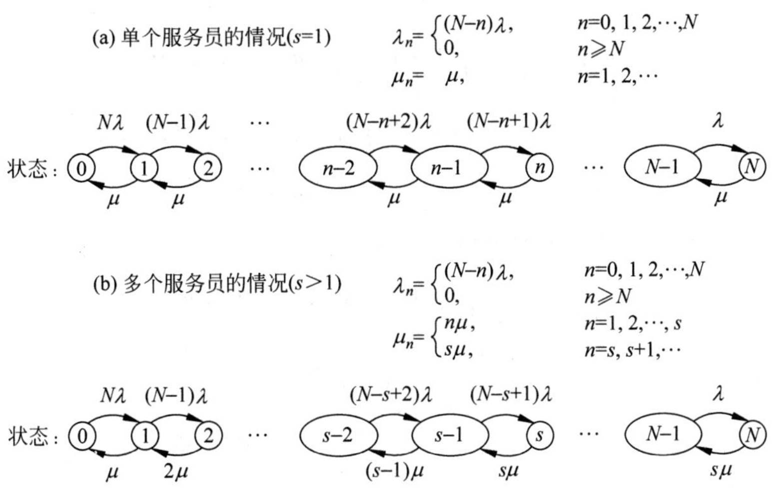

(a) 单个服务员的情况($s=1$)　$\lambda_n=\begin{cases}(N-n)\lambda, & n=0,1,2,\cdots,N\\ 0, & n\geqslant N\end{cases}$

$\mu_n=\mu,\quad n=1,2,\cdots$

状态：0, 1, 2, …, $n-2$, $n-1$, n, …, $N-1$, N（到达率 $N\lambda$, $(N-1)\lambda$, …, $(N-n+2)\lambda$, $(N-n+1)\lambda$, …, λ；服务率 μ, μ, …, μ, μ, …, μ）

(b) 多个服务员的情况($s>1$)　$\lambda_n=\begin{cases}(N-n)\lambda, & n=0,1,2,\cdots,N\\ 0, & n\geqslant N\end{cases}$

$\mu_n=\begin{cases}n\mu, & n=1,2,\cdots,s\\ s\mu, & n=s,s+1,\cdots\end{cases}$

状态：0, 1, 2, …, $s-2$, $s-1$, s, …, $N-1$, N（到达率 $N\lambda$, $(N-1)\lambda$, …, $(N-s+2)\lambda$, $(N-s+1)\lambda$, …, λ；服务率 μ, 2μ, …, $(s-1)\mu$, $s\mu$, …, $s\mu$）

图 14.7　顾客源有限的 $M/M/s$ 模型的发生率图

$$C_n=\begin{cases}N(N-1)\cdots(N-n+1)\left(\dfrac{\lambda}{\mu}\right)^n=\dfrac{N!}{(N-n)!}\left(\dfrac{\lambda}{\mu}\right)^n, & n\leqslant N\\ 0, & n>N\end{cases}$$

在这个模型中再次应用 $n=0$ 时，$n!=1$，有

$$P_0=1\bigg/\sum_{n=0}^{N}\left[\frac{N!}{(N-n)!}\left(\frac{\lambda}{\mu}\right)^n\right]$$

$$P_n=\frac{N!}{(N-n)!}\left(\frac{\lambda}{\mu}\right)^n P_0,\qquad \text{如果 } n=1,2,\cdots,N$$

$$L_q=\sum_{n=1}^{N}(n-1)P_n$$

上式可简化为

$$L_q=N-\frac{\lambda+\mu}{\lambda}(1-P_0)$$

$$L=\sum_{n=0}^{N}nP_n=L_q+1-P_0$$

$$=N-\frac{\mu}{\lambda}(1-P_0)$$

最终得

$$W=\frac{L}{\bar{\lambda}}\quad \text{和}\quad W_q=\frac{L_q}{\bar{\lambda}}$$

其中

$$\bar{\lambda}=\sum_{n=0}^{\infty}\lambda_n P_n=\sum_{n=0}^{N}(N-n)\lambda P_n=\lambda(N-L)$$

多个服务员的结果($s>1$)

对 $N\geqslant s>1$，有

$$C_n=\begin{cases}\dfrac{N!}{(N-n)!n!}\left(\dfrac{\lambda}{\mu}\right)^n, & n=0,1,2,\cdots,s\\ \dfrac{N!}{(N-n)!s!s^{n-s}}\left(\dfrac{\lambda}{\mu}\right)^n, & n=s,s+1,\cdots,N\\ 0, & n>N\end{cases}$$

因此,应用14.5节生死过程的结果得到

$$P_n=\begin{cases}\dfrac{N!}{(N-n)!n!}\left(\dfrac{\lambda}{\mu}\right)^n P_0, & 0\leqslant n\leqslant s\\ \dfrac{N!}{(N-n)!s!s^{n-s}}\left(\dfrac{\lambda}{\mu}\right)^n P_0, & s\leqslant n\leqslant N\\ 0, & n>N\end{cases}$$

其中

$$P_0=1\Bigg/\left[\sum_{n=0}^{s-1}\frac{N!}{(N-n)!n!}\left(\frac{\lambda}{\mu}\right)^n+\sum_{n=s}^{N}\frac{N!}{(N-n)!s!s^{n-s}}\left(\frac{\lambda}{\mu}\right)^n\right]$$

最终得

$$L_q=\sum_{n=s}^{N}(n-s)P_n$$

和

$$L=\sum_{n=0}^{s-1}nP_n+L_q+s\left(1-\sum_{n=0}^{s-1}P_n\right)$$

应用与单个服务员时相同的方程求出 W 和 W_q。

本章的Excel文档包括一个执行所有上述运算的Excel模板。

用于这个模型单个或多个服务员的情况下的扩展的表格也是可得的[①]。

对单个或多个服务员的情况,上述计算 ρ_n、ρ_0、L_q,L、W 和 W_q 的公式对这类模型的一般情况均成立[②]。特别是这个模型中可以去掉顾客源中在系统外顾客消费时间是负指数分布的假设,虽然这样做会使这些模型脱离生死过程的前提。只要这些时间是具有均值为 $1/\lambda$ 的一致分布(负指数分布的服务时间假设继续成立),则系统外顾客的时间可以为任何概率分布。

14.7 含非负指数分布的排队模型

上一节的排队模型都建立在生死过程的基础上(只有最后一段的一般情况除外),即到达间隔或服务时间均为负指数分布。正如在14.4节中讨论的,这种形式的概率分布对排队论有很多便利的性质,但它只对某些类型的排队系统比较合理。其中负指数分布的到达间隔时间是指顾客到达为随机的泊松输入过程,除了精心安排或有规则的到达外,对多数场合是一种合理的近似。但实际的服务时间与负指数的形式偏离很大,特别是当顾客需求大致

① L. G. Peck and R. N. Hazelwood, *Finite Queueing Tables*, Wiley, New York, 1958.

② B. D. Bunday and R. E. Scraton, "The G/M/r Machine Interference Model," *European Journal of Operational Research*, 4: 399-402, 1980.

相同时。因此，有必要研究具有其他分布形式的排队模型。

对具有非负指数分布的排队模型的数学分析要困难得多，目前仅对少数这类模型获得了一些有用的结果。这些分析超出了本书的范畴，下面只概要介绍一些模型及结果。

14.7.1　*M*/*G*/1 模型

如同在 14.2 节中介绍的，*M*/*G*/1 模型假定排队系统中有一名服务员，顾客到达为具有平均输入率为 λ 的泊松输入过程(负指数的到达间隔时间)，对每名顾客的服务时间服从独立相同概率分布。但没有限制应是什么样的分布，而只需要知道其均值$\frac{1}{\mu}$和方差σ^2。

只要 $\rho=\lambda/\mu<1$，任何这类排队系统最终总可以达到稳定状态的条件[①]。这类一般模型稳定状态下的结果如下：

$$P_0=1-\rho$$

$$L_q=\frac{\lambda^2\sigma^2+\rho^2}{2(1-\rho)}$$

$$L=\rho+L_q$$

$$W_q=\frac{L_q}{\lambda}$$

$$W=W_q+\frac{1}{\mu}$$

考虑到分析具有任意服务时间分布的模型的复杂性，对 L_q 能得到这样简单的公式是很不寻常的。该公式是排队论最重要的结果之一，因为它使实践中的 *M*/*G*/1 排队系统的应用得到简化和普及。这个关于 L_q(或 W_q)的表达式通常称为 Pollaczek-Khintchine 公式，这是在 20 世纪 30 年代独立推导了上述公式的两位排队论先驱的名字。

对任意固定的服务时间$\frac{1}{\mu}$，L_q、L、W_q 和 W 都将随σ^2 的增大而增大，这一点很重要，说明这与服务员在服务设施上的持续表现，而不仅与其平均服务速度相关。关于这一点将在下一小节中解释。

当服务时间是负指数分布时，$\sigma^2=\frac{1}{\mu^2}$，上述结果将归结为 14.6 节一开始给出的 *M*/*M*/1 模型的相应结果。

该模型中服务时间分布的完全灵活性是十分有用的，但并未推导出多个服务员情况下的类似结果，仅对下列两类模型获得了一些重要结果(本章 Excel 文档中的 Excel 模板给出了当 $S=1$ 时 *M*/*G*/1 模型及下述两类模型的计算)。

14.7.2　*M*/*D*/*s* 模型

当服务包括对所有顾客基本上相同的一般内容，并且时间要求上差别很小时，*M*/*D*/*s*

---

① 用于计算系统中顾客数的概率分布时也可使用一个循环公式，可参见 A. Hordijk and H. C. Tijms，"A Simple Proof of the Equivalence of the Limiting Distribution of the Continuous-Time and the Embedded Process of the Queue Size in the *M*/*G*/1 Queue，"*Statistica Neerlandica*，36：97-100，1976.

模型是这类情况的合理表达,因为模型中假定所有服务时间为某个固定的常数(退化的服务时间分布)和具有固定平均到达率 λ 的泊松输入过程。

只有一名服务员的情况下,$M/D/1$ 模型是 $M/G/1$ 模型当 $\sigma^2=0$ 时的特例,所以 Pollaczek-Khintchine 公式可简化为

$$L_q=\frac{\rho^2}{2(1-\rho)}$$

由 L_q 可推导得出 L、W_q 和 W。注意到这里 W_q 和 L_q 恰好是 14.6 节($M/M1$ 模型)负指数分布情况下的一半大,那里 $\sigma^2=\frac{1}{\mu^2}$,所以减少 σ^2 可以在很大程度上改善排队系统的运行情况。

对多个服务员的这类模型($M/D/s$),推导稳定状态下系统中顾客数的概率分布及其平均值[假定 $\rho=\lambda/(s\mu)<1$]已经有一种比较复杂的有效方法。[①] 这些结果已被绘制成图表[②],在图 14.8 中给出了平均值 L 在不同 s 值时随 ρ 变化的曲线。

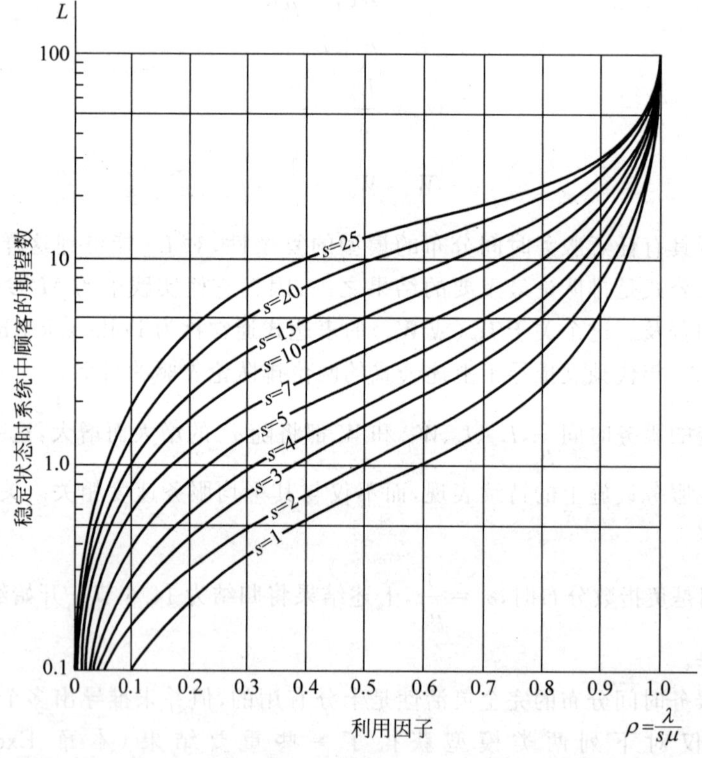

图 14.8 $M/M/s$ 模型(见 14.7 节)的 L 值

① See N. U. Prabhu: *Queues and Inventories*, Wiley, New York, 1965, pp. 32-34; also see pp. 286-288 in Selected Reference 5.

② F. S. Hillier and O. S. Yu, with D. Avis, L. Fossett, F. Lo, and M. Reiman, *Queueing Tables and Graphs*, Elsevier North-Holland, New York, 1981.

14.7.3　$M/E_k/s$ 模型

$M/D/s$ 模型假定服务时间的偏差为零($\sigma=0$)，而负指数分布的服务时间则具有很大的偏差$\left(\sigma=\frac{1}{\mu}\right)$。大多数实际的服务时间介于这两种极端情况之间$\left(0<\sigma<\frac{1}{\mu}\right)$。用以拟合这类中间情况的理论的服务时间分布为 Erlang 分布。

Erlang 分布的概率密度函数为

$$f(t)=\frac{(\mu k)^k}{(k-1)!}t^{k-1}\mathrm{e}^{-k\mu t},\quad t\geqslant 0$$

其中，μ 和 k 严格限定为正的参数，并且 k 为整数(除了参数定义和整数限制外，该分布与 gamma 分布一致)。它的平均值和标准差分别为

$$平均值=\frac{1}{\mu}$$

和

$$标准差=\frac{1}{\sqrt{k}}\frac{1}{\mu}$$

由此 k 是一个表征服务时间相对于平均值变化程度的参数，通常称为形状参数。

Erlang 分布是排队论中的一个非常重要的分布，是出于两个原因。先解释第一个原因，假设 $T_1,T_2,\cdots,T_k$ 是 k 个独立的随机变量，都为均值为 $1/k\mu$ 的一致的负指数分布，其和 $T=T_1+T_2+\cdots+T_k$ 为具有参数 μ 和 k 的 Erlang 分布。14.4 节对负指数分布的讨论中提到完成某类工作的时间较好地符合负指数分布，但对顾客的服务往往不是一项，而是包括 k 项依次要完成的工作。假如每项工作均为独立一致的负指数分布，则其总的服务时间将为 Erlang 分布，但这必须是服务员对每名顾客执行相同的负指数分布共服务 k 次。

Erlang 分布非常有用还因为它是一个仅允许具有非负值的两个参数的很大的分布族。很多经验的服务时间的分布可以合理近似于 Erlang 分布，实际上负指数分布及常数分布是 Erang 分布当 $k=1$ 和 $k\approx\infty$ 时的特例，k 的中间值提供了平均值$=\frac{1}{\mu}$，模式为$(k-1)/(k\mu)$和方差$=1/(k\mu)^2$ 的中间状态的分布，参见图 14.9。因此，对一个经验服务时间分布的平均值和方差进行估测后，这些平均值和方差的公式可以用于选择 k 的整数值，使其同估测值匹配非常接近。

下面考虑 $M/E_k/1$ 模型，它是 $M/G/1$ 模型的特例。模型中的服务时间为具有形状参数 k 的 Erlang 分布。将 $\sigma^2=1/(k\mu)^2$ 代入 Pollaczek-Khintchine 公式，参照 $M/G/1$ 模型的结果得到

$$L_q=\frac{\lambda^2/(k\mu^2)+\rho^2}{2(1-\rho)}=\frac{1+k}{2k}\frac{\lambda^2}{\mu(\mu-\lambda)}$$

$$W_q=\frac{1+k}{2k}\frac{\lambda}{\mu(\mu-\lambda)}$$

$$W=W_q+\frac{1}{\mu}$$

$$L=\lambda W$$

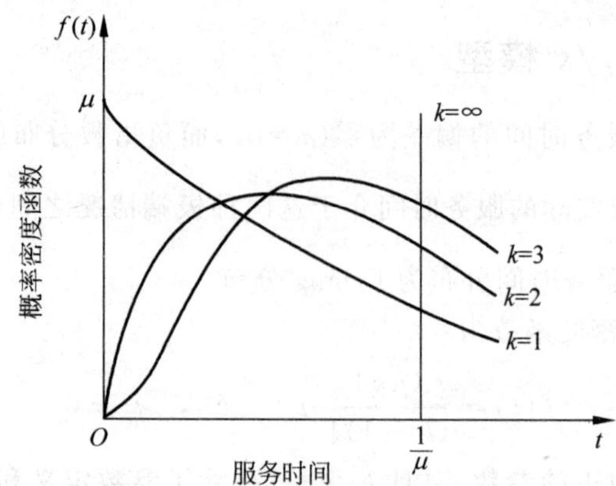

图 14.9 具有常数均值$\frac{1}{\mu}$的 Erlang 分布族

对于多个服务员($M/E_k/s$),前面描述的 Erlang 分布同负指数分布的关系可以依据每个负指数分布的阶段拓展(每个顾客为 k)而不是对顾客整体建立修正的生死过程(连续时间马尔可夫链)。但目前还未能推导出一个一般的系统中顾客数概率分布的稳定状态解($\rho=\lambda/s\mu<1$),如同 14.5 节中所做的。作为替代,现代理论要求各个情况的求解数字化,对很多情况得到的结果已被列成图表形式①,图 14.10 给出了当 $s=2$ 时平均值 L 的图示。

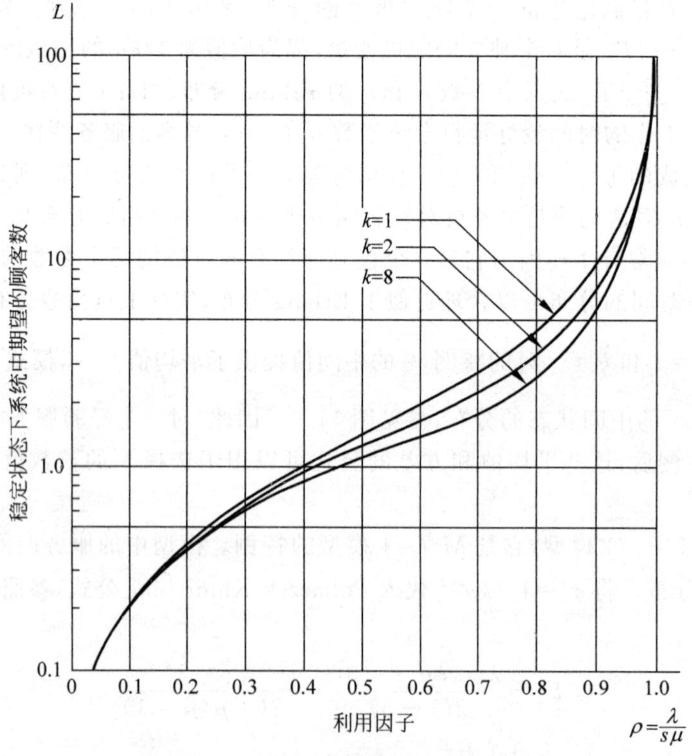

图 14.10 $M/E_k/s$ 模型的 L 的值(14.7 节)

① F. S. Hillier and O. S. Yu. with D. Avis, L. Fossett, F. Lo, and M. Reiman, *Queueing Tables and Graphs*, Elsevier North-Holland, New York, 1981.

14.7.4 不具有泊松输入的模型

前面讲述的所有排队模型都假定为泊松输入过程(负指数的到达间隔时间)。但当到达是事先安排的或按某种规则时,就不会是随机发生的,泊松输入的假定就不存在,这就需要使用其他模型。

当服务时间仍为固定参数的负指数分布时,常用的有三个模型,这些模型仅仅是将前面模型中的到达间隔时间与服务时间进行倒置。第一个新模型为 $GI/M/s$,其对到达间隔时间的分布无限制。这种情况下无论对单个或多个服务员都存在一些稳定状态下的结果,特别是有关等待时间的分布。[①] 但这些结果不像 $M/G/1$ 模型中给出的那样简单方便。第二个新的模型($D/M/s$)假定所有到达的间隔为固定常数。第三个新的模型($E_k/M/s$)假定为 Erlang 到达间隔时间分布,提供了一种介于有规则的常数到达和完全随机的负指数到达的中间状态。对后两种模型的计算结果已列成图表[②],其 L 值的图示分别见图 14.11 和图 14.12。

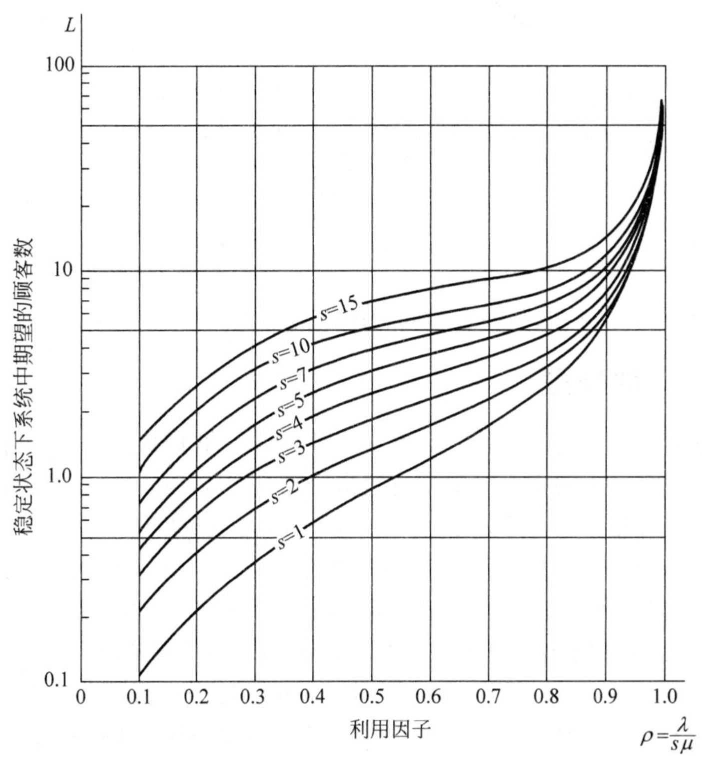

图 14.11 $D/M/s$ 模型的 L 值(14.7 节)

假如到达间隔与服务时间都不是负指数分布,另有三类模型已得出计算结果[③]。模型之一($E_m/E_k/s$)假定上述两个时间均为 Erlang 分布,其他两个模型($E_k/D/s$ 和 $D/E_k/s$)假定

① 例如,可参见参考文献 7 或 8。

② Hillier 和 Yu, op. cit.

③ Hillier and Yu, op. cit.

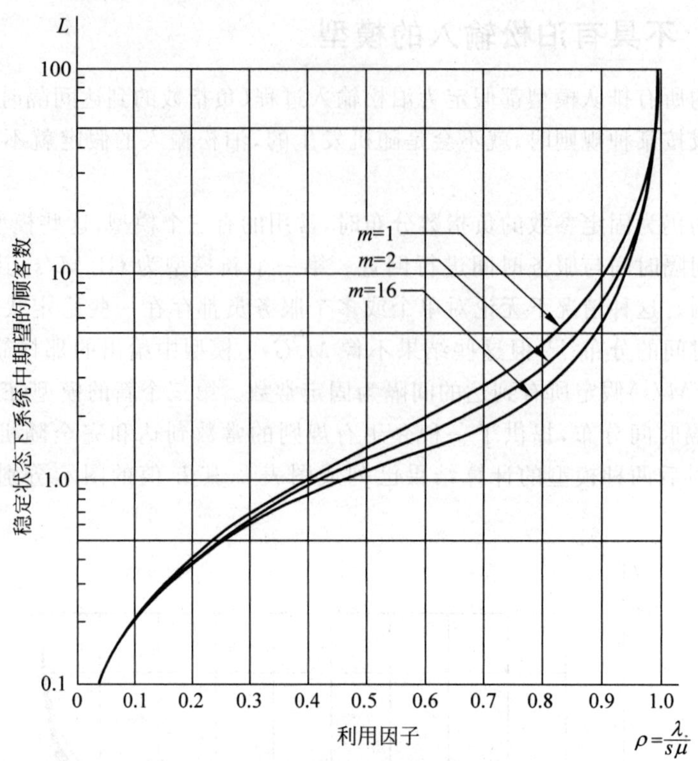

图 14.12 $E_k/M/s$ 模型的 L 值(14.7 节)

其中一个时间为 Erlang 分布,另一个时间为固定的常数。

14.7.5 其他模型

虽然在本书中已看到很多含非负指数分布的模型,但我们远没有把所有模型都列出来。例如,在到达间隔或服务时间中有时用到的**超指分布**(hyperexponential distribution)。这个分布的主要特点是只允许非负的值,其标准差 σ 实际大于平均值 $1/\mu$。这个特点同 Erlang 分布刚好相反,Erlang 分布中除了 $k=1$(负指数分布)时 $\sigma=1/\mu$ 外,其他均为 $\sigma<1/\mu$。为了解释 $\sigma>1/\mu$ 出现的典型的情况,假设排除系统中的服务是机器或车辆的维修。很多维修是常规的(用较少服务时间),但有时需要详细检查(大量的服务时间),于是服务时间的标准差将超过平均值,这种情况下超指分布可用于表达上述服务时间的分布。超指分布假设两类维修发生的概率分别为 ρ 和 $(1-\rho)$,每类维修所需时间均为负指数分布,但具有不同的参数(一般超指分布为两个或多个负指数分布的组合)。

另一类常用的分布族为**阶段型分布**(phase-type distributions)(其中有些被称为一般的 Erlang 分布)。这些分布的得到是将总的时间分割为若干阶段,每个阶段为负指数分布,这些负指数分布的参数可以不同,阶段可以是串联、并行或二者兼有。当阶段为平行时,表明过程可按一定概率随机选择经过阶段之一。这一点类似于超指分布,所以超指分布是阶段型分布的特例。另一个特例是 Erlang 分布,它限定 k 个阶段是串联的,并且每个阶段的负指数分布具有相同的参数。除去这些限制条件,表明阶段型分布在现实排队系统中用于拟合到达间隔时间或服务时间较 Erlang 分布要灵活得多。这种灵活性对以下情况特别有价值，即当在模型中直接用实际分布无法进行分析，以及实际分布的平均值与标准差之比同Erlang分布给出的比值($\sqrt{k}$，$k=1,2,\cdots$)并不接近时。

因为阶段型分布的排队模型是由负指数分布组合成的，因而仍然可以用连续时间的马尔可夫链表达。马尔可夫链通常具有无限的状态数，所以要得到系统状态的稳定状态分布需要求解相对结构较复杂的无限个线性方程组。求解这个方程组并不简单，但现代理论的进展能做到在某些场合下从数字上得到排队模型的解。具有各种阶段型分布(包括超指分布)模型的结果已被制成图表的形式①。

14.8 具有优先规则的排队模型

在具有优先规则的排队模型中，排队规则建立在优先级别系统上，队伍中的成员被选择接受服务的次序是按照他们被分配的优先级别。

很多现实的排队系统较之其他模型更适合拟合为具有优先规则的排队模型。一些紧急加工的工件被安排到一般工件前，一些重要的顾客被安排优先于其他顾客得到服务。在医院急诊室，患者通常按病情严重程度安排优先级。所以具有优先规则的排队模型通常比其他常用模型更受欢迎。

下面给出两类基本的具有优先规则的排队模型，因为这两类模型具有相同的假定，只是优先的做法上有区别，所以先同时介绍这两类模型，然后分开介绍主要的结果。

14.8.1 模型

两类模型中都假定有 N 个级别的顾客(第1级的优先级最高，第 N 级的优先级最低)，当一个服务员有空闲时，将选择队伍中级别最高的而不是等待时间最长的进行服务。换句话说，顾客按级别的顺序得到服务，但在同一级别内仍基于先到先服务规则。对每个优先级别仍假定为泊松输入过程和负指数服务时间。除了后面要考虑的一种特殊情况，模型中还做了一些限制，规定对各个级别顾客的期望服务时间相同，但是模型允许不同级别的顾客具有不同的平均到达率。

两类模型的主要区别是优先级是否需要让位。对**不需要让位的优先级**(non-preemptive priorities)，一个正在接受服务的顾客当排队系统中有更高级别顾客到达时，不需要让位。所以一个顾客只要开始得到服务，到服务结束前不能中断。第一类模型假定的是这种非让位的优先级。

对**需要让位的优先级**(preemptive priorities)，如果一个较低级别顾客正在接受服务，当有较高级别顾客进入时需让位，中断服务回到队伍中，服务员将立即为新到达顾客服务(当服务员结束对新顾客的服务时，回到队伍中的顾客将重新得到服务，这种情况可能重复多次才最后结束服务)。因为负指数分布的缺乏记忆性(见14.4节)，所以不必关心回到队伍中的顾客重新开始服务的时间点，因为剩余服务时间的分布是与原先一样的分布(对其他服务时间的分布，区分让位-重新开始系统与让位-重复系统是很重要的，前者从服务中断点继续

---

① L. P. Seelen, H. C. Tijms, and M. H. Van Hoom, *Tables for Multi-Server Queus*, Nerth-Holland, Amsterdam, 1985.

为让位的顾客服务,而后者服务工作一切从头开始)。第二类模型假定的是需要让位的优先级。

对这两类模型假如不考虑顾客处于不同的优先级,负指数分布的性质 6(见 14.4 节)包含所有顾客将按泊松输入过程到达,以及所有顾客具有相同的负指数分布的服务时间。由此除了对顾客服务的次序有区别外,这两类模型实际上同 14.6 节研究的 $M/M/s$ 模型是一致的。当只考虑系统中的顾客总数时,适用于 $M/M/s$ 模型稳定状态的分布同样可应用于上述两类模型,因此对 L 和 L_q 的公式同样可以依据一个随机选择顾客的期望等待时间 W 或 W_q,由 Little 公式导出。在 14.6 节中等待时间的分布是根据先到先服务规则得来的,对具有优先规则的排队系统,等待时间的分布有很大差别,对最高级别的顾客,其等待时间较之先到先服务规则下要小得多,面对级别低的顾客,其等待时间要长得多,所以应对高优先级顾客收取比低优先级顾客更多的费用。为了确定应采取的措施,需要分别计算各类优先级顾客在系统中的期望数和期望的等待时间。下面给出这两类模型的一些具体结果。

14.8.2 不需要让位的优先级模型的结果

用 W_k 代表一名具有 k 优先级顾客稳定状态下在系统中的期望等待时间,有

$$W_k = \frac{1}{AB_{k-1}B_k} + \frac{1}{\mu}, \quad 对\ k = 1,2,\cdots,N$$

其中

$$A = s!\ \frac{s\mu - \lambda}{r^s} \sum_{j=0}^{s-1} \frac{r^j}{j!} + s\mu$$

$$B_0 = 1$$

$$B_k = 1 - \frac{\sum_{i=1}^{k} \lambda_i}{s\mu}$$

$s =$ 服务员数

$\mu =$ 忙碌服务员的平均服务率

$\lambda_i = i$ 优先级的平均到达率

$$\lambda = \sum_{i=1}^{N} \lambda_i$$

$$r = \frac{\lambda}{\mu}$$

上述结果中假定

$$\sum_{i=1}^{k} \lambda_i < s\mu$$

所以对 k 优先级可以达到稳定状态条件,Little 公式仍适用于各种优先级,如排队系统中 k 优先级顾客稳定状态下的期望数(包括正在被服务的)为

$$L_k = \lambda_k W_k, \quad k = 1,2,\cdots,N$$

为了决定 k 优先级顾客在系统中的平均等待时间,只需从 W_k 中减去 $1/\mu$,相应的期望队长只需再乘以 λ_k。对 $s=1$ 的特例,A 的表达式可简化为 $A=\mu^2/\lambda$。

OR Courseware 中的 Excel 模板可用于上述计算。

14.8.3　不需要让位的优先级模型单个服务员时的差别

上述假设对所有优先级的顾客期望服务时间为 $1/\mu$，但实践中这个假设并不总是成立，因为不同优先级顾客对服务的需求不一样。

幸好对单个服务员的特例是，当期望服务时间存在差别时仍能得出有用的结果。用 $1/\mu_k$ 来标记 k 优先级服务时间的平均值，则

$$\mu_k = k\text{ 优先级顾客平均服务率}, \quad k=1,2,\cdots,N$$

因此，对 k 优先级顾客稳定状态下在系统中的期望等待时间为

$$W_k = \frac{a_k}{b_{k-1}b_k} + \frac{1}{\mu_k}, \quad k=1,2,\cdots,N$$

其中

$$a_k = \sum_{i=1}^{k} \frac{\lambda_i}{\mu_i^2}$$

$$b_0 = 1$$

$$b_k = 1 - \sum_{i=1}^{k} \frac{\lambda_i}{\mu_i}$$

上述结果成立的条件为

$$\sum_{i=1}^{k} \frac{\lambda_i}{\mu_i} < 1$$

这是保证 k 优先级达到稳定状态的条件。Little 公式如前所描述的那样可以对每一个优先级求得其运行的主要参数指标。

14.8.4　需要让位的优先级模型的结果

对需要让位的优先级模型，需要恢复对所有优先级具有相同服务时间的假设。利用不需要让位的优先级模型中的相同概念，需要让位情况下当 $s=1$ 时顾客在系统中的平均等待时间为

$$W_k = \frac{1/\mu}{B_{k-1}B_k}, \quad k=1,2,\cdots,N$$

$s>1$ 时，W_k 可以通过一种迭代的程序来计算，这将在县医院的例子中解释。L_k 仍满足如下关系式：

$$L_k = \lambda_k W_k, \quad k=1,2,\cdots,N$$

系统的其他相应结果可参照不需要让位的情况从 W_k 和 L_k 求出。因为负指数分布的缺乏记忆性（见 14.4 节），需要让位不影响服务过程，所有顾客总的期望服务时间仍为 $1/\mu$。

本章的 Excel 文档包括一个 Excel 模板，可用于计算单个服务员情况下的上述各项参数指标。

具有优先规则的县医院的例子

在县医院急诊室问题中，医院的运筹分析人员注意到患者不是按先到先服务规则接受治疗。护士通常先将患者粗分为三类：①危重，生命垂危，需要紧急救治；②重症，应尽早

救治,以免病情进一步恶化;③较稳定类,诊治可稍推迟。患者可按此顺序接受诊治,对同类患者则按先到先服务规则。当有优先级别更高的患者到达时,医生暂停对较低级别患者的诊治。大约有10%的患者属于第一类,30%属于第二类,60%属于第三类。因为对危重患者,医生进行紧急诊治后将转到其他科室继续治疗,所以医生对三类患者在急诊室内的平均诊治时间并无多大差别。

运筹分析人员决定对该排队系统采用具有优先规则的排队模型,三类患者在模型中对应三个优先级。因为当更高级别患者到达时,诊治将中断,所以采用需要让位的优先级模型。由前面给出的数据($\mu=3$ 和 $\lambda=2$),按百分比有 $\lambda_1=0.2$,$\lambda_2=0.6$,$\lambda_3=1.2$。表14.3给出了各个级别患者在系统中平均排队等待时间的结果(不含诊治时间)①,分 $s=1$ 和 $s=2$ 两种情况(表中还给出了不需要让位的相应结果,对比可看出需要让位的影响)。

表 14.3 县医院问题具有优先规则模型的结果

	需要让位的优先级		不需要让位的优先级	
	$s=1$	$s=2$	$s=1$	$s=2$
A	—	—	4.5	36
B_1	0.933	—	0.933	0.967
B_2	0.733	—	0.733	0.867
B_3	0.333	—	0.333	0.667
$W_1-\frac{1}{\mu}$	0.024 小时	0.000 37 小时	0.238 小时	0.029 小时
$W_2-\frac{1}{\mu}$	0.154 小时	0.007 93 小时	0.325 小时	0.033 小时
$W_3-\frac{1}{\mu}$	1.033 小时	0.065 42 小时	0.889 小时	0.048 小时

需要让位的优先级的结果推导

对 $s=2$ 需要让位优先级的结果由如下推导得到。因为对第一类患者,完全不受级别低的患者到达的影响,W_1 的值对任何的 λ_2 和 λ_3 都一样,包括 $\lambda_2=0,\lambda_3=0$。所以 W_1 等于相应只有第一类患者的模型(见14.6节的 $M/M/s$ 模型)。当 $s=2,\mu=3$ 和 $\lambda=\lambda_1=0.2$ 时,得到

$$W_1=W=0.333\,70\text{ 小时},\quad \lambda=0.2$$

所以

$$W_1-\frac{1}{\mu}=0.333\,70-0.333\,33=0.000\,37(\text{小时})$$

现在考虑头两个优先级。同样注意到这两个级别中患者完全不受低级别患者的影响(本例中为第三类),在分析中可以不予考虑。令 $\overline{W}_{1-2}$ 代表上述两类患者随机到达时在系统中的期望等待时间,其中第一类患者到达概率为 $\lambda_1/(\lambda_1+\lambda_2)=\frac{1}{4}$,第二类患者到达概率为 $\lambda_2/(\lambda_1+\lambda_2)=\frac{3}{4}$,所以

① 注意当 $k>1$ 时这些期望时间不能再被解释为诊治开始前的期望时间,因为这些诊治可能不止一次被打断,从而在服务结束前增加额外的等待时间。

$$\overline{W}_{1-2}=\frac{1}{4}W_1+\frac{3}{4}W_2$$

因为期望等待时间对任何排队规则都一样，$\overline{W}_{1-2}$ 同样等于 14.6 节中 $M/M/s$ 模型的 W 值，这里 $s=2,\mu=3,\lambda=\lambda_1+\lambda_2=0.8$，由此得到

$$\overline{W}_{1-2}=W=0.339\ 37(\text{小时}),\quad \lambda=0.8$$

将上面结果联立起来有

$$W_2=\frac{4}{3}\left[0.339\ 37-\frac{1}{4}(0.333\ 70)\right]=0.341\ 26(\text{小时})$$

$$\left(W_2-\frac{1}{\mu}=0.007\ 93\ \text{小时}\right)$$

最后令 $\overline{W}_{1-3}$ 代表三类患者随机到达时，他们在系统中的期望等待时间（包括诊治时间）。这三类患者到达的概率，按优先级由高到低分别为 0.1、0.3 和 0.6，所以有

$$\overline{W}_{1-3}=0.1W_1+0.3W_2+0.6W_3$$

此外，$\overline{W}_{1-3}$ 应等于 14.6 节 $M/M/s$ 模型中的 W 值，其中 $s=2,\mu=3$ 和 $\lambda=\lambda_1+\lambda_2+\lambda_3=2$，所以（由表 14.2）

$$\overline{W}_{1-3}=W=0.375(\text{小时}),\quad \lambda=2$$

由此

$$W_3=\frac{1}{0.6}[0.375-0.1(0.333\ 70)-0.3(0.341\ 26)]=0.398\ 75(\text{小时})$$

$$\left(W_3-\frac{1}{\mu}=0.065\ 42\ \text{小时}\right)$$

相应于 14.6 节 $M/M/s$ 模型中 W_q 的结果可直接由 $W_k-\frac{1}{\mu}$ 得出。

结论

当 $s=1$ 时表 14.3 中对需要让位的优先级下 $W_k-\frac{1}{\mu}$ 的值表明，在一个医生的情况下，危重患者平均需等待 $1\frac{1}{2}$ 分钟（0.024 小时），重症患者需等待超过 9 分钟，而处于较稳定状态的患者需等待超过 1 小时（在先到先服务规则下表 14.2 的结果表明所有患者的平均等待时间为 $W_q=\frac{2}{3}$ 小时）。但这些值只是统计上的期望值，有些患者的等待时间可能远长于其所在级别的平均时间，这对危重患者和重症患者显然是不能容忍的，因为几分钟时间都极其宝贵。与此相反，表 14.3 中需要让位下 $s=2$ 的结果表明，增加第二名医生后，除了较稳定的患者，其他两类患者将不必等待。所以医院管理人员建议下一年度的傍晚班由两名医生负责急诊室的诊治。县医院的主任委员会已采纳了这个建议但同时提高了急诊室的收费标准。

应用案例

几十年来，通用汽车公司（GM）一度是全球最大的汽车制造商。然而，从 20 世纪 80 年代末开始，鉴于日益激烈的国际竞争，通用汽车公司的行业排名已经靠后，其市场影响力也在持续下降。

为了应对国际竞争,多年前通用汽车公司管理层开展了一项长期研究项目,用以预测并提高公司全球数百条生产线的生产能力,其目的是大幅提高公司的生产能力,为通用汽车公司赢得战略竞争优势。

该项目最重要的分析工具是一个复杂的、基于单服务台的排队论模型。该模型把整个生产线首先分解为具有恒定时间间隔和服务时间的两站式生产线,每个站点的生产线都被视为一个单服务台排队系统。例外情况是,每个站点的服务台(通常是一台机器)偶尔会出现故障,修复完成后才能恢复服务。为了应对上述例外,约定完成一项服务且站点间有足额缓冲时间即可关闭第一个站点,完成一项服务但没有接到第一个站点的任务时可关闭第二个站点。

接下来的分析是将这种两站(或工位)式生产线模型推广到多站式生产线情形,然后用更大的排队论模型来分析如何使生产线的生产能力最大化。

排队论(或仿真)的应用以及数据采集系统的采纳为通用汽车公司带来了显著的经济效益。据业内人士透露,该公司的工厂一度是业内产量最低的,现已跻身产量最高工厂的行列。该公司这个项目已经使遍及10多个国家的30多个车辆制造厂产生了超过21亿美元的结余和增长利润。这些引人注目的成果让通用汽车公司在2005年赢得了表彰运筹学和管理科学方面成就的Franz Edelman奖一等奖。

资料来源:Alden, J. M., L. D. Burns, T. Costy, R. D. Hutton, C. A. Jackson, D. S. Kim, K. A. Kohls, J. H. Owen, M. A. Turnquist, and D. J. Vander Veen. "General Motors Increases Its Production Throughput," *Interfaces*(now *INFORMS Journal on Applied Analytics*), 36(1): 6-25, Jan.-Feb. 2006.(本书网站 www.mhhe.com/hillier11e 上提供了这篇文章的链接)

14.9 排队网络

至此我们只考虑了具有单一服务设施、包括一个或多个服务员的排队系统,但运筹学中有时候研究的排队系统是一个排队网络,是一个服务设施的网络,顾客需经历其中若干个或全部设施的服务。例如,一个车间的订货必须在安排好的一组机器上加工(服务设施),这就需要研究整个网络,才能得到整个系统中总的等待时间及顾客期望数信息。

由于排队网络的重要性,该领域的研究十分活跃。但这是一个很难的领域,这里只作一些简单介绍。

相等性(equivalence property)假定一个有 s 个服务员的服务设施,队伍允许无限长,输入为参数 λ 的泊松输入,服务时间对每个服务员为具有相同参数 μ 的负指数分布($M/M/s$ 模型),并且 $s\mu>\lambda$。于是这个服务设施稳定状态的输出为具有参数 λ 的泊松过程。

注意到这个性质在排队规则上没有要求,可以是先到先服务、随机的或如14.8节中的具有优先级,顾客都按照泊松分布离开服务设施。这个性质的关键在于说明排队网络中的顾客如果还将去其他服务设施接受服务,第二个设施同样具有泊松输入,如服务时间为负指数分布,则相等性对这个设施继续成立,于是第三个设施仍然具有泊松输入。下面围绕两类基本的网络展开讨论。

14.9.1 无限队长的序列

假定顾客接受固定序列的 m 个服务设施的服务,每个设施可允许无限队长(队伍中的顾客数无限制)，设施的序列组成无限队长序列系统。进一步假定顾客按具有参数 λ 的泊松分布来到第一个设施，每个设施 $i(i=1,2,\cdots,m)$ 都有 s_i 个服务员，其服务率均为参数 μ_i 的负指数分布，且有 $s_i\mu_i>\lambda$。依据相等性原理，在稳定条件下每个服务设施均为具有参数 λ 的泊松分布。所以 14.6 节的 $M/M/s$ 的模型(或 14.8 节的优先规则模型)可以用来独立地分析每个设施。

能应用 $M/M/s$ 模型独立得到每个设施的运行情况而不需要考虑设施间的相互影响，这是一个相当大的简化。例如，14.6 节的 $M/M/s$ 模型中给出：对某个给定设施，其中有 n 个顾客的概率为 P_n，则第 1 个设施中有 n_1 个顾客，第 2 个设施中有 n_2 个顾客……联合概率为上述分别得到的各个概率的乘积，可以表示为

$$P\{(N_1,N_2,\cdots,N_m)=(n_1,n_2,\cdots,n_m)\}=P_{n_1}P_{n_2}\cdots P_{n_m}$$

这种解的简单形式称为**积形式解**(product form solution)。类似地，在整个系统中期望的总等待时间和期望的顾客数，只需将各设施得到的相应数字相加就可以得到。

但相等性的含义对 14.6 节中讨论的有限队长的情形并不成立。这种有限的队长在实践中非常重要，因为网络中服务设施前的队长通常都有一定限制。例如，在生产线系统中每个设施前仅有少量用于缓冲的存储空间，对这种有限队长的序列，积形式解无法应用，因此对各设施必须联合起来分析，目前这方面的结果很有限。

14.9.2 Jackson 网络

无限队长序列的系统并非可以用 $M/M/s$ 模型独立分析每个设施的仅有的排队网络。其他可以应用积形式解的著名网络为 Jackson 网络，网络的名字来自第一个指出了这个网络特征并证明积形式解成立的学者。

Jackson 网络的特征，除了顾客访问设施的顺序不一致并且可以不访问所有设施外，与上面无限队长序列的假设相同。对每个设施，到达的顾客还包括来自系统外(按泊松过程)和来自其他设施。这些特征可以概括如下：

Jackson 网络是含 m 个服务设施的系统，其中设施 $i(i=1,2,\cdots,m)$具有

(1) 无限队长；

(2) 来自系统外顾客按参数 a_i 的泊松分布到达；

(3) s_i 服务员具有参数 μ_i 的负指数服务时间分布。

离开设施 i 的顾客以概率 P_{ij} 按路径去下一设施 $j(j=1,2,\cdots,m)$，或以概率 q_i 离开系统：

$$q_i=1-\sum_{j=1}^{m}p_{ij}$$

任何这类网络具有下列重要性质：

在稳定状态条件下，Jackson 网络中的任何设施 $j(j=1,2,\cdots,m)$都表现得像是一个独立的 $M/M/s$ 排队系统，其平均到达率为

$$\lambda_j=a_j+\sum_{i=1}^{m}\lambda_iP_{ij}$$

其中，$s_j\mu_j>\lambda_j$。

现在这个重要的性质还不能直接由相等性直接证明,但直觉的论证可由下面的性质给出。直觉的观点为,对每个设施 i 其不同的输入源(外部或其他设施)均为独立的泊松过程,故其联合输入过程是参数 λ_i 的泊松分布(14.4 节性质6)。相等性原理说明设施 i 总的输出过程仍为参数 λ_i 的泊松分布。通过对输出过程的分解(同样见性质6),顾客从设施 i 到设施 j 为具有参数 $\lambda_i P_{ij}$ 的泊松分布,这是设施 j 的泊松输入过程之一,由此保证了在整个系统中的泊松过程序列。

用于求 λ_j 的方程基于以下事实:λ_i 是所有使用设施 i 的顾客的到达率也是离去率,因为 P_{ij} 是离开设施 i 紧接着到设施 j 的顾客所占比例,因此由设施 i 到设施 j 的顾客到达率为 $\lambda_i P_{ij}$,将该乘积项对所有 i 求和,再加上 a_i 就得到设施 j 的总到达率。

为了用上述方程计算 λ_j,需要知道 $\lambda_i(i \neq j)$,但 λ_i 同样是由相应方程给出的未知数。所以需要通过求解整个线性方程组来同时求出 $\lambda_1, \lambda_2, \cdots, \lambda_m$。IOR Tutorial 中含有用上述方法求解 λ_j 的迭代程序。

为了解释上述计算,考虑一个含三个设施的 Jackson 网络,有关参数见表 14.4。

表 14.4 一个 Jackson 网络例子的数据

设施 j	s_j	μ_j	a_j	p_{ij}		
				$i=1$	$i=2$	$i=3$
$j=1$	1	10	1	0	0.1	0.4
$j=2$	2	10	4	0.6	0	0.4
$j=3$	1	10	3	0.3	0.3	0

将其代入求 $\lambda_j(j=1,2,3)$ 的公式有

$$\begin{aligned}\lambda_1 &= 1 \qquad\qquad + 0.1\lambda_2 + 0.4\lambda_3\\ \lambda_2 &= 4 + 0.6\lambda_1 \qquad\quad + 0.4\lambda_3\\ \lambda_3 &= 3 + 0.3\lambda_1 + 0.3\lambda_2\end{aligned}$$

每个方程给出了相应设施的总到达率。上述方程组的解为

$$\lambda_1 = 5, \quad \lambda_2 = 10, \quad \lambda_3 = 7\frac{1}{2}$$

给出上述解后,三个设施可以利用 14.6 节给出的 $M/M/s$ 的公式独立分析。例如,要知道设施 i 顾客数 $N_i = n_i$ 的分布,因有

$$\rho_i = \frac{\lambda_i}{s_i \mu_i} = \begin{cases} \dfrac{1}{2}, & i=1 \\ \dfrac{1}{2}, & i=2 \\ \dfrac{3}{4}, & i=3 \end{cases}$$

将这些值和表 14.4 中的参数代入求 P_n 的公式,有

对设施 1:
$$P_{n_1} = \frac{1}{2}\left(\frac{1}{2}\right)^{n_1}$$

对设施 2：

$$P_{n_2}=\begin{cases}\dfrac{1}{3}, & n_2=0\\ \dfrac{1}{3}, & n_2=1\\ \dfrac{1}{3}\left(\dfrac{1}{2}\right)^{n_2-1}, & n_2\geqslant 2\end{cases}$$

对设施 3：

$$P_{n_3}=\frac{1}{4}\left(\frac{3}{4}\right)^{n_3}$$

(n_1,n_2,n_3)的联合概率可通过解的乘积得到

$$P\{(N_1,N_2,N_3)=(n_1,n_2,n_3)\}=P_{n_1}P_{n_2}P_{n_3}$$

类似地，在设施 i 中期望的顾客数 L_i 可由 14.6 节计算如下：

$$L_1=1,\quad L_2=\frac{4}{3},\quad L_3=3$$

整个系统中期望顾客的总数为

$$L=L_1+L_2+L_3=5\frac{1}{3}$$

求一个顾客在系统中的期望的总等待时间(包括服务时间)W 稍微有些困难，因为每个顾客不需要对各个设施都访问一次，但仍然可以应用 Little 公式，这里系统的到达率 λ 是所有从外部来到设施的到达率，$\lambda=a_1+a_2+a_3=8$，由此

$$W=\frac{L}{a_1+a_2+a_3}=\frac{2}{3}$$

最后需要指出，还存在其他(更复杂的)排队网络，其中个别的服务设施可以同其他设施分开来独立分析。事实上，寻找具有乘积形式解的排队网络已成为研究排队网络的主流思路。这方面的一些补充信息可见本章的参考文献 3 和 4。

14.10　排队论的应用

因为由排队论提供的信息十分丰富，故它被广泛应用于排队系统设计和重新设计。下面将注意力集中在排队论如何应用上。

设计一个排队系统时最常做的决策是应设多少名服务员，但还需要研究很多其他决策，可能的决策包括：在一个服务设施中服务员的数量；服务员的效率；服务设施的数量；队伍的等待空间；顾客不同类型的优先级区分。

进行这类决策时的两个最基本考虑是：①排队系统提供的服务能力的成本；②顾客在排队系统中等待的后果。提供太多的服务能力带来过多的成本支出，能力过小造成过多的等待。所以目标是在服务成本与等待时间之间找出一种适当的平衡。

两种基本的方法可用于寻找这种平衡。一是依据多长的等待时间能被接受建立一个或多个服务满足程度的标准。例如，一个可能的标准为在系统中的期望等待时间不超过多少分钟，另一个标准为至少 95%的顾客在系统中等待的时间不超过多少分钟。类似的标准可以是系统中顾客的期望数(或这个数字的概率分布)。这个标准也可以用系统中顾客在队伍中的等待时间或队伍中的顾客数代替。一旦这些标准被确定，可利用试算的方法来寻找满

足这些标准的排队系统的最低成本的设计方案。

另一个寻找最优平衡的基本方法是估算顾客等待结果的成本。例如,假定排队系统是一个内部服务系统(见14.3节),顾客是一家公司的雇员。当雇员在系统中等待时,将降低生产效率,导致利润损失,这个损失的利润也就是系统中的**等待成本**(waiting cost)。将这个等待成本表达成等待时间的函数,排队系统的最优设计就成了使单位时间内期望总成本(服务成本加等待成本)最小化的问题。

下面根据后一种方法详细解释如何确定服务员的最优数量。

14.10.1 应设多少名服务员?

当决策变量为服务员数量 s 时,其目标函数的公式为

$E(\text{TC})$=单位时间的期望总成本

$E(\text{SC})$=单位时间的期望服务成本

$E(\text{WC})$=单位时间的期望等待成本

目标是确定服务员数量,使

$$\text{Min} \quad E(\text{TC}) = E(\text{SC}) + E(\text{WC})$$

当每个服务员的成本相同时,**服务成本**(service cost)为

$$E(\text{SC}) = C_s s$$

其中,C_s 是一名服务员单位时间的边际成本。为了估算对任意 s 值的 WC,注意到 $L=\lambda W$ 给出了单位时间在排队系统内期望的总的等待时间。所以当等待成本与总的等待时间成比例时,等待成本可以表示为

$$E(\text{WC}) = C_w L$$

其中,C_w 是系统中每个顾客单位时间的等待成本。所以在估算 C_s 和 C_w 后,目标就是确定 s,使

$$\text{Min} \quad E(\text{TC}) = C_s s + C_w L$$

在选择拟合排队系统的排队模型后,L 的值可以由不同的 s 值确定。增大 s 值将减小 L。开始时可以调整快一些,随后逐步放慢。

图14.13表明相对于服务员人数 s 的 $E(\text{SC})$、$E(\text{WC})$和$E(\text{TC})$的曲线走向(虽然可取值只能是 $s=1,2,\cdots$,但为了更好地从概念上理解,图中将其画成光滑曲线)。通过对依次的 s 值计算 $E(\text{TC})$,一直到停止下降开始上升,就可以直接找出使总成本最低的服务员的数量。下面通过例子解释上述求解过程。

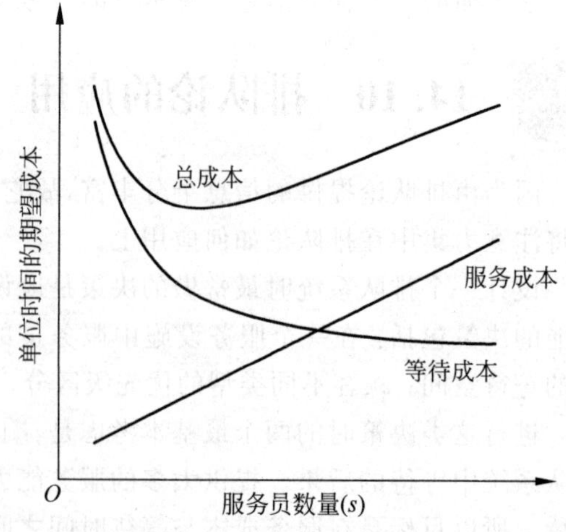

图14.13 确定服务员数量的期望成本曲线的形状

例 Acme机械车间有一个工具间用于保管车间机器需要的各种工具,由两名管理员负责工具的发放和回收。经常听到有关在工具间等待时间太长的抱怨,要求增设管理员。管理层同时面临减少管理费用的压力,而这要求减少管理员。为了解决这个相互矛盾的问题,管理层开展了一项运筹学研究以决定该工具间到底应设多少名管理员。

该工具间构成一个排队系统，管理员是服务员，机器是其顾客。在收集有关顾客到达间隔时间与服务时间的一些数据后，运筹小组认为最好用 $M/M/s$ 模型拟合该排队系统。其平均到达率 λ 和每个服务员 μ 的估计值为

$$\lambda = 120 \text{ 名顾客 / 小时}$$
$$\mu = 80 \text{ 名顾客 / 小时}$$

两名管理员的利用因子为

$$\rho = \frac{\lambda}{s\mu} = \frac{120}{2(80)} = 0.75$$

该公司每个工具间管理员的成本为每小时 20 美元，故 $C_S = 20$ 美元。机器运行时每台机器每小时的平均产出为 48 美元，故 $C_W = 48$ 美元。所以运筹小组需要确定服务员（工具间的管理员）数，使

$$\min \quad E(\text{TC}) = 20s + 48L \text{（美元）}$$

在 OR Courseware 中提供了一个 Excel 模板用于计算 $M/M/s$ 模型的成本，下面要做的工作只是将单位服务成本 C_s、单位等待成本 C_w、有关数据及要试算的 s 值代入模型，模板将计算 E(SC)、E(WC)和 E(TC)。图 14.14 对本例中 $s=3$ 的情况作了计算说明。输入各方案的 s 值，模板将显示哪一个值使 E(TC)最小。

	A	B	C	D	E	F	G
1		Acme机械车间例子的经济分析					
2							
3			数据				Results
4		λ=	120	(平均到达率)		L =	1.736842105
5		μ=	80	(平均服务率)		L_q=	0.236842105
6		s=	3	(#服务总数)			
7						W=	0.014473684
8		$P_r(w>t)$=	0.02581732			W_q=	0.001973684
9		当t =	0.05				
10						ρ =	0.5
11		$P_{rob}(W_q>t)$ =	0.00058707				
12		当t =	0.05			n	P_n
13						0	0.210526316
14		经济分析：				1	0.315789474
15		C_s =	$20.00	(成本/服务员/单位时间)		2	0.236842105
16		C_w =	$48.00	(等待时间/单位时间)		3	0.118421053
17						4	0.059210526
18		服务成本	$60.00			5	0.029605263
19		等待成本	$83.37			6	0.014802632
20		总成本	$143.37			7	0.007401316

	B	C
18	服务成本	$=C_s^*s$
19	等待成本	$=C_w^*L$
20	总成本	=服务成本+等待成本

Range Name	Cell
服务成本	C18
等待成本	C19
C_s^*s	C15
C_wL	C16
L	G4
S	C6
总成本	C20

图 14.14　Acme 机械车间例子中用 Excel 模板对 $M/M/s$ 模型的服务员数选择进行经济分析，$s=3$

表14.5中显示了当$s=1$、2、3、4和5时用模板重复计算得到的总的结果。因为利用因子在$s=1$时为$\rho=1.5$,故一名管理员不可能应对所有顾客,这个方案被排除。所有$s>1$的方案均可行,但$s=3$时具有最小的期望总成本。而且$s=3$时,将比现有$s=2$的期望总成本每小时减少61美元。所以即使管理层倾向于降低管理成本(包括工具室管理员成本),运筹小组仍建议工具室增加一名管理员。因为这个建议将使管理员的利用因子从现有的0.75降低到0.5,可以在很大程度上提高机器的运行效率(比管理员的开支要大得多),减少在工具室等待的时间,管理层采纳了这个建议。

表14.5 Acme机械车间例子不同s下计算得到的$E(\mathrm{TC})$值

s	ρ	L	$E(\mathrm{SC})=C_s s$/美元	$E(\mathrm{WC})=C_w L$/美元	$E(\mathrm{TC})=E(\mathrm{SC})+E(\mathrm{WC})$/美元
1	1.50	∞	20	∞	∞
2	0.75	3.43	40	164.57	204.57
3	0.50	1.74	60	83.37	143.37
4	0.375	1.54	80	74.15	154.15
5	0.30	1.51	100	72.41	172.41

14.11 行为排队理论

本章介绍了行为排队理论领域最重要的一些模型。这些模型的分析往往是极具挑战性的,因此需要对现实运行的排队系统作出一些简化的假设。例如,通常假设每个客户服务时间的分布都是完全相同的。但是,在某些情况下,人工服务台和顾客的行为可能会与模型的假设产生一些细微的偏差。

排队论的一项重要的新进展是研究行为因素对排队系统性能的影响。现在的重点不是构建数学模型,而是着眼于识别排队系统中人工服务台和顾客的典型行为。例如,当人工服务台的当前工作负载增加(队列中有更多顾客)时,其工作速度是否趋于更快(服务率更高)?在具有多个服务台的排队系统中,某人工服务台是否会比其作为唯一服务台时工作得更慢(服务率更低)?在解决这些问题时,关键的工具是观察、实验和研究心理学文献。与其把人工服务台和顾客的行为简化得像编程机器人一样,不如直接使用人工服务台和顾客的实际典型行为来构建潜在的排队论模型,这样可以获得更为准确的绩效指标。追求这一目标的做法被称为**行为排队理论**(behavioral queueing theory)(或行为排队科学)。

有趣的是行为排队理论的提出与行为经济学在经济学领域的兴起有很多相似之处。在整个20世纪,经济理论的基础大部分是理性选择理论,它假设人类总是作出理性的决定。这一简化的假设使经济学发展出了一套精致的经典理论。然而,这一切都在世纪之交发生了变化。当时很多心理学家和经济学家认为这种假设过于不切实际,新的理论应考虑人类及其组织的现实典型行为。这直接导致了行为经济学这一学科的诞生。行为经济学研究心理、认知、情感、文化及社会因素对个人和组织经济决策的影响,以及这些决策与古典经济理论所给出的决策有何异同。这项工作使丹尼尔·卡尼曼(Daniel Kahneman,2002)、罗伯特·席勒(Robert Schiller,2013)和理查德·塞勒(Richard Thaler,2017)荣膺诺贝尔经济学奖。理查德·塞勒获奖的理由是,"对行为经济学的卓越贡献及开拓性工作,即证实人类违背经济学理论的行为是可预期和非理性的。”

行为经济学与行为排队理论的高度相似性委实令人震惊。事实上，参照理查德·塞勒的获奖引文，人工服务台和顾客的行为也是可预期且非理性的，这与排队论的经典模型假设明显相悖。尽管人工服务台将以舒适稳定的速度连续工作似乎很合理，但是参考文献 5 表明存在两种主要方式导致上述情形不会发生。一种方式是伴随着工作负荷的增加将导致服务效率提高。该文献引用了大量早期的研究成果，这些研究结果发现随着队列长度的增加人工服务台的服务效率有提高的倾向。当人工服务台的效率对管理人员或顾客更为直接可见时，上述倾向尤其明显。

第二种影响服务率的方式是社会懈怠导致的行为效应。本节的第二段提出了如下问题：在具有多个服务台的排队系统中，某人工服务台是否比它们作为唯一服务台时工作更迟缓(服务率更低)。参考文献 5 引用了包括心理学研究在内的多种研究成果。这些研究发现，上述现象是客观存在的。根本原因在于，“她意识到可能无法从自己的‘努力工作’中获得全部好处，这使员工付出的努力比她独自负责且完成一项任务时付出的努力要少”。这就是所谓的“社会懈怠效应”。

参考文献 5 评估了两种设计模式下多服务台排队系统的行为影响，并比较了两种模式下排队系统的运作性能。PQ 设计模式为单服务台多队列并行服务，每个服务台服务对象均为自己队列上的顾客(顾客选择加入哪个队列，有不同的策略)。SQ 设计模式为单队列多服务台合并服务。

PQ 设计模式与 SQ 设计模式的绩效比较是一件很有趣的事情。在排队论研究的文献中有一个广为人知的结论：如果对排队系统采用传统的共识假设，则多服务台合并服务模式总是优于单服务台并行服务模式。然而，参考文献 5 的计算结果表明，在纳入服务效率加速和社会懈怠的行为因素后，PQ 设计模式反而是优越的。

最近的其他研究为参考文献 5 的研究结论提供了进一步的支持。参考文献 14 也着重分析了排队设计对服务时间的行为影响。该研究考虑了两个新特性，即服务台容易看到队列长度所产生的行为影响和通过薪酬激励服务台提高性能的行为影响。参考文献 17 通过收集超市自然实验的现场数据，提供了队列结构对服务时间影响的经验证据，对上述两项研究进行了补充。研究发现，由于社会懈怠效应，该超市采用 PQ 设计模式的服务台竟然比采用 SQ 设计模式的服务台速度快 10%以上。最后，参考文献 1 对排队系统的行为基础进行了更为广泛的讨论。

有趣的是所有这四项研究均于 2018 年发表。我们或许可以预见这将是以后若干年行为排队论蓬勃发展的开端。例如，2019 年年初，著名的《运筹学》(*Operations Research*)杂志宣布，几年后可能为行为排队科学设立一个专刊。

14.12　结论

排队现象在社会各领域普遍存在，可显著地改善人类的生活质量和提高社会生产力。

排队论主要通过建立基于排队服务系统的数学模型来研究排队现象，根据模型得出的性能指标服务于应用实践。这种分析手段不仅可以为设计有效的排队服务系统提供重要的决策信息，而且可以在服务成本和等待成本之间实现适当的平衡。

本章介绍了排队理论最基本的模型,相关结论是尤为重要的。限于篇幅限制,不能涉及其他众多有趣的模型。值得指出的是,已经涌现了上千篇排队论构建和分析的研究论文,而且每年都有更多的论文发表。

在排队论中,指数分布被视作最为基础的一类分布,能够为时间间隔和服务时间进行数学刻画。一个原因在于,时间间隔分布常常服从这种分布,而对于服务时间分布来说指数分布也是最为合理的一个近似分布。另一个原因在于,基于指数分布的排队模型比其他模型更容易处理。例如,如果时间间隔和服务时间都服从指数分布,基于生死过程的排队模型可以获得更为广泛的研究结果。位相型分布(如 Erlang 分布)的总时间被分解为服从指数分布的多个独立位相,处理起来也比较容易。只有相对较少的、做了其他假设的排队模型得到了有用的分析结果。

具有优先级的排队论模型适用于部分类型的顾客优先于其他类型顾客的排队服务系统。

在一些常见的场合,顾客必须在几个不同的服务设施接受服务。排队网络模型在这种情况下得到了广泛的应用。这是一个非常有潜力的研究领域。

当没有容易处理的模型描述排队服务系统时,一种常见的方法是通过计算机程序建立仿真系统来获得相关的性能数据。

14.10 节简要介绍了如何使用排队论来帮助设计有效的排队系统。14.11 节介绍了行为排队理论,这是排队理论的一个新分支,通过考虑人类服务和顾客的实际典型行为来研究行为因素对排队系统性能的影响。

参考文献

1. Allon, G., and M. Kremer: "Behavioral Foundations of Queueing Systems," Chap. 9 in Leider, S., K. Donahue, and E Katoc (eds.), *The Handbook of Behavioral Operations*, Wiley, Hoboken, NJ, 2018.
2. Bhat, U. N.: *An Introduction to Queueing Theory: Models and Analysis in Applications*, 2nd ed., Birkhouser, Basel, Switzerland, 2015.
3. Boucherie, R. J., and N. M. van Dijk (eds.): *Queueing Networks: A Fundamental Approach*, *Springer*, New York, 2011.
4. Chen, H., and D. D. Yao: *Fundamentals of Queueing Networks: Performance, Asymptotics, and Optimization*, Springer, New York, 2001.
5. Do, H. T., M. Shunko, M. T. Lucas, and D. C. Novak: "Impact of Behavioral Factors on Performance of Multi-Server Queueing Systems," *Production and Operations Management*, 27(8): 1553-1573, August 2018.
6. El-Taha, M., and S. Stidham, Jr.: *Sample-Path Analysis of Queueing Systems*, Kluwer Academic Publishers (now Springer), Boston, 1998.
7. Gautam, N.: *Analysis of Queues: Methods and Applications*, CRC Press, Boca Raton, FL, 2012.
8. Shortle, J. L., J. F. Shortle, J. M. Thompson, D. Gross, and C. M. Harris: *Fundamentals of Queueing Theory*, 5th ed., Wiley, Hoboken, NJ, 2017.
9. Hall, R. W. (ed.): *Patient Flow: Reducing Delay in Healthcare Delivery*, 2nd ed., Springer, New York, 2013.
10. Haviv, M.: *Queues: A Course in Queueing Theory*, Springer, New York, 2013.

11. Hillier, F. S., and M. S. Hillier: *Introduction to Management Science: A Modeling and Case Studies Approach with Spreadsheets*, 6th ed., McGraw-Hill, New York, 2019, Chap. 11.
12. Kaczynski, W. H., L. M. Leemis, and J. H. Drew: "Transient Queueing Analysis," *INFORMS Journal on Computing*, 24(1): 10-28, Winter 2012.
13. Little, J. D. C.: "Little's Law as Viewed on Its 50th Anniversary," *Operations Research*, 59(3): 536-549, May-June 2011.
14. Shunko, M., J. Niederhoff, and Y. Rosokha: "Humans Are Not Machines: The Behavioral Impact of Queueing Design on Service Time," *Management Science*, 64(1): 453-473, January 2018.
15. Stidham, S., Jr.: "Analysis, Design, and Control of Queueing Systems," *Operations Research*, 50: 197-216, 2002.
16. Stidham, S., Jr.: *Optimal Design of Queueing Systems*, CRC Press, Boca Raton, FL, 2009.
17. Wang, J., and Y-P. Zhou: "Impact of Queue Configuration on Service Time: Evidence from a Supermarket," *Management Science*, 64(7): 3055-3075, May 2018.
18. Wu, K., S. Srivathsan, and Y. Shen: "Three-Moment Approximation for the Mean Queue Time of a GI/G/1 Queue," *IISE Transactions*, 50(2): 63-73, February 2018.

习题

一些习题(或其部分)序号左边的符号 T 的含义是建议使用本书网站中给出的 Excel 模板。

带星号的习题在书后至少给出了部分答案。

14.2-1* 考虑一家有代表性的理发店。通过对其要素的描述说明它是一个排队系统。

14.2-2* Newell 和 Jeff 是某理发店的两名理发员,除各自一把理发椅外还各为顾客提供两把等待用的椅子,故在该理发店内顾客数可为 0 到 4 人不等。对 $n=0,1,2,3,4$,表明恰好有 n 名顾客在店内的概率 P_n 为:$P_0=\frac{1}{16}, P_1=\frac{4}{16}, P_2=\frac{6}{16}, P_3=\frac{4}{16}, P_4=\frac{1}{16}$。

(a) 计算 L,并解释 L 对 Newell 和 Jeff 的含义;

(b) 对排队系统中每一个可能的顾客数,指出其在队列中的顾客数,计算 L_q,并说明 L_q 对 Newell 和 Jeff 的含义;

(c) 确定正在接受服务的顾客的期望数;

(d) 若每小时平均有 4 名顾客来理发,计算 W 和 W_q,说明这两个值对 Newell 和 Jeff 的含义;

(e) 若 Newell 和 Jeff 的理发速度相同,试给出他们平均理一个发所需的时间。

14.2-3 某夫妻店有一个相邻的小型停车场,停车场有 3 个车位,并专为来该店的顾客服务。在该店营业时间内,车辆以平均每小时 2 辆的速度到达,每辆占一个车位。对 $n=0,1,2,3$,恰好有 n 个车位被占用的概率 P_n 为:$P_0=0.2, P_1=0.3, P_2=0.3, P_3=0.2$。

(a) 说明如何用排队系统描述该停车场,指出该系统中的顾客与服务员、系统提供的服务内容、队伍的容量;

(b) 计算 L、L_q、W 和 W_q;

(c) 应用(b)中的结果确定一辆车在该停车场的平均停放时间。

14.2-4 对下面有关排队系统队列的叙述分别标记正确或错误,然后对照本章中的相关论述判断你的回答是否正确。

(a) 队列是指排队系统中一直到服务完毕为止的所有顾客;

(b) 排队模型通常假定队列中仅含有限数量的顾客;

(c) 最常用的排队规则是先到先服务。

14.2-5 Midtown银行经常有两名职员在岗,顾客到达要求服务的平均速度为每小时40人,每名职员服务一名顾客需要的时间平均为2分钟。当两名职员均忙碌时,到达的顾客排成一列等待服务。经验表明每名顾客得到服务前平均排队等待1分钟。

(a) 描述该排队系统;

(b) 对该系统计算 W_q、W、L_q 和 L(提示:题中未给出到达与服务时间的概率分布,需根据上述参数之间的关系找出答案)。

14.2-6 解释为什么在单个服务员的排队系统中,服务员的效用因子 $\rho=1-P_0$,这里 P_0 是系统中无顾客的概率。

14.2-7 有两个排队系统 Q_1 和 Q_2,无论是平均到达率、服务员忙碌时的平均服务率还是稳定状态时的顾客的期望数,Q_2 均为 Q_1 的两倍。令 W_i=系统 Q_i 在稳定状态下的顾客平均等待时间($i=1,2$),求 W_2/W_1。

14.2-8 考虑一个具有任意服务时间与任意顾客到达间隔时间分布的单个服务员的排队系统($GI/G/1$ 模型),利用基本的定义和在14.2节中给出的关系式证明:

(a) $L=L_q+(1-P_0)$;

(b) $L=L_q+\rho$;

(c) $P_0=1-\rho$。

14.2-9 应用 L 和 L_q 有关 P_n 的统计定义证明:$L=\sum_{n=0}^{s-1} nP_n+L_q+s\left(1-\sum_{n=0}^{s-1} P_n\right)$。

14.3-1 在下列每种情况下,辨认在排队系统中的顾客与服务员:

(a) 杂货店的收款台处;

(b) 消防站;

(c) 桥梁的收费口;

(d) 自行车修理铺;

(e) 渡船码头;

(f) 由一名操作者管理的一组半自动设备;

(g) 厂区的材料处理设备;

(h) 管件车间;

(i) 加工定制品的车间;

(j) 文秘打印室。

14.4-1 假设排队系统中有两名服务员,顾客到达间隔时间为平均2小时的负指数分布,每名服务员为顾客服务时间为平均2小时的负指数分布。有一名顾客恰好于中午12:00到达,试求:

(a) 下一名顾客将在下列时间到达的概率：(i)13：00 前，(ii)13：00 至 14：00 间，(iii)14：00 以后；

(b) 若 13：00 前无顾客到达，则下一名顾客在 13：00 至 14：00 间到达的概率。

(c) 13：00 至 14：00 间有如下数量顾客到达的概率：(i)0；(ii)1；(iii)≥2。

(d) 13：00 时两名服务员均正在为顾客服务，则在下列时间无顾客服务完毕的概率：(i)14：00 前，(ii)13：00 前，(iii)13：01 前。

14.4-2* 到达某专用机器等待加工的工件服从泊松分布，平均每小时 2 件。当机器损坏时需用 1 小时维修，求在这段时间内新工件为以下到达数的概率：(a)0；(b)2；(c)≥5。

14.4-3 某机械工修理一台机器所需时间为平均 4 小时的负指数分布。当使用某专用工具时，平均时间将缩减为 2 小时。若该机械工不到 2 小时维修完一台机器，将得到 100 元，否则只能得到 80 元。试求该机械工使用该专用工具后维修一台机器平均多得到的报酬。

14.4-4 一个有 3 名服务员的排队系统，能控制顾客到达时间以保证服务员连续忙碌，每名服务员的服务时间为平均值 0.5 的负指数分布。在时刻 $t=0$，3 名服务员开始为顾客服务时进行观察，注意到 $t=1$ 时第 1 名顾客服务完毕。根据这个信息，确定 $t=1$ 后下一名顾客服务完毕的期望时间。

14.4-5 有 3 名服务员的排队系统。服务员为顾客服务的时间均服从负指数分布，其平均时间分别为 20 分钟、15 分钟和 10 分钟。每名服务员都正在为顾客服务，且均服务了 5 分钟，求第一名顾客服务完毕尚需的平均时间。

14.4-6 某排队系统有两类顾客，第一类按泊松分布到达，平均每小时 5 人，第二类也按平均每小时 5 人的泊松分布到达。该系统有 2 名服务员，均可为任一类顾客服务，且服务时间均服从平均 10 分钟的负指数分布，服务规则为先到先服务。

(a) 任一类顾客到达间隔时间的概率分布及平均到达率；

(b) 当一个第二类顾客到达时，发现有两名第一类顾客正在接受服务，系统中无其他顾客，求该第二类顾客在该系统中排队等待时间的概率分布及平均等待时间。

14.4-7 一个有两名服务员的排队系统，为顾客服务的时间均服从平均 10 分钟的负指数分布，服务规则为先到先服务。当一名顾客到达时，两名服务员均忙碌且队伍中无顾客。

(a) 求该顾客在队伍中等待时间的概率分布及其平均值和标准偏差；

(b) 求该顾客在系统中停留时间的概率分布及其期望值和标准偏差；

(c) 若顾客从到达时起在队伍中已等了 5 分钟，根据该信息，则(b)中得到的顾客在系统中停留时间期望值和标准偏差的值有无变化？

14.4-8 对下列有关负指数分布服务时间的叙述，分别说明是正确还是错误，然后对照本章中的相关论述，判断你的回答是否正确。

(a) 服务时间的期望值和方差总是相等；

(b) 当每个顾客要求相同的服务操作时，负指数分布同实际服务时间的分布十分接近；

(c) 在一个有 s 个服务员的设施中($s>1$)，当恰好有 s 名顾客在系统中时，一名新到达顾客想得到服务需等待的期望时间为 $1/\mu$，这里 μ 是每名忙碌服务员的平均服务率。

14.4-9 根据负指数分布的性质3,令 $T_1, T_2, \cdots, T_n$ 分别为具有参数 $\alpha_1, \alpha_2, \cdots, \alpha_n$ 的独立的负指数分布的随机变量,令 $U = \text{Min}\{T_1, \cdots, T_n\}$,证明这 n 个随机变量中某一个 T_j 取最小值的概率 $P\{T_j = U\} = \alpha_j \Big/ \sum_{i=1}^{n} \alpha_i (j = 1, 2, \cdots, n)$。

$\left(提示:P\{T_j = U\} = \int_0^\infty P\{T_i > T_j, 对所有\ i \neq j \mid T_j = t\} \alpha_j e^{-\alpha_j t} dt\right)$

14.5-1 考虑下述生死过程,其中所有的 $\mu_n = 2(n = 1, 2, \cdots)$,$\lambda_0 = 3$,$\lambda_1 = 2$,$\lambda_2 = 1$,$\lambda_n = 0$ $(n = 3, 4, \cdots)$:

(a) 画出发生率图;

(b) 计算 P_0、P_1、P_2、P_3 和 $P_n (n = 4, 5, \cdots)$;

(c) 计算 L、L_q、W 和 W_q。

14.5-2 考虑一个只具有3个可达状态(0,1,2)的生死过程,其稳定状态的概率分别为 P_0、P_1 和 P_2,其出生率与死亡率如下表所示。

状 态	出生率	死亡率
0	1	—
1	1	2
2	0	2

(a) 画出该生死过程的发生率图;

(b) 写出状态平衡方程;

(c) 解平衡方程求出 P_0、P_1 和 P_2 的值;

(d) 应用生死过程的一般公式求 P_0、P_1 和 P_2,并计算 L、L_q、W 和 W_q。

14.5-3 考虑下述生死过程,出生率为 $\lambda_0 = 2$,$\lambda_1 = 3$,$\lambda_2 = 2$,$\lambda_3 = 1$ 和 $\lambda_n = 0$(当 $n > 3$ 时),死亡率为 $\mu_1 = 3$,$\mu_2 = 4$,$\mu_3 = 1$ 和 $\mu_n = 2$(当 $n > 4$ 时)。

(a) 画出该生死过程的发生率图;

(b) 写出状态平衡方程;

(c) 解平衡方程求出稳定状态下的概率 $P_0, P_1, \cdots$;

(d) 应用生死过程的一般公式求 $P_0, P_1, \cdots$,并计算 L、L_q、W 和 W_q。

14.5-4 考虑下述生死过程,其中所有的 $\lambda_n = 2(n = 0, 1, \cdots)$,$\mu_1 = 2$ 和 $\mu_n = 4(n \geqslant 2)$

(a) 画出发生率图;

(b) 计算 P_0 和 P_1,并给出 P_n 有关 P_0 的一般表达式($n \geqslant 2$);

(c) 若该过程的排队系统有两名服务员,给出该排队系统的平均到达率,以及当服务员忙碌时每名服务员的平均服务率。

14.5-5* 某个有一台泵的加油站,要加油的汽车按泊松分布到达,平均每小时15辆。当该泵正在加油时,则当站内有 n 辆汽车时,新到达的汽车将有 $n/3 (n = 1, 2, 3)$ 辆离开去其他加油站。每辆车的加油时间服从平均需时4分钟的负指数分布。

(a) 画出该排队系统的生死过程发生率图;

(b) 写出状态平衡方程；

(c) 求解状态平衡方程找出该加油站内平稳状态下汽车数的概率分布，证明其与生死过程一般公式的答案相同；

(d) 计算进入该站加油的汽车的平均停留(含服务)时间。

14.5-6 一名维修人员负责两台机器的正常运转。每台机器的故障服从负指数分布，平均每 10 小时一次，该维修人员用于一台机器的维修时间也服从负指数分布，平均一次需 8 小时。

(a) 定义系统状态，确定 λ_n 和 μ_n 的值，然后画出上述问题的生死过程发生率图；

(b) 计算 P_n；

(c) 计算 L、L_q、W 和 W_q；

(d) 确定该维修人员处于忙碌时所占的时间比例；

(e) 确定任何一台机器处于工作运转时的比例。

14.5-7 考虑一个单个服务员的排队系统，顾客到达平均间隔时间服从参数为 λ 的负指数分布，服务时间服从参数为 μ 的负指数分布。此外，当顾客排队时间太长时(假定顾客愿意等待时间服从不超过平均时间 $1/\theta$ 的负指数分布)，顾客将不等待服务而离去。

(a) 画出该排队系统的生死过程发生率图；

(b) 写出状态平衡方程。

14.5-8[*] 某小型杂货店有一个配有收银员的收银台，顾客按泊松分布过程随机到达，平均每小时 30 人。当收银台处只有一名顾客时，由该收银员单独处理，平均需时 1.5 分钟。当收银台处有多于一名顾客时，则有一名助手帮助收银员进行物品装袋，从而将服务时间缩短到 1 分钟。以上服务时间均服从负指数分布。

(a) 画出此排队系统的生死过程发生率图；

(b) 求稳定状态下该收银台处顾客数的概率分布；

(c) 求该系统的 L 值(提示：参考 14.6 节 $M/M/1$ 模型的 L 的推导)，并求 L_q、W 和 W_q。

14.5-9 某部门有一名文字处理操作员，该部门的文件按泊松分布送达文字处理操作员处，平均间隔时间为 20 分钟。当该操作员处仅有一份文件要处理时，平均处理时间为 15 分钟；当有多于一份文件需处理时，有一名助手帮助排版，使每份文件的处理时间缩短到 10 分钟。上述处理时间均服从负指数分布。

(a) 画出该排队系统的生死过程发生率图；

(b) 找出稳定状态下操作员处收到但未处理及未处理完的文件数的概率分布；

(c) 求该系统的 L 值(提示：参考 14.6 节 $M/M/1$ 模型的 L 的推导)，并求 L_q、W 和 W_q。

14.5.10 顾客按泊松分布到达某排队系统，平均每分钟 2 人，对顾客的服务服从平均需时 1 分钟的负指数分布。设该系统中有无限多的服务员，所以当顾客到达时均能立即得到服务而不需要等待。计算稳定状态下系统中恰好有 1 名顾客的概率。

14.5.11 设有一名服务员的排队系统,除了顾客成对到达外,其余均满足生死过程的条件。设顾客每小时平均到达 2 对(即每小时 4 人),服务员对顾客的服务率为平均每小时 5 人。

(a) 画出该排队系统的生死过程发生率图;

(b) 写出状态平衡方程式;

(c) 作为比较,画出当顾客逐个到达时,上述排队系统的生死过程发生率图(若顾客逐个到达,平均每小时 4 人)。

14.5.12 考虑一个单服务员的排队系统,系统中除正接受服务的顾客外最多还能容纳 2 名顾客。服务员可以同时为两名顾客服务,而且不管是为 1 名还是 2 名顾客服务,服务时间均服从平均 1 个单位的负指数分布。只要系统中顾客未满员,到达的顾客将按平均单位时间 1 人的泊松分布逐个进入。

(a) 假定服务员必须同时为两名顾客服务,即当服务员空闲而系统内只有一名顾客时,必须等另一名顾客进入后才开始一起服务。通过定义状态将该排队模型归结为连续时间的马尔可夫链,然后画出生死过程发生率图,写出状态平衡方程,但不需进一步求解。

(b) 若假定服务员结束服务而系统中有 2 名顾客时,服务员同时为 2 名顾客服务。而当服务员空闲时若系统中只有一名顾客时,服务员需为这名顾客单独服务,并且随后到达的顾客一定要等到该顾客服务完毕才能得到服务。通过定义状态将该排队模型归结为连续时间的马尔可夫链,然后画出生死过程发生率图,写出状态平衡方程,但不需进一步求解。

14.5.13 考虑一个有两个类别顾客的排队系统,有两名职员提供服务,不允许排队。各类顾客的到达服从泊松分布,第一类顾客平均每小时 10 人,第二类顾客平均每小时 5 人,但到达的顾客如不能立即接受服务将离去。

当一名第一类顾客到达时,可由两名职员中空闲的任一名为其服务,服务时间服从平均 5 分钟的负指数分布。当一名第二类顾客进入时,要求两名职员同时为其服务(两名职员联合起来工作),其服务时间服从平均 5 分钟的负指数分布。一名第二类顾客到达时除非两名职员均空闲立即为其服务,否则将离去。

(a) 通过定义状态将该排队系统建立为连续时间的马尔可夫链并画出发生率图;

(b) 说明如何将(a)中建立的模式拟合成生死过程模式;

(c) 应用生死过程的结果计算系统中每类顾客数稳定状态下的联合分布;

(d) 对两类顾客中的每一类,分别计算预期到达时未能进入系统的顾客所占的比例。

14.6-1 阅读 14.6 节应用案例(案例的参考文献中充分描述了 KeyCorp 的运筹学研究应用)。扼要描述在该研究中排队论的应用,并列出由该研究带来的财务与非财务收益。

14.6-2* 4M 公司有一个加工中心。工件到达该加工中心服从泊松分布。因为工件体积大,因此并非正在加工的工件被存放在离加工中心一定距离的室内。为了节省转运时间,生产经理建议紧靠加工中心添加一个可存放 3 个工件的储存空间(不包括正在被加工的工件,超过上述数字的工件仍将被放置在有一定距离的储存室内)。按此建议等待加工的工件有多少时间能被储存在靠近加工中心的空间内？

(a) 用适当的公式计算得出答案；

(b) 用 Excel 模板来得出答案。

14.6-3　顾客按平均每小时 10 人的泊松分布来到一个单服务员的排队系统。当服务员连续工作时，能服务的顾客数服从平均每小时 15 人的泊松分布。试确定无顾客等待服务的时间所占的比例。

14.6-4　考虑一个 $M/M/1$ 模型，$\lambda<\mu$。

(a) 确定稳定状态下顾客在系统中的实际等待时间超过期望等待时间的概率，即 $P\{\omega>W\}$；

(b) 确定稳定状态下顾客的实际排队时间超过期望排队时间的概率，即 $P\{\omega_q>W_q\}$。

14.6-5　对 $M/M/1$ 的排队系统证明下列关系式成立：

$$\lambda=\frac{(1-P_0)^2}{W_qP_0},\quad \mu=\frac{1-P_0}{W_qP_0}$$

14.6-6　要确定一个新工厂的某加工中心应分配多大的工序间的储存面积。设到达该加工中心的工件服从每小时 3 件的泊松分布，处理每个工件的时间服从平均 0.25 小时的负指数分布。当等待加工工件所需面积超出分配的数字时，多出的工件将暂时放在一个稍不方便的场所。假定每个工件需占用 $1m^2$ 的储存面积，则下列情况下各应为等待工件提供多大面积才能保证在加工中心旁储存：(a) 50% 的时间；(b) 90% 的时间；(c) 99% 的时间。对上述三种情况先推导一个解析表达式。提示：几何级数之和为 $\sum_{n=0}^{N}x^n=\frac{1-x^{N+1}}{1-x}$。

14.6-7　对 $M/M/1$ 排队系统及其效用因子 ρ，判断下面的叙述是否正确：

(a) 一个顾客在得到服务前的等待时间的概率与 ρ 成比例；

(b) 系统中的顾客的期望数与 ρ 成比例；

(c) ρ 从 0.9 增加到 0.99，直至 $\rho<1$ 的范围内其继续增大对 L、L_q、W 和 W_q 的影响相对较小。

14.6-8　顾客按泊松分布到达单服务员的排队系统，平均到达的间隔时间为 25 分钟，服务时间服从平均 30 分钟的负指数分布。判断下列叙述是否正确：

(a) 从第一名顾客到达起，服务员将永远处于忙碌状态；

(b) 队伍将无限延长；

(c) 设系统中增加一名服从相同服务时间分布的服务员，则系统将能达到稳定状态。

14.6-9　对 $M/M/1$ 的排队系统，判断下列叙述是否正确，然后找出本章中的相关叙述，验证你的回答是否正确。

(a) 系统中顾客的等待时间服从负指数分布；

(b) 队伍中顾客的等待时间服从负指数分布；

(c) 在给出系统中已有顾客数的条件下，顾客在系统中的停留或等待时间服从 Erlang (gamma) 分布。

14.6-10 友邻杂货店有一个只有一名收银员的收银台。顾客随机到达收银台,平均每小时30人,服务时间服从平均1.5分钟的负指数分布。由于有时候队伍太长引起顾客的抱怨,又因为没有面积设置第2个收银台,故该店经理考虑雇用一名助手帮收银员装袋,使服务时间缩减至服从平均1分钟的负指数分布。

该经理希望有2名以上的顾客在收银台前的时间比例低于25%,她还希望不超过5%的顾客排队等待服务时间超过5分钟,或从排队到服务完毕的时间不超过7分钟。

(a) 用$M/M/1$模型的公式计算无助手时的L、W、W_q、L_q、P_0、P_1和P_2,以及收银台前多于2名顾客的概率;

T(b) 应用Excel验证(a)中的结果,并计算排队时间超过5分钟和等待加服务时间超过7分钟的概率;

(c) 在增加助手的情况下重做(a);

(d) 增加助手时重做(b);

(e) 经理采用哪种方法,能比较接近地满足她希望的准则?

T **14.6-11** Centerville国际机场有两条跑道,通常一条用于起飞一条用于降落。降落该机场的飞机服从每小时10架的泊松分布。一架飞机降落包括清出跑道的时间服从平均3分钟的负指数分布,等待降落的飞机将在机场上空盘旋。

航空管理部门有若干条保障拥堵情况下飞机安全降落的准则,这些准则同机场条件(如可用于降落的跑道数等)有关。对Centerville机场,这些准则为:①等待降落的飞机数量平均不超过1架;②在95%的时间内等待降落的飞机数量不超过4架;③等待降落的飞机在机场上空盘旋时间有99%不超过30分钟(因为超过这个时间通常在燃油耗尽前要将飞机调度到其他机场紧急降落)。

(a) 评价现实中这些准则的满足程度。

(b) 一个大的航空公司拟进入该机场,将其作为中转枢纽站,由此飞机的到达率将增至每小时15架。据此再评价上述准则的满足程度。

(c) 为了吸引更多的业务[如(b)中的情况],机场管理部门考虑增加一条用于降落的跑道。据估计这可以使每小时降落的飞机数达到25架。试评价这种情况下上述准则的满足程度。

T **14.6-12** Security & Trust银行雇用4名职员为顾客服务。顾客按平均每分钟2名的泊松分布到达,并按先到先服务规则得到服务。但随着业务的增长,估计一年后顾客到达数将达到每分钟3名。职员为顾客完成服务的时间服从平均需时1分钟的负指数分布。

经理确定以下几点作为服务顾客满意度的指导原则:①队伍中等待的顾客数平均不超过1名;②至少在95%的时间内队伍中的顾客数不超过5人;③至少95%的顾客的排队时间不超过5分钟。

(a) 利用$M/M/s$模型检验现实中上述三条准则的满足程度;

(b) 分析一年后职员数不变时上述三条准则的满足程度;

(c) 确定为完全满足上述三条准则一年后需要多少职员。

14.6-13 考虑 $M/M/s$ 的排队模型：

T (a) 仅有一名服务员且期望的服务时间恰好为1分钟，对平均每分钟到达率为0.5、0.9和0.99的情况分别计算并比较 L 的值。同样计算并比较 L_q、W_q、W 和 $P\{w>5\}$。据此就利用因子 ρ 从较小的值(如 $\rho=0.5$)增加到较大的值(如 $\rho=0.9$)，再到更大的接近1的值(如 $\rho=0.99$)时，对排队系统各个参数的影响得出你的结论。

(b) 假如有两名服务员其期望服务时间恰好为2分钟，重做(a)中的计算并进行比较。

T **14.6-14** 一个 $M/M/s$ 的排队系统，顾客平均到达率为每小时10人，平均服务时间为5分钟。应用Excel模板得到并打印采取不同措施的结果(分别对 $t=10$ 和 $t=0$ 两种等待时间的概率)，其服务员数分别为1人、2人、3人、4人和5人。然后应用打印的结果确定对应不同的服务员数以下各项准则的满足程度(设时间单位为1分钟)，并应用打印的结果确定满足每一项准则各需多少名服务员。

(a) $L_q \leqslant 0.25$；

(b) $L \leqslant 0.9$；

(c) $W_q \leqslant 0.1$；

(d) $W \leqslant 6$；

(e) $P\{w_q>0\} \leqslant 0.01$；

(f) $P\{w>10\} \leqslant 0.2$；

(g) $\sum_{n=0}^{S} P_n \geqslant 0.95$。

14.6-15 一个仅有一台输油泵的加油站制定了下列政策：当顾客需要等待时售价为每加仑3.5美元，当顾客不需等待时，售价为每加仑4美元。顾客按泊松分布到达，平均每小时20人。服务时间服从平均2分钟的负指数分布。到达的顾客经常需要排队加油。求该加油站售出的每加仑汽油的期望价格。

14.6-16 一个 $M/M/1$ 排队系统的平均输入率为 λ，平均服务率为 μ。一名顾客到达时当系统中已有 n 名顾客时，将得到 n 元。试计算每名顾客期望得到的钱数。

14.6-17 14.6节中给出如下 $M/M/1$ 模型的公式：

(1) $P\{w>t\}=\sum_{n=0}^{\infty} P_n P\{S_{n+1}>t\}$

(2) $P\{w>t\}=\mathrm{e}^{-\mu(1-\rho)t}$

试写出如何从公式(1)推导出公式(2)(提示：应用微分、代数和积分)。

14.6-18 仿照写出问题14.6-17的公式(1)并直接推导 W_q 的表达式(提示：利用给出一个顾客到达时系统中已有 n 名顾客的期望等待时间)。

(a) $M/M/1$ 模型；

(b) $M/M/s$ 模型。

T **14.6-19** 有一个 $M/M/2$ 的排队系统，$\lambda=4$ 和 $\mu=3$。确定当服务结束时系统中无顾客等待的平均发生率。

T **14.6-20** 给定一个$\lambda=4$/小时和$\mu=6$/小时的$M/M/2$的排队系统,确定当至少有两名顾客在系统中时一名新到达顾客排队时间超过30分钟的概率。

14.6-21[*] Blue Chip寿险公司与某投资产品存取有关的工作分别由Clara和Clarence完成。负责存单据的Clara窗口收到的单据服从平均到达率为每小时16的泊松分布;负责取单据的Clarence窗口收到的单据服从平均到达率为每小时14的泊松分布。无论处理存或取的工作,均服从平均需时3分钟的负指数分布。为了减少存取单据的等待时间,有关部门提出了下列建议:①培训这两名职员,使其均熟悉存取业务;②让办理单据存取业务的顾客排成一个队伍,由两名职员统一办理。

(a) 按现有工作情况分别计算办理单据存和取业务的顾客在系统中的等待时间,然后办理结合计算结果求出办理存或取业务的顾客随机到达时的期望等待时间;

T(b) 假定上述建议被采纳,试计算办理单据存取业务的顾客在系统中的停留时间;

T(c) 假定采用上述建议后将会略微延长单据的期望处理时间,试利用Excel模板对$M/M/s$系统测算处理时间延长时(在0.01小时范围内)引起办理单据存取业务的顾客期望等待时间的变化。

14.6-22 某软件公司刚成立了一个电话应答中心为新发行的软件提供技术支持。有两名技术人员负责回答问题。两名技术人员回答问题的时间均服从平均8分钟的负指数分布,电话的到达率服从平均每小时10次的泊松分布。

到下一年,电话的到达率预期将减少到每小时5次,所以计划将负责回答问题的技术人员减少为一人。

T(a) 假定下一年服务率仍为每小时7.5个电话,试分别针对本年度和下一年度计算L、L_q、W和W_q,并对两个年度的这4项指标进行比较。哪一年的值较小?

(b) 假定当技术人员减少为一人时,服务率的μ值可以调节。试确定μ值为多大时,调整后系统的W值与现时相同。

(c) 用W_q取代W,重做(b)。

14.6-23 考虑一个一般的$M/M/1$模型,其服务员开始为顾客服务时需要有一段适应时间。若一名顾客在服务员空闲时到达,其服务时间服从参数为μ_1的负指数分布;若顾客到达时服务员正处于忙碌状态,顾客将排队等待,其服务时间服从参数为μ_2的负指数分布。$\mu_1<\mu_2$。顾客按参数为λ的泊松分布到达。

(a) 通过定义状态,建立一个仅含负指数分布的模型,并画出发生率图。

(b) 建立状态平衡方程。

(c) 假定给出μ_1、μ_2和λ的值,并且$\lambda<\mu_2$(存在稳定状态)。因模型中状态数无限,所以稳定状态的分布是由无限状态平衡方程(包括全部状态的概率和为1)得出的。假定你无法依靠分析得出解,只能用计算机求解模型。再假定用计算机也不可能求解一个无限数的方程组,请简要描述如何利用这些方程得到一个近似的解,并且这个解基本上是正确的。

(d) 已知稳定状态分布的情况下,给出计算L、L_q、W和W_q的清晰的表达式。

(e) 已知稳定状态分布的情况下,给出类似习题14.6-17中方程(1)的$P\{w>t\}$的表达式。

14.6-24 对下列每类模型写出状态平衡方程，并表明其满足 14.6 节稳定状态下系统中顾客数的解。

(a) $M/M/1$ 模型；

(b) $M/M/1$ 模型，具有有限队长 $K=2$；

(c) $M/M/1$ 模型，具有有限的顾客源 $N=2$。

T **14.6-25** 考虑一个有三条线路的电话系统，呼叫按泊松分布到达，平均每小时 6 次。每次通话的持续时间服从平均 15 分钟的负指数分布。假如所有线路均忙碌，呼叫将置于待机状态，直到一条线路空出来为止。

(a) 应用 Excel 模板求解该排队系统的等待时间分别为 $t=1$ 和 $t=0$ 时的概率。

(b) 利用打印出来的 $P\{W_q>0\}$ 的结果，确认一个呼叫能立即得到通话（而不是置于待机状态）的稳定状态的概率，然后利用打印的 P_n 的结果证明。

(c) 利用打印的结果确认被置于待机状态的呼叫数的稳定状态下的概率分布。

(d) 假定当所有线路均忙碌时新的呼叫将断线，打印这种情况下的结果。应用这些结果确定一个呼叫断线的稳定状态下的概率。

14.6-26* Janet 计划开一家小型洗车店并确定设多少个等待车位。她估计顾客到达服从平均 4 分钟一辆的泊松分布，除非有足够的等待车位，否则新到的顾客将去别处洗车。洗一辆车所需时间服从平均 3 分钟的负指数分布。比较下列情况下离去顾客占全部顾客的比例：(a)0 个车位（不包括正在被清洗的车辆）；(b)2 个车位；(c)4 个车位。

14.6-27 考虑有限队长的 $M/M/s$ 模型，试推导 14.6 节中有关本模型 L_q 的表达式。

14.6-28 对有限队长的 $M/M/1$ 模型，对以下概率建立类似习题 14.6-17 中方程(1)的表达式：

(a) $P\{w>t\}$；

(b) $P\{w_q>t\}$。

[提示：只有当系统未满员时才能有到达者，所以一名到达者发现系统中已有 n 名顾客的概率为 $P_n/(1-P_k)$]

14.6-29 George 计划在繁华的商业区开一家只设一个服务窗口的免下车照片洗扩亭，每月计划营业 200 小时。每月租借经停车道的费用为每辆车长 200 美元。George 需要决定租借经停车道的车长数。

扣除经停车道的租借费用后，George 确信他每服务一名顾客可净赚 4 美元。他还预测顾客的到达服从平均每小时 20 人的泊松分布，为一名顾客的服务时间服从平均 2 分钟的负指数分布。当顾客到达时若经停车道已满员，其中一半将离去，而另一半则会等有空位时再进入。

T(a) 对经停车道长度分别为 2 个、3 个、4 个和 5 个车长时计算 L 值及离去顾客的比例；

(b) 根据(a)中情况由 L 计算 W；

(c) 应用(a)中的结果计算车长数由 2 个到 3 个，由 3 个到 4 个和由 4 个到 5 个时，顾客离去率的减少值，再对上述三种情况计算每小时期望利润的增加值（不包括车道租

金);

(d) 比较租金和期望利润的增加值,对 George 应租借多少车长的车道得出你的结论。

14.6-30 在 Forrester 制造公司,一名修理工负责 3 台机器的维护,每台机器两次维修之间的工作时间服从平均 9 小时的负指数分布,每次修理时间服从平均 2 小时的负指数分布。

(a) 该系统适用哪一类排队模型?

T(b) 应用该模型找出未运行机器数的概率分布及该分布的平均值。

(c) 应用该平均值计算一台机器从出现故障到维修结束的期望时间;

(d) 该修理工用于维修机器的忙碌时间的比例;

T(e) 作为一个粗略的近似,假设顾客源无限,而机器故障平均每 9 小时发生 3 次,对以下两种模型——$M/M/s$ 模型和 $M/M/s$ 且 $K=3$ 的有限排队模型进行计算并与(b)的结果进行比较;

T(f) 设系统中增加第 2 名修理工,重做(b)。

14.6-31 重新考虑习题 14.5-1 中描述的生死过程。

(a) 确认 14.6 节的排队模型(及其参数值)也适用于生死过程描述;

T(b) 应用 Excel 模板得到习题 14.5-1(b)、(c)中的结果。

T **14.6-32*** Dolomite 公司为一家新的工厂编制计划。一个部门被分配 12 台半自动机器,并拟雇用少量操作工从事必要的维护工作。现需要决定以什么方式将这些操作工组织起来完成维护工作:方案一是分配操作工维护各自分管的机器;方案二是操作工联合起来维护所有机器,任何操作工一有空就可以维护任何有需要的机器;方案三是操作工联合成一个组,共同负责需要维护的机器。

每台机器从维护完毕到下一次需要维护之间的运行时间服从平均 150 分钟的负指数分布,维护时间服从负指数分布,对方案一和方案二均为平均需时 15 分钟,对方案三为 15 分钟除以操作工数。该部门为了保证一定的生产效率,要求设备运行时间平均达到 89%。

(a) 对方案一,至少一名操作工最多维护多少台机器才能达到要求的生产效率?这时操作工的利用率是多少?

(b) 对方案二,至少需多少名操作工才能达到要求的生产效率?这时操作工的利用率是多少?

(c) 对方案三,小组中至少应有多少名操作工才能达到规定的生产效率?这时小组的利用率是多少?

14.6-33 某车间有三台相同的设备,其故障类型也一样,故机器由一个维修系统进行维修。每次维修服从平均需时 30 分钟的负指数分布,但约有 $\frac{1}{3}$ 的概率,维修工作需要返工一次(所需时间服从参数相同的负指数分布),才能使设备达到满意的工作状态。维修系统一次只能维修一台设备,并按先到先服务规则进行。一台设备在两次维修之间的间隔时间服从平均 3 小时的负指数分布。

(a) 如何定义系统的状态将此排队模型归结为连续的马尔可夫链?(提示:对一台故

障设备的第一次维修，可以将维修结束与维修未结束看作两个独立的事件，然后利用负指数分布的性质6。）

(b) 画出生死过程发生率图。

(c) 建立状态平衡方程。

14.7-1* 考虑 $M/G/1$ 的模型：

(a) 服务时间的分布为(i)负指数分布，(ii)常数，(iii)方差介于常数与负指数分布之间的 Erlang 分布三种情况时，比较顾客在队伍中的平均排队时间；

(b) 当 λ 和 μ 值均增大一倍时，对顾客在队伍中的平均队长有什么影响？

14.7-2 考虑 $\lambda=0.2$ 和 $\mu=0.25$ 的 $M/G/1$ 模型：

T(a) 对该模型应用 Excel 模板（或手工计算）分别计算 σ 为 4、3、2、1 和 0 时主要参数 L、L_q、W、W_q 的值。

(b) 计算 $\sigma=4$ 和 $\sigma=0$ 时 L_q 的比例。能否以此说明缩小服务时间方差的重要性？

(c) 分别计算 σ 值从 4 到 3，从 3 到 2，从 2 到 1 及从 1 到 0 时 L_q 值的减小量。何者为最大，何者为最小？

(d) 应用 Excel 模板近似试算，当 $\sigma=4$ 时 μ 为多大，能得到与 $\sigma=0$，$\mu=0.25$ 时同样大小的 L_q 值。

14.7-3 $M/G/1$ 排队系统中，σ^2 是服务时间的方差。判断下列叙述是否正确，并给出判断的依据。

(a) 增大 σ^2（λ 和 μ 值不变），将增大 L_q 和 L，但 W_q 和 W 值将不变；

(b) 在乌龟（较小的 μ 和 σ^2）和兔子（较大的 μ 和 σ^2）间选择时，乌龟总是在具有较小的 L_q 上得胜；

(c) 当 λ 和 μ 值不变时，负指数分布服务时间是 L_q 的值为常数服务时间时的两倍。

(d) 在所有可能的服务时间分布中（当 λ 和 μ 值不变时），负指数分布得到最大的 L_q 值。

14.7-4 Marsha 经营一个饮料亭，顾客到达服从平均每小时 30 人的泊松分布。Marsha 服务一名顾客的时间服从平均需时 75 秒的负指数分布。

(a) 应用 $M/G/1$ 模型计算 L、L_q、W、W_q 的值；

(b) 假设 Marsha 的工作改由一台快速自动售货机完成，它对每名顾客的服务时间刚好为 75 秒，重新计算 L、L_q、W、W_q 的值；

(c) 求(b)和(a)中 L_q 值的比例；

T(d) 对 $M/G/1$ 模型应用 Excel 模板来近似计算 Marsa 的服务时间应减少到何值时，才能得到与应用快速售货机相同的 L_q 值。

14.7-5 Antonio 开了一家由他独立经营的修鞋店。来修鞋的顾客按平均每小时 1 人的泊松分布到达。Antonio 每修一只鞋服从平均需时 15 分钟的负指数分布。

(a) 以一只鞋（不是一双）作为顾客对此排队系统建模，画出生死过程发生率图并建立状态平衡方程；

(b) 再以一双鞋作为顾客对此排队系统建模；

(c) 计算店内有多少双鞋的期望数;

(d) 计算顾客从携一双鞋到店直到修理完取走鞋之间在店内的停留时间;

T(e) 应用 Excel 模板检验(c)、(d)中的答案。

14.7-6* Friendly Skies 航空公司维修基地有一台只能同时检测一台飞机发动机的设备。为了不影响飞机航行,一种策略是每次只检测每架飞机上 4 台发动机中的 1 台。按此策略飞机的到达服从平均每天一次的泊松分布,而每次检测时间服从平均$\frac{1}{2}$天的负指数分布。另一种策略是每架飞机到达时依次检测所有 4 台发动机,虽然平均检测时间要增加 4 倍,但飞机的平均到达率只是上述策略的$\frac{1}{4}$。

管理者需要决定到底采用哪一种策略,使检测造成的整个机组每天飞行时间的损失最小。

(a) 通过一架飞机来到维修基地的平均飞行时间损失比较上述两种策略;

(b) 通过在维修基地的平均飞机数比较上述两种策略;

(c) 对于管理者来说采用哪一种策略更合算?请解释。

14.7-7 重新考虑习题 14.7-6。管理者已采纳了相应的建议,但决定进一步研究这个新的排队系统。

(a) 如何定义系统的状态,将其作为连续时间的马尔可夫链来建立排队系统模型?

(b) 画出相应的发生率图。

14.7-8 McAllister 公司的工厂制造区有两个工具库,每个库有一名职员。其中一个库只保管重型设备的工具,另一个库保管所有的其他工具。对每个库,来领取工具的到达数为每小时 24 起,期望对每起的服务时间为 2 分钟。

由于人们抱怨领取工具的等待时间太长,有人建议将两个库合并,每个库内保管所有工具。合并后到达工具库的数字为每小时 48 起,对每起的期望服务时间仍为 2 分钟。但由于对到达与服务时间的概率分布的信息不确切,所以不清楚上述系统用哪一种排队模型描述最为合适。

试应用图 14.6、图 14.8、图 14.10 和图 14.11(当适用 Erlang 分布时取 $k=2$),分别计算领取工具者总期望数及期望停留时间。

14.7-9* 考虑一个具有泊松输入,Erlang 服务时间且具有有限队长的单个服务员的排队系统。假定 $k=2$,平均到达率为每小时 2 人,平均服务时间为 0.25 小时,系统中最多容纳的顾客数为 2。该系统通过将服务时间划分成两个阶段,每阶段均服从平均 0.125 小时的负指数分布。然后定义系统的状态为(n,p),其中 n 为系统中的顾客数($n=0,1,2$),p 为正接受服务的顾客所处的阶段($p=0,1,2$,这里 $p=0$ 表示并未在接受服务的顾客),从而构建为连续时间的马尔可夫链。

(a) 画出相应的发生率图,写出平衡方程,求解该马尔可夫链稳定状态下的状态分布;

(b) 应用(a)中得到的稳定状态的分布来找出稳定状态下系统中顾客数的分布(P_0,P_1,P_2)和顾客的期望数(L)。

(c) 将(b)中得到的结果与服务时间服从负指数分布的情形进行比较。

14.7-10 考虑一个 $\lambda=4$ 和 $\mu=5$ 的 $E_2/M/1$ 模型。该模型可以构建成连续时间的马尔可夫链，方法是通过将到达间隔时间划分为两个阶段，每个阶段服从平均值 $\frac{1}{2\lambda}=0.125$ 的负指数分布。定义系统状态为 (n,p)，其中 n 为系统中顾客数 $(n=0,1,2,\cdots)$，p 为（尚未在系统中的）下一名到达者所处的阶段 $(p=1,2)$。

对该模型建立发生率图，但不用进一步求解。

14.7-11 某公司有一名修理技工负责保证一批机器的正常运转。每台机器的故障服从泊松分布，平均每小时一次。发生故障时，有 0.9 的概率为小修，修理时间服从平均 $\frac{1}{2}$ 小时的负指数分布，其他情况下为大修，修理时间服从平均 5 小时的负指数分布。因为两种条件分布均为负指数分布，其修理时间的非条件（联合）分布为超指数分布。

(a) 计算这个超指数分布的平均值与标准偏差[提示：应用概率论中的关系式，对随机变量 X 及一对互斥事件 E_1 和 E_2，$E(X)=E(X|E_1)P(E_1)+E(X|E_2)P(E_2)$，$\text{Var}(X)=E(X^2)-E(X)^2$]。将该标准偏差与具有相同平均值的负指数分布的标准偏差进行比较。

(b) 求该排队系统的 P_0，L_q，L，W_q 和 W。

(c) 分别给出一台机器处于大修和小修情况下的 W 的条件值及两种修理情况下 L 值的差（提示：Little 公式仍适用于不同类型的机器）。

(d) 如何定义系统的状态，将该排队系统构建为连续时间的马尔可夫链（提示：除了故障的机器数，每一类的下一个事件发生前的剩余时间的条件分布均为负指数分布，考虑还需要哪些附加信息）。

(e) 画出相应的发生率图。

14.7-12 考虑有限队长的 $M/G/1$ 模型，其中 K 为允许在系统中的顾客的最大数。对 $n=1,2,\cdots$，令随机变量 X_n 为时刻 t_n 当第 n 个顾客刚好结束服务时，系统中的顾客数（不计离去的顾客），时刻 $\{t_1,t_2,\cdots\}$ 称为再生点。进一步，$\{X_n\}(n=1,2,\cdots)$ 是离散时间的马尔可夫链，称为嵌入马尔可夫链。嵌入马尔可夫链通常用于研究连续时间随机过程，如 $M/G/1$ 模型的性质。

现考虑 $K=4$，对每名顾客的服务时间为常数（10 分钟），平均到达率为每 50 分钟 1 人的特例。因此，$\{X_n\}$ 是一个具有状态 0、1、2、3 的嵌入马尔可夫链（因为系统中顾客数不大于 4，在再生点永远不会大于 3）。因为系统只在顾客依次离开时观察，X_n 只有在大于 1 时才能减少，进而使 X_n 增大的转移概率直接由泊松分布得到。

(a) 对嵌入马尔可夫链找出其一步转移矩阵（提示：为了寻找从状态 3 到状态 3 的转移概率，应用有 1 名以上而不是恰好 1 名顾客到达的概率，类似地可找出从其他状态转移到状态 3 的概率）；

(b) 应用 IOR Tutorial 中马尔可夫链部分找出在再生点系统中顾客数的稳定状态的概率；

(c) 计算在再生点系统中顾客的期望数，并与按 14.7 节 $M/D/1$ 模型（当 $K=\infty$）得出的 L 值进行比较。

14.8-1* 东南航空公司是一家主要为佛罗里达州内通勤人员服务的小型航空公司。在某个机场的售票工作由一名员工负责。买票的乘客分列两队：一队为头等舱乘客，另一队为经济舱乘客。售票人员开始售下一张票时，只有头等舱旅客队伍中无人时才为经济舱乘客服务。对两类乘客的服务时间均服从平均3分钟的负指数分布。在售票处每天12小时的营业时间内，乘客随机到达，头等舱乘客平均每小时2人，经济舱乘客平均每小时10人。

(a) 说明应该用什么排队模型拟合该排队系统；

T(b) 找出两类乘客的主要运行参数——L、L_q、W 和 W_q；

(c) 计算头等舱乘客在队伍中等待时间与经济舱乘客在队伍中等待时间的比例；

(d) 计算该售票处每天繁忙的小时数。

T **14.8-2** 考虑14.8节中不需要让位的具有优先级的排队模型。假定系统中有两个级别的顾客，$\lambda_1=2$，$\lambda_2=3$。为了设计这类系统，有两个方案可供选择：①聘用一名效率高的服务员($\mu=6$)；②聘用两名效率较低的服务员($\mu=3$)。

对两个级别的顾客通过比较4个主要参数(W,L,W_q,L_q)评价上述两个方案。如果优先考虑的是第一级别顾客在系统内停留时间(W_1)尽可能短，应选择哪个方案？如果优先考虑的是第一级别顾客在队伍中等待时间尽可能短，应选择哪个方案？

14.8-3 考虑14.8节中不需要让位的具有优先级的排队系统。假定该系统中有三个级别的顾客，$\lambda_1=1$，$\lambda_2=1$ 和 $\lambda_3=1$。对三个级别的顾客的期望服务时间分别为0.4、0.3和0.2，所以 $\mu_1=2.5$、$\mu_2=3\frac{1}{3}$、$\mu_3=5$。

(a) 计算 W_1、W_2 和 W_3。

(b) 应用14.8节中上述模型的一般模型重做(a)中的近似计算，在一般模型中假定对不同级别的顾客，应用相同的期望服务时间0.3，即 $\mu_2=3\frac{1}{3}$。将计算结果与(a)的结果进行比较，并评价上述服务时间相同的假设对计算结果近似程度的影响。

T **14.8-4*** 车间内的某个加工中心可看作一个单服务员的排队系统，工件的到达服从平均每天8件的泊松分布。这些工件分成三种类型，但完成任何一种类型工件的加工时间均服从平均0.1个工作日的负指数分布。同类级别工件加工顺序按先到先服务规则进行，但类型1的工件等待时间不能太长，类型2的工件较之类型3的工件要重要一些，三类工件的平均到达率依次为每天2件、4件和2件。因为三类工件的加工时间都略长，因而建议对三类工件规定适当的优先级。

试比较下列不同排队规则下每类工件的平均等待时间(包括服务时间)：(a)不分类型，采取先到先服务规则；(b)高级别类型顾客到达时不需中断服务让出服务窗口的具有优先级的排队规则；(c)高级别顾客到达时需中断服务让出服务窗口的具有优先级的排队规则。

T **14.8-5** 重新考虑14.8节中县医院急诊室的问题。假设定义三类患者的口径更严格，将处于边际状态的患者降低一等。这样仅有5%的患者属于危重型，20%属于重症，75%为普通患者。对修正后的问题绘制类似表14.3的表格并填写有关数据。

14.8-6 重新考虑在习题 14.4-6 中描述的排队系统。假定第一类顾客远比第二类顾客重要，再假定将排队规则由先到先服务改为第一类顾客较之第二类顾客有优先服务权，但当第一类顾客到达时，正在接受服务的第二类顾客不用让出服务窗口。这种变化将引起系统中期望的顾客总数增加、减少还是不变？

(a) 先不需要进行任何计算，直接给出答案，并说明理由；

T(b) 计算两种排队规则下系统中顾客的总的期望数来证明(a)中的结果。

14.8-7 考虑 14.8 节中当高级别顾客到达时低级别顾客需中断服务让出窗口的具有优先级的排队规则。假设 $s=1, N=2$ 和$(\lambda_1+\lambda_2)<\mu$，令 P_{ij} 为在排队系统中有 i 个高级别顾客、j 个低级别顾客的稳定状态的概率($i=0,1,2,\cdots$；$j=0,1,2,\cdots$)。应用类似 14.5 节中的方法导出一个线性方程组，其解为 P_{ij}，但不需要得出实际的解。

14.9-1 阅读 14.9 节通用汽车应用案例(案例的参考文献中描述了其运筹学应用)，扼要描述该研究中排队论的应用，并列出该研究带来的财务与非财务收益。

14.9-2 考虑一个有两名服务员的排队系统，顾客有两个来源：第一来源的顾客每次同时到达 2 人(但需分开接受服务)，每对顾客到达的间隔时间服从平均 20 分钟的负指数分布；第二来源本身是一个有两名服务员的排队系统，该系统输入服从平均每小时 7 人的负指数分布，两名服务员服务顾客的时间均服从平均 15 分钟的负指数分布。当一名顾客在第二来源排队系统结束服务时，立即进入一开始提到的排队系统接受另一种服务。在该排队系统中排队规则为第一来源顾客较之第二来源顾客享有服务优先权，当前者到达时后者需中止服务，空出服务窗口。但对两类顾客的服务时间均服从平均 6 分钟的负指数分布。

(a) 首先导出一个仅用于系统中第一来源顾客的稳定状态的分布，应用连续时间马尔可夫链的公式，定义其状态，画出发生率图以便最有效地导出这个分布(但不需要实际推导出这个分布)。

(b) 再导出系统中两种类型顾客总数的稳定状态的分布。应用连续时间的马尔可夫链的公式，定义其状态，画出发生率图以便最有效地导出这个分布(但不需要实际推导出这个分布)。

(c) 再研究系统中每类顾客数的稳定状态的联合分布，应用选择连续时间的马尔可夫链的公式，定义其状态，画出发生率图以便最有效地导出这个分布(但不需要实际推导出这个分布)。

14.9-3 考虑一个有两个串联服务设施允许无限队长的系统，每个设施中各有一名服务员。到达顾客先在设施 1 接受服务，然后去设施 2 接受服务。两个设施的服务时间相互独立，设施 1 的服务时间服从平均需时 3 分钟的负指数分布，设施 2 的服务时间服从平均需时 4 分钟的负指数分布。设施 1 有一个平均率为每小时 10 的泊松输入过程。

(a) 找出设施 1 和设施 2 顾客数的稳定状态分布，然后指出对各设施顾客数的联合分布的积形式解；

(b) 求两个服务员均空闲的概率；

(c) 找出系统中顾客的期望总数和一名顾客在系统中期望的总的停留时间(包括服务时间)。

14.9-4 根据14.9节无限队长序列的系统的假定,说明这类排队网络是Jackson网络的特例,按Jackson网络进行描述,指出上述网络在给定系统的λ值时的a_j和p_{ij}值。

14.9-5 考虑一个含三个服务设施的Jackson网络,有关参数值如下表所示。

设施 j	s_j	μ_j	a_j	P_{ij}		
				$i=1$	$i=2$	$i=3$
$j=1$	1	40	10	0	0.3	0.4
$j=2$	1	50	15	0.5	0	0.5
$j=3$	1	30	3	0.3	0.2	0

T(a) 找出各设施的总到达率;

(b) 找出设施1、设施2、设施3中顾客数的稳定状态时的分布,然后表明各设施顾客数联合分布的积形式解;

(c) 求各设施均无排队等待(没有顾客等待要求服务)的概率;

(d) 求系统中期望的顾客总数;

(e) 求一名顾客在系统中的总停留时间。

T **14.10-1** 当对一个排队系统中应配备多少名服务员进行经济分析时,14.10节介绍了一种基本的费用模型,其目标为Min $E(\mathrm{TC})=C_s s+C_w L$。本题的目的是探讨$C_s$和$C_w$的相对大小对最优服务员数量的影响。

假设考虑的排队系统拟合为$\lambda=8$名顾客/小时、$\mu=10$名顾客/小时的$M/M/s$模型,应用OR Courseware中的Excel模板的$M/M/s$模型对下列情况的最优服务员数进行经济分析。

(a) $C_s=100$美元,$C_w=10$美元;

(b) $C_s=100$美元,$C_w=100$美元;

(c) $C_s=10$美元,$C_w=100$美元。

T **14.10-2*** McBurger快餐店的经理Jim McDonald认识到提供快速服务是快餐店成功的关键,顾客如果等待时间过长下次将去别的快餐店。他估计顾客在结束服务前每等待一分钟的损失为30美分,所以他需要确定应有多少收银员使顾客等待时间尽可能短,每个收银员均由非全职的雇员承担,负责对顾客付货和收款。每个收银员每小时的工资为9美元。

在午餐时间顾客按平均每小时66人的泊松过程到达,对每名顾客的服务时间服从平均需时2分钟的负指数分布。

试决定在午餐时间Jim需要雇多少收银员,使他每小时的期望总成本最低。

T **14.10-3** Garrett-Tompkins公司的复印室内有三台复印机供雇员使用。但由于近期很多人抱怨等待时间过长,管理层正在考虑添加一台或多台复印机。

在每年2 000工时内,来复印室的雇员按平均每小时30人的泊松过程到达,每人每次使用复印机的时间服从平均5分钟的负指数分布。由于雇员在复印室花费时间造成的效率损失估计为每人每小时25美元,每台复印机的租用费为每年3 000美元。

试决定该公司应配备多少台复印机,使其每小时总期望费用最低。

案例 14.1 缩减工序间的在制品

北方飞机公司负责生产的副总经理 Jim Wells 被激怒了。今天上午他对公司最重要的工厂的巡视让他的心情变得很糟。他将该厂的生产经理 Jerry Carstairs 叫到自己的办公室。

"Jerry,我刚从你的工厂回来,感觉很不愉快。""怎么回事,Jim?""你知道我一再强调要压缩工序间的存储。"Jerry 回答:"对,我们一直努力这样做。""不,努力得不够!"Jim 把嗓音提得很高,"你知道我在冲压机床那儿看到了什么?""不知道。""有 5 张金属板等待压成机翼,检查站边还有 13 片机翼,检查人员正在检查其中的一片,其余 12 片放在一旁。你知道每片机翼价值几十万美元,所以在冲压机床和检查站间有几百万美元的财富积压着,我们不允许发生这种事!"

Jerry Carstairs 试图解释:"是,Jim,我已经意识到检查站处是一个瓶颈,通常情况下并不像你今天看到的那么糟,但它是一个瓶颈。冲压机床的情况稍好一些,你刚好赶上了最糟的时候。""我希望是这样,"Jim 反驳说,"但即使是偶然,你也必须防止类似情况的发生。对此你有什么想法?"Jerry 的回答明显轻松起来:"实际上,我们正在研究这个问题。我已经有了一些方案并提出请运筹小组到我办公室进行分析并提供建议。""很好,"Jim 回答说,"很高兴看到你在解决问题。你要把这项工作当作最重要的事来做,并尽快向我报告。""好的。"Jerry 微笑着回答。

下面是 Jerry 和运筹小组进行的分析。共有 10 台相同的冲压机床用于将加工过的大型金属板压制成机翼。金属板随机到达冲压机床的速率为平均每小时 7 张,将每张金属板冲压成机翼所需时间服从平均 1 小时的负指数分布。冲压成的机翼将以与金属板到达冲压机床相同的平均速率(每小时 7 片)随机到达检查站。一名全职检查员负责检查机翼,看其是否达到质量要求。检查每片机翼需用时 $7\frac{1}{2}$ 分钟,即每小时能检查 8 片。检查耗时在很大程度上造成了在检查站前等待检查的机翼的平均数量很大,更不用提在冲压机床前等待加工的在制品。

这些在制品的成本估计待冲压的每张金属板或等待检查的每片机翼每小时为 8 美元,所以 Jerry Carstairs 制定了两个可相互替代的减少在制品的方案。

方案 1 是降低冲压速度(压制每片机翼的平均时间增加到 1.2 小时),使之同检查员的工作较为同步。每台机器的运行成本可由每小时 7 美元降低到 6.5 美元(相反如果提高冲压速度达到每 0.8 小时压制一片,机器运行成本将增至每小时 7.5 美元)。

方案 2 是换一个年轻的检查员来工作。虽然由于缺乏经验,检查时间可能时快时慢,但他的检查速度整体略快一点,检查时间为 $k=2$,服从平均需时 7.2 分钟的 Erlang 分布。按工级划分,新检查员的报酬为每小时 19 美元,现有检查员级别较低,为每小时 17 美元。

假如你是 Jerry Carstairs 请来分析上述问题的运筹小组的成员,他请你应用最新的运筹学方法分析每个方案能在多大程度上压缩在制品数量,并给出建议。

(a) 作为比较的基础先对每种情况进行评估,计算在冲压机床和检查站之间的在制品数量,然后计算每小时总的期望成本,包括在制品成本、冲压机床的运行成本和检查员的

薪酬;

(b) 方案 1 的效果如何?为什么?根据(a)中的结果进行专门的比较并向 Jerry Carstairs 解释这个结果;

(c) 评价方案 2 的效果,根据(a)中的结果进行专门比较,将此结果向 Jerry Carstairs 报告;

(d) 就压缩检查站和冲压机床之间的在制品平均数量提出建议,通过类似于(a)中的计算指出你的建议的特点,将你的建议同(a)中的计算结果进行比较,并说明你的建议的改进之处。

本书网站(www.mhhe.com/hillier11e)上一个补充例子的预览

案例 14.2 排队的困惑

很多顾客抱怨在一个电话服务中心需要长时间等待。一种意见是增加服务设施,另一种意见是培训服务人员,使他们能更熟练地操作和回答问题。此外,还提出了一些达到满意水准的其他建议。应用排队论决定应如何重新设计该电话服务中心。

附录 1

矩阵和矩阵运算

一个**矩阵**是一组数字的长方形阵列。例如

$$\boldsymbol{A}=\begin{bmatrix}2 & 5\\ 3 & 0\\ 1 & 1\end{bmatrix}$$

是一个 3×2 的矩阵(矩阵在本书中用黑体大写字母表示)。长方形阵列中的数字称为矩阵的元素。例如

$$\boldsymbol{B}=\begin{bmatrix}1 & 2.4 & 0 & \sqrt{3}\\ -4 & 2 & -1 & 15\end{bmatrix}$$

是一个 2×4 矩阵,它的**元素**是 1,2.4,0,$\sqrt{3}$,−4,2,−1 和 15。由此,用更一般的术语

$$\boldsymbol{A}=\begin{bmatrix}a_{11} & a_{12} & \cdots & a_{1n}\\ a_{21} & a_{22} & \cdots & a_{2n}\\ \cdots & \cdots & \cdots & \cdots\\ a_{m1} & a_{m2} & \cdots & a_{mn}\end{bmatrix}=\| a_{ij} \|$$

是一个 $m\times n$ 矩阵,其中 $a_{11},\cdots,a_{mn}$ 为数字,它们是这个矩阵的元素。$\| a_{ij} \|$ 是上面矩阵的简写,该矩阵的第 i 行第 j 列元素为 a_{ij},$i=1,2,\cdots,m$ 和 $j=1,2,\cdots,n$。

矩阵运算

因为矩阵本身不具有数值,所以它们不能如同单个数字那样相加或相乘。但是,有时可以对数字阵列进行某些操作。因此,人们对矩阵的运算制订了一些类似算术运算的规则。作为描述,令 $\boldsymbol{A}=\| a_{ij} \|$ 和 $\boldsymbol{B}=\| b_{ij} \|$ 为具有相同行和列的两个矩阵(后面在讨论矩阵乘法时将改变上述限制)。

当且仅当上述两个矩阵中所有对应元素均相等(对于所有 i 和 j,$a_{ij}=b_{ij}$)时,称矩阵 $\boldsymbol{A}$ 和 $\boldsymbol{B}$ 相等($\boldsymbol{A}=\boldsymbol{B}$)。

矩阵乘以一个数字(将该数字记为 k),结果为矩阵的每个元素乘以 k,所以有

$$k\boldsymbol{A}=\| ka_{ij} \|$$

例如

$$3\begin{bmatrix}1 & \frac{1}{3} & 2 \\ 5 & 0 & -3\end{bmatrix}=\begin{bmatrix}3 & 1 & 6 \\ 15 & 0 & -9\end{bmatrix}$$

矩阵 $\boldsymbol{A}$ 和 $\boldsymbol{B}$ 相加,只需将对应元素相加,所以

$$\boldsymbol{A}+\boldsymbol{B}=\| a_{ij}+b_{ij} \|$$

作为说明

$$\begin{bmatrix}5 & 3 \\ 1 & 6\end{bmatrix}+\begin{bmatrix}2 & 0 \\ 3 & 1\end{bmatrix}=\begin{bmatrix}7 & 3 \\ 4 & 7\end{bmatrix}$$

类似的,减法运算如下:

$$\boldsymbol{A}-\boldsymbol{B}=\boldsymbol{A}+(-1)\boldsymbol{B}$$

所以

$$\boldsymbol{A}-\boldsymbol{B}=\| a_{ij}-b_{ij} \|$$

例如

$$\begin{bmatrix}5 & 3 \\ 1 & 6\end{bmatrix}-\begin{bmatrix}2 & 0 \\ 3 & 1\end{bmatrix}=\begin{bmatrix}3 & 3 \\ -2 & 5\end{bmatrix}$$

注意,除了矩阵乘以一个数字,上述所有运算均规定两个矩阵具有相同的行和相同的列。但上述运算都简明直观,因为它们只对矩阵对应的元素进行比较和算术运算。

还有另外一种,尚未定义的初等运算——矩阵相乘,它相对复杂。为了找出矩阵 $\boldsymbol{A}$ 乘以矩阵 $\boldsymbol{B}$ 之后新矩阵的第 i 行第 j 列的元素,需要将矩阵 $\boldsymbol{A}$ 中第 i 行的每个元素乘以矩阵 $\boldsymbol{B}$ 中第 j 列的相应元素,并将乘积相加。为了进行元素之间的相乘,需要对矩阵 $\boldsymbol{A}$ 和 $\boldsymbol{B}$ 的行列数进行下列限制:只有当矩阵 $\boldsymbol{A}$ 的列数等于矩阵 $\boldsymbol{B}$ 的行数时,两个矩阵才能相乘得 $\boldsymbol{AB}$。

由此假定 $\boldsymbol{A}$ 为 $m\times n$ 矩阵,$\boldsymbol{B}$ 为 $n\times s$ 矩阵,因此它们的乘积为

$$\boldsymbol{AB}=\left\| \sum_{k=1}^{n} a_{ik}b_{kj} \right\|$$

其乘积为 $m\times s$ 矩阵。但是当 $\boldsymbol{A}$ 是一个 $m\times n$ 矩阵,$\boldsymbol{B}$ 是一个 $r\times s$ 矩阵时,$\boldsymbol{AB}$ 就不能定义。

为了说明矩阵相乘

$$\begin{bmatrix}1 & 2 \\ 4 & 0 \\ 2 & 3\end{bmatrix}\begin{bmatrix}3 & 1 \\ 2 & 5\end{bmatrix}=\begin{bmatrix}1(3)+2(2) & 1(1)+2(5) \\ 4(3)+0(2) & 4(1)+0(5) \\ 2(3)+3(2) & 2(1)+3(5)\end{bmatrix}=\begin{bmatrix}7 & 11 \\ 12 & 4 \\ 12 & 17\end{bmatrix}$$

相反,若将相乘的两个矩阵交换位置,其乘积

$$\begin{bmatrix}3 & 1 \\ 2 & 5\end{bmatrix}\begin{bmatrix}1 & 2 \\ 4 & 0 \\ 2 & 3\end{bmatrix}$$

不能被定义。

即使 $\boldsymbol{AB}$ 和 $\boldsymbol{BA}$ 均被定义,但通常

$$\boldsymbol{AB}\neq\boldsymbol{BA}$$

由此,矩阵相乘被看作是一种特别设计的运算,它的特征与算术的相乘完全不同。为了

理解为什么要采用上述特别的定义，考虑以下方程组：

$$2x_1 - x_2 + 5x_3 + x_4 = 20$$
$$x_1 + 5x_2 + 4x_3 + 5x_4 = 30$$
$$3x_1 + x_2 - 6x_3 + 2x_4 = 20$$

与其写出上述方程组，它们可以更简明地写成矩阵形式

$$\boldsymbol{Ax} = \boldsymbol{b}$$

其中

$$\boldsymbol{A} = \begin{bmatrix} 2 & -1 & 5 & 1 \\ 1 & 5 & 4 & 5 \\ 3 & 1 & -6 & 2 \end{bmatrix}, \quad \boldsymbol{x} = \begin{bmatrix} x_1 \\ x_2 \\ x_3 \\ x_4 \end{bmatrix}, \quad \boldsymbol{b} = \begin{bmatrix} 20 \\ 30 \\ 20 \end{bmatrix}$$

这是矩阵乘法设计所依据的乘法类型。

注意，矩阵的除法没有被定义。

虽然这里描述的矩阵运算并不都具有算术运算的某些特征，但它们都满足下述规则：

$$\boldsymbol{A} + \boldsymbol{B} = \boldsymbol{B} + \boldsymbol{A}$$
$$(\boldsymbol{A} + \boldsymbol{B}) + \boldsymbol{C} = \boldsymbol{A} + (\boldsymbol{B} + \boldsymbol{C})$$
$$\boldsymbol{A}(\boldsymbol{B} + \boldsymbol{C}) = \boldsymbol{AB} + \boldsymbol{AC}$$
$$\boldsymbol{A}(\boldsymbol{BC}) = (\boldsymbol{AB})\boldsymbol{C}$$

上述表达式中矩阵的行列形式都必须符合上述运算的定义。

另一种矩阵运算为**转置运算**，它不涉及相似的算术运算。这种运算只是将矩阵的行和列进行交换，并无其他含义，只是在乘法运算根据需要时频繁应用。对矩阵 $\boldsymbol{A} = \| a_{ij} \|$，它的转置 $\boldsymbol{A}^{\mathrm{T}}$ 为

$$\boldsymbol{A}^{\mathrm{T}} = \| a_{ji} \|$$

举例如下，如有

$$\boldsymbol{A} = \begin{bmatrix} 2 & 5 \\ 1 & 3 \\ 4 & 0 \end{bmatrix}$$

则

$$\boldsymbol{A}^{\mathrm{T}} = \begin{bmatrix} 2 & 1 & 4 \\ 5 & 3 & 0 \end{bmatrix}$$

矩阵的特殊类型

在算术中，0 和 1 具有特殊作用。在矩阵理论中存在起到类似作用的特殊的矩阵。特别是类似 1 的单位矩阵 $\boldsymbol{I}$，它是一个方阵，其元素除在主对角线上为 1 外，其余为 0，即

$$\boldsymbol{I} = \begin{bmatrix} 1 & 0 & 0 & \cdots & 0 \\ 0 & 1 & 0 & \cdots & 0 \\ 0 & 0 & 1 & \cdots & 0 \\ \cdots & \cdots & \cdots & \cdots & \cdots \\ 0 & 0 & 0 & \cdots & 1 \end{bmatrix}$$

矩阵 $\boldsymbol{I}$ 的行数和列数可按需要设定。与算术中的 1 类似，对任何矩阵 $\boldsymbol{A}$，有

$$\boldsymbol{IA}=\boldsymbol{A}=\boldsymbol{AI}$$

这里 $\boldsymbol{I}$ 的行数和列数按定义的乘法运算确定。

类似的,类同于算术中 0 的矩阵称为**零矩阵**,表示为 $\mathbf{0}$,无论矩阵的规模有多大,其全部元素为 0,即

$$\mathbf{0}=\begin{bmatrix}0 & 0 & \cdots & 0\\ 0 & 0 & \cdots & 0\\ \cdots & \cdots & \cdots & \cdots\\ 0 & 0 & \cdots & 0\end{bmatrix}$$

所以对任何矩阵 $\boldsymbol{A}$,有

$$\boldsymbol{A}+\mathbf{0}=\boldsymbol{A},\quad \boldsymbol{A}-\boldsymbol{A}=\mathbf{0}\quad 和\quad \mathbf{0}\boldsymbol{A}=\mathbf{0}=\boldsymbol{A}\mathbf{0}$$

这里 $\mathbf{0}$ 的行列数符合运算定义规定的要求。

在某些场合下,可以将矩阵分割成若干个较小的矩阵,称为子矩阵。例如,对下列 3×4 矩阵的一种可能分割为

$$\boldsymbol{A}=\left[\begin{array}{c|ccc} a_{11} & a_{12} & a_{13} & a_{14}\\ \hline a_{21} & a_{22} & a_{23} & a_{24}\\ \hline a_{31} & a_{32} & a_{33} & a_{34}\end{array}\right]=\begin{bmatrix}a_{11} & \boldsymbol{A}_{12}\\ \boldsymbol{A}_{21} & \boldsymbol{A}_{22}\end{bmatrix}$$

其中

$$\boldsymbol{A}_{12}=[a_{12},a_{13},a_{14}],\quad \boldsymbol{A}_{21}=\begin{bmatrix}a_{21}\\ a_{31}\end{bmatrix},\quad \boldsymbol{A}_{22}=\begin{bmatrix}a_{22} & a_{23} & a_{24}\\ a_{32} & a_{33} & a_{34}\end{bmatrix}$$

均为子矩阵。与其对子矩阵的各个元素进行运算,我们可以依据子矩阵进行运算,运算规则与前面定义的一样。例如,$\boldsymbol{B}$ 是一个被分割的 4×1 矩阵:

$$\boldsymbol{B}=\begin{bmatrix}b_1\\ b_2\\ b_3\\ b_4\end{bmatrix}=\begin{bmatrix}b_1\\ \boldsymbol{B}_2\end{bmatrix}$$

于是有

$$\boldsymbol{AB}=\left[\begin{array}{c}a_{11}b_1+\boldsymbol{A}_{12}\boldsymbol{B}_2\\ \hline \boldsymbol{A}_{21}b_1+\boldsymbol{A}_{22}\boldsymbol{B}_2\end{array}\right]$$

向量

在矩阵理论中起重要作用的一种特殊类型的矩阵具有一行或一列。这类矩阵通常称为**向量**。例如

$$\boldsymbol{x}=(x_1,x_2,\cdots,x_m)$$

是一个**行向量**。

$$\boldsymbol{x}=\begin{bmatrix}x_1\\ x_2\\ \vdots\\ x_n\end{bmatrix}$$

是一个**列向量**(向量在本书中用黑体小写字母表示)。这些向量有时也称为 n 维向量,表明

有 n 个元素。例如

$$\boldsymbol{x}=\left\{1,4,-2,\frac{1}{3},7\right\}$$

是一个5维向量。

一个**零向量 0** 可以是行向量或列向量，它的元素均为 **0**，即

$$\mathbf{0}=[0,0,\cdots,0] \quad \text{或} \quad \mathbf{0}=\begin{bmatrix}0\\0\\\vdots\\0\end{bmatrix}$$

（虽然相同的符号 **0** 可用于表示零向量或零矩阵，但具体应根据它所处位置确定。）

在矩阵理论中向量起重要作用的一个原因是，任何 $m\times n$ 矩阵可以分割为 m 个行向量或 n 个列向量，并且可以依据这些向量来分析矩阵的重要性质。为了详细说明，考虑一组 n 维向量 $\boldsymbol{x}_1,\boldsymbol{x}_2,\cdots,\boldsymbol{x}_m$ 具有相同形式（或均为行向量，或均为列向量）。

定义：一个向量集合 $\boldsymbol{x}_1,\boldsymbol{x}_2,\cdots,\boldsymbol{x}_m$ 线性相关，若存在 m 个数（用 $c_1,c_2,\cdots,c_m$ 表示），使有

$$c_1\boldsymbol{x}_1+c_2\boldsymbol{x}_2+\cdots+c_m\boldsymbol{x}_m=\mathbf{0}$$

其中，至少有一个 $C_i(i=1,\cdots,m)$ 不为零，否则称这个集合线性独立。

作为解释，若 $m=3$ 且

$$\boldsymbol{x}_1=[1,1,1],\quad \boldsymbol{x}_2=[0,1,1],\quad \boldsymbol{x}_3=[2,5,5]$$

因为存在三个数 $C_1=2,C_2=3$ 和 $C_3=-1$，并且有

$$2\boldsymbol{x}_1+3\boldsymbol{x}_2-\boldsymbol{x}_3=[2,2,2]+[0,3,3]-[2,5,5]=[0,0,0]$$

所以，$\boldsymbol{x}_1,\boldsymbol{x}_2,\boldsymbol{x}_3$ 线性相关。注意要表明上述向量集合线性相关，需要找出三个特别的数字 (c_1,c_2,c_3)，使 $c_1\boldsymbol{x}_1+c_2\boldsymbol{x}_2+c_3\boldsymbol{x}_3=\mathbf{0}$。这做起来并不容易。同样，注意这个方程意味着

$$\boldsymbol{x}_3=2\boldsymbol{x}_1+3\boldsymbol{x}_2$$

因此，$\boldsymbol{x}_1,\boldsymbol{x}_2,\boldsymbol{x}_3$ 被解释为线性相关是因为它们中的一个可表示为其他两个向量的线性组合。但如果 $\boldsymbol{x}_3$ 变为

$$\boldsymbol{x}_3=[2,5,6]$$

则 $\boldsymbol{x}_1,\boldsymbol{x}_2,\boldsymbol{x}_3$ 为线性独立，因为不可能将这些向量中的一个（如 $\boldsymbol{x}_3$）表达为其他两个的线性组合。

定义：一组向量的**秩**是该组向量中线性独立向量的最大个数。

继续上述例子，我们看到向量组 $\boldsymbol{x}_1,\boldsymbol{x}_2,\boldsymbol{x}_3$ 的秩为2（任意一对向量线性独立），但当 $\boldsymbol{x}_3$ 变换后，这组向量的秩变为3。

定义：向量组的一个**基**是该组向量中线性独立向量的一个集合，使该组向量中的其他每一个向量均可表示为该集合的线性组合（向量组中其他每一个向量均可表示为该集合的某个乘数和）。

上述例子中向量对 $\boldsymbol{x}_1,\boldsymbol{x}_2$ 组成向量 $\boldsymbol{x}_1,\boldsymbol{x}_2,\boldsymbol{x}_3$ 的一个基。当 $\boldsymbol{x}_3$ 改变后，基变换为含 $\boldsymbol{x}_1,\boldsymbol{x}_2,\boldsymbol{x}_3$ 三个向量。

定理 A4.1： 当且仅当向量组的秩为 r 时，从该向量组可找出 r 个线性独立的向量集合。

矩阵的若干性质

给出了有关向量的上述结果,现在可以介绍有关矩阵的一些重要概念。

定义:一个矩阵的**行秩**是其行向量集合的秩,一个矩阵的**列秩**是其列向量集合的秩。

例如,有矩阵 $\mathbf{A}$ 为

$$\mathbf{A}=\begin{bmatrix}1 & 1 & 1\\0 & 1 & 1\\2 & 5 & 5\end{bmatrix}$$

由上面线性相关的例子可知 $\mathbf{A}$ 的行秩为 2。$\mathbf{A}$ 的列秩同样为 2(前两个列向量线性独立,但第 2 个列向量减去第 3 个列向量等于 $\mathbf{0}$)。矩阵中列的秩和行的秩相同这一点并非巧合,如下面的定理所述。

定理 A4.2:矩阵的行秩和列秩相等。

因此只需要称之为矩阵的秩。

最后要讨论的一个概念是矩阵的逆。对任何非零的数 k,存在一个倒数或逆 $k^{-1}=\frac{1}{k}$,有

$$kk^{-1}=1=k^{-1}k$$

在矩阵理论中是否存在类似概念?换句话说,对给定的非奇异的矩阵,是否存在一个矩阵 $\mathbf{A}^{-1}$,使 $\mathbf{A}\mathbf{A}^{-1}=\mathbf{I}=\mathbf{A}^{-1}\mathbf{A}$?

假如 $\mathbf{A}$ 不是一个方阵($\mathbf{A}$ 的行数和列数不一样),其答案是否定的,因为对定义的乘法矩阵的乘积将具有不同的行数(所以列和行对等的运算将没有意义)。但假如 $\mathbf{A}$ 是一个方阵,答案就是肯定的,如同下面的定义及定理 A4.3 所描述的。

定义:一个矩阵称为非奇异的或满秩的,假如它的秩等于它的行数或列数。否则该矩阵是奇异的或退化的。

因此只有方阵才能是非奇异的。测试一个方阵是否奇异的一个有效方法是假如它的行列式为非零,则它是非奇异的。

定理 A4.3:

(a) 假如 $\mathbf{A}$ 是非奇异的,则存在唯一的非奇异矩阵 $\mathbf{A}^{-1}$,称为 $\mathbf{A}$ 的逆,且有 $\mathbf{A}\mathbf{A}^{-1}=\mathbf{I}=\mathbf{A}^{-1}\mathbf{A}$。

(b) 假如 $\mathbf{A}$ 是非奇异的,$\mathbf{B}$ 是一个矩阵或 $\mathbf{A}\mathbf{B}=\mathbf{I}$ 或 $\mathbf{B}\mathbf{A}=\mathbf{I}$,则 $\mathbf{B}=\mathbf{A}^{-1}$。

(c) 只有非奇异矩阵存在逆。

为说明矩阵的逆,考虑矩阵

$$\mathbf{A}=\begin{bmatrix}5 & -4\\1 & -1\end{bmatrix}$$

注意:$\mathbf{A}$ 是一个非奇异矩阵,因为它的行列式 $5(-1)-1(-4)=-1$ 为非零。所以 $\mathbf{A}$ 有一个具有以下未知数的逆:

$$\mathbf{A}^{-1}=\begin{bmatrix}a & b\\c & d\end{bmatrix}$$

为了推导出 $\mathbf{A}^{-1}$,利用下面的性质

$$\mathbf{A}\mathbf{A}^{-1}=\begin{bmatrix}5a-4c & 5b-4d\\a-c & b-d\end{bmatrix}=\begin{bmatrix}1 & 0\\0 & 1\end{bmatrix}$$

由此

$$5a - 4c = 1 \quad 5b - 4d = 0$$
$$a - c = 0 \quad b - d = 1$$

求解上述两对联立方程，得 $a=1, c=1$ 和 $b=-4, d=-5$，所以

$$\boldsymbol{A}^{-1} = \begin{bmatrix} 1 & -4 \\ 1 & -5 \end{bmatrix}$$

由此

$$\boldsymbol{A}\boldsymbol{A}^{-1} = \begin{bmatrix} 5 & -4 \\ 1 & -1 \end{bmatrix} \begin{bmatrix} 1 & -4 \\ 1 & -5 \end{bmatrix} = \begin{bmatrix} 1 & 0 \\ 0 & 1 \end{bmatrix}$$

和

$$\boldsymbol{A}^{-1}\boldsymbol{A} = \begin{bmatrix} 1 & -4 \\ 1 & -5 \end{bmatrix} \begin{bmatrix} 5 & -4 \\ 1 & -1 \end{bmatrix} = \begin{bmatrix} 1 & 0 \\ 0 & 1 \end{bmatrix}$$

附录 2

正态分布表

$$P\{\text{标准正态分布} > K_\alpha\} = \int_{K_\alpha}^{\infty} \frac{1}{\sqrt{2\pi}} e^{-x^2/2} dx = \alpha$$

正态分布曲线 K_α 到∞下的面积										
K_α	0.00	0.01	0.02	0.03	0.04	0.05	0.06	0.07	0.08	0.09
0.0	0.500 0	0.496 0	0.492 0	0.488 0	0.484 0	0.480 1	0.476 1	0.472 1	0.468 1	0.464 1
0.1	0.460 2	0.456 2	0.452 2	0.448 3	0.444 3	0.440 4	0.436 4	0.432 5	0.428 6	0.424 7
0.2	0.420 7	0.416 8	0.412 9	0.409 0	0.405 2	0.401 3	0.397 4	0.393 6	0.389 7	0.385 9
0.3	0.382 1	0.378 3	0.374 5	0.370 7	0.366 9	0.363 2	0.359 4	0.355 7	0.352 0	0.348 3
0.4	0.344 6	0.340 9	0.337 2	0.333 6	0.330 0	0.326 4	0.322 8	0.319 2	0.315 6	0.312 1
0.5	0.308 5	0.305 0	0.301 5	0.298 1	0.294 6	0.291 2	0.287 7	0.284 3	0.281 0	0.277 6
0.6	0.274 3	0.270 9	0.267 6	0.264 3	0.261 1	0.257 8	0.254 6	0.251 4	0.248 3	0.245 1
0.7	0.242 0	0.238 9	0.235 8	0.232 7	0.229 6	0.226 6	0.223 6	0.220 6	0.217 7	0.214 8
0.8	0.211 9	0.209 0	0.206 1	0.203 3	0.200 5	0.197 7	0.194 9	0.192 2	0.189 4	0.186 7
0.9	0.184 1	0.181 4	0.178 8	0.176 2	0.173 6	0.171 1	0.168 5	0.166 0	0.163 5	0.161 1
1.0	0.158 7	0.156 2	0.153 9	0.151 5	0.149 2	0.146 9	0.144 6	0.142 3	0.140 1	0.137 9
1.1	0.135 7	0.133 5	0.131 4	0.129 2	0.127 1	0.125 1	0.123 0	0.121 0	0.119 0	0.117 0
1.2	0.115 1	0.113 1	0.111 2	0.109 3	0.107 5	0.105 6	0.103 8	0.102 0	0.100 3	0.098 5
1.3	0.096 8	0.095 1	0.093 4	0.091 8	0.090 1	0.088 5	0.086 9	0.085 3	0.083 8	0.082 3
1.4	0.080 8	0.079 3	0.077 8	0.076 4	0.074 9	0.073 5	0.072 1	0.070 8	0.069 4	0.068 1
1.5	0.066 8	0.065 5	0.064 3	0.063 0	0.061 8	0.060 6	0.059 4	0.058 2	0.057 1	0.055 9
1.6	0.054 8	0.053 7	0.052 6	0.051 6	0.050 5	0.049 5	0.048 5	0.047 5	0.046 5	0.045 5
1.7	0.044 6	0.043 6	0.042 7	0.041 8	0.040 9	0.040 1	0.039 2	0.038 4	0.037 5	0.036 7
1.8	0.035 9	0.035 1	0.034 4	0.033 6	0.032 9	0.032 2	0.031 4	0.030 7	0.030 1	0.029 4
1.9	0.028 7	0.028 1	0.027 4	0.026 8	0.026 2	0.025 6	0.025 0	0.024 4	0.023 9	0.023 3
2.0	0.022 8	0.022 2	0.021 7	0.021 2	0.020 7	0.020 2	0.019 7	0.019 2	0.018 8	0.018 3
2.1	0.017 9	0.017 4	0.017 0	0.016 6	0.016 2	0.015 8	0.015 4	0.015 0	0.014 6	0.014 3
2.2	0.013 9	0.013 6	0.013 2	0.012 9	0.012 5	0.012 2	0.011 9	0.011 6	0.011 3	0.011 0

续表

K_α	0.00	0.01	0.02	0.03	0.04	0.05	0.06	0.07	0.08	0.09
2.3	0.010 7	0.010 4	0.010 2	0.009 90	0.009 64	0.009 39	0.009 14	0.008 89	0.008 66	0.008 42
2.4	0.008 20	0.007 98	0.007 76	0.007 55	0.007 34	0.007 14	0.006 95	0.006 76	0.006 57	0.006 39
2.5	0.006 21	0.006 04	0.005 87	0.005 70	0.005 54	0.005 39	0.005 23	0.005 08	0.004 94	0.004 80
2.6	0.004 66	0.004 53	0.004 40	0.004 27	0.004 15	0.004 02	0.003 91	0.003 79	0.003 68	0.003 57
2.7	0.003 47	0.003 36	0.003 26	0.003 17	0.003 07	0.002 98	0.002 89	0.002 80	0.002 72	0.002 64
2.8	0.002 56	0.002 48	0.002 40	0.002 33	0.002 26	0.002 19	0.002 12	0.002 05	0.001 99	0.001 93
2.9	0.001 87	0.001 81	0.001 75	0.001 69	0.001 64	0.001 59	0.001 54	0.001 49	0.001 44	0.001 39
3.0	0.001 35	$0.0^{3}968$	$0.0^{3}687$	$0.0^{3}483$	$0.0^{3}337$	$0.0^{3}233$	$0.0^{3}159$	$0.0^{3}108$	$0.0^{4}723$	$0.0^{4}481$
4.0	$0.0^{4}317$	$0.0^{4}207$	$0.0^{4}133$	$0.0^{5}854$	$0.0^{5}541$	$0.0^{5}340$	$0.0^{5}211$	$0.0^{5}130$	$0.0^{6}793$	$0.0^{6}479$
5.0	$0.0^{6}287$	$0.0^{6}170$	$0.0^{7}996$	$0.0^{7}579$	$0.0^{7}333$	$0.0^{7}190$	$0.0^{7}107$	$0.0^{8}599$	$0.0^{8}332$	$0.0^{8}182$
6.0	$0.0^{9}987$	$0.0^{9}530$	$0.0^{9}282$	$0.0^{9}149$	$0.0^{10}777$	$0.0^{10}402$	$0.0^{10}206$	$0.0^{10}104$	$0.0^{11}523$	$0.0^{11}260$

资料来源：Croxton，Frederick E. "Tables of Areas in Two Tails and in One Tail of the Normal Curve." Pearson Education，1949.

部分习题答案

Introduction to Operations Research

第 3 章

3.1-2(a)

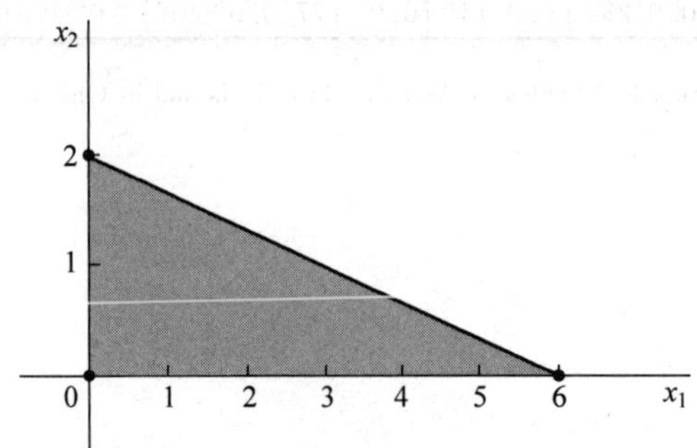

3.1-5 $(x_1, x_2) = (13, 5)$；$Z = 31$

3.1-13(b) $(x_1, x_2, x_3) = (26.19, 54.76, 20)$；$Z = 2\,904.76$

3.2-3(b)

$$
\begin{aligned}
\max \quad & Z = 9\,000x_1 + 9\,000x_2 \\
\text{s.t.} \quad & x_1 \leqslant 1 \\
& x_2 \leqslant 1 \\
& 10\,000x_1 + 8\,000x_2 \leqslant 12\,000 \\
& 400x_1 + 500x_2 \leqslant 600 \\
\text{且} \quad & x_1 \geqslant 0, \quad x_2 \geqslant 0
\end{aligned}
$$

3.4-3(a) 比例性：符合，因为在一个给定区域的某个局部点吸收的辐射剂量具有固定的比例。

叠加性：符合，因为吸收的不同波束强度可以叠加。

可分性：符合，因为波束的强度可以为任意的比例水平。

确定性：在进行复杂性分析时需要估测各种组织辐射吸收的数据，这些数据有相当大的不确定性，故需进行敏感性分析。

3.4-9(b) 从工厂 1 运送 200 单位至客户 2 和 200 单位至客户 3。

从工厂 2 运送 300 单位至客户 1 和 200 单位至客户 3。

3.4-11(c) $Z = 152\,880$ 美元；$A_1 = 60\,000$；$A_3 = 84\,000$；$D_5 = 117\,600$。所有其他决策变量均为 0。

3.4-13(b) 每个最优解有 $Z = 13\,330$ 美元。

3.5-1(c,e)

资源	每单位作业消耗的资源量		总量		可用资源量
	作业 1	作业 2			
1	2	1	10	≤	10
2	3	3	20	≤	20
3	2	4	20	≤	20
单位利润	20	30	\$166.67		
解	3.333	3.333			

3.5-4(a) min $Z=105C+90T+75A$

s.t. $90C+20T+40A\geqslant 200$

$30C+80T+60A\geqslant 180$

$10C+20T+60A\geqslant 150$

且 $C\geqslant 0,\quad T\geqslant 0,\quad A\geqslant 0$

第 4 章

4.1-4(a) 顶点解中可行的解为(0,0)、(0,1)、$\left(\frac{1}{4},1\right)$、$\left(\frac{2}{3},\frac{2}{3}\right)$、$\left(1,\frac{1}{4}\right)$和(1,0)。

4.3-4 $(x_1,x_2,x_3)=\left(0,10,6\frac{2}{3}\right)$；$Z=70$

4.6-10(a,c) $(x_1,x_2)=\left(-\frac{8}{7},\frac{18}{7}\right)$；$Z=\frac{80}{7}$

4.8-4(b,c,e) $(x_1,x_2,x_3)=\left(\frac{4}{5},\frac{9}{5},0\right)$；$Z=7$

4.8-8(a,b,d) $(x_1,x_2,x_3)=(0,15,15)$；$Z=90$

(c) 无论对大 M 法还是两阶段法，只有最终表为真实问题的可行解。

4.9-5(a) $(x_1,x_2,x_3)=(0,1,3)$；$Z=7$

(b) $y_1^*=\frac{1}{2},y_2^*=\frac{5}{2},y_3^*=0$。它们分别为资源 1、资源 2 和资源 3 的边际值。

第 5 章

5.1-1(a) $(x_1,x_2)=(2,2)$为最优。其他基本可行解有(0,0)、(3,0)和(0,3)。

5.1-12 $(x_1,x_2,x_3)=(0,15,15)$为最优。

5.2-2 $(x_1,x_2,x_3,x_4,x_5)=\left(0,5,0,\frac{5}{2},0\right)$；$Z=50$

5.3-1(a) 右端项为 $Z=8,x_2=14,x_6=5,x_3=11$

(b) $x_1=0,2x_1-2x_2+3x_3=5,x_1+x_2-x_3=3$

第 6 章

6.1-1(a) min $W=15y_1+12y_2+45y_3$

$$\begin{aligned} \text{s.t.} \quad & -y_1+y_2+5y_3 \geq 10 \\ & 2y_1+y_2+3y_3 \geq 20 \\ \text{且} \quad & y_1 \geq 0, \quad y_2 \geq 0, \quad y_3 \geq 0 \end{aligned}$$

6.2-1(c)

互补的基本解				
原问题		$Z=W$	对偶问题	
基本解	是否可行解?		是否可行解?	基本解
(0,0,20,10)	是	0	否	(0,0,-6,-8)
(4,0,0,6)	是	24	否	$\left(1\frac{1}{5},0,0,-5\frac{3}{5}\right)$
(0,5,10,0)	是	40	否	(0,4,-2,0)
$\left(2\frac{1}{2},3\frac{3}{4},0,0\right)$	是,且为最优	45	是,且为最优	$\left(\frac{1}{2},3\frac{1}{2},0,0\right)$
(10,0,-30,0)	否	60	是	(0,6,0,4)
(0,10,0,-10)	否	80	是	(4,0,14,0)

6.2-7(c) 基变量为 x_1 和 x_2。其他为非基变量。

(e) $x_1+3x_2+2x_3+3x_4+x_5=6, 4x_1+6x_2+5x_3+7x_4+x_5=15, x_3=0, x_4=0, x_5=0$。最优基本可行解为$(x_1,x_2,x_3,x_4,x_5)=\left(\frac{3}{2},\frac{3}{2},0,0,0\right)$

6.3-3

$$\begin{aligned} \max \quad & W=8y_1+6y_2 \\ \text{s.t.} \quad & y_1+3y_2 \leq 2 \\ & 4y_1+2y_2 \leq 3 \\ & 2y_1 \leq 1 \\ \text{且} \quad & y_1 \geq 0, \quad y_2 \geq 0 \end{aligned}$$

6.3-8(a)

$$\begin{aligned} \min \quad & W=120y_1+80y_2+100y_3 \\ \text{s.t.} \quad & y_2-3y_3=-1 \\ & 3y_1-y_2+y_3=2 \\ & y_1-4y_2+2y_3=1 \\ \text{且} \quad & y_1 \geq 0, \quad y_2 \geq 0, \quad y_3 \geq 0 \end{aligned}$$

第7章

7.1-1(d) 非最优,因为 $2y_1+3y_2 \geq 3$ 不符合 $y_1^*=\frac{1}{5}, y_2^*=\frac{3}{5}$。

(f) 非最优,因为 $3y_1+2y_2 \geq 2$ 不符合 $y_1^*=\frac{1}{5}, y_2^*=\frac{3}{5}$。

7.2-1

部分	新的基本解 (x_1,x_2,x_3,x_4,x_5)	可行解?	最优解?
(*a*)	(0,30,0,0,−30)	否	否
(*b*)	(0,20,0,0,−10)	否	否
(*c*)	(0,10,0,0,60)	是	是
(*d*)	(0,20,0,0,10)	是	是
(*e*)	(0,20,0,0,10)	是	是
(*f*)	(0,10,0,0,40)	是	否
(*g*)	(0,20,0,0,10)	是	是
(*h*)	$(0,20,0,0,10,x_6=-10)$	否	否
(*i*)	(0,20,0,0,0)	是	是

7.2-2 $-10\leqslant\theta\leqslant\frac{10}{9}$

7.2-11(a) $b_1\geqslant 2, 6\leqslant b_2\leqslant 18, 12\leqslant b_3\leqslant 24$

(b) $0\leqslant c_1\leqslant\frac{15}{2}, c_2\geqslant 2$

7.3-4(e) 对生产玩具的单件利润的允许范围为 2.50～5.00 美元。相应的生产局部装配件的范围为−3.00～−1.50 美元。

第 8 章

8.1-2 $(x_1,x_2,x_3)=\left(\frac{2}{3},2,0\right), Z=\frac{22}{3}$为最优解。

8.1-6(a) 新的最优解为$(x_1,x_2,x_3,x_4,x_5)=(0,0,9,3,0), Z=117$。

8.2-1(a,b)

θ 的范围	最优解	$Z(\theta)$
$0\leqslant\theta\leqslant 2$	$(x_1,x_2)=(0,5)$	$120-10\theta$
$2\leqslant\theta\leqslant 8$	$(x_1,x_2)=\left(\frac{10}{3},\frac{10}{3}\right)$	$\frac{320-10\theta}{3}$
$8\leqslant\theta$	$(x_1,x_2)=(5,0)$	$40+5\theta$

8.2-4

θ 的范围	最优解		$Z(0)$
	x_1	x_2	
$0\leqslant\theta\leqslant 1$	$10+2\theta$	$10+2\theta$	$30+6\theta$
$1\leqslant\theta\leqslant 5$	$10+2\theta$	$15-3\theta$	$35+\theta$
$5\leqslant\theta\leqslant 25$	$25-\theta$	0	$50-2\theta$

8.3-2 $(x_1,x_2,x_3)=(1,3,1), Z=8$ 为最优解。

第9章

9.1-2(b)

		目的地			供应量
		今天	明天	虚设	
产地	Dick	6.0	5.4	0	5
	Harry	5.8	5.6	0	4
需求量		3	4	2	

9.2-5 $x_{11}=10, x_{12}=15, x_{22}=0, x_{23}=5, x_{25}=30, x_{33}=20, x_{34}=10, x_{44}=10$；成本＝77.3美元。还有其他相持的最优解。

9.2-6(b) 用 x_{ij} 表示从工厂 i 到分配中心 j 的运量，于是有 $x_{13}=2, x_{14}=10, x_{22}=9, x_{23}=8, x_{31}=10, x_{32}=1$；成本＝20 200美元。

9.3-4(a)

		任务				
		仰泳	蛙泳	蝶泳	自由泳	虚设
人员分配	Carl	37.7	43.4	33.3	29.2	0
	Chris	32.9	33.1	28.5	26.4	0
	David	33.8	42.2	38.9	29.6	0
	Tony	37.0	34.7	30.4	28.5	0
	Ken	35.4	41.8	33.6	31.1	0

第10章

10.3-4(a) $O\to A\to B\to D\to T$ 或 $O\to A\to B\to E\to D\to T$，总长度＝16

10.4-1(a) $\{(O,A);(A,B);(B,C);(B,E);(E,D);(D,T)\}$，总长度＝18

10.5-1

弧	(1,2)	(1,3)	(1,4)	(2,5)	(3,4)	(3,5)	(3,6)	(4,6)	(5,7)	(6,7)
流量	4	4	1	4	1	0	3	2	4	5

10.8-3(a) 关键路线：起点→A→C→E→终点

总用时＝12周

(b) 新计划

作业	用时/周	成本/美元
A	3	54 000
B	3	65 000
C	3	68 666
D	2	41 500
E	2	80 000

通过赶工安排可节省7 834美元。

第 11 章

11.3-1

	零售店		
	1	2	3
分配方案	1	2	2
	3	2	0

11.3-6(a)

阶段	(a)	(b)
1	$2M$	$2.945M$
2	$1M$	$1.055M$
3	$1M$	0
市场份额	6%	6.302%

11.3-10 $x_1=-2+\sqrt{13}\approx 1.6056, x_2=5-\sqrt{13}\approx 1.3944$；$Z=98.233$

11.4-3 在第一生产周期生产 2 件，假如均不被接受，第二生产周期生产 3 件。期望成本=573 美元。

第 12 章

12.1-2(a) min $Z=4.5x_{em}+7.8x_{ec}+3.6x_{ed}+2.9x_{el}+4.9x_{sm}+7.2x_{sc}+4.3x_{sd}+3.1x_{sl}$

s.t.

$$x_{em}+x_{ec}+x_{ed}+x_{el}=2$$
$$x_{sm}+x_{sc}+x_{sd}+x_{sl}=2$$
$$x_{em}+x_{sm}=1$$
$$x_{ec}+x_{sc}=1$$
$$x_{ed}+x_{sd}=1$$
$$x_{el}+x_{sl}=1$$

且所有 x_{ij} 为 0-1 变量

12.4-1(b,d) （长期，中期，短期）=(14,0,16)，利润 4.78 亿美元

12.5-1(a) $(x_1,x_2)=(2,3)$为最优解。

(b) 所有可行的凑整解都不是整数规划问题的最优解。

12.6-1 $(x_1,x_2,x_3,x_4,x_5)=(0,0,1,1,1), Z=6$

12.6-7(b)

任务	1	2	3	4	5
人员分配	1	3	2	4	5

12.6-9 $(x_1,x_2,x_3,x_4)=(0,1,1,0), Z=36$

12.7-2(a,b) $(x_1,x_2)=(2,1)$为最优解。

12.8-1(a) $x_1=0, x_3=0$

第13章

13.2-1(a)

方案	自然状态	
	售出10 000台	售出100 000台
生产计算机	0	54
出让专利	15	15

(c) 令 p=售出10 000台的先验概率。$p \leqslant 0.722$ 时应生产计算机,$p > 0.722$ 时应出让专利。

13.2-3(c) Warren应选择反周期的投资。

13.2-7 订25台。

13.3-1(a) EVPI=EP(拥有充分的信息)-EP(没有更多信息)=34.5-27=7.5(百万美元)。

(d)

数据		P(结局|状态)	
		结局	
自然状态	先验概率	售出10 000	售出100 000
售出10 000	0.5	0.666 666 667	0.333 333 333
售出100 000	0.5	0.333 333 333	0.666 666 667

后验概率		P(状态|结局)	
		自然状态	
结局	P(结局)	售出10 000	售出100 000
售出10 000	0.5	0.666 666 667	0.333 333 333
售出100 000	0.5	0.333 333 333	0.666 666 667

13.3-3(b) EVPI=EP(拥有充分的信息)-EP(没更多信息)=53-35=18(美元)

(c) Betsy为获得更多信息最多可支付18美元。

13.3-7(a) 最多不超过230 000美元。

(b) 订购25台。

13.3-9(a)

方案	自然状态		
	风险高	中等风险	风险低
延长信贷	-15 000	10 000	20 000
不延长	0	0	0
先验概率	0.2	0.5	0.3

(c) EVPI=EP(拥有充分的信息)-EP(没有更多信息)=11 000-8 000=3 000(美元),说明不应向信贷评级机构咨询。

13.3-12(a) 猜硬币 1。

(b) 正面：硬币 2；反面：硬币 1。

13.4-2 最优策略为不进行市场调查，而生产计算机。

13.4-4(c) EVPI＝EP(拥有充分的信息)－EP(没有更多信息)＝180 万美元－100 万美元＝800 000(美元)

(d)

先验概率	条件概率	联合概率	后验概率
P(状态)	*P*(结局|状态)	*P*(状态和结局)	*P*(状态|结局)

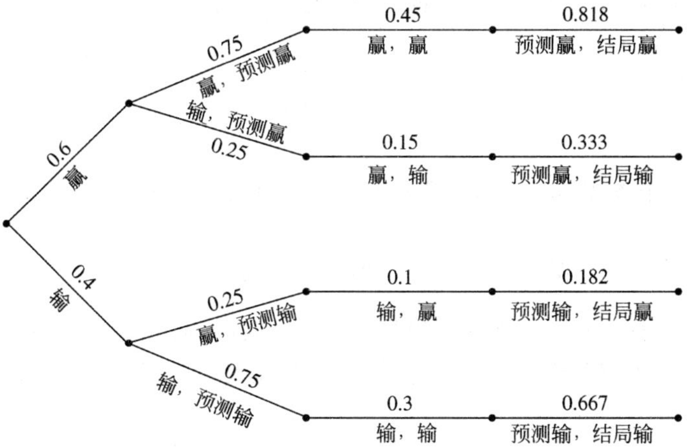

0.6 赢
0.75 赢，预测赢 — 0.45 赢，赢 — 0.818 预测赢，结局赢
0.25 输，预测赢 — 0.15 赢，输 — 0.333 预测赢，结局输

0.4 输
0.25 赢，预测输 — 0.1 输，赢 — 0.182 预测输，结局赢
0.75 输，预测输 — 0.3 输，输 — 0.667 预测输，结局输

(f) Leland 大学应雇用 William。假如他预测会赢得赛季，则应举办筹资活动；假如他预测会输，则不应举办筹资活动。

13.5-2(a) 选择不购买保险(期望效用为 249 840 美元)

(b) U(保险)＝499.82

U(不保险)＝499.8

最优策略为购买保险。

13.5-4 $U(10)=9$

第 14 章

14.2-1 输入源为有头发的群体，顾客为需剪发者，由此推导出队伍、排队规则和服务机构。

14.2-2(b) $L_q=0.375$

(d) $w-w_q=24.375$ 分钟

14.4-2(c) 0.0527

14.5-5(a) 状态

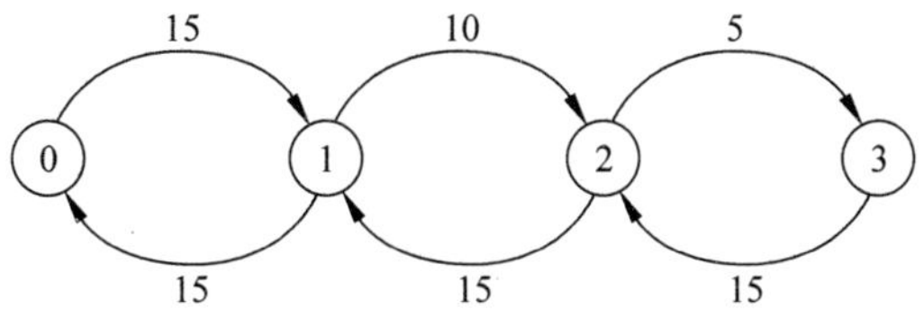

(c) $p_0=\frac{9}{26}, p_1=\frac{9}{26}, p_2=\frac{3}{13}, p_3=\frac{1}{13}$

(d) $w=0.11$ 小时

14.5-8(b) $P_0=\frac{2}{5}, P_n=\left(\frac{3}{5}\right)\left(\frac{1}{2}\right)^n$

(c) $L=\frac{6}{5}, L_q=\frac{3}{5}, W=\frac{1}{25}, W_q=\frac{1}{50}$

14.6-2(a) $P_0+P_1+P_2+P_3+P_4=0.968\,75$,约等于97%的时间

14.6-21(a) 结合在一起的期望等待时间≈0.211。

(c) 期望加工时间3.43分钟将使两个过程中的期望等待时间相等。

14.6-26(a) 0.429

14.6-32(a) 三台机器

(b) 三名操作工

14.7-1(a) W_q(负指数分布)$=2W_q$(常数)$=\frac{8}{5}W_q$(Erlang分布)

(b) 对所有分布:W_q(新)$=\frac{1}{2}W_q$(旧)和L_q(新)$=L_q$(旧)。

14.7-6(a,b) 在现有政策下一架飞机损失1天飞行时间,而在建议策略下将损失3.25天。在现有政策下1架飞机将损失飞行时间,而在建议策略下0.812 5架飞机将损失飞行时间。

14.7-9

服务分布	P_0	P_1	P_2	L
Erlang分布	0.561	0.316	0.123	0.561
负指数分布	0.571	0.286	0.143	0.571

14.8-1(a) 该系统是一个不需要让位的具优先级的排队服务系统的例子。

(c) $\frac{\text{头等舱乘客的}W_q}{\text{经济舱乘客的}W_q}=\frac{0.033}{0.083}=0.4$

14.8-4(a) $W=\frac{1}{2}$

(b) $W_1=0.20, W_2=0.35, W_3=1.10$

(c) $W_1=0.125, W_2=0.312\,5, W_3=1.250$

14.10-2 4名收银员

教师反馈表

McGraw-Hill Education，麦格劳-希尔教育出版公司，美国著名教育图书出版与教育服务机构，以出版经典、高质量的理工科、经济管理、计算机、生命科学以及人文社科类高校教材享誉全球，更以丰富的网络化、数字化教学辅助资源深受高校教师的欢迎。

为了更好地服务于中国教育界，提升教学质量，2003 年**麦格劳-希尔教师服务中心**在京成立。在您确认将本书作为指定教材后，请您填好以下表格并经系主任签字盖章后寄回，**麦格劳-希尔教师服务中心**将免费向您提供相应教学课件或网络化课程管理资源。如果您需要订购或参阅本书的英文原版，我们也会竭诚为您服务。

<table>
<tr><td>书名：</td><td colspan="4"></td></tr>
<tr><td>所需要的教学资料：</td><td colspan="4"></td></tr>
<tr><td>您的姓名：</td><td colspan="4"></td></tr>
<tr><td>系：</td><td colspan="4"></td></tr>
<tr><td>院/校：</td><td colspan="4"></td></tr>
<tr><td>您所讲授的课程名称：</td><td colspan="4"></td></tr>
<tr><td>每学期学生人数：</td><td colspan="2">______ 人 _____年级</td><td>学时：</td><td></td></tr>
<tr><td>您目前采用的教材：</td><td colspan="4">作者：________________ 出版社：____________________
书名：____</td></tr>
<tr><td>您准备何时用此书授课：</td><td colspan="4"></td></tr>
<tr><td>您的联系地址：</td><td colspan="4"></td></tr>
<tr><td>邮政编码：</td><td></td><td>联系电话</td><td colspan="2"></td></tr>
<tr><td>E-mail：（必填）</td><td colspan="4"></td></tr>
<tr><td colspan="3">您对本书的建议：</td><td colspan="2">系主任签字

盖章</td></tr>
</table>

（清华大学出版社的信息）

清华大学出版社
经管事业部
北京海淀区学研大厦 B509
邮编：100084
电话：010-83470332/83470293
传真：010-83470107
电子邮件：wangq@tup.tsinghua.edu.cn

麦格劳-希尔教育出版公司教师服务中心
北京市东城区北三环东路 36 号环球贸易中心 A 座 702
邮编：100013
电话：010-5799 7618
教师服务信箱：instructorchina@mheducation.com
网址：www.mheducation.com

教学支持说明

▶▶ 样书申请

尊敬的老师：

您好！感谢您选用清华大学出版社的教材！为方便教师选用教材，我们为您提供免费赠送样书服务。授课教师扫描下方二维码即可获取清华大学出版社教材电子书目。在线填写个人信息，经审核认证后即可获取所选教材。我们会第一时间为您寄送样书。

任课教师扫描二维码
可获取教材电子书目

清华大学出版社

E-mail: tupfuwu@163.com　　网址：http://www.tup.com.cn/

电话：8610-83470293　　传真：8610-83470142

地址：北京市海淀区双清路学研大厦B座509室　　邮编：100084